北京市
生态环境监测人员持证上岗考核试题集

北京市生态环境监测中心
《北京市生态环境监测人员持证上岗考核试题集》编写组
编

中国环境出版集团・北京

图书在版编目（CIP）数据

北京市生态环境监测人员持证上岗考核试题集 / 北京市生态环境监测中心《北京市生态环境监测人员持证上岗考核试题集》编写组编．—北京：中国环境出版集团，2022.1

ISBN 978-7-5111-4633-5

Ⅰ.①北… Ⅱ.①北… Ⅲ.①环境监测—资格考试—习题集 Ⅳ.① X83-44

中国版本图书馆 CIP 数据核字（2021）第 239199 号

出 版 人 武德凯
责任编辑 赵惠芬
责任校对 任 丽
封面设计 彭 杉

出版发行 中国环境出版集团
（100062 北京市东城区广渠门内大街 16 号）
网 址：http：//www.cesp.com.cn.
电子邮箱：bjgl@cesp.com.cn.
联系电话：010-67112765（编辑管理部）
010-67175507（第六分社）
发行热线：010-67125803，010-67113405（传真）
印 刷 北京中科印刷有限公司
经 销 各地新华书店
版 次 2022 年 1 月第 1 版
印 次 2022 年 1 月第 1 次印刷
开 本 880 × 1230 1/16
印 张 50
字 数 1314 千字
定 价 180.00 元

编委会成员

主　编：刘保献　邹本东

副主编：杨懂艳　徐　硕　华岚英

编　委：胡月琪　刘卫红　林安国　晁晶迪　栾晓佳　常　淼　马召辉　鹿海峰　沈秀娥

参加编写人员

第一章　水（含大气降水）和废水

命　题：（以姓氏笔画为序）

马凤刚　王　芳　王　婧　王　颖　王　慧　王丽丽　王京伟
王思思　王鹤扬　户倩倩　邓　奥　史天元　全颖弘　刘　茜
刘　童　刘　祺　刘芳名　安美静　许　超　芦晓燕　李　征
李　璇　李双雁　杨　键　吴　迪　吴玉敏　邱斯阳　辛雅苓
宋　程　张　劲　张　爽　张　梁　张　琳　张久龙　张昕婷
张雪晶　陈　晨　陈秋红　尚文健　周　欣　周立平　郑金花
宗赫赫　郎雅娣　赵　颖　胡　帅　胡　楠　胡晓璇　洪　涛
姚俊香　贾　楠　柴　悦　栾晓佳　高秀佳　隗甫红　董燕春
甄燕红　魏　铮

审　题：（以姓氏笔画为序）

马凤刚　王　芳　王小菊　田　野　史天元　乔朝辉　任占军
刘旭阳　孙　烁　芦晓燕　李　佳　杨　梦　杨红梅　肖　强

吴玉敏　辛雅苓　张　健　张　涛　张　娟　张　梁　张久龙
张洪梅　张雪晶　陈　晨　陈圆圆　郑　辉　赵　静　胡　帅
胡新跃　贾　楠　梁　静　隗甫红　蒋建勇　甄燕红

审　定：刘卫红　林安国　晁晶迪　徐　硕

第二章　环境空气和废气

命　题：（以姓氏笔画为序）

丁萌萌　马召辉　马安成　王　茜　王　耘　王宇飞　冯　硕
任占军　刘旭阳　闫旭颖　安美玲　李　征　李晓华　李燕京
杨　帆　杨碧菁　肖　强　肖劲岩　吴玉敏　余今朝　张芳芳
陈　鹏　尚继武　金　钰　周　欣　周小龙　周健楠　宗赫赫
赵　震　胡　帅　胡　颖　秦妍然　柴　悦　曹　磊　常　淼
寇　研　隗甫红　董伟宁　董聿琛　董燕春　韩　湉　暴雪松
魏　铮

审　题：（以姓氏笔画为序）

马凤刚　马安成　王小菊　王京伟　王晓霞　田　野　乔朝辉
刘　国　李　佳　李　超　杨碧菁　辛雅苓　沈秀娥　张久龙
张开开　陈　晨　陈圆圆　孟　建　赵利军　赵京晶　胡新跃
贾　楠　梁　静　蒋建勇　戴文红

审　定：刘卫红　林安国　晁晶迪　徐　硕

第三章　土壤和沉积物

命　题：（以姓氏笔画为序）

王　涵　王小菊　王永涛　王宇飞　刘　国　刘兆莹　刘佳兴
邱斯阳　张　鹤　张雪晶　陈　维　房　硕　柴　悦　徐　萍
高秀佳　崔巧丽　魏　铮

审　题：（以姓氏笔画为序）

丁萌萌　王　芳　王　炜　王丽丽　田　野　乔朝辉　刘兆莹

闫旭颖　芦晓燕　陈　维　赵　静　胡　帅　洪　涛　贾　楠
徐　萍

审　定：杨懂艳　胡月琪

第四章　固体废物

命　题：（以姓氏笔画为序）

王宇飞　刘　国　刘彦杰　孙　烁　李　洋　李昕芯　杨　梦
杨金凤　谷　晔　张开开　张雪晶　金　钰　郑　好　宗赫赫
姜　洋　柴　悦　鞠　东　魏　铮

审　题：（以姓氏笔画为序）

王　芳　王晓霞　田　野　乔朝辉　刘兆莹　安美玲　芦晓燕
张　梁　赵　静　赵京晶　胡新跃　徐　萍　董伟宁　蒋建勇

审　定：杨懂艳　胡月琪

第五章　噪声和振动

命　题：（以姓氏笔画为序）

从磊磊　吕延靖　李　享　李　超　张新爽　袁华山　黄　旭

审　题：（以姓氏笔画为序）

王京伟　史天元　吕延靖　杨碧菁　张　劲　黄　旭　蒋建勇

审　定：胡月琪

参加本书编写的单位

北京市生态环境监测中心

北京市昌平区环境保护监测站

北京市石景山区环境保护监测站

北京市顺义区生态环境监测站

北京市朝阳区生态环境监测中心

北京市房山区生态环境监测站

北京市延庆区环境保护监测站

北京市密云区环境保护监测站

北京市丰台区生态环境监测站

北京市西城区环境保护监测站

北京市大兴区环境保护监测站

北京市怀柔区生态环境监测站

北京市东城区环境保护监测站

北京市门头沟区生态环境监测站

北京市平谷区环境保护监测站

北京市海淀区环境监测站

北京市通州区生态环境监测中心

序言

生态环境监测是环境保护的“眼睛”“基石”“顶梁柱”，生态环境监测数据是客观评价环境质量状况、反映污染治理成效、实施环境管理与决策的基本依据。为保障生态环境监测数据真、准、全，北京市生态环境部门切实加强监测全过程管理，贯彻执行监测方法标准，规范监测人员持证上岗考核管理，确保了监测质量。

为进一步提升生态环境监测人员对监测标准的综合运用能力，北京市生态环境监测中心组织相关技术人员编写了涵盖监测常用领域相关方法标准、技术规范等内容的《北京市生态环境监测人员持证上岗考核试题集》（以下简称《试题集》）。全书包含水（含大气降水）和废水、环境空气和废气、土壤和沉积物、固体废物、噪声和振动5章，共191个监测方法、技术规范，其中包括4个北京市地方监测方法标准，18个近年来新发布的方法标准、技术规范。《试题集》突出了监测技术规范在各领域的技术引领作用，强化了对采样技术等薄弱环节的考查，覆盖了主要的监测方法类型和仪器设备类型。《试题集》的出版，将有助于监测人员学习、培训、考核、持证上岗和能力确认工作的开展以及各级生态环境监测部门的技术交流，对促进生态环境监测人员持证上岗考核标准化、进一步规范生态环境监测工作具有重要的指导意义。

由于编写时间有限，书中有不当之处，恳请批评指正。

编　者

2021年2月

目录

第一章　水（含大气降水）和废水 ………… 001

第一节　地表水和污水监测技术规范 ………… 003
（HJ/T 91—2002）

第二节　地下水环境监测技术规范 ………… 006
（HJ 164—2020）

第三节　污水监测技术规范 ………… 010
（HJ 91.1—2019）

第四节　水污染物排放总量监测技术规范 ………… 013
（HJ/T 92—2002）

第五节　水质　湖泊和水库采样技术指导 ………… 018
（GB/T 14581—93）

第六节　水质　样品的保存和管理技术规定 ………… 022
（HJ 493—2009）

第七节　水质　采样技术指导 ………… 028
（HJ 494—2009）

第八节　水质　采样方案设计技术规定 ………… 034
（HJ 495—2009）

第九节　大气降水样品的采集与保存 ………… 038
（GB 13580.2—92）

第十节　酸沉降监测技术规范 ………… 042
（HJ/T 165—2004）

第十一节　河流流量测验规范 ………… 045
（GB 50179—2015）（流速仪法）

第十二节　河流流量测验规范 ………… 050
（GB 50179—2015）（浮标法）

第十三节　水质　水温的测定　温度计或颠倒温度计测定法 ………… 054
（GB 13195—91）

第十四节 水质 透明度的测定 塞氏盘法 …… 056
（《水和废水监测分析方法》第四版增补版）
第十五节 水质 pH 值的测定 电极法 …… 059
（HJ 1147—2020）
第十六节 大气降水 pH 值的测定 电极法 …… 061
（GB 13580.4—92）
第十七节 大气降水 电导率的测定方法 …… 065
（GB 13580.3—92）
第十八节 水质 溶解氧的测定 电化学探头法 …… 068
（HJ 506—2009）
第十九节 水质 溶解氧的测定 碘量法 …… 072
（GB 7489—87）
第二十节 水质 色度的测定 …… 075
（GB 11903—89）（铂钴比色法）
第二十一节 水质 色度的测定 稀释倍数法 …… 078
（HJ 1182—2021）
第二十二节 水质 臭的测定 文字描述法 …… 081
（《水和废水监测分析方法》第四版增补版）
第二十三节 水质 悬浮物的测定 重量法 …… 084
（GB 11901—89）
第二十四节 水质 浊度的测定 浊度计法 …… 087
（HJ 1075—2019）
第二十五节 生活饮用水标准检验方法 感官性状和物理指标 …… 090
（GB/T 5750.4—2006 2.1 浑浊度 散射法－福尔马肼标准）
第二十六节 水质 浊度的测定 …… 091
（GB 13200—91）（目视比浊法）
第二十七节 水质 浊度的测定 便携式浊度计法 …… 095
（《水和废水监测分析方法》第四版增补版）
第二十八节 水质 钙和镁总量的测定 EDTA 滴定法 …… 098
（GB 7477—87）
第二十九节 水质 全盐量的测定 重量法 …… 102
（HJ/T 51—1999）
第三十节 生活饮用水标准检验方法 感官性状和物理指标 …… 105
（GB/T 5750.4—2006 8.1 溶解性总固体 称量法）
第三十一节 水质 溶解性总固体的测定 …… 108
（《水和废水监测分析方法》第四版增补版）
第三十二节 水质 碱度的测定 酸碱指示剂滴定法 …… 110
（《水和废水监测分析方法》第四版增补版）
第三十三节 水质 高锰酸盐指数的测定 …… 112
（GB 11892—89）

第三十四节 水质 化学需氧量的测定 快速消解分光光度法 ……………………………… 116
（HJ/T 399—2007）
第三十五节 水质 化学需氧量的测定 重铬酸盐法 ……………………………………… 120
（HJ 828—2017）
第三十六节 水质 氨氮的测定 纳氏试剂分光光度法 ………………………………… 124
（HJ 535—2009）
第三十七节 水质 氨氮的测定 连续流动－水杨酸分光光度法 ……………………… 129
（HJ 665—2013）
第三十八节 水质 五日生化需氧量（BOD_5）的测定 稀释与接种法 ………………… 133
（HJ 505—2009）
第三十九节 水质 挥发酚的测定 4-氨基安替比林分光光度法 ……………………… 138
（HJ 503—2009）
第四十节 水质 挥发酚的测定 流动注射-4-氨基安替比林分光光度法 ……………… 143
（HJ 825—2017）
第四十一节 水质 总氮的测定 碱性过硫酸钾消解紫外分光光度法 ………………… 145
（HJ 636—2012）
第四十二节 水质 总氮的测定 连续流动－盐酸萘乙二胺分光光度法 ……………… 148
（HJ 667—2013）
第四十三节 水质 总氮的测定 流动注射－盐酸萘乙二胺分光光度法 ……………… 154
（HJ 668—2013）
第四十四节 水质 总磷的测定 钼酸铵分光光度法 …………………………………… 158
（GB 11893—89）
第四十五节 水质 总磷的测定 流动注射－钼酸铵分光光度法 ……………………… 162
（HJ 671—2013）
第四十六节 水质 磷酸盐和总磷的测定 连续流动－钼酸铵分光光度法 …………… 166
（HJ 670—2013）
第四十七节 水质 磷酸盐的测定 离子色谱法 ………………………………………… 171
（HJ 669—2013）
第四十八节 水质 硫化物的测定 亚甲基蓝分光光度法 ……………………………… 174
（GB/T 16489—1996）
第四十九节 水质 氰化物的测定 容量法和分光光度法 ……………………………… 178
（HJ 484—2009）（异烟酸－吡唑啉酮分光光度法）
第五十节 水质 氰化物的测定 容量法和分光光度法 ………………………………… 183
（HJ 484—2009）（异烟酸－巴比妥酸分光光度法）
第五十一节 水质 氰化物的测定 流动注射－分光光度法 …………………………… 188
（HJ 823—2017）
第五十二节 水质 阴离子表面活性剂的测定 亚甲蓝分光光度法 …………………… 194
（GB 7494—87）
第五十三节 水质 阴离子表面活性剂的测定 流动注射－亚甲基蓝分光光度法 ………… 198
（HJ 826—2017）

第五十四节 生活饮用水标准检验方法 感官性状和物理指标 …………………………… 204
（GB/T 5750.4—2006 10.1 阴离子合成洗涤剂 亚甲基蓝分光光度法）
第五十五节 水质 无机阴离子（F^-、Cl^-、NO_2^-、Br^-、NO_3^-、PO_4^{3-}、SO_3^{2-}、SO_4^{2-}）的测定 离子色谱法 …………………………………………………………………… 209
（HJ 84—2016）
第五十六节 大气降水中氟、氯、亚硝酸盐、硝酸盐、硫酸盐的测定 离子色谱法 ……… 214
（GB 13580.5—92）
第五十七节 水质 氟化物的测定 离子选择电极法 …………………………………… 218
（GB 7484—87）
第五十八节 水质 氯化物的测定 硝酸银滴定法 ……………………………………… 221
（GB 11896—89）
第五十九节 水质 亚硝酸盐氮的测定 分光光度法 …………………………………… 224
（GB 7493—87）
第六十节 水质 硝酸盐氮的测定 紫外分光光度法（试行）……………………………… 229
（HJ/T 346—2007）
第六十一节 水质 硫酸盐的测定 重量法 ……………………………………………… 233
（GB 11899—89）
第六十二节 水质 硫酸盐的测定 铬酸钡分光光度法（试行）…………………………… 237
（HJ/T 342—2007）
第六十三节 水质 六价铬的测定 二苯碳酰二肼分光光度法 …………………………… 239
（GB 7467—87）
第六十四节 水质 32 种元素的测定 电感耦合等离子体发射光谱法 ……………………… 245
（HJ 776—2015）
第六十五节 水质 镍的测定 火焰原子吸收分光光度法 ……………………………… 250
（GB 11912—89）
第六十六节 水质 铜、锌、铅、镉的测定 原子吸收分光光度法 ………………………… 254
（GB 7475—87）
第六十七节 水质 镉的测定 石墨炉原子吸收法 ……………………………………… 257
（《水和废水监测分析方法》第四版增补版）
第六十八节 水质 汞、砷、硒、铋和锑的测定 原子荧光法 …………………………… 261
（HJ 694—2014）
第六十九节 水质 65 种元素的测定 电感耦合等离子体质谱法 ………………………… 265
（HJ 700—2014）
第七十节 水质 铅的测定 石墨炉原子吸收法 ………………………………………… 269
（《水和废水监测分析方法》第四版增补版）
第七十一节 水质 总砷的测定 二乙基二硫代氨基甲酸银分光光度法 …………………… 273
（GB 7485—87）
第七十二节 水质 铁、锰的测定 火焰原子吸收分光光度法 …………………………… 278
（GB 11911—89）
第七十三节 水质 铜的测定 石墨炉原子吸收法 ……………………………………… 281
（《水和废水监测分析方法》第四版增补版）

第七十四节 水质 总铬的测定 …… 285
(GB 7466—87)(高锰酸钾氧化 - 二苯碳酰二肼分光光度法)
第七十五节 水质 铬的测定 火焰原子吸收分光光度法 …… 291
(HJ 757—2015)
第七十六节 水质 苯系物的测定 顶空 / 气相色谱法 …… 294
(HJ 1067—2019)
第七十七节 水质 草甘膦的测定 高效液相色谱法 …… 297
(HJ 1071—2019)
第七十八节 水质 联苯胺的测定 高效液相色谱法 …… 300
(HJ 1017—2019)
第七十九节 水质 石油类的测定 紫外分光光度法(试行)…… 303
(HJ 970—2018)
第八十节 水质 石油类和动植物油类的测定 红外分光光度法 …… 306
(HJ 637—2018)
第八十一节 水质 挥发性有机物的测定 吹扫捕集 / 气相色谱 - 质谱法 …… 309
(HJ 639—2012)
第八十二节 水质 游离氯和总氯的测定 *N*,*N*- 二乙基 -1,4- 苯二胺滴定法 …… 314
(HJ 585—2010)
第八十三节 水质 游离氯和总氯的测定 *N*,*N*- 二乙基 -1,4- 苯二胺分光光度法 …… 319
(HJ 586—2010)
第八十四节 水质 叶绿素 a 的测定 分光光度法 …… 324
(HJ 897—2017)
第八十五节 生活饮用水标准检验方法 微生物指标 …… 329
(GB/T 5750.12—2006 2.1 总大肠菌群 多管发酵法)
第八十六节 生活饮用水标准检验方法 微生物指标 …… 332
(GB/T 5750.12—2006 2.2 总大肠菌群 滤膜法)
第八十七节 水质 总大肠菌群、粪大肠菌群和大肠埃希氏菌的测定 酶底物法 …… 336
(HJ 1001—2018)
第八十八节 水质 粪大肠菌群的测定 多管发酵法 …… 341
(HJ 347.2—2018)
第八十九节 水质 粪大肠菌群的测定 滤膜法 …… 346
(HJ 347.1—2018)
第九十节 水质 细菌总数的测定 平皿计数法 …… 350
(HJ 1000—2018)
第九十一节 生活饮用水标准检验方法 微生物指标 …… 353
(GB/T 5750.12—2006 1.1 菌落总数 平皿计数法)

第二章 环境空气和废气 …… 359

第一节 环境空气质量手工监测技术规范 …… 361
(HJ 194—2017)
第二节 环境空气质量监测点位布设技术规范(试行)…… 365
(HJ 664—2013)

第三节 固定污染源排气中颗粒物测定与气态污染物采样方法 …… 370
（GB/T 16157—1996）
第四节 固定源废气监测技术规范 …… 376
（HJ/T 397—2007）
第五节 锅炉烟尘测试方法 …… 381
（GB 5468—91）
第六节 大气污染物无组织排放监测技术导则 …… 385
（HJ/T 55—2000）
第七节 固定污染源废气 低浓度颗粒物的测定 重量法 …… 390
（HJ 836—2017）
第八节 固定污染源废气 氮氧化物的测定 定电位电解法 …… 394
（HJ 693—2014）
第九节 固定污染源废气 二氧化硫的测定 定电位电解法 …… 399
（HJ 57—2017）
第十节 固定污染源废气 一氧化碳的测定 定电位电解法 …… 404
（HJ 973—2018）
第十一节 固定污染源排放 烟气黑度的测定 林格曼烟气黑度图法 …… 409
（HJ/T 398—2007）
第十二节 加油站油气排放控制和限值 …… 411
（DB11/208—2019 附录 A 密闭性检测方法）
第十三节 加油站油气排放控制和限值 …… 412
（DB11/208—2019 附录 B 液阻检测方法）
第十四节 加油站油气排放控制和限值 …… 413
（DB11/208—2019 附录 C 气液比检测方法）
第十五节 环境空气 PM_{10} 和 $PM_{2.5}$ 的测定 重量法 …… 415
（HJ 618—2011）
第十六节 环境空气 降尘的测定 重量法 …… 420
（GB/T 15265—1994）
第十七节 环境空气 总悬浮颗粒物的测定 重量法 …… 425
（GB/T 15432—1995）
第十八节 餐饮业 颗粒物的测定 手工称重法 …… 428
（DB11/T 1485—2017）
第十九节 固定污染源废气 挥发性有机物的测定 固相吸附－热脱附 / 气相色谱－质谱法 … 433
（HJ 734—2014）
第二十节 环境空气 挥发性有机物的测定 罐采样 / 气相色谱－质谱法 …… 438
（HJ 759—2015）
第二十一节 环境空气和废气 非甲烷烃的测定 气相色谱法 …… 443
（《空气和废气监测分析方法》第四版增补版）
第二十二节 固定污染源废气 总烃、甲烷和非甲烷总烃的测定 气相色谱法 …… 445
（HJ 38—2017）

第二十三节 环境空气 总烃、甲烷和非甲烷总烃的测定 直接进样－气相色谱法 ……… 453
（HJ 604—2017）
第二十四节 固定污染源废气 甲烷/总烃/非甲烷总烃的测定 便携式氢火焰离子化检测器法… 458
（DB11/T 1367—2016）
第二十五节 室内空气质量标准 …………………………………………………………… 464
［GB/T 18883—2002 附录 C 室内空气中总挥发性有机物（TVOC）的检验方法（热解吸/毛细管气相色谱法）］
第二十六节 饮食业油烟排放标准（试行）…………………………………………………… 469
（GB 18483—2001 附录 A 饮食业油烟采样方法及分析方法）
第二十七节 环境空气 苯系物的测定 活性炭吸附/二硫化碳解吸－气相色谱法………… 473
（HJ 584—2010）
第二十八节 环境空气和废气 三甲苯的测定 活性炭吸附/二硫化碳解吸－气相色谱法… 479
（DB11/T 1566—2018）
第二十九节 固定污染源废气 氯苯类化合物的测定 气相色谱法 ………………………… 483
（HJ 1079—2019）
第三十节 固定污染源废气 油烟和油雾的测定 红外分光光度法 ……………………… 486
（HJ 1077—2019）
第三十一节 大气固定污染源 镉的测定 石墨炉原子吸收分光光度法 ………………… 490
（HJ/T 64.2—2001）
第三十二节 污染源废气 铅的测定 石墨炉原子吸收分光光度法 ……………………… 493
（《空气和废气监测分析方法》第四版增补版）
第三十三节 固定污染源废气 铅的测定 火焰原子吸收分光光度法 …………………… 496
（HJ 685—2014）
第三十四节 环境空气和废气 氯化氢的测定 离子色谱法 ……………………………… 500
（HJ 549—2016）
第三十五节 固定污染源排气中氯化氢的测定 硫氰酸汞分光光度法 …………………… 506
（HJ/T 27—1999）
第三十六节 固定污染源废气 硫酸雾的测定 离子色谱法 ……………………………… 511
（HJ 544—2016）
第三十七节 固定污染源废气 二氧化硫的测定 非分散红外吸收法 …………………… 515
（HJ 629—2011）
第三十八节 环境空气 二氧化硫的测定 甲醛吸收－副玫瑰苯胺分光光度法 ………… 517
（HJ 482—2009）
第三十九节 环境空气 氮氧化物（一氧化氮和二氧化氮）的测定 盐酸萘乙二胺分光光度法… 522
（HJ 479—2009）
第四十节 环境空气 二氧化氮的测定 Saltzman 法 …………………………………… 528
（GB/T 15435—1995）
第四十一节 固定污染源废气 氮氧化物的测定 非分散红外吸收法 …………………… 533
（HJ 692—2014）
第四十二节 空气质量 一氧化碳的测定 非分散红外法 ………………………………… 536
（GB 9801—88）

第四十三节 环境空气和废气 氨的测定 纳氏试剂分光光度法 …………………………… 539
（HJ 533—2009）
第四十四节 空气质量 恶臭的测定 三点比较式臭袋法 ………………………………………… 544
（GB/T 14675—93）
第四十五节 空气质量 甲醛的测定 乙酰丙酮分光光度法 ……………………………………… 547
（GB/T 15516—1995）
第四十六节 空气质量 硫化氢的测定 亚甲基蓝分光光度法 ………………………………… 552
（《空气和废气监测分析方法》第四版增补版）
第四十七节 污染源废气 硫化氢的测定 亚甲基蓝分光光度法 ……………………………… 556
（《空气和废气监测分析方法》第四版增补版）
第四十八节 空气质量 硫酸盐化速率的测定 碱片 - 重量法 ………………………………… 560
（《空气和废气监测分析方法》第四版增补版）
第四十九节 环境空气 氨、甲胺、二甲胺和三甲胺的测定 离子色谱法 …………………… 564
（HJ 1076—2019）

第三章 土壤和沉积物……………………………………………………………………………… 567

第一节 土壤环境监测技术规范 ……………………………………………………………………… 569
（HJ/T 166—2004）
第二节 底质采样 ……………………………………………………………………………………… 573
（《水和废水监测分析方法》第四版增补版）
第三节 土壤检测 第 2 部分：土壤 pH 的测定……………………………………………………… 576
（NY/T 1121.2—2006）
第四节 土壤 pH 的测定………………………………………………………………………………… 579
（NY/T 1377—2007）
第五节 土壤 pH 值的测定 电位法 ………………………………………………………………… 581
（HJ 962—2018）
第六节 土壤 阳离子交换量的测定 三氯化六氨合钴浸提 - 分光光度法 ………………… 586
（HJ 889—2017）
第七节 土壤 干物质和水分的测定 重量法 ……………………………………………………… 590
（HJ 613—2011）
第八节 土壤水分测定法 ……………………………………………………………………………… 593
（GB 7172—87）
第九节 土壤质量 总汞、总砷、总铅的测定 原子荧光法 第 1 部分：土壤中总汞的测定 … 595
（GB/T 22105.1—2008）
第十节 土壤质量 总汞、总砷、总铅的测定 原子荧光法 第 2 部分：土壤中总砷的测定 … 598
（GB/T 22105.2—2008）
第十一节 土壤和沉积物 汞、砷、硒、铋、锑的测定 微波消解 / 原子荧光法……………… 602
（HJ 680—2013）
第十二节 土壤和沉积物 总汞的测定 催化热解 - 冷原子吸收分光光度法 ……………… 606
（HJ 923—2017）
第十三节 土壤和沉积物 12 种金属元素的测定 王水提取 - 电感耦合等离子体质谱法 … 611
（HJ 803—2016）

第十四节 土壤和沉积物 铜、锌、铅、镍、铬的测定 火焰原子吸收分光光度法 ……… 615
（HJ 491—2019）
第十五节 土壤和沉积物 金属元素总量的消解 微波消解法 …………………………… 619
（HJ 832—2017）
第十六节 土壤和沉积物 铊的测定 石墨炉原子吸收分光光度法 ……………………… 625
（HJ 1080—2019）
第十七节 土壤 氰化物和总氰化物的测定 分光光度法 …………………………………… 627
（HJ 745—2015）
第十八节 土壤和沉积物 有机磷类和拟除虫菊酯类等 47 种农药的测定 气相色谱－质谱法… 631
（HJ 1023—2019）
第十九节 土壤 石油类的测定 红外分光光度法 ………………………………………… 635
（HJ 1051—2019）

第四章 固体废物………………………………………………………………………… 641

第一节 工业固体废物采样制样技术规范 …………………………………………………… 643
（HJ/T 20—1998）
第二节 危险废物鉴别技术规范 ……………………………………………………………… 647
（HJ 298—2019）
第三节 固体废物 浸出毒性浸出方法 水平振荡法 ……………………………………… 651
（HJ 557—2010）
第四节 固体废物 浸出毒性浸出方法 硫酸硝酸法 ……………………………………… 656
（HJ/T 299—2007）
第五节 固体废物 浸出毒性浸出方法 醋酸缓冲溶液法 ………………………………… 661
（HJ/T 300—2007）
第六节 固体废物 氟化物的测定 离子选择性电极法 …………………………………… 666
（GB/T 15555.11—1995）
第七节 固体废物 六价铬的测定 二苯碳酰二肼分光光度法 …………………………… 671
（GB/T 15555.4—1995）
第八节 固体废物 总铬的测定 二苯碳酰二肼分光光度法 ……………………………… 677
（GB/T 15555.5—1995）
第九节 固体废物 总铬的测定 火焰原子吸收分光光度法 ……………………………… 681
（HJ 749—2015）
第十节 固体废物 铅、锌和镉的测定 火焰原子吸收分光光度法 ……………………… 684
（HJ 786—2016）
第十一节 固体废物 铅和镉的测定 石墨炉原子吸收分光光度法 ……………………… 689
（HJ 787—2016）
第十二节 固体废物 镍和铜的测定 火焰原子吸收分光光度法 ………………………… 693
（HJ 751—2015）
第十三节 固体废物 铍、镍、铜和钼的测定 石墨炉原子吸收分光光度法 …………… 698
（HJ 752—2015）
第十四节 固体废物 汞、砷、硒、铋、锑的测定 微波消解 / 原子荧光法…………………… 702
（HJ 702—2014）

第十五节　危险废物鉴别标准　浸出毒性鉴别 …… 706
（GB 5085.3—2007　附录 A　固体废物　元素的测定　电感耦合等离子体原子发射光谱法）
第十六节　危险废物鉴别标准　浸出毒性鉴别 …… 712
（GB 5085.3—2007　附录 B　固体废物　元素的测定　电感耦合等离子体质谱法）
第十七节　危险废物鉴别标准　浸出毒性鉴别 …… 717
（GB 5085.3—2007　附录 C　固体废物　金属元素的测定　石墨炉原子吸收光谱法）
第十八节　危险废物鉴别标准　浸出毒性鉴别 …… 719
（GB 5085.3—2007　附录 D　固体废物　金属元素的测定　火焰原子吸收光谱法）
第十九节　危险废物鉴别标准　浸出毒性鉴别 …… 724
（GB 5085.3—2007　附录 E　固体废物　砷、锑、铋、硒的测定　原子荧光法）
第二十节　固体废物　热灼减率的测定　重量法 …… 726
（HJ 1024—2019）
第二十一节　固体废物　金属元素的测定　电感耦合等离子体质谱法 …… 728
（HJ 766—2015）
第二十二节　固体废物　22 种金属元素的测定　电感耦合等离子体发射光谱法 …… 733
（HJ 781—2016）

第五章　噪声和振动 …… 739

第一节　声环境质量标准 …… 741
（GB 3096—2008）
第二节　环境噪声监测技术规范　城市声环境常规监测 …… 745
（HJ 640—2012）
第三节　工业企业厂界环境噪声排放标准 …… 750
（GB 12348—2008）
第四节　社会生活环境噪声排放标准 …… 754
（GB 22337—2008）
第五节　建筑施工场界环境噪声排放标准 …… 758
（GB 12523—2011）
第六节　环境噪声监测技术规范　结构传播固定设备室内噪声 …… 763
（HJ 707—2014）
第七节　环境噪声监测技术规范　噪声测量值修正 …… 765
（HJ 706—2014）
第八节　铁路边界噪声限值及其测量方法 …… 770
（GB 12525—90）
第九节　机场周围飞机噪声测量方法 …… 773
（GB 9661—88）
第十节　城市区域环境振动测量方法 …… 777
（GB 10071—88）

第一章

水（含大气降水）和废水

第一节 地表水和污水监测技术规范（HJ/T 91—2002）

一、判断题

1. 综合水样是获得平均浓度的重要方式，因此所有的断面都应该采综合水样。(　　)

答案： ×

正确答案： 在地表水水质监测中通常采集瞬时水样。

答案： √

2.《地表水和污水监测技术规范》（HJ/T 91—2002）中规定，监测断面在总体和宏观上须能反映水系或所在区域的水环境质量状况。(　　)

答案： √

3.《地表水和污水监测技术规范》（HJ/T 91—2002）中规定，消减断面是指工业废水或生活污水在水体内流经一定距离而达到最大限度混合，污染物受到稀释、降解，其主要污染物浓度有明显降低的断面。(　　)

答案： √

4.《地表水和污水监测技术规范》（HJ/T 91—2002）中规定，根据水体功能区设置控制监测断面，同一水体功能区至少要设置 1 个监测断面。(　　)

答案： √

5.《地表水和污水监测技术规范》（HJ/T 91—2002）中规定，断面位置可以随意设定。(　　)

答案： ×

正确答案： 断面位置应避开死水区、回水区、排污口处，尽量选择顺直河段、河床稳定、水流平稳、水面宽阔、无急流、无浅滩处。

6.《地表水和污水监测技术规范》（HJ/T 91—2002）中规定，监测断面力求与水文测流断面一致，以便利用其水文参数，实现水质监测与水量监测的结合。(　　)

答案： √

7.《地表水和污水监测技术规范》（HJ/T 91—2002）中规定，国控水系、河流、湖、库上的监测断面，逢单月采样 2 次，全年取样 12 次。(　　)

答案： ×

正确答案： 国控水系、河流、湖、库上的监测断面，逢单月采样 1 次，全年取样 6 次。

8.《地表水和污水监测技术规范》（HJ/T 91—2002）中规定，水系的背景断面每年采样 3 次。(　　)

答案： ×

正确答案： 水系的背景断面每年采样 1 次。

9.《地表水和污水监测技术规范》（HJ/T 91—2002）中规定，国控监测断面（或垂线）每月采样 1 次，在每月 5—10 日进行采样。(　　)

答案： √

10.《地表水和污水监测技术规范》（HJ/T 91—2002）中规定，地表水采样时，不可搅动水底的沉积物。(　　)

答案：√

11.《地表水和污水监测技术规范》（HJ/T 91—2002）中规定，地表水采样时，测定油类、BOD_5、DO、硫化物无需单独采样。(　　)

答案：×

正确答案：地表水采样时，测定油类、BOD_5、DO、硫化物等项目需要单独采样。

12.《地表水和污水监测技术规范》（HJ/T 91—2002）中规定，在地表水水质监测中通常采集瞬时水样。(　　)

答案：√

13.《地表水和污水监测技术规范》（HJ/T 91—2002）中规定，气象参数有气温、气压、风向、风速和相对湿度等。(　　)

答案：√

14.《地表水和污水监测技术规范》（HJ/T 91—2002）中规定，底质样品的监测主要用于了解水体中易沉降、难降解污染物的累积情况。(　　)

答案：√

二、单项选择题

1.《地表水和污水监测技术规范》（HJ/T 91—2002）中规定，________是评价某一完整水系的污染程度，未受人类生活和生产活动影响，能够提供水环境背景值的断面。(　　)

A．控制断面　　B．背景断面　　C．消减断面　　D．对照断面

答案：B

2.《地表水和污水监测技术规范》（HJ/T 91—2002）中规定，为了解水环境污染程度及其变化情况的断面是________。(　　)

A．控制断面　　B．对照断面　　C．消减断面　　D．背景断面

答案：A

3.《地表水和污水监测技术规范》（HJ/T 91—2002）中规定，地表水采样断面应避开死水区、回水区、排污口处，尽量选择顺直河段、河床稳定、水流________、水面宽阔、无急流、无浅滩处。(　　)

A．平稳　　B．漩涡　　C．湍急　　D．静止

答案：A

4.《地表水和污水监测技术规范》（HJ/T 91—2002）中规定，通过仪器设备按预先编定的程序自动连续或间歇式采集水样的过程称为________。(　　)

A．自动采样　　B．比例采样　　C．瞬时采样　　D．间歇采样

答案：A

5.《地表水和污水监测技术规范》（HJ/T 91—2002）中规定，需要单独采样并将采集的样品全部用于测定的项目是________。(　　)

A. 氨氮 B. 油类 C. 化学需氧量 D. 总磷

答案：B

6.《地表水和污水监测技术规范》（HJ/T 91—2002）中规定，采样时，除细菌总数、大肠菌群、油类、DO、BOD_5、有机物、余氯等有特殊要求的项目外，其他项目要先用采样水荡洗采样器与水样容器________次，然后再将水样采入容器中。（ ）

A. 0 B. 1 C. 2～3 D. 3～4

答案：C

7.《地表水和污水监测技术规范》（HJ/T 91—2002）中规定，地表水监测过程中，采集油类样品需用________作为采样容器。（ ）

A. 聚乙烯瓶 B. 硬质玻璃瓶 C. 铁桶 D. 铝桶

答案：B

8.《地表水和污水监测技术规范》（HJ/T 91—2002）中规定，国控水系、河流、湖、库上的监测断面，逢单月采样________次，全年取样________次。（ ）

A. 1，6 B. 2，10 C. 3，15 D. 4，20

答案：A

9.《地表水和污水监测技术规范》（HJ/T 91—2002）中规定，测定湖库水的 COD、高锰酸盐指数、叶绿素 a、总氮、总磷时，水样静置 30 min 后，用吸管一次或几次移取水样，吸管进水尖嘴应插至水样表层________以下位置，再加保存剂保存。（ ）

A. 10 mm B. 20 mm C. 50 mm D. 80 mm

答案：C

10.《地表水和污水监测技术规范》（HJ/T 91—2002）中规定，地表水采样时，微生物样品应加入硫代硫酸钠 0.2～0.5 g/L，除去残余物，________℃保存。（ ）

A. 8 B. 6 C. 4 D. 2

答案：C

11.《地表水和污水监测技术规范》（HJ/T 91—2002）中规定，测定水样 COD 时，水样中需加入保存剂________，并使水样 pH≤2。（ ）

A. 硫酸 B. 硝酸 C. 盐酸 D. 磷酸

答案：A

12.《地表水和污水监测技术规范》（HJ/T 91—2002）中规定，根据水体功能区设置控制监测断面，同一水体功能区至少设置________个监测断面。（ ）

A. 1 B. 2 C. 3 D. 4

答案：A

13.《地表水和污水监测技术规范》（HJ/T 91—2002）中规定，当水面宽＞100 m 时，在一个监测断面上设置的采样垂线数是________条。（ ）

A. 5 B. 4 C. 3 D. 2

答案：C

三、问答题

1. 请根据《地表水和污水监测技术规范》（HJ/T 91—2002）简述瞬时水样的含义。

答案：瞬时水样指从水中不连续地随机（就时间和断面而言）采集的单一样品，一般在一定的时间和地点随机采取。

2. 请简述《地表水和污水监测技术规范》（HJ/T 91—2002）中采样断面都有什么类型？

答案：（1）背景断面；（2）对照断面；（3）控制断面；（4）消减断面。

3. 请简述《地表水和污水监测技术规范》（HJ/T 91—2002）中混合水样分为几类，含义分别是什么？

答案：（1）等比例混合水样：指在某一时段内，在同一采样点位所采水样量随时间或流量成比例的混合水样。

（2）等时混合水样：指在某一时段内，在同一采样点位（断面）按等时间间隔所采等体积水样的混合水样。

4. 请列举《地表水和污水监测技术规范》（HJ/T 91—2002）中常见的采样器。

答案：（1）聚乙烯塑料桶；（2）单层采水瓶；（3）直立式采水器；（4）自动采样器。

5. 请列举《地表水和污水监测技术规范》（HJ/T 91—2002）中的气象参数。

答案：气温、气压、风向、风速和相对湿度等。

参考文献

［1］国家环境保护总局．地表水和污水监测技术规范：HJ/T 91—2002［S］．北京：中国环境科学出版社，2002.

［2］中国环境监测总站《环境监测人员持证上岗考核试题集》编写组．环境监测人员持证上岗考核试题集：上册．4版［M］．北京：中国环境出版集团，2015.

命题：杨 键
审核：孙 烁

第二节 地下水环境监测技术规范（HJ 164—2020）

一、判断题

1. 地下水环境监测工作包括布点、采样、测试、数据处理和综合评价等几个环节，应该对从布点到取得数据的整个过程进行全面质量管理。（　　）

答案：√

2.《地下水环境监测技术规范》（HJ 164—2020）中规定，抽水前井孔中稳定的地下水水位叫

作动水位。(　　)

答案：×

正确答案：抽水前井孔中稳定的地下水水位叫作静水位。

3. 分析水样中肉眼可见物的步骤是将水样摇匀，在光线明亮处迎光直接观察，记录所观察到的肉眼可见物。(　　)

答案：√

4.《地下水环境监测技术规范》（HJ 164—2020）中规定，水样采集后，对每一份样品都应附一张完整的水样标签。(　　)

答案：√

5.《地下水环境监测技术规范》（HJ 164—2020）中规定，静水位是指抽水前井孔中稳定的地下水水位。(　　)

答案：√

6.《地下水环境监测技术规范》（HJ 164—2020）中规定，监测井的井管内径不宜小于 0.1 m。(　　)

答案：×

正确答案：井管的内径应不小于 50 mm，以能够满足洗井和取水要求的口径为准。

7. 根据《地下水环境监测技术规范》（HJ 164—2020）中的描述，地下水环境监测井是为准确把握地下水环境质量状况和地下水体中污染物的动态分布变化情况而设立的监测井。(　　)

答案：√

8.《地下水环境监测技术规范》（HJ 164—2020）中规定，当污染源位于地下水水源补给区时，可根据实际情况加密地下水监测点。(　　)

答案：√

9. 根据《地下水环境监测技术规范》（HJ 164—2020）的规定，环境监测井井口保护筒和井盖中心部分应采用高密度树脂材料，避免数据无线传输信号被屏蔽；井盖需加异型安全锁。(　　)

答案：×

正确答案：环境监测井井口保护筒宜使用不锈钢材质，井盖中心部分应采用高密度树脂材料，避免数据无线传输信号被屏蔽；井盖需加异型安全锁。

10. 根据《地下水环境监测技术规范》（HJ 164—2020）的规定，岩溶区监测点的布设重点在于追踪地下暗河出入口和主要含水层，按地下河系统径流网形状和规模布设监测点，在主管道与支管道间的补给、径流区适当布设监测点，在重大或潜在的污染源分布区适当加密地下水监测点。(　　)

答案：√

二、单项选择题

1. 根据《地下水环境监测技术规范》（HJ 164—2020）中的定义，静水位是指________。(　　)

A. 自由水面相对于某一基面的高程　　　　B. 抽水前井孔中稳定的地下水水位

C. 从地表至地下承压水面的垂直深度　　D. 抽水试验过程中某一时刻的水位

答案：B

2. 根据《地下水环境监测技术规范》（HJ 164—2020）的规定，监测井的井管内径不宜小于________。（　　）

A. 0.1 m　　B. 0.05 m　　C. 0.25 m　　D. 0.30 m

答案：B

3. 根据《地下水环境监测技术规范》（HJ 164—2020）的规定，地下水饮用水水源地的监测点布设，以________为监测重点。（　　）

A. 开采层　　B. 地下水补给区

C. 地下水径流区　　D. 地下水补给区和径流区

答案：A

4. 根据《地下水环境监测技术规范》（HJ 164—2020）的规定，现场监测项目包括________等。（　　）

A. 气温、水位、水温、总硬度、pH、溶解氧、电导率、浑浊度

B. 气温、水位、水温、pH、溶解氧、电导率、浑浊度

C. 气温、水位、水温、pH、电导率、浑浊度、氧化还原电位、嗅和味、肉眼可见物

D. 气温、水位、水温、pH、溶解氧、电导率、浑浊度、嗅和味、肉眼可见物

答案：C

5. 根据《地下水环境监测技术规范》（HJ 164—2020）中的定义，地表以下、第一个稳定隔水层以上具有自由水面的地下水叫作________。（　　）

A. 地下水　　B. 承压水　　C. 潜水　　D. 岩溶水

答案：C

6. 根据《地下水环境监测技术规范》（HJ 164—2020）的规定，尾矿库、危险废物处置场和垃圾填埋场等区域，应在地下水污染源的________分别布设监测点，以评估地下水的污染状况。（　　）

A. 上游　　B. 两侧　　C. 下游　　D. 上游、两侧及下游

答案：D

7. 根据《地下水环境监测技术规范》（HJ 164—2020）的规定，地下水饮用水水源保护区和补给区面积小于________km^2 时，水质监测点不少于________个；面积为________km^2 时，监测点不得少于________个；面积大于________km^2 时，每增加________km^2 监测点至少增加 1 个；监测点按网格法布设在饮用水水源保护区和补给区内。（　　）

A. 50，8；50～100，10；200，50　　B. 50，7；50～100，10；100，25

C. 50，8；50～100，10；100，50　　D. 50，7；50～100，10；200，25

答案：B

8. 根据《地下水环境监测技术规范》（HJ 164—2020）的规定，每 2 年对监测井进行一次透水灵敏度试验。当向井内注入灌水段 1 m 井管容积的水量，水位复原时间超过________min 时，应进行洗井。（　　）

A．20　　B．30　　C．15　　D．60

答案：C

9. 根据《地下水环境监测技术规范》（HJ 164—2020）的规定，______等项目需单独采样。（　　）

A．硫化物　　B．石油类　　C．细菌类和放射性　　D．A、B、C 皆是

答案：D

三、问答题

1. 简述《地下水环境监测技术规范》（HJ 164—2020）中地下水环境监测井的定义。

答案：为准确把握地下水环境质量状况和地下水体中污染物的动态分布变化情况而设立的监测井。

2. 简述《地下水环境监测技术规范》（HJ 164—2020）中地下水补给区和地下水径流区的定义。

答案：（1）地下水补给区是指含水层出露或接近地表接受大气降水和地表水等入渗补给的地区。

（2）地下水径流区是指含水层的地下水从补给区至排泄区的径流范围。

3. 简述《地下水环境监测技术规范》（HJ 164—2020）中地下水监测点布设原则。

答案：（1）监测点总体上能反映监测区域内的地下水环境质量状况。

（2）监测点不宜变动，尽可能保持地下水监测数据的连续性。

（3）综合考虑监测井成井方法、当前科技发展和监测技术水平等因素，考虑实际采样的可行性，使地下水监测点布设切实可行。

（4）定期（如每 5 年）对地下水水质监测网的运行状况进行一次调查评价，根据最新情况对地下水水质监测网进行优化调整。

4. 根据《地下水环境监测技术规范》（HJ 164—2020）的规定，采样前需先洗井，请简述何时可以结束洗井开始采样。

答案：在现场应使用便携式水质测定仪对出水进行测定，浊度小于等于 10 NTU 时或者当浊度连续 3 次测定的变化在 ±10% 以内、电导率连续 3 次测定的变化在 ±10% 以内、pH 连续 3 次测定的变化在 ±0.1 以内；或洗井抽出水量在井内水体积的 3～5 倍时，可结束洗井开始采样。

参考文献

生态环境部．地下水环境监测技术规范：HJ 164—2020［S］．北京：中国环境出版集团，2020.

命题：杨　键、栾晓佳

审核：孙　烁

第三节 污水监测技术规范（HJ 91.1—2019）

一、判断题

1. 根据《污水监测技术规范》（HJ 91.1—2019）的规定，污水监测采样器材，经洗涤后方可用于地表水、地下水等环境样品的采集。(　　)

答案： ×

正确答案： 污水监测应配置专用采样器材，不能与地表水、地下水等环境样品的采样器材混用。

2. 根据《污水监测技术规范》（HJ 91.1—2019）的规定，全程序空白样品是指将实验用水代替实际样品，按照与实际样品一致的分析步骤进行测定。(　　)

答案： ×

正确答案： 全程序空白样品是指将实验用水代替实际样品，置于样品容器中并按照与实际样品一致的程序进行测定。一致的程序包括运至采样现场、暴露于现场环境、装入采样瓶中、保存、运输以及所有的分析步骤等。

3. 根据《污水监测技术规范》（HJ 91.1—2019）中的定义，等比例混合水样是指在某一时段内，所采水样量随时间或流量成比例的混合水样。(　　)

答案： ×

正确答案： 在某一时段内，在同一采样点位所采水样量随时间或流量成比例的混合水样。

4. 根据《污水监测技术规范》（HJ 91.1—2019）的规定，当排污单位的生产工艺过程连续且稳定，有污水处理设施并正常运行，其污水能稳定排放（浓度变化不超过 10%），瞬时水样具有较好的代表性时，可用瞬时水样的浓度代表采样时间段内的采样浓度。(　　)

答案： √

5. 根据《污水监测技术规范》（HJ 91.1—2019）的规定，采样位置应在污水混合均匀的位置，如计量堰跌水处、巴歇尔量水槽喉管处等。(　　)

答案： √

6. 根据《污水监测技术规范》（HJ 91.1—2019）的规定，当污水的流量、浓度甚至组分没有明显变化时，可采集等比例混合水样。(　　)

答案： ×

正确答案： 当污水的流量、浓度甚至组分都有明显变化时，可采集等比例混合水样。

7. 根据《污水监测技术规范》（HJ 91.1—2019）的规定，在确定采样频次时，排污单位如无明显生产周期，稳定、连续生产，采样时间间隔应不小于 2 h，每个生产日内采样频次应不少于 3 次。
(　　)

答案： ×

正确答案：在确定采样频次时，排污单位如无明显生产周期，稳定、连续生产，采样时间间隔应不小于 4 h，每个生产日内采样频次应不少于 3 次。

8. 根据《污水监测技术规范》（HJ 91.1—2019）的规定，污水监测现场如果不具备现场填写条件，原始记录可根据回忆方式填写。（ ）

答案：×

正确答案：原始记录应及时记录，不得以回忆方式填写或转誊。

9. 根据《污水监测技术规范》（HJ 91.1—2019）的规定，污水监测原始记录可采取纸质或电子介质的方式。采用电子介质方式记录时，存储的原始记录应采取适当措施备份保存，保证可追溯和可读取，防止记录丢失、失效或篡改。（ ）

答案：√

二、单项选择题

1. 根据《污水监测技术规范》（HJ 91.1—2019）的规定，排放口应满足现场采样和流量测定的要求，原则上设在厂界内，或厂界外不超过________的范围内。（ ）

A. 1 m　B. 3 m　C. 10 m　D. 50 m

答案：C

2. 根据《污水监测技术规范》（HJ 91.1—2019）的规定，以下表述中不正确的是________。（ ）

A. 如未明确采样频次的，按照生产周期确定采样频次

B. 生产周期在 8 h 以内的，采样时间间隔应不小于 1 h

C. 生产周期大于 8 h，采样时间间隔应不小于 4 h

D. 每个生产周期内，采样频次应不少于 3 次

答案：B

3. 根据《污水监测技术规范》（HJ 91.1—2019）的规定，部分监测项目在不同时间采集的水样可以混合测定的项目有________。（ ）

A. pH　B. 生化需氧量　C. 石油类　D. 化学需氧量

答案：D

4. 根据《污水监测技术规范》（HJ 91.1—2019）的规定，不需要单独采集储存的项目有______。（ ）

A. 动植物油类　B. pH　C. 硫化物　D. 挥发酚

答案：B

5. 根据《污水监测技术规范》（HJ 91.1—2019）的规定，采集时须注满容器、不留顶上空间的监测项目是________。（ ）

A. 石油类　B. 挥发性有机物　C. 悬浮物　D. 化学需氧量

答案：B

6. 根据《污水监测技术规范》（HJ 91.1—2019）的规定，关于原始记录以下表述中不正确的是________。（ ）

A. 污水现场监测采样、样品保存、样品交接、样品处理和实验室分析的原始记录应在记录表

格上，按规定格式对各栏目认真填写，及时记录

B. 原始记录表格自行编号，不得擅自销毁或损坏，用毕按期归档保存

C. 原始记录须有监测人员、校核人员签名，分析原始记录须有分析人员、校核人员和审核人员签名，并随监测结果同时报出

D. 原始记录不能在非监测场合随身携带，不能随意复制、外借

答案：B

7. 根据《污水监测技术规范》（HJ 91.1—2019）的规定，关于污水流量测量，以下表述不正确的是________。（　　）

A. 已安装自动污水流量计，且通过计量部门检定或通过验收的，可采用流量计的流量值。采用明渠流量计测定流量，应按照 CJ/T 3008.1～5 等相关技术要求修建或安装标准化计量堰（槽）

B. 排污渠道的截面底部须硬质平滑，截面形状为规则几何形，排放口处须有 1～3 m 的平直过流水段，且水位高度不小于 0.1 m

C. 通过测量排污渠道的过水截面积，以流速仪测量污水流速，计算污水量

D. 当流量测量方法不满足条件无法使用时，可用统计法、水平衡计算等方法

答案：B

三、问答题

1. 根据《污水监测技术规范》（HJ 91.1—2019）简述如何设置污染物排放监测点位。

答案：在污染物排放（控制）标准规定的监控位置设置监测点位。

（1）对于环境中难以降解或能在动植物体内蓄积，对人体健康和生态环境产生长远不良影响，具有致癌、致畸、致突变的，根据环境管理要求确定的应在车间或生产设施排放口监控的水污染物，在含有此类水污染物的污水与其他污水混合前的车间或车间预处理设施的出水口设置监测点位。如果含此类水污染物的同种污水实行集中预处理，则车间预处理设施排放口是指集中预处理设施的出水口。如环境管理有要求，还可同时在排污单位的总排放口设置监测点位。

（2）对于其他水污染物，监测点位设在排污单位的总排放口。如环境管理有要求，还可同时在污水集中处理设施的排放口设置监测点位。

2. 根据《污水监测技术规范》（HJ 91.1—2019）简述样品的保存与运输需要注意哪些事项。

答案：（1）样品采集后应尽快送实验室分析，并根据监测项目所采用分析方法的要求确定样品的保存方法，确保样品在规定的保存期限内分析测试。

（2）根据采样点的地理位置和监测项目保存期限，选用适当的运输方式。样品运输前应将容器的外（内）盖盖紧。装箱时应用泡沫塑料等减震材料分隔固定，以防破损。除防震、避免日光照射和低温运输外，还应防止沾污。

（3）同一采样点的样品应尽量装在同一样品箱内，运输前应核对现场采样记录上的所有样品是否齐全，应有专人负责样品运输。

参考文献

生态环境部．污水监测技术规范：HJ 91.1—2019［S］．北京：中国环境出版集团，2019.

命题：全颖弘

审核：张　健

第四节　水污染物排放总量监测技术规范（HJ/T 92—2002）

一、判断题

1. 根据《水污染物排放总量监测技术规范》（HJ/T 92—2002）的规定，水污染物排放总量监测实施前应制定统一的监测方案，该监测方案的制订是排污单位所在环境保护行政主管部门的职责。(　　)

答案：×

正确答案：该监测方案的制订是排污单位的职责。

2. 根据《水污染物排放总量监测技术规范》（HJ/T 92—2002）的规定，水污染物排放总量监测实施前应制定统一的监测方案，该监测方案须报地（市）级以上的环境保护行政主管部门审定批准后方可执行。(　　)

答案：√

3. 根据《水污染物排放总量监测技术规范》（HJ/T 92—2002）的规定，总量监测要由资质考核合格的监测单位（或实验室）按总量监测方案实施监测，排污单位的监测结果须经环境保护行政管理部门审核合格后，才能按污染物排放核定要求参加排污总量的核算。(　　)

答案：×

正确答案：排污单位的监测结果须经环境保护行政主管部门所属的环境监测站审核合格后，才能按污染物排放核定要求参加排污总量的核算。

4. 根据《水污染物排放总量监测技术规范》（HJ/T 92—2002）的规定，采样点位由地方环境保护行政主管部门所属环境监测站会同排污单位及其主管部门环保机构共同确定，并报上一级环境保护行政主管部门确认。(　　)

答案：×

正确答案：并报同级环境保护行政主管部门确认。

5. 根据《水污染物排放总量监测技术规范》（HJ/T 92—2002）的规定，采样点必须设置明显标志，标志内容只需包括点位名称和点位编号。(　　)

答案：×

正确答案：标志内容包括点位名称、编号、排污去向、主要污染因子等。

6. 根据《水污染物排放总量监测技术规范》（HJ/T 92—2002）的规定，企事业单位污水采样点必须设有明显标志，确认后的采样点不得改动。（　　）

答案：×

正确答案：企事业单位污水采样点处必须设置明显标志，如因生产工艺或其他原因需要变更时，应由地方环境保护行政主管部门所属环境监测站会同排污单位及其主管部门环保机构共同确定，并报同级环境保护行政主管部门确认。

7. 根据《水污染物排放总量监测技术规范》（HJ/T 92—2002）的规定，废水中的氰化物和Pb、Cd、Hg、As和Cr（Ⅵ）等项目采样时应避开水表面。（　　）

答案：√

8. 根据《水污染物排放总量监测技术规范》（HJ/T 92—2002）的规定，环境保护行政主管部门所属的监测站对排污单位的总量控制监督监测，重点污染源（日排水量大于100 t的企业）每年4次以上，一般污染源（日排水量100 t以下的企业）每年2～4次。（　　）

答案：√

9. 根据《水污染物排放总量监测技术规范》（HJ/T 92—2002）的规定，实行总量监测的企事业单位，只有重点污染源（日排水量大于100 t的企业）的排污口需要安装符合有关技术要求的自动污水流量测流装置，所选择的污水流量测流装置必须适应于污水特性和污水排放。（　　）

答案：×

正确答案：实行总量监测的企事业单位的排污口必须安装符合有关技术要求的自动污水流量测流装置。

10. 根据《水污染物排放总量监测技术规范》（HJ/T 92—2002）的规定，各排污单位进行水污染物总量监测时，应对污水原始样品进行分析，不能过滤或者澄清后测定。（　　）

答案：√

11. 根据《水污染物排放总量监测技术规范》（HJ/T 92—2002）的规定，平行样测定结果的相对允许差，应视水样中测定项目的含量范围及水样实际情况确定，一般要求精密度在10%以内为合格，但痕量有机污染物项目及油类的精密度可放宽至20%。（　　）

答案：×

正确答案：一般要求精密度在20%以内为合格，但痕量有机污染物项目及油类的精密度可放宽至30%。

12. 根据《水污染物排放总量监测技术规范》（HJ/T 92—2002）的规定，每组样品分析中必须随机抽取不少于10%的样品进行加标回收（自动在线监测除外），作为质控检查样同时进行测定。加标量以相当于待测组分的浓度为宜，加标后总浓度不应大于方法上限。（　　）

答案：×

正确答案：加标后总浓度不应大于方法上限的0.9倍。

13. 根据《水污染物排放总量监测技术规范》（HJ/T 92—2002）的规定，任何自动在线监测仪器在使用之前，必须用现行国家标准监测分析方法进行可比性试验，确定无显著差异或差异成定值时才能使用。（　　）

答案：√

14. 根据《水污染物排放总量监测技术规范》（HJ/T 92—2002）的规定，总量核定应包括排污单位正常运行情况和非正常运行情况下的污染物全部排放过程。（　　）

答案：√

15. 根据《水污染物排放总量监测技术规范》（HJ/T 92—2002）的规定，工业废水的分析应特别重视水中干扰物质对测定的影响，并保证分取测定水样的均匀性、代表性。（　　）

答案：√

16. 根据《水污染物排放总量监测技术规范》（HJ/T 92—2002）的规定，环境保护行政主管部门应经常性地对所辖区内排污口的整治、管理和测流工作进行监督检查。（　　）

答案：×

正确答案：各级环境监测站应经常性地对所辖区内排污口的整治、管理和测流工作进行监督检查。

17. 根据《水污染物排放总量监测技术规范》（HJ/T 92—2002）的规定，使用流速仪法进行流量测量时，排污截面底部应硬质平滑，截面形状为规则的几何形，排污口处有不小于 5 m 的平直过流水段，且水位高度不小于 0.1 m。（　　）

答案：×

正确答案：排污口处有不小于 3 m 的平直过流水段，且水位高度不小于 0.1 m。

18. 根据《水污染物排放总量监测技术规范》（HJ/T 92—2002）的规定，使用浮标法进行流量测量时，排污口上溯有一段底壁平滑且长度不小于 10 m、无弯曲、有一定液面高度的排污渠道，并经常进行疏通、消障。（　　）

答案：√

19. 根据《水污染物排放总量监测技术规范》（HJ/T 92—2002）的规定，废水流量和污染物浓度应同时测量，并尽可能实现流量与污染物浓度的同步连续监测。不能实施排污总量的同步连续监测时，监测结果应能反映正常和非正常生产状况下的实际污染物排放总量。（　　）

答案：√

20. 根据《水污染物排放总量监测技术规范》（HJ/T 92—2002）的规定，排污单位的生产工艺过程连续且稳定，瞬时样品具有较好的代表性，则可以用瞬时采样方法进行样品采集。（　　）

答案：√

二、单项选择题

1. 根据《水污染物排放总量监测技术规范》（HJ/T 92—2002）的规定，对于日排水量大于或等于 500 t、小于 1 000 t 的排污单位，应选用________的总量监测方式。（　　）

A. 物料衡算　　B. 环境监测与统计相结合

C. 等比例采样实验室分析　　D. 自动在线监测

答案：C

2. 根据《水污染物排放总量监测技术规范》（HJ/T 92—2002）的规定，对于日排水量________的排污单位，应采用流量比例采样或等时间间隔采样方式与自动在线监测系统配合使用，要逐步实现自动在线监测。（　　）

A．100 t 以下　　B．大于或等于 100 t、小于 500 t

C．大于或等于 500 t、小于 1 000 t　　D．大于或等于 1 000 t

答案：D

3. 根据《水污染物排放总量监测技术规范》（HJ/T 92—2002）的规定，水污染物排放总量监测方案________进行调整。（　　）

A．可以按年度　　B．可以按月　　C．可以随时　　D．不可以

答案：A

4. 根据《水污染物排放总量监测技术规范》（HJ/T 92—2002）的规定，总量监测使用的自动在线监测仪，必须经________确认的具有相应资质的环境监测仪器检测机构认可，同时对监测系统进行现场适用性检测。（　　）

A．国务院环境保护行政主管部门　　B．省级环境保护行政主管部门

C．地市级环境保护行政主管部门　　D．所在地环境保护行政主管部门

答案：A

5. 根据《水污染物排放总量监测技术规范》（HJ/T 92—2002）的规定，废水采样应根据废水特性选用不同材质的容器进行采样。通常，有机样品使用________采样瓶，无机样品使用________采样瓶。自动采样容器应满足相应的污水采样器技术要求。（　　）

A．玻璃，玻璃　　B．玻璃，聚乙烯塑料

C．聚乙烯塑料，玻璃　　D．聚乙烯塑料，聚乙烯塑料

答案：B

6. 根据《水污染物排放总量监测技术规范》（HJ/T 92—2002）的规定，在每次监测过程中，应加采不少于________的现场平行样。（　　）

A．5%　　B．10%　　C．15%　　D．20%

答案：B

7. 根据《水污染物排放总量监测技术规范》（HJ/T 92—2002）的规定，为保证分析结果准确可靠，每批样品应同时做空白试验，并控制空白试验值低于方法检出下限浓度的________。（　　）

A．1/2　　B．1/3　　C．1/4　　D．1/5

答案：A

8. 根据《水污染物排放总量监测技术规范》（HJ/T 92—2002）的规定，测流时段内测得的流量与水量衡算结果的误差不得大于________。（　　）

A．5%　　B．10%　　C．15%　　D．20%

答案：B

9. 根据《水污染物排放总量监测技术规范》（HJ/T 92—2002）的规定，环境保护行政主管部门所属环境监测单位应定期对企业安排的自动在线监测仪和流量计进行抽检和考核，每年不得少于________次。（　　）

A．1　　B．2　　C．3　　D．4

答案：B

10. 根据《水污染物排放总量监测技术规范》（HJ/T 92—2002）的规定，自动在线监测仪必

须具备自动校准功能，一般要求每测量________组数据校正1次。每个月还应使用手工测量做________次比对实验，以进行检查和校正。(　　)

A．20，1　　B．20，2　　C．50，1　　D．50，2

答案：A

11. 根据《水污染物排放总量监测技术规范》(HJ/T 92—2002)的规定，在运行过程中排污单位必须对安装的监测系统定期进行校验，并将定期校验结果报送________。(　　)

A．省级环境保护行政主管部门

B．地市级环境保护行政主管部门

C．当地环境保护行政主管部门

D．环境保护行政主管部门所属的环境监测单位

答案：C

三、问答题

1. 根据《水污染物排放总量监测技术规范》(HJ/T 92—2002)简述水污染物排放总量监测方案的主要内容。

答案：水污染物排放总量监测方案应包括以下内容：

(1) 生产概况。包括生产工艺流程、生产状况、产品及主要原辅材料的性质、产品年产量、原辅材料年使用量、年用水量、中间体等内容及工况的控制和记录检查；

(2) 工艺特点及产污环节、生产及排污情况；

(3) 采样点性质、名称、位置和编号；

(4) 排放污染物种类及数量、排放规律、排污去向；

(5) 总量排放限值和总量排放削减、物料平衡、水平衡和污水的循环利用情况；

(6) 监测项目和分析方法；

(7) 采样方式、采样器设备及运行情况；

(8) 采样频次、采样时间、采样量等；

(9) 样品保存及贮运；

(10) 流量测量和自动监测仪器，测量流量方法和监测方法，监测频次，仪器的维护及注意事项；

(11) 质量保证要求；

(12) 数据自动传输及储存情况；

(13) 数据处理及审核、上报要求及上报方式。

2. 根据《水污染物排放总量监测技术规范》(HJ/T 92—2002)简述总量核定的内容。

答案：总量核定的内容有：

(1) 各排污口年、月、日污染物排放量，最高排放量；

(2) 日排废水水量，月排废水水量，年排废水水量；

(3) 日排废水中污染物平均浓度，月排废水中污染物的算术平均浓度，日平均最高浓度；

(4) 月排废水日数，年排废水日数。

参考文献

[1] 国家环境保护总局 . 水污染物排放总量监测技术规范：HJ/T 92—2002 [S]. 北京：中国环境科学出版社，2002.

[2] 中国环境监测总站《环境监测人员持证上岗考核试题集》编写组 . 环境监测人员持证上岗考核试题集：下册 . 4 版 [M]. 北京：中国环境出版集团，2018.

命题：张　梁

审核：甄燕红

第五节　水质　湖泊和水库采样技术指导（GB/T 14581—93）

一、判断题

1.《水质　湖泊和水库采样技术指导》（GB/T 14581—93）规定了湖泊和水库采样方案设计、采样技术、样品保存和处理的详细原则。（　　）

答案：√

2.《水质　湖泊和水库采样技术指导》（GB/T 14581—93）适用于湖泊和水库，主要目的有 3 种：水质特性检测、水质控制检测和特殊情况的检测。（　　）

答案：√

3. 根据《水质　湖泊和水库采样技术指导》（GB/T 14581—93）的规定，水质特性检测是在水体中一个或几个指定的采样点进行长期水质检测。（　　）

答案：×

正确答案：在水体中一个或几个指定的采样点进行长期水质检测是水质控制检测。

4. 根据《水质　湖泊和水库采样技术指导》（GB/T 14581—93）的规定，特殊情况的检测是指当有生物种类或种群发生障碍、死亡或其他异常现象（水华、颜色等）出现时对污染的鉴定和测定。（　　）

答案：√

5. 根据《水质　湖泊和水库采样技术指导》（GB/T 14581—93）的规定，平面综合样是从水体特定深度的不同地点采集的一组水样，经混合后的样品。（　　）

答案：√

6. 根据《水质　湖泊和水库采样技术指导》（GB/T 14581—93）的规定，采样容器的材质无特殊要求。（　　）

答案：×

正确答案：采样容器的材质（如不锈钢或塑料）应尽可能不与水发生作用。制造容器的材料在化学和生物方面应具有惰性，使样品组分与容器之间的反应减到最低限度。光可能影响水样中的生物体，并因此产生不希望的化学反应，选材时要予以考虑。

7. 根据《水质　湖泊和水库采样技术指导》（GB/T 14581—93）的规定，敞开式采样器为开口容器，用于采集表层水和靠近表层的水。当有漂浮物质时，不可能采集到有代表性和再现性好的样品。（　　）

答案：√

8. 根据《水质　湖泊和水库采样技术指导》（GB/T 14581—93）的规定，闭管式采样器为装有可遥控操作或自动开合的阀门或闸门的空心体，能够在到达预定水深处迅速关闭，用于采集定点水样或一组样品，或深度综合样品。（　　）

答案：√

9. 根据《水质　湖泊和水库采样技术指导》（GB/T 14581—93）的规定，抽水装置主要有手摇式和电动式两种，使用时用电缆绳将它们放至所要求的深度或固定在采样位置。抽水泵对采样没有影响。（　　）

答案：×

正确答案：抽水泵的类型、泵速、抽水压力、管内的水流速度都会影响样品的采集。

10. 根据《水质　湖泊和水库采样技术指导》（GB/T 14581—93）的规定，采样点位布设的选择，应在较小的采样范围进行详尽的预调查，在获得足够信息的基础上，应用统计技术合理地确定。（　　）

答案：×

正确答案：采样点位布设的选择，应在较大的采样范围进行详尽的预调查，在获得足够信息的基础上，应用统计技术合理地确定。

11. 根据《水质　湖泊和水库采样技术指导》（GB/T 14581—93）的规定，许多湖泊、水库具有复杂的岸线，或由几个不同的水面组成，由于形态的不规则可能出现水质特性在水平方向上的明显差异。（　　）

答案：√

12. 根据《水质　湖泊和水库采样技术指导》（GB/T 14581—93）的规定，水质控制采样点应设在靠近用水的取水口及主要水源的出口。（　　）

答案：×

正确答案：水质控制采样点应设在靠近用水的取水口及主要水源的入口。

13. 根据《水质　湖泊和水库采样技术指导》（GB/T 14581—93）的规定，特殊情况的采样点在观察到出现异常现象的地点，通常要进行一次或几次采样。采样地点应在报告中清楚地表明，如有可能可采用图示方法。（　　）

答案：√

14. 根据《水质　湖泊和水库采样技术指导》（GB/T 14581—93）的规定，由于分层现象，湖泊和水库的水质沿水深方向可能出现很大的不均匀性，在非均匀水体采样时，要把采样点深度间的距离尽可能拉长。（　　）

答案：×

正确答案：由于分层现象，湖泊和水库的水质沿水深方向可能出现很大的不均匀性，在非均匀水体采样时，要把采样点深度间的距离尽可能缩短。

15. 根据《水质　湖泊和水库采样技术指导》（GB/T 14581—93）的规定，采样方案一旦确定，就要严格地执行。采样过程中如果变动了方案，所测得的数据就缺乏可比性。（　　）

答案：√

16. 根据《水质　湖泊和水库采样技术指导》（GB/T 14581—93）的规定，对于在一天内的某一时刻经常发生明显变化的水质，而变化趋势的检测又很重要时，采样应在每天的同一时刻进行，以减少时间因素对水质检测带来的影响。如果日内变化具有特殊意义，建议每隔 2～3 h 采一次样。（　　）

答案：√

17. 根据《水质　湖泊和水库采样技术指导》（GB/T 14581—93）的规定，因气体交换、化学反应和生物代谢，水质变化很快，因此，送往实验室的样品容器要密封、防震，避免日光照射、过热的影响。（　　）

答案：√

18. 根据《水质　湖泊和水库采样技术指导》（GB/T 14581—93）的规定，样品冷冻过程中，部分组分可能浓缩到最后冰冻的样品的中心部分，所以在使用冷冻样品时，要将样品全部融化。（　　）

答案：√

19.《水质　湖泊和水库采样技术指导》（GB/T 14581—93）中不包括微生物检验的采样。（　　）

答案：√

二、单项选择题

1. 根据《水质　湖泊和水库采样技术指导》（GB/T 14581—93）的规定，________是水体长期的质量检测，用于调查研究湖库水质状况及发展趋势。（　　）

A．水质特性检测　　B．水质控制检测

C．特殊情况检测　　D．其他情况检测

答案：A

2. 根据《水质　湖泊和水库采样技术指导》（GB/T 14581—93）的规定，就时间和地点而言，从水体中不连续地随机采集的样品叫作________。（　　）

A．深度水样　　B．定点水样　　C．平面水样　　D．深度综合水样

答案：B

3. 根据《水质　湖泊和水库采样技术指导》（GB/T 14581—93）的规定，从水体的特定地点，在同一垂直线上，从表层到沉积层之间，或其他规定深度之间，连续或不连续地采集两个或更多样品，经混合后所得的样品叫作________。（　　）

A．深度水样　　B．定点水样　　C．平面水样　　D．深度综合水样

答案：D

4. 根据《水质　湖泊和水库采样技术指导》（GB/T 14581—93）的规定，采样器应装有______装置，以采集到不与管内积存空气（或气体）混合的水样。(　　)

A. 阀门　　B. 闸门　　C. 遥控　　D. 排气

答案：D

5. 根据《水质　湖泊和水库采样技术指导》（GB/T 14581—93）的规定，湖库的水质特性在水平方向未呈现明显差异时，允许在水的最深位置以上布设________个采样点。(　　)

A. 1　　B. 2　　C. 3　　D. 4

答案：A

6. 根据《水质　湖泊和水库采样技术指导》（GB/T 14581—93）的规定，采样点的标志要明显，采样标志不可以采用________方法来确定。(　　)

A. 浮标法　　B. 六分仪法　　C. 图示法　　D. 岸标法

答案：C

7. 根据《水质　湖泊和水库采样技术指导》（GB/T 14581—93）的规定，由于分层现象，湖泊和水库的水质沿水深方向可能出现很大的不均匀性，其原因不包括________。(　　)

A. 水面透光带内光合作用和水温的变化引起的水质变化

B. 沉积物的影响

C. 悬浮物的沉降

D. 水面动物活动

答案：D

8. 根据《水质　湖泊和水库采样技术指导》（GB/T 14581—93）的规定，对于长期水质特性检测，可根据研究目的与要求取合理的检测频率，采定点水样的间隔时间为______是允许的。(　　)

A. 1天　　B. 1周　　C. 1个月　　D. 1季度

答案：C

9. 根据《水质　湖泊和水库采样技术指导》（GB/T 14581—93）的规定，对于水质控制检测，采样时间间隔可以缩短到________，如果水质变化明显，则每天都需要采样，甚至连续采样。(　　)

A. 1天　　B. 1周　　C. 1个月　　D. 1季度

答案：B

10. 根据《水质　湖泊和水库采样技术指导》（GB/T 14581—93）的规定，当样品不能很快地进行分析时，样品需要固定、妥善保存。短期贮存时，可以于________℃冷藏，较长时间贮存时应将样品冷冻至________℃。(　　)

A. -5～5，-30　　B. 0～4，-30　　C. 0～5，-20　　D. 2～5，-20

答案：D

三、问答题

1. 根据《水质　湖泊和水库采样技术指导》（GB/T 14581—93）简述布设采样点位时应考虑哪些因素？

答案：采样点位的布设应充分考虑如下因素：

（1）湖泊水体的水动力条件；

（2）湖库面积、湖盆形态；

（3）补给条件、出水及取水；

（4）排污设施的位置和规模；

（5）污染物在水体中的循环及迁移转化；

（6）湖泊和水库的区别。

如果需要评价湖（库）流影响，必须采用专门的测量方案。

2. 根据《水质　湖泊和水库采样技术指导》（GB/T 14581—93）简述湖泊、水库采样方法的选择。

答案：（1）采样方法的选择取决于采样方案所规定的目的；

（2）特殊情况的采样，或以水质控制为目的的采样在大多数情况下采集定点水样；

（3）如监测水质特性，可使用一组定点水样，也可用综合样；

（4）单独分析一组定点水样费用太高，为了降低分析费用，常常把定点水样混合后分析；

（5）综合样只能表示平均值，不能显示极端情况下的状况和质量的变化范围；

（6）比较合理的方法是在短的时间间隔内取综合样与较长的时间间隔内取一组定点水样，将两种采样方法结合起来。

参考文献

［1］国家环境保护局．水质　湖泊和水库采样技术指导：GB/T 14581—93［S］．北京：中国环境科学出版社，1993.

［2］中国环境监测总站《环境监测人员持证上岗考核试题集》编写组．环境监测人员持证上岗考核试题集：上册．4版［M］. 北京：中国环境出版集团，2015.

命题：刘芳名

审核：张　梁

第六节　水质　样品的保存和管理技术规定（HJ 493—2009）

一、判断题

1. 根据《水质　样品的保存和管理技术规定》（HJ 493—2009）中的描述，水样变化的原因有物理作用、化学作用和生物作用。（　　）

答案：√

2. 根据《水质 样品的保存和管理技术规定》（HJ 493—2009）的规定，聚乙烯瓶和玻璃瓶均可用于贮存测定钠、钙、镁、硅、硼等元素的水样。（ ）

答案：×

正确答案：一般的玻璃在贮存水样时可溶出钠、钙、镁、硅、硼等元素，在测定这些项目时应避免使用玻璃容器，以防止新的污染。

3. 根据《水质 样品的保存和管理技术规定》（HJ 493—2009）的规定，水样在贮存期内发生变化的程度主要取决于水的类型及水样的化学性质和生物学性质，也取决于保存条件、容器材质、运输及气候变化等因素。（ ）

答案：√

4. 根据《水质 样品的保存和管理技术规定》（HJ 493—2009）的规定，容器的准备一般规则要求所有的准备都应确保不发生正干扰。（ ）

答案：×

正确答案：容器的准备一般规则要求所有的准备都应确保不发生正负干扰。

5. 根据《水质 样品的保存和管理技术规定》（HJ 493—2009）的规定，测氟的水样可以贮存在玻璃瓶或聚乙烯瓶中。（ ）

答案：×

正确答案：测氟的水样不能贮存于玻璃瓶中，因为玻璃与氟化物发生反应。

6. 根据《水质 样品的保存和管理技术规定》（HJ 493—2009）的规定，采集和保存样品的容器应最大限度地防止容器及瓶塞对样品的污染。（ ）

答案：√

7. 根据《水质 样品的保存和管理技术规定》（HJ 493—2009）的规定，贮存测重金属水样的玻璃容器及聚乙烯容器通常用盐酸或硝酸（c=1 mol/L）洗净并浸泡 1～2 d 后用蒸馏水或去离子水冲洗。（ ）

答案：√

8. 根据《水质 样品的保存和管理技术规定》（HJ 493—2009）的规定，对需要测定物理－化学分析物的样品，应使水样充满容器至溢流并密封保存。当样品需要被冷冻保存时，也应如此。（ ）

答案：×

正确答案：对需要测定物理－化学分析物的样品，应使水样充满容器至溢流并密封保存。当样品需要被冷冻保存时，不应溢满封存。

9. 根据《水质 样品的保存和管理技术规定》（HJ 493—2009）的规定，一般测定无机项目时选用砂芯漏斗和玻璃纤维漏斗，而在测有机项目时常用 0.45 μm 的滤膜过滤。（ ）

答案：×

正确答案：一般测有机项目时选用砂芯漏斗和玻璃纤维漏斗，而在测定无机项目时常用 0.45 μm 的滤膜过滤。

10. 根据《水质 样品的保存和管理技术规定》（HJ 493—2009）的规定，-20℃的冷冻温度一般能延长贮存期，但分析挥发性物质的样品不适用冷冻程序。（ ）

答案：√

11. 根据《水质 样品的保存和管理技术规定》（HJ 493—2009）的规定，测定金属离子的水样常用硫酸酸化至 pH 为 1～2。（ ）

答案：×

正确答案：测定金属离子的水样常用硝酸酸化至 pH 为 1～2。

12. 根据《水质 样品的保存和管理技术规定》（HJ 493—2009）的规定，测汞的水样需加入保存剂（1% 硝酸溶液），如水样为中性，1 L 水样中加 10 ml 浓硫酸。（ ）

答案：×

正确答案：测汞的水样需加入保存剂（1% 盐酸溶液）；如水样为中性，1 L 水样中加 10 ml 浓盐酸。

13. 根据《水质 样品的保存和管理技术规定》（HJ 493—2009）的规定，用 1 000 ml 棕色玻璃瓶采集测定叶绿素的水样，需 1～5℃冷藏，可保存 1 个月。（ ）

答案：×

正确答案：用 1 000 ml 棕色玻璃瓶采集测定叶绿素的水样，需 1～5℃冷藏，可保存 24 h。

14. 根据《水质 样品的保存和管理技术规定》（HJ 493—2009）的规定，测 α 放射性、β 放射性的样品须使用聚乙烯采样容器。（ ）

答案：√

15. 根据《水质 样品的保存和管理技术规定》（HJ 493—2009）的规定，测定铜、锌、镉、铅的水样可使用玻璃采样容器，按照 1 L 水样中加 10 ml 浓硝酸，可保存 14 d。（ ）

答案：×

正确答案：测定铜、锌、镉、铅的水样可使用聚乙烯采样容器，按照 1 L 水样中加 10 ml 浓硝酸，可保存 14 d。

16. 根据《水质 样品的保存和管理技术规定》（HJ 493—2009）的规定，测阴离子表面活性剂水样的采样容器需洗涤剂洗 1 次，自来水洗 3 次，蒸馏水洗 1 次。（ ）

答案：×

正确答案：测阴离子表面活性剂水样的采样容器需铬酸洗液洗 1 次，自来水洗 3 次，蒸馏水洗 1 次。

17. 根据《水质 样品的保存和管理技术规定》（HJ 493—2009）的规定，对于采集微生物和生物的采样容器，须经 160℃干热灭菌 2 h。经灭菌的微生物和生物采样容器必须在 1 个月内使用，否则应重新灭菌。（ ）

答案：×

正确答案：对于采集微生物和生物的采样容器，须经 160℃干热灭菌 2 h。经灭菌的微生物和生物采样容器必须在 2 周内使用，否则应重新灭菌。

18. 根据《水质 样品的保存和管理技术规定》（HJ 493—2009）的规定，采集检测细菌项目的水样时应先用水样冲洗采样容器，不能采混合水样。（ ）

答案：×

正确答案：采集检测细菌项目的水样时不能用水样冲洗采样容器，不能采混合水样。

19. 根据《水质　样品的保存和管理技术规定》（HJ 493—2009）的规定，pH、色度、浊度、电导率和溶解氧等项目，尽量现场测定。（　　）

答案：√

20. 根据《水质　样品的保存和管理技术规定》（HJ 493—2009）的规定，水样采集后，往往根据不同的分析要求，分装成数份，并分别加入保存剂，对每一份样品都应附一张完整的水样标签。（　　）

答案：√

二、单项选择题

1. 根据《水质　样品的保存和管理技术规定》（HJ 493—2009）的规定，下列水样变化的原因中属于化学作用的是________。（　　）

A．温度升高使得氰化物挥发　　B．空气中的氧使得硫化物氧化

C．细菌、藻类的新陈代谢消耗水中的氧　　D．长期静置使得 $CaCO_3$ 沉淀

答案：B

2. 根据《水质　样品的保存和管理技术规定》（HJ 493—2009）的规定，对于新容器，一般应先用________清洗，再用________彻底清洗。（　　）

A．洗涤剂，纯水　　B．铬酸洗液，自来水

C．自来水，纯水　　D．丙酮，自来水

答案：A

3. 根据《水质　样品的保存和管理技术规定》（HJ 493—2009）的规定，用于测定农药、除草剂等样品的容器，因除聚四氟乙烯外的塑料容器会对分析产生明显的干扰，故一般使用________。（　　）

A．硬质玻璃瓶　　B．白色玻璃瓶

C．棕色玻璃瓶　　D．硼硅酸盐玻璃瓶

答案：C

4. 根据《水质　样品的保存和管理技术规定》（HJ 493—2009）的规定，生物作用会对样品中待测的一些项目如________、二氧化碳、含氮化合物、磷及硅等的含量及浓度产生影响。（　　）

A．悬浮物　　B．酸度　　C．电导率　　D．溶解氧

答案：D

5. 根据《水质　样品的保存和管理技术规定》（HJ 493—2009）的规定，________决定废水样品的保存时间。（　　）

A．采样容器　　B．是否加入保存剂

C．分析项目　　D．是否冷藏

答案：C

6. 根据《水质　样品的保存和管理技术规定》（HJ 493—2009）的规定，关于容器的洗涤，下

列说法正确的是________。（　　）

A．测定硅、硼和表面活性剂的容器，不能使用含磷洗涤剂

B．测硫酸盐的容器使用铬酸－硫酸洗液洗涤

C．测磷酸盐的容器不能使用含磷洗涤剂

D．测重金属的容器通常用氢氧化钠溶液（c=1 mol/L）洗净并浸泡

答案：C

7. 根据《水质　样品的保存和管理技术规定》（HJ 493—2009）的规定，用于微生物分析的容器按一般清洗原则洗涤后，在灭菌前可在容器里加入________以除去余氯对细菌的抑制作用。（　　）

A．硫酸钠　　B．硫代硫酸钠　　C．氯化锌　　D．氢氧化钠

答案：B

8. 根据《水质　样品的保存和管理技术规定》（HJ 493—2009）的规定，下列________项目采样时，要求水样充满容器。（　　）

A．阳离子表面活性剂　　B．非离子表面活性剂

C．阴离子表面活性剂　　D．溶解性硅酸盐

答案：B

9. 根据《水质　样品的保存和管理技术规定》（HJ 493—2009）的规定，测定金属离子的水样常用硝酸酸化至 pH 1～2，下列不是加硝酸酸化的项目是________。（　　）

A．砷　　B．铬　　C．铁　　D．六价铬

答案：D

10. 根据《水质　样品的保存和管理技术规定》（HJ 493—2009）的规定，测定六价铬的水样应加氢氧化钠调至________；保存总铬的水样，则应加硝酸或硫酸至________。（　　）

A．pH=8，pH=1～2　　B．pH=8，pH=4～5

C．pH=12，pH=1～2　　D．pH=12，pH=4～5

答案：A

11. 根据《水质　样品的保存和管理技术规定》（HJ 493—2009）的规定，测定________项目的水样，只能选择聚乙烯容器，不可使用玻璃容器。（　　）

A．铁、锰　　B．砷、硒　　C．铜、锌　　D．铅、镉

答案：C

12. 根据《水质　样品的保存和管理技术规定》（HJ 493—2009）的规定，下列水样保存方法或保存剂使用正确的是________。（　　）

A．悬浮物，常温、日光下放置即可

B．氨氮，用 H_2SO_4 酸化至 pH≤2

C．总氮，加 NaOH 使 pH≥9

D．总氰化物，1～5℃冷藏、用 H_2SO_4 酸化至 pH=1～2

答案：B

13. 根据《水质　样品的保存和管理技术规定》（HJ 493—2009）的规定，在测酚水样时用磷酸

调溶液的 pH，加入________以控制苯酚分解菌的活动。(　　)

A．硫酸银　　B．氯化汞　　C．硫酸铜　　D．氯化钙

答案：C

14. 根据《水质　样品的保存和管理技术规定》(HJ 493—2009) 的规定，下列项目中，水样可保存时间非常短，最好在采集后 5 min 内现场分析的是________。(　　)

A．溴酸盐　　B．氯化物　　C．溴化物　　D．余氯

答案：D

15. 根据《水质　样品的保存和管理技术规定》(HJ 493—2009) 的规定，含余氯水样，能氧化氰离子，可使酚类、烃类、苯系物氯化生成相应的衍生物，为此在采样时加入适当的________予以还原，除去余氯干扰。(　　)

A．硫酸钠　　B．硫代硫酸钠　　C．氯化钠　　D．氢氧化钠

答案：B

三、问答题

1. 根据《水质　样品的保存和管理技术规定》(HJ 493—2009) 简述水样在贮存期内发生变化的程度主要取决于哪些因素？

答案：水样在贮存期内发生变化的程度主要取决于：

（1）水的类型；

（2）水样的化学性质；

（3）水样的生物学性质；

（4）保存条件；

（5）容器材质；

（6）运输；

（7）气候变化等因素。

2. 根据《水质　样品的保存和管理技术规定》(HJ 493—2009) 简述选择采集和保存样品的容器应充分考虑哪些方面？

答案：（1）最大限度地防止容器及瓶塞对样品的污染；

（2）容器壁应易于清洗、处理；

（3）容器或容器塞的化学和生物学性质应该是惰性的，以防止容器与样品组分发生反应；

（4）防止容器吸收或吸附待测组分；

（5）深色玻璃能降低光敏作用。

3. 根据《水质　样品的保存和管理技术规定》(HJ 493—2009) 列举常用的样品保存方法有哪些？

答案：（1）选择适当材质的采样容器；

（2）加入酸或碱来控制水样 pH；

（3）冷藏或冷冻以降低微生物活性、减慢化学反应速率；

（4）加入化学试剂抑制生物作用、氧化还原反应；

（5）有些项目要求避光保存；

（6）对需要测定物理－化学分析物的样品，应使水样充满容器至溢流并密封保存。

4. 根据《水质　样品的保存和管理技术规定》（HJ 493—2009）简述水样标签的内容一般包括哪些？

答案：水样标签的内容一般包括：

（1）采样目的；

（2）项目唯一性编号；

（3）监测点数目、位置；

（4）采样时间；

（5）日期；

（6）采样人员；

（7）保存剂的加入量。

5. 根据《水质　样品的保存和管理技术规定》（HJ 493—2009）简述水样送至实验室时，样品接收程序包括哪些？

答案：水样送至实验室时，首先要检查水样是否冷藏，冷藏温度是否保持在 1～5℃。其次要验明标签，清点样品数量，确认无误时签字验收。如果不能立即进行分析，应尽快采取保存措施，防止水样被污染。

参考文献

［1］环境保护部 . 水质　样品的保存和管理技术规定：HJ 493—2009［S］. 北京：中国环境科学出版社，2009.

［2］中国环境监测总站《环境监测人员持证上岗考核试题集》编写组 . 环境监测人员持证上岗考核试题集：上册 . 4 版［M］. 北京：中国环境出版集团，2015.

命题：甄燕红

审核：张　梁

第七节　水质　采样技术指导（HJ 494—2009）

一、判断题

1. 混合水样是获得平均浓度的重要方式。（　　）

答案：×

正确答案：综合水样是获得平均浓度的重要方式。

2. 根据《水质 采样技术指导》（HJ 494—2009）中的描述，不连续流动的水流，如分批排放的水，适用综合水样。（ ）

答案： ×

正确答案： 不连续流动的水流，如分批排放的水，适用瞬时水样。

3. 根据《水质 采样技术指导》（HJ 494—2009）的规定，在调查水库和湖泊水质状况时，了解循环期水质，可采集表层水样，了解成层期水质，应按深度分层采样。（ ）

答案： √

4. 根据《水质 采样技术指导》（HJ 494—2009）的规定，在封闭管道中采样，采样器探头或采样管应妥善地放在进水的下游，采样管靠近管壁。（ ）

答案： ×

正确答案： 在封闭管道中采样，采样器探头或采样管应妥善地放在进水的下游，采样管不能靠近管壁。

5. 根据《水质 采样技术指导》（HJ 494—2009）的规定，采集测定油类的水样，应先用水样洗涤采样瓶 2～3 次。（ ）

答案： ×

正确答案： 采集测定油类的水样，采样瓶不能用采集的水样冲洗。

6. 根据《水质 采样技术指导》（HJ 494—2009）的规定，沉积物样品的存放，一般使用广口容器。（ ）

答案： √

7. 根据《水质 采样技术指导》（HJ 494—2009）的规定，从井水采集水样，必须在充分抽汲后进行，以保证水样能代表地下水水源。（ ）

答案： √

8. 根据《水质 采样技术指导》（HJ 494—2009）的规定，采泥地点除在主要污染源附近、河口部位外，应选择由于地形及潮汐原因造成堆积以及底泥恶化的地点，另外也可选择沉积层较厚的地点。（ ）

答案： ×

正确答案： 采泥地点除在主要污染源附近、河口部位外，应选择由于地形及潮汐原因造成堆积以及底泥恶化的地点，另外也可选择沉积层较薄的地点。

9. 根据《水质 采样技术指导》（HJ 494—2009）的规定，自动采样器可以连续或不连续采样，也可以定时或定比例采样。（ ）

答案： √

10. 根据《水质 采样技术指导》（HJ 494—2009）的规定，采集微生物的设备与容器不能用水样冲洗。（ ）

答案： √

11. 根据《水质 采样技术指导》（HJ 494—2009）的规定，静态水体和流动水体的采样方法基本相同，无需特别区分。（ ）

答案： ×

正确答案：静态水体和流动水体的采样方法不同，应加以区别。

12. 根据《水质　采样技术指导》（HJ 494—2009）的规定，当水体的组成随时间发生变化，则要在适当的时间间隔内进行周期采样，分别进行分析，测出水质的变化程度、频率和周期。（　　）

答案：×

正确答案：当水体的组成随时间发生变化，则要在适当的时间间隔内进行瞬时采样，分别进行分析，测出水质的变化程度、频率和周期。

13. 根据《水质　采样技术指导》（HJ 494—2009）的规定，从水体中不连续地随机采集的样品称为随机水样。（　　）

答案：×

正确答案：从水体中不连续地随机采集的样品称为瞬时水样。

14. 根据《水质　采样技术指导》（HJ 494—2009）的规定，开阔河流的各采样点，原则上应在河流横向及垂向的不同位置采集样品。（　　）

答案：√

15. 根据《水质　采样技术指导》（HJ 494—2009）的规定，如采样现场水体很不均匀，无法采到有代表性的样品，则放弃采集该点位样品。（　　）

答案：×

正确答案：如采样现场水体很不均匀，无法采到有代表性的样品，则应详细记录不均匀的情况和实际采样情况，供使用数据者参考。

16. 根据《水质　采样技术指导》（HJ 494—2009）的规定，如果水样中含沉降性固体，如泥沙等，应分离除去。（　　）

答案：√

17. 根据《水质　采样技术指导》（HJ 494—2009）的规定，排污单位有污水处理设施并能正常运行使污水稳定排放，则污染物排放曲线比较平稳，监督检测可以采连续水样。（　　）

答案：×

正确答案：排污单位有污水处理设施并能正常运行使污水稳定排放，则污染物排放曲线比较平稳，监督检测可以采瞬时水样。

18. 根据《水质　采样技术指导》（HJ 494—2009）的规定，瞬时采样采集表层样品时，一般用吊桶或广口瓶沉入水中，待注满水后，再提出水面。（　　）

答案：√

19. 根据《水质　采样技术指导》（HJ 494—2009）的规定，测溶解氧、生化需氧量和有机污染物等项目时的水样，必须注满容器，不留空间，并用水封口。（　　）

答案：√

20. 根据《水质　采样技术指导》（HJ 494—2009）的规定，在污染源监测中，随污水流动的悬浮物或固体微粒，应看作是污水水样的一个组成部分，不应在分析前滤除。（　　）

答案：√

二、单项选择题

1. 根据《水质 采样技术指导》（HJ 494—2009）的规定，下列控制采样污染常用的措施中错误的是________。（ ）

A．彻底清洗采样容器及设备，安全存放

B．采样后擦拭并晾干采样绳（或链），妥善存放

C．采样时搅动水底部的沉积物

D．避免用手和手套接触样品

答案：C

2. 根据《水质 采样技术指导》（HJ 494—2009）的规定，对于定量地采集水生附着生物，用________最适宜。（ ）

A．培养皿　　B．标准显微镜载玻片

C．表面皿　　D．广口玻璃瓶

答案：B

3. 根据《水质 采样技术指导》（HJ 494—2009）的规定，把从不同采样点同时采集的瞬时水样混合为一个样品，称作________。（ ）

A．综合水样　　B．周期水样　　C．混合水样　　D．连续水样

答案：A

4. 根据《水质 采样技术指导》（HJ 494—2009）的规定，有些分析方法要求采集大体积水样，范围从________到________。（ ）

A．5 L，10 L　　B．10 L，30 L　　C．10 L，50 L　　D．50 L，几立方米

答案：D

5. 根据《水质 采样技术指导》（HJ 494—2009）的规定，采集生物样品的容器，最理想的是________。（ ）

A．广口瓶　　B．密封袋　　C．细口瓶　　D．标本缸

答案：A

6. 根据《水质 采样技术指导》（HJ 494—2009）的规定，下列情况适用混合水样的是________。（ ）

A．不连续流动的水流，如分批排放的水

B．为评价特殊的、变化的或不规则的排放和生产运转的影响

C．在制定较大范围的采样方案前

D．测定某些不稳定的参数

答案：B

7. 根据《水质 采样技术指导》（HJ 494—2009）的规定，测定油类的水样，应在水面至水面下________采集柱状水样，并单独采样，全部用于测定。（ ）

A．50 mm　　B．100 mm　　C．300 mm　　D．500 mm

答案：C

8. 根据《水质　采样技术指导》（HJ 494—2009）的规定，污水采样的位置应在采样断面的中心，在水深大于 1 m 时，应在表层下________深度处采样，水深小于或等于 1 m 时，在水深的________处采样。（　　）

A. 1/4，1/2　　B. 0.5 m，1/4　　C. 1/2，1/4　　D. 0.5 m，1/2

答案：A

9. 根据《水质　采样技术指导》（HJ 494—2009）的规定，测定溶解氧和________必须用专用的容器。（　　）

A. 化学需氧量　　B. 油类　　C. 生化需氧量　　D. 高锰酸盐指数

答案：C

10. 根据《水质　采样技术指导》（HJ 494—2009）的规定，地下水可分为上层滞水、潜水和承压水。________的水质与地表水的水质基本相同。（　　）

A. 上层滞水　　B. 上层滞水和潜水　　C. 潜水和承压水　　D. 潜水

答案：A

11. 根据《水质　采样技术指导》（HJ 494—2009）的规定，抓斗和采泥器可用于采集________的样品。（　　）

A. 浮游生物　　B. 水生附着生物　　C. 鱼类　　D. 大型无脊椎动物

答案：D

12. 根据《水质　采样技术指导》（HJ 494—2009）的规定，下列关于地下水采样的说法错误的是________。（　　）

A. 监测井采样可以像地表水采样那样，在水系的任意一点进行

B. 对于自喷泉水，可在涌口处直接采样

C. 采集不自喷泉水，将停滞在抽水管的水汲出，新水更替之后，再进行采样

D. 从井水采集水样，必须在充分抽汲后进行

答案：A

13. 根据《水质　采样技术指导》（HJ 494—2009）的规定，________含水层通过包气带直接与大气圈、水圈相通，因此具有季节性变化的特点。（　　）

A. 上层滞水　　B. 潜水　　C. 承压水　　D. 潜水和承压水

答案：B

14. 根据《水质　采样技术指导》（HJ 494—2009）的规定，用于微生物样品容器的基本要求是能够________。（　　）

A. 经受高温灭菌　　B. 密封性能极好

C. 容易清洗和多次使用　　D. 有很好的抗破裂性

答案：A

15. 根据《水质　采样技术指导》（HJ 494—2009）的规定，使用自动采样设备，如果要对样品进行金属元素分析，采样器中不能使用________。（　　）

A. 不锈钢　　B. 铜管　　C. 聚乙烯　　D. 聚四氟乙烯

答案：B

三、问答题

1. 根据《水质 采样技术指导》（HJ 494—2009）简述降水的采样过程。

答案：（1）在降水前，必须盖好采样器，只在降水真实出现之后才打开；

（2）每次降水取全过程水样（降水开始到结束）；

（3）采集样品时，应避开污染源，采样器四周应无遮挡雨、雪的高大树木或建筑物。

2. 根据《水质 采样技术指导》（HJ 494—2009）简述污水的流量测量都有哪些方法。

答案：（1）污水流量计法；

（2）容积法；

（3）速仪法；

（4）量水槽法；

（5）溢流堰法；

（6）如污水为管道排放，可使用电磁式或其他类型的测量计。

3. 根据《水质 采样技术指导》（HJ 494—2009）简述采集自来水或抽水设备中的水样时，应怎样做?

答案：采集自来水或抽水设备中的水样时：

（1）应先放水数分钟，使积留在水管中的杂质及陈旧水排出，然后再取样；

（2）采集水样前，应先用水样洗涤采样器容器、盛样瓶及塞子2～3次（油类除外）。

4. 根据《水质 采样技术指导》（HJ 494—2009）的规定，列举测定哪些项目需要单独采样。

答案：测定油类、pH、BOD_5、有机物、溶解氧、硫化物、余氯、粪大肠菌群、悬浮物、放射性等项目要单独采样。

5. 根据《水质 采样技术指导》（HJ 494—2009）简述水库和湖泊采样过程的注意事项。

答案：（1）采样时不可搅动水底部的沉积物。

（2）采样时应保证采样点的位置准确，必要时使用GPS定位。

（3）认真填写采样记录表，字迹应端正清晰。

（4）保证采样按时、准确、安全。

（5）采样结束前，应核对采样方案、记录和水样，如有错误和遗漏，应立即补采或重新采样。

（6）如采样现场水体很不均匀，无法采到有代表性样品，则应详细记录不均匀的情况和实际采样情况，供使用数据者参考。

（7）测定油类的水样，应在水面至水面下300 mm采集柱状水样，并单独采样，全部用于测定。采样瓶不能用采集的水样冲洗。

（8）测溶解氧、生化需氧量和有机污染物等项目时的水样，必须注满容器，并用水封口。

（9）如果水样中含沉降性固体，如泥沙等，应分离除去（测定总悬浮物和油类的水样除外）。

（10）测定湖库水COD、高锰酸盐指数、叶绿素a、总氮、总磷时的水样，静置30 min后，用吸管一次或几次移取水样，吸管进水尖嘴应插至水样表层50 mm以下位置，再加保存剂保存。

（11）测定油类、BOD_5、DO、硫化物、余氯、粪大肠菌群、悬浮物、放射性等项目要单独采样。

参考文献

［1］环境保护部 . 水质　采样技术指导：HJ 494—2009［S］. 北京：中国环境科学出版社，2009.
［2］中国环境监测总站《环境监测人员持证上岗考核试题集》编写组 . 环境监测人员持证上岗考核试题集：上册 . 4 版［M］. 北京：中国环境出版集团，2015.

命题：甄燕红
审核：张　梁

第八节　水质　采样方案设计技术规定（HJ 495—2009）

一、判断题

1. 根据《水质　采样方案设计技术规定》（HJ 495—2009）的规定，水体底部沉积物和污泥的采样方案设计不适用《水质　采样方案设计技术规定》（HJ 495—2009）。（　　）

答案：×

正确答案：本标准适用于各种水体包括水体底部沉积物和污泥的采样方案设计。

2. 根据《水质　采样方案设计技术规定》（HJ 495—2009）的规定，负责设计采样方案和负责实施采样操作的人员，必须考虑相应的安全要求。在采样过程中采样人员要了解应采取的必要的防护措施。（　　）

答案：√

3. 根据《水质　采样方案设计技术规定》（HJ 495—2009）的规定，如果河岸条件不是采样研究特殊要求的，应尽量采取在桥上采样来代替河岸边采样。（　　）

答案：√

4. 根据《水质　采样方案设计技术规定》（HJ 495—2009）的规定，只有固定采样点位才能对不同时间所采集的样品进行对比。（　　）

答案：√

5. 根据《水质　采样方案设计技术规定》（HJ 495—2009）的规定，从充分混合的湍流中采样最为理想，采集任何项目时，只要有可能都应把层流诱发成湍流。（　　）

答案：×

正确答案：采集测定溶解气体、易挥发物质的样品时，不能把层流诱发成湍流。

6. 根据《水质　采样方案设计技术规定》（HJ 495—2009）的规定，悬浮物可以分散在遍及液体深度的任一部位。如果可能，可借湍流条件使固－液混合均匀。（　　）

答案：√

7. 根据《水质　采样方案设计技术规定》（HJ 495—2009）的规定，测定挥发性物质时，为保证所采集的样品具有代表性，样品应包括抽取的所有部分。（　　）

答案：×

正确答案：挥发性物质采样时，把最先抽出的样品放掉一部分，以保证所采集的样品具有代表性。

8. 根据《水质　采样方案设计技术规定》（HJ 495—2009）的规定，采集降水样品时，如果样品被冻或者含有雪（雹），且现场无法进行加热保温，则可将样品移到高于 0℃的低温环境解冻。（　　）

答案：×

正确答案：如果现场无法进行加热保温，则可将全套设备移到高于 0℃的低温环境解冻。

9. 根据《水质　采样方案设计技术规定》（HJ 495—2009）的规定，地表水监测断面的布设应考虑社会经济发展、监测工作的实际状况和需要，要具有相对的长远性。（　　）

答案：√

10. 根据《水质　采样方案设计技术规定》（HJ 495—2009）的规定，河流入境断面应设置在水系尚未进入本区域并尽可能靠近水系入境处。（　　）

答案：×

正确答案：入境断面应设置在水系进入本区域且尚未受到本区域污染源影响处。

11. 根据《水质　采样方案设计技术规定》（HJ 495—2009）的规定，河流出境断面应设置在本区域最后的污水排放口下游，污水与河水已基本混匀并尽可能靠近水系出境处。（　　）

答案：√

12. 根据《水质　采样方案设计技术规定》（HJ 495—2009）的规定，采取自来水或抽水设备中的水的水样时，应先放水数分钟，使积留在水管中的杂质及陈旧水排出，然后再取样。（　　）

答案：√

13. 根据《水质　采样方案设计技术规定》（HJ 495—2009）的规定，第二类污染物采样点位一律设在车间或者该车间处理设施的排放口或专门处理此类污染物设施的排口。（　　）

答案：×

正确答案：第二类污染物采样点位一律设在排污单位的外排口。

14. 根据《水质　采样方案设计技术规定》（HJ 495—2009）的规定，受潮汐影响的地表水监测断面，每次采集涨、退潮水样分别测定。涨潮水样应在断面处水面涨平时采样，退潮水样应在水面退平时采样。（　　）

答案：√

15. 根据《水质　采样方案设计技术规定》（HJ 495—2009）的规定，为配合局部水流域的河道整治，及时反映整治的效果，应在一定时期内增加采样频次，具体由省级环境保护行政主管部门制

定。(　　)

答案：×

正确答案：具体由整治工程所在地方环境保护行政主管部门制定。

16. 根据《水质　采样方案设计技术规定》(HJ 495—2009)的规定，被国家或地方环境保护行政主管部门列为年度监测的重点排污单位，监督性监测应为每年 2～4 次。(　　)

答案：√

17. 根据《水质　采样方案设计技术规定》(HJ 495—2009)的规定，排污单位如有污水处理设施并能正常运转使污水能稳定排放，则污染物排放曲线比较平稳，监督监测可以采瞬时水样。(　　)

答案：√

二、单项选择题

1. 根据《水质　采样方案设计技术规定》(HJ 495—2009)的规定，________指具体判断某一区域水环境污染程度时，位于该区域所有污染源上游处，能够提供这一区域水环境本底值的断面。(　　)

A. 背景断面　　B. 对照断面　　C. 控制断面　　D. 消减断面

答案：B

2. 根据《水质　采样方案设计技术规定》(HJ 495—2009)的规定，当用导管采集污泥时，为了减少堵塞的可能性，采样管的内径不应小于________mm。(　　)

A. 30　　B. 40　　C. 50　　D. 60

答案：C

3. 根据《水质　采样方案设计技术规定》(HJ 495—2009)的规定，干流采样网络不包括________。(　　)

A. 潮区界以内的各采样点　　B. 较大的支流汇入口

C. 主要污水的排放口　　D. 行政区域分界点

答案：D

4. 根据《水质　采样方案设计技术规定》(HJ 495—2009)的规定，地表水监测断面应避开的位置不包括________。(　　)

A. 死水区　　B. 回水区　　C. 急流区　　D. 排污口

答案：C

5. 根据《水质　采样方案设计技术规定》(HJ 495—2009)的规定，湖泊、水库水面宽度为 50 m，应设置采样垂线________条，在________位置。(　　)

A. 1，任意　　B. 1，中泓

C. 2，近左、右岸有明显水流处　　D. 3，左、中、右

答案：B

6. 根据《水质　采样方案设计技术规定》(HJ 495—2009)的规定，湖泊、水库水深 0.9 m，采样垂线上的采样点设置在________。(　　)

A. 水面下 0.5 m　　B. 水深 1/2 处　　C. 水深 1/3 处　　D. 水底上 0.5 m

答案：A

7. 根据《水质　采样方案设计技术规定》（HJ 495—2009）的规定，进行工业废水采样时，如果废水被排放到氧化塘或贮水池，参照________进行。（　　）

A. 河流采样　　B. 湖泊采样　　C. 地下水采样　　D. 工业用水采样

答案：B

8. 根据《水质　采样方案设计技术规定》（HJ 495—2009）的规定，流量测量不包括________。（　　）

A. 流向　　B. 流速　　C. 流量　　D. 水流成分

答案：D

9. 根据《水质　采样方案设计技术规定》（HJ 495—2009）的规定，污泥采集位置不包括________。（　　）

A. 沉淀池　　B. 曝气池　　C. 消化池　　D. 干燥床

答案：B

三、问答题

1. 根据《水质　采样方案设计技术规定》（HJ 495—2009）简述地表水监测断面布设的总体原则。

答案：（1）地表水监测断面在总体和宏观上应能反映水系或区域的水环境质量状况；

（2）各断面的具体位置应能反映所在区域环境的污染特征；

（3）尽可能以最少的断面获取有足够代表性的环境信息；

（4）应考虑实际采样时的可行性和方便性。

2. 根据《水质　采样方案设计技术规定》（HJ 495—2009）简述污水采样点位的设置原则。

答案：（1）第一类污染物采样点位一律设在车间或车间处理设施的排放口或专门处理此类污染物设施的排口；

（2）第二类污染物采样点位一律设在排污单位的外排口；

（3）进入集中式污水处理厂和进入城市污水管网的污水采样点位应根据地方环境保护行政主管部门的要求确定。

参考文献

[1] 环境保护部 . 水质　采样方案设计技术规定：HJ 495—2009 [S] . 北京：中国环境科学出版社，2009.

[2] 中国环境监测总站《环境监测人员持证上岗考核试题集》编写组 . 环境监测人员持证上岗考核试题集：下册 . 4 版 [M]. 北京：中国环境出版集团，2018.

命题：张　梁

审核：甄燕红

第九节 大气降水样品的采集与保存（GB 13580.2—92）

一、判断题

1. 根据《空气和废气监测分析方法》（第四版增补版）的规定，降水量（单位：mm）保留2位小数。（　　）

答案：×

正确答案：降水量（单位：mm）保留1位小数。

2. 根据《空气和废气监测分析方法》（第四版增补版）的规定，测定降雪样品时，应在实验室内加热样品使其融化后，取部分样品先测定电导率和pH。（　　）

答案：×

正确答案：测定降雪样品时，应在实验室内待其自然融化完全后，取部分样品先测定电导率和pH。

3. 根据《大气降水样品的采集与保存》（GB 13580.2—92）的规定，降水采样点位应尽可能地远离局部污染源，四周无遮挡雨、雪的高大树木或建筑物。（　　）

答案：√

4. 根据《空气和废气监测分析方法》（第四版增补版）的规定，降水手工采样，雨水样品采集使用聚乙烯塑料桶，上口直径30 cm，高度不小于30 cm。（　　）

答案：√

5. 根据《空气和废气监测分析方法》（第四版增补版）的规定，降水手工采样，雪水样品采集使用聚乙烯塑料容器，上口直径30 cm，高度不小于30 cm。（　　）

答案：×

正确答案：降水手工采样，雪水样品采集使用聚乙烯塑料容器，上口直径50 cm以上，高度不小于50 cm。

6. 根据《空气和废气监测分析方法》（第四版增补版）的规定，郊区点应设置在该城市的主导风下风向位置，且受到本城市污染影响较小的地点。（　　）

答案：×

正确答案：郊区点应设置在该城市的主导风上风向位置，且受到本城市污染影响较小的地点。

7. 根据《空气和废气监测分析方法》（第四版增补版）的规定，降水监测方法可根据各自实验室的条件和监测人员的经验，采用国家标准以外的方法。（　　）

答案：×

正确答案：降水监测方法可根据各自实验室的条件和监测人员的经验，采用与国家标准方法具有可比性的等效方法。

8. 根据《空气和废气监测分析方法》（第四版增补版）的规定，采样点应位于开阔、平坦的地

区，测点周围的下垫面无裸露土壤，以免风沙扬尘的影响。(　　)

答案：√

9. 根据《空气和废气监测分析方法》（第四版增补版）的规定，采样点应避开局地污染排放源，包括排放酸碱物质的烟尘、粉尘、生活排放源、废物堆积场、停车场以及交通干线等。(　　)

答案：√

10. 根据《空气和废气监测分析方法》（第四版增补版）的规定，采样容器每次使用后用刷子刷洗，用自来水冲洗干净，再用去离子水冲洗 3 次后，晾干、加盖保存。(　　)

答案：√

11. 根据《空气和废气监测分析方法》（第四版增补版）的规定，降雨的采集应使用标准雨量仪和降水采样器。(　　)

答案：×

正确答案：降雨的采集应使用标准雨量仪，与降水采样器同步、平行进行。不可使用降水采样器采集降雨。

12. 根据《空气和废气监测分析方法》（第四版增补版）的规定，降雨原则上应逢雨必采，采集每次降水（雨、雪）的全过程样品。(　　)

答案：√

13. 根据《空气和废气监测分析方法》（第四版增补版）的规定，当一天中有几次降雨过程，对使用自动采样器的采样点可以合并为一个样品测定。(　　)

答案：√

14. 根据《空气和废气监测分析方法》（第四版增补版）的规定，保存降水样品所用的聚乙烯塑料瓶，可以与其他地表水、污水采样瓶混用。(　　)

答案：×

正确答案：保存降水样品的容器必须是专用的聚乙烯塑料瓶，不得与其他地表水、污水采样瓶混用。

15. 根据《大气降水样品的采集与保存》（GB 13580.2—92）的规定，样品在送到分析实验室前应在 3～5℃条件下冷藏。(　　)

答案：√

二、单项选择题

1. 根据《空气和废气监测分析方法》（第四版增补版）的规定，降水监测的目的是准确、及时地了解全国或某一个区域的________污染现状和发展趋势。(　　)

A. 酸雨　　B. 冰雹　　C. 降雪　　D. 降尘

答案：A

2. 根据《空气和废气监测分析方法》（第四版增补版）的规定，掌握酸雨污染的主要污染组分和特征，为控制酸雨污染提供________。(　　)

A. 方法　　B. 参考　　C. 依据　　D. 原理

答案：C

3. 根据《空气和废气监测分析方法》（第四版增补版）的规定，下面是降水监测项目的是________。（　　）

A. COD_{Mn}　　B. BOD_5　　C. pH　　D. SS

答案：C

4. 根据《空气和废气监测分析方法》（第四版增补版）的规定，用于降水样品成分测定的贮存容器是________。（　　）

A. 聚乙烯瓶　　B. 玻璃瓶　　C. 聚丙烯瓶　　D. 陶瓷瓶

答案：A

5. 根据《大气降水样品的采集与保存》（GB 13580.2—92）的规定，降水样品贮存容器为聚乙烯瓶、贮存方式为 3～5℃条件下冷藏、保存时间为 1 个月的是________。（　　）

A. 电导率　　B. F^-　　C. pH　　D. NO_2^-

答案：B

6. 根据《大气降水样品的采集与保存》（GB 13580.2—92）的规定，采样器放置的相对高度应在________以上。（　　）

A. 1.5 m　　B. 1.2 m　　C. 1.0 m　　D. 2.0 m

答案：B

7. 根据《空气和废气监测分析方法》（第四版增补版）的规定，连续降水超过 24 h，每________采集一次降水样品进行监测分析。（　　）

A. 12 h　　B. 8 h　　C. 24 h　　D. 48 h

答案：C

8. 根据《空气和废气监测分析方法》（第四版增补版）的规定，降水采样器与雨量器的水平距离应大于________。（　　）

A. 2 m　　B. 8 m　　C. 4 m　　D. 6 m

答案：A

9. 根据《空气和废气监测分析方法》（第四版增补版）的规定，一般人口在 50 万以上的城市，在郊区设________降水采样点，在城区设________降水采样点。（　　）

A. 2 个，4 个　　B. 1 个，2 个　　C. 1 个，3 个　　D. 2 个，2 个

答案：B

10. 根据《空气和废气监测分析方法》（第四版增补版）的规定，最适宜的降水自动采样器是________。（　　）

A. 非直入式采样器　　B. 直入式的湿式采样器

C. 聚乙烯塑料桶　　D. 铁桶

答案：B

11. 根据《空气和废气监测分析方法》（第四版增补版）的规定，降水手工采样中雪水样品采集使用聚乙烯塑料容器，上口直径________以上，高度不低于________。（　　）

A. 30 cm，30 cm　　B. 30 cm，50 cm　　C. 50 cm，50 cm　　D. 50 cm，30 cm

答案：C

12. 根据《人气降水样品的采集与保存》（GB 13580.2—92）的规定，降水样品 Cl^- 项目的保存期是在 3～5℃冰箱中冷藏________。（　　）

A．1 个月　　B．2 个月　　C．24 h　　D．12 h

答案：A

13. 根据《空气和废气监测分析方法》（第四版增补版）的规定，降水样品送到实验室后，应取一部分样品先测定________，然后测定________。（　　）

A．电导率，pH　　B．pH，Cl^-

C．pH，电导率　　D．电导率，Cl^-

答案：A

14. 根据《空气和废气监测分析方法》（第四版增补版）的规定，降雨量的测量应使用________。（　　）

A．标准雨量仪　　B．降水采样器

C．聚乙烯塑料容器　　D．量筒

答案：A

三、问答题

1. 根据《空气和废气监测分析方法》（第四版增补版）简述降水监测的目的、任务。

答案：降水监测的目的和任务是准确、及时地了解全国或某一个区域的酸雨污染现状和发展趋势，确定酸雨污染的范围和酸雨污染的程度；掌握酸雨污染的主要污染组分和特征，为控制酸雨污染提供科学依据。

2. 根据《空气和废气监测分析方法》（第四版增补版）简述降水监测点位环境要求。

答案：（1）采样点应位于开阔、平坦的地区，测点周围的下垫面无裸露土壤，以免风沙扬尘的影响。

（2）采样点应避开局地污染排放源，包括排放酸碱物质的烟尘、粉尘、生活排放源、废物堆积场、停车场以及交通干线等。

（3）采样点周围应无遮挡雨、雪的障碍物，其中包括房屋、桥梁、高大树木等。障碍物与采样器之间的水平距离不得小于该障碍物高度的 2 倍；或从采样器至障碍物顶部与地平线夹角应小于 30°。

（4）采样器与雨量器的水平距离应大于 2 m。

3. 根据《空气和废气监测分析方法》（第四版增补版）简述降水采样时间的要求。

答案：（1）原则上应逢雨必采，采集每次降水（雨、雪）的全过程样品（自降水开始到结束）；

（2）当连续数天降雨，可每隔 24 h 收集一次样品（每天上午 8：00 至第二天上午 8：00）；

（3）当一天中有几次降雨过程，对使用自动采样器的采样点可合并为一个样品测定。

参考文献

[1] 国家环境保护总局《空气和废气监测分析方法》编委会 . 空气和废气监测分析方法：第四版增补版［M］. 北京：中国环境科学出版社，2010.

［2］国家环境保护局．大气降水样品的采集与保存：GB 13580.2—92［S］．北京：中国环境科学出版社，1992.

命题：周立平
审核：史天元

第十节 酸沉降监测技术规范（HJ/T 165—2004）

一、判断题

1. 根据《酸沉降监测技术规范》（HJ/T 165—2004）的规定，酸沉降监测点应靠近污染源，以便客观反映局地受到污染源的影响。（ ）

答案：×

正确答案：监测点不应受到局地污染源的影响。

2. 根据《酸沉降监测技术规范》（HJ/T 165—2004）的规定，干湿接样器应处于平行于主导风向的位置，干罐处于下风向，使湿罐不受干罐的影响。（ ）

答案：√

3. 根据《酸沉降监测技术规范》（HJ/T 165—2004）的规定，若遇连续降雨（雪）天气，则将上午 9：00 至次日上午 9：00 的降雨（雪）视为一个样品。（ ）

答案：√

4. 根据《酸沉降监测技术规范》（HJ/T 165—2004）的规定，湿沉降监测时，人口 50 万以上的城市布设 3 个监测点，人口 50 万以下的城市布设 1 个监测点。（ ）

答案：×

正确答案：人口 50 万以上的城市布设 3 个点，人口 50 万以下的城市布设 2 个点。

5. 根据《酸沉降监测技术规范》（HJ/T 165—2004）的规定，若一天中有多次降雨（雪）过程，可合并为一个样品进行测定。（ ）

答案：√

6. 根据《酸沉降监测技术规范》（HJ/T 165—2004）的规定，湿沉降采样仪器的接雨（雪）器应由不锈钢材料制成，且易于清洗。（ ）

答案：×

正确答案：接雨（雪）器应由惰性材料制成，如聚乙烯、有聚四氟乙烯涂层的金属等。

7. 根据《酸沉降监测技术规范》（HJ/T 165—2004）的规定，用于过滤水样的滤膜在使用前应放入去离子水中浸泡 2 d，并用去离子水洗涤 3 次后晾干，备用。（ ）

答案：×

正确答案：使用前应将滤膜放入去离子水中浸泡 24 h，并用去离子水洗涤 3 次后晾干，备用。

8. 根据《酸沉降监测技术规范》（HJ/T 165—2004）的规定，用于盛放水样的样品瓶在第一次使用前需用10%盐酸或硝酸溶液浸泡24 h，用自来水清洗至中性，再用去离子水冲洗多次，然后加入少量去离子水振摇，测定其电导率（EC），若EC值小于0.15 mS/m，即为合格。（　　）

答案：√

9. 根据《酸沉降监测技术规范》（HJ/T 165—2004）的规定，降水量不大时，可不必进行电导率（EC）、pH和阴、阳离子的测定。（　　）

答案：×

正确答案：EC和pH两个项目应做到逢雨（雪）必测。

10. 根据《酸沉降监测技术规范》（HJ/T 165—2004）的规定，采集的干沉降样品应装入聚乙烯滤膜盒内，于室温下保存，以备做化学组分的分析。（　　）

答案：×

正确答案：取下的样品应放入3～5℃的冰箱中保存。

11. 根据《酸沉降监测技术规范》（HJ/T 165—2004）的规定，干沉降采样流量通常为1 L/min，采样时间为1周；如果采样点污染物浓度太低，也可将采样流量定为2 L/min；也可将采样时间定为1 d，但流量需加大到15 L/min左右。（　　）

答案：√

12. 根据《酸沉降监测技术规范》（HJ/T 165—2004）的规定，进行湿沉降手动采样时，可使用无色聚乙烯塑料桶采样。（　　）

答案：√

13. 根据《酸沉降监测技术规范》（HJ/T 165—2004）的规定，湿沉降监测点位宜设置在地势较高处，如山顶等位置。（　　）

答案：×

正确答案：监测点不应设在受局地气象条件影响大的地方，如山顶、山谷、海岸线等。

二、单项选择题

1. 根据《酸沉降监测技术规范》（HJ/T 165—2004）的规定，远郊监测点应位于人为活动影响甚微的地方，应距主要人口居住中心、主要公路、热电厂、机场________km以上。（　　）

A. 10　　B. 20　　C. 50　　D. 100

答案：C

2. 根据《酸沉降监测技术规范》（HJ/T 165—2004）的规定，湿沉降自动采样器的防尘盖必须在降雨（雪）开始________min内打开，在降雨（雪）结束后________min内关闭。（　　）

A. 1，5　　B. 1，3　　C. 2，5　　D. 2，3

答案：A

3. 根据《酸沉降监测技术规范》（HJ/T 165—2004）的规定，湿沉降样品量少于________g时，只测pH和EC。（　　）

A. 50　　B. 100　　C. 150　　D. 200

答案：A

4. 根据《酸沉降监测技术规范》（HJ/T 165—2004）的规定，湿沉降采样器宜设置在开阔、平坦、多草、周围________m 内没有树木的地方。（　　）

A. 50　　B. 100　　C. 150　　D. 200

答案：B

5. 根据《酸沉降监测技术规范》（HJ/T 165—2004）的规定，设置多个湿沉降采样器时，采样器之间的水平距离应大于________m。（　　）

A. 2　　B. 5　　C. 10　　D. 15

答案：A

6. 根据《酸沉降监测技术规范》（HJ/T 165—2004）的规定，测试分析用水的电导率（EC）值在 25℃时应小于________mS/m。（　　）

A. 0.05　　B. 0.10　　C. 0.15　　D. 0.20

答案：C

7. 根据《酸沉降监测技术规范》（HJ/T 165—2004）的规定，保存湿沉降样品的容器宜采用________瓶。（　　）

A. 无色玻璃　　B. 棕色玻璃　　C. 不锈钢　　D. 无色聚乙烯塑料

答案：D

8. 根据《酸沉降监测技术规范》（HJ/T 165—2004）的规定，在采样点放置接雨（雪）器________h 后仍未下雨（雪），则需将接雨（雪）器取回，重新清洗后方可再用于样品采集。（　　）

A. 0.5　　B. 1　　C. 2　　D. 3

答案：C

9. 根据《酸沉降监测技术规范》（HJ/T 165—2004）的规定，用于观测降雨（雪）量的雨（雪）量计应安装在采样器旁固定架子上，与采样器距离不小于________m，器口保持水平，距离地面高__________cm。（　　）

A. 1，50　　B. 1，70　　C. 2，50　　D. 2，70

答案：D

10. 根据《酸沉降监测技术规范》（HJ/T 165—2004）的规定，采用多层滤膜法进行干沉降监测时，孔径为 0.8 μm 的聚四氟乙烯膜主要用于采集空气中的________。（　　）

A. 气溶胶　　B. 气态 HNO_3　　C. 气态 HCl　　D. NH_3

答案：A

11. 根据《酸沉降监测技术规范》（HJ/T 165—2004）的规定，湿沉降样品不能冷藏保存时，可使用________作为防腐剂。（　　）

A. 稀硫酸　　B. 百里酚　　C. 苯甲酸钠　　D. 乙酸钠

答案：B

12. 根据《酸沉降监测技术规范》（HJ/T 165—2004）的规定，放置采样器时，采样器距废物处置地、焚烧炉、停车场、室内供热系统等污染源的距离应大于________m。（　　）

A. 50　　B. 100　　C. 200　　D. 300

答案：B

13. 根据《酸沉降监测技术规范》（HJ/T 165—2004）的规定，湿沉降采样器应固定在支撑面上，离支撑面的高度大于________m，以避免雨大时泥水溅入试样。(　　)

A. 0.5　　B. 1.0　　C. 1.2　　D. 1.5

答案：C

14. 根据《酸沉降监测技术规范》（HJ/T 165—2004）的规定，湿沉降采样器的接雨（雪）器的口径应不小于________cm，对于雨（雪）量偏小的地区，宜使用接雨（雪）器口径较大的采样器。(　　)

A. 10　　B. 20　　C. 30　　D. 50

答案：B

15. 根据《酸沉降监测技术规范》（HJ/T 165—2004）的规定，湿沉降自动采样器的传感器最低能感应到的降雨（雪）强度为________mm/h 或不小于________mm 直径的雨滴。(　　)

A. 0.05，0.5　　B. 0.03，0.5　　C. 0.05，0.3　　D. 0.03，0.3

答案：A

三、问答题

根据《酸沉降监测技术规范》（HJ/T 165—2004）简述采集湿沉降样品的样品瓶在第一次使用前应如何进行处理。

答案：（1）样品瓶在第一次使用前需用 10%（体积分数）盐酸或硝酸溶液浸泡 24 h，用自来水洗至中性，再用去离子水（EC 值在 25℃时应小于 0.15 mS/m）冲洗多次；

（2）在样品瓶中加少量去离子水振摇，用离子色谱法检查水中的 Cl^- 含量或测其 EC，若 Cl^- 含量低于仪器检出限或 EC 值小于 0.15 mS/m，即为合格；

（3）将样品瓶倒置晾干后盖好，保存在清洁的橱柜内。

参考文献

国家环境保护总局. 酸沉降监测技术规范：HJ/T 165—2004［S］. 北京：中国环境科学出版社，2004.

命题：史天元
审核：张久龙

第十一节　河流流量测验规范（GB 50179—2015）（流速仪法）

一、判断题

1. 根据《河流流量测验规范》（GB 50179—2015）的规定，采用流速仪法测流的测验河段，宜

顺直、稳定、水流集中，无分流、岔流、斜流、回流、死水等现象。(　　)

答案：√

2. 根据《河流流量测验规范》(GB 50179—2015)的规定，采用流速仪法测速，宽深比特别大或漫滩严重的河段，测速垂线数目应适当减少。(　　)

答案：×

正确答案：宽深比特别大或漫滩严重的河段，测速垂线数目应适当增加。

3. 根据《河流流量测验规范》(GB 50179—2015)的规定，采用流速仪法监测河流流量，潮水河的测速垂线数目应多于无潮河流。(　　)

答案：×

正确答案：采用流速仪法监测河流流量，潮水河的测速垂线数目可适当少于无潮河流。

4. 根据《河流流量测验规范》(GB 50179—2015)的规定，施测流量时应同时观测天气现象及测验断面附近水流情况。(　　)

答案：√

5. 根据《河流流量测验规范》(GB 50179—2015)的规定，采用流速仪法测速，选择多线、多点、短历时的测量方案可提高流量的测验精度。(　　)

答案：×

正确答案：选择多线、多点、长历时的测量方案可提高流量的测验精度。

6. 根据《河流流量测验规范》(GB 50179—2015)的规定，采用选点法施测垂线平均流速时，一条垂线上相邻两测点的最小间距不宜小于流速仪旋桨或旋杯的直径。(　　)

答案：√

7. 根据《河流流量测验规范》(GB 50179—2015)的规定，当冰期的冰花分布不均匀或测速垂线上冻时，应调整测速垂线位置。(　　)

答案：√

8. 根据《河流流量测验规范》(GB 50179—2015)的规定，采用流速仪法测定水面流速时，仪器的旋转部分不得露出水面。(　　)

答案：√

9. 根据《河流流量测验规范》(GB 50179—2015)的规定，潮流站垂线流速可采用多架流速仪，在垂线各测点上同时施测，或采用一架流速仪在垂线上依次施测各测点流速，再改正为同时流速。(　　)

答案：√

10. 根据《河流流量测验规范》(GB 50179—2015)的规定，采用流速仪法监测河流流量，流速仪可采用悬杆悬吊或悬索悬吊，悬吊时应使流速仪在水下呈垂直状态。(　　)

答案：×

正确答案：悬吊时应使流速仪在水下呈水平状态。

11. 根据《河流流量测验规范》(GB 50179—2015)的规定，采用流速仪法监测河流流量，流速仪与船边的距离不应大于 1.0 m。(　　)

答案：×

正确答案：流速仪与船边的距离不应小于 1.0 m。

12. 根据《河流流量测验规范》（GB 50179—2015）的规定，常用流速仪在使用时期，应定期与备用流速仪进行比测，每次比测应包括较大、较小流速且分配均匀的 20 个以上的测点。（　　）

答案：×

正确答案：每次比测应包括较大、较小流速且分配均匀的 30 个以上的测点。

13. 根据《河流流量测验规范》（GB 50179—2015）的规定，对河流流量进行监测时，当测流断面内一部分断面不能用流速仪测速，另一部分断面能用流速仪测速时，可采用浮标法和流速仪法联合测流。（　　）

答案：√

14. 根据《河流流量测验规范》（GB 50179—2015）的规定，流速仪在每次使用后，应立即按仪器说明书规定的方法拆洗干净，并加仪器润滑油。（　　）

答案：√

15. 根据《河流流量测验规范》（GB 50179—2015）的规定，潮流站垂线流速应采用多架流速仪在垂线各测点上同时施测，不可用一架流速仪依次施测各测点流速。（　　）

答案：×

正确答案：潮流站垂线流速可采用多架流速仪在垂线各测点上同时施测，或采用一架流速仪在垂线上依次施测各测点流速，再改正为同时流速。

16.《河流流量测验规范》（GB 50179—2015）适用于天然河流、湖泊、水库、人工河渠、潮汐影响和水工程影响河段的流量测验。（　　）

答案：√

17. 根据《河流流量测验规范》（GB 50179—2015）的规定，布设测验断面时，断面宜垂直于流向，可设在测验河段中央且与测流断面重合或者接近。（　　）

答案：√

18. 根据《河流流量测验规范》（GB 50179—2015）的规定，在水库、堰闸等水利工程的上、下游布设流速仪法测流断面，应避开水流异常紊动影响。（　　）

答案：√

19. 根据《河流流量测验规范》（GB 50179—2015）的规定，枯水期流量测验，河道水草丛生或河底石块堆积影响枯水期正常测流时，应随时清除水草，平整河底。（　　）

答案：√

20. 根据《河流流量测验规范》（GB 50179—2015）的规定，测流断面发生层冰层水时，不可设置临时断面测流。（　　）

答案：×

正确答案：测流断面发生层冰层水时，可布设临时断面测流。

21. 根据《河流流量测验规范》（GB 50179—2015）的规定，采用流速仪法监测河流流速时，使测船的纵轴与流线平行，并保持测船的稳定，可减小测量误差。（　　）

答案：√

22. 根据《河流流量测验规范》（GB 50179—2015）的规定，采用流速仪法测流，潮流量测验

总随机不确定度应小于15%，系统不确定度应小于5%。(　　)

答案：×

正确答案：系统不确定度应小于3%。

23. 根据《河流流量测验规范》(GB 50179—2015)的规定，常用流速仪和备用流速仪比测时，应在同一测点深度上同时测速，并采用“U”形比测架，两端分别安装常用和备用流速仪，两台仪器的净距不应小于0.5 m，在比测过程中，应变换相互比测仪器的位置。(　　)

答案：√

24. 根据《河流流量测验规范》(GB 50179—2015)的规定，常用流速仪在使用期内，应定期与备用流速仪进行比测，没有比测条件的站，仪器使用2年后应重新检定。(　　)

答案：√

25. 根据《河流流量测验规范》(GB 50179—2015)的规定，常用流速仪在使用期内，应定期与备用流速仪进行比测，但不宜将旋桨式流速仪与旋杯式流速仪进行比测。(　　)

答案：√

二、单项选择题

1. 根据《河流流量测验规范》(GB 50179—2015)的规定，采用流速仪法监测河流流量，对测流断面内大于断面流量________的独股分流、串沟，应布设测速垂线。(　　)

A. 1%　　B. 5%　　C. 10%　　D. 20%

答案：A

2. 根据《河流流量测验规范》(GB 50179—2015)的规定，潮流站的垂线流速测量宜采用往返测量，测点数目可根据垂线水深确定，当水深大于或等于5.0 m时，宜采用________。(　　)

A. 二点法　　B. 三点法　　C. 五点法　　D. 六点法

答案：D

3. 根据《河流流量测验规范》(GB 50179—2015)的规定，采用流速仪法监测河流流量，施测河底流速时，应将流速仪下放至_______相对水深以下，并应使仪器旋转部分的边缘离开河底_______。(　　)

A. 0.8，2～5 cm　　B. 0.9，2～5 cm　　C. 0.8，5 cm以上　　D. 0.9，5 cm以上

答案：B

4. 根据《河流流量测验规范》(GB 50179—2015)的规定，当不能采用铅鱼实测水深，借用上一次断面成果查读水深，且悬索偏角________时，水面以下各测点的位置应采用“试错法”测定。(　　)

A. 大于10°　　B. 小于10°　　C. 大于15°　　D. 小于15°

答案：A

5. 根据《河流流量测验规范》(GB 50179—2015)的规定，下列情况中不适宜采用流速仪法监测河流流量的是__________。(　　)

A. 断面内大多数测点的流速不超过流速仪的测速范围

B. 垂线水深不应小于用一点法测速的必要水深

C. 在一次测流的起讫时间内，水位涨落差大于平均水深的10%

D．流经测流断面的漂浮物较少，不影响流速仪的正常运转

答案：C

三、问答题

1. 根据《河流流量测验规范》（GB 50179—2015）简述采用流速仪测流的误差来源有哪些？

答案：采用流速仪测流的误差来源有：

（1）起点距定位误差；

（2）水深测量误差；

（3）流速测点定位误差；

（4）流向偏角导致的误差；

（5）流速仪轴线与流线不平行导致的误差；

（6）入水物体干扰水流导致的误差；

（7）停表或其他计时装置的误差；

（8）流速仪率定本身的误差；

（9）测验方案不完善导致的误差；

（10）测验过程操作不当导致的误差；

（11）测验条件超出仪器使用范围导致的误差。

2. 根据《河流流量测验规范》（GB 50179—2015）的规定，当断面内水深小于流速仪一点法测速所必需的水深或流速低于仪器的正常运转范围时，可采用哪些措施？

答案：（1）对河段进行整治，整治长度应大于枯水期水面宽的5倍。

（2）当整治后仍不能保证测流精度时，可将河段束窄或采用壅水措施。

（3）水深大流速小时，可将河段束窄。束窄河段的长度应大于河宽的1.0倍。测流断面应布设在束窄河段的下游河段内。

（4）水浅而流速足够大时，可建立渠化的束窄河段，并应使多数垂线上的水深在0.2 m以上。束窄后河段的边坡可取1∶2～1∶4，渠化长度应大于宽度的4倍。测流断面应设在渠化河段内的下游，距进口的长度宜为渠化段全长的60%。

（5）整治河段宜离开基本水尺断面一段距离。当枯水期基本水尺水位与整治断面的流量关系较好时，可不设立临时水尺。当基本水尺水位与整治断面的流量没有固定关系时，应在整治河段设立临时水尺。

参考文献

水利部．河流流量测验规范：GB 50179—2015［S］．北京：中国计划出版社，2015.

命题：许　超

审核：肖　强

第十二节　河流流量测验规范（GB 50179—2015）（浮标法）

一、判断题

1. 根据《河流流量测验规范》（GB 50179—2015）的规定，当洪水涨、落急剧，洪峰历时短暂，可用中泓浮标法测流。（　　）

答案：√

2. 根据《河流流量测验规范》（GB 50179—2015）的规定，当风速过大，对浮标运行有严重影响时，不宜采用浮标法测流。（　　）

答案：√

3.《河流流量测验规范》（GB 50179—2015）适用于天然河流、湖泊、水库、人工河渠、企事业单位水污染物排放总量、潮汐影响和水工程影响河段的流量测验。（　　）

答案：×

正确答案：《河流流量测验规范》（GB 50179—2015）不适用于企事业单位水污染物排放总量的测验。

4. 根据《河流流量测验规范》（GB 50179—2015）的规定，选择的测验河段必须避开易发生滑坡、坍塌和泥石流的地点。（　　）

答案：√

5. 根据《河流流量测验规范》（GB 50179—2015）的规定，采用浮标法对河流流量进行监测时，深水浮标法和浮杆法适用于高流速的流量测验。（　　）

答案：×

正确答案：深水浮标法和浮杆法适用于低流速的流量测验。

6. 根据《河流流量测验规范》（GB 50179—2015）的规定，采用浮标法监测河流流量，当测验河段或测站控制发生重大改变时，应重新进行浮标系数试验，并采用新的浮标系数。（　　）

答案：√

7. 根据《河流流量测验规范》（GB 50179—2015）的规定，使用深水浮标和浮杆法测流时，测速垂线应与同水位级流速仪法测流的固定测速垂线数相同。（　　）

答案：√

8. 根据《河流流量测验规范》（GB 50179—2015）的规定，使用深水浮标或浮杆测速时，每个测点或每条垂线应施测 2 次。（　　）

答案：×

正确答案：使用深水浮标或浮杆测速，每个测点或每条垂线应重复施测 3 次。

9. 根据《河流流量测验规范》（GB 50179—2015）的规定，采用浮标法监测河流流量，对各种浮标法测流方案的浮标系数，应分别进行试验分析。（　　）

答案：√

10. 根据《河流流量测验规范》（GB 50179—2015）的规定，当采用浮标法和流速仪法联合测流时，两者测速区域不应重叠。（ ）

答案：×

正确答案：采用浮标法和流速仪法联合测流时，两者测速区域应重叠。

11. 根据《河流流量测验规范》（GB 50179—2015）的规定，小浮标法测流适用于流速超出流速仪低速使用范围时的流量测验。（ ）

答案：√

12. 根据《河流流量测验规范》（GB 50179—2015）的规定，当采用漂浮物浮标法测流时，宜选择中泓部位目标显著且和浮标系数试验所选漂浮物类似的漂浮物 3～5 个测定其流速。（ ）

答案：√

13. 根据《河流流量测验规范》（GB 50179—2015）的规定，用均匀浮标法测流，当水情变化急剧时，可先在中泓部分投放，再在两侧投放。（ ）

答案：√

14. 根据《河流流量测验规范》（GB 50179—2015）的规定，采用浮标法监测河流流量，使用小浮标测速时，每条测速流线应重复施测 2 次。（ ）

答案：√

15. 根据《河流流量测验规范》（GB 50179—2015）的规定，采用水面浮标法测流时，浮标露出水面部分应有易于识别的明显标志。（ ）

答案：√

16. 根据《河流流量测验规范》（GB 50179—2015）的规定，当测站采用浮标法测流时，浮标法测验河段，顺直段的长度应大于上、下浮标断面间距的 1.5 倍。（ ）

答案：×

正确答案：当测站采用浮标法测流时，浮标法测验河段，顺直段的长度应大于上、下浮标断面间距的 2 倍。

17. 根据《河流流量测验规范》（GB 50179—2015）的规定，当中、高水位的断面平均流速相差悬殊时，可按不同水位级分别设置上、下浮标断面。（ ）

答案：√

18. 根据《河流流量测验规范》（GB 50179—2015）的规定，采用卫星定位系统定位的临时断面可不设断面标。（ ）

答案：√

19. 根据《河流流量测验规范》（GB 50179—2015）的规定，大断面测量应包括水下断面测量和岸上断面测量。（ ）

答案：√

20. 根据《河流流量测验规范》（GB 50179—2015）的规定，大断面测量的范围为岸上部分应测至历年最高洪水水位以上 1.5 m。（ ）

答案：×

正确答案：大断面测量的范围为岸上部分应测至历年最高洪水水位以上 0.5～1.0 m。

21. 根据《河流流量测验规范》（GB 50179—2015）的规定，冰期测流应同时测量水深、冰面边、冰厚、水浸冰厚和冰花厚。（　　）

答案：√

22. 根据《河流流量测验规范》（GB 50179—2015）的规定，枯水期流量测验应优先采用流速仪法，在水深不能满足流速仪测验要求时，可采用小浮标法，当部分垂线满足流速仪法测验要求时，一次流量测验可采用流速仪法与小浮标法混合完成。（　　）

答案：√

23. 根据《河流流量测验规范》（GB 50179—2015）的规定，采用水面浮标法测流时，对于天气现象、漂浮物、风浪、流向、死水区域及测验河段上、下游附近的漫滩、分流、河岸决口、冰坝壅塞、支流、洪水情况均应进行观察和记录。（　　）

答案：√

24. 根据《河流流量测验规范》（GB 50179—2015）的规定，已知上、下浮标断面间距为 400 m，浮标在其间的运行时间为 190 s，则该浮标的流速约为 2.11 m/s。（　　）

答案：√

二、单项选择题

1. 根据《河流流量测验规范》（GB 50179—2015）的规定，制作水面浮标时，浮标入水部分，表面应较________，不应成流线型。浮标入水深度，不得大于水深的________。（　　）

A．粗糙，1/10　　B．光滑，1/10　　C．粗糙，1/5　　D．光滑，1/5

答案：A

2. 根据《河流流量测验规范》（GB 50179—2015）的规定，采用小浮标法监测河流流量，每个浮标的运行历时应________，当个别流线的流速较大时，不得________。（　　）

A．小于 20 s，大于 10 s　　B．小于 20 s，小于 10 s

C．大于 20 s，小于 10 s　　D．大于 20 s，大于 10 s

答案：C

3. 根据《河流流量测验规范》（GB 50179—2015）的规定，使用深水浮标测速，当水深大于 0.5 m 时，可在相对水深______和______两处测速，当水深小于 0.5 m 时可在相对水深_______处测速。（　　）

A．0.2，0.8；0.5　　B．0.2，0.8；0.6

C．0.3，0.7；0.5　　D．0.3，0.7；0.6

答案：B

4. 根据《河流流量测验规范》（GB 50179—2015）的规定，下列水面浮标系数的比测试验规定中，错误的是________。（　　）

A．对各种浮标法测流方案的浮标系数，应分别进行试验分析

B．浮标未能测流的时间应放在流速仪法测流时间的中间时段

C．断面浮标系数的比测试验，各有效浮标在横向上的控制部位应和流速仪各测速垂线的布设

位置彼此相应

D. 中泓浮标系数和漂浮物浮标系数的试验宜按低水期流速仪法测流所选用的一种测流方案作对比试验，并可与断面浮标系数的试验结合进行

答案：D

5. 根据《河流流量测验规范》（GB 50179—2015）的规定，______会减小水深测量误差。（　　）

A. 水深测量位置偏离断面线

B. 悬索的偏角较大

C. 测杆或测锤陷入河床

D. 水深测量的仪器设备在施测前按要求进行检查和校测

答案：D

三、问答题

1. 根据《河流流量测验规范》（GB 50179—2015）简述浮标法的误差来源有哪些。

答案：（1）浮标系数采用误差；

（2）断面借用或断面测量的误差；

（3）使用全断面浮标法时，浮标分布不均匀或有效浮标过少，导致浮标流速横向分布不准确而产生的误差；

（4）在使用深水浮标或浮标测流的河段内，沿程水深变化较大引入的误差；

（5）浮标观测误差；

（6）计时误差；

（7）浮标制作误差；

（8）风向、风速对浮标运行的影响而导致的误差。

2. 根据《河流流量测验规范》（GB 50179—2015）简述采用浮标法测流时应如何观测和记录风向、风力（速）。

答案：（1）风向、风力（速）的观测应在每个浮标的运行期间进行。

（2）当风向、风力（速）变化较小时，可测记其平均值；当变化较大时，应测记其变化范围。

（3）当用仪器观测风向、风速时，应将仪器放置在能代表测流河段水面附近的风向、风速的地点进行观测。

（4）风向应依水流方向自右至左测记，平行于水流方向的顺风记为 0°，逆风记为 180°，垂直于水流方向来自右岸的记为 90°，来自左岸的记为 270°。

四、计算题

根据《河流流量测验规范》（GB 50179—2015）中的漂浮物浮标法测算流量时，测得上、下浮标断面间距为 280 m，某漂浮物运行历时 120 s，断面过水面积为 182 m^2，浮标系数采用 0.87，计算该次测得的断面流量。

答案： 流速 $V=\frac{L}{t}=\frac{280}{120}=2.33$（m/s）

流量 $Q=V\times A\times K=2.33\times 182\times 0.87=369.46$（$m^3/s$）

参考文献

水利部. 河流流量测验规范：GB 50179—2015［S］. 北京：中国计划出版社，2015.

命题：许　超

审核：肖　强

第十三节　水质　水温的测定　温度计或颠倒温度计测定法（GB 13195—91）

一、判断题

1.《水质　水温的测定　温度计或颠倒温度计测定法》（GB 13195—91）不适用于海水水温的测定。（　　）

答案： ×

正确答案： 该标准适用于井水、江河水、湖泊和水库水，以及海水水温的测定。

2. 根据《水质　水温的测定　温度计或颠倒温度计测定法》（GB 13195—91）的规定，深水温度计可用于湖库等深层水温（水深在 40 m 以上）的测量。（　　）

答案： ×

正确答案： 深水温度计适用于水深 40 m 以内的水温的测量。

3. 根据《水质　水温的测定　温度计或颠倒温度计测定法》（GB 13195—91）的规定，使用颠倒温度计测定深层水温时，应感温 10 min，然后颠倒采水器。（　　）

答案： √

4. 根据《水污染物综合排放标准》（DB11/307—2013）的规定，水温监控位置应在车间或生产设施废水排放口。（　　）

答案： ×

正确答案： 水温监控应在单位废水总排放口。

二、单项选择题

1. 根据《水质　水温的测定　温度计或颠倒温度计测定法》（GB 13195—91）的规定，测定表层水温时，将水温计投入水中至待测深度，感温________min 后，迅速上提并立即读数。从水温计离开水面至读数完毕应不超过________s，读数完毕后，将筒内水倒净。（　　）

A. 1，10　　B. 3，15　　C. 5，20　　D. 10，30

答案： C

2. 根据《水和废水监测分析方法》（第四版增补版）的规定，在冬季的东北地区，读数应在________s 内完成，否则水温计表面形成一层薄冰，影响读数的准确性。（　　）

A. 3　　B. 5

C. 7　　D. 10

答案：A

3. 根据《水污染物综合排放标准》（DB11/307—2013）的规定，水温的 A 排放限值（排入北京市Ⅱ、Ⅲ类水体执行的标准）和 B 排放限值（排入北京市Ⅳ、Ⅴ类水体执行的标准）分别为________℃、________℃。（　　）

A. 30，35　　B. 35，35

C. 35，40　　D. 40，40

答案：B

4. 下列指标不受水温变化影响的是________。（　　）

A. 二氧化碳的溶解度　　B. pH

C. 水中微生物活动　　D. 矿化度

答案：D

三、问答题

根据《水质　水温的测定　温度计或颠倒温度计测定法》（GB 13195—91）简述不同类型温度计的适用水深。

答案：（1）水温计：适用于测量水的表层温度；

（2）深水温度计：适用于水深 40 m 以内的水温的测量；

（3）颠倒温度计：适用于测量水深在 40 m 以上的各层水温。

参考文献

[1] 国家环境保护局. 水质　水温的测定　温度计或颠倒温度计测定法：GB 13195—91 [S]. 北京：中国标准出版社，1991.

[2] 北京市环境保护局，北京市质量技术监督局. 水污染物综合排放标准：DB11/307—2013 [S].

[3] 国家环境保护总局《水和废水监测分析方法》编委会. 水和废水监测分析方法：第四版增补版 [M]. 北京：中国环境科学出版社，2007.

命题：董燕春

审核：马凤刚

第十四节　水质　透明度的测定　塞氏盘法（《水和废水监测分析方法》第四版增补版）

一、判断题

1. 塞氏盘法测定水体透明度时，显示水质透明度越高，表明水越澄清。(　　)

答案：√

2. 水的透明度与浊度相同，水中悬浮物越多，其透明度越低。(　　)

答案：×

正确答案：水的透明度与浊度相反，水中悬浮物越多，其透明度越低。

3. 根据《水和废水监测分析方法》（第四版增补版）中的描述，通常地下水的透明度较高，由于供水和环境条件不同，其透明度可能会不断变化，不是一成不变的。(　　)

答案：√

4. 根据《水和废水监测分析方法》（第四版增补版）中的描述，塞氏盘法测定水体透明度时，水中存在的悬浮物和胶体，不会对透明度产生影响。(　　)

答案：×

正确答案：如果水中存在悬浮物和胶体时，透明度会降低。

5. 根据《水和废水监测分析方法》（第四版增补版）中的描述，塞氏盘法是一种现场测定透明度的方法。(　　)

答案：√

6. 根据《水和废水监测分析方法》（第四版增补版）的规定，塞氏盘法测定水体透明度时，将塞氏盘沉入水中，以不能看见它时为准记录它的深度，该值即为透明度值。(　　)

答案：√

7. 根据《水和废水监测分析方法》（第四版增补版）的规定，塞氏盘法测定水体透明度时，透明度值应以 m 为单位进行记录。(　　)

答案：×

正确答案：透明度值应以 cm 为单位进行记录。

8. 根据《水和废水监测分析方法》（第四版增补版）的规定，塞氏盘法测定水体透明度时，在测试现场可将塞氏盘直接放入水中，记录塞氏盘下沉的深度。(　　)

答案：×

正确答案：在测试现场测定透明度时，可将塞氏圆盘平放入水中慢慢下沉，至刚好看不到盘面白色，记录塞氏盘下沉的深度。

9. 根据《水和废水监测分析方法》（第四版增补版）的规定，塞氏盘法测定水体透明度时，应将塞氏盘在船的迎光处放入水中。(　　)

答案：×

正确答案：应将塞氏盘在船的背光处平放入水中，慢慢下沉。

10. 根据《水和废水监测分析方法》（第四版增补版）的规定，塞氏盘法测定水体透明度时，因受检测人员主观影响比较大，所以观察时应反复测 4～5 次。（　　）

答案：×

正确答案：因受检测人员主观影响比较大，所以观察时应反复测 2～3 次。

二、单项选择题

1. 根据《水和废水监测分析方法》（第四版增补版）的规定，塞氏盘法测定水体透明度时，透明度单位用________表示。（　　）

A．mm　　B．cm　　C．dm　　D．m

答案：B

2. 根据《水和废水监测分析方法》（第四版增补版）的规定，塞氏盘法测定水体透明度时，应将塞氏盘在船的________处放入水中。（　　）

A．迎光　　B．直射光　　C．背光　　D．反射光

答案：C

3. 根据《水和废水监测分析方法》（第四版增补版）的规定，塞氏盘法测定水体透明度时，所用塞氏盘盘面颜色为________。（　　）

A．黑白相间　　B．纯黑色　　C．纯白色　　D．蓝色

答案：A

4. 根据《水和废水监测分析方法》（第四版增补版）的规定，塞氏盘法测定水体透明度时，现场应将塞氏盘________放入水中。（　　）

A．垂直　　B．随意　　C．水平　　D．斜放

答案：C

5. 根据《水和废水监测分析方法》（第四版增补版）的规定，塞氏盘法测定水体透明度时，塞氏盘又称________。（　　）

A．圆盘　　B．透明度盘　　C．黑白盘　　D．十字盘

答案：B

6. 根据《水和废水监测分析方法》（第四版增补版）的规定，塞氏盘法测定水体透明度时，塞氏盘制作材料用到的白铁皮需要剪成直径________mm 的圆板。（　　）

A．100　　B．200　　C．300　　D．400

答案：B

7. 根据《水和废水监测分析方法》（第四版增补版）的规定，塞氏盘法测定水体透明度时，用的塞氏盘时间较长后，白漆的颜色会逐渐变________，必须重新涂漆。（　　）

A．绿　　B．蓝　　C．黄　　D．黑

答案：C

8. 根据《水和废水监测分析方法》(第四版增补版)的规定，塞氏盘法测定水体透明度时，塞氏盘在板的一面从中心平分为________个部分。(　　)

A. 2　　B. 4　　C. 6　　D. 8

答案：B

9. 根据《水和废水监测分析方法》(第四版增补版)的规定，塞氏盘法测定水体透明度时，用的塞氏盘是________的。(　　)

A. 三角形　　B. 正方形　　C. 长方形　　D. 圆形

答案：D

10. 根据《水和废水监测分析方法》(第四版增补版)的规定，塞氏盘法测定水体透明度时，连接塞氏盘的绳子上每________cm 处做上一个相应的记号。(　　)

A. 5　　B. 8　　C. 10　　D. 20

答案：C

三、问答题

1. 根据《水和废水监测分析方法》(第四版增补版)简述塞氏盘的制作方法。

答案：(1) 以较厚的白铁片剪成直径 200 mm 的圆板；

(2) 在圆板的一面从中心平分为 4 个部分，以黑白漆相间涂布；

(3) 正中心开一个小孔，穿一铅丝，下面加一铅锤，上面系小绳，在绳上每 10 cm 处用有色丝线或漆做标记即成。

2. 简述《水和废水监测分析方法》(第四版增补版)中塞氏盘法测定水体透明度的步骤。

答案：(1) 将盘在船的背光处平放入水中，逐渐下沉，至恰恰不能看见盘面的白色时；

(2) 记取其尺度，就是透明度数，以 cm 为单位；

(3) 观察时反复 2～3 次。

参考文献

国家环境保护总局《水和废水监测分析方法》编委会. 水和废水监测分析方法：第四版增补版[M]. 北京：中国环境科学出版社，2007.

命题：隗甫红

审核：陈　晨

第十五节　水质　pH 值的测定　电极法（HJ 1147—2020）

一、判断题

1. 标准氢电极是参考电极的二级标准。(　　)

答案：×

正确答案：是参考电极的一级标准。

2.《水质　pH 值的测定　电极法》（HJ 1147—2020）适用于饮用水、地面水及工业废水中 pH 的测定。(　　)

答案：×

正确答案：适用于地表水、地下水、生活污水和工业废水中 pH 的测定。

3. 根据《水质　pH 值的测定　电极法》（HJ 1147—2020）的规定，测定水体 pH 时，在 pH 小于 1 的强酸性溶液中，会产生钠差。(　　)

答案：×

正确答案：会产生酸误差。

4. 根据《水质　pH 值的测定　电极法》（HJ 1147—2020）的规定，测定水体 pH 时，水的颜色、浊度、胶体物质、氧化剂和还原剂均不干扰测定。(　　)

答案：√

5. 根据《水质　pH 值的测定　电极法》（HJ 1147—2020）的规定，在现场测定水体 pH 时，必须使用带有自动温度补偿功能的仪器。(　　)

答案：√

6. 根据《水质　pH 值的测定　电极法》（HJ 1147—2020）的规定，采集样品时，样品应充满容器并立即密封，在 6 h 之内完成测定。(　　)

答案：×

正确答案：在 2 h 之内完成测定。

7. 根据《水质　pH 值的测定　电极法》（HJ 1147—2020）的规定，测定 pH 大于 10 的强碱性样品时，应使用玻璃烧杯。(　　)

答案：×

正确答案：应使用聚乙烯烧杯。

8. 根据《水质　pH 值的测定　电极法》（HJ 1147—2020）的规定，测定水体 pH 时，测定 pH 的酸度计精度为 0.1 个 pH 单位，具有温度补偿功能，pH 范围为 0~14。(　　)

答案：×

正确答案：测定 pH 的酸度计精度为 0.01 个 pH 单位。

9. 为避免浪费，使用过的标准缓冲溶液可以倒回原瓶中继续使用。(　　)

答案：×

正确答案：使用过的标准缓冲溶液不允许再倒回原瓶中。

10. 根据《水质　pH 值的测定　电极法》(HJ 1147—2020) 的规定，测定水体 pH 时，为减少空气中酸碱性气体的溶入，或样品中相应物质的挥发，在测定前不应提前打开采样瓶。(　　)

答案：√

二、单项选择题

1. 国际上规定，以标准氢电极作为标准参比电极，在任何温度下，标准氢电极的相对平衡电势都为________。(　　)

A. 0　　B. 1　　C. 2　　D. 3

答案：A

2. 根据《水质　pH 值的测定　电极法》(HJ 1147—2020) 的规定，测定含高浓度氟的酸性样品时，应采用耐________pH 电极测定。(　　)

A. 盐酸　　B. 硫酸　　C. 氢氟酸　　D. 硝酸

答案：C

3. 根据《水质　pH 值的测定　电极法》(HJ 1147—2020) 的规定，用标准缓冲溶液校准仪器时，仪器的示值与标准缓冲溶液的 pH 之差应≤________个 pH 单位。(　　)

A. 0.02　　B. 0.05　　C. 0.1　　D. 0.3

答案：B

4. 根据《水质　pH 值的测定　电极法》(HJ 1147—2020) 的规定，测定水体 pH 时，酸度计 1 min 内读数变化小于________个 pH 单位即可视为读数稳定。(　　)

A. 0.01　　B. 0.02　　C. 0.03　　D. 0.05

答案：D

5. 根据《水质　pH 值的测定　电极法》(HJ 1147—2020) 的规定，测定水体 pH 时，样品 pH 应在两种标准缓冲溶液 pH 范围之间，若超出范围，样品 pH 至少与其中一个标准缓冲溶液 pH 之差不超过________个 pH 单位。(　　)

A. 1　　B. 2　　C. 3　　D. 4

答案：B

6. 根据《水质　pH 值的测定　电极法》(HJ 1147—2020) 的规定，测定水体 pH 时，应使用________瓶采集样品。(　　)

A. 聚乙烯　　B. 硬质玻璃　　C. 棕色玻璃　　D. 无要求

答案：A

7. 根据《水质　pH 值的测定　电极法》(HJ 1147—2020) 的规定，测定水体 pH 时，应使用新制备的去除________的蒸馏水。(　　)

A. 氧气　　B. 二氧化碳　　C. 一氧化碳　　D. 二氧化硫

答案：B

8. 根据《水质　pH 值的测定　电极法》（HJ 1147—2020）的规定，测定水体 pH 时，两种标准缓冲溶液 pH 相差约________个 pH 单位。（　　）

A. 1　　B. 2　　C. 3　　D. 5

答案：C

9. 根据《水质　pH 值的测定　电极法》（HJ 1147—2020）的规定，测定水体 pH 时，当 pH 在 6～9 之间时，允许差为________个 pH 单位。（　　）

A. ±0.1　　B. ±0.2　　C. ±0.5　　D. ±1

答案：A

10. 根据《水质　pH 值的测定　电极法》（HJ 1147—2020）的规定，测定水体 pH 时，当 pH≤6 或 pH≥9 时，允许差为________个 pH 单位。（　　）

A. ±0.1　　B. ±0.2　　C. ±0.5　　D. ±1

答案：B

三、问答题

1. 根据《水质　pH 值的测定　电极法》（HJ 1147—2020），简述测定水体 pH 的原理。

答案：pH 由测量电池的电动势而得。该电池通常由参比电极和氢离子指示电极组成。溶液每变化 1 个 pH 单位，在同一温度下电位差的改变是常数，据此在仪器上直接以 pH 的读数表示。

2. 根据《水质　pH 值的测定　电极法》（HJ 1147—2020），简述测定水体 pH 时，结果如何表示？

答案：测定结果保留小数点后 1 位，并注明样品测定时的温度。当测量结果超出测量范围（0～14）时，以"强酸，超出测量范围"或"强碱，超出测量范围"报出。

参考文献

[1] 生态环境部 . 水质　pH 值的测定　电极法：HJ 1147—2020 [S]. 北京：中国环境出版集团，2020.
[2] 中国环境监测总站《环境监测人员持证上岗考核试题集》编写组 . 环境监测人员持证上岗考核试题集：上册 . 4 版 [M]. 北京：中国环境出版集团，2015.

命题：张　爽
审核：杨红梅

第十六节　大气降水　pH 值的测定　电极法（GB 13580.4—92）

一、判断题

1. 根据《大气降水 pH 值的测定　电极法》（GB 13580.4—92）的规定，pH 的测定标准方法是

玻璃电极法。(　　)

答案：√

2. 根据《大气降水 pH 值的测定　电极法》(GB 13580.4—92)的规定，常规测定 pH 所使用的酸度计或离子浓度计，其精度应当精确到 0.2 个 pH 单位。(　　)

答案：×

正确答案：酸度计精度为 0.02 个 pH 单位。

3. 根据《大气降水 pH 值的测定　电极法》(GB 13580.4—92)的规定，水样的 pH 最好现场测定。否则，应在采样后把样品保存在 0～4℃，并在采样后 12 h 内进行测定。(　　)

答案：×

正确答案：在采样后 6 h 内测定。

4. 对于 pH 计，存放时间过长的电极，其性能将变差。(　　)

答案：√

5. 玻璃电极法测定 pH 使用的标准溶液应在 4℃冰箱内存放，用过的标准溶液可以倒回原储液瓶，这样可以减少浪费。(　　)

答案：×

正确答案：使用的标准溶液不可以再倒回去反复使用，因为会影响标准溶液的 pH。

6. pH 测定时，玻璃电极的球面应该全部浸入溶液中。(　　)

答案：√

7. pH 的测定，玻璃电极受沾污时，可用稀盐酸溶解无机盐垢，再用丙酮去除油垢(但不能用无水乙醇)。(　　)

答案：√

8. 根据《大气降水 pH 值的测定　电极法》(GB 13580.4—92)的规定，pH 定义为水中氢离子活度的负对数。(　　)

答案：√

9. 根据《大气降水 pH 值的测定　电极法》(GB 13580.4—92)的规定，进行水的 pH 测量时，校准仪器时用的标准缓冲溶液的 pH 与水样 pH 可以相差 4 个 pH 单位。(　　)

答案：×

正确答案：进行水的 pH 测量时，校准仪器时用的标准缓冲溶液的 pH 与水样 pH 接近，一般不超过 2 个 pH 单位。

10. 根据《大气降水 pH 值的测定　电极法》(GB 13580.4—92)的规定，测定 pH 时，为减少空气和水样中二氧化碳的溶入或挥发，在测定水样之前，不应提前打开水样瓶。(　　)

答案：√

二、单项选择题

1. 根据《大气降水 pH 值的测定　电极法》(GB 13580.4—92)的规定，通常的 pH 计以______为指示电极。(　　)

A．玻璃电极　　B．饱和甘汞电极　　C．参比电极　　D．指示电极

答案：A

2. 根据《大气降水 pH 值的测定　电极法》（GB 13580.4—92）的规定，用玻璃电极法测定 pH 时，主要影响因素是________。（　　）

A．浊度　　B．悬浮物　　C．氧化物　　D．温度

答案：D

3. 根据《大气降水 pH 值的测定　电极法》（GB 13580.4—92）的规定，若被测水样 pH 约为 7～8，应选用________缓冲溶液校正仪器。（　　）

A．pH=6.86 的混合磷酸盐　　B．pH=9.18 的硼砂

C．pH=4.00 的邻苯二甲酸氢钾溶液　　D．pH=9.00 的混合磷酸盐

答案：A

4. 根据《大气降水 pH 值的测定　电极法》（GB 13580.4—92）的规定，当溶液的 pH=3 时，水中氢离子活度为________mol/L。（　　）

A．0.001　　B．0.3　　C．0.01　　D．3

答案：A

5. 根据《大气降水 pH 值的测定　电极法》（GB 13580.4—92）的规定，溶液中［OH^-］浓度为 1.0×10^{-4} mol/L 时，其 pH 为________。（　　）

A．pH=4.00　　B．pH=10.00　　C．pH=11.00　　D．pH=12.00

答案：B

6. 根据《大气降水 pH 值的测定　电极法》（GB 13580.4—92）的规定，pH=4.00 的邻苯二甲酸氢钾溶液保存期通常为________周。（　　）

A．4　　B．3　　C．7　　D．5

答案：A

7. 根据《大气降水 pH 值的测定　电极法》（GB 13580.4—92）的规定，玻璃电极法测定 pH 时，温度影响电极的电位和水的电离平衡。需注意调节仪器的补偿装置与溶液的温度一致，并使被测样品与校正仪器用的标准缓冲溶液温度误差在 ±________℃之内。（　　）

A．1　　B．2　　C．3　　D．4

答案：A

8. 根据《大气降水 pH 值的测定　电极法》（GB 13580.4—92）的规定，通常称 pH 小于________的大气降水为酸雨。（　　）

A．7.0　　B．5.6　　C．4.8　　D．6.5

答案：B

9. 根据《大气降水 pH 值的测定　电极法》（GB 13580.4—92）的规定，大气降水样品若敞开放置，空气中的微生物、________以及实验室的酸碱性气体等对 pH 的测定有影响，所以应尽快测定。（　　）

A．二氧化碳　　B．氧气　　C．氮气　　D．一氧化碳

答案：A

10. 根据《大气降水 pH 值的测定　电极法》（GB 13580.4—92）的规定，在测量 pH 时，溶液应____________，以使溶液均匀和达到化学平衡，在读数时，则应____________，静置片刻，以使读数稳定。(　　)

A. 适当搅拌，停止搅拌　　　　B. 适当搅拌，继续搅拌

C. 适当搅拌，不停搅拌　　　　D. 不停搅拌，继续搅拌

答案： A

三、问答题

1. 温度对 pH 的测定有何影响？怎样消除温度的影响？温度误差在多少为宜？

答案： 温度影响电极的电位和水的电离平衡，要注意调节仪器的补偿装置与溶液的温度一致，并使被测样品与校正仪器用的标准缓冲溶液误差在 ±1℃之内。

2. 在实际测量 pH 的过程当中，应注意哪些问题？

答案：（1）先用蒸馏水认真冲洗电极，再用水样清洗，然后将电极浸入样品中；

（2）溶液应适当搅拌，以使溶液均匀和达到化学平衡；

（3）在读数时，则应停止搅拌，静置片刻，以使读数稳定。

四、计算题

根据《水和废水监测分析方法》(第四版增补版）的规定，若某水样的氢离子活度为 5×10^{-6} mol/L，问该水样的 pH 等于多少？

答案： pH=$-\lg(5\times10^{-6})$=5.3

水样的 pH 为 5.3。

参考文献

[1] 国家环境保护总局《水和废水监测分析方法》编委会. 水和废水监测分析方法：第四版增补版[M]. 北京：中国环境科学出版社，2002.

[2] 国家环境保护局，国家技术监督局. 大气降水 pH 值的测定　电极法：GB 13580.4—92 [S]. 北京：中国标准出版社，1992.

[3]《环境监测技术基本理论（参考）试题集》编写组. 环境监测技术基本理论（参考）试题集[M]. 北京：中国环境科学出版社，2002.

命题：李双雁

审核：史天元

第十七节　大气降水　电导率的测定方法（GB 13580.3—92）

一、判断题

1. 根据《水和废水监测分析方法》（第四版增补版）中电导率的测定方法，新鲜蒸馏水存放一段时间后，由于空气中二氧化碳或氮气的溶入，其电导率会上升。（　　）

答案：×

正确答案：新鲜蒸馏水存放一段时间后，由于空气中二氧化碳或氨的溶入，其电导率会上升。

2. 根据《大气降水样品的采集与保存》（GB 13580.2—92）的规定，降水样品采集后应及时测定电导率。（　　）

答案：√

3. 根据《大气降水样品的采集与保存》（GB 13580.2—92）的规定，测定电导率的降水样品应贮存在玻璃瓶中。（　　）

答案：×

正确答案：降水样品应贮存在聚乙烯瓶中。

4. 根据《大气降水样品的采集与保存》（GB 13580.2—92）的规定，采集的降水需过滤后，才能测定电导率和 pH。（　　）

答案：×

正确答案：测定电导率和 pH 的降水样品，不须过滤。

5. 根据电导率的测定方法，电导率仪测定电导率时，如果使用已知电导池常数的电导池，不需要测定电导池常数，可调节仪器直接测定，也不需要用标准溶液校准仪器。（　　）

答案：×

正确答案：如果使用已知电导池常数的电导池，不需要测定电导池常数，可调节仪器直接测定，但是需要经常用标准氯化钾溶液校准仪器。

6. 根据《大气降水电导率的测定方法》（GB 13580.3—92）的规定，电导率是电极常数与电阻的乘积。（　　）

答案：×

正确答案：电导率是电极常数与电阻的商。

7. 根据《大气降水样品的采集与保存》（GB 13580.2—92）的规定，降水样品采集后，其电导率应尽快测定，不能及时进行测定时，水样应加酸保存。（　　）

答案：×

正确答案：测定电导率的降水样品不能加保存剂。

8. 根据电导率的测定方法，电导率的国际单位是 S/m（西门子 / 米），而不能用 μS/cm（微西门子 / 厘米）表示。（　　）

答案：×

正确答案：电导率的国际单位是S/m（西门子 / 米），也常用μS/cm（微西门子 / 厘米）和mS/m（毫西门子 / 米）表示。

9. 根据《大气降水电导率的测定方法》（GB 13580.3—92）的规定，电导率多在25℃时进行测定，如果温度不是25℃，必须进行温度校正。（　　）

答案：√

10. 根据《大气降水样品的采集与保存》（GB 13580.2—92）的规定，有机化合物在降水中离解度低，且浓度也低，对降水电导率影响较小。（　　）

答案：√

11. 根据《大气降水电导率的测定方法》（GB 13580.3—92）电导率的测定方法，电阻率的倒数即为电导率。（　　）

答案：√

12. 根据《大气降水样品的采集与保存》（GB 13580.2—92）的规定，测完电导率的降水可用于pH的测定。（　　）

答案：√

13. 根据《大气降水电导率的测定方法》（GB 13580.3—92）的规定，电极常数C的测定，可选用氯化钠作为标准溶液。（　　）

答案：×

正确答案：电极常数C的测定，可选用氯化钾作为标准溶液。

14. 根据《大气降水电导率的测定方法》（GB 13580.3—92）的规定，测定电导率时用水的电导率应小于10 μS/cm。（　　）

答案：×

正确答案：测定电导率时用水的电导率应小于1 μS/cm。

二、单项选择题

1. 根据《大气降水电导率的测定方法》（GB 13580.3—92）的规定，测定电导率时用水的电导率应小于________。（　　）

A．10 μS/cm　　B．1 μS/cm　　C．0.1 μS/cm　　D．0.5 μS/cm

答案：B

2. 根据《大气降水电导率的测定方法》（GB 13580.3—92）的规定，电导率仪法测定电导率使用的标准溶液是________溶液。（　　）

A．氯酸钾　　B．碘酸钾　　C．氯化钠　　D．氯化钾

答案：D

3. 根据《大气降水电导率的测定方法》（GB 13580.3—92）的规定，电导率仪法测定电导率，通常规定________℃为测定电导率的标准温度。如果测定时水样的温度不是该温度，一般应将测定结果换算成该温度下的电导率数据，然后再报出。（　　）

A．15　　B．20　　C．25　　D．30

答案：C

4. 根据《大气降水样品的采集与保存》（GB 13580.2—92）的规定，降水样品测定电导率时，应尽快在采样后________h 内测定完毕。（　　）

A. 8　　B. 10　　C. 12　　D. 24

答案：D

5. 根据电导率的测定方法，纯水电导率很__________，当水中含无机酸、碱或盐时，使电导率__________。

A. 小，减小　　B. 大，增加　　C. 小，增加　　D. 大，减小

答案：C

6. 根据电导率的测定方法，电导率随温度变化而变化，变化幅度约为________。（　　）

A. 温度升 1℃电导率增加约 4%　　B. 温度升 1℃电导率增加约 3%

C. 温度升 1℃电导率增加约 2%　　D. 温度升 1℃电导率增加约 1%

答案：C

7. 根据《大气降水电导率的测定方法》（GB 13580.3—92）的规定，测电导率时使用的恒温水浴锅应满足________的温度要求。（　　）

A. 25±0.1℃　　B. 25±0.2℃　　C. 20±0.1℃　　D. 20±0.2℃

答案：B

8. 根据《大气降水电导率的测定方法》（GB 13580.3—92）的规定，测电导率时使用的温度计应满足________的精度要求。（　　）

A. 0.1℃　　B. 1℃　　C. 0.5℃　　D. 0.2℃

答案：A

三、问答题

根据《大气降水电导率的测定方法》（GB 13580.3—92）简述大气降水电导率的测定原理。

答案：（1）大气降水的电阻随温度和溶解离子浓度的增加而减少；

（2）电导是电阻的倒数；

（3）当电导电极（通常为铂电极或铂黑电极）插入溶液中，可测出两电极间的电阻 R；

（4）根据欧姆定律，温度压力一定时；

（5）电阻与电极的间距 L（cm）成正比；

（6）与电极截面积 A（cm^2）成反比。

四、计算题

1. 根据《大气降水电导率的测定方法》（GB 13580.3—92）测定某次电导池的常数，已知测定 0.010 0 mol/L 标准氯化钾溶液电阻 R_{KCl} 均值为 7.78×10^{-4} Ω，试计算电导池常数（0.010 0 mol/L 氯化钾溶液在 25℃时 $K = 1\,413$ μS/cm）。

答案：$K = Q/R$　　　$Q = K \times R_{KCl}$

$Q = 1\,413 \times R_{KCl} = 1\,413 \times 7.78 \times 10^{-4} = 1.10$

电导池常数为 1.10。

2. 测定电导率时，降水样品温度为27.6℃，样品电导率测定值为9.62 μS/cm，各离子电导率平均温度系数 a=0.022，试计算该降水样品在25℃时的电导率。

答案： $K_2 = \frac{K_1}{1 + a(t - 25)}$

$$K_2 = \frac{K_1}{1 + a(t - 25)} = \frac{9.62}{1 + 0.022 \times (27.6 - 25)} = 9.10\ (\mu S/cm)$$

该降水样品在25℃时的电导率为9.10 μS/cm。

参考文献

［1］国家环境保护局 . 大气降水电导率的测定方法：GB 13580.3—92［S］. 北京：中国环境科学出版社，1992.

［2］中国环境监测总站《环境监测人员持证上岗考核试题集》编写组 . 环境监测人员持证上岗考核试题集：上册 . 4版［M］. 北京：中国环境出版集团，2015.

［3］国家环境保护总局 .《空气和废气监测分析方法》编委会 . 空气和废气监测分析方法：第四版增补版［M］. 北京：中国环境科学出版社，2010.

［4］《环境监测技术基本理论（参考）试题集》编写组 . 环境监测技术基本理论（参考）试题集［M］. 北京：中国环境科学出版社，2002.

［5］国家环境保护局 . 大气降水样品的采集与保存：GB 13580.2—92［S］. 北京：中国环境科学出版社，1992.

命题：李　璇

审核：孙　烁

第十八节　水质　溶解氧的测定　电化学探头法（HJ 506—2009）

一、判断题

1.《水质　溶解氧的测定　电化学探头法》（HJ 506—2009）适用于测定水中饱和百分率为0%～100%的溶解氧，高于100%的过饱和溶解氧不可测。（　　）

答案：×

正确答案：《水质　溶解氧的测定　电化学探头法》（HJ 506—2009）适用于测定水中饱和百分率为0%～100%的溶解氧，还可测高于100%的过饱和溶解氧。

2. 根据《水质　溶解氧的测定　电化学探头法》（HJ 506—2009）的规定，溶解氧的饱和含量

与空气中氧的分压、大气压、水温和水质有密切关系。（ ）

答案：√

3. 根据《水质 溶解氧的测定 电化学探头法》（HJ 506—2009）的规定，溶解氧电化学探头是一个开放的小室，室内有两个金属电极和电解质。（ ）

答案：×

正确答案：根据《水质 溶解氧的测定 电化学探头法》（HJ 506—2009）测定水中溶解氧时，溶解氧电化学探头是一个选择性薄膜封闭的小室，室内有两个金属电极并充有电解质。

4. 根据《水质 溶解氧的测定 电化学探头法》（HJ 506—2009）的规定，测定水中溶解氧时，若水样接触电极的膜时，样品要保持一定的流速，以防止与膜接触的瞬间将该部位样品中的溶解氧耗尽，使读数发生波动。（ ）

答案：√

5. 根据《水质 溶解氧的测定 电化学探头法》（HJ 506—2009）的规定，测定水中溶解氧时，将探头浸入样品中，不能有空气泡截留在膜上，需要停留足够的时间，待探头温度与水温达到平衡，等待数字显示稳定时读数。（ ）

答案：√

6.《水质 溶解氧的测定 电化学探头法》（HJ 506—2009）适用于地表水、地下水和生活污水中的溶解氧测定，也可直接用于测定海水或港湾水。（ ）

答案：×

正确答案：《水质 溶解氧的测定 电化学探头法》（HJ 506—2009）规定，用于测定海水或港湾水，应根据含盐量对测定值进行修正。

7. 根据《水质 溶解氧的测定 电化学探头法》（HJ 506—2009）的规定，测定水中溶解氧时，薄膜对气体的渗透性受温度变化的影响较大，要采用数学方法对温度进行校正，也可在电路中安装热敏元件对温度变化进行自动补偿。（ ）

答案：√

8. 根据《水质 溶解氧的测定 电化学探头法》（HJ 506—2009）的规定，测定水中溶解氧时，称取 0.25 g 亚硫酸钠和约 0.25 mg 钴盐，溶解于 250 ml 蒸馏水中，作为零点检查溶液，需要临用时现配。（ ）

答案：√

9. 根据《水质 溶解氧的测定 电化学探头法》（HJ 506—2009）的规定，测定水中溶解氧时，薄膜对气体的渗透性受大气压的影响较大，要采用数学方法对大气压进行校正，也可在电路中安装热敏元件对大气压进行自动补偿。（ ）

答案：×

正确答案：薄膜对气体的渗透性受温度的影响较大，要采用数学方法对温度进行校正，也可在电路中安装热敏元件对温度进行自动补偿。

10. 根据《水质 溶解氧的测定 电化学探头法》（HJ 506—2009）的规定，有的仪器能够在水饱和空气中校准。（ ）

答案：√

11. 根据《水质 溶解氧的测定 电化学探头法》（HJ 506—2009）的规定，测定水中溶解氧时，测量样品与仪器校准期间，温度不影响结果。(　　)

答案：×

正确答案：测定水中溶解氧时，测量样品与仪器校准期间，温度不同，需要对仪器读数按公式进行校正。

12. 根据《水质 溶解氧的测定 电化学探头法》（HJ 506—2009）的规定，测定水中溶解氧时，仪器进行零点校准时，将电极浸入每升中加入 1 g 亚硫酸钠和 10 mg 钴盐的蒸馏水中进行校零。(　　)

答案：×

正确答案：仪器进行零点校准时，将电极浸入每升蒸馏水中加入 1 g 亚硫酸钠和 1 mg 钴盐的蒸馏水中进行校零。

13. 根据《水质 溶解氧的测定 电化学探头法》（HJ 506—2009）的规定，测定水中溶解氧时，若仪器在电路中未安装压力传感器不能对压力进行补偿时，仪器仅显示与气压有关的表观读数，当测定样品的气压与校准仪器时的气压不同时，应进行校正。(　　)

答案：√

14. 根据《水质 溶解氧的测定 电化学探头法》（HJ 506—2009）的规定，测定水中溶解氧时，被测水体中含盐量在 35 g/kg 以下时，氧在水中的溶解度随含盐量的增加而增加。(　　)

答案：×

正确答案：被测水体中含盐量在 35 g/kg 以下时，氧在水中的溶解度随含盐量的增加而减少。

二、单项选择题

1. 根据《水质 溶解氧的测定 电化学探头法》（HJ 506—2009）的规定，测定水中溶解氧时，如果溶解氧的质量浓度水平低于________，或者当更换溶解氧膜罩或内部的填充电解液时，需要进行零点检查和调整。(　　)

A．1 mg/L　　B．0 mg/L　　C．2 mg/L　　D．−1 mg/L

答案：A

2. 根据《水质 溶解氧的测定 电化学探头法》（HJ 506—2009）的规定，测定水中溶解氧时，应检查样品是否有足够的流速，若水流速低于________，需在水样中往复移动探头，或取分散样品进行测量。(　　)

A．0.2 m/s　　B．0.3 m/s　　C．0.4 m/s　　D．0.5 m/s

答案：B

3. 根据《水质 溶解氧的测定 电化学探头法》（HJ 506—2009）的规定，在一定温度下向蒸馏水中曝气，使水中氧的含量达到饱和或接近饱和，在这个温度下保持________min，采用 GB 7489 规定的方法测定溶解氧的质量浓度。(　　)

A．5　　B．10　　C．15　　D．20

答案：C

4. 根据《水质 溶解氧的测定 电化学探头法》（HJ 506—2009）的规定，若膜片和电极上有污染物，会引起测量误差，一般________清洗一次，清洗时要小心，将电极和膜片放入清水中涮洗，注意不要损坏膜片。(　　)

A. 每次用完后　　B. 1～2 周　　C. 1～2 个月　　D. 1 年

答案：B

5. 根据《水质　溶解氧的测定　电化学探头法》(HJ 506—2009) 的规定，薄膜对气体的渗透性受__________变化的影响较大，要采用数学方法进行校正。(　　)

A. 分压　　B. 大气压　　C. 温度　　D. 水质

答案：C

6. 根据《水质　溶解氧的测定　电化学探头法》(HJ 506—2009) 的规定，若仪器在电路中未安装压力传感器不能对压力进行补偿，仪器仅显示与________有关的表观读数。(　　)

A. 分压　　B. 气压　　C. 温度　　D. 水质

答案：B

7. 根据《水质　溶解氧的测定　电化学探头法》(HJ 506—2009) 的规定，有些仪器可以在________中校准。(　　)

A. 水蒸气饱和　　B. 标准海拔大气压　　C. 高电导率　　D. 水饱和空气

答案：D

三、问答题

1. 根据《水质　溶解氧的测定　电化学探头法》(HJ 506—2009) 简述电化学探头法测定水质中溶解氧的方法原理。

答案：(1) 溶解氧电化学探头是一个用选择性薄膜封闭的小室，室内有两个金属电极并充有电解质；

(2) 氧和一定数量的其他气体及亲液物质可透过这层薄膜，但水和可溶性物质的离子几乎不能透过这层膜；

(3) 将探头浸入水中进行溶解氧的测定时，由于电池作用或外加电压在两个电极间产生电位差，使金属离子在阳极进入溶液，同时氧气通过薄膜扩散在阴极获得电子被还原，产生的电流与穿过薄膜和电解质层的氧的传递速度成正比，即在一定的温度下该电流与水中氧的分压(或浓度)成正比。

2. 根据《水质　溶解氧的测定　电化学探头法》(HJ 506—2009) 简述测定水样时存在什么干扰？

答案：(1) 水中存在的一些气体和蒸汽，例如氯、二氧化硫、硫化氢、胺、氨、二氧化碳、溴和碘等物质，通过膜扩散影响被测电流而干扰测定；

(2) 水样中的其他物质，如溶剂、油类、硫化物、碳酸盐和藻类等物质可能堵塞薄膜、引起薄膜破损和电极腐蚀，影响被测电流而干扰测定。

3. 根据《水质　溶解氧的测定　电化学探头法》(HJ 506—2009) 请简述什么情况下进行仪器的线性检查？怎样操作？

答案：(1) 新仪器投入使用前、更换电极或电解液以后，应检查仪器的线性，一般每隔 2 个月运行一次线性检查。

（2）检查方法：通过测定一系列不同浓度蒸馏水样品中溶解氧的浓度来检查仪器的线性。向 3～4 个 250 ml 完全充满蒸馏水的细口瓶中缓缓通入氮气泡，去除水中氧气，用探头时刻测量剩余的溶解氧含量，直到获得所需溶解氧的近似质量浓度，然后立即停止通氮气，用 GB 7489 测定水中准确的溶解氧质量浓度。

（3）若探头法测定的溶解氧浓度值与碘量法在显著性水平为 5% 时无显著性差异，则认为探头的响应呈线性。否则，应查找偏离线性的原因。

参考文献

环境保护部 . 水质　溶解氧的测定　电化学探头法：HJ 506—2009［S］. 北京：中国环境科学出版社，2009.

命题：安美静
审核：隗甫红

第十九节　水质　溶解氧的测定　碘量法（GB 7489—87）

一、判断题

1. 根据《水质　溶解氧的测定　碘量法》（GB 7489—87）的规定，当存在能固定或消耗碘的悬浮物时，最好采用电化学探头法测定溶解氧。（　　）

答案：√

2. 根据《水质　溶解氧的测定　碘量法》（GB 7489—87）的规定，碘量法是测定水中溶解氧的常规方法。（　　）

答案：×

正确答案：碘量法是基准方法。

3. 根据《水质　溶解氧的测定　碘量法》（GB 7489—87）的规定，此方法适用于各种溶解氧浓度大于 0.2 mg/L 和小于氧的饱和浓度两倍的水样。（　　）

答案：√

4. 根据《水质　溶解氧的测定　碘量法》（GB 7489—87）的规定，配制硫酸溶液时，小心地把 500 ml 水在不断搅拌下加入 500 ml 浓硫酸中。（　　）

答案：×

正确答案：小心地把 500 ml 浓硫酸在不停搅拌下加入 500 ml 水中。

5. 根据《水质　溶解氧的测定　碘量法》（GB 7489—87）的规定，当试样中亚硝酸氮的含量大于 0.05 mg/L 而亚铁含量不超过 1 mg/L 时，为防止亚硝酸氮对测定结果的干涉，需要在试样中加叠氮化物。若已知试样中亚硝酸盐低于 0.05 mg/L，则可省去此试剂。(　　)

答案：√

6. 根据《水质　溶解氧的测定　碘量法》(GB 7489—87）的规定，碘量法测定水中溶解氧，水样采集后，加入硫酸锰和碱性碘化钾，是为了固定溶解氧。(　　)

答案：√

7. 根据《水质　溶解氧的测定　碘量法》(GB 7489—87）的规定，当测定水样中含有易氧化的有机物时，不会对测定产生影响。(　　)

答案：×

正确答案：易氧化的有机物会对测定产生影响。

8. 根据《水质　溶解氧的测定　碘量法》(GB 7489—87）的规定，亚硝酸盐浓度不高于 15 mg/L 时，不会对测量结果产生干扰。(　　)

答案：√

9. 根据《水质　溶解氧的测定　碘量法》(GB 7489—87）的规定，碱性碘化钾－叠氮化物试剂贮存在塞紧的广口瓶中。(　　)

答案：×

正确答案：碱性碘化钾－叠氮化物试剂贮存在塞紧的细口棕色瓶中。

10. 根据《水质　溶解氧的测定　碘量法》(GB 7489—87）的规定，用碘量法测定水中溶解氧时，当水样中有氧化或还原物存在的情况下，采集一瓶水样就可以。(　　)

答案：×

正确答案：在有氧化或还原物的情况下，需取两个试样。

11. 根据《水质　溶解氧的测定　碘量法》(GB 7489—87）的规定，碘量法测定水中溶解氧时，可用 450 g/L 四水二价氯化锰溶液代替 340 g/L 的无水二价硫酸锰溶液。(　　)

答案：√

12. 根据《水质　溶解氧的测定　碘量法》(GB 7489—87）的规定，所用玻璃瓶，容量在 250～300 ml 之间，校准至 1 ml，具塞温克勒瓶或任何其他合适的广口瓶，瓶肩最好是直的。(　　)

答案：×

正确答案：所用玻璃瓶容量在 250～300 ml 之间，校准至 1 ml，具塞温克勒瓶或任何其他合适的细口瓶，瓶肩最好是直的。

13. 根据《水质　溶解氧的测定　碘量法》(GB 7489—87）的规定，采集水样时，除非还要进行其他处理，样品应采集到细口瓶中，测定就在瓶中进行，试样充满细口瓶。(　　)

答案：√

14. 根据《水质　溶解氧的测定　碘量法》(GB 7489—87）的规定，取地表水样，应充满细口瓶至溢流，小心避免溶解氧浓度的改变，在消除附着在玻璃瓶上的气泡后，立即固定溶解氧。(　　)

答案：√

二、单项选择题

1. 根据《水质 溶解氧的测定 碘量法》（GB 7489—87）的规定，在样品中溶解氧与刚刚沉淀的________价氢氧化锰反应。（ ）

A．一 B．二 C．三 D．四

答案：B

2. 根据《水质 溶解氧的测定 碘量法》（GB 7489—87）的规定，取样后，最好在现场立即向盛有样品的细口瓶瓶中加入________ml 二价硫酸锰溶液和________ml 碱性试剂。（ ）

A．1，2 B．2，1 C．2，3 D．3，2

答案：A

3. 根据《水质 溶解氧的测定 碘量法》（GB 7489—87）的规定，若避光保存，样品最长贮藏________h。（ ）

A．12 B．24 C．48 D．72

答案：B

4. 根据《水质 溶解氧的测定 碘量法》（GB 7489—87）的规定，标定时，在锥形瓶中用 100～150 ml 的水，溶解约 0.5 g 的碘化钾或碘化钠，加入 5 ml 2 mol/L 的硫酸溶液，混合均匀，加 20.00 ml 标准碘酸钾溶液，稀释至 200 ml，立即用硫代硫酸钠溶液滴定释放出来的碘，当接近滴定终点，溶液呈________色，加指示剂，再滴定至完全无色。（ ）

A．浅粉色 B．浅黄色 C．浅蓝色 D．透明色

答案：B

5. 根据《水质 溶解氧的测定 碘量法》（GB 7489—87）的规定，需要________标定硫代硫酸钠溶液。（ ）

A．每日 B．每月 C．每季 D．每年

答案：A

6. 根据《水质 溶解氧的测定 碘量法》（GB 7489—87）的规定，配制碱性碘化物－叠氮化物试剂时，将 35 g 的氢氧化钠和 30 g 的碘化钾溶解在大约 50 ml 水中，单独将________的叠氮化钠溶于几毫升的水中，将两种溶液混合并稀释至 100 ml，溶液储存于塞紧的细口棕色瓶中。（ ）

A．0.5 g B．1.0 g C．1.5 g D．2.0 g

答案：B

7. 根据《水质 溶解氧的测定 碘量法》（GB 7489—87）的规定，配制 10 mmol/L 碘酸钾标准溶液时，在 180℃干燥数克碘化钾，称取________溶解在水中并稀释到 1 000 ml。（ ）

A．3.547±0.003 g B．3.557±0.003 g C．3.567±0.003 g D．3.577±0.003 g

答案：C

三、问答题

1. 根据《水质 溶解氧的测定 碘量法》（GB 7489—87）简述取样时溶解氧怎么固定？

答案：（1）取样后，最好在现场立即向盛有样品的细口瓶中加 1 ml 二价硫酸锰溶液和 2 ml 碱性试

剂。使用细尖头的移液管，将试剂加到液面以下，小心盖上塞子，避免把空气泡带入。

（2）若有其他装置，必须小心保证样品氧含量不变。

（3）将细口瓶上下颠倒转动几次，使瓶内的成分充分混合，静置沉淀最少 5 min，然后再重新颠倒混合，保证混合均匀，这时将细口瓶运送至实验室。

（4）若避光保存，样品最长贮存 24 h。

2. 根据《水质　溶解氧的测定　碘量法》（GB 7489—87）简述碘量法测定水中溶解氧的方法原理是什么？

答案：（1）在样品中溶解氧与刚沉淀的二价氢氧化锰（将氢氧化钠或氢氧化钾加入到二价硫酸锰制得）反应；

（2）酸化后，生成高价锰化合物将碘化物氧化游离出等量的碘；

（3）用硫代硫酸钠滴定法，测定游离碘量。

四、计算题

根据《水质　溶解氧的测定　碘量法》（GB 7489—87）的规定，碘量法测定水中溶解氧时，于 250 ml 溶解氧瓶中，加入硫酸、高锰酸钾、氟化钾溶液、草酸钾、硫酸锰、碱性碘化钾等各种固定溶液共计 10.2 ml 后将其固定。测定时加入 2.0 ml 硫酸后，移取 100 ml 于 250 ml 锥形瓶中，用浓度 0.024 5 mol/L 的硫代硫酸钠滴定，至溶液呈淡黄色，消耗硫代硫酸钠 3.24 ml，试问样品的溶解氧是多少？

答案：

$$溶解氧（mg/L）= \frac{V_1}{V_1 - R} \times \frac{M \times V \times 8 \times 1\,000}{100}$$

$$= \frac{250}{250 - 10.2} \times \frac{0.024\,5 \times 3.24 \times 8 \times 1\,000}{100}$$

$$= 6.62\ (mg/L)$$

参考文献

国家环境保护局. 水质　溶解氧的测定　碘量法：GB 7489—87[S]. 北京：中国标准出版社，1987.

命题：安美静

审核：隗甫红

第二十节　水质　色度的测定（GB 11903—89）（铂钴比色法）

一、判断题

1. 根据《水质　色度的测定》（GB 11903—89）的规定，铂钴比色法适用于严重污染的地面水

和工业废水。（　　）

答案：×

正确答案：铂钴比色法适用于清洁水、轻度污染并略带黄色调的水，比较清洁的地面水、地下水和饮用水。

2. 根据《水质　色度的测定》（GB 11903—89）的规定，所用与样品接触的玻璃器皿都要用盐酸或表面活性剂溶液加以清洗，最后用蒸馏水或去离子水洗净、沥干。（　　）

答案：√

3. 根据《水质　色度的测定》（GB 11903—89）的规定，将样品采集在容积至少为 1 L 的玻璃瓶内，在采样后要尽早进行测定。如果必须贮存，则将样品贮存于暗处。在有些情况下还要避免样品与空气接触。同时要避免温度的变化。（　　）

答案：√

4. 根据《水质　色度的测定》（GB 11903—89）的规定，在报告结果的时候只用报告色度值，不用报告其他信息。（　　）

答案：×

正确答案：报告色度结果的同时应报告 pH，因为 pH 对颜色有较大的影响。

5. 根据《水质　色度的测定》（GB 11903—89）的规定，样品与标准溶液的颜色色调不一致时，此标准不适用。（　　）

答案：√

6. 根据《水质　色度的测定》（GB 11903—89）的规定，使用铂钴比色法时，测定的样品颜色为经 30 min 澄清后样品的颜色。（　　）

答案：×

正确答案：测定的样品颜色为经 15 min 澄清后样品的颜色。

7. 根据《水质　色度的测定》（GB 11903—89）的规定，使用铂钴比色法时，选取的具塞比色管的规格要一致，光学透明玻璃底部无阴影。（　　）

答案：√

8. 根据《水质　色度的测定》（GB 11903—89）的规定，使用铂钴比色法时，测定水的真实色度时，如果水样浑浊，可放置使水样澄清、离心机离心或用孔径为 0.45 μm 滤膜过滤以去除悬浮物。（　　）

答案：√

9. 根据《水质　色度的测定》（GB 11903—89）的规定，水样色度在 0～70 度范围内，报出结果精确到 5 度。（　　）

答案：×

正确答案：水样色度在 0～40 度（不包括 40 度）范围内，报出结果精确到 5 度，水样色度在 40～70 度范围内，报出结果精确到 10 度。

10. 根据《水质　色度的测定》（GB 11903—89）的规定，使用铂钴比色法时，将色度标准储备液放在密封的玻璃瓶中，存放在暗处，温度不能超过 30℃。本溶液至少能稳定 1 个月。（　　）

答案：×

正确答案：将色度标准储备液放在密封的玻璃瓶中，存放在暗处，温度不能超过 30℃，本溶液至少能稳定 6 个月。

二、单项选择题

1. 根据《水质　色度的测定》（GB 11903—89）的规定，使用铂钴比色法时，由溶解物质及不溶解性悬浮物产生的颜色是________。（　　）

A. 水的颜色　　B. 水的表观颜色　　C. 水的真实颜色　　D. 水的色度

答案：B

2. 根据《水质　色度的测定》（GB 11903—89）的规定，使用铂钴比色法时，在每升溶液中含有 2 mg 六水合氯化钴和 1 mg 铂（以六氯铂酸的形式）时产生的颜色为________。（　　）

A. 1 度　　B. 2 度　　C. 3 度　　D. 4 度

答案：A

3. 根据《水质　色度的测定》（GB 11903—89）的规定，使用铂钴比色法时，将色度标准储备液放在密封的玻璃瓶中，存放在暗处，温度不能超过 30℃。本溶液至少能稳定________。（　　）

A. 1 个月　　B. 3 个月　　C. 6 个月　　D. 12 个月

答案：C

4. 根据《水质　色度的测定》（GB 11903—89）的规定，使用铂钴比色法时，测定结果以与水样色度最接近的标准溶液的色度表示，在 0～40 度范围内，准确到________。（　　）

A. 1 度　　B. 2 度　　C. 5 度　　D. 10 度

答案：C

5. 根据《水质　色度的测定》（GB 11903—89）的规定，使用铂钴比色法时，测定的水样色度≥________度，需用光学纯水稀释后测定。（　　）

A. 40　　B. 60　　C. 70　　D. 100

答案：C

6. 根据《水质　色度的测定》（GB 11903—89）的规定，使用铂钴比色法时，标准溶液保存时应存放在严密盖好的玻璃瓶中，存放于暗处，温度不能超过________，可稳定保存 1 个月。（　　）

A. 20℃　　B. 4℃　　C. 30℃　　D. 25℃

答案：C

7. 根据《水质　色度的测定》（GB 11903—89）的规定，使用铂钴比色法时，测定经________澄清后样品的颜色。（　　）

A. 5 min　　B. 10 min　　C. 15 min　　D. 30 min

答案：C

三、问答题

1. 根据《水质　色度的测定》（GB 11903—89）简述铂钴比色法的方法原理。

答案：（1）用氯铂酸钾和氯化钴配制颜色标准溶液，与被测样品进行目视比较，以测定样品的颜色强度，即色度；

（2）水样的色度以与之相当的色度标准溶液的色度值表示。

2. 根据《水质　色度的测定》（GB 11903—89）简述本标准所用玻璃器皿的清洗过程。

答案：（1）所用与样品接触的玻璃器皿都要用盐酸或表面活性剂溶液加以清洗；

（2）再用蒸馏水或去离子水净、沥干。

四、计算题

根据《水质　色度的测定》（GB 11903—89）的规定，采用铂钴比色法测定色度时，取某样品25 ml，稀释到50 ml，该样品色度的观察值为25度，求该样品的色度。

答案： $A_O = V_1/V_0 \times A_1$

$$= \frac{50}{25} \times 25$$

$$= 50\text{（度）}$$

参考文献

国家环境保护局．水质　色度的测定：GB 11903—89［S］．北京：中国标准出版社，1989.

命题：陈　晨

审核：隗甫红

第二十一节　水质　色度的测定　稀释倍数法（HJ 1182—2021）

一、判断题

1.《水质　色度的测定　稀释倍数法》（HJ 1182—2021）标准适用于生活污水和工业废水色度的测定。（　　）

答案： √

2. 根据《水质　色度的测定　稀释倍数法》（HJ 1182—2021），将样品稀释至与水相比无视觉感官区别，用稀释后的总体积与原体积的比表达颜色的强度，单位为倍。（　　）

答案： √

3. 根据《水质　色度的测定　稀释倍数法》（HJ 1182—2021），实验房间墙体应为浅色，检测人员应穿着浅色实验服。（　　）

答案： ×

正确答案： 实验房间墙体应为白色，检测人员应穿着白色实验服。

4. 根据《水质　色度的测定　稀释倍数法》（HJ 1182—2021），色度检测不能在自然光下进行，只能在光源下进行。（　　）

答案： ×

正确答案：色度检测在光线充足的条件下可以使用自然光，否则应在光源下进行测定。

5. 根据《水质　色度的测定　稀释倍数法》（HJ 1182—2021），光源为冷白色的荧光灯或 LED 灯，两根灯管并排放置，灯管下无任何遮挡，每根灯管长度至少 1 m，荧光灯功率不低于 40 W 或 LED 灯功率不低于 26 W。（　　）

答案：×

正确答案：每根灯管长度至少 1.2 m。

6. 根据《水质　色度的测定　稀释倍数法》（HJ 1182—2021），光源悬挂于试验台面上方 1.5~2.0 m 处，开启光源时，应关闭室内其他所有光源。（　　）

答案：√

7. 根据《水质　色度的测定　稀释倍数法》（HJ 1182—2021），样品采集后应在 4℃以下冷藏、避光保存，24 h 内测定。对于可生化性差的样品，如染料和颜料废水等样品可冷藏保存 15 d。（　　）

答案：√

8. 根据《水质　色度的测定　稀释倍数法》（HJ 1182—2021），稀释后的试料和水分别倒入 50 ml 具塞比色管至 50 ml 标线后，将具塞比色管 45° 倾斜放置在白色表面上比较试料和水的颜色。（　　）

答案：×

正确答案：稀释后的试料和水分别倒入 50 ml 具塞比色管至 50 ml 标线后，将具塞比色管垂直放置在白色表面上，垂直向下观察液柱，比较试料和水的颜色。

9. 根据《水质　色度的测定　稀释倍数法》（HJ 1182—2021），检测人员必须视力正常，具备能准确分辨色彩的能力，不能有色觉障碍和色盲。（　　）

答案：√

10. 根据《水质　色度的测定　稀释倍数法》（HJ 1182—2021），在报告样品色度的同时，还需要报告颜色特征和 pH 值。（　　）

答案：√

二、单项选择题

1. 根据《水质　色度的测定　稀释倍数法》（HJ 1182—2021），方法检出限是________，测定下限是________。（　　）

A. 1，1　　B. 2，2　　C. 1，4　　D. 2，4

答案：B

2. 根据《水质　色度的测定　稀释倍数法》（HJ 1182—2021），色度是由溶解物质和不溶解悬浮物产生的表观颜色，用经过沉降________min 的原始样品上清液测定。（　　）

A. 5　　B. 10　　C. 15　　D. 20

答案：C

3. 根据《水质　色度的测定　稀释倍数法》（HJ 1182—2021），光源的选择可以有______。（　　）

A. 自然光　　B. 荧光灯　　C. LED 灯　　D. 以上都是

答案：D

4. 根据《水质　色度的测定　稀释倍数法》（HJ 1182—2021），用文字描述样品的颜色特征时

应包括样品的________。(　　)

A. 颜色　　B. 深浅　　C. 透明度　　D. 以上都是

答案：D

5. 根据《水质　色度的测定　稀释倍数法》(HJ 1182—2021)，要定期使用《色觉检查图》对人员进行色觉检查，检测人员回答问题的正确率应达到________。(　　)

A. 100%　　B. 95% 以上　　C. 90% 以上　　D. 85% 以上

答案：A

6. 根据《水质　色度的测定　稀释倍数法》(HJ 1182—2021)，关于人员、环境和设备，以下表述中错误的是________。(　　)

A. 检测人员必须视力正常，具备能准确分辨色彩的能力，不能有色觉障碍和色盲

B. 实验房间墙体的颜色应为白色，检测人员应穿着白色实验服

C. 在光源充足的条件下可使用自然光，否则应该在光源下进行测定

D. 当使用 LED 光源时，LED 灯功率不能低于 40 W

答案：D

7. 根据《水质　色度的测定　稀释倍数法》(HJ 1182—2021)，关于人员、环境和设备，以下表述中错误的是________。(　　)

A. 应定期使用《色觉检查图》对人员进行色觉检查，检测人员回答问题的正确率应达到 100%

B. 光源为荧光灯或 LED 灯时，2 种光源发出的光均要求为冷白色或淡黄色

C. 光源悬挂于实验台面上方 1.5～2 m 处，开启光源时，应关闭室内其他所有光源

D. 当使用 LED 光源时，LED 灯功率不能低于 26 W

答案：B

三、问答题

1. 简述《水质　色度的测定　稀释倍数法》(HJ 1182—2021)的方法原理。

答案：将样品稀释至与水相比无视觉感官区别，用稀释后的总体积与原体积的比表达颜色的强度，单位为倍。

2. 简述《水质　色度的测定　稀释倍数法》(HJ 1182—2021)中色度的定义。

答案：色度是由溶解物质和不溶解悬浮物产生的表观颜色，用经过沉降 15 min 的原始样品上清液测定。

3. 简述《水质　色度的测定　稀释倍数法》(HJ 1182—2021)中初级稀释的操作步骤。

答案：准确移取 10.0 ml 试样于 100 ml 比色管或 100 ml 容量瓶中，用去离子水或纯水稀释至 100 ml 刻度，混匀后按目视比色方法观察，如果还有颜色，则继续取稀释后的试料 10.0 ml，再稀释 10 倍，依次类推，直到刚好与去离子水或纯水无法区别为止，记录稀释次数 n。

参考文献

生态环境部 . 水质　色度的测定　稀释倍数法：HJ 1182—2021［S］. 北京：生态环境部标准研究所，2021.

命题：栾晓佳

审核：刘卫红

第二十二节　水质　臭的测定　文字描述法（《水和废水监测分析方法》第四版增补版）

一、判断题

1. 根据《水和废水监测分析方法》（第四版增补版）中“水质　臭的测定”的规定，文字描述法测定臭的水样，应用玻璃瓶采集，用塑料容器盛水样。（　　）

答案：×

正确答案：测定臭的水样应采集在具磨口塞玻璃瓶中，不能用塑料容器盛装。

2. 根据《水和废水监测分析方法》（第四版增补版）中“水质　臭的测定”的规定，文字描述法是精确的检臭法。（　　）

答案：×

正确答案：文字描述法是粗略的检臭法。

3. 根据《水和废水监测分析方法》（第四版增补版）中“水质　臭的测定”的规定，检验水样中臭使用的无臭水，可以通过自来水煮沸的方式获取或直接使用市售蒸馏水。（　　）

答案：×

正确答案：不能直接使用市售蒸馏水。

4. 根据《水和废水监测分析方法》（第四版增补版）中“水质　臭的测定”的规定，为了检验水样中臭，实验中需要制取无臭水，一般用自来水通过颗粒活性炭的方法来制取。（　　）

答案：√

5. 根据《水和废水监测分析方法》（第四版增补版）中“水质　臭的测定”的规定，臭是检验原水和处理水质的必测项目之一。（　　）

答案：√

6. 根据《水和废水监测分析方法》（第四版增补版）中“水质　臭的测定”的规定，无臭无味的水虽不能保证其不含污染物，但有利于使用者对水质的信任。（　　）

答案：√

7. 根据《水和废水监测分析方法》（第四版增补版）中“水质　臭的测定”的规定，检验臭不仅对评价水处理效果也有意义，还可作为追查污染源的一种手段。（　　）

答案：√

8. 根据《水和废水监测分析方法》（第四版增补版）中“水质　臭的测定”的规定，人体嗅觉细胞受刺激产生臭的感受是化学刺激。（　　）

答案：√

9. 根据《水和废水监测分析方法》（第四版增补版）中“水质　臭的测定”的规定，嗅觉是由产臭物质的气态分子在鼻孔中的刺激引起的。（　　）

答案：√

10. 根据《水和废水监测分析方法》（第四版增补版）中“水质　臭的测定”的规定，水中产生臭的一些有机物和无机物，主要是生活污水或工业废水污染、天然物质分解或微生物、生物活动的结果。（　　）

答案：√

11. 根据《水和废水监测分析方法》（第四版增补版）中“水质　臭的测定”的规定，文字描述法检测水中臭时，水样应采集在聚乙烯瓶中，并尽快分析。（　　）

答案：×

正确答案：应采集在具磨口塞玻璃瓶。

12. 根据《水和废水监测分析方法》（第四版增补版）中“水质　臭的测定”的规定，由于每个人的嗅觉感受程度不同，所得结果会有一定出入。（　　）

答案：√

13. 根据《水和废水监测分析方法》（第四版增补版）中“水质　臭的测定”的规定，每个人的睡眠、是否感冒等身体状况对检验结果也有影响，应尽力避免。（　　）

答案：√

14. 根据《水和废水监测分析方法》（第四版增补版）中“水质　臭的测定”的规定，文字描述法测定臭的水样适用于天然水、饮用水、生活污水和工业废水中的臭的检验。（　　）

答案：√

二、单项选择题

1. 根据《水和废水监测分析方法》（第四版增补版）中“水质　臭的测定”的规定，文字描述法检测水中臭时，采样后应尽快检测，最好在样品采集后________h 内完成。（　　）

A．2　　B．6　　C．12　　D．24

答案：B

2. 根据《水和废水监测分析方法》（第四版增补版）中“水质　臭的测定”的规定，用文字描述法检验水样中臭的原理是：检验人员依靠自己的嗅觉，在________和________闻其臭，用适当的词句描述臭特性，并按等级报告臭强度。（　　）

A．常温，沸腾时　　B．25℃，煮沸冷却至 25℃后

C．20℃，煮沸冷却至 20℃后　　D．20℃，煮沸后稍冷

答案：D

3. 根据《水和废水监测分析方法》（第四版增补版）中“水质　臭的测定”的规定，文字描述

法检测水中臭时，水样应采集在________瓶中，尽快分析。如需要保存水样，则至少采集________于玻璃瓶并充满，4℃以下冷藏时，不得有外来气味进入水中。（　　）

A．具磨口塞玻璃瓶，500 ml　　B．聚四氟乙烯，250 ml

C．聚四氟乙烯，500 ml　　D．具磨口塞玻璃瓶，250 ml

答案：A

4. 根据《水和废水监测分析方法》（第四版增补版）中“水质　臭的测定”的规定，每个人的________对检验结果也有影响，应尽力避免。（　　）

A．睡眠　　B．是否感冒等身体状况

C．睡眠、是否感冒等身体状况　　D．上班时间

答案：C

5. 根据《水和废水监测分析方法》（第四版增补版）中“水质　臭的测定”的规定，文字描述法适用于________水中臭的检验。（　　）

A．天然水、饮用水　　B．生活水、工业废水

C．天然水、饮用水、生活污水　　D．天然水、饮用水、生活污水、工业废水

答案：D

三、问答题

1. 根据《水和废水监测分析方法》（第四版增补版）中“水质　臭的测定”的规定，用文字描述法测定水中臭时，如果水样中存在余氯，应如何处理？

答案：水样中存在余氯时，可在脱氯前、后各检验一次。用新配的3.5 g/L硫代硫酸钠（$Na_2S_2O_3 \cdot 5H_2O$）溶液脱氯，1 ml此溶液可除去1 mg余氯。

2. 根据《水和废水监测分析方法》（第四版增补版）中“水质　臭的测定”的规定，简述水中臭的主要来源。

答案：水中产生臭的一些有机物和无机物，主要是由于生活污水或工业废水污染、天然物质分解或微生物、生物活动的结果。

3. 根据《水和废水监测分析方法》（第四版增补版）中“水质　臭的测定”的规定，简述文字描述法测定水中臭的步骤。

答案：（1）量取100 ml水样置250 ml锥形瓶内，用温水或冷水在瓶外调节水温至（20±2）℃，振荡瓶内水样，从瓶口闻水的气味。必要时，可用无臭水对照。用适当文字描述臭的特征，并记录其强度。

（2）取一个小漏斗放在瓶口，把瓶内水样加热至沸腾，立即取下。稍冷后，再闻水的气味。用适当文字描述，并记录强度。

参考文献

[1] 中国环境监测总站《环境监测人员持证上岗考核试题集》编写组．环境监测人员持证上岗考核试题集：上册．4版［M］．北京：中国环境出版集团，2015.

[2] 国家环境保护总局《水和废水监测分析方法》编委会. 水和废水监测分析方法：第四版增补版[M]. 北京：中国环境科学出版社，2002.

命题：高秀佳
审核：胡　帅

第二十三节　水质　悬浮物的测定　重量法（GB 11901—89）

一、判断题

1.《水质　悬浮物的测定　重量法》（GB 11901—89）适用于生活污水和工业废水中悬浮物的测定，不适用于地表水和地下水中悬浮物的测定。（　　）

答案：×

正确答案：重量法适用于地表水、地下水，也适用于生活污水和工业废水中悬浮物的测定。

2. 根据《水质　悬浮物的测定　重量法》（GB 11901—89）的规定，样品的烘干温度和时间，对水中悬浮物的测定结果有重要影响。（　　）

答案：√

3. 根据《水质　悬浮物的测定　重量法》（GB 11901—89）的规定，为测定水中悬浮物而过滤水样时，滤膜上悬浮物过多，可酌情少取水样，悬浮物过少，可增大取样体积。（　　）

答案：√

4. 根据《水质　悬浮物的测定　重量法》（GB 11901—89）的规定，采集水中悬浮物样品时，对漂浮或浸没的不均匀固体物质，应认为它属于悬浮物质。（　　）

答案：×

正确答案：漂浮或浸没的不均匀固体物质不属于悬浮物，应从采集的水样中除去。

5. 根据《水质　悬浮物的测定　重量法》（GB 11901—89）的规定，水中的悬浮物是指水样通过孔径 0.45 μm 的滤膜，截留在滤膜上并于 103～105℃下烘干至恒重的固体物质。（　　）

答案：√

6. 根据《水质　悬浮物的测定　重量法》（GB 11901—89）的规定，采集的悬浮物水样，应保存于 4℃冷藏箱中，且不能加入任何保护剂，以防止破坏物质在固、液相间的分配平衡。（　　）

答案：√

7. 根据《水质　悬浮物的测定　重量法》（GB 11901—89）的规定，采集悬浮物样品时，只能选用硬质玻璃瓶。（　　）

答案：×

正确答案：采集悬浮物可选用硬质玻璃瓶，也可选用聚乙烯瓶

8. 根据《水质　悬浮物的测定　重量法》（GB 11901—89）的规定，水中的残渣，一般分为总

残渣、可滤残渣、不可滤残渣 3 种，其中可滤残渣也称为悬浮物。(　　)

答案： ×

正确答案： 悬浮物为 103～105℃烘干后得到的不可滤残渣。

9. 根据《水质　悬浮物的测定　重量法》(GB 11901—89)的规定，测定悬浮物的水样，必须单独定容采样，全部用于测定。(　　)

答案： √

10.《水质　悬浮物的测定　重量法》(GB 11901—89)的规定，测定水中的悬浮物是一种近似方法，只具有相对评价意义。(　　)

答案： √

11. 根据《水质　悬浮物的测定　重量法》(GB 11901—89)的规定，滤膜的初恒重，用扁嘴无齿镊子加取滤膜放于事先恒重的称量瓶里，移入烘箱中于 103～105℃烘干 0.5 h 后取出，至干燥器内冷却至室温，称其重量，反复烘干、冷却、称量，直至两次称量的重量差≤0.2 mg，说明滤膜已恒重。(　　)

答案： √

12. 根据《水质　悬浮物的测定　重量法》(GB 11901—89)的规定，悬浮物会使水体混浊，降低透明度，影响水生生物呼吸和代谢，甚至造成鱼类死亡。(　　)

答案： √

13. 根据《水质　悬浮物的测定　重量法》(GB 11901—89)的规定，测定Ⅰ类、Ⅱ类地表水时，有时会出现负值，这是滤纸未经过浸泡和清洗处理，滤纸纤维洗脱造成的误差。应将滤纸在纯水中浸洗或用纯水冲洗，风干并恒重使用。(　　)

答案： √

14. 重量分析法是通过称量物质的质量来确定被测物质组分含量的一种分析方法。分析时，一般是先采用适当方法将被测组分从试样中分离出来，转化为一定的称量形式并称重，由所称得的质量计算被测组分的含量。(　　)

答案： √

15. 测定清洁的地面水、医疗废水、生活污水的悬浮物浓度时，根据《水质　悬浮物的测定　重量法》(GB 11901—89)中"滤膜准备"的操作方法，在没有蒸馏水润湿、抽滤的情况下，获得滤膜的恒重值，与进一步抽滤后的滤膜恒重值相比，要明显偏大 3.0～3.8 mg。(　　)

答案： √

16. 根据《水质　悬浮物的测定　重量法》(GB 11901—89)的规定，测定样品悬浮物的量时，采集的水样应尽快分析。如需放置，应贮存在 4℃冰箱中，但最长不得超过 7 d。(　　)

答案： √

17. 根据《水质　悬浮物的测定　重量法》(GB 11901—89)的规定，滤膜上截留过多的悬浮物，除了造成过滤困难，还会延长过滤、干燥时间。遇此情况，可酌情少取试样，混浊水样采集 20～100 ml，比较清洁水样应采集 100～200 ml 为宜，特别清洁的水样可增大试样体积至 200～300 ml，否则会增大称量误差，影响测定精度。(　　)

答案： √

二、单项选择题

1. 根据《水质　悬浮物的测定　重量法》（GB 11901—89）的规定，下列关于水中悬浮物测定的描述中，不正确的是________。(　　)

A. 水中悬浮物的理化特性对悬浮物的测定结果无影响

B. 所用的滤器与孔径的大小对悬浮物的测定结果有影响

C. 截留在滤器上物质的数量对悬浮物的测定结果的影响

D. 滤片面积和厚度对悬浮物的测定结果有影响

答案：A

2. 根据《水质　悬浮物的测定　重量法》（GB 11901—89）的规定，下列关于水中悬浮物样品采集和贮存的描述中，不正确的是________。(　　)

A. 样品采集可以用聚乙烯瓶或硬质玻璃瓶

B. 采样瓶采样前应用洗涤剂洗净，再用自来水和蒸馏水冲洗干净

C. 采集的样品应尽快测一，如需放置，则应低温贮存，并且最长不得超过 7 d

D. 贮存水样时应加入保护剂

答案：D

三、问答题

1. 根据《水质　悬浮物的测定　重量法》（GB 11901—89）简述重量法测定水中悬浮物的步骤。

答案：（1）量取充分混合均匀的试样 100 ml 抽吸过滤。使水分全部通过滤膜，再以每次 10 ml 蒸馏水连续洗涤 3 次，继续吸滤以除去痕量水分。

（2）停止吸滤后，仔细取出载有悬浮物的浮膜放在原恒重的称量瓶里，移入烘箱中，于 103～105℃下烘干 1 h 后移入干燥器中，使之冷却到室温，称其重量。反复烘干、冷却、称量。直至两次称重的重量差≤0.4 mg 为止。

2. 根据《水质　悬浮物的测定　重量法》（GB 11901—89）的规定，测定悬浮物采集的水样是否要加入保护剂？为什么？

答案：（1）不能加入任何保护剂；

（2）以防破坏物质在固、液间的分配平衡。

四、计算题

1. 根据《水质　悬浮物的测定 重量法》（GB 11901—89）用重量法测定水中悬浮物时，首先将空白滤膜和称量瓶烘干、冷却至室温，称量至恒重，称得重量为 43.221 5 g；取水样 100 ml 抽滤后，将悬浮物、过滤膜和称量瓶经烘干、冷却至室温，称量至恒重，称得重量为 43.242 3 g。试计算水样中悬浮物的浓度。

答案：
$$C = \frac{(43.2423 - 43.2215) \times 10^6}{100} = 208\ (\text{mg/L})$$

水样中的悬浮物为 208 mg/L。

2. 根据《水质　悬浮物的测定　重量法》（GB 11901—89）测定水中悬浮物时，已知水样悬浮物的量为 10 mg，滤膜和称量瓶前后称重分别为 49.623 8 g 和 49.624 8 g，问量取的试样体积是多少？

答案：$C = \dfrac{(49.6248 - 49.6238) \times 10^6}{V}$

$= 10\,(\text{mg/L})$

$V = \dfrac{1\,000}{10} = 100\,(\text{ml})$

量取试样的体积为 100 ml。

3. 根据《水质　悬浮物的测定　重量法》（GB 11901—89），现测一水样中的悬浮物，取 100 ml 水样过滤，过滤前后滤膜和称量瓶称重分别为 55.838 8 g 和 55.839 5 g，求该水样悬浮物的浓度。

答案：$C = \dfrac{(A - B) \times 10^6}{V}$

$= \dfrac{(55.8395 - 55.8388) \times 10^6}{100}$

$= \dfrac{700}{100} = 7\,(\text{mg/L})$

该水样悬浮物为 7 mg/L。

参考文献

[1] 国家环境保护总局《水和废水监测分析方法》编委会．水和废水监测分析方法：第四版增补版［M］．北京：中国环境科学出版社，2002.

[2] 国家环境保护局科技标准司．水环境分析方法标准工作手册［S］．1998.

[3] 中国环境监测总站《环境水质监测质量保证手册》编写组．环境水质监测质量保证手册．2 版［M］．北京：化学工业出版社，1994.

[4] 李怡庭，齐文启．水环境监测技术实用技术问答与岗位技术考核试题［M］．北京：中国水利水电出版社，2013.

命题：吴　迪

审核：乔朝辉

第二十四节　水质　浊度的测定　浊度计法（HJ 1075—2019）

一、判断题

1.《水质　浊度的测定　浊度计法》（HJ 1075—2019）不能用于海水中浊度的测定。（　　）

答案：×

正确答案：本标准适用于地表水、地下水和海水中浊度的测定。

2.《水质　浊度的测定　浊度计法》（HJ 1075—2019）适用于地表水、地下水和海水中浊度的测定。（　　）

答案：√

3. 根据《水质　浊度的测定　浊度计法》（HJ 1075—2019）的规定，本标准方法检出限为 0.3 NTU。（　　）

答案：√

4. 根据《水质　浊度的测定　浊度计法》（HJ 1075—2019）的规定，本标准方法的测量结果单位为度。（　　）

答案：×

正确答案：本标准方法的测量结果为 NTU。

5. 根据《水质　浊度的测定　浊度计法》（HJ 1075—2019）的规定，水中的悬浮物和胶体微粒都会产生浊度。（　　）

答案：√

6. 根据《水质　浊度的测定　浊度计法》（HJ 1075—2019）的规定，利用一束稳定光源光线通过盛有待测样品的样品池，传感器处在与发射光线垂直的位置上测量散射光的强度。光束射入样品时产生的散射光的强度与样品中浊度在一定浓度范围内成比例关系。（　　）

答案：√

7. 根据《水质　浊度的测定　浊度计法》（HJ 1075—2019）的规定，实验用蒸馏水或纯水，其浊度应低于方法检出限，对于高于方法检出限的蒸馏水或纯水，需要在结果报出时扣除空白值。（　　）

答案：×

正确答案：根据《水质　浊度的测定　浊度计法》（HJ 1075—2019）的规定，实验用蒸馏水或纯水，其浊度应低于方法检出限，否则须经孔径≤0.45 μm 的水相微孔滤膜过滤后使用。

8. 根据《水质　浊度的测定　浊度计法》（HJ 1075—2019）的规定，浊度标准溶液是由六次甲基四胺和硫酸肼配制而成。（　　）

答案：√

9. 根据《水质　浊度的测定　浊度计法》（HJ 1075—2019）的规定，4 000 NTU 的浊度标准溶液可在室温条件下避光保存 12 个月。（　　）

答案：×

正确答案：根据《水质　浊度的测定　浊度计法》（HJ 1075—2019）的规定，4 000 NTU 的浊度标准溶液可在室温条件下避光保存 6 个月。

10. 根据《水质　浊度的测定　浊度计法》（HJ 1075—2019）的规定，400 NTU 的浊度标准溶液可在室温条件下避光保存 1 个月。（　　）

答案：×

正确答案：根据《水质　浊度的测定　浊度计法》（HJ 1075—2019）的规定，400 NTU 的浊度标准溶液可在 4℃以下冷藏条件下避光保存 1 个月。

二、单项选择题

1. 根据《水质 浊度的测定 浊度计法》（HJ 1075—2019）的规定，市售浊度计的光源一般为________。（　　）

A. LED 光源　　B. 钨灯　　C. LED 光源和钨灯　　D. 元素灯

答案：C

2. 根据《水质 浊度的测定 浊度计法》（HJ 1075—2019）的规定，样品应采集于 500 ml 具塞________中。（　　）

A. 玻璃瓶　　B. 聚乙烯瓶　　C. 玻璃瓶或聚乙烯瓶　　D. 溶解氧瓶

答案：C

3. 根据《水质 浊度的测定 浊度计法》（HJ 1075—2019）的规定，浊度计的检测器应处于与入射光________的位置上。（　　）

A. 垂直　　B. 交叉　　C. 平行　　D. 对角

答案：A

4. 根据《水质 浊度的测定 浊度计法》（HJ 1075—2019）的规定，浊度计入射的平行光，散焦不超过________。（　　）

A. 2°　　B. 2.5°　　C. 1°　　D. 1.5°

答案：D

5. 根据《水质 浊度的测定 浊度计法》（HJ 1075—2019）的规定，样品应尽量现场测定，否则，应在________以下冷藏避光保存，不超过________。（　　）

A. 4℃，24 h　　B. 4℃，48 h　　C. 0℃，24 h　　D. 0℃，48 h

答案：B

6. 根据《水质 浊度的测定 浊度计法》（HJ 1075—2019）的规定，当测定结果小于 10 NTU 时，保留________；测定结果大于等于 10 NTU 时，保留________。（　　）

A. 小数点后 1 位；整数位　　B. 小数点后 2 位；整数位

C. 整数位；整数位　　D. 整数位；小数点后 2 位

答案：A

7. 根据《水质 浊度的测定 浊度计法》（HJ 1075—2019）的规定，每批样品至少进行______次空白测定，结果应________方法检出限。（　　）

A. 1 次；小于等于　　B. 1 次；小于　　C. 2 次；小于　　D. 2 次；小于等于

答案：B

8. 根据《水质 浊度的测定 浊度计法》（HJ 1075—2019）的规定，10 NTU 以下的样品建议选择入射光为________nm 的浊度计。（　　）

A. 400～800　　B. 400～600　　C. 860±30　　D. 820±30

答案：B

9. 根据《水质 浊度的测定 浊度计法》（HJ 1075—2019）的规定，有颜色的样品应选择入射光为________nm 的浊度计。（　　）

A．400～800　　B．400～600　　C．860±30　　D．820±30

答案：C

10. 根据《水质　浊度的测定　浊度计法》（HJ 1075—2019）的规定，每批样品应至少10%的平行双样，平行双样的测定结果相对偏差应小于________。（　　）

A．10%　　B．15%　　C．20%　　D．25%

答案：C

三、问答题

简述《水质　浊度的测定　浊度计法》（HJ 1075—2019）中浊度计法测定浊度的方法原理。

答案：利用一束稳定光源光线通过盛有待测样品的样品池，传感器处在与发射光线垂直的位置上测量散射光的强度。光束射入样品时产生的散射光的强度与样品中浊度在一定浓度范围内成比例关系。

参考文献

生态环境部 . 水质　浊度的测定　浊度计法：HJ 1075—2019［S］. 北京：中国环境出版集团，2020.

命题：栾晓佳

审核：陈圆圆

第二十五节　生活饮用水标准检验方法　感官性状和物理指标（GB/T 5750.4—2006　2.1　浊度　散射法 - 福尔马肼标准）

一、填空题

1.《生活饮用水标准检验方法　感官性状和物理指标》（GB/T 5750.4—2006 2.1　浊度　散射法 - 福尔马肼标准）中规定了以福尔马肼为标准用________测定________及其水源水的浑浊度。

答案：散射法　生活饮用水

2.《生活饮用水标准检验方法　感官性状和物理指标》（GB/T 5750.4—2006 2.1　浊度　散射法 - 福尔马肼标准）方法最低检测浑浊度为________散射浊度单位（NTU）。

答案：0.5

3. 根据《生活饮用水标准检验方法　感官性状和物理指标》（GB/T 5750.4—2006 2.1　浊度　散射法 - 福尔马肼标准）的规定，浑浊度是反映________及________的物理性状的一项指标。

答案：水源水　饮用水

4. 根据《生活饮用水标准检验方法　感官性状和物理指标》（GB/T 5750.4—2006 2.1　浊度　散射法 - 福尔马肼标准）的规定，水源水的浑浊度是由于____________，或两者造成的在光学方面的散射或吸收行为。

答案：悬浮物或胶态物

5. 根据《生活饮用水标准检验方法　感官性状和物理指标》（GB/T 5750.4—2006 2.1　浊度　散射法－福尔马肼标准）的规定，在相同条件下用福尔马肼标准混悬液散射光的强度和水样散射光的强度进行比较。散射光的强度________，表示浑浊度越高。

答案：越大

6. 根据《生活饮用水标准检验方法　感官性状和物理指标》（GB/T 5750.4—2006 2.1　浊度　散射法－福尔马肼标准）的规定，测量浑浊度的仪器是___________。

答案：散射式浑浊度仪

7. 根据《生活饮用水标准检验方法　感官性状和物理指标》（GB/T 5750.4—2006 2.1　浊度　散射法－福尔马肼标准）的规定，测定样品时，浑浊度超过________NTU 时，可用纯水稀释后测定。

答案：40

8. 根据《生活饮用水标准检验方法　感官性状和物理指标》（GB/T 5750.4—2006 2.1　浊度　散射法－福尔马肼标准）的规定，计算结果为仪器测定时所显示的___________。

答案：浑浊度读数乘以稀释倍数

参考文献

中华人民共和国卫生部，中国国家标准化管理委员会. 生活饮用水标准检验方法　感观性状和物理指标：GB/T 5750.4—2006［S］. 北京：中国标准出版社，2006.

命题：陈秋红
审核：任占军

第二十六节　水质　浊度的测定（GB 13200—91）（目视比浊法）

一、判断题

1.《水质　浊度的测定》（GB 13200—91）（目视比浊法）适用于饮用水、天然水及高浊度水的测定。（　　）

答案：×

正确答案：适用于饮用水和水源水等低浊度水的测定。

2. 根据《水质　浊度的测定》（GB 13200—91）（目视比浊法）的规定，最低检测浊度为 3 度。（　　）

答案：×

正确答案：最低检测浊度为1度。

3. 根据《水质　浊度的测定》（GB 13200—91）（目视比浊法）的规定，水中有气泡和有色物质时会干扰测定。（　　）

答案：√

4. 根据《水质　浊度的测定》（GB 13200—91）（目视比浊法）的规定，器皿不清洁时会干扰测定。（　　）

答案：√

5. 根据《水质　浊度的测定》（GB 13200—91）（目视比浊法）的规定，水样中可以有碎屑和易沉颗粒。（　　）

答案：×

正确答案：水样中应无碎屑和易沉颗粒。

6. 根据《水质　浊度的测定》（GB 13200—91）（目视比浊法）的规定，样品分析时可使用去离子水或者自来水。（　　）

答案：×

正确答案：样品分析时可使用去离子水或者同等纯度的水。

7. 根据《水质　浊度的测定》（GB 13200—91）（目视比浊法）的规定，将水样与用硅藻土配制的浊度标准液进行比较，规定相当于1 mg一定粒度的硅藻土在1 000 ml水中所产生的浊度为1度。（　　）

答案：√

8. 根据《水质　浊度的测定》（GB 13200—91）（目视比浊法）的规定，制作浊度标准储备液时，称取10 g硅藻土需通过0.01 mm筛孔。（　　）

答案：×

正确答案：制作浊度标准储备液时，称取10 g硅藻土需通过0.1 mm筛孔。

9. 根据《水质　浊度的测定》（GB 13200—91）（目视比浊法）的规定，制作浊度标准储备液时，需经过2次静置，每次24 h。（　　）

答案：√

10. 根据《水质　浊度的测定》（GB 13200—91）（目视比浊法）的规定，制作浊度标准储备液时，需在水浴上蒸干后，于105℃烘箱中烘2 h。（　　）

答案：√

11. 根据《水质　浊度的测定》（GB 13200—91）（目视比浊法）的规定，制作浊度标准储备液时，经2次静置后的悬浊液置于恒重的蒸发皿中，在水浴上蒸干后，只需于烘箱中烘干1次，置于干燥器冷却30 min，称重，即可求出1 ml悬浊液含硅藻土的重量。（　　）

答案：×

正确答案：制作浊度标准储备液时，经2次静置后的悬浊液置于恒重的蒸发皿中，在水浴上蒸干后，于烘箱中烘干，置于干燥器冷却30 min，称重。重复以上操作，即烘1 h，称重，直至恒重，即可求出1 ml悬浊液含硅藻土的重量。

12. 根据《水质 浊度的测定》（GB 13200—91）（目视比浊法）的规定，制作浊度标准储备液时，经 2 次静置后的悬浊液置于恒重的蒸发皿中，在水浴上蒸干后，于 125℃烘箱中烘干。（ ）

答案：×

正确答案：制作浊度标准储备液时，经 2 次静置后的悬浊液置于恒重的蒸发皿中，在水浴上蒸干后，于 105℃烘箱中烘干。

13. 根据《水质 浊度的测定》（GB 13200—91）（目视比浊法）的规定，测定水样浊度时，当浊度超过 150 度时，需用无浊度水稀释后测定。（ ）

答案：×

正确答案：水样浊度超过 100 度时，需用无浊度水稀释后测定。

14. 根据《水质 浊度的测定》（GB 13200—91）（目视比浊法）的规定，吸取 100 ml 浊度为 250 度的标准液于 250 ml 容量瓶中，用水稀释至标线，摇匀。此溶液浊度为 100 度。（ ）

答案：√

15. 根据《水质 浊度的测定》（GB 13200—91）（目视比浊法）的规定，为防止浊度标准液中菌类生长，需加入硫酸汞保存。（ ）

答案：×

正确答案：为防止浊度标准液中菌类生长，需加入氯化汞保存。

二、单项选择题

1. 根据《水质 浊度的测定》（GB 13200—91）（目视比浊法）的规定，关于浊度的单位是________。（ ）

A．mg/L　　B．度　　C．倍　　D．mg/m^3

答案：B

2. 根据《水质 浊度的测定》（GB 13200—91）（目视比浊法）的规定，以下________情况不干扰测定。（ ）

A．碎屑　　B．易沉颗粒　　C．器皿不清洁　　D．微生物

答案：D

3.《水质 浊度的测定》（GB 13200—91）（目视比浊法）中的方法适用于________水的测定。（ ）

A．高浊度水　　B．高污排水

C．饮用水和水源水等低浊度的水　　D．养殖场排水

答案：C

4. 根据《水质 浊度的测定》（GB 13200—91）（目视比浊法）的规定，最低检测浊度是________度。（ ）

A．2　　B．1　　C．3　　D．5

答案：B

5. 根据《水质 浊度的测定》（GB 13200—91）（目视比浊法）的规定，配制浊度标准液时，需要用到________。（ ）

A. 硅藻土　　B. 沙土　　C. 黏土　　D. 岩土

答案：A

6. 根据《水质　浊度的测定》(GB 13200—91)(目视比浊法)的规定，1 mg 一定粒度的硅藻土在 1 000 ml 水中所产生的浊度为________度。(　　)

A. 1　　B. 2　　C. 3　　D. 4

答案：A

7. 根据《水质　浊度的测定》(GB 13200—91)(目视比浊法)的规定，制作浊度标准储备液时，称取 10 g 硅藻土需通过________mm 筛孔。(　　)

A. 0.01　　B. 0.1　　C. 1　　D. 2

答案：B

8. 根据《水质　浊度的测定》(GB 13200—91)(目视比浊法)的规定，制作浊度标准储备液时，称取 10 g 硅藻土过筛加水研磨后，移至 1 000 ml 量筒中，加水至标线。充分搅匀后，静置________h。(　　)

A. 2　　B. 12　　C. 24　　D. 36

答案：C

9. 根据《水质　浊度的测定》(GB 13200—91)(目视比浊法)的规定，制作浊度标准储备液时，需要将悬浊液在水浴上蒸干，在________℃烘箱中烘 2 h。(　　)

A. 100　　B. 105　　C. 110　　D. 125

答案：B

10. 根据《水质　浊度的测定》(GB 13200—91)(目视比浊法)的规定，水样浊度超过________度时，需要稀释。(　　)

A. 50　　B. 70　　C. 100　　D. 200

答案：C

11. 根据《水质　浊度的测定》(GB 13200—91)(目视比浊法)的规定，为防止浊度标准液中菌类生长，需加入________保存。(　　)

A. 硫酸汞　　B. 四氯化碳　　C. 三氯甲烷　　D. 氯化汞

答案：D

12. 根据《水质　浊度的测定》(GB 13200—91)(目视比浊法)的规定，吸取 100 ml 浊度为 250 度的标准液于 250 ml 容量瓶中，用水稀释至标线，摇匀。此溶液浊度为________度。(　　)

A. 100　　B. 200　　C. 250　　D. 50

答案：A

13. 根据《水质　浊度的测定》(GB 13200—91)(目视比浊法)的规定，在测定浊度低于 10 度的水样时，可在________上由上向下垂直观察，选出与水样产生相近视觉效果的标液，记下其浊度值。(　　)

A. 黑色底板　　B. 有黑线的白纸板

C. 红色底板　　D. 黑白相间底板

答案：A

14. 根据《水质 浊度的测定》（GB 13200—91）（目视比浊法）的规定，测定水样需要稀释时，需用________稀释。（ ）

A. 无二氧化碳水　　B. 地表水　　C. 去离子水　　D. 无浊度水

答案：D

三、问答题

1. 根据《水质 浊度的测定》（GB 13200—91）（目视比浊法）简述如何获得无浊度水。

答案：将蒸馏水通过 0.2 μm 滤膜过滤，收集于用滤过水荡洗 2 次的烧瓶中。

2. 根据《水质 浊度的测定》（GB 13200—91）（目视比浊法）简述当测定浊度低于 10 度的水样时，标准液如何配制？

答案：吸取浊度为 100 度的标准溶液 0 ml、1.0 ml、2.0 ml、3.0 ml、4.0 ml、5.0 ml、6.0 ml、7.0 ml、8.0 ml、9.0 ml、10.0 ml，置于 100 ml 比色管中，加无浊度水稀释至标线。摇匀后即得浊度为 0、1.0、2.0、3.0、4.0、5.0、6.0、7.0、8.0、9.0、10.0 度的标准液。

参考文献

［1］国家环境保护局 . 水质 浊度的测定：GB 13200—91［S］. 北京：中国标准出版社，1991.

［2］国家环境保护总局《水和废水监测分析方法》编委会 . 水和废水监测分析方法：第四版增补版［M］. 北京：中国环境科学出版社，2002.

命题：王丽丽

审核：史天元

第二十七节 水质 浊度的测定 便携式浊度计法（《水和废水监测分析方法》第四版增补版）

一、判断题

1. 根据《水和废水监测分析方法》（第四版增补版）中便携式浊度计法测定浊度时，当出现漂浮物和沉淀物时，不会影响读数结果。（ ）

答案：×

正确答案：当出现漂浮物和沉淀物时，读数会不准确。

2. 根据《水和废水监测分析方法》（第四版增补版）中便携式浊度计法测定浊度时，气泡和震动将会破坏样品的表面，得出错误的结论。（ ）

答案：√

3. 根据《水和废水监测分析方法》（第四版增补版）中便携式浊度计法测定浊度时，有划痕或沾污的比色皿都会影响测定结果。（ ）

答案：√

4. 根据《水和废水监测分析方法》（第四版增补版）中便携式浊度计法测定浊度时，每次应以同样的力拧紧比色皿盖。（　　）

答案：√

5. 根据《水和废水监测分析方法》（第四版增补版）中便携式浊度计法测定浊度时，透射浊度值和散射浊度值在数值上是一致的。（　　）

答案：√

6. 根据《水和废水监测分析方法》（第四版增补版）中便携式浊度计法测定浊度时，每次读完数后将废弃的样品倒掉，避免腐蚀比色皿。（　　）

答案：√

7. 根据《水和废水监测分析方法》（第四版增补版）中便携式浊度计法测定浊度时，在校准与测量过程中使用两个比色皿，其带来的误差可忽略不计。（　　）

答案：×

正确答案：根据《水和废水监测分析方法》（第四版增补版）中便携式浊度计法测定浊度时，在校准与测量过程中使用同一个比色皿，其带来的误差可降到最低。

8. 根据《水和废水监测分析方法》（第四版增补版）中便携式浊度计法测定浊度时，将样品收集在干净的玻璃或塑料瓶内，盖好并迅速进行分析。（　　）

答案：√

二、单项选择题

1. 根据《水和废水监测分析方法》（第四版增补版）中便携式浊度计法测定浊度时，若数值小于或等于________度时，可直接读出浊度值。（　　）

A．20　　B．30　　C．40　　D．50

答案：C

2. 根据《水和废水监测分析方法》（第四版增补版）中便携式浊度计法测定浊度时，每月用___________度的标准溶液对仪器进行校准。（　　）

A．10　　B．20　　C．30　　D．40

答案：A

3. 根据《水和废水监测分析方法》（第四版增补版）中便携式浊度计法测定浊度时，读出某样品的浊度值为 60 度，则应取该样品________ml，用无浊度水定容至 100 ml，再进行测定。（　　）

A．10　　B．20　　C．40　　D．50

答案：D

4. 根据《水和废水监测分析方法》（第四版增补版）中便携式浊度计法测定浊度时，无浊度水是将蒸馏水通过________μm 滤膜过滤，收集于用滤过的水荡洗 2 次的烧瓶中。（　　）

A．1　　B．0.2　　C．4.5　　D．5

答案：B

5. 根据《水和废水监测分析方法》（第四版增补版）中便携式浊度计法测定浊度时，对于高浊

度水样，应用________稀释定容后测定。(　　)

A. 蒸馏水　　B. 无浊度水　　C. 去离子水　　D. 无氨水

答案： B

6. 根据《水和废水监测分析方法》（第四版增补版）中便携式浊度计法测定浊度时，校准过程中将盛有________度标准溶液比色皿插入测量槽，再按校准键。(　　)

A. 0　　B. 5　　C. 10　　D. 20

答案： A

7. 根据《水和废水监测分析方法》（第四版增补版）中便携式浊度计法测定浊度时，测定浊度的水样若需保存，可在________℃冷藏、暗处保存________h，测试前应恢复到室温并激烈震荡。(　　)

A. 4，24　　B. 4，48　　C. 5，24　　D. 5，48

答案： A

8. 根据《水和废水监测分析方法》（第四版增补版）中便携式浊度计法测定浊度时，测定样品时传感器处在与发射光线________位置上。(　　)

A. 水平　　B. 倾斜 10°　　C. 垂直　　D. 倾斜 30°

答案： C

三、问答题

1. 根据《水和废水监测分析方法》（第四版增补版）简述便携式浊度计法测定浊度的方法原理。

答案：（1）根据 ISO 7027 国际标准设计进行测量，利用一束红外线穿过含有待测样品的样品池；

（2）光源为具有 890 nm 波长的高发射强度的红外发光二极管，以确保使样品颜色引起的干扰达到最小；

（3）传感器处在与发射光线垂直的位置上，它测量由样品中悬浮颗粒散射的光量，微电脑处理器再将该数值转化为浊度值（透射浊度值和散射浊度值在数值上是一致的）。

2. 根据《水和废水监测分析方法》（第四版增补版）简述浊度的定义。

答案：（1）浊度是由于水中含有泥沙、黏土、有机物、无机物、浮游生物和微生物等悬浮物质所造成的；

（2）可使光散射或吸收。

四、计算题

根据《水和废水监测分析方法》（第四版增补版）中便携式浊度计法测定浊度时，取某水样 50 ml，稀释至 100 ml，用便携式浊度仪测定其浊度为 30 度。求原水样的浊度值。

答案： $浊度 = \frac{T \times 100}{V} = \frac{30 \times 100}{50} = 60$（度）

原水样的浊度值为 60 度。

参考文献

[1] 国家环境保护总局《水和废水监测分析方法》编委会. 水和废水监测分析方法：第四版增补版[M]. 北京：中国环境科学出版社，2002.

［2］中国环境监测总站《环境监测人员持证上岗考核试题集》编写组．环境监测人员持证上岗考核试题集：上册．4版［M］．北京：中国环境出版集团，2015.

命题：贾　楠

审核：吴玉敏

第二十八节　水质　钙和镁总量的测定　EDTA 滴定法（GB 7477—87）

一、判断题

1. EDTA 几乎能与所有的金属离子形成络合物，络合比一般为 1∶1。(　　)

答案：√

2. 根据《水质　钙和镁总量的测定　EDTA 滴定法》(GB 7477—87)的规定，可以用 EDTA 滴定法测定地下水和地表水中的钙镁总量。(　　)

答案：√

3. 根据《水质　钙和镁总量的测定　EDTA 滴定法》(GB 7477—87)的规定，用络合滴定法测定水样硬度时，因为室温过低会使反应灵敏度降低，所以可适当加热试样后测定。(　　)

答案：√

4. 根据《水质　钙和镁总量的测定　EDTA 滴定法》(GB 7477—87)的规定，用 EDTA 滴定法测定总硬度，开始滴定时速度稍慢，接近终点时要稍快。(　　)

答案：×

正确答案：开始滴定时速度稍快，接近终点时应稍慢，并充分摇匀。

5. 根据《水质　钙和镁总量的测定　EDTA 滴定法》(GB 7477—87)的规定，EDTA 滴定法适用于如海水等含盐量较高的水的测定。(　　)

答案：×

正确答案：不适用含盐量较高的水。

6. 根据《水质　钙和镁总量的测定　EDTA 滴定法》(GB 7477—87)用 EDTA 滴定法测定总硬度时，若试样含铁离子 30 mg/L 或以下，在临滴定前加入氰化钠作掩蔽剂前，必须保证溶液呈碱性。(　　)

答案：√

7. 根据《水质　钙和镁总量的测定　EDTA 滴定法》(GB 7477—87)用 EDTA 滴定法测定水的总硬度时，在 pH=10 的溶液中，铬黑 T 长期置入其内，可被徐徐氧化，所以在加入铬黑 T 后要立即进行滴定。(　　)

答案：√

8.《水质　钙和镁总量的测定　EDTA 滴定法》（GB 7477—87）中表明碳酸盐硬度相当于钙、镁离子与水中碳酸盐及重碳酸盐结合所形成的硬度。（　　）

答案：√

9. 根据《水质　钙和镁总量的测定　EDTA 滴定法》（GB 7477—87）测定水中总硬度时，滴定无终点，其原因之一是溶液 pH 偏高。（　　）

答案：×

正确答案：pH 偏低。

10. 根据《水质　钙和镁总量的测定　EDTA 滴定法》（GB 7477—87）测定水中总硬度时，滴定完成后，将滴定管内剩余溶液倒回原瓶，再用蒸馏水冲洗滴定管。（　　）

答案：×

正确答案：不能将剩余标液倒回原瓶。

二、单项选择题

1. 根据《水质　钙和镁总量的测定　EDTA 滴定法》（GB 7477—87）测定水中总硬度时，在加入铬黑 T 后要立即进行滴定，其目的是________。（　　）

A. 防止铬黑 T 氧化　　B. 使终点明显

C. 减少碳酸钙及氢氧化镁的沉淀　　D. 防止 pH 改变

答案：A

2. 我国规定的硬度单位用每升水含有________表示。（　　）

A. CaO 毫克数　　B. 10 mg CaO 毫克数

C. $CaCO_3$ 毫克数　　D. 10 mg $CaCO_3$ 毫克数

答案：C

3. 根据《水质　钙和镁总量的测定　EDTA 滴定法》（GB 7477—87）测定水中总硬度时，在适当 pH 条件下，水中的钙镁离子可与 EDTA 进行________反应。（　　）

A. 中和　　B. 络合　　C. 置换　　D. 氧化还原

答案：B

4. 根据《水质　钙和镁总量的测定　EDTA 滴定法》（GB 7477—87）测定水中总硬度时，样品采集后不能在 24 h 内完成测定，应向每升水样中应加入 2 ml________作保存剂。（　　）

A. 氢氧化钠　　B. 浓硝酸　　C. 氢氧化钾　　D. 盐酸

答案：B

5. 根据《水质　钙和镁总量的测定　EDTA 滴定法》（GB 7477—87）测定水中总硬度时，整个滴定过程应该在________内完成。（　　）

A. 2 min　　B. 3 min　　C. 4 min　　D. 5 min

答案：D

6. 根据《水质　钙和镁总量的测定　EDTA 滴定法》（GB 7477—87）测定水中总硬度时，当滴定到终点时溶液由酒红变为亮蓝，变成亮蓝色的原因为________。（　　）

A. 钙镁离子水溶液的颜色　　B. 铬黑 T 水溶液的颜色

C．铬黑 T 与钙镁结合后的颜色　　D．EDTA 溶液与钙镁离子结合的颜色

答案：B

7. 根据《水质　钙和镁总量的测定　EDTA 滴定法》（GB 7477—87）测定水中总硬度时，在用 EDTA 滴定总硬度时，最好是在________条件下进行。（　　）

A．低温　　B．常温　　C．加热　　D．无影响

答案：B

8. 根据《水质　钙和镁总量的测定　EDTA 滴定法》（GB 7477—87）测定水中总硬度时，以铬黑 T 作指示剂，用 EDTA 二钠镁和氯化铵－氢氧化铵缓冲溶液，主要是________。（　　）

A．增加镁离子生成同离子效应　　B．加大滴定液中的 EDTA 量，使反应完全

C．增加镁离子，以获得良好终点显示 D．减缓铬黑 T 被氧化速度

答案：C

9. 根据《水质　钙和镁总量的测定　EDTA 滴定法》（GB 7477—87）测定水中总硬度时，在滴定过程中，即使加入了过量的 EDTA 溶液亦无法变蓝色，出现这一现象的原因可能是________。（　　）

A．pH 偏低　　B．pH 偏高

C．铬黑 T 过期　　D．受其他金属离子干扰

答案：A

10. 一般情况下，滴定分析（容量分析）的相对误差为________% 左右。（　　）

A．1.0　　B．0.1　　C．0.4　　D．0.2

答案：D

11. 根据《水质　钙和镁总量的测定　EDTA 滴定法》（GB 7477—87）测定水中总硬度时，以下说法错误的是________。（　　）

A．采集水样只能用硬质玻璃瓶，采样前先将瓶洗净

B．采样时先用水样冲洗 3 次，再采集于瓶中

C．采集自来水时，应先放水数分钟，使积留在水管中的杂质流出

D．水样采集后，应于 24 h 内完成测定，否则应采取酸化保存

答案：A

三、问答题

1. 简述《水质　钙和镁总量的测定　EDTA 滴定法》（GB 7477—87）中测定水中总硬度的原理。

答案：在 pH=10 的条件下，用 EDTA 络合滴定钙离子和镁离子。铬黑 T 作为指示剂，与钙和镁生成紫红或紫色溶液。滴定中，游离的钙离子和镁离子首先与 EDTA 反应，跟指示剂络合的钙离子和镁离子随后与 EDTA 反应，达到终点时溶液的颜色由紫色变成天蓝色。

2. 根据《水质　钙和镁总量的测定　EDTA 滴定法》（GB 7477—1987）测定水中总硬度时，用什么容器进行采样及如何保存？

答案：（1）采集水样可用硬质玻璃瓶或聚乙烯容器，采样前先将瓶洗净，采样时用水样冲洗 3 次，再采集于瓶中；

（2）水样采集后（尽快送往实验室），应于 24 h 内测定。否则，每升水样中应加入 2 ml

浓硝酸作保存剂（使 pH 降至 1.5 左右）。

3. 根据《水质　钙和镁总量的测定　EDTA 滴定法》（GB 7477—87）测定水中总硬度时，主要注意哪些问题？

答案：（1）水样如呈酸性或碱性，应用氢氧化钠中和后，再加入缓冲溶液；

（2）临近终点时，每次加入滴定剂应少量，并充分振摇；

（3）在加入铬黑 T 指示剂后要立即进行滴定，整个滴定过程过程要在 5 min 内完成；

（4）控制缓冲溶液的 pH 为 10±0.1，在夏天长期存放或经常打开瓶盖，会使氨水浓度降低，使 pH 下降。

4. 根据《水质　钙和镁总量的测定　EDTA 滴定法》（GB 7477—87）测定水样总硬度时，如果水样硬度较高，在滴定过程中会出现什么现象？此时应如何处理？

答案：如果水样硬度较高，则在滴定过程中会产生碳酸盐沉淀。可将水样适当稀释后滴定，稀释至钙和镁的总量不超过 3.6 mmol/L 为宜。

四、计算题

根据《水质　钙和镁总量的测定　EDTA 滴定法》（GB 7477—87）测定水样总硬度时，吸取水样 25.0 ml，加蒸馏水 25.0 ml，用 0.010 98 mol/L 的 EDTA 标准溶液滴定，消耗 EDTA 溶液 5.87 ml，计算此水样的硬度（以 $CaCO_3$ 表示）。

答案：总硬度 $=\dfrac{C_1V_1}{V_0}$

$$=\frac{0.010\,98\times 5.87\times 1\,000}{25.0}$$

=2.58（mmol/L）

=258（mg/L $CaCO_3$）

参考文献

[1] 国家环境保护局 . 水质　钙和镁总量的测定　EDTA 滴定法：GB 7477—87［S］. 北京：中国环境科学出版社，1987.

[2]《环境监测技术基本理论（参考）试题集》编写组 . 环境监测技术基本理论（参考）试题集［M］. 北京：中国环境科学出版社，2002

[3] 国家环境保护总局《水和废水监测分析方法》编委会 . 水和废水监测分析方法：第四版增补版［M］. 北京：中国环境科学出版社，2002.

[4] 中国环境监测总站《环境监测人员持证上岗考核试题集》编写组 . 环境监测人员持证上岗考核试题集：上册 . 4 版［M］. 北京：中国环境出版集团，2015.

命题：张　爽

审核：杨红梅

第二十九节　水质　全盐量的测定　重量法（HJ/T 51—1999）

一、判断题

1.《水质　全盐量的测定　重量法》（HJ/T 51—1999）适用于农田灌溉水质、地下水和城市污水中的全盐量的测定。（　　）

答案：√

2. 根据《水质　全盐量的测定　重量法》（HJ/T 51—1999）测定水中全盐量时，用滤纸过滤，将滤液转移至滤纸上，滤液的高度一般不要超过滤纸圆锥高度的 1/3，最多不得超过 1/3 处。（　　）

答案：×

正确答案：最多不超过 1/2 处。

3. 万分之一天平的称量误差一般为 ±0.2 mg，为使称量相对误差小于 0.1%，则称样量至少为 0.2 g。（　　）

答案：√

4. 根据《水质　全盐量的测定　重量法》（HJ/T 51—1999）测定水中全盐量时，如果蒸干的残渣有色（含有机物），则应用过氧化氢溶液处理。（　　）

答案：√

5. 含有大量钙、镁、氯化物的水样蒸干后易吸水，会使测定结果偏低，采取减少采样量和快速称重的方法可以减少影响。（　　）

答案：×

正确答案：含有大量钙、镁、氯化物的水样蒸干后易吸水，使测定结果偏高。

6. 根据《水质　全盐量的测定　重量法》（HJ/T 51—1999）测定水中全盐量时，将蒸发皿洗净，放在 103～107℃烘箱中烘 2 h 后，放在干燥器内冷却后称量。反复烘干、冷却直至恒重，放入干燥器备用。（　　）

答案：√

7. 天平是国家规定的强制检定计量量具，应定期由计量部门检定。（　　）

答案：√

8. 利用沉淀反应进行重量分析时，希望沉淀越完全越好。就相同类型的沉淀物而言，沉淀的溶解度越小，沉淀越不完全；沉淀的溶解度越大，沉淀越完全。（　　）

答案：×

正确答案：沉淀溶解度越小，沉淀越完全；沉淀的溶解度越大，沉淀越不完全。

9. 根据《水质　全盐量的测定　重量法》（HJ/T 51—1999）测定水中全盐量时，将水样上清液用垫有 0.45 μm 孔径的有机微孔滤膜的滤器过滤，弃去初滤液 5～10 ml，滤液用干燥洁净玻璃器皿接取。（　　）

答案：×

正确答案：弃去初滤液 10～15 ml。

10. 根据《水质　全盐量的测定　重量法》（HJ/T 51—1999）测定水中全盐量时，用不同型号的定量滤膜过滤后测定的结果是一样的。（　　）

答案：×

正确答案：只能用孔径为 0.45 μm 滤膜。

二、单项选择题

1. 下列关于天平使用的说法不正确的是________。（　　）

A．凡安装、修理或位置移动后，均应进行计量性检定

B．挥发性、腐蚀性、吸潮性的物质必须放在密封加盖的容器中称量

C．刚烘干的物质应及时称量

D．天平载重不能超过最大负荷

答案：C

2. 重量法测定水中全盐量时，取 100.0 ml 水样测定，检测下限为________。（　　）

A．1 mg/L　　B．5 mg/L　　C．10 mg/L　　D．2 mg/L

答案：C

3. 下列关于定量滤纸的说法中不正确的是________。（　　）

A．重量分析中，需将滤纸连同沉淀一起灼烧后称量时，应采用定量滤纸过滤

B．定量滤纸灼烧后，灰分小于 0.001 g 称“无灰滤纸”

C．定量滤纸一般为圆形，按直径分有 11 cm、9 cm、7 cm 等几种

D．定量滤纸按孔隙大小分，有快速、中速和慢速 3 种

答案：B

4. 下列关于重量分析对沉淀式的要求说法不正确的是________。（　　）

A．沉淀的溶解度必须很小（一般要求小于 10^{-4} mol/L），以保证被测组分沉淀完全

B．沉淀式要便于过滤和洗涤

C．沉淀力求纯净，尽量避免其他杂质的玷污，以保证获得准确的分析结果

D．沉淀式与称量式保持一致

答案：D

5. 根据《水质　全盐量的测定　重量法》（HJ/T 51—1999）测定水中全盐量时，称取过滤后水样 100.0 ml 于瓷蒸发皿内，放在蒸汽浴上蒸干。若水中全盐量大于 2 000 mg/l，可酌情减少取样体积，用水稀释至________ml。（　　）

A．1　　B．10　　C．100　　D．1 000

答案：C

6. 根据《水质　全盐量的测定　重量法》（HJ/T 51—1999）测定水中全盐量时，应按环境监测技术规范应采集有代表性的水样________ml。（　　）

A．50　　B．100　　C．500　　D．1 000

答案：C

7. 根据天平的感量（分度值），通常把天平分为3类，其中感量在________以上的天平称为分析天平。（　　）

A. 0.01 mg　　B. 0.001 mg　　C. 0.000 1 mg　　D. 0.000 01 mg

答案：C

8. 根据《水质　全盐量的测定　重量法》（HJ/T 51—1999）测定水中全盐量时，关于全盐量样品的采集，下列描述中不正确的是________。（　　）

A. 采样时不可搅动水底部沉积物

B. 如果水样中含沉降性固体（如泥沙等），应分离除去

C. 样品只能采集在玻璃瓶中

D. 采样时应做好采样记录

答案：C

9. 分析用天平是测定物体质量的精密仪器，应安装在天平室内使用，下列有关天平室的描述中，不正确的是________。（　　）

A. 天平室应保存干燥、明亮且有阳光直射，远离热源和震波，室内温度变化不能太大，避免有明显的空气对流

B. 室内禁止有水汽和腐蚀性气体进入，不得在室内存放或转移挥发性、腐蚀性的试剂或样品

C. 地面最好为水磨石地坪，天平台应由混凝土筑成，必要时可在台面铺以3 mm厚的橡胶垫，用以减震和防滑

D. 保持天平室整洁、安静，不放置与称量无关的物品

答案：A

三、问答题

1. 测定全盐量采集的水样是否要加入保护剂？为什么？

答案：不加入任何保护剂，以免破坏其在固、液相间的分配平衡。

2. 简述测定水中全盐量的分析方法原理。

答案：（1）将水样上清液经过孔径0.45 μm的滤膜或滤器过滤后，移至蒸发皿内；

（2）然后在（105±2）℃烘干至恒重的残渣重量即为全盐量。

3. 测定水中全盐量时，全盐量按下式计算：$C\,(\text{mg/L})=\dfrac{(W-W_0)\times 10^6}{V}$，试解释式中$W$、$W_0$、$V$的含义及单位。

答案：W——蒸发皿及残渣总重量，g；

W_0——蒸发皿质量，g；

V——水样的体积，ml。

4. 简述电子天平的维护方法。

答案：（1）天平需保持干燥，应及时更换天平内干燥剂；

（2）保持天平箱内清洁，随时检查并清除天平秤盘和底板上的灰尘及散落的异物；

（3）严禁有腐蚀性的称物直接接触秤盘及天平台板上；

（4）在称量时，不要使称物冲击秤盘；

（5）天平应有专人负责管理并建档，凡检定、维护和使用均应登记。

四、计算题

已知水样全盐量为 100 mg/L，蒸发皿前后称重分别为 49.623 8 g 和 49.633 8 g，问量取的试样体积是多少？

答案：由 $C(\mathrm{mg/L})=\frac{(W-W_0)\times10^6}{V}$，可得

$$V=\frac{(W-W_0)\times10^6}{C}$$

$$=\frac{(49.633\,8-49.623\,8)\times10^6}{100}$$

$$=100\ (\mathrm{ml})$$

量取的试样体积是 100 ml。

参考文献

[1] 国家环境保护总局. 水质　全盐量的测定　重量法：HJ/T 51—1999 [S]. 北京：中国环境科学出版社，1999.

[2]《环境监测技术基本理论（参考）试题集》编写组. 环境监测技术基本理论（参考）试题集 [M]. 北京：中国环境科学出版社，2002.

[3] 国家环境保护总局《水和废水监测分析方法》编写组. 水和废水监测分析方法：第四版增补版 [M]. 北京：中国环境科学出版社，2002.

[4] 中国环境监测总站《环境监测人员持证上岗考核试题集》编写组. 环境监测人员持证上岗考核试题集：上册. 4 版 [M]. 北京：中国环境出版集团，2015.

命题：张　爽

审核：杨红梅

第三十节　生活饮用水标准检验方法　感官性状和物理指标（GB/T 5750.4—2006　8.1　溶解性总固体　称量法）

一、判断题

1. 根据《生活饮用水标准检验方法　感官性状和物理指标》（GB/T 5750.4—2006）的规定，称量法适用于生活饮用水及其水源水中溶解性总固体的测定。（　　）

答案：√

2. 根据《生活饮用水标准检验方法　感官性状和物理指标》(GB/T 5750.4—2006)中称重法的规定，水样经过滤后，在一定温度下烘干，烘干温度为(105±3)℃，即可得到较为准确的结果。(　　)

答案： ×

正确答案： 烘干温度一般采用(105±3)℃，但105℃的烘干温度不能彻底除去高矿化水样中盐类所含的结晶水。采用(180±3)℃的烘干温度，可得到较为准确的结果。

3. 根据《生活饮用水标准检验方法　感官性状和物理指标》(GB/T 5750.4—2006)中称重法的规定，在(105±3)℃下烘干，将水样上清液过滤后，用无分度吸管吸取过滤水样 100 ml 于蒸发皿中，若水样的溶解性总固体过少时，可增加水样体积。(　　)

答案： √

4. 根据《生活饮用水标准检验方法　感官性状和物理指标》(GB/T 5750.4—2006)中称重法的规定，将蒸发皿置于水浴上蒸干时，水浴液面不得接触皿底。(　　)

答案： √

5. 根据《生活饮用水标准检验方法　感官性状和物理指标》(GB/T 5750.4—2006)中称重法的规定，用分析天平进行称量时，要称量 3 次，计算平均质量。(　　)

答案： ×

正确答案： 在分析天平上称量，要多次烘烤、称量，直至恒定质量。

二、单项选择题

1. 根据《生活饮用水标准检验方法　感官性状和物理指标》(GB/T 5750.4—2006)中称重法测定水中溶解性总固体时，在分析天平上称量，蒸发皿和样品要经多次烘烤、称量，直至恒定质量，即 2 次称量相差不超过________g。(　　)

A．0.000 2　　B．0.000 4　　C．0.000 5　　D．0.000 6

答案： B

2. 根据《生活饮用水标准检验方法　感官性状和物理指标》(GB/T 5750.4—2006)的规定，下列不属于溶解性总固体的是________。(　　)

A．硝酸钙　　B．氯化钙　　C．碳酸钙　　D．氯化镁

答案： C

3. 根据《生活饮用水标准检验方法　感官性状和物理指标》(GB/T 5750.4—2006)中称重法的规定，当水样具有强烈的吸湿性使称量不能恒定质量时，可在水样中加入适量________溶液进行改进。(　　)

A．氯化钠　　B．碳酸钠　　C．碳酸氢钠　　D．硫酸钠

答案： B

4. 根据《生活饮用水标准检验方法　感官性状和物理指标》(GB/T 5750.4—2006)中称重法的规定，将烘干后的蒸发皿从烘箱中取出，于干燥器内冷却________min，再进行称量。(　　)

A．20　　B．25　　C．30　　D．60

答案： C

5. 参考《生活饮用水标准检验方法　感官性状和物理指标》(GB/T 5750.4—2006)中称重法的规定，下列说法正确的是________。(　　)

A. 105℃的烘干温度可以彻底除去高矿化水样中盐类所含的结晶水

B. 水样的溶解性总固体中含有多量氯化钙，对实验没有影响

C. 用分析天平进行称量时，要称量 3 次，取平均值

D. 实验过程中，如果加入了碳酸钠溶液到蒸发皿中，计算结果时应减去碳酸钠空白的质量

答案：D

三、问答题

1. 根据《生活饮用水标准检验方法　感官性状和物理指标》（GB/T 5750.4—2006）简述水样蒸干后，蒸发皿经过多次烘烤、称量，始终无法恒重，是什么原因造成的？应如何处理？

答案：（1）因为水样的溶解性总固体中含有多量氯化钙、硝酸钙、氯化镁、硝酸镁，这些化合物具有强烈的吸湿性使称量不能恒定质量；

（2）可以向水样中加入适量碳酸钠溶液。

2. 根据《生活饮用水标准检验方法　感官性状和物理指标》（GB/T 5750.4—2006）简述称量法测定生活饮用水中溶解性总固体的原理。

答案：（1）水样经过滤后，在一定温度下烘干，所得的固体残渣称为溶解性总固体；

（2）包括不易挥发的可溶性盐类、有机物及能通过滤器的不溶性微粒等。

四、计算题

根据《生活饮用水标准检验方法　感官性状和物理指标》（GB/T 5750.4—2006）的规定，取过滤水样 100 ml 于蒸发皿中，蒸干烘干后蒸发皿及残渣的总重量为 58.757 4 g，溶解性总固体的计算结果为 436 mg/L，试计算该蒸发皿的重量是多少？

答案：由 $\rho(\text{TDS}) = \dfrac{(m_1 - m_0) \times 1\,000 \times 1\,000}{V}$，可得

$$m_0 = m_1 - \frac{\rho(\text{TDS}) \times V}{1\,000 \times 1\,000}$$

$$= 58.757\,4 - \frac{436 \times 100}{1\,000 \times 1\,000}$$

$$= 58.713\,8\ (\text{g})$$

该蒸发皿的重量是 58.713 8 g。

参考文献

中华人民共和国卫生部，中国国家标准化管理委员会. 生活饮用水标准检验方法　感官性状和物理指标：GB/T 5750.4—2006［S］. 北京：中国标准出版社，2006.

命题：柴　悦

审核：赵　静

第三十一节　水质　溶解性总固体的测定（《水和废水监测分析方法》第四版增补版）

一、判断题

1. 根据《水和废水监测分析方法》（第四版增补版）中溶解性总固体的测定方法，水中溶解性总固体 / 可溶性固体总量是指可通过孔径为 0.45 μm 的滤膜或滤器，并于 103～107℃下烘干至恒重的残渣重量。（　　）

答案：×

正确答案：水中溶解性总固体 / 可溶性固体总量是指可通过孔径为 0.45 μm 的滤膜或滤器，并于 103～105℃下烘干至恒重的残渣重量。

2. 根据《水和废水监测分析方法》（第四版增补版）中溶解性总固体的测定方法，残渣分为总残渣、可滤残渣和不可滤残渣 3 种。（　　）

答案：√

3. 根据《水和废水监测分析方法》（第四版增补版）中溶解性总固体的测定方法，所用的滤器与孔径大小、滤片面积和厚度，以及截留在滤器上物质的数量等均能影响不可滤残渣与可滤残渣的测定结果。（　　）

答案：√

4. 根据《水和废水监测分析方法》（第四版增补版）中溶解性总固体的测定方法，烘干温度和时间对结果没有影响。（　　）

答案：×

正确答案：烘干温度和时间对结果有重要影响。

5. 根据《水和废水监测分析方法》（第四版增补版）中溶解性总固体的测定方法，103～105℃烘干的残渣，保留结晶水和部分吸着水。重碳酸盐将转为碳酸盐，而有机物挥发逸失甚少。（　　）

答案：√

6. 根据《水和废水监测分析方法》（第四版增补版）中溶解性总固体的测定方法，测定水中溶解性总固体时，在分析天平上称量，蒸发皿和样品要经多次烘烤、称量，直至恒定质量，即 2 次称量相差不超过 0.000 4 g。（　　）

答案：×

正确答案：2 次称量相差不超过 0.000 5 g。

二、单项选择题

1. 根据《水和废水监测分析方法》（第四版增补版）中关于重量法测定水中溶解性总固体样品的采集，下列描述中正确的是________。（　　）

A. 采样时可以搅动水底部的沉积物

B．如果水样中含沉降性固体（如泥沙等），可以采集

C．样品只能采集在玻璃瓶中

D．采样时应做好采样记录

答案：D

2. 根据《水和废水监测分析方法》（第四版增补版）的规定，下述方法适用于天然水、饮用水、生活污水和工业废水中 20 000 mg/L 以下残渣测定的是________。（　　）

A．103～105℃烘干的总残渣

B．103～105℃烘干的可滤残渣

C．180℃烘干的可滤残渣

D．ABC 均适用

答案：D

3. 根据《水和废水监测分析方法》（第四版增补版）溶解性总固体的测定方法，总残渣是水或污水在一定温度下蒸发，烘干后剩留在器皿中的物质，包括________和________两种。（　　）

A．总残渣和可滤残渣

B．可滤残渣和不可滤残渣

C．总残渣和不可滤残渣

D．总残渣、可滤残渣和不可滤残渣

答案：B

三、问答题

1. 简述《水和废水监测分析方法》（第四版增补版）中用重量法测定水中溶解性总固体的方法原理。

答案：（1）将过滤后水样放在称至恒重的蒸发皿内蒸干；

（2）然后在 103～105℃下烘至恒重；

（3）增加的重量为可滤残渣（也称为溶解性总固体）。

2. 根据《水和废水监测分析方法》（第四版增补版）中溶解性总固体的测定，重量法测定水中溶解性总固体时，水中溶解性总固体按下式计算：

$$C\,(\mathrm{mg/L}) = \frac{(A-B)\times 10^6}{V}$$

试解释式中 A、B 和 V 的含义及单位。

答案：A——蒸发皿及溶解性总固体 / 可溶性固体的总重量，g；

B——蒸发皿的重量，g；

V——水样的体积，ml。

四、计算题

用重量法测定水中溶解性总固体 / 可溶性固体总量时，首先将蒸发皿烘干、冷却至室温，称量至恒重，称得重量为 69.665 0 g，取水样 50 ml 过滤，将过滤后的水样置于上述蒸发皿内，经烘干、冷却至室温，称量至恒重，称得重量为 69.685 3 g，试计算水样中溶解性总固体的浓度。

答案：

$$C = \frac{(A-B)\times 10^6}{V} = \frac{(69.685\,3 - 69.665\,0)\times 10^6}{50} = 406\,(\mathrm{mg/L})$$

参考文献

［1］国家环境保护总局《水和废水监测分析方法》编委会．水和废水监测分析方法：第四版增补版［M］．北京：中国环境科学出版社，2002.

［2］中国环境监测总站《环境监测人员持证上岗考核试题集》编写组．环境监测人员持证上岗考核试题集：上册．4 版［M］．北京：中国环境出版集团，2015.

命题：邱斯阳

审核：孙 烁

第三十二节 水质 碱度的测定 酸碱指示剂滴定法（《水和废水监测分析方法》第四版增补版）

一、判断题

1. 根据《水和废水监测分析方法》（第四版增补版）可知，用标准酸滴定水中碱度是各种方法的基础，常用的方法有酸碱指示剂滴定法和电位滴定法。（ ）

答案：√

2. 采用《水和废水监测分析方法》（第四版增补版）中酸碱指示剂滴定法测定碱度时，水样浑浊会干扰测定，水样有色不会干扰测定。（ ）

答案：×

正确答案：水样浑浊、有色均会干扰测定。

3. 采用《水和废水监测分析方法》（第四版增补版）中酸碱指示剂滴定法测定碱度时，若水样中含有游离二氧化碳，则不存在碳酸盐，可直接以甲基橙作指示剂进行滴定。（ ）

答案：√

4. 采用《水和废水监测分析方法》（第四版增补版）中酸碱指示剂滴定法测定碱度时，样品采集后应在 4℃保存，样品应在采集后 48 h 内进行分析。（ ）

答案：×

正确答案：样品应于采集后的当天进行分析。

5. 采用《水和废水监测分析方法》（第四版增补版）中酸碱指示剂滴定法测定碱度时，可以确定污水中碳酸盐和重碳酸盐的组分含量。（ ）

答案：×

正确答案：本方法不适用于污水及复杂体系中碳酸盐和重碳酸盐的计算。

二、单项选择题

1. 采用《水和废水监测分析方法》（第四版增补版）中酸碱指示剂滴定法测定碱度时，水样

用标准酸溶液滴定至规定的 pH，当滴定至酚酞指示剂由红色变为无色时，溶液的 pH 为________。（　　）

A．7.0　　B．7.5　　C．8.1　　D．8.3

答案：D

2. 采用《水和废水监测分析方法》（第四版增补版）中酸碱指示剂滴定法测定碱度时，水样中含有________物质时不会干扰碱度的测定。（　　）

A．余氯　　B．氯化钠　　C．硝酸银　　D．硫酸亚铁

答案：B

3. 采用《水和废水监测分析方法》（第四版增补版）中酸碱指示剂滴定法测定碱度时，水样中的余氯可破坏指示剂，可加入________溶液消除。（　　）

A．硫代硫酸钠　　B．亚硫酸钠　　C．硫酸钠　　D．硫酸氢钠

答案：A

4. 采用《水和废水监测分析方法》（第四版增补版）中酸碱指示剂滴定法测定碱度时，下列说法错误的是________。（　　）

A．碱度指标常用于评价水体的缓冲能力

B．水的碱度是指水中所含能与强酸定量作用的物质总量

C．可直接用去离子水制备标准溶液

D．当滴定至甲基橙指示剂由橘黄色变成橘红色时，溶液的 pH 为 4.4～4.5

答案：C

5. 采用《水和废水监测分析方法》（第四版增补版）中酸碱指示剂滴定法测定碱度时，如果样品有浑浊，应________。（　　）

A．直接用酸碱指示剂滴定法测定　　B．用电位滴定法测定

C．过滤后，用酸碱指示剂滴定法测定　　D．稀释后，用酸碱指示剂滴定法测定

答案：B

三、问答题

1. 采用《水和废水监测分析方法》（第四版增补版）中酸碱指示剂滴定法测定碱度时，有哪些注意事项？

答案：（1）若水样中含有游离二氧化碳，则不存在碳酸盐，可直接以甲基橙作指示剂进行滴定；

（2）当水样中总碱度小于 20 mg/L 时，可改用 0.01 mol/L 盐酸标准溶液滴定，或改用 10 ml 容量的微量滴定管，以提高测定精度。

2. 采用《水和废水监测分析方法》（第四版增补版）中酸碱指示剂滴定法测定水样中的碱度时，有哪些干扰因素？

答案：（1）水样浑浊、有色均干扰测定；

（2）能使指示剂褪色的氧化还原性物质也干扰测定，如含有三价铁和二价铁、锰、铝等可氧化或易水解的离子；

（3）水样中的余氯、溶解气体（如 CO_2、H_2S、NH_3）等。

四、计算题

采用《水和废水监测分析方法》（第四版增补版）中酸碱指示剂滴定法测定水样中的碱度时，水样体积为 100.0 ml，盐酸标准溶液的浓度为 0.027 mol/L，以酚酞作指示剂时，滴定至颜色变化所消耗盐酸标准溶液的量为 30.5 ml，以甲基橙作指示剂时盐酸标准溶液用量为 20.9 ml，试求水样中的总碱度含量。

答案： 总碱度（以 CaO 计，mg/L）$= \dfrac{C(P+M)\times 28.04}{V}\times 1\,000$

$$= \frac{0.027\times(30.5+20.9)\times 28.04}{100.0}\times 1\,000$$

$$=389\ (\text{mg/L})$$

水样中的总碱度含量为 389 mg/L。

参考文献

国家环境保护总局《水和废水监测分析方法》编委会. 水和废水监测分析方法：第四版增补版［M］. 北京：中国环境科学出版社，2002.

命题：柴　悦
审核：赵　静

第三十三节　水质　高锰酸盐指数的测定（GB 11892—89）

一、判断题

1. 根据《水质　高锰酸盐指数的测定》（GB 11892—89）的规定，高锰酸盐指数是指在酸性或碱性介质中，以高锰酸钾为氧化剂，处理水样时所消耗的量，以氧的 mg/L 来表示。（　　）

答案： √

2. 根据《水质　高锰酸盐指数的测定》（GB 11892—89）的规定，高锰酸盐指数常被作为地表水体受有机污染物和还原性无机物质污染程度的综合指标。（　　）

答案： √

3.《水质　高锰酸盐指数的测定》（GB 11892—89）适用于饮用水、水源水和地面水的测定。（　　）

答案： √

4.《水质　高锰酸盐指数的测定》（GB 11892—89）适用于测定工业废水中有机污染的负荷量。（　　）

答案： ×

正确答案：《水质　高锰酸盐指数的测定》（GB 11892—89）不适用于测定工业废水中有机污

染的负荷量，如需测定，可用重铬酸钾法测定化学需氧量。

5. 根据《水质 高锰酸盐指数的测定》（GB 11892—89）的规定，高锰酸盐指数可以作为理论需氧量或总有机物含量的指标。（ ）

答案：×

正确答案：根据《水质 高锰酸盐指数的测定》（GB 11892—89）的规定，高锰酸盐指数不能作为理论需氧量或总有机物含量的指标。因为在规定的条件下，许多有机物只能部分地被氧化，易挥发的有机物也不包含在测定值之内。

6. 根据《水质 高锰酸盐指数的测定》（GB 11892—89）的规定，水样采集后，应加入硫酸使pH调至<2，以抑制微生物活动。（ ）

答案：√

7. 根据《水质 高锰酸盐指数的测定》（GB 11892—89）的规定，水样采集后，样品应尽快分析，并在48 h内测定。（ ）

答案：√

8. 根据《水质 高锰酸盐指数的测定》（GB 11892—89）的规定，在酸性条件下，草酸钠和高锰酸钾的反应温度应保持在60～80℃。（ ）

答案：√

9. 根据《水质 高锰酸盐指数的测定》（GB 11892—89）的规定，在酸性条件下，滴定操作可以不必趁热进行。（ ）

答案：×

正确答案：根据《水质 高锰酸盐指数的测定》（GB 11892—89）的规定，在酸性条件下，滴定操作必须趁热进行，若溶液温度过低，需适当加热。

10. 根据《水质 高锰酸盐指数的测定》（GB 11892—89）的规定，如样品保存时间超过6 h，则需置暗处，0～5℃下保存，不得超过2 d。（ ）

答案：√

二、单项选择题

1. 根据《水质 高锰酸盐指数的测定》（GB 11892—89）测定水样高锰酸盐指数时，对于浓度高的水样需进行稀释，稀释倍数以加热氧化后残留的高锰酸钾溶液为其加入量的________为宜。（ ）

A．1/3～1/2　　B．1/3～2/3　　C．1/3～3/4　　D．1/2～2/3

答案：A

2. 根据《水质 高锰酸盐指数的测定》（GB 11892—89）的规定，样品测定范围为________mg/L。（ ）

A．1～2.5　　B．3～4.5　　C．0.5～4.5　　D．0.5～10

答案：C

3. 根据《水质 高锰酸盐指数的测定》（GB 11892—89）的规定，沸水浴的液面要________锥形瓶内的液面。（ ）

A．低于　　B．高于　　C．等于　　D．都可以

答案：B

4. 根据《水质　高锰酸盐指数的测定》（GB 11892—89）的规定，酸性法适用于氯离子含量不超过________mg/L 的水样。（　　）

A．50　　B．100　　C．300　　D．500

答案：C

5. 根据《水质　高锰酸盐指数的测定》（GB 11892—89）的规定，高锰酸盐指数是一个相对的条件性指标，其测定结果与________无关。（　　）

A．高锰酸盐浓度　　B．加热温度　　C．加热时间　　D．实验室温度

答案：D

6. 根据《水质　高锰酸盐指数的测定》（GB 11892—89）测定水样的高锰酸盐指数时，水中的还原性无机物和在此条件下可被氧化的有机物均可消耗高锰酸钾。________不属于此类物质。（　　）

A．亚硝酸盐　　B．亚铁盐　　C．硫化物　　D．氰化物

答案：D

7. 根据《水质　高锰酸盐指数的测定》（GB 11892—89）测定水样高锰酸盐指数时，在沸水浴加热完毕后，溶液仍应保持微红色，若变浅或全部褪去，接下来的操作是________。（　　）

A．加入浓度为 0.01 mol/L 的高锰酸钾溶液　　B．继续加热 30 min

C．将水样稀释或增加稀释倍数后重测　　D．加入（1+3）硫酸

答案：C

8. 根据《水质　高锰酸盐指数的测定》（GB 11892—89）测定水样高锰酸盐指数时，加入高锰酸钾溶液，摇匀，立即放入沸水浴中加热________min（从水浴重新沸腾起计时）。（　　）

A．10　　B．20　　C．30　　D．60

答案：C

9. 根据《水质　高锰酸盐指数的测定》（GB 11892—89）的规定，沸水浴加热完毕后，取下锥形瓶，趁热加入 10.00 ml________mol/L 草酸钠标准溶液，摇匀。（　　）

A．0.010 0　　B．0.050 0　　C．0.100　　D．0.500

答案：A

三、问答题

1. 根据《水质高锰酸盐指数的测定》（GB 11892—89）简述酸性法测定高锰酸盐指数的原理。

答案：样品中加入已知量的高锰酸钾和硫酸，在沸水浴中加热 30 min，高锰酸钾将样品中的某些有机物和无机还原性物质氧化，反应后加入过量的草酸钠还原剩余的高锰酸钾，再用高锰酸钾标准溶液回滴过量的草酸钠。通过计算得到样品中高锰酸盐指数。

2. 根据《水质高锰酸盐指数的测定》（GB 11892—89）测定水中高锰酸盐指数时，水样采集后，为什么用硫酸酸化至 pH＜2 而不能用硝酸或盐酸酸化？

答案：（1）因为硝酸为氧化性酸，能使水中被测物氧化；

（2）而盐酸中的 Cl^- 具有还原性，也能与高锰酸钾反应，故通常用硫酸酸化，稀硫酸一般不具有氧化还原性。

四、计算题

1. 根据《水质　高锰酸盐指数的测定》（GB 11892—89）测定某水样的高锰酸盐指数时，取 50 ml 水样，用蒸馏水稀释至 100 ml，回滴时用去高锰酸钾溶液 4.32 ml，测定 100 ml 蒸馏水消耗高锰酸钾溶液总量为 0.30 ml。已知草酸钠溶液浓度 C（1/2 $Na_2C_2O_4$）=0.010 0 mol/L，标定高锰酸钾溶液时，高锰酸钾溶液的消耗量为 10.24 ml，试求水样中高锰酸盐指数值。

答案：

$$\text{高锰酸盐指数}\left(O_2,\ mg/L\right)=\frac{\left\{\left[(10+V_1)\frac{10}{V_2}-10\right]-\left[(10+V_0)\frac{10}{V_2}-10\right]\times f\right\}\times C\times 8\times 1\,000}{V_3}$$

$$=\frac{\left\{\left[(10+4.32)\frac{10}{10.24}-10\right]-\left[(10+0.30)\frac{10}{10.24}-10\right]\times\frac{(100-50)}{100}\times 0.010\,0\times 8\times 1\,000\right\}}{50}$$

=6.3（mg/L）

水样中高锰酸盐指数值为 6.3 mg/L。

2. 根据《水质　高锰酸盐指数的测定》（GB 11892—89）欲配制浓度 C（1/5$KMnO_4$）约为 0.1 mol/L 的高锰酸钾溶液 1 000 ml，应称取优级纯高锰酸钾多少克？（$KMnO_4$ 分子量：157.9）

答案：X=0.1 ×（157.9 × 1/5）=3.2（g）

应称取优级纯高锰酸钾 3.2 g。

3. 根据《水质　高锰酸盐指数的测定》（GB 11892—89）测定水中高锰酸盐指数时，欲配制 C（1/2$Na_2C_2O_4$）=0.100 0 mol/L 草酸钠标准溶液 100 ml，要称取经 120℃烘干 2 h 并冷却的优级纯草酸钠多少克？（草酸钠分子量：134.10）

答案：$X=0.100\,0\times(134.10\times 1/2)\times\frac{100}{1\,000}=0.670\,5$（g）

应称取优级纯草酸钠 0.670 5 g。

参考文献

［1］国家环境保护局．水质　高锰酸盐指数的测定：GB/T 11892—89［S］．北京：中国标准出版社，1989.

［2］国家环境保护总局《水和废水监测分析方法》编委会．水和废水监测分析方法：第四版增补版［M］．北京：中国环境科学出版社，2002.

［3］中国环境监测总站《环境监测人员持证上岗考核试题集》编写组．环境监测人员持证上岗考核试题集：上册．4 版［M］．北京：中国环境出版集团，2015.

［4］《环境监测技术基础理论（参考）试题集》编写组．环境监测技术基本理论（参考）试题集［M］．北京：中国环境科学出版社，2002.

命题：王鹤扬

审核：梁　静

第三十四节 水质 化学需氧量的测定 快速消解分光光度法（HJ/T 399—2007）

一、判断题

1.《水质 化学需氧量的测定 快速消解分光光度法》（HJ/T 399—2007）适用于地表水、地下水、生活污水和工业废水中化学需氧量的测定。（ ）

答案：√

2.《水质 化学需氧量的测定 快速消解分光光度法》（HJ/T 399—2007）中规定，对未经稀释的水样，其化学需氧量测定下限为 5 mg/L，测定上限为 1 000 mg/L。（ ）

答案：×

正确答案：对未经稀释的水样，其化学需氧量测定下限为 15 mg/L，测定上限为 1 000 mg/L。

3.《水质 化学需氧量的测定 快速消解分光光度法》（HJ/T 399—2007）中规定，硫酸汞属于剧毒化学品。（ ）

答案：√

4.《水质 化学需氧量的测定 快速消解分光光度法》（HJ/T 399—2007）中规定，硫酸具有较强的化学腐蚀性，若含硫酸溶液溅出，应立即用氢氧化钠溶液中和除去。（ ）

答案：×

正确答案：硫酸具有较强的化学腐蚀性，若含硫酸溶液溅出，应立即用大量清水清洗。

5.《水质 化学需氧量的测定 快速消解分光光度法》（HJ/T 399—2007）中规定，采集好的水样不能在 24 h 内测定，加入硫酸调节水样 pH≤2。在 0～4℃下保存，一般可保存 7 d。（ ）

答案：√

6.《水质 化学需氧量的测定 快速消解分光光度法》（HJ/T 399—2007）中规定，当样品测定范围为 100～1 000 mg/L，测定波长选择 440 nm。（ ）

答案：×

正确答案：当样品测定范围为 100～1 000 mg/L，测定波长选择 600±20 nm。

7.《水质 化学需氧量的测定 快速消解分光光度法》（HJ/T 399—2007）中规定，实验用水为新制备的去离子水或者蒸馏水。（ ）

答案：√

8. 根据《水质 化学需氧量的测定 快速消解分光光度法》（HJ/T 399—2007）配制硫酸溶液时，将 900 ml 水沿烧杯壁慢慢加入 100 ml 硫酸中，搅拌混匀，冷却。（ ）

答案：×

正确答案：配制硫酸溶液时，将 100 ml 硫酸沿烧杯壁慢慢加入 900 ml 水中，搅拌混匀，冷却。

9.《水质 化学需氧量的测定 快速消解分光光度法》（HJ/T 399—2007）中规定，邻苯二甲酸

氢钾应选用基准纯或者优级纯。(　　)

答案：√

10.《水质　化学需氧量的测定　快速消解分光光度法》(HJ/T 399—2007) 中规定，COD 值为 1 250 mg/L 的标准贮备液在 2～8℃下贮存，可稳定保存半年。(　　)

答案：×

正确答案：COD 值为 1 250 mg/L 的标准贮备液在 2～8℃下贮存，可稳定保存 1 个月。

11.《水质　化学需氧量的测定　快速消解分光光度法》(HJ/T 399—2007) 中规定，试样中的有机氮通常转化成铵离子，铵离子能被重铬酸钾氧化。(　　)

答案：×

正确答案：试样中的有机氮通常转化成铵离子，铵离子不能被重铬酸钾氧化。

12.《水质　化学需氧量的测定　快速消解分光光度法》(HJ/T 399—2007) 中规定，配制好的重铬酸钾标准溶液可稳定保存 6 个月。(　　)

答案：√

13.《水质　化学需氧量的测定　快速消解分光光度法》(HJ/T 399—2007) 中规定，在酸性重铬酸钾条件下，一些芳香烃类有机物、吡啶等化合物难以氧化，其氧化率较低。(　　)

答案：√

14.《水质　化学需氧量的测定　快速消解分光光度法》(HJ/T 399—2007) 中规定，消解管用于光度测定的部位不能有擦痕和粗糙。(　　)

答案：√

15.《水质　化学需氧量的测定　快速消解分光光度法》(HJ/T 399—2007) 中规定，在加热器加热时会产生局部过热现象。(　　)

答案：×

正确答案：加热器加热时不会产生局部过热现象。

二、单项选择题

1. 根据《水质　化学需氧量的测定　快速消解分光光度法》(HJ/T 399—2007) 的规定，所用消解管应由________制成，管盖应________。(　　)

A. 耐碱玻璃，耐热耐碱　　B. 耐碱玻璃，无要求

C. 耐酸玻璃，耐热耐酸　　D. 耐酸玻璃，无要求

答案：C

2. 根据《水质　化学需氧量的测定　快速消解分光光度法》(HJ/T 399—2007) 测定水中化学需氧量时，所用的掩蔽剂为________。(　　)

A. 硫酸 - 硫酸汞　　B. 硫酸 - 硫酸银

C. 硫酸铝钾 - 钼酸铵　　D. 硫酸 - 钼酸铵

答案：A

3. 根据《水质　化学需氧量的测定　快速消解分光光度法》(HJ/T 399—2007) 的规定，配制好的重铬酸钾标准溶液可稳定保存________。(　　)

A. 半年　　B. 1季度　　C. 1年　　D. 4个月

答案：A

4. 根据《水质　化学需氧量的测定　快速消解分光光度法》（HJ/T 399—2007）的规定，预装混合试剂在________条件下可保存________。（　　）

A. 避光，半年　　B. 常温，1年

C. 避光，半年　　D. 常温避光，1年

答案：D

5. 根据《水质　化学需氧量的测定　快速消解分光光度法》（HJ/T 399—2007）测定水中化学需氧量时，加入银盐的作用是________。（　　）

A. 催化剂　　B. 氧化剂　　C. 还原剂　　D. 掩蔽剂

答案：A

6.《水质　化学需氧量的测定　快速消解分光光度法》（HJ/T 399—2007）中规定，10 mol 邻苯二甲酸氢钾可以被 300 mol 重铬酸钾完全氧化，其化学需氧量相当于________mol 的氧。（　　）

A. 20　　B. 15　　C. 60　　D. 30

答案：D

7. 根据《水质　化学需氧量的测定　快速消解分光光度法》（HJ/T 399—2007）测定水中化学需氧量时，________是主要干扰成分，使测定结果________。（　　）

A. 氯离子，偏高　　B. 铵离子，偏低

C. 氯离子，偏低　　D. 铵离子，偏高

答案：A

8.《水质　化学需氧量的测定　快速消解分光光度法》（HJ/T 399—2007）中规定，首次使用的消解管可加入适量的________和________混合液清洗。（　　）

A. 硫酸溶液，重铬酸钾溶液

B. 硫酸银溶液，重铬酸钾溶液

C. 硫酸银－硫酸溶液，重铬酸钾溶液

D. 硫酸银－硫酸溶液，盐酸溶液

答案：C

9.《水质　化学需氧量的测定　快速消解分光光度法》（HJ/T 399—2007）中规定，水样保存时需加入________调节 pH≤________。（　　）

A. 硫酸，1　　B. 硫酸，2　　C. 硝酸，1　　D. 硝酸，2

答案：B

10.《水质　化学需氧量的测定　快速消解分光光度法》（HJ/T 399—2007）中规定，高量程在________波长处，以水为参比液，测定吸光度。（　　）

A. 600±20 nm　　B. 440±20 nm

C. 420±20 nm　　D. 540±20 nm

答案：A

11.《水质　化学需氧量的测定　快速消解分光光度法》（HJ/T 399—2007）中规定，若消解液

________，影响比色测定时，应用________变清后，再用光度计测定。（　　）

A. 浑浊或者有沉淀，静止

B. 浑浊或者有沉淀，离心机离心

C. 浑浊，静止

D. 沉淀，离心机离心

答案：B

12.《水质　化学需氧量的测定　快速消解分光光度法》（HJ/T 399—2007）中规定，氯离子与硫酸银形成________氯化银。（　　）

A. 白色　　B. 红褐色　　C. 浅绿色　　D. 浅黄色

答案：A

13.《水质　化学需氧量的测定　快速消解分光光度法》（HJ/T 399—2007）中规定，使用的重铬酸钾为________。（　　）

A. 化学纯　　B. 分析纯　　C. 优级纯　　D. 都可以

答案：C

14.《水质　化学需氧量的测定　快速消解分光光度法》（HJ/T 399—2007）中规定，初步判定水样 COD 浓度，选择对应量程的预装混合试剂，加入相应体积试样，在 165±2℃加热 5 min，检查管内溶液若出现________应稀释后再测定。（　　）

A. 红色　　B. 黄色　　C. 白色　　D. 绿色

答案：D

15.《水质　化学需氧量的测定　快速消解分光光度法》（HJ/T 399—2007）中规定，为保证消解反应液在消解管内有充分的加热消解和冷却回流，加热孔深度一般不低于或高于消解管内消解反应液高度________mm。（　　）

A. 1　　B. 5　　C. 15　　D. 10

答案：B

三、问答题

1. 简述《水质　化学需氧量的测定　快速消解分光光度法》（HJ/T 399—2007）方法原理。

答案：试样中加入已知量的重铬酸钾溶液，在强硫酸介质中，以硫酸银作催化剂，经高温消解后，用分光光度法测定 COD 值。

2. 根据《水质　化学需氧量的测定　快速消解分光光度法》（HJ/T 399—2007）简述配制浓度为 0.500 mol/L 的重铬酸钾标准溶液的方法。

答案：将重铬酸钾在 120±2℃下干燥至恒重后，称取 24.515 4 g 重铬酸钾置于烧杯中，加入 600 ml 水，搅拌下缓慢加入 100 ml 硫酸，溶解冷却后，转移此溶液到 1 000 ml 容量瓶中，用水稀释至刻度线，摇匀。溶液可稳定保存 6 个月。

3.《水质　化学需氧量的测定　快速消解分光光度法》（HJ/T 399—2007）中规定，水中氯离子干扰如何消除？

答案：氯离子是主要干扰成分，水样中含有氯离子会使测定结果偏高，加入适量硫酸汞与氯离子形成可溶性氯化汞配合物，可减少氯离子的干扰。此外，选用低量程方法测定COD，也可减少氯离子对测定结果的影响。

四、计算题

用邻苯二甲酸氢钾配制COD值为500 mg/L的溶液1 000 ml，问需要称取邻苯二甲酸氢钾多少克？（$KHC_8H_4O_4$分子量为204.2）

答案：$2KHC_8H_4O_4+15O_2=K_2O+16CO_2+5H_2O$

（2×204.2）/（15×32）=x/500

x=425.4 mg=0.425 4 g

需称取邻苯二甲酸氢钾0.425 4 g。

参考文献

［1］环境保护部.水质　化学需氧量的测定　快速消解分光光度法：HJ/T 399—2007. 中国环境科学出版社，2007.

［2］中国环境监测总站《环境监测人员持证上岗考核试题集》编写组. 环境监测人员持证上岗考核试题集：上册.4版［M］. 北京：中国环境出版集团，2015.

命题：姚俊香

审核：吴玉敏

第三十五节　水质　化学需氧量的测定　重铬酸盐法（HJ 828—2017）

一、判断题

1.《水质　化学需氧量的测定　重铬酸盐法》（HJ 828—2017）适用于含氯化物浓度大于1 000 mg/L（稀释后）的水中化学需氧量的测定。（　　）

答案：×

正确答案：不适用含氯化物浓度大于1 000 mg/L（稀释后）的水中化学需氧量的测定。

2. 根据《水质　化学需氧量的测定　重铬酸盐法》（HJ 828—2017）测定水中化学需氧量时，使用的试亚铁灵指示液是邻菲啰啉和硫酸亚铁铵溶于水配制而成的。（　　）

答案：×

正确答案：重铬酸盐法测定水中化学需氧量时，使用的试亚铁灵指示液是邻菲啰啉和硫酸亚铁溶于水配制而成的。

3. 根据《水质　化学需氧量的测定　重铬酸盐法》（HJ 828—2017）的规定，硫酸亚铁铵标准

溶液临用前需要用重铬酸钾标准溶液标定。(　　)

答案：√

4. 根据《水质　化学需氧量的测定　重铬酸盐法》(HJ 828—2017)测定水样的化学需氧量时，主要干扰物为氯化物，可加入硫酸汞溶液除去。(　　)

答案：√

5. 根据《水质　化学需氧量的测定　重铬酸盐法》(HJ 828—2017)的规定，加入保存剂于4℃下保存的水样，最多能保存一周。(　　)

答案：×

正确答案：采集的水样如不能立即分析时，应加入硫酸至pH小于2，置于4℃下保存，保存时间不超过5 d。

6. 根据《水质　化学需氧量的测定　重铬酸盐法》(HJ 828—2017)测定水样的化学需氧量时，无机还原性物质如亚硝酸盐、硫化物和二价铁盐等将使测定结果增大，其需氧量也是COD_{Cr}的一部分。(　　)

答案：√

7. 根据《水质　化学需氧量的测定　重铬酸盐法》(HJ 828—2017)测定水样的化学需氧量时，使用的硫酸(H_2SO_4)为化学纯试剂。(　　)

答案：×

正确答案：使用的硫酸(H_2SO_4)为优级纯。

8. 根据《水质　化学需氧量的测定　重铬酸盐法》(HJ 828—2017)的规定，硫酸汞为剧毒，实验人员应避免与其直接接触。(　　)

答案：√

9. 根据《水质　化学需氧量的测定　重铬酸盐法》(HJ 828—2017)测定COD_{Cr}浓度≤50 mg/L的样品时，依次加入硫酸汞溶液、浓度为0.250 mg/L的重铬酸钾标准溶液5.00 ml和几颗防爆沸玻璃珠，摇匀。(　　)

答案：×

正确答案：测定COD_{Cr}浓度≤50 mg/L的样品，依次加入硫酸汞溶液、浓度为0.025 0 mg/L的重铬酸钾标准溶液5.00 ml和几颗防爆沸玻璃珠，摇匀。

10. 根据《水质　化学需氧量的测定　重铬酸盐法》(HJ 828—2017)测定COD_{Cr}时，每批样品应至少做两个空白试验。(　　)

答案：√

11.《水质　化学需氧量的测定　重铬酸盐法》(HJ 828—2017)适用于地表水、生活污水和工业废水中化学需氧量的测定。(　　)

答案：√

12. 根据《水质　化学需氧量的测定　重铬酸盐法》(HJ 828—2017)测定化学需氧量时，未经稀释的水样测定上限为1 000 mg/L，超过此限需稀释后测定。(　　)

答案：×

正确答案：未经稀释的水样测定上限为700 mg/L，超过此限需稀释后测定。

13. 根据《水质 化学需氧量的测定 重铬酸盐法》（HJ 828—2017）测定化学需氧量时，采集的水样置于玻璃瓶中且不少于 100 ml。（ ）

答案：√

14. 根据《水质 化学需氧量的测定 重铬酸盐法》（HJ 828—2017）的规定，空白试验中硫酸银－硫酸溶液和硫酸汞溶液应该与样品中的用量不一致。（ ）

答案：×

正确答案：空白试验中硫酸银－硫酸溶液和硫酸汞溶液应该与样品中的用量尽量保持一致。

15. 根据《水质 化学需氧量的测定 重铬酸盐法》（HJ 828—2017）的规定，化学需氧量的测定结果小于 100 mg/L 时应保留至整数位。（ ）

答案：√

二、单项选择题

1. 根据《水质 化学需氧量的测定 重铬酸盐法》（HJ 828—2017）测量化学需氧量时，水样采集后应尽快分析，如不能立即分析，加入________至 pH<2。（ ）

A．盐酸 B．硫酸 C．硝酸 D．醋酸

答案：B

2. 根据《水质 化学需氧量的测定 重铬酸盐法》（HJ 828—2017）测量水样的化学需氧量时，用重铬酸钾标准溶液标定硫酸亚铁铵溶液的浓度，终点的颜色为________色。（ ）

A．黄 B．浅绿 C．蓝绿 D．红褐

答案：D

3. 根据《水质 化学需氧量的测定 重铬酸盐法》（HJ 828—2017）测定 COD_{Cr} 浓度 >50 mg/L 的样品时，依次加入硫酸汞溶液、浓度为________的重铬酸钾标准溶液 5.00 ml 和几颗防爆沸玻璃珠，摇匀。（ ）

A．0.250 mg/L B．0.025 0 mg/L C．0.012 5 mg/L D．1.000 mg/L

答案：A

4. 根据《水质 化学需氧量的测定 重铬酸盐法》（HJ 828—2017）测定 COD_{Cr} 时，每批样品应做________的平行样。若样品数少于 10 个，应至少做 1 个平行样。平行样的相对偏差不超过________。（ ）

A．10%，±20% B．20%，±20% C．10%，±10% D．20%，±10%

答案：C

5. 根据《水质 化学需氧量的测定 重铬酸盐法》（HJ 828—2017）的规定，适量重铬钾在____________烘箱中干燥至恒重。（ ）

A．150℃ B．100℃ C．105℃ D．120℃

答案：C

6. 根据《水质 化学需氧量的测定 重铬酸盐法》（HJ 828—2017）的规定，化学需氧量测定结果大于或等于 100 mg/L，应保留________有效数字。（ ）

A．小数点后 1 位 B．4 位 C．小数点后 2 位 D．3 位

答案： D

7. 根据《水质　化学需氧量的测定　重铬酸盐法》（HJ 828—2017）的规定，硝酸银浓度比较高，滴定操作一般会过量，测定的氯离子结果________理论浓度，由此会增加测定中硫酸汞的用量，但其对 COD_{Cr} 的测定无不利影响。（　　）

A. 小于　　B. 等于　　C. 大于　　D. 不小于

答案： C

8. 根据《水质　化学需氧量的测定　重铬酸盐法》（HJ 828—2017）测定水中化学需氧量时，以________为指示剂。（　　）

A. 硫酸亚铁　　B. 葡萄糖　　C. 重铬酸钾　　D. 试亚铁灵

答案： D

9. 根据《水质　化学需氧量的测定　重铬酸盐法》（HJ 828—2017）的规定，试亚铁灵指示剂的加入量________临界点，但应该尽量________。（　　）

A. 影响，不一致　　B. 不影响，一致　　C. 影响，一致　　D. 不影响，不一致

答案： B

10. 根据《水质　化学需氧量的测定　重铬酸盐法》（HJ 828—2017）测定水中化学需氧量时，加入硫酸银的作用是________。（　　）

A. 催化剂　　B. 氧化剂　　C. 还原剂　　D. 掩蔽剂

答案： A

11. 根据《水质　化学需氧量的测定　重铬酸盐法》（HJ 828—2017）测定每批次样品时，应分析________有证标准样品或质控样品。（　　）

A. 3 个　　B. 0 个　　C. 2 个　　D. 1 个

答案： D

12. 根据《水质　化学需氧量的测定　重铬酸盐法》（HJ 828—2017）的规定，实验室产生的废液，应________，委托________集中处理。（　　）

A. 直接倾倒，有资质单位　　B. 统一收集，有资质单位

C. 统一收集，任一单位　　D. 直接倾倒，任一单位

答案： B

13. 根据《水质　化学需氧量的测定　重铬酸盐法》（HJ 828—2017）测量化学需氧量时，无机还原性物质（如亚硝酸盐、硫化物和二价铁盐等）将使测量结果________，其需氧量________ COD_{Cr} 的一部分。（　　）

A. 增大，不是　　B. 减小，不是　　C. 减小，是　　D. 增大，是

答案： D

14. 根据《水质　化学需氧量的测定　重铬酸盐法》（HJ 828—2017）的规定，当样品浓度低时，取样体积可适当________，其他试剂量也________。（　　）

A. 增加，一定比例增加　　B. 增加，增加

C. 增加，按比例增加　　D. 增加，减少

答案： C

三、问答题

1. 简述根据《水质　化学需氧量的测定　重铬酸盐法》（HJ 828—2017）测定水中化学需氧量的适用范围。

答案：（1）本标准适用于地表水、生活污水和工业废水中化学需氧量的测定；

（2）本标准不适用于含氯化物浓度大于 1 000 mg/L（稀释后）的水中化学需氧量的测定。

2. 简述根据《水质　化学需氧量的测定　重铬酸盐法》（HJ 828—2017）测定水中化学需氧量的原理。

答案：在水样中加入已知量的重铬酸钾溶液，并在强酸介质下以银盐作催化剂，经沸腾回流后，以试亚铁灵为指示剂，用硫酸亚铁铵滴定水样中未被还原的重铬酸钾，由消耗的重铬酸钾的量计算出消耗氧的质量浓度。

四、计算题

取 10.00 ml 水样加入浓度为 0.025 0 mol/L 的重铬酸钾标准溶液 5.00 ml，回流 2 h 后，加入 45 ml 水冲洗冷凝管，使溶液体积在 70 ml 左右，冷却后用浓度为 0.005 mol/L 的硫酸亚铁铵标准溶液滴定。已知空白消耗硫酸亚铁铵标准溶液 22.35 ml，水样消耗硫酸亚铁铵标准溶液 14.10 ml，计算水样中 COD_{Cr} 的含量，并按有效数字规则修约到应有的位数。

答案：

$$\text{COD}\ (O_2,\ \text{mg/L}) = \frac{(V_0 - V_1)\times C\times 8\,000\times f}{V_2} = \frac{(22.35-14.10)\times 0.005\times 8\,000\times 1}{10.00} = 33\ (\text{mg/L})$$

水样中 COD_{Cr} 的含量为 33 mg/L。

参考文献

环境保护部．水质　化学需氧量的测定　重铬酸盐法：HJ 828—2017［S］．中国环境出版集团，2017.

命题：姚俊香

审核：吴玉敏

第三十六节　水质　氨氮的测定　纳氏试剂分光光度法（HJ 535—2009）

一、判断题

1. 根据《水质　氨氮的测定　纳氏试剂分光光度法》（HJ 535—2009）的规定，以游离态的氨离子或铵离子等形式存在的氨氮与纳氏试剂反应生成淡红棕色络合物，该络合物吸光度与氨氮含量成正比，于波长 420 nm 处测量吸光度。(　　)

答案：√

2. 根据《水质　氨氮的测定　纳氏试剂分光光度法》（HJ 535—2009）的规定，若样品中存在余氯，可加入适量的硫酸钠溶液去除，用淀粉－碘化钾试纸检验余氯是否除尽。(　　)

答案：×

正确答案：若样品中存在余氯，可加入适量的硫代硫酸钠溶液去除，用淀粉－碘化钾试纸检验余氯是否除尽。

3. 根据《水质　氨氮的测定　纳氏试剂分光光度法》（HJ 535—2009）进行氨氮测定时，当水样体积为 50 ml，使用 20 mm 比色皿时，本方法的检出限为 0.025 mg/L，测定下限为 0.10 mg/L，测定上限为 2.0 mg/L。(　　)

答案：√

4. 根据《水质　氨氮的测定　纳氏试剂分光光度法》（HJ 535—2009）进行氨氮测定时，水样采集后，应储存在聚乙烯瓶或玻璃瓶内，要尽快分析。(　　)

答案：√

5. 根据《水质　氨氮的测定　纳氏试剂分光光度法》（HJ 535—2009）进行氨氮测定时，在水中存在的游离氨（NH_3）和铵盐（NH_4^+）的组成比应取决于水的 pH。当 pH 偏低时，游离氨的比例较高；反之，则铵盐的比例高。(　　)

答案：×

正确答案：水中存在的游离氨（NH_3）和铵盐（NH_4^+）的组成比取决于水的 pH。当 pH 偏高时，游离氨的比例较高；反之，则铵盐的比例高。

6. 根据《水质　氨氮的测定　纳氏试剂分光光度法》（HJ 535—2009）的规定，水中氨氮是指以游离氨或有机氨化合物形式存在的氮。(　　)

答案：×

正确答案：水中氨氮是指以游离态的氨离子或铵离子形式存在的氮。

7. 根据《水质　氨氮的测定　纳氏试剂分光光度法》（HJ 535—2009）的规定，水样中含有悬浮物、余氯、钙镁等金属离子、硫化物和有机物时会产生干扰，含有此类物质时要做适当处理，以消除对测定的影响。(　　)

答案：√

8. 根据《水质　氨氮的测定　纳氏试剂分光光度法》（HJ 535—2009）测定氨氮时，当水样的浓度超过测定上限时，可适量少取水样，重新显色。(　　)

答案：√

9. 根据《水质　氨氮的测定　纳氏试剂分光光度法》（HJ 535—2009）配制纳氏试剂时，在搅拌下将二氯化汞分次少量地加入到碘化钾溶液中，应加至出现少量朱红色沉淀不再溶解时为止。(　　)

答案：√

10. 根据《水质　氨氮的测定　纳氏试剂分光光度法》（HJ 535—2009）测定氨氮时，铵离子与

纳氏试剂是在碱性条件反应生成络合物。(　　)

答案：√

11. 根据《水质　氨氮的测定　纳氏试剂分光光度法》(HJ 535—2009)进行氨氮测定时，取经预处理的水样有悬浮物或色度干扰 50 ml(若水样中氨氮质量浓度超过 2 mg/L，可适当少取水样体积)，按与校准曲线相同的步骤测量吸光度。(　　)

答案：√

12. 根据《水质　氨氮的测定　纳氏试剂分光光度法》(HJ 535—2009)的规定，为了保证数值的准确度，试剂空白的吸光度应不超过 0.020(10 mm 比色皿)。(　　)

答案：×

正确答案：试剂空白的吸光度应不超过 0.030(10 mm 比色皿)。

13. 根据《水质　氨氮的测定　纳氏试剂分光光度法》(HJ 535—2009)进行氨氮测定时，在显色时加入适量的酒石酸钾钠溶液，可消除钙、镁等金属离子的干扰。若水样浑浊或有颜色时可用预蒸馏法或絮凝沉淀法处理。(　　)

答案：√

14. 根据《水质　氨氮的测定　纳氏试剂分光光度法》(HJ 535—2009)的规定分析纯酒石酸钾钠铵盐含量较高时，仅加热煮沸或加纳氏试剂沉淀可以完全除去氨(　　)。

答案：×

正确答案：酒石酸钾钠试剂中铵盐含量较高时，仅加热煮沸或加纳氏试剂沉淀不能完全除去氨。此时采用加入少量氢氧化钠溶液，煮沸蒸发掉溶液体积的 20%～30%，冷却后用无氨水稀释至原体积。

15. 根据《水质　氨氮的测定　纳氏试剂分光光度法》(HJ 535—2009)进行氨氮测定时，样品采用絮凝沉淀预处理时，滤纸中含有一定量的可溶性铵盐，定量滤纸中含量高于定性滤纸，建议采用定性滤纸过滤，过滤前用无氨水少量多次淋洗(一般为 100 ml)。这样可减少或避免滤纸引入的测量误差。(　　)

答案：√

16. 根据《水质　氨氮的测定　纳氏试剂分光光度法》(HJ 535—2009)可知，氨氮蒸馏装置由 500 ml 凯式烧瓶、氮球、直形冷凝管和导管组成，冷凝管末端可连接一段适当长度的滴管，使出口尖端浸入吸收液液面下。亦可使用 500 ml 蒸馏烧瓶。(　　)

答案：√

17. 根据《水质　氨氮的测定　纳氏试剂分光光度法》(HJ 535—2009)的规定，水样采集在聚乙烯瓶或玻璃瓶内，要尽快分析。如需保存，应加硫酸使水样酸化至 pH<2，2～5℃下可保存 24 h。(　　)

答案：×

正确答案：水样采集在聚乙烯瓶或玻璃瓶内，要尽快分析。如需保存，应加硫酸使水样酸化至 pH<2，2～5℃下可保存 7 d。

18. 根据《水质　氨氮的测定　纳氏试剂分光光度法》(HJ 535—2009)进行氨氮测定时，若样品中存在余氯，可加入适量的硫代硫酸钠溶液去除。用淀粉－碘化钾试纸检验余氯是否除尽。(　　)

答案：√

19. 根据《水质　氨氮的测定　纳氏试剂分光光度法》（HJ 535—2009）的规定，100 ml 样品中加入 1 ml 100 g/L 硫酸锌溶液和 0.1～0.2 ml 250 g/L 氢氧化钠溶液，调节 pH 约为 10.5 混匀，放置使之沉淀，倾取上清液分析。必要时，用经水冲洗过的中速滤纸过滤，弃去初滤液 20 ml。也可对絮凝后样品离心处理。（　　）

答案：√

二、单项选择题

1. 根据《水质　氨氮的测定　纳氏试剂分光光度法》（HJ 535—2009）测定水中氨氮时，经常遇到比较复杂的水样，如水样浑浊，可于水样中加入适量________。（　　）

A. $ZnSO_4$ 和 HCl　　B. $SnCl_2$ 和 HCl

C. $SnCl_2$ 和 NaOH 溶液　　D. $ZnSO_4$ 和 NaOH 溶液

答案：D

2. 根据《水质　氨氮的测定　纳氏试剂分光光度法》（HJ 535—2009）测定水中氨氮时，在显色前加入酒石酸钾钠的作用是________。（　　）

A. 消除金属离子的干扰使显色完全　　B. 调节水样的 pH

C. 使显色更加快速　　D. 消除微生物对水样的干扰

答案：A

3. 根据《水质　氨氮的测定　纳氏试剂分光光度法》（HJ 535—2009）配制纳氏试剂时，进行如下操作，在搅拌下，将二氯化汞溶液分次少量地加入碘化钾溶液中，直至________。（　　）

A. 产生蓝色沉淀为止

B. 溶液变红为止

C. 将配好的氯化汞溶液加完为止

D. 少量朱红色沉淀不再溶解时为止

答案：D

4. 根据《水质　氨氮的测定　纳氏试剂分光光度法》（HJ 535—2009）配制二氯化汞－碘化钾－氢氧化钾（$HgCl_2$-KI-KOH）溶液时，称取________氢氧化钾（KOH），溶于 50 ml 水中，冷却至室温。（　　）

A. 15.0 g　　B. 20.0 g　　C. 10.0 g　　D. 30.0 g

答案：A

5. 根据《水质　氨氮的测定　纳氏试剂分光光度法》（HJ 535—2009）测试水中氨氮时，水样采集在________内，要尽快分析。如需保存，应加硫酸使水样酸化至________，2～5℃下可保存 7 d。（　　）

A. 聚乙烯瓶或玻璃瓶，pH＜2　　B. 聚乙烯瓶或玻璃瓶，pH＜3

C. 聚四氟乙烯瓶，pH＜2　　D. 聚四氟乙烯瓶，pH＜3

答案：A

6. 根据《水质　氨氮的测定　纳氏试剂分光光度法》（HJ 535—2009）在进行蒸馏过程中，某些有机物很可能与氨同时馏出，对测定有干扰，其中有些物质（如甲醛）可以在酸性条件________

下煮沸除去。(　　)

A. pH<1　　B. pH<2　　C. pH<3　　D. pH<4

答案：A

7. 根据《水质　氨氮的测定　纳氏试剂分光光度法》(HJ 535—2009)进行蒸馏器的清洗时，向蒸馏烧瓶中加入________水，加数粒玻璃珠，装好仪器，蒸馏到至少收集了________水，将馏出液及瓶内残留液弃去。(　　)

A. 250 ml，100 ml　　B. 350 ml，100 ml　　C. 150 ml，150 ml　　D. 200 ml，100 ml

答案：B

三、问答题

1. 简述《水质　氨氮的测定　纳氏试剂分光光度法》(HJ 535—2009)的适用范围。

答案：本标准适用于地表水、地下水、生活污水和工业废水中氨氮的测定。

2. 根据《水质　氨氮的测定　纳氏试剂分光光度法》(HJ 535—2009)制备无氨水的方法有几种？怎样制备？

答案：(1)制备无氨水有两种方法：离子交换法和蒸馏法。

(2)离子交换法：蒸馏水通过一个强酸性阳离子交换树脂(氢型)柱，将流出液收集在带有磨口玻璃塞的玻璃瓶内。每升流出液中加入 10 g 同类树脂，以利保存。

(3)蒸馏法：在 1 000 ml 蒸馏水中，加入 0.1 ml 硫酸(ρ = 1.84 g/ml)，在全玻璃蒸馏器中重蒸馏；弃去前 50 ml 馏出液，然后将约 800 ml 馏出液收集在带有磨口玻璃塞的玻璃瓶内。每升收集的馏出液加入 10 g 强酸性阳离子交换树脂(氢型)。

四、计算题

根据《水质　氨氮的测定　纳氏试剂分光光度法》(HJ 535—2009)测定某水样中氨氮时，取 10.0 ml 水样于 50 ml 比色管中，加水至标线，加 1.0 ml 酒石酸钾钠溶液和 1.5 ml 纳氏试剂。比色测定，从校准曲线上查得对应的氨氮量为 0.016 0 mg。试求水样中氨氮的含量(mg/L)。

答案：氨氮(N，mg/L)=0.016 0/10.0×1 000

=1.60(mg/L)

参考文献

[1] 环境保护部.水质　氨氮的测定　纳氏试剂分光光度法：HJ 535—2009 [S].北京：环境科学出版社，2009.

[2] 中国环境监测总站《环境监测人员持证上岗考核试题集》编写组. 环境监测人员持证上岗考核试题集：上册.4 版 [M].北京：中国环境出版集团，2015.

命题：胡　楠

审核：孙　烁

第三十七节 水质 氨氮的测定 连续流动－水杨酸分光光度法（HJ 665—2013）

一、判断题

1. 根据《水质 氨氮的测定 连续流动－水杨酸分光光度法》（HJ 665—2013）进行水中氨氮测定时，试剂和环境温度影响分析结果，冰箱贮存的试剂需放置到室温后再分析，分析过程波动不超过 ±5℃。（ ）

答案：√

2. 根据《水质 氨氮的测定 连续流动－水杨酸分光光度法》（HJ 665—2013）测定水中氨氮时，为减小基线噪音，试剂应保持澄清，必要时试剂应过滤；分析完毕后，应及时将流动检测池中的滤光片取下放入干燥器中，防尘防湿。（ ）

答案：√

3. 根据《水质 氨氮的测定 连续流动－水杨酸分光光度法》（HJ 665—2013）测定水中氨氮时，需注意流路的清洁，每天分析完毕后所有流路需用纯水清洗 30 min。每周用清洗溶液冲洗 30 min，再用纯水冲洗 15 min。（ ）

答案：√

4. 根据《水质 氨氮的测定 连续流动－水杨酸分光光度法》（HJ 665—2013）测定水中氨氮时，当同批分析的样品浓度波动大时，可在样品与样品之间插入空白当试样分析，以减小高浓度样品对低浓度样品的影响。（ ）

答案：√

5. 根据《水质 氨氮的测定 连续流动－水杨酸分光光度法》（HJ 665—2013）测定水中氨氮时，每批样品应至少测定 10% 的平行双样，样品数量少于 10 个时，应至少测定 1 个平行双样。（ ）

答案：√

6. 根据《水质 氨氮的测定 连续流动－水杨酸分光光度法》（HJ 665—2013）测定水中氨氮浓度为 0.10～1.0 mg/L 时，平行样的允许相对偏差应≤25%。（ ）

答案：×

正确答案：当氨氮浓度为 0.10～1.0 mg/L 时，平行样的允许相对偏差应≤15%。

7.《水质 氨氮的测定 连续流动－水杨酸分光光度法》（HJ 665—2013）中连续流动分析仪的工作原理是试样与试剂在蠕动泵的推动下进入化学反应模块，在密闭的管路中连续流动，被气泡按一定间隔规律地隔开，并按特定的顺序和比例混合、反应，显色完全后进入流动检测池进行光度检测。（ ）

答案：√

8. 根据《水质 氨氮的测定 连续流动－水杨酸分光光度法》（HJ 665—2013）测定水中氨氮

时，每批样品须至少测定 2 个空白样品，空白值不得超过方法检出限。否则应查明原因，重新分析直至合格之后才能测定样品。(　　)

答案：√

9. 根据《水质　氨氮的测定　连续流动－水杨酸分光光度法》(HJ 665—2013)测定水中氨氮时，当测定结果小于 1.00 mg/L 时，结果保留到小数点后 2 位；大于等于 1.00 mg/L 时，结果保留 2 位有效数字。(　　)

答案：×

正确答案：当测定结果小于 1.00 mg/L 时，结果保留到小数点后 2 位；大于等于 1.00 mg/L 时，结果保留 3 位有效数字。

10. 根据《水质　氨氮的测定　连续流动－水杨酸分光光度法》(HJ 665—2013)测定水中氨氮时，连续流动分析仪由自动进样器、化学反应单元（即化学反应模块，由多通道蠕动泵、歧管、泵管、混合反应圈、加热圈等组成）、检测单元（流动检测池光程 10 mm 和 30 mm）、数据处理单元等组成。(　　)

答案：√

11. 根据《水质　氨氮的测定　连续流动－水杨酸分光光度法》(HJ 665—2013)测定水中氨氮时，当同批分析的样品浓度波动大时，可在样品与样品之间插入空白当试样分析，以减小高浓度样品对低浓度样品的影响。(　　)

答案：√

12. 根据《水质　氨氮的测定　连续流动－水杨酸分光光度法》(HJ 665—2013)测定水中氨氮时，每批样品应至少测定 10% 的加标样品，样品数量少于 10 个时，应至少测定 1 个加标样品，加标回收率应为 80%～120%。必要时，每批样品至少带 1 个已知浓度的质控样品，测试结果应在其给出的不确定度范围内。(　　)

答案：√

13. 根据《水质　氨氮的测定　连续流动－水杨酸分光光度法》(HJ 665—2013)测定水中氨氮时，每批样品应至少测定 10% 的平行双样，样品数量少于 10 个时，应至少测定 1 个平行双样。当样品的氨氮浓度为 0.02～0.10 mg/L 时，平行样的允许相对偏差应≤20%。(　　)

答案：√

14. 根据《水质　氨氮的测定　连续流动－水杨酸分光光度法》(HJ 665—2013)测定水中氨氮时，当样品的氨氮浓度为 0.10～1.0 mg/L 时，平行样的允许相对偏差应≤15%；当氨氮浓度＞1.0 mg/L 时，平行样的允许相对偏差应≤10%。(　　)

答案：√

15. 根据《水质　氨氮的测定　连续流动－水杨酸分光光度法》(HJ 665—2013)测定水中氨氮时，每分析 10 个样品需用 1 个校准曲线的中间浓度溶液进行校准核查，其测定结果的相对偏差应≤10%，否则应重新绘制校准曲线。(　　)

答案：×

正确答案：每分析 10 个样品需用 1 个校准曲线的中间浓度溶液进行校准核查，其测定结果的相对偏差应≤5%，否则应重新绘制校准曲线。

16. 根据《水质　氨氮的测定　连续流动－水杨酸分光光度法》（HJ 665—2013）测定水中氨氮时，在碱性介质中，试料中的氨、铵离子与二氯异氰脲酸钠溶液释放出来的次氯酸根反应生成氯胺。（　　）

答案：√

17. 根据《水质　氨氮的测定　连续流动－水杨酸分光光度法》（HJ 665—2013）测定水中氨氮时，样品采集在聚乙烯瓶内，应尽快分析。若需保存，应加硫酸至 pH<3，2～5℃下密闭保存 7 d，酸化样品分析前应将 pH 调至中性。（　　）

答案：×

正确答案：样品采集在聚乙烯或玻璃瓶内，应尽快分析。若需保存，应加硫酸至 pH<2，2～5℃下密闭保存 7 d，酸化样品分析前应将 pH 调至中性。

18. 根据《水质　氨氮的测定　连续流动－水杨酸分光光度法》（HJ 665—2013）测定水中氨氮时，当样品清澈，无色度、浊度、有机物等干扰时，可直接取样分析。（　　）

答案：√

二、单项选择题

1. 根据《水质　氨氮的测定　连续流动－水杨酸分光光度法》（HJ 665—2013）测定水中氨氮时，样品中的________会形成氯胺干扰测定，可加入适量的硫代硫酸钠溶液除去。（　　）

A．余氯　　B．钙离子　　C．锰离子　　D．氢离子

答案：A

2. 根据《水质　氨氮的测定　连续流动－水杨酸分光光度法》（HJ 665—2013）测定水中氨氮时，当样品中钙离子大于________mg/L 时，会对分析产生正干扰。（　　）

A．150　　B．10　　C．10 000　　D．450

答案：A

3. 根据《水质　氨氮的测定　连续流动－水杨酸分光光度法》（HJ 665—2013）测定水中氨氮时，样品中镁离子、铁离子浓度不高于________mg/L 时，对氨氮测定无影响。（　　）

A．30　　B．200　　C．100　　D．300

答案：D

4. 根据《水质　氨氮的测定　连续流动－水杨酸分光光度法》（HJ 665—2013）测定水中氨氮时，当样品的________或者________时，应在分析前将其 pH 调至中性再进行测定。加酸保存的样品易吸收空气中的氨，影响测定结果，需注意密闭保存。（　　）

A．pH>10，pH<4　　B．pH>10，pH<3　　C．pH>9，pH<5　　D．pH>10，pH<5

答案：A

5. 环境空气中的氨有可能使基线漂移，影响空白值。可在化学单元的进气口端连接一个装有________的洗气瓶，并定期更换洗气溶液。（　　）

A．H_2SO_4 溶液　　B．HCl 溶液　　C．NaOH 溶液　　D．HNO_3 溶液

答案：A

6. 根据《水质　氨氮的测定　连续流动－水杨酸分光光度法》（HJ 665—2013）配制水杨酸钠溶液 I 时，称取 25 g 氢氧化钠溶于 800 ml 水中，加入 80 g 水杨酸钠，用水稀释至 1 000 ml，混匀。

该溶液贮存于棕色瓶中，在4℃下保存可稳定________。(　　)

A. 1 d　　B. 3 d　　C. 1个月　　D. 3个月

答案： C

7. 根据《水质　氨氮的测定　连续流动-水杨酸分光光度法》(HJ 665—2013)测定水中氨氮时，试剂和环境温度影响分析结果，冰箱贮存的试剂需放置到室温后再分析，分析过程中室温波动不超过________℃。(　　)

A. ±2　　B. ±5　　C. ±4　　D. ±10

答案： B

8. 根据《水质　氨氮的测定　连续流动-水杨酸分光光度法》(HJ 665—2013)测定水中氨氮时，注意流路的清洁，每天分析完毕后所有流路需用纯水清洗30 min。每周用________冲洗30 min，再用纯水冲洗15 min。(　　)

A. 水杨酸钠

B. 酒石酸钾钠

C. 氢氧化钠

D. 用水稀释成有效氯含量约为1.3%的次氯酸钠溶液

答案： D

9. 根据《水质　氨氮的测定　连续流动-水杨酸分光光度法》(HJ 665—2013)测定水中氨氮时，实验中选用的天平精度应满足为________g。(　　)

A. 0.000 1　　B. 0.01　　C. 0.001　　D. 0.000 01

答案： A

三、问答题

1. 根据《水质　氨氮的测定　连续流动-水杨酸分光光度法》(HJ 665—2013)分别写出试样清澈、浑浊以及含有高浓度金属离子时如何制备试样。

答案：(1)当样品清澈，无色度、浊度、有机物等干扰时，可直接取样分析。

(2)当样品浑浊，而采用直接比色模块分析时，应将样品用0.45 μm水性滤膜过滤或离心分离，取滤液或上清液上机分析。处理效果须加标回收检验。

(3)当样品含有高浓度的金属离子、带有颜色或含有一些难以消除的有机物(高分子量的化合物)时，应当采用带在线蒸馏的方法模块进行分析。若采用直接比色模块进行分析，则必须进行预蒸馏。

2. 根据《水质　氨氮的测定　连续流动-水杨酸分光光度法》(HJ 665—2013)简述样品的采集和保存方法。

答案： 样品采集在聚乙烯或玻璃瓶内，应尽快分析。若需保存，应加硫酸至pH<2，2～5℃下密闭保存7 d，酸化样品分析前应将pH调至中性。

四、计算题

采用连续流动-水杨酸分光光度法测定某水样中氨氮时，取10.0 ml水样于50 ml比色管中，加水至标线。比色测定，校准曲线上查得截距 a 为 0.005，斜率 b 为 0.006 85，此时测得信号值为 0.011。试求水样中氨氮的含量。

答案： 氨氮（N，mg/L）$=\rho=\dfrac{y-a}{b}\times f$

$$=\frac{(0.011-0.005)}{0.006\,85}\times 5$$

$$=4.38\ (\text{mg/L})$$

参考文献

[1] 环境保护部. 水质　氨氮的测定　连续流动 - 水杨酸分光光度法：HJ 665—2013 [S]. 北京：中国环境出版社，2013.

[2] 中国环境监测总站《环境监测人员持证上岗考核试题集》编写组. 环境监测人员持证上岗考核试题集：上册. 4 版 [M]. 北京：中国环境出版集团，2015.

命题：胡　楠

审核：杨　梦

第三十八节　水质　五日生化需氧量（BOD_5）的测定　稀释与接种法（HJ 505—2009）

一、判断题

1.《水质　五日生化需氧量（BOD_5）的测定　稀释与接种法》（HJ 505—2009）的方法检出限为 0.5 mg/L，方法测定下限为 1 mg/L，非稀释法和非接种法的测定上限为 6 mg/L，稀释法和稀释接种法的测定上限为 6 000 mg/L。(　　)

答案： ×

正确答案： 方法测定下限为 2 mg/L。

2. 根据《水质　五日生化需氧量（BOD_5）的测定　稀释与接种法》（HJ 505—2009）的规定，在冬天温度较低，一般采集的较洁净地表水的溶解氧往往是过饱和的，这时无需处理就可以立即进行 BOD_5 测定。(　　)

答案： ×

正确答案： 过饱和水样需经过处理后测定。

3.《水质　五日生化需氧量（BOD_5）的测定　稀释与接种法》（HJ 505—2009）中，BOD_5 的测定是基于溶解氧的测定。(　　)

答案： √

4. 根据《水质　五日生化需氧量（BOD_5）的测定　稀释与接种法》（HJ 505—2009）测定BOD_5时，对于某些天然水中溶解氧接近饱和，BOD_5小于 4 mg/L 的情况，水样必须经稀释后才能培养测定。（　　）

答案：×

正确答案：不需要稀释即可测定。

5. 根据《水质　五日生化需氧量（BOD_5）的测定　稀释与接种法》（HJ 505—2009）的规定，可用谷氨酸－葡萄糖标准溶液作为标准样品检查稀释水、接种液的质量。（　　）

答案：√

6.《水质　五日生化需氧量（BOD_5）的测定　稀释与接种法》（HJ 505—2009）适用于地表水、地下水、生活污水和工业废水中BOD_5的测定。（　　）

答案：×

正确答案：适用于地表水、生活污水和工业废水。

7. 根据《水质　五日生化需氧量（BOD_5）的测定　稀释与接种法》（HJ 505—2009）测定BOD_5时，向稀释水中加入营养物质的目的是引入微生物菌种。（　　）

答案：×

正确答案：为了保证微生物正常生长。

8. 根据《水质　五日生化需氧量（BOD_5）的测定　稀释与接种法》（HJ 505—2009）测定某洁净地表水的BOD_5，水样未经稀释，当日测得样品溶解氧为 7.46 mg/L，（20±1）℃培养 5 d 后测得溶解氧为 2.46 mg/L，其水样的BOD_5值为 5.0 mg/L。（　　）

答案：√

9.《水质　五日生化需氧量（BOD_5）的测定　稀释与接种法》（HJ 505—2009）中定义的未受工业废水污染的生活污水是指化学需氧量不大于 100 mg/L、总有机碳不大于 300 mg/L 的生活污水。（　　）

答案：×

正确答案：化学需氧量不大于 300 mg/L，总有机碳不大于 100 mg/L。

10. 根据《水质　五日生化需氧量（BOD_5）的测定　稀释与接种法》（HJ 505—2009）测定水中BOD_5时，若样品中含大量藻类，会使测定结果偏低。（　　）

答案：×

正确答案：会使测定结果偏高。

二、单项选择题

1.《水质　五日生化需氧量（BOD_5）的测定　稀释与接种法》（HJ 505—2009）中规定于________，分别测定样品的培养前后的溶解氧，二者之差为BOD_5值，以氧的 mg/L 表示。（　　）

A.（20±1）℃条件下培养 100 d　　B. 常温常压下培养 5 d

C.（20±1）℃条件下培养 5 d　　D.（20±1）℃条件下培养 3 d

答案：C

2. 根据《水质　五日生化需氧量（BOD_5）的测定　稀释与接种法》（HJ 505—2009）测定水中

BOD_5 时，水样采集后应在________℃的暗处运输和保存，并于________h 内尽快分析。(　　)

A．2～5，6　　B．0～4，8　　C．2～5，12　　D．0～4，24

答案：D

3.《水质　五日生化需氧量（BOD_5）的测定　稀释与接种法》（HJ 505—2009）中，接种稀释水的 BOD_5 值应小于________mg/L，pH 为________。(　　)

A．1.0，7.0　　B．1.2，7.0　　C．1.2，7.2　　D．1.5，7.2

答案：D

4. 根据《水质　五日生化需氧量（BOD_5）的测定　稀释与接种法》（HJ 505—2009）测定水中的 BOD_5 时，样品稀释程度应使培养 5 d 后，剩余溶解氧至少为________，而消耗的溶解氧至少为________。(　　)

A．1.0 mg/l，2.0 mg/L　　B．2.0 mg/l，1.0 mg/L

C．1.0 mg/l，1.0 mg/L　　D．2.0 mg/l，2.0 mg/L

答案：D

5. 根据《水质　五日生化需氧量（BOD_5）的测定　稀释与接种法》（HJ 505—2009）测定水中 BOD_5 时，对在短时间内不能消失的余氯，可加入适量的________溶液去除水样中的余氯和结合氯。(　　)

A．亚硫酸钠　　B．硫代硫酸钠　　C．丙烯基硫脲　　D．过氧化氢

答案：A

6. 根据《水质　五日生化需氧量（BOD_5）的测定　稀释与接种法》（HJ 505—2009）配制接种稀释水时，当接种液来源为城市生活污水时，应向每升稀释水中加入________ml 该接种液。(　　)

A．1～10　　B．20～30　　C．10～100　　D．50～100

答案：A

7. 根据《水质　五日生化需氧量（BOD_5）的测定　稀释与接种法》（HJ 505—2009）测定水中 BOD_5 时，下列废水中应该进行接种的是________。(　　)

A．有机物较多的废水　　B．较洁净的河水

C．不含或含少量微生物的工业废水　　D．生活污水

答案：C

8. 根据《水质　五日生化需氧量（BOD_5）的测定　稀释与接种法》（HJ 505—2009）测定水中 BOD_5 时，取 3 个稀释比，当稀释水中微生物菌种不适应、活性差或含毒物质浓度过大时，稀释倍数________消耗溶解氧反而较多。(　　)

A．较大的　　B．较小的　　C．中间的　　D．没有差别

答案：A

9. 根据《水质　五日生化需氧量（BOD_5）的测定　稀释与接种法》（HJ 505—2009）的规定，下列描述中正确的是________。(　　)

A．在水样稀释过程中，用带胶板的玻璃棒小心上下搅拌，搅拌时勿使搅拌棒露出水面，防止产生气泡

B．在水样稀释过程中，应用带胶板的玻璃棒快速搅拌，使其产生大量气泡，以便有较多溶解氧

C．样品可以采集在玻璃瓶或聚乙烯瓶中

D. 在水样稀释过程中不需要搅拌

答案：A

10. 根据《水质　五日生化需氧量（BOD_5）的测定　稀释与接种法》（HJ 505—2009）测定河水或生物净化的城市污水中 BOD_5 时，当 BOD_5 的期望值为 6～12 mg/L 时，样品稀释倍数为________。（　　）

A. 1　　B. 2　　C. 3　　D. 4

答案：B

11.《水质　五日生化需氧量（BOD_5）的测定　稀释与接种法》（HJ 505—2009）中使用的实验用水为符合 GB/T 6682 规定的 3 级蒸馏水，且水中铜离子的质量浓度不大于________mg/L，不含有氯或氯胺等物质。（　　）

A. 0.01　　B. 0.02　　C. 0.03　　D. 0.04

答案：A

12. 根据《水质　五日生化需氧量（BOD_5）的测定　稀释与接种法》（HJ 505—2009）测定水中 BOD_5 时，每一批样品做 2 个分析空白试样，稀释法空白试样的测定结果不能超过________mg/L，非稀释接种法和稀释接种法空白试样的测定结果不能超过________mg/L，否则应检查可能的污染来源。（　　）

A. 0.5 mg/L，1.0 mg/L　　B. 0.5 mg/L，1.5 mg/L

C. 1.0 mg/L，1.5 mg/L　　D. 0.5 mg/L，2.0 mg/L

答案：B

三、问答题

1. 根据《水质　五日生化需氧量（BOD_5）的测定　稀释与接种法》（HJ 505—2009）测定水中 BOD_5 时，哪些类型的水样需要接种？哪些水样需进行菌种驯化接种？

答案：（1）对不含或含微生物少的工业废水，如酸性废水、碱性废水、高温废水、冷冻保存的废水或经过氯化处理等的废水，在测定时应进行接种，以引进能分解废水中有机物的微生物；

（2）当废水中存在难以被一般生活污水中的微生物以正常速度降解的有机物或含有剧毒物质时，应将驯化后的微生物引入水样中进行接种。

2. 根据《水质　五日生化需氧量（BOD_5）的测定　稀释与接种法》（HJ 505—2009）如何制备稀释水？

答案：在 5～20 L 的玻璃瓶中加入一定量的水，控制水温在（20±1）℃，用曝气装置至少曝气 1 h，使稀释水中的溶解氧达到 8 mg/L 以上。使用前每升水中加入磷酸盐缓冲溶液、硫酸钠溶液、氯化钙溶液、氯化铁溶液各 1.0 ml，混匀，20℃保存。在曝气的过程中防止污染，特别是防止带入有机物、金属、氧化物或还原物。

3. 简述《水质　五日生化需氧量（BOD_5）的测定　稀释与接种法》（HJ 505—2009）的测定原理。

答案：生化需氧量是指在规定条件下，微生物分解水中的某些可氧化物质，特别是分解有机物的生物化学过程消耗的溶解氧。通常情况下是指水样充满完全密闭的溶解氧瓶中，在（20±1）℃的暗处培养 5 d±4 h 或（2±5）d±4 h［先在 0～4℃的暗处培养 2 d，接着在（20±1）℃的暗处培养 5 d，即培养（2±5）d]，分别测定培养前后水样中溶解氧的质量浓度，由培养前后溶解氧的质量浓度之差，计算每升样品消耗的溶解氧量，以 BOD_5 形式表示。

4. 根据《水质　五日生化需氧量（BOD_5）的测定　稀释与接种法》（HJ 505—2009）测定 BOD_5 时，样品如何进行预处理？

答案：（1）pH 调节：若样品或稀释后样品 pH 不在 6～8 范围内，应用盐酸溶液或氢氧化钠溶液调节其 pH 至 6～8；

（2）余氯和结合氯的去除：若样品中含有少量余氯，一般在采样后放置 1～2 h，游离氯即可消失。对在短时间内不能消失的余氯，可加入适量亚硫酸钠溶液去除样品中存在的余氯和结合氯；

（3）样品均质化：含有大量颗粒物、需要加大稀释倍数的样品或经冷冻保存的样品，测定前均需将样品搅拌均匀；

（4）若样品中有大量藻类存在，BOD_5 测定结果会偏高。当分析结果精度要求较高时，测定前应用滤孔为 1.6 mm 的滤膜过滤，检测报告中注明滤膜滤孔的大小；

（5）若样品含盐量低，非稀释样品的电导率小于 125 μS/cm 时，需加入适量相同体积的四种盐溶液，即磷酸盐缓冲溶液、硫酸钠溶液、氯化钙溶液、氯化铁溶液，使样品的电导率大于 125 μS/cm。

四、计算题

根据《水质　五日生化需氧量（BOD_5）的测定　稀释与接种法》（HJ 505—2009）测定某水样生化需氧量时，培养液 300 ml，其中稀释水 100 ml。稀释水样在培养前、后的溶解氧含量分别为 8.37 mg/L 和 2.38 mg/L。空白样在培养前、后溶解氧含量分别为 8.85 mg/L 和 8.68 mg/L。计算水样的 BOD_5 是多少？

答案：$$BOD_5\,(\text{mg/L}) = \frac{(8.37-2.38)-(8.85-8.68)\times 1/3}{2/3} = 8.9\,(\text{mg/L})$$

水样的 BOD_5 是 8.9 mg/L。

参考文献

[1] 环境保护部. 水质　五日生化需氧量（BOD_5）的测定　稀释与接种法：HJ 505—2009 [S]. 北京：中国环境科学出版社，2009.

[2]《环境监测技术基本理论（参考）试题集》编委会. 环境监测技术基本理论（参考）试题集 [M]. 北京：中国环境科学出版社，2002.

[3] 国家环境保护总局《水和废水监测分析方法》编委会. 水和废水监测分析方法：第四版增补版 [M]. 北京：中国科学环境出版社，2002.

[4] 中国环境监测总站《环境监测人员持证上岗考核试题集》编写组. 环境监测人员持证上岗考核试题集：上册. 4 版 [M]. 北京：中国环境出版集团，2015.

命题：张　爽

审核：杨红梅

第三十九节　水质　挥发酚的测定　4-氨基安替比林分光光度法（HJ 503—2009）

一、判断题

1. 含酚废水主要来自炼油、造纸、煤气洗涤、炼焦、合成氨、木材防腐等化工行业。(　　)

答案：√

2. 酚类化合物在水样中很不稳定，尤其是低浓度时，其主要影响因素为水中微生物和氧，使其被氧化或分解。(　　)

答案：√

3. 根据《水质　挥发酚的测定　4-氨基安替比林分光光度法》(HJ 503—2009）的规定，工业废水和生活污水中挥发酚的测定宜用萃取分光光度法。(　　)

答案：×

正确答案：工业废水和生活污水宜用直接分光光度法。

4. 根据《水质　挥发酚的测定　4-氨基安替比林分光光度法》(HJ 503—2009）测定水中挥发酚时，采集后的含酚水样，应及时加入硝酸酸化至pH约4.0，并加入适量$CuSO_4$，在4℃以下冷藏，贮存于硬质玻璃瓶中。(　　)

答案：×

正确答案：应及时加入磷酸酸化至pH约4.0，并加入适量$CuSO_4$，在4℃以下冷藏，贮存于硬质玻璃瓶中。

5. 根据《水质　挥发酚的测定　4-氨基安替比林分光光度法》(HJ 503—2009）测定水中挥发酚时，对于清洁的地表水和地下水样品，不必进行预蒸馏处理。(　　)

答案：×

正确答案：对于清洁的地表水和地下水样品，也需要进行预蒸馏处理。

6. 根据《水质　挥发酚的测定　4-氨基安替比林分光光度法》(HJ 503—2009）预蒸馏地表水样品时，不宜与测定工业废水或生活污水的蒸馏设备混用。(　　)

答案：√

7. 根据《水质　挥发酚的测定　4-氨基安替比林分光光度法》(HJ 503—2009）预蒸馏样品时，馏出液体积必须与试样体积相等。(　　)

答案：√

8. 根据《水质　挥发酚的测定　4-氨基安替比林分光光度法》(HJ 503—2009）测定水中挥发酚时，当样品中存在氧化剂干扰时，可加入过量的硫酸铁去除。(　　)

答案：×

正确答案：可加入过量的硫酸亚铁去除。

9. 根据《水质　挥发酚的测定　4-氨基安替比林分光光度法》(HJ 503—2009）测定水中挥发

酚时，氧化剂、油类、硫化物、有机或无机还原性物质和苯胺类会干扰酚的测定。（ ）

答案：√

10. 根据《水质 挥发酚的测定 4- 氨基安替比林分光光度法》（HJ 503—2009）测定水中挥发酚时，若缓冲液的 pH 不满足要求，可用酸或碱调节。（ ）

答案：×

正确答案：缓冲液的 pH 不满足要求时，应重新配制。

11. 根据《水质 挥发酚的测定 4- 氨基安替比林分光光度法》（HJ 503—2009）测定水中挥发酚时，采用萃取分光光度法在 460 nm 测定吸光度，采用直接分光光度法在 500 nm 测定吸光度。（ ）

答案：×

正确答案：采用直接分光光度法在 510 nm 测定吸光度。

12. 根据《水质 挥发酚的测定 4- 氨基安替比林分光光度法》（HJ 503—2009）测定水中挥发酚时，4- 氨基安替比林溶液应置于冰箱中冷藏，可保存 14 d。（ ）

答案：×

正确答案：4- 氨基安替比林溶液应置于冰箱中冷藏，可保存 7 d。

13. 根据《水质 挥发酚的测定 4- 氨基安替比林分光光度法》（HJ 503—2009）测定水中挥发酚时，用三氯甲烷进行萃取操作时，应佩戴防毒面具并在通风处使用。（ ）

答案：√

14. 根据《水质 挥发酚的测定 4- 氨基安替比林分光光度法》（HJ 503—2009）中萃取分光光度法测定水中挥发酚时，当计算结果小于 0.1 mg/L 时，保留到小数点后 3 位。（ ）

答案：×

正确答案：当计算结果小于 0.1 mg/L 时，保留到小数点后 4 位。

二、单项选择题

1. 根据《水质 挥发酚的测定 4- 氨基安替比林分光光度法》（HJ 503—2009）测定水中挥发酚时，采集后的样品应及时加入保存剂，关于加入保存剂的说法，正确的是________。（ ）

A．加盐酸酸化至 pH 约 4.0，并加适量硫酸铜

B．加磷酸酸化至 pH 约 4.0，并加适量硫酸铜

C．加盐酸酸化至 pH 约 4.0，并加适量硫酸锌

D．加磷酸酸化至 pH 约 4.0，并加适量硫酸锌

答案：B

2. 根据《水质 挥发酚的测定 4- 氨基安替比林分光光度法》（HJ 503—2009）测定水中挥发酚时，当用于测定挥发酚的样品中存在氧化剂时，会干扰测定，可加入过量的________去除。（ ）

A．硫酸铁 B．硫酸铜 C．硫酸锌 D．硫酸亚铁

答案：D

3. 根据《水质 挥发酚的测定 4- 氨基安替比林分光光度法》（HJ 503—2009）测定水中挥发酚时，苯胺类可与 4- 氨基安替比林发生显色反应而干扰酚的测定，可通过预蒸馏减少其干扰，关于预蒸馏条件的说法正确的是________。（ ）

A．在 pH＜0.5 的条件下蒸馏　　B．在 pH＞0.5 的条件下蒸馏

C．在 pH＜2 的条件下蒸馏　　D．在 pH＞2 的条件下蒸馏

答案：A

4. 根据《水质　挥发酚的测定　4- 氨基安替比林分光光度法》（HJ 503—2009）测定水中挥发酚时，萃取分光光度法检出限为________mg/L，测定下限为________mg/L，测定上限为________mg/L。（　　）

A．0.000 1，0.003，0.02　　B．0.000 2，0.002，0.03

C．0.000 3，0.001，0.04　　D．0.000 4，0.001，0.05

答案：C

5. 根据《水质　挥发酚的测定　4- 氨基安替比林分光光度法》（HJ 503—2009）测定水中挥发酚时，直接分光光度法检出限为________mg/L，测定下限为________mg/L，测定上限为________mg/L。（　　）

A．0.01，0.04，2.50　　B．0.02，0.05，0.03

C．0.03，0.06，3.00　　D．0.04，0.07，3.50

答案：A

6. 根据《水质　挥发酚的测定　4- 氨基安替比林分光光度法》（HJ 503—2009）测定水中挥发酚时，采集后的样品应在 4℃下冷藏，________内进行测量。（　　）

A．12 h　　B．24 h　　C．48 h　　D．36 h

答案：B

7. 根据《水质　挥发酚的测定　4- 氨基安替比林分光光度法》（HJ 503—2009）测定水中挥发酚时，当水样中含油时干扰测定，可用乙醚萃取以去除干扰，加入乙醚前需加酸使溶液呈酸性，下列操作正确的是________。（　　）

A．加入磷酸，使样品显酸性

B．加入盐酸，调节 pH 为 2.0～2.5

C．加入（1+1）硫酸，使样品显酸性

D．加入（1+1）硝酸，调节 pH 为 2.0～2.5

答案：C

8. 根据《水质　挥发酚的测定　4- 氨基安替比林分光光度法》（HJ 503—2009）测定水中挥发酚时，酚标准使用液应在配制后________内使用。（　　）

A．2 h　　B．4 h　　C．6 h　　D．8 h

答案：A

9. 根据《水质　挥发酚的测定　4- 氨基安替比林分光光度法》（HJ 503—2009）的规定，使用直接分光光度法测定挥发酚时，显色后，应在________内测定吸光度。（　　）

A．30 min　　B．40 min　　C．50 min　　D．60 min

答案：A

10. 根据《水质　挥发酚的测定　4- 氨基安替比林分光光度法》（HJ 503—2009）测定每批样品时，均应带 1 个校准曲线中间校核点，校核点测定值与校准曲线相应点浓度值的相对误差不应超

过________。(　　)

A. 5%　　B. 10%　　C. 15%　　D. 20%

答案：B

11. 根据《水质　挥发酚的测定　4- 氨基安替比林分光光度法》(HJ 503—2009) 测定水中挥发酚时，挥发性酚类化合物在一定条件下，与 4- 氨基安替比林反应生成________色的安替比林染料。(　　)

A. 蓝　　B. 红棕　　C. 橙红　　D. 紫红

答案：C

12. 根据《水质　挥发酚的测定　4- 氨基安替比林分光光度法》(HJ 503—2009) 测定水中挥发酚时，关于在分液漏斗中萃取显色溶液的描述，不正确的是________。(　　)

A. 准确加入 10.0 ml 三氯甲烷萃取已显色溶液

B. 剧烈振摇 2 min，倒置放气，静置分层

C. 轻微振摇 2 min，倒置放气，静置分层

D. 静置分层后，三氯甲烷层需通过干燥颈管内的干脱脂棉或滤纸流出

答案：C

13. 根据《水质　挥发酚的测定　4- 氨基安替比林分光光度法》(HJ 503—2009) 测定水中挥发酚时，样品中存在硫化物时干扰测定，关于判定是否存在硫化物干扰的描述正确的是________。(　　)

A. 取一滴样品放在乙酸铅试纸上，若试纸变黑色，说明有硫化物存在

B. 取一滴样品放在淀粉 - 碘化钾试纸上，若试纸变黑色，说明有硫化物存在

C. 取一滴样品放在乙酸铅试纸上，若试纸变蓝色，说明有硫化物存在

D. 取一滴样品放在淀粉 - 碘化钾试纸上，若试纸变蓝色，说明有硫化物存在

答案：A

14. 根据《水质　挥发酚的测定　4- 氨基安替比林分光光度法》(HJ 503—2009) 测定水中挥发酚时，关于预蒸馏操作的描述不正确的是________。(　　)

A. 蒸馏前应检查蒸馏装置的气密性

B. 不得用橡胶塞、橡胶管连接蒸馏瓶及冷凝器

C. 每次试验前后，应清洗整个蒸馏设备

D. 蒸馏过程中，若甲基橙红色褪去，不影响测定结果

答案：D

15. 根据《水质　挥发酚的测定　4- 氨基安替比林分光光度法》(HJ 503—2009) 测定水中挥发酚时，标定酚贮备液时，用硫代硫酸钠溶液滴定至________，加入 1 ml 淀粉溶液，继续滴定至________刚好褪去。(　　)

A. 淡蓝色，黄色　　B. 淡黄色，蓝色　　C. 蓝绿色，红褐色　　D. 微红色，蓝色

答案：B

三、问答题

1. 根据《水质　挥发酚的测定　4- 氨基安替比林分光光度法》(HJ 503—2009) 简述 4- 氨基

安替比林萃取分光光度法测定挥发酚方法原理。

答案：用蒸馏法使挥发性酚类化合物蒸馏出，被蒸馏出的酚类化合物，于 pH（10.0±0.2）介质中，在铁氰化钾存在下，与 4- 氨基安替比林反应生成橙红色的安替比林染料，用三氯甲烷萃取后，在 460 nm 波长下测定吸光度，吸光度与挥发酚含量成正比。

2. 根据《水质 挥发酚的测定 4- 氨基安替比林分光光度法》（HJ 503—2009）测定挥发酚的样品，在蒸馏过程中，若发现甲基橙的红色褪去，应如何处理？

答案：在样品蒸馏过程中，若发现甲基橙的红色褪去，应在蒸馏结束后，放冷，再加一滴甲基橙指示液，若发现蒸馏后残液不呈酸性，则应重新取样，增加磷酸溶液加入量，进行蒸馏。

3. 根据《水质 挥发酚的测定 4- 氨基安替比林分光光度法》（HJ 503—2009）如何检验含酚废水中是否存在硫化物？如有，应怎样去除？

答案：（1）可取一滴样品滴在乙酸铅试纸上，若试纸变黑色，说明有硫化物存在；

（2）加磷酸酸化，置通风橱内进行搅拌曝气，直至生成的硫化氢完全逸出。

四、计算题

根据《水质 挥发酚的测定 4- 氨基安替比林分光光度法》（HJ 503—2009）中萃取分光光度法测定水中挥发酚时，所得校准曲线的斜率和截距分别为 0.059 2 和 0.001，测得水样的吸光度值为 0.159，在同一水样中加入 2.00 ml 酚标准溶液（1.00 μg/ml），测定加标回收率，加标后样品测得的吸光度为 0.268，空白试验吸光度值为 0.071。试计算加标回收率（不考虑加标体积）。

答案：根据题意知校准曲线斜率 b=0.0592，截距 a=0.001

回归方程：$y=0.0592x+0.001$

水样中挥发酚含量 = $(A_s-A_b-a)/b$

= （0.159−0.071−0.001）÷0.059 2

=1.47 μg

加标样中挥发酚含量 = $(A_s-A_b-a)/b$

= （0.268−0.071−0.001）÷0.059 2

=3.31 μg

加标回收率 = [（加标试样测定值—试样测定值）/ 加标量] ×100%

= [（3.31−1.47）÷（2.00×1.00）] ×100%

= 92.0%

加标回收率为 92.0%。

参考文献

[1] 环境保护部 . 水质 挥发酚的测定 4- 氨基安替比林分光光度法：HJ 503—2009 [S] . 北京：中国环境科学出版社，2009.

[2] 国家环境保护总局《水和废水监测分析方法》编委会 . 水和废水监测分析方法：第四版增补版 [M] . 北京：中国环境科学出版社，2002.

［3］中国环境监测总站《环境监测人员持证上岗考核试题集》编写组．环境监测人员持证上岗考核试题集：上册．4版［M］．北京：中国环境出版集团，2015.
［4］《环境监测技术基本理论（参考）试题集》编写组．环境监测技术基本理论（参考）试题集［M］．北京：中国环境科学出版社，2002.

命题：辛雅苓
审核：芦晓燕

第四十节　水质　挥发酚的测定　流动注射-4-氨基安替比林分光光度法（HJ 825—2017）

一、判断题

1. 根据《水质　挥发酚的测定　流动注射-4-氨基安替比林分光光度法》（HJ 825—2017）测定水中挥发酚时，如果水样中不存在干扰物，预蒸馏操作也不可以省略。(　　)

答案：√

2. 苯酚又名石炭酸，其水溶液呈酸性。(　　)

答案：√

3. 根据《水质　挥发酚的测定　流动注射-4-氨基安替比林分光光度法》（HJ 825—2017）测定水中挥发酚时，分析过程中产生的废液可直接排入下水管道中。(　　)

答案：×

正确答案：分析过程中产生的废液应集中回收，交由有资质的废弃物专业处理公司处理。

4. 4-氨基安替比林试剂纯度低时需要提纯。(　　)

答案：√

5. 酚类化合物在水样中很不稳定，尤其是低浓度时，主要原因为水中微生物和氧使其氧化或分解。(　　)

答案：√

6 当水样中含油时，测定挥发酚前可用乙醚萃取以去除干扰，加入乙醚前应先加入 HCl，调节 pH 为 2.0～2.5。(　　)

答案：×

正确答案：加入乙醚前应先加入 H_2SO_4，使样品呈酸性。

7.《水质　挥发酚的测定　流动注射-4-氨基安替比林分光光度法》（HJ 825—2017）适用于地表水、地下水、工业废水和生活污水中挥发酚的测定。(　　)

答案：√

8. 根据《水质　挥发酚的测定　流动注射-4-氨基安替比林分光光度法》（HJ 825—2017）测定水中挥发酚时，主要干扰物为氧化剂、油类、硫化物、有机或无机还原性物质和苯胺类。(　　)

答案：√

二、单项选择题

1.________厂排放的废水中需监测挥发酚。(　　)

A. 炼油　　B. 肉联　　C. 汽车制造　　D. 电镀

答案：A

2. 根据《水质　挥发酚的测定　流动注射-4-氨基安替比林分光光度法》(HJ 825—2017)测定水中挥发酚时，样品数量少于 10 个时，应至少测定 1 个平行双样，两次平行测定结果的相对偏差应小于等于________%。(　　)

A. ±5　　B. ±10　　C. ±15　　D. ±20

答案：D

3. 冷凝管内易长菌，加入适量 1% 的________溶液可防止长菌。(　　)

A. 硫酸　　B. 磷酸　　C. 次氯酸钠　　D. 氢氧化钠

答案：C

4.《水质　挥发酚的测定　流动注射-4-氨基安替比林分光光度法》(HJ 825—2017)的检出限是________。(　　)

A. 0.001　　B. 0.002　　C. 0.004　　D. 0.04

答案：B

5. 采集后的样品需在 4℃以下避光保存，________内测定。(　　)

A. 24 h　　B. 48 h　　C. 7 d　　D. 30 d

答案：A

6. 根据《水质　挥发酚的测定　流动注射-4-氨基安替比林分光光度法》(HJ 825—2017)测定水中挥发酚时，当样品数量少于 10 个时，应至少测定 1 个加标回收样，加标回收率应为________。(　　)

A. 70%～120%　　B. 80%～120%　　C. 85%～115%　　D. 90%～110%

答案：A

7. 应保持冷凝器供给水在________℃左右。(　　)

A. 0　　B. 2　　C. 4　　D. 6

答案：C

三、问答题

1. 根据《水质　挥发酚的测定　流动注射-4-氨基安替比林分光光度法》(HJ 825—2017)简述无酚水如何制备，写出两种方法。

答案：(1)于每升水中加入 0.2 g 经 200℃活化 30 min 的粉末活性炭，充分振摇后，放置过夜，用双层中速滤纸过滤；

(2)加入 NaOH 使水呈碱性，并加入高锰酸钾至溶液呈紫红色，在全玻璃蒸馏器中加热蒸馏，集取馏出液备用。

2. 根据《水质　挥发酚的测定　流动注射 -4- 氨基安替比林分光光度法》（HJ 825—2017）简述测定水中挥发酚的化学反应原理。

答案：在酸性条件下，样品通过 160±2℃在线蒸馏释放出酚。被蒸馏出的酚类化合物，于弱碱性介质中，由于铁氰化钾存在，与 4- 氨基安替比林反应生成橙黄色的安替比林染料，于 500 nm 波长处测定吸光度。

3. 根据《水质　挥发酚的测定　流动注射 -4- 氨基安替比林分光光度法》（HJ 825—2017）简述流动注射仪工作原理。

答案：在封闭的管路中，将一定体积的试样注入连续流动的载液中，试样与试剂在化学反应模块中按特定的顺序和比例混合、反应，在非完全反应的条件下，进入流动检测池进行光度检测。

4. 根据《水质　挥发酚的测定　流动注射 -4- 氨基安替比林分光光度法》（HJ 825—2017）测定挥发酚时，4- 氨基安替比林的质量对测定有何影响？如何提纯？

答案：（1）4- 氨基安替比林的质量直接影响空白试验的吸光度值和测定结果的精密度，必要时，可进行提纯；

（2）将 100 ml 配制好的 4- 氨基安替比林溶液置于干燥烧杯中，加入 10 g 硅镁型吸附剂（弗罗里硅土，60～100 目，600℃烘制 4 h），用玻璃棒充分搅拌，静置片刻，将溶液在中速定量滤纸上过滤，收集滤液，置于棕色试剂瓶内，于 4℃下保存。

参考文献

[1] 环境保护部 . 水质　挥发酚的测定　流动注射 -4- 氨基安替比林分光光度法：HJ 825—2017 [S] . 北京：中国环境出版集团，2017.

[2]《环境监测技术基本理论（参考）试题集》编写组 . 环境监测技术基本理论（参考）试题集 [M] . 北京：中国环境科学出版社，2002.

[3] 中国环境监测总站《环境监测人员持证上岗考核试题集》编写组 . 环境监测人员持证上岗考核试题集：上册 . 4 版 [M] . 北京：中国环境出版集团，2015.

命题：张　爽

审核：杨红梅

第四十一节　水质　总氮的测定　碱性过硫酸钾消解紫外分光光度法（HJ 636—2012）

一、判断题

1. 总氮的测定通常采用过硫酸钾氧化，使水中有机氮和无机氮（化合物）转变为硝酸盐，然后再以紫外分光光度法、偶氮比色法、离子色谱法或气相分子吸收法进行测定。（　　）

答案：√

2. 测定总氮的玻璃器具，可用 5% 硝酸浸泡。(　　)

答案：×

正确答案：测定总氮的玻璃器具，可用 10% 盐酸浸泡。

3. 测定总氮的消解时间为 1.5 h。(　　)

答案：×

正确答案：测定总氮的消解时间为 0.5 h。

4. 紫外分光光度法测定总氮时可与挥发酚的测定 4- 安替比林分光光度法在同一实验室进行。(　　)

答案：×

正确答案：紫外分光光度法测定总氮时，应在无氨的实验室环境中进行，因此不能在同一实验室进行。

5. 总氮是衡量水体质量的重要指标之一。湖泊水库中含有一定量的氮、磷类物质时，造成浮游生物繁殖旺盛，出现富营养化状态。(　　)

答案：√

6.《水质　总氮的测定　碱性过硫酸钾消解紫外分光光度法》（HJ 636—2012）适用于地表水、地下水、工业废水和生活污水中总氮的测定。(　　)

答案：√

7. 根据《水质　总氮的测定　碱性过硫酸钾消解紫外分光光度法》（HJ 636—2012）测定水中总氮时，将采集好的样品贮存于聚乙烯瓶或硬质玻璃瓶中，用浓硫酸调节 pH 至 1～2，常温下可保存 15 d。(　　)

答案：×

正确答案：常温下可保存 7 d。

8. 根据《水质　总氮的测定　碱性过硫酸钾消解紫外分光光度法》（HJ 636—2012）测定水中总氮时，当测定结果小于 1.00 mg/L 时，结果保留到小数点后 3 位；当测定结果大于等于 1.00 mg/L 时，结果保留 3 位有效数字。(　　)

答案：×

正确答案：当测定结果小于 1.00 mg/L 时，结果保留到小数点后 2 位。

二、单项选择题

1. 根据《水质　总氮的测定　碱性过硫酸钾消解紫外分光光度法》（HJ 636—2012）测定水中总氮时，无氨水的制备方法：每升水中加入________蒸馏，收集馏出液于具塞玻璃器中。(　　)

A．0.05 ml 浓盐酸　　B．0.05 ml 浓硫酸

C．0.10 ml 浓盐酸　　D．0.10 ml 浓硫酸

答案：D

2. 根据《水质　总氮的测定　碱性过硫酸钾消解紫外分光光度法》（HJ 636—2012）测定水中总氮时，消解温度是________。(　　)

A．100～105℃　　B．120～124℃

C．150～160℃　　D．180～200℃

答案：B

3. 根据《水质　总氮的测定　碱性过硫酸钾消解紫外分光光度法》（HJ 636—2012）测定水中总氮时，其检出限为________mg/L。（　　）

A．0.02　　B．0.04　　C．0.05　　D．0.07

答案：C

4. 根据《水质　总氮的测定　碱性过硫酸钾消解紫外分光光度法》（HJ 636—2012）测定水中总氮时，碱性过硫酸钾溶液的保存方法是存放于聚乙烯瓶中，保存________。（　　）

A．24 h　　B．7 d　　C．15 d　　D．30 d

答案：B

5. 用紫外分光光度法测定水中总氮时，比色皿应选择________材质的。（　　）

A．10 mm 石英　　B．10 mm 玻璃　　C．4 cm 石英　　D．4 cm 玻璃

答案：A

6. 根据《水质　总氮的测定　碱性过硫酸钾消解紫外分光光度法》（HJ 636—2012）测定水中总氮时，每批样品应至少做 1 个空白试验，空白实验的校正吸光度应小于________。（　　）

A．0.010　　B．0.020　　C．0.030　　D．0.050

答案：C

7. 根据《水质　总氮的测定　碱性过硫酸钾消解紫外分光光度法》（HJ 636—2012）测定水中总氮时，每批样品应测定 1 个校准曲线中间点浓度的标准溶液，其测定结果与校准曲线该点浓度的相对误差应________。否则，需重新绘制校准曲线。（　　）

A．≤5%　　B．≤10%　　C．≤15%　　D．≤20%

答案：B

三、问答题

1. 简述《水质　总氮的测定　碱性过硫酸钾消解紫外分光光度法》（HJ 636—2012）的方法原理。

答案：在 120～124℃下，碱性过硫酸钾溶液使样品中含氮化合物的氮转化为硝酸氮，采用紫外分光光度法于波长 220 nm 和 275 nm 处，分别测定吸光度 A_{220} 和 A_{275}，按公式 $A=A_{220}-A_{275}$ 计算校正吸光度 A，总氮（以 N 计）含量与校正吸光度 A 成正比。

2. 根据《水质　总氮的测定　碱性过硫酸钾消解紫外分光光度法》（HJ 636—2012）测定水中总氮时，主要干扰物有哪些？如何消除？

答案：（1）水中含有六价铬离子及三价铁离子时干扰测定，可加入 5% 盐酸氢胺溶液 1～2 ml，以消除其对测定的影响；

（2）碘离子及溴离子对测定有干扰：当碘离子含量相对于总氮含量的 2.2 倍以上，溴离子含量相对于总氮的 3.4 倍以上时，对测定产生干扰。

四、计算题

根据《水质　总氮的测定　碱性过硫酸钾消解紫外分光光度法》（HJ 636—2012）测定水中总氮，吸取水样 10.0 ml，经消解及预处理后，测得空白溶液在 220 nm 处的吸光度为 0.015，在 275 nm 处的吸光度为 0.005，样品溶液在 220 nm 处的吸光度为 0.289，在 275 nm 处的吸光度为 0.034，校准曲线回归方程为 y=0.058 7x+0.003（标准溶液浓度为 10 μg/ml），求该样品的总氮含量。

答案： $A_0=A_{0(220)}-2A_{0(275)}=0.015-2\times0.005=0.005$

$A=A_{220}-2A_{275}=0.289-2\times0.034=0.221$

C=（0.221-0.005-0.003）/（0.058 7×10）=0.36（mg/L）

水样中总氮的浓度是 0.36 mg/L。

参考文献

[1] 环境保护部 . 水质　总氮的测定　碱性过硫酸钾消解紫外分光光度法：HJ 636—2012［S］. 北京 . 中国环境科学出版社，2012.

[2]《环境监测技术基本理论（参考）试题集》编写组 . 环境监测技术基本理论（参考）试题集［M］. 北京：中国环境科学出版社 .2002.

[3] 中国环境监测总站《环境监测人员持证上岗考核试题集》编写组 . 环境监测人员持证上岗考核试题集：上册 . 4 版［M］. 北京：中国环境出版集团，2015.

命题：魏　铮

审核：杨红梅

第四十二节　水质　总氮的测定　连续流动 - 盐酸萘乙二胺分光光度法（HJ 667—2013）

一、判断题

1.《水质　总氮的测定　连续流动 - 盐酸萘乙二胺分光光度法》（HJ 667—2013）适用于地表水、地下水、生活污水和工业废水中总氮的测定。（　　）

答案： √

2. 根据《水质　总氮的测定　连续流动 - 盐酸萘乙二胺分光光度法》（HJ 667—2013）测定水中总氮时，当样品中三价铁离子的浓度大于 180 mg/L 时，会对总氮的测定产生负干扰。（　　）

答案： √

3. 根据《水质　总氮的测定　连续流动－盐酸萘乙二胺分光光度法》（HJ 667—2013）测定水中总氮时，六价铬离子对总氮的测定无干扰。（　　）

答案： ×

正确答案： 六价铬离子浓度大于 50 mg/L 时，对总氮的测定产生负干扰。

4. 根据《水质　总氮的测定　连续流动－盐酸萘乙二胺分光光度法》（HJ 667—2013）测定水中总氮时，样品中氯离子浓度大于 5 000 mg/L 时，会对总氮的测定产生正干扰。（　　）

答案： ×

正确答案： 对总氮的测定产生负干扰。

5. 根据《水质　总氮的测定　连续流动－盐酸萘乙二胺分光光度法》（HJ 667—2013）测定水中总氮时，高浓度的有机物会消耗过硫酸钾氧化剂，当水样铬法 COD 大于 400 mg/L 时，总氮的测定结果会偏高。（　　）

答案： ×

正确答案： 总氮的测定结果会偏低。

6. 根据《水质　总氮的测定　连续流动－盐酸萘乙二胺分光光度法》（HJ 667—2013）测定水中总氮时，样品中含有较多的固体颗粒或悬浮物时，须摇匀后取样、适当稀释，再通过匀质化处理后进样。（　　）

答案： √

7. 根据《水质　总氮的测定　连续流动－盐酸萘乙二胺分光光度法》（HJ 667—2013）测定水中总氮时，显色剂保存过程中，若发现溶液的颜色变成粉红色，应立即停用。（　　）

答案： √

8. 根据《水质　总氮的测定　连续流动－盐酸萘乙二胺分光光度法》（HJ 667—2013）测定水中总氮时，采集后的样品贮存于玻璃瓶中，−20℃冷冻，可保存 3 个月。（　　）

答案： ×

正确答案： 采集后的样品贮存于聚乙烯瓶中，−20℃冷冻，可保存 1 个月。

9. 根据《水质　总氮的测定　连续流动－盐酸萘乙二胺分光光度法》（HJ 667—2013）测定水中总氮时，连续流动分析仪开机后，应先用水代替试剂，检查整个分析流路的密闭性及液体流动的顺畅性。（　　）

答案： √

10. 根据《水质　总氮的测定　连续流动－盐酸萘乙二胺分光光度法》（HJ 667—2013）测定水中总氮时，以测定信号值（峰面积）为纵坐标，对应的总氮质量浓度（以 N 计，mg/L）为横坐标，绘制校准曲线。（　　）

答案： ×

正确答案： 以测定信号值（峰高）为纵坐标。

11. 根据《水质　总氮的测定　连续流动－盐酸萘乙二胺分光光度法》（HJ 667—2013）测定水中总氮时，若样品总氮含量超出校准曲线范围，应取适量样品稀释后上机测定。（　　）

答案： √

12. 根据《水质　总氮的测定　连续流动－盐酸萘乙二胺分光光度法》（HJ 667—2013）测定水

中总氮时，每批样品须至少测定 1 个空白样品，空白值不得超过方法检出限。(　　)

答案：×

正确答案：每批样品须至少测定 2 个空白样品，空白值不得超过方法检出限。

13. 根据《水质　总氮的测定　连续流动－盐酸萘乙二胺分光光度法》(HJ 667—2013)测定水中总氮时，主要试剂过硫酸钾的含氮量会影响分析结果。当试剂基线较水基线高 10%，校准曲线低浓度点(0.20 mg/L)相对误差大于 10% 时，需对过硫酸钾进行提纯。(　　)

答案：×

正确答案：当试剂基线较水基线高 20%，校准曲线低浓度点(0.20 mg/L)相对误差大于 20% 时，需对过硫酸钾进行提纯。

14. 根据《水质　总氮的测定　连续流动－盐酸萘乙二胺分光光度法》(HJ 667—2013)测定水中总氮时，必须用无氨水配制各种试剂，所使用的各种酸类及酸溶液必须及时加盖，防止氨气进入。(　　)

答案：√

15. 根据《水质　总氮的测定　连续流动－盐酸萘乙二胺分光光度法》(HJ 667—2013)测定水中总氮时，注意保护镉柱和滤光片。系统清洗完毕应及时切断镉柱，以免空气进入；分析完毕后，应及时将流动检测池中的滤光片取下放入干燥器中，防尘防湿。(　　)

答案：√

16. 根据《水质　总氮的测定　连续流动－盐酸萘乙二胺分光光度法》(HJ 667—2013)测定水中总氮时，过硫酸钾提纯之前，滤纸或砂芯漏斗用前须用纯水洗涤。(　　)

答案：×

正确答案：过硫酸钾提纯之前，滤纸或砂芯漏斗用前须用无氨水洗涤。

17. 根据《水质　总氮的测定　连续流动－盐酸萘乙二胺分光光度法》(HJ 667—2013)测定水中总氮时，过硫酸钾消解溶液和四硼酸钠缓冲溶液低温下易结晶，为防止溶质析出堵塞管路，建议这 2 种试剂放冰箱。(　　)

答案：×

正确答案：建议这 2 种试剂不放冰箱。

18. 根据《水质　总氮的测定　连续流动－盐酸萘乙二胺分光光度法》(HJ 667—2013)测定水中总氮时，注意流路的清洁，每天分析完毕后所有流路需用水清洗 30 min。每周用清洗溶液清洗管路 30 min，再用水清洗 30 min。用清洗溶液清洗系统时，应先将镉柱流路切断(离线)，再进行清洗。(　　)

答案：√

19. 根据《水质　总氮的测定　连续流动－盐酸萘乙二胺分光光度法》(HJ 667—2013)测定水中总氮时，当同批次的样品浓度波动大时，可在样品与样品之间插入空白当试样分析，以减小高浓度样品对低浓度样品的影响。(　　)

答案：√

20. 根据《水质　总氮的测定　连续流动－盐酸萘乙二胺分光光度法》(HJ 667—2013)测定水中总氮时，当发现镉柱颜色变银灰色或有白色沉淀物时，需进行镉柱还原能力检验。测试中关闭紫

外灯，并用水代替过硫酸钾溶液。（　　）

答案：√

二、单项选择题

1. 根据《水质　总氮的测定　连续流动－盐酸萘乙二胺分光光度法》（HJ 667—2013）测定水中总氮时，当检测光程为 30 mm 时，方法的检出限（以 N 计）为________mg/L。（　　）

A．0.004　　B．0.01　　C．0.04　　D．0.10

答案：C

2. 根据《水质　总氮的测定　连续流动－盐酸萘乙二胺分光光度法》（HJ 667—2013）测定水中总氮时，样品的浊度或色度对测定结果有干扰，通过________可消除。（　　）

A．蠕动泵　　B．加热池

C．紫外消解装置　　D．透析单元

答案：D

3. 根据《水质　总氮的测定　连续流动－盐酸萘乙二胺分光光度法》（HJ 667—2013）测定水中总氮时，实验用水为新鲜制备、电阻率大于________MΩ·cm（25℃）的无氨水。（　　）

A．5　　B．10　　C．15　　D．20

答案：B

4. 根据《水质　总氮的测定　连续流动－盐酸萘乙二胺分光光度法》（HJ 667—2013）测定水中总氮时，镉柱还原能力检验中，一般________检查一次。（　　）

A．15 d　　B．1 个月　　C．3 个月　　D．6 个月

答案：B

5. 根据《水质　总氮的测定　连续流动－盐酸萘乙二胺分光光度法》（HJ 667—2013）测定水中总氮时，紫外消解效率会随使用时间衰减，应定期测量氨基乙酸标准使用溶液以验证方法的消解效率。一般________检查 1 次。（　　）

A．15 d　　B．1 个月　　C．3 个月　　D．6 个月

答案：C

6. 根据《水质　总氮的测定　连续流动－盐酸萘乙二胺分光光度法》（HJ 667—2013）测定水中总氮时，清洗溶液（次氯酸钠溶液）为有效氯含量约为________的溶液。（　　）

A．0.5%　　B．0.8%　　C．1.3%　　D．1.8%

答案：C

7. 根据《水质　总氮的测定　连续流动－盐酸萘乙二胺分光光度法》（HJ 667—2013）测定水中总氮时，水样采集后应立即加入硫酸至 pH≤________，常温下可保存 7 d。（　　）

A．2　　B．3　　C．4　　D．5

答案：A

8. 根据《水质　总氮的测定　连续流动－盐酸萘乙二胺分光光度法》（HJ 667—2013）分析样品时，每分析 10 个样品须用 1 个校准曲线的中间浓度溶液进行校准核查，其测定结果的相对偏差应≤________，否则应重新绘制校准曲线。（　　）

A．1%　　B．2%　　C．5%　　D．10%

答案：C

9. 根据《水质　总氮的测定　连续流动－盐酸萘乙二胺分光光度法》（HJ 667—2013）分析样品时，需要对精密度进行控制，当总氮浓度≤1.00 mg/L 时，平行样的允许相对偏差应≤________。（　　）

A．10%　　B．15%　　C．20%　　D．25%

答案：A

10. 根据《水质　总氮的测定　连续流动－盐酸萘乙二胺分光光度法》（HJ 667—2013）测定水中总氮时，当发现镉柱颜色变银灰色或有白色沉淀物时，需进行镉柱还原能力检验，分别测量氮含量相同的亚硝酸钾标准使用溶液和硝酸钾标准使用溶液，如果后者测定结果比前者低________以上，则需更换镉柱。（　　）

A．5%　　B．10%　　C．15%　　D．20%

答案：B

11. 根据《水质　总氮的测定　连续流动－盐酸萘乙二胺分光光度法》（HJ 667—2013）分析样品时，试剂和环境温度影响分析结果，冰箱贮存的试剂需放置到室温后再使用，分析过程中室温波动不超过 ±________℃。（　　）

A．2　　B．3　　C．4　　D．5

答案：D

12. 根据《水质　总氮的测定　连续流动－盐酸萘乙二胺分光光度法》（HJ 667—2013）测定水中总氮后，应注意流路的清洁，每天分析完毕后所有流路需用水清洗________min。（　　）

A．15　　B．30　　C．45　　D．60

答案：B

13. 根据《水质　总氮的测定　连续流动－盐酸萘乙二胺分光光度法》（HJ 667—2013）测定水中总氮时，应保持透析膜湿润，为防止透析膜破裂，可在清洗分析管路系统时，于每升清洗水中加入________滴 Brij35。（　　）

A．1　　B．2　　C．3　　D．4

答案：A

14. 根据《水质　总氮的测定　连续流动－盐酸萘乙二胺分光光度法》（HJ 667—2013）测定总氮时，当测定结果小于 1.00 mg/L，保留到________。

A．小数点后第 1 位　　B．小数点后第 2 位

C．小数点后第 3 位　　D．3 位有效数字

答案：B

15. 根据《水质　总氮的测定　连续流动－盐酸萘乙二胺分光光度法》（HJ 667—2013）测定水中总氮时，当测定结果大于等于 1.00 mg/L 时，结果保留________。（　　）

A．1 位有效数字　　B．2 位有效数字

C．3 位有效数字　　D．4 位有效数字

答案：C

三、问答题

1. 简述《水质　总氮的测定　连续流动－盐酸萘乙二胺分光光度法》（HJ 667—2013）测定水中总氮的化学反应原理。

答案：在碱性介质中，试料中的含氮化合物在 107～110℃、紫外线照射下，被过硫酸盐氧化为硝酸盐后，经镉柱还原为亚硝酸盐，在酸性介质中，亚硝酸盐与磺胺进行重氮化反应然后与盐酸萘乙二胺偶联生成紫红色化合物，于波长 540 nm 处测量吸光度。

2. 根据《水质　总氮的测定　连续流动－盐酸萘乙二胺分光光度法》（HJ 667—2013）简述连续流动分析仪的工作原理。

答案：试样与试剂在蠕动泵的推动下进入化学反应模块，在密闭的管路中连续流动，被气泡按一定间隔规律地隔开，并按特定的顺序和比例混合、反应，显色完全后进入流动检测池进行光度检测。

3. 根据《水质　总氮的测定　连续流动－盐酸萘乙二胺分光光度法》（HJ 667—2013）简述怎样减少连续流动分析仪测定时的基线噪声。

答案：试剂应保持澄清；必要时试剂应过滤。

4. 根据《水质　总氮的测定　连续流动－盐酸萘乙二胺分光光度法》（HJ 667—2013）简述测定水中总氮时，紫外消解效率检验的方法。

答案：紫外消解效率会随使用时间衰减，应定期测量氨基乙酸标准使用溶液以验证方法的消解效率，一般 3 个月检查 1 次。先校准系统，然后平行测定氨基乙酸标准使用溶液和硝酸钾标准使用溶液计算消解效率 R，R 应大于 90%。

四、计算题

用连续流动－盐酸萘乙二胺分光光度法测定水中总氮时，水样稀释 2 倍，校准曲线的回归方程为 y=0.010 6x−0.003，测定信号值（峰高）为 0.091，求水样中总氮的浓度。

答案：
$$\rho = \frac{y-a}{b} \times f = \frac{0.091+0.003}{0.0106} \times 2 = 17.7\ (\mathrm{mg/L})$$

该水样总氮的浓度为 17.7 mg/L。

参考文献

环境保护部. 水质　总氮的测定　连续流动－盐酸萘乙二胺分光光度法：HJ 667—2013［S］. 北京：中国环境科学出版社，2013.

命题：胡　楠、洪　涛

审核：杨　梦

第四十三节　水质　总氮的测定　流动注射－盐酸萘乙二胺分光光度法（HJ 668—2013）

一、判断题

1.《水质　总氮的测定　流动注射－盐酸萘乙二胺分光光度法》（HJ 668—2013）适用于地表水、地下水、生活污水和工业废水中总氮的测定。（　　）

答案：√

2. 根据《水质　总氮的测定　流动注射－盐酸萘乙二胺分光光度法》（HJ 668—2013）测定水中总氮时，当检测光程为 10 mm 时，总氮的检出限为 0.01 mg/L（以 N 计）。（　　）

答案：×

正确答案：检出限为 0.03 mg/L。

3. 根据《水质　总氮的测定　流动注射－盐酸萘乙二胺分光光度法》（HJ 668—2013）测定水中总氮时，当样品中含有高浓度的有机物时，会消耗过硫酸钾氧化剂，使总氮的测定结果偏低，可通过稀释样品来消除。（　　）

答案：√

4. 根据《水质　总氮的测定　流动注射－盐酸萘乙二胺分光光度法》（HJ 668—2013）测定水中总氮时，每次分析完毕后，须用纯水对分析管路进行清洗，并及时将流动检测池中的滤光片取下放入干燥器中，防尘防湿。（　　）

答案：√

5. 根据《水质　总氮的测定　流动注射－盐酸萘乙二胺分光光度法》（HJ 668—2013）测定水中总氮时，盐酸萘乙二胺显色剂应盛于棕色瓶中，若发现溶液的颜色变成粉红色，还可以继续使用。（　　）

答案：×

正确答案：若发现溶液的颜色变成粉红色，应立即停用。

6. 根据《水质　总氮的测定　流动注射－盐酸萘乙二胺分光光度法》（HJ 668—2013）测定水中总氮时，试剂和环境温度不影响分析结果，冰箱内贮存的试剂可以直接使用。（　　）

答案：×

正确答案：试剂和环境温度影响分析结果，冰箱内贮存的试剂应放置至室温（20±5）℃后再使用。

7. 根据《水质　总氮的测定　流动注射－盐酸萘乙二胺分光光度法》（HJ 668—2013）测定水中总氮时，试剂质量会影响空白值，当空白值超出检出限时，需对过硫酸钾进行提纯。（　　）

答案：√

8. 根据《水质　总氮的测定　流动注射－盐酸萘乙二胺分光光度法》（HJ 668—2013）配制消

解溶液和四硼酸钠缓冲溶液时，加热助溶温度必须控制在 80℃以下。(　　)

答案：×

正确答案：加热助溶温度必须控制在 60℃以下。

9. 根据《水质　总氮的测定　流动注射－盐酸萘乙二胺分光光度法》（HJ 668—2013）测定水中总氮时，实验室用水是新鲜制备的水即可。(　　)

答案：×

正确答案：实验室用水为新鲜制备、电阻率大于 10 MΩ · cm（25℃）的无氨水。

10. 根据《水质　总氮的测定　流动注射－盐酸萘乙二胺分光光度法》（HJ 668—2013）测定水中总氮时，若样品的总氮浓度≤1.00 mg/L，平行样的允许偏差为≤5%。(　　)

答案：×

正确答案：当样品的总氮浓度≤1.00 mg/L 时，平行样的允许偏差应≤10%。

11. 根据《水质　总氮的测定　流动注射－盐酸萘乙二胺分光光度法》（HJ 668—2013）测定水中总氮时，每批样品须至少做 2 个空白样，空白值不得超过检出限。否则应查明原因，重新分析直至合格之后才能测定样品。(　　)

答案：√

12. 根据《水质　总氮的测定　流动注射－盐酸萘乙二胺分光光度法》（HJ 668—2013）测定水中总氮时，实验中使用的硝酸钾标准贮备液、中间液及使用液均应在 4℃下避光保存。(　　)

答案：√

13. 根据《水质　总氮的测定　流动注射－盐酸萘乙二胺分光光度法》（HJ 668—2013）测定水中总氮时，实验中使用的氨基乙酸标准使用溶液可提前配制，在 4℃下避光保存。(　　)

答案：×

正确答案：氨基乙酸标准使用溶液应临用现配。

14. 根据《水质　总氮的测定　流动注射－盐酸萘乙二胺分光光度法》（HJ 668—2013）测定水中总氮时，应定期对系统性能进行检查，包括紫外消解效率检验和镉柱还原能力检验。(　　)

答案：√

15. 根据《水质　总氮的测定　流动注射－盐酸萘乙二胺分光光度法》（HJ 668—2013）测定水中总氮时，流动注射分析仪流路管径较粗，适用于测定含悬浮物颗粒物较多或颗粒粒径较大的样品。(　　)

答案：×

正确答案：流动注射分析仪流路管径较细，不适用于测定含悬浮物颗粒物较多或颗粒粒径大于 250 μm 的样品。

二、单项选择题

1. 根据《水质　总氮的测定　流动注射－盐酸萘乙二胺分光光度法》（HJ 668—2013）测定水中总氮时，采样前用水清洗所有接触样品的器皿。将样品采集于聚乙烯或玻璃瓶中，加硫酸酸化至 pH≤2，常温下可保存________d。(　　)

A．3　　B．7　　C．10　　D．30

答案：B

2. 根据《水质　总氮的测定　流动注射－盐酸萘乙二胺分光光度法》（HJ 668—2013）测定水中总氮时，因流动注射分析仪流路管径较细，不适用于测定含悬浮物颗粒物较多或颗粒粒径大于________μm 的样品。（　　）

A．100　　B．250　　C．500　　D．1 000

答案：B

3. 根据《水质　总氮的测定　流动注射－盐酸萘乙二胺分光光度法》（HJ 668—2013）配制消解溶液和四硼酸钠缓冲溶液时，加热助溶温度必须控制在________℃以下。（　　）

A．40　　B．60　　C．80　　D．100

答案：B

4. 根据《水质　总氮的测定　流动注射－盐酸萘乙二胺分光光度法》（HJ 668—2013）测定水中总氮时，封闭的化学反应系统若有气泡会干扰测定，因此，除标准溶液外的所有溶液须除气，可采用________除气 1 min 或超声除气 30 min。（　　）

A．氢气　　B．氮气　　C．氦气　　D．空气

答案：C

5. 根据《水质　总氮的测定　流动注射－盐酸萘乙二胺分光光度法》（HJ 668—2013）测定水中总氮时，仪器系统需定期测量氨基乙酸标准使用溶液以验证方法的消解效率。一般是________个月检查 1 次。（　　）

A．1　　B．3　　C．6　　D．12

答案：B

6. 根据《水质　总氮的测定　流动注射－盐酸萘乙二胺分光光度法》（HJ 668—2013）测定水中总氮时，当检测光程为 10 mm 时，检出限为________mg/L。（　　）

A．0.004　　B．0.03　　C．0.5　　D．1

答案：B

7. 根据《水质　总氮的测定　流动注射－盐酸萘乙二胺分光光度法》（HJ 668—2013）测定水中总氮时，将样品采集于聚乙烯或玻璃瓶中，加________酸化至 pH≤2，常温下可保存 7 d。（　　）

A．硫酸　　B．硝酸　　C．盐酸　　D．磷酸

答案：A

8. 根据《水质　总氮的测定　流动注射－盐酸萘乙二胺分光光度法》（HJ 668—2013）测定水中总氮时，将采集好的样品于聚乙烯瓶中，于 -20℃下冷冻，可保存________。（　　）

A．15 d　　B．1 个月　　C．6 个月　　D．12 个月

答案：B

9. 根据《水质　总氮的测定　流动注射－盐酸萘乙二胺分光光度法》（HJ 668—2013）测定水中总氮时，当样品中六价铬离子浓度不大于________mg/L 时，对总氮的测定无影响。（　　）

A．5　　B．20　　C．100　　D．200

答案：C

10. 根据《水质　总氮的测定　流动注射－盐酸萘乙二胺分光光度法》（HJ 668—2013）测定水中总氮时，当样品数量少于 10 个时，应至少测定 1 个加标回收样，加标回收率应为________。（　　）

A．80%～120%　　B．85%～105%　　C．85%～115%　　D．90%～110%

答案：A

11. 根据《水质　总氮的测定　流动注射－盐酸萘乙二胺分光光度法》（HJ 668—2013）测定水中总氮时，若测定结果大于或等于 1.00 mg/L，测定结果保留________位有效数字。（　　）

A．1　　B．2　　C．3　　D．4

答案：C

12. 根据《水质　总氮的测定　流动注射－盐酸萘乙二胺分光光度法》（HJ 668—2013）测定水中总氮时，若测定结果小于 1.00 mg/L，测定结果保留至小数点后________位。（　　）

A．1　　B．2　　C．3　　D．4

答案：B

13. 根据《水质　总氮的测定　流动注射－盐酸萘乙二胺分光光度法》（HJ 668—2013）测定水中总氮时，用于实验用水和溶液除气的氦气的纯度应大于等于________。（　　）

A．99%　　B．99.5%　　C．99.9%　　D．99.99%

答案：D

14. 根据《水质　总氮的测定　流动注射－盐酸萘乙二胺分光光度法》（HJ 668—2013）测定水中总氮时，每批样品分析均须绘制校准曲线，校准曲线的相关系数应大于等于________。（　　）

A．0.99　　B．0.995　　C．0.999　　D．0.999 9

答案：B

15. 根据《水质　总氮的测定　流动注射－盐酸萘乙二胺分光光度法》（HJ 668—2013）测定水中总氮时，试料中的含氮化合物经一系列反应与盐酸萘乙二胺偶联生成紫红色化合物，于________ nm 处测量吸光度。（　　）

A．480　　B．520　　C．540　　D．600

答案：C

三、问答题

1. 根据《水质　总氮的测定　流动注射－盐酸萘乙二胺分光光度法》（HJ 668—2013）简述流动注射－盐酸萘乙二胺分光光度法测定水中总氮的化学反应原理。

答案：在碱性介质中，试料中的含氮化合物在（95±2）℃、紫外线照射下，被过硫酸盐氧化为硝酸盐后，经镉柱还原为亚硝酸盐；在酸性介质中，亚硝酸盐与磺胺进行重氮化反应，然后与盐酸萘乙二胺偶联生成紫红色化合物，于 540 nm 处测量吸光度。

2. 根据《水质　总氮的测定　流动注射－盐酸萘乙二胺分光光度法》（HJ 668—2013）测定水中总氮时，什么情况下需要进行镉柱还原能力检验？如何检验？

答案：（1）当发现镉柱颜色变银灰色或有白色沉淀物时，需进行镉柱还原能力检验；

（2）检验方法：测试中关闭紫外灯，用水代替消解溶液。按照与样品测定相同的步骤，分别测量氮含量相同的亚硝酸钾溶液和硝酸钾标准使用溶液。如果后者测定结果比前者低 10% 以上，则需更换镉柱。一般 1 个月检查 1 次。

3. 根据《水质　总氮的测定　流动注射－盐酸萘乙二胺分光光度法》（HJ 668—2013）简述过

硫酸钾的提纯方法。

答案： 称取 100 g 过硫酸钾放入烧杯中，用 500 ml 70～80℃的无氨水溶解。溶液自然冷却至室温后，再置于冰水浴中 45～60 min。用滤纸或砂芯漏斗过滤，将已重结晶的过硫酸钾置于干燥器中干燥。必要时，重复上述操作。

四、计算题

根据《水质　总氮的测定　流动注射－盐酸萘乙二胺分光光度法》（HJ 668—2013）测定废水中的总氮时，取水样 10.00 ml，稀释定容至 100 ml，上机测定信号值为 0.156，以测定信号值（峰面积）为纵坐标，对应的总氮质量浓度（以 N 计，mg/L）为横坐标，绘制标准曲线，标准曲线回归方程为 y=0.145 3x+0.001，试求废水中总氮的浓度。

答案： $\rho = \frac{y-a}{b} \times f$

$$= \frac{0.156-0.001}{0.145\,3} \times \frac{100}{10} = 10.7\ (\text{mg/L})$$

该废水中总氮的浓度为 10.7 mg/L。

参考文献

环境保护部．水质　总氮的测定　流动注射－盐酸萘乙二胺分光光度法：HJ 668—2013［S］．北京：中国环境科学出版社，2013.

命题：郎雅娣

审核：梁　静

第四十四节　水质　总磷的测定　钼酸铵分光光度法（GB 11893—89）

一、判断题

1. 根据《水质　总磷的测定　钼酸铵分光光度法》（GB 11893—89）测定水中总磷时，采取水样后加入 1 ml 硫酸调节样品的 pH，使之低于或等于 1，或不加任何试剂于冷处保存。（　　）

答案： √

2. 根据《水质　总磷的测定　钼酸铵分光光度法》（GB 11893—89）测定水中总磷时，取 25 ml 试料，最低检出浓度为 0.001 mg/L，测定上限为 0.6 mg/L。（　　）

答案： ×

正确答案： 取 25 ml 试料，本标准的最低检出浓度为 0.01 mg/L。

3. 根据《水质　总磷的测定　钼酸铵分光光度法》(GB 11893—89) 测定水中总磷时，使用光程为 30 mm 比色皿，于 700 nm 波长处，以水作参比，测量吸光度。(　　)

答案：√

4. 根据《水质　总磷的测定　钼酸铵分光光度法》(GB 11893—89) 测定水中总磷时，钼酸铵溶液可贮存于棕色试剂瓶中，在冷处可保存 6 个月。(　　)

答案：×

正确答案：钼酸铵溶液可贮存于棕色试剂瓶中，在冷处可保存 2 个月。

5. 根据《水质　总磷的测定　钼酸铵分光光度法》(GB 11893—89) 测定水中总磷时，磷标准贮备溶液在玻璃瓶中可贮存至少 6 个月。(　　)

答案：√

6. 根据《水质　总磷的测定　钼酸铵分光光度法》(GB 11893—89) 测定水中总磷时，操作所用玻璃器皿可用稀硫酸浸泡。(　　)

答案：×

正确答案：所有玻璃器皿均应用稀盐酸或稀硝酸浸泡。

7. 根据《水质　总磷的测定　钼酸铵分光光度法》(GB 11893—89) 测定水中总磷时，磷标准使用液可提前 1 个月配制。(　　)

答案：×

正确答案：磷标准使用液需使用当天配制。

8. 根据《水质　总磷的测定　钼酸铵分光光度法》(GB 11893—89) 测定水中总磷时，抗坏血酸溶液贮于棕色试剂瓶中，在冷处可稳定几周，如不变色可长时间使用。(　　)

答案：√

9. 根据《水质　总磷的测定　钼酸铵分光光度法》(GB 11893—89) 测定水中总磷时，用硝酸 - 高氯酸消解，如果消解后有残渣时，用滤纸过滤于具塞刻度管中，并用水充分清洗锥形瓶及滤纸，一并移到具塞刻度管中。(　　)

答案：√

10. 根据《水质　总磷的测定　钼酸铵分光光度法》(GB 11893—89) 测定水中总磷时，水样中的有机物用硝酸 - 高氯酸氧化不能完全破坏时，可用过硫酸钾法消解。(　　)

答案：×

正确答案：水样中的有机物用过硫酸钾法氧化不能完全破坏时，可用硝酸 - 高氯酸消解。

11. 根据《水质　总磷的测定　钼酸铵分光光度法》(GB 11893—89) 测定水中总磷时，如果试样含有浊度和色度时，会影响吸光度的测量，需做补偿校正。(　　)

答案：√

12. 根据《水质　总磷的测定　钼酸铵分光光度法》(GB 11893—89) 测定水中总磷时，采集的水样可存储于玻璃瓶或塑料瓶中。(　　)

答案：×

正确答案：含磷量较少的水样，不要用塑料瓶采样。

13. 根据《水质　总磷的测定　钼酸铵分光光度法》(GB 11893—89) 测定水中总磷时，取

25 ml 的总磷试样于具塞刻度管中。取时应该仔细摇匀，以得到溶解部分和悬浮部分均具有代表性的试样。如果样品中含磷浓度较高，试样体积可以增加。(　　)

答案：×

正确答案：如果样品中含磷浓度较高，试样体积可以减少。

14. 根据《水质　总磷的测定　钼酸铵分光光度法》(GB 11893—89)测定水中总磷时，用过硫酸钾消解法进行消解时，空白试样和标准溶液系列无需进行同样的消解操作。(　　)

答案：×

正确答案：空白试样和标准溶液系列也需同样的消解操作。

15. 根据《水和废水监测分析方法》(第四版增补版)的内容，一般天然水中磷酸盐含量不高。化肥、冶炼、合成洗涤剂等行业的工业废水及生活污水中常含有较小量的磷。(　　)

答案：×

正确答案：化肥、冶炼、合成洗涤剂等行业的工业废水及生活污水中常含有较大量的磷。

16. 水体中磷含量过高不会造成藻类的过度繁殖。(　　)

答案：×

正确答案：水体中磷含量过高会造成藻类过度繁殖。

二、单项选择题

1. 根据《水质　总磷的测定　钼酸铵分光光度法》(GB 11893—89)测定水中总磷时，采样后加硫酸酸化至 pH≤________保存。(　　)

A. 1　　B. 2　　C. 3　　D. 0.5

答案：A

2. 根据《水质　总磷的测定　钼酸铵分光光度法》(GB 11893—89)测定水中总磷时，过硫酸钾消解，待压力达到 1.1 kg/cm^2，相应温度为________℃时，保持 30 min 后停止加热。(　　)

A. 110　　B. 120　　C. 125　　D. 130

答案：B

3. 根据《水质　总磷的测定　钼酸铵分光光度法》(GB 11893—89)测定水中总磷时，显色时向各份消解液中加入 1 ml 抗坏血酸溶液混匀，30 s 后加入 2 ml 钼酸盐溶液充分混匀，放置________min。(　　)

A. 5　　B. 10　　C. 15　　D. 20

答案：C

4. 根据《水质　总磷的测定　钼酸铵分光光度法》(GB 11893—89)测定水中总磷时，室温低于________℃时，可在 20～30℃水浴中显色 15 min。(　　)

A. 12　　B. 13　　C. 14　　D. 15

答案：B

5. 根据《水质　总磷的测定　钼酸铵分光光度法》(GB 11893—89)测定水中总磷时，室温下放置 15 min 后，使用光程为 30 mm 比色皿，在________nm 波长下，以水作参比，测定吸光度。(　　)

A. 300　　B. 400　　C. 700　　D. 980

答案：C

6. 根据《水质　总磷的测定　钼酸铵分光光度法》（GB 11893—89）测定水中总磷不适用于________水样。（　　）

A．地表水　　B．地下水　　C．污水　　D．工业废水

答案：B

7. 根据《水质　总磷的测定　钼酸铵分光光度法》（GB 11893—89）测定水中总磷时，使用的具塞（磨口）刻度管应为________ml。（　　）

A．30　　B．40　　C．50　　D．70

答案：C

8. 根据《水质　总磷的测定　钼酸铵分光光度法》（GB 11893—89）测定水中总磷时，5% 过硫酸钾溶液的配制方法为溶解________g 过硫酸钾于水中，并稀释至 100 ml。（　　）

A．10　　B．7　　C．5　　D．2

答案：C

9. 根据《水质　总磷的测定　钼酸铵分光光度法》（GB 11893—89）测定水中总磷时，砷含量大于________mg/L，硫化物含量大于________mg/L，六价铬含量大于________mg/L 干扰测定。（　　）

A．2，2，50　　B．2，20，50　　C．50，2，2　　D．2，50，2

答案：A

三、问答题

根据《水质　总磷的测定　钼酸铵分光光度法》（GB 11893—89）简述测定水中总磷时用过硫酸钾消解法进行消解的步骤。

答案：吸取 25 ml 混合水样（必要时，酌情少取水样，并加水至 25 ml，使含磷量不超过 30 μg）于 50 ml 具塞刻度管中，加过硫酸钾溶液 4 ml，加塞后管口包一小块纱布并用线扎紧，以免加热时玻璃塞冲出。将具塞刻度管放在大烧杯中，置于高压蒸汽消毒器或压力锅中加热，待锅内压力达到 1.1 kg/cm^2（相应温度为 120℃）时，调节电炉温度保持此压力 30 min 后，停止加热。待压力表指针降至零后，取出放冷，如溶液混浊，则用滤纸过滤，洗涤后定容。空白试样和标准溶液系列也需同样的消解操作。

四、计算题

根据《水质　总磷的测定　钼酸铵分光光度法》（GB 11893—89）测定水中总磷时，取 25 ml 水样，测得试液的吸光度为 0.071，总磷校准曲线的回归方程为 $y=9.88\times10^{-3}x+0.001$，曲线空白为 0.001，试计算水样中总磷的浓度。

答案：$C=\dfrac{m}{V}$

$$=\frac{(0.071-0.001-0.001)\div(9.88\times10^{-3})}{25}=0.28\ (\text{mg/L})$$

水样中总磷的浓度是 0.28 mg/L。

参考文献

［1］环境保护部．水质　总磷的测定　钼酸铵分光光度法：GB 11893—89［S］．北京：中国环境科学出版社，1989.

［2］国家环境保护总局《水和废水监测分析方法》编委会．水和废水监测分析方法：第四版增补版［M］．北京：中国环境科学出版社，2002.

命题：王　婧

审核：刘旭阳

第四十五节　水质　总磷的测定　流动注射－钼酸铵分光光度法（HJ 671—2013）

一、判断题

1.《水质　总磷的测定　流动注射－钼酸铵分光光度法》（HJ 671—2013）适用于地表水、地下水、生活污水和工业废水中总磷的测定。（　　）

答案：√

2.《水质　总磷的测定　流动注射－钼酸铵分光光度法》（HJ 671—2013）中的规定，当检测池光程为 10 mm 时，本方法的检出限为 0.01 mg/L（以 P 计）。（　　）

答案：×

正确答案：检出限为 0.005 mg/L。

3. 根据《水质　总磷的测定　流动注射－钼酸铵分光光度法》（HJ 671—2013）测定水中总磷时，当样品的 pH＜2 时，会出现折射指示现象或双峰干扰；当样品的 pH＞10 时，会对测定产生正干扰。因此，当样品 pH＜2 或＞10 时，应在分析前将试样的 pH 调至中性。（　　）

答案：√

4. 根据《水质　总磷的测定　流动注射－钼酸铵分光光度法》（HJ 671—2013）测定水中总磷时，每次分析完毕后，用纯水对分析管路进行清洗，并及时将流动检测池中的滤光片取下放入干燥器中，防尘防湿。（　　）

答案：√

5. 根据《水质　总磷的测定　流动注射－钼酸铵分光光度法》（HJ 671—2013）测定水中总磷时，含磷量较少的水样，可用聚乙烯瓶常温贮存。（　　）

答案：×

正确答案：含磷量较少的水样，不宜用聚乙烯瓶贮存，冷冻保存状态除外。

6. 根据《水质　总磷的测定　流动注射－钼酸铵分光光度法》（HJ 671—2013）测定水中总磷时，如样品有浊度或色度干扰，需配制 1 个空白试样，先加入色度－浊度补偿液，再加入钼酸盐显

色剂，对试样进行分析，然后做吸光度扣除。（　　）

答案：×

正确答案：加入色度－浊度补偿液后，不再加入钼酸盐显色剂。

7. 根据《水质　总磷的测定　流动注射－钼酸铵分光光度法》（HJ 671—2013）测定总磷时，在酸性条件下，砷、铬、硫对总磷的测定不产生干扰。（　　）

答案：×

正确答案：在酸性条件下，砷、铬、硫对总磷的测定产生干扰。

8. 根据《水质　总磷的测定　流动注射－钼酸铵分光光度法》（HJ 671—2013）测定水中总磷时，试剂和环境温度不影响分析结果，冰箱内贮存的试剂可以直接使用。（　　）

答案：×

正确答案：试剂和环境温度影响分析结果，冰箱内贮存的试剂应放置至室温（20℃ ±5℃）后再使用。

9. 根据《水质　总磷的测定　流动注射－钼酸铵分光光度法》（HJ 671—2013）测定水中总磷时，流动注射分析仪流路管径较粗，适用于测定含悬浮物颗粒物较多或颗粒粒径较大的样品。（　　）

答案：×

正确答案：流动注射分析仪流路管径较细，不适用于测定含悬浮物颗粒物较多或颗粒粒径大于250 μm 的样品。

10. 根据《水质　总磷的测定　流动注射－钼酸铵分光光度法》（HJ 671—2013）测定水中总磷时，仪器需定期验证方法的水解效率和消解效率，一般 2 周检验 1 次。（　　）

答案：√

11. 根据《水质　总磷的测定　流动注射－钼酸铵分光光度法》（HJ 671—2013）测定水中总磷时，每批样品须至少做 2 个空白样，空白值不得超过检出限。否则应查明原因，重新分析直至合格之后才能测定样品。（　　）

答案：√

12. 根据《水质　总磷的测定　流动注射－钼酸铵分光光度法》（HJ 671—2013）测定水中总磷时，实验室用水为新鲜制备的水即可。（　　）

答案：×

正确答案：实验室用水为新鲜制备、电导率小于 0.5 μS/cm（25℃）的去离子水。

13. 根据《水质　总磷的测定　流动注射－钼酸铵分光光度法》（HJ 671—2013）测定水中总磷时，实验中使用的过硫酸钾溶液室温避光保存，可长期使用。（　　）

答案：×

正确答案：过硫酸钾溶液室温避光保存，可稳定 1 个月。

14. 根据《水质　总磷的测定　流动注射－钼酸铵分光光度法》（HJ 671—2013）测定水中总磷时，实验中使用的钼酸铵溶液贮存在玻璃瓶中，室温避光保存，可稳定 2 个月。（　　）

答案：×

正确答案：钼酸铵溶液贮存在聚乙烯瓶中，4℃下保存，可稳定 2 个月。

15. 根据《水质　总磷的测定　流动注射－钼酸铵分光光度法》（HJ 671—2013）测定水中总磷

时，实验中使用的还原剂为抗坏血酸和十二烷基苯磺酸钠混合溶液，该溶液在4℃下保存，可稳定2周。(　　)

答案：×

正确答案：实验中使用的还原剂为抗坏血酸和十二烷基硫酸钠混合溶液。

二、单项选择题

1. 根据《水质　总磷的测定　流动注射－钼酸铵分光光度法》(HJ 671—2013)测定水中总磷时，采样前用水清洗所有接触样品的器皿。将样品采集于聚乙烯或玻璃瓶中，加硫酸酸化至pH≤2，常温下可保存________。(　　)

A. 12 h　　B. 24 h　　C. 7 d　　D. 30 d

答案：B

2. 根据《水质　总磷的测定　流动注射－钼酸铵分光光度法》(HJ 671—2013)测定总磷时，因为流动注射分析仪流路管径较细，不适用于测定含悬浮物颗粒物较多或颗粒粒径大于______μm的样品。(　　)

A. 100　　B. 250　　C. 500　　D. 1 000

答案：B

3. 根据《水质　总磷的测定　流动注射－钼酸铵分光光度法》(HJ 671—2013)测定水中总磷时，封闭的化学反应系统中若有气泡会干扰测定，因此，除标准溶液外的所有溶液须除气，可采用________除气1 min或超声除气30 min。(　　)

A. 氢气　　B. 氮气　　C. 氦气　　D. 空气

答案：C

4. 根据《水质　总磷的测定　流动注射－钼酸铵分光光度法》(HJ 671—2013)测定水中总磷时，当检测光程为10 mm时，检出限为________mg/L。(　　)

A. 0.001　　B. 0.003　　C. 0.005　　D. 0.1

答案：C

5. 根据《水质　总磷的测定　流动注射－钼酸铵分光光度法》(HJ 671—2013)测定水中总磷时，将样品采集于聚乙烯或玻璃瓶中，加________酸化至pH≤2，常温下可保存24 h。(　　)

A. 硫酸　　B. 硝酸　　C. 盐酸　　D. 磷酸

答案：A

6. 根据《水质　总磷的测定　流动注射－钼酸铵分光光度法》(HJ 671—2013)测定水中总磷时，将采集好的样品于聚乙烯瓶中，于−20℃下冷冻，可保存________。(　　)

A. 15 d　　B. 1个月　　C. 6个月　　D. 12个月

答案：B

7. 根据《水质　总磷的测定　流动注射－钼酸铵分光光度法》(HJ 671—2013)测定水中总磷时，当水样中总磷浓度≤________mg/L时，不宜用聚乙烯瓶贮存。(　　)

A. 0.1　　B. 0.5　　C. 1　　D. 5

答案：A

8. 根据《水质　总磷的测定　流动注射－钼酸铵分光光度法》（HJ 671—2013）测定水中总磷时，当预处理盒加热器在加热温度接近________℃时，应保证加热器的管路中有液体流动。（　　）

A. 40　　B. 60　　C. 80　　D. 100

答案：C

9. 根据《水质　总磷的测定　流动注射－钼酸铵分光光度法》（HJ 671—2013）测定水中总磷时，当测定结果小于 1.00 mg/L 时，测定结果保留至小数点后________位。（　　）

A. 1　　B. 2　　C. 3　　D. 4

答案：C

10. 根据《水质　总磷的测定　流动注射－钼酸铵分光光度法》（HJ 671—2013）测定水中总磷时，当测定结果大于或等于 1.00 mg/L 时，测定结果保留________位有效数字。（　　）

A. 1　　B. 2　　C. 3　　D. 4

答案：C

11. 根据《水质　总磷的测定　流动注射－钼酸铵分光光度法》（HJ 671—2013）测定水中总磷时，每批样品分析均须绘制校准曲线，校准曲线的相关系数应≥________。（　　）

A. 0.99　　B. 0.995　　C. 0.999　　D. 0.999 9

答案：B

12. 根据《水质　总磷的测定　流动注射－钼酸铵分光光度法》（HJ 671—2013）测定水中总磷时，当样品数量少于 10 个时，应至少测定 1 个加标回收样，加标回收率应为________。（　　）

A. 80%～120%　　B. 85%～105%　　C. 85%～115%　　D. 90%～110%

答案：A

13. 根据《水质　总磷的测定　流动注射－钼酸铵分光光度法》（HJ 671—2013）测定总磷时，每分析 10 个样品需用 1 个校准曲线的中间浓度进行校准核查，其测定结果的相对偏差应≤________，否则应重新绘制校准曲线。（　　）

A. 1%　　B. 3%　　C. 5%　　D. 10%

答案：C

14. 根据《水质　总磷的测定　流动注射－钼酸铵分光光度法》（HJ 671—2013）测定水中总磷时，每批样品应至少测定 10% 的平行双样，当样品数量少于 10 个时，应至少测定 1 个平行双样。当总磷浓度≤0.02 mg/L 时，平行样的相对偏差≤________；当总磷浓度≥0.02 mg/L 时，平行样的相对偏差≤________。（　　）

A. 20%；5%　　B. 20%；10%　　C. 25%；10%　　D. 25%；15%

答案：C

15. 根据《水质　总磷的测定　流动注射－钼酸铵分光光度法》（HJ 671—2013）测定总磷时，用于实验用水和溶液除气的氦气的纯度应≥________。（　　）

A. 99%　　B. 99.5%　　C. 99.9%　　D. 99.99%

答案：D

三、问答题

根据《水质　总磷的测定　流动注射－钼酸铵分光光度法》（HJ 671—2013）简述流动注射－钼酸铵分光光度法测定水中总磷的化学反应原理。

答案：在酸性条件下，试样中各种形态的磷经125℃高温高压水解，再与过硫酸钾溶液混合进行紫外消解，全部被氧化成正磷酸盐，在锑盐的催化下正磷酸盐与钼酸铵反应生成磷钼酸杂多酸。该化合物被抗坏血酸还原生成蓝色络合物，于波长880 nm处测量吸光度。

四、计算题

根据《水质　总磷的测定　流动注射－钼酸铵分光光度法》（HJ 671—2013）测定废水中的总磷时，取水样100.00 ml，上机测定信号值为0.339，以测定信号值（峰面积）为纵坐标，对应的总磷质量浓度（以P计，mg/L）为横坐标，绘制标准曲线，标准曲线回归方程为y=0.842 5x+0.002，试求废水中总磷的浓度。

答案：
$$\rho = \frac{y-a}{b} = \frac{0.339-0.002}{0.842\ 5} = 0.400\ (\text{mg/L})$$

该废水中总磷的浓度为0.400 mg/L。

参考文献

[1] 环境保护部.水质　总磷的测定　流动注射－钼酸铵分光光度法：HJ 671—2013［S］. 北京：中国环境科学出版社，2013.

[2] 中国环境监测总站《环境监测人员持证上岗考核试题集》编写组.环境监测人员持证上岗考核试题集：上册.4版［M］.北京：中国环境出版集团，2015.

命题：郎雅娣
审核：梁　静

第四十六节　水质　磷酸盐和总磷的测定　连续流动－钼酸铵分光光度法（HJ 670—2013）

一、判断题

1. 根据《水质　磷酸盐和总磷的测定　连续流动－钼酸铵分光光度法》（HJ 670—2013）测定水中磷酸盐和总磷时，所有玻璃器皿均须用稀盐酸或稀硝酸浸泡。（　　）

答案：√

2. 根据《水质 磷酸盐和总磷的测定 连续流动－钼酸铵分光光度法》（HJ 670—2013）测定水中磷酸盐和总磷时，为减小基线噪音，试剂应保持澄清，必要时试剂应过滤。试剂和环境的温度会影响分析结果，应使冰箱贮存的试剂温度达到室温后再使用，分析过程中室温波动不超过 ±5℃。（ ）

答案：√

3. 根据《水质 磷酸盐和总磷的测定 连续流动－钼酸铵分光光度法》（HJ 670—2013）测定水中磷酸盐和总磷时，分析完毕后，应及时将流动检测池中的滤光片取下放入干燥器中，防尘防湿。（ ）

答案：√

4. 根据《水质 磷酸盐和总磷的测定 连续流动－钼酸铵分光光度法》（HJ 670—2013）测定水中磷酸盐和总磷时，注意流路的清洁，每天分析完毕后所有流路需用水清洗 30 min。每周用清洗溶液清洗管路 30 min，再用水清洗 30 min。（ ）

答案：√

5. 根据《水质 磷酸盐和总磷的测定 连续流动－钼酸铵分光光度法》（HJ 670—2013）测定水中磷酸盐和总磷时，应保持透析膜湿润，为防止透析膜破裂，可在分析完毕清洗系统时，于每升清洗水中加入 1 滴 FFD_6。（ ）

答案：√

6. 根据《水质 磷酸盐和总磷的测定 连续流动－钼酸铵分光光度法》（HJ 670—2013）测定水中磷酸盐和总磷时，当检测光程为 10 mm 时，测定磷酸盐的检出限为 0.01 mg/L，测定范围为 0.04～1.00 mg/L；测定总磷的检出限为 0.01 mg/L，测定范围为 0.04～5.00 mg/L。（ ）

答案：×

正确答案：当检测光程为 50 mm 时，测定磷酸盐的检出限为 0.01 mg/L，测定范围为 0.04～1.00 mg/L；测定总磷的检出限为 0.01 mg/L，测定范围为 0.04～5.00 mg/L。

7. 根据《水质 磷酸盐和总磷的测定 连续流动－钼酸铵分光光度法》（HJ 670—2013）测定水中磷酸盐和总磷时，当同批分析的样品浓度波动大时，可在样品与样品之间插入空白，以减小高浓度样品对低浓度样品的影响。（ ）

答案：√

8. 根据《水质 磷酸盐和总磷的测定 连续流动－钼酸铵分光光度法》（HJ 670—2013）测定水中磷酸盐和总磷时，磷酸盐的测定可利用总磷分析模块。（ ）

答案：√

9. 根据《水质 磷酸盐和总磷的测定 连续流动－钼酸铵分光光度法》（HJ 670—2013）测定水中磷酸盐和总磷时，定期用焦磷酸钠标准使用溶液验证方法的水解效率，用 5- 磷酸吡哆醛标准使用溶液验证方法的消解效率，一般 2 周检验 1 次。（ ）

答案：√

10. 根据《水质 磷酸盐和总磷的测定 连续流动－钼酸铵分光光度法》（HJ 670—2013）测定水中磷酸盐和总磷时，每批样品分析必须做 10% 的加标回收样，样品数量少于 10 个时，应至少测定 1 个加标回收样品，加标回收率应控制在 80%～120%。（ ）

答案：√

11. 根据《水质　磷酸盐和总磷的测定　连续流动－钼酸铵分光光度法》（HJ 670—2013）测定水中磷酸盐和总磷时，试样与试剂在蠕动泵的推动下进入化学反应模块，在密闭的管路中连续流动，被气泡按一定间隔规律地隔开，并按特定的顺序和比例混合、反应，显色完全后进入流动检测池进行光度检测。(　　)

答案：√

12. 根据《水质　磷酸盐和总磷的测定　连续流动－钼酸铵分光光度法》（HJ 670—2013）测定水中磷酸盐和总磷时，试样中的正磷酸盐在酸性介质中、锑盐存在下，与钼酸铵反应生成磷钼杂多酸，该化合物立即被抗坏血酸还原生成蓝色络合物，于波长 660 nm 处测量吸光度。(　　)

答案：×

正确答案：试样中的正磷酸盐在酸性介质中、锑盐存在下，与钼酸铵反应生成磷钼杂多酸，该化合物立即被抗坏血酸还原生成蓝色络合物，于波长 880 nm 处测量吸光度。

13. 根据《水质　磷酸盐和总磷的测定　连续流动－钼酸铵分光光度法》（HJ 670—2013）测定水中磷酸盐和总磷时，试样中加入过硫酸钾溶液，经紫外消解和（107±1）℃酸性水解，各种形态的磷全部氧化成正磷酸盐。(　　)

答案：√

14. 根据《水质　磷酸盐和总磷的测定　连续流动－钼酸铵分光光度法》（HJ 670—2013）测定水中磷酸盐和总磷时，样品中高浓度的有机物会消耗过硫酸钾氧化剂，使总磷的测定结果偏高，可以通过稀释试样来消除影响。(　　)

答案：×

正确答案：样品中高浓度的有机物会消耗过硫酸钾氧化剂，使总磷的测定结果偏低，可以通过稀释试样来消除影响。

15. 根据《水质　磷酸盐和总磷的测定　连续流动－钼酸铵分光光度法》（HJ 670—2013）测定水中磷酸盐和总磷时，样品中含较多的固体颗粒或悬浮物时，须摇匀后取样、适当稀释，再通过匀质化预处理后进样。(　　)

答案：√

16. 根据《水质　磷酸盐和总磷的测定　连续流动－钼酸铵分光光度法》（HJ 670—2013）测定水中磷酸盐和总磷时，在配制酒石酸锑钾贮备溶液时，称取 0.30 g 酒石酸锑钾，溶解于 80 ml 水中，加水稀释至 100 ml 并混匀，盛于棕色具塞玻璃瓶中。该溶液在 4℃下保存，可稳定 1 个月。(　　)

答案：×

正确答案：称取 0.30 g 酒石酸锑钾，溶解于 80 ml 水中，加水稀释至 100 ml 并混匀，盛于棕色具塞玻璃瓶中。该溶液在 4℃下保存，可稳定 2 个月。

17. 根据《水质　磷酸盐和总磷的测定　连续流动－钼酸铵分光光度法》（HJ 670—2013）测定水中磷酸盐和总磷时，连续流动分析仪由自动进样器（配置匀质部件）、化学分析单元（即化学反应模块，由多通道蠕动泵、歧管、泵管、混合反应圈、紫外消解装置、透析器、加热圈等组成）、检测单元（检测池光程为 50 mm）和数据处理单元组成。(　　)

答案：√

18. 根据《水质　磷酸盐和总磷的测定　连续流动－钼酸铵分光光度法》（HJ 670—2013）测定

水中磷酸盐和总磷时，在采样前，用水冲洗所有接触样品的器皿，样品采集于清洗过的聚乙烯或玻璃瓶中。用于测定磷酸盐的水样，取样后于 0～4℃暗处保存，可稳定 24 h。（　　）

答案：√

19. 根据《水质　磷酸盐和总磷的测定　连续流动－钼酸铵分光光度法》（HJ 670—2013）测定水中磷酸盐和总磷时，用于测定总磷的水样，采集后应立即加入硫酸至 pH≤2，常温可保存 24 h；于 -20℃冷冻，可保存 1 个月。（　　）

答案：√

20. 根据《水质　磷酸盐和总磷的测定　连续流动－钼酸铵分光光度法》（HJ 670—2013）测定水中磷酸盐和总磷时，对于含磷量较少的样品（磷酸盐或总磷浓度≤0.1 mg/L），不可用聚乙烯瓶贮存，冷冻保存状态除外。（　　）

答案：√

二、单项选择题

1. 根据《水质　磷酸盐和总磷的测定　连续流动－钼酸铵分光光度法》（HJ 670—2013）测定水中磷酸盐和总磷时，样品中________会对测定产生干扰。（　　）

A．砷　　B．铁　　C．锰　　D．铜

答案：A

2. 根据《水质　磷酸盐和总磷的测定　连续流动－钼酸铵分光光度法》（HJ 670—2013）测定水中磷酸盐和总磷时，样品的________会对测定产生干扰，通过透析单元可消除。（　　）

A．浊度　　B．浊度或色度　　C．色度　　D．悬浮物

答案：B

3. 根据《水质　磷酸盐和总磷的测定　连续流动－钼酸铵分光光度法》（HJ 670—2013）测定水中磷酸盐和总磷时，样品中高浓度的有机物会消耗________，使总磷测定结果偏低，可以通过稀释试样来消除影响。（　　）

A．硫酸钾氧化剂　　B．过硫酸钾氧化剂

C．硫酸钠　　D．过硫酸钠

答案：B

4. 根据《水质　磷酸盐和总磷的测定　连续流动－钼酸铵分光光度法》（HJ 670—2013）测定水中磷酸盐和总磷时，试样中的正磷酸盐在酸性介质中、锑盐存在下，与钼酸铵反应生成磷钼杂多酸，该化合物立即被抗坏血酸还原生成蓝色络合物，于________nm 波长处测量吸光度。（　　）

A．660　　B．600　　C．880　　D．800

答案：C

5. 根据《水质　磷酸盐和总磷的测定　连续流动－钼酸铵分光光度法》（HJ 670—2013）测定水中磷酸盐和总磷时，除非另有说明，分析时均使用符合国家标准的分析纯试剂，实验用水为新鲜制备、电导率小于________μS/cm（25℃）的去离子水。（　　）

A．0.2　　B．0.4　　C．0.5　　D．0.6

答案：C

6. 根据《水质 磷酸盐和总磷的测定 连续流动－钼酸铵分光光度法》（HJ 670—2013）配制碱试剂时，称取 160 g 氢氧化钠溶于适量水中，冷却后，加入 2 ml FFD_6，加水稀释至________，并混匀。（ ）

A. 250 ml　　B. 500 ml　　C. 1 000 ml　　D. 200 ml

答案：C

7. 根据《水质 磷酸盐和总磷的测定 连续流动－钼酸铵分光光度法》（HJ 670—2013）配制过硫酸钾消解试剂时，量取 200 ml 硫酸加入到适量水中，加入 12 g 过硫酸钾，溶解并冷却至室温，加水稀释至 1 000 ml 并混匀。该溶液室温避光储存，可稳定________。（ ）

A. 10 d　　B. 15 d　　C. 1 个月　　D. 2 个月

答案：C

8. 根据《水质 磷酸盐和总磷的测定 连续流动－钼酸铵分光光度法》（HJ 670—2013）配制酒石酸锑酸钾贮备溶液时，称取 0.30 g 酒石酸锑酸钾，溶解于 80 ml 水中，加水稀释至 100 ml 并混匀，盛于棕色具塞玻璃瓶中，该溶液在 4℃下保存，可稳定________。（ ）

A. 10 d　　B. 15 d　　C. 1 个月　　D. 2 个月

答案：D

9. 根据《水质 磷酸盐和总磷的测定 连续流动－钼酸铵分光光度法》（HJ 670—2013）测定水中磷酸盐和总磷时，在进行系统性能检查时，水解效率 R 应大于________%。（ ）

A. 80　　B. 85　　C. 90　　D. 95

答案：C

10. 根据《水质 磷酸盐和总磷的测定 连续流动－钼酸铵分光光度法》（HJ 670—2013）测定水中磷酸盐和总磷时，使用的分析天平精度为________g。（ ）

A. 0.000 1　　B. 0.000 01　　C. 0.001　　D. 0.01

答案：A

三、问答题

1. 根据《水质 磷酸盐和总磷的测定 连续流动－钼酸铵分光光度法》（HJ 670—2013）试写出连续流动分析仪组成部分。

答案：自动进样器（配置匀质部件）、化学分析单元（即化学反应模块，由多通道蠕动泵、歧管、泵管 / 混合反应圈、紫外消解装置、透析器、加热圈等组成）、检测单元（检测池光程为 50 mm）、数据处理单元。

2. 根据《水质 磷酸盐和总磷的测定 连续流动－钼酸铵分光光度法》（HJ 670—2013）简述连续流动分析仪工作原理。

答案：试样与试剂在蠕动泵的推动下进入化学反应模块，在密闭的管路中连续流动，被气泡按一定间隔规律地隔开，并按特定的顺序和比例混合、反应，显色完全后进入流动检测池进行光度检测。

四、计算题

采用连续流动－钼酸铵分光光度法测定某水样中总磷时，取 10.0 ml 水样于 50 ml 比色管中，加水至标线。比色测定，校准曲线上查得截距 a 为 0.005，斜率 b 为 0.006 85，此时测得信号值为 0.009。试求水样中氨氮的含量（mg/L）。

答案：
$$\rho = \frac{y-a}{b} \times f = \frac{0.009-0.005}{0.006\ 85} \times 5 = 2.92\ (\text{mg/L})$$

参考文献

［1］环境保护部. 水质 磷酸盐和总磷的测定 连续流动－钼酸铵分光光度法：HJ 670—2013［S］. 北京：中国环境科学出版社，2013.

［2］中国环境监测总站《环境监测人员持证上岗考核试题集》编写组. 环境监测人员持证上岗考核试题集：上册. 4 版［M］. 北京：中国环境出版集团，2015.

命题：胡 楠

审核：杨 梦

第四十七节 水质 磷酸盐的测定 离子色谱法（HJ 669—2013）

一、判断题

1.《水质 磷酸盐的测定 离子色谱法》（HJ 669—2013）适用于地下水、地表水和降水中可溶性磷酸盐的测定（ ）。

答案：√

2. 浓度为 1 000 mg/L 磷酸二氢钾标准溶液，在 4℃下可保存 3 个月。（ ）

答案：×

正确答案：在 4℃下可保存 6 个月。

3. 根据《水质 磷酸盐的测定 离子色谱法》（HJ 669—2013）的规定，样品应经 0.45 μm 微孔滤膜过滤，其滤液加硫酸保存剂，收集于聚乙烯和玻璃瓶中，在 0～4℃下保存 48 h。（ ）

答案：×

正确答案：其滤液不加任何保存剂。

4. 根据《水质 磷酸盐的测定 离子色谱法》（HJ 669—2013）测定水中磷酸盐时，对有重金

属干扰的样品，经现场过滤后，用阴离子交换柱去除。(　　)

答案：×

正确答案：用阳离子交换柱去除。

5. 根据《水质　磷酸盐的测定　离子色谱法》（HJ 669—2013）测定水中磷酸盐时，样品清洁，不存在重金属、有机物等干扰的水样，经现场过滤后，可直接进样。(　　)

答案：√

6. 根据《水质　磷酸盐的测定　离子色谱法》（HJ 669—2013）测定水中磷酸盐时，当进样体积为 50 μl 时，测定可溶性磷酸盐（以 PO_4^{3-} 计）的方法检出限为 0.007 mg/L，测定下限为 0.025 mg/L。(　　)

答案：×

正确答案：测定下限为 0.028 mg/L。

7. 离子色谱分析时，样品中需加入一定量的淋洗贮备液，使其浓度与淋洗液不同，以克服负峰干扰。(　　)

答案：×

正确答案：使其浓度与淋洗液相同，以克服负峰干扰。

8. 根据《水质　磷酸盐的测定　离子色谱法》（HJ 669—2013）测定水中磷酸盐时，实验用水均为电导率小于 0.5 μS/cm 并经过 0.45 μm 微孔滤膜过滤的去离子水或同等纯度的水。(　　)

答案：√

二、单项选择题

1. 根据《水质　磷酸盐的测定　离子色谱法》（HJ 669—2013）测定水中磷酸盐时，要注意整个系统不要进气泡，否则会影响________效果。(　　)

A. 分解　　B. 分离　　C. 气化　　D. 溶解

答案：B

2. 高效离子色谱的分离机理属于________。(　　)

A. 离子排斥　　B. 离子交换　　C. 吸附　　D. 离子对形成

答案：B

3. 根据《水质　磷酸盐的测定　离子色谱法》（HJ 669—2013）测定水中磷酸盐时，当样品的磷酸盐浓度为 0.028～0.280 mg/L 时，平行测定结果的相对偏差应≤________%。(　　)

A. 5　　B. 10　　C. 15　　D. 20

答案：D

4. 根据《水质　磷酸盐的测定　离子色谱法》（HJ 669—2013）测定水中磷酸盐时，当样品中磷酸盐浓度为 0.028～0.280 mg/L 时，加标回收率应为________。(　　)

A. 75%～125%　　B. 80%～120%　　C. 85%～115%　　D. 90%～110%

答案：A

5. 根据《水质　磷酸盐的测定　离子色谱法》（HJ 669—2013）测定水中磷酸盐时，每批样品应至少做________个全程序空白，空白值不得超出方法检出限。(　　)

A．1　　B．2　　C．3　　D．4

答案：B

6. 根据《水质　磷酸盐的测定　离子色谱法》（HJ 669—2013）测定水中磷酸盐时，校准曲线的相关系数 $r^2 \geqslant$________。（　　）

A．0.990　　B．0.995　　C．0.998　　D．0.999

答案：B

三、问答题

1. 根据《水质　磷酸盐的测定　离子色谱法》（HJ 669—2013）简述测定磷酸盐的原理。

答案：试料中以各种形式存在的正磷酸盐随强碱性淋洗液进入阴离子柱，以磷酸根（PO_4^{3-}）的形式被分离出来后，用电导检测器检测。根据保留时间定性，外标法定量。

2. C_{18} 固相萃取柱在使用前如何活化？

答案：C_{18} 固相萃取柱使用前需依次用甲醇和去离子水活化。

3. 在离子色谱分析中，如何缩短分析时间？

答案：在离子色谱分析中，可通过改变分离柱的容量、淋洗液强度和流速，以及在淋洗液中加入有机改进剂和用梯度淋洗技术来缩短分析时间。

4. 根据《水质　磷酸盐的测定　离子色谱法》（HJ 669—2013）测定水中磷酸盐时，水中存在的干扰物质及如何消除这些干扰？

答案：某些金属可能会影响磷酸盐的测定，可采用阳离子交换柱（H 型）去除，样品中有机物含量高时，需用 C_{18} 柱去除干扰物质。

参考文献

[1] 环境保护部. 水质　磷酸盐的测定　离子色谱法：HJ 669—2013 [S]. 北京：中国环境科学出版社，2013.
[2] 齐文启. 环境监测实用技术 [M]. 北京：中国环境科学出版社，2006.
[3] 国家环境保护总局《水和废水监测分析方法》编委会. 水和废水监测分析方法：第四版增补版 [M]. 北京：中国环境科学出版社，2002.
[4] 中国环境监测总站，《环境监测人员持证上岗考核试题集》编写组. 环境监测人员持证上岗考核试题集：上册. 4 版 [M]. 北京：中国环境出版集团，2015.

命题：魏　铮
审核：杨红梅

第四十八节　水质　硫化物的测定　亚甲基蓝分光光度法（GB/T 16489—1996）

一、判断题

1. 根据《水质　硫化物的测定　亚甲基蓝分光光度法》（GB/T 16489—1996）测定水中硫化物时，可以先在采样瓶中加入水样，再加入乙酸锌－乙酸钠溶液进行固定。（　　）

答案：×

正确答案：硫化物样品采样时，应先加入乙酸锌－乙酸钠溶液，再加入水样。

2. 根据《水质　硫化物的测定　亚甲基蓝分光光度法》（GB/T 16489—1996）采集样品时，水样应充满采样瓶，瓶塞下不留空气。（　　）

答案：√

3. 根据《水质　硫化物的测定　亚甲基蓝分光光度法》（GB/T 16489—1996）测定水中硫化物时，对于无色、透明、不含悬浮物的清洁水样，应采用酸化－吹气－吸收法测定。（　　）

答案：×

正确答案：应采用沉淀分离法测定硫化物。

4. 根据《水质　硫化物的测定　亚甲基蓝分光光度法》（GB/T 16489—1996）测定水中硫化物时，如用吹气法对水样进行预处理，其载气流速对测定结果影响较小。（　　）

答案：×

正确答案：吹气速度对测定结果影响较大，流速不宜过快或过慢。

5. 根据《水质　硫化物的测定　亚甲基蓝分光光度法》（GB/T 16489—1996）测定水中硫化物时，加入的显色剂均含硫酸，应沿管壁徐徐加入，并加塞混匀，避免硫化氢逸出而损失。（　　）

答案：√

6. 硫化钠的结晶表面常含有亚硫酸盐，为此，在配制硫化钠溶液时应取用小颗粒结晶，并用水快速淋洗后，再称量。（　　）

答案：×

正确答案：在配制硫化钠溶液时应取用大颗粒结晶。

7. 根据《水质　硫化物的测定　亚甲基蓝分光光度法》（GB/T 16489—1996）测定水中硫化物时，硫化钠标准溶液配制后，应贮存于棕色瓶中保存，临用前进行标定。（　　）

答案：√

8. 采用酸化－吹气－吸收法测定硫化物时，载气选用空气。（　　）

答案：×

正确答案：载气选用氮气。

9.《水质　硫化物的测定　亚甲基蓝分光光度法》（GB/T 16489—1996）适用于地面水、地下水、生活污水和工业废水中硫化物的测定。（　　）

答案：√

10. 根据《水质　硫化物的测定　亚甲基蓝分光光度法》（GB/T 16489—1996）测定水中硫化物时，硫化钠标准使用液在每次使用前，应充分摇匀。（　　）

答案：√

二、单项选择题

1. 根据《水质　硫化物的测定　亚甲基蓝分光光度法》（GB/T 16489—1996）测定水中硫化物时，样品采集很关键，由于硫离子很容易被氧化，硫化氢易从水中逸出，因此在采样时应________。（　　）

A. 防止曝气　　B. 将水样装半瓶

C. 注意安全　　D. 装完水样后再加入氢氧化钠与乙酸锌－乙酸钠

答案：A

2. 根据《水质　硫化物的测定　亚甲基蓝分光光度法》（GB/T 16489—1996）测定水中硫化物时，硫化钠标准使用液（S^{2-} 浓度约为 10.00 μg/ml 的 ZnS）在室温下可稳定________。（　　）

A. 6 d　　B. 1 个月　　C. 3 个月　　D. 6 个月

答案：D

3. 根据《水质　硫化物的测定　亚甲基蓝分光光度法》（GB/T 16489—1996）测定水中硫化物时，现场采集并固定的水样应贮存在棕色瓶内，保存时间为________。（　　）

A. 24 h　　B. 3 d　　C. 1 周　　D. 2 周

答案：C

4. 根据《水质　硫化物的测定　亚甲基蓝分光光度法》（GB/T 16489—1996）测定水中硫化物时，当试样体积为 100 ml，使用光程为 1 cm 的比色皿时，方法的检出限为________mg/L。（　　）

A. 0.02　　B. 0.004　　C. 0.005　　D. 0.025

答案：C

5. 根据《水质　硫化物的测定　亚甲基蓝分光光度法》（GB/T 16489—1996）测定水中硫化物时，当水中硫化物的含量为 0.005 mg/L 时，干扰物 SO_3^{2-} 的最高允许量为________mg/L。（　　）

A. 2　　B. 20　　C. 25　　D. 240

答案：B

6. 下列药品中，没有用于硫化钠标准溶液标定过程（包括硫代硫酸钠溶液标定过程）的是________。（　　）

A. 重铬酸钾　　B. 无水碳酸钠　　C. 碘酸钾　　D. 可溶性淀粉

答案：C

7. 下列玻璃仪器中，不属于酸化－吹气－吸收装置部件的是________。（　　）

A. 蒸馏瓶　　B. 直形冷凝管　　C. 吸收显色内管　　D. 加酸通氮管

答案：A

8. 根据《水质　硫化物的测定　亚甲基蓝分光光度法》（GB/T 16489—1996）测定水中硫化物时，*N*, *N*－二甲基对苯二胺溶液室温下贮存于密闭的棕色瓶内，可稳定保存________。（　　）

A. 2 周　　B. 1 个月　　C. 3 个月　　D. 6 个月

答案：C

9.《地表水环境质量标准》（GB 3838—2002）中规定的Ⅲ类水体中硫化物的标准限值为________mg/L。（　　）

A. 0.1　　B. 0.2　　C. 0.5　　D. 1.0

答案：B

10. 根据《水质　硫化物的测定　亚甲基蓝分光光度法》（GB/T 16489—1996）测定水中硫化物时，应使用 1 cm 比色皿，以水为参比，在波长为________nm 处测量吸光度。

A. 540　　B. 600　　C. 652　　D. 665

答案：D

11.《水质　硫化物的测定　亚甲基蓝分光光度法》（GB/T 16489—1996）中使用的去离子除氧水，在制得后应立即盖严，并存放于________瓶中。（　　）

A. 塑料　　B. 玻璃　　C. 棕色　　D. 无要求

答案：B

三、问答题

1. 简述硫化物的定义。

答案：硫化物指水中溶解性无机硫化物和溶解性金属硫化物，包括溶解性的 H_2S、HS^-、S^{2-}，以及存在于悬浮物中的可溶性硫化物和酸可溶性金属硫化物。

2. 简述亚甲基蓝分光光度法测定水中硫化物的原理。

答案：样品经酸化，硫化物转化成硫化氢，用氮气将硫化氢吹出，转移到盛乙酸锌－乙酸钠溶液的吸收显色管中，与 *N, N*- 二甲基对苯二胺和硫酸铁铵反应生成蓝色的络合物亚甲基蓝，在 665 nm 波长处测定。

3. 根据《水质　硫化物的测定　亚甲基蓝分光光度法》（GB/T 16489—1996）简述测定水中硫化物时的采样过程。

答案：由于硫离子很容易被氧化，硫化氢易从水中逸出，因此在采集时应防止曝气，并加适量的氢氧化钠溶液和乙酸锌－乙酸钠溶液，使水样呈碱性并形成硫化锌沉淀。采样时应先在采样瓶中加入乙酸锌－乙酸钠溶液，再加水样。水样应充满采样瓶，瓶塞下不留空气。

4. 根据《水质　硫化物的测定　亚甲基蓝分光光度法》（GB/T 16489—1996）测定水中硫化物时，用酸化－吹气法进行预处理，主要影响因素有哪些？

答案：（1）磷酸质量；

（2）载气质量；

（3）载气流速和吹气时间；

（4）酸化－吹气－吸收装置的密闭性；

（5）导气管壁对硫化物的吸附，特别是浸入吸收液的部分。

5. 根据《水质　硫化物的测定　亚甲基蓝分光光度法》（GB/T 16489—1996）测定水中硫化物时，硫化物浓度波动较大，测定前需判断硫化物的大致含量，以确定水样的取用量，如何判断？应做何种定性实验？

答案：用乙酸铅试纸测试。分取 25～50 ml 混匀并已固定的水样，置于 150 ml 锥形瓶中，加水至 50 ml，加入（1+1）硫酸 2 ml 及数粒玻璃珠，立即在瓶口覆盖滤纸，并用橡皮筋扎紧。在滤纸中央滴加 10% 乙酸铅溶液 1 滴，置电热板上加热至沸，取下锥形瓶。冷却后，取下滤纸，查看朝液面的斑点是呈棕色还是呈黑褐色，从而判断硫化物的大致含量。

四、计算题

根据《水质　硫化物的测定　亚甲基蓝分光光度法》（GB/T 16489—1996）测定水中硫化物时，取水样量为 250 ml，酸化－吹气，10 ml 2% 氢氧化钠作为吸收液至 50 ml 比色管中，显色。测得吸光度为 0.286，标准曲线回归方程为 $y=0.120x+0.002$，试求水中硫化物的浓度。

答案：
$$c=\frac{m}{V}=\frac{0.286-0.002}{0.120\times 250}=0.009\ (\text{mg/L})$$

水中硫化物的浓度为 0.009 mg/L。

参考文献

[1] 国家环境保护局，国家技术监督局．水质　硫化物的测定　亚甲基蓝分光光度法：GB/T 16489—1996［S］．北京：中国标准出版社，1996.

[2] 国家环境保护总局《水和废水监测分析方法》编委会．水和废水监测分析方法：第四版增补版［M］．北京：中国环境科学出版社，2002.

[3]《环境监测技术基本理论（参考）试题集》编写组．环境监测技术基本理论（参考）试题集［M］．北京：中国环境科学出版社，2002.

[4] 中国环境监测总站《环境监测人员持证上岗考核试题集》编写组．环境监测人员持证上岗考核试题集：上册．4 版［M］．北京：中国环境出版集团，2015.

[5] 国家环境保护总局，国家质量监督检验检疫总局．地表水环境质量标准：GB 3838—2002［S］．北京：中国标准出版社，2002.

命题：魏　铮

审核：杨红梅

第四十九节　水质　氰化物的测定　容量法和分光光度法（HJ 484—2009）（异烟酸 - 吡唑啉酮分光光度法）

一、判断题

1. 铁氰络合离子非常稳定，没有明显的毒性。（　　）

答案：√

2. 络合氰离子比 HCN 的毒性要大很多。（　　）

答案：×

正确答案：络合氰离子比 HCN 的毒性要小很多。

3. 水中氰化物的测定方法通常有硝酸银滴定法、异烟酸 - 吡唑啉酮分光光度法、吡啶 - 巴比妥酸分光光度法和电极法。相比硝酸银滴定法，异烟酸 - 吡唑啉酮分光光度法更适用于高浓度的水样。（　　）

答案：×

正确答案：硝酸银滴定法更适用于高浓度的水样。

4. 根据《水质　氰化物的测定　容量法和分光光度法》（HJ 484—2009）测定水中氰化物时，总氰化物是指在 pH=4 的介质中，硝酸锌存在的情况下，加热蒸馏，形成氰化氢的氰化物，包括全部简单氰化物（多为碱金属和碱土金属的氰化物）和锌氰络合物，不包括铁氰化物、亚铁氰化物、铜氰络合物、镍氰络合物、钴氰络合物。（　　）

答案：×

正确答案：题干中描述的为易释放氰化物。

5. 根据《水质　氰化物的测定　容量法和分光光度法》（HJ 484—2009）测定水中氰化物时，样品采集后必须立即加氢氧化钠固定，一般每升水加 0.5 g 固体氢氧化钠。当水样酸度高时，应多加固体氢氧化钠，使样品的 pH＞12。（　　）

答案：√

6. 根据《水质　氰化物的测定　容量法和分光光度法》（HJ 484—2009）测定水中氰化物时，采集的样品应及时进行测定。如果不能及时测定样品，应采样后 48 h 内完成样品分析。（　　）

答案：×

正确答案：采集的样品应及时进行测定。如果不能及时测定样品，必须将样品 4℃以下冷藏，并在采样后 24 h 内分析样品。

7. 根据《水质　氰化物的测定　容量法和分光光度法》（HJ 484—2009）测定水中氰化物时，蒸馏之前，往吸收瓶内加入 10 ml 浓度为 1% 的氢氧化钠作为吸收液。当样品中存在亚硫酸钠和碳酸钠时，可用浓度为 4% 的氢氧化钠作为吸收液。（　　）

答案：√

8. 根据《水质　氰化物的测定　容量法和分光光度法》（HJ 484—2009）测定水中氰化物时，

应用浓度为 0.1% 的氢氧化钠作为吸收液。(　　)

答案：×

正确答案：应用浓度为 1% 的氢氧化钠作为吸收液。当样品中存在亚硫酸钠和碳酸钠时，可用浓度为 4% 的氢氧化钠作为吸收液。

9. 根据《水质　氰化物的测定　容量法和分光光度法》(HJ 484—2009) 测定水中氰化物时，在对测定易释放氰化物水样进行蒸馏的时候，应在蒸馏瓶内先加入 5 ml 酒石酸溶液，再加入 10 ml 硝酸锌溶液，最后滴加 7 ~ 8 滴甲基橙指示剂。(　　)

答案：×

正确答案：在对测定易释放氰化物水样进行蒸馏的时候，应在蒸馏瓶内先加入 10 ml 硝酸锌溶液，滴加 7 ~ 8 滴甲基橙指示剂，再迅速加入 5 ml 酒石酸溶液，立即盖好瓶盖，使瓶内溶液保持红色。

10. 根据《水质　氰化物的测定　容量法和分光光度法》(HJ 484—2009) 测定水中氰化物时，量取 200 ml 水样于蒸馏瓶中，加入试剂后开始蒸馏，应将样品全部蒸出后备用。(　　)

答案：×

正确答案：吸收瓶内试样接近 100 ml 时停止蒸馏，用少量水冲洗馏出液导管，取出吸收瓶，用水稀释至标线。

11. 根据《水质　氰化物的测定　容量法和分光光度法》(HJ 484—2009) 测定水中氰化物时，若样品中存在活性氯等氧化成分，则会致使实验结果偏高。(　　)

答案：×

正确答案：若样品中存在活性氯等氧化成分，则蒸馏时会使氰化物分解，使结果偏低。

12. 根据《水质　氰化物的测定　容量法和分光光度法》(HJ 484—2009) 测定水中氰化物时，若样品中含有大量亚硝酸根离子时，干扰氰化物的测定，可加入适量的抗坏血酸分解亚硝酸离子。(　　)

答案：×

正确答案：应加入适量的氨基磺酸分解亚硝酸离子。

13. 根据《水质　氰化物的测定　容量法和分光光度法》(HJ 484—2009) 测定水中氰化物时，少量油类对测定无影响，中性油或酸性油大于 100 mg/L 时干扰测定，可加入水样体积的 20% 量的正己烷，在中性条件下短时间萃取，分离出正己烷相后，水相用于蒸馏测定。(　　)

答案：×

正确答案：少量油类对测定无影响，中性油或酸性油大于 40 mg/L 时干扰测定。

14. 根据《水质　氰化物的测定　容量法和分光光度法》(HJ 484—2009) 测定水中氰化物时，少量油类对测定无影响，中性油或酸性油大于 40 mg/L 时干扰测定，可加入水样体积的 40% 量的正己烷，在中性条件下短时间萃取，分离出正己烷相后，水相用于蒸馏测定。(　　)

答案：×

正确答案：应加入水样体积的 20% 量的正己烷。

15. 根据《水质　氰化物的测定　容量法和分光光度法》(HJ 484—2009) 测定水中氰化物时，少量油类对测定无影响，中性油或酸性油大于 40 mg/L 时干扰测定，可加入水样体积的 20% 量的正己烷，在酸性条件下短时间萃取，分离出正己烷相后，水相用于蒸馏测定。(　　)

答案：×

正确答案：应在中性条件下短时间萃取，分离出正己烷相后，水相用于蒸馏测定。

16. 根据《水质　氰化物的测定　容量法和分光光度法》（HJ 484—2009）测定水中氰化物时，异烟酸－吡唑啉酮分光光度法的方法检出限为 0.25 mg/L，测定下限为 0.25 mg/L，测定上限为 100 mg/L。（　　）

答案：×

正确答案：题干中描述的为硝酸银滴定法的检出限、检出下限及检出上限，异烟酸－吡唑啉酮分光光度法的方法检出限应为 0.004 mg/L，检出下限为 0.016 mg/L，检出上限为 0.25 mg/L。

17. 根据《水质　氰化物的测定　容量法和分光光度法》（HJ 484—2009）测定水中氰化物时，使用异烟酸－吡唑啉酮分光光度法，氯胺 -T 溶液配制后可存放于冰箱内，有效期 1 周。（　　）

答案：×

正确答案：氯胺 -T 易分解失效，需现用现配。

18. 根据《水质　氰化物的测定　容量法和分光光度法》（HJ 484—2009）测定水中氰化物时，使用异烟酸－吡唑啉酮分光光度法，在配制氰标准曲线时，在加入磷酸盐缓冲溶液及氯胺 -T 后，应立即加入异烟酸－吡唑啉酮溶液，混匀。（　　）

答案：×

正确答案：在加入磷酸盐缓冲溶液及氯胺 -T 后，应混匀后放置 3～5 min，再加入异烟酸－吡唑啉酮溶液。

二、单项选择题

1. 根据《水质　氰化物的测定　容量法和分光光度法》（HJ 484—2009）的规定，异烟酸－吡唑啉酮分光光度法的检出限为________mg/L。（　　）

A．0.001　　B．0.002　　C．0.004　　D．0.25

答案：C

2. 根据《水质　氰化物的测定　容量法和分光光度法》（HJ 484—2009）的规定，易释放氰化物是指在 pH=________的介质中，硝酸锌存在下，加热蒸馏，形成氰化氢的氰化物。（　　）

A．2　　B．4　　C．6　　D．8

答案：B

3. 根据《水质　氰化物的测定　容量法和分光光度法》（HJ 484—2009）的规定，总氰化物是指在 pH＜2 的介质中，________酸和 EDTA 存在下加热蒸馏，形成氰化氢的氰化物。（　　）

A．磷　　B．酒石　　C．硝　　D．盐

答案：A

4. 根据《水质　氰化物的测定　容量法和分光光度法》（HJ 484—2009）测定水中氰化物时，样品采集后必须立即加氢氧化钠固定，一般每升水样加 0.5 g 氢氧化钠。当水样酸度高时，应多加固体氢氧化钠，使样品的 pH＞________。（　　）

A．6　　B．8　　C．10　　D．12

答案：D

5. 根据《水质　氰化物的测定　容量法和分光光度法》（HJ 484—2009）测定水中氰化物时，

样品采集过程中，若样品中含有大量硫化物时，应先加________粉末，去除硫化物后，再加氢氧化钠固定。否则，在碱性条件下，氰离子和硫离子作用会形成硫氰酸离子而干扰测定。(　　)

A. 乙酸镉或乙酸铅固体　　B. 碳酸镉或碳酸铅固体

C. 硝酸镉或硝酸锌固体　　D. 硝酸铅或硝酸锌固体

答案：B

6. 根据《水质　氰化物的测定　容量法和分光光度法》(HJ 484—2009）使用异烟酸－吡唑啉酮分光光度法测定水中氰化物时，分光光度计在________nm 波长处，以 10 mm 比色皿，以试剂空白（零浓度）作参比，测定吸光度，绘制标准曲线。(　　)

A. 600　　B. 638　　C. 640　　D. 645

答案：B

7. 根据《水质　氰化物的测定　容量法和分光光度法》(HJ 484—2009）使用异烟酸－吡唑啉酮分光光度法测定水中氰化物时，当用较高浓度的氢氧化钠溶液作为吸收液时，加缓冲溶液前应以________为指示剂，滴加盐酸溶液至红色褪去。(　　)

A. 酚酞　　B. 甲基橙　　C. 亚甲蓝　　D. 石蕊

答案：A

8. 根据《水质　氰化物的测定　容量法和分光光度法》(HJ 484—2009）使用异烟酸－吡唑啉酮分光光度法测定水中氰化物时，异烟酸－吡唑啉酮溶液的配制是将吡唑啉酮溶液及异烟酸溶液按照________混合，用时现配。(　　)

A. 1∶1　　B. 1∶2　　C. 1∶3　　D. 1∶5

答案：D

9. 根据《水质　氰化物的测定　容量法和分光光度法》(HJ 484—2009）使用异烟酸－吡唑啉酮分光光度法测定水中氰化物时，氯胺－T 发生结块不易溶解，可致显色无法进行，必要时需要测定________。(　　)

A. 试剂纯度　　B. 有效胺浓度　　C. 有效氯浓度

答案：C

10. 根据《水质　氰化物的测定　容量法和分光光度法》(HJ 484—2009）测定水中总氰化物时，向水样中加入磷酸和________，在 pH＜2 的介质中加热蒸馏。(　　)

A. EDTA 二钠　　B. 硝酸锌　　C. 磷酸盐　　D. 醋酸锌

答案：A

11. 根据《水质　氰化物的测定　容量法和分光光度法》(HJ 484—2009）测定水中氰化物时，异烟酸－吡唑啉酮分光光度法的实验原理是在________性条件下，样品中的氰化物与氯胺－T 反应生成氯化氰，再与异烟酸作用，经水解后生成戊烯二醛，最后与吡唑啉酮缩合生成蓝色染料。(　　)

A. 酸　　B. 碱　　C. 中

答案：C

12. 根据《水质　氰化物的测定　容量法和分光光度法》(HJ 484—2009）使用异烟酸－吡唑啉酮分光光度法测定水中氰化物时，样品应在 25～35℃的水浴装置中放置________min 后，立即比色。(　　)

A. 10　　B. 20　　C. 30　　D. 40

答案：D

13. 根据《水质　氰化物的测定　容量法和分光光度法》（HJ 484—2009）使用异烟酸－吡唑啉酮分光光度法测定水中氰化物时，样品应在________℃的水浴装置中放置 40 min 后，立即比色。（　　）

A. 15～25　　B. 25～35　　C. 35～45　　D. 100

答案：B

14. 根据《水质　氰化物的测定　容量法和分光光度法》（HJ 484—2009）测定水中氰化物时，若样品中含有少量硫化物，可在蒸馏前加入 2 ml 0.02 mol/L 的________溶液。（　　）

A. 硝酸锌　　B. 硫酸锌　　C. 硝酸银　　D. 硫酸银

答案：C

三、问答题

1. 根据《水质　氰化物的测定　容量法和分光光度法》（HJ 484—2009）简述异烟酸－吡唑啉酮分光光度法的主要实验原理。

答案：在中性条件下，样品中的氰化物与氯胺-T 反应生成氯化氰，再与异烟酸作用，经水解后生成戊烯二醛，最后与吡唑啉酮缩合生成蓝色染料。在一定浓度范围内，其色度与氰化物质量浓度成正比。

2. 根据《水质　氰化物的测定　容量法和分光光度法》（HJ 484—2009）分别简述总氰化物及易释放氰化物的样品制备原理。

答案：（1）总氰化物：向水样中加入磷酸和 EDTA 二钠，在 pH＜2 的条件下，加热蒸馏，利用金属离子与 EDTA 络合能力比氰离子络合能力强的特点，使络合氰化物解离出氰离子，并以氰化氢的形式被蒸馏出，用氢氧化钠溶液吸收；

（2）易释放氰化物：向水样中加入酒石酸和硝酸锌，在 pH=4 的条件下，加热蒸馏，简单氰化物和部分络合氰化物（如锌氰络合物）以氰化氢的形式被蒸馏出，用氢氧化钠溶液吸收。

3. 根据《水质　氰化物的测定　容量法和分光光度法》（HJ 484—2009），简述氰化物样品采集及运输保存时需要注意哪些事项。

答案：（1）采集的水样需贮存于用无氰水清洗并干燥后的乙烯塑料瓶或硬质玻璃瓶内。

（2）现场采样时需用所采水样淋洗 3 次后采集水样 500 ml，供实验室分析。

（3）样品采集后必须立即加入氢氧化钠固定。一般每升水样中需加入 0.5 g 固体氢氧化钠，当水样酸度高时，应多加氢氧化钠，使样品 pH＞12。

（4）采集的样品应及时进行测定。如果不能及时测定样品，必须将样品 4℃以下冷藏，并在采样后 24 h 内分析样品。

4. 根据《水质　氰化物的测定　容量法和分光光度法》（HJ 484—2009）简述异烟酸－吡唑啉酮分光光度法测定总氰化物的主要实验步骤。

答案：首先用量筒量取 200 ml 样品，移入蒸馏瓶内。吸收瓶中加入 10 ml 浓度为 1% 的氢氧化钠溶液作为吸收液。将 10 ml EDTA 二钠溶液加入蒸馏瓶中，迅速加入 10 ml 磷酸，当样品碱度大时，可适量多加磷酸，使 pH<2，迅速改好瓶塞。接收瓶内试样体积接近 100 ml 时，停止蒸馏，用少量水冲洗流出液导管。吸取 10.0 ml 馏出液于具塞比色管中，加入 5.0 ml 磷酸盐缓冲溶液，混匀，迅速加入 0.20 ml 氯胺 -T 溶液，立即盖塞子，混匀，放置 3～5 min。向比色管中加入 5.0 ml 异烟酸 - 吡唑啉酮溶液，混匀。加水稀释至标线，摇匀。放入 25～35℃的水浴装置中放置 40 min，在 638 nm 波长处，用 10 mm 比色皿，以实际空白作参比，测定吸光度。

四、计算题

根据《水质　氰化物的测定　容量法和分光光度法》（HJ 484—2009）的规定，用异烟酸 - 吡唑啉酮分光光度法测定水中氰化物时，取水样 200.0 ml，蒸馏馏出液 100.0 ml。取 10.00 ml 试样比色，测得样品吸光度为 0.404，同时测得空白样品吸光度为 0.004，标准曲线回归方程为 y=0.142x+0.001，试求样品中氰化物的浓度。

答案：$\rho(CN^-,\ mg/L)=\dfrac{(A-A_0-a)'}{b}\times\dfrac{V_1}{V_2\times V}=\dfrac{0.404-0.004-0.001}{0.142}\times\dfrac{100.0}{10.00\times200.0}$

$=0.140\ (mg/L)$

该样品中氰化物的浓度为 0.140 mg/L。

参考文献

［1］国家环境保护总局《水和废水监测分析方法》编委会 . 水和废水监测分析方法：第四版增补版［M］. 北京：中国环境科学出版社，2002

［2］环境保护部 . 水质　氰化物的测定　容量法和分光光度法：HJ 484—2009［S］. 北京：中国环境科学出版社，2009.

［3］中国环境监测总站《环境监测人员持证上岗考核试题集》编写组 . 环境监测人员持证上岗考核试题集：上册 . 4 版［M］. 北京：中国环境出版集团，2015.

命题：胡晓璇

审核：胡新跃

第五十节　水质　氰化物的测定　容量法和分光光度法（HJ 484—2009）（异烟酸 - 巴比妥酸分光光度法）

一、判断题

1.《水质　氰化物的测定　容量法和分光光度法》（HJ 484—2009）仅适用于生活污水和工业废

水的测定，不适用于地表水中氰化物的测定。(　　)

答案：×

正确答案：适用于地表水、生活污水和工业废水中氰化物的测定。

2. 根据《水质　氰化物的测定　容量法和分光光度法》(HJ 484—2009)测定水中氰化物时，向待测样品中加入 5.0 ml 磷酸盐缓冲溶液，使之呈中性后，再加入其他试剂显色。(　　)

答案：×

正确答案：向待测样品中加入 5.0 ml 磷酸二氢钾缓冲溶液，使之呈弱酸性后，再加入其他试剂显色。

3. 根据《水质　氰化物的测定　容量法和分光光度法》(HJ 484—2009)测定水中氰化物时，水中总氰化物是指在 pH<2 介质中，磷酸和 EDTA 二钠存在下，加热蒸馏能形成氰化氢的氰化物。(　　)

答案：√

4. 氰化物主要以络合氰化物的形式存在于水中，这些氰化物可作为总氰化物和易释放氰化物分别加以测定。(　　)

答案：×

正确答案：氰化物可能以简单氰化物和络合氰化物的形式存在于水中。

5. 根据《水质　氰化物的测定　容量法和分光光度法》(HJ 484—2009)测定水中氰化物时，水中易释放氰化物是指在 pH=2 的介质中，硝酸锌存在下，加热蒸馏能形成氰化氢的氰化物。(　　)

答案：×

正确答案：水中易释放氰化物是指在 pH=4 的介质中，硝酸锌存在下，加热蒸馏能形成氰化氢的氰化物。

6. 根据《水质　氰化物的测定　容量法和分光光度法》(HJ 484—2009)测定水中氰化物时，试样中存在活性氯等氧化物干扰测定，可在蒸馏前加入硫酸钠溶液排除干扰。(　　)

答案：×

正确答案：可在蒸馏前加入亚硫酸钠溶液排除干扰。

7. 根据《水质　氰化物的测定　容量法和分光光度法》(HJ 484—2009)测定水中氰化物时，样品采集后必须立即加硫酸固定，使样品的 pH<2。(　　)

答案：×

正确答案：必须立即加氢氧化钠固定，使样品的 pH>12。

8. 根据《水质　氰化物的测定　容量法和分光光度法》(HJ 484—2009)测定水中氰化物时，采集的样品应及时进行测定。如果不能及时测定样品，必须将样品在 4℃以下冷藏，并在采样后 72 h 内分析样品。(　　)

答案：×

正确答案：采样后 24 h 内分析样品。

9. 根据《水质　氰化物的测定　容量法和分光光度法》(HJ 484—2009)测定水中氰化物时，当样品中含有大量硫化物时，应先加碳酸镉或碳酸铅固体粉末，除去硫化物后，再加氢氧化钠固定。(　　)

答案：√

10. 根据《水质　氰化物的测定　容量法和分光光度法》（HJ 484—2009）测定水中氰化物时，蒸馏时应使用 10 ml 氢氧化钠溶液（40 g/L）作为吸收液。当样品中存在亚硫酸钠和碳酸钠时，可用氢氧化钠溶液（10 g/L）作为吸收液。（　　）

答案：×

正确答案：蒸馏时应使用 10 ml 氢氧化钠溶液（10 g/L）作为吸收液。当样品中存在亚硫酸钠和碳酸钠时，可用氢氧化钠溶液（40 g/L）作为吸收液。

11. 根据《水质　氰化物的测定　容量法和分光光度法》（HJ 484—2009）测定水中氰化物时，样品蒸馏时，馏出液导管下端不能插入吸收液液面下，以免污染样品。（　　）

答案：×

正确答案：馏出液导管下端要插入吸收液液面下，使吸收完全。

12. 根据《水质　氰化物的测定　容量法和分光光度法》（HJ 484—2009）测定水中氰化物时，少量油类对测定无影响，中性油或酸性油大于 40 mg/L 时干扰测定，可加入水样体积的 20% 量的正己烷，在中性条件下短时间萃取，分离出正己烷相后，水相用于蒸馏测定。（　　）

答案：√

13. 根据《水质　氰化物的测定　容量法和分光光度法》（HJ 484—2009）中异烟酸－巴比妥酸分光光度法测定水中氰化物时，测定波长为 638 nm。（　　）

答案：×

正确答案：测定波长为 600 nm。

14. 根据《水质　氰化物的测定　容量法和分光光度法》（HJ 484—2009）测定水中氰化物时，异烟酸－巴比妥酸显色剂可于棕色试剂瓶中保存 1 周。（　　）

答案：×

正确答案：异烟酸－巴比妥酸显色剂应用时现配。

15. 根据《水质　氰化物的测定　容量法和分光光度法》（HJ 484—2009）中异烟酸－巴比妥酸分光光度法测定水中氰化物时，当氰化物以 HCN 存在时易挥发，在显色操作过程中，加入缓冲溶液后，每一步骤操作都要迅速，并随时盖紧塞子。（　　）

答案：√

16. 根据《水质　氰化物的测定　容量法和分光光度法》（HJ 484—2009）测定水中氰化物时，氯胺－T 发生结块不易溶解，可致显色无法进行，必要时需用碘量法测定有效氯浓度。氯胺－T 固体试剂应注意保管条件以免迅速分解失效，勿受潮，最好冷藏。（　　）

答案：√

17. 根据《水质　氰化物的测定　容量法和分光光度法》（HJ 484—2009）测定水中氰化物时，氰化物和吡啶属于剧毒物质，操作时应按规定要求佩戴防护器具，避免接触皮肤和衣服。检测后的残渣残液应做妥善的安全处理。（　　）

答案：√

18. 根据《水质　氰化物的测定　容量法和分光光度法》（HJ 484—2009）测定水中氰化物时，异烟酸－巴比妥酸分光光度法检出限为 0.001 mg/L，测定下限为 0.004 mg/L，测定上限为

0.25 mg/L。(　　)

答案：×

正确答案：测定上限为 0.45 mg/L。

19. 根据《水质　氰化物的测定　容量法和分光光度法》(HJ 484—2009)测定水中氰化物时，采集的水样需贮存于用无氰水清洗并干燥后的聚乙烯塑料瓶或硬质玻璃瓶中。现场采样时需用所采水样淋洗 3 次后采集水样 500 ml，供实验室分析所用。(　　)

答案：√

20. 根据《水质　氰化物的测定　容量法和分光光度法》(HJ 484—2009)测定水中氰化物时，检验样品中是否存在硫化物干扰的方法为取 1 滴水样或样品，放在乙酸铅试纸上，若变黑色(硫化铅)，说明有硫化物存在。(　　)

答案：√

二、单项选择题

1. 根据《水质　氰化物的测定　容量法和分光光度法》(HJ 484—2009)测定水中氰化物时，样品采集后，如果不能及时测定，必须将样品存放在________℃以下冷藏，并在采样后________h 内进行样品分析。(　　)

A．4，24　　B．4，72　　C．5，24　　D．5，72

答案：A

2. 根据《水质　氰化物的测定　容量法和分光光度法》(HJ 484—2009)测定水中氰化物时，异烟酸－巴比妥酸分光光度法测定氰化物的检出限是________mg/L，测定上限是________mg/L。(　　)

A．0.001，0.45　　B．0.001，0.25　　C．0.002，0.45　　D．0.002，0.25

答案：A

3. 根据《水质　氰化物的测定　容量法和分光光度法》(HJ 484—2009)测定水中氰化物时，应向水样中加入________和________，在 pH<2 条件下，加热蒸馏，并用氢氧化钠溶液吸收。(　　)

A．磷酸，EDTA　　B．磷酸，EDTA 二钠　　C．酒石酸，硝酸锌　　D．酒石酸，硫酸锌

答案：B

4. 根据《水质　氰化物的测定　容量法和分光光度法》(HJ 484—2009)测定水中氰化物时，若水样中存在亚硝酸离子干扰时，可在蒸馏前加________排除干扰。(　　)

A．亚硫酸钠　　B．硫代硫酸钠　　C．氨基磺酸　　D．抗坏血酸

答案：C

5. 根据《水质　氰化物的测定　容量法和分光光度法》(HJ 484—2009)中异烟酸－巴比妥酸分光光度法测定水中氰化物时，用 10 mm 比色皿于________nm 波长处测量吸光度。(　　)

A．565　　B．600　　C．580　　D．638

答案：B

6.《水质　氰化物的测定　容量法和分光光度法》(HJ 484—2009)中规定，样品采集后必须立即加________固定，使样品的 pH________。(　　)

A．氢氧化钠，＞8　　B．硫酸，＜2　　C．氢氧化钠，＞12　　D．硫酸，＜1

答案：C

7. 根据《水质　氰化物的测定　容量法和分光光度法》（HJ 484—2009）中异烟酸－巴比妥酸分光光度法测定水中氰化物时，当试样中存在硫化物干扰测定时，可在蒸馏前加________固体粉末排除干扰。（　　）

A．碳酸钙　　B．碳酸锌　　C．碳酸镉或碳酸铅　　D．碳酸钠

答案：C

8. 根据《水质　氰化物的测定　容量法和分光光度法》（HJ 484—2009）测定水中易释放氰化物时，应向水样中加入________和________，在 pH=4 条件下，加热蒸馏，并用氢氧化钠溶液吸收。（　　）

A．磷酸，EDTA　　B．磷酸，EDTA 二钠　　C．酒石酸，硝酸锌　　D．酒石酸，硫酸锌

答案：C

9. 根据《水质　氰化物的测定　容量法和分光光度法》（HJ 484—2009）中异烟酸－巴比妥酸分光光度法测定水中氰化物的显色温度和显色时间对应不正确的是________。（　　）

A．15℃时显色 25 min　　B．25℃时显色 15 min

C．30℃时显色 10 min　　D．40℃时显色 5 min

答案：D

10. 根据《水质　氰化物的测定　容量法和分光光度法》（HJ 484—2009）测定水中氰化物时，样品蒸馏过程中调节电炉，由低档逐渐升高，使馏出液以________速度馏出为宜。（　　）

A．1～2 ml/min　　B．2～4 ml/min

C．4～6 ml/min　　D．6～8 ml/min

答案：B

三、问答题

1. 根据《水质　氰化物的测定　容量法和分光光度法》（HJ 484—2009）简述异烟酸－巴比妥酸分光光度法测定水中氰化物的原理。

答案：在弱酸性条件下，水样中的氰化物与氯胺 -T 作用生成氯化氰，然后与异烟酸反应，经水解而成戊烯二醛，最后再与巴比妥酸作用生成紫蓝色化合物，在波长 600 nm 处测定吸光度。

2. 根据《水质　氰化物的测定　容量法和分光光度法》（HJ 484—2009）测定水中氰化物时，氰化物和吡啶均属于剧毒物质，操作时应做哪些防护？测定后的残渣残液应如何处理？

答案：操作时应按规定要求佩戴防护器具，避免接触皮肤和衣服；氰化物的稀溶液可以加入 NaOH 调至 pH＞10；再加入高锰酸钾（以 3% 计），使 CN^- 氧化分解，分解后的溶液可用水稀释后排放。

四、计算题

根据《水质　氰化物的测定　容量法和分光光度法》（HJ 484—2009）用异烟酸－巴比妥酸分光光度法测定水中氰化物，取水样 200 ml，蒸馏得馏出液 100 ml。分取 10 ml 比色测定，测得样品吸光度为 0.506，同时测得空白样品吸光度为 0.004，标准曲线回归方程为 $y=0.139x+0.001$，试求水

中氰化物的浓度。

答案： 氰化物浓度 $=\dfrac{A-A_0-a}{b}\times\dfrac{V_1}{V_2\times V}$

$$=\frac{0.506-0.004-0.001}{0.139}\times\frac{100}{10\times200}=0.180\ (\text{mg/L})$$

水样中氰化物的浓度是 0.180 mg/L。

参考文献

[1] 环境保护部. 水质　氰化物的测定　容量法和分光光度法：HJ 484—2009 [S]. 北京：中国环境科学出版社，2009.

[2] 中国环境监测总站《环境监测人员持证上岗考核试题集》编写组. 环境监测人员持证上岗考核试题集：上册. 4 版 [M]. 北京：中国环境出版集团，2015.

命题：芦晓燕

审核：辛雅苓

第五十一节　水质　氰化物的测定　流动注射 - 分光光度法（HJ 823—2017）

一、判断题

1. 根据《水质　氰化物的测定　流动注射 - 分光光度法》（HJ 823—2017）的规定，氰化物和吡啶属于剧毒物质，操作时应按规定要求佩戴防护器具，避免接触皮肤和衣服。（　　）

答案： √

2.《水质　氰化物的测定　流动注射 - 分光光度法》（HJ 823—2017）适用于地表水、地下水和生活污水中氰化物的测定，不适用于工业废水中氰化物的测定。（　　）

答案： ×

正确答案： 标准适用于地表水、地下水、生活污水和工业废水中氰化物的测定。

3. 根据《水质　氰化物的测定　流动注射 - 分光光度法》（HJ 823—2017）中关于总氰化物的定义：在 pH<2 介质中，磷酸和 EDTA 存在下，加热蒸馏形成氰化氢的氰化物，包括全部简单氰化物和绝大部分络合氰化物，不包括钴氰络合物。（　　）

答案： √

4. 根据《水质　氰化物的测定　流动注射 - 分光光度法》（HJ 823—2017）的规定，易释放氰化物是指简单氰化物。（　　）

答案： ×

正确答案：易释放氰化物：在 pH = 4 介质中，硝酸锌存在下，加热蒸馏形成氰化氢的氰化物，包括全部简单氰化物和锌氰络合物，不包括铁氰络合物、亚铁氰络合物、铜氰络合物、镍氰络合物、钴氰络合物。

5. 根据《水质　氰化物的测定　流动注射－分光光度法》（HJ 823—2017）测定水中氰化物时，流动注射仪中试样与试剂在化学反应模块中，按特定的顺序和比例混合、反应，在完全反应的条件下，进入流动检测池进行光度检测。（　　）

答案：×

正确答案：在非完全反应的条件下，进入流动检测池进行光度检测。

6. 根据《水质　氰化物的测定　流动注射－分光光度法》（HJ 823—2017）的规定，若试样中存在活性氯等氧化性物质干扰测定，可在蒸馏前加硫酸钠溶液消除干扰。（　　）

答案：×

正确答案：可在蒸馏前加亚硫酸钠溶液消除干扰。

7. 根据《水质　氰化物的测定　流动注射－分光光度法》（HJ 823—2017）的规定，若试样中存在硫化物干扰测定，可在蒸馏前加碳酸镉或碳酸铅固体粉末消除干扰。（　　）

答案：√

8. 根据《水质　氰化物的测定　流动注射－分光光度法》（HJ 823—2017）的规定，除标准溶液外，其他溶液和实验用水均用氮气或超声除气。（　　）

答案：×

正确答案：均用氦气或超声除气。

9. 根据《水质　氰化物的测定　流动注射－分光光度法》（HJ 823—2017）测定水中氰化物时，实验所用分析天平精度为 0.01 mg。（　　）

答案：×

正确答案：所用分析天平精度为 0.1 mg。

10. 按照 HJ/T 91 和 HJ/T 164 的相关规定进行氰化物的水样采集时，样品应采集到棕色玻璃瓶中。（　　）

答案：×

正确答案：应采集在密闭的塑料样品瓶中。

11. 按照 HJ/T 91 和 HJ/T 164 的相关规定进行氰化物的水样采集时，采集的样品应尽快测定，否则应将水样冷冻保存。（　　）

答案：×

正确答案：否则应将样品贮存于 4℃以下，并在采样后 24 h 内进行测定。

12. 根据《水质　氰化物的测定　流动注射－分光光度法》（HJ 823—2017）测定水中氰化物时，当样品有明显颗粒物时，应用超声仪超声粉碎后进样。（　　）

答案：√

13. 根据《水质　氰化物的测定　流动注射－分光光度法》（HJ 823—2017）测定水中氰化物时，按仪器规定的顺序开机后，系统泵入试剂，检查整个分析流路的密闭性及液体流动的顺畅性。（　　）

答案：×

正确答案：按仪器规定的顺序开机后，以纯水代替所有试剂，检查整个分析流路的密闭性及液体流动的顺畅性。

14. 根据《水质　氰化物的测定　流动注射－分光光度法》（HJ 823—2017）测定水中氰化物时，当测定结果小于 1 mg/L 时，保留小数点后 3 位。（　　）

答案：√

15. 根据《水质　氰化物的测定　流动注射－分光光度法》（HJ 823—2017）测定水中氰化物时，每批样品须测定全程序空白，空白值不得超过方法检出限。（　　）

答案：×

正确答案：全程序空白值不得超过方法测定下限。

16. 根据《水质　氰化物的测定　流动注射－分光光度法》（HJ 823—2017）测定水中氰化物时，每批样品分析均须绘制校准曲线。（　　）

答案：√

17. 根据《水质　氰化物的测定　流动注射－分光光度法》（HJ 823—2017）测定水中氰化物时，当样品数量少于 10 个时，可不测定平行双样。（　　）

答案：×

正确答案：当样品数量少于 10 个时，应至少测定 1 个平行双样。

18. 根据《水质　氰化物的测定　流动注射－分光光度法》（HJ 823—2017）测定水中氰化物时，分析过程中有氰化物废液产生，应集中回收，交由有资质的废弃物专业处理公司处理。（　　）

答案：√

19. 根据《水质　氰化物的测定　流动注射－分光光度法》（HJ 823—2017）测定水中氰化物时，应注意流动注射仪管路系统的保养，经常清洗管路；每次实验前都应检查泵管是否磨损，并及时更换已损坏的泵管。（　　）

答案：√

20. 根据《水质　氰化物的测定　流动注射－分光光度法》（HJ 823—2017）测定水中氰化物时，每次样品分析结束后，要让分离膜充分干燥。（　　）

答案：√

21. 采用流动注射－分光光度法测定水中氰化物时，废液瓶应定期摇动，以防在瓶中形成浓度梯度。（　　）

答案：√

二、单项选择题

1. 根据《水质　氰化物的测定　流动注射－分光光度法》（HJ 823—2017）的规定，当检测光程为 10 mm 时，异烟酸－巴比妥酸法测定水中氰化物检出限为________mg/L，测定范围为________mg/L。（　　）

A. 0.001，0.004～0.10　　B. 0.002，0.008～0.10

C. 0.001，0.004～0.50　　D. 0.002，0.008～0.50

答案：A

2. 根据《水质　氰化物的测定　流动注射－分光光度法》（HJ 823—2017）的规定，吡啶－巴比妥酸法测定水中氰化物的检出限为________mg/L，测定范围为________mg/L。（　　）

A. 0.001，0.004～0.10　　B. 0.002，0.008～0.10

C. 0.001，0.004～0.50　　D. 0.002，0.008～0.50

答案：D

3. 根据《水质　氰化物的测定　流动注射－分光光度法》（HJ 823—2017）测定水中氰化物时，易释放氰化物是指在 pH 等于________介质中，硝酸锌存在下，加热蒸馏形成氰化氢的氰化物，包括全部简单氰化物和锌氰络合物，不包括铁氰络合物、亚铁氰络合物、铜氰络合物、镍氰络合物、钴氰络合物。（　　）

A. 2　　B. 3　　C. 4　　D. 5

答案：C

4. 根据《水质　氰化物的测定　流动注射－分光光度法》（HJ 823—2017）测定水中氰化物时，若试样中存在亚硝酸离子干扰测定，可在蒸馏前加________消除干扰。（　　）

A. 亚硫酸钠　　B. 氨基磺酸　　C. 碳酸镉　　D. 碳酸铅

答案：B

5. 根据《水质　氰化物的测定　流动注射－分光光度法》（HJ 823—2017）测定水中氰化物时，除标准溶液外，其他溶液和实验用水均用氦气或超声除气，其中要求氦气的纯度≥________。（　　）

A. 99.0%　　B. 99.9%　　C. 99.99%　　D. 99.999%

答案：C

6. 根据《水质　氰化物的测定　流动注射－分光光度法》（HJ 823—2017）测定水中氰化物时，除标准溶液外，其他溶液和实验用水均用氦气或超声除气，其中超声波仪的频率为________kHz。（　　）

A. 20　　B. 30　　C. 40　　D. 50

答案：C

7. 按照 HJ/T 91 和 HJ/T 164 的相关规定进行氰化物的水样采集时，样品采集后，应立即加入氢氧化钠固定，一般每升水样加________g 固体氢氧化钠。（　　）

A. 0.1　　B. 0.2　　C. 0.5　　D. 1.0

答案：C

8. 按照 HJ/T 91 和 HJ/T 164 的相关规定进行氰化物的水样采集时，当水样酸度高时，应多加固体氢氧化钠，使样品的 pH 至________。（　　）

A. 9～9.5　　B. 10～10.5　　C. 11～11.5　　D. 12～12.5

答案：D

9. 按照 HJ/T 91 和 HJ/T 164 的相关规定进行氰化物的水样采集时，采集的样品应尽快测定，否则，应将样品贮存于 4℃以下，并在采样后________h 内进行测定。（　　）

A. 12　　B. 24　　C. 48　　D. 72

答案：B

10. 根据《水质　氰化物的测定　流动注射－分光光度法》（HJ 823—2017）测定水中氰化物时，当测定结果大于等于 1 mg/L 时，数据保留________。（　　）

A．没有要求　　B．1 位有效数字　　C．2 位有效数字　　D．3 位有效数字

答案： D

11. 根据《水质　氰化物的测定　流动注射－分光光度法》（HJ 823—2017）测定水中氰化物时，每批样品须至少测定________个实验室空白。（　　）

A．1　　B．2　　C．3　　D．4

答案： B

12. 根据《水质　氰化物的测定　流动注射－分光光度法》（HJ 823—2017）测定水中氰化物时，每批样品须至少测定________个全程序空白。（　　）

A．1　　B．2　　C．3　　D．4

答案： A

13. 根据《水质　氰化物的测定　流动注射－分光光度法》（HJ 823—2017）测定水中氰化物时，对校准曲线相关系数的要求是 $r^2 \geq$________。（　　）

A．0.990　　B．0.995　　C．0.999 0　　D．0.999 5

答案： B

14. 根据《水质　氰化物的测定　流动注射－分光光度法》（HJ 823—2017）测定水中氰化物时，每分析 10 个样品需用 1 个校准曲线的中间质量浓度校准溶液进行校准核查，其测定结果与最近一次校准曲线该点质量浓度的相对偏差应不大于 ±________，否则应重新绘制校准曲线。（　　）

A．10%　　B．15%　　C．20%　　D．25%

答案： A

15. 根据《水质　氰化物的测定　流动注射－分光光度法》（HJ 823—2017）测定水中氰化物时，每批样品应至少测定________的平行双样。（　　）

A．5%　　B．10%　　C．15%　　D．20%

答案： B

16. 根据《水质　氰化物的测定　流动注射－分光光度法》（HJ 823—2017）测定水中氰化物时，两次平行测定结果的相对偏差应不大于 ±________。（　　）

A．5%　　B．10%　　C．15%　　D．20%

答案： D

17. 根据《水质　氰化物的测定　流动注射－分光光度法》（HJ 823—2017）测定水中氰化物时，每批样品应至少测定________的加标样品。（　　）

A．5%　　B．10%　　C．15%　　D．20%

答案： B

18. 采用流动注射－分光光度法测定水中氰化物时，样品加标回收率应为________。（　　）

A．70%～110%　　B．70%～120%　　C．80%～110%　　D．80%～120%

答案： B

19. 根据《水质　氰化物的测定　流动注射－分光光度法》（HJ 823—2017）测定水中氰化物

时，在废液收集瓶中应加入氢氧化钠以防止气态 HCN 逸出，一般每升废液中加入约________g 氢氧化钠。(　　)

A. 5　　B. 6　　C. 7　　D. 8

答案：C

20. 根据《水质　氰化物的测定　流动注射－分光光度法》(HJ 823—2017) 测定水中氰化物时，在废液收集瓶中应加入氢氧化钠使得 pH≥________，以防止气态 HCN 逸出。(　　)

A. 10　　B. 11　　C. 12　　D. 13

答案：B

三、问答题

1. 根据《水质　氰化物的测定　流动注射－分光光度法》(HJ 823—2017) 简述流动注射仪的工作原理。

答案：在封闭的管路中，将一定体积的试样注入连续流动的载液中，试样与试剂在化学反应模块中按特定的顺序和比例混合、反应，在非完全反应的条件下，进入流动检测池进行光度检测。

2. 简述流动注射仪包括哪些部分。

答案：流动注射仪包括自动进样器、化学反应模块（预处理通道、注入泵、反应通道及流动检测池）、蠕动泵、数据处理系统。

3. 简述《水质　氰化物的测定　流动注射－分光光度法》(HJ 823—2017) 中异烟酸－巴比妥酸法的化学反应原理。

答案：在酸性条件下，样品经 140℃高温高压水解及紫外消解，释放出的氰化氢气体被氢氧化钠溶液吸收。吸收液中的氰化物与氯胺-T 反应生成氯化氰，然后与异烟酸反应水解生成戊烯二醛，再与巴比妥酸作用生成蓝紫色化合物，于 600 nm 波长处测量吸光度。

4. 简述《水质　氰化物的测定　流动注射－分光光度法》(HJ 823—2017) 中吡啶－巴比妥酸法的化学反应原理。

答案：在酸性条件下，样品经 140℃高温高压水解及紫外消解，释放出的氰化氢气体被氢氧化钠溶液吸收。在中性条件下，吸收液中的氰化物与氯胺-T 反应生成氯化氰，再与吡啶反应生成戊烯二醛，最后与巴比妥酸生成缩合红紫色化合物，于 570 nm 波长处测量吸光度。

四、计算题

根据《水质　氰化物的测定　流动注射－分光光度法》(HJ 823—2017) 中异烟酸－巴比妥酸法测定某水样中氰化物时，水样未稀释后直接进样，测定峰高为 8 901 307.04，校准曲线的截距 a 为 -151.02，斜率为 6 584 548.38，试求水样中氰化物的含量（mg/L）。

答案：

$$\text{氰化物（以 } CN^- \text{ 计，mg/L）} = \frac{(y-a)}{b} \times f \times 0.001$$

$$= \frac{8\,901\,307.04+151.02}{6\,584\,548.38} \times 1 \times 0.001$$

$$= 0.001 \text{（mg/L）}$$

参考文献

环境保护部.水质　氰化物的测定　流动注射－分光光度法：HJ 823—2017［S］.北京：中国环境出版集团，2017.

命题：王　芳
审核：张雪晶

第五十二节　水质　阴离子表面活性剂的测定 亚甲蓝分光光度法（GB 7494—87）

一、判断题

1. 根据《水质　阴离子表面活性剂的测定　亚甲蓝分光光度法》（GB 7494—87）测定含阴离子表面活性剂的水样，如保存期 4 d，需加入 1%（*V*/*V*）的 40% 甲醛溶液即可；保存期长达 8 d，则需用甲醛饱和水样。（　　）

答案：×

正确答案：保存 8 d，应用氯仿饱和水样。

2. 根据《水质　阴离子表面活性剂的测定　亚甲蓝分光光度法》（GB 7494—87）测定水中阴离子表面活性剂时，将所取水样移至分液漏斗，以酚酞为指示剂，逐滴加入 1 mol/L NaOH 溶液，至水溶液呈桃红色，再滴加 0.5 mol/L 盐酸到桃红色刚好消失。（　　）

答案：×

正确答案：再滴加 0.5 mol/L 硫酸到桃红色刚好消失。

3. 根据《水质　阴离子表面活性剂的测定　亚甲蓝分光光度法》（GB 7494—87）测定水中阴离子表面活性剂时，过分摇动会发生乳化，加入少量甲醛可消除乳化现象。（　　）

答案：×

正确答案：加入少量异丙酮消除乳化现象。

4. 根据《水质　阴离子表面活性剂的测定　亚甲蓝分光光度法》（GB 7494—87）测定水中阴离子表面活性剂时，有许多物质或多或少与亚甲蓝作用，生成可溶于氯仿的蓝色络合物，致使测定结果偏低。（　　）

答案：×

正确答案：非表面活性剂会使测定结果偏高。通过反复水溶液反洗，可消除这部分干扰。

5. 根据《水质　阴离子表面活性剂的测定　亚甲蓝分光光度法》（GB 7494—87）测定水中阴离子表面活性剂时，当采用 10 mm 光程的比色皿，试份体积为 100 ml 时，本方法最低检出浓度为 0.01 mg/L。（　　）

答案：×

正确答案： 本方法最低检出浓度为 0.05 mg/L。

6. 根据《水质　阴离子表面活性剂的测定　亚甲蓝分光光度法》（GB 7494—87）测定水中阴离子表面活性剂时，在测定之前，应将水样预先经中速定性滤纸过滤，以去除悬浮物。（　　）

答案： √

7. 根据《水质　阴离子表面活性剂的测定　亚甲蓝分光光度法》（GB 7494—87）测定水中阴离子表面活性剂时，为直接分析水和废水样品，应根据预计的亚甲蓝表面活性物质的浓度选取试样体积。当 MBAS 浓度在 15 mg/L 时，取样体积为 10.0 ml。（　　）

答案： √

8. 根据《水质　阴离子表面活性剂的测定　亚甲蓝分光光度法》（GB 7494—87）测定含量低的饮用水以及地表水时，可将萃取用氯仿总量降至 25 ml。3 次萃取用量分别为 10 ml、5 ml、5 ml。（　　）

答案： √

9. 根据《水质　阴离子表面活性剂的测定　亚甲蓝分光光度法》（GB 7494—87）测定水中阴离子表面活性剂时，每次测定前，振荡容量瓶内氯仿萃取液，并以此液洗 3 次比色皿，然后将比色皿充满。（　　）

答案： √

10. 根据《水质　阴离子表面活性剂的测定　亚甲蓝分光光度法》（GB 7494—87）测定水中阴离子表面活性剂时，经水溶液反洗仍未除去的非表面活性物质引起的正干扰，可用气提萃取法将阴离子表面活性剂从水相转移到有机相加以去除。（　　）

答案： √

11.《水质　阴离子表面活性剂的测定　亚甲蓝分光光度法》（GB 7494—87）适用于测定饮用水、地面水、生活污水和工业废水中的高浓度亚甲蓝活性物质（MBAS）即阴离子表面活性物质。（　　）

答案： ×

正确答案： 测定低浓度阴离子表面活性物质。

12.《水质　阴离子表面活性剂的测定　亚甲蓝分光光度法》（GB 7494—87）目的是测定水样中游离态的阴离子表面活性剂。（　　）

答案： ×

正确答案： 测定溶解态的阴离子表面活性剂。

13. 根据《水质　阴离子表面活性剂的测定　亚甲蓝分光光度法》（GB 7494—87）测定水中阴离子表面活性剂时，如水相中蓝色变淡或消失，说明水样中亚甲蓝表面活性物（MBAS）浓度过低。（　　）

答案： ×

正确答案： 说明水样中亚甲蓝表面活性物（MBAS）浓度过高，以致加入的亚甲蓝全部被反应掉。

二、单项选择题

1. 根据《水质　阴离子表面活性剂的测定　亚甲蓝分光光度法》（GB 7494—87）测定水中阴

离子表面活性剂时，在绘制校准曲线时，应使用与样品测定时________的三氯甲烷和亚甲蓝溶液。(　　)

A. 同一批　　B. 同一厂家　　C. 提纯的　　D. 不同

答案：A

2. 洗涤剂的污染会造成水面有不易流失的泡沫，并消耗水中的________。(　　)

A. 微生物　　B. 溶解氧　　C. 矿物质　　D. 有机物

答案：B

3.《污水综合排放标准》(GB 8978—1996)中1998年1月1日后建设的单位二级标准规定，阴离子表面活性剂的最高允许排放浓度为________mg/L。(　　)

A. 5　　B. 10　　C. 15　　D. 20

答案：B

4. 根据《水质　阴离子表面活性剂的测定　亚甲蓝分光光度法》(GB 7494—87)测定水中阴离子表面活性剂时，分液漏斗活塞应用________润湿。(　　)

A. 凡士林　　B. 油脂　　C. 三氯甲烷　　D. 四氯化碳

答案：C

5. 根据《水质　阴离子表面活性剂的测定　亚甲蓝分光光度法》(GB 7494—87)的规定，阴离子表面活性剂是普通合成洗涤剂的主要活性成分，使用最广泛的阴离子表面活性剂是直链烷基苯磺酸钠(LAS)。本方法采用LAS作为标准物，其烷基碳链为________。(　　)

A. C2～C5　　B. C6～C10　　C. C10～C13　　D. C14～C17

答案：C

6. 根据《水质　阴离子表面活性剂的测定　亚甲蓝分光光度法》(GB 7494—87)测定水中阴离子表面活性剂时，玻璃器皿在使用前先用水彻底冲洗，再用________冲洗，最后用去离子水冲洗干净。(　　)

A. 氯仿　　B. 乙醇盐酸洗液　　C. 铬酸洗液　　D. 洗衣粉

答案：B

7. 根据《水质　阴离子表面活性剂的测定　亚甲蓝分光光度法》(GB 7494—87)测定水中阴离子表面活性剂时，为了直接分析水和废水样，应根据预计的亚甲蓝活性物质(MBAS)的浓度选用试份体积。当预计的MBAS为2.0～10 mg/L时，试份量为________mg/L。(　　)

A. 5　　B. 10　　C. 15　　D. 20

答案：D

8. 根据《水质　阴离子表面活性剂的测定　亚甲蓝分光光度法》(GB 7494—87)测定水中阴离子表面活性剂时，每10 mm光程长空白试验的吸光度不应超过________，否则应检查设备或试剂是否有污染。(　　)

A. 0.01　　B. 0.02　　C. 0.04　　D. 0.05

答案：B

9. 根据《水质　阴离子表面活性剂的测定　亚甲蓝分光光度法》(GB 7494—87)测定水中阴离子表面活性剂时，消除硫化物干扰，可将试样调至碱性，滴加适量的________。(　　)

A．过氧化氢　　B．硫酸铁铵　　C．浓硝酸　　D．甲醛

答案：A

10. 根据《水质　阴离子表面活性剂的测定　亚甲蓝分光光度法》（GB 7494—87）的规定，在需要快速分析时，可采用一次萃取简化法。一次萃取效率约为本方法效率的________。（　　）

A．60%　　B．70%　　C．80%　　D．90%

答案：D

11.《水质　阴离子表面活性剂的测定　亚甲蓝分光光度法》（GB 7494—87）中，取样和保存样品应使用清洁的玻璃瓶，并事先经________清洗过。（　　）

A．甲醇　　B．乙醇　　C．盐酸　　D．硫酸

答案：A

三、问答题

1. 根据《水质　阴离子表面活性剂的测定　亚甲蓝分光光度法》（GB 7494—87）简述测定阴离子表面活性剂的原理。

答案：阳离子染料亚甲蓝与阴离子表面活性剂作用，生成蓝色的盐类，统称亚甲蓝活性物质（MBAS）。该生成物可被氯仿萃取，其色度与浓度成正比。用分光光度计在波长652 nm处测量氯仿层的吸光度。

2. 根据《水质　阴离子表面活性剂的测定　亚甲蓝分光光度法》（GB 7494—87）测定水中阴离子表面活性剂时，怎么制备亚甲蓝溶液？

答案：先称取50 g一水磷酸二氢钠，溶于300 ml水中，转移到1 000 ml容量瓶中，缓慢加入6.8 ml浓硫酸，摇匀。另称取30 mg亚甲蓝（指示剂级），用50 ml水溶解后，转移至上述容量瓶中，用水稀释至标线，摇匀。此溶液贮存于棕色试剂瓶中。

3. 根据《水质　阴离子表面活性剂的测定　亚甲蓝分光光度法》（GB 7494—87）测定水中阴离子表面活性剂时，有哪些干扰物质？如何消除干扰？

答案：（1）主要被测物以外的其他有机的硫酸盐、磺酸盐、羧酸盐、酚类以及无机的硫氰酸盐、氰酸盐、硝酸盐和氯化物等，或多或少与亚甲蓝作用，生成可溶于三氯甲烷的蓝色络合物，致使测定结果偏高。通过水溶液反洗可消除这些正干扰（有机硫酸盐、磺酸盐除外），其中氯化物和硝酸盐的干扰大部分被去除。

（2）经水溶液反洗仍未除去的非表面活性物引起的正干扰，可借气提萃取法将阴离子表面活性剂从水相转移到有机相而加以消除。

（3）一般存在于未经处理或一级处理的污水中的硫化物，它能与亚甲蓝反应，生成无色的还原物而消耗亚甲蓝试剂。可将试样调至碱性，滴加适量的过氧化氢（30%），避免其干扰。

（4）存在季铵类化合物等阳离子物质和蛋白质时，阴离子表面活性剂与其作用，生成稳定的络合物，而不与亚甲蓝反应，使测定结果偏低。这些阳离子类干扰物可采用阳离子交换树脂（在适当条件下）去除。

四、计算题

测定某工厂的污水，取样 20.0 ml，从校准曲线上查得 LAS 的量为 0.180 mg。试计算该水样中阴离子表面活性剂的浓度，并评价此水质是否符合《污水综合排放标准》（GB 8978—1996）的二级标准限值要求。

答案：C（LAS）= m/V

$= 0.180 \times 1\,000/20.0=9.00$（mg/L）

此水符合《污水综合排放标准》（GB 8978—1996）二级标准限值要求。

参考文献

[1] 国家环境保护局 . 水质　阴离子表面活性剂的测定 亚甲蓝分光光度法：GB 7494—87 [S] . 北京：中国标准出版社，1987.

[2]《环境监测技术基本理论（参考）试题集》编写组 . 环境监测技术基本理论（参考）试题集 [M]. 北京：中国环境科学出版社，2002.

[3] 国家环境保护总局《水和废水监测分析方法》编委会 . 水和废水监测分析方法：第四版增补版 [M] . 北京：中国环境科学出版社，2002.

[4] 中国环境监测总站《环境监测人员持证上岗考核试题集》编写组 . 环境监测人员持证上岗考核试题集：上册 . 4 版 [M] . 北京：中国环境出版集团，2015.

命题：张　爽

审核：杨红梅

第五十三节　水质　阴离子表面活性剂的测定 流动注射 - 亚甲基蓝分光光度法（HJ 826—2017）

一、判断题

1. 根据《水质　阴离子表面活性剂的测定　流动注射 - 亚甲基蓝分光光度法》（HJ 826—2017）测定水中阴离子表面活性剂时，三氯甲烷属于有毒物质，操作时应按规定要求佩戴防护器具并在通风橱内进行，避免接触皮肤。(　　)

答案：√

2.《水质　阴离子表面活性剂的测定　流动注射 - 亚甲基蓝分光光度法》（HJ 826—2017）适用于地表水和地下水中阴离子表面活性剂的测定。(　　)

答案：×

正确答案：此标准适用于地表水、地下水、生活污水和工业废水中阴离子表面活性剂的测定。

3. 根据《水质 阴离子表面活性剂的测定 流动注射－亚甲基蓝分光光度法》（HJ 826—2017）测定水中阴离子表面活性剂时，流动注射仪中试样与试剂在化学反应模块中按特定的顺序和比例混合、反应，在完全反应的条件下，进入流动检测池进行光度检测。（ ）

答案： ×

正确答案： 在非完全反应的条件下，进入流动检测池进行光度检测。

4. 根据《水质 阴离子表面活性剂的测定 流动注射－亚甲基蓝分光光度法》（HJ 826—2017）测定水中阴离子表面活性剂时，经水溶液反洗未能除去的非表面活性物质引起的正干扰，可用汽提萃取法将阴离子表面活性剂从水相转移到有机相而消除。（ ）

答案： √

5. 根据《水质 阴离子表面活性剂的测定 流动注射－亚甲基蓝分光光度法》（HJ 826—2017）测定水中阴离子表面活性剂时，有机的主要干扰物有磺酸盐、硝酸盐和酚类。（ ）

答案： ×

正确答案： 本方法的主要有机的干扰物为磺酸盐、羟酸盐、酚类。

6. 根据《水质 阴离子表面活性剂的测定 流动注射－亚甲基蓝分光光度法》（HJ 826—2017）测定水中阴离子表面活性剂时，主要的无机干扰物有硫酸盐、亚硫酸盐、硝酸盐、氰酸盐、硫氰酸盐等。（ ）

答案： √

7. 流动注射－亚甲基蓝分光光度法测定水中阴离子表面活性剂时，污水中的硫化物能与亚甲基蓝生成无色的还原物而消耗亚甲基蓝试剂，遇此情况可将试样调至中性，消除干扰。（ ）

答案： ×

正确答案： 遇此情况可将试样调至碱性，滴加适量的过氧化氢，消除干扰。

8. 根据《水质 阴离子表面活性剂的测定 流动注射－亚甲基蓝分光光度法》（HJ 826—2017）测定水中阴离子表面活性剂时，蛋白质和 4- 氨基类化合物等一些阳离子会对本方法的测量结果产生负干扰，这些阳离子类物质在适当条件下可采用阳离子交换树脂去除。（ ）

答案： √

9. 根据《水质 阴离子表面活性剂的测定 流动注射－亚甲基蓝分光光度法》（HJ 826—2017）测定水中阴离子表面活性剂时，分析时均使用符合国家标准的优级纯化学试剂。（ ）

答案： ×

正确答案： 除非另有说明，分析时均使用符合国家标准的分析纯化学试剂。

10. 根据《水质 阴离子表面活性剂的测定 流动注射－亚甲基蓝分光光度法》（HJ 826—2017）测定水中阴离子表面活性剂时，实验用水要在超声波仪超声脱气 20 min，否则在实验过程中产生气泡会影响测定结果。（ ）

答案： √

11. 根据《水质 阴离子表面活性剂的测定 流动注射－亚甲基蓝分光光度法》（HJ 826—2017）测定水中阴离子表面活性剂时，分析时所用硫酸和氢氧化钠均须为优级纯化学试剂。（ ）

答案： √

12. 根据《水质　阴离子表面活性剂的测定　流动注射－亚甲基蓝分光光度法》（HJ 826—2017）测定水中阴离子表面活性剂时，阴离子表面活性剂易吸附在悬浮固体或沉积物上，样品应充分混匀，有明显颗粒物的样品应用超声波仪超声粉碎后进样。（　　）

答案：√

13. 根据《水质　阴离子表面活性剂的测定　流动注射－亚甲基蓝分光光度法》（HJ 826—2017）测定水中阴离子表面活性剂时，当测定结果小于 1 mg/L 时，保留小数点后 3 位。（　　）

答案：×

正确答案：当测定结果小于 1 mg/L 时，保留小数点后 2 位。

14. 根据《水质　阴离子表面活性剂的测定　流动注射－亚甲基蓝分光光度法》（HJ 826—2017）测定水中阴离子表面活性剂时，实验室空白的空白值不得超过方法检出限，否则应查明原因，重新分析直至合格之后才能测定样品。（　　）

答案：√

15. 根据《水质　阴离子表面活性剂的测定　流动注射－亚甲基蓝分光光度法》（HJ 826—2017）测定水中阴离子表面活性剂时，每批样品分析均须绘制校准曲线。（　　）

答案：√

16. 根据《水质　阴离子表面活性剂的测定　流动注射－亚甲基蓝分光光度法》（HJ 826—2017）测定水中阴离子表面活性剂时，全程序空白的空白值不得超过方法测定下限，否则应查明原因，重新分析直至合格之后才能测定样品。（　　）

答案：√

17. 根据《水质　阴离子表面活性剂的测定　流动注射－亚甲基蓝分光光度法》（HJ 826—2017）测定水中阴离子表面活性剂时，当样品数量少于 10 个时，可不测定平行双样。（　　）

答案：×

正确答案：当样品数量少于 10 个时，应至少测定 1 个平行双样。

18. 根据《水质　阴离子表面活性剂的测定　流动注射－亚甲基蓝分光光度法》（HJ 826—2017）测定水中阴离子表面活性剂时，分析过程中有三氯甲烷废液产生，应集中回收，交由有资质的废弃物专业处理公司处理。（　　）

答案：√

19. 根据《水质　阴离子表面活性剂的测定　流动注射－亚甲基蓝分光光度法》（HJ 826—2017）测定水中阴离子表面活性剂时，此方法使用的玻璃器皿应使用清洗溶液、去离子水或合成洗涤剂清洗。（　　）

答案：×

正确答案：应使用清洗溶液和去离子水清洗，不宜用合成洗涤剂清洗。

20. 根据《水质　阴离子表面活性剂的测定　流动注射－亚甲基蓝分光光度法》（HJ 826—2017）测定水中阴离子表面活性剂时，试验结束后，观察亚甲基蓝废液瓶中是否含有三氯甲烷，若下层有少量三氯甲烷，则说明分离膜的分离效果下降，应检查膜相分离器或更换分离膜。（　　）

答案：√

二、单项选择题

1.《水质 阴离子表面活性剂的测定 流动注射－亚甲基蓝分光光度法》（HJ 826—2017）中规定，当检测光程为 10 mm 时，此方法的检出限为________mg/L（以 LAS 计）。（　　）

A．0.01　　B．0.02　　C．0.03　　D．0.04

答案：D

2.《水质 阴离子表面活性剂的测定 流动注射－亚甲基蓝分光光度法》（HJ 826—2017）中规定，当检测光程为 10 mm 时，此方法的测定范围为________mg/L（以 LAS 计）。（　　）

A．0.13～2.00　　B．0.13～2.50　　C．0.15～2.00　　D．0.15～2.50

答案：A

3.《水质 阴离子表面活性剂的测定 流动注射－亚甲基蓝分光光度法》（HJ 826—2017）中规定，有机相于________nm 波长处测量吸光度。（　　）

A．450　　B．550　　C．650　　D．750

答案：C

4. 根据《水质 阴离子表面活性剂的测定 流动注射－亚甲基蓝分光光度法》（HJ 826—2017）测定水中阴离子表面活性剂时，实验所用分析天平的精度为________mg。（　　）

A．0.000 1　　B．0.001　　C．0.01　　D．0.1

答案：D

5. 根据《水质 阴离子表面活性剂的测定 流动注射－亚甲基蓝分光光度法》（HJ 826—2017）测定水中阴离子表面活性剂时，实验所用超声波仪的频率为________kHz。（　　）

A．20　　B．30　　C．40　　D．50

答案：C

6. 根据《水质 阴离子表面活性剂的测定 流动注射－亚甲基蓝分光光度法》（HJ 826—2017）测定水中阴离子表面活性剂时，采集好的样品中加入甲醛，使甲醛体积分数为________。（　　）

A．0.5%　　B．1%　　C．1.5%　　D．2%

答案：B

7. 根据《水质 阴离子表面活性剂的测定 流动注射－亚甲基蓝分光光度法》（HJ 826—2017）测定水中阴离子表面活性剂时，采集好的样品加入一定量的甲醛，4℃下保存，可保存________。（　　）

A．1 d　　B．5 d　　C．1 周　　D．2 周

答案：C

8. 根据《水质 阴离子表面活性剂的测定 流动注射－亚甲基蓝分光光度法》（HJ 826—2017）测定水中阴离子表面活性剂时，当测定结果小于 1 mg/L 时，保留小数点后________。（　　）

A．1 位　　B．2 位　　C．3 位　　D．没有要求

答案：B

9. 根据《水质 阴离子表面活性剂的测定 流动注射－亚甲基蓝分光光度法》（HJ 826—2017）测定水中阴离子表面活性剂时，当测定结果大于等于 1 mg/L 时，数据保留________。（　　）

A．没有要求　　B．1位有效数字　　C．2位有效数字　　D．3位有效数字

答案：D

10. 根据《水质　阴离子表面活性剂的测定　流动注射－亚甲基蓝分光光度法》（HJ 826—2017）测定水中阴离子表面活性剂时，每批样品须至少测定________个实验室空白。（　　）

A．1　　B．2　　C．3　　D．4

答案：B

11. 根据《水质　阴离子表面活性剂的测定　流动注射－亚甲基蓝分光光度法》（HJ 826—2017）测定水中阴离子表面活性剂时，每批样品须测定的实验室空白的空白值不得超过________。（　　）

A．方法检出限　　B．方法测定下限　　C．仪器检出限　　D．仪器测定下限

答案：A

12. 根据《水质　阴离子表面活性剂的测定　流动注射－亚甲基蓝分光光度法》（HJ 826—2017）测定水中阴离子表面活性剂时，对校准曲线相关系数的要求是________。（　　）

A．$r^2 \geqslant 0.990$　　B．$r^2 \geqslant 0.995$　　C．$r^2 \geqslant 0.999\,0$　　D．$r^2 \geqslant 0.999\,5$

答案：B

13. 根据《水质　阴离子表面活性剂的测定　流动注射－亚甲基蓝分光光度法》（HJ 826—2017）测定水中阴离子表面活性剂时，每批样品应至少测定________个全程序空白。（　　）

A．1　　B．2　　C．3　　D．4

答案：A

14. 根据《水质　阴离子表面活性剂的测定　流动注射－亚甲基蓝分光光度法》（HJ 826—2017）测定水中阴离子表面活性剂时，每批样品须测定的全程序空白的空白值不得超过________。（　　）

A．方法检出限　　B．方法测定下限　　C．仪器检出限　　D．仪器测定下限

答案：B

15. 根据《水质　阴离子表面活性剂的测定　流动注射－亚甲基蓝分光光度法》（HJ 826—2017）测定水中阴离子表面活性剂时，每分析10个样品需用1个校准曲线的中间浓度校准溶液进行校准核查，其测定结果与最近一次校准曲线该点浓度的相对偏差应不大于________，否则应重新绘制校准曲线。（　　）

A．±10%　　B．±15%　　C．±20%　　D．±25%

答案：A

16. 根据《水质　阴离子表面活性剂的测定　流动注射－亚甲基蓝分光光度法》（HJ 826—2017）测定水中阴离子表面活性剂时，每批样品应至少测定________的平行双样。（　　）

A．5%　　B．10%　　C．15%　　D．20%

答案：B

17. 根据《水质　阴离子表面活性剂的测定　流动注射－亚甲基蓝分光光度法》（HJ 826—2017）测定水中阴离子表面活性剂时，2次平行测定结果的相对偏差应不大于________。（　　）

A．±10%　　B．±15%　　C．±20%　　D．±25%

答案：D

18. 根据《水质　阴离子表面活性剂的测定　流动注射－亚甲基蓝分光光度法》（HJ 826—2017）测定水中阴离子表面活性剂时，每批样品应至少测定________的加标样品。（　　）

A. 5%　　B. 10%　　C. 15%　　D. 20%

答案：B

19. 根据《水质　阴离子表面活性剂的测定　流动注射－亚甲基蓝分光光度法》（HJ 826—2017）测定水中阴离子表面活性剂时，样品加标回收率应为________。（　　）

A. 70%～110%　　B. 70%～120%　　C. 80%～110%　　D. 80%～120%

答案：D

20. 根据《水质　阴离子表面活性剂的测定　流动注射－亚甲基蓝分光光度法》（HJ 826—2017）测定水中阴离子表面活性剂时，应注意管路系统的保养，经常清洗管路，用适量________的次氯酸钠清洗。（　　）

A. 1%　　B. 2%　　C. 3%　　D. 5%

答案：A

三、问答题

1. 根据《水质　阴离子表面活性剂的测定　流动注射－亚甲基蓝分光光度法》（HJ 826—2017）简述流动注射分析仪的工作原理。

答案：在封闭的管路中，将一定体积的试样注入连续流动的载液中，试样与试剂在化学反应模块中按特定的顺序和比例混合、反应，在非完全反应的条件下，进入流动检测池进行光度检测。

2. 根据《水质　阴离子表面活性剂的测定　流动注射－亚甲基蓝分光光度法》（HJ 826—2017）简述流动注射仪包括哪些部分。

答案：流动注射仪包括自动进样器、化学反应模块（预处理通道、注入泵、反应通道及流动检测池）、蠕动泵、数据处理系统。

3. 根据《水质　阴离子表面活性剂的测定　流动注射－亚甲基蓝分光光度法》（HJ 826—2017）简述测定水质中阴离子表面活性剂的化学反应原理。

答案：样品中的阴离子表面活性剂与阳离子染料亚甲蓝形成亚甲基蓝活性物质（MBAS），三氯甲烷萃取，有机相于 650 nm 波长处测量吸光度。

4. 根据《水质　阴离子表面活性剂的测定　流动注射－亚甲基蓝分光光度法》（HJ 826—2017）简述测定水中阴离子表面活性剂时的注意事项。

答案：（1）本方法使用的玻璃器皿应使用清洗溶液和去离子水清洗，不宜用合成洗涤剂清洗；

（2）试验结束后，观察亚甲基蓝废液瓶中是否含有三氯甲烷，若下层有少量三氯甲烷，则说明分离膜的分离效果下降，应检查膜相分离器或更换分离膜；

（3）应注意管路系统的保养，经常清洗管路，用适量 1% 的次氯酸钠清洗；

（4）每次试验前都应检查泵管是否磨损，并及时更换已损坏的泵管；

（5）应经常检查微量阀，如有颗粒物聚积在微量阀内，则应进行清洗；

（6）如果流通池与水相接触，会显著增加噪音，或使基线显著提高，导致检测不到信号，应防止水相进入流通池。

四、计算题

流动注射－亚甲基蓝分光光度法测定水中阴离子表面活性剂时，水样未稀释后直接进样，测定峰形高度 y 为 0.02，校准曲线的截距 a 为 −0.007，斜率 b 为 0.369，试求水样中阴离子表面活性剂的含量（mg/L）。

答案：阴离子表面活性剂（以 LAS 计，mg/L）$=\dfrac{y-a}{b}\times f$

$$=\frac{0.02+0.007}{0.369}\times 1$$

$$=0.07\ (\text{mg/L})$$

参考文献

环境保护部. 水质　阴离子表面活性剂的测定　流动注射－亚甲基蓝分光光度法：HJ 826—2017［S］. 北京：中国环境出版集团，2017.

命题：王　芳

审核：张雪晶

第五十四节　生活饮用水标准检验方法　感官性状和物理指标（GB/T 5750.4—2006　10.1　阴离子合成洗涤剂　亚甲基蓝分光光度法）

一、判断题

1.《生活饮用水标准检验方法　感官性状和物理指标》（GB/T 5750.4—2006）中亚甲基蓝分光光度法适用于生活饮用水及其水源水中阴离子合成洗涤剂的测定。（　　）

答案：√

2. 根据《生活饮用水标准检验方法　感官性状和物理指标》（GB/T 5750.4—2006）中亚甲基蓝分光光度法测定水中阴离子合成洗涤剂时，样品测定和校准曲线绘制应使用同一批三氯甲烷和亚甲蓝溶液。（　　）

答案：√

3. 根据《生活饮用水标准检验方法　感官性状和物理指标》（GB/T 5750.4—2006）中亚甲基蓝分光光度法测定水中阴离子合成洗涤剂时，酚、有机硫酸盐、磺酸盐、磷酸盐以及大量氯化物（2 000 mg）、硝酸盐（5 000 mg）、硫氰酸盐等均可使结果偏低。（　　）

答案：×

正确答案：结果偏高。

4. 根据《生活饮用水标准检验方法　感官性状和物理指标》（GB/T 5750.4—2006）中亚甲基蓝

分光光度法测定水中阴离子合成洗涤剂时，比色时以水为参比进行比色。(　　)

答案：×

正确答案：比色时以三氯甲烷为参比进行比色。

5. 根据《生活饮用水标准检验方法　感官性状和物理指标》(GB/T 5750.4—2006)中亚甲基蓝分光光度法测定水中阴离子合成洗涤剂时，用于比色收集萃取液的是 50 ml 容量瓶。(　　)

答案：×

正确答案：用于比色收集萃取液的是 25 ml 比色管。

6. 根据《生活饮用水标准检验方法　感官性状和物理指标》(GB/T 5750.4—2006)中亚甲基蓝分光光度法测定水中阴离子合成洗涤剂时，加入三氯甲烷和亚甲蓝溶液，若水相中蓝色耗尽，则应另取少量水样重新测定。(　　)

答案：√

7. 根据《生活饮用水标准检验方法　感官性状和物理指标》(GB/T 5750.4—2006)中亚甲基蓝分光光度法测定水中阴离子合成洗涤剂时，亚甲蓝溶液的配制使用的是磷酸氢二钠。(　　)

答案：×

正确答案：亚甲蓝溶液的配制使用的是磷酸二氢钠。

8. 根据《生活饮用水标准检验方法　感官性状和物理指标》(GB/T 5750.4—2006)中亚甲基蓝分光光度法测定水中阴离子合成洗涤剂时，如果水样中阴离子合成洗涤剂大于 50 μg，则应取适量水样，稀释至 50 ml。(　　)

答案：×

正确答案：水样中阴离子合成洗涤剂大于 100 μg。

9. 根据《生活饮用水标准检验方法　感官性状和物理指标》(GB/T 5750.4—2006)中亚甲基蓝分光光度法测定水中阴离子合成洗涤剂时，如果水样中阴离子合成洗涤剂小于 5 μg，则增加取水体积。(　　)

答案：√

10. 根据《生活饮用水标准检验方法　感官性状和物理指标》(GB/T 5750.4—2006)中亚甲基蓝分光光度法测定水中阴离子合成洗涤剂时，用于采集地下水阴离子合成洗涤剂的容器需要用铬酸洗液洗 1 次，自来水洗 3 次，蒸馏水洗 1 次。(　　)

答案：√

11. 根据《生活饮用水标准检验方法　感官性状和物理指标》(GB/T 5750.4—2006)中亚甲基蓝分光光度法测定水中阴离子合成洗涤剂时，采集地下水阴离子合成洗涤剂的容器使用硬质玻璃瓶和聚乙烯瓶均可。(　　)

答案：√

12. 根据《生活饮用水标准检验方法　感官性状和物理指标》(GB/T 5750.4—2006)中亚甲基蓝分光光度法测定水中阴离子合成洗涤剂时，用于测定地下水阴离子合成洗涤剂的分液漏斗的活塞不得用油脂润滑，可在使用前用三氯甲烷润湿。(　　)

答案：√

13. 根据《生活饮用水标准检验方法　感官性状和物理指标》(GB/T 5750.4—2006)中亚甲基

蓝分光光度法测定水中阴离子合成洗涤剂时，能与亚甲蓝反应的物质对方法均有干扰。(　　)

答案：√

14. 根据《生活饮用水标准检验方法　感官性状和物理指标》(GB/T 5750.4—2006）中亚甲基蓝分光光度法测定水中阴离子合成洗涤剂时，洗涤液配制使用的是盐酸。(　　)

答案：×

正确答案：洗涤液配制使用的是硫酸。

二、单项选择题

1. 根据《生活饮用水标准检验方法　感官性状和物理指标》(GB/T 5750.4—2006）中亚甲基蓝分光光度法测定水中阴离子合成洗涤剂时，比色时波长为________nm。(　　)

A. 652　　B. 650　　C. 630　　D. 655

答案：B

2. 根据《生活饮用水标准检验方法　感官性状和物理指标》(GB/T 5750.4—2006）中亚甲基蓝分光光度法测定水中阴离子合成洗涤剂时，如取 100 ml 水样测定，则最低检测质量浓度为________mg/L。(　　)

A. 0.050　　B. 0.040　　C. 0.030　　D. 0.010

答案：A

3. 根据《生活饮用水标准检验方法　感官性状和物理指标》(GB/T 5750.4—2006）中亚甲基蓝分光光度法测定水中阴离子合成洗涤剂时，用十二烷基苯磺酸钠为标准，最低检测质量为________μg。(　　)

A. 10　　B. 6　　C. 5　　D. 3

答案：C

4. 根据《生活饮用水标准检验方法　感官性状和物理指标》(GB/T 5750.4—2006）中亚甲基蓝分光光度法测定水中阴离子合成洗涤剂时，最后用于比色的比色皿的规格是________cm。(　　)

A. 1　　B. 2　　C. 3　　D. 4

答案：C

5. 根据《生活饮用水标准检验方法　感官性状和物理指标》(GB/T 5750.4—2006）中亚甲基蓝分光光度法测定水中阴离子合成洗涤剂时，每次向分液漏斗中加入三氯甲烷的量是________ml。(　　)

A. 5　　B. 10　　C. 15　　D. 25

答案：A

6. 根据《生活饮用水标准检验方法　感官性状和物理指标》(GB/T 5750.4—2006）中亚甲基蓝分光光度法测定水中阴离子合成洗涤剂时，向第二套分液漏斗中加入洗涤液的量是________ml。(　　)

A. 10　　B. 20　　C. 25　　D. 50

答案：C

7. 根据《生活饮用水标准检验方法　感官性状和物理指标》(GB/T 5750.4—2006）中亚甲基蓝

分光光度法测定水中阴离子合成洗涤剂时，最后收集萃取液的比色管是________ml。（　　）

A．10　　B．20　　C．25　　D．50

答案：C

8. 根据《生活饮用水标准检验方法　感官性状和物理指标》（GB/T 5750.4—2006）中亚甲基蓝分光光度法测定水中阴离子合成洗涤剂时，十二烷基苯磺酸钠标准使用液浓度是________μg/ml。（　　）

A．1　　B．5　　C．10　　D．20

答案：C

9. 根据《生活饮用水标准检验方法　感官性状和物理指标》（GB/T 5750.4—2006）中亚甲基蓝分光光度法测定水中阴离子合成洗涤剂时，十二烷基苯磺酸钠标准储备液浓度是________mg/ml。（　　）

A．0.5　　B．1　　C．2　　D．5

答案：B

10. 根据《生活饮用水标准检验方法　感官性状和物理指标》（GB/T 5750.4—2006）中亚甲基蓝分光光度法测定水中阴离子合成洗涤剂时，0.5 mol/L 的硫酸是量取浓硫酸________ml，用纯水稀释至 100 ml。（　　）

A．2.7　　B．2.8　　C．2.9　　D．3.0

答案：B

11. 根据《生活饮用水标准检验方法　感官性状和物理指标》（GB/T 5750.4—2006）中亚甲基蓝分光光度法测定水中阴离子合成洗涤剂时，最后的计算结果最多保留的有效位数是________位。（　　）

A．1　　B．2　　C．3　　D．4

答案：C

12. 根据《生活饮用水标准检验方法　感官性状和物理指标》（GB/T 5750.4—2006）中亚甲基蓝分光光度法测定水中阴离子合成洗涤剂时，在分液漏斗颈管中用于滤除水珠的是________。（　　）

A．脱脂棉　　B．玻璃棉　　C．乙酸铅棉花　　D．医用棉

答案：B

13. 根据《生活饮用水标准检验方法　感官性状和物理指标》（GB/T 5750.4—2006）中亚甲基蓝分光光度法测定水中阴离子合成洗涤剂时，酚酞溶液配制中乙醇浓度是________。（　　）

A．1+5　　B．1+1　　C．5+1　　D．3+1

答案：B

14. 根据《生活饮用水标准检验方法　感官性状和物理指标》（GB/T 5750.4—2006）中亚甲基蓝分光光度法测定水中阴离子合成洗涤剂时，配制 1 mg/ml 的十二烷基苯磺酸钠标准储备液，需称取________g 十二烷基苯磺酸钠。（　　）

A．0.100　　B．0.250　　C．0.600　　D．0.500

答案：D

15.《地下水质量标准》（GB/T 14848—2017）Ⅲ类标准中阴离子合成洗涤剂最高允许排放浓度为________mg/L。（　　）

A. 0.1　　B. 0.2　　C. 0.3　　D. 0.4

答案：C

三、问答题

1. 根据《生活饮用水标准检验方法　感官性状和物理指标》（GB/T 5750.4—2006）中亚甲基蓝分光光度法测定水中阴离子合成洗涤剂时，如何用市售阴离子洗衣粉提纯制作纯品的十二烷基苯磺酸钠？

答案：（1）将洗衣粉用热的95%的乙醇处理，滤去不溶物；

（2）再将滤液加热挥发去除部分乙醇，过滤，弃去滤液；

（3）将滤渣再溶于少量热的乙醇中，过滤，如此重复3次；

（4）然后于十二烷基苯磺酸钠乙醇溶液中加等体积的纯水，用相当于溶液1/3体积的石油醚（沸程30～60℃）萃洗，分离出石油醚相；

（5）按同样步骤连续用石油醚洗涤5次，弃去石油醚；

（6）最后将十二烷基苯磺酸钠乙醇溶液蒸发至干，在105℃烘烤，得到白色或淡黄色固体，即为纯品。

2. 根据《生活饮用水标准检验方法　感官性状和物理指标》（GB/T 5750.4—2006）中亚甲基蓝分光光度法测定水中阴离子合成洗涤剂时，简述亚甲基蓝分光光度法测定阴离子合成洗涤剂的原理。

答案：（1）亚甲蓝染料在水溶液中与阴离子合成洗涤剂形成易被有机溶剂萃取的蓝色化合物；

（2）未反应的亚甲蓝则仍留在水溶液中；

（3）根据有机相蓝色的强度，测定阴离子合成洗涤剂的含量。

四、计算题

根据《生活饮用水标准检验方法　感官性状和物理指标》（GB/T 5750.4—2006）中亚甲基蓝分光光度法测定水中阴离子合成洗涤剂时，量取某水源地的地下水水样50.00 ml，测定后，从校准曲线上查得阴离子合成洗涤剂的量为0.011 mg，计算该水源地地下水中阴离子合成洗涤剂的浓度，看该地下水是否达到《地下水质量标准》（GB/T 14848—2017）Ⅲ类标准限制要求。

答案：$C(\text{LAS}) = m/V$

$= (0.011/50.0) \times 1\,000 = 0.22\ (\text{mg/L})$

该地下水达到《地下水质量标准》（GB/T 14848—2017）Ⅲ类标准限制要求。

参考文献

[1] 中华人民共和国卫生部，中国国家标准化管理委员会. 生活饮用水标准检验方法　感官性状和物理指标：GB/T 5750.4—2006 [S]. 北京：中国标准出版社，2006.

[2] 中国环境监测总站《环境监测人员持证上岗考核试题集》编写组 . 环境监测人员持证上岗考核试题集：上册 . 4 版［M］. 北京：中国环境出版集团，2015.

命题：郑金花

审核：张洪梅

第五十五节　水质　无机阴离子（F^-、Cl^-、NO_2^-、Br^-、NO_3^-、PO_4^{3-}、SO_3^{2-}、SO_4^{2-}）的测定　离子色谱法（HJ 84—2016）

一、判断题

1.《水质　无机阴离子（F^-、Cl^-、NO_2^-、Br^-、NO_3^-、PO_4^{3-}、SO_3^{2-}、SO_4^{2-}）的测定　离子色谱法》（HJ 84—2016）适用于地下水、地表水、工业废水、生活污水和降水中 8 种可溶性无机阴离子（F^-、Cl^-、NO_2^-、Br^-、NO_3^-、PO_4^{3-}、SO_3^{2-}、SO_4^{2-}）的测定。(　　)

答案：×

正确答案：HJ 84—2016 适用于地下水、地表水、工业废水、生活污水中 8 种可溶性无机阴离子（F^-、Cl^-、NO_2^-、Br^-、NO_3^-、PO_4^{3-}、SO_3^{2-}、SO_4^{2-}）的测定。

2. 根据《水质　无机阴离子（F^-、Cl^-、NO_2^-、Br^-、NO_3^-、PO_4^{3-}、SO_3^{2-}、SO_4^{2-}）的测定　离子色谱法》（HJ 84—2016）的规定，当进样量为 25 μl 时，F^- 的方法检出限是 0.006 mg/L，测定下限是 0.024 mg/L。(　　)

答案：√

3. 根据《水质　无机阴离子（F^-、Cl^-、NO_2^-、Br^-、NO_3^-、PO_4^{3-}、SO_3^{2-}、SO_4^{2-}）的测定　离子色谱法》（HJ 84—2016）的规定，当改变离子色谱淋洗液浓度时，待测离子的洗脱顺序将会发生改变。(　　)

答案：×

正确答案：当改变离子色谱淋洗液浓度时，待测离子的洗脱顺序不会发生改变。

4. 根据《水质　无机阴离子（F^-、Cl^-、NO_2^-、Br^-、NO_3^-、PO_4^{3-}、SO_3^{2-}、SO_4^{2-}）的测定　离子色谱法》（HJ 84—2016）测定水样中无机阴离子时，经阴离子色谱柱交换分离，抑制型电导检测器检测，根据保留时间定性、峰高或峰面积定量。(　　)

答案：√

5. 根据《水质　无机阴离子（F^-、Cl^-、NO_2^-、Br^-、NO_3^-、PO_4^{3-}、SO_3^{2-}、SO_4^{2-}）的测定　离子色谱法》（HJ 84—2016）测定水样中无机阴离子时，对保留时间相近的 2 种阴离子，当其浓度相差较大而影响低浓度离子的测定时，可用加标的方法来测定低浓度阴离子。(　　)

答案：√

6. 离子色谱分析中，淋洗液的浓度越低，水负峰越大。(　　)

答案：×

正确答案： 淋洗液的浓度越低，水负峰越小。

7. 根据《水质　无机阴离子（F^-、Cl^-、NO_2^-、Br^-、NO_3^-、PO_4^{3-}、SO_3^{2-}、SO_4^{2-}）的测定　离子色谱法》（HJ 84—2016）测定水样中无机阴离子时，选用碳酸钠和碳酸氢钠淋洗液，水负峰干扰 F^- 的测定时，可在样品与标准溶液中分别加入适量相同浓度和等体积的淋洗液，以减小水负峰对 F^- 的干扰。（　　）

答案： √

8. 根据《水质　无机阴离子（F^-、Cl^-、NO_2^-、Br^-、NO_3^-、PO_4^{3-}、SO_3^{2-}、SO_4^{2-}）的测定　离子色谱法》（HJ 84—2016）测定水样中无机阴离子时，实验用水为电阻率≥16 MΩ・cm（25℃），并经过 0.45 μm 微孔滤膜的去离子水。（　　）

答案： ×

正确答案： 实验用水为电阻率≥18 MΩ・cm（25℃），并经过 0.45 μm 微孔滤膜的去离子水。

9. 根据《水质　无机阴离子（F^-、Cl^-、NO_2^-、Br^-、NO_3^-、PO_4^{3-}、SO_3^{2-}、SO_4^{2-}）的测定　离子色谱法》（HJ 84—2016）测定水样中无机阴离子中，离子色谱分析中，峰的分离度不低于 1.0。（　　）

答案： ×

正确答案： 离子色谱分析中，峰的分离度不低于 1.5。

10. 根据《水质　无机阴离子（F^-、Cl^-、NO_2^-、Br^-、NO_3^-、PO_4^{3-}、SO_3^{2-}、SO_4^{2-}）的测定　离子色谱法》（HJ 84—2016）测定水样中无机阴离子时，样品需要检测 SO_3^{2-} 时，在离子色谱仪分析进样前加入 0.1% 的甲醛进行固定。（　　）

答案： ×

正确答案： 样品需要检测 SO_3^{2-} 时，样品采集后，须立即加入 0.1% 的甲醛进行固定。

11. 根据《水质　无机阴离子（F^-、Cl^-、NO_2^-、Br^-、NO_3^-、PO_4^{3-}、SO_3^{2-}、SO_4^{2-}）的测定　离子色谱法》（HJ 84—2016）测定水样中无机阴离子时，采集的样品如果不能及时分析，应经抽气过滤装置过滤，于 4℃以下冷藏、避光保存。（　　）

答案： √

12. 根据《水质　无机阴离子（F^-、Cl^-、NO_2^-、Br^-、NO_3^-、PO_4^{3-}、SO_3^{2-}、SO_4^{2-}）的测定　离子色谱法》（HJ 84—2016）测定水样中 F^-、Cl^-、NO_3^-、SO_4^{2-} 4 种离子时，可将样品盛放在一个硬质玻璃瓶中，过滤后于 4℃以下冷藏、避光保存，7 d 内分析。（　　）

答案： ×

正确答案： 如测 F^-、Cl^-、NO_3^-、SO_4^{2-} 4 种离子，可将样品盛放在一个聚乙烯瓶中（F^- 只能放在聚乙烯瓶），经过滤后于 4℃以下冷藏、避光保存，7 d 内分析。

13. 根据《水质　无机阴离子（F^-、Cl^-、NO_2^-、Br^-、NO_3^-、PO_4^{3-}、SO_3^{2-}、SO_4^{2-}）的测定　离子色谱法》（HJ 84—2016）测定水样中无机阴离子时，对于不含疏水性化合物、重金属或过渡重金属离子等干扰物质的清洁水样，经抽气过滤装置过滤后，可直接进样。（　　）

答案： √

14. 根据《水质　无机阴离子（F^-、Cl^-、NO_2^-、Br^-、NO_3^-、PO_4^{3-}、SO_3^{2-}、SO_4^{2-}）的测定　离子色谱法》（HJ 84—2016）测定水样中无机阴离子时，每批次（≤20 个）样品应至少做 2 个实验室空

白试验，空白试验结果应低于测定下限。(　　)

答案：×

正确答案：每批次（≤20 个）样品应至少做 2 个实验室空白试验，空白试验结果应低于方法检出限。

15. 根据《水质　无机阴离子（F^-、Cl^-、NO_2^-、Br^-、NO_3^-、PO_4^{3-}、SO_3^{2-}、SO_4^{2-}）的测定　离子色谱法》（HJ 84—2016）测定水样中无机阴离子时，每批次（≤20 个）样品应至少做 1 个加标回收率测定，实际样品的加标回收率应控制在 70%～130%。(　　)

答案：×

正确答案：每批次（≤20 个）样品应至少做 1 个加标回收率测定，实际样品的加标回收率应控制在 80%～120%。

16. 离子色谱法分析样品时，离子半径越大，保留时间越长。(　　)

答案：√

17. 离子色谱输液系统进入气泡后会影响分离效果和检测信号的稳定性，会导致基线不稳定，产生较大噪声，降低检测灵敏度，因此在开机之后进行排气操作。(　　)

答案：√

18. 根据《水质　无机阴离子（F^-、Cl^-、NO_2^-、Br^-、NO_3^-、PO_4^{3-}、SO_3^{2-}、SO_4^{2-}）的测定　离子色谱法》（HJ 84—2016）测定水样中无机阴离子时，若测定结果超出标准曲线范围，应将样品用实验用水稀释处理后重新测定。(　　)

答案：√

19. 根据《水质　无机阴离子（F^-、Cl^-、NO_2^-、Br^-、NO_3^-、PO_4^{3-}、SO_3^{2-}、SO_4^{2-}）的测定　离子色谱法》（HJ 84—2016）测定水样中无机阴离子时，在碳酸盐淋洗液和氢氧根淋洗液两种情况下，待测离子的洗脱顺序是相同的。(　　)

答案：×

正确答案：在碳酸盐淋洗液和氢氧根淋洗液两种体系下，待测离子的洗脱顺序是不同的。

20. 离子色谱柱效与流速有关，流速越低，柱效越高，因此设置的流速越低，峰形图越好。(　　)

答案：×

正确答案：离子色谱柱效与流速有关，流速越低，柱效越高，但是流速越低，峰形越容易扩散。

二、单项选择题

1. 根据《水质　无机阴离子（F^-、Cl^-、NO_2^-、Br^-、NO_3^-、PO_4^{3-}、SO_3^{2-}、SO_4^{2-}）的测定　离子色谱法》（HJ 84—2016）测定水样中无机阴离子时，当进样量为 25 μl 时，SO_4^{2-} 的方法检出限是________mg/L，测定下限是________mg/L。(　　)

A. 0.007，0.028　　B. 0.016，0.064　　C. 0.018，0.072　　D. 0.046，0.184

答案：C

2. 根据《水质　无机阴离子（F^-、Cl^-、NO_2^-、Br^-、NO_3^-、PO_4^{3-}、SO_3^{2-}、SO_4^{2-}）的测定　离子色谱法》（HJ 84—2016）测定水样中无机阴离子时，淋洗液是氢氧化钠时，可加氮气保护，以减缓碱

性淋洗液吸收空气中的________而失效。(　　)

A. CO　　B. CO_2　　C. O_2　　D. Cl_2

答案：B

3. 根据《水质　无机阴离子（F^-、Cl^-、NO_2^-、Br^-、NO_3^-、PO_4^{3-}、SO_3^{2-}、SO_4^{2-}）的测定　离子色谱法》（HJ 84—2016）中规定，实验用水电阻率应≥________MΩ·cm（25℃）。(　　)

A. 15　　B. 16　　C. 17　　D. 18

答案：D

4. 根据《水质　无机阴离子（F^-、Cl^-、NO_2^-、Br^-、NO_3^-、PO_4^{3-}、SO_3^{2-}、SO_4^{2-}）的测定　离子色谱法》（HJ 84—2016）测定水样中无机阴离子时，一次进样可测本方法规定的 8 种阴离子，峰的分离度不低于________。(　　)

A. 1.0　　B. 1.5　　C. 2.0　　D. 2.5

答案：B

5. 根据《水质　无机阴离子（F^-、Cl^-、NO_2^-、Br^-、NO_3^-、PO_4^{3-}、SO_3^{2-}、SO_4^{2-}）的测定　离子色谱法》（HJ 84—2016）测定水样中无机阴离子时，一次性水系微孔滤膜针筒过滤器的孔径为______μm。(　　)

A. 0.22　　B. 0.40　　C. 0.45　　D. 0.65

答案：C

6. 根据《水质　无机阴离子（F^-、Cl^-、NO_2^-、Br^-、NO_3^-、PO_4^{3-}、SO_3^{2-}、SO_4^{2-}）的测定　离子色谱法》（HJ 84—2016）测定水样中 NO_2^- 时，可将样品放在硬质玻璃瓶或聚乙烯瓶中，经抽气过滤装置过滤，4℃以下冷藏、避光保存，保存时间为________d。(　　)

A. 2　　B. 7　　C. 14　　D. 30

答案：A

7. 根据《水质　无机阴离子（F^-、Cl^-、NO_2^-、Br^-、NO_3^-、PO_4^{3-}、SO_3^{2-}、SO_4^{2-}）的测定　离子色谱法》（HJ 84—2016）测定水样中 SO_4^{2-} 时，可将样品放在硬质玻璃瓶或聚乙烯瓶中，经抽气过滤装置过滤，4℃以下冷藏、避光保存，保存时间为________d。(　　)

A. 2　　B. 7　　C. 14　　D. 30

答案：D

8. 根据《水质　无机阴离子（F^-、Cl^-、NO_2^-、Br^-、NO_3^-、PO_4^{3-}、SO_3^{2-}、SO_4^{2-}）的测定　离子色谱法》（HJ 84—2016）测定水样中无机阴离子时，当样品含量小于 1 mg/L 时，结果保留至小数点后________位；当样品含量大于或等于 1 mg/L 时，结果保留________位有效数字。(　　)

A. 2，2　　B. 2，3　　C. 3，2　　D. 3，3

答案：D

9. 根据《水质　无机阴离子（F^-、Cl^-、NO_2^-、Br^-、NO_3^-、PO_4^{3-}、SO_3^{2-}、SO_4^{2-}）的测定　离子色谱法》（HJ 84—2016）测定水样中无机阴离子时，标准曲线的相关系数应≥________，否则应重新绘制标准曲线。(　　)

A. 0.990　　B. 0.995　　C. 0.999　　D. 0.999 9

答案：B

10. 根据《水质　无机阴离子（F^-、Cl^-、NO_2^-、Br^-、NO_3^-、PO_4^{3-}、SO_3^{2-}、SO_4^{2-}）的测定　离子色谱法》（HJ 84—2016）测定水样中无机阴离子时，每批次（≤20 个）样品，应分析 1 个标准曲线中间浓度校核点，中间浓度校核点测量值与其标准溶液浓度值的相对误差应≤________。（　　）

A. 5%　　B. 10%　　C. 15%　　D. 20%

答案：B

11. 根据《水质　无机阴离子（F^-、Cl^-、NO_2^-、Br^-、NO_3^-、PO_4^{3-}、SO_3^{2-}、SO_4^{2-}）的测定　离子色谱法》（HJ 84—2016）测定水样中无机阴离子时，每批次（≤20 个）样品，至少测定 10% 的平行双样，样品数量少于 10 个时，应至少测 1 个平行双样，平行双样测定结果的相对偏差应≤________。（　　）

A. 5%　　B. 10%　　C. 15%　　D. 20%

答案：B

12. 根据《水质　无机阴离子（F^-、Cl^-、NO_2^-、Br^-、NO_3^-、PO_4^{3-}、SO_3^{2-}、SO_4^{2-}）的测定　离子色谱法》（HJ 84—2016）测定水样中无机阴离子时，每批次（≤20 个）样品，至少做 1 个加标回收率测定，实际样品的加标回收率应控制为________。（　　）

A. 70%～130%　　B. 80%～120%　　C. 85%～115%　　D. 90%～110%

答案：B

13. 离子色谱仪中，关于抑制器的作用，下列说法错误的是________。（　　）

A. 降低淋洗液的背景电导

B. 增加被测离子的电导值

C. 消除反离子峰对弱保留离子的影响

D. 改善待测离子分离度

答案：D

14. 根据《水质　无机阴离子（F^-、Cl^-、NO_2^-、Br^-、NO_3^-、PO_4^{3-}、SO_3^{2-}、SO_4^{2-}）的测定　离子色谱法》（HJ 84—2016）的规定，预处理柱不能去除以下________物质。（　　）

A. 重金属　　B. 过渡重金属离子　　C. 待测离子　　D. 疏水性化合物

答案：C

三、问答题

1. 根据《水质　无机阴离子（F^-、Cl^-、NO_2^-、Br^-、NO_3^-、PO_4^{3-}、SO_3^{2-}、SO_4^{2-}）的测定　离子色谱法》（HJ 84—2016）简述测定 SO_3^{2-} 时，采样过程中的注意事项。

答案：（1）若测定 SO_3^{2-}，水样盛放在硬质玻璃瓶或聚乙烯瓶；

（2）样品采集后应立即加入 0.1% 的甲醛进行固定。

2. 根据《水质　无机阴离子（F^-、Cl^-、NO_2^-、Br^-、NO_3^-、PO_4^{3-}、SO_3^{2-}、SO_4^{2-}）的测定　离子色谱法》（HJ 84—2016）简述检测未知浓度样品时，如何避免色谱柱容量超载。

答案：应将样品用实验用水稀释处理后测定，可预先稀释 50～100 倍后进试进样，再根据所得结果选择适当的稀释倍数重新进样分析。

3. 简述离子色谱法测定水中无机阴离子的原理。

答案： 水质样品中的阴离子，经阴离子色谱柱交换分离，抑制型电导检测器检测，根据保留时间定性，峰高或峰面积定量。

四、计算题

离子色谱法测定一地下水水样中硝酸根含量。实验室内用硝酸盐（以 N 计）标准样品绘制标准曲线。测定出样品硝酸盐（以 N 计）浓度值为 1.96 mg/L。计算该样品的硝酸根浓度为多少？

答案： 硝酸根浓度为 $1.96\times\frac{14+16\times3}{14}=8.68$（mg/L）

样品中硝酸根浓度为 8.68 mg/L。

参考文献

［1］环境保护部 . 水质　无机阴离子（F^-、Cl^-、NO_2^-、Br^-、NO_3^-、PO_4^{3-}、SO_3^{2-}、SO_4^{2-}）的测定　离子色谱法：HJ 84—2016［S］. 北京：中国环境出版集团，2016.

［2］中国环境监测总站《环境监测人员持证上岗考核试题集》编写组 . 环境监测人员持证上岗考核试题集：上册 . 4 版［M］. 北京：中国环境出版集团，2015.

命题：胡　帅

审核：李　佳

第五十六节　大气降水中氟、氯、亚硝酸盐、硝酸盐、硫酸盐的测定　离子色谱法（GB 13580.5—92）

一、判断题

1. 根据《大气降水中氟、氯、亚硝酸盐、硝酸盐、硫酸盐的测定　离子色谱法》（GB 13580.5—92）测定降水中氯化物时，当进样量为 50 μl 时，最低检出浓度为 0.03 mg/L。（　　）

答案： √

2. 根据《大气降水中氟、氯、亚硝酸盐、硝酸盐、硫酸盐的测定　离子色谱法》（GB 13580.5—92）测定降水中亚硝酸盐时，当进样量为 50 μl 时，最低检出浓度为 0.03 mg/L。（　　）

答案： ×

正确答案： 测定降水中亚硝酸盐，当进样量为 50 μl，最低检出浓度为 0.05 mg/L。

3. 离子色谱法测定水中氟化物、氯化物时，当水负峰干扰氟化物、氯化物的测定时，可在 100 ml 水样中加入 5 m1 淋洗液贮备液来消除水负峰的干扰。（　　）

答案：×

正确答案：当水负峰干扰氟化物、氯化物的测定时，可在 100 ml 水样中加入 1 ml 淋洗液贮备液来消除水负峰的干扰。

4. 根据《大气降水中氟、氯、亚硝酸盐、硝酸盐、硫酸盐的测定　离子色谱法》（GB 13580.5—92）进行测定时，改变淋洗液的浓度，待测离子的洗脱顺序不会发生变化。（　　）

答案：√

5. 根据《大气降水中氟、氯、亚硝酸盐、硝酸盐、硫酸盐的测定　离子色谱法》（GB 13580.5—92）进行测定时，水负峰的位置由分离柱的性质和淋洗液的浓度决定。（　　）

答案：×

正确答案：水负峰的位置由分离柱的性质和淋洗液的流速决定。

6. 根据《大气降水中氟、氯、亚硝酸盐、硝酸盐、硫酸盐的测定　离子色谱法》（GB 13580.5—92）进行测定时，若一天中有几次降水过程，应分别采样逐一分析。（　　）

答案：×

正确答案：若一天中有几次降水过程，可合并为一个样品测定。

7. 根据《大气降水中氟、氯、亚硝酸盐、硝酸盐、硫酸盐的测定　离子色谱法》（GB 13580.5—92）进行测定时，若遇连续几天降雨，可收集 24 h 降水样品作为 1 个样品进行测定。（　　）

答案：√

8. 根据《大气降水中氟、氯、亚硝酸盐、硝酸盐、硫酸盐的测定　离子色谱法》（GB 13580.5—92）进行测定时，改变淋洗液流速不影响水负峰的位置。（　　）

答案：×

正确答案：改变淋洗液流速会影响水负峰的位置。

9. 根据《大气降水中氟、氯、亚硝酸盐、硝酸盐、硫酸盐的测定　离子色谱法》（GB 13580.5—92）进行测定时，淋洗液的流速和被测离子的保留时间之间存在一种正比关系，即淋洗液流速越大，被测离子保留时间越长。（　　）

答案：×

正确答案：淋洗液的流速和被测离子的保留时间之间存在一种反比关系，即淋洗液流速越大，被测离子保留时间越短。

10. 根据《大气降水中氟、氯、亚硝酸盐、硝酸盐、硫酸盐的测定　离子色谱法》（GB 13580.5—92）进行测定时，样品中离子价数越高，保留时间越短；离子半径越大，保留时间越短。（　　）

答案：×

正确答案：样品中离子价数越高，保留时间越长，离子半径越大，保留时间越长。

11. 根据《大气降水中氟、氯、亚硝酸盐、硝酸盐、硫酸盐的测定　离子色谱法》（GB 13580.5—92）进行测定时，水负峰后第一个出现的峰应是氟离子。（　　）

答案：√

12. 根据《大气降水中氟、氯、亚硝酸盐、硝酸盐、硫酸盐的测定　离子色谱法》（GB 13580.5—92）进行测定时，硝酸盐离子应在硫酸盐离子之前出峰。（　　）

答案：√

13. 根据《大气降水中氟、氯、亚硝酸盐、硝酸盐、硫酸盐的测定 离子色谱法》（GB 13580.5—92）进行测定时，实验用水均应为电导率小于 1 μS/cm 的去离子水。（　　）

答案：√

14. 根据《大气降水中氟、氯、亚硝酸盐、硝酸盐、硫酸盐的测定 离子色谱法》（GB 13580.5—92）进行测定时，应注意整个系统不要进气泡，否则会影响分离效果。（　　）

答案：√

二、单项选择题

1. 根据《大气降水中氟、氯、亚硝酸盐、硝酸盐、硫酸盐的测定 离子色谱法》（GB 13580.5—92）进行测定时，降水样品均需微孔滤膜过滤，除去样品中的________。（　　）

A. 颗粒物　　B. 无机化合物　　C. 金属离子　　D. 有机化合物

答案：A

2. 根据《大气降水中氟、氯、亚硝酸盐、硝酸盐、硫酸盐的测定 离子色谱法》（GB 13580.5—92）进行测定时，一般样品的进样量为________μl。（　　）

A. 10　　B. 25　　C. 50　　D. 100

答案：C

3. 根据《大气降水中氟、氯、亚硝酸盐、硝酸盐、硫酸盐的测定 离子色谱法》（GB 13580.5—92）进行测定时，配制氯化钠标准溶液时，氯化钠颗粒应预先在 105℃下烘干________h。（　　）

A. 1　　B. 2　　C. 3　　D. 4

答案：B

4. 根据《大气降水中氟、氯、亚硝酸盐、硝酸盐、硫酸盐的测定 离子色谱法》（GB 13580.5—92）测定降水中硫酸盐时，若进样量为 50 μL，最低检出浓度为________mg/L。（　　）

A. 0.03　　B. 0.05　　C. 0.10　　D. 0.15

答案：C

5. 根据《大气降水中氟、氯、亚硝酸盐、硝酸盐、硫酸盐的测定 离子色谱法》（GB 13580.5—92）配制亚硝酸盐和硝酸盐标准溶液时，相应药品应提前在干燥器中干燥________h。（　　）

A. 1　　B. 2　　C. 8　　D. 24

答案：D

6. 根据《大气降水中氟、氯、亚硝酸盐、硝酸盐、硫酸盐的测定 离子色谱法》（GB 13580.5—92）进行测定时，配制好的淋洗液应装入专用的________中保存。（　　）

A. 塑料桶　　B. 白色玻璃瓶　　C. 棕色玻璃瓶　　D. 磨口玻璃瓶

答案：A

7. 根据《大气降水中氟、氯、亚硝酸盐、硝酸盐、硫酸盐的测定 离子色谱法》（GB 13580.5—92）进行测定时，配制好的淋洗液应经________μm 滤膜过滤后使用。（　　）

A. 0.10　　B. 0.25　　C. 0.45　　D. 0.50

答案：C

8. 根据《大气降水中氟、氯、亚硝酸盐、硝酸盐、硫酸盐的测定 离子色谱法》（GB 13580.5—

92）进行测定时，采集的样品应移入洁净干燥的________中密封保存。(　　)

A. 聚乙烯塑料瓶　　B. 金属容器　　C. 棕色玻璃瓶　　D. 白色玻璃瓶

答案：A

9. 离子色谱检测器一般分为________检测器和光学检测器。(　　)

A. 电化学　　B. 电导　　C. 化学　　D. 膜电极

答案：A

10. 空气中的二氧化碳会对________淋洗液产生影响，可改变淋洗液的组分和浓度，使基线漂移，影响分离。(　　)

A. 氢氧化钠　　B. 碳酸钠　　C. 碳酸氢钠　　D. 磺酸

答案：A

11. 使用离子色谱对大气降水中氟化物、氯化物进行测定时，样品采集后一般应尽快分析，否则应在 4℃保存，可保存________。(　　)

A. 8 h　　B. 24 h　　C. 15 d　　D. 1 个月

答案：D

12. 根据《大气降水中氟、氯、亚硝酸盐、硝酸盐、硫酸盐的测定　离子色谱法》(GB 13580.5—92）进行测定时，分离柱温度一般为________℃，也可根据不同型号仪器说明书选择。(　　)

A. 15　　B. 20　　C. 25　　D. 30

答案：C

13. 根据《大气降水中氟、氯、亚硝酸盐、硝酸盐、硫酸盐的测定　离子色谱法》(GB 13580.5—92）进行测定时，应在与绘制标准曲线相同的色谱条件下测定样品的________和峰高（或峰面积）。(　　)

A. 保留时间　　B. 分离时间　　C. 停留时间　　D. 结束时间

答案：A

14. 使用离子色谱进行阴离子样品分析时，当淋洗液、再生液改变时，或分析________个样品后，都要对标准曲线进行校准。(　　)

A. 10　　B. 20　　C. 30　　D. 50

答案：B

15. 离子色谱是________的一种。(　　)

A. 气相色谱　　B. 液相色谱　　C. 质谱　　D. 高效液相色谱

答案：D

三、问答题

1. 根据《大气降水中氟、氯、亚硝酸盐、硝酸盐、硫酸盐的测定　离子色谱法》(GB 13580.5—92）简述相关测定的方法原理。

答案： 离子色谱法测定阴离子是利用离子交换原理进行分离，由抑制柱扣除淋洗液背景电导，然后利用电导检测器进行测定。根据混合标准溶液中各阴离子出峰的保留时间及峰高可进行定性和定量测定各种阴离子。

2. 简述离子色谱分类。

答案：根据分离机理，离子色谱可分为高效离子交换色谱（HPIC）、离子对色谱（MPIC）、离子排斥色谱（HPIEC）。

3. 简述离子色谱系统中进入气泡后产生的影响。

答案：离子色谱系统中进入气泡后会：影响分离效果和检测信号的稳定性；产生较大噪声；会导致基线不稳定；使检测灵敏度降低。

4. 简述影响离子色谱离子洗脱顺序的因素。

答案：离子电荷、离子半径、树脂类型和淋洗液 pH。

四、计算题

根据《大气降水中氟、氯、亚硝酸盐、硝酸盐、硫酸盐的测定　离子色谱法》（GB 13580.5—92）进行测定时，已知：亚硝酸盐标准溶液浓度为 10.0 mg/L，水样和淋洗贮备液的比例为 9∶1，测定水样峰高为 11.5 mm，标准溶液峰高两次测定平均值为 10.5 mm，求降水中亚硝酸盐的浓度。

答案：

$$C(NO_2^-)=\frac{11.5}{10.5}\times10.0\times\frac{10}{9}=12.2\ (\mathrm{mg/L})$$

降水中亚硝酸盐的浓度为 12.2 mg/L。

参考文献

［1］国家环境保护局，国家技术监督局．大气降水中氟、氯、亚硝酸盐、硝酸盐、硫酸盐的测定　离子色谱法：GB 13580.5—92［S］．北京：中国环境科学出版社，1992.

［2］中国环境监测总站《环境监测人员持证上岗考核试题集》编写组．环境监测人员持证上岗考核试题集：上册．4 版［M］．北京：中国环境出版集团，2015.

［3］国家环境保护总局《空气和废气监测分析方法》编委会．空气和废气监测分析方法：第四版增补版［M］．北京：中国环境科学出版社，2010.

［4］《环境监测技术基本理论（参考）试题集》编写组．环境监测技术基本理论（参考）试题集［M］．北京：中国环境科学出版社，2002.

命题：周　欣

审核：乔朝辉

第五十七节　水质　氟化物的测定　离子选择电极法（GB 7484—87）

一、判断题

1. 根据《水质　氟化物的测定　离子选择电极法》（GB 7484—87）测定水中氟化物时，水样

有颜色或浑浊度不影响测定。(　　)

答案：√

2. 离子选择电极是一种以电位法测量溶液中某一特定离子活度（或浓度）的指示电极。(　　)

答案：√

3. 测氟时的标准曲线是 $E\text{-}\log C_{F^-}$ 曲线而不是 $E\text{-}C_{F^-}$ 曲线。(　　)

答案：√

4. 离子选择电极法测定水中氟化物时，需要控制水样的 pH，氟化物含量愈低，其适宜的 pH 范围愈宽，一般测定溶液的 pH 应为 4～7。(　　)

答案：×

正确答案：一般测定溶液的 pH 应为 5～8。

5.《水质　氟化物的测定　离子选择电极法》（GB 7484—87）适用于测定地面水、地下水和工业废水中的氟化物。(　　)

答案：√

6. 采样时不需要用水样冲洗取样瓶。(　　)

答案：×

正确答案：采样时应先用水样冲洗取样瓶 3～4 次。

7. 氟电极对氟硼酸盐离子不响应，如果水样含有氟硼酸盐或者污染严重，则应先进行蒸馏。(　　)

答案：√

8.《水质　氟化物的测定　离子选择电极法》（GB 7484—87）中规定，所有试剂除另有说明外，均为优级纯试剂，所用水为去离子水或无氟蒸馏水。(　　)

答案：×

正确答案：均为分析纯试剂。

9. 为操作方便，可以用手触摸电极的膜表面。(　　)

答案：×

正确答案：不得用手指触摸电极的膜表面。

10. 当样品组成复杂或成分不明时，宜采用一次标准加入法，以便减小基体的影响。(　　)

答案：√

二、单项选择题

1.《水质　氟化物的测定　离子选择电极法》（GB 7484—87）的最低检出限（以 F^- 记）为________mg/L，测定上限为 1 900 mg/L。(　　)

A. 1.00　　B. 0.02　　C. 0.05　　D. 0.10

答案：C

2. 用电极法测定水中氟化物时，加入总离子强度调节剂的作用是________。(　　)

A. 增加溶液总离子强度，使电极产生响应

B. 保持溶液总离子强度，并络合干扰离子，保持溶液适当的 pH

C．调节水样酸碱度

D．中和强酸、强碱，使水样 pH 为中性

答案：B

3. 根据《水质　氟化物的测定　离子选择电极法》（GB 7484—87）测定水中氟化物时，插入电极前________溶液。（　　）

A．要搅拌　　　　B．不能搅拌　　　　C．可搅拌也可不搅拌

答案：B

4.《生活饮用水卫生标准》（GB 5749—2006）中规定，氟的标准值为________mg/L。（　　）

A．1.0　　　　B．2.0　　　　C．3.0　　　　D．4.0

答案：A

5. 根据《水质　氟化物的测定　离子选择电极法》（GB 7484—87）测定水中氟化物时，采集和贮存样品应该用________瓶。如果水样中氟化物含量不高，pH 在 7 以上，可以用硬质玻璃瓶存放。（　　）

A．聚乙烯　　　　B．硬质玻璃　　　　C．聚乙烯或硬质玻璃

答案：A

6. 根据《水质　氟化物的测定　离子选择电极法》（GB 7484—87）测定水中氟化物时，在测定前，应使试份达到室温，并使试份和标准溶液的温度相同，温差不超过________。（　　）

A．±1℃　　　　B．±2℃　　　　C．±3℃　　　　D．±5℃

答案：A

三、问答题

1. 根据《水质　氟化物的测定　离子选择电极法》（GB 7484—87）的规定，氟电极使用前、后应如何处理？

答案：（1）电极使用前应充分冲洗，并去掉水分；

（2）使用后应用水充分冲洗干净，并用滤纸吸去水分，放在空气中，或者放在稀的氟化物标准溶液中，如果短时间不再使用，应洗净，吸去水分，套上保护电极敏感部位的保护帽。

2. 根据《水质　氟化物的测定　离子选择电极法》（GB 7484—87）测定水中氟化物时，溶液温度对测定有什么影响？应如何消除？

答案：（1）温度影响电极电位和电离平衡；

（2）水样和标准溶液要保持温度一致，并同时测定；

（3）测定时要调节温度补偿旋钮与试液温度保持一致。

3. 根据《水质　氟化物的测定　离子选择电极法》（GB 7484—87）测定水中氟化物时，主要有哪两种校准方法？各适用于何种样品？

答案：（1）离子选择电极测量方法主要有校准曲线法和一次标准加入法；

（2）校准曲线法适用于一般样品的测定；

（3）当样品成分复杂或成分不明时，宜采用一次标准加入法，以减小基体的影响。

参考文献

[1] 国家环境保护局. 水质　氟化物的测定　离子选择电极法：GB 7484—87 [S]. 北京：中国标准出版社，1987.
[2] 国家环境保护总局《水和废水监测分析方法》编委会. 水和废水监测分析方法：第四版增补版 [M]. 北京：中国环境科学出版社，2002.
[3] 中华人民共和国卫生部，中国国家标准化管理委员会. 生活饮用水卫生标准：GB 5749—2006 [S]. 北京：中国标准出版社，2006.
[4] 中国环境监测总站《环境监测人员持证上岗考核试题集》编写组. 环境监测人员持证上岗考核试题集：上册. 4 版 [M]. 北京：中国环境出版集团，2015.

命题：魏　铮
审核：张　涛

第五十八节　水质　氯化物的测定　硝酸银滴定法（GB 11896—89）

一、判断题

1. 采用硝酸银滴定法测定水中氯化物时，水样采集后，可放置于硬质玻璃瓶或聚乙烯瓶内低温 0～4℃避光保存，保存期限为 7 d。(　　)

答案：×

正确答案：保存期限为 30 d。

2. 采用硝酸银滴定法测定水中氯化物时，应选用棕色酸式滴定管进行滴定。(　　)

答案：√

3. 采用硝酸银滴定法测定水中氯化物时，当铁的含量超过 10 mg/L 时，滴定终点模糊，可用过氧化氢将其还原成亚铁消除干扰。(　　)

答案：×

正确答案：可用对苯二酚将其还原成亚铁消除干扰。

4. 根据《水质　氯化物的测定　硝酸银滴定法》(GB 11896—89) 测定水中氯化物时，若水样中硫化物、硫代硫酸盐和亚硫酸盐干扰测定，可用重铬酸钾处理消除干扰。(　　)

答案：×

正确答案：可用过氧化氢处理消除干扰。

5. 采用硝酸银滴定法测定水中氯化物可以在酸性溶液中进行。(　　)

答案：×

正确答案：采用硝酸银滴定法测定水中氯化物不能在酸性溶液中进行。

6. 采用硝酸银滴定法测定水中氯化物不能在强碱性介质中进行。(　　)

答案：√

7. 根据《水和废水监测分析方法》(第四版增补版)测定水中氯化物时，饮用水中含有的各种物质在通常的数量下不产生干扰。(　　)

答案：√

8. 根据《水和废水监测分析方法》(第四版增补版)中硝酸银滴定法测定水中氯化物时，低于10 mg/L 的样品，滴定终点易掌握。(　　)

答案：×

正确答案：水中氯化物浓度低于10 mg/L 的样品，滴定终点不易掌握。

9. 根据《水质　氯化物的测定　硝酸银滴定法》(GB 11896—89)测定水中氯化物时，溴化物、碘化物和氰化物均能起与氯化物相同的反应。(　　)

答案：√

10. 根据《水和废水监测分析方法》(第四版增补版)中硝酸银滴定法测定水中氯化物时，低于10 mg/L 的样品，建议采用离子色谱法。(　　)

答案：√

11. 根据《水和废水监测分析方法》(第四版增补版)测定水中氯化物时，若水样的 pH 为6.5～10.5，可直接测定。(　　)

答案：√

12. 采用硝酸银滴定法测定水中氯化物时，若水样的 pH 超出6.5～10.5，应以酚酞作指示剂，用0.05 mol/L 硫酸溶液或0.05 mol/L 氢氧化钠溶液调节至红色刚刚褪去。(　　)

答案：√

13. 采用硝酸银滴定法测定水中氯化物的适用浓度范围为10～500 mg/L。(　　)

答案：√

14. 采用硝酸银滴定法测定水中氯化物时，对于矿化度很高的咸水或海水的测定，可采取提高硝酸银标准溶液的浓度或对样品进行稀释，扩大其测定范围。(　　)

答案：√

15. 采用硝酸银滴定法测定水中氯化物的硝酸银标准溶液贮存于玻璃瓶中。(　　)

答案：×

正确答案：应贮存于棕色瓶中。

二、单项选择题

1. 根据《水质　氯化物的测定　硝酸银滴定法》(GB 11896—89)测定水中氯化物时，以铬酸钾为指示剂，滴定终点颜色为________。(　　)

A. 砖红色　　B. 绿色　　C. 黄褐色　　D. 棕色

答案：A

2. 采用硝酸银滴定法测定水中氯化物时，若水样带有颜色，则取150 ml 水样，置于250 ml 锥形瓶内，加入2 ml________振荡过滤，弃去最初20 ml 滤液。(　　)

A．氢氧化钠溶液　　B．氢氧化铝悬浮液　　C．过氧化氢溶液

答案： B

3. 采用硝酸银滴定法测定水中氯化物时，若水样有机物含量高或色度大，可采用________预处理。（　　）

A．蒸干后灰化法　　B．絮凝沉淀法　　C．直接过滤法

答案： A

4. 采用硝酸银滴定法测定氯化物时，若水样中含有硫化物、硫代硫酸盐和亚硫酸盐，可用________处理消除干扰。（　　）

A．过氧化氢　　B．对苯二酚　　C．高锰酸钾　　D．重铬酸钾

答案： A

5. 采用硝酸银滴定法测定水中氯化物时，若水样的高锰酸盐指数超过________时，可加入少量的高锰酸钾晶体，煮沸。（　　）

A．10 mg/L　　B．15 mg/L　　C．20 mg/L　　D．25 mg/L

答案： B

三、问答题

1. 请简述《水质　氯化物的测定　硝酸银滴定法》（GB 11896—89）的适用范围。

答案：《水质　氯化物的测定　硝酸银滴定法》（GB 11896—89）适用于天然水中氯化物的测定，也适用于经过适当稀释的高矿化度水如咸水、海水等，以及经过预处理除去干扰物的生活污水或工业废水。

2.《水质　氯化物的测定　硝酸银滴定法》（GB 11896—89）的原理是什么？

答案： 在中性至弱碱性范围内（pH 为 6.5～10.5），以铬酸钾为指示剂，用硝酸银滴定氯化物时，由于氯化银的溶解度小于铬酸银的溶解度，氯离子首先被完全沉淀出来后，然后铬酸盐以铬酸银的形式被沉淀，产生砖红色，指示滴定终点到达。该沉淀滴定的反应如下：

$$Ag^{+}+Cl^{-} \rightarrow AgCl\downarrow \qquad 2Ag++CrO_4 \rightarrow Ag_2CrO_4\downarrow \text{（砖红色）}$$

四、计算题

用硝酸银滴定法测定水样中氯化物的含量，新配制一硝酸银标准溶液，用 0.0136 mol/L 氯化钠标准溶液 25.0 ml，再加入 25.0 ml 蒸馏水后对其标定，用去硝酸银溶液 23.32 ml，已知空白消耗硝酸银溶液 0.25 ml，问硝酸银溶液浓度是多少？假如用其测定水样，50.0 ml 水样消耗了硝酸银标液 5.16 ml，则此水样中氯化物含量是多少？（氯离子的摩尔质量为 35.45）

答案： 硝酸银标准溶液浓度（mol/L）$= \dfrac{C \times 25.0}{V - V_0} = \dfrac{0.0136 \times 25.0}{23.32 - 0.25} = 0.0147$（mol/L）

$$C(Cl^{-}, mg/L) = \frac{(V_2 - V_1)M \times 35.45 \times 1000}{V}$$

$$= \frac{(5.16 - 0.25)\times 0.0147\times 35.45\times 1000}{50.0} = 51.2\ (mg/L)$$

参考文献

[1] 国家环境保护局.水质　氯化物的测定　硝酸银滴定法：GB 11896—89 [S].北京：中国标准出版社，

[2] 国家环境保护总局《水和废水监测分析方法》编委会.水和废水监测分析方法：第四版增补版[M].北京：中国环境科学出版社，2002.

[3] 中国环境监测总站《环境监测人员持证上岗考核试题集》编写组.环境监测人员持证上岗考核试题集：上册.4版[M].北京：中国环境出版集团，2015.

命题：张　劲

审核：辛雅苓

第五十九节　水质　亚硝酸盐氮的测定　分光光度法（GB 7493—87）

一、判断题

1.《水质　亚硝酸盐氮的测定　分光光度法》（GB 7493—87）适用于饮用水、地下水、地面水和废水中亚硝酸盐氮的测定。（　　）

答案：√

2. 根据《水质　亚硝酸盐氮的测定　分光光度法》（GB 7493—87）测定水中亚硝酸盐氮时，当试样取最大体积（50 ml）时，可测定的亚硝酸盐氮的浓度为 2.00 mg/L。（　　）

答案：×

正确答案：可测定的亚硝酸盐氮的浓度为 0.20 mg/L。

3. 根据《水质　亚硝酸盐氮的测定　分光光度法》（GB 7493—87）测定水中亚硝酸盐氮时，如经测定某水样 pH 为 11，应先在试样中加入酚酞作指示剂，并滴加 1.0 mol/L 的硝酸溶液至红色消失后进行测定。（　　）

答案：×

正确答案：滴加 1.5 mol/L 的磷酸溶液至红色消失。

4. 根据《水质　亚硝酸盐氮的测定　分光光度法》（GB 7493—87）测定水中亚硝酸盐氮时，氯胺、氯、硫代硫酸盐、聚磷酸钠和三价铁离子可明显干扰其测定。（　　）

答案：√

5. 根据《水质　亚硝酸盐氮的测定　分光光度法》（GB 7493—87）测定水中亚硝酸盐氮时，采用光程为 10 mm 的比色皿，试份体积为 50 ml 时，以吸光度为 0.01 单位所对应的浓度值为最低检出限浓度，此值为 0.003 mg/L。（　　）

答案：√

6. 根据《水质 亚硝酸盐氮的测定 分光光度法》（GB 7493—87）测定水中亚硝酸盐氮时，如果使用光程长为 10 mm 的比色皿，要想使其呈色符合比尔定律，需要亚硝酸盐氮的浓度在 0.5 mg/L 以内。（ ）

答案：×

正确答案：需要亚硝酸盐氮的浓度在 0.2 mg/L 以内。

7. 根据《水质 亚硝酸盐氮的测定 分光光度法》（GB 7493—87）测定水中亚硝酸盐氮时，于波长为 540 nm 处测定。（ ）

答案：√

8. 根据《水和废水监测分析方法》（第四版增补版）的规定，亚硝酸盐是氮循环的中间产物，在水中可稳定存在。（ ）

答案：×

正确答案：亚硝酸盐在水中很不稳定，易被氧化或还原。

9. 根据《水质 亚硝酸盐氮的测定 分光光度法》（GB 7493—87）的规定，如果试样有颜色和沉浮物，需向试样中加入氢氧化铝悬浮液进行预处理后再进行测定。（ ）

答案：√

10. 根据《水和废水监测分析方法》（第四版增补版）的规定，配制好的氢氧化铝悬浮液，使用前应振荡摇匀。（ ）

答案：√

11. 根据《水和废水监测分析方法》（第四版增补版）的规定，水样测得的吸光度可直接代入校准曲线公式计算亚硝酸盐氮含量，无需空白校正。（ ）

答案：×

正确答案：水样测得的吸光度，经空白校正后，可从校准曲线上查得亚硝酸盐氮含量。

12. 根据《水质 亚硝酸盐氮的测定 分光光度法》（GB 7493—87）测定水中亚硝酸盐氮时，配制好的显色剂置于棕色试剂瓶中，2～5℃保存，经过 20 d，显色剂仍稳定可直接使用。（ ）

答案：√

13. 根据《水质 亚硝酸盐氮的测定 分光光度法》（GB 7493—87）测定水中亚硝酸盐氮时，为了保证配制好的亚硝酸盐贮备溶液稳定保存，可将其置于棕色试剂瓶中，并加入 1 ml 的氯仿。（ ）

答案：√

14. 根据《水质 亚硝酸盐氮的测定 分光光度法》（GB 7493—87）测定水中亚硝酸盐氮时，除非另有说明，实验室用水均为无亚硝酸盐的一次蒸馏水。（ ）

答案：×

正确答案：实验室用水均为无亚硝酸盐的二次蒸馏水。

15. 根据《水质 亚硝酸盐氮的测定 分光光度法》（GB 7493—87）测定水中亚硝酸盐氮时，显色剂所使用的磷酸、4-氨基苯磺酰胺，*N*-（1-萘基）-乙二胺二盐酸盐试剂有毒性，应避免与皮肤接触或吸入体内。（ ）

答案：√

二、单项选择题

1. 根据《水质　亚硝酸盐氮的测定　分光光度法》（GB 7493—87）测定水中亚硝酸盐氮时，制备无亚硝酸盐的二次蒸馏水方法一：蒸馏水中加入________结晶少许于 1 L 蒸馏水中，使其呈红色，加入氢氧化钠（或氢氧化钙）结晶至溶液呈碱性，使用硬质玻璃蒸馏器进行蒸馏。（　　）

A．高锰酸钾　　B．盐酸　　C．硫酸　　D．硝酸

答案：A

2. 根据《水质　亚硝酸盐氮的测定　分光光度法》（GB 7493—87）测定水中亚硝酸盐氮时，制备无亚硝酸盐的二次蒸馏水方法二：1 L 蒸馏水中加入________1 ml、硫酸锰（36.4 g/100 ml）0.2 ml，滴加 0.04% 高锰酸钾溶液至呈红色，使用硬质玻璃蒸馏器进行蒸馏。（　　）

A．高锰酸钾　　B．盐酸　　C．硫酸　　D．硝酸

答案：C

3. 根据《水质　亚硝酸盐氮的测定　分光光度法》（GB 7493—87）测定水中亚硝酸盐氮时，实验室样品若需短期保存，可以在每升实验室样品中加入 40 mg________，并保存于 2～5℃。（　　）

A．高锰酸钾　　B．氢氧化钠　　C．氯化汞　　D．氯化锰

答案：C

4. 根据《水质　亚硝酸盐氮的测定　分光光度法》（GB 7493—87）测定水中亚硝酸盐氮时，实验室所有玻璃器皿都应用 2 mol/L________仔细洗净，然后用水彻底清洗。（　　）

A．高锰酸钾　　B．盐酸　　C．硫酸　　D．硝酸

答案：B

5. 根据《水和废水监测分析方法》（第四版增补版）的规定，亚硝酸盐氮标准贮备溶液置于棕色试剂瓶中，加入 1 ml 氯仿，保存在 2～5℃，至少可稳定________。（　　）

A．24 h　　B．2～5 d　　C．1 周　　D．1 个月

答案：D

6. 根据《水和废水监测分析方法》（第四版增补版）的规定，亚硝酸盐氮标准中间液置于棕色试剂瓶中，保存在 2～5℃，可稳定________。（　　）

A．1 个月　　B．2～5 d　　C．1 周　　D．6 个月

答案：C

7. 根据《水质　亚硝酸盐氮的测定　分光光度法》（GB 7493—87）测定水中亚硝酸盐氮时，样品应在加入显色剂________，以水作参比进行测定。（　　）

A．10 min～1 h　　B．20 min～1 h　　C．20 min～2 h　　D．20 min～3 h

答案：C

8. 根据《水质　亚硝酸盐氮的测定　分光光度法》（GB 7493—87）测定水中亚硝酸盐氮时，显色剂的正确配制步骤为________。（　　）

①加入 20.0 g 4- 氨基苯磺酰胺　　②加入 50 ml 磷酸

③加入 1.00 g *N*-（1- 萘基）- 乙二胺盐酸盐　　④加入 250 ml 水

⑤定容至 500 ml

A．④①⑤②③　　B．④②⑤③①　　C．④②①③⑤　　D．②①③④⑤

答案：C

9. 根据《水质　亚硝酸盐氮的测定　分光光度法》（GB 7493—87）测定水中亚硝酸盐氮时，以下________方法可制备该项实验用水。（　　）

A．过离子交换柱

B．酸性条件下，加入 $KMnO_4$ 蒸馏

C．中性条件下，加入 $KMnO_4$ 蒸馏

D．碱性条件下，加入 $KMnO_4$ 蒸馏

答案：D

10. 根据《水质　亚硝酸盐氮的测定　分光光度法》（GB 7493—87）测定水中亚硝酸盐氮时，为避免水样采集时发生变化，试样________采集，并在采集后应尽快分析。（　　）

A．应用玻璃瓶或聚乙烯瓶　　B．仅能用玻璃瓶

C．仅能用聚乙烯瓶　　D．应用溶解氧瓶

答案：A

11. 根据《水和废水监测分析方法》（第四版增补版）的规定，以下________不是亚硝酸盐的性质。（　　）

A．可被氧化成硝酸盐，也可被还原成氨

B．可提高体内血红蛋白输氧能力

C．可使人发生高铁血红蛋白症

D．强酸性条件下，可与仲胺发生反应生成亚硝胺类物质

答案：B

12. 根据《水和废水监测分析方法》（第四版增补版）的规定，以下说法错误的是________。（　　）

A．当天配制的亚硝酸盐氮标准工作液，第 2 天仍可使用

B．配制草酸钠标准溶液时，应用经 105℃烘干 2 h 的优级纯无水草酸钠

C．当显色剂色泽明显变深时，应重新配制显色剂，如有沉淀，应过滤

D．配制高锰酸钾标准溶液时，应用 G-3 号玻璃砂芯滤器过滤

答案：A

13. 根据《水质　亚硝酸盐氮的测定　分光光度法》（GB 7493—87）标定亚硝酸盐氮标准贮备溶液时，应采用无分度吸管，并将其插入高锰酸钾溶液液面下加入亚硝酸盐氮标准贮备液，原因是________。（　　）

A．防止受到环境影响　　B．防止溶液飞溅

B．防止 NO_2^- 遇酸发生氧化　　D．使反应速率降低

答案：C

14. 根据《水和废水监测分析方法》（第四版增补版）的规定，________不是亚硝酸盐氮的测定方法。（　　）

A．离子色谱法　　B．*N*-（1-萘基）-乙二胺光度法

C. 气相分子吸收光谱法　　　　D. 酚二磺酸光度法

答案：D

15. 根据《水和废水监测分析方法》（第四版增补版）的规定，在 pH 为________时，亚硝酸盐可与显色剂中的 4- 氨基苯磺酰胺发生重氮化反应，进一步与 *N*-（1- 萘基）- 乙二胺盐酸盐偶联。（　　）

A. 1.8±0.3　　B. 5.0±0.2　　C. 7.0±0.5　　D. 8.8±0.4

答案：A

三、问答题

1. 根据《水质　亚硝酸盐氮的测定　分光光度法》（GB 7493—87）简述测定水中亚硝酸盐氮时的反应原理。

答案：*在磷酸介质中，pH 为 1.8 时，试份中的亚硝酸根离子与 4- 氨基苯磺酰胺反应生成重氮盐。它再与 N-（1- 萘基）- 乙二胺二盐酸盐偶联生成红色染料，在 540 nm 波长处测定吸光度。*

2. 根据《水质　亚硝酸盐氮的测定　分光光度法》（GB 7493—87）测定水中亚硝酸盐氮时，如果样品有颜色和悬浮物影响测定，应如何处理？

答案：*如果试样有颜色和悬浮物，向每 100 ml 试样中加入 2 ml 氢氧化铝悬浮液，搅拌，静置，过滤，弃去 25 ml 初滤液后，再取试份测定。*

四、计算题

根据《水质　亚硝酸盐氮的测定　分光光度法》（GB 7493—87）测定某未知水样的亚硝酸盐含量，取 10.00 ml 样品于 50 ml 比色管中，加水稀释至刻线，加 1.0 ml 显色剂后，测定其含量为 0.054 mg，求原水样的 NO_2^--N 和 NO_2^- 的浓度。

答案：

$$c_{NO_2^- -N}(\mathrm{mg/L})=\frac{0.054\times 1\,000}{10}=5.40\ (\mathrm{mg/L})$$

$$c_{NO_2^- -N}(\mathrm{mg/L})=5.40\times\frac{14+16\times 2}{14}=17.7\ (\mathrm{mg/L})$$

参考文献

[1] 国家环境保护局. 水质　亚硝酸盐氮的测定　分光光度法：GB 7493—87 [S]. 北京：中国标准出版社，1987.

[2] 国家环境保护总局《水和废水监测分析方法》编委会. 水和废水监测分析方法：第四版增补版 [M]. 北京：中国环境科学出版社，2002.

命题：马凤刚、刘　祺

审核：刘旭阳

第六十节　水质　硝酸盐氮的测定　紫外分光光度法（试行）（HJ/T 346—2007）

一、判断题

1. 水中硝酸盐是有氧环境下，各种形态的含氮化合物中最稳定的氮化合物，亦是含氮有机物经无机化作用的最终分解产物。(　　)

答案： √

2. 紫外法测定水中硝酸盐氮时，需在 250 nm 波长和 300 nm 波长处测定吸光度，以校正硝酸盐氮值。(　　)

答案： ×

正确答案： 需在 220 nm 处和 275 nm 波长处测定吸光度，以校正硝酸盐氮值。

3. 紫外分光光度法测定水中硝酸盐氮时，树脂使用多次后，可用未接触过橡胶制品的新鲜去离子水作参比，在 220 nm 和 275 nm 波长处检验，测得的吸光度应近于零，否则需再生。(　　)

答案： √

4. 紫外分光光度法测定水中硝酸盐氮时，如水样中亚硝酸盐氮低于 1.0 mg/L，可不加氨基磺酸溶液。(　　)

答案： ×

正确答案： 如水样中亚硝酸盐氮低于 0.1 mg/L，可不加氨基磺酸溶液。

5. 紫外分光光度法测定水中硝酸盐氮时，用光程长 10 mm 石英比色皿，以经过树脂吸附的新鲜去离子水 50 ml 加 1 ml 硫酸溶液为参比，测量吸光度。(　　)

答案： ×

正确答案： 加 1 ml 盐酸酸溶液为参比，测量吸光度。

6. 紫外分光光度法测定水中硝酸盐氮，当水样中存在六价铬时，应采用氢氧化铝为絮凝剂，并放置 10 min，再取上清液供测定用。(　　)

答案： ×

正确答案： 放置 0.5 h 以上。

7. 制革废水、酸洗废水、某些生化处理设施的出水和农田排水会含大量的硝酸盐。(　　)

答案： √

8. 目前的自动在线检测仪测定水中硝酸盐氮多使用滴定法和电极法。(　　)

答案： ×

正确答案： 目前的自动在线检测仪测定水中硝酸盐氮多使用紫外法和电极法。

9. 紫外法测定硝酸盐氮时，采用过滤和萃取法进行处理，以排除水样中大部分常见有机物、浊度和 Fe^{3+}、Cr^{6+} 对测定的干扰。(　　)

答案： ×

正确答案：紫外法测定硝酸盐氮时，采用絮凝共沉淀和大孔中性吸附树脂进行处理，以排除水样中大部分常见有机物、浊度和 Fe^{3+}、Cr^{6+} 对测定的干扰。

10. 紫外法测定硝酸盐氮时，常见的干扰物有溶解的有机物、表面活性剂、亚硝酸盐氮、六价铬、溴化物、碳酸氢盐和碳酸盐等，需进行适当的预处理。(　　)

答案：√

11.《水质　硝酸盐氮的测定　紫外分光光度法（试行）》（HJ/T 346—2007）适用于地表水和污水中硝酸盐氮的测定。(　　)

答案：×

正确答案：适用于地表水和地下水中硝酸盐氮的测定。

12. 根据《水质　硝酸盐氮的测定　紫外分光光度法（试行）》（HJ/T 346—2007）测定水中硝酸盐氮时，最低检出浓度为 0.32 mg/L。(　　)

答案：×

正确答案：最低检出限为 0.08 mg/L。

13. 根据《水质　硝酸盐氮的测定　紫外分光光度法（试行）》（HJ/T 346—2007）测定水中硝酸盐氮时，测定下限为 0.08 mg/L。(　　)

答案：×

正确答案：测定下限为 0.32 mg/L。

14. 根据《水质　硝酸盐氮的测定　紫外分光光度法（试行）》（HJ/T 346—2007）测定水中硝酸盐氮时，测定下限为 0.32 mg/L，测定上限为 4 mg/L。(　　)

答案：√

15. 根据《水质　硝酸盐氮的测定　紫外分光光度法（试行）》（HJ/T 346—2007）测定水中硝酸盐氮时，溶解的有机物在 220 nm 处也会有吸收，需在 275 nm 做另外一次测量，以校正硝酸盐氮值。(　　)

答案：√

16. 配制好的硝酸盐氮标准贮备液用三氯甲烷作保存剂，至少可稳定保存 12 个月。(　　)

答案：×

正确答案：至少可稳定保存 6 个月。

17. 紫外分光光度法测定水中硝酸盐氮时，水样采集后应及时进行测定。必要时，应加硝酸使水样 $pH<2$ 保存。(　　)

答案：×

正确答案：必要时，应加硫酸使 $pH<2$ 保存。

18. 水中硝酸盐是在有氧环境下各种形态的含氮化合物中最稳定的化合物，水样采集后 3 d 内测定硝酸盐氮即可。(　　)

答案：×

正确答案：采集后在 24 h 内进行测定。

19. 采集测定硝酸盐氮的水样，既可以保存在聚乙烯瓶中，也可以保存在玻璃瓶中。(　　)

答案：√

20. 根据《水质　硝酸盐氮的测定　紫外分光光度法（试行）》（HJ/T 346—2007）测定水中硝酸盐氮时，所用的 0.8% 氨基磺酸溶液应避光在常温下保存。（　　）

答案：×

正确答案：所用的 0.8% 氨基磺酸溶液应避光保存于冰箱中。

二、单项选择题

1. 目前的自动在线检测仪测定水中硝酸盐氮多使用________和电极法。（　　）

A. 滴定　B. 离子色谱　C. 紫外　D. 镉柱还原

答案：C

2. 为使硝酸盐标准贮备液有一定的稳定时间，需在溶液中加入________作保存剂，至少可稳定 6 个月。（　　）

A. 甲醇　B. 四氯化碳　C. 氯化钠　D. 氯仿（三氯甲烷）

答案：D

3. 采用紫外分光光度法测定水中硝酸盐氮时，水样采集后应及时进行测定。必要时，应加________使 pH＜2。（　　）

A. 硫酸　B. 硝酸　C. 盐酸　D. 磷酸

答案：A

4. 采用紫外分光光度法测定水中硝酸盐氮时，水样采集后应如不及时进行测定，应加保存剂，保存在________℃以下，在 24 h 内进行测定。（　　）

A. 0　B. 2　C. 4　D. 8

答案：C

5. 水中硝酸盐是在有氧环境下，各种形态的含氮化合物中最________的化合物。（　　）

A. 稳定　B. 活跃　C. 易挥发　D. 具毒性

答案：A

6. 水中硝酸盐是含氮有机物经________作用最终阶段的分解产物。（　　）

A. 有机化　B. 无机化　C. 还原　D. 微生物

答案：B

7. 采用紫外分光光度法测定水中硝酸盐氮时，最低检出浓度为________mg/L。（　　）

A. 0.02　B. 0.04　C. 0.06　D. 0.08

答案：D

8. 采用紫外分光光度法测定水中硝酸盐氮时，测定下限为________mg/L。（　　）

A. 0.08　B. 0.16　C. 0.32　D. 0.40

答案：C

9. 采用紫外分光光度法测定水中硝酸盐氮时，测定上限为________mg/L。（　　）

A. 1　B. 2　C. 4　D. 8

答案：C

10. 紫外分光光度法适用于清洁地表水和________中硝酸盐氮的测定。（　　）

A．地下水　　B．污水　　C．电子废水　　D．电镀废水

答案：A

11. 采用紫外分光光度法测定水中硝酸盐氮时，应选用________比色皿测定。(　　)

A．石英　　B．玻璃　　C．塑料

答案：A

12. 配制硝酸盐氮标准贮备液所用的硝酸钾需经________℃干燥 2 h。(　　)

A．90～100　　B．100～105　　C．105～110　　D．110～115

答案：C

13. 根据《水质　硝酸盐氮的测定　紫外分光光度法（试行）》（HJ/T 346—2007）测定水中硝酸盐氮时，量取 200 ml 水样置于锥形瓶或烧杯中，加入硫酸锌和氢氧化钠溶液，调节 pH 至________。(　　)

A．2　　B．5　　C．7　　D．9

答案：C

14. 根据《水质　硝酸盐氮的测定　紫外分光光度法（试行）》（HJ/T 346—2007）测定水中硝酸盐氮时，以经过树脂吸附的新鲜去离子水 50 ml 加 1 ml________溶液为参比，测量吸光度。(　　)

A．硫酸　　B．盐酸　　C．硝酸　　D．甲醇

答案：B

三、问答题

1. 简述紫外分光光度法测定 NO_3^--N 的原理。

答案：利用硝酸根离子在 220 nm 波长处的吸收而定量测定硝酸盐氮。溶解的有机物在 220 nm 处也会有吸收，而硝酸根离子在 275 nm 处没有吸收。因此，在 275 nm 处做另一次测量，以校正硝酸盐氮值。

2. 紫外分光光度法测定水中硝酸盐氮时，如何制备吸附柱？

答案：（1）新的大孔径中性树脂先用 200 ml 水分两次洗涤，用甲醇浸泡过夜，弃去甲醇；

（2）再用 40 ml 甲醇分两次洗涤，然后用新鲜去离子水洗到柱中流出液滴落于烧杯中无乳白色为止；

（3）树脂装入柱中时，树脂间绝不允许存在气泡。

3. 根据《水质　硝酸盐氮的测定　紫外分光光度法（试行）》（HJ/T 346—2007）测定水中硝酸盐氮时，如何配制氢氧化铝悬浮液？

答案：（1）溶解 125 g 硫酸铝钾或硫酸铝铵于 1 000 ml 水中，加热至 60℃，在不断搅拌中，徐徐加入 55 ml 浓氨水；

（2）放置约 1 h 后，移入 1 000 ml 量筒内，用水反复洗涤沉淀，最后至洗涤液中不含硝酸盐氮为止；

（3）澄清后，把上清液尽量全部倾出，只留稠的悬浮液，最后加入 100 ml 水，使用前应振荡均匀。

四、计算题

配制 1 000 ml 浓度为 100 mg/L 的硝酸盐氮贮备液，需要硝酸钾多少克？（KNO_3 分子量为 101.1，结果保留 3 位有效数字）

答案： $M_{氮}=CV=100\times 1\ 000\times 10^{-3}=100$ mg=0.100（g）

$M_{KNO_3}=0.100\times 101.1/14=0.722$（g）

参考文献

［1］国家环境保护总局．水质　硝酸盐氮的测定　紫外分光光度法（试行）：HJ/T 346—2007［S］．北京：中国环境科学出版社，2007.

［2］国家环境保护总局《水和废水监测分析方法》编委会．水和废水监测分析方法：第四版增补版［M］．北京：中国环境科学出版社，2002.

命题：张久龙

审核：史天元

第六十一节　水质　硫酸盐的测定　重量法（GB 11899—89）

一、判断题

1. 根据《水质　硫酸盐的测定　重量法》（GB 11899—89）测定水质中硫酸盐时，样品中如果有悬浮物、二氧化硅、硝酸盐和亚硝酸盐可使测定结果偏低。（　　）

答案： ×

正确答案： 样品中如果有悬浮物、二氧化硅、硝酸盐和亚硝酸盐可使测定结果偏高。

2. 根据《水质　硫酸盐的测定　重量法》（GB 11899—89）测定水质中硫酸盐时，采样过程中为了不使水样中可能存在的硫化物或亚硫酸盐被空气氧化，容器不用被水样完全充满。（　　）

答案： ×

正确答案： 采样时为了不使水样中可能存在的硫化物或亚硫酸盐被空气氧化，容器必须用水样完全充满。

3.《水质　硫酸盐的测定　重量法》（GB 11899—89）适用于地面水、地下水、含盐水、生活污水及工业废水中硫酸盐的测定。（　　）

答案： √

4. 根据《水质　硫酸盐的测定　重量法》（GB 11899—89）测定水质中硫酸盐时，样品采样后如果不加保存剂，冷藏时间较短。（　　）

答案：×

正确答案：样品采样后不必加保存剂，可以冷藏较长时间。

5. 根据《水质　硫酸盐的测定　重量法》（GB 11899—89）测定水质中硫酸盐时，测定上限为5 000 mg/L。（　　）

答案：√

6. 根据《水质　硫酸盐的测定　重量法》（GB 11899—89）测定水质中硫酸盐时，如果试料中含有机物质，就在燃烧器的火焰上炭化。（　　）

答案：√

7. 根据《水质　硫酸盐的测定　重量法》（GB 11899—89）测定水质中硫酸盐时，碱金属硫酸盐，特别是碱金属硫酸氢盐常使结果偏高。（　　）

答案：×

正确答案：碱金属硫酸盐，特别是碱金属硫酸氢盐常使结果偏低。

8. 根据《水质　硫酸盐的测定　重量法》（GB 11899—89）测定水质中硫酸盐时，水样中含有铁和铬，不影响硫酸钡的完全沉淀。（　　）

答案：×

正确答案：水样中如果含有铁和铬，影响硫酸钡的完全沉淀。

9. 根据《水质　硫酸盐的测定　重量法》（GB 11899—89）测定水质中硫酸盐时，水样有颜色不影响测定。（　　）

答案：√

10. 根据《水质　硫酸盐的测定　重量法》（GB 11899—89）测定水质中硫酸盐时，样品可以采集在硬质玻璃或聚乙烯瓶中。（　　）

答案：√

11. 根据《水质　硫酸盐的测定　重量法》（GB 11899—89）测定水质中硫酸盐时，氨水能导致烧伤、刺激眼睛、呼吸系统和皮肤。（　　）

答案：√

12. 根据《水质　硫酸盐的测定　重量法》（GB 11899—89）测定水质中硫酸盐时，二水合氯化钡溶液贮存在玻璃瓶或聚乙烯瓶中。此溶液不能长期保持稳定。（　　）

答案：×

正确答案：此溶液能够长期保持稳定。

13. 根据《水质　硫酸盐的测定　重量法》（GB 11899—89）测定水质中硫酸盐时，分析可过滤态的硫酸盐，水样采集后可以带回实验室后用0.45 μm的微孔滤膜过滤，滤液留待分析。（　　）

答案：√

14. 根据《水质　硫酸盐的测定　重量法》（GB 11899—89）测定水质中硫酸盐时，实验中所用的滤纸应是酸洗过，无灰分，经硬化处理过能阻留细微沉淀的致密滤纸，即慢速定量滤纸及中速定量滤纸。（　　）

答案：√

15. 根据《水质　硫酸盐的测定　重量法》（GB 11899—89）测定水质中硫酸盐时，需要测定硫酸盐总量时，应将水样摇匀后取试料，适当处理后进行分析。（　　）

答案：√

二、单项选择题

1. 根据《水质　硫酸盐的测定　重量法》（GB 11899—89）测定水质中硫酸盐时，可以准确测定硫酸盐含量________mg/L 以上的水样。（　　）

A．20　　B．10　　C．25　　D．50

答案：B

2. 根据《水质　硫酸盐的测定　重量法》（GB 11899—89）测定水质中硫酸盐时，为了分析可过滤态的硫酸盐，水样应在采样后立即在现场用________μm 的微孔滤膜过滤，滤液留待分析。（　　）

A．0.45　　B．0.55　　C．0.25　　D．0.35

答案：A

3. 根据《水质　硫酸盐的测定　重量法》（GB 11899—89）测定水质中硫酸盐时，将量取的适量可滤态试料置于 500 ml 烧杯中，加 2 滴甲基红指示剂，用适量的盐酸或者氨水调至显示________色。（　　）

A．红　　B．橙黄　　C．粉红　　D．紫

答案：B

4. 根据《水质　硫酸盐的测定　重量法》（GB 11899—89）测定水质中硫酸盐时，测定上限为________mg/L。（　　）

A．2 000　　B．2 500　　C．3 000　　D．5 000

答案：D

5. 根据《水质　硫酸盐的测定　重量法》（GB 11899—89）测定水质中硫酸盐时，采集的样品保存时不必加保存剂，可以冷藏________。（　　）

A．12 h　　B．1 d　　C．较短　　D．较长

答案：D

6. 根据《水质　硫酸盐的测定　重量法》（GB 11899—89）测定水质中硫酸盐时，样品沉降时加完热氯化钡溶液后，在 80～90℃下保持不少于 2 h，或在室温至少放置________h。（　　）

A．5　　B．6　　C．7　　D．8

答案：B

7. 根据《水质　硫酸盐的测定　重量法》（GB 11899—89）的规定，下列关于天平使用的说法中不正确的是________。（　　）

A．实验室分析天平应设置专门实验室，做到避光、防尘、防震、防腐蚀气体和防止空气对流

B．挥发性、腐蚀性、吸潮性的物质必须在密封加盖的容器中称量

C．刚烘干的物质应及时称量

D．天平载重不得超过其最大负荷

答案：C

8. 根据《水质　硫酸盐的测定　重量法》（GB 11899—89）测定水质中硫酸盐时，将硫酸钡沉淀陈化好，并定量转移是至关重要的步骤，否则会导致测定结果________。（　　）

A. 偏高　　B. 偏低　　C. 不受影响　　D. 没变化

答案：B

9. 根据《水质　硫酸盐的测定　重量法》（GB 11899—89）的规定，判断下列关于定量滤纸的说法中不正确的是________。（　　）

A. 重量分析中，需将滤纸连同沉淀一起灼烧称量时，应采用定量滤纸过滤

B. 定量滤纸灼烧后，灰分小于 0.001 g 则称为“无灰滤纸”，刚烘干的物质应及时称量

C. 定量滤纸一般为圆形，按直径分为 11 cm、9 cm 等几种

D. 定量滤纸按空隙大小分为快速、中速和慢速 3 种

答案：B

10. 根据《水质　硫酸盐的测定　重量法》（GB 11899—89）测定水质中硫酸盐时，沉淀过程中________加入氯化钡溶液、________均为促使沉淀凝聚减少其沉淀的可能性。（　　）

A. 快速，煮沸　　B. 快速，降温　　C. 缓慢，降温　　D. 缓慢，煮沸

答案：D

11. 根据《水质　硫酸盐的测定　重量法》（GB 11899—89）测定水质中硫酸盐时，在酸性介质中进行沉降可以防止碳酸钡和磷酸钡沉淀，但是酸度高会使硫酸钡沉淀的溶解度________。（　　）

A. 不变　　B. 增大　　C. 变小　　D. 不清楚

答案：B

12. 根据《水质　硫酸盐的测定　重量法》（GB 11899—89）测定水质中硫酸盐时，在________溶液中，硫酸盐与加入的氯化钡反应形成硫酸钡沉淀。（　　）

A. 硫酸　　B. 硝酸　　C. 盐酸　　D. 高氯酸

答案：C

13. 根据《水质　硫酸盐的测定　重量法》（GB 11899—89）测定水质中硫酸盐时，硫酸钡沉淀反应在接近________的温度下进行。（　　）

A. 室温　　B. 外界环境　　C. 零点　　D. 沸腾

答案：D

14. 根据《水质　硫酸盐的测定　重量法》（GB 11899—89）测定水质中硫酸盐时，如果试料中含有机物质，就在燃烧器的火焰上炭化，然后用 2 ml 水和 1 ml________把残渣浸湿，再在蒸汽浴上蒸干。（　　）

A. 硝酸　　B. 盐酸　　C. 磷酸　　D. 硫酸

答案：B

15. 根据《水质　硫酸盐的测定　重量法》（GB 11899—89）测定水质中硫酸盐时，硝酸银溶液可以贮存于________色玻璃瓶中。（　　）

A. 透明　　B. 白　　C. 棕　　D. 紫

答案：C

三、问答题

1. 根据《水质　硫酸盐的测定　重量法》（GB 11899—89）简述重量法测定水质中硫酸盐的方法原理。

答案：（1）在盐酸溶液中，硫酸盐与加入的氯化钡反应形成硫酸钡沉淀；

（2）沉淀反应在接近沸腾的温度下进行；

（3）并在陈化一段时间之后过滤，用水洗到无氯离子；

（4）烘干或灼烧沉淀，称硫酸钡的重量。

2. 根据《水质　硫酸盐的测定　重量法》（GB 11899—89）测定水质中硫酸盐时，洗涤过程中如何检验是否含有氯化物？

答案：在含有 5 ml 硝酸银溶液的小烧杯中收集约 5 ml 的洗涤水。如果没有沉淀生成或者不显浑浊，即表明沉淀中已不含氯离子。

四、计算题

根据《水质　硫酸盐的测定　重量法》（GB 11899—89）测定地下水水样中硫酸根的含量，从水样中沉淀出来的硫酸钡的重量为 0.080 0 g，水样的体积为 200 ml，试计算该水样中的浓度。

答案：

$$C = \frac{M \times 411.6 \times 1\,000}{V} = \frac{0.080\,0 \times 411.6 \times 1\,000}{200} = 165\text{（mg/L）}$$

水样中硫酸根的浓度是 165 mg/L。

参考文献

[1] 国家环境保护局 . 水质　硫酸盐的测定　重量法：GB 11899—89 [S]. 北京：中国环境科学出版社，1989.

[2] 中国环境监测总站《环境监测人员持证上岗考核试题集》编写组 . 环境监测人员持证上岗考核试题集：上册 . 4 版 [M] . 北京：中国环境出版集团，2015.

命题：吴玉敏

审核：贾　楠

第六十二节　水质　硫酸盐的测定　铬酸钡分光光度法（试行）（HJ/T 342—2007）

一、判断题

1. 铬酸钡分光光度法适用于硫酸盐含量较低的地表水和地下水样中硫酸盐的测定。（　　）

答案：√

2. 根据《水质　硫酸盐的测定　铬酸钡分光光度法（试行）》（HJ/T 342—2007）测定硫酸盐的浓度范围是 8～85 mg/L。（　　）

答案：√

3. 根据《水质　硫酸盐的测定　铬酸钡分光光度法（试行）》（HJ/T 342—2007）测定硫酸盐的实验用水为新制备的去离子水。（　　）

答案：√

4. 根据《水质　硫酸盐的测定　铬酸钡分光光度法（试行）》（HJ/T 342—2007）测定水中硫酸盐时，水样中加入铬酸钡悬浊液后，经煮沸、稍冷后，向其中逐滴加入（1+1）氨水，直至水样呈柠檬黄色，过滤后进行测定。（　　）

答案：×

正确答案：逐滴加入（1+1）氨水至呈柠檬黄色后，应再多加 2 滴。

二、单项选择题

1. 采用铬酸钡分光光度法测定水中硫酸盐时，如果水样中含有碳酸根，在加入铬酸钡之前可加入________酸化，并加热沸腾以除去碳酸盐干扰。（　　）

A. 硫酸　　B. 盐酸　　C. 硝酸　　D. 高氯酸

答案：B

2. 采用铬酸钡分光光度法测定水中硫酸盐时，水样中加入铬酸钡悬浊液、（1+1）氨水显色后，应使用________过滤，如滤液浑浊，应重复过滤至透明。（　　）

A. 慢速定性滤纸　　B. 快速定性滤纸　　C. 中速定性滤纸　　D. 慢速定量滤纸

答案：A

3. 采用铬酸钡分光光度法测定水中硫酸盐时，水样中加入铬酸钡悬浊液后，经煮沸、稍冷后，向其中逐滴加入（1+1）氨水至呈________。（　　）

A. 柠檬黄色　　B. 橙黄色　　C. 黄色　　D. 棕黄色

答案：A

4. 采用铬酸钡分光光度法测定水中硫酸盐时，如果水样中存在有机物，某些细菌可以将硫酸盐还原为硫化物，因此，对于严重污染的水样应________。（　　）

A. 加保存剂保存　　B. 低温保存　　C. 常温保存　　D. 加保存剂低温保存

答案：B

三、问答题

1. 简述根据《水质　硫酸盐的测定　铬酸钡分光光度法（试行）》（HJ/T 342—2007）测定水中硫酸盐的原理。

答案：在酸性溶液中，铬酸钡与硫酸盐生成硫酸钡沉淀，并释放出铬酸根离子；溶液中和后多余的铬酸钡及生成的硫酸钡仍是沉淀状态，经过滤除去沉淀；在碱性条件下，铬酸根离子呈现黄色，测定其吸光度可知硫酸盐的含量。

2. 怎样配制铬酸钡悬浊液？

答案： 称取 19.44 g 铬酸钾（K_2CrO_4）与 24.44 g 氯化钡（$BaCl_2 \cdot 2H_2O$），分别溶于 1 L 去离子水中，加热至沸腾。将两溶液倾入同一个 3 L 烧杯内，此时生成黄色铬酸钡沉淀。待沉淀下降后，倾出上层清液，然后每次用约 1 L 去离子水洗涤沉淀，共需洗涤 5 次左右。最后加去离子水至 1 L，使成悬浊液，每次使用前混匀。

四、计算题

根据《水质　硫酸盐的测定　铬酸钡分光光度法（试行）》（HJ/T 342—2007）测定水中硫酸盐时，标准曲线为 $y=0.113x-0.005$，相关系数为 0.999 6，空白吸光值 A_0 为 0.011，取水样 50 ml，水样吸光值 A 为 0.303，求水样中硫酸盐的浓度。

答案： $C(SO_4^{2-})=\dfrac{(A-A_0)-a}{bV}\times 1\,000=52.6\ (\text{mg/L})$

参考文献

［1］国家环境保护总局．水质　硫酸盐的测定　铬酸钡分光光度法（试行）：HJ/T 342—2007［S］．北京：中国环境科学出版社，2007.

［2］中国环境监测总站《环境监测人员持证上岗考核试题集》编写组．环境监测人员持证上岗考核试题集：上册．4 版［M］．北京：中国环境出版集团，2015.

命题：张　劲

审核：辛雅苓

第六十三节　水质　六价铬的测定　二苯碳酰二肼分光光度法（GB 7467—87）

一、判断题

1. 在水体中，六价铬一般以 CrO_4^{2-}、CrO_7^{2-}、$HCrO_4^-$ 3 种阴离子形式存在。（　　）

答案： √

2. 在水体中，受水中 pH、有机物、氧化还原物质、温度及硬度等条件影响，三价铬和六价铬的化合物不能互相转化。（　　）

答案： ×

正确答案： 在水体中，受水中 pH、有机物、氧化还原物质、温度及硬度等条件影响，三价铬和六价铬的化合物可以互相转化。

3. 六价铬毒性较大并易为人体吸收，导致肝癌。我国已把六价铬规定为实施总量控制的指标之

一。(　　)

答案：√

4. 根据《水质　六价铬的测定　二苯碳酰二肼分光光度法》(GB 7467—87)测定水中六价铬时，氧化性及还原性物质，如 ClO^-、Fe^{2+}、SO_3^{2-}、$S_2O_3^{2-}$ 等，以及水样有色或混浊时，对测定均有干扰，须进行预处理。(　　)

答案：√

5. 根据《水质　六价铬的测定　二苯碳酰二肼分光光度法》(GB 7467—87)测定水中六价铬时，当试份体积为 50 ml，若使用光程长为 30 mm 的比色皿，最小检出量为 0.2 μg 六价铬，最低检出浓度为 0.005 mg/L；若使用光程为 10 mm 的比色皿，测定上限浓度为 1.0 mg/L。(　　)

答案：×

正确答案：当试份体积为 50 ml，若使用光程长为 30 mm 的比色皿，本方法的最小检出量为 0.2 μg 六价铬，最低检出浓度为 0.004 mg/L；若使用光程为 10 mm 的比色皿，测定上限浓度为 1.0 mg/L。

6. 根据《水质　六价铬的测定　二苯碳酰二肼分光光度法》(GB 7467—87)测定水中六价铬的原理是在中性溶液中，六价铬与二苯碳酰二肼反应生成紫红色化合物，于波长 540 nm 处进行分光光度测定。(　　)

答案：×

正确答案：二苯碳酰二肼分光光度法测定水中六价铬的原理是在酸性溶液中，六价铬与二苯碳酰二肼反应生成紫红色化合物，于波长 540 nm 处进行分光光度测定。

7. 根据《水质　六价铬的测定　二苯碳酰二肼分光光度法》(GB 7467—87)测定水中六价铬的原理是在酸性溶液中，六价铬与二苯碳酰二肼反应生成紫红色化合物，于波长 520 nm 处进行分光光度测定。(　　)

答案：×

正确答案：二苯碳酰二肼分光光度法测定水中六价铬的原理是在酸性溶液中，六价铬与二苯碳酰二肼反应生成紫红色化合物，于波长 540 nm 处进行分光光度测定。

8. 根据《水质　六价铬的测定　二苯碳酰二肼分光光度法》(GB 7467—87)测定水中六价铬的原理是在酸性溶液中，六价铬与二苯碳酰二肼反应生成淡红棕色化合物，于波长 540 nm 处进行分光光度测定。(　　)

答案：×

正确答案：二苯碳酰二肼分光光度法测定水中六价铬的原理是在酸性溶液中，六价铬与二苯碳酰二肼反应生成紫红色化合物，于波长 540 nm 处进行分光光度测定。

9. 根据《水质　六价铬的测定　二苯碳酰二肼分光光度法》(GB 7467—87)测定水中六价铬时，二苯碳酰二肼显色剂配制完成后需贮于棕色瓶，置于冰箱中。颜色变深后，仍可继续使用。(　　)

答案：×

正确答案：二苯碳酰二肼显色剂配制完成后需贮于棕色瓶，置于冰箱中。颜色变深后，不能使用。

10. 根据《水质　六价铬的测定　二苯碳酰二肼分光光度法》(GB 7467—87)测定水中六价铬时，含量低于 0.1 mg/L，结果以 3 位小数表示；六价铬含量高于 0.1 mg/L，结果以 3 位有效数字表

示。(　　)

答案：√

11. 根据《水质　六价铬的测定　二苯碳酰二肼分光光度法》(GB 7467—87)测定水中六价铬时，所有玻璃器皿内壁须光洁，可用重铬酸钾洗液洗涤，还可用硝酸、硫酸混合液或合成洗涤剂洗涤。(　　)

答案：×

正确答案：所有玻璃器皿内壁须光洁，不能用重铬酸钾洗液洗涤，可用硝酸、硫酸混合液或合成洗涤剂洗涤。

12. 根据《水质　六价铬的测定　二苯碳酰二肼分光光度法》(GB 7467—87)测定水中六价铬时，实验室样品应该用玻璃瓶采集。采集时，加入(1+1)磷酸，调节样品 pH 约为 6。(　　)

答案：×

正确答案：实验室样品应该用玻璃瓶采集。采集时，加入氢氧化钠，调节样品 pH 约为 8。

13. 根据《水质　六价铬的测定　二苯碳酰二肼分光光度法》(GB 7467—87)测定水中六价铬时，实验室样品采集后尽快测定，如需放置，不要超过 24 h。(　　)

答案：√

14. 根据《水质　六价铬的测定　二苯碳酰二肼分光光度法》(GB 7467—87)测定水中六价铬时，显色前，水样应调至中性。显色时，温度和放置时间对显色无影响。(　　)

答案：×

正确答案：显色前，水样应调至中性。显色时，温度和放置时间对显色有影响。

15. 根据《水质　六价铬的测定　二苯碳酰二肼分光光度法》(GB 7467—87)测定水中六价铬时，如果使用重铬酸钾洗液洗涤实验用玻璃器皿，会使六价铬的测定结果偏低。(　　)

答案：×

正确答案：如果使用重铬酸钾洗液洗涤实验用玻璃器皿，会使六价铬的测定结果偏高。

16. 根据《水质　六价铬的测定　二苯碳酰二肼分光光度法》(GB 7467—87)测定水中六价铬时，样品中不含悬浮物、低色度的清洁地面水可直接测定。(　　)

答案：√

17. 根据《水质　六价铬的测定　二苯碳酰二肼分光光度法》(GB 7467—87)测定水中六价铬时，样品混浊、色度较深时，应做色度校正。(　　)

答案：×

正确答案：样品有色但不太深时，应做色度校正；样品混浊、色度较深时，用锌盐沉淀分离法做前处理。

18. 根据《水质　六价铬的测定　二苯碳酰二肼分光光度法》(GB 7467—87)测定水中六价铬时，样品混浊、色度较深时，用锌盐沉淀分离法做前处理。处理后仍含有机物干扰测定时，可用酸性高锰酸钾氧化法破坏有机物后再测定。(　　)

答案：√

19. 根据《水质　六价铬的测定　二苯碳酰二肼分光光度法》(GB 7467—87)测定水中六价铬时，六价铬与二苯碳酰二肼反应时，显色酸度一般控制在 0.05～0.3 mol/L ($1/2H_2SO_4$)，以

0.2 mol/L 时显色最好。(　　)

答案：√

20. 根据《水质　六价铬的测定　二苯碳酰二肼分光光度法》(GB 7467—87)测定水中六价铬时，需按同试样完全相同的处理步骤进行空白试验，仅用 50 ml 水代替试样。(　　)

答案：√

二、单项选择题

1. 根据《水质　六价铬的测定　二苯碳酰二肼分光光度法》(GB 7467—87)测定水中六价铬时，在________溶液中，六价铬与二苯碳酰二肼反应生成 ________化合物，于波长 540 nm 处进行分光光度测定。(　　)

A. 中性，紫红色　　B. 酸性，紫红色

C. 酸性，淡红棕色　　D. 中性，淡红棕色

答案：B

2. 根据《水质　六价铬的测定　二苯碳酰二肼分光光度法》(GB 7467—87)测定水中六价铬时，当试份体积为 50 ml，若使用光程长为 30 mm 的比色皿，最小检出量为________μg 六价铬，最低检出浓度为________mg/L；若使用光程为 10 mm 的比色皿，测定上限浓度为________mg/L。(　　)

A. 0.1，0.004；1.0　　B. 0.1，0.004；2.0　　C. 0.2，0.004；1.0　　D. 0.2，0.005；2.0

答案：C

3. 根据《水质　六价铬的测定　二苯碳酰二肼分光光度法》(GB 7467—87)测定水中六价铬时，水样有色但不太深时，对测定六价铬比色的干扰应________除去。(　　)

A. 加入亚硝酸钠和尿素　　B. 用化学掩蔽法

C. 用色度校正　　D. 加叠氮化钠

答案：C

4. 根据《水质　六价铬的测定　二苯碳酰二肼分光光度法》(GB 7467—87)测定水中六价铬时，在酸性溶液中，六价铬与二苯碳酰二肼反应生成紫红色化合物，于波长________nm 处进行分光光度测定。(　　)

A. 470　　B. 520　　C. 540　　D. 570

答案：C

5.《地表水环境质量标准》(GB 3838—2002)中，Ⅲ、Ⅳ和Ⅴ水域中六价铬标准限值分别为________mg/L、________mg/L 和________mg/L。(　　)

A. 0.05，0.05，0.05　　B. 0.05，0.05，0.1　　C. 0.05，0.1，0.1　　D. 0.1，0.1，0.1

答案：B

6. 根据《水质　六价铬的测定　二苯碳酰二肼分光光度法》(GB 7467—87)测定水中六价铬时，铬的毒性与其存在的状态有极大的关系，我国已把________铬规定为实施总量控制的指标之一。(　　)

A. 零价　　B. 二价　　C. 三价　　D. 六价

答案：D

7. 根据《水质　六价铬的测定　二苯碳酰二肼分光光度法》（GB 7467—87）测定水中六价铬时，六价铬与二苯碳酰二肼反应时，显色酸度一般控制在 0.05～0.3 mol/L（$1/2H_2SO_4$），以________mol/L 时显色最好。（　　）

A．0.1　　B．0.2　　C．0.3　　D．0.4

答案：B

8. 根据《水质　六价铬的测定　二苯碳酰二肼分光光度法》（GB 7467—87）测定水中六价铬时，显色前，水样应调至________；显色时，________和________对显色有影响。（　　）

A．酸性，温度，放置时间　　B．碱性，温度，放置时间

C．中性，温度，放置时间　　D．酸性，硬度，放置时间

答案：C

9. 根据《水质　六价铬的测定　二苯碳酰二肼分光光度法》（GB 7467—87）测定水中六价铬时，实验用所有玻璃器皿可用________或________洗涤，洗涤后要冲洗干净。（　　）

A．重铬酸钾洗液，合成洗涤剂

B．硝酸、硫酸混合液，合成洗涤剂

C．重铬酸钾洗液，硝酸、硫酸混合液

D．盐酸、硫酸混合液，合成洗涤剂

答案：B

10. 根据《水质　六价铬的测定　二苯碳酰二肼分光光度法》（GB 7467—87）测定水中六价铬时，若六价铬含量低于 0.1 mg/L，结果以________位小数表示；若六价铬含量高于 0.1 mg/L，结果以________位有效数字表示。（　　）

A．2；2　　B．3；2　　C．3；3　　D．3；4

答案：C

11. 根据《水质　六价铬的测定　二苯碳酰二肼分光光度法》（GB 7467—87）测定水中六价铬时，实验室样品采集时，加入________，调节样品 pH 约为________。（　　）

A．HCl，6　　B．HNO_3，6　　C．NaOH，8　　D．NaOH，9

答案：C

12. 根据《水质　六价铬的测定　二苯碳酰二肼分光光度法》（GB 7467—87）测定水中六价铬时，________的实验样品可以直接测定。（　　）

A．不含悬浮物、低色度的清洁地面水

B．有色但色度不太深的样品

C．混浊并且色度较深的样品

D．混浊色度较深并且含有有机物的样品

答案：A

13. 根据《水质　六价铬的测定　二苯碳酰二肼分光光度法》（GB 7467—87）测定水中六价铬时，对于混浊、色度较深的样品应该用________进行前处理。（　　）

A．镁盐沉淀分离法　　B．锌盐沉淀分离法

C．做色度校正　　D．加入亚硝酸钠和尿素

答案：B

14. 根据《水质　六价铬的测定　二苯碳酰二肼分光光度法》（GB 7467—87）测定水中六价铬时，样品经锌盐沉淀分离法前处理后仍含有机物干扰测定时，可用________破坏有机物后再测定。（　　）

A. 碱性高锰酸钾氧化法　　B. 酸性高锰酸钾氧化法

C. 中性高锰酸钾氧化法　　D. 重铬酸钾氧化法

答案：B

15. 根据《水质　六价铬的测定　二苯碳酰二肼分光光度法》（GB 7467—87）测定水中六价铬时，样品中次氯酸盐等氧化性物质的消除，可用________。（　　）

A. 加入亚硝酸钠和尿素

B. 加入高锰酸钾和尿素

C. 加入高锰酸钾和亚硝酸钠

D. 加入氢氧化钠和氢氧化锌

答案：A

三、问答题

1. 根据《水质　六价铬的测定　二苯碳酰二肼分光光度法》（GB 7467—87）简述在水体中六价铬受哪些条件影响？

答案：在水体中，六价铬受水的 pH、水中有机物、氧化还原物质、温度及硬度等条件影响。

2. 根据《水质　六价铬的测定　二苯碳酰二肼分光光度法》（GB 7467—87），简述测定六价铬的方法原理？

答案：在酸性溶液中，六价铬与二苯碳酰二肼反应生成紫红色化合物，于波长 540 nm 处进行分光光度测定。

3. 根据《水质　六价铬的测定　二苯碳酰二肼分光光度法》（GB 7467—87）简述测定六价铬时，哪些水样应先进行预处理？

答案：（1）有色但不太深的水样，可用色度校正；

（2）混浊、色度较深的水样，可用锌盐沉淀分离法；

（3）去除颜色后仍有有机物干扰的水样；

（4）含二价铁，亚硫酸盐，硫代硫酸盐等还原性物质的水样；

（5）含次氯酸盐等氧化性物质的水样。

4. 根据《水质　六价铬的测定　二苯碳酰二肼分光光度法》（GB 7467—87）简述测定六价铬时可否用重铬酸钾洗液洗涤？为什么？应该用什么洗涤？

答案：测定六价铬时，不得使用重铬酸钾洗液洗涤。因为重铬酸钾洗液中铬呈六价，会导致测量结果偏高。可用硝酸、硫酸混合液或合成洗涤剂洗涤，洗涤后要冲洗干净。

四、计算题

根据《水质　六价铬的测定　二苯碳酰二肼分光光度法》（GB 7467—87）测定水中六价铬时，

取 50.0 ml 地表水水样，用二苯碳酰二肼分光光度法测定水样中的六价铬，所得校准曲线的斜率和截距分别为 0.045 9 和 0.001。测得水样的吸光度为 0.086（A_0=0.001），求此水样中六价铬的浓度。此水样是否超过Ⅳ类水体中六价铬的标准？

答案：（1）已知：a=0.001 b=0.045 9 y=0.045 9x+0.001

水样中六价铬 $C = m/V$=（0.086−0.001−0.001）/0.045 9/50.0

= 0.037（mg/L）

此水样六价铬浓度是 0.037 mg/L。

（2）Ⅳ类水体六价铬的标准是 0.05 mg/L。

此水样未超过Ⅳ类水体标准。

参考文献

[1] 国家环境保护局. 水质　六价铬的测定　二苯碳酰二肼分光光度法：GB 7467—87 [S]. 北京：中国标准出版社，1987.

[2] 国家环境保护总局《水和废水监测分析方法》编委会. 水和废水监测分析方法：第四版增补版 [M]. 北京：中国环境科学出版社，2002.

[3] 中国环境监测总站《环境监测人员持证上岗考核试题集》编写组. 环境监测人员持证上岗考核试题集：上册. 4 版 [M]. 北京：中国环境出版集团，2015.

命题：户倩倩

审核：胡新跃

第六十四节　水质　32 种元素的测定　电感耦合等离子体发射光谱法（HJ 776—2015）

一、判断题

1.《水质　32 种元素的测定　电感耦合等离子体发射光谱法》（HJ 776—2015）中，可溶性元素是指未经酸化的样品，经消解后测得的元素含量。（　　）

答案：×

正确答案：可溶性元素是指未经酸化的样品，经 0.45 μm 滤膜过滤后测得的元素含量。

2. 电感耦合等离子发射光谱法通常存在的干扰可分为两类，一类是光谱干扰，另一类是非光谱干扰。（　　）

答案：√

3. 根据《水质　32 种元素的测定　电感耦合等离子体发射光谱法》（HJ 776—2015）测定水样

中 32 种元素时，消除非光谱干扰最简单的方法是将样品稀释，但应保证待测元素的含量高于方法检出限。(　　)

答案：×

正确答案：应保证待测元素的含量高于测定下限。

4.《水质　32 种元素的测定　电感耦合等离子体发射光谱法》(HJ 776—2015) 中的水系微孔滤膜的孔径为 0.45 μm。(　　)

答案：√

5. 根据《水质　32 种元素的测定　电感耦合等离子体发射光谱法》(HJ 776—2015) 配制多元素混合标准溶液时，标液的酸度尽量保持与待测试样的酸度一致，均为 0.2% 的硝酸。(　　)

答案：×

正确答案：标液的酸度尽量保持与待测试样的酸度一致，均为 1% 的硝酸。

6. 根据《水质　32 种元素的测定　电感耦合等离子体发射光谱法》(HJ 776—2015) 测定元素总量时，在试样制备过程中，若经酸消解后消解液中存在一些不溶物，必须反复进行消解过程直至不溶物全部溶解。(　　)

答案：×

正确答案：若经酸消解后消解液中存在一些不溶物，可静置或在 2 000～3 000 r/min 转速下离心分离 10 min 以获得澄清液。

7. 根据《水质　32 种元素的测定　电感耦合等离子体发射光谱法》(HJ 776—2015) 测定水中各元素时，每批样品分析均需绘制校准曲线，校准曲线的相关系数应≥0.999 0。(　　)

答案：×

正确答案：校准曲线的相关系数应≥0.995。

8. 等离子发射光谱光源所用的工作气体是氮气。(　　)

答案：×

正确答案：等离子发射光谱光源所用的工作气体是氩气。

9. 根据《水质　32 种元素的测定　电感耦合等离子体发射光谱法》(HJ 776—2015) 制备多元素混合标准溶液时，所有元素均可以任意搭配混合为标准溶液。(　　)

答案：×

正确答案：制备多元素标准混合溶液时，应根据元素间相互干扰的情况和标准溶液的性质分组进行制备。

10. 进样系统是等离子发射光谱仪中的重要部分，它由蠕动泵、雾化器和雾化室组成。(　　)

答案：√

11. 等离子发生光谱仪火焰的背景光谱主要是由工作气体产生的光谱、分子谱带及连续光谱三部分组成。(　　)

答案：√

12. 等离子发射光谱仪所处的实验室可以和样品处理共用一室。(　　)

答案：×

正确答案：等离子发射光谱仪所处的实验室和样品处理的房间应分开。

13. 根据《水质　32 种元素的测定　电感耦合等离子体发射光谱法》（HJ 776—2015）测定水中各元素时，当目标元素含量较高时，应取适量消解液用 1% 的盐酸溶液稀释。(　　)

答案：×

正确答案：应采用 1% 的硝酸溶液稀释。

14. 根据《水质　32 种元素的测定　电感耦合等离子体发射光谱法》（HJ 776—2015）采水样前，用洗涤剂和水依次洗净聚乙烯瓶，置于硝酸溶液浸泡 12 h 以上，用实验用水彻底洗净。(　　)

答案：×

正确答案：浸泡 24 h 以上。

15. 根据《水质　32 种元素的测定　电感耦合等离子体发射光谱法》（HJ 776—2015）测定水中各元素时，每批样品至少做 1 个实验室空白，测定结果应低于方法测定下限。(　　)

答案：×

正确答案：至少做 2 个实验室空白。

二、单项选择题

1. 根据《水质　32 种元素的测定　电感耦合等离子体发射光谱法》（HJ 776—2015）测定水中各元素的方法检出限范围为________。(　　)

A．0.036～0.39 mg/L　　B．0.009～0.1 mg/L
C．0.004～0.02 mg/L　　D．0.01～1.0 mg/L

答案：B

2. 等离子发射光谱法测定时，连续背景和谱线重叠干扰属于________干扰。(　　)

A．非光谱　　B．化学　　C．光谱　　D．物理

答案：C

3. 等离子发射光谱法测定时，非光谱干扰是否予以补偿和校正，与样品中________有关。(　　)

A．干扰元素的浓度　　B．酸度过低　　C．不溶物质过多　　D．消解不完全

答案：A

4. 根据《水质　32 种元素的测定　电感耦合等离子体发射光谱法》（HJ 776—2015）制备多元素混合标准溶液时，As 可以与________共同分组制备。(　　)

A．Cu　　B．Mn　　C．Se　　D．Ag

答案：C

5. 根据《水质　32 种元素的测定　电感耦合等离子体发射光谱法》（HJ 776—2015）制备多元素混合标准溶液时，Pb 不可以与________共同分组制备。(　　)

A．Cu　　B．Mn　　C．Ni　　D．Si

答案：D

6. 根据《水质　32 种元素的测定　电感耦合等离子体发射光谱法》（HJ 776—2015）制备测定元素总量的试样时，对于某些基体复杂的废水，消解时可加入 2～5 ml________消解。(　　)

A．盐酸　　B．高氯酸　　C．氢氟酸　　D．过氧化氢

答案：B

7. 根据《水质　32 种元素的测定　电感耦合等离子体发射光谱法》（HJ 776—2015）测定样品时，为确保测定质量，每分析________个样品需用 1 个校准曲线的中间点浓度校准溶液进行校准核查。（　　）

A. 5　　B. 10　　C. 15　　D. 20

答案：B

8. 为了使到达等离子体的气溶胶微粒快速地去溶、蒸发和原子化，雾化器产生的小于________直径的雾滴进入等离子炬。（　　）

A. 10 nm　　B. 100 nm　　C. 10 μm　　D. 100 μm

答案：C

9. 不属于等离子发射光谱仪结构的是________。（　　）

A. 进样系统　　B. 等离子炬系统

C. 检测系统　　D. 四极杆质量分析器

答案：D

10. 不属于等离子发射光谱仪进样系统的是________。（　　）

A. 光栅　　B. 蠕动泵　　C. 雾化器　　D. 雾化室

答案：A

11. 根据《水质　32 种元素的测定　电感耦合等离子体发射光谱法》（HJ 776—2015）测定水中各元素时，分析时均使用符合国家标准的________化学试剂。（　　）

A. 优级纯　　B. 分析纯　　C. 环保级　　D. 均可

答案：A

12. 根据《水质　32 种元素的测定　电感耦合等离子体发射光谱法》（HJ 776—2015）测定水中可溶性元素时，样品采集后立即通过水系微孔滤膜过滤，弃去初始的________滤液，收集所需体积的滤液，加入适量硝酸，使其含量达到 1%。（　　）

A. 10～20 ml　　B. 20～50 ml　　C. 50～100 ml　　D. 100～150 ml

答案：C

13. 根据《水质　32 种元素的测定　电感耦合等离子体发射光谱法》（HJ 776—2015）测定水中可溶性元素时，至少每________应做 1 次仪器谱线的校对以及元素间干扰校正系数的测定。（　　）

A. 1 个月　　B. 3 个月　　C. 半年　　D. 1 年

答案：C

三、问答题

1. 根据《水质　32 种元素的测定　电感耦合等离子体发射光谱法》（HJ 776—2015）简述电感耦合等离子体发射光谱法测定水样的原理。

答案：经过滤或消解的水样注入电感耦合等离子发射光谱仪后，目标元素在等离子火炬中被气化、电离、激发并辐射出特征谱线。在一定浓度范围内，其特征谱线的强度与元素的浓度成正比。

2. 简述电感耦合等离子体发射光谱法非光谱干扰的种类。

答案：非光谱干扰主要包括化学干扰、电离干扰、物理干扰及去溶剂干扰。

3. 简述单元素干扰时干扰系数的计算公式及公式中各项系数的含义。

答案：$K_t = (Q' - Q) / Q_t$

式中：K_t——干扰系数；Q'——干扰元素加分析元素的含量；Q——分析元素的含量；Q_t——干扰元素的含量。

4. 简述电感耦合等离子发射光谱的性能特点。

答案：（1）可分析的元素范围广；（2）检出限低；（3）精密度高；（4）准确度高；（5）动态线性分析范围宽；（6）多元素分析能力；（7）干扰较少。

5. 简述等离子炬系统维护保养的方法。

答案：（1）等离子炬系统中需要经常保养和维护的是矩管和中心管；

（2）当有沉积的盐开始堵塞中心管，或由于金属沉积物使读数漂移，就需要清洗矩管和中心管；

（3）为了除去沉积的盐，可取下矩管，将矩管和中心管嘴浸入适当浓度的热酸中，可以是盐酸、硝酸或这两种酸的混合物；

（4）注意保护底座，清洗后，用纯水充分洗涤火炬，并彻底干燥。

6. 根据《水质　32种元素的测定　电感耦合等离子体发射光谱法》（HJ 776—2015）简述用于电感耦合等离子发射光谱法测定的水样怎样进行保存？

答案：若测定可溶性元素，样品采样后立即通过0.45 μm水系微孔滤膜过滤，弃去初始的50～100 ml滤液，收集所需体积的滤液，加入适量硝酸，使硝酸含量达到1%；若测定元素总量，样品采样后立即加入适量硝酸，使硝酸含量达到1%。

参考文献

[1] 环境保护部 . 水质　32种元素的测定　电感耦合等离子体发射光谱法：HJ 776—2015 [S] . 北京：中国环境出版集团，2015.

[2] 国家环境保护总局 . 地表水和污水监测技术规范：HJ/T 91—2002 [S]. 北京：中国环境科学出版社，2002.

[3] 国家环境保护总局 . 地下水环境监测技术规范：HJ/T 164—2004 [S]. 北京：中国环境科学出版社，2002.

[4] 齐文启 . 环境监测实用技术 [M] . 北京：中国环境科学出版社，2006.

命题：魏　铮

审核：杨红梅

第六十五节　水质　镍的测定　火焰原子吸收分光光度法（GB 11912—89）

一、判断题

1. 原子吸收光度法测定高浓度试样时，应选择最灵敏线。(　　)

答案：×

正确答案：原子吸收光度法测定高浓度试样时，应选择次灵敏线。

2. 原子吸收光谱仪由光源、原子化器、分光系统和检测系统四部分组成。(　　)

答案：√

3. 原子吸收光谱仪的火焰原子化装置包括雾化器和燃烧器。(　　)

答案：√

4. 火焰原子吸收光谱仪的原子化器的作用是产生基态原子、用以吸收来自锐线源的电离辐射。(　　)

答案：×

正确答案：火焰原子吸收光谱仪的原子化器的作用是产生基态原子、用以吸收来自锐线源的共振辐射。

5. 火焰原子吸收光度法常用的锐线光源有空心阴极灯、无极放电灯和氘灯 3 种。(　　)

答案：×

正确答案：火焰原子吸收光度法常用的锐线光源有空心阴极灯、无极放电灯和蒸汽放电灯 3 种。

6. 用原子吸收光度法分析，灯电流小时，锐线光源发射的谱线较宽。(　　)

答案：×

正确答案：灯电流小时，锐线光源发射的谱线较窄。

7. 采用氘灯校正背景时，空心阴极灯测量的是原子吸收和背景吸收信号，氘灯测量的是背景吸收信号。(　　)

答案：√

8. 火焰原子吸收光谱仪燃烧器上混合气的行程速度稍小于其燃烧速度时，火焰才会稳定。(　　)

答案：×

正确答案：火焰原子吸收光谱仪燃烧器上混合气的行程速度稍大于其燃烧速度时，火焰才会稳定。

9. 根据《水质　镍的测定　火焰原子吸收分光光度法》(GB 11912—1989) 测定样品中的

镍时，采样前，所用聚乙烯瓶用洗涤剂洗净，再用硝酸浸泡 24 h 以上，然后用纯水冲洗干净。(　　)

答案：√

10. 根据《水质　镍的测定　火焰原子吸收分光光度法》(GB 11912—1989) 测定样品中的可滤态镍时，采样后应尽快通过 0.45 μm 滤膜过滤，并立即酸化。(　　)

答案：√

11. 标准加入法不是原子吸收分光光度法中进行背景校正的主要方法。(　　)

答案：√

12. 火焰原子吸收光度法的雾化效率与试液浓度无关。(　　)

答案：√

13. 采用火焰原子吸收光度法测定水中镍时，当空气与乙炔比大于化学计量时，称为贫燃型火焰。(　　)

答案：√

14. 采用火焰原子吸收光度法测定水中镍时，使用空气－乙炔贫燃火焰。(　　)

答案：√

二、单项选择题

1. 采用原子吸收光度法分析时，如果试样黏度过高，在试样进入雾化室后，就会黏附在室内壁上，而产生________效应。(　　)

A. 记忆　　B. 增敏　　C. 基体　　D. 干扰

答案：A

2. 用原子吸收光度法分析时，灯电流太高会导致________，使________下降。(　　)

A. 谱线变窄，灵敏度　　B. 谱线变窄，准确度

C. 谱线变宽，灵敏度　　D. 谱线变宽，准确度

答案：C

3. 原子化器的主要作用是________。(　　)

A. 将试样中待测元素转化为基态原子

B. 将试样中待测元素转化为激发态原子

C. 将试样中待测元素转化为中性原子

D. 将试样中待测元素转化为离子

答案：A

4. 原子吸收光谱中单色器的作用是________。(　　)

A. 将光源发射的带状光谱分解成线状光谱

B. 将待测元素的共振线与其他谱线分离，只让待测元素的共振线通过

C. 消除来自火焰原子化器的直流发射信号

D. 消除锐线光源和原子化器中的连续背景辐射

答案：B

5. 原子吸收分光光度法适用于________。(　　)

A．元素定性分析　　B．痕量定量分析　　C．常量定量分析　　D．半定量分析

答案：B

6. 空心阴极灯内充气体是________。(　　)

A．大量的空气

B．大量的氖或氮等惰性气体

C．少量的空气

D．低压的氖或氩等惰性气体

答案：D

7. 在原子吸收分析中，原子蒸汽对共振辐射的吸收程度与________。(　　)

A．透射光强度 I 有线性关系

B．基态原子数 N_0 成正比

C．激发态原子数 N_j 成正比

D．被测物质 N_0/N_j 成正比

答案：B

8. 原子吸收分析选择性好，是因为________。(　　)

A．原子化效率高

B．光源发出的特征辐射只能被特定的基态原子吸收

C．检测器灵敏度高

D．原子蒸汽中基态原子数不受温度影响

答案：B

9. 根据《水质　镍的测定　火焰原子吸收分光光度法》(GB 11912—1989)测定样品中镍总量时，采样后应________。(　　)

A．立即加入盐酸，使样品 pH<1

B．立即加入硝酸，使样品 pH<1

C．立即加入盐酸，使样品 pH 为 1～2

D．立即加入硝酸，使样品 pH 为 1～2

答案：D

10. 原子吸收分光光度法的灯电流影响空心阴极灯放电的稳定性和________的强度。(　　)

A．衍射光　　B．单色光　　C．输出光　　D．散射光

答案：C

11. 使用原子吸收光谱仪分析时，调节燃烧器高度的目的是________。(　　)

A．控制燃烧速度

B．增加燃气和助燃气的预混时间

C．提高试样雾化效率

D．选择合适的吸收区域

答案：D

12. 空心阴极灯的主要操作参数为________。(　　)

A. 灯电流　　B. 灯电压

C. 阴极温度　　D. 内充气体压力散射光

答案：A

13. 原子吸收分光光度法用的空心阴极灯是一种特殊的辉光放电管，它的阴极是________制成。(　　)

A. 待测元素的纯金属

B. 钨的纯金属

C. 待测元素的纯金属或合金

D. 钛纯金属或合金

答案：C

14. 原子吸收光谱仪光源发出的光是________。(　　)

A. 单色光　　B. 复合光　　C. 白光　　D. 可见光

答案：A

15. 火焰原子吸收光谱仪中，大多数空心阴极灯一般都是工作电流越小，分析灵敏度________。(　　)

A. 越低　　B. 越高　　C. 不变　　D. 先升高后减小

答案：B

三、问答题

1. 简述火焰原子吸收光度法测定水中镍的原理。

答案：将试液喷入空气－乙炔贫燃火焰中，在高温下，镍化合物解离成基态原子，其原子蒸汽对锐线光源（镍空心阴极灯）发射的特征谱线 232.0 nm 产生选择性吸收。在一定条件下吸光度与试液中镍的浓度成正比，即可定量。

2. 火焰原子吸收光度法测定水中镍时应注意哪些？

答案：（1）当样品无机盐含量高时，采用自吸收法或塞曼效应扣背景。无此条件时，也可采用邻近吸收线法扣除背景吸收，在测量浓度许可时，也可采用稀释方法减少背景吸收。

（2）硫酸浓度较高易产生分子吸收，以采用硝酸或盐酸介质为好。

四、计算题

用直接火焰原子吸收法测定废水中 Ni，取水样 10.00 ml，经消解后定容至 100.00 ml，吸入测定后用校准曲线计算被测 Ni 含量为 10.0 μg，求该废水中 Ni 的浓度（mg/L）。

答案：$C(\text{Ni})=\frac{m}{v}=\frac{10.0}{10.00}=1.00\ (\text{mg/L})$

该废水中 Ni 的浓度 1.00 mg/L。

参考文献

[1] 国家环境保护局．水质　镍的测定　火焰原子吸收分光光度法：GB 11912—89［S］．北京：中国环境科学出版社，1989.
[2] 国家环境保护总局《水和废水监测分析方法》编委会．水和废水监测分析方法：第四版增补版［M］．北京：中国环境科学出版社，2002.
[3] 中国环境监测总站《环境监测人员持证上岗考核试题集》编写组．环境监测人员持证上岗考核试题集：上册．4 版［M］．北京：中国环境出版集团，2015.

命题：宗赫赫
审核：杨　梦

第六十六节　水质　铜、锌、铅、镉的测定　原子吸收分光光度法（GB 7475—87）

一、判断题

1. 测定铜、锌、铅、镉的水样应用聚乙烯塑料瓶采集样品。（　　）

答案：√

2. 根据《水质　铜、锌、铅、镉的测定　原子吸收分光光度法》（GB 7475—87）测定水中铜、锌、铅、镉时，为了防止铜离子吸附在采样容器壁上，采样后立即加硫酸酸化至 pH<2。（　　）

答案：×

正确答案：采样后立即加硝酸酸化至 pH 为 1～2。

3.《水质　铜、锌、铅、镉的测定　原子吸收分光光度法》（GB 7475—87）中规定，金属总量包括样品中溶解和悬浮的两部分金属浓度的总量。（　　）

答案：√

4. 根据《水质　铜、锌、铅、镉的测定　原子吸收分光光度法》（GB 7475—87）测定水中铜和锌时，通过测定特征谱线附近 1 nm 内的一条非特征吸收谱线处的吸收可判断基体干扰的程度。（　　）

答案：×

正确答案：可判断背景吸收的大小。

5. 根据《水质　铜、锌、铅、镉的测定　原子吸收分光光度法》（GB 7475—87）测定水中铜、锌、铅、镉时，若水样含有高浓度钙时，因产生背景吸收，使铅的测定结果偏低。（　　）

答案：×

正确答案：使铅的测定结果偏高。

6. 原子吸收分光光度计的分光系统，只是把待测原子的吸收谱线与其他谱线分离，而获得单色光。（　　）

答案：×

正确答案： 只是分离谱线，而不是用它来获得单色光。

7. 根据《水质　铜、锌、铅、镉的测定　原子吸收分光光度法》（GB 7475—87）测定水中铜、锌、铅、镉时，当样品中含盐量很高，分析波长又低于350 nm时，可能出现非特征吸收。（　　）

答案： √

8. 根据《水质　铜、锌、铅、镉的测定　原子吸收分光光度法》（GB 7475—87）中螯合萃取法测定水中铜、锌、铅、镉时，若样品中存在的某类络合剂，与被测金属形成的络合物比吡咯烷二硫代氨基甲酸铵的络合物更稳定，所以测定前不用去除样品中的这类络合剂。（　　）

答案： ×

正确答案： 测定前应去除样品中的这类络合剂。

9. 采用火焰原子吸收光度法测定样品时，产生的化学干扰是一种非选择性干扰，对试样中各元素的影响各不相同。（　　）

答案： ×

正确答案： 是一种选择性干扰。

10. 火焰原子吸收原子化器包括空心阴极灯和雾化器。（　　）

答案： ×

正确答案： 包括雾化器和燃烧器。

二、单项选择题

1. 火焰原子吸收法的雾化效率与________无关。（　　）

A．试液密度　　B．试液黏度　　C．试液浓度　　D．雾滴粒度

答案： C

2. 采用原子吸收光度法分析样品时，灯电流太高导致谱线变宽和谱线自吸，使________下降。（　　）

A．准确度　　B．精密度　　C．灵敏度　　D．回收率

答案： C

3. 原子化器的主要作用是________。（　　）

A．将试样中待测元素转化为基态原子　　B．将试样中待测元素转化为激发态原子

C．将试样中待测元素转化为中性原子　　D．将试样中待测元素转化为离子

答案： A

4. 原子吸收光谱中单色器的作用是________。（　　）

A．将光源发射的带状光谱分解成线状光谱

B．将待测元素的共振线与其他谱线分离，只让待测元素的共振线通过

C．消除来自火焰原子化器的直流发射信号

D．消除锐线光源和原子化器中的连续背景辐射

答案： B

5. 原子吸收分析选择性好，是因为________。（　　）

A．原子化效率高

B．光源发出的特征辐射只能被特定的基态原子吸收

C．检测器灵敏度高

D．原子蒸汽中基态原子数不受温度影响

答案：B

6. 在原子吸收分析中，原子蒸汽对共振辐射的吸收程度与________。（　　）

A．透射光强度 I 有线性关系　　B．基态原子数 N_0 成正比

C．激发态原子数 N_j 成正比　　D．被测物质 N_0/N_j 成正比

答案：B

7. 在原子吸收分析中，多普勒变宽产生的原因是________。（　　）

A．被测元素的激发态原子与基态原子相互碰撞

B．原子的无规则热运动

C．被测元素的原子与其他粒子的碰撞

D．外部电场的影响

答案：B

8. 空心阴极灯内充气体是________。（　　）

A．大量的空气　　B．大量的氖或氮等惰性气体

C．少量的空气　　D．低压的氖或氩等惰性气体

答案：D

9. 原子吸收分光光度法适用于________。（　　）

A．元素定性分析　　B．痕量定量分析　　C．常量定量分析　　D．半定量分析

答案：B

10. 在原子吸收光谱分析中，若组分较复杂且被测组分含量较低时，为了简便准确地进行分析，最好选择________方法进行分析。（　　）

A．工作曲线法　　B．内标法　　C．标准加入法　　D．间接测定法

答案：C

三、问答题

1. 简述《水质　铜、锌、铅、镉的测定　原子吸收分光光度法》（GB 7475—87）中直接法测定水中铜、锌、铅、镉的工作原理。

答案：将样品或消解处理过的样品直接吸入火焰，在火焰中形成的原子对特征电磁辐射产生吸收；将测得的样品吸光度和标准溶液的吸光度进行比较，确定样品中被测元素的浓度。

2. 火焰原子吸收分光光度法有几大类干扰？消除化学干扰常用的方法有几种？

答案：（1）有四大类，即物理干扰、化学干扰、电离干扰和光谱干扰；

（2）化学干扰的消除方法有 5 种，即加入释放剂、加入保护剂、加入助熔剂、加入干扰缓冲剂、化学分离法和改变火焰种类。

四、计算题

1. 根据《水质　铜、锌、铅、镉的测定　原子吸收分光光度法》（GB 7475—87）测定水样中

总铜，直接测量法校准曲线为 $y=0.109x-5.17\times10^{-4}$，空白吸光度值为 0.004，某试样测量吸光度为 0.096，求该水样中总铜的浓度。

答案：$x=(y+5.17\times10^{-4})\div0.109$

$=[(0.096-0.004)+5.17\times10^{-4}]\div0.109$

$=0.85$（mg/L）

水样中总铜的浓度为 0.85 mg/L。

2. 根据《水质　铜、锌、铅、镉的测定　原子吸收分光光度法》（GB 7475—87）测定水中铜时，由未知样溶液得到的吸光值为 0.435，而在 9.0 ml 未知样中加入 1.0 ml 浓度为 100 mg/L 的铜标准溶液后，混合溶液在相同条件下测得的吸光值为 0.835，问未知样中铜的浓度是多少？

答案：$A_{样}=0.435=K\times C_{样}$　　　（1）

$A_{样+标}=0.835=K\times C_{加标}$　　　（2）

（2）除以（1），得

$C_{样}=9.81$（mg/L）

水样中铜的浓度为 9.81 mg/L。

参考文献

［1］国家环境保护局．水质　铜、锌、铅、镉的测定　原子吸收分光光度法：GB 7475—87［S］．北京：中国标准出版社，1987.

［2］国家环境保护总局《水和废水监测分析方法》编委会．水和废水监测分析方法：第四版增补版［M］．北京：中国环境科学出版社，2002.

［3］中国环境监测总站《环境监测人员持证上岗考核试题集》编写组．环境监测人员持证上岗考核试题集：上册．4 版［M］．北京：中国环境出版集团，2015.

［4］《环境监测技术基本理论（参考）试题集》编写组．环境监测技术基本理论（参考）试题集［M］．北京：中国环境科学出版社，2002.

命题：魏　铮

审核：张　涛

第六十七节　水质　镉的测定　石墨炉原子吸收法（《水和废水监测分析方法》第四版增补版）

一、判断题

1. 根据石墨炉原子吸收法测定水中镉含量时，加入基体改进剂的作用是对基体或待测元素进行改进，提高待测元素灵敏度。（　　）

答案：√

2. 根据石墨炉原子吸收光度法测定样品时，干燥阶段石墨炉升温过快会使结果偏高。(　　)

答案：×

正确答案：根据石墨炉原子吸收光度法测定样品时，干燥阶段石墨炉升温过快会使结果偏低。

3. 根据《水和废水监测分析方法》(第四版增补版)中石墨炉原子吸收法测定水中镉时，石墨炉原子吸收分光光度仪检出限不但与仪器的灵敏度有关，还与一起的稳定性(噪声)有关，它说明了测定的精密程度。(　　)

答案：×

正确答案：石墨炉原子吸收分光光度仪检出限不但与仪器的灵敏度有关，还与一起的稳定性(噪声)有关，它说明了测定的可靠程度。

4. 采用石墨炉原子吸收光度法测定样品中的镉，通常采用 HCl 介质。(　　)

答案：×

正确答案：石墨炉原子吸收光度法测定样品中的镉，通常采用 HNO_3 介质。

5. 根据《水和废水监测分析方法》(第四版增补版)中石墨炉原子吸收光度法测定样品中镉时，从背景干扰角度分析，NaCl 对镉的测定产生负干扰。(　　)

答案：√

6. 根据《水和废水监测分析方法》(第四版增补版)中石墨炉原子吸收法测定样品中镉时，采集的水样应加入硫酸，酸化至 pH<3。(　　)

答案：×

正确答案：石墨炉原子吸收光度法测定样品中镉时，采集的水样应加入硝酸，酸化至 pH<2。

7. 根据《水和废水监测分析方法》(第四版增补版)中石墨炉原子吸收法测定水中镉时，应用聚乙烯塑料瓶或者玻璃瓶采集样品。(　　)

答案：×

正确答案：用原子吸收分光光度法测定水中镉时，应用聚乙烯塑料瓶采集样品。

8. 根据《水和废水监测分析方法》(第四版增补版)中石墨炉原子吸收法测定水中镉时，石墨炉原子吸收光度法分析程序的原子化阶段，其最佳原子化温度是选择待测元素完全原子化的最高温度，这时吸收峰最高。(　　)

答案：×

正确答案：石墨炉原子吸收光度法分析程序的原子化阶段，其最佳原子化温度是选择待测元素完全原子化的最低温度，这时吸收峰最高。

9.《水和废水监测分析方法》(第四版增补版)中石墨炉原子吸收法不适用于元素的痕量分析。(　　)

答案：×

正确答案：石墨炉原子吸收光度法适用于元素的痕量分析。

10. 用石墨炉原子吸收光度法测定高温元素时，原子化阶段快速升温有助于提高吸收灵敏度。(　　)

答案：√

二、单项选择题

1. 根据《水和废水监测分析方法》(第四版增补版)中石墨炉原子吸收法测定水中镉时，镉空

心阴极灯的阴极是用________制成的。（　　）

A. 任意纯金属或合金　B. 镉纯金属或合金　C. 铜纯金属或合金　D. 铁纯金属或合金

答案：B

2. 根据《水和废水监测分析方法》（第四版增补版）中石墨炉原子吸收光度法测定水中镉时，最好的基体改进剂是________。（　　）

A. 硝酸铵　B. 钼酸铵　C. 磷酸钠　D. 硝酸钯

答案：D

3. 根据《水和废水监测分析方法》（第四版增补版）中石墨炉原子吸收法测定水中镉时，镉的特征谱线的波长为________nm。（　　）

A. 213.8　B. 228.8　C. 283.3　D. 324.7

答案：B

4. 根据《水和废水监测分析方法》（第四版增补版）中石墨炉原子吸收法测定水中镉时，试样消解过程中通常不能使用________。（　　）

A. 硝酸　B. 盐酸　C. 高氯酸　D. 过氧化氢

答案：C

5. 根据《水和废水监测分析方法》（第四版增补版）中石墨炉原子吸收法测定水中镉时，载气流量的大小对________和石墨管的寿命有影响。（　　）

A. 仪器检出限　B. 分析灵敏度　C. 仪器稳定性　D. 干扰校正

答案：B

6.《水和废水监测分析方法》（第四版增补版）中，石墨炉原子吸收光度法的特点是________。（　　）

A. 速度快　B. 操作简便　C. 灵敏度高　D. 成本很低

答案：C

7. 根据《水和废水监测分析方法》（第四版增补版）中石墨炉原子吸收法测定水中镉时，由于仪器设备不同，如果使用横向塞曼扣除背景的仪器，可将灰化、原子化和清除温度在规定温度的基础上降低________℃。（　　）

A. 100～200　B. 200～300　C. 300～400　D. 400～500

答案：A

8.《地表水环境质量标准》（GB 3838—2002）中规定的Ⅲ类水体中镉的标准限值为________mg/L。（　　）

A. 0.001　B. 0.005　C. 0.01　D. >0.01

答案：B

9.《水污染物综合排放标准》（DB11/307—2013）中规定的排入北京市Ⅱ类、Ⅲ类水体及其汇水范围的污水中镉的排放限值为________mg/L。（　　）

A. 0.001　B. 0.005　C. 0.01　D. 0.02

答案：C

10. 根据《水和废水监测分析方法》（第四版增补版）中石墨炉原子吸收法测定水中镉时，基

体改进剂硝酸钯亦可以用________代替，但其空白较高，必须注意扣除。(　　)

A. 硝酸锌　　B. 硝酸铵　　C. 钼酸铵　　D. 硝酸镧

答案：D

三、问答题

1. 简述石墨炉原子吸收法测定镉的原理。

答案：将样品注入石墨管，用电加热方式使石墨炉升温，样品蒸发离解形成原子蒸汽，对来自光源的特征电磁辐射产生吸收。将测得的样品吸光度和标准吸光度进行比较，确定样品中被测金属的含量。

2. 按石墨管表面不同，石墨管可以分为哪几种？

答案：普通石墨管、热解涂层石墨管、金属碳化物涂层石墨管、稳定温度平台石墨管。

3. 根据《水和废水监测分析方法》(第四版增补版)中石墨炉原子吸收分光光度法，简述测定镉时不采用 HCl 介质的原因。

答案：镉的氯化物在灰化阶段容易挥发。

4. 石墨炉原子吸收光度法分析程序有哪 4 个阶段？

答案：干燥、灰化、原子化、除残(清除)。

5. 如何消除石墨炉原子吸收光度法中的记忆效应？

答案：(1) 用较高的原子化温度和用较长的原子化时间；

(2) 增加清洗程序；

(3) 测定后空烧一次；

(4) 改用涂层石墨管。

参考文献

[1] 国家环境保护总局《水和废水监测分析方法》编委会. 水和废水监测分析方法：第四版增补版[M]. 北京：中国环境科学出版社，2002.

[2]《环境监测技术基本理论(参考)试题集》编写组. 环境监测技术基本理论(参考)试题集[M]. 中国环境科学出版社，2002.

[3] 中国环境监测总站《环境监测人员持证上岗考核试题集》编写组. 环境监测人员持证上岗考核试题集：下册. 4 版[M]. 北京：中国环境出版集团，2018.

[4] 国家环境保护总局，国家质量监督检验总局. 地表水环境质量标准：GB 3838—2002[S]. 北京：中国标准出版社，2002.

[5] 北京市环境保护局，北京市质量技术监督局. 水污染物综合排放标准：DB11/307—2013[S].

命题：魏　铮

审核：张　涛

第六十八节　水质　汞、砷、硒、铋和锑的测定　原子荧光法（HJ 694—2014）

一、判断题

1. 根据《水质　汞、砷、硒、铋和锑的测定　原子荧光法》（HJ 694—2014）测定水样中汞、砷、硒、铋和锑时，硼氢化钾是强还原剂，使用时现配，存于塑料瓶中。(　　)

答案：√

2. 根据《水质　汞、砷、硒、铋和锑的测定　原子荧光法》（HJ 694—2014）测定时，硼氢化钾在酸性条件的还原作用下，使汞、砷、硒、铋和锑生成汞原子、砷化氢、硒化氢、铋化氢和锑化氢。(　　)

答案：√

3. 根据《水质　汞、砷、硒、铋和锑的测定　原子荧光法》（HJ 694—2014）测定水样中汞、砷、硒、铋和锑时，砷、锑和铋的检出限为 0.2 μg/L，测定下限为 0.8 μg/L。(　　)

答案：×

正确答案：砷的检出限为 0.3 μg/L，测定下限为 1.2 μg/L；锑和铋的检出限为 0.2 μg/L，测定下限为 0.8 μg/L。

4. 根据《水质　汞、砷、硒、铋和锑的测定　原子荧光法》（HJ 694—2014）测定水样中汞、砷、硒、铋和锑时，绘制汞的校准曲线时，在最佳测量条件下，浓度由低到高依次测定汞标准系列的原子荧光强度，以汞质量浓度为纵坐标，原子荧光强度为横坐标。(　　)

答案：×

正确答案：以原子荧光强度为纵坐标，汞质量浓度为横坐标，绘制标准曲线。

5. 根据《水质　汞、砷、硒、铋和锑的测定　原子荧光法》（HJ 694—2014）测定水样中汞、砷、硒、铋和锑时，酸性介质中能与硼氢化钾反应生成氢化物的元素会互相影响产生干扰，加入硫脲可以消除干扰。(　　)

答案：×

正确答案：硫脲＋抗坏血酸。

6. 根据《水质　汞、砷、硒、铋和锑的测定　原子荧光法》（HJ 694—2014）测定水样中汞、砷、硒、铋和锑时，常见阴离子不干扰测定。(　　)

答案：√

7. 根据《水质　汞、砷、硒、铋和锑的测定　原子荧光法》（HJ 694—2014）测定水样中汞、砷、硒、铋和锑时，硬质玻璃瓶和聚乙烯瓶可作为水质汞、砷、硒、铋和锑的采样容器。(　　)

答案：√

8. 原子荧光光谱仪主要由激发光源、原子化器、检测器组成。(　　)

答案：√

9. 根据《水质　汞、砷、硒、铋和锑的测定　原子荧光法》（HJ 694—2014）测定水样中汞、砷、硒、铋和锑时，实验中所用玻璃器皿均需用（1+1）硝酸溶液浸泡 12 h。（　　）

答案： ×

正确答案： 浸泡 24 h。

10. 根据《水质　汞、砷、硒、铋和锑的测定　原子荧光法》（HJ 694—2014）测定水样中汞、砷、硒、铋和锑时，硼氢化钾极易与空气中的氧气和二氧化碳反应，所以配制时，要将硼氢化钾固体溶解在氢氧化钠溶液中。（　　）

答案： √

11. 根据《水质　汞、砷、硒、铋和锑的测定　原子荧光法》（HJ 694—2014）测定水样中汞、砷、硒、铋和锑时，溶解态汞、砷、硒、铋和锑是指未经酸化的样品经过 0.45 μm 孔径滤膜过滤液后所测定的汞、砷、硒、铋和锑的含量。（　　）

答案： √

12. 原子荧光光谱仪使用高发射强度的空心阴极灯作为光源。（　　）

答案： √

13. 在原子荧光光谱分析中，在满足灵敏度的要求下，选择较大的灯电流，能够延长灯的使用寿命。（　　）

答案： ×

正确答案： 选择较小灯电流。

14. 原子荧光法测量的是蒸汽中分子受激发产生的荧光。（　　）

答案： ×

正确答案： 原子荧光法测量的是蒸汽中原子受激发产生的荧光。

15. 根据《水质　汞、砷、硒、铋和锑的测定　原子荧光法》（HJ 694—2014）测定溶解态汞的样品时，如水样为中性，过滤后按每升水样加入 5 ml 盐酸进行样品保存。（　　）

答案： √

二、单项选择题

1. 根据《水质　汞、砷、硒、铋和锑的测定　原子荧光法》（HJ 694—2014）测定水样中汞、砷、硒、铋和锑时，________的检出限为 0.4 μg/L，测定下限为 1.6 μg/L。（　　）

A. 砷　　B. 汞　　C. 硒　　D. 锑

答案： C

2. 根据《水质　汞、砷、硒、铋和锑的测定　原子荧光法》（HJ 694—2014）测定水样中汞、砷、硒、铋和锑时，若砷、硒、铋、锑的测定结果小于 10 μg/L，________；若测定结果大于 10 μg/L，________。（　　）

A. 保留 3 位有效数字，保留小数点后 3 位

B. 保留小数点后 1 位，保留小数点后 3 位

C. 保留 3 位有效数字，保留 3 位有效数字

D. 保留小数点后 1 位，保留 3 位有效数字

答案：D

3.《水质　汞、砷、硒、铋和锑的测定　原子荧光法》（HJ 694—2014）适用于________中汞、砷、硒、铋和锑的溶解态和总量的测定。（　　）

A．地表水、地下水、生活污水和工业废水　　B．地表水和工业废水

C．地表水、生活污水和工业废水　　D．工业废水

答案：A

4. 根据《水质　汞、砷、硒、铋和锑的测定　原子荧光法》（HJ 694—2014）规定的实验条件下，样品含有________浓度以下的 Cu^{2+} 不影响测定。（　　）

A．200 mg/L　　B．100 mg/L　　C．150 mg/L　　D．50 mg/L

答案：B

5. 根据《水质　汞、砷、硒、铋和锑的测定　原子荧光法》（HJ 694—2014）进行测定时，原子荧光仪使用氩气作为载气，氩气纯度为________。（　　）

A．99.999%　　B．99.99%　　C．99.9%　　D．99.0%

答案：A

6. 原子荧光光谱法的优点不包含________。（　　）

A．发射谱线简单　　B．线性范围较宽

C．多元素同时测定　　D．灵敏度低于原子吸收光谱法

答案：D

7. 根据《水质　汞、砷、硒、铋和锑的测定　原子荧光法》（HJ 694—2014）进行测定时，全程空白的测试结果应小于________。（　　）

A．检出限　　B．测定上限　　C．测定下限　　D．最佳测定范围

答案：A

8. 根据《水质　汞、砷、硒、铋和锑的测定　原子荧光法》（HJ 694—2014）测定平行双样时，测试结果的相对偏差应不大于________。（　　）

A．5%　　B．10%　　C．15%　　D．20%

答案：D

9.《地表水环境质量标准》（GB 3838—2002）中规定，砷的四类标准值为________mg/L。（　　）

A．0.01　　B．0.001　　C．0.05　　D．0.1

答案：D

10. 根据《水质　汞、砷、硒、铋和锑的测定　原子荧光法》（HJ 694—2014）进行测定时，高于一定浓度的部分过渡金属元素可能对测定有干扰，当样品中离子含量高时，________一般不会干扰原子荧光的测定。（　　）

A．Cu^{2+}　　B．Co^{2+}　　C．Pb^{2+}　　D．Zn^{2+}

答案：D

11. 原子荧光光谱法中原子化器的作用是________。（　　）

A．被分析元素转化成自由离子　　B．被分析元素转化成自由原子

C．被分析元素转化成自由分子　　D．被分析元素转化成自由电子

答案：B

12. 根据《水质　汞、砷、硒、铋和锑的测定　原子荧光法》（HJ 694—2014）测定水样中汞时，在试样制备时，使用______对样品进行消解，在沸水浴中加热消解 1 h。（　　）

A．盐酸－硝酸溶液　　B．硝酸－高氯酸混合酸

C．硝酸　　D．高氯酸

答案：A

13. 用原子荧光法测定地表水中的汞时，取水样 5.0 ml 于 10 ml 比色管中，加入 2 ml 盐酸，加入 2 ml 硫脲－抗坏血酸溶液，用水稀释定容。经测定后从校准曲线上查得汞的浓度为 8.0 μg/L。地表水中汞的浓度是________。（　　）

A．40 μg/L　　B．80 μg/L　　C．16 μg/L　　D．8 μg/L

答案：C

14. 根据《水质　汞、砷、硒、铋和锑的测定　原子荧光法》（HJ 694—2014）进行测定时，原子荧光法测定校准曲线的相关系数应≥________。（　　）

A．0.99　　B．0.995　　C．0.999　　D．0.999 9

答案：B

15. 原子荧光光谱分析中，以下________不属于干扰因素。（　　）

A．散射光干扰　　B．谱线重叠干扰　　C．液相干扰　　D．灯电流干扰

答案：D

三、问答题

1. 根据《水质　汞、砷、硒、铋和锑的测定　原子荧光法》（HJ 694—2014）简述可滤态砷样品的采集与保存。

答案：样品采集后尽快用 0.45 μm 滤膜过滤，弃去初始滤液 50 ml，收集到已用滤液清洗过的采集瓶，按每升水样中加入 2 ml 盐酸的比例加入盐酸，样品保存期为 14 d。

2. 根据《水质　汞、砷、硒、铋和锑的测定　原子荧光法》（HJ 694—2014）简述实验中产生的废液和废物如何处理?

答案：实验中产生的废液不可随意倾倒，应置于密闭容器中保存，委托有资质的单位进行处理。

3. 根据《水质　汞、砷、硒、铋和锑的测定　原子荧光法》（HJ 694—2014）简述测量水中汞、砷、硒、铋和锑的原理。

答案：经预处理后的试液进入原子荧光仪，在酸性条件的硼氢化钾（或硼氢化钠）还原作用下，生成砷化氢、铋化氢、锑化氢、硒化氢气体和汞原子，氢化物在氩氢火焰中形成基态原子，其基态原子和汞原子受元素（汞、砷、硒、铋和锑）灯发射光的激发产生原子荧光，原子荧光强度与试液中待测元素含量在一定范围内呈正比。

4. 在原子荧光光谱分析时，需要调节哪些仪器测量条件?

答案：测量元素、负高压、灯电流、积分方式、原子化器预热温度、载气流量、屏蔽气流量。

四、计算题

1. 用原子荧光法测定地表水中的硒时，取水样 10 ml 于 25 ml 比色管中，加入 2 ml 盐酸，加入 2 ml 硫脲－抗坏血酸溶液，用水稀释定容。经测定后从校准曲线上查得硒的浓度为 6.0 μg/L。求该地表水中硒的浓度。

答案：$c_{(se)}=\rho\times V_1\div V_2=6\times 25\div 10=15$（μg/L）

地表水中硒的浓度是 15 μg/L。

2. 原子荧光法测定工业废水中砷，6 次测定值分别为 4.1 μg/L、4.2 μg/L、4.2 μg/L、4.3 μg/L、4.2 μg/L、4.4 μg/L，计算 6 次测定的相对标准偏差。

答案：$\bar{x}=\dfrac{4.1+4.2+4.2+4.3+4.2+4.4}{6}=4.2$（μg/L）

$$s=\sqrt{\frac{1}{n-1}\sum_{1}^{n}\left(x_i-\bar{x}\right)^2}=0.11\ (\mu g/L)$$

$$RSD=\frac{s}{\bar{x}}\times 100\%=2.6\%$$

参考文献

［1］环境保护部．水质　汞、砷、硒铋和锑的测定原子荧光法：HJ 694—2014［S］．北京：中国环境出版社，2014.

［2］国家环境保护总局，国家质量监督检验检疫总局．地表水环境质量标准：GB 3838—2002［S］．北京：中国标准出版社，2002.

［3］中国环境监测总站《环境监测人员持证上岗考核试题集》编写组．环境监测人员持证上岗考核试题集：上册．4 版［M］．北京：中国环境出版集团，2015.

［4］于世林，杜振霞．化验员读本　仪器分析：下册［M］．北京：化学工业出版社，2017.

命题：邓　奥、刘　童

审核：郑　辉

第六十九节　水质　65 种元素的测定　电感耦合等离子体质谱法（HJ 700—2014）

一、判断题

1.《水质　65 种元素的测定　电感耦合等离子体质谱法》（HJ 700—2014）适用于地表水、地下水、生活污水、工业废水中 65 种元素的测定。（　　）

答案：×

正确答案：适用于地表水、地下水、生活污水、低浓度工业废水中65种元素的测定。

2. 根据《水质　65种元素的测定　电感耦合等离子体质谱法》（HJ 700—2014）测定水中65种元素时，可溶性元素是指未经酸化的样品，经消解后测得的元素含量。(　　)

答案：×

正确答案：可溶性元素是指未经酸化的样品，经0.45 μm滤膜过滤后测得的元素含量。

3. 电感耦合等离子体质谱法通常存在的干扰可分为两类，一类是质谱型干扰，另一类是非质谱型干扰。(　　)

答案：√

4. 电感耦合等离子体质谱法非质谱型干扰可通过内标法、仪器条件最佳化或标准加入法等措施消除。(　　)

答案：√

5. 根据《水质　65种元素的测定　电感耦合等离子体质谱法》（HJ 700—2014）制备测定元素总量试样的过程中，对于有机物含量较高的样品，消解时可酌情加入适量高氯酸。(　　)

答案：×

正确答案：对于有机物含量较高的样品，消解时可酌情加入适量过氧化氢。

6. 根据《水质　65种元素的测定　电感耦合等离子体质谱法》（HJ 700—2014）测定水中65种元素时，可溶性元素样品和元素总量样品应分别采集。(　　)

答案：√

7. 等离子发射质谱所用的工作气体是氮气。(　　)

答案：×

正确答案：等离子发射质谱所用的工作气体是氩气。

8. 根据《水质　65种元素的测定　电感耦合等离子体质谱法》（HJ 700—2014）测定水中65种元素时，制备多元素标准混合溶液时，所有元素均可以任意搭配混合为标准溶液。(　　)

答案：×

正确答案：制备多元素标准混合溶液时，应根据元素间相互干扰的情况、标准溶液的性质以及待测元素的含量分组进行制备。

9. 用ICP-MS测定标准溶液，以标准溶液浓度为横坐标，以峰面积纵坐标建立校准曲线。(　　)

答案：×

正确答案：以标准溶液浓度为横坐标，以样品信号与内标信号的比值为纵坐标建立校准曲线。

10. ICP-MS测定时，丰度较大的同位素会产生拖尾峰，影响相邻质量峰的测定。可调整质谱仪的分辨率以减少这种干扰。(　　)

答案：√

11. 根据《水质　65种元素的测定　电感耦合等离子体质谱法》（HJ 700—2014）测定水中65种元素时，在连续分析浓度差异较大的样品或标准品时，样品中待测元素（如硼等元素）易沉积并滞留在真空界面、喷雾腔和雾化器上会导致记忆干扰，可通过多次测定同一样品来避免这类干

扰的发生。(　　)

答案：×

正确答案：可通过延长样品间的洗涤时间来避免这类干扰的发生。

12. ICP-MS 测定时，每个试样测定前，先用硝酸溶液冲洗系统 3 遍，待分析信号稳定后才可开始测定。( )

答案：×

正确答案：先用硝酸溶液冲洗系统直到信号降至最低，待分析信号稳定后才可开始测定。

13. 无法用 ICP-MS 分析测量的元素是 F。(　　)

答案：√

14. 根据《水质　65 种元素的测定　电感耦合等离子体质谱法》（HJ 700—2014）测定水中 65 种元素时，在每次分析中必须监测内标的强度，试样中内标的响应值应介于校准曲线响应值的 70%～130%，否则说明仪器发生漂移或有干扰产生，应查找原因后重新分析。(　　)

答案：√

15. 使用 ICP-MS 分析样品时，过氧化氢对分析结果影响较小。(　　)

答案：√

二、单项选择题

1. 根据《水质　65 种元素的测定　电感耦合等离子体质谱法》（HJ 700—2014）测定水中 65 种元素时，各元素的方法检出限范围为________μg/L。(　　)

A．0.02～19.6　　B．0.04～4.50　　C．0.06～6.36　　D．0.08～78.4

答案：A

2. ICP-MS 测定时，同量异位素干扰属于________干扰。(　　)

A．质谱型　　B．非质谱型　　C．光谱　　D．化学

答案：A

3. ICP-MS 测定时，非质谱型干扰不包括________。(　　)

A．基体抑制干扰　　B．空间电荷效应干扰

C．物理效应干扰　　D．原子离子干扰

答案：D

4. 根据《水质　65 种元素的测定　电感耦合等离子体质谱法》（HJ 700—2014）测定水中 65 种元素时，混合标准贮备液中包含元素________时需要避光保存。(　　)

A．Ag　　B．Mn　　C．Cr　　D．Cu

答案：A

5. 根据《水质　65 种元素的测定　电感耦合等离子体质谱法》（HJ 700—2014）测定水中 65 种元素时，Ca、K、Mg、Na 混合标准贮备液的保存介质应选用________。(　　)

A．1% HNO_3　　B．2% HNO_3　　C．5% HNO_3　　D．10% HCl

答案：B

6. ICP-MS 进行调谐时，在涵盖待测元素的质量范围内进行质量校正和分辨率校验，如质

量校正结果与真实值差别超过________amu，应依照仪器使用说明书的要求对质谱进行校正。（　　）

A. ±0.1　　B. ±0.2　　C. ±0.3　　D. ±0.5

答案：A

7. 根据《水质　65种元素的测定　电感耦合等离子体质谱法》（HJ 700—2014）测定水中65种元素时，每批样品应至少测定1个基体加标和1个基体重复加标，2个基体重复加标样品测定值的偏差在________以内。（　　）

A. 10%　　B. 15%　　C. 20%　　D. 25%

答案：C

8. 根据《水质　65种元素的测定　电感耦合等离子体质谱法》（HJ 700—2014）测定水中65种元素时，每分析10个样品，应分析1次校准曲线中间浓度点，其测定结果与实际浓度值相对偏差应≤________%，否则应查找原因或重新建立校准曲线。（　　）

A. 5　　B. 10　　C. 15　　D. 20

答案：B

9. 根据《水质　65种元素的测定　电感耦合等离子体质谱法》（HJ 700—2014）测定水中金属元素时，待测水体中如果有大量的________元素存在，则可能会干扰Ni的测定。（　　）

A. Fe　　B. Zn　　C. Al　　D. Mg

答案：A

10. 根据《水质　65种元素的测定　电感耦合等离子体质谱法》（HJ 700—2014）测定水中金属元素时，不适合做内标元素的是________。（　　）

A. 锂　　B. 钪　　C. 铝　　D. 铋

答案：C

三、问答题

1. 根据《水质　65种元素的测定　电感耦合等离子体质谱法》（HJ 700—2014）简述测定的方法原理。

答案：水样经预处理后，采用电感耦合等离子体质谱进行检测，根据元素的质谱图或特征离子进行定性，内标法定量。样品由载气带入雾化系统进行雾化后，以气溶胶形式进入等离子体的轴向通道，在高温和惰性气体中被充分蒸发、解离、原子化和电离，转化成的带电荷的正离子经离子采集系统进入质谱仪，质谱仪根据离子的质荷比即元素的质量数进行分离并定性、定量分析。在一定浓度范围内，元素质量数处所对应的信号响应值与其浓度成正比。

2. 电感耦合等离子体质谱法测定时，简述质谱型干扰的种类及消除方法。

答案：（1）多原子离子干扰是ICP-MS最主要的干扰来源，可以利用干扰校正方程、仪器优化以及碰撞反应池技术加以解决。

（2）同量异位素干扰可以使用干扰校正方程进行校正，或在分析前对样品进行化学分离等方法进行消除。

（3）氧化物干扰和双电荷干扰可通过调节仪器参数降低影响。

3. 简述电感耦合等离子体质谱仪的主要组成部分及核心组成部分。

答案：（1）电感耦合等离子体质谱仪主要由ICP离子源、RF发生器、样品引入系统、接口与离子光学透镜、质量分析器、多级真空系统、检测与数据处理系统、计算机系统8个部分组成；

（2）核心组成部分是ICP离子源、质量分析器、检测与数据处理系统。

参考文献

［1］环境保护部．水质　65种元素的测定　电感耦合等离子体质谱法：HJ 700—2014［S］．北京：中国环境出版社，2014.

［2］中国环境监测总站《环境监测人员持证上岗考核试题集》编写组．环境监测人员持证上岗考核试题集：上册．4版［M］．北京：中国环境出版集团，2015.

命题：张　爽

审核：张　涛

第七十节　水质　铅的测定　石墨炉原子吸收法（《水和废水监测分析方法》第四版增补版）

一、判断题

1. 根据《水和废水监测分析方法》（第四版增补版）中石墨炉原子吸收法测定水中铅时，基体效应比较显著和复杂。（　　）

答案：√

2. 根据《水和废水监测分析方法》（第四版增补版）中石墨炉原子吸收法测定水中铅时，如果使用基体简单的水样，必须用硝酸钯作基本改进剂。（　　）

答案：×

正确答案：用石墨炉原子吸收法测定水中铅时，如果使用基体简单的水样，可不使用硝酸钯作基本改进剂。

3. 根据《水和废水监测分析方法》（第四版增补版）中石墨炉原子吸收法测定水中铅时，分析前要检查是否存在基体干扰，并采取校正措施。（　　）

答案：√

4. 根据《水和废水监测分析方法》（第四版增补版）中石墨炉原子吸收法测定水中铅时，硝酸可以使用分析纯或优级纯。（　　）

答案：×

正确答案：硝酸应使用优级纯。

5. 根据《水和废水监测分析方法》（第四版增补版）中石墨炉原子吸收法测定水中铅时，去离子水的金属含量应尽可能低，最好用石英蒸馏器制备。（　　）

答案： √

6. 根据《水和废水监测分析方法》（第四版增补版）中石墨炉原子吸收法测定水中铅时，在原子化过程中，样品基体蒸发，在短波长范围出现分子吸收或光散射，产生背景吸收。（　　）

答案： √

7. 根据《水和废水监测分析方法》（第四版增补版）中石墨炉原子吸收法测定水中铅时，除使用连续光源背景校正法等校正背景吸收干扰外，还可以通过样品稀释降低样品中的基体浓度消除干扰。（　　）

答案： √

8. 根据《水和废水监测分析方法》（第四版增补版）中石墨炉原子吸收法测定水中铅时，仪器使用空心阴极灯，Ar 气流量设置为 200 ml/min。（　　）

答案： √

9. 根据《水和废水监测分析方法》（第四版增补版）中石墨炉原子吸收法测定水中铅时，仅可以使用直接法测定。（　　）

答案： ×

正确答案： 石墨炉原子吸收法测定水中铅时，可以使用直接法和标准加入法测定。

10. 根据《水和废水监测分析方法》（第四版增补版）中石墨炉原子吸收法测定水中铅时，如果使用涂层石墨管可不必加入基体改进剂。（　　）

答案： √

11. 根据《水和废水监测分析方法》（第四版增补版）中石墨炉原子吸收法测定水中铅时，氯化钠、硫酸钠会对测定产生干扰，可使用基体改良剂进行补偿。（　　）

答案： √

12. 根据《水和废水监测分析方法》（第四版增补版）中石墨炉原子吸收法测定水中铅时，混合标准溶液由标准贮备溶液稀释配制，用 0.5% 硝酸进行稀释。（　　）

答案： ×

正确答案： 混合标准溶液由标准贮备溶液稀释配制，用 0.2% 硝酸进行稀释。

13. 根据《水和废水监测分析方法》（第四版增补版）中石墨炉原子吸收法测定水中铅时，使用基体改进剂抑制基体干扰，可同时使用 La 等金属碳化物涂层石墨管进行测定。（　　）

答案： √

14. 根据《水和废水监测分析方法》（第四版增补版）中石墨炉原子吸收法测定水中铅时，硫酸钠会对测定产生负干扰。（　　）

答案： √

15. 根据《水和废水监测分析方法》（第四版增补版）中石墨炉原子吸收法测定水中铅时，常用的金属碳化物涂层处理石墨管的方法有涂层溶液注入法和浸渍法。（　　）

答案： √

16. 根据《水和废水监测分析方法》（第四版增补版）中石墨炉原子吸收法测定水中铅时，浸

渍法金属碳化物涂层处理石墨管时，更适合于成批处理。(　　)

答案：√

17.《水和废水监测分析方法》(第四版增补版）中石墨炉原子吸收法测定水中铅的适用范围为地下水和清洁地表水。(　　)

答案：√

18. 根据《水和废水监测分析方法》(第四版增补版）中石墨炉原子吸收法测定水中铅时，涂层溶液注入法处理石墨管，方法简单，但对测定精度的改善不明显。(　　)

答案：√

19. 根据《水和废水监测分析方法》(第四版增补版）中石墨炉原子吸收法测定水中铅时，用浸渍法处理石墨管，一般用含金属元素 5% 左右的金属盐溶液经溶解后作为涂层溶液。(　　)

答案：√

20. 根据《水和废水监测分析方法》(第四版增补版）中石墨炉原子吸收法测定水中铅时，涂层溶液注入法处理石墨管，每次只能处理 1 支管，效率不高。(　　)

答案：√

二、单项选择题

1. 根据《水和废水监测分析方法》(第四版增补版）中石墨炉原子吸收法测定水中铅时，氯化钠、硫酸钠对铅的测定产生________干扰，应进行基体校正或采用标准加入法。(　　)

A．正　　B．负　　C．螯合　　D．掩蔽

答案：B

2. 根据《水和废水监测分析方法》(第四版增补版）中石墨炉原子吸收法测定水中铅时，选用________nm 分析线。(　　)

A．283.3　　B．303.9　　C．324.7　　D．325.6

答案：A

3. 根据《水和废水监测分析方法》(第四版增补版）中石墨炉原子吸收法测定水中铅时，不属于校正背景吸收干扰的方法是________。(　　)

A．塞曼偏振光校正法　　B．连续光源背景校正法

C．基体改进剂校正法　　D．自吸收校正法

答案：C

4. 根据《水和废水监测分析方法》(第四版增补版）中石墨炉原子吸收法测定水中铅时，试样消解时不能使用________。(　　)

A．硝酸　　B．高氯酸　　C．过氧化氢　　D．盐酸

答案：B

5. 根据《水和废水监测分析方法》(第四版增补版）中石墨炉原子吸收法测定水中铅时，最好的基体改进剂是________。(　　)

A．硝酸钯　　B．钼酸铵　　C．硝酸铵　　D．盐酸

答案：A

6. 根据《水和废水监测分析方法》(第四版增补版)中石墨炉原子吸收法测定水中铅时，一般仪器的测定浓度范围为________μg/L。(　　)

A. 0～5　　B. 0～10　　C. 1～5　　D. 1～10

答案：C

7. 根据《水和废水监测分析方法》(第四版增补版)中石墨炉原子吸收法测定水中铅时，为抑制基体干扰，可以在 20 μl 水样中加入________钼酸铵溶液 10 μl。(　　)

A. 1%　　B. 5%　　C. 15%　　D. 20%

答案：C

8. 根据《水和废水监测分析方法》(第四版增补版)中石墨炉原子吸收法测定水中铅时，________溶液也可作为基体改良剂。(　　)

A. 1% 磷酸　　B. 5% 磷酸　　C. 1% 硝酸　　D. 5% 硝酸

答案：A

9. 根据《水和废水监测分析方法》(第四版增补版)中石墨炉原子吸收法测定水中铅时，因仪器设备不同，工作条件差异也较大，如果使用横向塞曼扣除背景的仪器，可将灰化、原子化和清除温度降低________℃。(　　)

A. 50～100　　B. 50～150　　C. 100～200　　D. 150～200

答案：C

10. 根据《水和废水监测分析方法》(第四版增补版)中石墨炉原子吸收法测定水中铅时，硝酸钯可用________代替，但其空白较高，必须注意扣除。(　　)

A. 钼酸铵　　B. 硝酸钯　　C. 硝酸铵　　D. 硝酸镧

答案：D

三、问答题

1. 根据《水和废水监测分析方法》(第四版增补版)，简述石墨炉原子吸收法测定铅的原理。

答案：将样品注入石墨管，用电加热方式使石墨炉升温，样品蒸发离解形成原子蒸汽，对来自光源的特征电磁辐射产生吸收。将测得的样品吸光度和标准吸光度进行比较，确定样品中被测金属的含量。

2. 根据《水和废水监测分析方法》(第四版增补版)中石墨炉原子吸收法测定水中铅时，样品用直接法如何测定?

答案：将 20 μl 样品注入石墨炉，使用 283.3 nm 分析线测量吸光度。以零浓度的标准溶液为空白样，扣除空白样吸光度后，从校准曲线上查出样品中被测金属的浓度，如可能也可用浓度直读法进行测定。

四、计算题

用石墨炉原子吸收法测定废水中 Pb 时，取水样 10.00 ml，经消解后转移定容至 50.0 ml 容量瓶，得到待测液。上机检测待测液发现其吸光度超出校准曲线最高点对应的吸光度，遂吸取 25.00 ml 待测液至 100.0 ml 容量瓶，制备为样品稀释液，对稀释液测定后测得 Pb 浓度为 15.6 μg/L，求该废水中 Pb 的浓度（结果以 mg/L 表示）。

答案： $c_{Pb}=\dfrac{c_1\times f\times V_1}{1\,000V}$

c_{Pb}=15.6 × 4 × 50.0 ÷ 10.0 ÷ 1 000=0.312（mg/L）

式中：

c_1=15.6 μg/L

f=100.0 ml ÷ 25.00 ml =4

V_1=50.0 ml

V=10.0 ml

c_{Pb}——样品中待测元素的质量浓度，mg/L；

c_1——由校准曲线上查得的试样中待测元素的质量浓度，μg/L；

f——试样稀释倍数（样品若有稀释）；

V_1——分取后测定试样的定容体积，ml；

V——分取试样的体积，ml。

参考文献

［1］中国环境监测总站《环境监测人员持证上岗考核试题集》编写组．环境监测人员持证上岗考核试题集：上册．4 版［M］．北京：中国环境出版集团，2015.

［2］国家环境保护总局《水和废水监测分析方法》编委会．水和废水监测分析方法：第四版增补版［M］．北京：中国环境科学出版社，2002.

命题：王京伟

审核：肖　强

第七十一节　水质　总砷的测定　二乙基二硫代氨基甲酸银分光光度法（GB 7485—87）

一、判断题

1.《水质　总砷的测定　二乙基二硫代氨基甲酸银分光光度法》（GB 7485—87）适用于水和废水中砷的测定。（　　）

答案： √

2. 根据《水质　总砷的测定　二乙基二硫代氨基甲酸银分光光度法》（GB 7485—87）测定水中砷时，至少每次使用新试剂时要重绘制新校准曲线。（　　）

答案： √

3. 根据《水质　总砷的测定　二乙基二硫代氨基甲酸银分光光度法》（GB 7485—87）测定水中砷时，铬、钴、铜、镍、汞、银以及铂，即使浓度达到 5 mg/L 及以上时也不干扰测定。（　　）

答案：√

4. 根据《水质　总砷的测定　二乙基二硫代氨基甲酸银分光光度法》（GB 7485—87）测定水中砷时，比色时以水为参比进行比色。（　　）

答案：×

正确答案：比色时以三氯甲烷为参比进行比色。

5. 根据《水质　总砷的测定　二乙基二硫代氨基甲酸银分光光度法》（GB 7485—87）测定水中砷时，总砷是三价砷和五价砷的总和。（　　）

答案：×

正确答案：总砷是指单体形态、无机和有机化合物中砷的总量。

6. 根据《水质　总砷的测定　二乙基二硫代氨基甲酸银分光光度法》（GB 7485—87）测定水中砷时，试样用水适当稀释后，可以测定较高浓度的砷。（　　）

答案：×

正确答案：试样用无砷水适当稀释后，可以测定较高浓度的砷。

7. 根据《水质　总砷的测定　二乙基二硫代氨基甲酸银分光光度法》（GB 7485—87）测定水中砷时，锑和铋不干扰测定。（　　）

答案：×

正确答案：锑和铋干扰测定。

8. 根据《水质　总砷的测定　二乙基二硫代氨基甲酸银分光光度法》（GB 7485—87）测定水中砷时，配制氯化亚锡溶液时，需加入锡粒保存。（　　）

答案：√

9. 根据《水质　总砷的测定　二乙基二硫代氨基甲酸银分光光度法》（GB 7485—87）测定水中砷时，在消解破坏有机物的过程中，即使溶液变黑，也没关系。（　　）

答案：×

正确答案：在消解破坏有机物的过程中，溶液变黑，砷可能有损失。

10. 根据《水质　总砷的测定　二乙基二硫代氨基甲酸银分光光度法》（GB 7485—87）测定水中砷时，配制氯化亚锡溶液时，加入浓盐酸的作用是帮助溶解。（　　）

答案：×

正确答案：加入浓盐酸的作用是防止氯化亚锡水解。

11. 根据《水质　总砷的测定　二乙基二硫代氨基甲酸银分光光度法》（GB 7485—87）测定水中砷时，消解时加入硫酸和硝酸的作用是破坏有机物，并将可能存在的有机砷转化为无机砷。（　　）

答案：√

12. 根据《水质　总砷的测定　二乙基二硫代氨基甲酸银分光光度法》（GB 7485—87）测定水中砷时，砷标准溶液的配制和转移需在通风橱内或通风良好的室内进行。（　　）

答案：√

13. 根据《水质 总砷的测定 二乙基二硫代氨基甲酸银分光光度法》（GB 7485—87）测定水中砷时，吸收液柱高保持 5 cm。（ ）

答案：×

正确答案：吸收液柱高保持 8～10 cm。

14. 根据《水质 总砷的测定 二乙基二硫代氨基甲酸银分光光度法》（GB 7485—87）测定水中砷时，夏季高温季节，可将砷化氢发生瓶放入冷水中，缓和反应。（ ）

答案：√

15. 根据《水质 总砷的测定 二乙基二硫代氨基甲酸银分光光度法》（GB 7485—87）测定水中砷时，锌粒的规格（粒度）对砷化氢的发生无影响。（ ）

答案：×

正确答案：锌粒的规格（粒度）对砷化氢的发生有影响。所用无砷锌粒的规格为 10～20 目。

二、单项选择题

1. 根据《水质 总砷的测定 二乙基二硫代氨基甲酸银分光光度法》（GB 7485—87）测定水中砷时，比色时波长为________nm。（ ）

A．510 B．530 C．520 D．550

答案：B

2. 根据《水质 总砷的测定 二乙基二硫代氨基甲酸银分光光度法》（GB 7485—87）测定水中砷时，如取 50 ml 水样，用 10 mm 比色皿测定，则最低检出浓度为________mg/L。（ ）

A．0.007 B．0.010 C．0.005 D．0.015

答案：A

3. 根据《水质 总砷的测定 二乙基二硫代氨基甲酸银分光光度法》（GB 7485—87）测定水中砷时，当试样取最大体积 50 ml 时，可以测定上限浓度为含砷________mg/L。（ ）

A．0.10 B．0.20 C．0.50 D．1.00

答案：C

4. 根据《水质 总砷的测定 二乙基二硫代氨基甲酸银分光光度法》（GB 7485—87）测定水中砷时，当硝酸浓度为________mol/L，开始有负干扰。（ ）

A．0.005 B．0.01 C．0.03 D．0.05

答案：B

5. 根据《水质 总砷的测定 二乙基二硫代氨基甲酸银分光光度法》（GB 7485—87）测定水中砷时，最后用于比色的比色皿的规格是________mm。（ ）

A．10 B．20 C．30 D．40

答案：A

6. 根据《水质 总砷的测定 二乙基二硫代氨基甲酸银分光光度法》（GB 7485—87）测定水中砷时，硫化物的干扰可通过________去除。（ ）

A．脱脂棉 B．玻璃棉 C．乙酸铅棉花 D．医用棉

答案：C

7. 根据《水质　总砷的测定　二乙基二硫代氨基甲酸银分光光度法》（GB 7485—87）测定水中砷时，吸收管内径为________mm 的试管。（　　）

A. 7　　B. 8　　C. 9　　D. 10

答案：B

8. 根据《水质　总砷的测定　二乙基二硫代氨基甲酸银分光光度法》（GB 7485—87）测定水中砷时，吸取________ml 吸收液至吸收管中。（　　）

A. 4.0　　B. 5.0　　C. 8.0　　D. 10.0

答案：C

9. 根据《水质　总砷的测定　二乙基二硫代氨基甲酸银分光光度法》（GB 7485—87）测定水中砷时，反应使用的锌粒规格以________目为宜。（　　）

A. 10～20　　B. 15～25　　C. 20～30　　D. 25～35

答案：A

10. 根据《水质　总砷的测定　二乙基二硫代氨基甲酸银分光光度法》（GB 7485—87）测定水中砷时，在室温下，维持反应________h。（　　）

A. 0.45　　B. 1　　C. 1.25　　D. 1.5

答案：B

11. 根据《水质　总砷的测定　二乙基二硫代氨基甲酸银分光光度法》（GB 7485—87）测定水中砷时，最后报告砷的含量有效数字位数是________位。（　　）

A. 1 或 2　　B. 2 或 3　　C. 3 或 4　　D. 4

答案：B

12.《城镇污水处理厂水污染物综合排放标准》（DB11/890—2012）中排入Ⅳ、Ⅴ类水体现有城镇污水处理厂总砷排放限值为________mg/L。（　　）

A. 0.01　　B. 0.02　　C. 0.05　　D. 0.1

答案：D

13.《城镇污水处理厂水污染物综合排放标准》（DB11/890—2012）中排入Ⅳ、Ⅴ类水体新（改、扩）建城镇污水处理厂总砷排放限值为________mg/L。（　　）

A. 0.01　　B. 0.02　　C. 0.05　　D. 0.1

答案：C

14.《水污染物综合排放标准》（DB11/ 307—2013）中排入Ⅳ、Ⅴ类水体总砷排放限值为______mg/L。（　　）

A. 0.01　　B. 0.04　　C. 0.05　　D. 0.1

答案：D

15.《地表水环境质量标准》（GB 3838—2002）中Ⅴ类水体的砷不能超过________mg/L。（　　）

A. 0.01　　B. 0.02　　C. 0.05　　D. 0.1

答案：D

三、问答题

1. 根据《水质　总砷的测定　二乙基二硫代氨基甲酸银分光光度法》（GB 7485—87）简述二乙基二硫代氨基甲酸银分光光度法测定总砷的原理。

答案：锌与酸作用，产生新生态氢；在碘化钾和氯化亚锡存在下，使五价砷还原为三价砷；三价砷被初生态氢还原成砷化氢（胂），用二乙基二硫代氨基甲酸银－三乙醇胺的氯仿液吸收胂，生成红色胶体银，在波长 530 nm 处，测量吸收液的吸光度。

2. 根据《水质　总砷的测定　二乙基二硫代氨基甲酸银分光光度法》（GB 7485—87）简述二乙基二硫代氨基甲酸银分光光度法测定总砷的预处理过程。

答案：（1）于砷化氢发生瓶中，加入 4 ml 硫酸和 5 ml 硝酸。

（2）在通风橱内煮沸消解至产生白色烟雾；

（3）如溶液仍不清澈，可再加入 5 ml 硝酸，继续加热至产生白色烟雾；

（4）直至溶液清澈为止（其中可能存在乳白色或淡黄色酸不溶物）；

（5）冷却后，小心加入 25 ml 水，再加热至产生白色烟雾，赶尽氮氧化物；

（6）冷却后，加水使总体积为 50 ml。

四、计算题

根据《水质　总砷的测定　二乙基二硫代氨基甲酸银分光光度法》（GB 7485—87）测定水中砷时，量取某城镇污水处理厂污水水样 50.00 ml，测定后，从校准曲线上查得总砷的量为 0.004 mg，计算该城镇污水处理厂污水中总砷的浓度，判断该污水是否达到《城镇污水处理厂水污染物综合排放标准》（DB11/890—2012）中排入Ⅳ、Ⅴ类水体现有城镇污水处理厂总砷排放限值。

答案：$c_{As}=m/V$

$=0.004/50.0\times 1\,000$

$=0.08$（mg/L）

该城镇污水处理厂污水中总砷的浓度达到《城镇污水处理厂水污染物综合排放标准》（DB11/890—2012）中排入Ⅳ、Ⅴ类水体现有城镇污水处理厂总砷排放限值 0.1 mg/L。

参考文献

[1] 国家环境保护局. 水质　总砷的测定　二乙基二硫代氨基甲酸银分光光度法：GB 7485—87 [S]. 北京：中国环境科学出版社，1987.

[2] 中国环境监测总站《环境监测人员持证上岗考核试题集》编写组. 环境监测人员持证上岗考核试题集：下册. 4 版 [M]. 北京：中国环境出版集团，2018.

命题：郑金花、尚文健

审核：张洪梅

第七十二节 水质 铁、锰的测定 火焰原子吸收分光光度法（GB 11911—89）

一、判断题

1. 根据《水质 铁、锰的测定 火焰原子吸收分光光度法》（GB 11911—89）测定水中铁、锰时，铁的检测限是 0.03 mg/L，校准曲线的浓度范围为 0.1～5 mg/L；锰的检测限是 0.01 mg/L，校准曲线的浓度范围为 0.05～3 mg/L。(　　)

答案：√

2. 根据《水质 铁、锰的测定 火焰原子吸收分光光度法》（GB 11911—89）测定水中铁、锰时，将样品或消解处理过的样品直接吸入火焰中，锰化合物易于原子化，可在波长 248.3 nm 处测定。(　　)

答案：×

正确答案：在 279.5 nm 处测定。

3. 地表水中有可溶性三价锰的络合物和四价锰的悬浮物存在。(　　)

答案：√

4. 含铁水样在保存和运输过程中，水中的细菌繁殖也会改变铁的存在形式。(　　)

答案：√

5. 含铁水样暴露在空气中，高价铁易被分解成低价铁。(　　)

答案：×

正确答案：含铁水样暴露在空气中，二价铁迅速被氧化成三价铁。

6. 根据《水质 铁、锰的测定 火焰原子吸收分光光度法》（GB 11911—89）测定水中锰时，若仅测定可过滤态锰，样品采集后应尽快通过 0.45 μm 滤膜过滤，并立即加入硝酸溶液，使 pH=1～2。(　　)

答案：√

7. 含铁水样的 pH＞3.5 时，二价铁可迅速被氧化成三价铁。(　　)

答案：×

正确答案：含铁水样的 pH＞3.5 时，易导致高价铁的水解沉淀。

8. 在《污水综合排放标准》（GB 8978—1996）一级标准中，总锰的最高允许排放浓度为 1.0 mg/L。(　　)

答案：×

正确答案：在《污水综合排放标准》（GB 8978—1996）一级标准中，总锰的最高允许排放浓度为 2.0 mg/L。

9. 根据《水质 铁、锰的测定 火焰原子吸收分光光度法》（GB 11911—89）测定高矿化水中铁、锰时，若有背景吸收时，应采用背景校正措施，或将水样适当稀释后再测定。(　　)

答案：√

10.《水质　铁、锰的测定　火焰原子吸收分光光度法》（GB 11911—89）适用于地面水、地下水和工业废水中铁、锰的测定。（　　）

答案：√

二、单项选择题

1. 根据《水质　铁、锰的测定　火焰原子吸收分光光度法》（GB 11911—89）测定水中铁、锰时，因其光谱线较复杂，为克服光谱干扰，应选择________。（　　）

A. 次灵敏线　　B. 较宽的狭缝

C. 较宽光谱通带　　D. 最小的狭缝或光谱通带

答案：D

2. 根据《水质　铁、锰的测定火焰原子吸收分光光度法》（GB 11911—89）测定水中铁、锰时，影响铁、锰原子吸收法准确度的主要干扰是化学干扰，当硅浓度________mg/L 时，对铁的测定产生负干扰。（　　）

A. 大于 20　　B. 10～20　　C. 小于 20　　D. 小于 10

答案：A

3. 火焰原子吸收光度法，是通过选择空气和乙炔的流量比例选择火焰的性质，当其流量比为 4∶1 时为________。（　　）

A. 贫燃火焰　　B. 富燃火焰

C. 还原性火焰　　D. 中性火焰（化学计量型火焰）

答案：D

4. 根据《水质　铁、锰的测定　火焰原子吸收分光光度法》（GB 11911—89）测定水中铁、锰时，采样前，所用聚乙烯瓶先用洗涤剂洗净，再用________浸泡 24 h 以上，然后用清水冲洗干净。（　　）

A. 硫酸　　B. 硝酸　　C. 盐酸　　D. 氢氧化钠

答案：B

5. 根据《水质　铁、锰的测定　火焰原子吸收分光光度法》（GB 11911—89）测定水中锰时，消解后加盐酸溶解残渣，若有沉淀，用定量滤纸滤入 50 ml 容量瓶，加入溶液 1 ml________，以盐酸溶液稀释至标线。（　　）

A. 氢氧化铝　　B. 氢氧化钙　　C. 氯化钙　　D. 氯化铝

答案：C

6. 根据《水质　铁、锰的测定　火焰原子吸收分光光度法》（GB 11911—89）测定水中铁、锰时，通常采用________介质。（　　）

A. 硫酸　　B. 硝酸　　C. 盐酸　　D. 硝酸或盐酸

答案：D

7. 根据《水质　铁、锰的测定　火焰原子吸收分光光度法》（GB 11911—89）测定水中锰，绘制校准曲线时，至少应配制________个标准溶液，且待测元素的浓度应落在这一标准系列范围内。（　　）

A. 5　　B. 6　　C. 7　　D. 8

答案：A

8. 根据《水质　铁、锰的测定　火焰原子吸收分光光度法》（GB 11911—89）测定水中铁、锰总量时，采集样品后应立即加入硝酸将水样酸化至 pH 为________。(　　)

A. 1～2　　B. 1～4　　C. 2～4　　D. 3～4

答案：A

三、问答题

1. 根据《水质　铁、锰的测定　火焰原子吸收分光光度法》（GB 11911—89）简述火焰原子吸收分光光度法的测定原理。

答案：将样品或消解处理过的样品直接吸入火焰中，铁、锰的化合物易于原子化，可分别于 248.3 nm 和 279.5 nm 处测量铁、锰基态原子对其空心阴极灯特征辐射的吸收。在一定条件下，根据吸光度与待测样品中金属浓度成正比。

2. 如何校正火焰原子吸收分光光度法中的基体干扰？

答案：消除基体干扰的方法：化学预分离法；加入干扰抑制剂（基体改进剂）；标准加入法也可在一定程度上校正基体干扰。

3. 根据《水质　铁、锰的测定　火焰原子吸收分光光度法》（GB 11911—89）简述测定水中锰时可能遇到的干扰及消除方法。

答案：（1）影响铁、锰原子吸收法主要是化学干扰，当硅的浓度大于 50 mg/L 时，对锰的测定产生负干扰，这些干扰随着硅的浓度增加而增加。如上述式样中存在 200 mg/L 氯化钙时，上述干扰可消除。

（2）一般来说，锰的火焰原子吸收法的集体干扰不严重，由分子吸收或光散射造成的背景吸收可忽略，但遇到高矿化度水样，有背景吸收时，应采用背景校正措施，或将水样适当稀释后再测定。

4. 简述《水质　铁、锰的测定　火焰原子吸收分光光度法》（GB 11911—89）中样品预处理方法。

答案：测定铁、锰总量时，样品通常需要消解。混匀后分取适量实验室样品于烧杯中。每 100 ml 水样加 5 ml 硝酸，置于电热板上在近沸状态下将样品蒸至近干。冷却后再加入硝酸，重复上述步骤一次。必要时再加入硝酸或高氯酸，直至消解完全，应蒸至近干，加（1+99）盐酸溶解残渣，若有沉淀，用定量滤纸滤入 50 ml 容量瓶中，加 10 g/L 氯化钙 1 ml，以（1+99）盐酸溶液稀释至标线。

四、计算题

根据《水质　铁、锰的测定　火焰原子吸收分光光度法》（GB 11911—89）测定水中锰时，取水样 10.00 ml，经消解后定容至 100.0 ml，吸入测定后用校准曲线计算被测锰含量为 20.00 μg，求该废水中锰的含量（mg/L）。

答案：$c(\mathrm{Mn})=\dfrac{20.0}{10.0}=2.0$（mg/L）

参考文献

[1] 国家技术监督局．水质 铁、锰的测定 火焰原子吸收分光光度法：GB 11911—89 [S]．北京：中国标准出版社，1989.
[2]《环境监测技术基本理论（参考）试题集》编写组．环境监测技术基本理论（参考）试题集．北京：中国环境科学出版社，2002.
[3] 国家环境保护总局《水和废水监测分析方法》编委会．水和废水监测分析方法：第四版增补版 [M]．北京：中国环境科学出版社，2002.
[4] 中国环境监测总站《环境监测人员持证上岗考核试题集》编写组．环境监测人员持证上岗考核试题集：上册．4 版 [M]．北京：中国环境出版集团，2015.

命题：张 爽
审核：张 涛

第七十三节 水质 铜的测定 石墨炉原子吸收法（《水和废水监测分析方法》第四版增补版）

一、判断题

1. 根据《水和废水监测分析方法》（第四版增补版）中石墨炉原子吸收法测定水中铜时，基体效应比较显著和复杂。（ ）

答案： √

2. 根据《水和废水监测分析方法》（第四版增补版）中石墨炉原子吸收法测定水中铜时，如果使用基体简单的水样，必须使用硝酸钯作基本改进剂。（ ）

答案： ×

正确答案： 用石墨炉原子吸收法测定水中铜时，如果使用基体简单的水样，可不使用硝酸钯作基本改进剂。

3. 根据《水和废水监测分析方法》（第四版增补版）中石墨炉原子吸收法测定水中铜时，分析前要检查是否存在基体干扰，并采取校正措施。（ ）

答案： √

4. 根据《水和废水监测分析方法》（第四版增补版）中石墨炉原子吸收法测定水中铜时，硝酸可以使用分析纯或优级纯。（ ）

答案： ×

正确答案： 硝酸应使用优级纯。

5. 根据《水和废水监测分析方法》（第四版增补版）中石墨炉原子吸收法测定水中铜时，去离

子水的金属含量应尽可能低，最好用石英蒸馏器制备。(　　)

答案：√

6. 根据《水和废水监测分析方法》(第四版增补版) 中石墨炉原子吸收法测定水中铜时，在原子化过程中，样品基体蒸发，在短波长范围出现分子吸收或光散射，产生背景吸收。(　　)

答案：√

7. 根据《水和废水监测分析方法》(第四版增补版) 中石墨炉原子吸收法测定水中铜时，除使用连续光源背景校正法等校正背景吸收干扰外，还可以通过样品稀释降低样品中的基体浓度消除干扰。(　　)

答案：√

8. 根据《水和废水监测分析方法》(第四版增补版) 中石墨炉原子吸收法测定水中铜时，仪器使用空心阴极灯，Ar 气流量设置为 200 ml/min。(　　)

答案：√

9. 根据《水和废水监测分析方法》(第四版增补版) 中石墨炉原子吸收法测定水中铜时，只能使用直接法测定。(　　)

答案：×

正确答案：用石墨炉原子吸收法测定水中铜时，可以使用直接法和标准加入法测定。

10. 根据《水和废水监测分析方法》(第四版增补版) 中石墨炉原子吸收法测定水中铜时，如果使用涂层石墨管可不必加入基体改进剂。(　　)

答案：√

11. 根据《水和废水监测分析方法》(第四版增补版) 中石墨炉原子吸收法测定水中铜时，氯化钠、硫酸钠会对测定产生干扰，可使用基体改良剂进行补偿。(　　)

答案：√

12. 根据《水和废水监测分析方法》(第四版增补版) 中石墨炉原子吸收法测定水中铜时，混合标准溶液由标准贮备溶液稀释配制，用 0.5% 硝酸进行稀释。(　　)

答案：×

正确答案：混合标准溶液由标准贮备溶液稀释配制，用 0.2% 硝酸进行稀释。

13. 根据《水和废水监测分析方法》(第四版增补版) 中石墨炉原子吸收法测定水中铜时，使用基体改进剂抑制基体干扰，可同时使用 La 等金属碳化物涂层石墨管进行测定。(　　)

答案：√

14. 根据《水和废水监测分析方法》(第四版增补版) 中石墨炉原子吸收法测定水中铜时，氯化钠会对测定产生负干扰。(　　)

答案：√

15. 根据《水和废水监测分析方法》(第四版增补版) 中石墨炉原子吸收法测定水中铜时，常用的金属碳化物涂层处理石墨管的方法有涂层溶液注入法和浸渍法。(　　)

答案：√

16. 根据《水和废水监测分析方法》(第四版增补版) 中石墨炉原子吸收法测定水中铜时，浸

渍法金属碳化物涂层处理石墨管时，更适合于成批处理。(　　)

答案：√

17. 根据《水和废水监测分析方法》(第四版增补版）中石墨炉原子吸收法测定水中铜时，方法的适用范围为地下水和清洁地表水。(　　)

答案：√

18. 根据《水和废水监测分析方法》(第四版增补版）中石墨炉原子吸收法测定水中铜时，涂层溶液注入法处理石墨管，方法简单，但对测定精度的改善不明显。(　　)

答案：√

19. 根据《水和废水监测分析方法》(第四版增补版）中石墨炉原子吸收法测定水中铜时，用浸渍法处理石墨管，一般用含金属元素 5% 左右的金属盐溶液经溶解后作为涂层溶液。(　　)

答案：√

20. 根据《水和废水监测分析方法》(第四版增补版）中石墨炉原子吸收法测定水中铜时，涂层溶液注入法处理石墨管，每次只能处理 1 支管，效率不高。(　　)

答案：√

二、单项选择题

1. 根据《水和废水监测分析方法》(第四版增补版）中石墨炉原子吸收法测定水中铜时，氯化钠对铜的测定产生________干扰，应进行基体校正或采用标准加入法。(　　)

A. 正　　B. 负　　C. 螯合　　D. 掩蔽

答案：B

2. 根据《水和废水监测分析方法》(第四版增补版）中石墨炉原子吸收法测定水中铜时，选用________nm 分析线。(　　)

A. 283.3　　B. 303.9　　C. 324.7　　D. 325.6

答案：C

3. 根据《水和废水监测分析方法》(第四版增补版）中石墨炉原子吸收法测定水中铜时，不属于校正背景吸收干扰的方法是________。(　　)

A. 塞曼偏振光校正法　　B. 连续光源背景校正法

C. 基体改进剂校正法　　D. 自吸收校正法

答案：C

4. 根据《水和废水监测分析方法》(第四版增补版）中石墨炉原子吸收法测定水中铜时，试样消解时不能使用________。(　　)

A. 硝酸　　B. 高氯酸　　C. 过氧化氢　　D. 盐酸

答案：B

5. 根据《水和废水监测分析方法》(第四版增补版）中石墨炉原子吸收法测定水中铜时，最好的基体改进剂是________。(　　)

A. 硝酸钯　　B. 钼酸铵　　C. 硝酸铵　　D. 盐酸

答案：A

6. 根据《水和废水监测分析方法》（第四版增补版）中石墨炉原子吸收法测定水中铜时，一般仪器的测定浓度范围为________μg/L。（　　）

A. 1～20　　B. 1～25　　C. 1～50　　D. 5～50

答案：C

7. 根据《水和废水监测分析方法》（第四版增补版）中石墨炉原子吸收法测定水中铜时，为抑制基体干扰，可以在 20 μl 水样中加入________硝酸铵溶液 10 μl。（　　）

A. 10%　　B. 20%　　C. 30%　　D. 40%

答案：D

8. 根据《水和废水监测分析方法》（第四版增补版）中石墨炉原子吸收法测定水中铜时，________溶液也可作为基体改良剂。（　　）

A. 1% 磷酸　　B. 5% 磷酸　　C. 1% 硝酸　　D. 5% 硝酸

答案：A

9. 根据《水和废水监测分析方法》（第四版增补版）中石墨炉原子吸收法测定水中铜时，因仪器设备不同，工作条件差异也较大，如果使用横向塞曼扣除背景的仪器，可将灰化、原子化和清除温度降低________℃。（　　）

A. 50～100　　B. 50～150　　C. 100～200　　D. 150～200

答案：C

10. 根据《水和废水监测分析方法》（第四版增补版）中石墨炉原子吸收法测定水中铜时，硝酸钯可用________代替，但其空白较高，必须注意扣除。（　　）

A. 钼酸铵　　B. 硝酸钯　　C. 硝酸铵　　D. 硝酸镧

答案：D

三、问答题

1. 根据《水和废水监测分析方法》（第四版增补版）中石墨炉原子吸收法，简述该方法测定铜的原理。

答案：将样品注入石墨管，用电加热方式使石墨炉升温，样品蒸发离解形成原子蒸汽，对来自光源的特征电磁辐射产生吸收。将测得的样品吸光度和标准吸光度进行比较，确定样品中被测金属的含量。

2. 根据《水和废水监测分析方法》（第四版增补版）中石墨炉原子吸收法测定水中铜时，样品用直接法如何测定？

答案：将 20 μl 样品注入石墨炉，使用 324.7 nm 分析线测量吸光度。以零浓度的标准溶液为空白样，扣除空白样吸光度后，从校准曲线上查出样品中被测金属的浓度，如可能也可用浓度直读法进行测定。

四、计算题

用石墨炉原子吸收法测定废水中 Cu 时，取水样 10.00 ml，经消解后转移定容至 50.0 ml 容量瓶，得到待测液。上机检测待测液发现其吸光度超出校准曲线最高点对应的吸光度，遂吸取 25.00 ml

待测液至 100.0 ml 容量瓶，制备为样品稀释液，对稀释液测定后测得 Cu 浓度为 32.8 μg/L，求该废水中 Cu 的浓度（结果以 mg/L 表示）。

答案： $c(\mathrm{Cu})=c_1\times f\times \dfrac{C_1\times f\times V_1}{1\,000V}$

$c(\mathrm{Cu})=32.8\times 4\times \dfrac{50.0}{10.0\times 1\,000}=0.656\ (\mathrm{mg/L})$

式中：

c_1=32.8 μg/L

f=100.0 ml ÷ 25.00 ml =4

V_1=50.0 ml

V=10.0 ml

c（Cu）——样品中待测元素的质量浓度，mg/L；

c_1——由校准曲线上查得的试样中待测元素的质量浓度，μg/L；

f——试样稀释倍数（样品若有稀释）；

V_1——分取后测定试样的定容体积，ml；

V——分取试样的体积，ml。

参考文献

［1］中国环境监测总站《环境监测人员持证上岗考核试题集》编写组 . 环境监测人员持证上岗考核试题集：上册 . 4 版［M］. 北京：中国环境出版集团，2015.

［2］国家环境保护总局《水和废水监测分析方法》编写组 . 水和废水监测分析方法：第四版增补版［M］. 北京：中国环境科学出版社，2002.

命题：王京伟

审核：肖　强

第七十四节　水质　总铬的测定（GB 7466—87）（高锰酸钾氧化 - 二苯碳酰二肼分光光度法）

一、判断题

1. 根据《水质　总铬的测定》（GB 7466—87）的规定，总铬的测定是将六价铬氧化成三价铬后，用二苯碳酰二肼分光光度法测定。（　　）

答案： ×

正确答案： 总铬的测定是将三价铬氧化成六价铬后，用二苯碳酰二肼分光光度法测定。

2. 根据《水质　总铬的测定》（GB 7466—87）中高锰酸钾氧化 - 二苯碳酰二肼分光光度法测

定水中总铬时，试份体积为 50 ml，使用光程长为 10 mm 的比色皿，本方法的最小检出量为 0.2 μg 铬。(　　)

答案：×

正确答案：试份体积为 50 ml，使用光程长为 30 mm 的比色皿，本方法的最小检出量为 0.2 μg 铬。

3. 根据《水质　总铬的测定》(GB 7466—87)中高锰酸钾氧化－二苯碳酰二肼分光光度法测定水中总铬时，试份体积为 50 ml，使用光程长为 30 mm 的比色皿，本方法的最低检出浓度为 0.004 mg/L。(　　)

答案：√

4. 根据《水质　总铬的测定》(GB 7466—87)中高锰酸钾氧化－二苯碳酰二肼分光光度法测定水中总铬时，在碱性溶液中，试样的三价铬被高锰酸钾氧化成六价铬。(　　)

答案：×

正确答案：在酸性溶液中，试样的三价铬被高锰酸钾氧化成六价铬。

5. 根据《水质　总铬的测定》(GB 7466—87)中高锰酸钾氧化－二苯碳酰二肼分光光度法测定水中总铬时，六价铬与二苯碳酰二肼反应生成紫红色化合物，于波长 540 nm 处进行分光光度测定。(　　)

答案：√

6. 根据《水质　总铬的测定》(GB 7466—87)中高锰酸钾氧化－二苯碳酰二肼分光光度法测定水中总铬时，所有玻璃器皿内壁须光洁，可用重铬酸钾洗液洗涤。(　　)

答案：×

正确答案：所有玻璃器皿内壁须光洁，不得用重铬酸钾洗液洗涤。

7. 根据《水质　总铬的测定》(GB 7466—87)中高锰酸钾氧化－二苯碳酰二肼分光光度法测定水中总铬时，所有玻璃器皿可用硝酸、硫酸混合液或合成洗涤剂洗涤。(　　)

答案：√

8. 根据《水质　总铬的测定》(GB 7466—87)中高锰酸钾氧化－二苯碳酰二肼分光光度法测定水中总铬时，测定总铬的实验室样品可用玻璃瓶或聚乙烯瓶采集。(　　)

答案：√

9. 根据《水质　总铬的测定》(GB 7466—87)中高锰酸钾氧化－二苯碳酰二肼分光光度法测定水中总铬时，样品采集需要加入硫酸调节样品 pH<2。(　　)

答案：×

正确答案：样品采集时，加入硝酸调节样品 pH<2。

10. 根据《水质　总铬的测定》(GB 7466—87)中高锰酸钾氧化－二苯碳酰二肼分光光度法测定水中总铬时，样品在采集后尽快测定，如放置，不得超过 24 h。(　　)

答案：√

11. 根据《水质　总铬的测定》(GB 7466—87)中高锰酸钾氧化－二苯碳酰二肼分光光度法测定水中总铬时，高锰酸钾氧化三价铬加热煮沸过程中，如紫红色消褪，则应添加高锰酸钾溶液保持紫红色。(　　)

答案：√

12. 根据《水质　总铬的测定》（GB 7466—87）中高锰酸钾氧化－二苯碳酰二肼分光光度法测定水中总铬时，如样品中含有少量铁干扰测定，可将氧化过程中加入 0.5 ml 硫酸、0.5 ml 磷酸溶液改为加入 1.0 ml 磷酸溶液。（　　）

答案：×

正确答案：如样品中含有少量铁干扰测定，可将氧化过程中加入 0.5 ml 硫酸、0.5 ml 磷酸溶液改为加入 1.5 ml 磷酸溶液。

13. 根据《水质　总铬的测定》（GB 7466—87）中高锰酸钾氧化－二苯碳酰二肼分光光度法测定水中总铬时，加入显色剂 10 min 后，在 540 nm 波长下测定吸光度。（　　）

答案：√

14. 根据《水质　总铬的测定》（GB 7466—87）中高锰酸钾氧化－二苯碳酰二肼分光光度法测定水中总铬时，铬含量低于 0.1 mg/L 结果以 3 位小数表示，六价铬含量高于 0.1 mg/L 结果以 3 位有效数字表示。（　　）

答案：√

15. 铬在水中的最稳定价态是六价。（　　）

答案：×

正确答案：铬在水中的最稳定价态是三价。

16. 根据《水质　总铬的测定》（GB 7466—87）中高锰酸钾氧化－二苯碳酰二肼分光光度法测定水中总铬时，加入亚硝酸钠的目的是将三价铬氧化成六价铬。（　　）

答案：×

正确答案：测定水中总铬时加入亚硝酸钠的目的是还原过量的高锰酸钾。

17. 根据《水质　总铬的测定》（GB 7466—87）中高锰酸钾氧化－二苯碳酰二肼分光光度法测定水中总铬时，加入尿素的目的是分解过量的亚硝酸钠。（　　）

答案：√

18. 铬的毒性与其存在价态有关，通常认为三价铬的毒性比六价铬高 100 倍，且更易为人体吸收而且在体内蓄积。（　　）

答案：×

正确答案：六价铬的毒性比三价铬高 100 倍，且更易为人体吸收而且在体内蓄积。

19. 铬的污染来源主要是含铬矿石的加工、金属表面处理、皮革鞣制、印染等行业。（　　）

答案：√

二、单项选择题

1. 根据《水质　总铬的测定》（GB 7466—87）中高锰酸钾氧化－二苯碳酰二肼分光光度法测定水中总铬时，样品采集时，加入硝酸调节样品 pH________。（　　）

A．小于 2　　B．约为 8　　C．小于 1　　D．约为 12

答案：A

2. 根据《水质　总铬的测定》（GB 7466—87）中高锰酸钾氧化－二苯碳酰二肼分光光度法测定水中总铬时，测定过程中使用的磷酸和硫酸溶液均为________。（　　）

A．纯溶液　B．（1+1）溶液　C．（1+2）溶液　D．（1+3）溶液

答案：B

3. 根据《水质　总铬的测定》（GB 7466—87）中高锰酸钾氧化 - 二苯碳酰二肼分光光度法测定水中总铬时，铬标准溶液有两种浓度，其中适用于高含量水样测定的标准溶液为每毫升含____________铬。（　　）

A．1.00 μg　B．2.00 μg　C．5.00 μg　D．10.0 μg

答案：C

4. 根据《水质　总铬的测定》（GB 7466—87）中高锰酸钾氧化 - 二苯碳酰二肼分光光度法测定水中总铬时，下列关于显色剂的存放和使用正确的是____________（　　）

A．二苯碳酰二肼存贮于透明玻璃瓶，置于冰箱中，颜色变深后可继续使用

B．二苯碳酰二肼存贮于透明玻璃瓶，置于冰箱中，颜色变深后不能使用

C．二苯碳酰二肼存贮于棕色玻璃瓶，置于冰箱中，颜色变深后可继续使用

D．二苯碳酰二肼存贮于棕色玻璃瓶，置于冰箱中，颜色变深后不能使用

答案：D

5. 根据《水质　总铬的测定》（GB 7466—87）中高锰酸钾氧化 - 二苯碳酰二肼分光光度法测定水中总铬时，所有玻璃器皿不得用重铬酸钾洗液洗涤，可用________混合液或合成洗涤剂洗涤。（　　）

A．硝酸、盐酸　B．硝酸、硫酸　C．盐酸、硫酸　D．盐酸、磷酸

答案：B

6. 根据《水质　总铬的测定》（GB 7466—87）中高锰酸钾氧化 - 二苯碳酰二肼分光光度法测定水中总铬时，试样进行分光光度测定的显色波长为________。（　　）

A．420 nm　B．480 nm　C．520 nm　D．540 nm

答案：D

7. 根据《水质　总铬的测定》（GB 7466—87）中高锰酸钾氧化 - 二苯碳酰二肼分光光度法测定水中总铬时，高锰酸钾氧化三价铬时，需加入________硫酸溶液、________磷酸溶液。（　　）

A．0.2 ml，0.2 ml　B．0.2 ml，0.5 ml　C．0.5 ml，0.5 ml　D．0.5 ml，0.2 ml

答案：C

8. 根据《水质　总铬的测定》（GB 7466—87）中高锰酸钾氧化 - 二苯碳酰二肼分光光度法测定水中总铬时，试样在采集后尽快测定，如放置不得超过________。（　　）

A．6 h　B．12 h　C．18 h　D．24 h

答案：D

9. 根据《水质　总铬的测定》（GB 7466—87）中高锰酸钾氧化 - 二苯碳酰二肼分光光度法测定水中总铬时，试份体积为 50 ml，使用光程长为 30 mm 的比色皿，本方法的最低检出浓度为____________mg/L。（　　）

A．0.004　B．0.005　C．0.012　D．0.025

答案：A

10. 根据《水质　总铬的测定》（GB 7466—87）中高锰酸钾氧化 - 二苯碳酰二肼分光光度法测定水中总铬时，六价铬与二苯碳酰二肼反应生成________化合物，于波长 540 nm 处进行分光光度

测定。(　　)

A. 红棕色　　B. 紫红色　　C. 粉红色　　D. 粉紫色

答案：B

11. 根据《水质　总铬的测定》(GB 7466—87)中高锰酸钾氧化－二苯碳酰二肼分光光度法测定水中总铬时，过量的高锰酸钾用________分解。(　　)

A. 氢氧化铵　　B. 亚硝酸钠　　C. 尿素　　D. 二苯碳酰二肼

答案：B

12. 根据《水质　总铬的测定》(GB 7466—87)中高锰酸钾氧化－二苯碳酰二肼分光光度法测定水中总铬时，过量的亚硝酸钠被________分解。(　　)

A. 氢氧化铵　　B. 亚硝酸钠　　C. 尿素　　D. 二苯碳酰二肼

答案：C

13. 根据《水质　总铬的测定》(GB 7466—87)中高锰酸钾氧化－二苯碳酰二肼分光光度法测定水中总铬时，显色剂的配制方法是称取二苯碳酰二肼________g，溶于 50 ml 丙酮中，加水稀释至 100 ml，摇匀。(　　)

A. 0.1　　B. 0.2　　C. 0.3　　D. 0.5

答案：B

14. 根据《水质　总铬的测定》(GB 7466—87)中高锰酸钾氧化－二苯碳酰二肼分光光度法测定水中总铬时，钒含量高于________mg/L 时即干扰显色，但钒与显色剂反应后 10 min 可自行褪色。(　　)

A. 4　　B. 5　　C. 8　　D. 10

答案：A

15. 根据《水质　总铬的测定》(GB 7466—87)中高锰酸钾氧化－二苯碳酰二肼分光光度法测定水中总铬时，样品采集过程中，需加入________调节样品 pH<2。(　　)

A. 硝酸　　B. 硫酸　　C. 盐酸　　D. 磷酸

答案：A

三、问答题

1. 根据《水质　总铬的测定》(GB 7466—87)简述样品中含有大量的有机物时，应如何进行预处理及测定？

答案：若样品中含有大量的有机物需进行消解处理。取 50.0 ml 或适量样品（含铬少于 50 μg），置于 100 ml 烧杯中，加入 5 ml 硝酸和 3 ml 硫酸，蒸发至冒白烟，如溶液仍有色，再加入 5 ml 硝酸，重复上述操作，至溶液清澈，冷却。用水稀释至 10 ml，用氢氧化铵溶液中和至 pH 为 1～2，移入 50 ml 容量瓶中，用水稀释至标线，摇匀测定。

2. 根据《水质　总铬的测定》(GB 7466—87)中高锰酸钾氧化－二苯碳酰二肼分光光度法，简述高锰酸钾氧化三价铬的步骤。

答案：(1) 取 50.0 ml 或适量样品或经预处理的试样，置于 150 ml 锥形瓶中，用氢氧化铵溶液或硫酸溶液调至中性；

（2）加入几粒玻璃珠，加入 0.5 ml 硫酸溶液、0.5 ml 磷酸溶液，摇匀；

（3）加 2 滴高锰酸钾溶液，如紫红色消褪，则应添加高锰酸钾溶液保持紫红色；

（4）加热煮沸至溶液体积约剩 20 ml。

3. 根据《水质　总铬的测定》（GB 7466—87）中高锰酸钾氧化－二苯碳酰二肼分光光度法，简述试验过程中加入高锰酸钾、亚硝酸钠和尿素的目的。

答案：（1）加入高锰酸钾的目的是将三价铬氧化成六价铬；

（2）加入亚硝酸钠的目的是还原过量的高锰酸钾；

（3）加入尿素的目的是分解过量的亚硝酸钠。

4. 根据《水质　总铬的测定》（GB 7466—87），简述高锰酸钾氧化－二苯碳酰二肼分分光光度法的原理。

答案：在酸性溶液中，试样的三价铬被高锰酸钾氧化成六价铬。六价铬与二苯碳酰二肼反应生成紫红色化合物，于波长 540 nm 处进行分光光度法测定。

四、计算题

1. 根据《水质　总铬的测定》（GB 7466—87）中高锰酸钾氧化－二苯碳酰二肼分光光度法测定某水样中总铬时，取 10.0 ml 水样经高锰酸钾氧化后转移至 50 ml 比色管中，加水至标线，加显色剂比色测定，从校准曲线上查得对应的铬含量为 0.004 52 mg，试求水样中总铬的含量（mg/L）。

答案：$总铬=\dfrac{0.004\,52}{10.0}\times1\,000=0.452$（mg/L）

该水样中总铬的含量为 0.452 mg/L。

2. 根据《水质　总铬的测定》（GB 7466—87）中高锰酸钾氧化－二苯碳酰二肼分光光度法测定某水样中总铬时，所得校准曲线的斜率和截距分别为 0.045 和 0.002。测得水样的吸光度为 0.072（A_0=0.012），在同一水样中加入 1.00 ml 铬标准溶液（1.00 μg/ml），测定加标回收率。加标后测得水样的吸光度为 0.116，计算加标回收率（不考虑加标体积）。

答案：a=0.002，b=0.045，$y=0.002+0.045x$

$$水样中总铬=\frac{0.072-0.012-0.002}{0.045}=1.29\ (\mu g)$$

$$加标样中总铬=\frac{0.116-0.012-0.002}{0.045}=2.27\ (\mu g)$$

$$加标回收率\ P=\frac{2.27-1.29}{1.00\times1.00}\times100\%=98.0\%$$

加标回收率为 98.0%。

参考文献

［1］国家环境保护局 . 水质　总铬的测定：GB 7466—87［S］. 北京：中国标准出版社，1987.

［2］中国环境监测总站《环境监测人员持证上岗考核试题集》编写组 . 环境监测人员持证上岗考核试题集：下册 . 4 版［M］. 北京：中国环境出版集团，2018.

[3] 国家环境保护总局《水和废水监测分析方法》编委会 . 水和废水监测分析方法：第四版增补版[M]. 北京：中国环境科学出版社，2002.

命题：王　颖
审核：胡新跃

第七十五节　水质　铬的测定　火焰原子吸收分光光度法（HJ 757—2015）

一、判断题

1. 火焰原子吸收分光光度法分析样品时，灯电流太高会导致谱线变窄和谱线自吸收，使灵敏度下降。(　　)

答案：×

正确答案：火焰原子吸收分光光度法分析样品时，灯电流太高会导致谱线变宽和谱线自吸收，使灵敏度下降。

2. 火焰原子吸收分光光度法分析样品时，提高火焰温度使分析灵敏度提高。(　　)

答案：×

正确答案：火焰原子吸收分光光度法分析样品时，在一定范围内提高火焰温度可以使分析灵敏度提高。

3. 火焰原子吸收分光光度法分析样品时，空气－乙炔火焰适用于低温金属的测定。(　　)

答案：√

4.《水质　铬的测定　火焰原子吸收分光光度法》（HJ 757—2015）适用于地表水、地下水、生活污水和工业废水中铬的测定。(　　)

答案：×

正确答案：《水质　铬的测定　火焰原子吸收分光光度法》（HJ 757—2015）适用于水和废水中高浓度可溶性铬和总铬的测定。

5. 可溶性铬指未经酸化的样品经 0.45 μm 滤膜过滤后测定的铬。(　　)

答案：√

6. 总铬指未经过滤的样品测定的铬。(　　)

答案：×

正确答案：总铬指未经过滤的样品经消解后测定的铬。

7. 根据《水质　铬的测定　火焰原子吸收分光光度法》（HJ 757—2015）测定水中铬时，1 mg/L 的 Fe 和 Ni、2 mg/L 的 Co、5 mg/L 的 Mg、20 mg/L 的 Al、100 mg/L 的 Ca 对铬的测定有正干扰。(　　)

答案：×

正确答案：1 mg/L 的 Fe 和 Ni、2 mg/L 的 Co、5 mg/L 的 Mg、20 mg/L 的 Al、100 mg/L 的 Ca 对铬的测定有负干扰。

8. 根据《水质　铬的测定　火焰原子吸收分光光度法》（HJ 757—2015）测定水中铬时，原子吸收仪的助燃气为空气，进入燃烧器之前应经过适当过滤以除去其中的水、油和其他杂质。（　　）

答案：√

9. 同时测定可溶性铬和总铬时，可溶性铬和总铬的样品可以采集在同一采样瓶内。（　　）

答案：×

正确答案：可溶性铬和总铬的样品应分别采集。

10. 总铬样品采集后加入硝酸酸化至 pH≤2，7 d 内测定。（　　）

答案：×

正确答案：总铬样品采集后加入硝酸酸化至 pH≤2，14 d 内测定。

11. 可溶性铬试样经消解后，加入氯化铵溶液和盐酸溶液，定容后上机进行测定。（　　）

答案：×

正确答案：可溶性铬试样不需进行消解，样品直接加入氯化铵溶液和盐酸溶液，定容后上机进行测定。

12. 高浓度总铬样品需稀释后测定，并按照基体干扰检查方法判断是否存在基体干扰。（　　）

答案：√

13. 火焰类型和燃烧器高度对于测定铬的灵敏度有很大影响，因此，应严格控制乙炔和空气的比例，调节燃烧器高度。（　　）

答案：√

14. 根据《水质　铬的测定　火焰原子吸收分光光度法》（HJ 757—2015）测定水中铬时，实验所用的玻璃器皿、聚乙烯容器等先用重铬酸钾洗液清洗，再用硝酸溶液浸泡 24 h 以上，使用前再依次用自来水和实验用水洗净。（　　）

答案：×

正确答案：实验所用的玻璃器皿、聚乙烯容器等不得使用重铬酸钾洗液清洗，需先用洗涤剂洗净，再用硝酸溶液浸泡 24 h 以上，使用前再依次用自来水和实验用水洗净。

二、单项选择题

1. 用火焰原子吸收光度法测量时，当空气与乙炔比大于化学计量时，称为________火焰。（　　）

A. 贫燃型　　B. 富燃型　　C. 氧化型　　D. 还原型

答案：A

2. 根据《水质　铬的测定　火焰原子吸收分光光度法》（HJ 757—2015）测定水中铬时，在取样体积与试样制备后定容体积相同的情况下，本方法测定铬的检出限为________mg/L。（　　）

A. 0.004　　B. 0.01　　C. 0.03　　D. 0.12

答案：C

3. 铬标准贮备液配制后室温暗处保存于聚乙烯瓶或硼硅酸盐玻璃瓶中并使 pH 为 1～2，可保存________。（　　）

A. 1个月　　B. 3个月　　C. 半年　　D. 1年

答案：D

4. 可溶性铬样品采集后加入硝酸，________d内测定。（　　）

A. 1　　B. 7　　C. 14　　D. 30

答案：C

5. 根据《水质　铬的测定　火焰原子吸收分光光度法》（HJ 757—2015）测定水中铬时，应使用________火焰。（　　）

A. 空气－乙炔富燃　　B. 空气－乙炔贫燃　　C. 空气－氩气　　D. 氧化亚氮－乙炔

答案：A

6. 根据《水质　铬的测定　火焰原子吸收分光光度法》（HJ 757—2015）测定水中铬时，每分析10个样品应分析1个校准曲线的中间点浓度标准溶液，其测定结果与校准曲线该点质量浓度的相对偏差应小于≤________%，否则应重新绘制校准曲线。（　　）

A. 5　　B. 10　　C. 15　　D. 20

答案：B

7. 根据《水质　铬的测定　火焰原子吸收分光光度法》（HJ 757—2015）测定水中铬时，若样品数量少于10，应至少测定1个平行双样，测定结果相对偏差＜________%。（　　）

A. 5　　B. 10　　C. 15　　D. 20

答案：D

8. 采用标准加入法时，加入标准溶液后所引起的体积误差不应超过________%。（　　）

A. 0.1　　B. 0.5　　C. 1.0　　D. 2.0

答案：B

9. 根据《水质　铬的测定　火焰原子吸收分光光度法》（HJ 757—2015）测定水中铬时，每批样品至少做1个实验室空白，其测定结果应低于________。（　　）

A. 方法测定下限　　B. 方法测定上限　　C. 方法检出限　　D. 没有要求

答案：C

三、问答题

1. 简述《水质　铬的测定　火焰原子吸收分光光度法》（HJ 757—2015）测定水中铬的方法原理。

答案：试样经过滤或消解后喷入富燃性空气－乙炔火焰，在高温火焰中形成的铬基态原子对铬空心阴极灯或连续光源发射的357.9 nm特征谱线产生选择性吸收，在一定条件下，其吸光度值与铬的质量浓度成正比。

2. 原子吸收光度法测试样品前，空心阴极灯要预热的原因。

答案：通过预热达到空心阴极灯内外的热平衡，使原子蒸汽层的分布与厚度均匀后，发光强度才能稳定，才能进行正常测量。

3. 原子吸收光度法氘灯扣除背景的原理。

答案：当氘灯发射的光通过原子化器时，同样可为被测元素的基态原子和火焰的背景吸收。由于基态原子吸收的波长很窄，对氘灯总吸收所占的分量很小（<1%），故近似地把氘灯的总吸收看作背景吸收。二者相减（在仪器上，使空心阴极灯和氘灯的光交替通过原子一起来实现），即能扣除背景吸收。

4. 简述原子吸收光度法基体干扰检查的方法。

答案：（1）取两份相同水样，其中一份稀释 5 倍（1+4），稀释样品的测定值（不得小于检出限的 10 倍）乘以稀释倍数与未稀释样品测定值比较，相对偏差在 ±10% 范围内视为无干扰。否则，表明有化学或物理干扰存在，可采取稀释或标准加入法消除。

（2）当样品浓度低于上述要求，可用标准加入法曲线斜率与标准曲线斜率比较，相对偏差在 ±5% 范围内视为无干扰。否则，表明有基体干扰存在。

参考文献

[1] 环境保护部. 水质 铬的测定 火焰原子吸收分光光度法：HJ 757—2015 [S]. 北京：中国环境出版集团，2015.

[2] 中国环境监测总站《环境监测人员持证上岗考核试题集》编写组. 环境监测人员持证上岗考核试题集：上册. 4 版 [M]. 北京：中国环境出版集团，2015.

命题：张 爽

审核：张 涛

第七十六节 水质 苯系物的测定 顶空 / 气相色谱法（HJ 1067—2019）

一、判断题

1.《水质 苯系物的测定 顶空 / 气相色谱法》（HJ 1067—2019）适用于地表水、地下水、生活污水和工业废水中苯系物的测定。（ ）

答案：√

2.《水质 苯系物的测定 顶空 / 气相色谱法》（HJ 1067—2019）可对苯、甲苯、乙苯、对二甲苯、间二甲苯、邻二甲苯、异丙苯和苯乙烯进行测定。（ ）

答案：√

3.《水质 苯系物的测定 顶空 / 气相色谱法》（HJ 1067—2019）方法检出限为 2～3 mg/L。（ ）

答案：×

正确答案：顶空 / 气相色谱法的检出限为 2～3 μg/L。

4. 根据《水质 苯系物的测定 顶空 / 气相色谱法》（HJ 1067—2019）的规定，采样前需测量样品的 pH，根据 pH 测定结果，在样品瓶中加入适量硫酸溶液，并加入 25 mg 抗坏血酸，使采样后

样品的 pH≤2。（　　）

答案： ×

正确答案： 根据《水质　苯系物的测定　顶空 / 气相色谱法》（HJ 1067—2019）的规定，采样前需测量样品的 pH，根据 pH 测定结果，在样品瓶中加入适量盐酸溶液，并加入 25 mg 抗坏血酸，使采样后样品的 pH≤2。

5. 根据《水质　苯系物的测定　顶空 / 气相色谱法》（HJ 1067—2019）的规定，未酸化的样品应在 48 h 内完成分析。（　　）

答案： ×

正确答案：《水质　苯系物的测定　顶空 / 气相色谱法》（HJ 1067—2019）中规定，未酸化的样品应在 12 h 内完成分析。

6. 根据《水质　苯系物的测定　顶空 / 气相色谱法》（HJ 1067—2019）的规定，若样品加入盐酸溶液后有气泡产生，无须重新采样。（　　）

答案： ×

正确答案： 若样品加入盐酸溶液后有气泡产生，须重新采样，重新采集的样品不加盐酸溶液保存，样品标签上须注明未酸化。

7. 根据《水质　苯系物的测定　顶空 / 气相色谱法》（HJ 1067—2019）测定水中苯系物时，采集样品过程中，应使样品在样品瓶中溢流且不留液上空间。取样时应尽量避免或减少样品在空气中暴露。所有样品均采集平行双样。（　　）

答案： √

8. 根据《水质　苯系物的测定　顶空 / 气相色谱法》（HJ 1067—2019）测定水中苯系物时，样品瓶应在采样前用甲醇清洗晾干，采样时不需用样品进行荡洗。（　　）

答案： √

9. 根据《水质　苯系物的测定　顶空 / 气相色谱法》（HJ 1067—2019）测定水中苯系物时，测定结果小数点后位数的保留与方法检出限一致，最多保留 2 位有效数字。（　　）

答案： ×

正确答案： 根据《水质　苯系物的测定　顶空 / 气相色谱法》（HJ 1067—2019）测定水中苯系物时，测定结果小数点后位数的保留与方法检出限一致，最多保留 3 位有效数字。

10. 根据《水质　苯系物的测定　顶空 / 气相色谱法》（HJ 1067—2019）的规定，在测定含盐量较高的样品时，氯化钠的加入量可适量减少，避免样品析出盐而引起顶空样品瓶中气液两相体积变化。（　　）

答案： √

二、单项选择题

1.《水质　苯系物的测定　顶空 / 气相色谱法》（HJ 1067—2019）方法中所使用的检测器为__________。（　　）

A．ECD　　　B．FID　　　C．MSD

答案： B

2. 根据《水质　苯系物的测定　顶空 / 气相色谱法》（HJ 1067—2019）测定水中苯系物时，样品应采集于 40 ml 具塞________中。（　　）

A. 透明螺口玻璃瓶　B. 棕色螺口玻璃瓶　C. 螺口聚乙烯瓶

答案：B

3. 根据《水质　苯系物的测定　顶空 / 气相色谱法》（HJ 1067—2019）测定水中苯系物时，试样制备时应向顶空瓶内加入________g 氯化钠，然后加入 10 ml 样品，立即加盖密封，摇匀，待测。（　　）

A. 3　B. 5　C. 10

答案：A

4. 根据《水质　苯系物的测定　顶空 / 气相色谱法》（HJ 1067—2019）测定水中苯系物时，分析样品前应建立能够覆盖样品浓度范围的至少 5 个浓度点的工作曲线，曲线的相关系数应≥____________。（　　）

A. 0.99　B. 0.995　C. 0.999

答案：B

5. 根据《水质　苯系物的测定　顶空 / 气相色谱法》（HJ 1067—2019）测定水中苯系物时，连续分析时，每 24 h 分析一次工作曲线中间浓度点，其测定结果与已知浓度的相对误差应在________内。否则，须重新建立工作曲线。（　　）

A. ±10%　B. ±20%　C. ±30%

答案：B

6. 根据《水质　苯系物的测定　顶空 / 气相色谱法》（HJ 1067—2019）测定水中苯系物时，每 20 个样品或每批次样品（＜20 个 / 批）应分析 1 个平行样，平行样测定结果相对偏差应≤____________。（　　）

A. 10%　B. 20%　C. 30%

答案：B

7. 根据《水质　苯系物的测定　顶空 / 气相色谱法》（HJ 1067—2019）测定水中苯系物时，每 20 个样品或每批次样品（＜20 个 / 批）应分析 1 个基体加标样，基体加标回收率应控制在________。（　　）

A. 70%～130%　B. 60%～140%　C. 50%～150%

答案：A

8. 根据《水质　苯系物的测定　顶空 / 气相色谱法》（HJ 1067—2019）测定水中苯系物时，样品采集后，应在________℃以下冷藏运输和保存，________d 内完成分析。（　　）

A. -10，3　B. 0，7　C. 4，14

答案：C

9. 根据《水质　苯系物的测定　顶空 / 气相色谱法》（HJ 1067—2019）测定水中苯系物时，氯化钠在使用前需在 500～550℃下灼烧________h。（　　）

A. 1　B. 2　C. 4　D. 8

答案：B

10. 根据《水质　苯系物的测定　顶空 / 气相色谱法》（HJ 1067—2019）测定水中苯系物时，未酸化的样品应在________h 内完成分析。（　　）

A．12　　　　B．24　　　　C．48

答案：A

三、问答题

简述《水质　苯系物的测定　顶空 / 气相色谱法》（HJ 1067—2019）测定水中苯系物的方法原理。

答案：将样品置于密闭的顶空瓶中，在一定的温度和压力下，顶空瓶内样品中挥发性组分向液上空间挥发，产生蒸汽压，在气液两相达到热力学动态平衡，在一定的浓度范围内，苯系物在气相中的浓度与水相中的浓度成正比。定量抽取气相部分用气相色谱分离，氢火焰离子化检测器检测。根据保留时间定性，工作曲线外标法定量。

参考文献

生态环境部．水质　苯系物的测定　顶空 / 气相色谱法：HJ 1067—2019［S］．北京：中国环境出版集团，2019.

命题：宋　程

审核：王小菊

第七十七节　水质　草甘膦的测定　高效液相色谱法（HJ 1071—2019）

一、判断题

1.《水质　草甘膦的测定　高效液相色谱法》（HJ 1071—2019）不适用于生活污水中草甘膦的测定。（　　）

答案：×

正确答案：本标准适用于地表水、地下水、生活污水和工业废水中草甘膦的测定。

2.《水质　草甘膦的测定　高效液相色谱法》（HJ 1071—2019）适用于地表水、地下水、生活污水和工业废水中草甘膦的测定。（　　）

答案：√

3. 根据《水质　草甘膦的测定　高效液相色谱法》（HJ 1071—2019）测定水中草甘膦时，进样体积为 20 μl 时，方法检出限为 2 μg/L，测定下限为 8 μg/L。（　　）

答案：√

4. 根据《水质　草甘膦的测定　高效液相色谱法》（HJ 1071—2019）测定水中草甘膦时，样品

采集过程中，应将水样采集于棕色采样瓶中，样品满瓶采集。(　　)

答案：√

5. 根据《水质　草甘膦的测定　高效液相色谱法》(HJ 1071—2019)测定水中草甘膦时，如果样品的 pH 不在 4～9 之间，则需用盐酸溶液或氢氧化钠溶液调节 pH 至 4～9。(　　)

答案：√

6. 根据《水质　草甘膦的测定　高效液相色谱法》(HJ 1071—2019)测定水中草甘膦时，采集的样品应在 4℃以下冷藏、避光保存，4 d 内萃取。(　　)

答案：×

正确答案：根据《水质　草甘膦的测定　高效液相色谱法》(HJ 1071—2019)测定水中草甘膦时，采集的样品应在 4℃以下冷藏、避光保存，7 d 内萃取。

7. 根据《水质　草甘膦的测定　高效液相色谱法》(HJ 1071—2019)的规定，草甘膦标准贮备液 4℃以下，避光可保存 6 个月。(　　)

答案：√

8. 根据《水质　草甘膦的测定　高效液相色谱法》(HJ 1071—2019)的规定，草甘膦标准使用液 10 μg/ml，4℃以下，避光可保存 3 个月。(　　)

答案：×

正确答案：根据《水质　草甘膦的测定　高效液相色谱法》(HJ 1071—2019)测定水中草甘膦时，草甘膦标准使用液 10 μg/ml，4℃以下，避光可保存 2 个月。

9. 根据《水质　草甘膦的测定　高效液相色谱法》(HJ 1071—2019)的规定，对于较高浓度样品，也可加入二水合柠檬酸三钠后直接经滤膜过滤，待衍生。(　　)

答案：×

正确答案：根据《水质　草甘膦的测定　高效液相色谱法》(HJ 1071—2019)测定水中草甘膦时，对于较高浓度样品先将样品稀释后加入二水合柠檬酸三钠再进行固相萃取净化，待衍生。

10. 根据《水质　草甘膦的测定　高效液相色谱法》(HJ 1071—2019)测定水中草甘膦时，采集的样品衍生后，可直接经滤膜过滤后，待测。(　　)

答案：×

正确答案：根据《水质　草甘膦的测定　高效液相色谱法》(HJ 1071—2019)测定水中草甘膦时，应在衍生后的样品中加入 5 ml 二氯甲烷，置于涡旋振荡器上涡旋萃取 2 min，取水相层，经滤膜过滤，收集 1 ml 滤液于棕色样品瓶中，待测。

二、单项选择题

1. 根据《水质　草甘膦的测定　高效液相色谱法》(HJ 1071—2019)测定水中草甘膦时，采集的样品在 4℃以下冷藏、避光保存，________d 内分析完毕。(　　)

A. 4　　　　B. 5　　　　C. 7

答案：C

2. 根据《水质　草甘膦的测定　高效液相色谱法》(HJ 1071—2019)测定水中草甘膦时，样品应采集于 250 ml 或 500 ml________中。(　　)

A．带聚四氟乙烯衬垫的螺旋盖玻璃瓶

B．磨口瓶

C．带聚四氟乙烯衬垫的螺旋盖玻璃瓶或磨口瓶

答案：C

3. 根据《水质　草甘膦的测定　高效液相色谱法》（HJ 1071—2019）测定水中草甘膦时，水样衍生化反应时应先加入 0.5 ml________溶液，再加入 1 ml 9- 芴甲基氯甲酸酯乙腈溶液。(　　)

A．四硼酸钠溶液　　B．碳酸氢钠溶液　　C．EDTA

答案：A

4. 根据《水质　草甘膦的测定　高效液相色谱法》（HJ 1071—2019）测定水中草甘膦时，衍生后的试样应用________进行液液萃取净化。(　　)

A．5 ml 甲醇　　B．5 ml 二氯甲烷　　C．10 ml 甲醇　　D．10 ml 二氯甲烷

答案：B

5. 根据《水质　草甘膦的测定　高效液相色谱法》（HJ 1071—2019）测定水中草甘膦时，曲线的相关系数应≥0.995。每 20 个样品或每批次（≤20 个样品 / 批）应测定 1 个标准系列中间浓度点，其测定结果与工作曲线该点浓度的相对误差应在________以内。否则，应建立新的工作曲线。(　　)

A．±15%　　B．±20%　　C．±25%

答案：B

6. 根据《水质　草甘膦的测定　高效液相色谱法》（HJ 1071—2019）测定水中草甘膦时，测定结果小数点位数应与检出限一致，最多保留________。(　　)

A．2 位有效数字　　B．整数位　　C．3 位有效数字

答案：C

7. 根据《水质　草甘膦的测定　高效液相色谱法》（HJ 1071—2019）测定水中苯系物时，每 20 个样品或每批次（<20 个样品 / 批）应至少做________次空白测定，结果应________方法检出限。(　　)

A．1 次，小于等于　　B．1 次，小于

C．2 次，小于　　D．2 次，小于等于

答案：B

8. 根据《水质　草甘膦的测定　高效液相色谱法》（HJ 1071—2019）的规定，草甘膦测定时采用荧光检测器，其检测波长为________nm。(　　)

A．254　　B．302　　C．395

答案：B

9. 根据《水质　草甘膦的测定　高效液相色谱法》（HJ 1071—2019）测定水中草甘膦时，每 20 个样品或每批次（≤20 个样品 / 批）应至少测定 1 个基体加标，加标回收率在________。(　　)

A．60%～130%　　B．80%～120%　　C．70%～130%

答案：C

10. 根据《水质　草甘膦的测定　高效液相色谱法》（HJ 1071—2019）测定水中草甘膦时，每20个样品或每批次（≤20个样品/批）应至少测定1个平行双样，平行双样的测定结果相对偏差应≤________。（　　）

A. 10%　　B. 15%　　C. 20%　　D. 25%

答案： C

三、问答题

简述《水质　草甘膦的测定　高效液相色谱法》（HJ 1071—2019）的方法原理。

答案： 样品在pH为4～9的条件下加入二水合柠檬酸三钠，经过滤或固相萃取净化后与9-芴甲基氯甲酸酯（FMOC-Cl）进行衍生化反应，生成的荧光产物经二氯甲烷萃取净化去除衍生化副产物后，用具有荧光检测器的高效液相色谱分离检测。保留时间和特征波长定性，外标法定量。

参考文献

生态环境部.水质　草甘膦的测定　高效液相色谱法：HJ 1071—2019［S］.北京：中国环境出版集团，2019.

命题：张　琳
审核：王小菊

第七十八节　水质　联苯胺的测定　高效液相色谱法（HJ 1017—2019）

一、判断题

1.《水质　联苯胺的测定　高效液相色谱法》（HJ 1017—2019）不适用于工业废水中联苯胺的测定（　　）

答案： ×

正确答案： 本标准适用于地表水、地下水、生活污水和工业废水中联苯胺的测定。

2.《水质　联苯胺的测定　高效液相色谱法》（HJ 1017—2019）适用于地表水、地下水、生活污水和工业废水中联苯胺的测定。（　　）

答案： √

3.《水质　联苯胺的测定　高效液相色谱法》（HJ 1017—2019）中规定，采样体积为150 ml、试样定容体积为1 ml、进样体积为40 μl时，方法检出限为0.006 μg/L，测定下限为0.024 μg/L。（　　）

答案： ×

正确答案：《水质　联苯胺的测定　高效液相色谱法》（HJ 1017—2019）中规定，采样体积为150 ml、试样定容体积为 2.0 ml、进样体积为 40 μl 时，方法检出限为 0.006 μg/L，测定下限为 0.024 μg/L。

4. 根据《水质　联苯胺的测定　高效液相色谱法》（HJ 1017—2019）测定水中联苯胺时，采样后向样品瓶中加入硫代硫酸钠，每 500 ml 样品加入 40 mg 硫代硫酸钠。（　　）

答案：×

正确答案：采样前，向样品瓶中加入硫代硫酸钠，每 500 ml 样品加入 40 mg 硫代硫酸钠。

5. 根据《水质　联苯胺的测定　高效液相色谱法》（HJ 1017—2019）测定水中联苯胺时，如果样品的 pH 不在 6～9 之间，用盐酸溶液或氢氧化钠溶液调节 pH 至 6～9。（　　）

答案：√

6. 根据《水质　联苯胺的测定　高效液相色谱法》（HJ 1017—2019）测定水中联苯胺时，采集的样品应在 4℃以下冷藏、避光保存，4 d 内萃取。（　　）

答案：×

正确答案：采集的样品应在 4℃以下冷藏、避光保存，5 d 内萃取。

7. 根据《水质　联苯胺的测定　高效液相色谱法》（HJ 1017—2019）测定水中联苯胺时，联苯胺标准贮备液在 4℃以下环境中避光可保存 1 年。（　　）

答案：√

8. 根据《水质　联苯胺的测定　高效液相色谱法》（HJ 1017—2019）测定水中联苯胺时，1 μg/ml 联苯胺标准使用液在 4℃以下环境中避光可保存 3 个月。（　　）

答案：×

正确答案：根据《水质　联苯胺的测定　高效液相色谱法》（HJ 1017—2019）测定水中联苯胺时，1 μg/ml 联苯胺标准使用液，临用现配。

9. 根据《水质　联苯胺的测定　高效液相色谱法》（HJ 1017—2019）测定水中联苯胺时，对于悬浮物超过 12 mg/L 的样品，可直接进行固相萃取。（　　）

答案：×

正确答案：对于悬浮物超过 12 mg/L 的样品，须将样品用盐酸溶液调节 pH 至 3 左右，用超声波清洗仪超声 10 min，用经过乙醇浸润的滤膜过滤，滤液用氢氧化钠溶液调节 pH 至 6～9，再进行固相萃取。

10. 根据《水质　联苯胺的测定　高效液相色谱法》（HJ 1017—2019）测定水中联苯胺时，采集的样品萃取后的洗脱液在 4℃以下冷藏、避光保存，7 d 内分析完毕。（　　）

答案：×

正确答案：采集的样品，萃取后的洗脱液在 4℃以下冷藏、避光保存，4 d 内分析完毕。

二、单项选择题

1. 根据《水质　联苯胺的测定　高效液相色谱法》（HJ 1017—2019）测定水中联苯胺时，采集的样品萃取后的洗脱液在 4℃以下冷藏、避光保存，________内分析完毕。（　　）

A．4 d　　B．5 d　　C．7 d

答案：A

2. 根据《水质　联苯胺的测定　高效液相色谱法》（HJ 1017—2019）测定水中联苯胺时，样品应采集于________中。（　　）

A. 500 ml 具磨口塞棕色细玻璃瓶

B. 带聚四氟乙烯衬垫的棕色螺纹口玻璃瓶

C. 500 ml 具磨口塞棕色细玻璃瓶或带聚四氟乙烯衬垫的棕色螺纹口玻璃瓶

答案：C

3. 根据《水质　联苯胺的测定　高效液相色谱法》（HJ 1017—2019）的规定，水样淋洗时，应选用________为淋洗液。（　　）

A. 氨水甲醇　　B. 甲醇　　C. 乙酸溶液

答案：B

4. 根据《水质　联苯胺的测定　高效液相色谱法》（HJ 1017—2019）的规定，水样洗脱时，应选用________为洗脱液。（　　）

A. 氨水甲醇　　B. 甲醇　　C. 乙酸溶液

答案：A

5. 根据《水质　联苯胺的测定　高效液相色谱法》（HJ 1017—2019）测定水中联苯胺时，采集的样品应在________以下冷藏、避光保存，________内萃取。（　　）

A. 4℃，4 d　　B. 4℃，5 d　　C. 0℃，4 d　　D. 0℃，5 d

答案：B

6. 根据《水质　联苯胺的测定　高效液相色谱法》（HJ 1017—2019）测定水中联苯胺时，若测定结果小于 1 μg/L，保留________；若测定结果大于等于 1 μg/L，保留________。（　　）

A. 小数点后 2 位；3 位有效数字

B. 小数点后 3 位；整数位

C. 小数点后 3 位；3 位有效数字

答案：C

7. 根据《水质　联苯胺的测定　高效液相色谱法》（HJ 1017—2019）测定水中联苯胺时，每 20 个样品或每批次（≤20 个样品 / 批）应至少做________次空白测定，结果应________方法检出限。（　　）

A. 1 次，小于等于　　B. 1 次，小于　　C. 2 次，小于　　D. 2 次，小于等于

答案：B

8.《水质　联苯胺的测定　高效液相色谱法》（HJ 1017—2019）中联苯胺测定时采用荧光检测器，其检测波长为________nm。（　　）

A. 392　　B. 292　　C. 395

答案：C

9. 根据《水质　联苯胺的测定　高效液相色谱法》（HJ 1017—2019）测定水中联苯胺时，每 20 个样品或每批次（≤20 个样品 / 批）应至少测定 1 个基体加标，加标回收率为________。（　　）

A. 60%～130%　　B. 70%～120%　　C. 80%～120%

答案：B

10. 根据《水质　联苯胺的测定　高效液相色谱法》（HJ 1017—2019）测定水中联苯胺时，每20个样品或每批次（≤20个样品 / 批）应至少测定1个平行双样，平行双样的测定结果相对偏差应≤____________。（　　）

A．10%　　B．15%　　C．20%　　D．25%

答案：C

三、问答题

根据《水质　联苯胺的测定　高效液相色谱法》（HJ 1017—2019）简述高效液相色谱测定水中联苯胺的方法原理。

答案：样品通过阳离子交换固相萃取柱，联苯胺被吸附，用乙酸溶液将联苯胺锁定在固相萃取柱上，用甲醇淋洗除去杂质，再用氨水甲醇溶液进行洗脱，洗脱液浓缩定容后，用具有荧光检测器的高效液相色谱分离检测。保留时间定量，外标法定性。

参考文献

生态环境部．水质　联苯胺的测定　高效液相色谱法：HJ 1017—2019［S］．北京：中国环境出版集团，2019.

命题：张　琳

审核：王小菊

第七十九节　水质　石油类的测定　紫外分光光度法（试行）（HJ 970—2018）

一、判断题

1. 根据《水质　石油类的测定　紫外分光光度法（试行）》（HJ 970—2018）测定水中石油类时，实验过程中产生的废液和废物应分类收集并委托具有资质的单位处置。（　　）

答案：√

2. 根据《水质　石油类的测定　紫外分光光度法（试行）》（HJ 970—2018）测定石油类时，所使用的无水硫酸钠于550℃下灼烧6 h，冷却后装入磨口玻璃瓶中，置于干燥器内贮存。（　　）

答案：×

正确答案：无水硫酸钠应于550℃下灼烧4 h。

3. 采集石油类的水样使用1 000 ml棕色硬质玻璃瓶。（　　）

答案：×

正确答案：使用500 ml棕色硬质玻璃瓶。

4. 根据《水质　石油类的测定　紫外分光光度法（试行）》（HJ 970—2018）测定水中石油类时，所使用的分液漏斗是玻璃旋塞。（　　）

答案：×

正确答案：使用的分液漏斗是具聚四氟乙烯旋塞。

5. 测定水中石油类时，样品采集后，加入硫酸酸化至 pH≤2。（　　）

答案：×

正确答案：样品采集后，加入盐酸酸化至 pH≤2。

6. 根据《水质　石油类的测定　紫外分光光度法（试行）》（HJ 970—2018）测定水中石油类时，样品和空白试样制备所使用的正己烷应为同一批号。（　　）

答案：√

7. 根据《水质　石油类的测定　紫外分光光度法（试行）》（HJ 970—2018）测定水中石油类时，标准曲线回归方程的相关系数应≥0.999。（　　）

答案：√

8. 根据《水质　石油类的测定　紫外分光光度法（试行）》（HJ 970—2018）测定水中石油类时，每批样品至少分析 1 个有证标准物质 / 样品或标准浓度点，测定结果的相对误差应在 ±15% 以内。（　　）

答案：×

正确答案：相对误差应在 ±10% 以内。

9. 根据《水质　石油类的测定　紫外分光光度法（试行）》（HJ 970—2018）测定水中石油类时，实验中所使用的正己烷具有一定毒性，应在通风橱中进行操作。（　　）

答案：√

10. 油类采样时，采样前需先破坏可能存在的油膜。（　　）

答案：√

11. 根据《水质　石油类的测定　紫外分光光度法（试行）》（HJ 970—2018）测定水中石油类时，石英比色皿壁上的沾污不会影响测定结果。（　　）

答案：×

正确答案：石英比色皿壁上的沾污会影响测定结果，每次使用前，应检查石英比色皿的洁净度。

12. 测定油类的水样，应在水面至 300 mm 采集柱状水样，并单独采样，全部用于测定，并且采样瓶（容器）用采集的水样冲洗 3 遍。（　　）

答案：×

正确答案：采样瓶（容器）不能用采集的水样冲洗。

二、单项选择题

1. 根据《水质　石油类的测定　紫外分光光度法（试行）》（HJ 970—2018）测定水中石油类时，玻璃棉用正己烷浸洗至少________min，晾干后置于干燥玻璃瓶中，备用。（　　）

A. 5　　　B. 10　　　C. 15　　　D. 20

答案：C

2.《水质 石油类的测定 紫外分光光度法（试行）》（HJ 970—2018）适用于________、________和海水中石油类的测定。(　　)

A. 地表水、地下水　　B. 地表水、工业废水

C. 地下水、工业废水　　D. 地下水、生活污水

答案： A

3. 根据《水质 石油类的测定 紫外分光光度法（试行）》（HJ 970—2018）测定水中石油类时，萃取液经________吸附处理后，可消除极性物质的干扰。(　　)

A. 无水硫酸钠　　B. 硅酸镁　　C. 碳酸镁　　D. 硅酸钠

答案： B

4. 根据《水质 石油类的测定 紫外分光光度法（试行）》（HJ 970—2018）测定水中石油类时，正己烷使用前于波长________处，以水作参比测定透光率。透光率________方可使用，否则需脱芳处理。(　　)

A. 225 nm，大于 80%　　B. 225 nm，大于 90%

C. 425 nm，大于 80%　　D. 425 nm，大于 90%

答案： B

5. 根据《水质 石油类的测定 紫外分光光度法（试行）》（HJ 970—2018）测定水中石油类时，如样品不能在 24 h 内测定，应在 0～4℃冷藏保存，________内测定。(　　)

A. 1 d　　B. 2 d　　C. 3 d　　D. 4 d

答案： C

6. 根据《水质 石油类的测定 紫外分光光度法（试行）》（HJ 970—2018）测定水中石油类时，每批样品应至少做________空白试验，测试结果应________方法测定下限。(　　)

A. 1 个，高于　　B. 2 个，高于

C. 1 个，低于　　D. 2 个，低于

答案： C

7. 根据《水质 石油类的测定 紫外分光光度法（试行）》（HJ 970—2018）测定水中石油类时，在正己烷脱芳处理方法中：将 500 ml 正己烷加入 1 000 ml 分液漏斗中，加入 25 ml 硫酸萃洗________。(　　)

A. 5 min　　B. 10 min　　C. 15 min　　D. 20 min

答案： B

8. 根据《水质 石油类的测定 紫外分光光度法（试行）》（HJ 970—2018）测定水中石油类时，当取样体积为 500 ml、萃取液体积为 25 ml、使用 2 cm 石英比色皿时，方法检出限为 0.01 mg/L，测定下限为________mg/L。(　　)

A. 0.02　　B. 0.04　　C. 0.06　　D. 0.08

答案： B

三、问答题

1. 简述《水质 石油类的测定 紫外分光光度法（试行）》（HJ 970—2018）的方法原理。

答案：在 pH≤2 的条件下，样品中的油类物质被正己烷萃取，萃取液经无水硫酸钠脱水，再经硅酸镁吸附除去动植物油类等极性物质后，于 225 nm 波长处测定吸光度，石油类含量与吸光度值符合朗伯 - 比尔定律。

2. 简述《水质　石油类的测定　紫外分光光度法（试行）》（HJ 970—2018）标准中正己烷脱芳处理方法。

答案：将 500 ml 正己烷加入 1 000 ml 分液漏斗中，加入 25 ml 硫酸萃洗 10 min，弃去硫酸相，重复上述操作，直至硫酸相近无色，再用蒸馏水萃洗 3 次，至透光率大于 90% 即可。

参考文献

生态环境部 . 水质　石油类的测定　紫外分光光度法（试行）：HJ 970—2018［S］. 北京：中国环境出版集团，2018.

命题：魏　铮
审核：张　涛

第八十节　水质　石油类和动植物油类的测定　红外分光光度法（HJ 637—2018）

一、判断题

1. 根据《水质　石油类和动植物油类的测定　红外分光光度法》（HJ 637—2018）测定水中石油类和动植物油类时，实验中所使用的四氯乙烯对人体健康有害，标准溶液配制、样品制备以及测定过程应在通风橱内进行，操作时应按规定要求佩戴防护器具，避免接触皮肤和衣物。（　　）

答案：√

2.《水质　石油类和动植物油类的测定　红外分光光度法》（HJ 637—2018）适用于工业废水、生活污水和海水中的石油类和动植物油类的测定。（　　）

答案：×

正确答案：仅适用于工业废水和生活污水。

3.《水质　石油类和动植物油类的测定　红外分光光度法》（HJ 637—2018）中所称的动植物油类是指在 pH≤2 的条件下，能够被四氯乙烯萃取且不被硅酸镁吸附的物质。（　　）

答案：×

正确答案：被四氯乙烯萃取且被硅酸镁吸附。

4. 根据《水质　石油类和动植物油类的测定　红外分光光度法》（HJ 637—2018）测定水中石油类和动植物油类时，玻璃棉使用前，将玻璃棉用四氯乙烯浸泡洗涤，晾干备用。（　　）

答案：√

5. 根据《水质　石油类和动植物油类的测定　红外分光光度法》（HJ 637—2018）测定水中石油类和动植物油类时，油类采样瓶应做一标记，塑料瓶、玻璃瓶都可以采油类样品。（　　）

答案：×

正确答案：塑料瓶不可以。

6. 根据《水质　石油类和动植物油类的测定　红外分光光度法》（HJ 637—2018）测定水中石油类和动植物油类时，硅酸镁应于磨口瓶中密封保存。（　　）

答案：√

7. 根据《水质　石油类和动植物油类的测定　红外分光光度法》（HJ 637—2018）测定水中石油类和动植物油类时，油类物质要单独采样，不允许在实验室内分样。（　　）

答案：√

8. 根据《水质　石油类和动植物油类的测定　红外分光光度法》（HJ 637—2018）测定水中石油类和动植物油类时，水样在 pH≤2 的条件下用四氯乙烯萃取后，测定总油；将萃取液用硅酸镁吸附去除动植物油类等极性物质后，测定石油类。（　　）

答案：×

正确答案：水样在 pH≤2 的条件下用四氯乙烯萃取后，测定油类。

9. 根据《水质　石油类和动植物油类的测定　红外分光光度法》（HJ 637—2018）测定水中石油类和动植物油类时，四氯乙烯不需要避光保存。（　　）

答案：×

正确答案：需要避光保存。

10. 根据《水质　石油类和动植物油类的测定　红外分光光度法》（HJ 637—2018）测定水中石油类和动植物油类时，四氯乙烯废液应集中存放于密闭容器中，并做好相应标识，委托有资质的单位进行处理。（　　）

答案：√

11. 根据《水质　石油类和动植物油类的测定　红外分光光度法》（HJ 637—2018）的规定，测定水中油所用的 60～100 目硅酸镁试剂，应作如下处理：取硅酸镁于瓷蒸发皿中，置于马弗炉内 550℃加热 6 h，稍冷后移入干燥器中冷却至室温。称取适量的硅酸镁于磨口玻璃瓶中，根据硅酸镁的质量，按 6%（m/m）比例加入适量的蒸馏水，密塞并充分振荡。（　　）

答案：×

正确答案：550℃加热 4 h。

二、单项选择题

1. 根据《水质　石油类和动植物油类的测定　红外分光光度法》（HJ 637—2018）测定水中石油类和动植物油类时，当取样体积为 500 ml、萃取液体积为 50 ml、使用 4 cm 石英比色皿时，方法检出限为________mg/L，测定下限为________mg/L。（　　）

A．0.04，0.24　　B．0.06，0.24　　C．0.04，0.26　　D．0.06，0.26

答案：B

2.《水质　石油类和动植物油类的测定　红外分光光度法》（HJ 637—2018）中所使用的四氯乙

烯，以干燥 4 cm 空石英比色皿为参比，在 2 800～3 100 cm^{-1} 之间使用 4 cm 石英比色皿测定四氯乙烯，2 930 cm^{-1}、2 960 cm^{-1}、3 030 cm^{-1} 处吸光度应分别不超过 0.34、________、0。(　　)

A. 0.03　　B. 0.05　　C. 0.07　　D. 0.09

答案： C

3. 根据《水质　石油类和动植物油类的测定　红外分光光度法》(HJ 637—2018) 测定水中石油类和动植物油类时，无水硫酸钠置于马弗炉内 550 ℃下加热________h，稍冷后装入磨口玻璃瓶中，置于干燥器内贮存。(　　)

A. 2　　B. 4　　C. 6　　D. 8

答案： B

4. 根据《水质　石油类和动植物油类的测定　红外分光光度法》(HJ 637—2018) 测定水中石油类和动植物油类时，油类样品采集后，加入________溶液酸化至 pH≤2。(　　)

A. 盐酸　　B. 硫酸　　C. 硝酸　　D. 氢氧化钠

答案： A

5. 根据《水质　石油类和动植物油类的测定　红外分光光度法》(HJ 637—2018) 测定水中石油类和动植物油类时，如油类样品采集后，不能在 24 h 内测定，应在 0～4℃冷藏保存，________d 内测定。(　　)

A. 1　　B. 3　　C. 5　　D. 7

答案： B

6. 根据《水质　石油类和动植物油类的测定　红外分光光度法》(HJ 637—2018) 测定水中石油类和动植物油类时，每分析一批 (≤ 20 个) 样品至少做 1 个实验室空白实验，空白试验结果应低于________。(　　)

A. 方法检出限　　B. 方法测定下限　　C. 方法测定上限　　D. 方法测定范围

答案： B

三、问答题

1. 根据《水质　石油类和动植物油类的测定　红外分光光度法》(HJ 637—2018) 简述油类、石油类定义。

答案： (1) 油类：指在 pH≤2 的条件下，能够被四氯乙烯萃取且在波数为 2 930 cm^{-1}、2 960 cm^{-1} 和 3 030 cm^{-1} 处有特征吸收的物质，主要包括石油类和动植物油类。

(2) 石油类：指在 pH≤2 的条件下，能够被四氯乙烯萃取且不被硅酸镁吸附的物质。

2. 简述《水质　石油类和动植物油类的测定　红外分光光度法》(HJ 637—2018) 中的注意事项。

答案： (1) 同一批样品测定所使用的四氯乙烯应来自同一瓶，如样品数量多，可将多瓶四氯乙烯混合均匀后使用；

(2) 所有使用完的器皿置于通风橱内挥发完后清洗；

(3) 对于动植物油类含量＞130 mg/L 的废水，萃取液需要稀释后再按照试样的制备步骤操作。

参考文献

生态环境部 . 水质　石油类和动植物油类的测定　红外分光光度法：HJ 637—2018［S］. 北京：中国环境出版集团，2018.

命题：魏　铮
审核：田　野

第八十一节　水质　挥发性有机物的测定 吹扫捕集 / 气相色谱 - 质谱法（HJ 639—2012）

一、判断题

1. 气相色谱 - 质谱联用仪的检测器对真空要求最高。(　　)

答案：×

正确答案：质量分析器对真空要求最高。

2. 气相色谱 - 质谱法中，新色谱柱安装时无方向性，但一旦使用过，不可再改变方向。(　　)

答案：√

3. 气相色谱 - 质谱法中，保存色谱柱时注意将两端密封好，避免水和空气破坏柱子内涂层。(　　)

答案：√

4.《水质　挥发性有机物的测定　吹扫捕集 / 气相色谱 - 质谱法》（HJ 639—2012）适用于测定海水、地下水、地表水、生活污水和工业废水中的挥发性有机物。(　　)

答案：√

5. 气相色谱 - 质谱联用仪的扫描方式只有一种为全扫描。(　　)

答案：×

正确答案：扫描方式有两种分别为全扫描和选择离子扫描。

6. 气相色谱 - 质谱法中，所选内标物应存在于待测样品中。(　　)

答案：×

正确答案：待测样品中不含内标物，但内标物的物理化学性质与待测目标化合物相似。

7. 根据《水质　挥发性有机物的测定　吹扫捕集 / 气相色谱 - 质谱法》（HJ 639—2012）测定水中挥发性有机物时，内标物质需要在样品分析之前加入，用于目标化合物的定量。(　　)

答案：√

8. 采用吹扫捕集 / 气相色谱 - 质谱法测定水中挥发性有机物时，替代物需要在样品前处理之后加入，通过回收率可以评价样品基体、样品处理过程对分析结果的影响。(　　)

答案：×

正确答案：替代物应该在样品提取或其他前处理之前加入。

9. 根据《水质 挥发性有机物的测定 吹扫捕集/气相色谱－质谱法》（HJ 639—2012）测定水中挥发性有机物时，所用空白试剂水需经过空白检验，确认在目标化合物的保留时间区间内无干扰峰出现或目标化合物浓度低于方法检出限。（ ）

答案：√

10. 在气相色谱－质谱分析中，指纹污染一般表现为一系列相差 14 amu 的质量峰出现（碳氢化合物），随着峰的质量增加，峰的丰度下降。（ ）

答案：√

11. 在气相色谱－质谱分析中，扩散泵油污染表现为 *m/z* 149 有明显的峰，且谱图基线显示过多的本底干扰。（ ）

答案：×

正确答案：扩散泵油污染表现为 *m/z* 446 有明显的峰。

12. 在气相色谱－质谱分析中，*m/z* 为 91、92 的离子交叉污染可能来自清洁溶剂。（ ）

答案：√

13. 根据《水质 挥发性有机物的测定 吹扫捕集/气相色谱－质谱法》（HJ 639—2012）测定水中挥发性有机物时，样品采集过程中，应使水样在样品瓶中溢流而不留空间，取样时尽量避免或减少样品在空气中暴露。（ ）

答案：√

14. 根据《水质 挥发性有机物的测定 吹扫捕集/气相色谱－质谱法》（HJ 639—2012）测定水中挥发性有机物时，采样瓶可以使用非聚四氟乙烯的密封圈，吹扫装置中的流量计不应含橡胶元件。（ ）

答案：×

正确答案：不可以使用非聚四氟乙烯的密封圈，因为可能引入污染。

15. 在气相色谱－质谱法中，高、低浓度样品交替分析时不会产生交叉污染。（ ）

答案：×

正确答案：高、低浓度的样品交替分析时会产生交叉污染。

16. 根据《水质 挥发性有机物的测定 吹扫捕集/气相色谱－质谱法》（HJ 639—2012）测定水中挥发性有机物时，在分析一个高浓度样品后，应分析一个或多个空白样品检查交叉污染。（ ）

答案：√

17. 根据《水质 挥发性有机物的测定 吹扫捕集/气相色谱－质谱法》（HJ 639—2012）测定水中挥发性有机物时，连续校准过程中，内标与校准曲线中间点内标的保留时间变化不超过 20 s。（ ）

答案：×

正确答案：连续校准时，内标与标准曲线中间点内标的保留时间变化不超过 10 s。

18. 根据《水质 挥发性有机物的测定 吹扫捕集/气相色谱－质谱法》（HJ 639—2012）测定水中挥发性有机物时，连续校准过程中，内标与校准曲线中间点内标的定量离子峰面积变化为 50%～200%。（ ）

答案：√

二、单项选择题

1. 质谱仪的三个最重要的指标是________、分辨率和灵敏度。(　　)

A. 质量范围　　B. 离子源　　C. 升温程序　　D. 检测器

答案： A

2. 根据《水质　挥发性有机物的测定　吹扫捕集/气相色谱－质谱法》(HJ 639—2012)测定水中挥发性有机物时，当样品量为 5 ml 时，用全扫描方式测定，目标化合物的方法检出限为__________μg/L，测定下限为________μg/L。(　　)

A. 0.6～5.0，2.4～20.0　　B. 0.6～1.0，2.4～4.0

C. 0.5～5.0，2.0～20.0　　D. 0.1～0.5，0.4～2.0

答案： A

3. 根据《水质　挥发性有机物的测定　吹扫捕集/气相色谱－质谱法》(HJ 639—2012)测定水中挥发性有机物时，当样品量为 5 ml 时，用选择离子方式测定，目标化合物的方法检出限为________μg/L，测定下限为__________μg/L。(　　)

A. 0.1～0.2，0.4～0.8　　B. 0.2～2.3，0.8～9.2

C. 0.5～1.0，2.0～4.0　　D. 0.1～0.5，0.4～2.0

答案： B

4. 根据《水质　挥发性有机物的测定　吹扫捕集/气相色谱－质谱法》(HJ 639—2012)测定水中挥发性有机物时，用于配制标准溶液的中间液保存时间为________。(　　)

A. 1 个月　　B. 1 周　　C. 2 个月　　D. 14 d

答案： A

5. 根据《水质　挥发性有机物的测定　吹扫捕集/气相色谱－质谱法》(HJ 639—2012)测定水中挥发性有机物时，以________做 GC/MS 系统性能测试。(　　)

A. BFB　　B. PFTBA　　C. DFTPP　　D. BNB

答案： A

6. 根据《水质　挥发性有机物的测定　吹扫捕集/气相色谱－质谱法》(HJ 639—2012)测定水中挥发性有机物时，样品在 4℃的情况下可保存________。(　　)

A. 5 d　　B. 1 周　　C. 14 d　　D. 1 个月

答案： C

7. 采用吹扫捕集/气相色谱－质谱法分析水质挥发性有机物时，吹扫捕集系统中可能会对分析水中的挥发性有机物带来污染的污染源主要有捕集管路中的杂质和________。(　　)

A. 吹扫气　　B. 进样口　　C. 色谱柱　　D. 离子源

答案： A

8. 根据《水质　挥发性有机物的测定　吹扫捕集/气相色谱－质谱法》(HJ 639—2012)测定水中挥发性有机物时，内标法初始校准时要求每种组分及标记化合物的平均 RF 的 RSD 应小于____________%。(　　)

A. 10　　B. 15　　C. 20　　D. 25

答案：C

9. 根据《水质　挥发性有机物的测定　吹扫捕集 / 气相色谱 - 质谱法》（HJ 639—2012）测定水中挥发性有机物时，每批样品分析之前或每________h 之内，需进行仪器性能检查。(　　)

A．12　　B．24　　C．48　　D．20

答案：B

10. 根据《水质　挥发性有机物的测定　吹扫捕集 / 气相色谱 - 质谱法》（HJ 639—2012）测定水中挥发性有机物时，校准曲线至少需要________个浓度系列。(　　)

A．2　　B．3　　C．4　　D．5

答案：D

11. 根据《水质　挥发性有机物的测定　吹扫捕集 / 气相色谱 - 质谱法》（HJ 639—2012）测定水中挥发性有机物时，校准曲线相关系数需≥________。(　　)

A．0.990　　B．0.900　　C．0.995　　D．0.999

答案：A

12. 根据《水质　挥发性有机物的测定　吹扫捕集 / 气相色谱 - 质谱法》（HJ 639—2012）测定水中挥发性有机物时，所有样品和空白中都需加入替代物，按与样品相同的步骤分析，每种替代物的回收率应为________。(　　)

A．70%～140%　　B．60%～130%　　C．60%～140%　　D．70%～130%

答案：D

13. 根据《水质　挥发性有机物的测定　吹扫捕集 / 气相色谱 - 质谱法》（HJ 639—2012）测定水中挥发性有机物时，每批样品应进行 1 次试剂空白和试剂空白加标分析，空白加标回收率应为________。(　　)

A．90%～110%　　B．60%～140%　　C．80%～120%　　D．70%～130%

答案：C

14. 根据《水质　挥发性有机物的测定　吹扫捕集 / 气相色谱 - 质谱法》（HJ 639—2012）测定水中挥发性有机物时，每批样品需进行 1 个平行样分析，平行样分析时目标化合物的相对偏差应＜________。(　　)

A．30%　　B．40%　　C．20%　　D．25%

答案：A

15. 根据《水质　挥发性有机物的测定　吹扫捕集 / 气相色谱 - 质谱法》（HJ 639—2012）测定水中挥发性有机物时，每批样品需进行 1 次基体加标分析，基体加标回收率应为________。(　　)

A．80%～120%　　B．60%～140%　　C．60%～130%　　D．70%～130%

答案：C

16. 根据《水质　挥发性有机物的测定　吹扫捕集 / 气相色谱 - 质谱法》（HJ 639—2012）测定挥发性有机物时，定量离子质量数为 62，辅助离子的质量数为 64，98 的化合物为________。(　　)

A．二氯甲烷　　B．1,2- 二氯乙烷　　C．环氧氯丙烷　　D．氯乙烯

答案：B

17. 根据《水质 挥发性有机物的测定 吹扫捕集 / 气相色谱－质谱法》（HJ 639—2012）测定挥发性有机物时，________和________物质的出峰时间与定量离子相同。（ ）

A. 间－二甲苯，邻－二甲苯　　B. 间－二甲苯，对－二甲苯

C. 邻－二甲苯，对－二甲苯　　D. 甲苯，对二甲苯

答案：B

18. 气相色谱－质谱联用仪的载气浓度需≥________。（ ）

A. 99.0%　　B. 99.9%　　C. 99.999%　　D. 99.99%

答案：C

19. 根据《水质 挥发性有机物的测定 吹扫捕集 / 气相色谱－质谱法》（HJ 639—2012）测定挥发性有机物时，气相色谱－质谱联用仪的质谱部分应具有 70 eV 的电子轰击（EI）电离源，每个色谱峰至少有________次扫描。（ ）

A. 5　　B. 6　　C. 4　　D. 3

答案：B

20. 根据《水质 挥发性有机物的测定 吹扫捕集 / 气相色谱－质谱法》（HJ 639—2012）测定水中挥发性有机物时，若测定结果小于 100 μg/L，保留小数点后________位；若测定结果大于等于 100 μg/L，保留________位有效数字。（ ）

A. 0；3　　B. 1；3　　C. 1；2　　D. 2；2

答案：B

三、问答题

1. 简述《水质 挥发性有机物的测定 吹扫捕集 / 气相色谱－质谱法》（HJ 639—2012）的方法原理。

答案：样品中的挥发性有机物经高纯氦气（或氮气）吹扫后吸附于捕集管中，将捕集管加热并以高纯氦气反吹，被热脱附出来的组分经气相色谱分离后，用质谱仪进行检测。通过与待测目标化合物保留时间和标准质谱图或特征离子相比较进行定性，内标法定量。

2. 根据《水质 挥发性有机物的测定 吹扫捕集 / 气相色谱－质谱法》（HJ 639—2012）简述样品怎样保存？

答案：采样前，需要向每个样品瓶中加入抗坏血酸，每 40 ml 样品需加入 25 mg 的抗坏血酸。如果水样中总余氯的量超过 5 mg/L，应先按 HJ 586 附录 A 的方法测定总余氯后，再确定抗坏血酸的加入量。在 40 ml 样品瓶中，总余氯每超过 5 mg/L，需多加 25 mg 的抗坏血酸。采样时水样呈中性时向每个样品中加入 0.5 ml（1+1）盐酸溶液，拧紧瓶盖；水样呈碱性时应加入适量（1+1）盐酸溶液使样品 pH≤2。采集完水样后，应在样品瓶上立即贴上标签。样品采集后冷藏运输。运回实验室后应立即放入冰箱中，在 4℃以下保存，14 d 内分析完毕。样品存放区域应无有机物干扰。

四、计算题

根据《水质 挥发性有机物的测定 吹扫捕集 / 气相色谱－质谱法》（HJ 639—2012）分析某废水中挥发性有机物组分时，使用 2 500 μg/ml 的高浓度内标标准溶液配制 10 ml 25 μg/ml 的内标标

准溶液，应如何操作?

答案： $V=\dfrac{25\times10}{2\ 500}\times1\ 000=100\ (\mu L)$

吸取 100 μl 浓度为 2 500 μg/ml 的内标标准溶液到 10 ml 容量瓶中，用甲醇定容，此标准溶液浓度为 25 μg/ml。

参考文献

［1］生态环境部．水质　挥发性有机物的测定　吹扫捕集/气相色谱–质谱法：HJ 639—2012［S］．北京：中国环境科学出版社，2012.

［2］中国环境监测总站《环境监测人员持证上岗考核试题集》编写组．环境监测人员持证上岗考核试题集：上册．4 版［M］．北京：中国环境科学出版集团，2015.

命题：张雪晶

审核：王　芳

第八十二节　水质　游离氯和总氯的测定 *N,N*- 二乙基 -1,4- 苯二胺滴定法（HJ 585—2010）

一、判断题

1.《水质　游离氯和总氯的测定　*N,N*- 二乙基 -1,4- 苯二胺滴定法》（HJ 585—2010）适用于地表水、地下水、工业废水、医疗废水、生活污水、中水和污水再生的景观用水中游离氯和总氯的测定。(　　)

答案： ×

正确答案：《水质　游离氯和总氯的测定　*N,N*- 二乙基 -1,4- 苯二胺滴定法》（HJ 585—2010）不适用于地表水和地下水中游离氯和总氯的测定。

2.《水质　游离氯和总氯的测定　*N,N*- 二乙基 -1,4- 苯二胺滴定法》（HJ 585—2010）中规定，二氧化氯对游离氯和总氯的测定产生干扰。(　　)

答案： √

3.《水质　游离氯和总氯的测定　*N,N*- 二乙基 -1,4- 苯二胺滴定法》（HJ 585—2010）中规定，亚氯酸盐对游离氯和总氯的测定产生干扰。(　　)

答案： ×

正确答案：《水质　游离氯和总氯的测定　*N,N*- 二乙基 -1,4- 苯二胺滴定法》（HJ 585—2010）中规定，亚氯酸盐仅对总氯的测定产生干扰。

4.《水质　游离氯和总氯的测定　*N,N*- 二乙基 -1,4- 苯二胺滴定法》（HJ 585—2010）中规

定，在滴定硫酸亚铁铵时，若消耗重铬酸钾标准溶液体积小于 22 ml，应重新配制硫酸亚铁铵贮备液。（　　）

答案：√

5.《水质　游离氯和总氯的测定　*N*,*N*- 二乙基 -1,4- 苯二胺滴定法》（HJ 585—2010）中规定，高浓度的一氯胺会对游离氯的测定产生干扰。（　　）

答案：√

6.《水质　游离氯和总氯的测定　*N*,*N*- 二乙基 -1,4- 苯二胺滴定法》（HJ 585—2010）中规定，氧化锰和六价铬会对测定产生干扰，可通过测定氧化锰和六价铬的浓度消除干扰。（　　）

答案：√

7. 根据《水质　游离氯和总氯的测定　*N*,*N*- 二乙基 -1,4- 苯二胺滴定法》（HJ 585—2010）测定水中总氯时，温度高时会促使氯胺起反应，并加快指示剂的褪色过程，所以滴定应避免在较高的室温下进行。（　　）

答案：√

8. 根据《水质　游离氯和总氯的测定　*N*,*N*- 二乙基 -1,4- 苯二胺滴定法》（HJ 585—2010）配制磷酸盐缓冲溶液时，可加入 0.020 g 硫酸汞，以防止霉菌繁殖及试剂内痕量碘化物对游离氯检验的干扰。（　　）

答案：×

正确答案：可加入 0.020 g 氯化汞，以防止霉菌繁殖及试剂内痕量碘化物对游离氯检验的干扰。

9.《水质　游离氯和总氯的测定　*N*,*N*- 二乙基 -1,4- 苯二胺滴定法》（HJ 585—2010）中规定，当样品在现场测定时，若样品过酸、过碱或盐浓度较高，应增加缓冲液的加入量，以确保试样的 pH 为 6.2～6.5，测定时，样品应避免强光、振摇和温热。（　　）

答案：√

10. 根据《水质　游离氯和总氯的测定　*N*,*N*- 二乙基 -1,4- 苯二胺滴定法》（HJ 585—2010）测定水中游离氯和总氯时，滴定至终点后的无色样品，若放置较短时间后又显红色，则可能是 pH 低而使 DPD 被溶解氧所氧化。（　　）

答案：×

正确答案：是因为 pH 高而使 DPD 被溶解氧所氧化。

11.《水质　游离氯和总氯的测定　*N*,*N*- 二乙基 -1,4- 苯二胺滴定法》（HJ 585—2010）中规定，采样过程中，对于碱性很强的水样（pH＞12），则不需加入固定剂，测定时应减少缓冲液的加入量，使试样的 pH 为 6.2～6.5。（　　）

答案：×

正确答案：《水质　游离氯和总氯的测定　*N*,*N*- 二乙基 -1,4- 苯二胺滴定法》（HJ 585—2010）中规定，采样过程中，对于碱性很强的水样（pH＞12），则不需加入固定剂，测定时应增加缓冲液的加入量，使试样的 pH 为 6.2～6.5。

12.《水质　游离氯和总氯的测定　*N*,*N*- 二乙基 -1,4- 苯二胺滴定法》（HJ 585—2010）中规定，测定游离氯和总氯的玻璃器皿应分开使用，以防止交叉污染。（　　）

答案：√

13.《水质 游离氯和总氯的测定 *N*,*N*-二乙基-1,4-苯二胺滴定法》(HJ 585—2010)中规定，在 pH 为 6.2～6.5 条件下，存在过量碘化钾时，单质氯、次氯酸、次氯酸盐和氯胺与 DPD 反应生成紫红色化合物，用硫酸亚铁铵标准溶液滴定至紫红色消失。( )

答案：×

正确答案：《水质 游离氯和总氯的测定 *N*,*N*-二乙基-1,4-苯二胺滴定法》(HJ 585—2010)中规定，在 pH 为 6.2～6.5 条件下，存在过量碘化钾时，单质氯、次氯酸、次氯酸盐和氯胺与 DPD 反应生成红色化合物，用硫酸亚铁铵标准溶液滴定至红色消失。

14.《水质 游离氯和总氯的测定 *N*,*N*-二乙基-1,4-苯二胺滴定法》(HJ 585—2010)中规定，存在 Cu^{2+}(< 8 mg/L)和 Fe^{3+}(< 20 mg/L)的干扰可通过缓冲溶液和 DPD 溶液中的 Na_2-EDTA 掩蔽。( )

答案：√

15.《水质 游离氯和总氯的测定 *N*,*N*-二乙基-1,4-苯二胺滴定法》(HJ 585—2010)中规定，硫酸亚铁铵贮备液测定前要进行标定。( )

答案：√

二、单项选择题

1.《水质 游离氯和总氯的测定 *N*,*N*-二乙基-1,4-苯二胺滴定法》(HJ 585—2010)中规定的检出限(以 Cl_2 计)为________，测定范围(以 Cl_2 计)为________。( )

A. 0.02 mg/L，0.02～5.00 mg/L　　B. 0.02 mg/L，0.08～5.00 mg/L

C. 0.08 mg/L，0.08～5.00 mg/L　　D. 0.08 mg/L，0.20～5.00 mg/L

答案：B

2.《水质 游离氯和总氯的测定 *N*,*N*-二乙基-1,4-苯二胺滴定法》(HJ 585—2010)中规定，游离氯是指以________、次氯酸盐离子和溶解的单质氯形式存在的氯。( )

A. 氯胺　　B. 次氯酸　　C. 有机氯胺　　D. 亚氯酸盐

答案：B

3.《水质 游离氯和总氯的测定 *N*,*N*-二乙基-1,4-苯二胺滴定法》(HJ 585—2010)中规定，总氯指以________或化合氯，或两者共存形式存在的氯。( )

A. 有机氯　　B. 次氯酸　　C. 游离氯　　D. 亚氯酸盐

答案：C

4. 根据《水质 游离氯和总氯的测定 *N*,*N*-二乙基-1,4-苯二胺滴定法》(HJ 585—2010)测定水中游离氯和总氯时，通过加亚砷酸钠溶液或________溶液消除一氯胺的干扰。( )

A. 硫代乙酰胺　　B. 硫代硫酸钠　　C. 硫酸钠　　D. 过硫酸钾

答案：A

5. 根据《水质 游离氯和总氯的测定 *N*,*N*-二乙基-1,4-苯二胺滴定法》(HJ 585—2010)测定水中游离氯和总氯时，在 pH 为________条件下，游离氯与 *N*,*N*-二乙基-1,4-苯二胺(DPD)生成红色化合物，用硫酸亚铁铵标准溶液滴定至红色消失。( )

A. 6.2～6.5　　B. 6.0～6.5　　C. 6.2～6.8　　D. 6.5～6.8

答案：A

6.《水质　游离氯和总氯的测定　*N*,*N*-二乙基-1,4-苯二胺滴定法》（HJ 585—2010）中规定，实验用水为不含氯和________的去离子水或二次蒸馏水。（　　）

A．酸性物质　　B．碱性物质　　C．氧化性物质　　D．还原性物质

答案：D

7.《水质　游离氯和总氯的测定　*N*,*N*-二乙基-1,4-苯二胺滴定法》（HJ 585—2010）中规定，实验过程中，配制重铬酸钾标准溶液时，所称取的重铬酸钾在________℃烘干________h。（　　）

A．108，1　　B．108，2　　C．105，1　　D．105，2

答案：D

8.《水质　游离氯和总氯的测定　*N*,*N*-二乙基-1,4-苯二胺滴定法》（HJ 585—2010）中规定，实验过程中，若样品过酸、过碱或________较高，应增加缓冲液的加入量。（　　）

A．温度　　B．盐浓度　　C．无机物浓度　　D．有机物浓度

答案：B

9.《水质　游离氯和总氯的测定　*N*,*N*-二乙基-1,4-苯二胺滴定法》（HJ 585—2010）中规定，实验中的玻璃器皿需在________溶液中浸泡 1 h，然后用水充分漂洗。（　　）

A．盐酸　　B．硝酸　　C．次氯酸钠　　D．氯化钠

答案：C

10.《水质　游离氯和总氯的测定　*N*,*N*-二乙基-1,4-苯二胺滴定法》（HJ 585—2010）中规定，以 mmol/L 表示的氯（Cl_2）浓度，乘以系数________即可换算为 mg/L。（　　）

A．70.91　　B．71.00　　C．72.91　　D．74.91

答案：A

11.《水质　游离氯和总氯的测定　*N*,*N*-二乙基-1,4-苯二胺滴定法》（HJ 585—2010）中规定，若样品需运回实验室分析，对于酸性很强的水样，应增加固定剂 NaOH 溶液的加入量，使样品 pH ________。（　　）

A．＞10　　B．＜10　　C．＞12　　D．＜12

答案：C

12.《水质　游离氯和总氯的测定　*N*,*N*-二乙基-1,4-苯二胺滴定法》（HJ 585—2010）中规定，若样品需运回实验室分析，水样用冷藏箱运送，在实验室内 4℃、避光条件下保存，________d 内测定。（　　）

A．1　　B．2　　C．5　　D．7

答案：C

13.《水质　游离氯和总氯的测定　*N*,*N*-二乙基-1,4-苯二胺滴定法》（HJ 585—2010）中规定，在 pH 为 6.2～6.5 条件下，存在过量________时，单质氯、次氯酸、次氯酸盐和氯胺与 DPD 反应生成化合物，用硫酸亚铁铵标准溶液滴定至红色消失。（　　）

A．碘化钠　　B．碘化钾　　C．碘酸钾　　D．碘酸钠

答案：B

14.《水质　游离氯和总氯的测定　*N*,*N*-二乙基-1,4-苯二胺滴定法》（HJ 585—2010）中规

定，在 pH 为 6.2～6.5 条件下，游离氯与 *N*,*N*- 二乙基 -1,4- 苯二胺（DPD）生成红色化合物，用________标准溶液滴定至红色消失。（　　）

A．硫酸亚铁铵　　B．硫代硫酸钠　　C．硫酸钠　　D．重铬酸钾

答案：A

15. 根据《水质　游离氯和总氯的测定　*N*,*N*- 二乙基 -1,4- 苯二胺滴定法》（HJ 585—2010）测定水中游离氯和总氯时，铬酸盐的干扰可通过加入________消除。（　　）

A．氯化钙　　B．氯化钡　　C．氯化镁　　D．氯化钠

答案：B

三、问答题

1. 根据《水质　游离氯和总氯的测定　*N*,*N*- 二乙基 -1,4- 苯二胺滴定法》（HJ 585—2010）分别简述游离氯测定和总氯测定的方法原理。

答案：（1）游离氯测定的方法原理：在 pH 为 6.2～6.5 条件下，游离氯与 *N*,*N*- 二乙基 -1,4- 苯二胺（DPD）生成红色化合物，用硫酸亚铁铵标准溶液滴定至红色消失；

（2）总氯测定的方法原理：在 pH 为 6.2～6.5 条件下，存在过量碘化钾时，单质氯、次氯酸、次氯酸盐和氯胺与 DPD 反应生成红色化合物，用硫酸亚铁铵标准溶液滴定至红色消失。

2. 根据《水质　游离氯和总氯的测定　*N*,*N*- 二乙基 -1,4- 苯二胺滴定法》（HJ 585—2010）简述如何校正氧化锰和六价铬的干扰？

答案：对于含有氧化锰和六价铬的试样可通过测定两者含量消除其干扰。

（1）取 100 ml 试料于 250 ml 锥形瓶中，加入 1.0 ml 亚砷酸钠溶液或硫代乙酰胺溶液，混匀。再加入 15.0 ml 磷酸盐缓冲液和 5.0 ml DPD 溶液，立即用硫酸亚铁铵标准滴定液滴定，溶液由粉红色滴至无色为终点，测定氧化锰的干扰。

（2）若有六价铬存在，30 min 后，溶液颜色变成粉红色，继续滴定六价铬的干扰，使溶液由粉红色滴至无色为终点。记录滴定消耗溶液体积，相当于氧化锰和六价铬的干扰。若水样需稀释，应测定稀释后样品的氧化锰和六价铬干扰。

四、计算题

1. 根据《水质　游离氯和总氯的测定　*N*,*N*- 二乙基 -1,4- 苯二胺滴定法》（HJ 585—2010）测定某水样中的游离氯，取样体积为 100 ml，消耗 0.011 5 mol/L 硫酸亚铁铵标准滴定液 7.12 ml，校正氧化锰和六价铬干扰时消耗硫酸亚铁铵标准滴定液 0.50 ml，问游离氯的浓度是多少？（M_{Cl}=35.46）

答案：

$$C=\frac{c_3(V_3-V_5)}{V_0}\times 70.91$$

$$=\frac{0.0115\times(7.12-0.50)\times 1000}{100}\times 70.91$$

$$=54.0(\text{mg/L})$$

水样中游离氯的浓度是 54.0 mg/L。

2. 根据《水质　游离氯和总氯的测定　*N*,*N*- 二乙基 -1,4- 苯二胺滴定法》（HJ 585—2010）测

定某水样中的总氯时，取样体积为 100 ml，测定结果为 35.2 mg/L，该样品不存在氧化锰和六价铬干扰，问滴定消耗了 0.011 2 mol/L 的硫代硫酸钠标准溶液多少毫升？（M_{Cl}=35.46）

答案：$C=\frac{c_3(V_4-V_5)}{V_0}\times 70.91$

$=\frac{0.0112\times(V_4-0.00)\times 1000}{100}\times 70.91$

$=35.2$（mg/L）

计算得 V_4=4.43 ml

消耗了 0.011 2 mol/L 的硫代硫酸钠标准溶液 4.43 ml。

参考文献

［1］环境保护部．水质　游离氯和总氯的测定　*N,N*- 二乙基 -1,4- 苯二胺滴定法：HJ 585—2010［S］．北京：中国环境科学出版社，2010.

［2］中国环境监测总站《环境监测人员持证上岗考核试题集》编写组．环境监测人员持证上岗考核试题集：上册．4 版［M］．北京：中国环境出版集团，2015.

命题：贾　楠

审核：吴玉敏

第八十三节　水质　游离氯和总氯的测定 *N,N*- 二乙基 -1,4- 苯二胺分光光度法（HJ 586—2010）

一、判断题

1.《水质　游离氯和总氯的测定　*N,N*- 二乙基 -1,4- 苯二胺分光光度法》（HJ 586—2010）中规定，总氯是以游离氯或化合氯，或两者共存形式存在的氯。（　　）

答案：√

2. 根据《水质　游离氯和总氯的测定　*N,N*- 二乙基 -1,4- 苯二胺分光光度法》（HJ 586—2010）测定水中游离氯和总氯时，游离氯和总氯不稳定，样品应尽量现场测定。（　　）

答案：√

3. 根据《水质　游离氯和总氯的测定　*N,N*- 二乙基 -1,4- 苯二胺分光光度法》（HJ 586—2010）测定水中游离氯和总氯时，游离氯和总氯样品不能现场测定时，则需马上带回实验室测定。（　　）

答案：×

正确答案：如样品不能现场测定，则需对样品加入固定剂保存。

4. 根据《水质　游离氯和总氯的测定　*N,N*- 二乙基 -1,4- 苯二胺分光光度法》（HJ 586—2010）测定水中游离氯和总氯时，如果水样浑浊或有色，将影响测定，可采用过滤或脱色法，以降

低其干扰影响。(　　)

答案： ×

正确答案： 可采用补偿法。

5. 根据《水质　游离氯和总氯的测定　*N*,*N*- 二乙基 -1,4- 苯二胺分光光度法》(HJ 586—2010)测定水中游离氯和总氯时，去离子水或二次蒸馏水中仅含有氯化物，可用硅胶处理脱氯。(　　)

答案： ×

正确答案： 用活性炭处理脱氯。

6. 根据《水质　游离氯和总氯的测定　*N*,*N*- 二乙基 -1,4- 苯二胺分光光度法》(HJ 586—2010)测定水中游离氯和总氯时，某些含有机物较低的水样，需较长的时间才能显色完全，应进行多次测量，以便确定显色稳定后的测量值。(　　)

答案： ×

正确答案： 某些含有机物较高的水样，需较长的时间才能显色完全，应进行多次测量，以便确定显色稳定后的测量值。

7. 根据《水质　游离氯和总氯的测定　*N*,*N*- 二乙基 -1,4- 苯二胺分光光度法》(HJ 586—2010)测定水中游离氯和总氯时，为取得准确的结果，水样的 pH 需控制在 6.2～6.5。(　　)

答案： √

8.《水质　游离氯和总氯的测定　*N*,*N*- 二乙基 -1,4- 苯二胺分光光度法》(HJ 586—2010)适用于所有水质中氯的测定，包括较浑浊和色度较高的水样。(　　)

答案： ×

正确答案： 不适用于较浑浊和色度较高的水样中的氯的测定。

9.《水质　游离氯和总氯的测定　*N*,*N*- 二乙基 -1,4- 苯二胺分光光度法》(HJ 586—2010)中规定，测定游离氯和总氯的玻璃器皿应分开使用，防止交叉污染。(　　)

答案： √

10. 根据《水质　游离氯和总氯的测定　*N*,*N*- 二乙基 -1,4- 苯二胺分光光度法》(HJ 586—2010)测定水中游离氯和总氯时，亚氯酸盐不会对总氯的测定产生干扰。(　　)

答案： ×

正确答案： 亚氯酸盐对总氯的测定产生干扰。

11. 根据《水质　游离氯和总氯的测定　*N*,*N*- 二乙基 -1,4- 苯二胺分光光度法》(HJ 586—2010)测定水中游离氯和总氯时，二氧化氯对游离氯和总氯的测定产生干扰。(　　)

答案： √

12. 由于游离氯和总氯标准溶液不稳定且不易获得，《水质　游离氯和总氯的测定　*N*,*N*- 二乙基 -1,4- 苯二胺分光光度法》(HJ 586—2010)中规定以碘分子或 $[I_3]^-$ 替代游离氯做校准曲线，以碘化钾作基准。(　　)

答案： ×

正确答案： 以碘酸钾作基准。

13. 根据《水质　游离氯和总氯的测定　*N*,*N*- 二乙基 -1,4- 苯二胺分光光度法》(HJ 586—2010)测定水中游离氯和总氯时，如果校准曲线不是与样品同时绘制的，每批样品要带 1 个中间校

准点，中间校准点测定值与校准曲线相应点浓度的相对误差应不超过 10%。(　　)

答案：×

正确答案：相对误差应不超过 15%。

14. 根据《水质　游离氯和总氯的测定　*N,N*- 二乙基 -1,4- 苯二胺分光光度法》(HJ 586—2010) 测定水中游离氯和总氯时，常见的二价铜离子和二价铁离子可被缓冲液和 DPD 试液中的 Na_2-EDTA 掩蔽。(　　)

答案：×

正确答案：常见的二价铜离子和三价铁离子可被缓冲液和 DPD 试液中的 Na_2-EDTA 掩蔽。

15. 电镀废水中加氯是为了分解有毒的氰化物。(　　)

答案：√

二、单项选择题

1. 根据《水质　游离氯和总氯的测定　*N,N*- 二乙基 -1,4- 苯二胺分光光度法》(HJ 586—2010) 测定水中游离氯和总氯时，对于高浓度样品，采用 10 mm 比色皿，检出限（以 Cl_2 计）为________mg/L。(　　)

A. 0.003　　B. 0.004　　C. 0.03　　D. 0.04

答案：C

2. 根据《水质　游离氯和总氯的测定　*N,N*- 二乙基 -1,4- 苯二胺分光光度法》(HJ 586—2010) 测定水中游离氯和总氯时，对于低浓度样品，采用 50 mm 比色皿，检出限（以 Cl_2 计）为________mg/L。(　　)

A. 0.003　　B. 0.004　　C. 0.03　　D. 0.04

答案：B

3. 水样中游离氯极不稳定，应在现场采样测定，并自始至终注意避免强光、________和温热。(　　)

A. 振摇　　B. 保温　　C. 保持酸度　　D. 保持碱度

答案：A

4.《水质　游离氯和总氯的测定　*N,N*- 二乙基 -1,4- 苯二胺分光光度法》(HJ 586—2010) 中规定，总氯是以________或化合氯，或两者共存形式存在的氯。(　　)

A. 单质氯　　B. 氯化衍生物　　C. 游离氯　　D. 氯氨

答案：C

5. 根据《水质　游离氯和总氯的测定　*N,N*- 二乙基 -1,4- 苯二胺分光光度法》(HJ 586—2010) 测定水中游离氯和总氯时，水样用冷藏箱运送，在实验室内 4℃、避光条件下保存，________d 内测定。(　　)

A. 1　　B. 2　　C. 5　　D. 7

答案：C

6. 根据《水质　游离氯和总氯的测定　*N,N*- 二乙基 -1,4- 苯二胺分光光度法》(HJ 586—2010) 测定水中游离氯和总氯时，绘制校准曲线测定各溶液吸光度，于________min 内完成比色分析。(　　)

A．10　B．20　C．30　D．60

答案：D

7. 根据《水质　游离氯和总氯的测定　*N*,*N*-二乙基-1,4-苯二胺分光光度法》（HJ 586—2010）测定水中游离氯和总氯时，铬酸盐的干扰可加入________消除。（　　）

A．氯化钾　B．氯化钡　C．氯化钠　D．氯化钙

答案：B

8. 根据《水质　游离氯和总氯的测定　*N*,*N*-二乙基-1,4-苯二胺分光光度法》（HJ 586—2010）测定水中游离氯和总氯时，对于高浓度样品，采用________mm 比色皿。（　　）

A．10　B．20　C．30　D．50

答案：A

9. 根据《水质　游离氯和总氯的测定　*N*,*N*-二乙基-1,4-苯二胺分光光度法》（HJ 586—2010）测定水中游离氯和总氯时，对于低浓度样品，采用________mm 比色皿。（　　）

A．10　B．20　C．30　D．50

答案：D

10. 根据《水质　游离氯和总氯的测定　*N*,*N*-二乙基-1,4-苯二胺分光光度法》（HJ 586—2010）测定水中游离氯和总氯时，如加入的 DPD 试剂与游离氯反应产物所显深红色很快褪去，是因为水样中游离氯浓度________，被氧化而显色的试剂随即又被游离氯漂白，此时应将样品________后再测定。（　　）

A．较低，稀释　B．较低，过滤　C．较高，稀释　D．较高，过滤

答案：C

11. 根据《水质　游离氯和总氯的测定　*N*,*N*-二乙基-1,4-苯二胺分光光度法》（HJ 586—2010）测定游离氯和总氯时，应在________nm 波长处测定其吸光度。（　　）

A．510　B．515　C．520　D．525

答案：B

12. 根据《水质　游离氯和总氯的测定　*N*,*N*-二乙基-1,4-苯二胺分光光度法》（HJ 586—2010）测定水中游离氯和总氯时，游离氯与 *N*,*N*-二乙基-1,4-苯二胺（DPD）发生反应，生成________化合物。（　　）

A．红色　B．紫色　C．蓝色　D．绿色

答案：A

13. 根据《水质　游离氯和总氯的测定　*N*,*N*-二乙基-1,4-苯二胺分光光度法》（HJ 586—2010）测定水中游离氯和总氯时，若测定结果小于 0.01 mg/L，保留到________。（　　）

A．小数点后 3 位　B．小数点后 2 位　C．保留 3 位有效数字　D．小数点后 1 位

答案：A

14. 根据《水质　游离氯和总氯的测定　*N*,*N*-二乙基-1,4-苯二胺分光光度法》（HJ 586—2010）测定水中游离氯和总氯时，若测定结果大于等于 0.01 mg/L 且小于 10 mg/L，保留到________。（　　）

A．小数点后 3 位　B．小数点后 2 位　C．保留 3 位有效数字　D．小数点后 1 位

答案：B

15. 根据《水质 游离氯和总氯的测定 *N,N*- 二乙基 -1,4- 苯二胺分光光度法》（HJ 586—2010）测定水中游离氯和总氯时，若测定结果大于等于 10 mg/L，保留到________。（ ）

A. 小数点后 3 位　　B. 小数点后 2 位

C. 保留 3 位有效数字　　D. 小数点后 1 位

答案：C

三、问答题

1. 简述《水质 游离氯和总氯的测定 *N,N*- 二乙基 -1,4- 苯二胺分光光度法》（HJ 586—2010）的适用范围。

答案：本标准适用于地表水、工业废水、医疗废水、生活污水、中水和污水再生的景观用水中的游离氯和总氯的测定。

2. 简述根据《水质 游离氯和总氯的测定 *N,N*- 二乙基 -1,4- 苯二胺分光光度法》（HJ 586—2010）测定水中游离氯的原理。

答案：在 pH 为 6.2～6.5 的条件下，游离氯直接与 *N,N*- 二乙基 -1,4- 苯二胺（DPD）发生反应，生成红色化合物，于 515 nm 波长处测定其吸光度。

3. 根据《水质 游离氯和总氯的测定 *N,N*- 二乙基 -1,4- 苯二胺分光光度法》（HJ 586—2010）测定水中游离氯和总氯时，加入 DPD 试剂后，所显深红色很快褪尽，说明什么问题？应如何处理？

答案：说明样品含游离氯浓度较高，被氧化而显色的试剂随即又被游离氯漂白，应将样品稀释后再测定。

4. 根据《水质 游离氯和总氯的测定 *N,N*- 二乙基 -1,4- 苯二胺分光光度法》（HJ 586—2010）测定水中游离氯和总氯时，样品不能现场测定的情况下，应如何固定保存？

答案：样品不能现场测定时，则需对样品加入固定剂保存。可预先加入采样体积 1% 的 NaOH 溶液到棕色玻璃瓶中，采集水样使其充满采样瓶，立即加盖塞紧并密封，避免水样接触空气。若样品呈酸性，应加大 NaOH 溶液的加入量，确保水样 pH 大于 12。

5. 根据《水质 游离氯和总氯的测定 *N,N*- 二乙基 -1,4- 苯二胺分光光度法》（HJ 586—2010）测定水中游离氯和总氯时，如何校正氧化锰和六价铬产生的干扰？

答案：对于含有氧化锰和六价铬的试样可通过测定两者含量消除其干扰。取 100 ml 试样于 250 ml 锥形瓶中，加入 1.0 ml 亚砷酸钠溶液或硫代乙酰胺溶液，混匀。再加入 15.0 ml 磷酸盐缓冲溶液和 5.0 ml DPD 溶液，测定吸光度，记录质量浓度 ρ_3，相当于氧化锰和六价铬的干扰。若水样需稀释，应测定稀释后样品的氧化锰和六价铬的干扰。

四、计算题

根据《水质 游离氯和总氯的测定 *N,N*- 二乙基 -1,4- 苯二胺分光光度法》（HJ 586—2010）测定水中游离氯和总氯时，取 100.0 ml 水样，测得样品吸光度为 0.174，同时测得空白样品吸光度为 0.008。以零浓度校正吸光度值为纵坐标，以其对应的氯质量浓度 ρ（Cl_2）为横坐标，绘制校准曲线的回归方程为 y=0.197 3 x−0.004，干扰物浓度均为 0，求水样中游离氯的浓度。

答案：

$$\rho_1=\frac{[(A_1-A_0)-a]}{b}=\frac{[(0.174-0.008)+0.004]}{0.1973}=0.86(\text{mg/L})$$

$$\rho_2=0$$

$$\rho=(\rho_1-\rho_2)\times f=\frac{(\rho_1-\rho_2)\times V_0}{V_1}=\frac{0.86\times 100}{100}=0.86(\text{mg/L})$$

该水样游离氯的浓度为 0.86 mg/L。

参考文献

[1] 环境保护部. 水质　游离氯和总氯的测定　*N,N*- 二乙基 -1,4- 苯二胺分光光度法：HJ 586—2010 [S]. 北京：中国环境科学出版社，2010.

[2] 中国环境监测总站《环境监测人员持证上岗考核试题集》编写组. 环境监测人员持证上岗考核试题集：上册. 4 版 [M]. 北京：中国环境出版集团，2015.

命题：洪　涛

审核：杨　梦

第八十四节　水质　叶绿素 a 的测定　分光光度法（HJ 897—2017）

一、判断题

1. 丙酮对人体健康有一定危害，操作时应在通风橱中进行，佩戴防护器具，避免接触皮肤和衣物。(　　)

答案： √

2. 根据《水质　叶绿素 a 的测定　分光光度法》(HJ 897—2017) 测定水中叶绿素 a 时，丙酮提取液中叶绿素 a 的检出限为 0.05 mg/L。(　　)

答案： ×

正确答案： 丙酮提取液中叶绿素 a 的检出限为 0.04 mg/L。

3. 根据《水质　叶绿素 a 的测定　分光光度法》(HJ 897—2017) 测定水中叶绿素 a 时，试验中应使用分析纯纯度 100% 的丙酮溶液。(　　)

答案： ×

正确答案： 使用 9+1 的丙酮溶液。

4. 根据《水质　叶绿素 a 的测定　分光光度法》(HJ 897—2017) 测定水中叶绿素 a 时，在样

品的过滤过程中使用直径为 47 mm 的碳酸纤维滤膜。(　　)

答案：×

正确答案：使用直径为 47 mm 的玻璃纤维滤膜。

5. 根据《水质　叶绿素 a 的测定　分光光度法》（HJ 897—2017）测定水中叶绿素 a 时，离心分离后应使用 0.47 μm 的聚四氟乙烯有机针式滤器过滤上清液。(　　)

答案：×

正确答案：使用 0.45 μm 的聚四氟乙烯有机针式滤器。

6. 根据《水质　叶绿素 a 的测定　分光光度法》（HJ 897—2017）测定水中叶绿素 a 时，叶绿素 a 对光敏感，实验室光线应尽量微弱，能进行分析操作即可。(　　)

答案：√

7. 根据《水质　叶绿素 a 的测定　分光光度法》（HJ 897—2017）测定水中叶绿素 a 时，叶绿素 a 的操作器皿可以用酸浸泡或洗涤。(　　)

答案：×

正确答案：叶绿素 a 对酸敏感，所有器皿不能用酸浸泡或洗涤。

8. 根据《水质　叶绿素 a 的测定　分光光度法》（HJ 897—2017）测定水中叶绿素 a 时，将离心管中的研磨提取液充分振荡混匀后，用铝箔包好，放置于 4℃避光浸泡提取 2 h 以上，不超过 48 h。在浸泡过程中颠倒摇匀 2～3 次。(　　)

答案：×

正确答案：浸泡提取 2 h 以上，不超过 24 h。

9. 根据《水质　叶绿素 a 的测定　分光光度法》（HJ 897—2017）测定水中叶绿素 a 时，当测定结果小于 100 μg/L 时，保留至整数位；当测定结果大于等于 100 μg/L 时，保留 3 位有效数字。(　　)

答案：√

10. 根据《水质　叶绿素 a 的测定　分光光度法》（HJ 897—2017）测定水中叶绿素 a 时，每批样品应至少做一个实验室空白试验，其测定结果应高于方法检出限。(　　)

答案：×

正确答案：测定结果应低于方法检出限。

11. 根据《水质　叶绿素 a 的测定　分光光度法》（HJ 897—2017）测定水中叶绿素 a 时，样品过滤过程中，负压不超过 100 kPa。(　　)

答案：×

正确答案：样品过滤时，负压不超过 50 kPa。

12. 根据《水质　叶绿素 a 的测定　分光光度法》（HJ 897—2017）测定水中叶绿素 a 时，根据水样的营养状态确定取样体积，富营养和中营养取过滤体积 100～200 ml，贫营养取过滤体积 500～1 000 ml。(　　)

答案：√

13. 根据《水质　叶绿素 a 的测定　分光光度法》（HJ 897—2017）测定水中叶绿素 a 时，离心机相对离心力可达到 1 000 × g（转速 3 000～4 000 r/min）。(　　)

答案：√

14. 根据《水质　叶绿素 a 的测定　分光光度法》（HJ 897—2017）测定水中叶绿素 a 时，可见分光光度计配备 10 mm 玻璃比色皿。（　　）

答案：×

正确答案：配备 10 mm 石英比色皿。

15. 根据《水质　叶绿素 a 的测定　分光光度法》（HJ 897—2017）测定水中叶绿素 a 时，仅当富营养化水体的样品无法通过玻璃纤维滤膜时，可采用离心法浓缩样品，但转移过程中应保证提取效率，避免叶绿素 a 的损失及水分对丙酮溶液浓度的影响。（　　）

答案：√

二、单项选择题

1. 根据《水质　叶绿素 a 的测定　分光光度法》（HJ 897—2017）测定水中叶绿素 a 时，当取样体积为 200 ml、丙酮提取液体积为 10 ml 时，本方法的检出限为________μg/L，测定下限为________μg/L。（　　）

A．2，4　　B．2，8　　C．4，8　　D．4，6

答案：B

2. 根据《水质　叶绿素 a 的测定　分光光度法》（HJ 897—2017）测定水中叶绿素 a 时，离心管应使用容量为________ml 的玻璃刻度离心管，旋盖材质不与丙酮反应。（　　）

A．8　　B．10　　C．15　　D．20

答案：C

3. 根据《水质　叶绿素 a 的测定　分光光度法》（HJ 897—2017）测定水中叶绿素 a 时，贫营养水样的过滤体积为________ml。（　　）

A．100～200　　B．200～500　　C．500～800　　D．500～1 000

答案：D

4. 根据《水质　叶绿素 a 的测定　分光光度法》（HJ 897—2017）测定水中叶绿素 a 时，750 nm 波长处的吸光度应小于________，否则需要重新用针式滤器过滤后测定。（　　）

A．0.000 5　　B．0.001　　C．0.005　　D．0.05

答案：C

5. 根据《水质　叶绿素 a 的测定　分光光度法》（HJ 897—2017）测定水中叶绿素 a 时，每批样品应至少测定 10% 的平行双样，样品数量少于 10 个时，应至少测定 1 个平行双样，测定结果的相对偏差应________。（　　）

A．≤10%　　B．≤15%　　C．≤20%　　D．≤25%

答案：C

6. 叶绿素是绝大多数植物进行光作用的重要色素，通过测定浮游植物的叶绿素，可以掌握水体的________情况。（　　）

A．光合作用　　B．初级生产力　　C．富营养化　　D．光合作用

答案：B

7. 根据《水和废水监测分析方法》（第四版增补版）的规定，在环境监测中，可以将________

的含量作为湖泊富营养化的指标之一。(　　)

A．叶绿素 a　　B．叶绿素　　C．叶黄素　　D．胡萝卜素

答案：A

8.《水质　叶绿素 a 的测定　分光光度法》(HJ 897—2017) 中规定，叶绿素 a 的测量单位为________。(　　)

A．mg/m^3　　B．μg/L　　C．mg/L　　D．mg/kg

答案：A

9. 根据《水质　叶绿素 a 的测定　分光光度法》(HJ 897—2017) 测定水中叶绿素 a 时，样品中加入碳酸镁悬浊液的作用是________。(　　)

A．防止氧化　　B．防止酸化　　C．防止沉淀　　D．防止分解

答案：B

10. 根据《水质　叶绿素 a 的测定　分光光度法》(HJ 897—2017) 测定水中叶绿素 a 时，将试样移入比色皿中，以________为参比溶液。(　　)

A． 10% 丙酮　　B．90% 丙酮　　C．90% 乙醇　　D．纯水

答案：B

11. 根据《水质　叶绿素 a 的测定　分光光度法》(HJ 897—2017) 测定水中叶绿素 a 时，水样过滤时，负压不应超过________kPa。(　　)

A．10　　B．20　　C．50　　D．100

答案：C

12. 根据《水质　叶绿素 a 的测定　分光光度法》(HJ 897—2017) 测定水中叶绿素 a 时，在富营养化水体的样品无法通过玻璃纤维滤膜情况下，可采用________法浓缩样品。(　　)

A．避光　　B．离心　　C．静置　　D．质壁分离

答案：B

13. 根据《水质　叶绿素 a 的测定　分光光度法》(HJ 897—2017) 测定水中叶绿素 a 时，采样瓶可选用 1 L 或 500 ml 的________。(　　)

A．具磨口塞的棕色玻璃瓶　　B．具磨口塞的玻璃瓶

C．聚四氟乙烯采样瓶　　D．具磨口塞的玻璃瓶或聚四氟乙烯采样瓶

答案：A

14. 根据《水质　叶绿素 a 的测定　分光光度法》(HJ 897—2017) 测定水中叶绿素 a 时，采样时若水样不足 0.5 m，在水深________处采集样品，但不得混入水面漂浮物。(　　)

A．10 cm　　B．20 cm　　C．1/3　　D．1/2

答案：D

15.《水质　叶绿素 a 的测定　分光光度法》(HJ 897—2017) 中规定，样品采集后，应在________℃避光保存、运输。(　　)

A．4　　B．0～4　　C．10　　D．0～10

答案：B

三、问答题

1. 根据《水质　叶绿素 a 的测定　分光光度法》（HJ 897—2017）简述分光光度法测定叶绿素 a 的方法原理。

答案：将一定量样品用滤膜过滤截留藻类，研磨破碎藻类细胞，用丙酮溶液提取叶绿素，离心分离后分别于 750 nm、664 nm、647 nm 和 630 nm 波长处测定提取液吸光度，根据公式计算水中叶绿素 a 的浓度。

2. 根据《水质　叶绿素 a 的测定　分光光度法》（HJ 897—2017）简述叶绿素 a 样品采集的注意事项有几点?

答案：（1）样品的采集一般使用有机玻璃采水器或其他适当的采水器采集水面下 0.5 m 样品；

（2）湖泊、水库根据需要可进行分层采样或混合采样，采样体积为 1 L 或 500 ml；

（3）如果样品中含沉降性固体（如泥沙等），应将样品摇匀后倒入 2 L 量筒，避光静置 30 min，取水面下 5 cm 样品，转移至采样瓶。在每升样品中加入 1 ml 碳酸镁悬浊液，以防止酸化引起色素溶解；

（4）如果水深不足 0.5 m，在水深 1/2 处采集样品，但不得混入水面漂浮物。

3. 根据《水质　叶绿素 a 的测定　分光光度法》（HJ 897—2017）简述分光光度法测定叶绿素 a 的样品如何保存?

答案：样品采集后应在 0～4℃避光保存、运输，24 h 内运送至检测实验室过滤（若样品 24 h 内不能送达检测实验室，应现场过滤，滤膜避光冷冻运输），样品滤膜于 −20℃避光保存，14 d 内分析完毕。

4. 简述《水质　叶绿素 a 的测定　分光光度法》（HJ 897—2017）的适用范围。

答案：本标准适用于地表水中叶绿素 a 的测定。测定丙酮提取液中叶绿素 a 的检出限为 0.04 mg/L。当取样体积为 200 ml、丙酮提取液体积为 10 ml 时，本方法的检出限为 2 μg/L，测定下限为 8 μg/L。

5. 根据《水质　叶绿素 a 的测定　分光光度法》（HJ 897—2017）简述分光光度法测定叶绿素 a 的质量保证和质量控制方法。

答案：（1）空白试验：每批样品应至少做 1 个实验室空白试验，其测定结果应低于方法检出限。

（2）平行样测定：每批样品应至少测定 10% 的平行双样。样品数量少于 10 个时，应至少测定 1 个平行双样，测定结果的相对偏差应≤20%。

四、计算题

根据《水质　叶绿素 a 的测定　分光光度法》（HJ 897—2017）测定某水样中的叶绿素 a 含量时，水样体积为 500 ml，经过抽滤和离心提取后的定容体积为 10 ml。使用 1 cm 光程比色皿，分别在 750 nm、664 nm、647 nm 和 630 nm 波长进行吸光度测定，测得结果如下：A_{750}=0.005、A_{664}=0.355、A_{647}=0.120、A_{630}=0.067，试求该水样中的叶绿素 a 的含量。

答案： 叶绿素 a={[（11.85×（0.355−0.005）−1.54×（0.120−0.005）−0.08×（0.067−0.005）]×10}×1 000÷500 =79（μg/L）

该水样中叶绿素 a 的含量为 79 μg/L。

参考文献

[1] 环境保护部. 水质　叶绿素 a 的测定　分光光度法：HJ 897—2017［S］. 北京：中国环境出版集团，2017.

[2] 国家环境保护总局《水和废水监测分析方法》编委会. 水和废水监测分析方法：第四版增补版［M］. 北京：中国环境科学出版社，2002.

命题：李　征

审核：辛雅苓

第八十五节　生活饮用水标准检验方法　微生物指标（GB/T 5750.12—2006　2.1　总大肠菌群　多管发酵法）

一、判断题

1. 大肠菌群在水中能自行繁殖。（　　）

答案： √

2. 乳糖发酵试验测定水中大肠菌的培养温度为 44℃。（　　）

答案： ×

正确答案： 培养温度为 36℃ ±1℃。

3. 检测水中总大肠菌指标时，每次试验要以无菌水为样品，对培养基、滤膜、稀释水、玻璃器皿和冲洗水用水做无菌性检验。（　　）

答案： √

4. 采集水中总大肠菌群的水样，不需要用水清洗已灭菌的采样瓶，一般采样量为满瓶，以便接种时充分混匀。（　　）

答案： ×

正确答案： 采集水中总大肠菌群的水样，不需要用水清洗已灭菌的采样瓶，一般采样量为采样品容量的 80% 左右，以便接种时充分混匀。

5. 在同一采样点，同时进行细菌学监测项目与理化监测项目采样时，应先采理化项目再采细菌项目。（　　）

答案： ×

正确答案： 在同一采样点，同时进行细菌学监测项目与理化监测项目采样时，应先采细菌项目。

6. 检测水中总大肠菌群时，工作菌株不可代替标准菌株，标准菌株的商业衍生物仅可用作工作

菌株。（ ）

答案：√

7. 检测水中总大肠菌群时，自制的培养基应标记名称、批号、配制日期、制备人等信息，并在已经验证的条件下贮藏。（ ）

答案：√

8. 微生物实验室重要的仪器设备，如培养箱、冰箱等，应由专人负责进行维护和保管，保证其运行状态正常和受控，同时应有相应的备用设备，以保证试验菌株和微生物的连续性，特殊设备如高压灭菌器、隔离器、生物安全柜等试验人员应经培训后持证上岗。（ ）

答案：√

9. 检测水中总大肠菌群时，从菌种保藏中心获得的干燥菌种为 0 代，试验用菌株的传代次数不得超过 5 代。（ ）

答案：√

10. 进行细菌学检测用的高压灭菌器，每次使用时都要记录温度、气压和灭菌的时间。（ ）

答案：√

11. 检测水中总大肠菌群时，使用后的废物及器皿须经 121℃高压灭菌器灭菌 30 min 或者使用液体消毒剂（自制或市售）灭菌后，器皿方可清洗，废物作为一般废物处置。（ ）

答案：√

12. 细菌学检测用高压蒸汽灭菌器，每次使用时，在压力上升前，必须先用蒸汽将器内的冷空气完全驱尽。（ ）

答案：√

13. 总大肠菌群主要包括埃希氏菌属、柠檬酸杆菌属、肠杆菌属、克雷伯氏菌属。（ ）

答案：√

14. 总大肠菌群多管发酵法测定包括初发酵试验、平板分离、复发酵试验。（ ）

答案：√

15. 测定细菌试验采样瓶灭菌方法，采样瓶用牛皮纸等防潮纸包扎后，可采用湿热灭菌法、干热灭菌法、辐射灭菌法、气体灭菌法、过滤除菌法。（ ）

答案：√

16. 检测水中总大肠菌群时，生物实验进行梯度稀释。（ ）

答案：√

17. 检测水中总大肠菌群时，梯度稀释的方法是：取已灭菌的 10 ml 试管，将 1 ml 菌液移入盛有 9 ml 的无菌水的试管。混匀后进行下一梯度稀释。（ ）

答案：√

18. 检测水中总大肠菌群时，不能用加热方法灭菌的塑料瓶，应浸泡在 0.5% 过氧乙酸中 20 min 或用环氧乙烷气体进行低温灭菌。（ ）

答案：×

正确答案：不能用加热方法灭菌的塑料瓶，应浸泡在 0.5% 过氧乙酸中 10 min 或用环氧乙烷气体进行低温灭菌。

19. 检测水中总大肠菌群时，聚丙烯耐热塑料可用 121℃高压灭菌器灭菌 10 min。(　　)

答案： ×

正确答案： 聚丙烯耐热塑料可用 121℃高压灭菌器灭菌 15 min。

二、单项选择题

1. 下列物质中________不是配制伊红美蓝培养基所需要的。(　　)

A．蛋白胨　B．琼脂　C．溴甲酚紫乙醇溶液　D．磷酸二氢钾

答案： C

2. 测定水源水中总大肠菌群时，将水样做________稀释。(　　)

A．1∶10　B．1∶100　C．1∶1 000　D．1∶10 000

答案： A

3.《生活饮用水标准检验方法　微生物指标》(GB/T 5750.12—2006）中总大肠菌群多管发酵法的适用范围是________。(　　)

A．生活饮用水　B．水源水

C．生活污水　D．生活饮用水和水源水

答案： D

4. 采集水中总大肠菌群指标，为去除余氯影响，在灭菌前要向采样瓶中加入足量的硫代硫酸钠，按 500 ml 采样瓶计，加入 10% 硫代硫酸钠的体积为________ml。(　　)

A．3　B．1　C．0.3

答案： C

5. 检测水中总大肠菌群时，革兰氏染色的关键操作步骤是________。(　　)

A．结晶紫染色　B．碘液固定　C．酒精脱色　D．复染

答案： C

6. 检测水中总大肠菌群时，实验室培养基高压灭菌器灭菌条件是________。(　　)

A．121℃ /30 min　B．115℃ /30 min　C．130℃ /30 min

答案： A

7. 检测水中总大肠菌群时，在制备大量培养基时，除玻璃器皿外，还可以用________等容器，但不可用________，以免金属离子进入培养基中影响细菌生长。(　　)

A．搪瓷或铝锅，铜或铁

B．搪瓷，铜或铁

C．铝锅，铜或铁

答案： A

8. 分层检测地表水中的细菌学指标，应自________而________(方向）进行采样。(　　)

A．上，下　B．下，上

答案： A

9. 检测水中总大肠菌群时，在染色过程中，滴加脱色剂，摇动玻片，直至无紫色脱落为止，约________，水洗。(　　)

A. 5 s　　B. 10 s　　C. 15 s　　D. 30 s

答案：D

10. 总大肠菌群是指一群在________培养________能发酵乳酸、需氧和兼性厌氧革兰氏阴性无芽孢杆菌。(　　)

A. 37℃，24 h　　B. 44℃，24 h　　C. 37℃，48 h　　D. 44℃，48 h

答案：A

三、问答题

1. 总大肠菌群实验过程的质控措施有哪些？

答案：（1）玻璃器皿的质量控制；

（2）纯水质量的控制；

（3）试剂的质量控制；

（4）燃料和着色剂的质量控制；

（5）滤膜和吸收垫的质量控制；

（6）培养基的质量控制。

2. 在做总大肠菌群验证实验时，挑选的菌落需具有什么特征？

答案：深紫黑色，具有金属光泽的菌落；紫黑色、不带或略带有金属光泽的菌落；淡紫红色、中心较深的菌落。

参考文献

[1] 中华人民共和国卫生部，中国国家标准化管理委员会 . 生活饮用水标准检验方法　微生物指标：GB/T 5750.12—2006 [S] . 北京：中国环境科学出版社，2006.

[2] 国家环境保护总局《水和废水监测分析方法》编委会 . 水和废水监测分析方法：第四版增补版 [M] . 北京：中国环境科学出版社，2002.

[3] 中国环境监测总站《环境监测人员持证上岗考核试题集》编写组 . 环境监测人员持证上岗考核试题集：下册 . 4 版 [M] . 北京：中国环境出版集团，2018.

命题：刘　茜

审核：胡新跃

第八十六节　生活饮用水标准检验方法　微生物指标（GB/T 5750.12—2006　2.2　总大肠菌群　滤膜法）

一、判断题

1. 检测水中总大肠菌群时，符合深红色，不带或略带金属光泽的菌落进行革兰氏染色、镜检。(　　)

答案：√

2. 检测水中总大肠菌群时，采用薄膜过滤法，滤膜孔径应不大于 0.45μm，直径一般为 50 mm。(　　)

答案：√

3. 检测水中总大肠菌群时，自制的培养基应标记名称、批号、配制日期、制备人等信息，并在已经验证的条件下贮藏。(　　)

答案：√

4. 微生物实验室重要的仪器设备，如培养箱、冰箱等，应由专人负责进行维护和保管，保证其运行状态正常和受控，同时应有相应的备用设备，以保证试验菌株和微生物的连续性，特殊设备如高压灭菌器、隔离器、生物安全柜等试验人员应经培训后持证上岗。(　　)

答案：√

5. 检测水中总大肠菌群时，从菌种保藏中心获得的干燥菌种为 0 代，试验用菌株的传代次数不得超过 5 代。(　　)

答案：√

6.《生活饮用水标准检验方法　微生物指标》（GB/T 5750.12—2006）中总大肠菌群滤膜法的适用范围是生活饮用水及其水源水中总大肠菌群的测定。(　　)

答案：√

7. 检测水中总大肠菌群时，水样滤完后应立刻关上滤器阀门。(　　)

答案：×

正确答案：水样滤完后再抽滤 5 s 后关上滤器阀门。

8. 检验水中总大肠菌指标时，每次试验要以无菌水为样品，对培养基、滤膜、稀释水、玻璃器皿和冲洗水用水做无菌性检验。(　　)

答案：√

9. 采集水中总大肠菌群的水样，不需要用水清洗已灭菌的采样瓶，一般采样量为满瓶，以便接种时充分混匀。(　　)

答案：×

正确答案：采集水中总大肠菌群的水样，不需要用水清洗已灭菌的采样瓶，一般采样量为采样品容量的 80% 左右，以便接种时充分混匀。

10. 在同一采样点，同时进行细菌学监测项目与理化监测项目采样时，应先采理化项目再采细菌项目。(　　)

答案：×

正确答案：在同一采样点，同时进行细菌学监测项目与理化监测项目采样时，应先采细菌项目。

11. 进行细菌学检测用的高压灭菌器，每次使用时都要记录温度、气压和灭菌的时间。(　　)

答案：√

12. 检测水中总大肠菌群时，使用后的废物及器皿须经 121℃高压灭菌器灭菌 30 min 或者使用液体消毒剂（自制或市售）灭菌后，器皿方可清洗，废物作为一般废物处置。(　　)

答案：√

13. 细菌学检测用高压蒸汽灭菌器，每次使用时，在压力上升前，必须先用蒸汽将器内的冷空气完全驱尽。(　　)

答案：√

14. 总大肠菌群主要包括埃希氏菌属、柠檬酸杆菌属、肠杆菌属、克雷伯氏菌属。(　　)

答案：√

15. 测定细菌试验采样瓶灭菌方法，采样瓶用牛皮纸等防潮纸包扎后，可采用湿热灭菌法、干热灭菌法、辐射灭菌法、气体灭菌法、过滤除菌法。(　　)

答案：√

16. 检测水中总大肠菌群时，生物实验进行梯度稀释。(　　)

答案：√

17. 检测水中总大肠菌群时，梯度稀释的方法是：取已灭菌的 10 ml 试管，将 1 ml 菌液移入盛有 9 ml 的无菌水的试管。混匀后进行下一梯度稀释。(　　)

答案：√

18. 检测水中总大肠菌群时，不能用加热方法灭菌的塑料瓶，应浸泡在 0.5% 过氧乙酸中 20 min 或用环氧乙烷气体进行低温灭菌。(　　)

答案：×

正确答案：不能用加热方法灭菌的塑料瓶，应浸泡在 0.5% 过氧乙酸中 10 min 或用环氧乙烷气体进行低温灭菌。

19. 检测水中总大肠菌群时，聚丙烯耐热塑料可用 121℃高压灭菌器灭菌 10 min。(　　)

答案：×

正确答案：聚丙烯耐热塑料可用 121℃高压灭菌器灭菌 15 min。

二、单项选择题

1. 检测水中总大肠菌群时，滤器、接液瓶和垫圈分别用纸包好，在使用前经________℃高压蒸汽灭菌________min。(　　)

A．121，30　　B．115，30　　C．121，1　　D．115，1

答案：A

2. 检测水中总大肠菌群时，抽滤结束后的滤膜放在________℃恒温箱内培养________h。(　　)

A．44，24　　B．44，12　　C．37，24　　D．37，12

答案：C

3.《生活饮用水标准检验方法　微生物指标》（GB/T 5750.12—2006）中规定，总大肠菌群滤膜法过滤水样的空滤膜的孔径为________。(　　)

A．0.45 mm　　B．0.45 μm　　C．0.50 μm　　D．0.55 μm

答案：B

4. 检测水中总大肠菌群时，用无菌镊子夹取灭菌滤膜边缘，将________向上，贴放在已灭菌的

滤床上，固定好滤器。(　　)

A．糙面　　　　　　B．光面

答案：A

5. 检测水中总大肠菌群时，凡革兰氏染色为________的无芽孢杆菌，在接种乳糖蛋白胨培养液，于________培养________，有产酸产气者，则判定为总大肠菌群阳性。(　　)

A．阳性，37℃，24 h　　　　B．阳性，44℃，24 h

C．阴性，37℃，24 h　　　　D．阴性，44℃，24 h

答案：C

6. 检测水中总大肠菌群时，滤膜上生长的总大肠菌群数，以________来报出。(　　)

A．每 100 ml 水样中总大肠菌群数（CFU/100 ml）

B．每 1 L 水样中总大肠菌群数（CFU/L）

答案：A

7. 检测水中总大肠菌群时，在制备大量培养基时，除玻璃器皿外，还可以用________等容器，但不可用________，以免金属离子进入培养基中影响细菌生长。(　　)

A．搪瓷或铝锅，铜或铁

B．搪瓷，铜或铁

C．铝锅，铜或铁

答案：A

8. 分层检测地表水中的细菌学指标，应自________而________（方向）进行采样。(　　)

A．上，下　　　　　　B．下，上

答案：A

9. 总大肠菌群是指一群在________培养________能发酵乳酸、需氧和兼性厌氧革兰氏阴性无芽孢杆菌。(　　)

A．37℃，24 h　　　　B．44℃，24 h

答案：A

10. 检测水中总大肠菌群时，将过滤后的滤膜移放在品红亚硫酸钠培养基上，滤膜截留细菌面________。(　　)

A．朝上　　　　　　B．朝下

答案：A

三、问答题

1. 简述总大肠菌群革兰氏染色的操作步骤及注意事项。

答案：（1）操作步骤依次为涂片、固定、结晶紫染色、水洗、碘液媒染、水洗、酒精脱色、水洗、番红复染、水洗、干燥、镜检（低倍镜→油镜）。

（2）注意事项：涂片：涂片要使菌体薄而且均匀；固定：应自然风干或微热促干，然后在火焰上通过 1～2 次；酒精脱色：用 95% 酒精脱色，直到酒精不出现紫色时即停止；同时应注意控制各步骤的操作时间。

2. 简述检测水中总大肠菌群时，培养基的贮藏条件。

答案：培养基灭菌后不得贮藏在高压灭菌器中，琼脂培养基不得在0℃或0℃以下存放，因为冷冻可能破坏凝胶特性，培养基保存应防止水分流失，避光保存，琼脂平板最好现配现用，如置冰箱保存，一般不超过1周，且应密闭包装，若延长保存期限，保存期需经验证确定。

3. 简述检测水中总大肠菌群时，滤膜的灭菌方法。

答案：将滤膜放入烧杯中，加入蒸馏水，置于沸水浴中煮沸灭菌3次，每次15 min。前两次煮沸后需要更换水洗涤2～3次，以除去残留的溶剂。

4. 简述检测水中总大肠菌群时，滤器的灭菌方法。

答案：用点燃的酒精棉球火焰灭菌。也可用蒸汽灭菌器103.43 kPa（121℃，15 lb）高压灭菌20 min。

5. 简述检测水中总大肠菌群时，样品应如何保存？

答案：采样后应在2 h内检测，否则，应10℃以下冷藏但不得超过6 h。

参考文献

[1] 中华人民共和国卫生部，中国国家标准化管理委员会．生活饮用水标准检验方法　微生物指标：GB/T 5750.12—2006［S］．北京：中国标准出版社，2006.

[2] 国家环境保护总局《水和废水监测分析方法》编委会．水和废水监测分析方法：第四版增补版［M］．北京：中国环境科学出版社，2002.

[3] 中国环境监测总站《环境监测人员持证上岗考核试题集》编写组．环境监测人员持证上岗考核试题集：下册．4版［M］．北京：中国环境出版集团，2018.

命题：刘　茜

审核：胡新跃

第八十七节　水质　总大肠菌群、粪大肠菌群和大肠埃希氏菌的测定　酶底物法（HJ 1001—2018）

一、判断题

1. 采集微生物样品时，采样瓶/袋不得用样品洗涤，采集样品于灭菌的采样瓶/袋中。（　　）

答案：√

2. 根据《水质　总大肠菌群、粪大肠菌群和大肠埃希氏菌的测定　酶底物法》（HJ 1001—2018）中的规定，对于含有活性氯的样品，需要在采样瓶灭菌前加入硫代硫酸钠溶液，以除去活性氯对细菌的抑制作用。（　　）

答案：√

3. 根据《水质　总大肠菌群、粪大肠菌群和大肠埃希氏菌的测定　酶底物法》（HJ 1001—2018）中的规定，对于含有重金属离子的样品，需要在采样瓶灭菌前加入乙二胺四乙酸二钠溶液，以消除干扰。（　　）

答案：√

4. 根据《水质　总大肠菌群、粪大肠菌群和大肠埃希氏菌的测定　酶底物法》（HJ 1001—2018）中的规定，接种量为 10^{-2} ml 的样品，应吸取 1 ml 充分混匀的样品，注入盛有 99 ml 无菌水的三角烧瓶中，混匀成 1：100 稀释样品。（　　）

答案：×

正确答案：应先吸取 10 ml 充分混匀的样品，注入盛有 90 ml 无菌水的三角烧瓶中，混匀成 1：10 稀释样品，再吸取 1：10 的稀释样品 10 ml 注入盛有 90 ml 无菌水的三角烧瓶中，混匀成 1：100 稀释样品。

5. 根据《水质　总大肠菌群、粪大肠菌群和大肠埃希氏菌的测定　酶底物法》（HJ 1001—2018）中的规定，在同一采样点进行分层采样时，应自下而上进行，以免不同层次的搅扰。（　　）

答案：×

正确答案：应自上而下进行。

6. 根据《水质　总大肠菌群、粪大肠菌群和大肠埃希氏菌的测定　酶底物法》（HJ 1001—2018）中的规定，无菌水应经 121℃高压蒸汽灭菌 20 min 备用。（　　）

答案：√

7. 硫代硫酸钠溶液可去除活性氯对样品中微生物的干扰，配制好的溶液可保存 30 d。（　　）

答案：×

正确答案：配制好的溶液应该临用现配。

8. 根据《水质　总大肠菌群、粪大肠菌群和大肠埃希氏菌的测定　酶底物法》（HJ 1001—2018）测定水样时所用的定量盘是 97 孔定量盘，含 48 个大孔，49 个小孔。（　　）

答案：×

正确答案：含 49 个大孔，48 个小孔。

9. 根据《水质　总大肠菌群、粪大肠菌群和大肠埃希氏菌的测定　酶底物法》（HJ 1001—2018）中的规定，恒温培养箱允许温度偏差 37.5℃ ±1.0℃、44.5℃ ±1.0℃。（　　）

答案：×

正确答案：37℃ ±1℃、44.5℃ ±0.5℃。

10. 根据《水质　总大肠菌群、粪大肠菌群和大肠埃希氏菌的测定　酶底物法》（HJ 1001—2018）测定水样时，每次实验都要用无菌水进行实验室空白测定，培养后的 97 孔定量盘不得有任何颜色反应。（　　）

答案：√

11. 根据《水质　总大肠菌群、粪大肠菌群和大肠埃希氏菌的测定　酶底物法》（HJ 1001—2018）测定水样时，乙二胺四乙酸二钠溶液可抑制重金属离子对样品中微生物的干扰，配制好的溶液可保存 30 d。（　　）

答案：√

12.《水质　总大肠菌群、粪大肠菌群和大肠埃希氏菌的测定　酶底物法》（HJ 1001—2018）中规定，更换不同批次培养基时要使用有证标准菌株进行培养基质量检验。（　　）

答案：√

13.《水质　总大肠菌群、粪大肠菌群和大肠埃希氏菌的测定　酶底物法》（HJ 1001—2018）的检出限为 10 MPN/L。（　　）

答案：√

14. 根据《水质　总大肠菌群、粪大肠菌群和大肠埃希氏菌的测定　酶底物法》（HJ 1001—2018）测定水样时，15.2 mg 硫代硫酸钠可去除样品中 1.5 mg 活性氯，硫代硫酸钠用量可根据样品实际活性氯量调整。（　　）

答案：×

正确答案：15.7 mg 硫代硫酸钠可去除样品中 1.5 mg 活性氯。

15. 根据《水质　总大肠菌群、粪大肠菌群和大肠埃希氏菌的测定　酶底物法》（HJ 1001—2018）采集地表水、废水样品及一定深度的样品时，也可使用灭菌过的专用采样装置采样。（　　）

答案：√

16. 根据《水质　总大肠菌群、粪大肠菌群和大肠埃希氏菌的测定　酶底物法》（HJ 1001—2018）在进行结果判读时，如果结果可疑，可延长培养至 29 h 进行结果判读，超过 29 h 后出现的颜色反应不作为阳性结果。（　　）

答案：×

正确答案：可延长培养至 28 h。

17. 根据《水质　总大肠菌群、粪大肠菌群和大肠埃希氏菌的测定　酶底物法》（HJ 1001—2018）从龙头装置采集样品时，应在采样前将龙头开至最大，放水 3～5 min，去除杂质，然后控制水流速，接入瓶内。（　　）

答案：×

正确答案：放水 3～5 min，关闭龙头，用火焰灼烧约 3 min 灭菌或用 70%～75% 的酒精对龙头进行消毒，开足龙头，再放水 1 min，以充分除去水管中的滞留杂质。

18. 根据《水质　总大肠菌群、粪大肠菌群和大肠埃希氏菌的测定　酶底物法》（HJ 1001—2018）的规定，实验中产生的废物经 115℃高压蒸汽灭菌 20 min 后，作为一般废物处置。（　　）

答案：×

正确答案：应经 121℃高压蒸汽灭菌。

19. 根据《水质　总大肠菌群、粪大肠菌群和大肠埃希氏菌的测定　酶底物法》（HJ 1001—2018）的规定，污染程度高的样品应稀释后接种，避免接种样品培养后 97 孔定量盘出现全部阳性或全部阴性。（　　）

答案：√

20. 根据《水质　总大肠菌群、粪大肠菌群和大肠埃希氏菌的测定　酶底物法》（HJ 1001—2018）的规定，标准阳性比色盘超过保质期仍可作为辅助判断工具。（　　）

答案：×

正确答案：应使用保质期内的标准阳性比色盘作为辅助判读依据。

二、单项选择题

1. 根据《水质　总大肠菌群、粪大肠菌群和大肠埃希氏菌的测定　酶底物法》（HJ 1001—2018）的规定，一般实验室常用仪器和设备要在试验前要按无菌操作要求包扎，________高压蒸汽灭菌________备用。（　　）

A. 121℃，15 min　　B. 121℃，20 min　　C. 115℃，15 min　　D. 115℃，20 min

答案：B

2. 根据《水质　总大肠菌群、粪大肠菌群和大肠埃希氏菌的测定　酶底物法》（HJ 1001—2018）测定总大肠菌群时，应将封口后的 97 孔定量盘放入恒温培养箱中________下培养 24 h。（　　）

A. 37.5℃ ±0.5℃　　B. 37.0℃ ±1.0℃　　C. 37.5℃ ±1.0℃　　D. 37.0℃ ±0.5℃

答案：B

3. 根据《水质　总大肠菌群、粪大肠菌群和大肠埃希氏菌的测定　酶底物法》（HJ 1001—2018）测定粪大肠菌群时，应将封口后的 97 孔定量盘放入恒温培养箱中________下培养 24 h。（　　）

A. 44.5℃ ±1.0℃　　B. 44.5℃ ±0.5℃　　C. 45.5℃ ±1.0℃　　D. 45.5℃ ±0.5℃

答案：B

4. 根据《水质　总大肠菌群、粪大肠菌群和大肠埃希氏菌的测定　酶底物法》（HJ 1001—2018）采集河流、湖库等地表水样品时，可握住瓶子下部直接将带塞采样瓶插入水中，约距水面________cm 处，瓶口朝水流方向，拔瓶塞，使样品灌入瓶内然后盖上瓶塞，将采样瓶从水中取出。采样量一般为采样瓶容量的________左右。（　　）

A. 10～15，80%　　B. 10～12，90%　　C. 12～15，90%　　D. 10～20，80%

答案：A

5. 根据《水质　总大肠菌群、粪大肠菌群和大肠埃希氏菌的测定　酶底物法》（HJ 1001—2018）的规定，采样后应在 2 h 内检测，否则，应________以下冷藏但不得超过________。（　　）

A. 10℃，5 h　　B. 4℃，5 h　　C. 10℃，6 h　　D. 4℃，6 h

答案：C

6. 根据《水质　总大肠菌群、粪大肠菌群和大肠埃希氏菌的测定　酶底物法》（HJ 1001—2018）的规定，若样品中含有活性氯，需要在采样瓶灭菌前加入________溶液，加入量为每 125 ml 容积加入________ml。（　　）

A. 硫代硫酸钠，0.1　　B. 硫代硫酸钠，0.3

C. 乙二胺四乙酸二钠，0.1　　D. 乙二胺四乙酸二钠，0.3

答案：A

7. 根据《水质　总大肠菌群、粪大肠菌群和大肠埃希氏菌的测定　酶底物法》（HJ 1001—2018）测定大肠埃希氏菌时，应将封口后的 97 孔定量盘放入恒温培养箱中________下培养 24 h。（　　）

A. 44.5℃ ±0.5℃　　B. 37.0℃ ±1.0℃　　C. 45.5℃ ±0.5℃　　D. 37.5℃ ±1.0℃

答案：B

8. 根据《水质　总大肠菌群、粪大肠菌群和大肠埃希氏菌的测定　酶底物法》（HJ 1001—2018）的规定，实验室接样后，不能立即开展检测的，应将样品置于________以下冷藏并在________内检

测。（ ）

A. 10℃，2 h　B. 4℃，2 h　C. 10℃，4 h　D. 4℃，4 h

答案：B

9. 根据《水质 总大肠菌群、粪大肠菌群和大肠埃希氏菌的测定 酶底物法》（HJ 1001—2018）的规定，紫外灯波长为________。（ ）

A. 360～365 nm　B. 364～365 nm　C. 365～366 nm　D. 366～367 nm

答案：C

10. 根据《水质 总大肠菌群、粪大肠菌群和大肠埃希氏菌的测定 酶底物法》（HJ 1001—2018）的规定，若样品中含有重金属离子，需要在采样瓶灭菌前加入________溶液，加入量为每 125 ml 容积加入________ml。（ ）

A. 硫代硫酸钠，0.1　B. 硫代硫酸钠，0.3

C. 乙二胺四乙酸二钠，0.1　D. 乙二胺四乙酸二钠，0.3

答案：D

11. 根据《水质 总大肠菌群、粪大肠菌群和大肠埃希氏菌的测定 酶底物法》（HJ 1001—2018）的规定，使用后的废物及器皿须经________高压蒸汽灭菌________。（ ）

A. 121℃，30 min　B. 121℃，20 min　C. 115℃，30 min　D. 115℃，20 min

答案：B

三、问答题

1. 根据《水质 总大肠菌群、粪大肠菌群和大肠埃希氏菌的测定 酶底物法》（HJ 1001—2018）测定水样时，如何消除活性氯及重金属离子的干扰？

答案：（1）活性氯具有氧化性，能破坏微生物细胞内的酶活性，导致细胞死亡，可在样品采集时加入硫代硫酸钠溶液消除干扰；

（2）重金属离子具有细胞毒性，能破坏微生物细胞内的酶活性，导致细胞死亡，可在样品采集时加入乙二胺四乙酸二钠溶液消除干扰。

2. 根据《水质 总大肠菌群、粪大肠菌群和大肠埃希氏菌的测定 酶底物法》（HJ 1001—2018）简述测定样品中大肠埃希氏菌时，如何接种、培养和结果判读？

答案：（1）接种：量取 100 ml 样品或稀释样品于灭菌后的三角瓶，加入（2.7±0.5）g 培养基粉末，充分混匀，完全溶解后，全部倒入 97 孔定量盘内，以手抚平 97 孔定量盘背面，赶除孔内气泡，然后用程控定量封口机封口。观察 97 孔定量盘颜色，若出现类似或深于标准阳性比色盘的颜色，则需排查样品、培养基、无菌水等一系列因素后，终止试验或重新操作。

（2）培养：将封口后的 97 孔定量盘放入恒温培养箱中（37±1）℃下培养 24 h。

（3）结果判读：将培养 24 h 后的 97 孔定量盘进行结果判读，样品变黄色且在紫外灯照射下有蓝色荧光，判断为大肠埃希氏菌阳性。如果结果可疑，可延长培养至 28 h 进行结果判读，超过 28 h 后出现的颜色反应不作为阳性结果。可使用保质期内的标准阳性比色盘以辅助判读。

四、计算题

根据《水质　总大肠菌群、粪大肠菌群和大肠埃希氏菌的测定　酶底物法》（HJ 1001—2018）测定一个受污染样品时，先将样品稀释 103 倍，接种、培养 24 h 后读取结果，有大孔有 25 个阳性，小孔有 10 个阳性，查表可知每 100 ml 样品 MPN 值为 48.2，问此样品粪大肠菌群数是多少？

答案： $C = \frac{\text{MPN值} \times 1\,000}{f} = \frac{48.2 \times 1\,000}{0.1} = 4.8 \times 10^5 (\text{MPN/L})$

参考文献

生态环境部 . 水质　总大肠菌群、粪大肠菌群和大肠埃希氏菌的测定　酶底物法：HJ 1001—2018［S］. 北京：中国环境出版集团，2018.

命题：王思思
审核：蒋建勇

第八十八节　水质　粪大肠菌群的测定　多管发酵法（HJ 347.2—2018）

一、判断题

1. 采集微生物样品时，采样瓶 / 袋不得用样品洗涤，采集样品于灭菌的采样瓶 / 袋中。（　　）

答案： √

2. 根据《水质　粪大肠菌群的测定　多管发酵法》（HJ 347.2—2018），对于含有活性氯的样品，需要在采样瓶灭菌前加入乙二胺四乙酸二钠溶液，以除去活性氯对细菌的抑制作用。（　　）

答案： ×

正确答案： 需要在采样瓶灭菌前加入硫代硫酸钠溶液。

3. 多管发酵法测定水中粪大肠菌群，样品进行复发酵时，转接后所有试管必须在 20 min 内放入恒温培养箱。（　　）

答案： ×

正确答案： 转接后所有试管必须在 30 min 内放进恒温培养箱中。

4. 根据《水质　粪大肠菌群的测定　多管发酵法》（HJ 347.2—2018）的规定，接种量为 10^{-2} ml 的样品，应吸取 1 ml 充分混匀的样品，注入盛有 99 ml 无菌水的三角烧瓶中，混匀成 1∶100 稀释样品。（　　）

答案： ×

正确答案： 应先吸取 10 ml 充分混匀的样品，注入盛有 90 ml 无菌水的三角烧瓶中，混匀成 1∶10 稀释样品，再吸取 1∶10 的稀释样品 10 ml 注入盛有 90 ml 无菌水的三角烧瓶中，混匀成

1∶100 稀释样品。

5. 根据《水质　粪大肠菌群的测定　多管发酵法》（HJ 347.2—2018）的规定，在同一采样点进行分层采样时，应自下而上进行，以免不同层次的搅扰。(　　)

答案：×

正确答案：应自上而下进行。

6. 根据《水质　粪大肠菌群的测定　多管发酵法》（HJ 347.2—2018）的规定，无菌水应经 121℃高压灭菌 20 min 备用。(　　)

答案：√

7. 硫代硫酸钠溶液可去除活性氯对样品中微生物的干扰，配制好的溶液可保存 30 d。(　　)

答案：×

正确答案：配制好的溶液应该临用现配。

8. 12 管法适用于生活饮用水等清洁水体中粪大肠菌群的测定。(　　)

答案：√

9. 根据《水质　粪大肠菌群的测定　多管发酵法》（HJ 347.2—2018）测定粪大肠菌群时，初发酵试管只产酸未产气，不用进行复发酵。(　　)

答案：×

正确答案：初发酵试管只产酸未产气为疑似阳性，需要进行复发酵。

10. 根据《水质　粪大肠菌群的测定　多管发酵法》（HJ 347.2—2018）的规定，每次实验都要用无菌水进行实验室空白测定，培养后的试管中不得有任何颜色反应。(　　)

答案：√

11.《水质　粪大肠菌群的测定　多管发酵法》（HJ 347.2—2018）中规定，配制好的培养基经灭菌后可常温保存，只要没有颜色变化或体积变化可长期使用。(　　)

答案：×

正确答案：配制好的培养基应避光、干燥保存，必要时在（5±3）℃冰箱中保存，通常不超过 3～6 个月。

12. 根据《水质　粪大肠菌群的测定　多管发酵法》（HJ 347.2—2018）中的规定，更换不同批次培养基时要进行阳性或阴性菌株检验。(　　)

答案：√

13. 由《水质　粪大肠菌群的测定　多管发酵法》（HJ 347.2—2018）可知，12 管法的检出限为 3 MPN/100 ml。(　　)

答案：×

正确答案：12 管法的检出限为 3 MPN/L。

14. 由《水质　粪大肠菌群的测定　多管发酵法》（HJ 347.2—2018）可知，15 管法的检出限为 20 MPN/100 ml。(　　)

答案：×

正确答案：15 管法的检出限为 20 MPN/L。

15. 粪大肠菌群又称耐热大肠菌群，44.5℃培养 24 h，能发酵乳糖产酸产气的需氧及兼性厌氧

革兰氏阴性无芽孢杆菌。（　　）

答案：√

16. 根据《水质　粪大肠菌群的测定　多管发酵法》（HJ 347.2—2018）的规定，EC 培养基灭菌后 pH 值应在 6.8 左右。（　　）

答案：×

正确答案：灭菌后 pH 应在 6.9 左右。

17. 根据《水质　粪大肠菌群的测定　多管发酵法》（HJ 347.2—2018）从龙头装置采集样品时，应在采样前将龙头开至最大，放水 3～5 min，去除杂质，然后控制水流速，接入瓶内。（　　）

答案：×

正确答案：放水 3～5 min，关闭龙头，用火焰灼烧约 3 min 灭菌或用 70%～75% 的酒精对龙头进行消毒，开足龙头，再放水 1 min，以充分除去水管中的滞留杂质。

18. 根据《水质　粪大肠菌群的测定　多管发酵法》（HJ 347.2—2018）中的规定，使用后的废物及器皿经灭菌后，器皿才可清洗，废物作为一般废物处置。（　　）

答案：√

二、单项选择题

1. 根据《水质　粪大肠菌群的测定　多管发酵法》（HJ 347.2—2018）的规定，玻璃器皿及采样器具试验前要按无菌操作要求包扎，________高压蒸汽灭菌 _____ 备用。（　　）

A．121℃，15 min　　B．121℃，20 min　　C．115℃，15 min　　D．115℃，20 min

答案：B

2. 根据《水质　粪大肠菌群的测定　多管发酵法》（HJ 347.2—2018）的规定，接种后的试管进行初发酵，应在________下培养 24±2 h。（　　）

A．37.5±0.5℃　　B．37.0±1.0℃　　C．37.5±1.0℃　　D．37.0±0.5℃

答案：D

3. 根据《水质　粪大肠菌群的测定　多管发酵法》（HJ 347.2—2018）测定水中粪大肠菌群时，显示阳性或疑似阳性的初发酵试管，需用经火焰灼烧灭菌并冷却后的________接种环将培养物转接到装有 EC 培养基的试管中，在________下培养 24±2 h。（　　）

A．4 mm，44.5±0.5℃　　B．3 mm，44.5±0.5℃

C．4 mm，45.5±0.5℃　　D．3 mm，45.5±0.5℃

答案：B

4. 根据《水质　粪大肠菌群的测定　多管发酵法》（HJ 347.2—2018）测定水中粪大肠菌群时，清洁水体的采样量不低于________，其余水体采样量不低于________。（　　）

A．300 ml，100 ml　　B．400 ml，200 ml

C．300 ml，200 ml　　D．400 ml，100 ml

答案：D

5. 根据《水质　粪大肠菌群的测定　多管发酵法》（HJ 347.2—2018）测定水中粪大肠菌群时，采样后应在 2 h 内检测，否则，应________以下冷藏但不得超过________。（　　）

A. 10℃，5 h　B. 4℃，5 h　C. 10℃，6 h　D. 4℃，6 h

答案：C

6. 根据《水质　粪大肠菌群的测定　多管发酵法》（HJ 347.2—2018）测定水中粪大肠菌群时，若样品中含有活性氯，需要在采样瓶灭菌前加入________溶液，加入量为每 125 ml 容积加入____________ml。（　）

A. 硫代硫酸钠，0.1　B. 硫代硫酸钠，0.3

C. 乙二胺四乙酸二钠，0.1　D. 乙二胺四乙酸二钠，0.3

答案：A

7. 根据《水质　粪大肠菌群的测定　多管发酵法》（HJ 347.2—2018）测定水中粪大肠菌群时，自配乳糖蛋白胨培养基在加入 1.6% 溴甲酚紫乙醇溶液之前需要调节 pH 至________。（　）

A. 7.1～7.3　B. 7.2～7.4　C. 7.2～7.5　D. 7.1～7.4

答案：B

8. 根据《水质　粪大肠菌群的测定　多管发酵法》（HJ 347.2—2018）测定水中粪大肠菌群时，实验室接样后，不能立即开展检测的，应将样品置于________以下冷藏并在________内检测。（　）

A. 10℃，2 h　B. 4℃，2 h　C. 10℃，4 h　D. 4℃，4 h

答案：B

9. 根据《水质　粪大肠菌群的测定　多管发酵法》（HJ 347.2—2018）测定水中粪大肠菌群时，恒温培养箱或水浴锅允许的温度偏差是________。（　）

A. ±0.2℃　B. ±0.3℃　C. ±0.4℃　D. ±0.5℃

答案：D

10. 根据《水质　粪大肠菌群的测定　多管发酵法》（HJ 347.2—2018）测定水中粪大肠菌群时，采集地表水样品时，可握住瓶子下部直接将带塞采样瓶插入水中，约距水面________处，瓶口朝水流方向，拔瓶塞，使样品灌入瓶内然后盖上瓶塞，将采样瓶从水中取出。采样量一般为采样瓶容量的________左右。（　）

A. 10～15 cm，85%　B. 15～20 cm；80%　C. 15～20 cm，85%　D. 10～15 cm，80%

答案：D

11. 根据《水质　粪大肠菌群的测定　多管发酵法》（HJ 347.2—2018）测定水中粪大肠菌群，使用后的废物及器皿须经________高压蒸汽灭菌________或使用液体消毒剂灭菌。（　）

A. 121℃，30 min　B. 121℃，20 min　C. 115℃，30 min　D. 115℃，20 min

答案：A

12. 根据《水质　粪大肠菌群的测定　多管发酵法》（HJ 347.2—2018）测定水中粪大肠菌群时，采用 12 管法时，将样品充分混匀后，在 2 支装有已灭菌的 50 ml________乳糖蛋白胨培养基的大试管中，按无菌操作要求各加入样品 100 ml，在 10 支装有已灭菌的 5 ml________乳糖蛋白胨培养基试管中，按无菌操作要求各加入样品________ml。（　）

A. 3 倍，3 倍，10　B. 3 倍，单倍，10　C. 3 倍，3 倍，5　D. 3 倍，单倍，5

答案：A

三、问答题

1. 采用多管发酵法检测水质中粪大肠菌群，如何消除活性氯及重金属离子的干扰？

答案：（1）活性氯具有氧化性，能破坏微生物细胞内的酶活性，导致细胞死亡，可在样品采集时加入硫代硫酸钠溶液消除干扰；

（2）重金属离子具有细胞毒性，能破坏微生物细胞内的酶活性，导致细胞死亡，可在样品采集时加入乙二胺四乙酸二钠溶液消除干扰。

2. 根据《水质　粪大肠菌群的测定　多管发酵法》（HJ 347.2—2018）测定水中粪大肠菌群时，15 管法中如果有超过 3 个的稀释度用于检验，在一系列的十进稀释当中，计算 MPN 时，需要用其中依次 3 个的稀释度，取其阳性组合。那么选择的标准如何确定？

答案：先选出 5 支试管全部为阳性的最大稀释，小于它的稀释度也全部为阳性试管，然后再加上依次相连的 2 个更高的稀释。用这 3 个稀释度的结果数据来计算 MPN 值。

3. 根据《水质　粪大肠菌群的测定　多管发酵法》（HJ 347.2—2018）测定水中粪大肠菌群时，应用 15 管法如何接种样品？

答案：将样品充分混匀后，在 5 支装有已灭菌的 5 ml 3 倍乳糖蛋白胨培养基的试管中（内有倒管），按无菌操作要求各加入样品 10 ml，在 5 支装有已灭菌的 10 ml 单倍乳糖蛋白胨培养基的试管中（内有倒管），按无菌操作要求各加入样品 1 ml，在 5 支装有已灭菌的 10 ml 单倍乳糖蛋白胨培养基的试管中（内有倒管），按无菌操作要求各加入样品 0.1 ml。对于受污染的样品，先将样品稀释后再按照上述操作接种。

四、计算题

根据《水质　粪大肠菌群的测定　多管发酵法》（HJ 347.2—2018）测定 1 个受污染样品时，先将样品稀释 10^4 倍，然后采用 15 管法进行样品接种，初发酵后发现接种 10 ml 的试管有 4 个阳性，1 ml 的有 5 个阳性，0.1 ml 的有 3 个阳性。再将阳性试管转接培养，阳性试管分别有 4 个、4 个、3 个，问此样品粪大肠菌群数是多少？

各接种量阳性份数			MPN/100 ml
10 ml	1 ml	0.1 ml	
4	4	3	54
4	4	4	62
4	4	5	69
4	5	0	41
4	5	1	48
4	5	2	56
4	5	3	64
4	5	4	72
4	5	5	81

答案：

$$C = \frac{MPN \times 100}{f} = \frac{54\times100}{10^{-3}} = 5.4\times10^{6}(\text{MPN/L})$$

参考文献

生态环境部 . 水质　粪大肠菌群的测定　多管发酵法：HJ 347.2—2018［S］. 北京：中国环境出版集团，2018.

命题：王思思
审核：蒋建勇

第八十九节　水质　粪大肠菌群的测定　滤膜法（HJ 347.1—2018）

一、判断题

1. 根据《水质　粪大肠菌群的测定　滤膜法》（HJ 347.1—2018）测定水中粪大肠菌群时，玻璃器皿要按照无菌操作进行包扎，121℃高压蒸汽灭菌 20 min 备用，但采样器具不需要。(　　)

答案：×

正确答案：所有器具都需要灭菌。

2. 根据《水质　粪大肠菌群的测定　滤膜法》（HJ 347.1—2018）采集微生物样品时，采样瓶用样品洗涤，样品采集量可根据水体实际情况而定，一般不少于 250 ml。(　　)

答案：×

正确答案：采样瓶不得用样品洗涤，采集样品于灭菌的采样瓶中。

3. 根据《水质　粪大肠菌群的测定　滤膜法》（HJ 347.1—2018）采集样品时，采样瓶可用 1 L、500 ml 或 250 ml 带螺旋帽或磨口塞的广口玻璃瓶。(　　)

答案：√

4. 根据《水质　粪大肠菌群的测定　滤膜法》（HJ 347.1—2018）测定水中粪大肠菌群采集样品时，配制好的 MFC 培养基应避光、干燥保存，可常温保存。(　　)

答案：×

正确答案：必要时在（5±3）℃冰箱中保存，分装到平皿中的培养基可保存 2～4 周。

5. 根据《水质　粪大肠菌群的测定　滤膜法》（HJ 347.1—2018）的规定，恒温培养箱允许温度偏差为（44.5±0.5）℃。(　　)

答案：√

6. 根据《水质　粪大肠菌群的测定　滤膜法》（HJ 347.1—2018）的规定，在同一采样点进行分层采样时，应自下而上进行，以免不同层次的搅扰。（　　）

答案：×

正确答案：自上而下进行采样。

7. 根据《水质　粪大肠菌群的测定　滤膜法》（HJ 347.1—2018）测定水中粪大肠菌群时，需要根据样品的种类判断接种量，总菌落数不得超过 200 个。（　　）

答案：√

8. 根据《水质　粪大肠菌群的测定　滤膜法》（HJ 347.1—2018）对生活污水进行粪大肠菌群的测定，其结果可能为 123 CFU/L。（　　）

答案：×

正确答案：1.2×10^2 CFU/L。

9. 根据《水质　粪大肠菌群的测定　滤膜法》（HJ 347.1—2018）测定水中粪大肠菌群时，微生物检测数据为正态分布，可通过对其检测结果直接统计进行准确度计算。（　　）

答案：×

正确答案：微生物检测数据为偏态分布，其测定结果全部经以 10 为底对数转换后进行计算。

10. 根据《水质　粪大肠菌群的测定　滤膜法》（HJ 347.1—2018）测定水中粪大肠菌群时，每次试验都要用无菌水做实验室空白，培养后的培养基上不得有任何菌落生长。否则，此次样品测定无效。（　　）

答案：√

11.《水质　粪大肠菌群的测定　滤膜法》（HJ 347.1—2018）适用于地表水、地下水、生活污水和工业废水中粪大肠菌群的测定，水的浊度不影响粪大肠菌群的测定。（　　）

答案：×

正确答案：样品浑浊度较高时，另选其他方法进行测定。

12. 根据《水质　粪大肠菌群的测定　滤膜法》（HJ 347.1—2018）的规定，从水龙头进行采样时，采水前需放水 3～5 min，关闭水龙头，用火焰灼烧 3 min 灭菌，再放水 1 min，以去除水管中滞留杂质。（　　）

答案：√

二、单项选择题

1. 根据《水质　粪大肠菌群的测定　滤膜法》（HJ 347.1—2018）的规定，当接种量为 100 ml 时，检出限为________；当接种量为 500 ml 时，检出限为________。（　　）

A．2 CFU/L；10 CFU/L　　B．10 CFU/L；2 CFU/L

C．10 mg/L；2 mg/L　　D．2 mg/L；10 mg/L

答案：B

2. 根据《水质　粪大肠菌群的测定　滤膜法》（HJ 347.1—2018）中的规定，采样后应在________h 内检测，否则，应在________℃以下冷藏但不超过 6 h。（　　）

A．2，10　　B．4，4　　C．2，4　　D．4，10

答案：A

3. 根据《水质　粪大肠菌群的测定　滤膜法》（HJ 347.1—2018）判断，下列关于河流、湖泊等地表水样品采集的说法中不正确的是________。（　　）

A. 可握住瓶子下部直接将带塞采样瓶插入水中

B. 采样量一般为采样瓶容量的 80%

C. 采样位置约距水面 15～20 cm 处，瓶口朝水流方向

D. 样品采集完毕后，迅速扎上无菌包装纸

答案：C

4. 根据《水质　粪大肠菌群的测定　滤膜法》（HJ 347.1—2018）中的规定，使用后的废物及器皿须经________高压蒸汽灭菌________后，器皿方可清洗。（　　）

A. 121℃，20 min　　B. 121℃，30 min　　C. 115℃，20 min　　D. 115℃，30 min

答案：B

5. 根据《水质　粪大肠菌群的测定　滤膜法》（HJ 347.1—2018）的规定，粪大肠菌群需要在________恒温培养箱中培养________。（　　）

A. 37±0.5℃，48±2 h　　B. 44.5±0.5℃，48±2 h

C. 37±0.5℃，24±2 h　　D. 44.5±0.5℃，24±2 h

答案：D

6. 根据《水质　粪大肠菌群的测定　滤膜法》（HJ 347.1—2018）的规定，在对培养基进行检验时，阳性菌株应生长为________菌落，阴性菌株应生长为________菌落。（　　）

A. 蓝色或蓝绿色，无色或淡黄色

B. 淡黄色或灰色，蓝绿色

C. 蓝色或蓝绿色，无色、灰色、淡黄色或无菌落生长

D. 淡黄色或蓝绿色，无色或灰色

答案：C

7. 根据《水质　粪大肠菌群的测定　滤膜法》（HJ 347.1—2018）中的规定，如果水样污染较严重，可进行稀释后再过滤，最小过滤体积为________。（　　）

A. 10 ml　　B. 15 ml　　C. 20 ml　　D. 30 ml

答案：A

8. 根据《水质　粪大肠菌群的测定　滤膜法》（HJ 347.1—2018）中的规定，由于粪大肠菌群在 MFC 培养基上生长得较大，所以理想的抽滤体积是一片滤膜上生长________个粪大肠菌群菌落。（　　）

A. 10～40　　B. 20～40　　C. 10～60　　D. 20～60

答案：D

三、问答题

1. 根据《水质　粪大肠菌群的测定　滤膜法》（HJ 347.1—2018）简述无菌水和无菌滤膜如何制备？

答案：（1）无菌水：取适量实验室用水，经 121℃高压蒸汽灭菌 20 min，备用；

（2）无菌滤膜：直径 50 mm、孔径 0.45 μm 的醋酸纤维滤膜，按无菌操作要求包扎，经 121℃高压蒸汽灭菌 20 min，晾干备用；或将滤膜放入烧杯中，加入实验用水，煮沸灭菌 3 次，15 min/ 次，前 2 次煮沸后需更换水洗涤 2～3 次。

2. 根据《水质　粪大肠菌群的测定　滤膜法》（HJ 347.1—2018）简述测定粪大肠菌群的原理。

答案：样品通过孔径为 0.45 μm 的滤膜过滤，细菌被截留在滤膜上，然后将滤膜置于 MFC 选择性培养基上，在特定的温度（44.5℃）下培养 24 h，胆盐三号可抑制革兰氏阳性菌的生长，粪大肠菌群能生长并发酵乳糖产酸使指示剂变色，通过颜色判断是否产酸，并通过呈蓝色或蓝绿色菌落计数，测定样品中粪大肠菌群浓度。

3. 根据《水质　粪大肠菌群的测定　滤膜法》（HJ 347.1—2018）试写出 3 种不同样品类型的接种量。

答案：

样品类型			接种量 /ml							
			100	10	1	0.1	10^{-2}	10^{-3}	10^{-4}	10^{-5}
地表水	水源水		▲	▲	▲					
	湖泊（水库）			▲	▲	▲				
	河流			▲	▲	▲				
废水	生活污水							▲	▲	▲
	工业废水	处理前						▲	▲	▲
		处理后		▲	▲	▲				
地下水				▲	▲	▲				

4. 根据《水质　粪大肠菌群的测定　滤膜法》（HJ 347.1—2018）简述样品的干扰和消除方法。

答案：（1）活性氯具有氧化性，能破坏微生物细胞内的酶活性，导致细胞死亡，可在样品采集时加入硫代硫酸钠溶液消除干扰；

（2）重金属离子具有细胞毒性，能破坏微生物细胞内的酶活性，导致细胞死亡，可在样品采集时加入乙二胺四乙酸二钠溶液消除干扰。

5. 根据《水质　粪大肠菌群的测定　滤膜法》（HJ 347.1—2018）简述滤膜法测定粪大肠菌群的操作要求及培养方法。

答案：（1）用灭菌镊子以无菌操作夹取无菌滤膜贴放在已灭菌的过滤装置上，固定好过滤装置，将样品充分混匀后抽滤，以无菌水冲洗器壁 2～3 次。样品过滤完成后，再抽气约 5 s，关上开关。

（2）用灭菌镊子夹取滤膜移放在 MFC 培养基上，滤膜截留细菌面向上，滤膜应与培养基完全贴紧，两者间不得留有气泡。然后将培养皿倒置，放入恒温培养箱，44.5±0.5℃培养 24±2 h。

6. 根据《水质　粪大肠菌群的测定　滤膜法》（HJ 347.1—2018）及相关参考资料，谈一谈粪大肠菌群对环境的危害。

答案：（1）粪大肠菌群是大肠菌群的一种，又名耐热大肠菌群，是指在44.5℃培养24 h，能发酵乳糖产酸产气的需氧及兼性厌氧革兰氏阴性无芽孢杆菌，主要包括埃希氏菌属和耐热的克雷伯菌属细菌；

（2）粪大肠菌群是生长于人和温血动物肠道中的一组肠道细菌，除一般正常细菌外同时也会有一些肠道致病菌存在（如沙门氏菌、志贺氏菌等），随粪便排出体外，约占粪便干重的1/3以上，故称为粪大肠菌群；

（3）它主要来自粪便，在自然界中易死亡，若检出则说明检测对象近期受到了粪便污染，水体中存在着肠道致病菌污染的可能性，潜伏着中毒和流行病的威胁，对人体健康具有潜在的危险性；

（4）水中粪大肠菌群超标主要引起腹泻和肠胃感染等。水中粪大肠菌群结果的高低，既表明水体受到粪便污染的程度，也反映了水质对人体健康危害性的大小。

四、计算题

根据《水质　粪大肠菌群的测定　滤膜法》（HJ 347.1—2018）检测某水样的粪大肠菌群平行样品的结果分别为440 CFU/L和640 CFU/L，请计算报出结果为多少？

答案：$C=(440\times 640)^{1/2}=531=5.3\times 10^2$（CFU/L）

该水样的粪大肠菌群为 5.3×10^2 CFU/L。

参考文献

［1］生态环境部．水质　粪大肠菌群的测定　滤膜法：HJ 347.1—2018. 北京：中国环境出版集团，2018.

［2］国家环境保护总局《水和废水监测分析方法》编委会．水和废水监测分析方法：第四版增补版［M］. 北京：中国环境科学出版社，2002.

［3］中国环境监测总站《环境监测人员持证上岗考核试题集》编写组．环境监测人员持证上岗考核试题集：下册．4版［M］. 北京：中国环境出版集团，2018.

命题：王　慧

审核：张　娟

第九十节　水质　细菌总数的测定　平皿计数法（HJ 1000—2018）

一、判断题

1.《水质　细菌总数的测定　平皿计数法》（HJ 1000—2018）适用于地表水、地下水、生活污

水和工业废水中细菌总数的测定。(　　)

答案：√

2. 重金属离子具有细胞毒性，能破坏微生物细胞内的酶活性，导致细胞死亡，可在样品采集时加入硫代硫酸钠溶液消除干扰。(　　)

答案：×

正确答案：可在样品采集时加入乙二胺四乙酸二钠溶液消除重金属离子的干扰。

3.《水质　细菌总数的测定　平皿计数法》（HJ 1000—2018）中使用的无菌水，需 115℃高压灭菌 20 min，备用。(　　)

答案：×

正确答案：无菌水需 121℃高压灭菌 20 min，备用。

4.《水质　细菌总数的测定　平皿计数法》（HJ 1000—2018）中使用的玻璃器皿及采样器具试验前要按无菌操作要求包扎，121℃高压蒸汽灭菌 20 min 备用。(　　)

答案：√

5.《水质　细菌总数的测定　平皿计数法》（HJ 1000—2018）中规定，用无菌水做实验室空白测定，培养后平皿上不得有菌落生长，否则，该次样品测定结果无效，应查明原因后重新测定。(　　)

答案：√

6. 配制好的用于细菌学检测的培养基，不宜保存过久，以少量勤配为宜。每批应注明配制日期，已灭菌的培养基可在 4～10℃存放 1 个月，存放时应避免阳光直射，并且要避免杂菌侵入和液体蒸发。(　　)

答案：×

正确答案：配制好的用于细菌学检测的培养基，不宜保存过久，以少量勤配为宜。每批应注明配制日期，已灭菌的培养基可在 5±3℃冰箱中保存，不得超过 1 个月，存放时应避免阳光直射，并且要避免杂菌侵入和液体蒸发。

7.《水质　细菌总数的测定　平皿计数法》（HJ 1000—2018）中使用后的废物及器皿须经 121℃高压蒸汽灭菌 30 min 或使用液体消毒剂灭菌。灭菌后，器皿方可清洗，废物作为一般废物处置。(　　)

答案：√

8.《水质　细菌总数的测定　平皿计数法》（HJ 1000—2018）中规定不需要每次实验都进行实验室空白测定，检查稀释水、玻璃器皿和其他器具的无菌性。(　　)

答案：×

正确答案：每次实验都进行实验室空白测定，检查稀释水、玻璃器皿和其他器具的无菌性。

9.《水质　细菌总数的测定　平皿计数法》（HJ 1000—2018）中规定未稀释的原液的平皿上无菌落生长，则以“未检出”或“<1 CFU/ml”表示。(　　)

答案：√

二、单项选择题

1. 活性氯具有氧化性，能破坏微生物细胞内的酶活性，导致细胞死亡，应该在样品采集时加

入________溶液消除干扰。(　　)

A. 硫代硫酸钠　　B. 过硫酸钠　　C. 次氯酸钠　　D. 硫酸钠

答案：A

2. 在同一采样点，同时进行细菌监测项目与理化监测项目采样时，应________。(　　)

A. 先采集细菌学检验样品　　B. 后采集细菌学检验样品

C. 同时采集细菌学检验样品　　D. 先采哪个都可以

答案：A

3. 测定含有高浓度重金属水样中的细菌学指标时，在灭菌前要在采样瓶中加入乙二胺四乙酸二钠溶液，以减少金属毒性。按 500 ml 采样瓶计，加乙二胺四乙酸二钠溶液的浓度和体积为________。(　　)

A. 15%；1.2 ml　　B. 10%；1.5 ml　　C. 15%；1.5 ml　　D. 10%；1.2 ml

答案：A

4. 报告细菌总数测定结果时，应优先选择平均菌落数在________的平皿进行计数。(　　)

A. ＜300　　B. 30～300　　C. ＞300　　D. ≤300

答案：B

5.《水质　细菌总数的测定　平皿计数法》(HJ 1000—2018)中规定，采集水样时，采样量一般为采样量的________左右，样品采集完毕后，迅速扎上无菌包装纸。(　　)

A. 70%　　B. 80%　　C. 90%　　D. 95%

答案：B

三、问答题

1. 简述《水质　细菌总数的测定　平皿计数法》(HJ 1000—2018)的方法原理。

答案：将样品接种于营养琼脂培养基中，在特定的物理条件下(36℃培养 48 h)培养，生长的需氧菌和兼性厌氧菌总数即为样品中细菌菌落的总数。

2. 根据《水质　细菌总数的测定　平皿计数法》(HJ 1000—2018)简述样品采集后的保存方法。

答案：采样后应在 2 h 内检测，否则，应在 10℃以下冷藏但不得超过 6 h。实验室接样后，不能立即开展检测的，将样品于 4℃以下冷藏并在 2 h 内检测。

3. 简述如何进行培养基的质量控制。

答案：(1)每批培养基在使用前，需经无菌检验。可将培养基在 36±1℃恒温培养箱内培养 48±2 h，证明无菌，同时再用已知菌种检查在此培养基上的生长情况，符合后方可使用；

(2)每批培养基要做阳性和阴性对照培养检查试验；

(3)配制每批培养基都要做好记录，包括配制日期和批次，培养基及名称、成分、pH，灭菌条件，配制方法，配制人员等；配好的培养基不宜久放，以少量勤配为宜。

四、计算题

某污水样品用两个梯度稀释培养后，取样量为 1.0 ml，菌落数为 569 个和 572 个，取样量为

0.1 ml，菌落数为 214 个和 226 个，求此样品的菌落总数。

答案：（569+572）÷2=570

（214+226）÷2=220

优先选择平均菌落在 30～300 之间的平皿进行计数的原则。

220÷0.1=2.2×10^3（CFU/ml）

该样品的菌落总数为 2.2×10^3 CFU/ml。

参考文献

［1］生态环境部 . 水质　细菌总数的测定　平皿计数法：HJ 1000—2018［S］. 北京：中国环境出版集团，2018.

［2］中国环境监测总站《环境监测人员持证上岗考核试题集》编写组 . 环境监测人员持证上岗考核试题集：下册 . 4 版［M］. 北京：中国环境出版集团，2018.

命题：赵　颖

审核：张　娟

第九十一节　生活饮用水标准检验方法　微生物指标（GB/T 5750.12—2006 ·1.1　菌落总数　平皿计数法）

一、判断题

1. 菌落总数是指水样在营养琼脂上有氧条件下 37℃培养 48 h 后，所得 1 L 水样所含的细菌总数。（　　）

答案：×

正确答案：所得 1 ml 水样所含的细菌总数。

2. 根据《生活饮用水标准检验方法　微生物指标》（GB/T 5750.12—2006）做平皿菌落计数时，可用眼直接观察，必要时用放大镜检查，以防遗漏。（　　）

答案：√

3.《地下水质量标准》将地下水质量分为五类，其中Ⅰ类要求细菌总数每毫升小于等于 100 个。（　　）

答案：√

4. 根据《生活饮用水标准检验方法　微生物指标》（GB/T 5750.12—2006）的规定，以无菌操作方法用灭菌吸管吸取 1 ml 充分混匀的水样，注入灭菌平皿中，倾注约 15 ml 已融化的营养琼脂培养基，并立即旋摇平皿，使水样与培养基充分混匀。（　　）

答案：×

正确答案：应为已融化并冷却到 45℃左右的营养琼脂培养基

5. 根据《生活饮用水标准检验方法　微生物指标》(GB/T 5750.12—2006)的规定，以无菌操作方法用灭菌吸管吸取 1 ml 充分混匀的水样，注入灭菌平皿中，倾注约 15 ml 已融化并冷却到 45℃左右的营养琼脂培养基，使水样与培养基充分混匀。(　　)

答案： ×

正确答案： 以无菌操作方法用灭菌吸管吸取 1 ml 充分混匀的水样，注入灭菌平皿中，倾注约 15 ml 已融化并冷却到 45℃左右的营养琼脂培养基，并立即旋摇平皿，使水样与培养基充分混匀。

6. 根据《生活饮用水标准检验方法　微生物指标》(GB/T 5750.12—2006)的规定，每次检验时应做 1 个平行接种，同时另用 1 个平皿只倾注营养琼脂培养基作为空白对照。(　　)

答案： √

7. 根据《生活饮用水标准检验方法　微生物指标》(GB/T 5750.12—2006)求同稀释度的平均数时，若其中一个平皿有较大片状菌落生长时，则不宜采用，而应以无片状菌落生长的平皿作为该稀释度的平均菌落数。(　　)

答案： √

8. 根据《生活饮用水标准检验方法　微生物指标》(GB/T 5750.12—2006)的规定，不同稀释度的选择及报告首先选择平均菌落数为 40～300 者进行计算，若只有一个稀释度的平均菌落数符合此范围时，则将该菌落数乘以稀释倍数报告。(　　)

答案： ×

正确答案： 首先选择平均菌落数为 30～300 者进行计算。

9. 根据《生活饮用水标准检验方法　微生物指标》(GB/T 5750.12—2006)中的规定，若有两个稀释度，其生长的菌落数均为 30～300 之间，则视二者之比值来决定，若其比值小于 2 则应报告两者的平均数；若大于 2 则报告其中稀释度较大的菌落总数；若等于 2 亦报告其中稀释度较大的菌落总数。(　　)

答案： ×

正确答案： 若大于 2 则报告其中稀释度较小的菌落总数；若等于 2 亦报告其中稀释度较小的菌落总数。

10. 根据《生活饮用水标准检验方法　微生物指标》(GB/T 5750.12—2006)中的规定，若所有稀释度的平均菌落数均大于 300，则应按稀释度最高的平均菌落数乘以稀释倍数报告。(　　)

答案： √

11. 根据《生活饮用水标准检验方法　微生物指标》(GB/T 5750.12—2006)中的规定，若所有稀释度的平均菌落数均小于 30，则应按稀释度最低的平均菌落数乘以稀释倍数报告。(　　)

答案： √

12. 根据《生活饮用水标准检验方法　微生物指标》(GB/T 5750.12—2006)中的规定，若所有稀释度的平板上均无菌落生长，则以未检出报告。(　　)

答案： √

13. 根据《生活饮用水标准检验方法　微生物指标》(GB/T 5750.12—2006)中的规定，若所有稀释度的平均菌落数均不在 30～300 范围内，则应以最接近 30 的平均菌落数乘以稀释倍数报告。(　　)

答案： ×

正确答案：应以最接近 30 或 300 的平均菌落数乘以稀释倍数报告。

14. 根据《生活饮用水标准检验方法　微生物指标》（GB/T 5750.12—2006）中的规定，菌落数在 100 以内时按实有数报告。（　　）

答案：√

15.《生活饮用水标准检验方法　微生物指标》（GB/T 5750.12—2006）中规定，菌落数大于 100 时，采用 2 位有效数字，在 2 位有效数字后面的数值，以四舍五入方法计算，为了缩短数字后面的零数也可用 10 的指数来表示。（　　）

答案：√

16. 采集细菌学检测的水样时，需用水清洗已灭菌的采样瓶，一般采样量为采样瓶容量的 80% 左右，以便接种时充分混匀样品。（　　）

答案：×

正确答案：不需用水清洗已灭菌的采样瓶。

二、单项选择题

1. 根据《生活饮用水标准检验方法　微生物指标》（GB/T 5750.12—2006）中的规定，细菌总数为水样在营养琼脂上，有氧条件下 37℃培养 48 h 后，所得________水样所含的菌落的总数。（　　）

A．1 ml　　B．1 L　　C．10 ml　　D．100 ml

答案：A

2. 根据《生活饮用水标准检验方法　微生物指标》（GB/T 5750.12—2006）进行菌落计数的报告时，菌落数大于________时，采用 2 位有效数字，在 2 位有效数字后面的数值，以四舍五入方法计算，为了缩短数字后面的零数也可用 10 的指数来表示。（　　）

A．30　　B．100　　C．300　　D．1 000

答案：B

3. 根据《生活饮用水标准检验方法　微生物指标》（GB/T 5750.12—2006）的规定，以无菌操作方法用灭菌吸管吸取 1 ml 充分混匀的水样，注入灭菌平皿中，倾注约 15 ml 已融化并冷却到________℃左右的营养琼脂培养基，并立即旋摇平皿，使水样与培养基充分混匀。（　　）

A．35　　B．36.5　　C．37　　D．45

答案：D

4. 根据《生活饮用水标准检验方法　微生物指标》（GB/T 5750.12—2006）中的平皿计数法测定菌落总数时，营养琼脂需经 103.43 kPa________灭菌________，储存于冷暗处备用。（　　）

A．121℃，30 min　　B．125℃，20 min　　C．125℃，30 min　　D．121℃，20 min

答案：D

5. 根据《生活饮用水标准检验方法　微生物指标》（GB/T 5750.12—2006）配制营养琼脂时，将所有成分混合后，加热溶解，调整 pH 为________。（　　）

A．7.0～7.2　　B．7.4～7.6　　C．7.2～7.3　　D．7.5～7.9

答案：B

6. 根据《生活饮用水标准检验方法 微生物指标》（GB/T 5750.12—2006）中的平皿计数法测定菌落总数时，在求同稀释度的平均数时，应以________的平皿作为该稀释度的平均菌落数。（ ）

A. 有片状菌落生长　　B. 有大量片状菌落生长

C. 无片状菌落生长　　D. 有少量片状菌落生长

答案： C

7. 根据《生活饮用水标准检验方法 微生物指标》（GB/T 5750.12—2006）中的平皿计数法测定菌落总数时，不同稀释度的选择及报告首先选择平均菌落数为________者进行计算，若只有一个稀释度的平均菌落数符合此范围时，则将该菌落数乘以稀释倍数报告。（ ）

A. 小于 30　　B. 大于 300　　C. 40～300　　D. 30～300

答案： D

8. 采集加氯处理的水样时，须经去氯处理。在灭菌前在 500 ml 采集瓶中加入足量的硫代硫酸钠，加入的浓度和体积分别为________。（ ）

A. 3 ml，10% $Na_2S_2O_3$　　B. 0.3 ml，10% $Na_2S_2O_3$

C. 1 ml，10% $Na_2S_2O_3$　　D. 0.3 ml，5% $Na_2S_2O_3$

答案： B

9. 我国生活饮用水的细菌总数标准为________。（ ）

A. 每升水样小于 100 个菌落　　B. 每升水样小于或等于 3 个菌落

C. 每毫升水样小于等于 100 个菌落　　D. 每毫升水样小于等于 3 个菌落

答案： C

10. 我国目前细菌总数以________为报告单位。（ ）

A. 个 /L　　B. 个 /ml　　C. 个 /100 ml　　D. MPN/L

答案： B

11. 根据《生活饮用水标准检验方法 微生物指标》（GB/T 5750.12—2006）中平皿计数法测定菌落总数时，若所有稀释度的平均菌落数均大于 300，则应按稀释度________的平均菌落数乘以稀释倍数报告。（ ）

A. 最高　　B. 最低　　C. 一半　　D. 2 倍

答案： A

12. 根据《生活饮用水标准检验方法 微生物指标》（GB/T 5750.12—2006）中平皿计数法测定菌落总数时，若所有稀释度的平均菌落数均小于 30，则应按稀释度________的平均菌落数乘以稀释倍数报告。（ ）

A. 最高　　B. 最低　　C. 一半　　D. 2 倍

答案： B

13. 根据《生活饮用水标准检验方法 微生物指标》（GB/T 5750.12—2006）中平皿计数法测定菌落总数时，若所有稀释度的平均菌落数均不在 30～300 范围内，则应以最接近________的平均菌落数乘以稀释倍数报告。（ ）

A. 30　　B. 40　　C. 300　　D. 30 或 300

答案： D

14. 根据《生活饮用水标准检验方法 微生物指标》（GB/T 5750.12—2006）中平皿计数法的规定进行菌落计数的报告时，菌落数在________以内时按实有数报告。（ ）

A．30　　B．50　　C．100　　D．300

答案： C

15. 根据《生活饮用水标准检验方法 微生物指标》（GB/T 5750.12—2006）中平皿计数法的规定进行菌落计数的报告时，若菌落数大于 100，采用________有效数字，在有效数字后面的数值，以四舍五入方法计算，为了缩短数字后面的零数也可用 10 的指数来表示。（ ）

A．1 位　　B．2 位　　C．3 位　　D．4 位

答案： B

三、问答题

1. 根据《生活饮用水标准检验方法 微生物指标》（GB/T 5750.12—2006）中的平皿计数法简述菌落计数及报告方法。

答案： 做平皿菌落计数时，可用眼直接观察，必要时用放大镜检查，以防遗漏。在记下各平皿的菌落数后，应求出同稀释度的平均菌落数，供下一步计算时应用。在求同稀释度的平均数时，若其中一个平皿有较大片状菌落生长时，则不宜采用，而应以无片状菌落生长的平皿作为该稀释度的平均菌落数。若片状菌落不到平皿的一半，而其余一半中菌落分布又很均匀，则可将此半皿计数后乘 2 以代表全皿菌落数，然后再求该稀释度的平均菌落数。

2. 根据《生活饮用水标准检验方法 微生物指标》（GB/T 5750.12—2006）简述若有两个稀释度且其生长的菌落数均在 30～300 范围内应如何报数？

答案： 视二者之比值来决定，若其比值小于 2 应报告两者的平均数；若大于 2 则报告其中稀释度较小的菌落总数；若等于 2 亦报告其中稀释度较小的菌落总数。

四、计算题

水中细菌总数测定时，10^{-1} 稀释度平板菌落数为 1 365 个；10^{-2} 稀释度平板菌落数为 164 个；10^{-3} 稀释度平板菌落数为 20 个；每毫升水样中的细菌总数是多少？应如何报告？

答案： 细菌总数为 16 400 个 /ml；报告数 1.6×10^{4} 个 /ml。

参考文献

［1］中华人民共和国卫生部，中国国家标准化管理委员会．生活饮用水标准检验方法 微生物指标：GB/T 5750.12—2006［S］．北京：中国标准出版社，2006.

［2］《环境监测技术基本理论（参考）试题集》编写组．环境监测技术基本理论（参考）试题集［M］．北京：中国环境科学出版社，2002.

［3］中国环境监测总站《环境监测人员持证上岗考核试题集》编写组．环境监测人员持证上岗考核试题集：下册．4 版［M］．北京：中国环境出版集团，2018.

命题：张昕婷

审核：张久龙

第二章

环境空气和废气

第一节　环境空气质量手工监测技术规范（HJ 194—2017）

一、判断题

1. 根据《环境空气质量手工监测技术规范》（HJ 194—2017）获取环境空气污染物小时平均浓度时，如果污染物浓度过高，应在 1 h 内等时间间隔采样 3～4 个样品。（　　）

答案：√

2.《环境空气质量手工监测技术规范》（HJ 194—2017）中规定，我国规定气体的标准状态是指温度为 273.15 K、压力为 101.325 kPa 时的状态。（　　）

答案：√

3. 根据《环境空气质量手工监测技术规范》（HJ 194—2017）进行环境空气采样时，使用气袋采样时可不用现场气样来洗涤气袋，直接采样即可。（　　）

答案：×

正确答案：使用气袋采样时，使用前气袋应用现场气样重复洗涤 3～5 次。

4. 根据《环境空气质量手工监测技术规范》（HJ 194—2017）进行环境空气监测时，采集有机成分的滤膜不宜进行称重。（　　）

答案：√

5. 根据《环境空气质量手工监测技术规范》（HJ 194—2017）的要求，每个采集过高浓度样品的真空罐清洗后，在下一次使用前均应进行本底污染分析。（　　）

答案：√

6. 根据《环境空气质量手工监测技术规范》（HJ 194—2017）的要求，从采样口到附近最高障碍物之间的水平距离，应为该障碍物与采样口高度差的 5 倍以上。（　　）

答案：×

正确答案：应为该障碍物与采样口高度差的 2 倍以上。

7. 根据《环境空气质量手工监测技术规范》（HJ 194—2017）的要求，一般情况下，采样口距地面高度在 1.5～15 m，距支撑物表面 1 m 以上。（　　）

答案：√

8. 根据《环境空气质量手工监测技术规范》（HJ 194—2017）的要求，直接采样法常用于空气中被测组分浓度较高或所用分析方法灵敏度较高的情况。（　　）

答案：√

9. 根据《环境空气质量手工监测技术规范》（HJ 194—2017）的要求，新购和采集高浓度样品后的热脱吸附管在使用前需进行老化。（　　）

答案：√

10. 根据《环境空气质量手工监测技术规范》（HJ 194—2017）的要求，分段填充的吸附管三分之一填充物段为进气端。(　　)

答案：×

正确答案：分段填充的吸附管 2/3 填充物段为进气端。

11. 根据《环境空气质量手工监测技术规范》（HJ 194—2017）的要求，滤膜采样法采集环境空气后，滤膜不得对折。(　　)

答案：×

正确答案：整膜分析时样品滤膜可平放或向内均匀对折；非整膜分析样品滤膜不可对折。

12. 根据《环境空气质量手工监测技术规范》（HJ 194—2017）的要求，当出现异常值时，应剔除。(　　)

答案：×

正确答案：当出现异常值时，应查找原因，原因不明的异常值不应随意剔除。

13. 根据《环境空气质量手工监测技术规范》（HJ 194—2017）的要求，吸附管采样法的实际采样体积应小于安全采样体积，必要时应在采样前按照监测方法标准要求进行穿透试验，以保证吸收效率，避免样品损失。(　　)

答案：√

14. 根据《环境空气质量手工监测技术规范》（HJ 194—2017）的要求，多点采样时，各采样点采样需同步进行，采样时间和采样频率均应相同。(　　)

答案：√

15. 根据《环境空气质量手工监测技术规范》（HJ 194—2017）中吸附管采样法采样时，空气中水蒸气或水雾太大会影响采样效率，采样时空气相对湿度应小于 95%。(　　)

答案：×

正确答案：采样时空气相对湿度应小于 90%。

16. 根据《环境空气质量手工监测技术规范》（HJ 194—2017）的要求，真空罐（瓶）清洗后，每 20 只应至少取 1 只注入高纯氮气分析，确定是否清洗干净。(　　)

答案：√

17. 根据《环境空气质量手工监测技术规范》（HJ 194—2017）的要求，真空瓶一般由硬质玻璃制作，通常配有进气阀门和真空压力表，不可重复使用。(　　)

答案：×

正确答案：真空瓶可重复使用。

18. 根据《环境空气质量手工监测技术规范》（HJ 194—2017）的要求，滤膜采样法采集环境空气，若去除大颗粒污染物，切割头可涂抹凡士林或硅脂。(　　)

答案：√

19. 根据《环境空气质量手工监测技术规范》（HJ 194—2017）的要求，将空气样品直接采集在合适的气体收集器内称为被动采样法。(　　)

答案：×

正确答案：将空气样品直接采集在合适的气体收集器内称为直接采样法。

20. 根据《环境空气质量手工监测技术规范》（HJ 194—2017）的要求，降尘采样时间为30±2 d。（　　）

答案：√

二、单项选择题

1. 根据《环境空气质量手工监测技术规范》（HJ 194—2017）的要求，在环境空气采样口周围________空间，环境空气流动不受影响。如果采样管的一边靠近建筑物，至少在采样口周围要有________弧形范围的自由空间。（　　）

A．90°，180°　　B．180°，90°

C．180°，270°　　D．270°，180°

答案：D

2. 根据《环境空气质量手工监测技术规范》（HJ 194—2017）的要求，除分析有机物的滤膜外，一般情况下，滤膜采集样品后，如不能立即称重，应在________保存。（　　）

A．4℃条件下冷藏　　B．20℃

C．冷冻条件下　　D．常温条件下

答案：A

3. 根据《环境空气质量手工监测技术规范》（HJ 194—2017）的要求，硫酸盐化速率及氟化物（长期）采样时间为7～30 d；但要获得月平均浓度，样品采样时间应不少于__________。（　　）

A．10 d　　B．15 d　　C．20 d　　D．30±2 d

答案：B

4. 根据《环境空气质量手工监测技术规范》（HJ 194—2017）中的描述，溶液吸收采样法适用于________臭氧等气态污染物的样品采集。（　　）

A．可吸入颗粒物、细颗粒物　　B．挥发性有机物

C．二氧化硫、氮氧化物　　D．氟化物

答案：C

5. 根据《环境空气质量手工监测技术规范》（HJ 194—2017）的要求，溶液吸收采样法采集气态污染物时，采样前后经检定合格的标准流量计，流量误差应________。（　　）

A．小于5%　　B．小于10%　　C．小于15%　　D．小于20%

答案：A

6. 根据《环境空气质量手工监测技术规范》（HJ 194—2017）的要求，溶液吸收法的采样管路可用不锈钢、玻璃和聚四氟乙烯等材质，采集氧化性和酸性气体应避免使用________采样管。（　　）

A．玻璃材质　　B．棕色玻璃材质　　C．金属材质　　D．聚四氟乙烯

答案：C

7. 根据《环境空气质量手工监测技术规范》（HJ 194—2017）的要求，滤膜采样法采样期间如遇特殊天气或重度及以上污染过程时应及时清洗切割器；采样时长________，也需定期清洗。（　　）

A．超过 3 d　　B．超过 7 d　　C．超过 15 d　　D．超过 30 d

答案：B

8. 根据《环境空气质量手工监测技术规范》（HJ 194—2017）的要求，一般干燥器中的硅胶________需要更换。（　　）

A．发现变色立即　　B．有 1/2 变色

C．完全变色　　D．每月进行更换

答案：B

9. 根据《环境空气质量手工监测技术规范》（HJ 194—2017）进行注射器气密性检查时，吸入空气至最大刻度，用配套密封头封好进气口，垂直放置 24 h，剩余空气应________。（　　）

A．剩余一半以上　　B．不少于 60%

C．大于 80%　　D．几乎没有变化

答案：B

10. 根据《环境空气质量手工监测技术规范》（HJ 194—2017）的要求，遇到对监测影响较大的雨雪天气、________的天气条件时，不宜进行手工采样监测。（　　）

A．重度及以上污染过程　　B．风速大于 5 m/s

C．风速大于 8 m/s　　D．气温大于 38℃

答案：C

三、问答题

1. 根据《环境空气质量手工监测技术规范》（HJ 194—2017）简述监测仪器的管理要求。

答案：（1）凡属于需强制检定的计量器具，应按计量法规定，定期送法定计量检定机构检定，检定合格后方可使用；

（2）国家强制检定之外的计量器具，可送至有资质的计量机构进行校准，或自行校准、比对，合格后方可使用；

（3）计量器具在日常使用过程中，应按照相关技术要求定期校验、核查和维护。

2. 根据《环境空气质量手工监测技术规范》（HJ 194—2017）简述环境空气质量手工监测的 6 种采样方法。

答案：（1）溶液吸收采样法；（2）吸附管采样法；（3）滤膜采样法；（4）滤膜-吸附剂联用采样法；（5）直接采样法；（6）被动采样法。

3. 根据《环境空气质量手工监测技术规范》（HJ 194—2017）简述溶液吸收采样法样品运输和保存过程中的注意事项。

答案：（1）样品采集完成后，立即密封，尽快送至实验室分析，并做好交接记录。

（2）防止样品在运输过程中受到撞击或剧烈振动而损坏。

（3）样品运输及保存中应避免阳光直射。需要低温保存的样品，在运输过程中应采取相应的冷藏措施，防止样品变质。

（4）样品到达实验室应及时交接，尽快分析。如不能及时测定，应按各项目的监测方法标准要求妥善保存，并在样品有效期内完成分析。

4. 根据《环境空气质量手工监测技术规范》（HJ 194—2017）简述滤膜采样法适用于哪些污染物的监测及样品采集。

答案： 滤膜采样法适用于总悬浮颗粒物、可吸入颗粒物、细颗粒物等大气颗粒物的质量浓度监测及成分分析，以及颗粒物中重金属、苯并［*a*］芘、氟化物（小时和日均浓度）等污染物的样品采集。

5. 根据《环境空气质量手工监测技术规范》（HJ 194—2017）简述使用气袋采样方式采集样品前的准备事项。

答案：（1）采样前气袋应清洗干净，确保无残留气体干扰；

（2）采样前应检查气袋是否密封良好，是否有破裂损坏等情况，并进行气密性检查，确保采样系统不漏气。

四、计算题

根据《环境空气质量手工监测技术规范》（HJ 194—2017）进行空气采样时，现场气温为20℃，大气压力为95.3 kPa，实际采样体积为520 ml。问标准状态下的采样体积是多少?（在此不考虑采样器的阻力）

答案： $V_0=\frac{0.52\times273.15\times95.3}{(273.15+20)\times101.325}=0.46$（L）

标准状态下的采样体积是0.46 L。

参考文献

［1］环境保护部．环境空气质量手工监测技术规范：HJ 194—2017［S］．北京：中国环境出版集团，2017.

［2］中国环境监测总站《环境监测人员持证上岗考核试题集》编写组．环境监测人员持证上岗考核试题集：下册．4版［M］．北京：中国环境出版集团，2018.

命题：王　茜

审核：刘　国

第二节　环境空气质量监测点位布设技术规范（试行）（HJ 664—2013）

一、判断题

1. 根据《环境空气质量监测点位布设技术规范（试行）》（HJ 664—2013）的规定，环境空气质量评价城市点设置的最少数量由城市建成区面积和人口数量确定。（　　）

答案： √

2.《环境空气质量监测点位布设技术规范（试行）》（HJ 664—2013）中将以监测区域范围空气质量状况和污染物区域传输及影响范围为目的而设置的监测点，称为环境空气质量评价区域点。（ ）

答案：√

3. 根据《环境空气质量监测点位布设技术规范（试行）》（HJ 664—2013）的规定，污染监控点代表范围一般为半径 50～100 m。（ ）

答案：×

正确答案：污染监控点代表范围一般为半径 100～500 m。

4.《环境空气质量监测点位布设技术规范（试行）》（HJ 664—2013）中将为监测道路交通污染源对环境空气质量影响而设置的监测点，称为路边交通点。（ ）

答案：√

5. 根据《环境空气质量监测点位布设技术规范（试行）》（HJ 664—2013）的规定，同类型监测点设置条件尽可能一致，使各个监测点获取的数据具有可比性。（ ）

答案：√

6. 根据《环境空气质量监测点位布设技术规范（试行）》（HJ 664—2013）的规定，监测点位置一经确定，原则上不应变更，以保证监测资料的连续性和可比性。（ ）

答案：√

7. 根据《环境空气质量监测点位布设技术规范（试行）》（HJ 664—2013）的规定，应结合城乡建设规划考虑监测点的布设，使确定的监测点能兼顾未来城乡空间格局变化趋势。（ ）

答案：√

8. 根据《环境空气质量监测点位布设技术规范（试行）》（HJ 664—2013）的规定，拟新建城市点的污染物浓度的平均值与同一时期用城市加密网格点实测或模式模拟计算的城市总体平均值估计相对误差应在 10% 以内。（ ）

答案：√

9. 根据《环境空气质量监测点位布设技术规范（试行）》（HJ 664—2013）的规定，背景点设置在不受人为活动影响的清洁地区，反映国家尺度空气质量本底水平。（ ）

答案：√

10. 根据《环境空气质量监测点位布设技术规范（试行）》（HJ 664—2013）的规定，污染监控点原则上应设在可能对人体健康造成影响的污染物高浓度区以及主要固定污染物对环境空气质量产生明显影响的地区。（ ）

答案：√

11. 根据《环境空气质量监测点位布设技术规范（试行）》（HJ 664—2013）的规定，区域点和背景点的海拔高度应合适；在平缓地区应保持在相对低的位置。（ ）

答案：×

正确答案：在平缓地区应保持在开阔地点的相对高地，避免空气沉积的凹地。

12. 根据《环境空气质量监测点位布设技术规范（试行）》（HJ 664—2013）的规定，建成区城市人口＜25 万，建成区面积＜20 km^2 时，环境空气质量评价城市点最少需要设置 2 个监测点。

（ ）

答案：×

正确答案：建成区城市人口<25万，建成区面积<20 km^{2}时，环境空气质量评价城市点最少需要设置1个监测点。

13. 根据《环境空气质量监测点位布设技术规范（试行）》（HJ 664—2013）的规定，建成区城市人口为25万～50万，建成区面积为20～50 km^{2}时，环境空气质量评价城市点最少需要设置2个监测点。（ ）

答案：√

14. 根据《环境空气质量监测点位布设技术规范（试行）》（HJ 664—2013）的规定，建成区城市人口为100万～200万，建成区面积为100～200 km^{2}时，环境空气质量评价城市点最少需要设置6个监测点。（ ）

答案：√

15. 根据《环境空气质量监测点位布设技术规范（试行）》（HJ 664—2013）的规定，建成区城市人口为200万～300万，建成区面积为200～400 km^{2}时，环境空气质量评价城市点最少需要设置6个监测点数。（ ）

答案：×

正确答案：建成区城市人口为200万～300万，建成区面积为200～400 km^{2}时，环境空气质量评价城市点最少需要设置8个监测点数。

16. 根据《环境空气质量监测点位布设技术规范（试行）》（HJ 664—2013）的规定，区域点的数量由国家环境保护行政主管部门根据国家规划，兼顾区域面积和人口因素设置。各地方可根据环境管理的需要，申请增加区域点数量。（ ）

答案：√

17. 根据《环境空气质量监测点位布设技术规范（试行）》（HJ 664—2013）的规定，采样口周围水平面应保证270°以上的补集空间，如果采样口一边靠近建筑物，采样口周围水平面应有180°以上的自由空间。（ ）

答案：√

18. 根据《环境空气质量监测点位布设技术规范（试行）》（HJ 664—2013）的规定，区域点和背景点周边向外的大视野需180°开阔，1～10 km方圆距离内应没有明显的视野阻断。（ ）

答案：×

正确答案：区域点和背景点周边向外的大视野需360°开阔。

19. 根据《环境空气质量监测点位布设技术规范（试行）》（HJ 664—2013）的规定，应采取措施保证监测点附近1 000 m内的土地使用状况相对稳定。（ ）

答案：√

20. 根据《环境空气质量监测点位布设技术规范（试行）》（HJ 664—2013）在建筑物上安装监测仪器时，监测仪器的采样口离建筑物墙壁、屋顶等支撑物表面的距离应大于1 m。（ ）

答案：√

二、单项选择题

1.《环境空气质量监测点位布设技术规范（试行）》（HJ 664—2013）中把以监测国家或大区域范围的环境空气质量本底水平为目的而设置的监测点称为________。(　　)

A．环境空气质量评价城市点　　B．环境空气质量评价区域点

C．环境空气质量背景点　　D．环境空气污染监控点

答案：C

2. 根据《环境空气质量监测点位布设技术规范（试行）》（HJ 664—2013）的规定，环境空气质量监测点位布设原则为________、前瞻性、稳定性。(　　)

A．代表性　　B．代表性、可比性、整体性

C．代表性、可比性、经济性　　D．代表性、可比性

答案：B

3. 根据《环境空气质量监测点位布设技术规范（试行）》（HJ 664—2013）的规定，环境空气质量评价区域点原则上应离开城市建成区和主要污染源________km 以上。(　　)

A．10　　B．20　　C．50　　D．100

答案：B

4. 根据《环境空气质量监测点位布设技术规范（试行）》（HJ 664—2013）的规定，环境空气质量评价背景点原则上应离开城市建成区和主要污染源________km 以上。(　　)

A．10　　B．20　　C．50　　D．100

答案：C

5. 根据《环境空气质量监测点位布设技术规范（试行）》（HJ 664—2013）的规定，当建成区城市人口为 50 万～100 万，建成区面积在 50～100 km^2 时，环境空气质量评价城市点最少需要设置________个监测点。(　　)

A．1　　B．2　　C．4　　D．6

答案：C

6. 根据《环境空气质量监测点位布设技术规范（试行）》（HJ 664—2013）的规定，污染监控点依据________布设。(　　)

A．排放源强度和主要污染项目　　B．固定污染源

C．无组织排放源　　D．工业园区数量

答案：A

7. 根据《环境空气质量监测点位布设技术规范（试行）》（HJ 664—2013）的规定，手工采样的采样口离地面高度应为________。(　　)

A．1.0～10 m　　B．1.5～15 m

C．1.2～2.0 m　　D．1.0～1.5 m

答案：B

8. 根据《环境空气质量监测点位布设技术规范（试行）》（HJ 664—2013）的规定，路边交通点的采样口离地面的高度应为________。(　　)

A．2～5 m　　B．2～10 m　　C．1～2 m　　D．5～20 m

答案：A

9. 根据《环境空气质量监测点位布设技术规范（试行）》（HJ 664—2013）的规定，因城市建成区面积扩大或行政区划变动，导致现有城市点已不能全买反映城市建成区总体空气质量状况的，________。（　　）

A．可变更点位　　B．可增设点位　　C．可撤销点位　　D．不可改变点位

答案：B

10. 根据《环境空气质量监测点位布设技术规范（试行）》（HJ 664—2013）的规定，当某监测点需设置多个采样口时，为防止其他采样口干扰________的采集，该采样口与其他采样口之间直线距离应大于 1 m。（　　）

A．SO_2　　B．颗粒物　　C．VOCs　　D．NO_2

答案：B

三、问答题

1. 根据《环境空气质量监测点位布设技术规范（试行）》（HJ 664—2013）简述路边交通点位布设要求。

答案：（1）一般应在行车道的下风侧，根据车流量的大小、车道两侧的地形、建筑物的分布情况等确定路边交通点的位置，采样口距道路边缘距离不得超过 20 m；

（2）由地方环境保护行政主管部门根据监测目的确定点位布设原则设置路边交通点，并实时发布监测信息。

2. 根据《环境空气质量监测点位布设技术规范（试行）》（HJ 664—2013）简述环境空气质量监测点位布设原则。

答案：环境空气质量监测点位布设原则为代表性、可比性、整体性、前瞻性、稳定性。

3. 根据《环境空气质量监测点位布设技术规范（试行）》（HJ 664—2013）简述当建成区城市人口＞300 万，建成区面积＞400 km^2 时，环境空气质量评价城市点设置要求。

答案：按每 50～60 km^2 建成区面积设 1 个监测点，并且不少于 10 个点。

4. 根据《环境空气质量监测点位布设技术规范（试行）》（HJ 664—2013）简述变更环境空气质量评价城市点应遵守的要求。

答案：（1）变更后的城市点与原城市点应位于同一类功能区；

（2）点位变更时应就近移动点位，点位移动的直线距离不应超过 1 000 m；

（3）变更后的城市点与原城市点位平均浓度变差应小于 15%。

5. 根据《环境空气质量监测点位布设技术规范（试行）》（HJ 664—2013）简述污染监控点的定义。

答案：为监测本地区主要固定污染源及工业园区等污染源聚集区对当地环境空气质量的影响而设置的监测点，代表范围一般为半径 100～500 m，也可扩大到半径 500 m～4 km（如考虑较高的点源对地面浓度的影响时）。

6. 根据《环境空气质量监测点位布设技术规范（试行）》（HJ 664—2013）简述环境空气质量评

价区域点、背景点的基本监测项目。

答案：二氧化硫、二氧化氮、一氧化碳、臭氧、可吸入颗粒物、细颗粒物。

7. 根据《环境空气质量监测点位布设技术规范（试行）》（HJ 664—2013）简述对于固定污染源较多且比较集中的工业园区等，污染监控点位的布设要求。

答案：对于固定污染源较多且比较集中的工业园区等，污染监控点原则上应设置在主导风向和第二主导风向（一般采用污染最重季节的主导风向）的下风向的工业园区边界，兼顾排放强度最大的污染源及污染项目的最大落地浓度。

8. 根据《环境空气质量监测点位布设技术规范（试行）》（HJ 664—2013）简述城市加密网格点实测估计所在城市建成区污染物浓度总体平均值的方法原理。

答案：城市加密网格点实测是指将城市建成区均匀划分为若干加密网格点，单个网格不大于 2 km×2 km（面积大于 200 km^2 的城市也可适当放宽网格密度），在每个网格中心或网格线的交点上设置监测点，监测项目包括 GB 3095—2012 中规定的 6 项基本项目（可根据监测目的增加监测项目），有效监测天数不少于 15 d。

参考文献

环境保护部. 环境空气质量监测点位布设技术规范（试行）：HJ 664—2013［S］. 北京：中国环境出版社，2013.

命题：王　茜

审核：刘　国

第三节　固定污染源排气中颗粒物测定与气态污染物采样方法（GB/T 16157—1996）

一、判断题

1. 根据《固定污染源排气中颗粒物测定与气态污染物采样方法》（GB/T 16157—1996）的规定，气态或蒸汽态有害物质在烟道内分布一般是均匀的，所以可在靠近烟道中心位置采样，需要等速采样。（　　）

答案：×

正确答案：气态或蒸汽态有害物质在烟道内分布一般是均匀的，所以可在靠近烟道中心位置采样，不需要等速采样。

2. S 型皮托管的测孔很小，当烟道内颗粒物浓度大时易被堵塞。所以它适用于测量较清洁的排气装置。（　　）

答案：×

正确答案：标准型皮托管的测孔很小，当烟道内颗粒物浓度大时易被堵塞。所以它适用于测量较清洁的排气装置。

3. 固定污染源监测中，因为气体流速与气体动压的平方成正比，所以可根据测得的动压计算气体的流速。（ ）

答案：×

正确答案：气体流速与气体动压的平方根成正比。

4. 根据《固定污染源排气中颗粒物测定与气态污染物采样方法》（GB/T 16157—1996）进行固定污染源监测时，烟道中全压和静压有正负值之分。

答案：√

5. 根据《固定污染源排气中颗粒物测定与气态污染物采样方法》（GB/T 16157—1996）用玻璃温度计测定烟道温度时，应将温度计抽出烟道外进行读数。（ ）

答案：×

正确答案：用玻璃温度计测定烟道温度时，不得将温度计抽出烟道外进行读数。

6. 根据《固定污染源排气中颗粒物测定与气态污染物采样方法》（GB/T 16157—1996）的规定，在选择烟尘采样位置时，应首先选择水平管道。（ ）

答案：×

正确答案：在选择烟尘采样位置时，应首先选择垂直管道。

7. 根据《固定污染源排气中颗粒物测定与气态污染物采样方法》（GB/T 16157—1996）的规定，滤筒采样前后，需在105～110℃烘干，并恒重至小于0.000 5 g。

答案：√

8. 根据《固定污染源排气中颗粒物测定与气态污染物采样方法》（GB/T 16157—1996）进行固定污染源监测时，采样速度高于烟气流速所产生的误差，要比低于烟气流速时小。（ ）

答案：√

9. 根据《固定污染源排气中颗粒物测定与气态污染物采样方法》（GB/T 16157—1996）进行固定污染源监测时，烟道内不同采样点的烟气流速和烟尘浓度分布通常是不均匀的。（ ）

答案：√

10. 根据《固定污染源排气中颗粒物测定与气态污染物采样方法》（GB/T 16157—1996）进行固定污染源监测时，在采样流速大于烟气流速的情况下，会使测试结果偏高。（ ）

答案：×

正确答案：当采样流速大于烟气流速时，会使测试结果偏低。

11. 根据《固定污染源排气中颗粒物测定与气态污染物采样方法》（GB/T 16157—1996）进行固定污染源监测时，低矮排气筒的排放属于有组织排放，但在一定条件下会造成与无组织排放相同的后果。（ ）

答案：√

12. 根据《固定污染源废气二氧化硫的测定　定电位电解法》（HJ 57—2017）测定二氧化硫时，要求采样管加热保温，温度不得低于120℃。

答案：√

13. 根据《固定污染源排气中颗粒物测定与气态污染物采样方法》（GB/T 16157—1996）进行固定污染源监测时，气态或蒸气态有害物质分子与烟尘一样，在烟道内分布是不均匀的。（ ）

答案： ×

正确答案： 气态或蒸气态有害物质分子在烟道内分布是均匀的。

14. 根据《固定污染源排气中颗粒物测定与气态污染物采样方法》（GB/T 16157—1996）进行固定污染源监测时，当滤筒在 300℃以上高温使用时，为减少滤筒本身失重，应预先在 400℃高温烘烤 1 h，然后在冷却至室温恒重。（ ）

答案： √

15 根据《固定污染源排气中颗粒物测定与气态污染物采样方法》（GB/T 16157—1996）进行固定污染源监测时，同一断面的不同采样点的采样时间应一致。（ ）

答案： √

二、单项选择题

1. 根据《固定污染源排气中颗粒物测定与气态污染物采样方法》（GB/T 16157—1996）测定烟气流量和采集烟尘样品时，若测试现场空间有限、很难满足测试要求时，应选择比较适宜的管段采样，采样断面与弯头等的距离至少是烟道直径的________倍，并应适当增加测点的数量。（ ）

A. 1.5　　B. 3　　C. 6　　D. 9

答案： A

2. 根据《固定污染源排气中颗粒物测定与气态污染物采样方法》（GB/T 16157—1996），烟尘采样管上的采样嘴，入口角度应不大于 45°，入口边缘厚度应不大于 0.2 mm，入口直径偏差应不大于 ±0.1 mm，其最小直径应不小于________mm。（ ）

A. 3　　B. 4　　C. 5　　D. 6

答案： C

3. 根据《固定污染源排气中颗粒物测定与气态污染物采样方法》（GB/T 16157—1996）进行固定污染源监测时，为了从烟道中取得有代表性的烟尘样品，必须采用等速采样方法，即气体进入采样嘴的速度应与采样点的烟气流速相等，其相对误差应控制在________% 以内。（ ）

A. 5　　B. 10　　C. 15　　D. 20

答案： B

4. 根据《火电厂大气污染物排放标准》（GB 13223—2011）对火电厂大气污染物的监测应在机组运行负荷的________% 以上时进行。（ ）

A. 70　　B. 75　　C. 80　　D. 85

答案： B

5. 根据《固定式燃气轮机大气污染物排放标准》（DB11/847—2011）中的规定，固定式燃气轮机烟尘、二氧化硫、氮氧化物排放浓度应根据实测的烟气含氧量按公式折算至含氧量为________% 时的排放浓度。（ ）

A. 5　　B. 10　　C. 15　　D. 20

答案： C

6. 根据《固定污染源排气中颗粒物测定与气态污染物采样方法》（GB/T 16157—1996）进行固定污染源监测时，在一定湿度下，气溶胶或雾状样品粒径远大于分子，所以气溶胶或雾状颗粒物在烟道中的分布是________的。（　　）

A. 均匀　　B. 不均匀　　C. 无变化　　D. 不确定

答案：B

7. 根据《固定污染源排气中颗粒物测定与气态污染物采样方法》（GB/T 16157—1996），滤筒采样前后应在________℃烘干 1～2 h，并恒重。（　　）

A. 80～90　　B. 90～100　　C. 105～110　　D. 110～120

答案：C

8. 根据《固定污染源排气中颗粒物测定与气态污染物采样方法》（GB/T 16157—1996）进行固定污染源监测时，在采样流速大于烟气流速的情况下，采集的样品浓度________采样点的实际浓度。（　　）

A. 低 于　　B. 高于　　C. 无变化　　D. 不确定

答案：A

9. 根据《固定污染源废气二氧化硫的测定　定电位电解法》（HJ 57—2017）测定二氧化硫时，要求进入二氧化硫传感器的烟气温度为________℃。（　　）

A. ≤45　　B. 0～40　　C. 5～45　　D. 10～55

答案：C

10. 根据《固定污染源排气中颗粒物测定与气态污染物采样方法》（GB/T 16157—1996）进行烟尘采样时，3 个滤筒累计采气体积不得少于________m^3。（　　）

A. 1　　B. 2　　C. 3　　D. 4

答案：A

11. 根据《固定污染源排气中颗粒物测定与气态污染物采样方法》（GB/T 16157—1996）进行固定污染源监测时，由于气体流速与气体动压的平方根成________，所以可根据测得的动压计算气体的流速。（　　）

A. 正比　　B. 反比　　C. 无变化　　D. 不确定

答案：A

12. 烟尘检测仪内干燥剂应根据需要重置新的干燥剂，若干燥剂颜色变为________，则被认为失效。（　　）

A. 蓝色　　B. 无色　　C. 粉色　　D. 黑色

答案：C

13. 根据《固定污染源排气中颗粒物测定与气态污染物采样方法》（GB/T 16157—1996）测定烟尘浓度时，每个测定断面采样次数不得少于________。（　　）

A. 1 次　　B. 2 次　　C. 3 次　　D. 4 次

答案：C

14. 根据《固定污染源排气中颗粒物测定与气态污染物采样方法》（GB/T 16157—1996）测定烟尘浓度时，采样位置应优先选择在垂直管段并应设置在距弯头、变径管下游方向不小于管道 6 倍

直径处和距上述部件上游方向不小于________倍直径处。（　　）

A. 1倍　　B. 1.5倍　　C. 2倍　　D. 2.5倍

答案： B

15. 根据《固定污染源排气中颗粒物测定与气态污染物采样方法》（GB/T 16157—1996），标准状态是指________。（　　）

A. 101 325 Pa，0℃　　B. 101 000 Pa，20℃　　C. 101 325 Pa，25℃　　D. 101 325 Pa，35℃

答案： A

三、问答题

1. 根据《固定污染源排气中颗粒物测定与气态污染物采样方法》（GB/T 16157—1996）简述烟气采样原则。

答案：（1）烟气采样位置原则上应符合颗粒物采样位置的要求，要注意避开漏风部位，以免空气漏入造成浓度分布不均匀；

（2）由于气态或蒸汽态有害物质分子在烟道内分布一般是均匀的，不需要多点采样，可在靠近烟道中心位置采样；

（3）由于一般气体分子可忽略质量，不考虑惯性作用，不需要等速采样；

（4）采样时采样管入口可与气流方向垂直，或背向气流；

（5）当气体中含有固态有害物质或雾滴时，则应按照颗粒物采样方法进行等速采样。

2. 根据《固定污染源排气中颗粒物测定与气态污染物采样方法》（GB/T 16157—1996）简述颗粒物采样等速采样原理。

答案： 将烟尘采样管由采样孔插入烟道中，使采样嘴置于测点上，正对气流，按颗粒物等速采样原理，即采样嘴的吸气速度与测点处气流速度相等（其相对误差应在10%以内），抽取一定量的含尘气体。根据采样管滤筒上所捕集到的颗粒物量和同时抽取的气体量，计算出排气中颗粒物浓度。

3. 根据《固定污染源排气中颗粒物测定与气态污染物采样方法》（GB/T 16157—1996）简述烟尘采样工作中采样位置的选择原则。

答案：（1）采样位置应优先选择在垂直管段，应避开烟道弯头和断面急剧变化的部位。采样位置应设置在距弯头、阀门、变径管下游方向不小于管道6倍直径处和距上述部件上游方向不小于3倍直径处。对矩形烟道，其当量直径 $D=2AB/(A+B)$，式中 A、B 为边长。

（2）测试现场空间位置有限，很难满足上述要求时，则选择比较适宜的管段采样，但采样断面与弯头等的距离至少是烟道直径的1.5倍，并应适当增加测点数量。采样断面的气流最好在5 m/s以上。

（3）对于气态污染物，由于混合得比较均匀，其采样位置可不受上述规定限制，但应避开涡流区。

（4）采样位置应避开对测试人员操作有危险的场所。

（5）必要时应设置采样平台，采样平台应有足够的工作面积使工作人员安全、方便地操作。平台面积应不小于1.5 m^2，并设有1.1 m高的护栏，采样孔距平台面为1.2～1.3 m。

四、计算题

1. 根据《固定污染源排气中颗粒物测定与气态污染物采样方法》（GB/T 16157—1996），测得某台燃煤锅炉标准状态下干采样体积 V_{nd}=527 L，标准状态下干烟气流量 Q_n=6.98 × 10^4 m^3/h；滤筒在采样前的重量为 1.009 2 g，采样烘干后的滤筒重量为 1.068 7 g，过量空气系数为 2.15，计算该锅炉烟尘的排放浓度、折算烟尘排放浓度与排放量。

答案： 排放浓度 $C(\text{mg/m}^3) = \dfrac{(W - W_0)}{V_{nd}} \times 10^6$

$$= \frac{(1.068\ 7 - 1.009\ 2)}{527} \times 10^6 = 113$$

折算烟尘排放浓度 $C_{折}(\text{mg/m}^3) = \dfrac{C \times 2.15}{1.8} = 135$

排放量 $G(\text{kg/h}) = C \times Q_n \times 10^{-6} = 113 \times 6.98 \times 10^4 \times 10^{-6} = 7.89$

2. 根据《固定污染源排气中颗粒物测定与气态污染物采样方法》（GB/T 16157—1996），测得某台锅炉除尘器入口烟尘标态浓度 C_j=1 687 mg/m^3，除尘器入口标态风量 Q_j=8 982 m^3/h，除尘器出口烟尘标态浓度 C_c=125 mg/m^3，除尘器出口标态风量 Q_j=9 025 m^3/h，，计算该除尘器的除尘效率。

答案： 除尘效率 $\eta = \left[\left(C_j \times Q_j\right) - \left(C_c \times Q_c\right)\right] \div \left(C_j \times Q_j\right) \times 100\%$

$$= \left[\left(1\ 687 \times 8\ 982\right) - \left(125 \times 9\ 025\right)\right] \div \left(1\ 687 \times 8\ 982\right) \times 100\%$$

$$= 92.6\%$$

参考文献

［1］国家技术监督局，国家环境保护局．锅炉烟尘测试方法：GB/T 5468—91［S］．北京：中国标准出版社，1991.

［2］国家环境保护总局《空气和废气监测分析方法》编委会．空气和废气监测分析方法：第四版增补版［M］．北京：中国环境科学出版社，2010.

［3］国家环境保护局，国家技术监督局．固定污染源排气中颗粒物测定与气态污染物采样方法：GB/T 16157—1996［S］．北京：中国标准出版社，1996.

［4］环境保护部，国家质量监督检验检疫总局．火电厂大气污染物排放标准：GB 13223—2011［S］．北京：北京标准出版社，2011.

［5］环境保护部，国家质量监督检验检疫总局．锅炉大气污染物排放标准：GB 13271—2014［S］．北京：北京标准出版社，2014.

［6］环境保护部．固定污染源废气二氧化硫的测定　定电位电解法：HJ 57—2017［S］．北京：中国环境出版集团，2017.

命题：肖劲岩

审核：马安成

第四节　固定源废气监测技术规范（HJ/T 397—2007）

一、判断题

1. 根据《固定源废气监测技术规范》（HJ/T 397—2007）对污染源的日常监督性监测时，采样期间的工况应与平时正常运行的工况相同。（　　）

答案：√

2. 根据《固定源废气监测技术规范》（HJ/T 397—2007）进行固定源废气监测时，因为排气流速与气体动压成正比，所以可根据测得的动压计算气体的流速。（　　）

答案：×

正确答案：排气流速与其动压的平方根成正比。

3. 标准型皮托管的测压孔开口较大，不易被颗粒物堵塞，便于在厚壁烟道中使用；S 型皮托管的测孔很小，当烟道内颗粒物浓度较大时，易被堵塞，适用于测量较清洁的排气。（　　）

答案：×

正确答案：标准型皮托管的测孔很小，当烟道内颗粒物浓度较大时，易被堵塞，适用于测量较清洁的排气；S 型皮托管的测压孔开口较大，不易被颗粒物堵塞，便于在厚壁烟道中使用。

4. 根据《固定源废气监测技术规范》（HJ/T 397—2007）测定固定源废气时，当气体进入采样嘴的速度大于采样点的烟气速度时，将导致颗粒物检测结果偏大。（　　）

答案：×

正确答案：当气体进入采样嘴的速度大于采样点的烟气速度时，将导致颗粒物检测结果偏低。

5. 根据《固定源废气监测技术规范》（HJ/T 397—2007）测定固定源废气时，对有周期性变化的排放源，可采取间断采样，根据工况变化及其延续时间，分段采样，然后求出其算术平均浓度。（　　）

答案：×

正确答案：对有周期性变化的排放源，根据工况变化及其延续时间，分段采样，然后求出其时间加权平均浓度。

6. 根据《固定源废气监测技术规范》（HJ/T 397—2007）的规定，一般污染源的监督性监测每年不少于 1 次，如被国家或地方环境保护行政主管部门列为年度重点监管的排污单位，每年监督性监测不少于 2 次。（　　）

答案：×

正确答案：一般污染源的监督性监测每年不少于 1 次，如被国家或地方环境保护行政主管部门列为年度重点监管的排污单位，每年监督性监测不少于 4 次。

7. 根据《固定源废气监测技术规范》（HJ/T 397—2007）的规定，属于国家强制检定目录内的工作计量器具，必须按期送计量部门检定，检定合格，取得检定证书后方可用于监测工作。（　　）

答案：√

8. 根据《固定源废气监测技术规范》（HJ/T 397—2007）进行排气温度测定时，应将温度计的测定端插入管道中心位置，待温度指示值稳定后，将温度计抽出管道外读数。（　　）

答案：×

正确答案：排气温度测定时，应将温度计的测定端插入管道中心位置，待温度指示值稳定后读数，不得将温度计抽出管道外读数。

9.《固定源废气监测技术规范》（HJ/T 397—2007）中测定烟气含湿量的方法有干湿球法、容量法和冷凝法。（　　）

答案：×

正确答案：测定烟气含湿量的方法有干湿球法、重量法和冷凝法。

10. 根据《固定源废气监测技术规范》（HJ/T 397—2007）用便携式烟气分析仪对烟气二氧化硫、氮氧化物等进行检测时，应选择抗负压能力大于烟道负压的仪器，否则会使仪器采样流量增大，测试浓度值将偏高。（　　）

答案：×

正确答案：用便携式烟气分析仪对烟气二氧化硫、氮氧化物等进行检测时，应选择抗负压能力大于烟道负压的仪器，否则会使仪器采样流量减小，测试浓度值将偏低，甚至测不出来。

11. 根据《固定源废气监测技术规范》（HJ/T 397—2007）用定电位电解法烟气分析仪进行烟气监测时，仪器应一次开机直至测试完全结束，中途不能关机重新启动以免仪器零点变化，影响测试准确性。（　　）

答案：√

12. 根据《固定源废气监测技术规范》（HJ/T 397—2007）的规定，由于气态污染物在采样断面内一般是混合均匀的，可取靠近烟道中心的一点作为采样点。（　　）

答案：√

13. 根据《固定源废气监测技术规范》（HJ/T 397—2007）用S型皮托管测定烟道内压力时，面向气流的开口测得的压力为全压，而背向气流开口处测得的压力等于静压。（　　）

答案：×

正确答案：背向气流开口处测得的压力小于静压。

14. 根据《固定源废气监测技术规范》（HJ/T 397—2007）进行固定源废气采样时，采样方法主要有移动采样、定点采样和间断采样。（　　）

答案：√

15. 根据《固定源废气监测技术规范》（HJ/T 397—2007）中的规定，污染物排放浓度应以标准状况下干排气的体积比浓度（ppm 或 ppb）或质量体积比浓度（mg/m^3 或 $\mu g/m^3$）表示。（　　）

答案：×

正确答案：污染物排放浓度应以标准状况下干排气的质量体积比浓度（mg/m^3 或 $\mu g/m^3$）表示。

二、单项选择题

1. 根据《固定源废气监测技术规范》（HJ/T 397—2007）进行颗粒物采样时，采样位置应尽可能选择气流平稳的管段，采样断面最大流速与最小流速之比不宜大于________倍，以防仪器响应跟不上流速的变化，影响等速采样的精度。(　　)

A. 1　　B. 2　　C. 3　　D. 4

答案：C

2. 根据《固定源废气监测技术规范》(HJ/T 397—2007)进行颗粒物采样时，采样嘴应先________气流方向插入管道，采样时采样嘴必须对准气流方向。采样结束，应先将采样嘴________气流，迅速抽出管道，防止管道负压将尘粒倒吸。(　　)

A. 背向，背向　　B. 面向，面向　　C. 面向，背向　　D. 背向，面向

答案：A

3. 根据《固定源废气监测技术规范》(HJ/T 397—2007)的规定，建设项目竣工环境保护验收监测应在工况稳定、生产负荷达到设计生产能力的________%以上情况下进行。(　　)

A. 65　　B. 75　　C. 80　　D. 85

答案：B

4. 根据《固定源废气监测技术规范》(HJ/T 397—2007)进行固定源废气监测时，若测试现场空间位置有限、很难满足测试要求，应选择比较适宜的管段采样，但采样断面与弯头等的距离至少是烟道直径的________倍，并应适当增加测点的数量和采样频次。(　　)

A. 1.2　　B. 1.5　　C. 2.0　　D. 3.0

答案：B

5. 根据《固定源废气监测技术规范》(HJ/T 397—2007)的规定，为了从烟道中取得有代表性的烟尘样品，必须用等速采样方法，即气体进入采样嘴的速度应与采样点烟气速度相等，其相对误差应控制在________%以内。(　　)

A. 5　　B. 10　　C. 15　　D. 20

答案：B

6. 根据《固定源废气监测技术规范》(HJ/T 397—2007)进行氮氧化物监测时，如果监测仪器测定结果以体积比浓度表示，应将此浓度算换成质量体积比浓度，换算系数为________。(　　)

A. 1.05　　B. 1.15　　C. 2.05　　D. 2.15

答案：C

7. 根据《固定源废气监测技术规范》(HJ/T 397—2007)的规定，使用吸收瓶采样，在正式采样前，令排气通过旁路吸收瓶采样________min，将吸收瓶前管路内的空气置换干净。(　　)

A. 5　　B. 10　　C. 20　　D. 30

答案：A

8. 根据《固定源废气监测技术规范》(HJ/T 397—2007)的规定，废气采样以连续________h的采样获取平均值，或在该时间内，以等时间间隔采集________个样品，并计算平均值。(　　)

A. 0.5，2～3　　B. 0.5，3～4　　C. 1，2～3　　D. 1，3～4

答案：D

9. 根据《固定源废气监测技术规范》(HJ/T 397—2007)的规定，采样孔的内径应不小于________mm，当采样孔仅用于采集气态污染物时，其内径应不小于________mm。(　　)

A．60，30　　B．80，40　　C．100，50　　D．120，60

答案：B

10. 根据《固定源废气监测技术规范》（HJ/T 397—2007）进行气态污染物采样时，采样期间应保持流量稳定，波动应不大于________%。（　　）

A．±4　　B．±6　　C．±8　　D．±10

答案：D

11. 根据《固定源废气监测技术规范》（HJ/T 397—2007）的规定，应根据烟道外形和尺寸设置一定数量的测点，原则上测点不超过________个。（　　）

A．10　　B．15　　C．20　　D．25

答案：C

12. 根据《固定源废气监测技术规范》（HJ/T 397—2007）的规定，用于测定排气的动压的仪器是________。（　　）

A．U 型压力计　　B．斜管微压计

C．大气压力计　　D．单管压力计

答案：B

13. 根据《固定源废气监测技术规范》（HJ/T 397—2007）的要求，对于接近常温、常压条件下，通风管道的空气流速的计算公式为 $V_a=1.29\ K_p\sqrt{P_d}$，式中 P_d 的含义是________。（　　）

A．动压　　B．静压　　C．全压　　D．大气压力

答案：A

14. 根据《固定源废气监测技术规范》（HJ/T 397—2007）使用微压计或电子压差计测定排气压力时，应首先进行零点校准。测定排气压力时皮托管的全压孔要正对气流方向，偏差不得超过____________度。（　　）

A．2　　B．5　　C．10　　D．15

答案：C

三、问答题

1. 简述固定源颗粒物采样的基本原理。

答案：将采样管由采样孔插入烟道中，使采样嘴置于测点上，正对气流，按颗粒物等速采样原理，即采样嘴的吸气速度与测点处气流速度相等，抽取一定量的含尘气体。根据采样管滤筒上所捕集到的颗粒物量和同时抽取的气体量，计算出排气中的颗粒物浓度。

2. 根据《固定源废气监测技术规范》（HJ/T 397—2007）简述在进行颗粒物采样前期准备工作时，应如何对滤筒进行处理和称重？

答案：（1）用铅笔将滤筒编号，在 105～110℃烘烤 1 h，取出放入干燥器中，在恒温恒湿的天平室中冷却至室温，用感量 0.1 mg 天平称量，两次称量重量之差应不超过 0.5 mg。

（2）当滤筒在 400℃以上高温排气中使用时，为了减少滤筒本身减重，应预先在 400℃高温箱中烘烤 1 h，然后放入干燥器中冷却至室温，称量至恒重。放入专用的容器中保存。

3. 根据《固定源废气监测技术规范》（HJ/T 397—2007）简述维持等速采样的方法有哪几种。

答案： 普通型采样管法（预测流速法）、皮托管平行测速采样法、动压平衡型采样管法、静压平衡型采样管法。

4. 简述在使用注射器进行废气采样时，应如何进行漏气检查。

答案： 用水将注射器活栓润湿后，吸入空气至刻度 1/4 处，用橡皮帽堵严进气孔，反复把活栓推进拉出几次，如活栓每次都回到原来位置，可视为不漏气。

四、计算题

1. 根据《固定源废气监测技术规范》（HJ/T 397—2007）测得某台燃气供暖锅炉烟气中 NO_x 浓度为 22 ppm，试计算烟气中 NO_x 的折算排放浓度（mg/m^3）。已知烟气温度 98℃，烟气含氧量 5.25%。

答案： NO_x 质量体积比浓度：

$$C' = \frac{M}{22.4}X$$
$$= \frac{46}{22.4} \times 22 = 45\ (mg/m^3)$$

NO_x 折算排放浓度：

$$C = C' \cdot \frac{\alpha'}{\alpha}$$
$$= C' \cdot \frac{21 - X_{O_2}}{21 - X'_{O_2}}$$
$$= 45 \times \frac{21 - 3.5}{21 - 5.25} = 50\ (mg/m^3)$$

该锅炉烟气中 NO_x 的折算排放浓度为 50 mg/m^3。

2. 根据《固定源废气监测技术规范》（HJ/T 397—2007）对某台燃煤锅炉颗粒物浓度进行监测。实测标准状态下干采气体积 V_{nd}=2 250 L，标准状态下干排气量 $Q_{sn}=8.17\times10^5\ m^3/h$；滤筒在采样前的重量为 1.110 5 g，采样烘干后的滤筒重量为 1.117 6 g，过量空气系数为 2.15，计算该锅炉烟尘的排放浓度、折算排放浓度与排放速率。

答案： 烟尘排放浓度：

$$C' = \frac{(W - W_0)}{V_{nd}} \times 10^6$$
$$= \frac{1.1176 - 1.1105}{2250} \times 10^6 = 3.16(mg/m^3)$$

折算排放浓度：

$$C = C' \cdot \frac{\alpha'}{\alpha}$$
$$= 3.16 \times \frac{2.15}{1.8} = 3.77(mg/m^3)$$

排放速率：

$$G = C' \times Q_{sn} \times 10^{-6}$$
$$=3.16\times8.17\times10^{5}\times10^{-6}=2.58(kg/h)$$

该锅炉烟尘的排放浓度为 3.16 mg/m^3、折算排放浓度为 3.77 mg/m^3、排放速率为 2.58 kg/h。

参考文献

[1] 国家环境保护总局. 固定源废气监测技术规范：HJ/T 397—2007 [S]. 北京：中国环境科学出版社，2007.

[2] 国家环境保护总局《空气和废气监测分析方法》编委会. 空气和废气监测分析方法：第四版增补版 [M]. 北京：中国环境科学出版社，2010.

[3] 中国环境监测总站《环境监测人员持证上岗考核试题集》编写组. 环境监测人员持证上岗考核试题集：下册. 4 版 [M]. 北京：中国环境出版集团，2018.

命题：尚继武

审核：马安成

第五节　锅炉烟尘测试方法 （GB 5468—91）

一、判断题

1.《锅炉烟尘测试方法》（GB 5468—91）中规定，对锅炉烟尘排放浓度的测试必须在锅炉设计出力 50% 以上的情况下进行。（　　）

答案：×

正确答案：《锅炉烟尘测试方法》（GB 5468—91）中规定，对锅炉烟尘排放浓度的测试必须在锅炉设计出力 70% 以上的情况下进行。

2. 烟道中全压和静压有正负值之分。

答案：√

3. 根据《锅炉烟尘测试方法》（GB 5468—91）测定管道内烟尘浓度时，每个测定断面采样次数不得少于 3 次，每个测点连续采样时间不得少于 3 min。（　　）。

答案：√

4. 根据《锅炉烟尘测试方法》（GB 5468—91），在监控锅炉监测工况负荷时，可以采用烟气风量按经验公式估算所得。（　　）

答案：×

正确答案：在监控锅炉监测工况负荷时，应采用流量孔板法、水箱法或水表法监控。

5. 根据《锅炉烟尘测试方法》（GB 5468—91）选择烟尘采样位置时，应首先选择水平管道。（　　）

答案：×

正确答案：在选择烟尘采样位置时，应首先选择垂直管道。

6.《锅炉烟尘测试方法》（GB 5468—91）中规定，凡属温度、压力、流量测量仪器均按国家有关检定规程进行检定，检定合格后方可投入使用。（　　）

答案：√

7. 根据《火电厂大气污染物排放标准》（GB 13223—2011）对企业排放的废气进行采样时，应根据监测污染物的种类，在规定的污染物排放监控位置进行，有废气处理设施的，应在该设施后监控，在污染物排放监控位置需设置临时性测试孔、采样平台和排污口标志。（　　）

答案：×

正确答案：对企业排放废气的采样，应根据监测污染物的种类，在规定的污染物排放监控位置进行，有废气处理设施的，应在该设施后监控，在污染物排放监控位置需设置规范的永久性测试孔、采样平台和排污口标志。

8. 根据《锅炉大气污染物排放标准》（GB 13271—2014）的规定，10 t/h 及以上蒸汽锅炉和 7 MW 及以上热水锅炉应安装污染物排放自动监控设备，与环保部门的监控中心联网，并保证设备正常运行，按有关法律和《污染源自动监控管理办法》的规定执行。（　　）

答案：×

正确答案：20 t/h 及以上蒸汽锅炉和 14 MW 及以上热水锅炉应安装污染物排放自动监控设备，与环保部门的监控中心联网，并保证设备正常运行，按有关法律和《污染源自动监控管理办法》的规定执行。

9. 根据《锅炉烟尘测试方法》（GB 5468—91）的规定，测定位置应尽量选择垂直管段。并不宜靠近管道弯头及断面形状急剧变化的部位。测定位置应设置在弯头、接头、阀门和其他变径段的下游大于 3 倍直径处和距上述部件上游方向 6 倍直径处。（　　）

答案：×

正确答案：测定位置应尽量选择垂直管段。并不宜靠近管道弯头及断面形状急剧变化的部位。测定位置应距离弯头、接头、阀门和其他变径段的下游大于 6 倍直径处和距上述部位的上游方向 3 倍直径处。

10. 根据《锅炉烟尘测试方法》（GB 5468—91）的规定，对于矩形断面布点设置，按断面尺寸分成若干等面积小矩形块，测定位于等面积小矩形块中心，每个小矩形块面积应小于 0.5 m^2。（　　）

答案：×

正确答案：对于矩形断面布点设置，按断面尺寸分成若干等面积小矩形块，测定位于等面积小矩形块中心，每个小矩形块面积应小于 0.1 m^2。

11.《火电厂大气污染物排放标准》（GB 13223—2011）中的排放标准不适用于以生活垃圾为燃料的火电厂排放的大气污染物。（　　）

答案：√

12. 根据《锅炉烟尘测试方法》（GB 5468—91）按等速采样原则测定时，其采样嘴直径不得小于 5 mm，采样嘴轴线与气流流线的夹角不得大于 10°。（ ）

答案：×

正确答案：按等速采样原则测定时，其采样嘴直径不得小于 4 mm，采样嘴轴线与气流流线的夹角不得大于 5°。

13. 根据《锅炉烟尘测试方法》（GB 5468—91）用玻璃温度计测定烟道温度时，应将温度计抽出烟道外进行读数。（ ）

答案：×

正确答案：用玻璃温度计测定烟道温度时，不得将温度计抽出烟道外进行读数。

14. 根据《锅炉大气污染物排放标准》（GB 13271—2014）的规定，燃油、燃气锅炉烟囱不低于 8 m，锅炉烟囱的具体高度按批复的环境影响评价文件确定。新建锅炉房的烟囱周围半径 200 m 距离内有建筑物时，其烟囱应高出最高建筑物 3 m 以上。（ ）

答案：√

15. 根据《锅炉大气污染物排放标准》（GB 13271—2014），实测的锅炉颗粒物、二氧化硫、氮氧化物、汞及其化合物的排放浓度，应执行 GB 5468 或 GB/T 16157 的规定，按公式折算为基准氧含量排放浓度，其中燃油、燃气锅炉的基准氧含量为 15%。（ ）

答案：×

正确答案：燃油、燃气锅炉的基准氧含量为 3.5%。

16. 根据《火电厂大气污染物排放标准》（GB 13223—2011）中的排放标准，实测的火电厂烟尘、二氧化硫、氮氧化物、汞及其化合物的排放浓度，必须执行 GB/T 16157 的规定按公式折算为基准氧含量排放浓度，燃气轮机组的基准氧含量为 15%。（ ）

答案：√

17. 根据《锅炉烟尘测试方法》（GB 5468—1991），测定烟气含湿量的方法有干湿球法、热电偶法和冷凝法。（ ）

答案：×

正确答案：测定烟气含湿量的方法有干湿球法、冷凝法。

二、单项选择题

1. 根据《锅炉烟尘测试方法》（GB 5468—91）进行烟尘采样时，3 个滤筒累计采气体积不得少于________m^3。（ ）

A. 1　　B. 2　　C. 3　　D. 4

答案：A

2. 根据《锅炉烟尘测试方法》（GB 5468—91）测定烟尘浓度时，每个测定断面采样次数不得少于________。（ ）

A. 1 次　　B. 2 次　　C. 3 次　　D. 4 次

答案：C

3. 根据《锅炉烟尘测试方法》（GB 5468—1991）测定烟尘浓度时，采样位置应优先选择在垂直管段并应设置在距弯头、变径管下游方向不小于管道6倍直径处和距上述部件是上游方向3倍直径处，当测定现场不能满足要求时，对圆形管道应增加与第一测量直径成________夹角的第二测量直径，总测点数量增加1倍。

A. 30°　　B. 45°　　C. 90°　　D. 120°

答案： C

4. 根据《锅炉烟尘测试方法》（GB 5468—91）的规定，烟尘浓度的测定采用________。

A. 等速采样过滤记重法　　B. 烟气仪检测法

C. 活性炭吸附法　　D. 吸收瓶采气法

答案： A

5. 根据《锅炉烟尘测试方法》（GB 5468—91）的规定，烟气黑度测定的常用方法是________。

A. 目视法　　B. 比色板法　　C. 色谱吸收法　　D. 林格曼黑度法

答案： D

6. 根据《火电厂大气污染物排放标准》（GB 13223—2011）的规定，实测的火电厂二氧化硫和氮氧化物的排放浓度必须进行折算，燃气轮机组的基准含氧量________。

A. 3%　　B. 3.5%　　C. 9%　　D. 15%

答案： D

7. 根据《火电厂大气污染物排放标准》（GB 13223—2011）的规定，锅炉烟尘烟气在温度为________，压力为________时的状态，简称为“标态”。

A. 298 K，101 000 Pa　　B. 273 K，101 000 Pa

C. 273 K，101 325 Pa　　D. 298 K，101 325 Pa

答案： C

8. 根据《锅炉大气污染物排放标准》（GB 13271—2014）的规定，实测的锅炉颗粒物、二氧化硫和氮氧化物的排放浓度必须进行折算，燃气、燃油锅炉的基准含氧量________。

A. 3%　　B. 3.5%　　C. 9%　　D. 15%

答案： B

三、计算题

1. 实测某台燃煤锅炉标准状态下干采样体积 V_{nd}=527 L，标准状态下干烟气流量 Q_n=6.98×10^4 m^3/h；滤筒在采样前烘干后的重量为1.009 2 g，采样烘干后的滤筒重量为1.068 7 g，实测含氧量为8.5%，计算该锅炉烟尘的排放浓度、折算烟尘排放浓度与排放量。

答案： 排放浓度 $C(mg/m^3) = \dfrac{(W - W_0)}{V_{nd}} \times 10^6 = \dfrac{(1.0687 - 1.0092)}{527} \times 10^6 = 113$

折算烟尘排放浓度 $C_{折}(mg/m^3) = \dfrac{113 \times (21 - 9)}{21 - 8.5} = 108$

排放量 $G(kg/h) = C \times Q_n \times 10^{-6} = 113 \times 6.98 \times 10^4 \times 10^{-6} = 7.89$

2. 根据《锅炉烟尘测试方法》（GB 5468—91），当除尘系统有漏风时，测得某台锅炉除尘器入口烟尘标态浓度 C_j=1 687 mg/m^3，除尘器入口标态风量 Q_j=8 982 m^3/h，除尘器出口烟尘标态浓度 C_c=125 mg/m^3，除尘器出口标态风量 Q_j=9 025 m^3/h，计算该除尘器的除尘效率。

答案： 除尘效率 $\eta = \left[\left(C_j \times Q_j\right) - \left(C_c \times Q_c\right)\right] \div \left(C_j \div Q_j\right) \times 100\%$

$= \left[\left(1\,687 \times 8\,982\right) - \left(125 \times 9\,025\right)\right] \div \left(1\,687 \times 8\,982\right) \times 100\%$

$= 92.6\%$

参考文献

［1］国家技术监督局，国家环境保护局 . 锅炉烟尘测试方法：GB/T 5468—91.［S］北京：中国标准出版社，1991.

［2］国家环境保护总局《空气和废气监测分析方法》编委会 . 空气和废气监测分析方法：第四版增补版［M］. 北京：中国环境科学出版社，2010.

［3］环境保护部，国家质量监督检验检疫总局 . 火电厂大气污染物排放标准：GB 13223—2011［S］. 北京：中国环境出版社，2011.

［4］环境保护部，国家质量监督检验检疫总局 . 锅炉大气污染物排放标准：GB 13271—2014［S］. 北京：中国环境出版社，2014.

［5］国家环境保护局，国家技术监督局 . 固定污染源排气中颗粒物测定与气态污染物采样方法：GB/T 16157—1996［S］. 北京：中国标准出版社，1996.

命题：肖劲岩

审核：马安成

第六节　大气污染物无组织排放监测技术导则（HJ/T 55—2000）

一、判断题

1.《大气污染物无组织排放监测技术导则》（HJ/T 55—2000）中参照点的设置，要以能够代表监控点的污染物本底浓度为原则。（　　）

答案：√

2.《大气污染物无组织排放监测技术导则》（HJ/T 55—2000）中，无组织排放参照点的采样应同监控点的采样同步进行，采样时间和采样频次均应相同。（　　）

答案：√

3. 根据《大气污染物无组织排放监测技术导则》（HJ/T 55—2000）进行无组织采样时，若污染

物的浓度过低，可适当延长采样时间。(　　)

答案：√

4. 根据《大气污染物无组织排放监测技术导则》(HJ/T 55—2000)进行无组织的排放监控点采样时，一般采用连续 1 h 采样计算平均值。(　　)

答案：√

5.《大气污染物无组织排放监测技术导则》(HJ/T 55—2000)中规定，在一般情况下，风向变化、平均风速和大气稳定度三项气象因子中，以其中适宜程度最差的一项所达到的类别来估计该次监测中气象条件总的适宜程度。(　　)

答案：√

6.《大气污染物无组织排放监测技术导则》(HJ/T 55—2000)中将大气稳定度等级划分为强不稳定、不稳定、弱不稳定、中性、较稳定、稳定共六级，对应于 F、E、D、C、B、A。(　　)

答案：×

正确答案：大气稳定度等级划分为强不稳定、不稳定、弱不稳定、中性、较稳定、稳定共六级，对应于 A、B、C、D、E、F。

7.《大气污染物无组织排放监测技术导则》(HJ/T 55—2000)中将轻便风向风速表置于被测单位的任何地带。(　　)

答案：×

正确答案：将轻便风向风速表置于被测单位的开阔地带。

8.《大气污染物无组织排放监测技术导则》(HJ/T 55—2000)中局地场流的简易测定不能使用轻便风向风速表。(　　)

答案：×

正确答案：局地场流的简易测定能使用轻便风向风速表。

9.《大气污染物无组织排放监测技术导则》(HJ/T 55—2000)中风向和风速的测定除采样之前进行外，还应在采样过程中重复 1～2 次，如发现风向有显著变化，应移动监控点位置后重新采样。(　　)

答案：√

10.《大气污染物无组织排放监测技术导则》(HJ/T 55—2000)适用于环境监测部门为实施《大气污染物综合排放标准》(GB 16297—1996 附录 C)对大气污染物无组织排放状况进行的监测，不适用于各污染源单位为实行自我管理而进行的同类监测。(　　)

答案：×

正确答案：也适用于各污染源单位为实行自我管理而进行的同类监测。

11. 根据《大气污染物无组织排放监测技术导则》(HJ/T 55—2000)的规定，在通常条件下，选择冬季微风的日期，避开阳光辐射较强烈的中午时段进行监测是比较适宜的。(　　)

答案：√

12. 工业窑炉、炼焦炉和水泥厂的大气污染物无组织排放监测点的设置，应统一按《大气污染物无组织排放监测技术导则》(HJ/T 55—2000)中的要求进行。(　　)

答案：×

正确答案：应按其相应的《工业窑炉大气污染物排放标准》（GB 9078—1996）、《炼焦炉大气污染物排放标准》（GB 16171—1996）和《水泥工业大气污染物排放标准》（GB 4915—2004）中的相关规定执行，其余有关问题参照执行《大气污染物无组织排放监测技术导则》（HJ/T 55—2000）。

13. 根据《大气污染物无组织排放监测技术导则》（HJ/T 55—2000）的规定，如果排放源紧靠某一侧围墙，风向朝向与其相邻相对之围墙，且排污单位的范围很大，此时应在排放源下风向设监控点。（　　）

答案：×

正确答案：应选择风向朝向排放源相近一侧围墙时，在近处围墙外设监控点。

14. 根据《大气污染物无组织排放监测技术导则》（HJ/T 55—2000）的规定，为了捕捉监控点浓度最高的时间分布，每次监测安排的采样时间可多于 1 h。（　　）

答案：√

15. 根据《大气污染物无组织排放监测技术导则》（HJ/T 55—2000）的规定，如果分析方法的灵敏度高，仅需用短时间采集样品时，实行等时间间隔采样，在 1 h 内采集 2 个样品计平均值。（　　）

答案：×

正确答案：如果分析方法的灵敏度高，仅需用短时间采集样品时，实行等时间间隔采样，在 1 h 内采集 4 个样品计平均值。

16. 根据《大气污染物无组织排放监测技术导则》（HJ/T 55—2000）的规定，监测人员应选择尽可能高的生产负荷及不利于污染物扩散稀释的条件进行检测。（　　）

答案：√

17. 根据《大气污染物无组织排放监测技术导则》（HJ/T 55—2000）的规定，由于排放同一种污染物的工厂集群，或者由于特殊的地形构造，气象条件等因素，造成确实无法实施本标准时，应由环境监测部门提出报告，经县级以上人民政府环境保护行政主管部门审批后，对特定污染源缓期或免予实施大气污染物无组织排放监测。（　　）

答案：√

18. 根据《大气污染物无组织排放监测技术导则》（HJ/T 55—2000）在单位周界外设置监控点的具体位置时，不用考虑围墙的通透性。（　　）

答案：×

正确答案：在单位周界外设置监控点的具体位置时，需要考虑围墙的通透性。

二、单项选择题

1.《大气污染物无组织排放监测技术导则》（HJ/T 55—2000）中将轻便风向风速表置于被测单位的开阔地带。若现场无适当的开阔地带，可将风速风向表置于高________处进行风向风速测定。（　　）

A. 15 m　　B. 不超过 15 m　　C. 任何位置　　D. 不超过 2 m

答案：B

2.《大气污染物无组织排放监测技术导则》（HJ/T 55—2000）中按规定对无组织排放实行监测

时，实行连续________h 的采样，或者实行在________h 内以等时间间隔采集________个样品计平均值。(　　)

A. 1，1，4　　B. 1，4，1　　C. 4，1，1　　D. 4，4，1

答案：A

3.《大气污染物无组织排放监测技术导则》(HJ/T 55—2000) 中将大气稳定度等级划分为________级。(　　)

A. 3　　B. 4　　C. 5　　D. 6

答案：D

4.《大气污染物无组织排放监测技术导则》(HJ/T 55—2000) 中无组织的排放监控点采样，一般采用________采样计平均值。(　　)

A. 1 h　　B. 2 h　　C. 3 h　　D. 4 h

答案：A

5.《大气污染物无组织排放监测技术导则》(HJ/T 55—2000) 中按规定监控点最多可设________个，参照点只设________个。(　　)

A. 4，1　　B. 3，2　　C. 2，4　　D. 1，4

答案：A

6.《大气污染物无组织排放监测技术导则》(HJ/T 55—2000) 中被测无组织排放源的排放负荷应处于相对较高的状态，或者至少应该要处于________。(　　)

A. 正常生产和排放状态　　B. 任何状态

C. 设计满负荷状态　　D. 70% 设计状态

答案：A

7.《大气污染物无组织排放监测技术导则》(HJ/T 55—2000) 中参照点________被测无组织排放源的影响。(　　)

A. 应不受或者尽可能少受　　B. 可以受

C. 完全不受　　D. 尽可能少受

答案：A

8.《大气污染物无组织排放监测技术导则》(HJ/T 55—2000) 中参照点设置在以排放源为圆心，距离排放源________和________为圆弧，与排放源成________夹角所称的扇形范围内设置。(　　)

A. 2 m，50 m，120°　　B. 2 m，50 m，90°

C. 20 m，500 m，180°　　D. 20 m，100 m，180°

答案：A

9.《大气污染物无组织排放监测技术导则》(HJ/T 55—2000) 中围墙的通透性不好，又不便于把采气口抬高，此时，为避开围墙造成的涡流区，宜将监控点设于距围墙高度________[h 为围墙高度 (m)]，距地面________处。(　　)

A. 1.5～2.0 h，1.0 m　　B. 1.5～2.5 h，1.5 m

C. 1.5～2.0 h，1.5 m　　D. 1.5～2.0 h，0.5 m

答案：C

10.《大气污染物无组织排放监测技术导则》（HJ/T 55—2000）中浓度最高点的测值应是________h连续采样或由等时间间隔采集的________个样品所得的 1 h 平均值。（　　）

A. 0.5，4　　B. 1，3　　C. 1.5，4　　D. 1，4

答案：D

三、问答题

1. 根据《大气污染物无组织排放监测技术导则》（HJ/T 55—2000）中的要求，简述监测前需要对被监测企业做哪些方面的了解。

答案：（1）被测单位的名称、性质和立项建设时间；

（2）主要原、辅材料和主、副产品，相应用量和产量；

（3）单位平面布置图。

2. 简述《大气污染物无组织排放监测技术导则》（HJ/T 55—2000）中现场气象条件的简易测定和判定。

答案：（1）风向和风速的简易测定；

（2）局地场流的简易测定；

（3）大气稳定度的简易测定；

（4）涡流现象及涡流孔穴尺寸的简易测定。

3. 如何简易判断《大气污染物无组织排放监测技术导则》（HJ/T 55—2000）中（目测法）涡流区边界？

答案：准备好人造烟源（如大小适合的香柱），将其置于涡流边界的风向，用肉眼直接观察烟流的运动状况，可确定涡流区域的边界。

4. 简述《大气污染物无组织排放监测技术导则》（HJ/T 55—2000）中无组织排放监测的采样频次。

答案：（1）无组织的排放监控点的采样，一般采用连续 1 h 采样计平均值；

（2）若污染物浓度过低，需要时可适当延长采样时间；

（3）如果分析方法的灵敏度高，仅短时间采样时，实行等时间间隔采样，在 1 h 内采集 4 个样品计算平均值；

（4）无组织排放参照点的采样应同监控点的采样同步进行，采样时间和采样频次均应相同；

（5）为了捕捉监控点浓度最高时间分布，每次监测安排的采样时间可多于 1 h。

5.《大气污染物无组织排放监测技术导则》（HJ/T 55—2000）中设置监控点的原则要求有哪些？

答案：要求设置监控点于无组织排放源下风向，距排放源 2～50 m 范围内的浓度最高点。

四、计算题

为对某污染源的大气污染物无组织排放进行监督控制，按规定于无组织排放源上风向设参照点 m，于排放源下方向的适当位置设置 a、b、c、d 4 个监控点。简述如何依据测定结果判断该污染源的无组织排放是否超标。

答案：设：参照点和监控点以等时间间隔采集 4 个样，测定值为 m_1、m_2、m_3、m_4；a_1、a_2、a_3、a_4；b_1、b_2、b_3、b_4；c_1、c_2、c_3、c_4；d_1、d_2、d_3、d_4。

计算：

参照点的 1 h 平均值 $m=(m_1+m_2+m_3+m_4)/4$

4 个监控点 a、b、c、d 的 1 h 平均值分别为：

$a=(a_1+a_2+a_3+a_4)/4$

$b=(b_1+b_2+b_3+b_4)/4$

$c=(c_1+c_2+c_3+c_4)/4$

$d=(d_1+d_2+d_3+d_4)/4$

比较 4 个监测点的测值大小后得出结论：$b>a>c>d$

计算该污染源无组织的“监控浓度值”x：$x=b-m$

判断该污染源无组织排放是否超标，若得出 x 值大于排放浓度，则超标；反之则不超标。

参考文献

［1］国家环境保护总局．大气无组织排放监测技术导则：HJ/T 55—2000［S］．北京：中国环境科学出版社，2000．

［2］中国环境监测总站《环境监测人员持证上岗考核试题集》编写组．环境监测人员持证上岗考核试题集：下册．4 版［M］．北京：中国环境出版集团，2018．

命题：王　茜

审核：刘　国

第七节　固定污染源废气　低浓度颗粒物的测定　重量法（HJ 836—2017）

一、判断题

1.《固定污染源废气　低浓度颗粒物的测定　重量法》（HJ 836—2017）方法适用于各类燃煤、燃油、燃气锅炉、工业窑炉、固定式燃气轮机以及其他固定污染源废气中颗粒物的测定。（　　）

答案：√

2. 根据《固定污染源废气　低浓度颗粒物的测定　重量法》（HJ 836—2017）中的规定，当测定体积大于 50 mg/m^3 时，表述为“＞50 mg/m^3”。（　　）

答案：√

3. 根据《固定污染源废气　低浓度颗粒物的测定　重量法》（HJ 836—2017）中的规定，当采样体积为 1 m^3 时，方法检出限为 0.1 mg/m^3。（　　）

答案：×

正确答案：当采样体积为 1 m^3 时，本标准方法检出限为 1.0 mg/m^3。

4.《固定污染源废气　低浓度颗粒物的测定　重量法》（HJ 836—2017）中把颗粒物的定义为燃料和其他物质在燃烧、合成、分解以及各种物质在机械处理中所产生的悬浮于排放气体中的固体颗粒状物质。（　　）

答案：×

正确答案：悬浮于排放气体中的固体和液体颗粒状物质。

5.《固定污染源废气　低浓度颗粒物的测定　重量法》（HJ 836—2017）中把测量系列定义为在工况基本相同、污染处理设施保持稳定运行的条件下，在同一采样平面内进行的一系列测量。（　　）

答案：√

6.《固定污染源废气　低浓度颗粒物的测定　重量法》（HJ 836—2017）中把同步双样定义为固定污染源颗粒物测量过程中，使用同一测量系列（使用同一采样孔采样时）或在同一时间使用一个对称的测量系列（使用不同的采样孔时）得到的两个样品。（　　）

答案：×

正确答案：或在同一时间使用两个对称的测量系列得到的两个样品。

7.《固定污染源废气　低浓度颗粒物的测定　重量法》（HJ 836—2017）中规定，采样头中前弯管应由钛或不锈钢等高强度材质制成，采样嘴的弯管半径大于等于内径 1.5 倍。（　　）

答案：√

8.《固定污染源废气　低浓度颗粒物的测定　重量法》（HJ 836—2017）中规定，采样前，应根据采样平面的基本情况和监测要求，确定现场的测量系列、采样时间和采样嘴直径。（　　）

答案：√

9. 根据《固定污染源废气　低浓度颗粒物的测定　重量法》（HJ 836—2017）中规定，采样前，采样设备经烘焙冷却后，将滤膜和不锈钢托网用密封铝圈同前弯管封装在一起，放入恒温恒湿设备平衡至少 12 h。（　　）

答案：×

正确答案：平衡至少 24 h。

10. 根据《固定污染源废气　低浓度颗粒物的测定　重量法》（HJ 836—2017）进行采样前、采样后平衡及称量时，应保证环境温度和环境湿度条件一致。应避免静电对称量造成的影响。（　　）

答案：√

11. 根据《固定污染源废气　低浓度颗粒物的测定　重量法》（HJ 836—2017）测定废气中颗粒物时，当颗粒物浓度低于方法检出限时，对应的全程序空白增重应不高于 0.5 mg，失重应不多于 1.0 mg。（　　）

答案：×

正确答案：失重应不多于 0.5 mg。

12. 根据《固定污染源废气　低浓度颗粒物的测定　重量法》（HJ 836—2017）测定同步双样时，同步双样的相对偏差应不大于允许的最大相对偏差。（　　）

答案：√

13. 根据《固定污染源废气　低浓度颗粒物的测定　重量法》（HJ 836—2017）的规定，采样嘴

入口角度应不大于 30°。(　　)

答案：×

正确答案：采样嘴入口角度应不大于 45°。

14. 根据《固定污染源废气　低浓度颗粒物的测定　重量法》(HJ 836—2017)的规定，采样嘴应有恒定的内径，采样嘴最小长度应为采样嘴内径，或至少为 10 mm(取两者较大的尺寸)。(　　)

答案：√

15. 根据《固定污染源废气　低浓度颗粒物的测定　重量法》(HJ 836—2017)的规定，采样嘴下游或一侧允许有其他零部件，但应避免零部件对采样口的气流产生扰动。(　　)

答案：√

16. 根据《固定污染源废气　低浓度颗粒物的测定　重量法》(HJ 836—2017)的规定，采样嘴堵套宜采用聚四氟乙烯等无静电吸附、耐腐蚀、易清洗的材质。(　　)

答案：√

17. 根据《固定污染源废气　低浓度颗粒物的测定　重量法》(HJ 836—2017)的规定，在采集全程序空白时，采样嘴应正对废气气流方向，采样管在烟道中放置时间和移动方式与实际采样相同。(　　)

答案：×

正确答案：采样嘴应背对废气气流方向。

18. 根据《固定污染源废气　低浓度颗粒物的测定　重量法》(HJ 836—2017)的规定，为防止在采集全程序空白过程中空气或废气进入采样系统，必须断开采样管与采样器主机的连接，密封采样管末端接口。(　　)

答案：√

19. 根据《固定污染源废气　低浓度颗粒物的测定　重量法》(HJ 836—2017)的规定，采样前后，放置、安装、取出、标记、转移采样部件时应戴无粉末、抗静电的一次性手套。(　　)

答案：√

20. 根据《固定污染源废气　低浓度颗粒物的测定　重量法》(HJ 836—2017)的规定，颗粒物的浓度计算结果应保留到小数点后 2 位。(　　)

答案：×

正确答案：计算结果应保留到小数点后 1 位。

二、单项选择题

1. 根据《固定污染源废气　低浓度颗粒物的测定　重量法》(HJ 836—2017)的规定，采样头由采样头固定装置上部装入使用采样头压盖旋紧固定，当烟温超过________℃时，应采用金属密封垫圈。(　　)

A. 220　　B. 240　　C. 260　　D. 280

答案：C

2. 根据《固定污染源废气　低浓度颗粒物的测定　重量法》(HJ 836—2017)的规定，距离采样嘴顶端________mm 以内，采样设备部件外径的任何变化均应以锥形平滑过渡。(　　)

A．40　　B．50　　C．60　　D．70

答案：B

3. 根据《固定污染源废气　低浓度颗粒物的测定　重量法》（HJ 836—2017）的规定，采样孔内径应不小于________mm，宜选用 90～120 mm 内径的采样孔。（　　）

A．65　　B．70　　C．75　　D．80

答案：D

4. 根据《固定污染源废气　低浓度颗粒物的测定　重量法》（HJ 836—2017）在采样过程中，采样嘴的吸气速度与测点处的气流速度应基本相等，相对误差小于________。（　　）

A．5%　　B．10%　　C．15%　　D．20%

答案：B

5. 根据《固定污染源废气　低浓度颗粒物的测定　重量法》（HJ 836—2017）的规定，采样前，石英材质滤膜应烘焙 1 h，烘焙温度为________℃或大于烟温 20℃（取两者较高温度）。（　　）

A．120　　B．140　　C．160　　D．180

答案：D

6. 根据《固定污染源废气　低浓度颗粒物的测定　重量法》（HJ 836—2017）的规定，在采样过程中，采样断面最大流速和最小流速比不应大于________。（　　）

A．3∶1　　B．4∶1　　C．5∶1　　D．6∶1

答案：A

7. 根据《固定污染源废气　低浓度颗粒物的测定　重量法》（HJ 836—2017）测定废气中颗粒物时，全程需空白增重除以对应测量系列的平均体积不应超过排放限值的________。（　　）

A．5%　　B．10%　　C．15%　　D．20%

答案：B

8. 根据《固定污染源废气　低浓度颗粒物的测定　重量法》（HJ 836—2017）的规定，在采样过程中，当烟气中水分影响采样正常进行时，应开启采样管上采样头固定装置的加热功能，加热应保证采样顺利进行，温度不应超过________℃。（　　）

A．105　　B．110　　C．115　　D．120

答案：B

9. 根据《固定污染源废气　低浓度颗粒物的测定　重量法》（HJ 836—2017）的规定，采样前，对于已经处理平衡后的采样头，在恒温恒湿内用天平称重，每个样品称量 2 次，每次称量间隔应大于 1 h，2 次称量结果最大偏差应在________mg 以内。（　　）

A．0.10　　B．0.20　　C．0.30　　D．0.40

答案：B

三、问答题

1. 根据《固定污染源废气　低浓度颗粒物的测定　重量法》（HJ 836—2017）简述重量法测定固定污染源废气中低浓度颗粒物的方法原理。

答案：本方法采用烟道内过滤的方法，使用包含过滤介质的低浓度采样头，将颗粒物采样管由采样孔插入烟道中，利用等速采样原理抽取一定量的含颗粒物的废气，根据采样头上所补集到的颗粒物量和同时抽取的废气体积，计算出废气中颗粒物的浓度。

2. 根据《固定污染源废气　低浓度颗粒物的测定　重量法》（HJ 836—2017）简述重量法测定固定污染源废气中低浓度颗粒物时对材料滤膜的要求。

答案： 滤膜直径为 47±0.25 mm，应满足如下要求：

（1）最大期望流速下，对于直径为 0.3 μm 的标准粒子，滤膜的捕集效率应大于 99.5%；对于直径为 0.6 μm 的标准粒子，滤膜的捕集效率应大于 99.9%。

（2）选择石英材质或聚四氟乙烯材质滤膜，滤膜材质不应吸收或与废气中的气态化合物发生化学反应，在最大的采样温度下应保持热稳定，并避免质量损失。

四、计算题

用重量法测定固定污染源废气中低浓度颗粒物时，在标准状态下干采气体积为 1 000 L，在恒温恒湿设备内，样品采样前后采样头重量之差为 0.025 g，试计算颗粒物的浓度。

答案： $C_{nd}=\frac{m}{V_{nd}}\times10^6=\frac{0.025}{1\,000}\times10^6=25.0\ (mg/m^3)$

颗粒物的浓度为 25 mg/m^3。

参考文献

环境保护部. 固定污染源废气　低浓度颗粒物的测定　重量法：HJ 836—2017［S］. 北京：中国环境出版集团，2017.

命题：王宇飞

审核：刘　国

第八节　固定污染源废气　氮氧化物的测定　定电位电解法（HJ 693—2014）

一、判断题

1.《固定污染源废气　氮氧化物的测定　定电位电解法》（HJ 693—2014）中把氮氧化物定义为固定污染源废气中以一氧化氮和二氧化氮形式存在的氮氧化物。（　　）

答案： √

2.《固定污染源废气　氮氧化物的测定　定电位电解法》（HJ 693—2014）适用于所有污染源中氮氧化物的测定。（　　）

答案： ×

正确答案：适用于固定污染源废气中氮氧化物的测定。

3. 根据《固定污染源废气　氮氧化物的测定　定电位电解法》（HJ 693—2014）中将系统偏差定义为标准气体直接导入仪器主机进气口（直接测定模式）得到的测定结果与标准气体由采样管端导入仪器（系统测定模式）得到的测定结果的偏差与校准量程的百分比。（　　）

答案：√

4. 根据《固定污染源废气　氮氧化物的测定　定电位电解法》（HJ 693—2014）的规定，所测气态污染物平均浓度应在校准量程（C. S.）的 50%～80%。

答案：×

正确答案：所测气态污染物平均浓度应在校准量程（C. S.）的 20%～100%。

5. 定电位电解法氮氧化物测定仪一氧化氮和二氧化氮传感器主要由电解槽、电解液和电极组成。（　　）

答案：√

6. 定电位电解法氮氧化物测定仪的组成有主机（含流量控制装置、抽气泵、一氧化氮和二氧化氮传感器等）、采样管（含滤尘装置和加热装置）、导气管、除湿冷却装置、便携式打印机等。（　　）

答案：√

7. 根据《固定污染源废气　氮氧化物的测定　定电位电解法》（HJ 693—2014）测定废气中的氮氧化物时，使用氮气的纯度应大于 99.9%。（　　）

答案：×

正确答案：氮气纯度应大于 99.99%。

8. 根据《固定污染源废气　氮氧化物的测定　定电位电解法》（HJ 693—2014）测定废气中的氮氧化物时，测定废气中的颗粒物和水分易在传感器渗透膜表面凝结，影响氮氧化物的测定。（　　）

答案：√

9. 根据定电位电解法测定废气中 NO_x 时，被测气体中的氨气、二氧化碳、二氧化硫、一氧化碳等气体会对 NO 和 NO_2 的测定产生不同程度的干扰。（　　）

答案：√

10. 根据《固定污染源废气　氮氧化物的测定　定电位电解法》（HJ 693—2014）的要求，定电位电解法氮氧化物测定仪的示值误差绝对值应≤10%（浓度＜100 μmol/mol 时，≤5 μmol/mol）。（　　）

答案：×

正确答案：示值误差绝对值应≤5%（浓度＜100 μmol/mol 时，≤5 μmol/mol）

11. 根据《固定污染源废气　氮氧化物的测定　定电位电解法》（HJ 693—2014）的规定，用于气袋法校准仪器的集气袋容积为 2～6 L，内衬材料应选用对被测成分影响小的惰性材料。（　　）

答案：×

正确答案：集气袋容积为 4～8 L。

12. 根据《固定污染源废气　氮氧化物的测定　定电位电解法》（HJ 693—2014）进行样品测

定时，应将仪器采样管前端尽量置于排气筒中心位置，堵严采样孔，使之不漏气。待仪器示值稳定后，记录示值。(　　)

答案：√

13. 根据《固定污染源废气　氮氧化物的测定　定电位电解法》(HJ 693—2014)进行样品测定时，每分钟至少记录一次监测结果，取 5～15 min 平均值作为一次测定值。(　　)

答案：√

14. 根据《固定污染源废气　氮氧化物的测定　定电位电解法》(HJ 693—2014)进行样品测定时，取得测定结果后，应将采样管置于清洁的环境空气或氮气中，使仪器示值回到零点附近。(　　)

答案：√

15. 根据《固定污染源废气　氮氧化物的测定　定电位电解法》(HJ 693—2014)测定废气中的氮氧化物时，氮氧化物测试结果应以标准状态下的质量浓度表示。如果仪器示值以 ppm 表示时，应乘以系数 3.16 换算为标准状态下的质量浓度。(　　)

答案：×

正确答案：系数为 2.05。

二、单项选择题

1.《固定污染源废气　氮氧化物的测定　定电位电解法》(HJ 693—2014)方法检出限是________________。(　　)

A. 一氧化氮 3 mg/m^3（以 NO_2 计），二氧化氮 5 mg/m^3

B. 一氧化氮 3 mg/m^3（以 NO_2 计），二氧化氮 3 mg/m^3

C. 一氧化氮 5 mg/m^3（以 NO_2 计），二氧化氮 3 mg/m^3

D. 一氧化氮 4 mg/m^3（以 NO_2 计），二氧化氮 4 mg/m^3

答案：B

2. 根据《固定污染源废气　氮氧化物的测定　定电位电解法》(HJ 693—2014)，进入定电位电解法传感器的气体温度应不高于________℃。(　　)

A. 60　　B. 50　　C. 40　　D. 30

答案：C

3. 根据《固定污染源废气　氮氧化物的测定　定电位电解法》(HJ 693—2014)测定废气中的氮氧化物时，定电位电解法氮氧化物测定仪的系统偏差绝对值应≤________C.S.。(　　)

A. 3%　　B. 5%　　C. 8%　　D. 10%

答案：B

4. 根据《固定污染源废气　氮氧化物的测定　定电位电解法》(HJ 693—2014)判断对定电位电解法氮氧化物测定仪描述不正确的是________。

A. 定电位电解法氮氧化物测定仪具有显示采样流量的功能

B. 定电位电解法氮氧化物测定仪具有消除干扰的功能

C. 定电位电解法氮氧化物测定仪应按期送国家授权的计量部门进行检定

D. 定电位电解法氮氧化物测定仪每半年进行一次测定前后的零点漂移、量程漂移检查

答案：D

5. 根据《固定污染源废气 氮氧化物的测定 定电位电解法》（HJ 693—2014）测定废气中的氮氧化物时，定电位电解传感器的使用寿命一般为________年，到期后应及时更换。（ ）

A. 1～2　　B. 2～3　　C. 3～4　　D. 4～5

答案：A

6. 根据《固定污染源废气 氮氧化物的测定 定电位电解法》（HJ 693—2014）测定废气中的氮氧化物时，氮氧化物的浓度计算结果只保留________。当结果较高时，保留________有效数字。（ ）

A. 小数点后1位，3位　　B. 整数位，3位

C. 小数点后1位，2位　　D. 整数位，2位

答案：B

7. 根据《固定污染源废气 氮氧化物的测定 定电位电解法》（HJ 693—2014）测定废气中的氮氧化物时，氮氧化物浓度等于________浓度之和，计算结果以标准状态（273 K，101.325 kPa）下的________质量浓度计。（ ）

A. 二氧化氮，二氧化氮　　B. 二氧化氮和一氧化氮，二氧化氮

C. 二氧化氮，一氧化氮　　D. 二氧化氮和一氧化氮，一氧化氮

答案：B

8. 根据《固定污染源废气 氮氧化物的测定 定电位电解法》（HJ 693—2014）测定废气中的氮氧化物时，检查示值误差和系统偏差的一氧化氮、二氧化氮标准气体浓度应为________。（ ）

A. 40%～60% C.S.　　B. 40%～60% C.S. 或等于 C.S.

C. 20%～80% C.S.　　D. 20%～80% C.S. 或等于 C.S.

答案：B

9. 根据《固定污染源废气 氮氧化物的测定 定电位电解法》（HJ 693—2014）测定废气中的氮氧化物时，应选择抗负压能力________排气筒负压的仪器，避免仪器采样流量________，导致测试结果________。（ ）

A. 大于，减少，偏低或无法测出　　B. 大于，减少，偏高

C. 小于，减少，偏低或无法测出　　D. 小于，升高，偏高

答案：A

10. 根据《固定污染源废气 氮氧化物的测定 定电位电解法》（HJ 693—2014）测定废气中的氮氧化物时，零点漂移、量程漂移均应处于________之内，当校准量程≤200 μmol/mol 时，应处于________之内。否则，应及时对仪器进行校准维护。（ ）

A. ±3% C.S.，±3.0% C.S.　　B. ±3% C.S.，±5.0% C.S.

C. ±5% C.S.，±3.0% C.S.　　D. ±5% C.S.，±5.0% C.S.

答案：B

11. 根据《固定污染源废气 氮氧化物的测定 定电位电解法》（HJ 693—2014）判断，________不正确。（ ）

A．测定过程中，当仪器采样流量低于仪器规定值时，可采用外加抽气泵的方式解决

B．除湿冷却装置的冷凝水不影响测定结果

C．及时清洁滤尘装置，防止阻塞气路

D．被测废气温度应不高于仪器说明书的规定或加热冷却装置的温度上限

答案：B

12. 根据《固定污染源废气　氮氧化物的测定　定电位电解法》（HJ 693—2014）测定废气中的氮氧化物时，________可能无需更换定电位电解传感器。（　　）

A．校准传感器时，发现其动态范围变小

B．校准传感器时，发现测定上限达不到满度值

C．复检仪器校准量程时，示值误差为 7%

D．复检仪器校准量程时，系统偏差为 10% C.S.

答案：D

13. 根据《固定污染源废气　氮氧化物的测定　定电位电解法》（HJ 693—2014）测定废气中的氮氧化物时，仪器的各组成部分应连接牢固，测定前后应检查仪器气密性，可堵紧进气口，若仪器的采样流量示值________内降至零，表明气密性合格。（　　）

A．30 s　　B．50 s　　C．1 min　　D．2 min

答案：D

14. 根据《固定污染源废气　氮氧化物的测定　定电位电解法》（HJ 693—2014）测定废气中的氮氧化物时，定电位电解法氮氧化物测定仪________至少进行一次测定前后的零点漂移、量程漂移检查。（　　）

A．每个月　　B．每个季度　　C．每半年　　D．每一年

答案：A

15. 根据《固定污染源废气　氮氧化物的测定　定电位电解法》（HJ 693—2014）测定低浓度的氮氧化物时，为实现数据质量目标，应选择________C.S.。C.S. 应________仪器的满量程。（　　）

A．高，小于或等于　　B．低，小于或等于　　C．高，大于或等于　　D．低，大于或等于

答案：B

三、问答题

1. 根据《固定污染源废气　氮氧化物的测定　定电位电解法》（HJ 693—2014）简述定电位电解法氮氧化物测定仪的零点校准过程。

答案：（1）按仪器使用说明书，正确连接仪器的主机、采样管、导气管、除湿冷却装置，以及其他装置；

（2）将加热装置、除湿冷却装置及其他装置等接通电源，达到仪器使用说明书中规定的条件；

（3）打开主机电源，以清洁的空气或氮气为零气，进行仪器零点校准。

2. 根据《固定污染源废气　氮氧化物的测定　定电位电解法》（HJ 693—2014）简述定电位电解法测定氮氧化物的方法原理。

答案：抽取废气样品进入主要由电解槽、电解液和电极（包括 3 个电极，分别称为敏感电极、

参比电极和对电极）组成的传感器。NO 或 NO_2 通过渗透膜扩散到敏感电极表面，在敏感电极上发生氧化或还原反应，在对电极上发生还原或氧化反应。与此同时产生极限扩散电流。在一定的工作条件下，电子转移数、法拉常数、气体扩散面积、扩散常数和扩散层厚度均为常数，因此在一定范围内极限扩散电流的大小与 NO 或 NO_2 浓度成正比。

四、计算题

根据《固定污染源废气　氮氧化物的测定　定电位电解法》（HJ 693—2014），测得某固定源排气筒中一氧化氮浓度为 12 ppm，二氧化氮浓度为 8 ppm，计算标准状态（273 K，101.325 kPa）下该排气筒氮氧化物的质量浓度。（二氧化氮分子量以 46 计）

答案：$\rho(NO_x) = \dfrac{46 \times (\rho'_{NO}+\rho_{NO_2}')}{22.4}$

$= \dfrac{46\times(12+8)}{22.4}$

$=41\ mg/m^2$

该排气筒氮氧化物的浓度为 41 mg/m^3。

参考文献

［1］环境保护部．固定污染源废气　氮氧化物的测定　定电位电解法：HJ 693—2014［S］．北京：中国环境出版社，2014.

［2］中国环境监测总站《环境监测人员持证上岗考核试题集》编写组．环境监测人员持证上岗考核试题集：下册．4 版［M］．北京：中国环境出版集团，2018.

命题：李燕京

审核：蒋建勇

第九节　固定污染源废气　二氧化硫的测定　定电位电解法（HJ 57—2017）

一、判断题

1. 根据《固定污染源废气　二氧化硫的测定　定电位电解法》（HJ 57—2017）测定废气中二氧化硫时，被测气体中的颗粒物、水分和 SO_3 容易在渗透膜表面凝结并造成传感器损坏，影响测定，应采用滤尘装置、除湿装置、滤雾器等进行滤除，消除影响。（　　）

答案：√

2. 根据《固定污染源废气　二氧化硫的测定　定电位电解法》（HJ 57—2017），定电位电解法二氧化硫测试仪的零点漂移应≤±3%C.S.（C.S.≤200 μmol/mol 时，≤±5%）。（　　）

答案：√

3. 根据《固定污染源废气　二氧化硫的测定　定电位电解法》（HJ 57—2017）测定废气中二氧化硫时，定电位电解法二氧化硫测试仪的量程漂移应≤±3%F.S.。（　　）

答案：×

正确答案：定电位电解法二氧化硫测试仪的量程漂移应≤±3% C.S.（C.S.≤200 μmol/mol 时，≤±5%）。

4. 根据《固定污染源废气　二氧化硫的测定　定电位电解法》（HJ 57—2017）测量二氧化硫时，采样前用气袋法校准仪器时，用二氧化硫标准气体将洁净的气袋充满后排空，反复 3 次，然后再将标准气体充满气袋备用。（　　）

答案：√

5. 根据《固定污染源废气　二氧化硫的测定　定电位电解法》（HJ 57—2017）测量二氧化硫过程中，仪器中途可以关机重新启动，且零点不会发生变化。（　　）

答案：×

正确答案：在测试过程中，仪器应该一次开机直至测试完毕，中途不能关机重新启动，以免仪器零点变化，影响测试准确性。

6. 根据《固定污染源废气　二氧化硫的测定　定电位电解法》（HJ 57—2017）测量二氧化硫时，仪器采样流量不低于仪器规定的流量范围。（　　）

答案：√

7. 根据《固定污染源废气　二氧化硫的测定　定电位电解法》（HJ 57—2017）测定废气中二氧化硫时，监测前后都要测定零气和二氧化硫标准气体，计算示值误差、系统偏差。（　　）

答案：√

8. 根据《固定污染源废气　二氧化硫的测定　定电位电解法》（HJ 57—2017）测定废气中二氧化硫时，校准量程≤100 μmol/mol 时，定电位电解法二氧化硫测定仪的示值误差不超过±10 μmol/mol。（　　）

答案：×

正确答案：校准量程≤100 μmol/mol 时，定电位电解法二氧化硫测定仪的示值误差不超过±5 μmol/mol。

9. 根据《固定污染源废气　二氧化硫的测定　定电位电解法》（HJ 57—2017）中气袋法校准测定仪所使用的气袋容积 4～8 L，内衬材料应选用对被测成分影响小的铝塑复合膜、聚四氟乙烯膜等惰性材料。（　　）

答案：√

10. 根据《固定污染源废气　二氧化硫的测定　定电位电解法》（HJ 57—2017）测定某废气样品时，同时测得一氧化碳的浓度为 60 μmol/mol，则二氧化硫测定结果可用。（　　）

答案：×

正确答案：二氧化硫测定结果是否可用，应视一氧化碳干扰试验的结果而定。

11. 根据《固定污染源废气　二氧化硫的测定　定电位电解法》（HJ 57—2017）进行样品测定时，待仪器示值稳定后，取连续 5～15 min 测定数据的平均值，作为一次测量值。一次测量结束后

可立即进行下一次测量。(　　)

答案：×

正确答案：一次测量结束后，依照仪器说明书的规定用零气清洗仪器。

12. 根据《固定污染源废气　二氧化硫的测定　定电位电解法》(HJ 57—2017)测定废气中二氧化硫时，测定仪更换二氧化硫传感器后，应重新开展干扰试验。(　　)

答案：√

13. 根据《固定污染源废气　二氧化硫的测定　定电位电解法》(HJ 57—2017)测定废气中二氧化硫时，测定仪长期不用时，每月应至少通电开机运行一次，以保持传感器的极化条件。(　　)

答案：√

二、单项选择题

1. 根据《固定污染源废气　二氧化硫的测定　定电位电解法》(HJ 57—2017)的规定，定电位电解法二氧化硫测试仪测量下限为________ mg/m^3。(　　)

A．11.44　　B．3　　C．12　　D．2.86

答案：C

2. 根据《固定污染源废气　二氧化硫的测定　定电位电解法》(HJ 57—2017)的规定，定电位电解法二氧化硫测试仪在标准气体浓度不低于 100 ppm 时的示值误差应________。(　　)

A．≤±2%　　B．≤±3%　　C．≤±4%　　D．≤±5%

答案：D

3. 根据《固定污染源废气　二氧化硫的测定　定电位电解法》(HJ 57—2017)的规定，定电位电解法二氧化硫测试仪的系统偏差应________。(　　)

A．≤±2%　　B．≤±3%　　C．≤±4%　　D．≤±5%

答案：D

4. 根据《固定污染源废气　二氧化硫的测定　定电位电解法》(HJ 57—2017)测量二氧化硫时，进入传感器的烟气温度不得大于________℃。(　　)

A．40　　B．50　　C．60　　D．70

答案：A

5. 根据《固定污染源废气　二氧化硫的测定　定电位电解法》(HJ 57—2017)的规定，样品测定结果应处于仪器校准量程的________之间，否则应重新选择校准量程。(　　)

A．10%～90%　　B．20%～100%　　C．10%～100%　　D．20%～90%

答案：B

6. 根据《固定污染源废气　二氧化硫的测定　定电位电解法》(HJ 57—2017)的规定，定电位电解法二氧化硫测定仪在标准气体浓度值低于 100 ppm 时的示值误差不超过________。(　　)

A．±2 ppm　　B．±3 ppm　　C．±4 ppm　　D．±5 ppm

答案：D

7. 根据《固定污染源废气　二氧化硫的测定　定电位电解法》(HJ 57—2017)的规定，校准量程大于 200 ppm 时，定电位电解法二氧化硫测定仪的零点漂移不超过________。(　　)

A. ±2%　　B. ±3%　　C. ±4%　　D. +5%

答案：B

8. 根据《固定污染源废气　二氧化硫的测定　定电位电解法》（HJ 57—2017）的规定，校准量程≤200 μmol/mol 时，定电位电解法二氧化硫测定仪的零点漂移不超过________。（　　）

A. ±2%　　B. ±3%　　C. ±4%　　D. ±5%

答案：D

9. 根据《固定污染源废气　二氧化硫的测定　定电位电解法》（HJ 57—2017）测定废气中二氧化硫时，对一次测量值，应获得不少于________个有效二氧化硫分钟数据。（　　）

A. 5　　B. 6　　C. 7　　D. 8

答案：A

10. 根据《固定污染源废气　二氧化硫的测定　定电位电解法》（HJ 57—2017）的规定，二氧化硫测定仪每个________至少进行一次零点漂移、量程漂移检查。（　　）

A. 周　　B. 旬　　C. 月　　D. 季度

答案：C

11. 根据《固定污染源废气　二氧化硫的测定　定电位电解法》（HJ 57—2017）的规定，定电位电解法传感器的使用寿命一般不超过________。（　　）

A. 半年　　B. 一年　　C. 一年半　　D. 两年

答案：D

三、问答题

1. 根据《固定污染源废气　二氧化硫的测定　定电位电解法》（HJ 57—2017）测定废气中二氧化硫时，二氧化硫定电位电解传感器主要由哪几个部件组成？

答案：电解槽、电解液、电极。

2. 根据《固定污染源废气　二氧化硫的测定　定电位电解法》（HJ 57—2017）测定废气中二氧化硫时，某一氧化碳干扰试验结果如下图。统计确定仪器有几种适用条件范围，以及各范围内二氧化硫浓度最高值和一氧化碳浓度最高值。

SO_2浓度水平/（μmol/mol） \ CO浓度水平/（μmol/mol）	100	300	500	1 000	1 500	2 000	3 000
100%F.S.	通过	通过	**未通过**	通过	**未通过**	通过	**未通过**
80%F.S.	通过	通过	通过	通过	**未通过**	通过	通过
60%F.S.	通过	通过	通过	通过	通过	**未通过**	**未通过**
40%F.S.	通过	通过	通过	通过	通过	通过	**未通过**
20%F.S.	通过	通过	通过	通过	通过	**未通过**	通过
10%F.S.	通过	通过	通过	通过	通过	**未通过**	**未通过**

答案：（1）适用条件范围 1：二氧化硫浓度最高值：二氧化硫传感器满量程值；一氧化碳浓度最高值：300 μmol/mol。

（2）适用条件范围 2：二氧化硫浓度最高值：二氧化硫传感器满量程值的 80%；一氧化碳浓度最高值：1 000 μmol/mol。

（3）适用条件范围 3：二氧化硫浓度最高值：二氧化硫传感器满量程值的 60%；一氧化碳浓度最高值：1 500 μmol/mol。

四、计算题

1. 根据《固定污染源废气　二氧化硫的测定　定电位电解法》（HJ 57—2017），检测某锅炉排气口，测定仪显示二氧化硫浓度的平均值为 1 ppm，一氧化碳浓度为 2 ppm。另测定该排气口标准状态下干排气流量为 1.50×10^4 m^3/h。试计算该排气口标准状态下干烟气中二氧化硫的质量浓度和排放速率。（二氧化硫的分子量以 64 计）

答案：64/22.4=2.86

$\rho=2.86\times\omega$

$=2.86\times1=3$（mg/m^3）

$G=\rho\times Q_{sn}\times10^{-6}$

$=3\times1.50\times10^4\times10^{-6}=0.045$（kg/h）

该排气口标准状态下干烟气中二氧化硫的质量浓度为 3 mg/m^3，排放速率为 0.045 kg/h。

2. 根据《固定污染源废气　二氧化硫的测定　定电位电解法》（HJ 57—2017）进行一氧化碳干扰试验时，某混气中二氧化硫浓度初始值为 150 μmol/mol，实测值为 160 μmol/mol，则二氧化硫浓度测试结果及该矩阵点干扰试验结果如何判定？

答案：$RE=[(C_{SO_2\text{-}t_i}-C_{SO_2\text{-}t_0})/C_{SO_2\text{-}t_0}]\times100\%$

$=[(160-150)/150]\times100\%=6.7\%>5\%$

故二氧化硫浓度测试结果为不合格，该矩阵点干扰试验结果为不通过。

参考文献

［1］环境保护部 . 固定污染源废气　二氧化硫的测定　定电位电解法：HJ 57—2017［S］. 北京：中国环境出版集团，2017.

［2］国家环境保护总局《空气和废气监测分析方法》编委会 . 空气和废气监测分析方法：第四版增补版［M］. 北京：中国环境科学出版社，2010.

命题：王　耘

审核：马安成

第十节 固定污染源废气 一氧化碳的测定 定电位电解法（HJ 973—2018）

一、判断题

1.《固定污染源废气 一氧化碳的测定 定电位电解法》（HJ 973—2018）中规定，测定仪应在其规定的环境温度、环境湿度等条件下工作。（ ）

答案：√

2.《固定污染源废气 一氧化碳的测定 定电位电解法》（HJ 973—2018）中规定，样品测定结果应处于仪器量程的30%～100%，否则应重新选择校准量程。（ ）

答案：×

正确答案：20%～100%。

3.《固定污染源废气 一氧化碳的测定 定电位电解法》（HJ 973—2018）中规定，一氧化碳浓度结果应保留整数位，最多保留2位有效数字。（ ）

答案：×

正确答案：3位。

4.《固定污染源废气 一氧化碳的测定 定电位电解法》（HJ 973—2018）中，零气是指不存在测量组分或小于规定值、其他组分浓度不干扰测量组分结果或产生的测量组分干扰可忽略不计的气体。（ ）

答案：√

5.《固定污染源废气 一氧化碳的测定 定电位电解法》（HJ 973—2018）中，定电位电解传感器主要由电解槽、电解液、电池组成。（ ）

答案：×

正确答案：电解槽、电解液、电极。

6.《固定污染源废气 一氧化碳的测定 定电位电解法》（HJ 973—2018）中将定电位电解传感器的电极分别称为敏感电极、参比电极、膜电极。（ ）

答案：×

正确答案：敏感电极、参比电极、对电极。

7.《固定污染源废气 一氧化碳的测定 定电位电解法》（HJ 973—2018）中，定电位电解法一氧化碳测定仪的系统偏差是指标准气体直接导入分析仪与经采样管导入分析仪的测量结果的差值，占仪器量程的百分比。（ ）

答案：×

正确答案：是指标准气体直接导入分析仪与经采样管导入分析仪的测量结果的差值，占校准量程的百分比。

8.《固定污染源废气 一氧化碳的测定 定电位电解法》（HJ 973—2018）中，定电位电解法

一氧化碳测定仪的零点漂移是指在测试前、后，测定仪对零气测量结果的差值，占校准量程的百分比。(　　)

答案： ×

正确答案： 是指在测试前、后，测定仪对相同零气测量结果的差值，占校准量程的百分比。

9.《固定污染源废气　一氧化碳的测定　定电位电解法》(HJ 973—2018) 中，定电位电解法一氧化碳测定仪的量程漂移是指测试前、后，测定仪对标准气体测量结果的差值，占校准量程的百分比。(　　)

答案： ×

正确答案： 是指在测试前、后，测定仪对相同浓度标准气体测量结果的差值，占校准量程的百分比。

10. 根据《固定污染源废气　一氧化碳的测定　定电位电解法》(HJ 973—2018) 测定一氧化碳时，待测气体中的颗粒物、水分等易在传感器渗透膜表面凝结并造成传感器损坏，影响一氧化碳测定；应采用滤尘装置、除湿装置等进行滤除，消除影响。(　　)

答案： √

11. 根据《固定污染源废气　一氧化碳的测定　定电位电解法》(HJ 973—2018) 测定一氧化碳时，待测气体中氢气对一氧化碳测定没有干扰。(　　)

答案： ×

正确答案： 氢气对一氧化碳测定干扰显著，测定仪安装的一氧化碳传感器应具有抗氢气干扰功能。

12. 根据《固定污染源废气　一氧化碳的测定　定电位电解法》(HJ 973—2018) 测定一氧化碳时，待测气体中酸性气体对样品测定有干扰，测定仪应内置化学过滤器将其滤除，消除影响。(　　)

答案： √

13.《固定污染源废气　一氧化碳的测定　定电位电解法》(HJ 973—2018) 中规定，定电位电解法测定仪，用气袋法进行量程校准时，用标准气体将洁净的集气袋充满备用即可。(　　)

答案： ×

正确答案： 用标准气体将洁净的集气袋充满后排空，反复 3 次，再充满后备用。

14. 根据《固定污染源废气　一氧化碳的测定　定电位电解法》(HJ 973—2018) 测定仪测定一氧化碳时，测量前仪器要进行气密性检查。(　　)

答案： √

15.《固定污染源废气　一氧化碳的测定　定电位电解法》(HJ 973—2018) 中规定，定电位电解法传感器的使用寿命一般不超过 1 年，到期后应及时更换。(　　)

答案： ×

正确答案： 2 年。

二、单项选择题

1.《固定污染源废气　一氧化碳的测定　定电位电解法》(HJ 973—2018) 中方法检出限为

________。( )

A. 1 mg/m^3 B. 2 mg/m^3 C. 3 mg/m^3 D. 4 mg/m^3

答案：C

2.《固定污染源废气 一氧化碳的测定 定电位电解法》（HJ 973—2018）中标准方法的测定下限为________。( )

A. 9 mg/m^3 B. 10 mg/m^3 C. 12 mg/m^3 D. 15 mg/m^3

答案：C

3.《固定污染源废气 一氧化碳的测定 定电位电解法》（HJ 973—2018）中测定仪零点校准时，零气要求________。( )

A. 纯度≥99% 的氮气或不干扰测定的清洁空气

B. 纯度≥99.99% 的氮气或不干扰测定的清洁空气

C. 纯度≥99.99% 的氮气或清洁空气

D. 纯度≥99% 的氮气或清洁空气

答案：B

4.《固定污染源废气 一氧化碳的测定 定电位电解法》（HJ 973—2018）中规定，定电位电解法测定仪________至少进行一次零点漂移、量程漂移检查。( )

A. 每周 B. 每个月 C. 每个季度 D. 每年

答案：C

5.《固定污染源废气 一氧化碳的测定 定电位电解法》（HJ 973—2018）中规定，进入定电位电解法传感器的废气温度应不高于________℃。( )

A. 40 B. 50 C. 60 D. 70

答案：A

6.《固定污染源废气 一氧化碳的测定 定电位电解法》（HJ 973—2018）中规定，测定仪长期不用时，________应至少通电运行一次，以保持传感器的极化条件。( )

A. 每周 B. 每个月 C. 每个季度 D. 每年

答案：B

7.《固定污染源废气 一氧化碳的测定 定电位电解法》（HJ 973—2018）中规定，校准量程应________仪器的满量程。( )

A. 大于 B. 小于 C. 大于或等于 D. 小于或等于

答案：D

8.《固定污染源废气 一氧化碳的测定 定电位电解法》（HJ 973—2018）中规定，乙烯对样品测定有干扰，当测定含乙烯浓度超过________的样品气体时，应慎用本标椎。( )

A. 10 μmol/mol B. 50 μmol/mol C. 100 μmol/mol D. 200 μmol/mol

答案：C

9. 定电位电解法一氧化碳测定仪组成________。( )

A. 分析仪、气体流量计、抽气泵、传感器

B. 传感器、采样管、导气管、除湿装置

C．分析仪、采样管、导气管、除湿装置

D．分析仪、传感器、导气管、除湿装置

答案：C

10.《固定污染源废气　一氧化碳的测定　定电位电解法》（HJ 973—2018）中规定，样品的测定结果应处于校准量程的________。（　　）

A .20%～60%　　B．20%～80%　　C．0%～100%　　D．20%～100%

答案：D

11. 根据《固定污染源废气　一氧化碳的测定　定电位电解法》（HJ 973—2018）测定一氧化碳时，要求市售有证一氧化碳标准气体，不确定度____。（　　）

A．≤1%　　B．≤2%　　C．≤3%　　D．≤4%

答案：B

12.《固定污染源废气　一氧化碳的测定　定电位电解法》（HJ 973—2018）中规定，定电位电解法一氧化碳测定仪性能要求示值误差________。（　　）

A．不超过 ±3%（标准气体浓度值 <100 μmol/mol 时，不超过 ±5 μmol/mol）

B．不超过 ±5%（标准气体浓度值 <100 μmol/mol 时，不超过 ±5 μmol/mol）

C．不超过 ±6%（标准气体浓度值 <100 μmol/mol 时，不超过 ±5 μmol/mol）

D．不超过 ±10%（标准气体浓度值 <100 μmol/mol 时，不超过 ±5 μmol/mol）

答案：B

13.《固定污染源废气　一氧化碳的测定　定电位电解法》（HJ 973—2018）中规定，定电位电解法一氧化碳测定仪性能要求系统偏差________。（　　）

A．不超过 ±3%　　B．不超过 ±5%　　C．不超过 ±6%　　D．不超过 ±10%

答案：B

14.《固定污染源废气　一氧化碳的测定　定电位电解法》（HJ 973—2018）中规定，定电位电解法一氧化碳测定仪性能要求零点漂移________。（　　）

A．不超过 ±2%（校准量程≤200 μmol/mol 时，不超过 ±5%）

B．不超过 ±3%（校准量程≤200 μmol/mol 时，不超过 ±5%）

C．不超过 ±4%（校准量程≤200 μmol/mol 时，不超过 ±5%）

D．不超过 ±5%（校准量程≤200 μmol/mol 时，不超过 ±5%）

答案：B

15.《固定污染源废气　一氧化碳的测定　定电位电解法》（HJ 973—2018）中规定，定电位电解法一氧化碳测定仪性能要求量程漂移________。（　　）

A．不超过 ±2%（校准量程≤200 μmol/mol 时，不超过 ±5%）

B．不超过 ±3%（校准量程≤200 μmol/mol 时，不超过 ±5%）

C．不超过 ±4%（校准量程≤200 μmol/mol 时，不超过 ±5%）

D．不超过 ±5%（校准量程≤200 μmol/mol 时，不超过 ±5%）

答案：B

三、问答题

1. 根据《固定污染源废气　一氧化碳的测定　定电位电解法》（HJ 973—2018）简述定电位电解法测定一氧化碳的原理。

答案： 抽取样品进入主要由电解槽、电解液和电极（敏感电极、参比电极和对电极）组成的传感器。一氧化碳通过渗透膜扩散到敏感电极表面，在敏感电极上发生氧化反应：$CO+2H_2O \rightarrow CO_3^{2-}+4H^++2e$

与此产生的极限扩散电流 $i=\dfrac{Z \cdot F \cdot S \cdot D}{\delta}\times C$，即

在规定工作条件下，电子转移数（Z）、法拉第常数（F）、气体扩散面积（S）、扩散系数（D）和扩散层厚度（δ）均为常数，在一定范围内极限扩散电流 i 的大小与一氧化碳浓度（C）成正比，所以可由极限扩散电流 i 来测定一氧化碳浓度（C）。

2. 根据《固定污染源废气　一氧化碳的测定　定电位电解法》（HJ 973—2018）简述定电位电解法测定一氧化碳时的干扰和消除。

答案：（1）待测气体中的颗粒物、水分等易在传感器渗透膜表面凝结并造成传感器损坏，影响一氧化碳测定；应采用滤尘装置、除湿装置等进行滤除，消除影响。

（2）氢气对一氧化碳测定干扰显著，测定仪安装的一氧化碳传感器应具有抗氢气干扰功能。

（3）酸性气体对样品测定有干扰，测定仪应内置化学过滤器将其滤除，消除影响。

（4）乙烯对样品测定有干扰，当测定含乙烯浓度超过 100 μmol/mol 的样品气体时，应慎用本标准。

3. 根据《固定污染源废气　一氧化碳的测定　定电位电解法》（HJ 973—2018）简述定电位电解法测定一氧化碳时的对零气的要求。

答案： 不存在测量组分或小于规定值、其他组分浓度不干扰测量组分结果或产生的测量组分干扰可忽略不计的气体。

4. 根据《固定污染源废气　一氧化碳的测定　定电位电解法》（HJ 973—2018）简述定电位电解法测定一氧化碳时示值误差的定义。

答案： 标准气体直接导入分析仪的测量结果与标准气体浓度值之间的误差。

5. 根据《固定污染源废气　一氧化碳的测定　定电位电解法》（HJ 973—2018）简述定电位电解法测定一氧化碳时用气袋法校准测定仪过程中对气袋的要求。

答案： 气袋容积不小于 4 L，内衬材料应选用对被测成分影响小的铝塑复合膜、聚四氟乙烯膜等惰性材料。

四、计算题

按《固定污染源废气　一氧化碳的测定　定电位电解法》（HJ 973—2018）测得某单位锅炉排气中一氧化碳浓度的仪器示值为 120 ppm，试计算该单位标准状态下干烟气中排放的一氧化碳质量浓度。（一氧化碳的分子量按 28 计）

答案： 28/22.4=1.25

$\rho=1.25\times120=150$（mg/m^3）

该单位干烟气的质量浓度为 150 mg/m^3

参考文献

[1] 国家环境保护总局《空气和废气监测分析方法》编委会. 空气和废气监测分析方法：第四版增补版[M]. 北京：中国环境科学出版社，2010.

[2] 环境保护部. 固定污染源废气　一氧化碳的测定　定电位电解法：HJ 973—2018[S]. 北京：中国环境出版集团，2018.

命题：余今朝

审核：乔朝辉

第十一节　固定污染源排放　烟气黑度的测定　林格曼烟气黑度图法（HJ/T 398—2007）

一、判断题

1.《固定污染源排放　烟气黑度的测定　林格曼烟气黑度图法》（HJ/T 398—2007）适用于固定污染源排放的黑色或灰色烟气在排放口处黑度的测定以及其他颜色烟气的监测。（　　）

答案：×

正确答案：不适用于其他颜色烟气的监测。

2. 由《固定污染源排放　烟气黑度的测定　林格曼烟气黑度图法》（HJ/T 398—2007）可知，若烟气黑度处于两个林格曼级之间，观察者可估计一个 0.5 或 0.25 林格曼级数。（　　）

答案：√

3.《固定污染源排放　烟气黑度的测定　林格曼烟气黑度图法》（HJ/T 398—2007）规定，一般用林格曼烟气黑度图鉴定黑色烟气效果较好，对于含有较多的水汽或其他结晶物质的白色烟气，效果较差。（　　）

答案：√

4.《固定污染源排放　烟气黑度的测定　林格曼烟气黑度图法》（HJ/T 398—2007）规定，观察者观察烟气的仰视角不应太大，一般情况下不宜大于 45°，尽量避免在过于陡峭的角度下观察。（　　）

答案：√

5.《固定污染源排放　烟气黑度的测定　林格曼烟气黑度图法》（HJ/T 398—2007）规定，雨雪天、雾天及风速大于 4.5 m/s 时不应进行烟气黑度观察。（　　）

答案：√

二、单项选择题

1. 根据《固定污染源排放　烟气黑度的测定　林格曼烟气黑度图法》（HJ/T 398—2007）的规定，标准的林格曼黑度图由________张不同的图片组成。（　　）

A. 3　　B. 4　　C. 5　　D. 6

答案：D

2.《固定污染源排放　烟气黑度的测定　林格曼烟气黑度图法》（HJ/T 398—2007）中，林格曼黑度 2 级指________内出现 2 级林格曼黑度的累积时间超过 2 min 时，烟气的林格曼黑度按 2 级计。（　　）

A. 15 min　　B. 30 min　　C. 45 min　　D. 60 min

答案：B

3.《固定污染源排放　烟气黑度的测定　林格曼烟气黑度图法》（HJ/T 398—2007）中，标准的林格曼烟气黑度图是由 14 cm × 21 cm 的不同黑度的图片组成，全白与全黑分别代表林格曼黑度________级和________级。（　　）

A. 1，5　　B. 0，5　　C. 1，4　　D. 0，4

答案：B

4. 根据《固定污染源排放　烟气黑度的测定　林格曼烟气黑度图法》（HJ/T 398—2007）的规定，除在观测过程中出现 5 级林格曼黑度时，烟气黑度按 5 级，其他情况必须连续观察烟气黑度的时间不少于________min。（　　）

A. 5　　B. 10　　C. 20　　D. 30

答案：D

5. 根据《固定污染源排放　烟气黑度的测定　林格曼烟气黑度图法》（HJ/T 398—2007），对于烟气排放十分稳定的污染源，可酌情减少观测频次，每分钟观测________次，每________s 记录一个读数，连续观察 30 min。（　　）

A. 1，60　　B. 1，30　　C. 2，30　　D. 2，60

答案：C

三、问答题

1. 根据《固定污染源排放　烟气黑度的测定　林格曼烟气黑度图法》（HJ/T 398—2007）简述林格曼黑度图法测定烟气黑度的原理。

答案：林格曼黑度图法是把林格曼图放在适当的位置上，将烟气的黑度与图上的黑度相比较，有具有资质的观察者用目视观察来测定固定污染源排放烟气的黑度。

2. 根据《固定污染源排放　烟气黑度的测定　林格曼烟气黑度图法》（HJ/T 398—2007）简述观测烟气黑度读数的影响因素。

答案：所观测到烟气黑度的读数，不仅取决于烟气本身的黑度，还与天空的均匀性和亮度、风速、烟囱的大小结构（出口断面的直径和形状）及观察时照射光线和角度有关。

参考文献

[1] 国家环境保护总局.固定污染源排放　烟气黑度的测定　林格曼烟气黑度图法：HJ/T 398—2007 [S]. 北京：中国环境科学出版社，2007.

[2] 国家环境保护总局《空气和废气监测分析方法》编委会.空气和废气监测分析方法：第四版增补版 [M].北京：中国环境科学出版社，2010.

命题：周小龙

审核：马安成

第十二节　加油站油气排放控制和限值（DB11/208—2019 附录 A　密闭性检测方法）

一、判断题

1. 根据《加油站油气排放控制和限值》（DB11/208—2019）中附录 A 密闭性检测方法可知，密闭性指的是油气回收系统在一定压力状态下的密闭程度。(　　)

答案： √

2.《加油站油气排放控制和限值》（DB11/208—2019）中附录 A 密闭性检测方法规定，密闭性检测设备内部管路和连接接口均应大于 10 mm。(　　)

答案： ×

正确答案： 密闭性检测设备内部管路和连接接口均应大于 15 mm。

3.《加油站油气排放控制和限值》（DB11/208—2019）中附录 A 密闭性检测方法规定，检测过程中只允许使用氦气给系统加压，且向系统充入氦气过程中应连接接地装置。(　　)

答案： ×

正确答案： 只允许使用氮气给系统加压，且向系统充入氮气过程中应连接接地装置。

4.《加油站油气排放控制和限值》（DB11/208—2019）中附录 A 密闭性检测方法规定，检测开始前应停止加油站加油作业。(　　)

答案： √

5.《加油站油气排放控制和限值》（DB11/208—2019）中附录 A 密闭性检测方法规定，检测应使用工业等级氮气，储存氮气的高压氮气瓶应带有两级压力调节器。(　　)

答案： √

二、问答题

简述《加油站油气排放控制和限值》（DB11/208—2019）附录 A 密闭性检测方法的原理。

答案：（1）用氮气对加油站油气回收系统加压至 500 Pa，允许系统有压力衰减；

（2）5 min 的剩余压力值与标准规定的限值进行比较，如果小于限值，表明油气回收系统密闭性超标。

三、计算题

根据《加油站油气排放控制和限值》（DB11/208—2019）中附录 A 密闭性检测方法对某加油站油气回收系统密闭性检测时，充入系统的氮气流量 30 L/min，检测所影响的油气空间为 20.4 m^3，试求将系统油气空间的压力从 0 提高到 500 Pa 所需的最少时间。

答案：

$$t=\frac{V}{204F}=\frac{20.4\times1\,000}{204\times30}=3.33\ \text{min}$$

将系统油气空间的压力从 0 提高到 500 Pa 所需的最少时间为 3.33 min。

参考文献

北京市生态环境局，北京市市场监督管理局 . 加油站油气排放控制和限值：DB11/208—2019［S］. 2019.

命题：柴 悦

审核：赵利军

第十三节 加油站油气排放控制和限值（DB11/208—2019 附录 B 液阻检测方法）

一、判断题

1. 根据《加油站油气排放控制和限值》（DB11/208—2019）中附录 B 液阻检测方法可知，检测所用的机械式压力表量程范围为 0～500 Pa。（ ）

答案：×

正确答案：检测所用的机械式压力表量程范围为 0～250 Pa。

2. 根据《加油站油气排放控制和限值》（DB11/208—2019）中附录 B 液阻检测方法可知，检测所用的流量计量程范围为 0～50 L/min。（ ）

答案：√

3. 根据《加油站油气排放控制和限值》（DB11/208—2019）中附录 B 液阻检测方法可知，量程范围为 0～5.0 kPa 的电子式压力表，其最大允许误差为 ±0.5%F.S.。（ ）

答案：×

正确答案：量程范围为 0～5.0 kPa 的电子式压力表，其最大允许误差为 ±0.25%F.S.。

4. 根据《加油站油气排放控制和限值》（DB11/208—2019）中附录 B 液阻检测方法的规定，在读取压力表读数之前，氮气流速稳定的时间应大于 30 s。（　　）

答案：√

二、单项选择题

《加油站油气排放控制和限值》（DB11/208—2019）中附录 B 液阻检测方法规定，检测 3 个氮气流速所对应的液阻，分别为________L/min、________L/min 和________L/min。（　　）

A．10，20，30　　B．15，30，45　　C．20，30，40　　D．30，40，50

答案：C

三、问答题

简述《加油站油气排放控制和限值》（DB11/208—2019）中附录 B 液阻检测方法的原理。

答案：以规定的氮气流量向油气回收管线内充入氮气，模拟油气通过油气回收管线。用压力表检测气体通过管线的液体阻力，了解管线内因各种原因对气体产生阻力的程度，用来判定是否影响油气回收能力。

参考文献

北京市生态环境局 . 北京市市场监督管理局 . 加油站油气排放控制和限值：DB11/208—2019［S］. 2019.

命题：柴　悦

审核：赵利军

第十四节　加油站油气排放控制和限值（DB11/208—2019 附录 C　气液比检测方法）

一、判断题

1. 根据《加油站油气排放控制和限值》（DB11/208—2019）中附录 C 气液比检测方法的规定，使用腰轮流量计或等同流量计测量回收气体体积，需具备识别流向功能。（　　）

答案：√

2. 根据《加油站油气排放控制和限值》（DB11/208—2019）中附录 C 气液比检测方法的规定，检测所用的秒表，其分辨力应不超过 0.5 s。（　　）

答案：×

正确答案：秒表分辨力≤0.2 s。

3. 根据《加油站油气排放控制和限值》(DB11/208—2019)中附录C气液比检测方法的规定，检测前应排空加油软管气路和加油机油管中的汽油。(　　)

答案：×

正确答案：检测前，不要排空加油软管气路和加油机油管中的汽油。

4. 根据《加油站油气排放控制和限值》(DB11/208—2019)中附录C气液比检测方法的规定，每次检测之后，应将所有检测器具中积存与凝结的汽油排净。(　　)

答案：√

5. 根据《加油站油气排放控制和限值》(DB11/208—2019)中附录C气液比检测方法的规定，检测结束后，应及时将气体流量计的入口和出口密封，并按规定装箱运输和保养所用检测设备。(　　)

答案：√

二、单项选择题

1. 根据《加油站油气排放控制和限值》(DB11/208—2019)中附录C气液比检测方法的规定，如果用油桶盛油，开始检测之前应向油桶中加入约________L汽油，并保证接地装置连接正确。(　　)

A. 10　　B. 15　　C. 20　　D. 30

答案：B

2. 根据《加油站油气排放控制和限值》(DB11/208—2019)中附录C气液比检测方法判断，下列说法错误的是________。(　　)

A. 检测期间所加汽油的体积可直接通过加油机上的流量计读取

B. 气体流量计入口连通管公称内径应不小于25 mm

C. 应当按照加油枪的中值速率检测加油枪的A/L

D. 加油前不应预先设定加油量，不应采用加油机开关控制加油

答案：C

三、问答题

简述《加油站油气排放控制和限值》(DB11/208—2019)中附录C气液比检测方法的原理。

答案：在加油枪枪管处安装一个密合的适配器，完全遮盖油气收集孔，并与气体流量计连接。加油时，通过油气回收泵将油气和空气混合气体先经过气体流量计，再经过加油枪上的油气管路回到埋地油罐中。通过A/L的检测，可以了解油气回收系统的回收效果。

四、计算题

根据《加油站油气排放控制和限值》(DB11/208—2019)中附录C气液比检测方法，采用累积式流量计检测A/L时，气体流量计的最初读数为0.2 L，最终读数为15.9 L，加油机流量上的读数为16.5 L，试求气液比。

答案：

$$A/L=\frac{V_f-V_i}{G}=\frac{15.9-0.2}{16.5}=0.95$$

参考文献

北京市生态环境局.北京市市场监督管理局.加油站油气排放控制和限值：DB11/208—2019［S］. 2019.

命题：柴 悦
审核：赵利军

第十五节 环境空气 PM_{10} 和 $PM_{2.5}$ 的测定 重量法（HJ 618—2011）

一、判断题

1. 根据《环境空气 PM_{10} 和 $PM_{2.5}$ 的测定 重量法》（HJ 618—2011）及修改单在测定环境空气中 PM_{10} 和 $PM_{2.5}$ 浓度时，如果测定任何一次浓度，每次需更换滤膜；如果测定日平均浓度，样品可采集在一张滤膜上。（ ）

答案：√

2. 根据《环境空气 PM_{10} 和 $PM_{2.5}$ 的测定 重量法》（HJ 618—2011）及修改单进行采样时，将已称重的滤膜用镊子放入洁净采样夹内的滤网上，滤膜光面应朝进气方向。（ ）

答案：×

正确答案：采样时，将已称重的滤膜用镊子放入洁净采样夹内的滤网上，滤膜毛面应朝进气方向。

3. 根据《环境空气 PM_{10} 和 $PM_{2.5}$ 的测定 重量法》（HJ 618—2011）及修改单的规定，对于 PM_{10} 和 $PM_{2.5}$ 样品滤膜，两次重量之差分别小于 0.5 mg 或 0.05 mg 为满足恒重要求。（ ）

答案：×

正确答案：对于 PM_{10} 和 $PM_{2.5}$ 样品滤膜，两次重量之差分别小于 0.4 mg 或 0.04 mg 为满足恒重要求。

4. 根据《环境空气 PM_{10} 和 $PM_{2.5}$ 的测定 重量法》（HJ 618—2011）及修改单的规定，滤膜采集后，如不能立即称重，应在 4℃条件下冷藏保存。（ ）

答案：√

5. 根据《环境空气 PM_{10} 和 $PM_{2.5}$ 的测定 重量法》（HJ 618—2011）及修改单的规定，采样前后，滤膜称量应使用同一台分析天平。（ ）

答案：√

6. 根据《环境空气 PM_{10} 和 $PM_{2.5}$ 的测定 重量法》（HJ 618—2011）及修改单的规定，采样器每次使用前需进行流量校准。（ ）

答案：√

7. 根据《环境空气 PM_{10} 和 $PM_{2.5}$ 的测定 重量法》（HJ 618—2011）及修改单的规定，滤膜

使用前需进行检查，不得有针孔或任何缺陷。(　　)

答案：√

8. 根据《环境空气　PM_{10} 和 $PM_{2.5}$ 的测定　重量法》(HJ 618—2011)及修改单的规定，滤膜称量时要消除静电的影响。(　　)

答案：√

9. 根据《环境空气　PM_{10} 和 $PM_{2.5}$ 的测定　重量法》(HJ 618—2011)及修改单的规定，对电机有电刷的采样器，应尽可能在电机由于电刷原因停止工作后更换电刷，以免使采样失败。(　　)

答案：×

正确答案：对电机有电刷的采样器，应尽可能在电机由于电刷原因停止工作前更换电刷，以免使采样失败。

10. 根据《环境空气　PM_{10} 和 $PM_{2.5}$ 的测定　重量法》(HJ 618—2011)及修改单的规定，新购置或维修后的采样器在启用前应进行流量校准。(　　)

答案：√

11. 根据《环境空气　PM_{10} 和 $PM_{2.5}$ 的测定　重量法》(HJ 618—2011)及修改单进行采样时，用手轻轻地将已称重的滤膜放入洁净采样夹内的滤网上。(　　)

答案：×

正确答案：采样时，用无齿镊子将已称重的滤膜放入洁净采样夹内的滤网上。

12. 根据《环境空气　PM_{10} 和 $PM_{2.5}$ 的测定　重量法》(HJ 618—2011)及修改单的规定，当 PM_{10} 或 $PM_{2.5}$ 含量很低时，采样时间不能过短。(　　)

答案：√

13. 根据《环境空气　PM_{10} 和 $PM_{2.5}$ 的测定　重量法》(HJ 618—2011)及修改单的规定，对电机有电刷的采样器，新更换电刷后采样器应在负载条件下运转 1 h，待电刷与转子的整流子良好接触后，再进行流量校准。(　　)

答案：√

二、单项选择题

1. 根据《环境空气　PM_{10} 和 $PM_{2.5}$ 的测定　重量法》(HJ 618—2011)及修改单进行采样时，采样器入口距地面高度不得低于________m。(　　)

A. 1　　B. 1.2　　C. 1.5　　D. 2

答案：C

2. 根据《环境空气　PM_{10} 和 $PM_{2.5}$ 的测定　重量法》(HJ 618—2011)及修改单的规定，采样不宜在风速大于________m/s 等天气条件下进行。(　　)

A. 6　　B. 8　　C. 10　　D. 12

答案：B

3. 根据《环境空气　PM_{10} 和 $PM_{2.5}$ 的测定　重量法》(HJ 618—2011)及修改单采用间断采样方式测定日平均浓度时，其采样次数不应少于________次，累积采样时间不应少于________。(　　)

A．1；8 h　　B．2；12 h　　C．3；16 h　　D．4；18 h

答案：D

4. 根据《环境空气　PM_{10} 和 $PM_{2.5}$ 的测定　重量法》（HJ 618—2011）及修改单的规定，如果测定交通枢纽处 PM_{10} 和 $PM_{2.5}$，采样点应布置在距人行道边缘外侧________m 处。（　　）

A．1　　B．1.2　　C．1.5　　D．2

答案：A

5. 根据《环境空气　PM_{10} 和 $PM_{2.5}$ 的测定　重量法》（HJ 618—2011）及修改单的规定，采样用滤膜对________μm 标准粒子的截留效率不低于 99%。（　　）

A．0.2　　B．0.3　　C．0.4　　D．0.5

答案：B

6. 根据《环境空气　PM_{10} 和 $PM_{2.5}$ 的测定　重量法》（HJ 618—2011）及修改单的规定，对于感量为 0.1 mg 和 0.01 mg 的分析天平，滤膜上颗粒物负载量应分别大于________mg 和________mg，以减少称量误差。（　　）

A．1，0.1　　B．2，0.2　　C．3，0.3　　D．5，0.5

答案：A

7. 根据《环境空气　PM_{10} 和 $PM_{2.5}$ 的测定　重量法》（HJ 618—2011）及修改单的规定，PM_{10} 和 $PM_{2.5}$ 浓度的计算结果保留________位有效数字，小数点后数字可保留到第________位。（　　）

A．3，1　　B．3，2　　C．3，3　　D．4，2

答案：C

8. 根据《环境空气　PM_{10} 和 $PM_{2.5}$ 的测定　重量法》（HJ 618—2011）及修改单的规定，取清洁滤膜若干张，在恒温恒湿箱（室），按平衡条件平衡 24 h，称重。每张滤膜非连续称量________次以上，求每张滤膜的平均值为该张滤膜的原始质量，以上述滤膜作为“标准滤膜”。（　　）

A．5　　B．8　　C．10　　D．15

答案：C

9. 根据《环境空气　PM_{10} 和 $PM_{2.5}$ 的测定　重量法》（HJ 618—2011）及修改单测定 PM_{10} 和 $PM_{2.5}$ 的检出限为________mg/m^3（以感量 0.1 mg 分析天平，样品负载量为 1.0 mg，采集 108 m^3 空气样品计）。（　　）

A．0.010　　B．0.020　　C．0.050　　D．0.100

答案：A

10. 根据《环境空气　PM_{10} 和 $PM_{2.5}$ 的测定　重量法》（HJ 618—2011）及修改单进行环境空气中 PM_{10} 的测定时，采样系统中使用的切割器，切割粒径（Da_{50}）为________μm。（　　）

A．10±0.1　　B．10±0.2　　C．10±0.3　　D．10±0.5

答案：D

11. 根据《环境空气　PM_{10} 和 $PM_{2.5}$ 的测定　重量法》（HJ 618—2011）及修改单进行环境空气中 $PM_{2.5}$ 的测定时，采样系统中使用的切割器，切割粒径（Da_{50}）为________μm。（　　）

A．2.5±0.1　　B．2.5±0.2　　C．2.5±0.3　　D．2.5±0.5

答案：B

12. 根据《环境空气　PM_{10}和$PM_{2.5}$的测定　重量法》（HJ 618—2011）及修改单进行环境空气中PM_{10}的测定时，采样系统中使用的切割器，捕集效率的几何标准差σ_g为________μm。（　　）

A. 1.5±0.1　　B. 1.5±0.2　　C. 1.5±0.3　　D. 1.5±0.5

答案： A

13. 根据《环境空气　PM_{10}和$PM_{2.5}$的测定　重量法》（HJ 618—2011）及修改单进行环境空气中$PM_{2.5}$的测定时，采样系统中使用的切割器，捕集效率的几何标准差σ_g为________μm。（　　）

A. 1.2±0.1　　B. 1.2±0.2　　C. 1.2±0.3　　D. 1.2±0.5

答案： A

14. 根据《环境空气　PM_{10}和$PM_{2.5}$的测定　重量法》（HJ 618—2011）及修改单采样用滤膜对0.3 μm标准粒子的截留效率不低于________。（　　）

A. 95%　　B. 96%　　C. 98%　　D. 99%

答案： D

15. 根据《环境空气　PM_{10}和$PM_{2.5}$的测定　重量法》（HJ 618—2011）及修改单的规定，采样后的滤膜第一次称量后，在恒温恒湿箱（室）中相同条件下再平衡________h后称重。（　　）

A. 1　　B. 2　　C. 3　　D. 4

答案： A

16. 根据《环境空气　PM_{10}和$PM_{2.5}$的测定　重量法》（HJ 618—2011）及修改单的规定，若标准滤膜称出的重量在原始质量________（大流量），________（中流量和小流量）范围内，则认为该批样品滤膜称量合格，数据可用。（　　）

A. ±1 mg，±0.1 mg　　B. ±2 mg，±0.2 mg

C. ±4 mg，±0.4 mg　　D. ±5 mg，±0.5 mg

答案： D

17. 根据《环境空气　PM_{10}和$PM_{2.5}$的测定　重量法》（HJ 618—2011）及修改单的规定，将滤膜放在恒温恒湿箱（室）中平衡24 h，平衡条件为：温度取________中任何一点，相对湿度控制在45%～55%，记录平衡温度与湿度。（　　）

A. 15～20℃　　B. 15～30℃　　C. 15～40℃　　D. 15～50℃

答案： B

三、问答题

1. 根据《环境空气　PM_{10}和$PM_{2.5}$的测定　重量法》（HJ 618—2011）及修改单简述重量法测定环境空气中PM_{10}和$PM_{2.5}$的方法原理。

答案： 分别通过具有一定切割特性的采样器，以恒速抽取定量体积空气，使环境空气中PM_{10}和$PM_{2.5}$被截留在已知质量的滤膜上，根据采样前后滤膜的重量差和采样体积，计算出PM_{10}和$PM_{2.5}$浓度。

2. 根据《环境空气　PM_{10}和$PM_{2.5}$的测定　重量法》（HJ 618—2011）及修改单，简述如何制备“标准滤膜”。

答案： 取清洁滤膜若干张，在恒温恒湿箱（室），按平衡条件平衡24 h，称重。每张滤膜非连续称量10次以上，求每张滤膜的平均值为该张滤膜的原始质量。以上述滤膜作为“标准滤膜”。

3. 根据《环境空气 PM_{10}和$PM_{2.5}$的测定 重量法》（HJ 618—2011）及修改单，简述如何使用“标准滤膜”判断样品滤膜称量合格，数据可用。

答案：每次称滤膜的同时，称量两张“标准滤膜”。若标准滤膜称出的重量在原始质量 ±5 mg（大流量），±0.5 mg（中流量和小流量）范围内，则认为该批样品滤膜称量合格，数据可用。否则应检查称量条件是否符合要求并重新称量该批样品滤膜。

4. 根据《环境空气 PM_{10}和$PM_{2.5}$的测定 重量法》（HJ 618—2011）及修改单，简述如何判断采样头是否漏气。

答案：当滤膜安放正确，采样系统无漏气时，采样后滤膜上颗粒物与四周白边之间界线应清晰，如出现界线模糊时，则表明应更换滤膜密封垫。

5. 根据《环境空气 PM_{10}和$PM_{2.5}$的测定 重量法》（HJ 618—2011）及修改单，简述滤膜在恒温恒湿箱（室）中的平衡条件。

答案：平衡条件为：温度取15～30℃中任何一点，相对湿度控制在45%～55%。

6. 根据《环境空气 PM_{10}和$PM_{2.5}$的测定 重量法》（HJ 618—2011）及修改单，简述PM_{10}和$PM_{2.5}$的定义。

答案：PM_{10}是指悬浮在空气中，空气动力学直径≤10 μm的颗粒物；$PM_{2.5}$是指悬浮在空气中，空气动力学直径≤2.5 μm的颗粒物。

四、计算题

1. 根据《环境空气 PM_{10}和$PM_{2.5}$的测定 重量法》（HJ 618—2011），用大流量采样器采集PM_{10}，采样期间现场平均大气压为101.1 kPa，平均温度为26℃，采样器累计采样时间为20 h，在采样前调整采样器使其工作在正确的采样点上（1.05 m^3/min），采样结束后，滤膜增重0.100 0 g，试求该监测点当日环境空气中PM_{10}的日平均浓度。

答案：$\rho=\frac{W}{V_n}=\frac{W\times 1\,000}{Q\times t}=\frac{0.100\,0\times 1\,000}{1.05\times 20\times 60}=0.079(\text{mg/m}^3)$

该监测点当日环境空气中PM_{10}的日平均浓度是0.079 mg/m^3。

2. 根据《环境空气 PM_{10}和$PM_{2.5}$的测定 重量法》（HJ 618—2011），用中流量采样器采集$PM_{2.5}$，采样期间现场平均大气压为101.1 kPa，平均温度为26℃，采样器累计采样时间为24 h，在采样前调整采样器使其工作在正确的采样点上（100 L/min），采样结束后，滤膜增重0.020 0 g，试求该监测点当日环境空气中$PM_{2.5}$的日平均浓度。

答案：$\rho=\frac{W}{V_n}=\frac{W\times 1\,000}{Q\times t}=\frac{0.0200\times 1\,000}{100\times 10^{-3}\times 24\times 60}=0.139(\text{mg/m}^3)$

该监测点当日环境空气中$PM_{2.5}$的日平均浓度是0.139 mg/m^3。

参考文献

[1] 环境保护部. 环境空气质量手工监测技术规范：HJ 194—2017 [S]. 北京：中国环境出版集团，2017.

[2] 环境保护部. 环境空气 PM_{10} 和 $PM_{2.5}$ 的测定 重量法：HJ 618—2011 [S]. 北京：中国环境出版集团，2017.

命题：金 钰

审核：梁 静

第十六节 环境空气 降尘的测定 重量法（GB/T 15265—1994）

一、判断题

1.《环境空气 降尘的测定 重量法》（GB/T 15265—1994）中大气降尘是指在空气环境条件下，靠重力自然沉降在集尘缸中的颗粒物。（ ）

答案：√

2.《环境空气 降尘的测定 重量法》（GB/T 15265—1994）中大气降尘量是指单位面积上从大气中沉降的颗粒物的质量。（ ）

答案：×

正确答案：大气降尘量是指单位面积和单位时间内从大气中沉降的颗粒物的质量。

3. 根据《环境空气 降尘的测定 重量法》（GB/T 15265—1994）进行大气降尘采样前，要在降尘缸中加入少量的乙二醇，由于加入量对于降尘量来说很少，所以在计算这部分量时，可以忽略不计。（ ）

答案：×

正确答案：大气降尘的计算中，需将与采样操作等量的乙二醇水溶液蒸发至干并在105℃ ±5℃烘干恒重后的重量要带入公式计算。

4. 根据《环境空气 降尘的测定 重量法》（GB/T 15265—1994）计算大气降尘时，采样天数应精确到 0.5 d。（ ）

答案：×

正确答案：计算大气降尘时，采样天数应精确到 0.1 d。

5. 根据《环境空气 降尘的测定 重量法》（GB/T 15265—1994）测大气降尘时，坩埚在烘箱、瓷盘及干燥器中可重叠放置。（ ）

答案：×

正确答案：大气降尘时，坩埚在烘箱、瓷盘及干燥器中不可重叠放置。

6. 根据《环境空气 降尘的测定 重量法》（GB/T 15265—1994）测定降尘蒸发过程中，要调节电热板温度，使溶液始终处于微沸状态。（ ）

答案：√

7. 根据《环境空气 降尘的测定 重量法》（GB/T 15265—1994）的规定，样品在瓷坩埚中浓缩时，可以用水淋洗坩埚壁，使坩埚壁上的尘粒落到底部。（ ）

答案：×

正确答案：样品在瓷坩埚中浓缩时，不要用水淋洗坩埚壁，否则将在乙二醇与水的界面上发生剧烈沸腾使溶液溢出。

8.《环境空气 降尘的测定 重量法》（GB/T 15265—1994）中，恒重指两次重量之差小于等于 0.5 mg。（ ）

答案：×

正确答案：恒重指两次重量之差小于等于 0.4 mg。

9. 根据《环境空气 降尘的测定 重量法》（GB/T 15265—1994）的规定，集尘缸如放置屋顶平台上，采样口应距平台 0.5 m，以避免平台扬尘的影响。（ ）

答案：×

正确答案：恒集尘缸如放置屋顶平台上，采样口应距平台 1～1.5 m，以避免平台扬尘的影响。

10.《环境空气 降尘的测定 重量法》（GB/T 15265—1994）方法检出限为 0.2 t/（km^2 · 30 d）。（ ）

答案：√

11. 根据《环境空气 降尘的测定 重量法》（GB/T 15265—1994）的规定，集尘缸放置高度应距离地面 5～10 m。（ ）

答案：×

正确答案：集尘缸放置高度应距离地面 5～12 m。

12. 根据《环境空气 降尘的测定 重量法》（GB/T 15265—1994）的规定，降尘的计算结果应保留 1 位小数。（ ）

答案：√

13. 根据《环境空气 降尘的测定 重量法》（GB/T 15265—1994）的规定，降尘实验使用 50 ml 瓷坩埚。（ ）

答案：×

正确答案：降尘实验使用 100 ml 瓷坩埚。

14. 根据《环境空气 降尘的测定 重量法》（GB/T 15265—1994）的规定，集尘缸的内径为（15±0.5）cm，高 30 cm 的圆形玻璃缸，缸底要平整。（ ）

答案：√

二、单项选择题

1. 根据《环境空气 降尘的测定 重量法》（GB/T 15265—1994）的规定，集尘缸采样点的设置应注意在清洁区设置________。（ ）

A．背景点　　B．对应点　　C．本底点　　D．对照点

答案：D

2.《环境空气　降尘的测定　重量法》（GB/T 15265—1994）规定，按月定期更换集尘缸一次，时间为________d。（　　）

A．25±2　　B．28±2　　C．30±2　　D．32±2

答案：C

3.《环境空气　降尘的测定　重量法》（GB/T 15265—1994）规定，取换缸的时间为月底________d 内完成。（　　）

A．2　　B．3　　C．5　　D．10

答案：C

4. 根据《环境空气　降尘的测定　重量法》（GB/T 15265—1994）的规定，瓷坩埚的准备应在（105±5）℃下，烘箱内烘________h，取出放入干燥器内，冷却 50 min，在分析天平上称重，再烘 50 min，冷却 50 min，再称重，直至恒重。（　　）

A．1　　B．2　　C．3　　D．4

答案：C

5. 根据《环境空气　降尘的测定　重量法》（GB/T 15265—1994）判断，关于降尘总量的测定，以下说法错误的是________。（　　）

A．用尺子测量集尘缸的内径，按不同方向至少测定 3 次，取其算术平均值

B．用光洁的镊子将落入缸内的树叶、昆虫等异物取出，并用水将附着在上面的细小尘粒冲洗下来后将尘粒扔掉

C．用淀帚把缸壁擦洗干净，将缸内溶液和尘粒全部转入 500 ml 烧杯中

D．在电热板上蒸发至体积浓缩到 10～20 ml

答案：B

6. 根据《环境空气　降尘的测定　重量法》（GB/T 15265—1994）的规定，将溶液和尘粒全部转移到已恒重的坩埚中，放在搪瓷盘里，在电热板上蒸发________。（　　）

A．至干　　B．至小于 5 ml　　C．至 5～10 ml　　D．至 15 ml

答案：A

7. 根据《环境空气　降尘的测定　重量法》（GB/T 15265—1994）测定降尘总量中可燃物时，将已测降尘总量的瓷坩埚放入马弗炉中，在________℃灼烧 3 h，待炉内温度降至________℃以下时取出，放入干燥器中，冷却 50 min，称重________。（　　）

A．105，105　　B．400，200　　C．500，200　　D．600，300

答案：D

8. 根据《环境空气　降尘的测定　重量法》（GB/T 15265—1994）的规定，一般采用________水溶液做收集液进行湿法采样。（　　）

A．纯水　　B．去离子水　　C．乙醇　　D．乙二醇

答案：D

9. 根据《环境空气　降尘的测定　重量法》（GB/T 15265—1994）的规定，应尽量选择缸底比

较________的集尘缸，可以减少乙二醇的用量。(　　)

A. 小　　B. 凹　　C. 平　　D. 凸

答案：C

10. 根据《环境空气　降尘的测定　重量法》(GB/T 15265—1994)的规定，样品在瓷坩埚中浓缩时，当浓缩至________ml 以内时应降低温度并不断摇动，使降尘黏附在瓷坩埚壁上，避免样品溅出。(　　)

A. 5　　B. 10　　C. 15　　D. 20

答案：D

11. 根据《环境空气　降尘的测定　重量法》(GB/T 15265—1994)中大气降尘系指________，故应除去树叶、枯枝、鸟粪、昆虫、花絮等干扰物。(　　)

A. 可沉降的颗粒物　　B. 可降解的颗粒物

C. 可沉降的尘土　　D. 可降解的尘土

答案：A

12. 根据《环境空气　降尘的测定　重量法》(GB/T 15265—1994)的规定，每一个样品所使用的烧杯、坩埚等的________必须一致。(　　)

A. 重量　　B. 尺寸　　C. 型号　　D. 编号

答案：D

13. 根据《环境空气　降尘的测定　重量法》(GB/T 15265—1994)的规定，降尘的计量单位为________。(　　)

A. 每月每平方米面积上沉降的颗粒物的克数

B. 每月每平方公里面积上沉降的颗粒物的吨数

C. 每月每平方米面积上沉降的颗粒物的吨数

D. 每月每平方公里面积上沉降的颗粒物的克数

答案：B

14.《环境空气　降尘的测定　重量法》(GB/T 15265—1994)中降尘实验分析天平的感量为________。(　　)

A. 1 mg　　B. 0.1 mg　　C. 0.1 g　　D. 0.01 g

答案：B

15. 根据《环境空气　降尘的测定　重量法》(GB/T 15265—1994)中降尘实验分析电热板为________。(　　)

A. 200 W　　B. 220 W　　C. 2 000 W　　D. 2 200 W

答案：C

三、问答题

1. 根据《环境空气　降尘的测定　重量法》(GB/T 15265—1994)简述降尘的测定原理。

答案：空气中可沉降的颗粒物，沉降在装有乙二醇水溶液作收集液的集尘缸内，经蒸发、干燥、称重后，计算降尘量。

2. 根据《环境空气　降尘的测定　重量法》（GB/T 15265—1994）简述降尘实验采样点的设置。

答案：（1）在采样前，首先要选好采样点。选择采样点时，应先考虑集尘缸不易损坏的地方，还要考虑操作者易于更换集尘缸。普通的采样点一般设在矮建筑的屋顶，或根据需要也可以设在电线杆上。

（2）采样点附近不应有高大建筑物，并避开局部污染源。

（3）集尘缸放置高度应距离地面 5～12 m，在某一地区，各采样点集尘缸的放置高度尽力保持在大致相同的高度，如放置屋顶平台上，采样口应距平台 1～1.5 m，以避免平台扬尘的影响。

（4）集尘缸的支架应该稳定并很坚固，以防止被风吹倒或摇摆。

（5）在清洁区设置对照点。

3. 根据《环境空气　降尘的测定　重量法》（GB/T 15265—1994）简述降尘缸中加入乙二醇的作用。

答案：乙二醇水溶液既可以防止冰冻，又可以保持缸底湿润，还能抑制微生物及藻类的生长。

4. 根据《环境空气　降尘的测定　重量法》（GB/T 15265—1994）简述在夏季多雨季节，降尘样品收集的注意事项。

答案：在夏季多雨季节，应注意缸内积水情况，为防止水满溢出，及时更换新缸，采集的样品合并后测定。

5. 根据《环境空气　降尘的测定　重量法》（GB/T 15265—1994）简述降尘的测定中，放缸前的准备有哪些注意事项。

答案：（1）集尘缸放到采样点之前，加入乙二醇 60～80 ml，以占满缸底为准，加水量视当地的气候情况而定。

（2）加好后，罩上塑料袋，直到把缸放在采样点的固定架上再把塑料袋取下来，开始收集样品。

（3）记录放缸地点、缸号、时间（月、日、时）。

四、计算题

根据《环境空气　降尘的测定　重量法》（GB/T 15265—1994）测定某公园 2020 年 4 月降尘量，放样时间为 2020 年 3 月 24 日 10：25，取样时间为 2020 年 4 月 25 日 10：50，该降尘缸直径为 14.2 cm，称得颗粒物重量为 0.1371g，求 4 月此公园的降尘量为多少？

答案：降尘（$t/km^2 \cdot 30\ d$）$= (W_S - W_b) \times 30 \times 10\,000/(S \times n)$

$$= 0.137\,1 \times 30 \times 10\,000/(158.3 \times 32.0)$$

$$= 8.1\ [t/(km^2 \cdot 月)]$$

其中：W_S——降尘及坩埚重质量，g；

W_b——空坩埚重；

S——缸面积，cm^2；

n——放置天数，d。

该公园 4 月的降尘量为 8.1 $t/(km^2 \cdot 月)$。

参考文献

生态环境部．环境空气　降尘的测定　重量法：GB/T 15265—1994［S］．北京：中国标准出版社，1994.

命题：李　征
审核：辛雅苓

第十七节　环境空气　总悬浮颗粒物的测定　重量法（GB/T 15432—1995）

一、判断题

1. 根据《环境空气　总悬浮颗粒物的测定　重量法》（GB/T 15432—1995）及修改单中，我国规定大气的标准状态是指温度为 273 K，大气压为 101.325 Pa 时的状态。（　　）

答案：√

2. 根据《环境空气　总悬浮颗粒物的测定　重量法》（GB/T 15432—1995）及修改单用超细玻璃纤维滤膜采集环境空气样品时，在测定 TSP 的质量浓度后，样品滤膜可用于测定无机盐、有机化合物和金属元素。（　　）

答案：×

正确答案：测定金属元素的样品要用聚氯乙烯等有机滤膜采集。

3. 根据《环境空气　总悬浮颗粒物的测定　重量法》（GB/T 15432—1995）及修改单用 2 台采样器同时测定大气中的总悬浮颗粒物时，采样器之间的距离为 2.8 m，测定结果分别为 0.17 mg/m^2、0.23 mg/m^3，经判断测定结果是可靠的。（　　）

答案：√

4. 根据《环境空气　总悬浮颗粒物的测定》（GB/T 15432—1995）及修改单的规定，要经常检查采样头是否漏气，当滤膜安放正确，采样后滤膜夹上颗粒物与四周白边之间出现界限模糊时，则表明应更换滤膜密封垫。（　　）

答案：√

5. 根据《环境空气　总悬浮颗粒物的测定》（GB/T 15432—1995）及修改单的规定，大（中）流量采样器采样前用皂膜流量计进行校准。（　　）

答案：×

正确答案：大（中）流量采样器采样前用孔口流量计进行校准。

二、单项选择题

1. 根据《环境空气　总悬浮颗粒物的测定　重量法》（GB/T 15432—1995）及修改单的规定，

总悬浮颗粒物含量过高或雾天采样使滤膜阻力大于________时，重量法不适用。(　　)

A. 10 kPa　　B. 15 kPa　　C. 20 kPa　　D. 25 kPa

答案：A

2. 根据《环境空气　总悬浮颗粒物的测定　重量法》(GB/T 15432—1995)及修改单的规定，总悬浮颗粒物是指空气动力学当量直径在________以下的固态或液态颗粒物。(　　)

A. 50 μm　　B. 100 μm　　C. 150 μm　　D. 200 μm

答案：B

3.《环境空气　总悬浮颗粒物的测定　重量法》(GB/T 15432—1995)及修改单中使用的总悬浮颗粒物的标准分析方法是________。(　　)

A. 分光光度法　　B. 定电位电解法　　C. 重量法　　D. 滴定法

答案：C

4. 根据《环境空气　总悬浮颗粒物的测定　重量法》(GB/T 15432—1995)及修改单的规定，采样滤膜在称重前后应在平衡室平衡________h。(　　)

A. 8　　B. 12　　C. 16　　D. 24

答案：D

5. 根据《环境空气　总悬浮颗粒物的测定　重量法》(GB/T 15432—1995)及修改单的规定，正常使用的大气综合采样器每月需进行________次流量校准。(　　)

A. 1　　B. 2　　C. 3　　D. 4

答案：A

6. 根据《环境空气　总悬浮颗粒物的测定　重量法》(GB/T 15432—1995)及修改单的规定，当 2 台总悬浮颗粒物采样器安放位置相距不大于 4 m、不少于 2 m 时，同时采样测定总悬浮颗粒物含量，相对偏差不大于________。(　　)

A. 10　　B. 15　　C. 20　　D. 25

答案：B

7.《环境空气　总悬浮颗粒物的测定》(GB/T 15432—1995)及修改单使用的中流量采样器滤膜称量精确到________mg。(　　)

A. 0.1　　B. 0.2　　C. 0.3　　D. 0.4

答案：A

8. 根据《环境空气　总悬浮颗粒物的测定　重量法》(GB/T 15432—1995)及修改单进行环境空气中总悬浮颗粒物的测定时，方法的检出限位________mg/m^3。(　　)

A. 0.005　　B. 0.01　　C. 0.001　　D. 0.05

答案：C

9. 根据《环境空气　总悬浮颗粒物的测定　重量法》(GB/T 15432—1995)及修改单使用中流量采样法时，标准滤膜称出的重量在原始重量________mg 范围内则认为该批样品滤膜称量合格，数据可用。否则应检查称量条件是否符合并重新称量该批样品的滤膜。(　　)

A. 0.1　　B. 0.2　　C. 0.5　　D. 1

答案：C

10. 根据《环境空气 总悬浮颗粒物的测定 重量法》（GB/T 15432—1995）及修改单的规定，滤膜的平衡条件：温度取 15～30℃中任一点，相对湿度控制在________范围内，记录平衡温度与湿度。(　　)

A．20%～30%　　B．30%～45%　　C．45%～55%　　D．60%～80%

答案：C

11.《环境空气 总悬浮颗粒物的测定 重量法》（GB/T 15432—1995）及修改单中的分析天平，用于中流量采样滤膜称量，称量范围≥________g；感量 0.1 mg；再现性（标准差）≤0.2 mg。(　　)

A．1　　B．2　　C．5　　D．10

答案：D

12. 根据《环境空气 总悬浮颗粒物的测定 重量法》（GB/T 15432—1995）及修改单，总悬浮颗粒物大盘天平，用于大流量采样滤膜称量，称量范围≥10 g，感量________mg；再现性（标准差）≤2 mg。(　　)

A．0.01　　B．0.1　　C．1　　D．10

答案：C

三、问答题

根据《环境空气 总悬浮颗粒物的测定 重量法》（GB/T 15432—1995）及修改单简述总悬浮颗粒物测试的原理。

答案：通过具有一定切割特性的采样器，以恒速抽取定量体积的空气，空气中粒径小于 100 μm 的悬浮颗粒物，被截留在已恒重的滤膜上。根据采样前、后滤膜重量之差及采气体积，计算总悬浮颗粒物的质量浓度。滤膜经处理后，可进行组分分析。

四、计算题

根据《环境空气 总悬浮颗粒物的测定 重量法》（GB/T 15432—1995）及修改单，样品滤膜采样前称重为 5.270 2 g，采样后称重为 5.271 6 g，监测时采样体积 V 为 1 450 L，试计算总悬浮颗粒物的浓度。

答案：$\text{TSP}\ (\text{mg/m}^3)=\dfrac{(W-W_0)}{V_n}\times 1\,000\,000=\dfrac{(5.271\,6-5.270\,2)}{1\,450}\times 1\,000\,000=0.966\ \text{mg/m}^2$

总悬浮颗粒物的浓度 0.966 mg/m^3。

参考文献

[1] 国家环境保护局．环境空气 总悬浮颗粒物的测定 重量法：GB/T 15432—1995［S］．北京：中国标准出版社，1995.

[2] 国家环境保护总局《空气和废气监测分析方法》编委会．空气和废气监测分析方法：第四版增补版［M］．北京：中国环境科学出版社，2010.

[3] 国家环境保护总局．大气污染物无组织排放监测技术导则：HJ/T 55—2000［S］．北京：中国环境科学出版社，2000.

［4］中国环境监测总站《环境监测人员持证上岗考核试题集》编写组．环境监测人员持证上岗考核试题集：下册．4 版［M］．北京：中国环境出版集团，2018.
［5］国家环境保护局．大气污染物综合排放标准：GB/T 16297—1996［S］．北京：中国标准出版社，1996.

命题：肖劲岩
审核：马安成

第十八节　餐饮业　颗粒物的测定　手工称重法（DB11/T 1485—2017）

一、判断题

1.《餐饮业　颗粒物的测定　手工称重法》（DB11/T 1485—2017）中颗粒物是指在食物加工、烹饪过程中，油脂等各类有机物质经过物理或化学变化形成并排放的固态颗粒物以及燃料燃烧产生的颗粒物。（　　）

答案：×

正确答案：在食物加工、烹饪过程中，油脂等各类有机物质经过物理或化学变化形成并排放的固态或液态颗粒物以及燃料燃烧产生的颗粒物。

2.《餐饮业　颗粒物的测定　手工称重法》（DB11/T 1485—2017）中组合采样管由烟气采样管、S 型皮托管、热电偶或铂电阻温度计和采样头等部分组成。（　　）

答案：√

3.《餐饮业　颗粒物的测定　手工称重法》（DB11/T 1485—2017）中为减少采样嘴顶端气流的湍动影响，采样嘴的稳流段应不小于其内径的 1 倍，不同直径管段之间应光滑连接。（　　）

答案：×

正确答案：采样嘴的稳流段应不小于其内径的 1.5 倍，不同直径管段之间应光滑连接。

4. 根据《餐饮业　颗粒物的测定　手工称重法》（DB11/T 1485—2017）的规定，玻璃纤维滤膜对 0.3 μm 标准粒子的截留效率不小于 99.5%。（　　）

答案：×

正确答案：玻璃纤维滤膜对 0.3 μm 标准粒子的截留效率不小于 99.95%。

5.《餐饮业　颗粒物的测定　手工称重法》（DB11/T 1485—2017）中为防止颗粒物样品之间干扰或污染，滤芯在运输和保存过程中应单独用密封袋或密封盒存储。（　　）

答案：√

6.《餐饮业　颗粒物的测定　手工称重法》（DB11/T 1485—2017）中将组装好的组合采样管放入烟道内测点处，采样操作按 GB/T 16157 规定执行，采样时间一般不少于 10 min，标干采样体积不少于 0.5 m^3。（　　）

答案：×

正确答案：采样时间一般不少于 15 min。

7. 根据《餐饮业　颗粒物的测定　手工称重法》（DB11/T 1485—2017）采样完成后，快速将组合采样管旋转，使采样嘴背对气流方向，停止抽气后将组合采样管从烟道内取出。拆掉防护膜，拆下滤芯，放入密封袋或密封盒中保存。（　　）

答案：√

8. 根据《餐饮业　颗粒物的测定　手工称重法》（DB11/T 1485—2017）的规定，当颗粒物排放浓度较低时，可适当延长采样时间，减少样品数量，每个滤芯的标干采样体积不少于 1.0 m^3。当颗粒物排放浓度较高时，可适当缩短采样时间，但不得少于 10 min。（　　）

答案：×

正确答案：当颗粒物排放浓度较高时，可适当缩短采样时间，但不得少于 5 min。

9. 根据《餐饮业　颗粒物的测定　手工称重法》（DB11/T 1485—2017）的规定，滤芯运回实验室后，从密封袋或密封盒中取出立即用分析天平称量至恒重，记录采样后滤芯的质量。（　　）

答案：×

正确答案：滤芯运回实验室后，从密封袋或密封盒中取出并放入玻璃干燥器内，在室温下干燥 12 h 后，用分析天平称量至恒重，记录采样后滤芯的质量。

10. 根据《餐饮业　颗粒物的测定　手工称重法》（DB11/T 1485—2017）的规定，将测得的颗粒物测试排放浓度从大到小排序，若最小值小于最大值的 1/4，则将最小值舍去，数据经取舍后，至少有 2 个数据计算出平均浓度值，按基准风量折算后作为其排放浓度。（　　）

答案：√

11. 根据《餐饮业　颗粒物的测定　手工称重法》（DB11/T 1485—2017）的规定，天平室环境温度应为 19～25℃，相对湿度小于 50%。采样前后称量滤芯时，应保证天平室环境温度和湿度条件基本一致。（　　）

答案：×

正确答案：天平室环境温度应为 19～25℃，相对湿度小于 70%。

12. 根据《餐饮业　颗粒物的测定　手工称重法》（DB11/T 1485—2017）的规定，应定期对皮托管、滤芯护罩、滤芯底托、连接弯管等部分进行清洗。（　　）

答案：√

13.《餐饮业　颗粒物的测定　手工称重法》（DB11/T 1485—2017）中烟道内过滤是指把颗粒物采样过滤装置放入烟道内，采用等速采样的方式，将颗粒物过滤、截留在采样装置内的滤膜上的方法。（　　）

答案：×

正确答案：采用等速采样或恒定流速采样的方式。

14.《餐饮业　颗粒物的测定　手工称重法》（DB11/T 1485—2017）中为防止烟道内壁或烟气中颗粒物沾污采样滤芯外表面，应在装配好的采样头外面包覆防护膜，防护膜由聚氯乙烯、聚乙烯或聚偏二氯乙烯等塑料薄膜制成。（　　）

答案：√

15. 根据《餐饮业　颗粒物的测定　手工称重法》（DB11/T 1485—2017）对餐饮业颗粒物采样时，每次监测每个断面一般应采集 5 个样品。（　　）

答案：×

正确答案：每次监测每个断面一般应采集 3 个样品。

16. 根据《餐饮业　颗粒物的测定　手工称重法》（DB11/T 1485—2017）的规定，颗粒物浓度计算结果保留到小数点后 2 位。（　　）

答案：×

正确答案：颗粒物浓度计算结果保留到小数点后一位。

17. 根据《餐饮业　颗粒物的测定　手工称重法》（DB11/T 1485—2017）进行现场固定采样头防护膜时，可使用普通胶带；放入或取出组合采样管时，应避免采样口、烟道壁处的油渍污染滤芯外表面。（　　）

答案：×

正确答案：现场固定采样头防护膜时，应使用不脱胶胶带。

18. 根据《餐饮业　颗粒物的测定　手工称重法》（DB11/T 1485—2017）的规定，餐饮业颗粒物样品滤芯的增重应不少于 1.5 mg。（　　）

答案：×

正确答案：餐饮业颗粒物样品滤芯的增重应不少于 1.0 mg。

19.《餐饮业　颗粒物的测定　手工称重法》（DB11/T 1485—2017）中自由水是指存在于颗粒物表面或裂隙中能够自由流动的液态水，呈水分子状态。本标准指常温下可通过干燥剂去除的水分。（　　）

答案：√

20.《餐饮业　颗粒物的测定　手工称重法》（DB11/T 1485—2017）中玻璃干燥器内干燥剂的变色率应不大于 30%，干燥剂可再生后重复利用。（　　）

答案：×

正确答案：玻璃干燥器内干燥剂的变色率应不大于 20%。

21. 根据《餐饮业　颗粒物的测定　手工称重法》（DB11/T 1485—2017），采样前后称量滤芯时，分析天平必须进行校准，采样前后应使用同一分析天平称量滤芯。放置、安装、取出、标记、转移滤芯时应佩戴无粉末抗静电的一次性手套。滤芯称重时应使用不锈钢镊子夹取。（　　）

答案：√

22. 根据《餐饮业　颗粒物的测定　手工称重法》（DB11/T 1485—2017）的规定，餐饮服务单位烹饪操作产生的大气污染物应通过集气罩收集，集气罩的投影周边应不大于烹饪作业区。（　　）

答案：×

正确答案：集气罩的投影周边应不小于烹饪作业区。

二、单项选择题

1. 根据《餐饮业　颗粒物的测定　手工称重法》（DB11/T 1485—2017），当标干采样体积为

0.5 m^3 时，本标准方法检出限为________mg/m^3，测定下限为________mg/m^3。(　　)

A．0.5，2.0　　B．0.5，3.0　　C．1.0，2.0　　D．1.0，3.0

答案：A

2. 根据《餐饮业　颗粒物的测定　手工称重法》（DB11/T 1485—2017）的规定，颗粒物检测滤芯（简称滤芯）质量应不大于________g，内置双层滤膜。(　　)

A．6　　B．8　　C．10　　D．7

答案：B

3. 根据《餐饮业　颗粒物的测定　手工称重法》（DB11/T 1485—2017）的规定，滤芯分为 A、B 两种类型，其中 A 型滤芯适用温度不大于________℃，B 型滤芯适用温度不大于________℃。(　　)

A．70，120　　B．50，100　　C．80，120　　D．80，140

答案：D

4. 根据《餐饮业　颗粒物的测定　手工称重法》（DB11/T 1485—2017）进行采样前称重时将经预处理后的滤芯用分析天平称量至恒重，恒重是指间隔 1 h 两次称量之差不大于________mg。(　　)

A．0.02　　B．0.03　　C．0.04　　D．0.05

答案：C

5. 根据《餐饮业　颗粒物的测定　手工称重法》（DB11/T 1485—2017）的规定，滤芯采样嘴标记编号，放入恒温干燥箱干燥 2 h 自然冷却后，放入玻璃干燥器内，室温下干燥________h 以上备用。(　　)

A．10　　B．12　　C．24　　D．8

答案：B

6. 根据《餐饮业　颗粒物的测定　手工称重法》（DB11/T 1485—2017）的规定，当气流速度≥5 m/s 时，应采用皮托管平行等速采样法等速采样；当气流速度 <5 m/s 时，可采用恒定流速法采样，宜选用________mm 内径采样嘴滤芯，采样流量宜为 30 L/min。(　　)

A．10　　B．8　　C．12　　D．6

答案：C

7. 根据《餐饮业　颗粒物的测定　手工称重法》（DB11/T 1485—2017）的规定，在运输和保存采样后滤芯时，应保持其采样嘴向上，不可倒置。运至实验室后，4℃以下避光处可保存________。(　　)

A．3 d　　B．5 d　　C．1 周　　D．2 周

答案：C

8. 根据《餐饮业　颗粒物的测定　手工称重法》（DB11/T 1485—2017），全程空白滤芯在采样前后质量之差应不超过________mg，否则该批次检测数据无效。(　　)

A．0.3　　B．0.5　　C．1.0　　D．1.5

答案：B

三、问答题

1. 根据《餐饮业　颗粒物的测定　手工称重法》（DB11/T 1485—2017）简述餐饮业颗粒物测定的方法原理。

答案：采用烟道内过滤的方式，按照颗粒物等速采样原理，使用滤芯采集餐饮排气中的颗粒物，除去水分（自由水）后，由采样前后滤芯的质量差除以标干采样体积，计算出颗粒物的质量浓度。

2. 根据《餐饮业　颗粒物的测定　手工称重法》（DB11/T 1485—2017），餐饮业颗粒物采样前和采样后有哪些注意事项？

答案：（1）采样前，将组合采样管放入烟道内测得排气静压、测点动压、温度等参数，使用湿度仪或其他装置测得烟气水分含量，计算出采样嘴的内径。选择对应采样嘴内径的滤芯，安装在采样头上，进行气密性检查并合格后，用防护膜包覆好采样头，只留出采样嘴，确保滤芯外表面在采样中不被烟气污染。

（2）采样完成后，快速将组合采样管旋转，使采样嘴背对气流方向，停止抽气后将组合采样管从烟道内取出。拆掉防护膜，拆下滤芯，放入密封袋或密封盒中保存。

3. 根据《餐饮业　颗粒物的测定　手工称重法》（DB11/T 1485—2017）简述餐饮业颗粒物采样时如何做好质量控制。

答案：装好采样装置后应进行气密性检查，合格后方可进行采样。从带至现场的滤芯中，随机选取 1 个作为全程空白滤芯，除气体采集操作外，其他操作与样品滤芯相同，空白滤芯与样品滤芯同步进行拆装、保存、干燥和称量，并记录相关数据。样品滤芯的增重应不少于 1.0 mg，否则测定结果无效。全程空白滤芯在采样前后质量之差应不超过 0.5 mg，否则该批次检测数据无效。现场固定采样头防护膜时，应使用不脱胶胶带；放入或取出组合采样管时，应避免采样口、烟道壁处的油渍污染滤芯外表面。

四、计算题

2008 年 12 月测试某餐厅油烟净化设施，该餐厅厨房检测期间投入使用 4 个基准灶头，厨房排烟罩面积为 5.8 m^2，测试实测排放 2.3 mg/m^3，测试排风量为 3 500 m^3/h，问该餐饮颗粒物折算为基准排风量时的排放浓度是多少？

答案：$\rho_{基}=\rho_{测}\times Q_{测}/(n\times Q_{基})=2.3\times 3\,500/(4\times 2\,000)=1.0\ mg/m^3$

该餐饮颗粒物折算为基准排风量时的排放浓度是 1.0 mg/m^3。

参考文献

北京市质量技术监督局 . 餐饮业　颗粒物的测定　手工称重法：DB11/T 1485—2017［S］. 2017.

命题：肖　强

审核：王京伟

第十九节　固定污染源废气　挥发性有机物的测定　固相吸附-热脱附/气相色谱-质谱法（HJ 734—2014）

一、判断题

1.《固定污染源废气　挥发性有机物的测定　固相吸附-热脱附/气相色谱-质谱法》（HJ 734—2014）中规定，当采样体积为 300 ml 时，目标化合物的方法检出限为 0.001～0.01 mg/m^3，测定下限为 0.004～0.04 mg/m^3（　　）

答案：√

2.《固定污染源废气　挥发性有机物的测定　固相吸附-热脱附/气相色谱-质谱法》（HJ 734—2014）中采用氟苯溶液进行 GC-MS 性能检验。（　　）

答案：×

正确答案：采用 4-溴氟苯。

3.《固定污染源废气　挥发性有机物的测定　固相吸附-热脱附/气相色谱-质谱法》（HJ 734—2014）中所用气体氦气和氮气的纯度分别为 99.999%、99.999%。（　　）

答案：√

4.《固定污染源废气　挥发性有机物的测定　固相吸附-热脱附/气相色谱-质谱法》（HJ 734—2014）中规定，废气温度较高，含湿量大于 3%，目标化合物的安全采样体积不能满足样品采气 300 ml，影响吸附采样管的吸附效率时，应将吸附采样管冷却（0～5 ℃）采样。（　　）

答案：×

正确答案：含湿量大于 2%。

5. 根据《固定污染源废气　挥发性有机物的测定　固相吸附-热脱附/气相色谱-质谱法》（HJ 734—2014）进行吸附采样管采样后，立即用密封帽将采样管两端密封，4℃避光保存，14 d 内分析。（　　）

答案：×

正确答案：7 d 内分析。

6.《固定污染源废气　挥发性有机物的测定　固相吸附-热脱附/气相色谱-质谱法》（HJ 734—2014）中气相色谱升温程序为：初始温度 35℃，保持 5 min，以 6℃ /min 的速度升温至 140℃，以 15℃ /min 的速度升至 220℃，在 220℃保持 3 min。（　　）

答案：√

7. 根据《固定污染源废气　挥发性有机物的测定　固相吸附-热脱附/气相色谱-质谱法》（HJ 734—2014），气相色谱柱流量为 2.0 ml/min。（　　）

答案：×

正确答案：气相色谱柱流量为 1.5 ml/min。

8. 本标准适用于固定污染源废气中所有挥发性有机物的测定。

答案：×

正确答案：适用于固定源废气中 24 种挥发性有机物的测定。

9.《固定污染源废气　挥发性有机物的测定　固相吸附－热脱附/气相色谱－质谱法》（HJ 734—2014）中，所用气相色谱/质谱仪的离子源为 EI 源。

答案：√

10. 根据《固定污染源废气　挥发性有机物的测定　固相吸附－热脱附/气相色谱－质谱法》（HJ 734—2014）在测试固定源挥发性有机物排气前，应事先调查污染源信息，包括公司名称、原材料、中间体、产品、副产品、生产工艺、排气筒采样孔位置、总有机碳（或非甲烷总烃）排放浓度等情况，以及行业排放标准所列的常见有机污染物。（　　）

答案：√

11. 根据《固定污染源废气　挥发性有机物的测定　固相吸附－热脱附/气相色谱－质谱法》（HJ 734—2014）中的规定，老化后的吸附采样管两端应立即用密封帽密封，放在气密性的密封袋或密封盒中保存。（　　）

答案：√

12. 根据《固定污染源废气　挥发性有机物的测定　固相吸附－热脱附/气相色谱－质谱法》（HJ 734—2014）中的规定，采样穿透试验样品采集应按如下步骤操作：在吸附采样管后串联一根吸附采样管，同时采样。每批样品应至少采集一根串联吸附采样管，用于监视采样是否穿透。（　　）

答案：√

13. 根据《固定污染源废气　挥发性有机物的测定　固相吸附－热脱附/气相色谱－质谱法》（HJ 734—2014）中的规定，TD-GCMS 在使用前需对质谱仪的参数进行调整或者清洗离子源。（　　）

答案：×

正确答案：TD-GCMS 在进行 BFB 调谐时，得到的质谱图各离子丰度不满足标准中的规定则需进行以上操作。

14. 根据《固定污染源废气　挥发性有机物的测定　固相吸附－热脱附/气相色谱－质谱法》（HJ 734—2014）用 TD-GCMS 测定挥发性有机物时，质谱扫描方式为全扫描，为提高分析灵敏度，也可以使用选择离子扫描方式进行分析。（　　）

答案：√

15. 根据《固定污染源废气　挥发性有机物的测定　固相吸附－热脱附/气相色谱－质谱法》（HJ 734—2014）对样品进行定性分析时，根据目标物的质谱图进行定性。（　　）

答案：×

正确答案：根据保留时间和质谱图比较进行定性。

16. 根据《固定污染源废气　挥发性有机物的测定　固相吸附－热脱附/气相色谱－质谱法》（HJ 734—2014）利用 TD-GCMS 测定挥发性有机物时，载气气路中应安装氧气和有机物过滤器。这些滤料应根据厂商说明定期更换。（　　）

答案：√

17. 根据《固定污染源废气 挥发性有机物的测定 固相吸附－热脱附/气相色谱－质谱法》（HJ 734—2014）利用TD-GCMS测定挥发性有机物时，质谱传输线温度为240℃。（ ）

答案：×

正确答案：温度为230℃。

18. 根据《固定污染源废气 挥发性有机物的测定 固相吸附－热脱附/气相色谱－质谱法》（HJ 734—2014），进行标样加载时，加入混标和内标使用液后，用50 ml/min的氮气吹扫吸附管1 min，迅速取下吸附管，用密封帽将吸附管两端密封。（ ）

答案：×

正确答案：用50 ml/min的氮气吹扫吸附2 min。

19. 根据《固定污染源废气 挥发性有机物的测定 固相吸附－热脱附/气相色谱－质谱法》（HJ 734—2014）的规定，当目标化合物的浓度小于1 mg/m^{3}时，分析结果保留至小数点后3位。（ ）

答案：√

20. 根据《固定污染源废气 挥发性有机物的测定 固相吸附－热脱附/气相色谱－质谱法》（HJ 734—2014）中的规定，对于Tenax多孔聚合物吸附剂，单个化合物的实验室空白水平不应大于5 ng。（ ）

答案：×

正确答案：不应大于7 ng。

21. 根据《固定污染源废气 挥发性有机物的测定 固相吸附－热脱附/气相色谱－质谱法》（HJ 734—2014）中的规定，每批样品应带一个校核点，其相对误差在20%以内。若超出允许范围，应重新配制中间浓度点标准溶液，若还不能满足要求，应重新绘制校准曲线。（ ）

答案：×

正确答案：其相对误差在30%以内。

二、单项选择题

1. 根据《固定污染源废气 挥发性有机物的测定 固相吸附－热脱附/气相色谱－质谱法》（HJ 734—2014）测定挥发性有机物时，串联两支吸附管采样，若后边一支吸附管的分析结果超过前、后两支和的________，则认为已经发生采样穿透。（ ）

A．5% B．10% C．15% D．20%

答案：B

2. 根据《固定污染源废气 挥发性有机物的测定 固相吸附－热脱附/气相色谱－质谱法》（HJ 734—2014）测定挥发性有机物时，________的穿透体积定义为安全采样体积。（ ）

A．1/2 B．1/3 C．2/3 D．1/4

答案：C

3. 根据《固定污染源废气 挥发性有机物的测定 固相吸附－热脱附/气相色谱－质谱法》（HJ 734—2014）配置标准曲线时，根据实际工作需求，可配制高浓度校准系列100 μg/ml、400 μg/ml、

600 μg/ml、800 μg/ml、1000 μg/ml，此时内标加入量为________。(　　)

A. 50 ng　　B. 500 ng　　C. 5 ng　　D. 100 ng

答案：B

4. 根据《固定污染源废气　挥发性有机物的测定　固相吸附－热脱附/气相色谱－质谱法》(HJ 734—2014)测定挥发性有机物时，液体标准线性相关系数一般应达到________。(　　)

A. 0.999 9　　B. 0.999　　C. 0.995　　D. 0.990

答案：C

5. 根据《固定污染源废气　挥发性有机物的测定　固相吸附－热脱附/气相色谱－质谱法》(HJ 734—2014)利用TD-GCMS测定挥发性有机物时，质谱离子化能量为________eV。(　　)

A. 50　　B. 70　　C. 100　　D. 200

答案：B

6. 根据《固定污染源废气　挥发性有机物的测定　固相吸附－热脱附/气相色谱－质谱法》(HJ 734—2014)进行质谱性能检查时，在空白吸附管中加入调谐标准溶液进行TD-GCMS分析，得到的质谱图中，质量数________为基峰，相对强度100%。(　　)

A. 50　　B. 75　　C. 95　　D. 174

答案：C

7. 根据《固定污染源废气　挥发性有机物的测定　固相吸附－热脱附/气相色谱－质谱法》(HJ 734—2014)的规定，当目标化合物的浓度________1 mg/m^3时，分析结果保留3位有效数字。(　　)

A. 大于　　B. 小于　　C. 大于等于　　D. 小于等于

答案：C

8. 根据《固定污染源废气　挥发性有机物的测定　固相吸附－热脱附/气相色谱－质谱法》(HJ 734—2014)测定挥发性有机物时，必要时每个样品均加入替代物采样。替代物采样的回收率应在________。(　　)

A. 90%～128%　　B. 90.5%～128%

C. 91%～128%　　D. 91.5%～128%

答案：D

9. 根据《固定污染源废气　挥发性有机物的测定　固相吸附－热脱附/气相色谱－质谱法》(HJ 734—2014)进行采样器流量校准时，采样前后流量变化大于________，但不大于________，应进行修正。(　　)

A. 5%，10%　　B. 5%，15%　　C. 10%，15%　　D. 10%，20%

答案：A

三、问答题

1. 简述《固定污染源废气　挥发性有机物的测定　固相吸附－热脱附/气相色谱－质谱法》(HJ 734—2014)中的测定方法原理。

答案：使用填充了合适吸附剂的吸附管直接采集固定污染源废气中挥发性有机物（或先用气袋采集然后再将气袋中的气体采集到固体吸附管中），将吸附管置于热脱附仪中进行二级热脱附，脱附气体经气相色谱分离后用质谱检测，根据保留时间、质谱图或特征离子定性，内标法或外标法定量。

2. 根据《固定污染源废气　挥发性有机物的测定　固相吸附－热脱附/气相色谱－质谱法》（HJ 734—2014）简述如何做好预调查和预监测。

答案：在测试固定源挥发性有机物排气前，应事先调查污染源信息，包括公司名称、原材料、中间体、产品、副产品、生产工艺、排气筒采样孔位置、总有机碳（或非甲烷总烃）排放浓度等情况，以及行业排放标准所列的常见有机污染物。预监测样品采集使用组合 3 吸附管采样，热脱附/气相色谱-质谱法分析，也可采用采样罐采样气相色谱-质谱法分析。预监测确定各固定污染源废气中挥发性有机物的组分。

3. 简述在监测时如何进行质量保证和质量控制。

答案：（1）对于 Tenax 多孔聚合物吸附剂，单个化合物的实验室空白水平不应大于 7 ng。新买的或自行填充的吸附采样管需进行空白水平测试和吸附解吸效率评价。

（2）每批样品应至少做一个全程序空白样品，全程序空白样品中目标化合物的含量过大可疑时，应对本批数据进行核实和检查。

（3）必要时每个样品均加入替代物采样。替代物采样的回收率应在 91.5%～128%。

（4）每批样品至少做一个空白加标，回收率符合准确度控制要求。

（5）每批样品应带一个校核点，其相对误差在 30% 以内。若超出允许范围，应重新配制中间浓度点标准溶液，若还不能满足要求，应重新绘制校准曲线。

（6）串联 2 支吸附采样管采样，如果在后一支吸附采样管中检出目标化合物的量大于总量的 10%，则认为吸附采样管发生穿透，本次采集样品无效。应重新采样，并确保目标化合物的采气量小于吸附采样管安全采样体积。

（7）采样器流量校准，采样前后流量变化大于 5%，但不大于 10%，应进行修正；流量变化大于 10%，应重新采样。

四、计算题

采用固相吸附－热脱附/气相色谱－质谱法测定挥发性有机物时，在温度为 13.2℃，大气压为 104.3 kPa 时，取得某苯系物样品采样体积为 300 ml。样品热脱附后全部进样，得到苯的含量为 26.427 1 ng，试计算该样品中苯的浓度。

答案：V_{nd}=［104.3×300/（13.2+273.15）］×273.15/101.325=294.57（ml）

$\rho_{苯}=m/V_{nd}$=26.427 1/294.57=0.090（mg/m^3）

该样品中苯的浓度为 0.090 mg/m^3。

参考文献

环境保护部.固定污染源废气 挥发性有机物的测定 固相吸附－热脱附/气相色谱－质谱法：HJ 734—2014［S］.北京：中国环境出版社，2014.

命题：杨碧菁
审核：李 超

第二十节 环境空气 挥发性有机物的测定 罐采样/气相色谱－质谱法（HJ 759—2015）

一、判断题

1.《环境空气 挥发性有机物的测定 罐采样/气相色谱－质谱法》（HJ 759—2015）中规定，标准使用气配好后，可以保存1个月。（ ）

答案：×

正确答案：内标标准使用气配好后，可以保存20 d。

2. 气相色谱－质谱联用仪的气相部分具有电子流量控制器，柱温箱具有程序升温功能。质谱部分有70eV电子轰击（EI）离子源，有全扫描/选择离子（SIM）扫描、自动/手动调谐、谱库检索等功能。（ ）

答案：√

3. 根据《环境空气 挥发性有机物的测定 罐采样/气相色谱－质谱法》（HJ 759—2015）测定环境空气中挥发性有机物时，所使用的毛细管色谱柱尺寸为60 m×0.25 mm，1.4 μm膜厚，或其他等效毛细管色谱柱。（ ）

答案：√

4.《环境空气 挥发性有机物的测定 罐采样/气相色谱－质谱法》（HJ 759—2015）中规定，所使用的标准气采用高压钢瓶保存，钢瓶压力不高于1.0 MPa。（ ）

答案：×

正确答案：钢瓶压力不低于1.0 MPa。

5.《环境空气 挥发性有机物的测定 罐采样/气相色谱－质谱法》（HJ 759—2015）中规定，气体浓缩仪与气相色谱－质谱联用仪连接管路使用惰性化材料，并能在50～150℃范围内加热。（ ）

答案：√

6.《环境空气 挥发性有机物的测定 罐采样/气相色谱－质谱法》（HJ 759—2015）中规定，罐清洗装置只要有加温清洗功能即可。（ ）

答案：×

正确答案： 对罐清洗装置的要求是，能将采样罐抽至真空（<10 Pa），具有加温、加湿、加压清洗功能。

7. 根据《环境空气 挥发性有机物的测定 罐采样 / 气相色谱 - 质谱法》（HJ 759—2015），采样罐要求是内壁惰性化处理的不锈钢采样罐，容积 3.2 L、6 L 等规格。耐压值>241 kPa。（ ）

答案： √

8. 根据《环境空气 挥发性有机物的测定 罐采样 / 气相色谱 - 质谱法》（HJ 759—2015）测定空气中挥发性有机物时，每清洗 20 只采样罐应至少取一只罐注入高纯氮气分析，确定清洗过程是否清洁。（ ）

答案： √

9. 根据《环境空气 挥发性有机物的测定 罐采样 / 气相色谱 - 质谱法》（HJ 759—2015）测定空气中挥发性有机物时，样品采集可用瞬时采样和恒定流量采样两种方式，采样不需加装过滤装置，直接采集就可。（ ）

答案： ×

正确答案： 采样需加装过滤器，以去除空气中的颗粒物。

10.《环境空气 挥发性有机物的测定 罐采样 / 气相色谱 - 质谱法》（HJ 759—2015）中规定，恒定流量采样时，不同恒定流量对应不同采样时间。（ ）

答案： √

11.《环境空气 挥发性有机物的测定 罐采样 / 气相色谱 - 质谱法》（HJ 759—2015）中规定，实验室空白的制备是将预先清洗好并抽至真空的采样罐连在气体稀释装置上，打开氩气阀门，待采样罐压力达到预设值后，关闭采样罐阀门以及钢瓶气阀门。（ ）

答案： ×

正确答案： 实验室空白是将预先清洗好并抽至真空的采样罐内充高纯氮气或高纯空气。

12. 根据《环境空气 挥发性有机物的测定 罐采样 / 气相色谱 - 质谱法》（HJ 759—2015）测定环境空气中挥发性有机物时，测定结果的定性分析以全扫描方式进行，以样品中目标物的相对保留时间、辅助定性离子和定量离子间的丰度比与标准中目标物对比来定性。（ ）

答案： √

13. 根据《环境空气 挥发性有机物的测定 罐采样 / 气相色谱 - 质谱法》（HJ 759—2015）测定环境空气中挥发性有机物时，实验环境应远离有机溶剂，降低、消除有机溶剂和其他挥发性有机物的本底干扰。（ ）

答案： √

14. 根据《环境空气 挥发性有机物的测定 罐采样 / 气相色谱 - 质谱法》（HJ 759—2015）测定环境空气中挥发性有机物时，绘制校准曲线，至少需要 5 个浓度点，目标物相对响应因子的相对标准偏差应小于等于 20%，否则应查找原因并重新绘制标准曲线。（ ）

答案： ×

正确答案： 校准曲线至少需要 5 个浓度点，目标物相对响应因子的相对标准偏差应小于等于 30%。

15.《环境空气 挥发性有机物的测定 罐采样 / 气相色谱 - 质谱法》（HJ 759—2015）中规定，

进样系统、冷阱浓缩系统中气路连接材料挥发出的挥发性有机物会对分析造成干扰，适当降低、缩短烘烤时间，将干扰降至最低。(　　)

答案：×

正确答案：适当升高、延长烘烤时间，将干扰降至最低。

16. 根据《环境空气　挥发性有机物的测定　罐采样 / 气相色谱 - 质谱法》(HJ 759—2015)，所有样品经过的管路和接头均需进行惰性化处理，并保温以消除样品吸附、冷凝和交叉污染。(　　)

答案：√

17. 根据《环境空气　挥发性有机物的测定　罐采样 / 气相色谱 - 质谱法》(HJ 759—2015)中的规定，易挥发性有机物在运输保存过程中可能会经阀门等部件扩散进入采样罐中污染样品。(　　)

答案：√

18. 根据《环境空气　挥发性有机物的测定　罐采样 / 气相色谱 - 质谱法》(HJ 759—2015)测定环境空气中挥发性有机物时，分析高浓度样品后，须增加空白分析。如有残留，可启用气体冷阱浓缩仪的烘烤程序，去除残留。(　　)

答案：√

二、单项选择题

1. 根据《环境空气　挥发性有机物的测定　罐采样 / 气相色谱 - 质谱法》(HJ 759—2015)中规定，当取样量为 400 ml 时，全扫描模式下，方法检出限为________$\mu g/m^3$。(　　)

A. 0.2～0.4　　B. 0.2～2.0　　C. 0.4～2.0　　D. 0.6～2.0

答案：B

2. 根据《环境空气　挥发性有机物的测定　罐采样 / 气相色谱 - 质谱法》(HJ 759—2015)配制标准使用气时，使用气体稀释装置，将标准气用________稀释至 10 nmol/mol。(　　)

A. 空气　　B. 氢气　　C. 高纯氮气　　D. 氦气

答案：C

3. 气体冷阱浓缩仪具有自动定量取样及自动添加标准气体、内标的功能，要求至少具有________级冷阱。(　　)

A. 1　　B. 2　　C. 3　　D. 4

答案：B

4.《环境空气　挥发性有机物的测定　罐采样 / 气相色谱 - 质谱法》(HJ 759—2015)中规定，用瞬时采样方法采集到的样品在常温下保存，采样后尽快分析，最长保存期限是________d。(　　)

A. 2　　B. 6　　C. 10　　D. 20

答案：D

5. 根据《环境空气　挥发性有机物的测定　罐采样 / 气相色谱 - 质谱法》(HJ 759—2015)测定环境空气中挥发性有机物时，冷阱浓缩仪参考条件中传输线温度为________℃。(　　)

A．120　　B．180　　C．200　　D．250

答案：A

6. 根据《环境空气　挥发性有机物的测定　罐采样 / 气相色谱 - 质谱法》（HJ 759—2015）测定环境空气中挥发性有机物时，气相色谱参考分析条件中进样口温度为________℃。(　　)

A．40　　B．60　　C．100　　D．140

答案：D

7. 根据《环境空气　挥发性有机物的测定　罐采样 / 气相色谱 - 质谱法》（HJ 759—2015）测定环境空气中挥发性有机物时，质谱参考条件中接口温度为 250℃，扫描范围是________amu。(　　)

A．10～300　　B．35～300　　C．50～250　　D．50～350

答案：B

8. 根据《环境空气　挥发性有机物的测定　罐采样 / 气相色谱 - 质谱法》（HJ 759—2015）进行定性分析时，样品中目标化合物的相对保留时间与校准系列中该化合物的相对保留时间的偏差应在________以内。(　　)

A．±3.0%　　B．±4.0%　　C．±5.0%　　D．±6.0%

答案：A

9. 根据《环境空气　挥发性有机物的测定　罐采样 / 气相色谱 - 质谱法》（HJ 759—2015）进行定性分析时，样品中目标化合物的辅助定性离子和定量离子峰面积比与标准系列目标化合物的辅助定性离子和定量离子峰面积比的相对偏差控制在________以内。(　　)

A．±10%　　B．±20%　　C．±30%　　D．±40%

答案：C

10. 根据《环境空气　挥发性有机物的测定　罐采样 / 气相色谱 - 质谱法》（HJ 759—2015）测定环境空气中挥发性有机物时，当测定结果小于 100 μg/m^3，结果表示的保留位数是________。(　　)

A．小数点后 1 位　　B．小数点后 2 位

C．3 位有效数字　　D．整数

答案：A

11. 根据《环境空气　挥发性有机物的测定　罐采样 / 气相色谱 - 质谱法》（HJ 759—2015）测定环境空气中挥发性有机物时，当测定结果大于等于 100 μg/m^3 时，结果表示的保留位数是________。(　　)

A．小数点后 1 位　　B．小数点后 2 位

C．3 位有效数字　　D．整数

答案：C

12.《环境空气　挥发性有机物的测定　罐采样 / 气相色谱 - 质谱法》（HJ 759—2015）中规定，每 10 个样品或每批次（少于 10 个样品 / 批）分析 1 个平行样。平行样中目标物的相对偏差应________，否则查找原因并重新分析。(　　)

A．≤10%　　B．≤15%　　C．≤20%　　D．≤30%

答案：D

13. 根据《环境空气　挥发性有机物的测定　罐采样 / 气相色谱 - 质谱法》（HJ 759—2015）中的规定，样品中内标的保留时间与当天连续校准或者最近绘制的校准曲线中内标保留时间偏差应

不超过________s，定量离子峰面积变化应为 60%～140%。(　　)

A. 10　　B. 20　　C. 30　　D. 40

答案：B

14. 根据《环境空气　挥发性有机物的测定　罐采样 / 气相色谱 - 质谱法》(HJ 759—2015)，气体稀释装置最大稀释倍数可达________倍。(　　)

A. 100　　B. 200　　C. 500　　D. 1 000

答案：D

三、问答题

1. 根据《环境空气　挥发性有机物的测定　罐采样 / 气相色谱 - 质谱法》(HJ 759—2015) 简述测定环境空气中挥发性有机物的罐采样 / 气相色谱 - 质谱法的原理。

答案：用内壁惰性化处理的不锈钢罐采集环境空气样品，经冷阱浓缩、热解析后，进入气相色谱分离，用质谱检测器进行检测。通过与标准物质质谱图和保留时间比较定性，内标法定量。

2. 根据《环境空气　挥发性有机物的测定　罐采样 / 气相色谱 - 质谱法》(HJ 759—2015) 简述瞬时采样的采样过程。

答案：将清洗后并抽成真空的采样罐带至采样点，安装过滤器后，打开采样罐阀门，开始采样。待罐内压力与采样点大气压力一致后，关闭阀门，用密封帽密封。记录采样时间、地点、温度、湿度、大气压。

3. 根据《环境空气　挥发性有机物的测定　罐采样 / 气相色谱 - 质谱法》(HJ 759—2015) 测定环境空气中挥发性有机物时，每批样品至少分析一个运输空白，简述运输空白的具体操作步骤。

答案：将高纯氮气或者高纯空气注入真空的清洁采样罐，并带至采样现场，与同批次采集样品后的采样罐一起送回实验室分析。

4. 根据《环境空气　挥发性有机物的测定　罐采样 / 气相色谱 - 质谱法》(HJ 759—2015) 测定环境空气中挥发性有机物时，易挥发性有机物（尤其是二氯甲烷和氟碳化合物）在运输保存过程中可能会经阀门等部件扩散进入采样罐中污染样品，怎样做可以有效降低这种干扰？

答案：样品采集结束后，须确认阀门完全关闭，并用密封帽密封采样罐采样口，隔绝外界气体，可有效降低此类干扰。

四、计算题

根据《环境空气　挥发性有机物的测定　罐采样 / 气相色谱 - 质谱法》(HJ 759—2015) 测定环境空气中挥发性有机物时，实际样品分析前，需使用真空压力表测定罐内压力，测得罐压为 60 kPa，需要用高纯氮气加压至 101 kPa，请计算一下稀释倍数。

答案：$f = \frac{Y_a}{X_a} = \frac{101}{60} = 1.68$

稀释倍数是 1.68。

参考文献

环境保护部.环境空气　挥发性有机物的测定罐采样/气相色谱-质谱法：HJ 759—2015［S］.北京：中国环境出版集团，2015.

命题：安美玲
审核：赵京晶

第二十一节　环境空气和废气　非甲烷烃的测定　气相色谱法（《空气和废气监测分析方法》第四版增补版）

一、判断题

1. 根据《空气和废气监测分析方法》（第四版增补版）中气相色谱法测定非甲烷烃的检出限为 0.02 mg/m^3（以碳计）。（　　）

答案：×

正确答案：本方法测定非甲烷总烃的检出限为 0.02 mg/m^3（以正戊烷计）。

2. 根据《空气和废气监测分析方法》（第四版增补版）中气相色谱法测定非甲烷烃时，因氧会在色谱柱条件下检出，故使用含有除氧物质的吸附采样管采集空气样品。（　　）

答案：×

正确答案：本方法用 GDX-102 及 TDX-01 吸附采样管在常温下采集空气样品，非甲烷烃被吸附采集管吸附，空气中的氧不被吸附而除去。

3. 根据《空气和废气监测分析方法》（第四版增补版）中气相色谱法测定非甲烷烃时，用 GDX-102 吸附采样管在常温下采集空气样品。（　　）

答案：×

正确答案：本方法用 GDX-102 及 TDX-01 吸附采样管在常温下采集空气样品。

4. 根据《空气和废气监测分析方法》（第四版增补版）中气相色谱法使用 GDX-102 填充色谱柱。（　　）

答案：×

正确答案：本方法使用玻璃微球填充色谱柱。

5. 根据《空气和废气监测分析方法》（第四版增补版）中气相色谱法测定非甲烷烃时，吸附采样管使用前，应连接在色谱仪内，按所指定的色谱条件处理，等记录仪回零且基线平稳后，方可使用。（　　）

答案：√

6. 根据《空气和废气监测分析方法》（第四版增补版）中气相色谱法测定非甲烷烃时，吸附采样管 A 端与空气采样器相连。（　　）

答案：×

正确答案：吸附采样管 B 端与空气采样器相连。

7. 根据《空气和废气监测分析方法》（第四版增补版）中的气相色谱法测定非甲烷烃时，吸附采样管与空气采样器相连，以适当流量采集气样，采样的时间根据空气中烃类的浓度而定。（　　）

答案：√

8. 根据《空气和废气监测分析方法》（第四版增补版）中的气相色谱法测定非甲烷烃时，采集样品后的吸附管，放置时间应不超过 15 d。（　　）

答案：×

正确答案：放置时间应不超过 10 d。

9. 根据《空气和废气监测分析方法》（第四版增补版）中的气相色谱法测定非甲烷烃时，色谱条件中，柱温设定为 200℃，检测器、气化室温度为 200～250℃。（　　）

答案：√

10. 根据《空气和废气监测分析方法》（第四版增补版）中的气相色谱法进行样品测定时，将吸附采样管垂直安放，B 端与六通阀直接相连。（　　）

答案：×

正确答案：吸附采样管垂直安放，A 端与六通阀直接相连。

11. 根据《空气和废气监测分析方法》（第四版增补版）中的气相色谱法测定非甲烷烃时，吸附采样管度的解吸温度不能超过 270℃。

答案：√

12. 根据《空气和废气监测分析方法》（第四版增补版）中的气相色谱法测定非甲烷烃时，采样环境中如有烟尘，应在吸附采样管前加一根前置柱，柱内填充玻璃微球或玻璃毛。

答案：√

二、单项选择题

1. 根据《空气和废气监测分析方法》（第四版增补版）中的规定，非甲烷烃测定结果以____________计。（　　）

A．碳　　B．甲烷　　C．非甲烷总烃　　D．正戊烷

答案：D

2. 根据《空气和废气监测分析方法》（第四版增补版）中的气相色谱法测定非甲烷烃时，非甲烷烃导入气相色谱仪后，用________测定。（　　）

A．火焰离子化检测器　　B．热导检测器

C．电子捕获检测器　　D．火焰光度检测器

答案：A

3. 根据《空气和废气监测分析方法》（第四版增补版）中的气相色谱法测定非甲烷烃时，色谱柱内填充物粒径为________。（　　）

A．150～180 μm（100～80 目）　　B．180～250 μm（80～60 目）

C．250～380 μm（60～40 目）　　D．380～830 μm（40～20 目）

答案：C

4. 根据《空气和废气监测分析方法》（第四版增补版）中的气相色谱法测定非甲烷烃时，吸附采样管与空气采样器连接后，以________L/min 的流量采集气样。(　　)

A. 0.1～0.5　　B. 0.2～1.0　　C. 0.5～1.0　　D. 1.0～1.5

答案：A

三、问答题

1. 简述气相色谱法的测定原理。

答案：用 GDX-102 及 TDX-01 吸附采样管在常温下采集空气样品，非甲烷烃被吸附采样管吸附，空气中的氧不被吸附而除去。采样后，在 240℃加热解吸，用氮气将解吸后的非甲烷烃导入气相色谱仪，用火焰离子化检测器测定。

2. 举出气相色谱质量型、浓度型检测器名称及其英文缩写（各两种）。

答案：（1）浓度型：热导检测器 TCD；电子捕获检测器 ECD。

（2）质量型：氢火焰检测器 FID；火焰光度检测器 FPD。

四、计算题

根据《空气和废气监测分析方法》（第四版增补版）中的气相色谱法测定非甲烷烃时，非甲烷总烃样品测定值为 6.6 μg（以正戊烷计），已知标准状态下的采样体积为 8.8 L，试计算非甲烷总烃（以碳计）的浓度（碳原子量为 12，氢原子量为 1）。

答案：6.6 μg/8.8L × 60/72=0.625（mg/m^3）

参考文献

[1] 国家环境保护总局《空气和废气监测分析方法》编委会．空气和废气监测分析方法：第四版增补版[M]．北京：中国环境科学出版社，2010.

[2] 中国环境监测总站《环境监测人员持证上岗考核试题集》编写组．环境监测人员持证上岗考核试题集：下册．4 版[M]．北京：中国环境出版集团，2018.

命题：马安成

审核：胡新跃

第二十二节　固定污染源废气　总烃、甲烷和非甲烷总烃的测定　气相色谱法（HJ 38—2017）

一、判断题

1. 根据《固定污染源废气　总烃、甲烷和非甲烷总烃的测定　气相色谱法》（HJ 38—2017）的规定，当进样体积为 10 ml 时，本方法测定总烃、甲烷的检出限均为 0.06 mg/m^3（以甲烷计），测定下限均为 0.24 mg/m^3（以甲烷计）；非甲烷总烃的检出限为 0.07 mg/m^3（以碳计），测定下限为 0.28 mg/m^3（以碳计）。(　　)

答案： ×

正确答案： 当进样体积为 1.0 ml 时，该方法测定总烃、甲烷的检出限均为 0.06 mg/m^3（以甲烷计），测定下限均为 0.24 mg/m^3（以甲烷计）；非甲烷总烃的检出限为 0.07 mg/m^3（以碳计），测定下限为 0.28 mg/m^3（以碳计）。

2. 根据《固定污染源废气　总烃、甲烷和非甲烷总烃的测定　气相色谱法》（HJ 38—2017）的规定，总烃是指在本标准规定的测定条件下，在气相色谱仪的热导检测器上有响应的气态有机化合物的总和。(　　)

答案： ×

正确答案： 总烃是指在本标准规定的测定条件下，在气相色谱仪的氢火焰离子化检测器上有响应的气态有机化合物的总和。

3. 根据《固定污染源废气　总烃、甲烷和非甲烷总烃的测定　气相色谱法》（HJ 38—2017）规定，非甲烷总烃是指在本标准规定的测定条件下，从总烃中扣除甲烷以后其他气态有机化合物的总和（除非另有说明，结果以甲烷计）。(　　)

答案： ×

正确答案： 非甲烷总烃是指在本标准规定的测定条件下，从总烃中扣除甲烷以后其他气态有机化合物的总和（除非另有说明，结果以碳计）。

4. 根据《固定污染源废气　总烃、甲烷和非甲烷总烃的测定　气相色谱法》（HJ 38—2017）的规定，将气体样品直接注入具氢火焰离子化检测器的气相色谱仪，分别在总烃柱和甲烷柱上测定总烃和非甲烷的含量，两者之差即为非甲烷总烃的含量。(　　)

答案： √

5. 根据《固定污染源废气　总烃、甲烷和非甲烷总烃的测定　气相色谱法》（HJ 38—2017）的规定，将气体样品直接注入具电子捕获检测器（ECD）的气相色谱仪，分别在总烃柱和甲烷柱上测定总烃和甲烷的含量，两者之差即为非甲烷总烃的含量。(　　)

答案： ×

正确答案： 将气体样品直接注入具氢火焰离子化检测器的气相色谱仪，分别在总烃柱和甲烷柱上测定总烃和甲烷的含量，两者之差即为非甲烷总烃的含量。

6. 根据《固定污染源废气　总烃、甲烷和非甲烷总烃的测定　气相色谱法》（HJ 38—2017）测定固定污染源废气时，除非另有说明，分析时均使用符合国家标准的优级纯化学试剂和蒸馏水。(　　)

答案： ×

正确答案： 除非另有说明，分析时均使用符合国家标准的分析纯化学试剂和蒸馏水。

7. 根据《固定污染源废气　总烃、甲烷和非甲烷总烃的测定　气相色谱法》（HJ 38—2017）对采样容器的要求，全玻璃材质注射器应容积不小于 200 ml，清洗干燥后备用；气袋材质应符合 HJ 732 的相关规定，容积不小于 2 L，使用前用除烃空气清洗至少 2 次。(　　)

答案： ×

正确答案：全玻璃材质注射器容积不小于 100 ml，清洗干燥后备用；气袋材质符合 HJ 732 的相关规定，容积不小于 1 L，使用前用除烃空气清洗至少 3 次。

8.《固定污染源废气　总烃、甲烷和非甲烷总烃的测定　气相色谱法》（HJ 38—2017）中的要求样品加热装置应能够将样品置于其中加热至不低于 150℃，温度控制精度为 ±5℃。（　　）

答案：×

正确答案：样品加热装置：能够将样品置于其中加热至不低于 120 ℃，温度控制精度为 ±5 ℃。

9. 根据《固定污染源废气　总烃、甲烷和非甲烷总烃的测定　气相色谱法》（HJ 38—2017）的规定，样品采集时应开启加热采样管电源，将采样管加热并保持在 150±5℃（有防爆安全要求的除外）。（　　）

答案：×

正确答案：开启加热采样管电源，采样时将采样管加热并保持在 120±5 ℃（有防爆安全要求的除外）。

10. 根据《固定污染源废气　总烃、甲烷和非甲烷总烃的测定　气相色谱法》（HJ 38—2017）测定固定污染源废气时，采样前气袋需用样品气清洗至少 2 次，结束采样后样品应立即放入不具有避光功能样品保存箱内保存，直至样品分析时取出。（　　）

答案：×

正确答案：采样前气袋需用样品气清洗至少 3 次，结束采样后样品应立即放入具有避光功能样品保存箱内保存，在样品分析时取出。

11. 根据《固定污染源废气　总烃、甲烷和非甲烷总烃的测定　气相色谱法》（HJ 38—2017）测定固定污染源废气时，结束采样后，采集样品的玻璃注射器应用橡胶密封头密封。（　　）

答案：×

正确答案：采集样品的玻璃注射器用惰性密封头密封。

12. 根据《固定污染源废气　总烃、甲烷和非甲烷总烃的测定　气相色谱法》（HJ 38—2017）的规定，玻璃注射器保存的样品，放置时间不超过 24 h；气袋保存的样品，放置时间不超过 48 h，如仅测定甲烷，应在 14 d 内完成。（　　）

答案：×

正确答案：玻璃注射器保存的样品，放置时间不超过 8 h；气袋保存的样品，放置时间不超过 48 h，如仅测定甲烷，应在 7 d 内完成。

13. 根据《固定污染源废气　总烃、甲烷和非甲烷总烃的测定　气相色谱法》（HJ 38—2017）测定固定污染源废气时，玻璃注射器在加热装置中加热时应保持针头端向上状态。（　　）

答案：×

正确答案：玻璃注射器在加热装置中加热时应保持针头端向下状态。

14. 根据《固定污染源废气　总烃、甲烷和非甲烷总烃的测定　气相色谱法》（HJ 38—2017）测定固定污染源废气时，当样品浓度高于校准曲线最高点时，应用环境空气进行适当稀释。（　　）

答案：×

正确答案：当样品浓度高于校准曲线最高点时，应用除烃空气进行适当稀释。

15. 根据《固定污染源废气　总烃、甲烷和非甲烷总烃的测定　气相色谱法》（HJ 38—2017）测定固定污染源废气时，样品测定过程中总烃色谱峰之后出现的其他峰，不应一并计入总烃峰面积。（　　）

答案：×

正确答案：样品测定时总烃色谱峰后出现的其他峰，应一并计入总烃峰面积。

16. 根据《固定污染源废气　总烃、甲烷和非甲烷总烃的测定　气相色谱法》（HJ 38—2017）测定固定污染源废气时，氧峰面积的测定应取 1.0 ml 环境空气，按照与绘制校准曲线相同的操作步骤和分析条件，测定其在总烃柱上的氧峰面积。（　　）

答案：×

正确答案：取 1.0 ml 除烃空气，按照与绘制校准曲线相同的操作步骤和分析条件，测定其在总烃柱上的氧峰面积。

17. 根据《固定污染源废气　总烃、甲烷和非甲烷总烃的测定　气相色谱法》（HJ 38—2017）测定固定污染源废气时，空白试验应取环境空气，按照与绘制校准曲线相同的操作步骤和分析条件测定。（　　）

答案：×

正确答案：空白试验为将运输空白样品按照与绘制校准曲线相同的操作步骤和分析条件测定。

18. 根据《固定污染源废气　总烃、甲烷和非甲烷总烃的测定　气相色谱法》（HJ 38—2017）的规定，当测定结果小于 1 mg/m^3 时，保留至小数点后 3 位；当结果大于等于 1 mg/m^3 时，保留 3 位有效数字。（　　）

答案：×

正确答案：当测定结果小于 1 mg/m^3 时，保留至小数点后 2 位；当结果大于等于 1 mg/m^3 时，保留 3 位有效数字。

19. 根据《固定污染源废气　总烃、甲烷和非甲烷总烃的测定　气相色谱法》（HJ 38—2017）测定固定污染源废气时，采样前采样容器应使用环境空气清洗，然后进行检查。（　　）

答案：×

正确答案：采样前采样容器应使用除烃空气清洗，然后进行检查。

20. 根据《固定污染源废气　总烃、甲烷和非甲烷总烃的测定　气相色谱法》（HJ 38—2017）测定固定污染源废气时，重复使用的气袋，均须在采样前进行空白试验，总烃测定结果应低于本标准方法检出限。（　　）

答案：√

21. 根据《固定污染源废气　总烃、甲烷和非甲烷总烃的测定　气相色谱法》（HJ 38—2017）测定固定污染源废气时，采样系统连接后，应按照 GB/T 16157、HJ/T 397 和 HJ 732 的有关规定对采样系统进行气密性检查。（　　）

答案：√

22. 根据《固定污染源废气　总烃、甲烷和非甲烷总烃的测定　气相色谱法》（HJ 38—2017）测定固定污染源废气时，校准曲线的相关系数应大于等于 0.990。（　　）

答案：×

正确答案：校准曲线的相关系数应大于等于 0.995。

23. 根据《固定污染源废气　总烃、甲烷和非甲烷总烃的测定　气相色谱法》（HJ 38—2017）测定固定污染源废气时，每批样品应至少分析 20% 的实验室内平行样，其测定结果的相对偏差应不大于 10%。（　　）

答案：×

正确答案：每批样品应至少分析 10% 的实验室内平行样，其测定结果的相对偏差应不大于 15%。

24. 根据《固定污染源废气　总烃、甲烷和非甲烷总烃的测定　气相色谱法》（HJ 38—2017）测定固定污染源废气时，运输空白样品总烃测定结果应低于本标准方法检出限。（　　）

答案：√

25. 根据《固定污染源废气　总烃、甲烷和非甲烷总烃的测定　气相色谱法》（HJ 38—2017）测定固定污染源废气时，每批次样品分析前后，应测定校准曲线范围内有证标准气，结果的相对误差应不大于 20%。（　　）

答案：×

正确答案：每批次样品分析前后，应测定校准曲线范围内有证标准气，结果的相对误差应不大于 10%。

26. 根据《固定污染源废气　总烃、甲烷和非甲烷总烃的测定　气相色谱法》（HJ 38—2017）分析高沸点组分样品后，可通过降低柱温等方式去除分析系统残留的影响，并通过分析除烃空气予以确认。（　　）

答案：×

正确答案：分析高沸点组分样品后，可通过提高柱温等方式去除分析系统残留的影响，并通过分析除烃空气予以确认。

二、单项选择题

1.《固定污染源废气　总烃、甲烷和非甲烷总烃的测定　气相色谱法》（HJ 38—2017）自________起实施。（　　）

A. 2018 年 4 月 1 日　　B. 2017 年 9 月 1 日

C. 2018 年 9 月 1 日　　D. 2017 年 4 月 1 日

答案：A

2. 根据《固定污染源废气　总烃、甲烷和非甲烷总烃的测定　气相色谱法》（HJ 38—2017）测定固定污染源废气时，当进样体积为 1.0 ml 时，测定总烃、甲烷的检出限均为________mg/m^3（以甲烷计），测定下限均为________mg/m^3（以甲烷计）；非甲烷总烃的检出限为________mg/m^3（以碳计），测定下限为________mg/m^3（以碳计）。（　　）

A. 0.06，0.24；0.07，0.28　　B. 0.07，0.24；0.06，0.28

C. 0.06，0.24；0.07，0.24　　D. 0.06，0.24；0.06，0.24

答案：A

3. 根据《固定污染源废气　总烃、甲烷和非甲烷总烃的测定　气相色谱法》（HJ 38—2017）的规定，非甲烷总烃是指在本标准规定的测定条件下，从总烃中扣除甲烷以后其他气态有机化合物的总和（除非另有说明，结果以________计）。（　　）

A. 甲烷　　B. 总烃　　C. 非甲烷总烃　　D. 碳

答案：D

4.《固定污染源废气　总烃、甲烷和非甲烷总烃的测定　气相色谱法》（HJ 38—2017）中总烃是指在该标准规定的测定条件下，在气相色谱仪的________上有响应的气态有机化合物的总和。（　　）

A. 氢火焰离子化检测器　　B. 热导检测器

C. 电子捕获检测器　　D. 火焰光度检测器

答案：A

5. 根据《固定污染源废气　总烃、甲烷和非甲烷总烃的测定　气相色谱法》（HJ 38—2017）中的规定，分析时均使用符合国家标准的________化学试剂和蒸馏水。（　　）

A. 化学纯　　B. 分析纯　　C. 优级纯　　D. 色谱纯

答案：B

6. 根据《固定污染源废气　总烃、甲烷和非甲烷总烃的测定　气相色谱法》（HJ 38—2017）的规定，气袋使用前用________清洗至少 3 次。（　　）

A. 除烃空气　　B. 现场空气　　C. 高纯氮气　　D. 标准气体

答案：A

7. 根据《固定污染源废气　总烃、甲烷和非甲烷总烃的测定　气相色谱法》（HJ 38—2017）的规定，甲烷柱内填充粒径________的 GDX-502 或 GDX-104 担体。（　　）

A. 150～180 μm（100～80 目）

B. 180～250 μm（80～60 目）

C. 250～380 μm（60～40 目）

D. 380～830 μm（40～20 目）

答案：B

8. 根据《固定污染源废气　总烃、甲烷和非甲烷总烃的测定　气相色谱法》（HJ 38—2017）的规定，总烃柱内填充粒径________的硅烷化玻璃微珠。（　　）

A. 150～180 μm（100～80 目）

B. 180～250 μm（80～60 目）

C. 250～380 μm（60～40 目）

D. 380～830 μm（40～20 目）

答案：B

9. 根据《固定污染源废气　总烃、甲烷和非甲烷总烃的测定　气相色谱法》（HJ 38—2017）的规定，样品加热装置应能够将样品置于其中加热至不低于________℃，温度控制精度为 ±5 ℃。（　　）

A. 110　　B. 120　　C. 130　　D. 140

答案：B

10. 根据《固定污染源废气　总烃、甲烷和非甲烷总烃的测定　气相色谱法》（HJ 38—2017）的规定，采样时开启加热采样管电源，将采样管加热并保持在________±5 ℃（有防爆安全要求的

除外）。（　　）

A．110　　B．120　　C．130　　D．140

答案：B

11. 根据《固定污染源废气　总烃、甲烷和非甲烷总烃的测定　气相色谱法》（HJ 38—2017）的规定，玻璃注射器采集玻璃注采集样品时，注射器须用________清洗至少3次。（　　）

A．除烃空气　　B．样品气　　C．现场空气　　D．高纯氮气

答案：B

12. 根据《固定污染源废气　总烃、甲烷和非甲烷总烃的测定　气相色谱法》（HJ 38—2017）的规定，运输空白指将注入________的采样容器带至采样现场，与同批次采集的样品一起送回实验室分析。（　　）

A．除烃空气　　B．样品气　　C．现场空气　　D．高纯氮气

答案：A

13. 根据《固定污染源废气　总烃、甲烷和非甲烷总烃的测定　气相色谱法》（HJ 38—2017）的规定，样品常温避光保存，采样后尽快完成分析。玻璃注射器保存的样品，放置时间不超过________h。（　　）

A．8　　B．12　　C．24　　D．48

答案：A

14. 根据《固定污染源废气　总烃、甲烷和非甲烷总烃的测定　气相色谱法》（HJ 38—2017）的规定，样品常温避光保存，采样后尽快完成分析。气袋保存的样品，放置时间不超过________h。（　　）

A．8　　B．12　　C．24　　D．48

答案：D

15. 根据《固定污染源废气　总烃、甲烷和非甲烷总烃的测定　气相色谱法》（HJ 38—2017）的规定，样品常温避光保存，采样后尽快完成分析。如仅测定甲烷，应在________d内完成。（　　）

A．1　　B．3　　C．5　　D．7

答案：D

16. 根据《固定污染源废气　总烃、甲烷和非甲烷总烃的测定　气相色谱法》（HJ 38—2017）的规定，在样品分析之前须观察采样容器内壁，如有液滴凝结现象，则应________。（　　）

A．此样作废，另行采样

B．放入样品加热装置至液滴凝结现象消除，然后迅速分析

C．继续分析，不会影响检测结果

D．放入样品加热装置内，迅速分析

答案：B

17. 根据《固定污染源废气　总烃、甲烷和非甲烷总烃的测定　气相色谱法》（HJ 38—2017）的规定，玻璃注射器在加热装置中加热时应保持针头端________状态。（　　）

A．向上　　B．向下　　C．水平　　D．倾斜45°

答案：B

18. 根据《固定污染源废气　总烃、甲烷和非甲烷总烃的测定　气相色谱法》（HJ 38—2017）

的规定，样品气一般以空气为基体，当样品浓度高于校准曲线最高点时，应用________进行适当稀释。(　　)

A．除烃空气　　B．样品气　　C．现场空气　　D．高纯氮气

答案：A

19. 根据《固定污染源废气　总烃、甲烷和非甲烷总烃的测定　气相色谱法》(HJ 38—2017)的规定，当测定结果小于 1 mg/m^3 时，保留________；当结果大于等于 1 mg/m^3 时，保留 3 位有效数字。(　　)

A．至小数点后 1 位　　B．至小数点后 2 位

C．至小数点后 3 位　　D．3 位有效数字

答案：B

20. 根据《固定污染源废气　总烃、甲烷和非甲烷总烃的测定　气相色谱法》(HJ 38—2017)的规定，校准曲线的相关系数应大于等于________。(　　)

A．0.999　　B．0.997　　C．0.995　　D．0.990

答案：C

三、问答题

1. 简述《固定污染源废气　总烃、甲烷和非甲烷总烃的测定　气相色谱法》(HJ 38—2017)的原理。

答案：将气体样品直接注入具氢火焰离子化检测器的气相色谱仪，分别在总烃柱和甲烷柱上测定总烃和甲烷的含量，两者之差即为非甲烷总烃的含量。同时以除烃空气代替样品，测定氧在总烃柱上的响应值，以扣除样品中的氧对总烃测定的干扰

2. 评价气相色谱检测器性能的主要指标有哪些？

答案：灵敏度、检测度、线性范围、选择性。

3. 气相色谱分析时，柱温的选择主要考虑哪些因素？

答案：被测组分的沸点、固定液的最高使用温度、检测器灵敏度、柱效。

参考文献

[1] 环境保护部. 固定污染源废气总烃、甲烷和非甲烷总烃的测定气相色谱法：HJ 38—2017 [S]. 北京：中国环境出版集团，2017.

[2] 中国环境监测总站《环境监测人员持证上岗考核试题集》编写组. 环境监测人员持证上岗考核试题集：下册. 4 版 [M]. 北京：中国环境出版集团，2018.

命题：曹　磊

审核：马安成

第二十三节　环境空气　总烃、甲烷和非甲烷总烃的测定　直接进样－气相色谱法（HJ 604—2017）

一、判断题

1.《环境空气　总烃、甲烷和非甲烷总烃的测定　直接进样－气相色谱法》（HJ 604—2017）中规定，采样时采样容器经现场空气清洗至少 1 次后采样。（　　）

答案：×

正确答案：采样容器经现场空气清洗至少 3 次后采样。

2.《环境空气　总烃、甲烷和非甲烷总烃的测定　直接进样－气相色谱法》（HJ 604—2017）中规定，样品常温避光保存，采样后尽快完成分析。玻璃注射器保存的样品，放置时间不超过 24 h。（　　）

答案：×

正确答案：玻璃注射器保存的样品，放置时间不超过 8 h。

3.《环境空气　总烃、甲烷和非甲烷总烃的测定　直接进样－气相色谱法》（HJ 604—2017）中规定，非甲烷总烃为该标准规定的测定条件下，从总烃中扣除甲烷以后其他气态有机化合物的总和（除非另有说明，结果以碳计）。（　　）

答案：√

4. 根据《环境空气　总烃、甲烷和非甲烷总烃的测定　直接进样－气相色谱法》（HJ 604—2017）测定总烃时，配制标准系列是用纯度 99.99% 的高纯氮气或除烃氮气将甲烷标准气体逐级稀释。（　　）

答案：×

正确答案：标准气体稀释气：高纯氮气或除烃氮气，纯度≥99.999%。

5.《环境空气　总烃、甲烷和非甲烷总烃的测定　直接进样－气相色谱法》（HJ 604—2017）中规定，采集样品的玻璃注射器应小心轻放，防止破损，保持针头端水平状态放入样品箱内保存和运送。（　　）

答案：×

正确答案：采集样品的玻璃注射器应小心轻放，防止破损，保持针头端向下状态放入样品箱内保存和运送。

6. 根据《环境空气　总烃、甲烷和非甲烷总烃的测定　直接进样－气相色谱法》（HJ 604—2017）的规定，校准曲线的相关系数应大于等于 0.999。（　　）

答案：×

正确答案：校准曲线的相关系数应大于等于 0.995。

7.《环境空气　总烃、甲烷和非甲烷总烃的测定　直接进样－气相色谱法》（HJ 604—2017）中

规定，样品返回实验室时，应立刻进行测定。(　　)

答案：×

正确答案：样品返回实验室时，应平衡至环境温度后再进行测定。

8. 根据《环境空气　总烃、甲烷和非甲烷总烃的测定　直接进样－气相色谱法》(HJ 604—2017)的规定，每批次分析样品前后，应测定校准曲线范围内有证标准气体，结果的相对误差应不大于15%。(　　)

答案：×

正确答案：应测定校准曲线范围内有证标准气体，结果的相对误差应不大于10%。

9.《环境空气　总烃、甲烷和非甲烷总烃的测定　直接进样－气相色谱法》(HJ 604—2017)中规定，总烃色谱峰后出现的其他峰，应一并计入总烃峰面积。(　　)

答案：√

10.《环境空气　总烃、甲烷和非甲烷总烃的测定　直接进样－气相色谱法》(HJ 604—2017)中规定，当测定结果小于1 mg/m^3 时，保留至小数点后2位。(　　)

答案：√

11.《环境空气　总烃、甲烷和非甲烷总烃的测定　直接进样－气相色谱法》(HJ 604—2017)中除烃空气定义为总烃含量(含氧峰)≤0.60 mg/m^3(以甲烷计)；或在甲烷柱上测定，除氧峰外无其他峰。(　　)

答案：×

正确答案：除烃空气定义为总烃含量(含氧峰)≤0.40 mg/m^3(以甲烷计)；或在甲烷柱上测定，除氧峰外无其他峰。

12.《环境空气　总烃、甲烷和非甲烷总烃的测定　直接进样－气相色谱法》(HJ 604—2017)中规定，每批样品应至少分析10%的实验室内平行样，其测定结果相对偏差应不大于15%。(　　)

答案：×

正确答案：每批样品应至少分析10%的实验室内平行样，其测定结果相对偏差应不大于20%。

13. 根据《环境空气　总烃、甲烷和非甲烷总烃的测定　直接进样－气相色谱法》(HJ 604—2017)测定总烃和非甲烷烃时，操作过程中应严格控制载气、助燃气及氢气的流量，以保证测定的准确度。(　　)

答案：√

14. 根据《环境空气　总烃、甲烷和非甲烷总烃的测定　直接进样－气相色谱法》(HJ 604—2017)的规定，运输空白样品总烃测定结果应低于本标准方法检出限。(　　)

答案：√

15. 根据《环境空气　总烃、甲烷和非甲烷总烃的测定　直接进样－气相色谱法》(HJ 604—2017)的规定，样品中总烃的质量浓度以甲烷计。(　　)

答案：√

16. 根据《环境空气　总烃、甲烷和非甲烷总烃的测定　直接进样－气相色谱法》(HJ 604—2017)测定复杂样品后，如发现分析系统内有残留时，可通过降低柱温等方式去除，以分析除烃空

气确认。(　　)

答案：×

正确答案：如发现分析系统内有残留时，可通过提高柱温等方式去除，以分析除烃空气确认。

二、单项选择题

1. 根据《环境空气　总烃、甲烷和非甲烷总烃的测定　直接进样－气相色谱法》(HJ 604—2017)中的描述，下列关于样品的保存说法中正确的是________。(　　)

A. 样品常温避光保存，采样后尽快完成分析。玻璃注射器保存的样品，放置时间不超过 4 h；气袋保存的样品，放置时间不超过 12 h，如仅测定甲烷，应在 3 d 内完成

B. 样品常温避光保存，采样后尽快完成分析。玻璃注射器保存的样品，放置时间不超过 8 h；气袋保存的样品，放置时间不超过 24 h，如仅测定甲烷，应在 5 d 内完成

C. 样品常温避光保存，采样后尽快完成分析。玻璃注射器保存的样品，放置时间不超过 8 h；气袋保存的样品，放置时间不超过 48 h，如仅测定甲烷，应在 7 d 内完成

D. 样品常温避光保存，采样后尽快完成分析。玻璃注射器保存的样品，放置时间不超过 12 h；气袋保存的样品，放置时间不超过 64 h，如仅测定甲烷，应在 14 d 内完成

答案：C

2. 根据《环境空气　总烃、甲烷和非甲烷总烃的测定　直接进样－气相色谱法》(HJ 604—2017)的规定，真空气体采样箱是由________等部分组成，样品经过的管路材质应不与被测组分发生反应。(　　)

A. 进气管　　B. 进气管、真空箱

C. 进气管、真空箱、阀门　　D. 进气管、真空箱、阀门和抽气泵

答案：D

3. 根据《环境空气　总烃、甲烷和非甲烷总烃的测定　直接进样－气相色谱法》(HJ 604—2017)的规定，总烃柱应为不锈钢或硬质玻璃材质，2 m×4 mm，内填充粒径 180～250 μm (80～60 目)的________。(　　)

A. 石英砂　　B. 硅酸镁

C. GDX-502 或 GDX-104 担体　　D. 硅烷化玻璃微珠

答案：D

4. 根据《环境空气　总烃、甲烷和非甲烷总烃的测定　直接进样－气相色谱法》(HJ 604—2017)的规定，运输空白指将注入________的采样容器带至采样现场，与同批次采集的样品一起送回实验室分析。(　　)

A. 除烃空气　　B. 现场空气　　C. 氮气　　D. 样品气

答案：A

5. 根据《环境空气　总烃、甲烷和非甲烷总烃的测定　直接进样－气相色谱法》(HJ 604—2017)测定样品的总烃和甲烷峰面积时，总烃峰面积应________氧峰面积后参与计算。(　　)

A. 合并部分　　B. 合并　　C. 扣除　　D. 扣除部分

答案：C

6. 根据《环境空气　总烃、甲烷和非甲烷总烃的测定　直接进样－气相色谱法》（HJ 604—2017）的规定，甲烷柱内填充粒径________目的 GDX-502 或 GDX-104 担体。（　　）

A. 40～30 目　　B. 60～50 目

C. 80～60 目　　D. 120～100 目

答案：C

7. 根据《环境空气　总烃、甲烷和非甲烷总烃的测定　直接进样－气相色谱法》（HJ 604—2017）的规定，分析时均使用符合国家标准的________化学试剂和蒸馏水。（　　）

A. 色谱纯　　B. 化学纯　　C. 优级纯　　D. 分析纯

答案：D

8. 根据《环境空气　总烃、甲烷和非甲烷总烃的测定　直接进样－气相色谱法》（HJ 604—2017）的规定，校准曲线的相关系数应大于等于________。（　　）

A. 0.99　　B. 0.995　　C. 0.999　　D. 0.999 5

答案：B

9. 根据《环境空气　总烃、甲烷和非甲烷总烃的测定　直接进样－气相色谱法》（HJ 604—2017）的规定，以气袋采集样品时，用真空气体采样箱将空气样品引入气袋，至最大体积的________左右，立刻密封。（　　）

A. 90%　　B. 60%　　C. 100%　　D. 80%

答案：D

10. 根据《环境空气　总烃、甲烷和非甲烷总烃的测定　直接进样－气相色谱法》（HJ 604—2017）的规定，当进样体积为 1.0 ml 时，本方法测定总烃、甲烷的检出限均为________mg/m^3（以甲烷计），测定下限均为________mg/m^3（以甲烷计）；非甲烷总烃的检出限为________mg/m^3（以碳计），测定下限为________mg/m^3（以碳计）。（　　）

A. 0.06，0.24；0.07，0.24　　B. 0.07，0.22；0.06，0.28

C. 0.06，0.24；0.08，0.25　　D. 0.06，0.24；0.07，0.28

答案：D

11. 根据《环境空气　总烃、甲烷和非甲烷总烃的测定　直接进样－气相色谱法》（HJ 604—2017）的定义，除烃空气的总烃含量（含氧峰）________（以甲烷计）；或在甲烷柱上测定，除氧峰外无其他峰。（　　）

A. ≤0.20 mg/m^3　　B. ≤1.00 mg/m^3　　C. ≤0.50 mg/m^3　　D. ≤0.40 mg/m^3

答案：D

12. 根据《环境空气　总烃、甲烷和非甲烷总烃的测定　直接进样－气相色谱法》（HJ 604—2017）的规定，甲烷标准气体的平衡气为________。（　　）

A. 氩气　　B. 氮气　　C. 净化空气　　D. 氦气

答案：B

13. 根据《环境空气　总烃、甲烷和非甲烷总烃的测定　直接进样－气相色谱法》（HJ 604—2017）的规定，每批样品应至少分析 10% 的实验室内平行样，其测定结果相对偏差应不大于________。（　　）

A．30%　　B．20%　　C．15%　　D．10%

答案：B

14. 根据《环境空气　总烃、甲烷和非甲烷总烃的测定　直接进样－气相色谱法》（HJ 604—2017）的规定，采样容器经________清洗至少 3 次后采样。（　　）

A．甲烷标准气体　　B．现场空气　　C．除烃空气　　D．氮气

答案：B

15.《环境空气　总烃、甲烷和非甲烷总烃的测定　直接进样－气相色谱法》（HJ 604—2017）自________起实施。（　　）

A．2018 年 9 月 1 日　　B．2017 年 9 月 1 日　　C．2018 年 3 月 1 日　　D．2017 年 11 月 1 日

答案：C

三、问答题

1. 根据《环境空气　总烃、甲烷和非甲烷总烃的测定　直接进样－气相色谱法》（HJ 604—2017）简述总烃、甲烷和非甲烷总烃的测定原理。

答案：（1）将气体样品直接注入具氢火焰离子化检测器的气相色谱仪，分别在总烃柱和甲烷柱上测定总烃和甲烷的含量，两者之差即为非甲烷总烃的含量；

（2）同时以除烃空气代替样品，测定氧在总烃柱上的响应值，以扣除样品中的氧对总烃测定的干扰。

2. 根据《环境空气　总烃、甲烷和非甲烷总烃的测定　直接进样－气相色谱法》（HJ 604—2017）简述采样后样品如何保存。

答案：（1）采集样品的玻璃注射器应小心轻放，防止破损，保持针头端向下状态放入样品箱内保存和运送。

（2）样品常温避光保存，采样后尽快完成分析。

（3）玻璃注射器保存的样品，放置时间不超过 8 h；气袋保存的样品，放置时间不超过 48 h，如仅测定甲烷，应在 7 d 内完成。

3. 根据《环境空气　总烃、甲烷和非甲烷总烃的测定　直接进样－气相色谱法》（HJ 604—2017）简述气相色谱法测定总烃和非甲烷烃时，以氮气为载气测定总烃时，如何消除氧的干扰。

答案：测定除烃空气在总烃柱上的氧峰面积，从总烃峰中扣除，以消除氧的干扰。

参考文献

[1] 环境保护部 . 环境空气　总烃、甲烷和非甲烷总烃的测定：HJ 604—2017［S］. 北京：中国环境出版集团，2017.

[2] 中国环境监测总站《环境监测人员持证上岗考核试题集》编写组 . 环境监测人员持证上岗考核试题集：下册 . 4 版［M］. 北京：中国环境出版集团，2018.

命题：寇　研

审核：马安成

第二十四节　固定污染源废气　甲烷/总烃/非甲烷总烃的测定　便携式氢火焰离子化检测器法（DB11/T 1367—2016）

一、判断题

1. 根据《固定污染源废气　甲烷/总烃/非甲烷总烃的测定　便携式氢火焰离子化检测器法》（DB11/T 1367—2016），非甲烷总烃指的是总烃中除甲烷以外的其他物质的总和，以甲烷计。（　　）

答案：×

正确答案：非甲烷总烃以碳计。

2. 根据《固定污染源废气　甲烷/总烃/非甲烷总烃的测定　便携式氢火焰离子化检测器法》（DB11/T 1367—2016），要求仪器工作条件为环境温度 -10℃～45℃，相对湿度小于95%。（　　）

答案：√

3. 根据《固定污染源废气　甲烷/总烃/非甲烷总烃的测定　便携式氢火焰离子化检测器法》（DB11/T 1367—2016），开始测试前必须进行零点校准。（　　）

答案：×

正确答案：开始测试前，通入零气（除烃空气）校验设备零点是否出现漂移，示值误差绝对值满足要求为合格，否则需进行零点校准。

4. 根据《固定污染源废气　甲烷/总烃/非甲烷总烃的测定　便携式氢火焰离子化检测器法》（DB11/T 1367—2016），有组织排放废气直接测定时，正常生产周期内，若排气筒的排放为间歇性排放，排放时间小于等于10分钟的，应在排放时段内实行连续测试，以测试的平均值作为测试结果。（　　）

答案：√

5. 根据《固定污染源废气　甲烷/总烃/非甲烷总烃的测定　便携式氢火焰离子化检测器法》（DB11/T 1367—2016），应选择抗负压能力大于排气筒负压的仪器或采取措施降低负压的影响。（　　）

答案：√

6. 根据《固定污染源废气　甲烷/总烃/非甲烷总烃的测定　便携式氢火焰离子化检测器法》（DB11/T 1367—2016），至少每个月进行一次仪器零点校准，在使用频率高的情况下或标准气体测定示值误差超过5%时，应增加零点校准次数。（　　）

答案：×

正确答案：在使用频率高的情况下或标准气体测定示值误差超过10%时，应增加零点校准次数。

7.《固定污染源废气　甲烷/总烃/非甲烷总烃的测定　便携式氢火焰离子化检测器法》

（DB11/T 1367—2016）适用于固定污染源有组织排放和无组织排放废气中甲烷、总烃和非甲烷总烃的现场测定。（　　）

答案：√

8. 根据《固定污染源废气　甲烷 / 总烃 / 非甲烷总烃的测定　便携式氢火焰离子化检测器法》（DB11/T 1367—2016），用气袋法进行仪器校准和废气采集时，气袋材质为聚四氟乙烯材质，容积不小于 10 L。（　　）

答案：√

9. 根据《固定污染源废气　甲烷 / 总烃 / 非甲烷总烃的测定　便携式氢火焰离子化检测器法》（DB11/T 1367—2016），样品加热箱应为在测试过程中，能够将 10 L 气袋样品置于其中并加热至不低于 80℃的容器，温度控制精度为 ±5℃。（　　）

答案：×

正确答案：样品加热箱需要在测试过程中，能够将 10 L 气袋样品置于其中并加热至不低于 120℃的容器，温度控制精度为 ±5℃。

10. 根据《固定污染源废气　甲烷 / 总烃 / 非甲烷总烃的测定　便携式氢火焰离子化检测器法》（DB11/T 1367—2016），废气中存在含硫、含氯化合物的情况下，不会引起催化剂中毒或失效影响仪器使用寿命。（　　）

答案：×

正确答案：会引起催化剂中毒或失效影响仪器使用寿命。

11. 根据《固定污染源废气　甲烷 / 总烃 / 非甲烷总烃的测定　便携式氢火焰离子化检测器法》（DB11/T 1367—2016），测试结束后，无需再次验证便携式 FID 检测仪性能。（　　）

答案：×

正确答案：测试结束后，需通入标准气体再次验证便携式 FID 检测仪性能，若示值误差绝对值不符合要求，则仪器测试结果不可用，需重新对仪器进行校准测试。

12. 根据《固定污染源废气　甲烷 / 总烃 / 非甲烷总烃的测定　便携式氢火焰离子化检测器法》（DB11/T 1367—2016），结果表示中，当测定结果大于等于 1 mg/m^3 时，保留一位有效数字。（　　）

答案：×

正确答案：当测定结果大于等于 1 mg/m^3 时，保留两位有效数字。

13. 根据《固定污染源废气　甲烷 / 总烃 / 非甲烷总烃的测定　便携式氢火焰离子化检测器法》（DB11/T 1367—2016）测量结果以甲烷计。（　　）

答案：×

正确答案：测量结果以碳计。

14. 根据《固定污染源废气　甲烷 / 总烃 / 非甲烷总烃的测定　便携式氢火焰离子化检测器法》（DB11/T 1367—2016），FID 检测器需配备催化转换单元，以氧化除甲烷以外的其他有机化合物，从而测定废气中甲烷的浓度。（　　）

答案：√

15.《固定污染源废气　甲烷 / 总烃 / 非甲烷总烃的测定　便携式氢火焰离子化检测器法》

（DB11/T 1367—2016）对燃烧气氢气的要求为：纯度≥99.99%。（　　）

答案：×

正确答案：纯度≥99.999%。

16. 根据《固定污染源废气　甲烷 / 总烃 / 非甲烷总烃的测定　便携式氢火焰离子化检测器法》（DB11/T 1367—2016），测试前，应连接仪器测试系统，接通仪器电源进行预热，并将测试系统加热至 160±5℃。（　　）

答案：√

17. 根据《固定污染源废气　甲烷 / 总烃 / 非甲烷总烃的测定　便携式氢火焰离子化检测器法》（DB11/T 1367—2016），有组织排放废气直接测定时，将便携式检测仪器采样前端插入排气筒中心位置，启动抽气泵，即可读数。（　　）

答案：×

正确答案：需抽取排气筒中的样气清洗采样管线 2～3 min，待仪器运行正常后即可读数。

18. 根据《固定污染源废气　甲烷 / 总烃 / 非甲烷总烃的测定　便携式氢火焰离子化检测器法》（DB11/T 1367—2016），当测定结果小于 1 mg/m^3 时，保留两位有效数字；当测定结果大于等于 1 mg/m^3 时，保留至小数点后 1 位。（　　）

答案：×

正确答案：当测定结果小于 1 mg/m^3 时，保留至小数点后 1 位；当测定结果大于等于 1 mg/m^3 时，保留 2 位有效数字。

二、单选题

1. 根据《固定污染源废气　甲烷 / 总烃 / 非甲烷总烃的测定　便携式氢火焰离子化检测器法》（DB11/T 1367—2016），便携式甲烷 / 总烃 / 非甲烷总烃氢火焰离子化检测仪器主要由________和将废气样品引入仪器的________两部分组成。（　　）

A. 加热系统，检测系统　　B. 采样系统，净化系统

C. 仪器主机，采样系统　　D. 过滤系统，仪器主机

答案：C

2. 根据《固定污染源废气　甲烷 / 总烃 / 非甲烷总烃的测定　便携式氢火焰离子化检测器法》（DB11/T 1367—2016），便携式甲烷 / 总烃 / 非甲烷总烃测试仪器主机包括流量控制装置、FID 检测器、氢气及相关功能测试气体与________等组成。（　　）

A. 样品加热箱　　B. 保温装置　　C. 采样管线　　D. 抽气泵

答案：D

3. 根据《固定污染源废气　甲烷 / 总烃 / 非甲烷总烃的测定　便携式氢火焰离子化检测器法》（DB11/T 1367—2016），携式甲烷 / 总烃 / 非甲烷总烃测试仪器采样系统包括具有滤尘与全程加热及保温装置的采样管线、________及其他导气管线等。（　　）

A. 采气袋　　B. FID 检测器　　C. 流量计　　D. 抽气泵

答案：C

4. 根据《固定污染源废气　甲烷 / 总烃 / 非甲烷总烃的测定　便携式氢火焰离子化检测器法》

（DB11/T 1367—2016），无组织排放废气直接测定将仪器进气口置于距地面________m 高处。（　　）

A. 1.0　　B. 0.5　　C. 1.5　　D. 2.0

答案：C

5. 根据《固定污染源废气　甲烷 / 总烃 / 非甲烷总烃的测定　便携式氢火焰离子化检测器法》（DB11/T 1367—2016），有组织排放废气直接测定，正常生产周期内，若排气筒的排放为间歇性排放，排放时间小于等于 10 分钟的，应在排放时段内实行________测试，以测试的平均值作为测试结果。（　　）

A. 2 次　　B. 3 次　　C. 5 次　　D. 连续

答案：D

6. 根据《固定污染源废气　甲烷 / 总烃 / 非甲烷总烃的测定　便携式氢火焰离子化检测器法》（DB11/T 1367—2016），样品中非甲烷总烃的质量浓度 ρ（以碳计）为________的质量浓度与________质量浓度之差。（　　）

A. 甲烷，甲烷　　B. 甲烷，总烃　　C. 总烃，甲烷　　D. 总烃，总烃

答案：C

7. 根据《固定污染源废气　甲烷 / 总烃 / 非甲烷总烃的测定　便携式氢火焰离子化检测器法》（DB11/T 1367—2016），测试系统在测试过程中应全程________，保证样品在管路中无冷凝。（　　）

A. 通风　　B. 冷却　　C. 升温　　D. 伴热

答案：D

8. 根据《固定污染源废气　甲烷 / 总烃 / 非甲烷总烃的测定　便携式氢火焰离子化检测器法》（DB11/T 1367—2016），甲烷、总烃和非甲烷总烃的方法检出限为________mg/m^3。（　　）

A. 0.1　　B. 0.4　　C. 1　　D. 4

答案：A

9. 根据《固定污染源废气　甲烷 / 总烃 / 非甲烷总烃的测定　便携式氢火焰离子化检测器法》（DB11/T 1367—2016），气袋材质为符合 HJ732 要求的聚四氟乙烯材质，容积不小于________L。（　　）

A. 2　　B. 5　　C. 10　　D. 15

答案：C

10. 根据《固定污染源废气　甲烷 / 总烃 / 非甲烷总烃的测定　便携式氢火焰离子化检测器法》（DB11/T 1367—2016），仪器示数＜40 mg/m^3 时，示值误差应________。（　　）

A. ≤5%（以碳计）　　B. ≤5%（以甲烷计）

C. ≤10%（以碳计）　　D. ≤10%（以甲烷计）

答案：C

11. 根据《固定污染源废气　甲烷 / 总烃 / 非甲烷总烃的测定　便携式氢火焰离子化检测器法》（DB11/T 1367—2016），标气值≥40 mg/m^3 时，系统偏差为________。（　　）

A. ≤3%　　B. ≤4%　　C. ≤5%　　D. ≤10%

答案：C

12. 根据《固定污染源废气　甲烷 / 总烃 / 非甲烷总烃的测定　便携式氢火焰离子化检测器法》（DB11/T 1367—2016），标气值 <40 mg/m^3 时，系统偏差应________。（　　）

A. ≤5%（以甲烷计）　　B. ≤5%（以碳计）

C. ≤10%（以甲烷计）　　D. ≤10%（以碳计）

答案：D

13. 根据《固定污染源废气　甲烷 / 总烃 / 非甲烷总烃的测定　便携式氢火焰离子化检测器法》（DB11/T 1367—2016），校准量程的选择应恰当，所测总烃的平均浓度应在校准量程的________之间。（　　）

A. 30%～80%　　B. 20%～80%

C. 10%～80%　　D. 10%～90%

答案：B

14. 根据《固定污染源废气　甲烷 / 总烃 / 非甲烷总烃的测定　便携式氢火焰离子化检测器法》（DB11/T 1367—2016），样品直接测定，每分钟至少记录一次测试数据，取________分钟作为一次测定值。（　　）

A. 1～3　　B. 3～5　　C. 5～10　　D. 10～15

答案：C

15. 根据《固定污染源废气　甲烷 / 总烃 / 非甲烷总烃的测定　便携式氢火焰离子化检测器法》（DB11/T 1367—2016），样品直接测定，若排气筒排放时间大于 1 小时的，在 1 小时内以等时间间隔测试的________平均值作为测试结果。（　　）

A. 1 次～3 次　　B. 2 次～3 次　　C. 2 次～4 次　　D. 3 次～4 次

答案：D

16. 根据《固定污染源废气　甲烷 / 总烃 / 非甲烷总烃的测定　便携式氢火焰离子化检测器法》（DB11/T 1367—2016），除烃空气的要求为：总烃含量________。（　　）

A. ≤0.1 mg/m^3（以碳计）　　B. ≤0.2 mg/m^3（以碳计）

C. ≤0.3 mg/m^3（以碳计）　　D. ≤0.4 mg/m^3（以碳计）

答案：B

三、问答题

1. 根据《固定污染源废气　甲烷 / 总烃 / 非甲烷总烃的测定　便携式氢火焰离子化检测器法》（DB11/T 1367—2016），简述该方法测定甲烷 / 总烃 / 非甲烷总烃的方法原理?

答案：（1）废气样品分别进入总烃检测单元和甲烷催化转换单元（甲烷催化转换单元能够将除甲烷以外的其他有机化合物全部转化为二氧化碳和水）；

（2）经氢火焰离子化检测器（以下简称 FID）分别测定总烃及甲烷的含量（以碳计）；

（3）两者之差即为非甲烷总烃的含量（以碳计）。

2. 根据《固定污染源废气　甲烷 / 总烃 / 非甲烷总烃的测定　便携式氢火焰离子化检测器法》（DB11/T 1367—2016），简述该方法校准量程的选择及校准方法。

答案：校准量程的选择应恰当，所测总烃的平均浓度应在校准量程的 20%～80% 之间，不得超过校准量程。校准方法分气袋法和钢瓶法，具体如下：

（1）气袋法：用标准气体将洁净的集气袋充满后排空，反复三次，再充满后备用。按仪器使用说明书中规定的校准步骤进行校准；

（2）钢瓶法：将配有减压阀、可调式转子流量计及导气管的标准气体钢瓶与采样管连接，打开钢瓶气阀门，调节转子流量计，以仪器规定的流量，通入仪器的进气口。注意各连接处不得漏气。按仪器使用说明书中规定的校准步骤进行校准。

四、计算题

根据《固定污染源废气　甲烷 / 总烃 / 非甲烷总烃的测定　便携式氢火焰离子化检测器法》（DB11/T 1367—2016），使用该法测定某工艺废气的活性炭吸附后中的非甲烷总烃。现场在 1 h 内等时间间隔测试四次，甲烷测定结果依次为 1.2 ppm、1.3 ppm、1.3 ppm、1.2 ppm，总烃测定结果依次为 18 ppm、18 ppm、18 ppm、18 ppm，试计算该工艺废气中非甲烷总烃的排放浓度。

答案：

$$\rho = C \times \frac{12}{22.4}\ (\text{mg/m}^3)$$

4 次监测非甲烷总烃浓度为

$$C_1=18\times\frac{12}{22.4}-1.2\times\frac{12}{22.4}=9.0\ (\text{mg/m}^3)$$

$$C_2=18\times\frac{12}{22.4}-1.3\times\frac{12}{22.4}=8.9\ (\text{mg/m}^3)$$

$$C_3=18\times\frac{12}{22.4}-1.3\times\frac{12}{22.4}=8.9\ (\text{mg/m}^3)$$

$$C_4=18\times\frac{12}{22.4}-1.2\times\frac{12}{22.4}=9.0\ (\text{mg/m}^3)$$

平均浓度为 $C=(C_1+C_2+C_3+C_4)/4=9.0\ \text{mg/m}^3$

该工艺废气中非甲烷总烃的排放浓度为 9.0 mg/m^3。

参考文献

北京市质量技术监督局. 固定污染源废气　甲烷 / 总烃 / 非甲烷总烃的测定　便携式氢火焰离子化检测器法：DB11/T 1367—2016［S］.

命题：马召辉、闫旭颖

审核：沈秀娥、王京伟

第二十五节 室内空气质量标准 [GB/T 18883—2002 附录 C 室内空气中总挥发性有机物 (TVOC)的检验方法(热解吸 / 毛细管气相色谱法)]

一、判断题

1.《室内空气质量标准》[GB/T 18883—2002 附录 C 室内空气中总挥发性有机物(TVOC)的检验方法 热解吸 / 毛细管气相色谱法]适用于浓度范围为 0.5～100 mg/m^3 的空气总挥发性有机物的测定。( )

答案: ×

正确答案: 适用于浓度范围为 0.5～100 mg/m^3 的空气中总挥发性有机物的测定

2.《室内空气质量标准》[GB/T 18883—2002 附录 C 室内空气中总挥发性有机物(TVOC)的检验方法 热解吸 / 毛细管气相色谱法]适用场所为室内、环境和工作场所空气,不适用于评价小型或大型测试舱内材料的释放。( )

答案: ×

正确答案: 适用场所为室内、环境和工作场所空气,也适用于评价小型或大型测试舱内材料的释放。

3. 根据《室内空气质量标准》[GB/T 18883—2002 附录 C 室内空气中总挥发性有机物(TVOC)的检验方法 热解吸 / 毛细管气相色谱法]的规定,该方法只有氢火焰离子化检测器才适合与热解析仪相连接测试总挥发性有机物。( )

答案: ×

正确答案: 氢火焰离子化检测器、质谱检测器或其他合适的检测器都能与热解吸仪相连接测试总挥发性有机物。

4. 根据《室内空气质量标准》[GB/T 18883—2002 附录 C 室内空气中总挥发性有机物(TVOC)的检验方法 热解吸 / 毛细管气相色谱法]的规定,如果在一支吸附管内使用多种吸附剂,装填时应按吸附能力增加的顺序排列,并用玻璃纤维毛隔开,吸附能力最弱的装填在吸附管的采样入口端。( )

答案: √

5. 根据《室内空气质量标准》[GB/T 18883—2002 附录 C 室内空气中总挥发性有机物(TVOC)的检验方法 热解吸 / 毛细管气相色谱法]的规定,采样泵使用时应用皂膜流量计校准采样系统在采样前和采样后的流量,流量误差应小于 5%。( )

答案: √

6. 根据《室内空气质量标准》[GB/T 18883—2002 附录 C 室内空气中总挥发性有机物(TVOC)的检验方法 热解吸 / 毛细管气相色谱法]测定总挥发性有机物时,柱操作条件为程序升温,初始温度为 50℃保持 10 min,以 15℃ /min 的速率升温至 250℃。( )

答案: ×

正确答案：柱操作条件为程序升温，初始温度为 50℃保持 10 min，以 5℃ /min 的速率升温至 250℃。

7. 根据《室内空气质量标准》[GB/T 18883—2002　附录 C 室内空气中总挥发性有机物（TVOC）的检验方法　热解吸 / 毛细管气相色谱法] 的规定，吸附管所使用的吸附剂粒径为 0.18～0.25 mm（60～80 目），吸附剂在装管前都应在其最高使用温度下，用惰性气体加热活化处理过夜。(　　)

答案：√

8. 根据《室内空气质量标准》[GB/T 18883—2002　附录 C 室内空气中总挥发性有机物（TVOC）的检验方法　热解吸 / 毛细管气相色谱法] 的规定，TVOC 样品的解吸是将吸附管安装在热解吸仪上，加热，使有机蒸汽从吸附剂上解吸下来，并被载气流带入冷阱，进行预浓缩，载气流的方向与采样时的方向相同。然后再以低流速快速解吸，经传输线进入毛细管气相色谱仪。(　　)

答案：×

正确答案：进行预浓缩，载气流的方向与采样时的方向相反。

9. 根据《室内空气质量标准》[GB/T 18883—2002　附录 C 室内空气中总挥发性有机物（TVOC）的检验方法　热解吸 / 毛细管气相色谱法] 的规定，采样时如果总样品量超过 1 mg，采样体积应相应增加。(　　)

答案：×

正确答案：如果总样品量超过 1 mg，采样体积应相应减少。

10. 根据《室内空气质量标准》[GB/T 18883—2002　附录 C 室内空气中总挥发性有机物（TVOC）的检验方法　热解吸 / 毛细管气相色谱法] 的规定，热解吸仪应能对吸附管进行二次热解吸，并将解吸气用惰性气体载带进入气相色谱仪。解吸温度、时间和载气流速是可调的。冷阱可将解吸样品进行浓缩。(　　)

答案：√

11. 根据《室内空气质量标准》[GB/T 18883—2002　附录 C 室内空气中总挥发性有机物（TVOC）的检验方法　热解吸 / 毛细管气相色谱法] 测定总挥发性有机物的分析过程中，吸附管解吸温度应高于活化温度。(　　)

答案：×

正确答案：总挥发性有机物的分析过程中吸附管解吸温度应低于活化温度。

12. 根据《室内空气质量标准》[GB/T 18883—2002　附录 C 室内空气中总挥发性有机物（TVOC）的检验方法　热解吸 / 毛细管气相色谱法] 的规定，吸附剂活化处理后为防止二次污染，应在清洁空气中冷却至室温，储存和装管。由制造商装好的吸附管使用前也需活化处理。(　　)

答案：√

13. 根据《室内空气质量标准》[GB/T 18883—2002　附录 C 室内空气中总挥发性有机物（TVOC）的检验方法　热解吸 / 毛细管气相色谱法] 的规定，该方法分析过程中所使用的试剂应为色谱纯。如果为分析纯，需经纯化处理，保证色谱分析无杂峰。(　　)

答案：√

14. 根据《室内空气质量标准》[GB/T 18883—2002　附录 C 室内空气中总挥发性有机物

（TVOC）的检验方法 热解吸 / 毛细管气相色谱法］的规定，采样前处理和活化采样管和吸附剂，可以使干扰减到最小；选择合适的色谱柱和分析条件，可以排除共存物的干扰。（ ）

答案：√

15. 根据《室内空气质量标准》［GB/T 18883—2002 附录 C 室内空气中总挥发性有机物（TVOC）的检验方法 热解吸 / 毛细管气相色谱法］的规定，总挥发性有机物采样时，吸附管与采样泵的连接必须用硅橡胶管。（ ）

答案：×

正确答案：采样时，吸附管与采样泵用塑料或硅橡胶管连接。

二、单项选择题

1. 根据《室内空气质量标准》［GB/T 18883—2002 附录 C 室内空气中总挥发性有机物（TVOC）的检验方法 热解吸 / 毛细管气相色谱法］的规定，采集后的样品可保存________d。（ ）

A. 2　　B. 7　　C. 10　　D. 14

答案：D

2. 根据《室内空气质量标准》［GB/T 18883—2002 附录 C 室内空气中总挥发性有机物（TVOC）的检验方法 热解吸 / 毛细管气相色谱法］的规定，在计算总挥发性有机物过程中，对于未识别峰，一般以________的响应系数计算其浓度。（ ）

A. 甲烷　　B. 苯　　C. 甲苯　　D. 苯乙烯

答案：C

3. 根据《室内空气质量标准》［GB/T 18883—2002 附录 C 室内空气中总挥发性有机物（TVOC）的检验方法 热解吸 / 毛细管气相色谱法］的规定，吸附采样管解吸时的温度应控制在________℃。（ ）

A. 150～200　　B. 150～250　　C. 250～300　　D. 250～325

答案：D

4. 根据《室内空气质量标准》［GB/T 18883—2002 附录 C 室内空气中总挥发性有机物（TVOC）的检验方法 热解吸 / 毛细管气相色谱法］的规定，样品解吸时，吸附管的解吸时间为________min。（ ）

A. 5～10　　B. 5～15　　C. 10～20　　D. 15～25

答案：B

5. 根据《室内空气质量标准》［GB/T 18883—2002 附录 C 室内空气中总挥发性有机物（TVOC）的检验方法 热解吸 / 毛细管气相色谱法］的规定，现场采样量为 10 L 时，检测下限为________μg/m³。（ ）

A. 0.1　　B. 0.2　　C. 0.4　　D. 0.5

答案：D

6. 根据《室内空气质量标准》［GB/T 18883—2002 附录 C 室内空气中总挥发性有机物（TVOC）的检验方法 热解吸 / 毛细管气相色谱法］的规定，热解吸仪中解吸气流量为________ml/min。（ ）

A．10～20　　B．20～30　　C．30～50　　D．20～40

答案：C

7. 根据《室内空气质量标准》[GB/T 18883—2002　附录C 室内空气中总挥发性有机物（TVOC）的检验方法　热解吸 / 毛细管气相色谱法] 的规定，热解吸仪中冷阱的加热温度为________℃。（　　）

A．250～350　　B．150～250　　C．250～400　　D．150～200

答案：A

三、问答题

1. 根据《室内空气质量标准》[GB/T 18883—2002　附录C 室内空气中总挥发性有机物（TVOC）的检验方法　热解吸 / 毛细管气相色谱法] 简述热解吸 / 毛细管气相色谱法测定空气中总挥发性有机物（TVOC）的方法原理。

答案：选择合适的吸附剂（Tenax GC 或 Tenax TA），用吸附管采集一定体积的空气样品，空气流中的挥发性有机化合物保留在吸附管中。采样后，将吸附管加热，解吸挥发性有机化合物，待测样品随惰性载气进入毛细管气相色谱仪。用保留时间定性，峰高或峰面积定量。

2. 根据《室内空气质量标准》[GB/T 18883—2002　附录C 室内空气中总挥发性有机物（TVOC）的检验方法　热解吸 / 毛细管气相色谱法]，计算总挥发性有机物（TVOC）时应包括哪些内容。

答案：（1）应对保留时间在正己烷和正十六烷之间所有化合物进行分析；

（2）计算 TVOC，包括色谱图中从正己烷到正十六烷之间的所有化合物；

（3）根据单一的校正曲线，对尽可能多的 VOCS 定量，至少应对 10 个最高峰进行定量，最后与 TVOC 一起列出这些化合物的名称和浓度；

（4）计算已鉴定和定量的挥发性有机化合物的浓度 S_{id}；

（5）用甲苯的响应系数计算未鉴定的挥发性有机化合物的浓度 S_{un}；

（6）S_{id} 与 S_{un} 之和为 TVOC 的浓度或 TVOC 的值；

（7）如果检测到的化合物超出了（2）中 TVOC 定义的范围，那么这些信息应该添加到 TVOC 值中。

四、计算题

1. 根据《室内空气质量标准》[GB/T 18883—2002　附录C 室内空气中总挥发性有机物（TVOC）的检验方法　热解吸 / 毛细管气相色谱法] 测定某室内空气中总挥发性有机物（TVOC）时，样品采样体积为 10.0 L（标准状况），样品热解析后进样，得到苯峰高 26.12 pA，甲苯峰高为 31.25 pA，乙酸正丁酯峰高为 30.23 pA，正十一烷峰高为 38.16 pA，乙苯峰高为 37.25 pA，对二甲苯峰高为 31.47 pA，间二甲苯峰高为 28.65 pA，邻二甲苯峰高 27.34pA，苯乙烯峰高为 40.25 pA，未识别峰高共为 20.26 pA，已知 50 ng 苯、甲苯、乙酸正丁酯、正十一烷、乙苯、对二甲苯、间二甲苯、邻二甲苯、苯乙烯峰高分别为 40.35 pA、37.13 pA、26.53 pA、35.24 pA、26.66 pA、28.84 pA、30.36 pA、29.37 pA 和 44.35 pA，且空白样品中未检出挥发性有机物，计算该样品中总挥发性有机物（TVOC）浓度。

答案： 苯浓度为 26.12×50/40.35/10.0=3.24（$\mu g/m^3$）

甲苯浓度为 31.25×50/37.13/10.0=4.21（$\mu g/m^3$）

乙酸正丁酯浓度为 30.23×50/26.53/10.0=5.70（$\mu g/m^3$）

正十一烷浓度为 38.16×50/35.24/10.0=5.41（$\mu g/m^3$）

乙苯浓度为 37.25×50/26.66/10.0=6.99（$\mu g/m^3$）

对二甲苯浓度为 31.47×50/28.84/10.0=5.46（$\mu g/m^3$）

间二甲苯浓度为 28.65×50/30.36/10.0=4.72（$\mu g/m^3$）

邻二甲苯浓度为 27.34×50/29.37/10.0=4.65（$\mu g/m^3$）

苯乙烯浓度为 40.25×50/44.35/10.0=4.54（$\mu g/m^3$）

未识别浓度为 20.26×50/37.13/10.0=2.73（$\mu g/m^3$）

TVOC 浓度为

3.24+4.21+5.70+5.41+6.99+5.46+4.72+4.65+4.54+2.73=47.6（$\mu g/m^3$）

该样品中总挥发性有机物（TVOC）浓度为 47.6 $\mu g/m^3$。

2. 根据《室内空气质量标准》[GB/T 18883—2002　附录C 室内空气中总挥发性有机物（TVOC）的检验方法　热解吸/毛细管气相色谱法]，测定某室内空气中总挥发性有机物（TVOC），样品采样体积为 9.0 L，采样温度为 20℃，大气压力为 102.1 kPa，分析后空白管中的组分质量为 0.012 μg，从标准曲线中查得样品管中组分的质量为 0.105 μg，计算该样品中总挥发性有机物（TVOC）浓度。

答案： $V_0 = V\frac{T_0}{T} \times \frac{P}{P_0} = 9.0 \times \frac{273}{273+20} \times \frac{102.1}{101.3} = 8.45(\text{L})$

$$C = \frac{F-B}{V_0} \times 1\,000 = \frac{0.105-0.012}{8.45} \times 1\,000 = 11.0(\mu g/m^3)$$

该样品中总挥发性有机物（TVOC）浓度为 11.0 $\mu g/m^3$。

参考文献

[1] 国家质量监督检验检疫总局，中华人民共和国卫生部，国家环境保护总局. 室内空气质量标准：GB/T 18883—2002 [S]. 北京：中国标准出版社，2002.

[2] 中国环境监测总站《环境监测人员持证上岗考核试题集》编写组. 环境监测人员持证上岗考核试题集：下册. 4 版 [M]. 北京：中国环境出版集团，2018.

命题：陈　鹏

审核：王晓霞

第二十六节 饮食业油烟排放标准（试行）
（GB 18483—2001 附录 A 饮食业油烟采样方法及分析方法）

一、判断题

1. 根据《饮食业油烟排放标准（试行）》（GB 18483—2001）的规定，油烟无组织排放视同超标。（ ）

答案：√

2. 根据《饮食业油烟排放标准（试行）》（GB 18483—2001）的规定，油烟监测排放浓度时不需要进行折算。（ ）

答案：×

正确答案：监测排放浓度时，应将实测排放浓度折算为基准风量时的排放浓度。

3.《饮食业油烟排放标准（试行）》（GB 18483—2001 附录 A 饮食业油烟采样方法及分析方法）规定，排烟系统应做到密封完好，禁止人为稀释排气筒中污染物浓度。（ ）

答案：√

4. 根据《饮食业油烟排放标准（试行）》（GB 18483—2001 附录 A 饮食业油烟采样方法及分析方法）的规定，油烟样品可以在油烟排放单位作业（炒菜、食品加工或其他产生油烟的操作）任意时刻进行采集。（ ）

答案：×

正确答案：样品采集应在油烟排放单位作业高峰期进行。

5.《饮食业油烟排放标准（试行）》（GB 18483—2001 附录 A 饮食业油烟采样方法及分析方法）标准实施后，新老污染源执行同一标准。（ ）

答案：√

6.《饮食业油烟排放标准（试行）》（GB 18483—2001 附录 A 饮食业油烟采样方法及分析方法）中规定的油烟浓度标准值均为实际环境状态下的烟气数值。（ ）

答案：×

正确答案：标准中规定的浓度标准值均为标准状态下的干烟气数值。指温度 273 K，压力为 101 325 Pa 时的状态。

7.《饮食业油烟排放标准（试行）》（GB 18483—2001 附录 A 饮食业油烟采样方法及分析方法）规定，饮食业单位的油烟净化设施最低去除效率限值按规模分为大、中、小三级。（ ）

答案：√

8. 根据《饮食业油烟排放标准（试行）》（GB 18483—2001 附录 A 饮食业油烟采样方法及分析方法）的规定，采样次数为连续采样 3 次，每次 10 min。（ ）

答案：×

正确答案：采样次数为连续采样 5 次。

9. 根据《饮食业油烟排放标准（试行）》（GB 18483—2001 附录 A 饮食业油烟采样方法及分析方法）的规定，排气筒出口朝向应避开易受影响建筑物。(　　)

答案：√

10. 根据《饮食业油烟排放标准（试行）》（GB 18483—2001 附录 A 饮食业油烟采样方法及分析方法）的规定，五次采样分析结果之间，其中任何一个数据与最大值比较，若该数据小于最大值的 1/5，则该数据为无效值，不能参与平均值计算。(　　)

答案：×

正确答案：若该数据小于最大值的 1/4，则该数据为无效值。

11. 根据《饮食业油烟排放标准（试行）》（GB 18483—2001 附录 A 饮食业油烟采样方法及分析方法）的规定，单个灶头基准排风量，大、中、小型均为 1 500 m^3/h 计算。(　　)

答案：×

正确答案：单个灶头基准排风量，大型、中型、小型均为 2 000 m^3/h。

12. 根据《饮食业油烟排放标准（试行）》（GB 18483—2001 附录 A 饮食业油烟采样方法及分析方法）的规定，收集的油烟采集滤芯置于不带盖的聚四氟乙烯套筒中，带回实验室。(　　)

答案：×

正确答案：收集的油烟采集滤芯置于带盖的聚四氟乙烯套筒中。

13. 根据《饮食业油烟排放标准（试行）》（GB 18483—2001 附录 A 饮食业油烟采样方法及分析方法）的规定，滤筒在清洗完后，应置于通风无尘处晾干。(　　)

答案：√

14. 根据《饮食业油烟排放标准（试行）》（GB 18483—2001 附录 A 饮食业油烟采样方法及分析方法）的规定，样品若不能在 24 h 内测定，可保存在冰箱冷藏室中（≤4℃）保存 3 d。(　　)

答案：×

正确答案：可保存在冰箱冷藏室中（≤4℃）保存 7 d。

15. 根据《饮食业油烟排放标准（试行）》（GB 18483—2001 附录 A 饮食业油烟采样方法及分析方法）的规定，采样前后均应保证无其他带油渍物品污染滤筒。(　　)

答案：√

16. 根据《饮食业油烟排放标准（试行）》（GB 18483—2001 附录 A 饮食业油烟采样方法及分析方法）的规定，测定前红外测定仪需要先预热 1 h 以上，调节好零点和满刻度，固定某一组校正系数后再进行分析。(　　)

答案：√

17. 根据《饮食业油烟排放标准（试行）》（GB 18483—2001 附录 A 饮食业油烟采样方法及分析方法）的规定，红外分光测试时，样品溶液置于 3 cm 比色皿中，进行测定。(　　)

答案：×

正确答案：样品溶液应置于 4 cm 比色皿中。

18. 根据《饮食业油烟排放标准（试行）》（GB 18483—2001 附录 A 饮食业油烟采样方法及分析方法）的规定，饮食业单位规模按基准灶头数划分，基准灶头数按灶的总发热功率或排气罩灶面

投影总面积折算。(　　)

答案：√

19. 根据《饮食业油烟排放标准（试行）》（GB 18483—2001 附录 A 饮食业油烟采样方法及分析方法）的规定，小型规模饮食业单位的最高允许排放浓度是 1.0 mg/m^3。(　　)

答案：×

正确答案：小型规模饮食业单位的最高允许排放浓度是 2.0 mg/m^3。

20. 根据《饮食业油烟排放标准（试行）》（GB 18483—2001 附录 A 饮食业油烟采样方法及分析方法）的规定，所用四氯化碳在 2 600～3 300 cm^{-1} 扫描吸光度值不超过 0.04（4 cm 比色皿）。(　　)

答案：×

正确答案：扫描吸光度值不超过 0.03。

二、单项选择题

1. 根据《饮食业油烟排放标准（试行）》（GB 18483—2001 附录 A 饮食业油烟采样方法及分析方法）的规定，本标准规定了饮食业单位油烟的________和油烟净化设备的________。(　　)

A. 最低允许排放浓度，最低去除效率
B. 最高允许排放浓度，最低去除效率
C. 最高允许排放浓度，最高去除效率
D. 最低允许排放浓度，最高去除效率

答案：B

2. 根据《饮食业油烟排放标准（试行）》（GB 18483—2001 附录 A 饮食业油烟采样方法及分析方法）的规定，处于________，隶属________的所有排烟灶头，计为一个饮食业单位。(　　)

A. 同一建筑物内，同一法人　　B. 同一建筑物内，不同法人
C. 不同建筑物内，不同法人　　D. 不同建筑物内，同一法人

答案：A

3. 根据《饮食业油烟排放标准（试行）》（GB 18483—2001 附录 A 饮食业油烟采样方法及分析方法）的规定，饮食业单位的油烟最高允许排放浓度是________mg/m^3。(　　)

A. 1.0　　B. 2.0　　C. 3.0　　D. 4.0

答案：B

4. 根据《饮食业油烟排放标准（试行）》（GB 18483—2001 附录 A 饮食业油烟采样方法及分析方法）的规定，每个基准灶头对应的排气罩灶面投影面积为________m^2。(　　)

A. 1.0　　B. 1.1　　C. 1.2　　D. 1.3

答案：B

5. 根据《饮食业油烟排放标准（试行）》（GB 18483—2001 附录 A 饮食业油烟采样方法及分析方法）的规定，饮食业单位依据基准灶头数划分规模，中型单位基准灶头数范围是________。(　　)

A. ≥3，<6　　B. ≥3，<5　　C. ≥2，<6　　D. ≥2，<5

答案：A

6. 根据《饮食业油烟排放标准（试行）》（GB 18483—2001 附录 A 饮食业油烟采样方法及分析方法）的规定，油烟监测中，当排气管截面积小于 0.5 m^2 时，测________个点，取动压________处。（　　）

A. 1，高位值　　B. 1，中位值　　C. 2，高位值　　D. 2，中位值

答案：B

7. 根据《饮食业油烟排放标准（试行）》（GB 18483—2001 附录 A 饮食业油烟采样方法及分析方法）的规定，中等规模饮食业单位油烟净化设施最低去除效率是________%。（　　）

A. 60　　B. 65　　C. 70　　D. 75

答案：D

8. 根据《饮食业油烟排放标准（试行）》（GB 18483—2001 附录 A 饮食业油烟采样方法及分析方法）的规定，排气筒出口段长度至少应有________倍直径（或当量直径）的平直管段。（　　）

A. 4　　B. 4.5　　C. 5　　D. 5.5

答案：B

9. 根据《饮食业油烟排放标准（试行）》（GB 18483—2001 附录 A 饮食业油烟采样方法及分析方法）的规定，采样后滤筒用重蒸后的四氟化碳溶剂 12 ml，浸泡在聚四氟乙烯清洗杯中，盖好清洗杯盖，把清洗杯置于超声仪中，超声清洗________min。（　　）

A. 5　　B. 10　　C. 15　　D. 20

答案：B

10. 根据《饮食业油烟排放标准（试行）》（GB 18483—2001 附录 A 饮食业油烟采样方法及分析方法）的规定，油烟的含量由波数分别为________、________、________的谱带处的吸光度进行计算。（　　）

A. 2 930 cm^{-1}，2 960 cm^{-1}，3 030 cm^{-1}

B. 2 903 cm^{-1}，2 906 cm^{-1}，3 060 cm^{-1}

C. 2 930 cm^{-1}，2 960 cm^{-1}，3 060 cm^{-1}

D. 2 903 cm^{-1}，2 906 cm^{-1}，3 030 cm^{-1}

答案：A

三、问答题

1. 根据《饮食业油烟排放标准（试行）》（GB 18483—2001 附录 A 饮食业油烟采样方法及分析方法）简述金属滤筒吸收和红外分光光度法测定油烟的采样及分析方法原理。

答案：用等速采样法抽取油烟排气筒内的气体，将油烟吸附在油烟雾采集头内。将收集了油烟的采集滤芯置于带盖的聚四氟乙烯套筒中，回实验室后用四氯化碳作溶剂进行超声清洗，移入比色管中定容，用红外分光光度法测定油烟的含量。油烟的含量由波数分别为 2 930 cm^{-1}、2 960 cm^{-1} 和 3 030 cm^{-1} 谱带处的吸光度 A_{2930}、A_{2960} 和 A_{3030} 进行计算。

2. 根据《饮食业油烟排放标准（试行）》（GB 18483—2001 附录 A 饮食业油烟采样方法及分析

方法）简述监测油烟时采样位置是如何确定的。

答案：（1）采样位置优先选择在垂直断面，应避开烟道弯头和断面急剧变化部位；

（2）采样位置应设置在距弯头、变径管下游方向不小于 3 倍直径处和距上述部件上游方向不小于 1.5 倍直径处；

（3）对矩形烟道，其当量直径 $D=2AB/(A+B)$，式中 A、B 为边长。

四、计算题

根据《饮食业油烟排放标准（试行）》（GB 18483—2001 附录 A 饮食业油烟采样方法及分析方法），某餐饮单位折算后有 5 个工作灶头数，实测排放风量为 6 000 m^3/h，实测排放浓度为 2.5 mg/m^3，问该餐饮单位基准风量的油烟排放浓度是多少？

答案：$c_{基}=c_{测}\times Q_{测}/(n\times q_{基})=2.5\times 6\,000/(5\times 2\,000)=1.5\ (mg/m^3)$

该餐饮单位的油烟排放浓度是 1.5 mg/m^3

参考文献

国家环境保护总局，国家质量监督检验检疫总局 . 饮食业油烟排放标准（试行）：GB 18483—2001［S］. 北京：中国标准出版社，2001.

命题：冯　硕

审核：王晓霞

第二十七节　环境空气　苯系物的测定　活性炭吸附 / 二硫化碳解吸 – 气相色谱法（HJ 584—2010）

一、判断题

1.《环境空气　苯系物的测定　活性炭吸附 / 二硫化碳解吸 – 气相色谱法》（HJ 584—2010）适用于环境空气和室内空气中苯系物的测定。本标准也适用于废气中苯系物的测定。（　　）

答案：×

正确答案：也适用于常温下低湿度废气中苯系物的测定。

2. 根据《环境空气　苯系物的测定　活性炭吸附 / 二硫化碳解吸 – 气相色谱法》（HJ 584—2010）测定环境空气中苯系物，当采样体积为 10 L 时，苯系物各组分的方法检出限均为 1.0×10^{-3} mg/m^3，测定下限均为 4.0×10^{-3} mg/m^3。（　　）

答案：×

正确答案：检出限均为 1.5×10^{-3} mg/m^3，测定下限均为 6.0×10^{-3} mg/m^3。

3.《环境空气　苯系物的测定　活性炭吸附 / 二硫化碳解吸 – 气相色谱法》（HJ 584—2010）

中，用活性炭采样管富集环境空气和室内空气中苯系物，二硫化碳（CS_2）解吸，使用带有电子捕获检测器（ECD）的气相色谱仪测定分析。（　　）

答案：×

正确答案：使用带有氢火焰离子化检测器（FID）的气相色谱仪测定分析。

4. 根据《环境空气　苯系物的测定　活性炭吸附/二硫化碳解吸-气相色谱法》（HJ 584—2010）测定环境空气中苯系物时，以氮气作为载气，其纯度应达到99.99%。（　　）

答案：×

正确答案：其纯度应达到99.999%。

5. 根据《环境空气　苯系物的测定　活性炭吸附/二硫化碳解吸-气相色谱法》（HJ 584—2010）测定环境空气中苯系物时，采集好的样品，立即用橡胶帽将活性炭采样管的两端密封，避光密闭保存。（　　）

答案：×

正确答案：立即用聚四氟乙烯帽密封。

6. 根据《环境空气　苯系物的测定　活性炭吸附/二硫化碳解吸-气相色谱法》（HJ 584—2010）测定环境空气中苯系物，当空气中水蒸气或水雾太大，以致在活性炭管中凝结时，影响活性炭管的穿透体积及采样效率，空气湿度应小于75%。（　　）

答案：×

正确答案：空气湿度应小于90%。

7. 根据《环境空气　苯系物的测定　活性炭吸附/二硫化碳解吸-气相色谱法》（HJ 584—2010）测定环境空气中苯系物时，活性炭采样管的吸附效率应在75%以上，即B段活性炭所收集的组分应小于A段的30%，否则应调整流量或采样时间，重新采样。（　　）

答案：×

正确答案：活性炭采样管的吸附效率应在80%以上，即B段活性炭所收集的组分应小于A段的25%。

8. 根据《环境空气　苯系物的测定　活性炭吸附/二硫化碳解吸-气相色谱法》（HJ 584—2010）测定环境空气中苯系物时，每批样品分析时应带一个校准曲线中间浓度校核点，中间浓度校核点测定值与校准曲线相应点浓度的相对误差应不超过15%。若超出允许范围，应重新配制中间浓度点标准溶液，若还不能满足要求，应重新绘制校准曲线。（　　）

答案：×

正确答案：相对误差不应超过20%。

9. 根据《环境空气　苯系物的测定　活性炭吸附/二硫化碳解吸-气相色谱法》（HJ 584—2010）测定环境空气中苯系物，主要干扰来自二硫化碳的杂质。二硫化碳在使用前应经过气相色谱仪鉴定是否存在干扰峰。（　　）

答案：√

10. 根据《环境空气　苯系物的测定　活性炭吸附/二硫化碳解吸-气相色谱法》（HJ 584—2010）测定环境空气中苯系物时，采样前后的流量相对偏差应在20%以内。（　　）

答案：×

正确答案：采样前后的流量相对偏差应在 10% 以内。

11. 根据《环境空气　苯系物的测定　活性炭吸附 / 二硫化碳解吸 - 气相色谱法》（HJ 584—2010）测定环境空气中苯系物时，用于洗脱采样管中苯系物的二硫化碳为分析纯，且需经纯化处理，色谱分析检验无干扰峰后，常温下保存备用。（　　）

答案：×

正确答案：纯化处理后的二硫化碳，应在冰箱内保存备用。

12. 根据《环境空气　苯系物的测定　活性炭吸附 / 二硫化碳解吸 - 气相色谱法》（HJ 584—2010）测定环境空气中苯系物时，采集好的样品应尽快分析，室温下 8 h 内测定。否则放入密闭容器中，保存于 4℃冰箱中，保存期限为 1 d。（　　）

答案：×

正确答案：否则放入密闭容器中，保存于 -20℃冰箱中，保存期限为 1 d。

13. 根据《环境空气　苯系物的测定　活性炭吸附 / 二硫化碳解吸 - 气相色谱法》（HJ 584—2010）测定环境空气中苯系物时，每次采集样品，都应至少带一个现场空白样品。计算样品浓度时应扣除空白采样管的空白值。（　　）

答案：√

14. 根据《环境空气　苯系物的测定　活性炭吸附 / 二硫化碳解吸 - 气相色谱法》（HJ 584—2010）测定环境空气中苯系物，当测定结果小于 0.1 mg/m^3 时，保留到小数点后 3 位；大于等于 0.1 mg/m^3 时，保留 3 位有效数字。（　　）

答案：×

正确答案：当测定结果小于 0.1 mg/m^3 时，保留到小数点后 4 位。

15. 根据《环境空气　苯系物的测定　活性炭吸附 / 二硫化碳解吸 - 气相色谱法》（HJ 584—2010）测定环境空气中苯系物，样品解吸时，将活性炭管中 A 段和 B 段取出，分别放入磨口具塞试管中，每个试管中加入 1.00 ml 二硫化碳密闭，轻轻振动，在室温下解吸 1 h 后，待测。（　　）

答案：√

16. 根据《环境空气　苯系物的测定　活性炭吸附 / 二硫化碳解吸 - 气相色谱法》（HJ 584—2010）测定环境空气中苯系物时，试样注射到气相色谱仪中，目标组分经色谱柱分离，检测器进行检测后，由保留时间定性，峰高或峰面积定量。（　　）

答案：√

17. 根据《环境空气　苯系物的测定　活性炭吸附 / 二硫化碳解吸 - 气相色谱法》（HJ 584—2010）测定环境空气中苯系物时，敲开活性炭采样管的两端，将与采样器相连，以 0.6～1.0 L/min 的流量采气 1～2 h。（　　）

答案：×

正确答案：以 0.2～0.6 L/min 的流量采气 1～2 h。

18. 根据《环境空气质量手工监测技术规范》（HJ/T 194—2005），使用吸附采样管采样时，采样前应做气样中污染物穿透试验，以保证吸收效率或避免样品损失。（　　）

答案：√

19. 根据《环境空气质量手工监测技术规范》（HJ/T 194—2005）测定环境空气中苯系物时，每次采样前，应对采样系统的气密性进行认真检查，确认无漏气现象后，方可进行采样。应使用经计量检定单位检定合格的采样器。使用前必须经过流量校准，流量误差应不大于5%；采样时流量应稳定。(　　)

答案：√

20. 样品采集，采样器采样前或采样过程中发现流量有较大的波动时，均应使用孔口流量计进行流量校正。(　　)

答案：×

正确答案：均应使用皂膜流量计进行流量校正。

二、单项选择题

1. 根据《环境空气　苯系物的测定　活性炭吸附/二硫化碳解析-气相色谱法》(HJ 584—2010)测定环境空气中苯系物时，采集好的样品，立即用________将活性炭采样管的两端密封，避光密闭保存，室温下8 h内测定。否则放入密闭容器中，保存于________冰箱中，保存期限为1 d。(　　)

A．聚四氟乙烯帽，4℃　　B．橡胶帽，-20℃

C．聚四氟乙烯帽，-20℃　　D．橡胶帽，4℃

答案：C

2. 根据《环境空气　苯系物的测定　活性炭吸附/二硫化碳解吸-气相色谱法》(HJ 584—2010)测定环境空气中苯系物时，当空气中水蒸气或水雾太大，以致在活性炭管中凝结时，影响活性炭管的穿透体积及采样效率，空气湿度应小于________%。采样前后的流量相对偏差应在________%以内。(　　)

A．80，15　　B．80，10　　C．90，15　　D．90，10

答案：D

3. 根据《环境空气　苯系物的测定　活性炭吸附/二硫化碳解吸-气相色谱法》(HJ 584—2010)测定环境空气中苯系物时，活性炭采样管的吸附效率应在________%以上，即B段活性炭所收集的组分应小于A段的________%，否则应调整流量或采样时间，重新采样。(　　)

A．80，30　　B．80，25　　C．75，30　　D．75，25

答案：B

4. 根据《环境空气　苯系物的测定　活性炭吸附/二硫化碳解吸-气相色谱法》(HJ 584—2010)测定环境空气中苯系物时，敲开活性炭采样管的两端，将与采样器相连，以________L/min的流量采气1～2 h。(　　)

A．<0.2　　B．0.2～0.6　　C．0.6～1.5　　D．>1.5

答案：B

5. 根据《环境空气　苯系物的测定　活性炭吸附/二硫化碳解吸-气相色谱法》(HJ 584—2010)测定环境空气中苯系物时，使用带有________的气相色谱仪测定分析。(　　)

A．质谱检测器(MSD)　　B．氢火焰离子化检测器(FID)

C．热导检测器(TCD)　　D．电子捕获检测器(ECD)

答案：B

6. 根据《环境空气　苯系物的测定　活性炭吸附/二硫化碳解吸-气相色谱法》（HJ 584—2010）测定环境空气中苯系物时，每批样品分析时应带一个校准曲线中间浓度校核点，中间浓度校核点测定值与校准曲线相应点浓度的相对误差应不超过________%。若超出允许范围，应重新配制中间浓度点标准溶液，若还不能满足要求，应重新绘制校准曲线。(　　)

A．10　　B．15　　C．20　　D．25

答案：C

7. 根据《环境空气　苯系物的测定　活性炭吸附/二硫化碳解吸-气相色谱法》（HJ 584—2010）测定环境空气中苯系物，当采样体积为10 L时，苯系物各组分的方法检出限均为________mg/m^3，测定下限均为________mg/m^3。(　　)

A．1.0×10^{-3}，4.0×10^{-3}　　B．1.5×10^{-3}，6.0×10^{-3}

C．1.5×10^{-3}，3.0×10^{-3}　　D．1.0×10^{-3}，3.0×10^{-3}

答案：B

8. 根据《环境空气　苯系物的测定　活性炭吸附/二硫化碳解吸-气相色谱法》（HJ 584—2010）测定环境空气中苯系物时，填充好的色谱柱需在________℃下，以20～30 ml/min的流速通载气，连续老化________h。(　　)

A．100，12　　B．150，12　　C．100，24　　D．150，24

答案：D

9. 根据《环境空气　苯系物的测定　活性炭吸附/二硫化碳解吸-气相色谱法》（HJ 584—2010）测定环境空气中苯系物时，若现场大气中含有较多________，可在采样管前连接过滤头。(　　)

A．水蒸气　　B．氮氧化物　　C．颗粒物　　D．二氧化硫

答案：C

10. 根据《环境空气　苯系物的测定　活性炭吸附/二硫化碳解析-气相色谱法》（HJ 584—2010）测定环境空气中苯系物时，试样注射到气相色谱仪中，目标组分经色谱柱分离，检测器进行检测后，由________定性。(　　)

A．保留时间　　B．峰面积　　C．峰高　　D．半峰宽

答案：A

三、问答题

1. 根据《环境空气　苯系物的测定　活性炭吸附/二硫化碳解吸-气相色谱法》（HJ 584—2010）测定环境空气和室内空气中苯系物时，苯系物组分有几种？几种组分分别是什么？

答案：苯系物组分有8种。分别是苯、甲苯、乙苯、邻二甲苯、间二甲苯、对二甲苯、异丙苯和苯乙烯。

2. 根据《环境空气　苯系物的测定　活性炭吸附/二硫化碳解吸-气相色谱法》（HJ 584—2010）测定环境空气中苯系物时，现场空白样品如何采集？

答案：将活性炭管运输到采样现场，敲开两端后立即用聚四氟乙烯帽密封，并同已采集样品的活性炭管一同存放并带回实验室分析。

3. 简述根据《环境空气 苯系物的测定 活性炭吸附/二硫化碳解吸-气相色谱法》（HJ 584—2010）测定环境空气和室内空气中苯系物的方法原理。

答案：用活性炭采样管富集环境空气和室内空气中苯系物，二硫化碳解吸，使用带有氢火焰离子化检测器的气相色谱仪测定分析。

四、计算题

1. 根据《环境空气 苯系物的测定 活性炭吸附/二硫化碳解吸-气相色谱法》（HJ 584—2010）测定环境空气中苯系物时，将采集好的样品进行气相色谱仪测定分析，得出活性炭采样管 A 段采样量为 82 ng，B 段采样量为 16 ng，试计算此活性炭采样管的吸附效率（%）。

答案：$K=M_1/(M_1+M_2)\times 100$

$=82/(82+16)\times 100$

$=83.7$（%）

此活性炭采样管的吸附效率为 83.7 %。

2. 根据《环境空气 苯系物的测定 活性炭吸附/二硫化碳解吸-气相色谱法》（HJ 584—2010）测定环境空气中苯系物时，采集的环境空气样品体积为 27.3 L（标准状态下），样品用 1.00 ml 的二硫化碳解吸后，进样分析，由校准曲线计算的样品解吸液甲苯的质量浓度为 3.392 μg/ml，将现场空白采样管同时测定，由校准曲线计算的解吸液甲苯的质量浓度为 0.246 μg/ml，试计算环境空气中甲苯的浓度。

答案：$\rho=((W-W_0)\times V)/V_{nd}$

$=((3.392-0.246)\times 1.00)/27.3$

$=0.115$（mg/m^3）

环境空气中甲苯的浓度为 0.115 mg/m^3。

参考文献

[1] 环境保护部.环境空气 苯系物的测定 活性炭吸附/二硫化碳解吸-气相色谱法：HJ 584—2010 [S]. 北京：中国环境科学出版社，2010.

[2] 中国环境监测总站《环境监测人员持证上岗考核试题集》编写组.环境监测人员持证上岗考核试题集：下册.4版[M].北京：中国环境出版集团，2018.

[3] 环境保护部.环境空气质量手工监测技术规范：HJ/T 194—2017 [S]. 北京：中国环境出版社，2017.

[4] 国家环境保护总局《空气和废气监测分析方法》编委会.空气和废气监测分析方法：第四版增补版[M].北京：中国环境科学出版社，2010.

命题：赵 震

审核：马安成

第二十八节　环境空气和废气　三甲苯的测定　活性炭吸附/二硫化碳解吸－气相色谱法（DB11/T 1566—2018）

一、判断题

1. 根据《环境空气和废气　三甲苯的测定　活性炭吸附/二硫化碳解吸－气相色谱法》（DB11/T 1566—2018），样品采集后，立即将活性炭采样管的两端密封，避光密闭保存，室温下 12 h 内测定。（　　）

答案：×

正确答案：室温下 8 h 内测定。

2. 根据《环境空气和废气　三甲苯的测定　活性炭吸附/二硫化碳解吸－气相色谱法》（DB11/T 1566—2018），活性炭采样管装有两段的活性炭，A、B 段均为 100 mg。（　　）

答案：×

正确答案：A 段 100 mg，B 段 50 mg。

3.《环境空气和废气　三甲苯的测定　活性炭吸附/二硫化碳解吸－气相色谱法》（DB11/T 1566—2018）适用于环境空气以及木质家具制造业、汽车制造和维修业等有组织和无组织排放废气中三甲苯的测定，其他行业废气经验证后也可以使用本方法。（　　）

答案：√

4.《环境空气和废气　三甲苯的测定　活性炭吸附/二硫化碳解吸－气相色谱法》（DB11/T 1566—2018）规定采样前应对采样器进行流量校准，其相对误差应不大于 5%，采样流量波动不大于 5%。（　　）

答案：×

正确答案：采样流量波动不大于 10%。

5. 根据《环境空气和废气　三甲苯的测定　活性炭吸附/二硫化碳解吸－气相色谱法》（DB11/T 1566—2018），采样前，将一支采样管与采样装置连接，调整采样装置流量，此采样管仅用作调节流量，不用作采样分析。（　　）

答案：√

6. 根据《环境空气和废气　三甲苯的测定　活性炭吸附/二硫化碳解吸－气相色谱法》（DB11/T 1566—2018），采样时应对采样系统的气密性进行检查，检查方法和标准参照 HJ/T 397 要求执行。（　　）

答案：√

7. 根据《环境空气和废气　三甲苯的测定　活性炭吸附/二硫化碳解吸－气相色谱法》（DB11/T 1566—2018），现场空白样品采集时，将活性炭采样管运输到采样现场，敲开两端后保持与实

际样品采集相同的时间后密封，并同已采集样品的活性炭采样管一同存放并带回实验室分析。( )

答案：×

正确答案：敲开；两端后立即密封。

8. 根据《环境空气和废气　三甲苯的测定　活性炭吸附/二硫化碳解吸–气相色谱法》(DB11/T 1566—2018)，试样测定时以保留时间定性，内标法定量。( )

答案：×

正确答案：外标法定量。

9. 根据《环境空气和废气　三甲苯的测定　活性炭吸附/二硫化碳解吸–气相色谱法》(DB11/T 1566—2018)，活性炭采样管的吸附效率应在85%以上。( )

答案：×

正确答案：吸附效率应在80%以上。

10. 根据《环境空气和废气　三甲苯的测定　活性炭吸附/二硫化碳解吸–气相色谱法》(DB11/T 1566—2018)，每批新购置的活性炭采样管应开展空白试验检查，空白活性炭采样管的三甲苯含量不得高于方法检出限。( )

答案：√

二、单项选择题

1. 根据《环境空气和废气　三甲苯的测定　活性炭吸附/二硫化碳解吸–气相色谱法》(DB11/T 1566—2018)，须重新绘制标准曲线进行初始校准时，校准曲线的线性相关系数应≥________。( )

A. 0.990　　B. 0.995　　C. 0.999　　D. 0.985

答案：B

2. 根据《环境空气和废气　三甲苯的测定　活性炭吸附/二硫化碳解吸–气相色谱法》(DB11/T 1566—2018)，每批样品须用标准曲线的中间浓度点进行1次连续校准。连续校准的相对误差应不超过________。( )

A. 5%　　B. 10%　　C. 20%　　D. 25%

答案：C

3. 根据《环境空气和废气　三甲苯的测定　活性炭吸附/二硫化碳解吸–气相色谱法》(DB11/T 1566—2018)，将已采集样品的活性炭样品管中A段和B段取出，分别放入磨口具塞试管中，各加入________二硫化碳密闭，轻轻振荡后静置，在室温下解析　　后，得到实际样品试样，待测。( )

A. 1.00 ml，0.5 h～1 h

B. 2.00 ml，0.5 h～1 h

C. 1.00 ml，1 h～2 h

D. 2.00 ml，1 h～2 h

答案：A

4. 根据《环境空气和废气　三甲苯的测定　活性炭吸附／二硫化碳解吸－气相色谱法》（DB11/T 1566—2018），样品采集后如保存于4℃冰箱中，保存期限为________。（　　）

A. 4 d　　B. 7 d　　C. 14 d　　D. 21 d

答案：A

5. 根据《环境空气和废气　三甲苯的测定　活性炭吸附／二硫化碳解吸－气相色谱法》（DB11/T 1566—2018），采集环境空气样品时，以________的采样流量，至少采样________。（　　）

A. 0.1 L/min～0.5 L/min，1 h

B. 0.1 L/min～0.5 L/min，0.5 h

C. 0.2 L/min～1.0 L/min，1 h

D. 0.2 L/min～1.0 L/min，0.5 h

答案：C

6. 根据《环境空气和废气　三甲苯的测定　活性炭吸附／二硫化碳解吸－气相色谱法》（DB11/T 1566—2018），采集固定污染源废气样品时，可在1h内以等时间间隔采集________个样品计平均值，采样时间一般不少于________。（　　）

A. 2～4，10 min

B. 3～4，10 min

C. 3～4，15 min

D. 2～4，12 min

答案：B

7. 根据《环境空气和废气　三甲苯的测定　活性炭吸附／二硫化碳解吸－气相色谱法》（DB11/T 1566—2018），用气相色谱法分析微量三甲苯，应选用的检测器为________。（　　）

A. FPD　　B. FID　　C. NPD　　D. ECD

答案：B

8. 气相色谱分析中，与分离度无关的因素是________。（　　）

A. 色谱柱长度　　B. 固定液的性质

C. 检测器的灵敏程度　　D. 载气流速

答案：C

9. 以下检测器属于质量型检测器的是________。（　　）

A. ECD　　B. FID　　C. NPD　　D. 以上都是

答案：B

10. 用气相色谱法分析三甲苯的异构体，应选用________色谱柱。（　　）

A. 非极性　　B. 弱极性　　C. 中等极性　　D. 强极性

答案：D

三、问答题

1. 根据《环境空气和废气　三甲苯的测定　活性炭吸附／二硫化碳解吸－气相色谱法》（DB11/T 1566—2018）简述测定方法原理。

答案：（1）用活性炭采样管富集环境空气或废气中三甲苯，二硫化碳（CS2）解析；

（2）使用带有氢火焰离子化检测器的气相色谱仪分析测定。

2. 根据《环境空气和废气　三甲苯的测定　活性炭吸附 / 二硫化碳解吸－气相色谱法》（DB11/T 1566—2018）简述方法对校准的要求。

答案：（1）初始校准：初次使用仪器，或在仪器维修、更换色谱柱或连续校准不合格时，须重新绘制标准曲线，进行初始校准，校准曲线的线性相关系数应≥0.995。

（2）连续校准：每批样品须用标准曲线的中间浓度点进行 1 次连续校准，连续校准的相对误差应不超过 20%，否则应查找原因，或重新绘制标准曲线。

四、计算题

根据《环境空气和废气　三甲苯的测定　活性炭吸附 / 二硫化碳解吸－气相色谱法》（DB11/T 1566—2018），使用活性炭采样管采集环境空气样品，在标准状态（101.325 kPa，273 K）下的采样体积为 30 L，1.0 ml 二硫化碳分别解析 A、B 段活性炭中的三甲苯，待上机测试后 A 段活性炭样品解析液 1，2，3- 三甲苯浓度为 5.00 μg/ml，B 段活性炭样品解析液 1，2，3- 三甲苯浓度为 0.10 μg/ml，试计算该环境空气中的 1，2，3- 三甲苯浓度。

答案：

$$\rho_i = \frac{(W_a + W_b) \times V}{V_{nd}}$$

$$= \frac{(5.00 + 0.10) \times 1.0}{30} = 0.170 \text{ mg/m}^3$$

该环境空气中的 1，2，3- 三甲苯的浓度为 0.170 mg/m^3。

参考文献

[1] 北京市质量监督总局 . 环境空气和废气　三甲苯的测定　活性炭吸附 / 二硫化碳解吸－气相色谱法：DB11/T 1566—2018 [S].

[2] 中国环境监测总站《环境监测人员持证上岗考核试题集》编写组．环境监测人员持证上岗考核试题集：下册 . 4 版．北京：中国环境出版集团，2018.

命题：常　淼

审核：沈秀娥

第二十九节　固定污染源废气　氯苯类化合物的测定　气相色谱法（HJ 1079—2019）

一、判断题

1.《固定污染源废气　氯苯类化合物的测定　气相色谱法》（HJ 1079—2019）中规定了固定污染源废气和无组织排放监控站点空气中氯苯类化合物的气相色谱法。（　　）

答案：√

2. 根据《固定污染源废气　氯苯类化合物的测定　气相色谱法》（HJ 1079—2019）的规定，固定污染源废气和无组织排放监控点空气中氯苯类化合物经活性炭吸附剂富集后，用二氯甲烷解吸。（　　）

答案：×

正确答案：用二硫化碳解吸。

3. 根据《固定污染源废气　氯苯类化合物的测定　气相色谱法》（HJ 1079—2019）的规定，当固定污染源废气采样体积为 10 L（标准状态），解吸液体积 2.00 ml 时，方法检出限为 0.02～0.04 mg/m^3。（　　）

答案：√

4. 根据《固定污染源废气　氯苯类化合物的测定　气相色谱法》（HJ 1079—2019）的规定，当固定污染源废气采样体积为 10 L（实况状态），解吸液体积 2.00 ml 时，方法检出限为 0.02～0.04 mg/m^3。（　　）

答案：×

正确答案：采样体积为 10 L（标准状态）

5. 根据《固定污染源废气　氯苯类化合物的测定　气相色谱法》（HJ 1079—2019）的规定，样品应避光保存，4℃下冷藏可保存 7 d，冷藏保存的样品在预处理前应恢复至室温。（　　）

答案：√

6. 根据《固定污染源废气　氯苯类化合物的测定　气相色谱法》（HJ 1079—2019）的规定，样品应避光保存，4℃下冷藏可保存 2 周，冷藏保存的样品在预处理前应恢复至室温。（　　）

答案：×

正确答案：4℃下冷藏可保存 7 d。

7. 根据《固定污染源废气　氯苯类化合物的测定　气相色谱法》（HJ 1079—2019）的规定，将采集固定污染源废气样品的 GDX-103 吸附采样管或活性炭吸附采样管，去掉两端密封胶帽，A 段、B 段吸附剂分别转移至 5 ml 具塞玻璃试管中，在每个试管中各加入 1.00 ml 二硫化碳，密封。（　　）

答案：×

正确答案：在每个试管中各加入 2.00 ml 二硫化碳。

8. 根据《固定污染源废气　氯苯类化合物的测定　气相色谱法》（HJ 1079—2019）的规定，将采集固定污染源废气样品的 GDX-103 吸附采样管或活性炭吸附采样管，去掉两端密封胶帽，A 段、B 段吸附剂分别转移至 5 ml 具塞玻璃试管中，在每个试管中各加入 2.00 ml 二硫化碳，密封。(　　)

答案：√

9. 根据《固定污染源废气　氯苯类化合物的测定　气相色谱法》（HJ 1079—2019）的规定，测定结果的小数点后位数与方法检出限一致，最多保留 3 位有效数字。(　　)

答案：√

10. 根据《固定污染源废气　氯苯类化合物的测定　气相色谱法》（HJ 1079—2019）的规定，每测定 10 个样品或每批次（少于 10 个样品 / 批）应测定 1 个全程序空白和 1 个实验室空白样品，空白样品中目标化合物浓度应低于方法检出限。(　　)

答案：×

正确答案：每测定 20 个样品或每批次（少于 20 个样品 / 批）应测定 1 个全程序空白和 1 个实验室空白样品。

二、单项选择题

1. 根据《固定污染源废气　氯苯类化合物的测定　气相色谱法》（HJ 1079—2019）的规定，将采集固定污染源废气样品的活性炭吸附采样管，去掉两端密封胶帽，A 段、B 段吸附剂分别转移至 5 ml 具塞玻璃试管中，在每个试管中各加入 2.00 ml 二硫化碳密封，于超声清洗仪中超声解吸 1 min，静置约________min。(　　)

A．10　　B．20　　C．30

答案：C

2. 根据《固定污染源废气　氯苯类化合物的测定　气相色谱法》（HJ 1079—2019）测定固定污染源废气中氯苯化合物，当无组织排放监控点空气采样体积为 30 L（标准状态），解吸液体积 1.00 ml 时，方法检出限为________。(　　)

A．0.01～0.02 mg/m^3

B．0.005～0.01 mg/m^3

C．0.007～0.01 mg/m^3

答案：C

3. 根据《固定污染源废气　氯苯类化合物的测定　气相色谱法》（HJ 1079—2019）测定固定污染源废气中氯苯化合物，当固定污染源废气采样体积为 10 L（标准状态），解吸液体积 2.00 ml 时，方法检出限为________。(　　)

A．0.02～0.04 mg/m^3

B．0.02～0.05 mg/m^3

C．0.04～0.08 mg/m^3

答案：A

4. 根据《固定污染源废气　氯苯类化合物的测定　气相色谱法》（HJ 1079—2019）测定固定污染源废气中氯苯类化合物时，样品应避光保存，4℃下冷藏可保存________，冷藏保存的样品在预处理前应恢复至室温。(　　)

A．30 d　　B．2 周　　C．7 d

答案：C

5. 根据《固定污染源废气　氯苯类化合物的测定　气相色谱法》（HJ 1079—2019）测定固定污染源废气中氯苯类化合物时，将采集无组织排放监控点控气样品的 GDX-103 吸附采样管或活性炭吸附采样管，去掉两端密封胶帽，A 段、B 段吸附剂分别转移至 5 ml 具塞玻璃试管中，在每个试管中各加入________ml 二硫化碳，密封。（　　）

A．1.00　　B．2.00　　C．5.00

答案：A

6. 根据《固定污染源废气　氯苯类化合物的测定　气相色谱法》（HJ 1079—2019）测定固定污染源废气中氯苯类化合物时，将采集固定污染源废气样品的 GDX-103 吸附采样管或活性炭吸附采样管，去掉两端密封胶帽，A 段、B 段吸附剂分别转移至 5 ml 具塞玻璃试管中，在每个试管中各加入________ml 二硫化碳，密封。（　　）

A．1.00　　B．2.00　　C．5.00

答案：B

7. 根据《固定污染源废气　氯苯类化合物的测定　气相色谱法》（HJ 1079—2019）测定固定污染源废气中氯苯类化合物时，每测定 20 个样品或每批次（少于 20 个样品 / 批）应分析 1 次标准曲线的中间浓度点标准溶液，其测定结果与标准值间的相对误差应在 ±________以内，否则，应重新建立标准曲线。（　　）

A．5%　　B．10%　　C．15%　　D．20%

答案：B

8. 根据《固定污染源废气　氯苯类化合物的测定　气相色谱法》（HJ 1079—2019）测定固定污染源废气中氯苯类化合物时，如果 GDX-103 吸附采样管或活性炭吸附采样管中 B 段待测物的量大于等于 A 段待测物量的________，表明吸附剂穿透，应适当减少采样体积重新采样测定。（　　）

A．25%　　B．20%　　C．15%　　D．10%

答案：A

9. 根据《固定污染源废气　氯苯类化合物的测定　气相色谱法》（HJ 1079—2019）测定固定污染源废气中氯苯类化合物时，每批样品应建立标准曲线，标准曲线的线性相关系数应大于等于________。（　　）

A．0.990　　B．0.995　　C．0.999

答案：B

10. 根据《固定污染源废气　氯苯类化合物的测定　气相色谱法》（HJ 1079—2019）测定固定污染源废气中氯苯类化合物时，每批样品应至少进行 1 个空白加标回收试验，各组的加标回收率应在________。（　　）

A．70%～120%　　B．80%～120%

C．75% ～115%　　D．75%～125%

答案：A

三、问答题

简述《固定污染源废气 氯苯类化合物的测定 气相色谱法》（HJ 1079—2019）中气相色谱法的原理。

答案：固定污染源废气和无组织排放监控点空气中氯苯类化合物经 GDX-103 吸附剂（苯乙烯-二乙烯基苯聚合物）或活性炭吸附剂富集后，用二硫化碳解吸，解吸液经毛细管气相色谱分离，以氢火焰离子化检测器检测，根据保留时间定性，外标法定量。

参考文献

生态环境部. 固定污染源废气 氯苯类化合物的测定 气相色谱法：HJ 1079—2019［S］. 北京：中国环境出版集团，2019.

命题：丁萌萌

审核：王小菊

第三十节 固定污染源废气 油烟和油雾的测定 红外分光光度法（HJ 1077—2019）

一、填空题

1. 标准状态是指温度为________，压力为________时的状态。

答案：273 K，101 325 Pa

2. 根据《固定污染源废气 油烟和油雾的测定 红外分光光度法》（HJ 1077—2019）的规定，油烟是指食品烹饪、加工过程中挥发的________、________及其加热分解或裂解产物。

答案：油脂、有机质

3. 根据《固定污染源废气 油烟和油雾的测定 红外分光光度法》（HJ 1077—2019）的规定，油雾指工业生产过程（如________、________等工艺）中挥发产生的矿物油及其加热分解或裂解产物。

答案：机械加工、金属材料热处理

4. 根据《固定污染源废气 油烟和油雾的测定 红外分光光度法》（HJ 1077—2019）的规定，样品采集按照 GB 18483—2001 标准要求进行时，采样时间应在油烟排放单位________期间，采样次数为连续采样________次，每次________min。

答案：正常作业，5，10

5. 根据《固定污染源废气 油烟和油雾的测定 红外分光光度法》（HJ 1077—2019）的规定，油烟样品若不能在 24 h 内测定，可________保存 7 d。

答案：冷藏（≤4 ℃）

6.《饮食业油烟排放标准》（GB 18483—2001）中规定，饮食业单位的油烟最高允许排放浓度为________mg/m^3，DB11/1148—2018 中规定餐饮服务单位的油烟最高允许排放浓度为________mg/m^3。

答案：2.0，1.0

7. 根据《固定污染源废气　油烟和油雾的测定　红外分光光度法》（HJ 1077—2019）的规定，当采样体积为 250 L（标准状态），萃取液体积为 25 ml，使用 4 cm 比色皿时，本方法油烟和油雾的检出限均为________mg/m^3。

答案：0.1

二、判断题

1. 根据《固定污染源废气　油烟和油雾的测定　红外分光光度法》（HJ 1077—2019）的规定，固定污染源废气中的油烟和油雾经滤筒吸附后，用四氯化碳超声萃取，萃取液用红外分光光度法测定。油烟和油雾含量油波数分别为 2 930 cm^{-1}（CH_2 基团中 C—H 键的伸缩振动）、2 960 cm^{-1}（CH_3 基团中 C—H 键的伸缩振动）和 3 030 cm^{-1}（芳香环中 C—H 键的伸缩振动）处的吸光度 A_{2930}、A_{2960} 和 A_{3030}，进行计算。（　　）

答案：×

正确答案：“用四氯化碳超声萃取”应为“用四氯乙烯超声萃取”。

2. 根据《固定污染源废气　油烟和油雾的测定　红外分光光度法》（HJ 1077—2019）的规定，金属滤筒清洗后用清洁空气吹干至于套筒内保存。（　　）

答案：×

正确答案：金属滤筒清洗后用无油清洁空气吹干至于套筒内保存。

3. 根据《固定污染源废气　油烟和油雾的测定　红外分光光度法》（HJ 1077—2019）的规定，玻璃纤维滤筒经 400℃灼烧 1 h，冷却后进行检查。（　　）

答案：√

4. 根据《固定污染源废气　油烟和油雾的测定　红外分光光度法》（HJ 1077—2019）的规定，制备油雾试样时，若使用纤维滤筒采样，将采样后的滤筒剪碎后置于 50 ml 烧杯中，用 25 ml 四氯乙烯在超声波清洗器中超声萃取 10 min，萃取液转移至 25 ml 比色管，用四氯乙烯定容。（　　）

答案：×

正确答案：不用定容。

三、问答题

1. 根据《固定污染源废气　油烟和油雾的测定　红外分光光度法》（HJ 1077—2019）简述四氯乙烯使用过程中注意事项。

答案：四氯乙烯对人体健康有害，样品前处理过程应在通风橱中进行，并按规定要求佩戴防护器具，避免接触皮肤和衣服；废物应置于容器中密闭保存，委托有资质的单位处理。

2. 根据《固定污染源废气　油烟和油雾的测定　红外分光光度法》（HJ 1077—219）简述四氯乙烯的储存要求。

答案：储存于阴凉、通风的库房，应与碱类、活性金属粉末、碱金属、食用化学品分开存放，切忌混储，远离火源、热种，配备相应品种和数量的消防器材，储区应备有泄漏应急处理设备和合适的收容材料；包装要求密封，不可与空气接触。

3. 根据《固定污染源废气　油烟和油雾的测定　红外分光光度法》（HJ 1077—2019）测定固定污染源废气中油烟和油雾时，校正系数检验时，如果测定值与标准值的相对误差大于 ±10%，如何处理？

答案：如果测定值与标准值的相对误差大于 ±10%，重新测定校正系数并校准仪器，或者重新配制校验校正系数用的标准溶液后重新测定，红外分光光度计出厂时如果设定了校正系数，不必每次测定校正系数。当校正系数检验不合格时，需重新测定校正系数。

四、计算题

1. 根据《固定污染源废气　油烟和油雾的测定　红外分光光度法》（HJ 1077—2019）测定固定污染源废气时，某饭店油烟样品，采样体积和各波长下的吸光值测定结果如下，萃取液体积 25.0 ml，请计算油烟排放浓度，依据北京市地标和国家排放标准分别判定其达标情况。

红外分光光度计的校正系数：

X	Y	Z	F
48.9	71.4	461	60.9

采样体积和各波长下的吸光值测定结果：

采样频次		1	2	3	4	5
采样体积 /L（标准状态）		276.4	276.5	276.6	277.1	276.9
波长	A_{3030}	0.010 2	0.009 4	0.010 2	0.009 7	0.009 9
	A_{2960}	0.076 4	0.076 3	0.076 0	0.075 8	0.075 9
	A_{2930}	0.178 1	0.184 9	0.180 2	0.175 5	0.175 4
浓度	mg/L	—	17.423 2	17.576 3	17.137 3	17.232 5
	mg/m^3	—	1.575 3	1.588 6	1.546 1	1.555 8

答案：$\rho = X \times A_{2930} + Y \times A_{2960} + Z(A_{3030} - \frac{A_{2930}}{F})$

代入公式，样品 1 的滤筒萃取液质量浓度为 17.518 1 mg/L；

样品 1 的油烟排放浓度为 17.518 1×25.0/276.4=1.584 5 mg/m^3。

结果报出：

5 个样品数据分析：1.546 1/1.588 6=0.97<25%，5 个数据均参与平均计算；

平均值：（1.584 5+1.575 3+1.588 6+1.546 1+1.555 8）/5=1.57 mg/m^3；

达标情况：依据 DB11/1148—2018，超标；依据 GB 18483—2001，达标。

采样频次		1	2	3	4	5
采样体积 /L（标准状态）		276.4	276.5	276.6	277.1	276.9
波长	A_{3030}	0.000 0	0.001 4	0.000 2	0.001 9	0.008 5
	A_{2960}	0.014 2	0.019 9	0.017 8	0.015 0	0.075 3
	A_{2930}	0.042 6	0.051 0	0.047 7	0.041 2	0.178 4
浓度	mg/L	17.518 1	17.423 2	17.576 3	17.137 3	17.232 5
	mg/m^3	1.584 5	1.575 3	1.588 6	1.546 1	1.555 8
	判定	1.546 1/1.588 6=0.97<25%，5 个数据均参与平均计算				
	平均	1.57 mg/m^3，依据 GB 18483，达标 依据 DB11/1148—2018，超标				

故该饭店油烟排放浓度为 1.57 mg/m^3；依据北京市地标 DB11/1148—2018 评价，该饭店油烟废气属超标排放，依据国标 GB 18483—2001 评价，该饭店油烟废气为达标排放。

2. 根据《固定污染源废气　油烟和油雾的测定　红外分光光度法》（HJ 1077—2019），某工业企业油雾样品，采样体积和各波长下的吸光值测定结果如下，萃取液体积 25.0 ml，请计算其排放浓度。

红外分光光度计的校正系数：

X	*Y*	*Z*	*F*
48.9	71.4	461	60.9

采样频次		1	2	3	4	5
采样体积 /L（标准状态）		276.4	276.5	276.6	277.1	276.9
波长	A_{3030}	0.022 0	0.022 7	0.038 4	0.022 2	0.022 5
	A_{2960}	0.414 8	0.415 0	0.343 1	0.418 8	0.414 2
	A_{2930}	0.804 8	0.800 3	0.719 9	0.826 8	0.824 0
浓度	mg/L	—	73.172 3	71.953 4	74.308 3	74.002 5
	mg/m^3	—	6.615 9	6.503 4	6.704 1	6.681 3

答案：$\rho = X \times A_{2930} + Y \times A_{2960} + Z\left(A_{3030} - \frac{A_{2930}}{F}\right)$

代入公式，样品 1 的滤筒萃取液质量浓度为 73.021 3 mg/L；

样品 1 的油烟排放浓度为 73.021 3 × 25.0/276.4=6.604 7 mg/m^3；

结果报出：

平均值：（6.604 7+6.615 9+6.504 3+6.704 1+6.681 3）/5=6.62 mg/m^3。

采样频次		1	2	3	4	5
采样体积 /L（标准状态）		276.4	276.5	276.6	277.1	276.9
波长	A_{3030}	0.022 0	0.022 7	0.038 4	0.022 2	0.022 5
	A_{2960}	0.414 8	0.415 0	0.343 1	0.418 8	0.414 2
	A_{2930}	0.804 8	0.800 3	0.719 9	0.826 8	0.824 0
浓度	mg/L	73.021 3	73.172 3	71.953 4	74.308 3	74.002 5
	mg/m^3	6.604 7	6.615 9	6.503 4	6.704 1	6.681 3
	平均	6.62 mg/m^3				

故该工业企业油雾排放浓度为 6.62 mg/m^3。

参考文献

［1］生态环境部. 固定污染源废气　油烟和油雾的测定　红外分光光度法：HJ 1077—2019［S］. 北京：中国环境出版集团，2019.

［2］国家环境保护总局，国家质量监督检验检疫总局. 饮食业油烟排放标准（试行）：GB 18483—2001［S］. 北京：中国标准出版社，2001.

［3］北京市环境保护局，北京市质量技术监督局. 餐饮业大气污染物排放标准：DB11/1488—2018. 2018.

［4］国家环境保护局. 固定污染源排气中颗粒物测定与气态污染物采样方法：GB/T 16157—1996［S］. 北京：中国标准出版社，1996.

［5］国家环境保护总局. 固定源废气监测技术规范：HJ/T 397—2007［S］. 北京：中国环境科学出版社，2007.

命题：张芳芳

审核：王小菊

第三十一节　大气固定污染源　镉的测定　石墨炉原子吸收分光光度法（HJ/T 64.2—2001）

一、判断题

1. 根据《大气固定污染源　镉的测定　石墨炉原子吸收分光光度法》（HJ/T 64.2—2001）测定环境空气中镉时，可用氘灯扣除背景消除干扰。（　　）

答案：√

2. 根据《大气固定污染源　镉的测定　石墨炉原子吸收分光光度法》（HJ/T 64.2—2001）测定

大气固定污染源烟道气中镉的特征谱线为 228.8 nm。(　　)

答案：√

3. 根据《大气固定污染源　镉的测定　石墨炉原子吸收分光光度法》(HJ/T 64.2—2001) 测定污染源烟道气中镉的光谱通带是 1.0 nm。(　　)

答案：×

正确答案： 石墨炉原子吸收分光光度法测定污染源烟道气中镉的光谱通带是 1.3 nm。

4. 石墨炉原子吸收分光光度法分析程序通常有干燥、灰化、原子化和除残 4 个阶段。(　　)

答案：√

5. 根据《大气固定污染源　镉的测定　石墨炉原子吸收分光光度法》(HJ/T 64.2—2001)，新购置或维修后的采样器在启动前，需进行流量校准，正常使用的采样器半年校准一次即可。(　　)

答案：×

正确答案： 新购置或维修后的采样器在启动前，需进行流量校准，正常使用的采样器每月需进行一次流量校准。

6.《大气固定污染源　镉的测定　石墨炉原子吸收分光光度法》(HJ/T 64.2—2001) 适用于大气固定污染源有组织和无组织排放中镉及其化合物的测定。(　　)

答案：√

7.《大气固定污染源　镉的测定　石墨炉原子吸收分光光度法》(HJ/T 64.2—2001) 中大气固定污染中镉及其化合物系指经滤筒或滤膜采集的颗粒物中能被硫酸—高氯酸浸出的镉及化合物。(　　)

答案：×

正确答案： 大气固定污染中镉及其化合物系指经滤筒或滤膜采集的颗粒物中能被硝酸—高氯酸浸出的镉及化合物。

8. 根据《大气固定污染源　镉的测定　石墨炉原子吸收分光光度法》(HJ/T 64.2—2001) 的规定，过氯乙烯滤膜样品建议加硝酸后过夜，以免有机物过多加入高氯酸后发生爆炸。(　　)

答案：√

二、单项选择题

1. 根据《大气固定污染源　镉的测定　石墨炉原子吸收分光光度法》(HJ/T 64.2—2001)，石墨炉原子吸收分光光度法测定镉时，干燥阶段石墨炉升温过快会使结果________。(　　)

A. 偏高　　B. 偏低　　C. 正常　　D. 不一定

答案：B

2. 根据《大气固定污染源　镉的测定　石墨炉原子吸收分光光度法》(HJ/T 64.2—2001)，石墨炉原子吸收分光光度法测定环境空气中镉时，采集 10 m^3 气体的滤膜制备成 10 ml 的样品时，最低检出限为________mg/m^3。(　　)

A. 1.0×10^{-8}　　B. 2.0×10^{-8}　　C. 3.0×10^{-8}　　D. 4.0×10^{-8}

答案：C

3. 根据《大气固定污染源　镉的测定　石墨炉原子吸收分光光度法》(HJ/T 64.2—2001)，石

墨炉原子吸收分光光度法测定镉时，干燥温度为________℃，时间为________s。(　　)

A．100，10　　B．110，10　　C．120，20　　D．150，20

答案：C

4. 根据《大气固定污染源　镉的测定　石墨炉原子吸收分光光度法》(HJ/T 64.2—2001)，石墨炉原子吸收分光光度法测定镉时，灰化温度为________℃，时间为________s。(　　)

A．400，10　　B．500，10　　C．600，20　　D．700，20

答案：D

5. 根据《大气固定污染源　镉的测定　石墨炉原子吸收分光光度法》(HJ/T 64.2—2001)，石墨炉原子吸收分光光度法测定镉时，原子化温度为________℃，时间为________s。(　　)

A．2 000，10　　B．2 100，10　　C．2 200，20　　D．2 300，20

答案：A

三、问答题

1. 简述《大气固定污染源　镉的测定　石墨炉原子吸收分光光度法》(HJ/T 64.2—2001)测定大气固定污染中镉及其化合物的方法原理。

答案：用玻璃纤维滤筒或过氯乙烯滤膜采集的样品，将经硝酸－高氯酸溶液加热浸取制备成样品溶液。根据特征谱线的光强度，可确定样品溶液中镉的浓度。

2. 根据《大气固定污染源　镉的测定　石墨炉原子吸收分光光度法》(HJ/T 64.2—2001)，采样器工作点流量如何校准?

答案：(1)打开采样头的采样盖，按正常采样位置，放一张干净的采样滤膜，将孔口流量计的接口与采样头密封连接。孔口流量计的取压口接好压差计。

(2)接通电源，开启采样器，待工作正常后，调节采样器流量，使孔口流量计压差值达到 ΔH 值。

(3)校准流量时，要确保气路密封链接，流量校准后，如发现滤膜上尘的边缘轮廓不清晰或滤膜安装歪斜等情况，可能造成漏气，应重新进行校准。

(4)校准合格的采样器，即可用于采样，不得再改动调节器状态。

四、计算题

根据《大气固定污染源　镉的测定　石墨炉原子吸收分光光度法》(HJ/T 64.2—2001)测定无组织排放废气中的镉时，用滤膜采集颗粒物样品。已知标准状态下的采样体积为 10.0 m^3，样品滤膜总面积为 3.50 cm^2，取全部样品滤膜进行消解测定，消解完毕后定容至 25.0 ml，同时取符合要求的空白滤膜按样品制备步骤制备空白溶液。经测定，样品溶液浓度为 5.75 μg/L，空白溶液浓度为 0.18 μg/L，求该无组织排放废气中镉的浓度。

答案：$c(\text{cd}) = \dfrac{V(a-b)}{V_{\text{nd}} \times 10^6} \times \dfrac{S_{\text{t}}}{S_{\text{d}}} = \dfrac{25.0(5.75-0.18)}{10.0 \times 10^6} \times \dfrac{3.50}{3.50} = 1.39 \times 10^{-5}(\text{mg/m}^3)$

该无组织排放废气中镉的浓度为 1.39×10^{-5} mg/m^3。

参考文献

[1] 国家环境保护总局 . 大气固定污染源　镉的测定　石墨炉原子吸收分光光度法：HJ/T 64.2—2001 [S]. 北京：中国环境科学出版社，2001.

[2] 中国环境监测总站《环境监测人员持证上岗考核试题集》编写组 . 环境监测人员持证上岗考核试题集：下册 . 4 版 [M]. 北京：中国环境出版集团，2018.

命题：魏　铮
审核：田　野

第三十二节　污染源废气　铅的测定　石墨炉原子吸收分光光度法（《空气和废气监测分析方法》第四版增补版）

一、判断题

1. 采用石墨炉原子吸收分光光度法测定污染源废气中的铅时，用过氯乙烯滤膜采集有组织排放中颗粒物样品。(　　)

答案：×

正确答案：用过氯乙烯滤膜采集无组织排放中颗粒物样品。

2. 采用石墨炉原子吸收分光光度法测定污染源废气中的铅时，用玻璃纤维滤筒采集有组织排放中的颗粒物样品。(　　)

答案：√

3. 采用石墨炉原子吸收分光光度法测定污染源废气中的铅时，实验过程中产生的所有废弃物应分类收集，集中保存，送至有资质单位进行集中处理。(　　)

答案：√

4. 采用石墨炉原子吸收分光光度法测定污染源废气中的铅时，测定样品前，提前预热元素灯。(　　)

答案：√

5. 采用石墨炉原子吸收分光光度法测定污染源废气中的铅时，滤膜样品溶液制备时，取试样滤膜置于 100 ml 锥形瓶中，加入 10 ml 硝酸，5 ml 高氯酸立即消解。(　　)

答案：×

正确答案：滤膜样品溶液制备时，加入 10 ml 硝酸，放置过夜。其后消解方法与玻璃纤维滤筒相同，但酸量减半。

6. 采用石墨炉原子吸收分光光度法测定污染源废气中的铅时，用金属碳化物图层石墨管，在测定酸度较大的试样时，涂层容易受到破坏，使测定精度变差，应注意测定试样的酸度不超过 1%。(　　)

答案： ×

正确答案： 用金属碳化物图层石墨管，在测定酸度较大的试样时，涂层容易受到破坏，使测定精度变差，应注意测定试样的酸度不超过 0.2%。

7. 采用石墨炉原子吸收分光光度法测定污染源废气中的铅时，滤筒样品采集后将封口向内折叠，竖直放回原采样盒中，待测。(　　)

答案： √

8. 采用石墨炉原子吸收分光光度法测定污染源废气中的铅时，根据石墨炉原子吸收分光光度法检测的铅及其化合物，是指经滤筒或滤膜采集的颗粒物中能被硝酸－高氯酸体系浸出的铅及其化合物。(　　)

答案： √

9. 若污染源废气中铅含量较高时，可考虑用火焰原子吸收分光光度法测定。(　　)

答案： √

10. 为克服石墨炉原子吸收分光光度法测定铅时的基体干扰，可加入基体改进剂。(　　)

答案： √

11. 采用石墨炉原子吸收分光光度法测定污染源废气中的铅时，若用玻璃纤维滤筒采样，因滤筒中铅的本底较高，应适当减少采样体积。(　　)

答案： ×

正确答案： 若用玻璃纤维滤筒采样，因滤筒中铅的本底较高，应适当增大采样体积。

12. 采用石墨炉原子吸收分光光度法测定污染源废气中的铅，配制铅标准溶液时，用（1+9）盐酸溶液稀释至标线。(　　)

答案： ×

正确答案： 配制铅标准溶液时，用（1+9）硝酸溶液稀释至标线。

13. 采用石墨炉原子吸收分光光度法测定污染源废气中的铅时，所用载气为高纯氩气。(　　)

答案： √

14. 采用石墨炉原子吸收分光光度法测定污染源废气中的铅，制备空白溶液时，取同批号空白滤筒或滤膜两个，和样品同时处理操作。(　　)

答案： √

15. 采用石墨炉原子吸收分光光度法测定污染源废气中的铅，在制备样品溶液时，小心加热，勿蒸干，勿使其崩溅。(　　)

答案： √

二、单项选择题

1. 采用石墨炉原子吸收分光光度法测定污染源废气中的铅，当采样体积为 10 m^3 时，将滤膜制备成 25 ml 样品进行测定，最低检出浓度为________μg/m^3，测量范围为________μg/m^3。(　　)

A. 5×10^{-3}，$25\times10^{-3}\sim250\times10^{-3}$

B. 5×10^{-3}，$5\times10^{-3}\sim250\times10^{-3}$

C. 8×10^{-3}，$5\times10^{-3}\sim250\times10^{-3}$

D. 8×10^{-3}，25×10^{-3}～250×10^{-3}

答案：D

2. 采用石墨炉原子吸收分光光度法测定污染源废气中的铅时，所用载气为________。(   )

A. 氮气　　B. 氩气　　C. 氦气　　D. 空气－乙炔

答案：B

3. 采用石墨炉原子吸收分光光度法测定污染源废气中的铅时，铅的特征谱线为________nm。(   )

A. 213.9　　B. 228.8　　C. 232.0　　D. 283.3

答案：D

4. 采用石墨炉原子吸收分光光度法测定污染源废气中铅的时，加入________作为基体改进剂。(   )

A. 磷酸氢二铵　　B. 氢氟酸　　C. 磷酸　　D. 高氯酸

答案：A

5. 采用石墨炉原子吸收分光光度法测定污染源废气中铅的时，狭缝宽度应选择________nm。(   )

A. 0.2　　B. 0.6　　C. 0.8　　D. 1.3

答案：D

6. 根据石墨炉原子吸收分光光度法采集气态污染物样品时，以连续________的采样获取平均值或在 1 h 内以等时间间隔采集________个样品，并计算平均值。(   )

A. 1 h，4　　B. 30 min，3　　C. 1 h，3　　D. 30 min，4

答案：A

7. 根据石墨炉原子吸收分光光度法测定污染源废气中的铅时，配制标准曲线，用________溶液稀释至标线，摇匀。(   )

A.（1+1）硝酸　　B.（1+1）盐酸　　C.（1+9）硝酸　　D.（1+9）盐酸

答案：C

8. 根据石墨炉原子吸收分光光度法采集颗粒物样品时，原则上每个采样点采样时间不少于________，每次采样至少采取________个样品。(   )

A. 5 min，2　　B. 3 min，3　　C. 5 min，3　　D. 3 min，2

答案：B

9. 根据石墨炉原子吸收分光光度法测定污染源废气中的铅时，下列中属于消解样品中用到的试剂为________。(   )

A. 磷酸　　B. 高氯酸　　C. 氢氟酸　　D. 过氧化氢

答案：B

10. 石墨炉原子化器的原子化过程顺序为________、________、________、________4 个阶段。(   )

A. 原子化，干燥，灰化，除残　　B. 原子化，干燥，灰化，除残

C. 干燥，原子化，灰化，除残　　D. 干燥，灰化，原子化，除残

答案：D

三、问答题

1. 简述石墨炉原子吸收分光光度法测定污染源废气中铅的方法原理。

答案： 用过氯乙烯滤膜采集无组织排放中颗粒物样品，用玻璃纤维滤膜采集有组织排放中的颗粒物样品，用硝酸—高氯酸消解后制成样品溶液。处理后的试样溶液注入经涂层处理后的石墨炉原子化器的石墨管中，于 283.3 nm 处测定吸光值，根据特征谱线的光强度，可确定样品溶液铅的浓度。

2. 简述石墨炉原子吸收分光光度法测定污染源废气中铅时的注意事项和干扰消除方法。

答案：（1）在制备样品溶液时，小心加热，勿蒸干，勿崩溅。

（2）若用玻璃纤维滤筒采样，因滤筒中铅的本底较高，应适当增大采样体积。

（3）为克服石墨炉原子吸收法测定铅时的基体干扰，可加入基体改进剂，例如 Pd、$(NH_4)_2HPO_4$、La、Pt、Zr 等盐类；加入基体改进剂后，可适当提高灰化温度（一般可提高 200～300℃），这样能减少基体产生的背景吸收。

（4）用金属碳化物涂层石墨管，在测定酸度较大的试样时，涂层容易受到破坏，使测定精度变差，应注意测定试样的酸度不超过 0.2%。

（5）铅含量高时，可用火焰原子吸收分光光度法测定。

参考文献

国家环境保护总局《空气和废气监测分析方法》编委会 . 空气和废气监测分析方法：第四版增补版［M］. 北京：中国环境科学出版社，2010.

命题：董伟宁
审核：杨碧菁

第三十三节　固定污染源废气　铅的测定 火焰原子吸收分光光度法（HJ 685—2014）

一、判断题

1. 根据《固定污染源废气　铅的测定　火焰原子吸收分光光度法》（HJ 685—2014）试样制备时，先用聚四氟乙烯剪刀将滤筒剪碎。（　　）

答案： √

2. 根据《固定污染源废气　铅的测定　火焰原子吸收分光光度法》（HJ 685—2014）测定固定污染源废气中铅时，抽滤装置所用滤膜为 0.45 μm 醋酸纤维材质或性能相似的滤膜。（　　）

答案： √

3. 根据《固定污染源废气　铅的测定　火焰原子吸收分光光度法》（HJ 685—2014）测定固定污染源废气中铅时，所用乙炔纯度不低于 99.0%。（　　）

答案：×

正确答案：所用乙炔纯度不低于 99.6%。

4. 根据《固定污染源废气　铅的测定　火焰原子吸收分光光度法》（HJ 685—2014）测定固定污染源废气中铅时，若选择石英纤维滤筒，当铅含量不大于 5 μg 时，对粒径大于 3 μm 的颗粒物阻隔效率不低于 99.9%。（　　）

答案：√

5. 根据《固定污染源废气　铅的测定　火焰原子吸收分光光度法》（HJ 685—2014）的规定，每次采样至少取同批号滤筒 1 个，带到采样现场作为现场空白样品。（　　）

答案：×

正确答案：每次采样至少取同批号滤筒 2 个，带到采样现场作为现场空白样品。

6. 根据《固定污染源废气　铅的测定　火焰原子吸收分光光度法》（HJ 685—2014）的规定，实验室用的玻璃和塑料器皿用洗涤剂洗净后，在（1+99）硝酸溶液中浸泡，使用前用水冲洗干净。（　　）

答案：√

7. 根据《固定污染源废气　铅的测定　火焰原子吸收分光光度法》（HJ 685—2014）的规定，在试样溶液蒸发至近干时，可升高温度，快速蒸干。（　　）

答案：×

正确答案：在试样溶液蒸发至近干时，温度不宜太高，以免崩溅。

8. 根据《固定污染源废气　铅的测定　火焰原子吸收分光光度法》（HJ 685—2014）的规定，500 mg/L 的铁、铝、铋和硅酸盐对测定没有明显干扰。（　　）

答案：√

9. 根据《固定污染源废气　铅的测定　火焰原子吸收分光光度法》（HJ 685—2014）的规定，配制铅标准贮备液或试样制备时应在通风橱内进行。（　　）

答案：√

10. 根据《固定污染源废气　铅的测定　火焰原子吸收分光光度法》（HJ 685—2014）测定固定污染源废气中铅时，用（1+99）硝酸溶液洗涤锥形瓶、滤渣及抽滤瓶 3 次以上。（　　）

答案：√

11. 根据《固定污染源废气　铅的测定　火焰原子吸收分光光度法》（HJ 685—2014）测定固定污染源废气中铅时，取同批号空白滤筒 2 个，按相同方法制备实验室空白试样。（　　）

答案：√

12. 根据《固定污染源废气　铅的测定　火焰原子吸收分光光度法》（HJ 685—2014）的规定，当试样响应值处于校准曲线上限范围以外时，应使用（1+99）盐酸溶液稀释至适当倍数，使其响应值降至校准曲线的线性范围内。（　　）

答案：×

正确答案：当试样响应值处于校准曲线上限范围以外时，应使用（1+99）硝酸溶液稀释至适当倍数，使其响应值降至校准曲线的线性范围内。

13. 根据《固定污染源废气　铅的测定　火焰原子吸收分光光度法》（HJ 685—2014）测定固定污染源废气中铅时，若测定值小于 0.1 mg/m^3，结果保留 2 位小数。（　　）

答案：√

14. 根据《固定污染源废气　铅的测定　火焰原子吸收分光光度法》（HJ 685—2014）测定固定污染源废气中铅时，若测定值大于 0.1 mg/m^3，结果以 3 位有效数字表示。（　　）

答案：√

15. 根据《固定污染源废气　铅的测定　火焰原子吸收分光光度法》（HJ 685—2014）测定固定污染源废气中铅时，用电热板消解时，置于锥形瓶中加热。（　　）

答案：√

16. 根据《固定污染源废气　铅的测定　火焰原子吸收分光光度法》（HJ 685—2014）测定固定污染源废气中铅时，空白样品中铅的浓度应低于该方法测定下限。（　　）

答案：√

17. 根据《固定污染源废气　铅的测定　火焰原子吸收分光光度法》（HJ 685—2014）的规定，当采样体积为 0.5 m^3（标准状态），定容体积为 50.0 ml 时，本方法检出限为 1.0×10^{-2} mg/m^3。（　　）

答案：√

18. 根据《固定污染源废气　铅的测定　火焰原子吸收分光光度法》（HJ 685—2014），铅的特征谱线为 228.8 nm。（　　）

答案：×

正确答案：铅的特征谱线为 283.3 nm。

19. 雾化器和燃烧器是火焰原子化器中的重要组成部件。（　　）

答案：√

20. 采用火焰原子吸收分光光度法测定固定污染源废气中铅时，废液出口管做水封，其目的是液封或防止乙炔泄漏。（　　）

答案：√

21. 根据《固定污染源废气　铅的测定　火焰原子吸收分光光度法》（HJ 685—2014）测定固定污染源废气中铅时，每测定 10 个样品复测 1 次校准曲线浓度中间点的标准溶液，测定结果与校准曲线上该点浓度值相对偏差应不超过 ±10%。

答案：√

22. 根据《固定污染源废气　铅的测定　火焰原子吸收分光光度法》（HJ 685—2014），样品的采集按照 GB 16157 中相关要求，采用等速采样法进行样品采集。（　　）

答案：√

二、单项选择题

1. 根据《固定污染源废气　铅的测定　火焰原子吸收分光光度法》（HJ 685—2014）的规定，铅的特征谱线为________nm。（　　）

A．234.9　　B．248.3　　C．283.3　　D．324.7

答案：C

2. 根据《固定污染源废气　铅的测定　火焰原子吸收分光光度法》（HJ 685—2014）测定固定污染源废气中铅时，试样制备时所用到的试剂为________。（　　）

A．硫酸　　B．磷酸　　C．氢氧化钠　　D．过氧化氢

答案：D

3. 根据《固定污染源废气　铅的测定　火焰原子吸收分光光度法》（HJ 685—2014）测定固定污染源废气中铅时，烟尘采样器采样流量一般为________L/min。（　　）

A．0～80　　B．0～100　　C．5～80　　D．5～100

答案：C

4. 根据《固定污染源废气　铅的测定　火焰原子吸收分光光度法》（HJ 685—2014）测定固定污染源废气中铅时，火焰原子化装置包括________。（　　）

A．雾化器　　B．石墨炉　　C．电热板　　D．水浴锅

答案：A

5. 根据《固定污染源废气　铅的测定　火焰原子吸收分光光度法》（HJ 685—2014）测定固定污染源废气中铅时，应至少做________个现场空白。（　　）

A．0　　B．1　　C．2　　D．3

答案：C

6. 根据《固定污染源废气　铅的测定　火焰原子吸收分光光度法》（HJ 685—2014）测定固定污染源废气中铅时，所用试剂应为________符合国家标准的试剂。（　　）

A．优级纯　　B．分析纯　　C．化学纯　　D．实验纯

答案：B

7. 根据《固定污染源废气　铅的测定　火焰原子吸收分光光度法》（HJ 685—2014）测定固定污染源废气中铅时，测定时火焰类型为________。（　　）

A．氮气　　B．氦气　　C．氩气　　D．空气－乙炔

答案：D

8. 根据《固定污染源废气　铅的测定　火焰原子吸收分光光度法》（HJ 685—2014）测定固定污染源废气中铅时，测定结果值表示正确的是________。（　　）

A．0.05　　B．0.062　　C．1.234　　D．1.0

答案：A

三、问答题

1. 根据《固定污染源废气　铅的测定　火焰原子吸收分光光度法》（HJ 685—2014）简述测定固定污染源废气中铅的方法原理。

答案：用石英纤维滤筒采集固定污染源废气中的颗粒物，经硝酸—过氧化氢消解制备成溶液。此溶液中的铅在空气－乙炔火焰中原子化，基态铅原子对空心阴极灯发射的特征谱线（283.3 nm）产生吸收。在一定范围内，其吸光度值与质量浓度呈线性关系。

2. 根据《固定污染源废气　铅的测定　火焰原子吸收分光光度法》（HJ 685—2014）简述测定固定污染源废气中铅时样品的保存方法。

答案： 采样完毕，小心取出滤筒将封口向内折叠，竖直放回原滤筒盒，带回实验室供分析。

四、计算题

采用火焰原子吸收分光光度法测定固定污染源废气中铅时，用滤筒采集样品。已知标准状态下采样体积为 0.5 m^3，取全样品滤筒进行消解测定，消解完毕后定容至 50.0 ml，同时取符合要求的空白滤筒按样品制备步骤制备空白溶液。经测定，样品浓度为 2.672 mg/L，空白溶液浓度为 0.012 mg/L，试求固定污染源废气中铅的含量。

答案： C_{Pb}=（2.672−0.012）×50.0/（0.5×1 000）=0.266（mg/m^3）

参考文献

环境保护部. 固定污染源废气　铅的测定　火焰原子吸收分光光度法：HJ 685—2014［S］. 北京：中国环境出版社，2014.

命题：董伟宁

审核：张开开

第三十四节　环境空气和废气　氯化氢的测定　离子色谱法（HJ 549—2016）

一、判断题

1. 根据《环境空气和废气　氯化氢的测定　离子色谱法》（HJ 549—2016）测定的氯化氢指以气态或雾滴形式存在的氯化氢气体。（　　）

答案： √

2. 根据《环境空气和废气　氯化氢的测定　离子色谱法》（HJ 549—2016）测定环境空气和废气中氯化氢时，实验室用水为电阻率≥16 MΩ · cm 的新鲜去离子水。（　　）

答案： ×

正确答案： 实验室用水为电阻率≥18 MΩ · cm 的新鲜去离子水。

3. 根据《环境空气和废气　氯化氢的测定　离子色谱法》（HJ 549—2016）测定环境空气和废气中氯化氢时，颗粒态氯化物对测定有干扰，采样时可用聚四氟乙烯滤膜或石英滤膜去除其干扰。（　　）

答案： √

4. 根据《环境空气和废气　氯化氢的测定　离子色谱法》（HJ 549—2016）测定环境空气

和废气中氯化氢时，聚四氟乙烯滤膜或石英滤膜对粒径大于 0.3 μm 颗粒物的阻留效率不低于 99%。(　　)

答案： ×

正确答案： 聚四氟乙烯滤膜或石英滤膜对粒径大于 0.3 μm 颗粒物的阻留效率不低于 99.9%。

5. 根据《环境空气和废气　氯化氢的测定　离子色谱法》(HJ 549—2016) 测定环境空气和废气中氯化氢时，采样前，应用水预先清洗冲击式吸收瓶至洗液电导率小于 2.0 μS/cm，置于洁净的环境中晾干备用。(　　)

答案： ×

正确答案： 用水预先清洗冲击式吸收瓶至洗液电导率小于 1.0 μS/cm。

6. 根据《环境空气和废气　氯化氢的测定　离子色谱法》(HJ 549—2016) 配制碱性吸收液时，可称取 1.20 g 氢氧化钠，用水溶解并定容至 1 000 ml 聚乙烯瓶，混匀，于 4℃以下冷藏、密封可保存 3 个月。(　　)

答案： ×

正确答案： 碱性吸收液时临用现配。

7. 根据《环境空气和废气　氯化氢的测定　离子色谱法》(HJ 549—2016) 配制硫酸吸收液时，移取 2.7 ml 硫酸，缓慢加入适量水中，冷却后稀释定容至 1 000 ml 容量瓶，混匀。于 4℃以下冷藏可保存 3 个月。(　　)

答案： √

8. 根据《环境空气和废气　氯化氢的测定　离子色谱法》(HJ 549—2016) 的规定，用烟气采样器采样时，采样管为硬质玻璃和氟树脂材质，应具备加热和保温功能。(　　)

答案： √

9. 根据《环境空气和废气　氯化氢的测定　离子色谱法》(HJ 549—2016) 的规定，采样前，冲击式吸收瓶装入吸收液并用硅橡胶连接管密封保存和运输。(　　)

答案： ×

正确答案： 采样前，冲击式吸收瓶装入吸收液并用聚四氟乙烯软管或内衬聚四氟乙烯薄膜的硅橡胶管密封保存和运输。

10. 根据《环境空气和废气　氯化氢的测定　离子色谱法》(HJ 549—2016) 进行环境空气、无组织排放、固定污染源废气样品采样时，吸收液都是水。(　　)

答案： ×

正确答案： 环境空气、无组织排放采样时吸收液是水，固定污染源采样时吸收液是碱性吸收液。

11. 根据《环境空气和废气　氯化氢的测定　离子色谱法》(HJ 549—2016) 进行环境空气样品采样时，采样流量为 0.5～1.0 L/min，至少采集 45 min，采样前后流量偏差应≤10%。(　　)

答案： ×

正确答案： 环境空气样品采样时，采样前后流量偏差应≤5%。

12. 根据《环境空气和废气　氯化氢的测定　离子色谱法》(HJ 549—2016) 的规定，固定固定污染源废气样品采样过程中，应保持采样管保温夹套温度为 120℃，以避免水汽于吸收瓶之前凝

结。（ ）

答案：√

13. 根据《环境空气和废气 氯化氢的测定 离子色谱法》（HJ 549—2016）的规定，当固定污染源废气中氯化氢浓度高于 100 mg/m^3 时，吸收液浓度可适当增加，测定时直接测定。（ ）

答案：×

正确答案：当固定污染源废气中氯化氢浓度高于 100 mg/m^3 时，吸收液浓度可适当增加，测定时稀释至与淋洗液浓度相当。

14. 根据《环境空气和废气 氯化氢的测定 离子色谱法》（HJ 549—2016），当固定污染源废气中含有氯气时，串联 2 支吸收瓶，前边 1 支为装 50 ml 硫酸吸收液的 75 ml 冲击式吸收瓶，后边 1 支为装 50 ml 碱性吸收液的 75 ml 冲击式吸收瓶，前后 2 支吸收瓶分别吸收氯化氢气体和氯气，以避免氯气干扰。（ ）

答案：×

正确答案：当固定污染源废气中含有氯气时，串联 4 支吸收瓶，前边 2 支为各装 50 ml 硫酸吸收液的 75 ml 冲击式吸收瓶，后边 2 支为各装 50 ml 碱性吸收液的 75 ml 冲击式吸收瓶。

15. 根据《环境空气和废气 氯化氢的测定 离子色谱法》（HJ 549—2016）的规定，每次采集样品至少带两套全程序空白样品，将同批次装好吸收液的吸收瓶带至采样现场，不与采样器连接，采样结束后带回实验室待测。（ ）

答案：√

16. 根据《环境空气和废气 氯化氢的测定 离子色谱法》（HJ 549—2016）的规定，采样器与滤膜夹、滤膜夹与吸收瓶、吸收瓶之间的连接管均应尽可能短，并检查系统气密性和可靠性。（ ）

答案：√

17. 根据《环境空气和废气 氯化氢的测定 离子色谱法》（HJ 549—2016），每次开机须绘制标准曲线，标准曲线的线性相关系数应≥0.999。（ ）

答案：√

18. 根据《环境空气和废气 氯化氢的测定 离子色谱法》（HJ 549—2016），每批样品至少测定 2 个全程序空白和 1 个实验室空白。（ ）

答案：×

正确答案：每批样品至少测定 2 个全程序空白和 2 个实验室空白。

19. 根据《环境空气和废气 氯化氢的测定 离子色谱法》（HJ 549—2016），吸收瓶的吸附效率应≥90%，即第二支吸收瓶所收集的组分应小于第一支吸收瓶的 10%，否则应调整流量或采样时间。（ ）

答案：×

正确答案：吸收瓶的吸附效率应≥80%，即第二支吸收瓶所收集的组分应小于第一支吸收瓶的 25%，否则应调整流量或采样时间。

20. 根据《环境空气和废气 氯化氢的测定 离子色谱法》（HJ 549—2016），实验操作中应防止自来水、空气微尘及手上氯化物的干扰。（ ）

答案：√

二、单项选择题

1. 根据《环境空气和废气　氯化氢的测定　离子色谱法》（HJ 549—2016）测定环境空气中氯化氢时，当采样体积为 60 L（标准状态），定容体积为 10.0 ml 时，方法检出限为________mg/m^3，测定下限为________mg/m^3。（　　）

A．0.01，0.040　　B．0.02，0.080　　C．0.04，0.160　　D．0.05，0.200

答案：B

2. 根据《环境空气和废气　氯化氢的测定　离子色谱法》（HJ 549—2016）测定固定污染源废气中氯化氢时，当采样体积为 10 L（标准状态），定容体积为 50.0 ml 时，方法检出限为________mg/m^3，测定下限为________mg/m^3。（　　）

A．0.01，0.040　　B．0.02，0.080　　C．0.1，0.40　　D．0.2，0.80

答案：D

3. 根据《环境空气和废气　氯化氢的测定　离子色谱法》（HJ 549—2016）的规定，氯气对测定有干扰，使用________吸收液串联________吸收液采样，分别吸收________和________可去除其干扰。（　　）

A．酸性，碱性；氯化氢，氯气　　B．酸性，碱性；氯气，氯化氢

C．碱性，酸性；氯化氢，氯气　　D．碱性，酸性；氯气，氯化氢

答案：A

4. 根据《环境空气和废气　氯化氢的测定　离子色谱法》（HJ 549—2016）测定环境空气和废气中氯化氢时，吸收瓶、连接管及各器皿均应用实验用水反复洗涤并防止被污染，末次洗液的电导率应小于________μS/cm。（　　）

A．0.5　　B．1.0　　C．1.5　　D．2.0

答案：B

5. 根据《环境空气和废气　氯化氢的测定　离子色谱法》（HJ 549—2016）的规定，乙酸纤维微孔滤膜的规格为________μm。（　　）

A．0.22　　B．0.45　　C．0.65　　D．0.80

答案：B

6. 根据《环境空气和废气　氯化氢的测定　离子色谱法》（HJ 549—2016）进行无组织排放样品采样时，采样流量可以选择________。（　　）

A．0.4 L/min　　B．0.8 L/min　　C．1.2 L/min　　D．1.5 L/min

答案：B

7. 根据《环境空气和废气　氯化氢的测定　离子色谱法》（HJ 549—2016）的规定，样品采集后用连接管密封吸收瓶，于 4℃以下冷藏保存，________内完成分析测定。如不能及时分析，应将样品转移至聚乙烯瓶中，于 4℃以下冷藏可保存________。（　　）

A．24 h，7 d　　B．24 h，14 d　　C．48 h，7 d　　D．48 h，14 d

答案：C

8. 根据《环境空气和废气　氯化氢的测定　离子色谱法》（HJ 549—2016）测定环境空气和

废气中氯化氢时，实验室空白测定结果应低于________；全程序空白测定结果应低于________。(　　)

A．测定下限，方法检出限　　B．测定下限，测定下限

C．方法检出限，测定下限　　D．方法检出限，方法检出限

答案：C

9. 根据《环境空气和废气　氯化氢的测定　离子色谱法》(HJ 549—2016)的规定，吸收瓶的吸附效率应≥________，即第二支吸收瓶所收集的组分应小于第一支吸收瓶的________。(　　)

A．70%，43%　　B．80%，25%　　C．85%，18%　　D．90%，10%

答案：B

10. 根据《环境空气和废气　氯化氢的测定　离子色谱法》(HJ 549—2016)的规定，每测定10个样品应至少带1个标准曲线中间浓度校核点，中间浓度校核点测量值与其标准溶液浓度值的相对误差应≤________。(　　)

A．5%　　B．10%　　C．15%　　D．20%

答案：B

11. 根据《环境空气和废气　氯化氢的测定　离子色谱法》(HJ 549—2016)的规定，当环境空气或无组织排放废气中氯化氢样品浓度大于或等于0.1 mg/m^3时，结果保留________位有效数字；小于0.1 mg/m^3时，结果保留至小数点后________位。(　　)

A．2，2　　B．2，3　　C．3，2　　D．3，3

答案：D

12. 根据《环境空气和废气　氯化氢的测定　离子色谱法》(HJ 549—2016)的规定，当固定污染源废气中氯化氢样品浓度大于或等于1.0 mg/m^3时，结果保留________位有效数字；小于1.0 mg/m^3时，结果保留至小数点后________位。(　　)

A．2，2　　B．2，3　　C．3，2　　D．3，3

答案：C

13. 根据《环境空气和废气　氯化氢的测定　离子色谱法》(HJ 549—2016)测定环境空气和废气中氯化氢时，每次开机，须绘制标准曲线，标准曲线的线性相关系数应≥________。(　　)

A．0.990　　B．0.995　　C．0.999　　D．0.999 9

答案：C

14. 根据《环境空气和废气　氯化氢的测定　离子色谱法》(HJ 549—2016)进行固定污染源废气采样时，应选取________ml冲击式吸收瓶。(　　)

A．25　　B．50　　C．75　　D．100

答案：C

15. 根据《环境空气和废气　氯化氢的测定　离子色谱法》(HJ 549—2016)进行固定污染源废气采样时，应保持采样管保温夹套温度为________℃，以避免水汽于吸收瓶之前凝结。(　　)

A．105　　B．110　　C．115　　D．120

答案：D

16. 根据《环境空气和废气　氯化氢的测定　离子色谱法》(HJ 549—2016)进行无组织排放样

品采集时，采样前后流量偏差应≤________%。（　　）

A．5　　B．10　　C．15　　D．20

答案：A

三、问答题

1. 根据《环境空气和废气　氯化氢的测定　离子色谱法》（HJ 549—2016）简述当固定污染源废气中含有氯气时，如何避免氯气干扰。

答案：当固定污染源废气中含有氯气时，串联 4 支吸收瓶，前 2 支为各装 50 ml 硫酸吸收液的 75 ml 冲击式吸收瓶，后 2 支为各装 50 ml 碱性吸收液的 75 ml 冲击式吸收瓶，前后 2 组吸收瓶分别吸收氯化氢气体和氯气，以避免氯气的干扰。

2. 根据《环境空气和废气　氯化氢的测定　离子色谱法》（HJ 549—2016）简述当固定污染源废气中湿度较大，氯化氢吸湿并主要以盐酸雾形式存在时的采样过程。

答案：在烟尘采样器后连接加热装置（内含分流阀及滤膜夹套），并串联 2 支各装 50 ml 碱性吸收液的 75 ml 冲击式吸收瓶，按照颗粒物采样方法采集盐酸雾。采样过程保持烟尘采样管及加热装置温度在 120℃，以避免水汽在吸收瓶之前凝结。通过分流阀，将氯化氢气体采样流量控制在 0.5～1.0L/min，连续采样 1 h，或在 1 h 内以等时间间隔采集 3～4 个样品。

3. 根据《环境空气和废气　氯化氢的测定　离子色谱法》（HJ 549—2016）简述环境空气及无组织排放样品的制备过程。

答案：将 2 支吸收瓶中的样品溶液分别移入两支 10 ml 具塞比色管中，用少量水洗涤吸收瓶内壁，洗液并入比色管，稀释定容至 10 ml 标线，摇匀。

四、计算题

1. 根据《环境空气和废气　氯化氢的测定　离子色谱法》（HJ 549—2016），测定一点位环境空气中氯化氢的浓度，采样时间为 60 min，采样流量为 0.9L/min，采样时温度为 24℃，采样时大气压为 100.6 kPa。各制备样经离子色谱仪分析后仪器示值为：全程序空白样 1 为 0.023 0 mg/L、全程序空白样 2 为 0.023 2 mg/L、实验室空白样 1 为 0.008 1 mg/L、实验室空白样 2 为 0.008 5 mg/L、第一支吸收瓶的制备样品为 0.198 2 mg/L、第二支吸收瓶的制备样品为 0.035 0 mg/L，计算出该点位环境空气中氯化氢的浓度。

答案：采样体积：$60\times0.9=54.0$（L）

参比状态下的采样体积：$V=\dfrac{100.6\times54.0}{273.15+2}\times\dfrac{298.15}{101.325}=53.8$（L）

两支实验室空白制备样中氯化物平均浓度：

$$\rho_0=\frac{0.0081+0.0085}{2}=0.0083\ (\text{mg/L})$$

氯化氢浓度：$\dfrac{(0.1982+0.0350-2\times0.0083)}{53.8}\times\dfrac{36.45}{35.45}=0.041$（$mg/m^3$）

该点位环境空气中氯化氢的浓度为 0.041 mg/m^3。

2. 根据《环境空气和废气　氯化氢的测定　离子色谱法》（HJ 549—2016）测定一固定污染源点位废气中的氯化氢时，第一支吸收瓶吸收液制备的试料中氯离子的浓度为 9.05 mg/L，吸收液体积为 50 ml；第二支吸收瓶吸收液制备的试料中氯离子的浓度为 2.62 mg/L，吸收液体积为 50 ml。计算吸收瓶的吸附效率，并判断吸附效率是否符合标准要求。

答案： 吸附效率：$\dfrac{9.05\times 50}{9.05\times 50+2.62\times 50}=77.5\%$

吸附效率为 77.5%，《环境空气和废气　氯化氢的测定　离子色谱法》（HJ 549—2016）要求吸附效率应≥80%，吸附效率不符合标准要求，应重新采样。

参考文献

环境保护部．环境空气和废气　氯化氢的测定　离子色谱法：HJ 549—2016［S］．北京：中国环境出版集团，2016.

命题：胡　帅

审核：李　佳

第三十五节　固定污染源排气中氯化氢的测定　硫氰酸汞分光光度法（HJ/T 27—1999）

一、判断题

1. 根据《固定污染源排气中氯化氢的测定　硫氰酸汞分光光度法》（HJ/T 27—1999）测定固定污染源排气中的氯化氢时，使用稀氢氧化钠作为吸收液。（　　）

答案： √

2. 在《固定污染源排气中氯化氢的测定　硫氰酸汞分光光度法》（HJ/T 27—1999）规定的显色条件下，当采样气体积为 100 L 时，氟化氢（HF）、硫化氢（H_2S）、氰化氢（HCN）浓度高于 0.2 mg/m^3 时，将对氯化氢的测定产生干扰。（　　）

答案： ×

正确答案： 标准规定的显色条件下，当采样气体积为 100 L 时，氟化氢（HF）浓度高于 0.2 mg/m^3，硫化氢（H_2S）浓度高于 0.1 mg/m^3，氰化氢（HCN）浓度高于 0.1 mg/m^3 时，将对氯化氢的测定产生干扰。

3. 根据《固定污染源排气中氯化氢的测定　硫氰酸汞分光光度法》（HJ/T 27—1999）配制硫酸铁铵溶液时，用高氯酸溶液稀释，如浑浊可以继续使用。（　　）

答案： ×

正确答案： 配制硫酸铁铵溶液时，用高氯酸溶液稀释，如浑浊应过滤。

4. 根据《固定污染源排气中氯化氢的测定 硫氰酸汞分光光度法》（HJ/T 27—1999）的规定，在连接采样装置时，按照采样管、滤膜夹、吸收瓶、流量计量装置、抽气泵的顺序连接，并按要求检查其气密性和可靠性。（ ）

答案： √

5. 根据《固定污染源排气中氯化氢的测定 硫氰酸汞分光光度法》（HJ/T 27—1999）的规定，在有组织排放采样过程中，要根据排气温度和湿度调节采样管保温夹套温度，以避免水汽于吸收瓶之前凝结。（ ）

答案： √

6. 根据《固定污染源排气中氯化氢的测定 硫氰酸汞分光光度法》（HJ/T 27—1999）进行样品分析比色时，以稀氢氧化钠溶液为参比，测定吸光度。（ ）

答案： ×

正确答案： 样品分析比色时，以水为参比。

7. 根据《固定污染源排气中氯化氢的测定 硫氰酸汞分光光度法》（HJ/T 27—1999）测定固定污染源排气中氯化氢时，由于分析时所用的试剂及去离子水均含有微量 Cl^-，使试剂空白液吸光度较高。（ ）

答案： √

8. 根据《固定污染源排气中氯化氢的测定 硫氰酸汞分光光度法》（HJ/T 27—1999）采集无组织排放样品时，滤膜夹与第一根吸收管、第一吸收管与第二吸收管之间可以用乳胶管连接。（ ）

答案： ×

正确答案： 采集无组织排放样品时，滤膜夹与第一根吸收管、第一吸收管与第二吸收管之间不可用乳胶管连接，应采用聚四氟乙烯或聚乙烯塑料管以内接外套法连接。

9. 根据《固定污染源排气中氯化氢的测定 硫氰酸汞分光光度法》（HJ/T 27—1999）采集有组织排放样品时，采样管与第一根吸收管、第一吸收管与第二吸收管之间不可用乳胶管连接，应采用聚乙烯管或用聚四氟乙烯塑料管以内接外套法连接。（ ）

答案： √

10. 根据《固定污染源排气中氯化氢的测定 硫氰酸汞分光光度法》（HJ/T 27—1999）的规定，废气中含有固体氯化物颗粒时，应在第一吸收瓶之前增加滤膜夹。（ ）

答案： √

11. 根据《固定污染源排气中氯化氢的测定 硫氰酸汞分光光度法》（HJ/T 27—1999）的规定，用过的吸收瓶、具塞比色管、连接管等，将溶液倒出后，直接用自来水洗涤。（ ）

答案： ×

正确答案： 用过的吸收瓶、具塞比色管、连接管等，将溶液倒出后，直接用去离子水洗涤，不要用自来水洗涤。

12. 根据《固定污染源排气中氯化氢的测定 硫氰酸汞分光光度法》（HJ/T 27—1999）的规定，在操作过程中应注意防尘：手指不要触摸吸收瓶管口、比色管磨口处，以防氯化物沾污。（ ）

答案：√

13. 根据《固定污染源排气中氯化氢的测定　硫氰酸汞分光光度法》（HJ/T 27—1999）采样分析时，样品溶液、标准溶液和空白溶液必须用同一批试剂同时操作，所加试剂量也要求准确。（　　）

答案：√

14. 根据《固定污染源排气中氯化氢的测定　硫氰酸汞分光光度法》（HJ/T 27—1999）在配制实验试剂及分析过程中时，可使用符合国家标准的分析纯试剂和去离子水。（　　）

答案：√

二、单项选择题

1. 根据《固定污染源排气中氯化氢的测定　硫氰酸汞分光光度法》（HJ/T 27—1999）在无组织排放样品分析中，当采样气体积为 60 L 时，氯化氢的检出限为________。（　　）

A. 0.01 mg/m^3　　B. 0.05 mg/m^3　　C. 0.1 mg/m^3　　D. 0.5 mg/m^3

答案：B

2. 根据《固定污染源排气中氯化氢的测定　硫氰酸汞分光光度法》（HJ/T 27—1999）的规定，在有组织排放样品分析中，当采样气体积为 10 L 时，氯化氢的检出限为________。（　　）

A. 0.5 mg/m^3　　B. 0.8 mg/m^3　　C. 0.9 mg/m^3　　D. 1.0 mg/m^3

答案：C

3. 根据《固定污染源排气中氯化氢的测定　硫氰酸汞分光光度法》（HJ/T 27—1999）的规定，在无组织排放样品分析中，当采样气体积为 60 L 时，定量测定的浓度范围为________。（　　）

A. 0.08～0.16 mg/m^3　　B. 0.16～0.80 mg/m^3

C. 0.3～2.4 mg/m^3　　D. 3.0～24 mg/m^3

答案：B

4. 根据《固定污染源排气中氯化氢的测定　硫氰酸汞分光光度法》（HJ/T 27—1999）的规定，在有组织排放样品分析中，当采样气体积为 10 L 时，定量测定的浓度范围为________。（　　）

A. 0.08～0.16 mg/m^3　　B. 0.16～0.80 mg/m^3

C. 0.3～2.4 mg/m^3　　D. 3.0～24 mg/m^3

答案：D

5. 根据《固定污染源排气中氯化氢的测定　硫氰酸汞分光光度法》（HJ/T 27—1999）的规定，在有组织排放样品采集时，以________L/min 流量，采样________min。（　　）

A. 0.5，5～30　　B. 1，5～30　　C. 0.5，30～60　　D. 1，30～60

答案：A

6. 根据《固定污染源排气中氯化氢的测定　硫氰酸汞分光光度法》（HJ/T 27—1999）进行无组织排放样品采集时，以________L/min 流量，采样________min。（　　）

A. 0.5，5～30　　B. 1，5～30　　C. 0.5，30～60　　D. 1，30～60

答案：D

7. 根据《固定污染源排气中氯化氢的测定　硫氰酸汞分光光度法》（HJ/T 27—1999）进行有组

织排放样品采集时，串联 2 支各装________氢氧化钠吸收液的多孔玻板吸收瓶。(　　)

A. 5 ml　　B. 15 ml　　C. 25 ml　　D. 50 ml

答案：C

8. 根据《固定污染源排气中氯化氢的测定　硫氰酸汞分光光度法》(HJ/T 27—1999)进行无组织排放样品采集时，将滤膜装在滤膜夹内，后面串联 2 支各装________氢氧化钠吸收液的吸收管。(　　)

A. 5 ml　　B. 10 ml　　C. 15 ml　　D. 25 ml

答案：A

9. 根据《固定污染源排气中氯化氢的测定　硫氰酸汞分光光度法》(HJ/T 27—1999)的规定，如果样品采集后不能当天测定，应将试样密封后置于冰箱________℃保存，保存期不超过________。(　　)

A. 0～4，48 h　　B. 3～5，48 h　　C. 0～4，24 h　　D. 3～5，24 h

答案：B

10. 根据《固定污染源排气中氯化氢的测定　硫氰酸汞分光光度法》(HJ/T 27—1999)，样品显色时。应在室温下放置________min，于波长________nm 处比色。(　　)

A. 20～30，640　　B. 10～15，640　　C. 20～30，460　　D. 10～15，460

答案：C

11. 根据《固定污染源排气中氯化氢的测定　硫氰酸汞分光光度法》(HJ/T 27—1999)的规定，实验过程中使用________乙酸纤维微孔滤膜。(　　)

A. 0.2 μm　　B. 0.3 μm　　C. 0.4 μm　　D. 0.5 μm

答案：B

12. 根据《固定污染源排气中氯化氢的测定　硫氰酸汞分光光度法》(HJ/T 27—1999)测定氯化氢样品时，比色皿应选择________材质的。(　　)

A. 石英　　B. 玻璃

答案：B

13. 根据《固定污染源排气中氯化氢的测定　硫氰酸汞分光光度法》(HJ/T 27—1999)测定氯化氢时，有组织排放采样装置的连接顺序为________。(　　)

A. 采样管、流量计量装置、滤膜夹、吸收瓶、抽气泵

B. 采样管、滤膜夹、流量计量装置、吸收瓶、抽气泵

C. 采样管、吸收瓶、滤膜夹、流量计量装置、抽气泵

D. 采样管、滤膜夹、吸收瓶、流量计量装置、抽气泵

答案：D

14. 根据《固定污染源排气中氯化氢的测定　硫氰酸汞分光光度法》(HJ/T 27—1999)的规定，无组织排放采样装置的连接顺序为________。(　　)

A. 引气管、流量计量装置、滤膜夹、吸收管、抽气泵

B. 引气管、滤膜夹、流量计量装置、吸收管、抽气泵

C. 引气管、滤膜夹、吸收管、流量计量装置、抽气泵

D．引气管、吸收管、滤膜夹、流量计量装置、抽气泵

答案： C

15. 根据《固定污染源排气中氯化氢的测定　硫氰酸汞分光光度法》（HJ/T 27—1999）的规定，在显色分析过程中，需要加入 3.0% 硫酸铁铵溶液________，混匀，加硫氰酸汞 - 乙醇溶液________，混匀。在室温下放置 20～30 min，于波长 460 nm 处。以水为参比测定吸光度。（　　）

A．2.00 ml，1.00 ml　　B．1.00 ml，2.00 ml

C．2.00 ml，2.00 ml　　D．1.00 ml，1.00 ml

答案： A

三、问答题

1. 根据《固定污染源排气中氯化氢的测定　硫氰酸汞分光光度法》（HJ/T 27—1999）简述硫氰酸汞分光光度法测定氯化氢的实验原理。

答案： 用稀氢氧化钠溶液吸收氯化氢（HCl）。吸收液瓶中的氯离子和硫氰酸汞反应，生成难电离的二氯化汞分子，置换出的硫氰酸根与三价铁离子反应生成橙红色硫氰酸铁络离子，根据颜色深浅，用分光光度法测定。

2. 根据《固定污染源排气中氯化氢的测定　硫氰酸汞分光光度法》（HJ/T 27—1999）测定氯化氢时，在试剂空白吸光度较高而且不稳定时，要如何做?

答案： 试剂空白吸光度较高而且不稳定时，应多次测定其吸光度，在获得稳定数值后，再绘制曲线及测定样品。

四、计算题

根据《固定污染源排气中氯化氢的测定　硫氰酸汞分光光度法》（HJ/T 27—1999）测定氯化氢时，用烟气采样器采集烟道内氯化氢气体，串联 2 支吸收管，以 0.5 L/min 的流量采样 20 min。现场大气压为 100.0 kPa，仪器显示计前压力为 -4 500 Pa，计前温度为 20℃，样品溶液定容至 50 ml，各取出 5 ml 进行分析，测得两支吸收管中氯化氢含量分别为 25 μg 和 18 μg，试求管道内氯化氢气体浓度。

答案：

$$V_{nd} = 0.050 \times Q_r \times \sqrt{\left[\frac{(B_a + P_r)}{(T_r + 273)}\right]} \times n$$

$$= 0.050 \times 0.5 \times \sqrt{\left[\frac{(100\,000 - 4\,500)}{(20 + 273)}\right]} \times 20$$

$$=9.03\ (L)$$

$$\text{氯化氢（HCI，mg/m}^3\text{）} = \left(\frac{W_1}{V_1} + \frac{W_2}{V_2}\right) \times \left(\frac{V_t}{V_{nd}}\right) = \left(\frac{25}{5} + \frac{18}{5}\right) \times \left(\frac{50}{9.03}\right) = 47.6(\text{mg/m}^3)$$

参考文献

[1] 国家环境保护总局 . 固定污染源排气中氯化氢的测定　硫氰酸汞分光光度法：HJ/T 27—1999 [S]. 北京：中国环境科学出版社，1999.

[2] 中国环境监测总站《环境监测人员持证上岗考核试题集》编写组 . 环境监测人员持证上岗考核试题集：下册 . 4 版 [M] . 北京：中国环境出版集团，2018.

命题：韩　湉

审核：胡新跃

第三十六节　固定污染源废气　硫酸雾的测定　离子色谱法（HJ 544—2016）

一、判断题

1. 根据《固定污染源废气　硫酸雾的测定　离子色谱法》（HJ 544—2016）测定硫酸雾，使用石英纤维滤筒采集有组织排放废气中的硫酸雾时，必须对石英纤维滤筒进行前处理。(　　)

答案：×

正确答案：石英纤维滤筒无须进行前处理。

2. 根据《固定污染源废气　硫酸雾的测定　离子色谱法》（HJ 544—2016）测定硫酸雾，使用配有石英纤维滤膜的中流量采样器采集无组织排放废气中的硫酸雾时，连续采样时间不得大于 1 h。(　　)

答案：×

正确答案：用配有石英纤维滤膜的中流量采样器采集无组织排放废气中的硫酸雾时，应连续采样 1 h，或在 1 h 内以等时间间隔采集 3～4 个样品计平均值，如遇浓度偏低可适当延长采样时间。

3.《固定污染源废气　硫酸雾的测定　离子色谱法》（HJ 544—2016）中规定，试样的制备方法有超声波萃取法和加热浸出法。(　　)

答案：√

4. 根据《固定污染源废气　硫酸雾的测定　离子色谱法》（HJ 544—2016）测定固定污染源废气中硫酸雾时，实验前应对实验所用器具使用硫酸溶液浸泡或清洗，以避免空白值较高。(　　)

答案：×

正确答案：实验所用器具均不可用硫酸溶液浸泡或清洗，以避免空白值较高。

5. 根据《固定污染源废气　硫酸雾的测定　离子色谱法》（HJ 544—2016）测定固定污染源废气中硫酸雾时，滤筒和滤膜应选用空白较低且数值稳定的产品，空白滤筒和空白滤膜的硫酸根含量应低于方法测定下限。(　　)

答案：√

6. 根据《固定污染源废气　硫酸雾的测定　离子色谱法》（HJ 544—2016）测定固定污染源废气中硫酸雾时，烟尘采样器的烟枪必须具备加热和保温功能，且在采样过程中烟枪加热温度不得低于烟气温度。（　　）

答案：√

7. 根据《固定污染源废气　硫酸雾的测定　离子色谱法》（HJ 544—2016）进行无组织排放样品采集时，须使用同批次的滤膜进行样品采集及空白实验。（　　）

答案：√

8. 根据《固定污染源废气　硫酸雾的测定　离子色谱法》（HJ 544—2016）的规定，采集全程序空白时，应将滤膜带至采样现场，但不与采样器连接，采样结束后带回实验室。（　　）

答案：√

9. 根据《固定污染源废气　硫酸雾的测定　离子色谱法》（HJ 544—2016）测定固定污染源废气中硫酸雾时，无组织排放全程序空白样品、全程序空白试样应与待测试样按照完全相同的步骤进行制备。（　　）

答案：√

10. 根据《固定污染源废气　硫酸雾的测定　离子色谱法》（HJ 544—2016）测定固定污染源废气中硫酸雾时，有机污染物会污染色谱柱和干扰样品的测定，可采用 C_{18} 固相萃取柱去除。（　　）

答案：√

11. 根据《固定污染源废气　硫酸雾的测定　离子色谱法》（HJ 544—2016）采集无组织排放废气时，应使用配有石英纤维滤膜的中流量颗粒物采样器。（　　）

答案：√

12. 根据《固定污染源废气　硫酸雾的测定　离子色谱法》（HJ 544—2016）采集无组织排放废气时，应以 100L/min 采集样品，连续 1 h 采样，或在 1 h 内以等时间间隔采集 3～4 个样品计平均值。（　　）

答案：√

13. 根据《固定污染源废气　硫酸雾的测定　离子色谱法》（HJ 544—2016）采集无组织排放废气时，如浓度偏低可适当延长采样时间。（　　）

答案：√

14. 根据《固定污染源废气　硫酸雾的测定　离子色谱法》（HJ 544—2016）的规定，硫酸雾包括硫酸小液滴、二氧化硫、颗粒物中可溶性亚硫酸盐。（　　）

答案：×

正确答案：根据《固定污染源废气　硫酸雾的测定　离子色谱法》（HJ 544—2016）的规定，硫酸雾包括硫酸小液滴、三氧化硫、颗粒物中可溶性硫酸盐。

二、单项选择题

1. 根据《固定污染源废气　硫酸雾的测定　离子色谱法》（HJ 544—2016）判断，下列关于烟尘采样器所用烟枪的说法中正确的是________。（　　）

A．烟尘采样器的烟枪不需要具备加热和保温功能

B．烟尘采样器的烟枪必须具备加热和保温功能，且在采样过程中烟枪加热温度不得低于烟气温度

C．烟尘采样器的烟枪必须具备加热和保温功能，且在采样过程中烟枪加热温度应与烟气温度相等或相近

D．烟尘采样器的烟枪必须具备加热和保温功能，且在采样过程中烟枪加热温度不得高于烟气温度

答案：B

2. 根据《固定污染源废气　硫酸雾的测定　离子色谱法》（HJ 544—2016）的规定，每次分析样品结束后，应使用________清洗仪器管路。实验结束后用________清洗仪器泵及抑制器，以避免受到淋洗液腐蚀。（　　）

A．淋洗液，实验用水　　B．稀盐酸溶液，超纯水

C．超纯水，氢氧化钠溶液　　D．超纯水，淋洗液

答案：A

3. 根据《固定污染源废气　硫酸雾的测定　离子色谱法》（HJ 544—2016）中的规定，下列关于无组织排放全程序空白样品的说法中不正确的是________。（　　）

A．必须使用同批次的滤膜进行全程序空白的样品采集及空白实验

B．采集全程序空白时，应将滤膜带至采样现场，但不与采样器连接，采样结束后带回实验室

C．采集全程序空白时，应将同批次滤膜带至采样现场，并与采样器连接，采样结束后带回实验室

D．全程序空白试样应与待测试样按照完全相同的步骤进行制备

答案：C

4. 根据《固定污染源废气　硫酸雾的测定　离子色谱法》（HJ 544—2016）中的规定，硫酸雾包括硫酸小液滴、________及________。（　　）

A．二氧化硫，颗粒物中可溶性亚硫酸盐

B．二氧化硫，三氧化硫

C．颗粒物中可溶性亚硫酸盐，颗粒物中可溶性硫酸盐

D．三氧化硫，颗粒物中可溶性硫酸盐

答案：D

5. 根据《固定污染源废气　硫酸雾的测定　离子色谱法》（HJ 544—2016）的规定，下列关于采集无组织排放废气的说法中不正确的是________。（　　）

A．应使用配有石英纤维滤膜的中流量颗粒物采样器

B．以 100 L/min 采集样品，连续采样 1 h

C．如浓度偏低可适当延长采样时间

D．采样后的滤膜无须特殊保存，直接带回实验室分析

答案：D

6. 根据《固定污染源废气　硫酸雾的测定　离子色谱法》（HJ 544—2016）测定有组织排放废

气，但采样体积为 0.40 m^3 时，定容体积为 100 ml，进样体积为 25 μl 时，方法检出限为________mg/m^3，测定下限为________mg/m^3。（　　）

A．0.1，0.60　　B．0.1，0.80　　C．0.2，0.80　　D．0.2，0.60

答案：C

三、问答题

1. 根据《固定污染源废气　硫酸雾的测定　离子色谱法》（HJ 544—2016）简述使用玻璃纤维滤筒采集有组织排放废气中的硫酸雾时，若玻璃纤维滤筒的空白值高于检出限，应如何进行前处理？

答案：（1）用超纯水反复浸洗滤筒。将滤筒装入盛有超纯水的大烧杯，用石蜡封口膜或表面皿盖好烧杯，放入超声波清洗器中清洗 10 min；

（2）测定浸泡水的电导率，电导率应小于 3.0 mS/m，否则重复上述步骤；

（3）将洗涤完毕的滤筒放在滤筒架上，置于干燥箱中常温晾干，干燥后放入滤筒盒中备用。

2. 根据《固定污染源废气　硫酸雾的测定　离子色谱法》（HJ 544—2016）简述离子色谱法测定固定污染源废气中硫酸雾浓度的原理。

答案：（1）用玻璃纤维滤筒（或石英纤维滤筒）串联内装 50 ml 吸收液的吸收瓶，采集有组织排放废气中的硫酸雾样品；

（2）用石英纤维滤膜采集无组织排放废气中的硫酸雾样品。采集到的样品经前处理后，用离子色谱仪对硫酸根进行测定，根据保留时间定性，峰面积或峰高定量。

四、计算题

根据《固定污染源废气　硫酸雾的测定　离子色谱法》（HJ 544—2016），使用离子色谱法测定无组织排放废气中的硫酸雾。用配有石英纤维滤膜的中流量采样器以 100 L/min 的流量采集样品，标准状态（101.325 kPa，273 K）下的采样体积为 5.895 m^3，准确量取制备好的试样 50 ml，同实验室空白样品一起引入离子色谱仪进行测试。经分析得出，试样中的硫酸根浓度为 3.85 mg/L，实验室空白试样中的硫酸根浓度为 0.32 mg/L，已知 H_2SO_4 的摩尔质量为 98.08 g/mol，SO_4^{2-} 的摩尔质量为 96.06 g/mol，试计算该无组织排放废气中的硫酸雾的浓度。

答案：
$$\rho = \frac{(\rho_1 - \rho_2) \times V_1}{V} \times \mathrm{DF} \times \frac{98.08}{96.06}$$
$$= \frac{(3.85 - 0.32) \times 50}{5.895 \times 10^3} \times 1 \times \frac{98.08}{96.06} = 0.031\ (\mathrm{mg/m^3})$$

故该无组织排放废气中的硫酸雾的浓度为 0.031 mg/m^3。

参考文献

[1] 环境保护部.固定污染源废气　硫酸雾的测定　离子色谱法：HJ 544—2016 [S].北京：中国环境出版集团，2016.

[2] 中国环境监测总站《环境监测人员持证上岗考核试题集》编写组. 环境监测人员持证上岗考核试题集：下册. 4版[M]. 北京：中国环境出版集团，2018.

命题：宗赫赫
审核：赵京晶

第三十七节　固定污染源废气　二氧化硫的测定　非分散红外吸收法（HJ 629—2011）

一、判断题

1. 根据《固定污染源废气　二氧化硫的测定　非分散红外吸收法》（HJ 629—2011），不确定度不超过5%在有效期内的有证标准气体，可使用通过校准的气体稀释设备对高浓度的二氧化硫标准气体进行稀释配制。（　　）

答案：×

正确答案：不确定度不超过2%在有效期内的有证标准气体，可使用通过校准的气体稀释设备对高浓度的二氧化硫标准气体进行稀释配制。

2. 根据《固定污染源废气　二氧化硫的测定　非分散红外吸收法》（HJ 629—2011），采样管可用硬质玻璃、聚四氟乙烯等材质的管料。采样管在使用时应加热以防止样品中水分冷凝。（　　）

答案：√

3. 根据《固定污染源废气　二氧化硫的测定　非分散红外吸收法》（HJ 629—2011），非分散红外法二氧化硫分析仪零点校准只能用高纯氮气进行零点校准，不可以使用其他气体。（　　）

答案：×

正确答案：开启仪器泵电源开关，预热，将高纯氮气经相应的减压阀和流量调节器，以仪器规定的流量，通入进气口，待仪器指示稳定后，进行零点校准。测量浓度较高的气体样品时，也可用新鲜空气进行零点校准。

4. 根据《固定污染源废气　二氧化硫的测定　非分散红外吸收法》（HJ 629—2011）的规定，由于非分散红外法二氧化硫分析仪灵敏度随时间变化，为保证测试精度，应根据仪器使用频率至少每3个月校准一次，在使用频率较高的情况下，应增加校准次数。（　　）

答案：√

5. 根据《固定污染源废气　二氧化硫的测定　非分散红外吸收法》（HJ 629—2011）的规定，二氧化硫的浓度和排放速率计算结果均应保留3位有效数字。（　　）

答案：√

6. 根据《固定污染源废气　二氧化硫的测定　非分散红外吸收法》（HJ 629—2011）测定二氧化硫时，为防止采样气体中水分在连接管和仪器中冷凝干扰测定，采样管及除湿装置在采样前应加

热至 110℃以上，防止样品中的水分在采样管路中冷凝。（　　）

答案：×

正确答案：为防止采样气体中水分在连接管和仪器中冷凝干扰测定，采样管及除湿装置在采样前应加热至 120℃以上，防止样品中的水分在采样管路中冷凝。

7. 根据《固定污染源废气　二氧化硫的测定　非分散红外吸收法》（HJ 629—2011）在对二氧化硫进行测试时，烟道负压对测试结果无影响。（　　）

答案：×

正确答案：在对二氧化硫进行测试时，应选择抗负压能力大于烟道负压的仪器，避免仪器采样流量减少，导致测试结果偏低或无法测出。

8. 根据《固定污染源废气　二氧化硫的测定　非分散红外吸收法》（HJ 629—2011）的规定，当试样气体中含有三氧化硫等气雾时，应采用滤雾器及冷凝器将气雾过滤。（　　）

答案：√

二、单项选择题

1. 根据《固定污染源废气　二氧化硫的测定　非分散红外吸收法》（HJ 629—2011）测定二氧化硫时，试样气体的露点温度须低于环境温度，试样气体中含水蒸气时，应采用除湿器将露点降到________℃。（　　）

A. 2℃　　B. 5℃　　C. 6℃　　D. 10℃

答案：B

2. 根据《固定污染源废气　二氧化硫的测定　非分散红外吸收法》（HJ 629—2011）测定二氧化硫时，为延长仪器的使用寿命，应防止颗粒物进入测量系统，在管路内和仪器内应设置二级过滤，管路内过滤器应小于________μm，仪器内过滤器应小于________μm。（　　）

A. 5，3　　B. 6，2　　C. 10，5　　D. 5，2

答案：D

3. 根据《固定污染源废气　二氧化硫的测定　非分散红外吸收法》（HJ 629—2011）测定二氧化硫时，含控制阀及流量计的装置，采样流量波动固定在________以内，采样流量误差应小于________。（　　）

A. ±10%，±5%　　B. ±10%，±2.5%

C. ±15%，±2.5%　　D. ±5%，±2.5%

答案：B

4. 根据《固定污染源废气　二氧化硫的测定　非分散红外吸收法》（HJ 629—2011）测定二氧化硫时，将采样管插入烟道采样点位，开动抽气泵，以仪器规定的采样流量连续采样，用烟气清洗采样管道，抽取烟气进行测定，待________即可记录分析仪读数，同一工况下应连续测定________次，取平均值作为测量结果。（　　）

A. 2 min，3　　B. 3 min，3

C. 1 min，3　　D. 仪器读数稳定后，3

答案：D

三、问答题

1. 根据《固定污染源废气　二氧化硫的测定　非分散红外吸收法》（HJ 629—2011）简述非分散红外吸收法测定固定污染源废气中二氧化硫的方法原理。

答案： 二氧化硫气体在 6.82～9 μm 波长红外光谱具有选择性吸收。一束恒定波长为 7.3 μm 的红外光通过二氧化硫气体时，其光通量的衰减与二氧化硫的浓度符合朗伯－比尔定律。

2. 简述根据《固定污染源废气　二氧化硫的测定　非分散红外吸收法》（HJ 629—2011）测定固定污染源废气中二氧化硫的干扰因素及其消除方法。

答案： 在室温下，样品含水量或水蒸气低于饱和湿度时对测定结果无干扰，但更高的含水量或水蒸气对测定结果有负干扰，需采用除湿装置对气体样品进行除湿处理。

四、计算题

根据《固定污染源废气　二氧化硫的测定　非分散红外吸收法》（HJ 629—2011）测定固定污染源废气中二氧化硫时，已知用非分散红外吸收法测定仪测得某燃煤锅炉烟气中二氧化硫浓度为 42 ppm，烟气含氧量 3.8%，标准状态下烟气流量 2.68×10^4 m^3/h，求该燃煤锅炉二氧化硫实测排放浓度、折算排放浓度和排放速率。

答案： 二氧化硫实测排放浓度：$\rho_{SO_2}=2.86 \times C=2.86 \times 42=120$（mg/m^3）

二氧化硫折算排放浓度：$\rho=\rho_{SO_2} \times (21-9)/(21-3.8)=120 \times 12/8.2=176$（mg/m^3）

二氧化硫排放速率：$G=\rho_{SO_2} \times Q_{Sn} \times 10^{-6}=120 \times 2.68 \times 10^4 \times 10^{-6}=3.21$（kg/h）

故二氧化硫实测排放浓度为 120 mg/m^3、折算排放浓度为 176 mg/m^3、排放速率为 3.21 kg/h。

参考文献

环境保护部. 固定污染源废气　二氧化硫的测定　非分散红外吸收法：HJ 629—2011［S］. 北京：中国环境出版社，2011.

命题：任占军

审核：孟　建

第三十八节　环境空气　二氧化硫的测定　甲醛吸收－副玫瑰苯胺分光光度法（HJ 482—2009）

一、判断题

1.《环境空气　二氧化硫的测定　甲醛吸收－副玫瑰苯胺分光光度法》（HJ 482—2009）适用于环境空气中二氧化硫的测定。（　　）

答案： √

2. 根据《环境空气　二氧化硫的测定　甲醛吸收－副玫瑰苯胺分光光度法》（HJ 482—2009）测定环境空气中二氧化硫时，主要干扰物为氮氧化物、臭氧及某些重金属。（　　）

答案：√

3. 根据《环境空气　二氧化硫的测定　甲醛吸收－副玫瑰苯胺分光光度法》（HJ 482—2009）测定环境空气中二氧化硫时，采样后放置一段时间可使氮氧化物自行分解。（　　）

答案：×

正确答案：采样后放置一段时间可使臭氧自行分解。

4. 根据《环境空气　二氧化硫的测定　甲醛吸收－副玫瑰苯胺分光光度法》（HJ 482—2009）测定环境空气中二氧化硫时，加入氨磺酸钠溶液可消除氮氧化物的干扰。（　　）

答案：√

5. 根据《环境空气　二氧化硫的测定　甲醛吸收－副玫瑰苯胺分光光度法》（HJ 482—2009）测定环境空气中二氧化硫时，吸收液中加入磷酸及环己二胺四乙酸二钠盐可以消除或减少某些金属离子的干扰。（　　）

答案：√

6. 根据《环境空气　二氧化硫的测定　甲醛吸收－副玫瑰苯胺分光光度法》（HJ 482—2009）配制完成的副玫瑰苯胺溶液，需要放置过夜后使用。（　　）

答案：√

7. 根据《环境空气　二氧化硫的测定　甲醛吸收－副玫瑰苯胺分光光度法》（HJ 482—2009）测定环境空气中二氧化硫时，配制完成的盐酸副玫瑰苯胺溶液不需要密封保存。（　　）

答案：×

正确答案：盐酸副玫瑰苯胺溶液需要密封保存。

8. 根据《环境空气　二氧化硫的测定　甲醛吸收－副玫瑰苯胺分光光度法》（HJ 482—2009）测定环境空气中二氧化硫时，二氧化硫标准溶液在4～5℃下冷藏，可稳定6个月。（　　）

答案：×

正确答案：二氧化硫标准溶液在4～5℃下冷藏，可稳定1个月。

9. 根据《环境空气　二氧化硫的测定　甲醛吸收－副玫瑰苯胺分光光度法》（HJ 482—2009）测定环境空气中二氧化硫时，用于短时间采样的普通空气采样器，流量范围0.1～1 L/min，应具有保温装置。（　　）

答案：√

10. 根据《环境空气　二氧化硫的测定　甲醛吸收－副玫瑰苯胺分光光度法》（HJ 482—2009）测定环境空气中二氧化硫时，样品采集、运输和贮存过程中应避免阳光照射。（　　）

答案：√

11. 根据《环境空气　二氧化硫的测定　甲醛吸收－副玫瑰苯胺分光光度法》（HJ 482—2009）的规定，当使用10 ml吸收液，采样体积为30 L时，测定空气中二氧化硫的检出限为0.009 mg/m^3。（　　）

答案：×

正确答案：当使用10 ml吸收液，采样体积为30 L时，测定空气中二氧化硫的检出限为

0.007 mg/m^3。

12. 根据《环境空气 二氧化硫的测定 甲醛吸收－副玫瑰苯胺分光光度法》（HJ 482—2009）测定环境空气中二氧化硫时，样品溶液中如有浑浊物，则应离心分离除去。（ ）

答案：√

13. 根据《环境空气 二氧化硫的测定 甲醛吸收－副玫瑰苯胺分光光度法》（HJ 482—2009）测定环境空气中二氧化硫时，当空气中二氧化硫浓度高于测定上限时，可以适当减少采样体积或者减少试料的体积。（ ）

答案：√

14. 根据《环境空气 二氧化硫的测定 甲醛吸收－副玫瑰苯胺分光光度法》（HJ 482—2009）的规定，测定样品过程中的温度与绘制校准曲线时的温度之差不应超过 2℃。（ ）

答案：√

15. 根据《环境空气 二氧化硫的测定 甲醛吸收－副玫瑰苯胺分光光度法》（HJ 482—2009）测定环境空气中二氧化硫时，六价铬能使紫红色络合物褪色，产生正干扰，故应避免用硫酸－铬酸洗液洗涤玻璃器皿。（ ）

答案：×

正确答案：六价铬能使紫红色络合物褪色，产生负干扰，故应避免用硫酸－铬酸洗液洗涤玻璃器皿。

二、单项选择题

1. 下列关于二氧化硫储备液保存方法中正确的是________。（ ）

A．二氧化硫标准储备溶液在 4～5℃下冷藏，可稳定 1 个月

B．二氧化硫标准储备溶液在 4～5℃下冷藏，可稳定 6 个月

C．二氧化硫标准储备溶液在 4～5℃下冷藏，可稳定 1 年

D．二氧化硫标准储备溶液在 4～5℃下冷藏，可稳定 2 年

答案：B

2. 根据《环境空气 二氧化硫的测定 甲醛吸收－副玫瑰苯胺分光光度法》（HJ 482—2009）测定环境空气中二氧化硫时，实验中所有比色管和比色皿用________清洗。（ ）

A．盐酸－乙醇清洗液 B．稀盐酸 C．浓硫酸 D．稀硫酸

答案：A

3. 根据《环境空气 二氧化硫的测定 甲醛吸收－副玫瑰苯胺分光光度法》（HJ 482—2009）测定环境空气中二氧化硫时，短时间采样时吸收液温度保持在________。（ ）

A．4～5℃ B．0～5℃ C．23～29℃ D．4～15℃

答案：C

4. 根据《环境空气 二氧化硫的测定 甲醛吸收－副玫瑰苯胺分光光度法》（HJ 482—2009）测定环境空气中二氧化硫时，样品溶液中如有浑浊物，则应________除去。（ ）

A．离心分离 B．加稀盐酸 C．放置 10 min D．加稀硫酸

答案：A

5. 根据《环境空气　二氧化硫的测定　甲醛吸收－副玫瑰苯胺分光光度法》（HJ 482—2009）测定环境空气中二氧化硫时，每批样品至少测定________个现场空白。（　　）

A. 1　　B. 3　　C. 4　　D. 2

答案：D

6. 根据《环境空气　二氧化硫的测定　甲醛吸收－副玫瑰苯胺分光光度法》（HJ 482—2009）测定环境空气中二氧化硫时，如果样品溶液的吸光度超过标准曲线的上限，可用________稀释。（　　）

A. 纯水　　B. 试剂空白液　　C. 吸收液　　D. 二次水

答案：B

7. 根据《环境空气　二氧化硫的测定　甲醛吸收－副玫瑰苯胺分光光度法》（HJ 482—2009）测定环境空气中二氧化硫时，在给定条件下校准曲线的斜率应为 0.042±________。（　　）

A. 0.001　　B. 0.004　　C. 0.005　　D. 0.002

答案：B

8. 根据《环境空气　二氧化硫的测定　甲醛吸收－副玫瑰苯胺分光光度法》（HJ 482—2009）的规定，测定样品过程中的温度与绘制校准曲线时的温度之差不应超过________℃。（　　）

A. 2　　B. 3　　C. 5　　D. 6

答案：A

9. 根据《环境空气　二氧化硫的测定　甲醛吸收－副玫瑰苯胺分光光度法》（HJ 482—2009）测定环境空气中二氧化硫时，试剂空白吸光度值在显色规定条件下波动范围不超过 ±________%。（　　）

A. 5　　B. 10　　C. 15　　D. 20

答案：C

10. 根据《环境空气　二氧化硫的测定　甲醛吸收－副玫瑰苯胺分光光度法》（HJ 482—2009）测定环境空气中二氧化硫时，六价铬能使________色络合物褪色，产生负干扰，故应避免硫酸－铬酸洗液洗涤玻璃器皿。（　　）

A. 紫红　　B. 粉　　C. 橙红　　D. 蓝

答案：A

11. 根据《环境空气　二氧化硫的测定　甲醛吸收－副玫瑰苯胺分光光度法》（HJ 482—2009）测定环境空气中二氧化硫时，如果样品溶液的吸光度超过标准曲线的上限，可用试剂空白液稀释，但稀释倍数不能大于________。（　　）

A. 2　　B. 3　　C. 5　　D. 6

答案：D

12. 根据《环境空气　二氧化硫的测定　甲醛吸收－副玫瑰苯胺分光光度法》（HJ 482—2009）测定环境空气中二氧化硫时，将装有吸收液的采样管带到采样现场，除不采气之外，其他环境条件与样品相同。这个样品是________。（　　）

A. 全程序空白　　B. 现场空白　　C. 校准曲线空白　　D. 实验室空白

答案：B

13. 根据《环境空气　二氧化硫的测定　甲醛吸收－副玫瑰苯胺分光光度法》（HJ 482—2009）测定环境空气中二氧化硫时，硫代硫酸钠标准贮备液配制完成后，贮于棕色细口瓶中，放置________

后备用。(　　)

A. 1 d　　B. 1个月　　C. 1周　　D. 2 d

答案：C

14. 根据《环境空气　二氧化硫的测定　甲醛吸收－副玫瑰苯胺分光光度法》(HJ 482—2009)测定环境空气中二氧化硫时，当空气中二氧化硫浓度高于________时，可以适当减少采样体积或者减少试料的体积。(　　)

A. 测定上限　　B. 测定下限　　C. 标准曲线　　D. 检出限

答案：A

15. 根据《环境空气　二氧化硫的测定　甲醛吸收－副玫瑰苯胺分光光度法》(HJ 482—2009)测定环境空气中二氧化硫时，六价铬能使紫红色络合物褪色，产生负干扰，故应避免硫酸－铬酸洗液洗涤玻璃器皿。若已用硫酸－铬酸洗液洗涤过，则需用________浸洗，再用水充分洗涤。(　　)

A.(1+1)硝酸溶液　　B.(1+1)硫酸溶液

C.(1+1)磷酸溶液　　D.(1+1)盐酸溶液

答案：D

三、问答题

1. 根据《环境空气　二氧化硫的测定　甲醛吸收－副玫瑰苯胺分光光度法》(HJ 482—2009)测定空气中二氧化硫，当使用10 ml和50 ml吸收液时，二氧化硫的检出限和测定上限、下限各为多少？

答案：(1)当使用10 ml吸收液，采样体积为30L时，测定空气中二氧化硫的检出限为0.007 mg/m^3，测定下限为0.028 mg/m^3，测定上限为0.667 mg/m^3；

(2)当使用50 ml吸收液，采样体积为288 L时，试份为10 ml时，测定空气中二氧化硫的检出限为0.004 mg/m^3，测定下限为0.014 mg/m^3，测定上限为0.347 mg/m^3。

2. 根据《环境空气　二氧化硫的测定　甲醛吸收－副玫瑰苯胺分光光度法》(HJ 482—2009)简述甲醛吸收－副玫瑰苯胺分光光度法测定环境空气中二氧化硫浓度的原理。

答案：二氧化硫被甲醛缓冲溶液吸收后，生成稳定的羟甲基磺酸加成化合物，在样品溶液中加入氢氧化钠使加成化合物分解，释放出的二氧化硫与副玫瑰苯胺、甲醛作用，生成紫红色化合物，用分光光度计在波长577 nm处测量吸光度。

四、计算题

根据《环境空气　二氧化硫的测定　甲醛吸收－副玫瑰苯胺分光光度法》(HJ 482—2009)测定环境空气中二氧化硫时，某监测点的环境温度为18℃，气压为1 011.00 hPa，用内装10 ml吸收液的多孔吸收管以0.5 L/min流量采集空气中SO_2样品60 min。吸取5 ml试样于10 ml比色管中进行测定，已知测定样品溶液的吸光度为0.254，试剂空白吸光度为0.034，SO_2标准曲线回归方程斜率为0.076 6，截距为0.003。计算该监测点参比状态下(101.325 kPa)SO_2的浓度(mg/m^3)(在此不考虑采样器的阻力)。

答案： $V_r = V \times \frac{298.15}{273+t} \times \frac{P}{1013.25} = 0.5 \times 60 \times \frac{298.15}{273.15+18} \times \frac{1011.00}{1013.25} = 30.7(\text{L})$

$\rho_{SO_2} = \frac{(A - A_0 - a)}{Vr \times b} \times \frac{V_t}{V_a} = \frac{(0.254 - 0.034 - 0.003)}{30.7 \times 0.0776} \times \frac{10}{5} = 0.182\ (\text{mg/m}^3)$

该监测点 SO_2 的浓度是 0.182 mg/m³。

参考文献

环境保护部. 环境空气　二氧化硫的测定　甲醛吸收 - 副玫瑰苯胺分光光度法：HJ 482—2009［S］. 北京：中国环境科学出版社，2009.

命题：吴玉敏
审核：贾　楠

第三十九节　环境空气　氮氧化物（一氧化氮和二氧化氮）的测定　盐酸萘乙二胺分光光度法（HJ 479—2009）

一、判断题

1. 根据《环境空气　氮氧化物（一氧化氮和二氧化氮）的测定　盐酸萘乙二胺分光光度法》（HJ 479—2009）中的定义，氮氧化物是指空气中以一氧化氮和二氧化氮形式存在的氮的氧化物，以 NO 计。(　　)

答案： ×

正确答案： 氮氧化物是指空气中以一氧化氮和二氧化氮形式存在的氮的氧化物，以 NO_2 计。

2. 根据《环境空气　氮氧化物（一氧化氮和二氧化氮）的测定　盐酸萘乙二胺分光光度法》（HJ 479—2009）测定环境空气中氮氧化物时，空气中过氧乙酰硝酸酯会对二氧化氮的测定产生正干扰。(　　)

答案： √

3. 根据《环境空气　氮氧化物（一氧化氮和二氧化氮）的测定　盐酸萘乙二胺分光光度法》（HJ 479—2009）测定环境空气中氮氧化物时，空气中二氧化硫质量浓度为氮氧化物质量浓度的 30 倍时，对二氧化氮的测定产生正干扰。(　　)

答案： ×

正确答案： 空气中二氧化硫质量浓度为氮氧化物质量浓度的 30 倍时，对二氧化氮的测定产生负干扰。

4. 根据《环境空气　氮氧化物（一氧化氮和二氧化氮）的测定　盐酸萘乙二胺分光光度法》

（HJ 479—2009）测定环境空气中二氧化硫时，空气中臭氧质量浓度超过 0.25 mg/m³ 时，对二氧化氮的测定产生负干扰。（　　）

答案：√

5. 根据《环境空气　氮氧化物（一氧化氮和二氧化氮）的测定　盐酸萘乙二胺分光光度法》（HJ 479—2009）测定环境空气中二氧化硫时，空气中的一氧化氮、二氧化氮均能被吸收瓶中的吸收液吸收并反应生成粉红色偶氮染料。（　　）

答案：×

正确答案：空气中的二氧化氮能被吸收瓶中的吸收液吸收并反应生成粉红色偶氮染料。一氧化氮不与吸收液反应，而是通过氧化管时被酸性高锰酸钾溶液氧化为二氧化氮后，再被串联的第二支吸收瓶中的吸收液吸收并反应生成粉红色偶氮染料。

6. 根据《环境空气　氮氧化物（一氧化氮和二氧化氮）的测定　盐酸萘乙二胺分光光度法》（HJ 479—2009）测定环境空气中二氧化硫时，氧化系数是指空气中的一氧化氮通过酸性高锰酸钾溶液氧化管后，被氧化为二氧化氮且被吸收液吸收生成偶氮染料的量与通过采样系统的一氧化氮的总量之比。（　　）

答案：√

7. 根据《环境空气　氮氧化物（一氧化氮和二氧化氮）的测定　盐酸萘乙二胺分光光度法》（HJ 479—2009）测定环境空气中二氧化硫时，配制的吸收液的吸光度应小于等于 0.010。（　　）

答案：×

正确答案：配制的吸收液的吸光度应小于等于 0.005。

8. 根据《环境空气　氮氧化物（一氧化氮和二氧化氮）的测定　盐酸萘乙二胺分光光度法》（HJ 479—2009）测定环境空气中二氧化硫时，配制的显色液应贮于密闭的棕色瓶中，在 25℃以下暗处存放可稳定 1 个月。（　　）

答案：×

正确答案：显色液应贮于密闭的棕色瓶中，在 25℃以下暗处存放可稳定 3 个月。

9. 根据《环境空气　氮氧化物（一氧化氮和二氧化氮）的测定　盐酸萘乙二胺分光光度法》（HJ 479—2009）测定环境空气中氮氧化物时，吸收液能吸收空气中的氮氧化物，所以不宜长时间暴露在空气中。（　　）

答案：√

10. 根据《环境空气　氮氧化物（一氧化氮和二氧化氮）的测定　盐酸萘乙二胺分光光度法》（HJ 479—2009）测定环境空气中氮氧化物时，使用的空气采样器当其采样流量为 0.4 L/min 时，相对误差应小于 ±5%。（　　）

答案：√

11. 根据《环境空气　氮氧化物（一氧化氮和二氧化氮）的测定　盐酸萘乙二胺分光光度法》（HJ 479—2009）测定环境空气中氮氧化物时，新的多孔玻板吸收瓶或使用后的多孔玻板吸收瓶，应用（1+1）盐酸溶液浸泡 12 h 以上，用清水洗净。（　　）

答案：×

正确答案：新的多孔玻板吸收瓶或使用后的多孔玻板吸收瓶，应用（1+1）盐酸溶液浸泡 24 h

以上，用清水洗净。

12. 根据《环境空气　氮氧化物（一氧化氮和二氧化氮）的测定　盐酸萘乙二胺分光光度法》（HJ 479—2009）测定环境空气中氮氧化物时，空气中臭氧对二氧化氮的测定产生一定干扰，采样时在采样瓶入口端串接一段 15～20 cm 长的硅橡胶管，可排除干扰。（　　）

答案：√

13. 根据《环境空气　氮氧化物（一氧化氮和二氧化氮）的测定　盐酸萘乙二胺分光光度法》（HJ 479—2009）测定环境空气中氮氧化物时，采样期间，样品运输和存放过程中应避免阳光照射。（　　）

答案：√

14. 根据《环境空气　氮氧化物（一氧化氮和二氧化氮）的测定　盐酸萘乙二胺分光光度法》（HJ 479—2009）测定环境空气中氮氧化物时，内装 50 ml 吸收液的大型多孔玻板吸收瓶，以 0.2 L/min 流量采样时，玻板阻力应在 4～5 kPa，通过玻板后的气泡应分散均匀。（　　）

答案：×

正确答案：内装 50 ml 吸收液的大型多孔玻板吸收瓶，以 0.2 L/min 流量采样时，玻板阻力应在 5～6 kPa，通过玻板后的气泡应分散均匀。

15. 根据《环境空气　氮氧化物（一氧化氮和二氧化氮）的测定　盐酸萘乙二胺分光光度法》（HJ 479—2009）测定环境空气中氮氧化物时，采样效率低于 0.97 的吸收瓶，不宜使用。（　　）

答案：√

二、单项选择题

1. 根据《环境空气　氮氧化物（一氧化氮和二氧化氮）的测定　盐酸萘乙二胺分光光度法》（HJ 479—2009）测定环境空气中氮氧化物时，分析时均使用符合国家标准或专业标准的分析纯试剂和无________的蒸馏水、去离子水或相当纯度的水。（　　）

A. 亚硝酸根　　B. 硝酸根　　C. 铵盐　　D. 氨

答案：A

2. 空气中二氧化氮被吸收液吸收后生成的偶氮染料在波长________nm 处的吸光度与二氧化氮的含量成正比。（　　）

A. 220　　B. 420　　C. 540　　D. 700

答案：C

3. 根据《环境空气　氮氧化物（一氧化氮和二氧化氮）的测定　盐酸萘乙二胺分光光度法》（HJ 479—2009）测定环境空气中氮氧化物时，绘制的标准曲线的斜率应控制在________（吸光度・ml/μg）之间。（　　）

A. 0.160～0.175　　B. 0.180～0.195

C. 0.180～0.190　　D. 0.185～0.195

答案：B

4. 根据《环境空气　氮氧化物（一氧化氮和二氧化氮）的测定　盐酸萘乙二胺分光光度法》（HJ 479—2009）测定环境空气中氮氧化物时，当吸收液呈现________，应弃之重配。（　　）

A．淡黄色　　B．黄色　　C．淡红色　　D．红色

答案：C

5. 根据《环境空气　氮氧化物（一氧化氮和二氧化氮）的测定　盐酸萘乙二胺分光光度法》（HJ 479—2009）测定环境空气中氮氧化物时，采样时氧化管中有明显的________析出时，应及时更换。（　　）

A．结晶　　B．沉淀物　　C．絮状物　　D．漂浮物

答案：B

6. 根据《环境空气　氮氧化物（一氧化氮和二氧化氮）的测定　盐酸萘乙二胺分光光度法》（HJ 479—2009）测定环境空气中氮氧化物时，一般情况下，内装 50 ml 酸性高锰酸钾溶液的氧化瓶可使用________d（隔日采样）。（　　）

A．3～5　　B．5～7　　C．7～15　　D．15～20

答案：D

7. 根据《环境空气　氮氧化物（一氧化氮和二氧化氮）的测定　盐酸萘乙二胺分光光度法》（HJ 479—2009）测定环境空气中氮氧化物时，当气温超过________℃时，长时间（________h 以上）运输和存放，样品应采取降温措施。（　　）

A．25，4　　B．25，8　　C．30，4　　D．30，8

答案：B

8. 根据《环境空气　氮氧化物（一氧化氮和二氧化氮）的测定　盐酸萘乙二胺分光光度法》（HJ 479—2009）测定环境空气中氮氧化物时，要求每次采样至少做________个现场空白。（　　）

A．1　　B．2　　C．3　　D．4

答案：B

9. 根据《环境空气　氮氧化物（一氧化氮和二氧化氮）的测定　盐酸萘乙二胺分光光度法》（HJ 479—2009）测定环境空气中氮氧化物时，配制标准贮备液的亚硝酸钠（$NaNO_2$，优级纯）使用前应在________±5℃进行干燥恒重。（　　）

A．100　　B．105　　C．110　　D．120

答案：B

10. 根据《环境空气　氮氧化物（一氧化氮和二氧化氮）的测定　盐酸萘乙二胺分光光度法》（HJ 479—2009）测定环境空气中氮氧化物时，内装 10 ml 吸收液的多孔玻板吸收瓶，以 0.4L /min 流量采样时，玻板阻力应在________kPa，通过玻板后的气泡应分散均匀。（　　）

A．1～2　　B．2～3　　C．3～4　　D．4～5

答案：D

11. 根据《环境空气　氮氧化物（一氧化氮和二氧化氮）的测定　盐酸萘乙二胺分光光度法》（HJ 479—2009）测定环境空气中氮氧化物时，样品若不能及时测定，应将样品于低温暗处存放，样品在 30℃暗处存放，可稳定 8 h；在________℃暗处存放，可稳定________h；于 0～4℃冷藏，至少可稳定 3 d。（　　）

A．25，16　　B．25，24　　C．20，24　　D．20，48

答案：C

12. 根据《环境空气　氮氧化物（一氧化氮和二氧化氮）的测定　盐酸萘乙二胺分光光度法》（HJ 479—2009）测定环境空气中氮氧化物，绘制标准曲线时，比色管加入显色液后混匀于暗处放置，当室温低于 20℃时应放置________min 以上。（　　）

A．20　　B．30　　C．40　　D．60

答案：C

13. 根据《环境空气　氮氧化物（一氧化氮和二氧化氮）的测定　盐酸萘乙二胺分光光度法》（HJ 479—2009）测定环境空气中氮氧化物时，实验室空白吸光度 A_0 在显色规定条件下波动范围不超过 ±________%。（　　）

A．5　　B．10　　C．15　　D．20

答案：C

14. 根据《环境空气　氮氧化物（一氧化氮和二氧化氮）的测定　盐酸萘乙二胺分光光度法》（HJ 479—2009）测定环境空气中氮氧化物时，绘制的标准曲线的截距应控制在 ±________之间。（　　）

A．0.002　　B．0.003　　C．0.005　　D．0.010

答案：B

15. 根据《环境空气　氮氧化物（一氧化氮和二氧化氮）的测定　盐酸萘乙二胺分光光度法》（HJ 479—2009）测定环境空气中氮氧化物时，若样品的吸光度超过标准曲线的上限，应用实验室________稀释，再测定其吸光度。但稀释倍数不得大于 6。（　　）

A．空白试液　　B．纯水　　C．去离子水　　D．无氨水

答案：A

三、问答题

1. 根据《环境空气　氮氧化物（一氧化氮和二氧化氮）的测定　盐酸萘乙二胺分光光度法》（HJ 479—2009）简述在测定氮氧化物时，空气中会产生干扰的物质。

答案：（1）空气中二氧化硫质量浓度为氮氧化物浓度 30 倍时，对二氧化氮的测定产生负干扰；

（2）空气中过氧乙酰硝酸酯（PAN）对二氧化氮的测定产生正干扰；

（3）空气中臭氧浓度超过 0.25 mg/m^3 时，对二氧化氮的测定产生负干扰。

2. 简述《环境空气　氮氧化物（一氧化氮和二氧化氮）的测定　盐酸萘乙二胺分光光度法》（HJ 479—2009）的适用范围。

答案：适用于环境空气中氮氧化物、二氧化氮、一氧化氮的测定。

3. 根据《环境空气　氮氧化物（一氧化氮和二氧化氮）的测定　盐酸萘乙二胺分光光度法》（HJ 479—2009）简述吸收液在采样运送及存放过程中采取避光措施的原因。

答案：因为日光照射能使吸收液显色，所以要采取避光措施。

4. 简述《环境空气　氮氧化物（一氧化氮和二氧化氮）的测定　盐酸萘乙二胺分光光度法》（HJ 479—2009）的方法原理。

答案：空气中的二氧化氮被串联的第一支吸收瓶中的吸收液吸收并反应生成粉红色偶氮染料。

空气中的一氧化氮不与吸收液反应，通过氧化管时被酸性高锰酸钾溶液氧化为二氧化氮，被串联的第二支吸收瓶中的吸收液吸收并反应生成粉红色偶氮染料。生成的偶氮染料在波长 540 nm 处的吸光度与二氧化氮的含量成正比。分别测定第一支和第二支吸收瓶中样品的吸光度，计算两支吸收瓶内二氧化氮和一氧化氮的质量浓度，二者之和即为氮氧化物的质量浓度（以 NO_2 计）。

5. 根据《环境空气　氮氧化物（一氧化氮和二氧化氮）的测定　盐酸萘乙二胺分光光度法》（HJ 479—2009）简述显色液配置方法。

答案：称取 5.0g 对氨基苯磺酸溶解于约 200 ml 40～50℃热水中，将溶液冷却至室温，全部移入 1 000 ml 容量瓶中，加入 50 ml *N*-（1-萘基）乙二胺盐酸盐贮备溶液和 50 ml 冰乙酸，用水稀释至刻度，贮于密闭的棕色瓶中。

四、计算题

根据《环境空气　氮氧化物（一氧化氮和二氧化氮）的测定　盐酸萘乙二胺分光光度法》（HJ 479—2009）测定某地空气中的 NO_x 时，用装有 5 ml 吸收液的筛板吸收管采样，采样流量为 0.4 L/min，采气时间为 1 h，采样后用比色法测定吸收液中含 3.0 μg NO_x。已知采样点温度为 15℃，大气压为 100.1 kPa，求空气中 NO_x 的浓度。

答案：

$$\frac{P_1 \times V_1}{T_1} = \frac{P_T \times V_T}{T_T}$$

$$V_T = \frac{P_1 \times V_T}{T_1 \times P_T}$$

$$V_T = \frac{100.1 \times (0.4 \times 60) \times 298.15}{(273.15 + 15) \times 101.325 \times 1\,000} = 0.024\,5(m^3)$$

$$C\left[NO_x\right] = \frac{3.0 \times 10^{-3}}{0.024\,5} = 0.122\ (mg/m^3)$$

该地空气中氮氧化物浓度为 0.122 mg/m^3。

参考文献

[1] 环境保护部. 环境空气　氮氧化物（一氧化氮和二氧化氮）的测定　盐酸萘乙二胺分光光度法：HJ 479—2009 [S]. 北京：中国环境科学出版社，2009.

[2] 中国环境监测总站《环境监测人员持证上岗考核试题集》编写组. 环境监测人员持证上岗考核试题集：下册. 4 版 [M]. 北京：中国环境出版集团，2018.

命题：周　欣
审核：乔朝辉

第四十节　环境空气　二氧化氮的测定　Saltzman 法（GB/T 15435—1995）

一、判断题

1. 根据《环境空气　二氧化氮的测定　Saltzman 法》（GB/T 15435—1995）测定环境空气中二氧化氮时，Saltzman 实验系数（f）是用二氧化氮标准气体绘制工作曲线时，实测 NO_2 浓度与 NO_2 标气浓度的比值。(　　)

答案：√

2. 根据《环境空气　二氧化氮的测定　Saltzman 法》（GB/T 15435—1995）检验水纯度时，吸收液的吸光度不超过 0.005。(　　)

答案：√

3. 根据《环境空气　二氧化氮的测定　Saltzman 法》（GB/T 15435—1995），吸收液可以贮存在透明玻璃瓶中低温保存。(　　)

答案：×

正确答案：采用 Saltzman 法测定环境空气中 NO_2 时，吸收液贮存在密闭棕色瓶中。

4. 根据《环境空气　二氧化氮的测定　Saltzman 法》（GB/T 15435—1995）测定环境空气中二氧化氮时，吸收瓶液柱不低于 80 mm。(　　)

答案：√

5. 根据《环境空气　二氧化氮的测定　Saltzman 法》（GB/T 15435—1995）测定环境空气中二氧化氮时，新的多孔玻板吸收瓶在使用前，应用（1+1）HNO_3 浸泡 24 h 以上，用清水洗净。(　　)

答案：×

正确答案：新的多孔玻板吸收瓶在使用前，应用（1+1）HCl 浸泡 24 h 以上。

6. 根据《环境空气　二氧化氮的测定　Saltzman 法》（GB/T 15435—1995）测定环境空气中二氧化氮时，若样品的吸光度超过校准曲线的上限，应用空白试验溶液稀释，再测量其吸光度。(　　)

答案：√

7. 根据《环境空气　二氧化氮的测定　Saltzman 法》（GB/T 15435—1995）测定环境空气中二氧化氮时，长时间采样吸收液温度应保持在 25℃ ±5℃。(　　)

答案：×

正确答案：长时间采样吸收液温度应保持在 20℃ ±4℃。

8. 根据《环境空气　二氧化氮的测定　Saltzman 法》（GB/T 15435—1995）测定环境空气中二氧化氮时，分析时应使用符合国家标准的分析纯试剂和无亚硝酸根的蒸馏水或同等纯度的水。(　　)

答案：√

9. 根据《环境空气　二氧化氮的测定　Saltzman 法》(GB/T 15435—1995)测定环境空气中二氧化氮时，亚硝酸盐标准工作溶液由亚硝酸盐标准储备液提前一天稀释配制。(　　)

答案：×

正确答案：亚硝酸盐标准工作溶液由亚硝酸盐标准储备液临用前稀释配制。

10. 根据《环境空气　二氧化氮的测定　Saltzman 法》(GB/T 15435—1995)测定环境空气中二氧化氮时，空气中臭氧浓度超过 0.250 mg/m^3 时，对二氧化氮的测定产生负干扰。(　　)

答案：√

11. 根据《环境空气　二氧化氮的测定　Saltzman 法》(GB/T 15435—1995)测定环境空气中二氧化氮时，用亚硝酸盐氮标准溶液绘制标准曲线时，显色液与标准溶液混合后需放置 20 min 后比色，光照对显色过程没有影响。(　　)

答案：×

正确答案：显色液与标准溶液混合后需于暗处放置 20 min 后比色，光照能使显色剂显色。

12. 根据《环境空气　二氧化氮的测定　Saltzman 法》(GB/T 15435—1995)测定环境空气中二氧化氮时，用亚硝酸盐氮标准溶液绘制标准曲线时，显色液与标准溶液混合后，如室温低于 20℃，应适当延长显色时间。(　　)

答案：√

13. 根据《环境空气　二氧化氮的测定　Saltzman 法》(GB/T 15435—1995)测定环境空气中二氧化氮时，当吸收液的组成、吸收瓶的类型、采样流量和采样效率一定时，Saltzman 实验系数 (f) 与空气中二氧化氮浓度无关，一般用标准值 0.88 计算。(　　)

答案：×

正确答案：Saltzman 实验系数与空气中二氧化氮浓度有关，一般用标准值 0.88，当空气中 NO_2 浓度高于 0.720 mg/m^3 时，Saltzman 实验系数为 0.77。

14. 根据《环境空气　二氧化氮的测定　Saltzman 法》(GB/T 15435—1995)测定环境空气中二氧化氮时，*N*-(1-萘基)-乙二胺盐酸盐储备液贮于密闭的棕色试剂瓶中，在冰箱中冷藏，可稳定 3 个月。(　　)

答案：√

15. 根据《环境空气　二氧化氮的测定　Saltzman 法》(GB/T 15435—1995)测定环境空气中二氧化氮时，当采样体积为 4～24 L 时，该标准适用于测定空气中二氧化氮的浓度范围为 0.015～2.0 mg/m^3。(　　)

答案：√

二、单项选择题

1. 下列关于空气中氮氧化物的说法中正确的是________。(　　)

A. 环境监测中氮氧化物指空气中的二氧化氮　　B. 一氧化氮毒性比二氧化氮高

C. 氮氧化物与酸雨的形成无关　　D. 大气中氮氧化物普遍以二氧化氮形式存在

答案：D

2. 根据《空气和废气监测分析方法》(第四版增补版)，________不是空气中二氧化氮常用的测

定方法。(　　)

A. 非分散红外吸收法　　B. 盐酸萘乙二胺分光光度法

C. 化学发光法　　D. 定电位电解法

答案：A

3. 根据《环境空气　二氧化氮的测定　Saltzman 法》(GB/T 15435—1995)判断，下列关于样品采集的说法中不正确的是________。(　　)

A. 吸收瓶液柱不低于 80 mm

B. 采样过程中应避免阳光直射

C. 长时间采样吸收液温度保持在 25℃±2℃

D. 采样时在吸收瓶口接一段硅胶管，可消除臭氧干扰

答案：C

4. 根据《环境空气　二氧化氮的测定　Saltzman 法》(GB/T 15435—1995)测定环境空气中二氧化氮时，采样后应尽快测量样品的吸光度，若不能及时分析，应将样品于低温暗处存放。样品于30℃暗处存放，可稳定________h；20℃暗处存放，可稳定________h；于 0～4℃冷藏，至少可稳定________d。(　　)

A. 4；8；1　　B. 6；12；2　　C. 8；24；3　　D. 12；36；5

答案：C

5. 根据《空气和废气监测分析方法》(第四版增补版)的规定，空气中的一氧化氮可通过________溶液氧化成二氧化氮，并与吸收液发生反应。(　　)

A. 酸性高锰酸钾　　B. 中性高锰酸钾　　C. 碱性高锰酸钾　　D. 稀盐酸

答案：A

6. 根据《环境空气　二氧化氮的测定　Saltzman 法》(GB/T 15435—1995)判断，以下关于采样探头说法错误的是________。(　　)

A. 可采用不锈钢管　　B. 管内径约为 6 mm

C. 须配朝下的空气入口　　D. 不可采用硅胶管

答案：D

7. 根据《环境空气　二氧化氮的测定　Saltzman 法》(GB/T 15435—1995)测定环境空气中二氧化氮时，为避免空气中臭氧对二氧化氮的测定产生干扰，可在吸收瓶入口串接一段长度为________的________。(　　)

A. 1～5 cm，硅胶管　　B. 5～10 cm，不锈钢管

C. 15～20 cm，硅胶管　　D. 20～30 cm，不锈钢管

答案：C

8. 根据《环境空气　二氧化氮的测定　Saltzman 法》(GB/T 15435—1995)测定环境空气中二氧化氮时，在显色液的保存过程中，当显色剂在________存放时，可稳定 3 个月。(　　)

A. 20℃以下密闭的无色试剂瓶中，并置于通风处

B. 25℃以下密闭的棕色试剂瓶中，并置于暗处

C. 25℃以下密闭的无色试剂瓶中，并置于通风处

D. 30℃以下密闭的棕色试剂瓶中，并置于暗处

答案：B

9. 根据《环境空气　二氧化氮的测定　Saltzman 法》（GB/T 15435—1995）测定环境空气中二氧化氮时，________是吸收液的正确配置方法。（　　）

A. 显色液：水 =1 ：1（*V*：*V*）

B. 显色液：水 =2 ：1（*V*：*V*）

C. 显色液：水 =3 ：1（*V*：*V*）

D. 显色液：水 =4 ：1（*V*：*V*）

答案：D

10. 根据《环境空气　二氧化氮的测定　Saltzman 法》（GB/T 15435—1995）测定环境空气中二氧化氮时，以下关于吸收液说法错误的是________。（　　）

A. 为保证吸收液稳定，应将其置于暗处保存

B. 若吸收液变色，应重新配制

C. 配制过程中应选用无亚硝酸根的蒸馏水或同等纯度的水

D. 为防止溶液出现沉淀，吸收液不可置于冰箱中保存

答案：D

11. ________不是环境空气中氮氧化物的主要来源。（　　）

A. 燃煤锅炉　　B. 机动车　　C. 动植物残体分解　　D. 石油工业

答案：C

12. 根据《环境空气　二氧化氮的测定　Saltzman 法》（GB/T 15435—1995）测定环境空气中二氧化氮时，1.00 g/L 的盐酸萘乙二胺贮备液，置于密闭的棕色试剂瓶中，在冰箱中冷藏可稳定________。（　　）

A. 1 周　　B. 1 个月　　C. 3 个月　　D. 1 年

答案：C

13. 根据《环境空气　二氧化氮的测定　Saltzman 法》（GB/T 15435—1995）测定环境空气中二氧化氮时，以下关于亚硝酸钠标准贮备液的配制或保存过程中，操作错误的是________。（　　）

A. 在称量 $NaNO_2$ 时，可选用千分之一天平

B. $NaNO_2$ 需要预先在干燥器中干燥 24 h

C. 配制好的溶液应贮于密闭的棕色试剂瓶中，可稳定 3 个月

D. 应选用优级纯 $NaNO_2$

答案：A

14. 根据《空气和废气监测分析方法》（第四版增补版），________是氮氧化物连续自动采样系统的正确连接方式。（　　）

①吸收瓶 1　②氧化瓶　③硅胶干燥瓶　④流量计　⑤采气泵　⑥电磁阀　⑦吸收瓶 2

A. 空气－①②⑦③⑥④⑤　　B. 空气－③②①⑦④⑤⑥

C. 空气－①⑦②③⑥④⑤　　D. 空气－③①②⑦④⑤⑥

答案：A

15. 根据《空气和废气监测分析方法》（第四版增补版），以下关于氮氧化物的描述正确的是________。（　　）

A. 环境空气中的 NO_2 稳定，不会受到太阳光紫外线的影响而产生光分解

B. 环境空气中的氮氧化物不会对桥梁、建筑物寿命产生影响

C. 盐酸萘乙二胺分光光度法是监测环境空气中氮氧化物浓度的方法之一

D. 室内吸烟不会产生氮氧化物

答案： C

三、问答题

1. 根据《环境空气　二氧化氮的测定　Saltzman 法》（GB/T 15435—1995）测定环境空气中二氧化氮时，用二氧化氮标准气体绘制工作曲线时，曲线横纵坐标分别是什么？

答案： 以通过采样系统的标准混合气体中二氧化氮的含量（μg）与采样瓶中吸收液的体积（ml）之比为横坐标；以各浓度点样品溶液的吸光度（A）与零浓度点样品溶液的吸光度（A_0）之差为纵坐标，绘制工作曲线。

2. 根据《环境空气　二氧化氮的测定　Saltzman 法》（GB/T 15435—1995）测定环境空气中二氧化氮时，吸收瓶在使用前和使用一段时间以后，应如何测定采样效率？

答案： 将两支吸收瓶串联，每支装入 10 ml 吸收液，标记吸收液液面位置，以 0.4 L/min 流量采集环境空气 6～24 L；当第一支吸收瓶中 NO_2^- 浓度约为 0.4 μg/ml 时，停止采样；测量前后两支吸收瓶中样品的吸光度，按下式计算第一支吸收瓶的采样效率（E）：

$$E = \frac{C_1}{C_1 + C_2}$$

式中：C_1、C_2 分别为串联的第一支和第二支吸收瓶中 NO_2^- 的浓度，μg/ml。

四、计算题

根据《环境空气　二氧化氮的测定　Saltzman 法》（GB/T 15435—1995）测定空气中的二氧化氮。短时间采集 NO_2，采样时温度为 16℃，采气压力为 102.3 kPa，采气体积为 10 L，已知标准曲线斜率为 0.191，截距为 0.002，吸收液体积 10.0 ml，测得样品的吸光度为 0.038，试剂空白吸光度为 0.003，试计算空气中二氧化氮的浓度。（标准状态为 101.3 kPa，273 K）

答案： $V_{标}=V_{采}\times\frac{273}{273+t}\times\frac{P_{采}}{P_{标}}=V_{采}\times\frac{273}{273+16}\times\frac{102.3}{101.3}=9.54(\text{L})$

$$c_{NO_2}=\frac{(A-A_0-a)\times V\times D}{b\times f\times V_0}$$

$$=\frac{(0.038-0.003-0.002)\times 10.0}{0.191\times 0.88\times 9.54}=0.206(\text{mg/m}^3)$$

空气中二氧化氮的浓度为 0.206 mg/m^3。

参考文献

[1] 国家环境保护局，国家技术监督局．环境空气 二氧化氮的测定 Saltzman 法：GB/T 15435—1995［S］．北京：中国标准出版社，1995.
[2] 国家环境保护总局《空气和废气监测分析方法》编委会．空气和废气监测分析方法：第四版增补版［M］．北京：中国环境科学出版社，2010.
[3] 奚旦立，孙裕生．环境监测：第四版［M］．北京：高等教育出版社，2010.

命题：董燕春 刘旭阳
审核：马凤刚

第四十一节 固定污染源废气 氮氧化物的测定 非分散红外吸收法（HJ 692—2014）

一、判断题

1. 固定污染源废气中的氮氧化物是指固定污染源废气中以二氧化氮形式存在的氮的氧化物。（ ）

答案：×

正确答案：固定污染源废气中的氮氧化物是指固定污染源废气中以一氧化氮和二氧化氮形式存在的氮的氧化物。

2. 根据《固定污染源废气 氮氧化物的测定 非分散红外吸收法》（HJ 692—2014）测定固定污染源废气中氮氧化物时，氮氧化物标气浓度＜100 ppm 时，非分散红外吸收法氮氧化物测定仪示值误差绝对值≤5 ppm。（ ）

答案：√

3. 根据《固定污染源废气 氮氧化物的测定 非分散红外吸收法》（HJ 692—2014）测定固定污染源废气中氮氧化物时，仪器的各组成部分应连接牢固，测定前后应按照要求检查仪器的气密性，可堵紧进气口，若仪器的采样流量示值在 2 mim 内降至零，表明气密性合格。（ ）

答案：√

4. 根据《固定污染源废气 氮氧化物的测定 非分散红外吸收法》（HJ 692—2014）测定固定污染源废气中氮氧化物时，每年至少进行 1 次 NO_2 至 NO 转换效率的测定，若转化效率低于 85%，建议更换还原剂。（ ）

答案：×

正确答案：每半年至少进行 1 次 NO_2 至 NO 转换效率的测定，若转化效率低于 85%，建议更换还原剂。

5. 根据《固定污染源废气 氮氧化物的测定 非分散红外吸收法》（HJ 692—2014）测定固定

污染源废气中氮氧化物时，烟道负压对非分散红外吸收法氮氧化物测定仪没有影响。(　　)

答案：×

正确答案：烟道负压大时，应注意随时监控非分散红外吸收法氮氧化物测定仪的采样流量，防止采样流量变化影响仪器测定读数。

6. 根据《固定污染源废气　氮氧化物的测定　非分散红外吸收法》(HJ 692—2014)测定固定污染源废气中氮氧化物时，每3个月至少进行1次测定前后的零点漂移、量程漂移检查。(　　)

答案：×

正确答案：每个月至少进行1次测定前后的零点漂移、量程漂移检查。

二、单项选择题

1. 根据《固定污染源废气　氮氧化物的测定　非分散红外吸收法》(HJ 692—2014)的规定，检查非分散红外吸收法氮氧化物测定仪示值误差和系统偏差的标准气体浓度为________。(　　)

A. 20%～100% C.S.　　B. 40%～60% C.S.

C. 40%～100% C.S.　　D. 40%～60% C.S. 或等于 C.S.

答案：D

2. 根据《固定污染源废气　氮氧化物的测定　非分散红外吸收法》(HJ 692—2014)的规定，利用非分散红外吸收法测定仪监测氮氧化物时，抽取废气后，________即可记录读数。(　　)

A. 3 min　　B. 5 min　　C. 3～5 min　　D. 待仪器读数稳定后

答案：D

3. 根据《固定污染源废气　氮氧化物的测定　非分散红外吸收法》(HJ 692—2014)的规定，非分散红外吸收法氮氧化物测定仪必须配有 NO_2 转换器，且其转换效率不得低于________，否则应更换还原剂。(　　)

A. 80%　　B. 85%　　C. 90%　　D. 95%

答案：B

4. 根据《固定污染源废气　氮氧化物的测定　非分散红外吸收法》(HJ 692—2014)的规定，非分散红外吸收法氮氧化物测定仪各部分应连接牢固，测定前后应按要求检查仪器气密性：仪器开机状态下堵紧进气口，若仪器的采样流量示值在________降为零，表明仪器气密性合格。(　　)

A. 2 min　　B. 3 min　　C. 4 min　　D. 5 min

答案：A

5. 根据《固定污染源废气　氮氧化物的测定　非分散红外吸收法》(HJ 692—2014)的规定，使用非分散红外吸收法氮氧化物测定仪进行测试时，被测烟气氮氧化物浓度测试结果应在________。(　　)

A. 40%～100% C.S.　　B. 40%～60% C.S.

C. 20%～100% C.S.　　D. 40%～60% C.S 或 C.S.

答案：C

6. 根据《固定污染源废气　氮氧化物的测定　非分散红外吸收法》(HJ 692—2014)的规定，非分散红外吸收法测定固定源废气中氮氧化物时，监测人员发现测定仪采样流量高于仪器设计流

量，氮氧化物的测试结果________。(　　)

A. 无影响　　B. 偏低　　C. 偏高　　D. 不知道

答案：C

三、问答题

1. 根据《固定污染源废气　氮氧化物的测定　非分散红外吸收法》(HJ 692—2014)简述非分散红外吸收法测定固定污染源废气中氮氧化物的方法原理。

答案：(1)利用NO气体对红外光谱区，特别是5.3 μm波长光的选择性吸收；

(2)由朗伯-比尔定律定量废气中NO的浓度和废气中的NO_2通过转换器还原为NO后的浓度，从而测量出废气中NO_x的浓度。

2. 根据《固定污染源废气　氮氧化物的测定　非分散红外吸收法》(HJ 692—2014)简述非分散红外吸收法测定固定污染源废气中氮氧化物的干扰因素及其消除方法。

答案：(1)非分散红外吸收法测定固定污染源废气中氮氧化物的干扰因素主要有废气中其他气体的干扰、颗粒物和水分的干扰，以及废气温度对测定的影响。

(2)干扰的消除方法：通过串联型气动检测器或气体滤波相关技术消除干扰气体的干扰；通过过滤器除尘、除湿冷却装置快速除湿和废气降温等消除或减少干扰至可接受程度。

四、计算题

1. 根据《固定污染源废气　氮氧化物的测定　非分散红外吸收法》(HJ 692—2014)测定氮氧化物时，已知用非分散红外吸收法测定仪测得某燃气锅炉烟气中NO_x浓度为63 ppm，烟气含氧量3.8%，标准状态下烟气流量2.68×10^4 m³/h，求NO_x实测排放浓度、折算排放浓度和排放速率。

答案：NO_x实测排放浓度：$\rho_{NO_x}=\dfrac{46\times\rho'\,NO_x}{22.4}=\dfrac{46\times63}{22.4}=129\ (mg/m^3)$

NO_x折算排放浓度：$C_{NO_x}=\rho_{NO_x}\times\dfrac{21-3.5}{21-3.8}=129\times1.02=131\ (mg/m^3)$

NO_x排放速率：$G=\rho_{NO_x}\times Q_{sn}\times10^{-6}=129\times2.68\times10^4\times10^{-6}=3.46\ (kg/h)$

故NO_x实测排放浓度为129 mg/m³、折算排放浓度为131 mg/m³、排放速率为3.46 kg/h。

2. 根据《固定污染源废气　氮氧化物的测定　非分散红外吸收法》(HJ 692—2014)测定氮氧化物时，已知氮氧化物标气浓度为90 ppm，用非分散红外吸收法测定仪在直接测量模式下测定该标气，其NO_x示值为93 ppm，现用该仪器测量某工艺废气氮氧化物浓度为82 ppm，试确定该工艺废气氮氧化物排放浓度及其排放监测结果是否有效的。

答案：直接测量模式下的示值误差为：

$\rho_E=\rho_d-\rho_s=93-90=3$ ppm

$\rho_E\leqslant5$ ppm

非分散红外吸收法测定仪满足仪器相关性能要求，测试结果有效。

某工艺废气氮氧化物排放浓度：

$$\rho_{NO_x}=\frac{46\rho_{NO_x}}{22.4}=\frac{46\times 82}{22.4}=168\ (mg/m^3)$$

该工艺废气氮氧化物排放浓度为 168 mg/m^3，且其排放监测结果有效。

参考文献

环境保护部 . 固定污染源废气　氮氧化物的测定　非分散红外吸收法：HJ 692—2014［S］. 北京：中国环境出版社，2014.

命题：任占军
审核：孟　建

第四十二节　空气质量　一氧化碳的测定　非分散红外法（GB 9801—88）

一、判断题

1. 根据《空气质量　一氧化碳的测定　非分散红外法》（GB 9801—88）测定环境空气中一氧化碳时，样品气体进入仪器，在前吸收室吸收 3.67 μm 谱线中心的红外辐射能量，在后吸收室吸收其他辐射能量。(　　)

答案：×

正确答案：样品气体进入仪器，在前吸收室吸收 4.67 μm 谱线中心的红外辐射能量，在后吸收室吸收其他辐射能量。

2. 根据《空气质量　一氧化碳的测定　非分散红外法》（GB 9801—88）测定环境空气中一氧化碳时，一氧化碳红外分析仪可用霍加拉特管加热至 90～100℃除去其中一氧化碳后的空气来调零。(　　)

答案：√

3. 根据《空气质量　一氧化碳的测定　非分散红外法》（GB 9801—88）测定环境空气中一氧化碳时，仪器开机接通电源必须充分预热，确认稳定后再进行样品测定，否则影响测定的准确度。(　　)

答案：√

4. 根据《空气质量　一氧化碳的测定　非分散红外法》（GB 9801—88）测定环境空气中一氧化碳时，样品需经变色硅胶或无水氯化钙过滤管去除水蒸气。(　　)

答案：√

5. 根据《空气质量　一氧化碳的测定　非分散红外法》（GB 9801—88）测定环境空气中一氧化碳时，使用仪器现场连续监测不可将样品气体直接通入仪器进气口。(　　)

答案：×

正确答案：使用仪器现场连续监测可将样品气体直接通入仪器进气口。

6.《空气质量 一氧化碳的测定 非分散红外法》（GB 9801—88）适用于测定空气质量中的一氧化碳。（ ）

答案：√

7. 根据《空气质量 一氧化碳的测定 非分散红外法》（GB 9801—88）测定环境空气中一氧化碳时，水蒸气、悬浮颗粒物不干扰一氧化碳测定。（ ）

答案：×

正确答案：水蒸气、悬浮颗粒物干扰一氧化碳测定。

8. 根据《空气质量 一氧化碳的测定 非分散红外法》（GB 9801—88）测定环境空气中一氧化碳时，样品应经玻璃纤维滤膜以去除颗粒物。（ ）

答案：√

9. 根据《空气质量 一氧化碳的测定 非分散红外法》（GB 9801—88）测定环境空气中一氧化碳，现场采样实验室分析时，现场需要记录采样地点、采样日期和时间、采气袋编号。（ ）

答案：√

二、单项选择题

1. 根据《空气质量 一氧化碳的测定 非分散红外法》（GB 9801—88）测定环境空气中一氧化碳时的测定范围为________mg/m^3。（ ）

A．0～25.5　　B．0～50.0　　C．0～62.5　　D．0～70.5

答案：C

2. 根据《空气质量 一氧化碳的测定 非分散红外法》（GB 9801—88）测定环境空气中一氧化碳时，最低检出浓度为________mg/m^3。（ ）

A．0.3　　B．0.5　　C．0.7　　D．0.8

答案：A

3. 根据《空气质量 一氧化碳的测定 非分散红外法》（GB 9801—88）测定环境空气中一氧化碳时，使用霍加拉特管调零时，将记录器指针调在________。（ ）

A．零位　　B．60%　　C．80%　　D．100%

答案：A

4. 根据《空气质量 一氧化碳的测定 非分散红外法》（GB 9801—88）测定环境空气中一氧化碳时，一氧化碳红外分析仪开机接通电源预热需要________min。（ ）

A．10　　B．15　　C．20　　D．30

答案：D

5. 根据《空气质量 一氧化碳的测定 非分散红外法》（GB 9801—88）测定环境空气中一氧化碳时，一氧化碳的标定气浓度应选在仪器量程的________。（ ）

A．50%～70%　　B．60%～80%

C．80%～90%　　D．80%～100%

答案：B

6. 根据《空气质量 一氧化碳的测定 非分散红外法》（GB 9801—88）测定环境空气中一氧化碳

化碳，在现场采样时，需用双联球将样品挤入采气袋中，放空后再挤入，如此清洗________次，最后挤满并用止水夹夹紧进气口。(　　)

A. 1　　B. 1～2　　C. 3～4　　D. 5～6

答案： C

7. 根据《空气质量　一氧化碳的测定　非分散红外法》(GB 9801—88) 测定环境空气中一氧化碳，一氧化碳红外分析仪标定时在仪器进气口通入流量为 0.5 L/min 的一氧化碳标定气，调节仪器灵敏度电位器，使记录器指针调在一氧化碳浓度的________位置。(　　)

A. 60%　　B. 80%　　C. 100%　　D. 相应

答案： D

8. 根据《空气质量　一氧化碳的测定　非分散红外法》(GB 9801—88) 测定环境空气中一氧化碳，一氧化碳红外分析仪用氮气调零，流量计控制流量为________L/min。(　　)

A. 0.2　　B. 0.3　　C. 0.5　　D. 1.0

答案： C

9. 根据《空气质量　一氧化碳的测定　非分散红外法》(GB 9801—88) 测定环境空气中一氧化碳时，一氧化碳浓度从 ppm 换算成标准状态下质量浓度 (mg/m^3) 的换算系数是________。(　　)

A. 0.5　　B. 1.0　　C. 1.25　　D. 1.5

答案： C

三、问答题

1. 根据《空气质量　一氧化碳的测定　非分散红外法》(GB 9801—88) 简述用非分散红外法测定环境空气中一氧化碳的工作原理。

答案： 样品气体进入仪器，在前吸收室吸收 4.67 μm 谱线中心的红外辐射能量，在后吸收室吸收其他辐射能量。两室因吸收能量不同，破坏了原吸收室内气体受热产生相同振幅的压力脉冲，变化后的压力脉冲通过毛细管加在差动式薄膜微音器上，被转化为电容量的变化，通过放大器再转变为与浓度成比例的直流测量值。

2. 根据《空气质量　一氧化碳的测定　非分散红外法》(GB 9801—88) 简述一氧化碳红外分析仪如何用氮气调零。

答案： 开机接通电源预热 30 min，启动仪器内装泵抽入氮气，用流量计控制流量为 0.5 L/min。调节仪器调零电位器，使记录器指针指在所用氮气的一氧化碳浓度的相应位置。

四、计算题

使用非分散红外法测定环境空气中一氧化碳。已知样品测定浓度为 3.2ppm，计算此样品一氧化碳浓度从 ppm 换算成标准状态下的质量浓度为多少 mg/m^3。

答案： $C=1.25\times n=1.25\times 3.2=4.0$ (mg/m^3)

此样品一氧化碳浓度从 ppm 换算成标准状态下的质量浓度为 4.0 mg/m^3。

参考文献

[1] 国家环境保护局 . 空气质量　一氧化碳的测定　非分散红外法：GB 9801—88 [S]. 北京：中国标准出版社，1988.
[2] 国家环境保护总局《空气和废气监测分析方法》编委会 . 空气和废气监测分析方法：第四版增补版 [M]. 北京：中国环境科学出版社，2010.
[3] 中国环境监测总站《环境监测人员持证上岗考核试题集》编写组 . 环境监测人员持证上岗考核试题集：下册 . 4 版 [M] . 北京：中国环境出版集团，2018.

命题：胡　颖
审核：王晓霞

第四十三节　环境空气和废气　氨的测定　纳氏试剂分光光度法（HJ 533—2009）

一、判断题

1. 纳氏试剂分光光度法测定氨，方法简便，但选择性略差。测定过程中使用纳氏试剂含有大量的汞盐，毒性较强，容易造成二次污染。(　　)

答案：√

2.《环境空气和废气　氨的测定　纳氏试剂分光光度法》(HJ 533—2009) 适用于环境空气中氨的测定，也适用于制药、化工、炼焦等工业行业废气中氨的测定。(　　)

答案：√

3. 纳氏试剂分光光度法测定空气中氨，采样时只能用直接采样法而不能用浓缩采样法。(　　)

答案：×

正确答案：纳氏试剂分光光度法测定空气中氨，采用吸收液浓缩采样法采样。

4. 溶液吸收法是一种直接采样法。(　　)

答案：×

正确答案：溶液吸收法是浓缩采样法。

5. 配制好的纳氏试剂于冰箱内保存可稳定 3 个月。(　　)

答案：×

正确答案：可稳定 1 个月。

6. 纳氏试剂毒性很强，在分析过程中使用大量的汞盐，废液需集中回收处理。(　　)

答案：√

7. 纳氏试剂如有沉淀，可用滤纸过滤沉淀后使用。(　　)

答案：×

正确答案：纳氏试剂呈强碱性，不能用滤纸过滤，可用玻璃砂芯过滤。

8. 纳氏试剂如遇沉淀，可静置后倾斜分离，取其上清液。(　　)

答案：√

9. 用纳氏试剂分光光度法测定氨，样品中含有有机物时，应加入酒石酸钾钠消除干扰。(　　)

答案：×

正确答案：加入酒石酸钾钠可消除三价铁等金属离子干扰，用 0.1 mol/L 的盐酸溶液将吸收液酸化到 pH 不大于 2 后煮沸可消除某些有机物（如甲醛）生成沉淀的干扰。

10. 纳氏试剂分光光度法测定环境空气中氨时，酒石酸钾钠是掩蔽剂，用以消除硫化物和金属离子的干扰。(　　)

答案：×

正确答案：加入酒石酸钾钠可消除三价铁等金属离子干扰。

11. 采集空气中氨时，采样系统应由采样管、干燥管和采样泵组成。(　　)

答案：×

正确答案：采样系统还需测量装置。

12. 采集空气中氨时，采样管材质应选择玻璃或聚乙烯。(　　)

答案：×

正确答案：采样管材质应选用玻璃或聚四氟乙烯，其他材质采样管对氨气有吸附。

13. 根据《环境空气和废气　氨的测定　纳氏试剂分光光度法》（HJ 533—2009）测定氨时，如果采样全程空白明显高于同批配制的吸收液空白，则同批次采集的样品作废。(　　)

答案：√

14. 酒石酸钾钠溶液需要加热煮沸以除去氨。(　　)

答案：√

15. 根据《环境空气和废气　氨的测定　纳氏试剂分光光度法》（HJ 533—2009）测定氨时，在配制纳氏试剂时为了加快反应速度、节省配制时间，可低温加热进行，防止 HgI_2 红色沉淀的提前出现。(　　)

答案：√

二、单项选择题

1. 在环境空气质量监测点________范围内不能有明显的污染源，不能靠近炉、窑和锅炉烟囱。(　　)

A．10 m　　B．30 m　　C．50 m　　D．100 m

答案：C

2.________是大气中唯一的气态碱，对酸雨的形成有着重要的影响。(　　)

A．SO_2　　B．NH_3　　C．NO　　D．NO_2

答案：B

3. 根据《环境空气和废气　氨的测定　纳氏试剂分光光度法》（HJ 533—2009），样品呈绿色，是因为________存在产生干扰。(　　)

A. 氯化物 B. 金属离子 C. 硫化物 D. 有机物

答案：C

4. 根据《环境空气和废气 氨的测定 纳氏试剂分光光度法》（HJ 533—2009），样品呈绿色时，可在溶液中加入________去除干扰。（ ）

A. 稀盐酸 B. 稀硫酸 C. 稀硝酸 D. 稀磷酸

答案：A

5. 用稀硫酸溶液吸收的氨，在碱性条件下与纳氏试剂反应生成________络合物。该络合物的色度与氨的含量成正比。（ ）

A. 红棕色 B. 蓝绿色 C. 黄棕色 D. 紫红色

答案：C

6. 采用纳氏试剂分光光度法测定空气中的氨，使用的吸收液是 0.01 mol/L 的________吸收液。（ ）

A. 盐酸 B. 次氯酸钠 C. 硫酸 D. 水杨酸

答案：C

7. 采用纳氏试剂分光光度法测定空气中氨，采样管材质应选用玻璃或________，其他材质采样管对氨气有吸附。（ ）

A. 聚乙烯 B. 聚四氟乙烯 C. 不锈钢 D. 聚氯乙烯

答案：B

8. 采用纳氏试剂分光光度法测定环境空气或废气中氨时，为降低空白值，所用试剂均用______________配制。（ ）

A. 蒸馏水 B. 重蒸水 C. 无氨水 D. 纯净水

答案：C

9. 纳氏试剂于冰箱内保存可稳定________个月。（ ）

A. 1 B. 2 C. 3 D. 6

答案：A

10. 纳氏试剂毒性很强，在分析过程中使用大量的汞盐，废液应________。（ ）

A. 倾入下水道 B. 稀释后倾入下水道 C. 冷藏保存 D. 集中回收处理

答案：D

11. 采用纳氏试剂分光光度法测定空气中氨时，加入酒石酸钾钠的目的是消除________干扰。（ ）

A. 三价铁等金属离子 B. 硫化物 C. 有机物 D. 甲醛

答案：A

12. 采用纳氏试剂分光光度法测定空气中氨时，样品呈绿色应________消除干扰。（ ）

A. 加入 0.5 ml 酒石酸钾钠 B. 加入稀盐酸

C. 低 pH 条件下煮沸 D. 加入稀硫酸

答案：B

13. 采用纳氏试剂分光光度法测定空气中氨时，如存在有机物干扰应________去除。（ ）

A. 加入 0.5 ml 酒石酸钾钠 B. 加入稀盐酸

C. 低 pH 条件下煮沸　　D. 加入稀硫酸

答案：C

14. 纳氏试剂分光光度法测定氨的样品采集后，应尽快分析。必要时于 2～5℃下冷藏，可贮存________d。(　　)

A. 2　　B. 3　　C. 5　　D. 7

答案：D

15. 根据《环境空气和废气　氨的测定　纳氏试剂分光光度法》(HJ 533—2009)测定环境空气和废气中氨时，采样时应带采样全程空白吸收管的目的是________。(　　)

A. 降低空白吸光值　　B. 去除有机物干扰

C. 减小系统误差　　D. 用于检查样品采集、运输、贮存过程中样品是否被污染

答案：D

16. 纳氏试剂呈________性，可用________过滤。但一般是静置后倾斜分离。(　　)

A. 强酸，滤纸　　B. 强酸，玻璃砂芯　　C. 强碱，滤纸　　D. 强碱，玻璃砂芯

答案：D

17. 根据《环境空气和废气　氨的测定　纳氏试剂分光光度法》(HJ 533—2009)测定环境空气和废气中氨时，酒石酸钾钠试剂铵盐含量较高时，仅加热煮沸或加纳氏试剂沉淀不能完全除去氨。此时采用加入少量________溶液，煮沸蒸发掉溶液体积的 20%～30%，冷却后用无氨水稀释至原体积。(　　)

A. 盐酸　　B. 氢氧化钠　　C. 稀硫酸　　D. 碳酸钠

答案：B

18. 根据《环境空气和废气　氨的测定　纳氏试剂分光光度法》(HJ 533—2009)测定环境空气和废气中氨时，为避免采样管中的吸收液被污染，运输和贮存过程中________，并及时更换采样管的密封接头。(　　)

A. 应水平放置采样管　　B. 应垂直放置采样管

C. 勿将采样管倾斜或倒置　　D. 将采样管倾斜或倒置

答案：C

三、问答题

1. 简述纳氏试剂分光光度法测定空气中氨的原理。

答案：用稀硫酸溶液吸收空气中的氨，生成的铵离子与纳氏试剂反应生成黄棕色络合物。该络合物的吸光度与氨的含量成正比，在 420 nm 波长处测量吸光度，根据吸光度计算空气中氨的含量。

2. 简述纳氏试剂制作过程。

答案：称取 12g 氢氧化钠($NaOH$)，溶于 60 ml 水中，冷却至室温。称取 1.7 g 二氯化汞($HgCl_2$)，溶解于 30 ml 水中。称取 3.5 g 碘化钾(KI)，溶解于 10.0 ml 水中，在搅拌下将二氯化汞溶液慢慢加入碘化钾溶液中，直至形成的红色沉淀不再溶解为止。

在搅拌下，将冷却至室温的氢氧化钠溶液缓慢地加入到上述二氯化汞和碘化钾的混合液中，再加入剩余的二氯化汞溶液，混匀后于暗处静置 24 h，倾出上清液，储于棕色瓶中，用橡皮塞塞紧。

2～5℃可保存1个月。

3. 简述无氨水的制备方法。

答案：（1）离子交换法：将蒸馏水通过一个强酸性阳离子交换树脂（氢型）柱，流出液收集在磨口玻璃瓶中。每升流出液中加10 g强酸性阳离子交换树脂（氢型），以利保存。

（2）蒸馏法：在1 000 ml蒸馏水中加入0.1 ml硫酸，并在全玻璃蒸馏器中重蒸馏。弃去前50 ml馏出液，然后将约800 ml馏出液收集在磨口玻璃瓶中。每升收集的馏出液中加入10 g强酸性阳离子交换树脂（氢型），以利保存。

（3）纯水器法：用市售纯水器临用前制备。

4. 简述纳氏试剂分光光度法测定空气中氨的干扰物质预处理方法。

答案：样品中含有三价铁等金属离子、硫化物和有机物时，干扰测定，处理方法如下：

（1）络合掩蔽：加入0.5 ml酒石酸钾钠溶液可消除三价铁等金属离子的干扰。

（2）除硫化物：在样品溶液中加入稀盐酸可除去硫化物干扰（硫化物存在时为绿色）。

（3）低pH条件下煮沸：某些有机物质（如甲醛）生成沉淀干扰测定，可在比色前用0.1 mol/L的盐酸溶液将吸收液酸化到pH不大于2后煮沸除之。

四、计算题

1. 采用纳氏试剂分光光度法测定空气中的氨，采样流量为1.0 L/min，采样时间为20 min，大气压为99.295 kPa，环境温度为20℃，请问标准状态下采样体积是多少？（结果保留3位有效数字）

答案：$V_0=V_t\times\frac{T_0}{T}\times\frac{P}{P_0}=V_t\times\frac{273.15}{273.15+t}\times\frac{P}{101.325}=1.0\times20\times\frac{273.15}{273.15+20}\times\frac{99.295}{101.325}$

$=18.3$（L）

2. 根据《环境空气和废气　氨的测定　纳氏试剂分光光度法》（HJ 533—2009）测定环境空气和废气中氨时，已知采集环境空气中氨的样品溶液总体积为50 ml，分析时所取的体积为10 ml，测得氨含量为20 μg，采样流量为0.5 L/min，采样时间为90 min，大气压为101 005 Pa，环境温度为16℃，试计算标准状况下空气中氨的浓度。

答案：$C_{标}=\frac{W}{V_{nd}}=\frac{20\times50\times(273.15+16)\times101\,325}{0.5\times10\times90\times273.15\times101\,005}=2.36(\text{mg/m}^3)$

参考文献

[1] 国家环境保护总局《空气和废气监测分析方法》编委会. 空气和废气监测分析方法：第四版增补版[M]. 北京：中国环境科学出版社，2010.

[2] 环境保护部. 环境空气和废气　氨的测定　纳氏试剂分光光度法：HJ 533—2009[S]. 北京：中国环境科学出版社，2010.

命题：杨　帆

审核：张久龙

第四十四节 空气质量 恶臭的测定 三点比较式臭袋法（GB/T 14675—93）

一、判断题

1. 臭气浓度是根据嗅觉器官试验法对臭气气味的大小予以数量化的指标。(　　)

答案：√

2. 嗅辨学室要远离散发恶臭气味的场所，室内能通风换气并保持温度在 25～30℃。(　　)

答案：×

正确答案：嗅辨学室要远离散发恶臭气味的场所，室内能通风换气并保持温度在 17～25℃。

3. 用真空瓶采集臭气浓度样品时，应选择在管道压力为正压或常压的位 置上。(　　)

答案：√

4. 采集的样品编号与采样记录核实无误放入玻璃仪器采样箱内，妥善保管，防止泄漏，安全运回实验室，12 h 内测定。(　　)

答案：×

正确答案：采集的样品编号与采样记录核实无误放入玻璃仪器采样箱内，妥善保管，防止泄漏，安全运回实验室，24 h 内测定。

5. 一切刺激嗅觉器官引起人不愉快及损害生活环境的气体物质就是恶臭污染物。(　　)

答案：√

6. 当管道内气体为负压、高温时，用气袋采集样品，采样前，用被测气体冲洗采样袋 3 次。(　　)

答案：√

7. 当管道内气体为负压、常温时，可直接用已抽真空的采样瓶采样。打开采样瓶进气口的止气夹，使样品气体充入采样瓶，夹好止气夹。(　　)

答案：×

正确答案：当管道内气体为常压（或正压）、常温时，可直接用已抽真空的采样瓶采样。打开采样瓶进气口的止气夹，使样品气体充入采样瓶，夹好止气夹。

8. 用三点比较式臭袋法测量恶臭时，样品包括仅含一种恶臭物质的样品和含 2 种以上恶臭物质的复合臭气样品。(　　)

答案：√

9. 真空采样瓶用于臭气采样时，采样前应采用空气吹洗，再用真空排气 处理系统抽真空瓶内压力接近 -1.0×10^3 Pa。(　　)

答案：×

正确答案：真空采样瓶用于臭气采样时，采样前应采用空气吹洗，再用真空排气处理系统抽真空瓶内压力接近 -1.0×10^5 Pa。

二、单项选择题

1. 嗅辨员嗅辨样品时，应有________名嗅辨员对 3 只气袋中的气体进行嗅辨比较，并挑出有味的气袋，记录该气袋编号。(　　)

A. 5　　B. 6　　C. 4　　D. 3

答案：B

2. 环境臭气样品分析试验时如出现 M_2________M_1 的情况，进行下一级分析。(　　)

A. 大于　　B. 小于　　C. 等于

答案：A

3. 连续无组织排放源相隔 2 h 采 1 次，共采集________次，取其最大测定值。(　　)

A. 3　　B. 2　　C. 4　　D. 5

答案：C

4. 无组织间歇排放源应选择在气味最大时间内采样，样品采集次数不少于________次，取其最大测定值。(　　)

A. 2　　B. 3　　C. 4　　D. 5

答案：B

5. 嗅辨室要远离散发恶臭气味的场所，室内能通风换气并保持温度在________℃，至少可供 6～7 名嗅辨员同时工作。(　　)

A. 12～20　　B. 20～30

C. 20～25　　D. 17～25

答案：D

6. 与供气口连接的气袋充气管内径要稍(　　)气体净化器供气管外径，既保证气袋定量充满清洁空气，又可防止充气过量、过压导致气袋破裂。

A. 大于　　B. 小于　　C. 等于

答案：A

7. 当管道内气体为________、高温时，用气袋采集样品，采样前，用被测气体冲洗采样袋 3 次。(　　)

A. 负压　　B. 正压　　C. 常压　　D. 高压

答案：A

8. 采集臭气浓度时采样点应取排放管道________作为采样点。(　　)

A. 上边缘　　B. 下边缘　　C. 中心点

答案：C

9. 三点比较式臭袋法，按照臭气浓度可分为________级。(　　)

A. 2　　B. 3　　C. 4　　D. 5

答案：D

三、问答题

1. 三点比较式臭袋法的适用范围是什么？

答案：适用于各种恶臭源以不同形式排放的气体样品和环境空气样品臭气浓度的测定。样品包括仅含一种恶臭物质的样品和含2种以上恶臭物质的复合臭气样品。

2. 用三点比较式臭袋法测量无组织排放源时的采样频次是什么？

答案：（1）连续无组织排放源相隔2 h采集1次，共采集4次，取其最大测定值。

（2）间歇排放源选择在气味最大时间内采样，样品采集次数不少于3次，取其最大测定值。

3. 简述有组织排放源的采样频次。

答案：（1）连续有组织排放源按生产周期确定采样频次，样品采集次数不小于3次，取其最大测定值。生产周期在8 h以内的，采样间隔不小于2 h；生产周期大于8 h的，采样间隔不小于4 h。

（2）间歇有组织排放源应在恶臭污染浓度最高时段采样，样品采集次数不小于3次，取其最大测定值。

4. 简述三点比较式臭袋法的方法原理。

答案：三点比较式臭袋法测定恶臭气体浓度，是先将3只无臭袋中的2只充入无臭空气、另一只则按一定稀释比例充入无臭空气和被测恶臭气体样品供嗅辨员嗅辨，当嗅辨员正确识别有臭气袋后，再逐级进行稀释、嗅辨，直至稀释样品的臭气浓度低于嗅辨员的嗅觉阈值时停止实验。每个样品由若干名嗅辨员同时测定，最后根据嗅辨员的个人阈值和嗅辨小组成员的平均阈值，求得臭气浓度。

四、计算题

在一只容积为3 L的臭辨袋中充满无臭空气，用一只50 ml的注射器抽取样品注入臭辨袋中进行稀释，共注入3次样品（每次50 ml）后，臭辨袋中样品的稀释倍数是多少？

答案：3 000/（50×3）=20

样品的稀释倍数是20倍。

参考文献

[1] 国家环境保护总局《空气和废气监测分析方法》编委会. 空气和废气监测分析方法：第四版增补版[M]. 北京：中国环境科学出版社，2010.

[2] 国家环境保护局. 空气质量 恶臭的测定 三点比较式臭袋法：GB/T 14675—93[S]. 北京：中国环境科学出版社，1993.

[3] 国家环境保护局. 恶臭污染物排放标准：GB 14554—93[S]. 北京：中国标准出版社，1994.

[4] 环境保护部. 恶臭污染环境监测技术规范：HJ 905—2017[S]. 北京：中国环境出版集团，2017.

命题：李晓华

核审：乔朝辉

第四十五节　空气质量　甲醛的测定　乙酰丙酮分光光度法（GB/T 15516—1995）

一、判断题

1. 根据《空气质量　甲醛的测定　乙酰丙酮分光光度法》（GB/T 15516—1995）测定工业废气和环境空气中甲醛时，需向稀释定容至刻度线的待测液中加入 0.25% 乙酰丙酮溶液 2.0 ml，混匀后立即进行比色。(　　)

答案：×

正确答案：混合液需沸水浴加热 3 min 后，冷却至室温再进行比色。

2. 根据《空气质量　甲醛的测定　乙酰丙酮分光光度法》（GB/T 15516—1995）测定工业废气和环境空气中甲醛时，需将混匀的待测溶液置于沸水预加热，取出后冷却至室温，用 1 cm 吸收池，以试剂空白为参比，于波长 425 nm 处进行比色。(　　)

答案：×

正确答案：以水为参比，于波长 413 nm 处进行比色。

3. 根据《空气质量　甲醛的测定　乙酰丙酮分光光度法》（GB/T 15516—1995）测定工业废气和环境空气中甲醛时，需将混匀的待测溶液置于沸水预加热，取出后冷却至室温，用 2 cm 吸收池，以水为参比进行比色。(　　)

答案：×

正确答案：使用 1 cm 吸收池进行比色。

4. 当甲醛浓度为 20 μg/10 ml 时，共存 SO_2 小于 20 μg，NO_x 小于 50 μg，甲醛回收率不低于 95%。(　　)

答案：√

5.《空气质量　甲醛的测定　乙酰丙酮分光光度法》（GB/T 15516—1995）规定，用实验室空白吸收管的吸收液进行空白测定。(　　)

答案：×

正确答案：用现场未采样空白吸收管的吸收液进行空白测定。

6. 甲醛易被氧化，因此在采样时应选用棕色吸收管。(　　)

答案：√

7. 甲醛样品在运输和存放过程中，不用采取特别的保护措施。(　　)

答案：×

正确答案：日光照射能使甲醛氧化，因此样品运输和存放过程中，都应采取避光措施。

8. 由于甲醛不稳定，因此甲醛标准使用液必须现配现用。(　　)

答案：×

正确答案：甲醛标准使用液 2～5℃贮存，可稳定 1 周。

9.《空气质量　甲醛的测定　乙酰丙酮分光光度法》（GB/T 15516—1995）中规定，0.25% 乙酰丙酮溶液必须现配现用。（　　）

答案：×

正确答案：0.25% 乙酰丙酮溶液于 2～5℃贮存，可稳定 1 个月。

10. 根据《空气质量　甲醛的测定　乙酰丙酮分光光度法》（GB/T 15516—1995）的规定，采集好的样品于 2～5℃贮存，可保存 7 d。（　　）

答案：×

正确答案：因甲醛易氧化，采集好的样品应于 2 d 内分析完毕。

11. 根据《空气质量　甲醛的测定　乙酰丙酮分光光度法》（GB/T 15516—1995）的规定，绘制标准曲线或采用最小二乘法计算回归方程式，"零" 浓度也要参与计算。（　　）

答案：×

正确答案："零" 浓度不参与计算。

12. 乙酰丙酮分光光度法具有灵敏度低，选择性好的特点，适用于环境空气和工业废气中甲醛的测定。（　　）

答案：√

13.《空气质量　甲醛的测定　乙酰丙酮分光光度法》（GB/T 15516—1995）的采样系统由采样引气管，采样吸收管和空气采样器串联组成。（　　）

答案：√

14. 标定硫代硫酸钠溶液时，滴定消耗的硫代硫酸钠溶液越多，说明配制的硫代硫酸钠溶液浓度越低。（　　）

答案：√

15. 标定硫代硫酸钠溶液时，需要加（1+5）盐酸溶液 5 ml，混匀，静置 10 min。（　　）

答案：×

正确答案：加（1+5）盐酸溶液 10 ml，立即盖好瓶塞，混匀，在暗处静置 5 min。

16. 甲醛标准储备液的准确浓度通过碘量法标定。（　　）

答案：√

17. 在采样时用皂膜流量计对空气采样器进行流量校准，连接标准皮托管和倾斜式微压计进行压力测量，空气采样用空盒气压表进行气压读数，废气或空气压力以 *P*m（kPa）表示。（　　）

答案：√

18.《空气质量　甲醛的测定　乙酰丙酮分光光度法》（GB/T 15516—1995）适用于树脂制造、涂料、人造纤维、塑料、橡胶、染料、制药、油漆、制革等行业的排放废气，以及作医药消毒、防腐、熏蒸时产生的甲醛蒸汽测定。（　　）

答案：√

二、单项选择题

1. 根据《空气质量　甲醛的测定　乙酰丙酮分光光度法》（GB/T 15516—1995）测定空气中的甲醛时，甲醛经水吸收后，需在________的乙酸－乙酸铵缓冲溶液中，与乙酰丙酮作用。（　　）

A．pH＜5　　B．pH=5　　C．pH=6　　D．pH＜6

答案： C

2. 根据《空气质量　甲醛的测定　乙酰丙酮分光光度法》（GB/T 15516—1995）测定空气中的甲醛时，甲醛吸收液在乙酸－乙酸铵缓冲溶液中，与乙酰丙酮作用，在沸水浴条件下生成黄色化合物，在波长________处进行测定。（　　）

A．375 nm　　B．413 nm　　C．570 nm　　D．425 nm

答案： B

3. 根据《空气质量　甲醛的测定　乙酰丙酮分光光度法》（GB/T 15516—1995）中的规定，采集样品时，吸收管体积为 50 ml 或 125 ml，吸收液装液量分别为 20 ml 或 50 ml，以________的流量，采气________。（　　）

A．0.5～1.0 L/min，5～10 min　　B．1.0～2.0 L/min，5～10 min

C．1.0～2.0 L/min，5～20 min　　D．0.5～1.0 L/min，5～20 min

答案： D

4. 根据《空气质量　甲醛的测定　乙酰丙酮分光光度法》（GB/T 15516—1995）测定空气中的甲醛时，采集好的样品于________℃贮存，________d 内分析完毕。（　　）

A．＜2，2　　B．＜2，7　　C．2～5，2　　D．2～5，7

答案： C

5. 根据《空气质量　甲醛的测定　乙酰丙酮分光光度法》（GB/T 15516—1995）测定空气中的甲醛，当采样体积为 ________ 时，测定范围为 ________。（　　）

A．5～10.0 L，0.5～800 mg/m^3　　B．0.5～10.0 L，5～600 mg/m^3

C．0.5～10.0 L，0.5～800 mg/m^3　　D．5～10.0 L，0.5～600 mg/m^3

答案： C

6. 根据《空气质量　甲醛的测定　乙酰丙酮分光光度法》（GB/T 15516—1995）配制 0.25% 乙酰丙酮溶液，称 25 g 乙酸铵加水溶解，加 3 ml 冰乙酸及 0.25 ml 新蒸馏的乙酰丙酮，混匀加水至 100 ml，调整________，此溶液于________℃贮存，可稳定 1 个月。（　　）

A．pH=6，2～5　　B．pH＜6，2～5　　C．pH＜6，＜4　　D．pH=6，＜4

答案： A

7. 根据《空气质量　甲醛的测定　乙酰丙酮分光光度法》（GB/T 15516—1995）标定甲醛标准储备液时，吸取 5.0 ml 甲醛标准储备液置于 250 ml 碘量瓶，加 0.1 mol/L 碘溶液 30.0 ml，立即逐滴加入 30 g/100 ml 氢氧化钠溶液至颜色褪到________为止。（　　）

A．淡黄色　　B．蓝绿色　　C．蓝色　　D．淡粉色

答案： A

8. 根据《空气质量　甲醛的测定　乙酰丙酮分光光度法》（GB/T 15516—1995）配制不含有机物的蒸馏水时，在整个蒸馏过程中水应始终保持________。（　　）

A．黄色　　B．紫色　　C．粉色　　D．红色

答案： D

9. 根据《空气质量　甲醛的测定　乙酰丙酮分光光度法》（GB/T 15516—1995）标定硫代硫酸

钠溶液时，吸取 0.100 0 mol/L 碘酸钾标准溶液 25.0 ml 置于 250 ml 碘量瓶中，加 40 ml 新煮沸但已冷却的水，加 10 g/100 ml 碘化钾溶液 10 ml，再加（1+5）盐酸溶液 10 ml，立即盖好瓶塞，混匀，在暗处静置 5 min 后，用硫代硫酸钠溶液滴定至________，加 1 g/100 ml 淀粉溶液 1 ml，继续滴定至________刚刚褪去。（　　）

A．淡黄色，红色　　B．淡粉色，红色

C．淡黄色，蓝色　　D．淡粉色，红色

答案：C

10.《空气质量　甲醛的测定　乙酰丙酮分光光度法》（GB/T 15516—1995）定容校准曲线样品的过程中，定容体积皆位于在刻度线之上 0.1 cm，会导致甲醛校准曲线截距________，斜率________。（　　）

A．不变，变小　　B．变小，变小

C．不变，变大　　D．变小，变大

答案：A

11. 根据《空气质量　甲醛的测定　乙酰丙酮分光光度法》（GB/T 15516—1995）测定空气中的甲醛时，当甲醛浓度为 20 μg/10 ml 时，共存________苯酚、________乙醛、________铵离子无干扰影响。（　　）

A．6 mg，10 mg，600 mg　　B．8 mg，10 mg，400 mg

C．8 mg，10 mg，600 mg　　D．10 mg，10 mg，400 mg

答案：C

三、问答题

1. 根据《空气质量　甲醛的测定　乙酰丙酮分光光度法》（GB/T 15516—1995）简述如何标定并计算硫代硫酸钠溶液浓度。

答案：（1）吸取 0.100 0 mol/L 碘酸钾标准溶液 25.0 ml 置于 250 ml 碘量瓶中，加 40 ml 新煮沸但已冷却的水，加 10 g/100 ml 碘化钾溶液 10 ml，再加（1+5）盐酸溶液 10 ml，立即盖好瓶塞，混匀，在暗处静置 5 min 后，用硫代硫酸钠溶液滴定至淡黄色，加 1g/100 ml 淀粉溶液 1 ml，继续滴定至蓝色刚刚褪去。

（2）硫代硫酸钠溶液浓度：

$$C_{Na_2S_2O_3} = \frac{0.1 \times 25.0}{V_{Na_2S_2O_3}}$$

式中：$V_{Na_2S_2O_3}$——滴定消耗硫代硫酸钠溶液体积的平均值，ml。

2. 根据《空气质量　甲醛的测定　乙酰丙酮分光光度法》（GB/T 15516—1995）简述乙酰丙酮分光光度法测定空气中甲醛的原理。

答案：甲醛气体经水吸收后，在 pH=6 的乙酸－乙酸铵缓冲溶液中，与乙酰丙酮作用，在沸水浴条件下，迅速生成稳定的黄色化合物，在波长 413 nm 处测定。

3. 根据《空气质量　甲醛的测定　乙酰丙酮分光光度法》（GB/T 15516—1995）简述如何进行

采样体积校准。

答案：（1）流量校准

采样时用皂膜流量计对空气采样器进行流量校准，采样体积 $V_m = Q'_r \times n$

（2）压力测量

连接标准皮托管和倾斜式微压计进行压力测量，空气采样用空盒气压表进行气压读数，废气或空气压力以 P_m（kPa）表示。

（3）温度测量

用水银温度计测量管道废气或空气温度，以 t_m（℃）表示。

（4）体积校准

采气标准状态体积 V_{nd}（L）计算公式为

$$V_{nd} = V_m \times 2.694 \times \frac{101.325 + P_m}{273 + t_m}$$

4. 根据《空气质量　甲醛的测定　乙酰丙酮分光光度法》（GB/T 15516—1995）测定空气中甲醛时，对所用的蒸馏水有什么要求？怎样制得？

答案：（1）所用的蒸馏水应不含有机物；

（2）加少量高锰酸钾的碱性溶液于水中再进行蒸馏即可得到不含有机物的蒸馏水（在整个蒸馏过程中水应始终保持红色，否则应随时补加高锰酸钾）。

5. 根据《空气质量　甲醛的测定　乙酰丙酮分光光度法》（GB/T 15516—1995）简述如何标定甲醛标准储备液。

答案：吸取 5.0 ml 甲醛标准储备液置于 250 ml 碘量瓶中，加 0.1 mol/L 碘溶液 30.0 ml，立即逐滴地加入 30g/100 ml 氢氧化钠溶液至颜色褪到淡黄色为止（大约 0.7 ml），静置 10 min，加入（1+5）盐酸溶液 5 ml 酸化，（空白滴定时需多加 2 ml），在暗处静置 10 min，加入 100 ml 新煮沸但已冷却的水，用标定好的硫代硫酸钠溶液滴定至淡黄色，加入新配制的 1g/100 ml 淀粉指示剂 1 ml，继续滴定至蓝色刚刚消失为终点，同时进行空白测定。按下面公式计算甲醛储备液浓度：

$$甲醛（mg/ml）= \frac{(V_1 - V_2) \times c_{Na_2S_2O_3} \times 15.0}{5.0}$$

式中：V_1——空白消耗硫代硫酸钠溶液体积的平均值，ml；

V_2——标定甲醛消耗硫代硫酸钠溶液体积的平均值，ml；

$c_{Na_2S_2O_3}$——硫代硫酸钠溶液浓度，mol/L；

15.0——甲醛（1/2HCHO）摩尔质量；

5.0——甲醛标准储备液取样体积，ml。

四、计算题

已知采集某实验区环境空气中甲醛的样品溶液体积为 5.0 ml，分析时所取的体积 2.0 ml，测得甲醛的吸光度值为 0.115，以水为参比，测得试剂空白值为 0.013，采样流量为 0.5 L/min，采样时间为 45 min，采样时的压力为 102.1 kPa，采样温度为 20℃，校准曲线的截距为 0.7×10^{-3}，斜率为

0.021 9，计算空气中甲醛的浓度。

答案： 采样体积 V_m=45×0.5=22.5 L

标准状况下甲醛的体积 V_{nd} 为

$$V_{nd} = V_m \times \frac{P}{101.325} \times \frac{273}{273+t} = 22.5 \times \frac{102.1}{101.325} \times \frac{273}{273+20} = 21.1\ \text{L}$$

试样中甲醛含量为 $x = \frac{A_s - A_b - a}{b} \times \frac{V_1}{V_2} = \frac{0.115-0.013-0.0007}{0.0219} \times \frac{5.0}{2.0} = 11.6\ \mu\text{g}$

空气中甲醛浓度 $c = \frac{x}{V_{nd}} = \frac{11.6}{21.1} = 0.55\ \text{mg/m}^3$

空气中甲醛的浓度是 0.55 mg/m^3。

参考文献

国家环境保护局. 空气质量　甲醛的测定　乙酰丙酮分光光度法：GB/T 15516—1995 [S]. 北京：中国标准出版社，1995.

命题：秦妍然　董聿琛

审核：戴文红

第四十六节　空气质量　硫化氢的测定　亚甲基蓝分光光度法（《空气和废气监测分析方法》第四版增补版）

一、判断题

1. 根据《空气和废气监测分析方法》（第四版增补版）中布点与采样要求，采集环境空气样品时，环境空气监测点位周围建设情况应该相对稳定，在相当长的时间内不能有新的建筑工地出现。(　　)

答案： √

2. 根据《空气和废气监测分析方法》（第四版增补版）中布点与采样要求，环境空气采样时，某个化合物的浓缩率与采样体积有关，最大采样体积越小，浓缩效率越高。(　　)

答案： ×

正确答案： 最大采样体积越大，浓缩效率越高。

3. 亚甲基蓝分光光度法作为测定硫化氢的经典方法，具有灵敏、快速等优点，且精密度、稳定性强，操作简便。(　　)

答案： ×

正确答案： 精密度、稳定性差，操作繁琐。

4. 采用亚甲基蓝分光光度法测定硫化氢时，聚乙烯醇磷酸铵能保护硫化镉胶体，使其隔绝空气和阳光，以减少硫化物的氧化和光分解作用。(　　)

答案：√

5. 根据《空气和废气监测分析方法》（第四版增补版）中亚甲基蓝分光光度法测定硫化氢时，采集大气中硫化氢样品时，可用多孔玻板吸收管。

答案：×

正确答案：应采用气泡式吸收管，避免使用多孔玻板吸收管，以防金属硫化物氧化和堵塞玻板。

6. 根据《空气和废气监测分析方法》（第四版增补版）中亚甲基蓝分光光度法测定硫化氢时，在显色过程中，显色剂加入后应强烈振摇以便混匀。(　　)

答案：×

正确答案：要迅速加盖轻轻倒转混匀，避免强烈振摇。

7. 根据《空气和废气监测分析方法》（第四版增补版）中亚甲基蓝分光光度法测定硫化氢时，硫化物易被氧化，在日光照射下会加速氧化，故在采样、样品运输及保存过程中应避光。(　　)

答案：√

8. 根据《空气和废气监测分析方法》（第四版增补版）中亚甲基蓝分光光度法测定硫化氢时，采样后应携带回实验室加显色剂。(　　)

答案：×

正确答案：采样后应现场加显色剂，携回实验室进行测定。

9. 采用亚甲基蓝分光光度法测定环境空气或废气中硫化氢，现场显色时，加显色剂操作过程要缓慢，防止酸性条件下硫化氢溢出，造成测定误差。(　　)

答案：×

正确答案：加显色剂时操作应迅速。

10. 根据《空气和废气监测分析方法》（第四版增补版）中亚甲基蓝分光光度法测定硫化氢时，硫代硫酸钠溶液配置好后贮于棕色细口瓶中，放置 1 周后标定其浓度，若溶液呈现浑浊，应该过滤。(　　)

答案：√

11. 根据《空气和废气监测分析方法》（第四版增补版）中亚甲基蓝分光光度法测定环境空气或废气中硫化氢时，混合显色剂应使用时现配，若溶液呈现浑浊，应过滤后使用。(　　)

答案：×

正确答案：若混合显色剂呈现浑浊，应弃之，重新配制。

12. 根据《空气和废气监测分析方法》（第四版增补版）中亚甲基蓝分光光度法测定硫化氢时，对氨基二甲基苯胺溶液贮备液，在冰箱中可长期保存。(　　)

答案：√

二、单项选择题

1. 根据《空气和废气监测分析方法》（第四版增补版）中对布点与采样要求，________不是影响采样效率的主要因素。(　　)

A. 采样方法和仪器　　B. 采气量和采样时间

C. 抽气速度　　D. 显色时间

答案：D

2. 根据《空气和废气监测分析方法》（第四版增补版）中对布点与采样要求，在环境空气质量监测点周围________空间，环境空气流动不受任何影响。如果采样管的一边靠近建筑物，至少在采样口周围要有________弧形范围的自由空间。（　　）

A. 90°，180°　　B. 180°，90°　　C. 270°，180°　　D. 180°，270°

答案：C

3. 在环境空气质量监测点________范围内不能有明显的污染源，不能靠近炉、窑和锅炉烟囱。（　　）

A. 10 m　　B. 30 m　　C. 50 m　　D. 100 m

答案：C

4. 亚甲基蓝分光光度法测定环境空气中硫化氢的采样方法是________。（　　）

A. 直接采样法　　B. 溶液吸收法　　C. 填充柱采样法　　D. 低温冷凝浓缩法

答案：B

5. 根据《空气和废气监测分析方法》（第四版增补版）中亚甲基蓝分光光度法测定硫化氢时，采集大气中硫化氢时应选用的采样管为________。（　　）

A. 多孔玻柱吸收管　　B. 多孔玻板吸收管　　C. 气泡式吸收管　　D. 多孔玻板吸收瓶

答案：C

6. 根据《空气和废气监测分析方法》（第四版增补版）亚甲基蓝分光光度法测定硫化氢时，氢氧化镉－聚乙烯醇磷酸铵溶液吸收液为乳白色悬浮物，在冰箱中保存________d。（　　）

A. 2　　B. 3　　C. 5　　D. 7

答案：D

7. 根据《空气和废气监测分析方法》（第四版增补版）中亚甲基蓝分光光度法测定硫化氢时，硫化物易被氧化，在日光照射下会加速氧化，故在采样、样品运输及保存过程中应________。（　　）

A. 冷藏　　B. 冷冻　　C. 避光　　D. 加显色剂

答案：C

8. 根据《空气和废气监测分析方法》（第四版增补版）中亚甲基蓝分光光度法测定硫化氢时，亚甲基蓝分光光度法测定硫化氢，采样后________加显色剂。（　　）

A. 现场　　B. 回实验室后立即　　C. 分析样品时　　D. 放置 30 min

答案：A

9. 根据《空气和废气监测分析方法》（第四版增补版）中亚甲基蓝分光光度法测定硫化氢时，二氧化硫浓度在________mg/m^3 以下对硫化氢的测定不产生干扰。（　　）

A. 0.4　　B. 0.04　　C. 0.8　　D. 0.08

答案：C

10. 根据《空气和废气监测分析方法》（第四版增补版）中亚甲基蓝分光光度法测定硫化氢时，氮氧化物浓度在________mg/m^3 以下对硫化氢的测定不产生干扰。（　　）

A. 0.4　　B. 0.04　　C. 0.8　　D. 0.08

答案：D

11. 根据《空气和废气监测分析方法》（第四版增补版）中亚甲基蓝分光光度法测定硫化氢时，显色后溶液颜色可稳定________。（　　）

A. 30～60 min　　B. 2～4 h　　C. 8～14 h　　D. 1～2d

答案：C

12. 根据《空气和废气监测分析方法》（第四版增补版）中亚甲基蓝分光光度法测定环境空气或废气中硫化氢，用碘量法标定硫化钠溶液时，亚硫酸根离子和硫代硫酸根离子也能与碘反应，使标定出的硫化氢浓度数值________，用于绘制标准曲线时，则斜率________。（　　）

A. 偏高，偏低　　B. 偏低，偏低　　C. 偏低，偏高　　D. 偏高，偏高

答案：A

13. 根据《空气和废气监测分析方法》（第四版增补版）中亚甲基蓝分光光度法测定环境空气或废气中硫化氢时，样品测定与绘制校准曲线时的温度之差不超过________℃。（　　）

A. 1　　B. 2　　C. 3　　D. 4

答案：B

三、问答题

1. 根据《空气和废气监测分析方法》（第四版增补版）简述亚甲基蓝分光光度法测定硫化氢的方法原理。

答案：硫化氢被氢氧化镉－聚乙烯醇磷酸铵溶液吸收，生成硫化镉胶状沉淀。聚乙烯醇磷酸铵能保护硫化镉胶体，使其隔绝空气和阳光，以减少硫化物的氧化和光分解作用。在硫酸溶液中，硫离子与对氨基二甲基苯胺溶液和三氯化铁溶液作用，生成亚甲基蓝，根据颜色深浅，用分光光度法测定。

2. 采用亚甲基蓝分光光度法测定环境空气或废气中硫化氢时，以氢氧化镉－聚乙烯醇磷酸铵溶液为吸收液，试问聚乙烯醇磷酸铵的作用。

答案：聚乙烯醇磷酸铵能保护生成的硫化镉胶体，使其隔绝空气和阳光，以减少硫化物的氧化和光分解作用。

3. 根据《空气和废气监测分析方法》（第四版增补版）简述亚甲基蓝分光光度法测定硫化氢时，硫代硫酸钠溶液的标定方法。

答案：吸取碘酸钾标准溶液 25.00 ml，置于 250 ml 碘量瓶中，加 70 ml 新煮沸并已冷却的水，加 1.0 g 碘化钾，振荡至完全溶解后，再加 1.2 mol/L 盐酸溶液 10.0 ml，立即盖好瓶塞，混匀。在暗处放置 5 min 后，用硫代硫酸钠溶液滴定至淡黄色，加淀粉指示剂 5 ml，继续滴定至蓝色刚好褪去。

四、计算题

1. 用大气采样器采集无组织排放硫化氢气体，采样流量为 0.5 L/min，避光采样 45 min，现场大气压为 100.2 kPa，采样温度为 3℃。采样后与实验室进行分析，测得该样品溶液中硫化氢含量为

4.8 μg，则该样品溶液中硫化氢浓度为多少？

答案： $V_{nd}=\dfrac{V_1\times 273.1\times P}{(273.15+t)\times 101.325}=\dfrac{0.5\times 45\times 273.15\times 100.2}{(273.15+3)\times 101.325}$=22.0（L）

$C(H_2S，mg/m^3)=\dfrac{W}{V_{nd}}=\dfrac{4.8}{22.0}$=0.218（$mg/m^3$）

2. 采用亚甲基蓝分光光度法测定硫化氢，已知标准状态下采样体积为 21.5 L，校准曲线的截距为 $a=-4.30\times 10^{-3}$，斜率 $b=0.155$，试剂空白值为 0.028，测定样品吸光度值为 0.085，试计算空气中硫化氢的浓度。

答案： $C(H_2S，mg/m^3)=\dfrac{(A-A_0)-a}{b\times V_n}=\dfrac{(0.085-0.028)-(-4.30\times 10^{-3})}{0.155\times 21.5}$=0.018（$mg/m^3$）

参考文献

国家环境保护总局《空气和废气监测分析方法》编委会．空气和废气监测分析方法：第四版增补版［M］．北京：中国环境科学出版社，2010.

命题：杨　帆

审核：张久龙

第四十七节　污染源废气　硫化氢的测定　亚甲基蓝分光光度法（《空气和废气监测分析方法》第四版增补版）

一、判断题

1. 采用亚甲基蓝分光光度法测定污染源废气中的硫化氢时，样品采集时，不必避光，及时运输至实验室进行分析即可。（　　）

答案： ×

正确答案： 由于硫化氢易被氧化，在日光照射下会加速氧化，故在采样、样品运输及保存过程中应避光。

2. 采用亚甲基蓝分光光度法测定污染源废气中的硫化氢时，应采用比色管吸收。（　　）

答案： ×

正确答案： 采用气泡式吸收管，避免使用多孔玻璃吸收管，以防止金属硫化物氧化和堵塞玻板。

3. 采用亚甲基蓝分光光度法测定污染源废气中的硫化氢，用碘量法标定硫化钠溶液时，亚硫酸根离子和硫代硫酸根离子也能与碘反应，使标定出的硫化氢浓度偏高。（　　）

答案： √

4. 采用亚甲基蓝分光光度法测定污染源废气中的硫化氢时，采样后现场显色，加显色剂时操作

要迅速，以防止酸性条件下硫化氢逸出。(　　)

答案：√

5. 采用亚甲基蓝分光光度法测定污染源废气中的硫化氢时，称取适量的硫酸镉，氢氧化钠和聚乙烯醇磷酸铵分别溶于少量的水后，将3种溶液混合在一起，强烈振摇，混合均匀，用水稀释至一定的体积，此溶液为乳白色悬浮液，在冰箱中可保存1周。(　　)

答案：√

6. 硫化氢被氢化镉－聚乙烯醇磷酸铵溶液吸收，可生成硫化镉胶状沉淀。(　　)

答案：√

7. 采用亚甲基蓝分光光度法测定环境空气或废气中的硫化氢时，硫化氢采样过程为：吸取摇匀后的吸收液10 ml于大型气泡吸收管中，以1.0 L/min的流量，避光采样30～60 min，8 h内测定。(　　)

答案：√

8. 采用亚甲基蓝分光光度法测定污染源废气中的硫化氢时，显色剂加入后要迅速加盖，充分强烈振摇混匀。(　　)

答案：×

正确答案：显色剂加入后要迅速加盖轻轻倒转混匀，避免强烈振摇。

9. 根据《空气和废气监测分析方法》(第四版增补版)，硫化氢易被氧化，在日光照射下会加速氧化，故应及时运输保存。(　　)

答案：×

正确答案：故在采样、运输及保存过程中应避光。

10. 采用亚甲基蓝分光光度法测定污染源废气中的硫化氢时，以空气中硫化氢吸收显色剂为参比，进行样品溶液的吸光度测定。(　　)

答案：×

正确答案：以水为参比，测定吸光度。

11. 空气中硫化氢浓度的测定方法有亚甲基蓝分光光度法、直接显色分光光度法。(　　)

答案：√

12. 亚甲基蓝分光光度法作为测定硫化氢的经典方法，具有灵敏、快速的优点。(　　)

答案：√

13. 亚甲基蓝分光光度法测定环境空气或废气中硫化氢的原理为：硫化氢被氢氧化镉－聚乙烯醇磷酸铵溶液吸收，生成硫化镉胶状沉淀。聚乙烯醇磷酸铵能保护硫化镉胶体，使其隔绝空气和阳光，以减少硫化物的氧化和光分解作用。在硫酸溶液中，硫离子与对氨基二甲基苯胺溶液和三氯化铁溶液作用，生成亚甲基蓝，根据颜色深浅，用分光光度法测定。(　　)

答案：√

14. 采用亚甲基蓝分光光度法测定污染源废气中的硫化氢时，样品测定与绘制曲线时的温度之差不得超过5℃。(　　)

答案：×

正确答案：样品测定与绘制曲线时的温度之差不得超过2℃。

二、单项选择题

1. 采用亚甲基蓝分光光度法测定污染源废气中硫化氢时，空气采样器流量范围控制在________ L/min。(　　)

A. 0～0.25　　B. 0～0.5　　C. 0～1　　D. 0～10

答案：C

2. 采用亚甲基蓝分光光度法测定污染源废气中硫化氢时，方法检出限为________，当采样体积为 60 L 时，最低检出限为 0.001 mg/m^3。(　　)

A. 0.01 μg/10 ml　　B. 0.07 μg/10 ml

C. 0.10 μg/10 ml　　D. 0.20 μg/10 ml

答案：B

3. 采集污染源废气中的硫化氢最好选用________作为吸收管。(　　)

A. 具塞比色管　　B. 大泡吸收管

C. 棕色气泡式吸收管　　D. 集气瓶

答案：C

4. 根据亚甲基蓝分光光度法测定污染源废气中硫化氢时，二氧化硫浓度在________mg/m^3 以下对硫化氢测定不会产生干扰。(　　)

A. 0.4　　B. 1.0　　C. 0.2　　D. 0.8

答案：D

5. 采用亚甲基蓝分光光度法测定污染源废气中硫化氢时，氮氧化合物浓度在________mg/m^3 以下对硫化氢测定不会产生干扰。(　　)

A. 0.8　　B. 1.0　　C. 0.08　　D. 0.4

答案：C

6. 采用亚甲基蓝分光光度法测定污染源废气中硫化氢时，测定样品与绘制曲线时温度之差不能超过________℃。(　　)

A. 0.5　　B. 1　　C. 1.5　　D. 2

答案：D

7. 采用亚甲基蓝分光光度法测定污染源废气中硫化氢时，显色后溶液颜色可稳定______h。(　　)

A. 2～10　　B. 5～15　　C. 8～14　　D. 24 以上

答案：C

8. 采用亚甲基蓝分光光度法测定空气中硫化氢时，硫化氢被________溶液吸收，生成硫化镉胶状沉淀。聚乙烯醇磷酸铵能保护硫化镉胶体。(　　)

A. 氧化镉－聚乙烯醇磷酸铵　　B. 氢氧化钠

C. 乙酸锌　　D. 硫酸

答案：A

9. 采用亚甲基蓝分光光度法测定空气中硫化氢时，在________溶液中，硫离子与对氨基二甲基苯胺溶液和三氯化铁溶液作用，生成亚甲基蓝，根据颜色深浅，用分光光度法测定。(　　)

A．纯水 B．碱性 C．弱碱性 D．酸性

答案：D

10. 采用亚甲基蓝分光光度法测定污染源废气中硫化氢时，向比色管中加入混合显色剂 1.00 ml，立即加盖，倒转缓慢混匀，放置 30 min。加________滴磷酸氢二铵溶液，以排除三价铁离子的颜色，混匀比色。（ ）

A．1 B．2 C．3 D．5

答案：A

三、问答题

简述亚甲基蓝分光光度法测定污染源废气中的硫化氢的原理。

答案：硫化氢被氢氧化镉－聚乙烯醇磷酸铵溶液吸收，生成硫化镉胶状沉淀。聚乙烯醇磷酸铵能保护硫化镉胶体，使其隔绝空气和阳光，以减少硫化物的氧化和光分解作用。在硫酸溶液中，硫离子与对氨基二甲基苯胺溶液和三氯化铁溶液作用，生成亚甲基蓝，根据颜色深浅，用分光光度法测定。

四、计算题

采用亚甲基蓝分光光度法测定硫化氢时，已知标况下的采样体积为 18.9L，校准曲线的截距 a=−0.002，斜率 b=0.155，试剂空白为 0.030，测定样品吸光度值为 0.091，试计算空气中硫化氢的浓度。

答案：$C(H_2S,\ mg/m^3) = [(A-A_0)-a]/(b\times V_n)$

$= [(0.091-0.030)-(-0.002)]/(0.155\times 18.9)$

$= 0.022\ (mg/m^3)$

参考文献

[1] 国家环境保护总局《空气和废气监测分析方法》编委会．空气和废气监测分析方法：第四版增补版［M］．北京：中国环境科学出版社，2010.

[2] 中国环境监测总站《环境监测人员持证上岗考核试题集》编写组．环境监测人员持证上岗考核试题集：下册．4 版［M］．北京：中国环境出版集团，2018.

命题：暴雪松

审核：赵京晶

第四十八节　空气质量　硫酸盐化速率的测定　碱片－重量法（《空气和废气监测分析方法》第四版增补版）

一、判断题

1. 根据《空气和废气监测分析方法》（第四版增补版）中碱片－重量法测定硫酸盐化速率时，不需要采样动力，简单易行。（　　）

答案：√

2. 根据《空气和废气监测分析方法》（第四版增补版）中碱片－重量法测定硫酸盐化速率时，由于采样时间长，测定结果能较好地反映空气中含硫污染物（主要是三氧化硫）的污染状况和污染趋势。（　　）

答案：×

正确答案：测定硫酸盐化速率由于采样时间长，测定结果能较好地反映空气中含硫污染物（主要是二氧化硫）的污染状况和污染趋势。

3. 根据《空气和废气监测分析方法》（第四版增补版）中碱片－重量法测定硫酸盐化速率时，方法操作简便，试剂毒性低。（　　）

答案：√

4. 根据《空气和废气监测分析方法》（第四版增补版）中碱片－重量法测定硫酸盐化速率时，使用的分析天平感量为 0.2 mg。（　　）

答案：×

正确答案：使用的分析天平感量为 0.1 mg。

5. 根据《空气和废气监测分析方法》（第四版增补版）中碱片－重量法测定硫酸盐化速率时，使用的是 G4 玻璃砂芯坩埚。（　　）

答案：√

6. 根据《空气和废气监测分析方法》（第四版增补版）中碱片－重量法测定硫酸盐化速率，碳酸钾溶液配制好后，用瓶盖一体的玻璃试剂瓶贮存。（　　）

答案：×

正确答案：碳酸钾溶液配制好后，用具橡皮塞的细口瓶贮存。

7. 根据《空气和废气监测分析方法》（第四版增补版）中碱片－重量法测定硫酸盐化速率时，需要配制 2.0%（m/V）的硝酸银溶液。（　　）

答案：×

正确答案：需要配制 1.0%（m/V）的硝酸银溶液。

8. 根据《空气和废气监测分析方法》（第四版增补版）中碱片－重量法测定硫酸盐化速率时，碱片制备过程中玻璃纤维滤膜应毛面朝上滴加碳酸钾溶液。（　　）

答案：√

9. 根据《空气和废气监测分析方法》（第四版增补版）中碱片－重量法测定硫酸盐化速率，样

品加试剂捣碎过滤后，滤液需要加热浓缩至 20 ml。(　　)

答案：×

正确答案：将滤液加热浓缩至 40 ml（采暖期二氧化硫浓度高时，体积可为 60～80 ml）。

10. 根据《空气和废气监测分析方法》（第四版增补版）碱片－重量法测定硫酸盐化速率时，放样是将碱片毛面向里放入塑料皿。(　　)

答案：×

正确答案：放样是将碱片毛面向外放入塑料皿。

11. 根据《空气和废气监测分析方法》（第四版增补版）中碱片－重量法测定硫酸盐化速率，制备碱片时，滴加碳酸钾溶液应保证滤膜浸渍均匀，不得出现空白。(　　)

答案：√

12. 根据《空气和废气监测分析方法》（第四版增补版）中碱片－重量法测定硫酸盐化速率，坩埚恒重时每次称量时间、冷却时间、坩埚排列顺序可随意操作。(　　)

答案：×

正确答案：坩埚恒重时各次称量、冷却时间及坩埚排列顺序要保持一致，避免因条件不一致造成误差。

13. 根据《空气和废气监测分析方法》（第四版增补版）中碱片－重量法测定硫酸盐化速率，做完试验后，用过的玻璃砂芯坩埚会有沉淀附着，应及时用水冲出，浸洗、抽滤、仔细清洗干净后烘干备用。(　　)

答案：√

14. 根据《空气和废气监测分析方法》（第四版增补版）中碱片－重量法测定硫酸盐化速率，需要配制（1+5）盐酸溶液备用。(　　)

答案：×

正确答案：需要配制（1+4）盐酸溶液备用。

15. 根据《空气和废气监测分析方法》（第四版增补版）中碱片－重量法测定硫酸盐化速率，方法检出限为 0.06 mg SO_3/（100 cm^2 碱片·d）。(　　)

答案：×

正确答案：方法检出限为 0.05 mg SO_3/（100 cm^2 碱片·d）。

二、单项选择题

1. 根据《空气和废气监测分析方法》（第四版增补版）中碱片－重量法测定硫酸盐化速率，硫酸盐化速率结果是以每日在________cm^2 碱片上所含三氧化硫毫克数表示。(　　)

A．60　　B．80　　C．90　　D．100

答案：D

2. 根据《空气和废气监测分析方法》（第四版增补版）中碱片－重量法测定硫酸盐化速率，制备碱片时要将玻璃纤维膜剪成直径为________cm 的圆片。(　　)

A．5.0　　B．6.0　　C．7.0　　D．8.0

答案：C

3. 根据《空气和废气监测分析方法》（第四版增补版）中碱片－重量法测定硫酸盐化速率，在加热的条件下，搅拌并滴加10%氯化钡溶液生成硫酸钡沉淀时，应________滴________搅。（　　）

A．慢，慢　　B．快，快　　C．快，慢　　D．慢，快

答案：D

4. 根据《空气和废气监测分析方法》（第四版增补版）中碱片－重量法测定硫酸盐化速率时，如果采样装置设置在屋顶上，应距离屋顶________m。（　　）

A．0.5～1　　B．1～1.5　　C．1～2　　D．1.3～1.8

答案：B

5. 根据《空气和废气监测分析方法》（第四版增补版）中碱片－重量法测定硫酸盐化速率放样时间为________d。（　　）

A．25±5　　B．28±2　　C．30±2　　D．30±1

答案：C

6. 根据《空气和废气监测分析方法》（第四版增补版）中碱片－重量法测定硫酸盐化速率时，制备碱片应使用________溶液滴加在玻璃纤维滤膜上。（　　）

A．30%碳酸钾溶液　　B．10%碳酸钾溶液

C．15%碳酸钾溶液　　D．10%氯化钡溶液

答案：A

7. 根据《空气和废气监测分析方法》（第四版增补版）中碱片－重量法测定硫酸盐化速率时，将硫酸钡沉淀滤入G_4玻璃砂芯坩埚中，抽气过滤，洗涤液总体积应控制在________ml。（　　）

A．30～50　　B．40～60　　C．50～70　　D．60～80

答案：D

8. 根据《空气和废气监测分析方法》（第四版增补版）中碱片－重量法测定硫酸盐化速率，抽滤完成将坩埚放在________℃烘箱中烘________h。（　　）

A．100～105，1.5　　B．105～110，1.5

C．100～105，2.0　　D．105～110，2.0

答案：B

9. 根据《空气和废气监测分析方法》（第四版增补版）中碱片－重量法测定硫酸盐化速率，抽滤完成的坩埚需要烘干、冷却、称重，称量至恒重，两次恒重之差不超过________mg。（　　）

A．0.1　　B．0.2　　C．0.3　　D．0.4

答案：D

10. 根据《空气和废气监测分析方法》（第四版增补版）中碱片－重量法测定硫酸盐化速率，碱片采样放置天数准确至________d。（　　）

A．0.1　　B．0.2　　C．0.5　　D．0.01

答案：A

三、问答题

1. 简述《空气和废气监测分析方法》（第四版增补版）中碱片－重量法测定硫酸盐化速率方法原理。

答案：碳酸钾溶液浸渍过的玻璃纤维滤膜曝露于空气中，与空气中的二氧化硫、硫酸雾、硫化氢等发生反应，生成硫酸盐。测定生成的硫酸盐含量，计算硫酸盐化速率。其结果以每日在 100 cm^2 碱片上所含三氧化硫毫克数表示。反应式如下：$2K_2CO_3+2SO_2+O_2 \rightarrow 2K_2SO_4+2CO_2$。

2. 根据《空气和废气监测分析方法》（第四版增补版）中碱片－重量法测定硫酸盐化速率时，采样点的设置应考虑哪些因素？

答案：要考虑气象因素的影响及采样地点之间的合理布局；考虑不要接近烟囱等含硫气体污染源；尽量避免受人的干扰。

3. 根据《空气和废气监测分析方法》（第四版增补版）中碱片－重量法测定硫酸盐化速率时，用过的玻璃砂芯坩埚应如何处理？

答案：用过的玻璃砂芯坩埚应及时用水冲出其中的沉淀；用温热的 EDTA- 氨溶液浸洗后，再用（1+4）盐酸溶液浸洗；用水抽滤，仔细洗净，烘干备用。

四、计算题

根据《空气和废气监测分析方法》（第四版增补版）中碱片－重量法测定硫酸盐化速率，已知样品的直径为 5 cm，放置天数为 30 d 3 h，试样碱片中测得的硫酸钡重量为 1.332 mg，空白碱片中测得的硫酸钡重量为 0.232 mg，试计算出该样品的碱片－重量法测定硫酸盐化速率结果。

答案：（1）样品放置天数：n=30+3/24=30.1（d）

（2）样品的有效面积 $S=\pi\,(D/2)^2=3.14\times(5/2)^2=19.6\ (cm^2)$

（3）硫酸盐化速率［SO_3，mg/（100 cm^2 碱片 · d）］

$=(W_s-W_b)/S\cdot n\times(M_{SO_3}/M_{BaSO_4})\times 100$

$=(W_s-W_b)/S\cdot n\times 34.3$

$=(1.332-0.232)/(19.6\times 30.1)\times 34.3$

$=0.06$［SO_3，mg/（100 cm^2 碱片 · d）］

参考文献

国家环境保护总局《空气和废气监测分析方法》编委会 . 空气和废气监测分析方法：第四版增补版［M］. 北京：中国环境科学出版社，2010.

命题：隗甫红

审核：陈　晨

第四十九节　环境空气　氨、甲胺、二甲胺和三甲胺的测定　离子色谱法（HJ 1076—2019）

一、判断题

1.《环境空气　氨、甲胺、二甲胺和三甲胺的测定　离子色谱法》（HJ 1076—2019）只适用于环境空气监控点中氨、甲胺、二甲胺和三甲胺的测定。（　　）

答案：×

正确答案：该标准适用于环境空气和固定污染源无组织排放监控点空气中氨、甲胺、二甲胺和三甲胺的测定。

2. 根据《环境空气　氨、甲胺、二甲胺和三甲胺的测定　离子色谱法》（HJ 1076—2019）的规定，所用的离子色谱柱为阴离子色谱分离柱。（　　）

答案：×

正确答案：阳离子色谱柱。

3. 根据《环境空气　氨、甲胺、二甲胺和三甲胺的测定　离子色谱法》（HJ 1076—2019）的规定，使用稀硝酸溶液作为吸收液进行样品采集。（　　）

答案：×

正确答案：使用稀硫酸作为吸收液。

4. 根据《环境空气　氨、甲胺、二甲胺和三甲胺的测定　离子色谱法》（HJ 1076—2019）的规定，由于实验中使用的溶剂和试剂均具有强烈腐蚀性和刺激性，试剂配制过程应在通风橱内进行；操作过程应佩戴防护器具，避免吸入和皮肤接触。（　　）

答案：√

5. 根据《环境空气　氨、甲胺、二甲胺和三甲胺的测定　离子色谱法》（HJ 1076—2019）的规定，氨标准贮备液可在4℃以下冷藏、避光和密封保存3个月。（　　）

答案：√

6. 根据《环境空气　氨、甲胺、二甲胺和三甲胺的测定　离子色谱法》（HJ 1076—2019）的规定，三甲胺标准贮备液可在4℃以下冷藏、避光和密封保存3个月。（　　）

答案：√

7. 根据《环境空气　氨、甲胺、二甲胺和三甲胺的测定　离子色谱法》（HJ 1076—2019）的规定，样品采集后，若不能及时测定，样品应于4℃以下冷藏、避光和密封保存，3 d内完成分析测定。（　　）

答案：×

正确答案：7 d内完成分析测定。

8. 根据《环境空气　氨、甲胺、二甲胺和三甲胺的测定　离子色谱法》（HJ 1076—2019）的

规定，样品采集后，若不能及时测定，样品可于室温、避光和密封保存，7 d 内完成分析测定。（　　）

答案：×

正确答案：样品应于4℃以下冷藏、避光和密封保存。

9. 根据《环境空气　氨、甲胺、二甲胺和三甲胺的测定　离子色谱法》（HJ 1076—2019）离子色谱参考条件，可使用 22 mmol/L 的甲磺酸作为淋洗液。（　　）

答案：√

二、单项选择题

1. 根据《环境空气　氨、甲胺、二甲胺和三甲胺的测定　离子色谱法》（HJ 1076—2019）的规定，用________作为吸收液进行样品采集。（　　）

A．稀硫酸　　B．稀盐酸　　C．稀硝酸　　D．氢氧化钠

答案：A

2. 根据《环境空气　氨、甲胺、二甲胺和三甲胺的测定　离子色谱法》（HJ 1076—2019）的规定，测定环境空气中的氨时，当使用 10 ml 吸收液、采样体积为 30 L 时，最低检出浓度为________ mg/m^3。（　　）

A．0.001　　B．0.002　　C．0.003　　D．0.004

答案：C

3. 根据《环境空气　氨、甲胺、二甲胺和三甲胺的测定　离子色谱法》（HJ 1076—2019）的规定，测定环境空气中的三甲胺时，当使用 10 ml 吸收液、采样体积为 30 L 时，最低检出浓度为________ mg/m^3。（　　）

A．0.005　　B．0.006　　C．0.007　　D．0.008

答案：C

4. 根据《环境空气　氨、甲胺、二甲胺和三甲胺的测定　离子色谱法》（HJ 1076—2019）的规定，样品采集后，若不能及时测定，应于4℃以下冷藏，________ d 内完成分析测定。（　　）

A．3　　B．5　　C．7　　D．30

答案：C

5. 根据《环境空气　氨、甲胺、二甲胺和三甲胺的测定　离子色谱法》（HJ 1076—2019）的规定，稀硫酸吸收液体积为________ml。（　　）

A．10　　B．20　　C．30　　D．50

答案：A

6. 根据《环境空气　氨、甲胺、二甲胺和三甲胺的测定　离子色谱法》（HJ 1076—2019）的规定，使用________作为吸收瓶。（　　）

A．多孔玻板吸收管　　B．气泡式吸收瓶　　C．冲击式吸收瓶

答案：A

7. 根据《环境空气　氨、甲胺、二甲胺和三甲胺的测定　离子色谱法》（HJ 1076—2019）的规定，每批次须用校准曲线中间浓度点进行 1 次标准校核，标准校核的相对误差应≤________。（　　）

A．10%　　B．15%　　C．20%　　D．25%

答案：A

8. 根据《环境空气　氨、甲胺、二甲胺和三甲胺的测定　离子色谱法》（HJ 1076—2019）的规定，每批样品至少进行________次实验室空白和全程序空白测定，结果应________方法检出限。（　　）

A．1，小于等于　　B．1，小于　　C．2，小于　　D．2，小于等于

答案：B

9. 根据《环境空气　氨、甲胺、二甲胺和三甲胺的测定　离子色谱法》（HJ 1076—2019）的规定，测定结果小数点后的位数与检出限保持一致，最多保留________位有效数字。（　　）

A．1　　B．2　　C．3　　D．4

答案：C

10. 根据《环境空气　氨、甲胺、二甲胺和三甲胺的测定　离子色谱法》（HJ 1076—2019）的规定，混合标准使用液可贮于________中，在4℃以下冷藏、避光和密封保存。（　　）

A．玻璃瓶　　B．聚乙烯瓶　　C．玻璃瓶或聚乙烯瓶

答案：B

三、问答题

简述《环境空气　氨、甲胺、二甲胺和三甲胺的测定　离子色谱法》（HJ 1076—2019）方法原理。

答案：环境空气样品经滤膜过滤，目标化合物被稀硫酸吸收液吸收后，用阳离子色谱柱交换分离，电导检测器检测，以保留时间定性，外标法定量。

参考文献

生态环境部．环境空气　氨、甲胺、二甲胺和三甲胺的测定　离子色谱法：HJ 1076—2019［S］．北京：中国环境出版集团，2020.

命题：周健楠

审核：陈圆圆

第 三 章

土壤和沉积物

第一节 土壤环境监测技术规范（HJ/T 166—2004）

一、判断题

1. 根据《土壤环境监测技术规范》（HJ/T 166—2004）中的规定，土壤采样的布点方法有简单随机法、复杂随机法和系统随机法 3 种。（ ）

答案：×

正确答案：土壤采样的布点方法有简单随机法、分块随机法和系统随机法。

2. 根据《土壤环境监测技术规范》（HJ/T 166—2004）中的规定，采集区域环境背景土壤样品时，一般采集 0～10 cm 的表层土。（ ）

答案：×

正确答案：采集区域环境背景土壤样品时，一般采集 0～20 cm 的表层土。

3. 根据《土壤环境监测技术规范》（HJ/T 166—2004）中的规定，土壤样品风干室应具备的条件有：朝北（应严防阳光直射土壤样品），通风良好，整洁，无尘，无易挥发性化学物质。（ ）

答案：×

正确答案：土壤样品风干室应具备的条件：朝南（应严防阳光直射土壤样品）。

4. 根据《土壤环境监测技术规范》（HJ/T 166—2004）中的规定，样品制备时，风干用白色搪瓷盘及铁盘。（ ）

答案：×

正确答案：样品制备时，风干用白色搪瓷盘及木盘。

5. 根据《土壤环境监测技术规范》（HJ/T 166—2004）中的规定，在制样过程中，制样者与样品管理员应同时核实清点，交接样品，在样品交接单上双方签字确认。（ ）

答案：√

6. 根据《土壤环境监测技术规范》（HJ/T 166—2004）中的规定，土壤混合样是指在农田耕作层采集若干点的等量耕作层土壤并经混合均匀后的土壤样品，组成混合样的分点数要在 10～20 个。（ ）

答案：×

正确答案：组成混合样的分点数要在 5～20 个。

7. 根据《土壤环境监测技术规范》（HJ/T 166—2004）中的规定，土壤样品的采集一般按 3 个阶段进行：前期采样、正式采样、补充采样。（ ）

答案：√

8. 根据《土壤环境监测技术规范》（HJ/T 166—2004）中的规定，对面积较小的土壤污染调查和突发性土壤污染事故调查可直接进行土壤采样。（ ）

答案：√

9. 根据《土壤环境监测技术规范》（HJ/T 166—2004）中的规定，研磨混匀后的样品，分别装于样品袋或样品瓶，填写土壤标签一份，放于瓶内或袋内。(　　)

答案：×

正确答案：填写土壤标签一式两份，瓶内或袋内一份，瓶外或袋外贴一份。

10. 根据《土壤环境监测技术规范》（HJ/T 166—2004）中的规定，制样过程中采样时的土壤标签与土壤始终放在一起，严禁混错，样品名称和编码始终不变。(　　)

答案：√

11. 根据《土壤环境监测技术规范》（HJ/T 166—2004）中的规定，对于易分解或易挥发等不稳定组分的样品，要采取常温保存的运输方法，尽快送到实验室分析测试。(　　)

答案：×

正确答案：对于易分解或易挥发等不稳定组分的样品要采取低温保存的运输方法，并尽快送到实验室分析测试。

12. 根据《土壤环境监测技术规范》（HJ/T 166—2004）中的规定，分析取用后的剩余样品一般保留半年，预留样品一般保留 1 年。特殊、珍稀、仲裁、有争议样品一般要永久保存。(　　)

答案：×

正确答案：分析取用后的剩余样品一般保留半年，预留样品一般保留 2 年。

13. 根据《土壤环境监测技术规范》（HJ/T 166—2004）中的规定，每批样品每个项目分析时均须做 20% 平行样品；当 5 个样品以下时，平行样不少于 1 个。(　　)

答案：√

14. 根据《土壤环境监测技术规范》（HJ/T 166—2004）中的规定，当选测的项目无标准物质或质控样品时，可用加标回收实验来检查测定准确度。(　　)

答案：√

15. 根据《土壤环境监测技术规范》（HJ/T 166—2004）中的规定，进行城市土壤采样时，由于其复杂性分三层采样，三层分别取样监测。(　　)

答案：×

正确答案：进行城市土壤采样时，由于其复杂性分两层采样，两层分别取样监测。

二、单项选择题

1. 根据《土壤环境监测技术规范》（HJ/T 166—2004）中的规定，城市土壤环境质量对城市生态系统影响极大，由于其复杂性一般分两层采样监测，上层________cm 可能是回填土或受人为影响大的部分，下层________cm 为受人为影响相对较小部分。(　　)

A．0～20，20～40　　　　B．0～30，30～60

C．0～40，40～80

答案：B

2. 根据《土壤环境监测技术规范》（HJ/T 166—2004）中的规定，在污染事故监测土壤采样中，如果是固体污染物抛洒污染型，等打扫后采集表层________土样，采样点数不少于________个。(　　)

A. 5 cm，3　　B. 7 cm，4　　C. 5 cm，4　　D. 7 cm，3

答案：A

3. 根据《土壤环境监测技术规范》（HJ/T 166—2004）中的规定，在土壤混合样的采集方法中，梅花点法适用于________的地块。（　　）

A. 污灌农田土壤

B. 面积较小、地势平坦，土壤组成和受污染程度相对比较均匀

C. 中等面积、地势平坦、土壤不够均匀

D. 面积较大、土壤不够均匀且地势不平坦

答案：B

4. 根据《土壤环境监测技术规范》（HJ/T 166—2004）中的规定，在布点时，将监测区域分成面积相等的几部分（网格划分），每网格内布设一采样点，这种布点称为________。（　　）

A. 简单随机布点　　B. 系统随机布点　　C. 分块随机布点　　D. 网格随机布点

答案：B

5. 根据《土壤环境监测技术规范》（HJ/T 166—2004）中的规定，在布点时，将监测单元分成网格，每个网格编上号码，决定采样点样品数后，随机抽取规定的样品数的样品，其样本号码对应的网格号，即为采样点，这种布点称为________。（　　）

A. 简单随机布点　　B. 系统随机布点　　C. 分块随机布点　　D. 网格随机布点

答案：A

6. 根据《土壤环境监测技术规范》（HJ/T 166—2004）中的规定，土壤监测的布点数量要满足样本容量的基本要求，一般要求每个监测单元最少设________个点。（　　）

A. 2　　B. 3　　C. 4　　D. 5

答案：B

7. 根据《土壤环境监测技术规范》（HJ/T 166—2004）中的规定，在布点时，区域土壤环境调查按调查的精度不同可从________、________、________、________、________中选择网距网格布点，区域内的网格结点数即为土壤采样点数量。（　　）

A. 1 km、5 km、10 km、20 km、40 km　　B. 2.5 km、5 km、10 km、15 km、20 km

C. 2.5 km、5 km、10 km、20 km、40 km　　D. 1 km、2 km、5 km、10 km、20 km

答案：C

8. 根据《土壤环境监测技术规范》（HJ/T 166—2004）中的规定，在野外选点时，采样点的自然景观应符合土壤环境背景值研究的要求，采样点选在被采土壤类型特征明显的地方，如________。（　　）

A. 地形相对平坦、稳定、植被良好的地点

B. 坡脚、洼地等具有从属景观特征的地点

C. 城镇、住宅、道路、沟渠附近

D. 距离铁路、公路较近的地点

答案：A

9. 根据《土壤环境监测技术规范》（HJ/T 166—2004）中的规定，在采集剖面样品时，一般每

个剖面采集________土样。(　　)

A. A、B 2 层　　B. A、B、C、D 4 层

C. A、B、C 3 层　　D. A1 层

答案： C

10. 根据《土壤环境监测技术规范》(HJ/T 166—2004)中的规定，土壤湿度的野外估测，一般可分为________级。(　　)

A. 三级　　B. 四级　　C. 五级　　D. 六级

答案： C

11. 根据《土壤环境监测技术规范》(HJ/T 166—2004)中的规定，样品制备时，过筛用尼龙筛，规格为________目。(　　)

A. 2～100 目　　B. 10～20 目　　C. 2～10 目　　D. 10～100 目

答案： A

12. 根据《土壤环境监测技术规范》(HJ/T 166—2004)中的规定，样品粗磨过筛后的样品全部置________上，并充分搅拌混匀。(　　)

A. 有机玻璃板　　B. 无色聚乙烯薄膜　　C. 白纸　　D. 木板

答案： B

13. 根据《土壤环境监测技术规范》(HJ/T 166—2004)中的规定，土壤样品测定一般保留________位有效数字，含量较低的镉和汞保留________位有效数字，并注明检出限数值。(　　)

A. 2，1　　B. 3，2　　C. 3，1　　D. 2，2

答案： B

14. 根据《土壤环境监测技术规范》(HJ/T 166—2004)中的规定，在进行加标回收实验时，在一批试样中，随机抽取________试样进行加标回收率测定。(　　)

A. 5%～10%　　B. 20%～30%　　C. 5%～20%　　D. 10%～20%

答案： D

15. 根据《土壤环境监测技术规范》(HJ/T 166—2004)，在进行加标回收实验时，加标量视被测组分含量而定，含量高的加入被测组分含量的________倍，含量低的加________倍，但加标后被测组分的总量不得超出方法的测定上限。(　　)

A. 0.5～1.0，1～2　　B. 0.5～2.0，1～3　　C. 0.5～2.0，2～3　　D. 0.5～1.0，2～3

答案： D

三、问答题

1. 根据《土壤环境监测技术规范》(HJ/T 166—2004)简述土壤混合样的定义。

答案： 土壤混合样是在农田耕作层采集若干点的等量耕作层土壤并经混合均匀后的土壤样品，组成混合样的分点数要在 5～20 个。

2. 根据土壤监测目的简述土壤环境监测有哪几种主要类型。

答案： 根据土壤监测目的，土壤环境监测有 4 种主要类型：区域土壤环境背景监测、农田土壤环境质量监测、建设项目土壤环境评价监测和土壤污染事故监测。

3. 根据《土壤环境监测技术规范》（HJ/T 166—2004）简述土壤混合样的采集有哪几种主要方法。

答案：主要有4种方法：对角线法、梅花点法、棋盘式法、蛇形法。

四、计算题

称取0.5 g风干土样于内套聚四氟乙烯坩埚中，用高压密闭分解法预处理后，定容至100 ml，用火焰原子吸收分光光度法测定，溶液中镍的浓度为0.26 μg/ml，试计算该土壤样品中镍的含量。（其中，干物质含量为98%）

答案：样品中镍的含量为（0.26×100）/（0.5×0.98）=53.1（μg/g）=53.1（mg/kg）

参考文献

［1］国家环境保护局．土壤环境监测技术规范：HJ/T 166—2004［S］．北京：中国环境科学出版社，2004.
［2］中国环境监测总站《环境监测人员持证上岗考核试题集》编写组．环境监测人员持证上岗考核试题集：下册．4版［M］．北京：中国环境出版集团，2018.

命题：徐　萍
审核：洪　涛

第二节　底质采样（《水和废水监测分析方法》第四版增补版）

一、判断题

1. 底质监测是水环境监测的补充，作为水环境监测的补充，在水环境监测中占据着特别重要的地位。（　　）

答案：√

2. 根据《水和废水监测分析方法》（第四版增补版）中的规定，底质监测包括工厂废水沉积物及污水处理厂污泥的监测，不包括工业废水排污河（沟）道的底部表层沉积物。（　　）

答案：×

正确答案：底质监测不包括工厂废水沉积物及污水处理厂污泥的监测，但包括工业废水排污河（沟）道的底部表层沉积物。

3. 根据《水和废水监测分析方法》（第四版增补版）中的规定，底质采样点位通常为水质采样点位垂线的左右两侧。（　　）

答案：×

正确答案： 底质采样点位通常为水质采样点位垂线的正下方。

4. 根据《水和废水监测分析方法》（第四版增补版）中的规定，底质采样点应避开河床冲刷、底质沉积不稳定、水草茂盛表层及底质易受搅动之处。（　　）

答案： √

5. 根据《水和废水监测分析方法》（第四版增补版）中的规定，底质采样时，样品中的砾石、贝壳、动植物残体等，可不用剔除。（　　）

答案： ×

正确答案： 底质采样时，样品中的砾石、贝壳、动植物残体等杂物应予以剔除。

6. 根据《水和废水监测分析方法》（第四版增补版）中的规定，底质采样时，所采底质样品的外观性状，如泥质状态、颜色、嗅味、生物现象等，均应填入采样记录表。（　　）

答案： √

7. 根据《水和废水监测分析方法》（第四版增补版）中的规定，底质采样点无须与水质采样点一致。（　　）

答案： ×

正确答案： 底质采样点应尽量与水质采样点一致。

8. 根据《水和废水监测分析方法》（第四版增补版）中的规定，底质采样时应装满抓斗。（　　）

答案： √

9. 根据《水和废水监测分析方法》（第四版增补版）中的规定，底质样品送交实验室后，应放入冰箱冷藏保存。（　　）

答案： ×

正确答案： 底质样品送交实验室后，应在低温冷冻条件下保存。

10. 根据《水和废水监测分析方法》（第四版增补版）中的规定，底质中含大量水分可置于日光下暴晒或高温烘干。（　　）

答案： ×

正确答案： 底质中含大量水分不可置于日光下暴晒或高温烘干。

二、单项选择题

1. 根据《水和废水监测分析方法》（第四版增补版）中的规定，底质采样量通常为________。（　　）

A. 1～2 kg　　B. 1～3 kg　　C. 2～3 kg　　D. 2～4 kg

答案： A

2. 根据《水和废水监测分析方法》（第四版增补版）中的规定，供测定有机物的样品，用金属器具采样，置于________中。（　　）

A. 聚乙烯瓶　　B. 透明玻璃瓶　　C. 棕色磨口玻璃瓶　　D. 溶解氧瓶

答案： C

3. 根据《水和废水监测分析方法》（第四版增补版）中的规定，底质样品应尽快进行处理和分

析，如放置时间较长，则应________保存。(　　)

A. 0～4℃冷藏　　B. 在约 -20℃冷冻柜中

C. 常温　　D. 10℃以内

答案：B

4. 根据《水和废水监测分析方法》(第四版增补版)中的规定，底质样品的脱水方法中，________适用于油类等有机污染物的测定。(　　)

A. 自然风干　　B. 离心分离　　C. 真空冷冻干燥　　D. 无水硫酸钠脱水

答案：D

5. 根据《水和废水监测分析方法》(第四版增补版)中的规定，底质样品的脱水方法中，________适用于待测组分为易挥发或易发生各种变化的污染物的测定。(　　)

A. 自然风干　　B. 离心分离　　C. 真空冷冻干燥　　D. 无水硫酸钠脱水

答案：B

6. 根据《水和废水监测分析方法》(第四版增补版)中的规定，底质样品的分解方法随监测目的的不同而异。例如要调查底质中元素含量水平及随时间的变化和空间的分布，一般宜用________。(　　)

A. 用蒸馏水按一定的固液比做溶出(或浸出)试验

B. 特殊的溶样方法

C. 硝酸分解法

D. 全量分解方法

答案：D

三、问答题

1. 根据《水和废水监测分析方法》(第四版增补版)简述底质指什么。

答案：底质系指江、河、湖、库、海等水体底部表层沉积物质。

2. 根据《水和废水监测分析方法》(第四版增补版)中的规定，底质采样如何设置采样点位?

答案：(1)底质采样点位通常为水质采样点位垂线的正下方。当正下方无法采样时，可略做移动，移动的情况应在采样记录表上详细注明。

(2)底质采样点应避开河床冲刷、底质沉积不稳定、水草茂盛表层及底质易受搅动之处。

(3)湖(库)底质采样点一般应设在主要河流及污染源排放口与湖(库)水混合均匀处。

四、计算题

从风干后的底质样品中称出 10.00 g 样品，置于已恒重的称量瓶中，放于 105±2℃烘箱中烘 4 h 后取出，置于干燥器中冷却 0.5 h 后称重。重复烘干 0.5 h，干燥至恒重。已知烘干样重 9.67 g，试计算样品含水量。

答案：含水量(%)=(风干样重 - 烘干样重)/ 风干样重 =(10.00-9.67)/10.00×100%=3.3%

参考文献

[1] 国家环境保护总局《水和废水监测分析方法》编委会. 水和废水监测分析方法：第四版增补版［M］. 北京：中国环境科学出版社，2002.

[2] 中国环境监测总站《环境监测人员持证上岗考核试题集》编写组. 环境监测人员持证上岗考核试题集：下册. 4 版［M］. 北京：中国环境出版集团，2018.

命题：徐　萍

审核：洪　涛

第三节　土壤检测　第 2 部分：土壤 pH 的测定（NY/T 1121.2—2006）

一、判断题

1. 根据《土壤检测　第 2 部分：土壤 pH 的测定》（NY/T 1121.2—2006）用酸度计测定 pH 时，可直接读取 pH，不须计算。(　　)

答案：√

2. 长时间存放不用的玻璃电极需要在水中浸泡 12 h，使之活化后再使用。(　　)

答案：×

正确答案：需要在水中浸泡 24 h。

3. 电极在悬液中所处的位置对测定结果有影响，要求将甘汞电极插入上部清液中，尽量避免与泥浆接触。(　　)

答案：√

4.《土壤检测　第 2 部分：土壤 pH 的测定》（NY/T 1121.2—2006）仅适用于农田中土壤 pH 的测定。(　　)

答案：×

正确答案：适用于任何类型的土壤。

5.《土壤检测　第 2 部分：土壤 pH 的测定》（NY/T 1121.2—2006）中用过的标准溶液不要倒回原液中混存，标准溶液若出现浑浊、沉淀不影响测定。(　　)

答案：×

正确答案：标准溶液若出现浑浊、沉淀，影响测定。

6. 根据《土壤检测　第 2 部分：土壤 pH 的测定》（NY/T 1121.2—2006）测定土壤水浸 pH 时，要求称取风干试样，加水后使土液比为 1∶3。(　　)

答案：×

正确答案：加水后使土液比为 1∶2.5。

7. 根据《土壤检测　第 2 部分：土壤 pH 的测定》（NY/T 1121.2—2006）测定土壤 pH 时，标

准溶液在室温下可保存 1～3 月，在 4℃冰箱中可适当保存。(　　)

答案：×

正确答案：标准溶液在室温下可保存 1～2 月。

8. 根据《土壤检测　第 2 部分：土壤 pH 的测定》(NY/T 1121.2—2006)测定土壤 pH 时，硼砂可以直接使用。(　　)

答案：×

正确答案：需将硼砂放在盛有蔗糖和食盐的饱和水溶液的干燥器内平衡两昼夜。

二、单项选择题

1. 根据《土壤检测　第 2 部分：土壤 pH 的测定》(NY/T 1121.2—2006)测定土壤 pH 时，仪器校准时，先将电极插入 pH 为________的标准溶液中，调节仪器使标准溶液的 pH 与仪器示值一致。移除电极，用水冲洗，以滤纸吸干，再插入 pH 为________的标准溶液中，检查仪器读数，两标准溶液之间的允许绝对差值为________pH 单位。(　　)

A. 4.01，6.87，0.1　　B. 6.87，4.01，0.1

C. 4.01，6.87，0.2　　D. 6.87，4.01，0.2

答案：A

2. 根据《土壤检测　第 2 部分：土壤 pH 的测定》(NY/T 1121.2—2006)中的规定，pH 读数时摇动烧杯会使结果________。(　　)

A. 偏高　　B. 不变　　C. 偏低　　D. 波动

答案：C

3. 根据《土壤检测　第 2 部分：土壤 pH 的测定》(NY/T 1121.2—2006)中的规定，长期不用的玻璃电极需要放在________中浸泡________h。(　　)

A. 水，12　　B. 饱和氯化钠溶液，12

C. 水，24　　D. 饱和氯化钠溶液，24

答案：C

4. 根据《土壤检测　第 2 部分：土壤 pH 的测定》(NY/T 1121.2—2006)中的规定，甘汞电极腔内要充满________溶液。(　　)

A. 氯化钠　　B. 氯化钾　　C. 氯化镁　　D. 氯化钙

答案：B

5. 根据《土壤检测　第 2 部分：土壤 pH 的测定》(NY/T 1121.2—2006)中的规定，配制 pH=6.87(25℃)标准溶液应称取经________烘干的磷酸氢二钠________g 和磷酸二氢钾________g，移入________ml 容量瓶中，用水定容，贮于塑料瓶。(　　)

A. 110～120℃，3.39，3.53，500　　B. 110～120℃，3.39，3.53，1 000

C. 110～130℃，3.53，3.39，500　　D. 110～130℃，3.53，3.39，1 000

答案：D

6. 根据《土壤检测　第 2 部分：土壤 pH 的测定》(NY/T 1121.2—2006)制备无 CO_2 水的方法是应将水注入烧瓶(水量不超过烧瓶体积的________)煮沸________min，防止冷却，用装有碱石

灰干燥管的橡皮塞塞紧。(　　)

A. 1/3，10　　B. 1/3，5　　C. 2/3，10　　D. 2/3，5

答案： C

7. 根据《土壤检测　第 2 部分：土壤 pH 的测定》(NY/T 1121.2—2006) 的规定，试样溶液的制备，称取通过________mm 孔径筛的风干试样________g，置于 50 ml 的高型烧杯中，并 25 ml 无 CO_2 水。(　　)

A. 2，10.0±0.1　　B. 2，10.0±0.2　　C. 1，10.0±0.1　　D. 1，10.0±0.2

答案： A

8. 根据《土壤检测　第 2 部分：土壤 pH 的测定》(NY/T 1121.2—2006) 在连续测定 pH>________以上的样品后，应将玻璃电极在________mol/L 的盐酸中浸泡一下，防止电极迟钝。(　　)

A. 6.5，0.1　　B. 7.5，0.01　　C. 6.5，0.01　　D. 7.5，0.1

答案： D

三、问答题

1. 根据《土壤检测　第 2 部分：土壤 pH 的测定》(NY/T 1121.2—2006) 简述土壤 pH 的测定原理。

答案： 当把 pH 玻璃电极和甘汞电极插入土壤悬浊液时，构成一电池反应，两者之间产生一个电位差，由于参比电极的电位是固定的，因而该电位差的大小决定于试液中的氢离子活度，其负对数即为 pH，在 pH 计上直接读出。

2. 根据《土壤检测　第 2 部分：土壤 pH 的测定》(NY/T 1121.2—2006) 简述仪器校准的步骤。

答案： (1) 将仪器温度补偿器调节到试液、标准缓冲溶液同一温度值。

(2) 将电极插入 pH4.01 的标准缓冲溶液中，调节仪器，使标准溶液的 pH 与仪器标示值一致。移出电极，用水冲洗，以滤纸吸干，插入 pH6.87 的标准缓冲溶液中，检查仪器读数，两标准溶液之间允许绝对差值 0.1pH 单位。

(3) 反复几次，直至仪器稳定。如超过规定允许差，需要检查仪器电极和标准溶液是否有问题。

参考文献

[1] 中华人民共和国农业部 . 土壤检测　第 2 部分：土壤 pH 的测定：NY/T 1121.2—2006 [S] . 北京：中国标准出版社，2006.

[2] 中国环境监测总站《环境监测人员持证上岗考核试题集》编写组，环境监测人员持证考核试题集：下册 . 4 版 [M] . 北京：中国环境出版集团，2018.

命题：张　鹤

审核：贾　楠

第四节　土壤 pH 的测定（NY/T 1377—2007）

一、判断题

1. 根据《土壤 pH 的测定》（NY/T 1377—2007），采用玻璃电极法测定土壤 pH 时，称取一定量风干试样，然后按规定比例加入浸提液，用玻璃棒充分搅拌均匀后，立即测定。(　　)

答案：×

正确答案：充分搅拌均匀后，放置 1～3 h 后测定。

2.《土壤 pH 的测定》（NY/T 1377—2007）中规定，试样溶液的温度与标准缓冲溶液的温度之差不应该超过 2℃。(　　)

答案：×

正确答案：试样溶液的温度与标准缓冲溶液的温度之差不应超过 1℃。

3. 根据《土壤 pH 的测定》（NY/T 1377—2007），采用玻璃电极法测定土壤 pH 时，土壤磨得越细越好。(　　)

答案：×

正确答案：全部土壤样品经过 2 mm 筛即可。

4. 根据《土壤 pH 的测定》（NY/T 1377—2007），采用玻璃电极法测定土壤 pH 时，风干土壤和潮湿土壤测得 pH 有差异。(　　)

答案：√

5. 根据《土壤 pH 的测定》（NY/T 1377—2007），采用玻璃电极法测定土壤 pH 时，加入浸提剂后的平衡时间对测得的土壤 pH 是有影响的，但与土壤的类型无关。(　　)

答案：×

正确答案：平衡时间随土壤类型而异。

6. 根据《土壤 pH 的测定》（NY/T 1377—2007）中的规定，为防止空气中氨、二氧化碳及酸碱性气体的影响，土壤样品应贮存在密闭玻璃瓶中。(　　)

答案：√

7. 根据《土壤 pH 的测定》（NY/T 1377—2007）测定土壤 pH 时，用四分法分取适量风干样品，剔除土壤以外的侵入体，使样品全部通过 1 mm 孔径的试验筛。(　　)

答案：×

正确答案：使样品全部通过 2 mm 孔径的试验筛。

8. 根据《土壤 pH 的测定》（NY/T 1377—2007）测定土壤 pH 时，当 pH 大于 10 时，应使用专用电极。(　　)

答案：√

二、单项选择题

1. 根据《土壤 pH 的测定》（NY/T 1377—2007）中的规定，浸提用水 pH 和电导率应符合 GB/T 6682 规定的至少________规格，并应除去________。(　　)

A. 一级，CO_2　　B. 二级，CO　　C. 三级，CO_2　　D. 一级，CO

答案： C

2. 根据《土壤 pH 的测定》（NY/T 1377—2007）进行试样溶液的制备时，称取________g 试样，置于________ml 的高型烧杯或其他适宜的容器中，并加入________ml 水。(　　)

A. 10.0±0.1，25，10　　B. 20.0±0.1，50，20

C. 10.0±0.1，50，25　　D. 20.0±0.1，50，25

答案： C

3. 根据《土壤 pH 的测定》（NY/T 1377—2007）制备无 CO_2 水的方法是将水注入烧瓶（水量不超过烧瓶体积的________）煮沸________min，防止冷却，用装有碱石灰的干燥管的橡皮塞塞紧。(　　)

A. 1/3，10　　B. 1/3，5　　C. 2/3，10　　D. 2/3，5

答案： C

4. 根据《土壤 pH 的测定》（NY/T 1377—2007）中的规定，25℃下，苯二甲酸盐标准缓冲溶液、硼酸盐标准缓冲溶液和磷酸盐标准缓冲溶液 pH 分别为________、________、________。(　　)

A. 4.01，6.86，9.18　　B. 4.01，9.18，6.86

C. 4.00，6.86，9.18　　D. 4.00，9.18，6.86

答案： B

5. 根据《土壤 pH 的测定》（NY/T 1377—2007）中的规定，应使用玻璃电极或甘汞电极，当 pH 大于________时，应使用专用电极。(　　)

A. 7　　B. 8　　C. 9　　D. 10

答案： D

6.《土壤 pH 的测定》（NY/T 1377—2007）规定了以水或________mol/LKCl 溶液或________mol/L $CaCl_2$ 溶液为浸提剂，采用电位法测定 pH。(　　)

A. 0.01，0.01　　B. 0.01，1　　C. 1，0.01　　D. 1，1

答案： C

7. 根据《土壤 pH 的测定》（NY/T 1377—2007）配制磷酸盐标准缓冲溶液，应称取经 110～120℃烘干的磷酸氢二钠________g 和磷酸二氢钾________g，移入________ml 容量瓶中，用水定容，贮于塑料瓶。(　　)

A. 3.40，3.55，500　　B. 3.55，3.40，1 000

C. 3.53，3.39，500　　D. 3.53，3.39，1 000

答案： B

8. 根据《土壤 pH 的测定》（NY/T 1377—2007）配制好的 pH 标准缓冲溶液，贮存于________中，至少可稳定________个月。(　　)

A．玻璃瓶，1　　B．聚乙烯瓶，1　　C．玻璃瓶，2　　D．聚乙烯瓶，2

答案：B

三、问答题

1. 简述《土壤 pH 的测定》（NY/T 1377—2007）测定原理。

答案：当规定的指示电极和参比电极浸入土壤悬浊液时，构成一原电池，其电动势和悬浊液的 pH 有关，通过测定原电池的电动势即可得到土壤的 pH。

2. 根据《土壤 pH 的测定》（NY/T 1377—2007）简述无二氧化碳水的制备方法。

答案：将水注入烧瓶中（水量不超过烧杯体积的 2/3），煮沸 10 min，放置冷却，用装有碱石灰干燥管的橡皮塞塞进。如制备 10～20 L 较大体积的不含二氧化碳的水，可插入一玻璃管到容器底部，通氮气到水中 1～2 h，以除去被水吸收的二氧化碳。

参考文献

[1] 中华人民共和国农业部 . 土壤中 pH 的测定：NY/T 1377—2007 [S] . 北京：中国农业出版社，2007.

[2] 中国环境监测总站《环境监测人员持证上岗考核试题集》编写组 . 环境监测人员持证考核试题集：下册 . 4 版 [M] . 北京：中国环境出版集团，2018.

命题：张　鹤

审核：贾　楠

第五节　土壤　pH 值的测定　电位法（HJ 962—2018）

一、判断题

1. 根据《土壤　pH 值的测定　电位法》（HJ 962—2018）测定土壤 pH 时，实验用水为去除二氧化碳的新制备的蒸馏水或纯水。（　　）

答案：√

2. 根据《土壤　pH 值的测定　电位法》（HJ 962—2018）测定土壤 pH 时，实验用水制备方法为，将水注入烧瓶中，煮沸 30 min，放置冷却。（　　）

答案：×

正确答案：煮沸 10 min。

3. 根据《土壤　pH 值的测定　电位法》（HJ 962—2018）测定土壤 pH 时，四硼酸钠与饱和溴

钠溶液共同放置在干燥器中 48 h，使四硼酸钠晶体保持稳定。(　　)

答案：√

4. 根据《土壤　pH 值的测定　电位法》(HJ 962—2018)测定土壤 pH 时，pH 标准缓冲溶液有浑浊、发霉现象时不可以继续使用，发现沉淀现象时可以继续使用。(　　)

答案：×

正确答案：发现沉淀现象时不可以继续使用。

5. 根据《土壤　pH 值的测定　电位法》(HJ 962—2018)测定土壤 pH 时，所用电极为玻璃电极和饱和甘汞电极，不能用 pH 复合电极。(　　)

答案：×

正确答案：能用 pH 复合电极。

6. 根据《土壤　pH 值的测定　电位法》(HJ 962—2018)测定土壤 pH 时，所用磁力搅拌器或水平振荡器不需具有温控功能。(　　)

答案：×

正确答案：磁力搅拌器或水平振荡器需具有温控功能。

7. 根据《土壤　pH 值的测定　电位法》(HJ 962—2018)测定土壤 pH 时，所用土壤筛网孔径为 10 mm。(　　)

答案：×

正确答案：所用筛网孔径为 2 mm。

8. 根据《土壤　pH 值的测定　电位法》(HJ 962—2018)制备样品后不立刻测定时，应密封保存，以免受大气中氨和酸性气体的影响，同时避免日晒、高温、潮湿的影响。(　　)

答案：√

9. 根据《土壤　pH 值的测定　电位法》(HJ 962—2018)测定土壤 pH 时，试样制备环节，称取土样置于适宜容器中加水后，将容器用封口膜或保鲜膜密封。(　　)

答案：√

10. 根据《土壤　pH 值的测定　电位法》(HJ 962—2018)测定土壤 pH 时，试样制备环节，磁力搅拌器搅拌后，直接测试，在 1 h 内完成测定。(　　)

答案：×

正确答案：磁力搅拌器搅拌后，静置 30 min，在 1 h 内完成测定。

11. 根据《土壤　pH 值的测定　电位法》(HJ 962—2018)测定土壤 pH 时，至少使用两种 pH 标准缓冲溶液对 pH 进行校准。(　　)

答案：√

12. 根据《土壤　pH 值的测定　电位法》(HJ 962—2018)测定土壤 pH 时，将盛有标准缓冲溶液并内置搅拌子的烧杯置于磁力搅拌器上，开启磁力搅拌器。(　　)

答案：√

13. 根据《土壤　pH 值的测定　电位法》(HJ 962—2018)测定土壤 pH 时，测定环节将电极插入试样的悬浊液，不要摇动试样，直接读数。(　　)

答案：×

正确答案：轻轻摇动试样，待读数稳定后记录。

14. 根据《土壤　pH 值的测定　电位法》（HJ 962—2018）测定土壤 pH 时，每个试样测完后，立刻用水冲洗电极。（　　）

答案：√

15. 根据《土壤　pH 值的测定　电位法》（HJ 962—2018）测定土壤 pH 时，用水冲洗电极后，直接测定下一个试样。（　　）

答案：×

正确答案：用水冲洗电极后，用滤纸将电极外部水吸干，再测定下一个试样。

16. 根据《土壤　pH 值的测定　电位法》（HJ 962—2018）测定土壤 pH 时，测定结果大于 12.00 时结果表示为 pH＞12.00。（　　）

答案：√

17. 根据《土壤　pH 值的测定　电位法》（HJ 962—2018）测定土壤 pH 时，每批次样品应至少测定 10% 的平行双样。（　　）

答案：√

18. 根据《土壤　pH 值的测定　电位法》（HJ 962—2018）测定土壤 pH 时，每批次少于 10 个样品时，应至少测定 1 组平行双样。（　　）

答案：√

19. 根据《土壤　pH 值的测定　电位法》（HJ 962—2018）测定土壤 pH 时，温度对土壤 pH 测定具有一定影响，在测定时，应按要求控制温度。（　　）

答案：√

20. 根据《土壤　pH 值的测定　电位法》（HJ 962—2018）测定土壤 pH 时，在测定时，将电极插入试样的悬浊液，应注意去除电极表面气泡。（　　）

答案：√

二、单项选择题

1. 根据《土壤　pH 值的测定　电位法》（HJ 962—2018）测定土壤 pH 时，邻苯二甲酸氢钾、磷酸二氢钾、无水磷酸氢二钠使用前应________。（　　）

A. 110～120℃烘干 2 h

B. 105℃烘干至恒重

C. 110～120℃烘干 1 h

D. 105℃烘干 2 h

答案：A

2. 根据《土壤　pH 值的测定　电位法》（HJ 962—2018）测定土壤 pH 时，pH 标准缓冲溶液于冰箱 4 ℃冷藏保存________个月。（　　）

A. 1～2　　B. 2～3　　C. 3～6　　D. 6

答案：B

3. 根据《土壤　pH 值的测定　电位法》（HJ 962—2018）测定土壤 pH 时，所用 pH 计精度为

________个 pH 单位，具有温度补偿功能。(　　)

A. 1.00　　B. 0.001　　C. 0.01　　D. 0.10

答案：C

4. 根据《土壤　pH 值的测定　电位法》(HJ 962—2018) 测定土壤 pH 时，土壤样品的制备过程顺序为________。(　　)

A. 风干、粉碎、缩分、过筛

B. 粉碎、缩分、风干、过筛

C. 风干、过筛、粉碎、缩分

D. 风干、缩分、粉碎、过筛

答案：D

5. 根据《土壤　pH 值的测定　电位法》(HJ 962—2018) 试样的制备过程，称取________g 的土壤样品，置于________的高型烧杯或其他适宜的容器中。(　　)

A. 10.0、100 ml　　B. 10.0、50 ml　　C. 20.0、50 ml　　D. 20.0、100 ml

答案：B

6. 根据《土壤　pH 值的测定　电位法》(HJ 962—2018) 进行试样的制备时，称取适量土壤样品于适宜的容器中后，加入________ml 水。(　　)

A. 25　　B. 30　　C. 50　　D. 10

答案：　A

7. 根据《土壤　pH 值的测定　电位法》(HJ 962—2018) 测定土壤 pH 时，试样的制备环节，用磁力搅拌器剧烈搅拌________min。(　　)

A. 5　　B. 2　　C. 1　　D. 10

答案：B

8. 根据《土壤　pH 值的测定　电位法》(HJ 962—2018) 测定土壤 pH 值时，仪器校准，应先用 pH________(25 ℃) 标准缓冲溶液，再用 pH________(25 ℃) 标准缓冲溶液进行校准。(　　)

A. 4.01，6.86　　B. 6.68，4.01

C. 6.68，4.01 或 9.18　　D. 6.68，9.18

答案：C

9. 根据《土壤　pH 值的测定　电位法》(HJ 962—2018) 测定土壤 pH 时，校准环节，仪器示值与标准缓冲溶液的 pH 之差应小于等于________个 pH 单位，否则应重新校准。(　　)

A. 0.02　　B. 0.04　　C. 0.01　　D. 0.05

答案：A

10. 根据《土壤　pH 值的测定　电位法》(HJ 962—2018) 测定土壤 pH 时，用于校准的标准缓冲溶液，其中一种标准缓冲溶液的 pH 应于土壤 pH 相差不超过________个 pH 单位。(　　)

A. 1　　B. 5　　C. 2　　D. 4

答案：C

11. 根据《土壤　pH 值的测定　电位法》(HJ 962—2018) 测定土壤 pH 时，控制试样的温度与缓冲溶液的温度之差不应超过________℃。(　　)

A．1　　B．5　　C．2　　D．4

答案：C

12. 根据《土壤　pH 值的测定　电位法》（HJ 962—2018）测定土壤 pH 时，测定环节，将电极插入试样的悬浊液，电极探头浸入液面下悬浊液垂直深度的________。（　　）

A．1/2～2/3 处　　B．1/3～2/3 处　　C．2/3 以下　　D．1/3～1/2 处

答案：B

13. 根据《土壤　pH 值的测定　电位法》（HJ 962—2018）测定土壤 pH 时，测定结果保留至小数点后________位。（　　）

A．无要求　　B．1　　C．2　　D．3

答案：C

14. 根据《土壤　pH 值的测定　电位法》（HJ 962—2018）测定土壤 pH 时，测定结果小于 2.00 时结果表示为________。（　　）

A．未检出　　B．pH＜2.0　　C．pH＜2.00　　D．2.00

答案：C

15. 根据《土壤　pH 值的测定　电位法》（HJ 962—2018）测定土壤 pH 时，平行样测定结果的允许差值为________个 pH 单位。（　　）

A．0.03　　B．0.3　　C．0.2　　D．0.02

答案：B

三、问答题

1. 根据《土壤　pH 值的测定　电位法》（HJ 962—2018）简述电位法测定土壤 pH 的方法原理。

答案：以水为浸提剂，水土比为 2.5∶1，将指示电极和参比电极（或 pH 复合电极）浸入土壤悬浊液时，构成一原电池，在一定的温度下，其电动势与悬浊液的 pH 有关，通过测定原电池的电动势即可得到土壤的 pH。

2. 根据《土壤　pH 值的测定　电位法》（HJ 962—2018）简述电位法测定土壤 pH 试样的制备过程。

答案：称取 10.0 g 土壤样品置于 50 ml 的高型烧杯或其他适宜的容器中，加入 25 ml 水，将容器用封口膜或保鲜膜密封后，用磁力搅拌器剧烈搅拌 2 min 或用水平振荡器剧烈振荡 2 min，静置 30 min 后，在 1 h 内完成测定。

四、计算题

根据《土壤　pH 值的测定　电位法》（HJ 962—2018）测定土壤 pH 时，以水为浸提剂，水土比为 2.5∶1，称取 10.0 g 土壤样品置于 50 ml 的高型烧杯中，应加入多少毫升水振荡搅拌？

答案：$V=2.5\times10.0=25$ ml

应加入 25 ml 水作为浸提剂进行振荡搅拌。

参考文献

生态环境部 . 土壤　pH 值的测定　电位法：HJ 962—2018［S］. 北京：中国环境出版集团，2018.

命题：张雪晶

审核：王　芳

第六节　土壤　阳离子交换量的测定　三氯化六氨合钴浸提 – 分光光度法（HJ 889—2017）

一、判断题

1.《土壤　阳离子交换量　三氯化六氨合钴浸提 – 分光光度法》（HJ 889—2017）中，土壤胶体所能吸附的各种阳离子总量，称为阳离子交换量，以 $cmol^{+}/kg$ 表示。（　　）

答案：√

2.《土壤　阳离子交换量　三氯化六氨合钴浸提 – 分光光度法》（HJ 889—2017）中，由于三氯化六氨合钴土壤悬浮液的 pH 与水悬浮液的 pH 接近，本方法测定的阳离子交换量为有效态阳离子交换量。（　　）

答案：√

3. 根据《土壤　阳离子交换量　三氯化六氨合钴浸提 – 分光光度法》（HJ 889—2017）中的规定，实验室用水为电导率小于 0.6 μS/cm 的蒸馏水或去离子水。（　　）

答案：×

正确答案：实验室用水为电导率小于 0.5 μS/cm 的蒸馏水或去离子水。

4. 根据《土壤　阳离子交换量　三氯化六氨合钴浸提 – 分光光度法》（HJ 889—2017）测定土壤中阳离子交换量时，选用的振荡器振荡频率可控制在 200～250 次 /min。（　　）

答案：×

正确答案：当用三氯化六氨合钴浸提 – 分光光度法测定土壤中阳离子交换量时，选用的振荡器振荡频率应控制在 150～200 次 /min。

5. 根据《土壤　阳离子交换量　三氯化六氨合钴浸提 – 分光光度法》（HJ 889—2017）测定土壤中阳离子交换量时，离心机转速可达 4 000 r/min，配备 100 ml 圆底塑料离心管（具密封盖）。（　　）

答案：√

6. 根据《土壤　阳离子交换量　三氯化六氨合钴浸提 – 分光光度法》（HJ 889—2017）测定土壤中阳离子交换量时，分析天平的感量应为 0.001g 和 0.01g。（　　）

答案：√

7. 根据《土壤　阳离子交换量　三氯化六氨合钴浸提 – 分光光度法》（HJ 889—2017）进行土

壤样品采集时，应使用木刀、木片或聚乙烯采样工具。（　　）

答案：√

8. 根据《土壤　阳离子交换量　三氯化六氨合钴浸提－分光光度法》（HJ 889—2017）测定土壤中阳离子交换量时，当测定结果小于 10 $cmol^+/kg$ 时，保留小数点后 2 位。（　　）

答案：×

正确答案：用三氯化六氨合钴浸提－分光光度法测定土壤中阳离子交换量，当测定结果小于 10 $cmol^+/kg$ 时，保留小数点后 1 位。

9.《土壤　阳离子交换量　三氯化六氨合钴浸提－分光光度法》（HJ 889—2017）中规定，每批样品应至少做 10% 的平行样，当样品数量少于 10 个时，平行样不少于 2 个。（　　）

答案：×

正确答案：《土壤　阳离子交换量　三氯化六氨合钴浸提－分光光度法》（HJ 889—2017）中规定，每批样品应至少做 10% 的平行样，当样品数量少于 10 个时，平行样不少于 1 个。

10. 根据《土壤　阳离子交换量　三氯化六氨合钴浸提－分光光度法》（HJ 889—2017）测定土壤中阳离子交换量时，实验过程中产生的废液和废物应分类收集和保管，并做好相应标识，委托有资质的单位进行处理。（　　）

答案：√

11. 根据《土壤　阳离子交换量　三氯化六氨合钴浸提－分光光度法》（HJ 889—2017）测定土壤中阳离子交换量时，当测定结果大于 10 $cmol^+/kg$ 时，保留 3 位有效数字。（　　）

答案：√

12.《土壤　阳离子交换量　三氯化六氨合钴浸提－分光光度法》（HJ 889—2017）的方法原理是在 20±2℃条件下，用三氯化六氨合钴溶液作为浸提液浸提土壤，土壤中的阳离子被三氯化六氨合钴交换下来进入溶液。（　　）

答案：√

13. 根据《土壤　阳离子交换量　三氯化六氨合钴浸提－分光光度法》（HJ 889—2017）测定土壤中阳离子交换量时，假设 A_1 和 A_2 分别为试样在 475 nm 和 380 nm 处测量所得的吸光度，则试样校正吸光度（A）为：$A=1.025A_1-0.205A_2$。（　　）

答案：√

14. 根据《土壤　阳离子交换量　三氯化六氨合钴浸提－分光光度法》（HJ 889—2017）测定土壤中阳离子交换量时，三氯化六氨合钴溶液（$c[Co(NH_3)_6Cl_3]$）=1.66 cmol/L 的配制方法为准确称取 5.458 g 三氯化六氨合钴溶于水中，定容至 1 000 ml。（　　）

答案：×

正确答案：根据《土壤　阳离子交换量　三氯化六氨合钴浸提－分光光度法》（HJ 889—2017），三氯化六氨合钴溶液（$c[Co(NH_3)_6Cl_3]$）=1.66 cmol/L 的配制方法为，准确称取 4.458 g 三氯化六氨合钴溶于水中，定容至 1 000 ml。

15. 根据《土壤　阳离子交换量　三氯化六氨合钴浸提－分光光度法》（HJ 889—2017），空白试样的制备须用实验用水代替土壤。（　　）

答案：√

二、单项选择题

1.《土壤　阳离子交换量　三氯化六氨合钴浸提－分光光度法》（HJ 889—2017）中，当取样量为 3.5 g，浸提液体积为 50.0 ml，使用 10 mm 光程比色皿时，该标准测定阳离子交换量的方法检出限为________。（　　）

A．0.6 $cmol^+/kg$　　B．0.7 $cmol^+/kg$　　C．0.8 $cmol^+/kg$　　D．0.9 $cmol^+/kg$

答案：C

2. 根据《土壤　阳离子交换量　三氯化六氨合钴浸提－分光光度法》（HJ 889—2017）中的规定，当试样中溶解的有机质较多时，有机质在________nm 处也有吸收，影响阳离子交换量的测定结果。（　　）

A．445　　B．455　　C．465　　D．475

答案：D

3.《土壤　阳离子交换量　三氯化六氨合钴浸提－分光光度法》（HJ 889—2017）中，当取样量为 3.5 g，浸提液体积为 50.0 ml，使用 10 mm 光程比色皿时，该标准测定的阳离子交换量的方法测定下限为________。（　　）

A．3.1 $cmol^+/kg$　　B．3.2 $cmol^+/kg$　　C．3.3 $cmol^+/kg$　　D．3.4 $cmol^+/kg$

答案：B

4. 根据《土壤　阳离子交换量　三氯化六氨合钴浸提－分光光度法》（HJ 889—2017）中的规定，可同时在________处测量试样吸光度，用来校正可溶有机质的干扰。（　　）

A．350 nm　　B．360 nm　　C．370 nm　　D．380 nm

答案：D

5.《土壤　阳离子交换量　三氯化六氨合钴浸提－分光光度法》（HJ 889—2017）中，试剂三氯化六氨合钴应选用________。（　　）

A．分析纯　　B．优级纯　　C．化学纯　　D．精制

答案：B

6.《土壤　阳离子交换量　三氯化六氨合钴浸提－分光光度法》（HJ 889—2017）中，三氯化六氨合钴溶液应在________保存。（　　）

A．3℃低温保存　　B．4℃低温保存　　C．5℃常温保存　　D．6℃常温保存

答案：B

7. 根据《土壤　阳离子交换量　三氯化六氨合钴浸提－分光光度法》（HJ 889—2017）测定阳离子交换量时，应选用配备________光程比色皿的分光光度计。（　　）

A．10 mm　　B．20 mm　　C．30 mm　　D．40 mm

答案：A

8. 根据《土壤　阳离子交换量　三氯化六氨合钴浸提－分光光度法》（HJ 889—2017）中的规定，应选用孔径为________的尼龙筛。（　　）

A．1.5 mm（10 目）　　B．1.6 mm（10 目）

C．1.7 mm（10 目）　　D．1.8 mm（10 目）

答案：C

9. 根据《土壤 阳离子交换量 三氯化六氨合钴浸提－分光光度法》（HJ 889—2017）中的规定，土壤样品采集后，应用________贮存。（　　）

A. 普通样品瓶　　B. 布袋或塑料袋　　C. 密封样品瓶　　D. 磨口玻璃瓶

答案：B

10. 根据《土壤 阳离子交换量 三氯化六氨合钴浸提－分光光度法》（HJ 889—2017）中的规定，样品制备后应在________内完成分析。（　　）

A. 24 h　　B. 48 h　　C. 36 h　　D. 7 d

答案：A

11. 根据《土壤 阳离子交换量 三氯化六氨合钴浸提－分光光度法》（HJ 889—2017）中的规定，当测定结果大于等于 10 $cmol^+/kg$ 时，保留________。（　　）

A. 1 位有效数字　　B. 2 位有效数字　　C. 3 位有效数字　　D. 4 位有效数字

答案：C

12. 根据《土壤 阳离子交换量 三氯化六氨合钴浸提－分光光度法》（HJ 889—2017）中的规定，每批样品应做标准曲线，标准曲线的相关系数不应小于________。（　　）

A. 0.996　　B. 0.997　　C. 0.998　　D. 0.999

答案：D

13. 根据《土壤 阳离子交换量 三氯化六氨合钴浸提－分光光度法》（HJ 889—2017）的方法原理，三氯化六氨合钴在________处有特征吸收，吸光度与浓度成正比，根据浸提前后浸提液吸光度差值，计算土壤阳离子交换量。（　　）

A. 325 nm　　B. 475 nm　　C. 525 nm　　D. 625 nm

答案：B

14. 根据《土壤 阳离子交换量 三氯化六氨合钴浸提－分光光度法》（HJ 889—2017）测定土壤中阳离子交换量时，除非另有说明，分析时均使用符合国家标准的________试剂。（　　）

A. 分析纯　　B. 优级纯　　C. 化学纯　　D. 有机

答案：A

15. 根据《土壤 阳离子交换量 三氯化六氨合钴浸提－分光光度法》（HJ 889—2017）采集土壤样品时，应使用________采样工具，土壤样品用布袋或塑料袋贮存。（　　）

A. 木刀　　B. 木片　　C. 聚乙烯采样工具　　D. ABC 均可

答案：D

三、问答题

1. 根据《土壤 阳离子交换量 三氯化六氨合钴浸提－分光光度法》（HJ 889—2017）简述建立标准曲线的横坐标及纵坐标分别代表什么。

答案：*以标准系列溶液中三氯化六氨合钴溶液的浓度（cmol/L）为横坐标，以其对应吸光度为纵坐标，建立标准曲线。*

2. 根据《土壤 阳离子交换量 三氯化六氨合钴浸提－分光光度法》（HJ 889—2017）简述测

定土壤中阳离子交换量的方法原理。

答案： 在（20±2）℃条件下，用三氯化六氨合钴溶液作为浸提液浸提土壤，土壤中的阳离子被三氯化六氨合钴交换下来进入溶液。三氯化六氨合钴在475 nm处有特征吸收，吸光度与浓度成正比，根据浸提前后浸提液吸光度差值，计算土壤阳离子交换量。

四、计算题

用三氯化六氨合钴浸提－分光光度法（HJ 889—2017）测定土壤中阳离子交换量时，已知校准曲线的回归方程为y=0.588 9x−0.000 7，样品吸光度为0.736，空白吸光度为0.915，浸提液体积为50 ml，取样量为3.5g，样品干物质含量为90%，求土壤阳离子交换量。

答案： $\text{CEC}=\frac{(A_0-A)\times V\times 3}{b\times m\times w_{\text{dm}}}=\frac{(0.915-0.736)\times 5\times 3}{0.588\,9\times 3.5\times 90\%}$

$=14.5\ \text{cmol}^{+}/\text{kg}$

参考文献

环境保护部．土壤 阳离子交换量的测定 三氯化六氨合钴浸提－分光光度法：HJ 889—2017［S］．北京：中国环境出版集团，2017.

命题：邱斯阳

审核：洪　涛

第七节　土壤　干物质和水分的测定　重量法（HJ 613—2011）

一、判断题

1.《土壤　干物质和水分的测定　重量法》（HJ 613—2011）适用于黏质土、壤土中干物质和水分的测定，不适用于砂质土。（　　）

答案： ×

正确答案： 适用于所有类型土壤中干物质和水分的测定。

2. 根据《土壤　干物质和水分的测定　重量法》（HJ 613—2011）中的规定，土壤样品烘干时，鼓风干燥箱的温度应设置在（150±5）℃。（　　）

答案： ×

正确答案： 土壤样品应在（105±5）℃下烘至恒重。

3. 根据《土壤　干物质和水分的测定　重量法》（HJ 613—2011）中的规定，实验所用的样品

筛孔径为 2 mm。(　　)

答案：√

4. 根据《土壤　干物质和水分的测定　重量法》(HJ 613—2011)测定土壤中干物质含量时，应去除直径大于 2 mm 的石块、树枝等杂质。(　　)

答案：×

正确答案：测定样品中的微量有机污染物不能去除石块、树枝等杂质。因此，测定其干物质含量时不剔除石块、树枝等杂志。

5. 根据《土壤　干物质和水分的测定　重量法》(HJ 613—2011)测定土壤中干物质和水分时，如果样品中含有挥发性(有机)物质，本方法不能准确测定其水分含量。(　　)

答案：√

二、单项选择题

1. 根据《土壤　干物质和水分的测定　重量法》(HJ 613—2011)测定土壤中干物质和水分时，一般情况下，对于烘干过程，大部分土壤的干燥时间为________h。(　　)

A．8～16　　B．16～24　　C．24～30　　D．30～36

答案：B

2. 根据《土壤　干物质和水分的测定　重量法》(HJ 613—2011)测定土壤中干物质和水分时，实验所用的分析天平精度为________g。(　　)

A．0.000 1　　B．0.001　　C．0.01　　D．0.1

答案：C

3. 根据《土壤　干物质和水分的测定　重量法》(HJ 613—2011)测定土壤中干物质和水分时，风干土壤试样，应避免阳光直射，且环境温度不超过________℃。(　　)

A．30　　B．35　　C．40　　D．45

答案：C

4. 根据《土壤　干物质和水分的测定　重量法》(HJ 613—2011)测定风干土壤样品时，当干物质含量＞96%，水分含量≤4% 时，两次测定结果之差的绝对值应≤________%(质量分数)。(　　)

A．0.5　　B．0.3　　C．0.25　　D．0.2

答案：D

5. 根据《土壤　干物质和水分的测定　重量法》(HJ 613—2011)，下列说法正确的是________(　　)。

A．土壤样品烘干后，再以 2 h 烘干时间间隔对冷却后的样品进行两次连续称重，前后差值不超过最终测定质量的 0.1%，此时的质量即为恒重

B．试验过程中应避免具盖容器内土壤细颗粒被气流或风吹出

C．测定土壤样品中的干物质含量和水分含量，测定结果精至 0.01%

D．测定土壤样品中的土壤水分含量，测定结果不会超过 100%

答案：B

三、问答题

1. 根据《土壤 干物质和水分的测定 重量法》（HJ 613—2011）简述干物质含量、水分含量的定义，以及重量法测定土壤中干物质和水分的原理。

答案：（1）干物质含量：指在本标准规定条件下，土壤中干残留物的质量分数；

（2）水分含量：指在105℃下从土壤中蒸发的水的质量占干物质量的质量分数；

（3）方法原理：土壤样品中在（105±5）℃烘至恒重，以烘干前后的土壤质量差值计算干物质和水分的含量，用质量分数表示。

2. 根据《土壤 干物质和水分的测定 重量法》（HJ 613—2011），实验过程中有哪些注意事项，答出三项即可。

答案：（1）试验过程中应避免具盖容器内土壤细颗粒被气流或风吹出。

（2）一般情况下，在（105±5）℃下有机物的分解可以忽略。但是对于有机质含量>10%（质量分数）的土壤样品（如泥炭土），应将干燥温度改为50℃，然后干燥至恒重，必要时，可抽真空，以缩短干燥时间。

（3）一些矿物质（如石膏）在105℃干燥时会损失结晶水。

（4）如果样品中含有挥发性（有机）物质，本方法不能准确测定其水分含量。

（5）如果待测样品中含有石膏、测定含有石子、树枝等的新鲜潮湿土壤，以及其他影响测定结果的内容，均应在检测报告中注明。

（6）土壤水分含量是基于干物质量计算的，所以其结果可能超过100%。

四、计算题

根据《土壤 干物质和水分的测定 重量法》（HJ 613—2011）测定土壤中干物质和水分的含量时，带盖容器的质量为41.18 g，带盖容器及风干土壤试样的总质量为59.36 g，恒重后带盖容器及烘干土壤的总质量为56.78 g，试计算该风干土壤样品中的干物质含量和水分含量。

答案：

$$w_{\mathrm{dm}}=\frac{(m_2-m_0)}{(m_1-m_0)}\times 100=\frac{(56.78-41.18)}{(59.36-41.48)}\times 100=85.8\%$$

$$w_{\mathrm{H_2O}}=\frac{(m_1-m_2)}{(m_2-m_0)}\times 100=\frac{(59.36-56.78)}{(56.78-41.48)}\times 100=16.9\%$$

该风干土壤样品中的干物质含量为85.8%，水分含量为16.9%。

参考文献

环境保护部．土壤 干物质和水分的测定 重量法：HJ 613—2011［S］．北京：中国环境科学出版社，2011．

命题：柴 悦
审核：赵 静

第八节 土壤水分测定法
（GB 7172—87）

一、判断题

1.《土壤水分测定法》（GB 7172—87）适用于测定石膏性土壤和有机土（含有机质 20% 以上的土壤）的水分含量。（ ）

答案：×

正确答案：《土壤水分测定法》（GB 7172—87）适用于测定除石膏性土壤和有机土（含有机质 20% 以上的土壤）以外的各类土壤的水分含量。

2. 根据《土壤水分测定法》（GB 7172—87），土壤样品需要在（105±5）℃烘至恒重时的失重，即为土壤样品所含水分的质量。（ ）

答案：×

正确答案：根据《土壤水分测定法》（GB 7172—87），土壤样品需要在（105±2）℃烘至恒重时的失重，即为土壤样品所含水分的质量。

3.《土壤水分测定法》（GB 7172—87）中规定制备新鲜土样时应在田间用土钻取有代表性新鲜土样约 20 g，捏碎后迅速装入已知准确质量的大型铝盒内，盖紧，装入容器带回室内。（ ）

答案：×

正确答案：《土壤水分测定法》（GB 7172—87）中新鲜土壤为在田间用土钻取有代表性新鲜土样，刮去土钻中的上部浮土，将土钻中部所需深度处的土壤约 20 g，捏碎后迅速装入已知准确质量的大型铝盒内，盖紧，装入容器带回室内。

4. 根据《土壤水分测定法》（GB 7172—87），风干土样的测定应做 2 份平行测定，新鲜土样水分的测定应做 3 份平行测定。（ ）

答案：√

5. 根据《土壤水分测定法》（GB 7172—87），风干土样的烘烤时间，小铝盒在 105℃烘箱中烘烤约 2 h，按规定采样后，含样品铝盒置于已预热 105℃的烘箱中烘烤 8 h。

答案：×

正确答案：《土壤水分测定法》（GB 7172—87），风干土样的烘烤时间，小铝盒在 105℃烘箱中烘烤约 2 h，按规定采样后，含样品铝盒置于已预热 105℃的烘箱中烘烤 6 h。

二、单项选择题

1. 根据《土壤水分测定法》（GB 7172—87）进行测定时，风干土样需要通过________mm 筛。（ ）

A. 1　　B. 2　　C. 3　　D. 4

答案：A

2. 根据《土壤水分测定法》(GB 7172—87)测定新鲜土样水分时，将盛有新鲜土样的大型铝盒在分析天平上称重，准确至________g。揭开盒盖，放在盒底下，置于已加热至________的烘箱中烘烤________h。取出，盖好，在干燥器中冷却至室温，立即称重(　　)

A. 0.001，105±2，12　　B. 0.01，105±2，12

C. 0.01，105±5，12　　D. 0.001，105±2，6

答案：B

3. 根据《土壤水分测定法》(GB 7172—87)测定土壤水分时，其中烘干空铝盒质量 m_0，烘干前铝盒及土样质量 m_1，烘干后铝盒及土样质量 m_2，计算干基水分含量的公式为________。(　　)

A. $(m_1-m_2)/(m_1-m_0)\times100$　　B. $(m_2-m_0)/(m_1-m_2)\times100$

C. $(m_1-m_0)/(m_2-m_0)\times100$　　D. $(m_1-m_2)/(m_2-m_0)\times100$

答案：D

4. 根据《土壤水分测定法》(GB 7172—87)进行测定时，要求新鲜土样重量约为________g。(　　)

A. 10　　B. 20　　C. 30　　D. 40

答案：B

5. 根据《土壤水分测定法》(GB 7172—87)进行测定时，所需小型铝盒的直径和高度约________和________，大型铝盒的直径和高度约________和________。(　　)

A. 40，20；55，28　　B. 42，21；60，30

C. 40，20；60，30　　D. 42，21；55，28

答案：A

三、问答题

1. 根据《土壤水分测定法》(GB 7172—87)进行测定时，如何进行风干土样水分的测定？测定结果保留小数点后几位？

答案：(1)取小型铝盒在105℃恒温箱中烘烤约2 h，移入干燥器内冷却至室温，称重，准确至0.001 g；

(2)用角勺将风干土样拌匀，舀取约5g，均匀地平铺在铝盒中，盖好，称重，准确至0.001 g；

(3)将铝盒盖揭开，放在盒底下，置于已预热至(105±2)℃烘箱中烘烤6 h；

(4)取出，盖好，移入干燥器内冷却至室温(约需20 min)，立即称重；

(5)风干土样水分的测定应做2份平行测定，平行测定结果用算术平均值表示，保留小数点后1位。

2. 根据《土壤水分测定法》(GB 7172—87)进行测定时，测定结果如何表示？监测质量如何保证？

答案：(1)平行测定的结果用算术平均值表示，保留小数点后1位；

(2)平行测定结果的相差，水分小于5%的风干土样不得超过0.2%，水分5%～25%的潮湿土样不得超过0.3%，水分大于15%的大粒(粒径约10 mm)黏重潮湿土样不得超过0.7%(相当于相对相差不大于5%)。

四、计算题

根据《土壤水分测定法》（GB 7172—87）进行风干土样测定时，烘干铝盒的质量 m_0 为 16.101 4 g，盛有土样和铝盒的质量 m_1 为 26.258 2 g，烘烤规定时间达恒重后，取出冷却后称量 m_2 为 25.964 6 g，求土壤中水分含量（分析基）。

答案： 水分（分析基），%=（m_1-m_2）/（m_1-m_0）×100%

=（26.258 2-25.964 6）/（26.258 2-16.101 4）

=2.9%

该土壤中水分含量为 2.9%。

参考文献

中华人民共和国农牧渔业部 . 土壤　土壤水分测定法：GB 7172—87［S］. 北京：中国标准出版社，1987.

命题：崔巧丽

审核：王　炜

第九节　土壤质量　总汞、总砷、总铅的测定　原子荧光法　第 1 部分：土壤中总汞的测定（GB/T 22105.1—2008）

一、判断题

1. 根据《土壤质量　总汞、总砷、总铅的测定　原子荧光法　第 1 部分：土壤中总汞的测定》（GB/T 22105.1—2008）测定土壤中总汞时，一般情况下，消解完的样品只允许保存 1 d。（　　）

答案： ×

正确答案： 一般情况下，消解完的样品允许保存 2～3 d。

2. 根据《土壤质量　总汞、总砷、总铅的测定　原子荧光法　第 1 部分：土壤中总汞的测定》（GB/T 22105.1—2008）测定土壤中总汞时，样品消解完毕后，若不能立即分析，通常加入保存液和稀释液以防止汞的损失。（　　）

答案： √

3. 根据《土壤质量　总汞、总砷、总铅的测定　原子荧光法　第 1 部分：土壤中总汞的测定》（GB/T 22105.1—2008）测定土壤中总汞时，样品用王水在沸水浴中加热消解 1 h。（　　）

答案： ×

正确答案： 样品用王水在沸水浴中加热消解 2 h。

4. 根据《土壤质量　总汞、总砷、总铅的测定　原子荧光法　第 1 部分：土壤中总汞的测定》（GB/T 22105.1—2008）测定土壤中总汞时，样品保存液的配制方法为：称取 0.5 g 重铬酸钾，用少量水溶解，加盐酸 50 ml，用水稀释至 1 000 ml，混匀。（　　）

答案： ×

正确答案： 样品保存液的配制方法为：称取 0.5 g 重铬酸钾，用少量水溶解，加硝酸 50 ml，用水稀释至 1 000 ml，混匀。

5. 根据《土壤质量　总汞、总砷、总铅的测定　原子荧光法　第 1 部分：土壤中总汞的测定》（GB/T 22105.1—2008）测定土壤中总汞时，在重复条件下，获得的两次独立测定结果的相对偏差不得超过 12%。（　　）

答案： √

6. 根据《土壤质量　总汞、总砷、总铅的测定　原子荧光法　第 1 部分：土壤中总汞的测定》（GB/T 22105.1—2008）测定土壤中总汞时，王水的配制比例为 3 份硝酸和 1 份盐酸进行混合。（　　）

答案： ×

正确答案： 王水的配制比例为 1 份硝酸和 3 份盐酸进行混合。

7. 根据《土壤质量　总汞、总砷、总铅的测定　原子荧光法　第 1 部分：土壤中总汞的测定》（GB/T 22105.1—2008）测定土壤中总汞时，每批样品至少制备 1 个空白样品。（　　）

答案： ×

正确答案： 每批样品至少制备 2 个空白样品。

8. 根据《土壤质量　总汞、总砷、总铅的测定　原子荧光法　第 1 部分：土壤中总汞的测定》（GB/T 22105.1—2008）测定土壤中总汞时，土壤样品需经风干、研磨并过 0.149 mm 孔径筛再进行称取。（　　）

答案： √

9. 根据《土壤质量　总汞、总砷、总铅的测定　原子荧光法　第 1 部分：土壤中总汞的测定》（GB/T 22105.1—2008）测定土壤中总汞时，在用王水消解土壤样品时应保持王水为沸腾状态。（　　）

答案： ×

正确答案： 应避免使用沸腾的王水处理样品，以防止汞以氯化物的形式挥发而损失。

10. 根据《土壤质量　总汞、总砷、总铅的测定　原子荧光法　第 1 部分：土壤中总汞的测定》（GB/T 22105.1—2008）测定土壤中总汞时，若样品中汞的含量太高，不能直接测量，应适当减少称样量，使试样含汞量保持在校准曲线的直线范围内。（　　）

答案： √

二、单项选择题

1. 根据《土壤质量　总汞、总砷、总铅的测定　原子荧光法　第 1 部分：土壤中总汞的测定》（GB/T 22105.1—2008）测定土壤中总汞时，方法最低检出限为________mg/kg。（　　）

A．0.002　　B．0.02　　C．0.2　　D．2.0

答案： A

2. 根据《土壤质量　总汞、总砷、总铅的测定　原子荧光法　第 1 部分：土壤中总汞的测定》（GB/T 22105.1—2008）测定土壤中总汞时，若样品中汞含量太高，不能直接测量，可以________称样量，使样品中的汞含量在校准曲线范围内。（　　）

A．增加

B．减少

C．用 3% 的硝酸溶液适当稀释

D．用 2% 的硝酸溶液适当稀释

答案：B

3. 根据《土壤质量　总汞、总砷、总铅的测定　原子荧光法　第 1 部分：土壤中总汞的测定》（GB/T 22105.1—2008）测定土壤中总汞时，合理的屏蔽气流量为________ml/min。（　　）

A．100　　B．300　　C．500　　D．900

答案：D

4. 根据《土壤质量　总汞、总砷、总铅的测定　原子荧光法　第 1 部分：土壤中总汞的测定》（GB/T 22105.1—2008）测定土壤中总汞时，合理的载气流量为________ml/min。（　　）

A．100　　B．300　　C．500　　D．900

答案：B

5. 根据《土壤质量　总汞、总砷、总铅的测定　原子荧光法　第 1 部分：土壤中总汞的测定》（GB/T 22105.1—2008）测定土壤中总汞时，合理的仪器负高压为________V。（　　）

A．100　　B．140　　C．200　　D．280

答案：D

三、问答题

1. 根据《土壤质量　总汞、总砷、总铅的测定　原子荧光法　第 1 部分：土壤中总汞的测定》（GB/T 22105.1—2008）简述测定土壤中总汞的方法原理。

答案：采用硝酸－盐酸混合试剂在沸水浴中加热消解土壤试样，再用硼氢化钾或硼氢化钠将样品中所含汞还原成原子态汞，由载气（氩气）导入原子化器中，在特制汞空心阴极灯照射下，基态汞原子被激发至高能态，在去活化回到基态时，发射出特征波长的荧光，其荧光强度与汞的含量成正比。与标准系列比较，求得样品中汞的含量。

2. 根据《土壤质量　总汞、总砷、总铅的测定　原子荧光法　第 1 部分：土壤中总汞的测定》（GB/T 22105.1—2008）测定土壤中总汞时，若样品中含有大量有机物应如何处理？

答案：可以适当增大硝酸－盐酸混合试剂的浓度和用量。

四、计算题

用原子荧光法测定土壤中总汞时，称取制备好的样品 0.302 6 g，消解液定容体积 50 ml，从校准曲线上查得的消解液汞浓度 0.753 2 ng/ml，空白溶液查得的汞浓度 0.021 2 ng/ml，土壤含水量为 1.9%，计算土壤中汞的含量。

答案：$w=\frac{(c-c_0)\times V}{m\times(1-f)\times 1\,000}=\frac{(0.753\,2-0.021\,2)\times 50}{0.302\,6\times(1-0.019)\times 1\,000}0.123(\text{mg/kg})$

该土壤中汞的含量为 0.123 mg/kg。

参考文献

中华人民共和国农业部. 土壤质量　总汞、总砷、总铅的测定　原子荧光法　第 1 部分：土壤中总汞的测定：GB/T 22105.1—2008［S］. 北京：中国标准出版社，2008.

命题：魏　铮
审核：田　野

第十节　土壤质量　总汞、总砷、总铅的测定　原子荧光法　第 2 部分：土壤中总砷的测定（GB/T 22105.2—2008）

一、判断题

1. 用原子荧光法测定土壤中总砷时，硫脲作为还原剂可将五价砷还原为负三价砷。(　　)

答案：×

正确答案：用原子荧光法测定土壤中总砷时，硫脲作为还原剂可将五价砷还原为三价砷。

2. 原子荧光法测定土壤中总砷时，试验用水为去离子水。(　　)

答案：√

3. 配制砷标准贮备液所用的三氧化二砷应为优级纯，不需要任何处理可直接使用。(　　)

答案：×

正确答案：配制砷标准贮备液所用的三氧化二砷应为优级纯，需在 105℃烘 2 h 后使用。

4. 原子荧光法测定土壤中总砷时，全程序空白溶液直接用去离子水代替即可。(　　)

答案：×

正确答案：原子荧光法测定土壤中总砷时，全程序空白溶液需采用和试液制备相同的试剂和步骤制备。

5. 原子荧光法测定土壤中总砷时，应按照标准《土壤质量　总汞、总砷、总铅的测定　原子荧光法　第 2 部分：土壤中总砷的测定》（GB/T 22105.2—2008）中要求的仪器参数进行调整。(　　)

答案：×

正确答案：原子荧光法测定土壤中总砷时，应将仪器调整至最佳工作条件，但不同信号仪器的最佳参数不同，需根据仪器使用说明自行调整。

6. 原子荧光法测定土壤中总砷所用校准曲线是减去标准空白后荧光强度对浓度绘制的校准曲线。(　　)

答案：√

7. 土壤含水量对原子荧光法测定土壤中总砷无影响。（　　）

答案：×

正确答案：用原子荧光法测定土壤中总砷时，土壤含水量对总砷含量有直接影响。

8. 用原子荧光法测定土壤中总砷时，重复试验结果以几何平均值表示。（　　）

答案：×

正确答案：用原子荧光法测定土壤中总砷时，重复试验结果以算术平均值表示。

9. 用原子荧光法测定土壤中总砷时，每批样品制备 1 个空白样品即可。（　　）

答案：×

正确答案：用原子荧光法测定土壤中总砷时，每批样品制备 2 个以上空白样品。

10.《土壤环境质量　农用地土壤污染风险管控标准》（GB 36600—2018）规定的 pH≤5.5 的水田砷风险筛选值为 30 mg/kg。（　　）

答案：√

11. 样品在消解过程中，硼氢化钾可将五价砷还原为三价砷。（　　）

答案：×

正确答案：样品在消解过程中，硫脲可将五价砷还原为三价砷。

12. 原子荧光法测定土壤中总砷，产生的原子荧光强度与试样中被测元素含量成正比。（　　）

答案：√

13. 用原子荧光法测定土壤中总砷时，样品消解时无需加热处理。（　　）

答案：×

正确答案：样品在消解时，需放于沸水浴中消解。

14. 用原子荧光法测定土壤中总砷时所用的抗坏血酸溶液不易保存，需用时现配。（　　）

答案：√

15. 用原子荧光法测定土壤中总砷时，应将仪器调整至最佳工作条件，可根据仪器使用说明自行选择。（　　）

答案：√

二、单项选择题

1. 用原子荧光法测定土壤中总砷时，方法检出限为________。（　　）

A．0.001 mg/kg　　B．0.01 mg/kg　　C．0.1 mg/kg　　D．1.0 mg/kg

答案：B

2. 用原子荧光法测定土壤中总砷时，加入王水后土样的消解时间为________。（　　）

A．0.5 h　　B．1 h　　C．1.5 h　　D．2 h

答案：D

3. 制备土壤样品时，称取经风干、研磨并过 0.149 mm 孔径筛的土壤________g。（　　）

A．0.2～0.5　　B．0.2～1.0　　C．0.5～1.0　　D．1.0～1.5

答案：B

4. 用原子荧光法测定土壤中总砷时，结果以________计。(　　)

A．质量浓度　　B．质量分数　　C．物质的量浓度　　D．物质的量分数

答案：B

5. 用原子荧光法测定土壤中总砷时，相对误差的绝对值不得超过________。(　　)

A．3%　　B．5%　　C．7%　　D．9%

答案：B

6. 用原子荧光法测定土壤中总砷时，重复条件下，两次独立结果的相对偏差不得超过________。(　　)

A．3%　　B．5%　　C．7%　　D．9%

答案：C

7. 用原子荧光法测定土壤中总砷时，________试剂不需要用时现配。(　　)

A.（1+1）王水　　B．载液　　C．5% 的硫脲溶液　　D．5% 的抗坏血酸

答案：B

8. 用原子荧光法测定土壤中总砷时，测定结果要求保留________。(　　)

A．2 位有效数字　　B．3 位有效数字　　C．小数点后 2 位　　D．小数点后 3 位

答案：B

9. 用原子荧光法测定土壤中总砷时，土壤样品的称量应精确至________g。(　　)

A．0.000 1　　B．0.000 2　　C．0.000 3　　D．0.000 4

答案：B

10. 用原子荧光法测定土壤中总砷时，所需样品筛的孔径为________。(　　)

A．0.149 μm　　B．0.149 mm　　C．0.45 μm　　D．0.45 mm

答案：B

11. 用原子荧光法测定土壤中总砷时，（1+1）王水是指________。(　　)

A．1 份盐酸和 3 份硝酸混合物　　B．1 份盐酸和 3 份硫酸混合物

C．1 份硝酸和 3 份盐酸混合物　　D．1 份硝酸和 3 份硫酸混合物

答案：C

12. 用原子荧光法测定土壤中总砷时，载液是指________。(　　)

A.（1+9）硝酸溶液　　B.（1+9）硫酸溶液

C.（1+9）盐酸溶液　　D.（1+9）醋酸溶液

答案：C

13. 用原子荧光法测定土壤中总砷时，在砷空心阴极灯发射下产生原子荧光的是________形态的砷。(　　)

A．分子　　B．原子　　C．离子　　D．质子

答案：B

14. 用原子荧光法测定土壤中总砷时，砷标准中间液、砷标准工作溶液的定容用________定容。(　　)

A．去离子水　　B．纯水　　C．（1+9）盐酸　　D．（1+9）硝酸

答案：C

15. 用原子荧光法测定土壤中总砷时，在校准曲线上查得的砷元素含量，单位是________。（　　）

A．ng/ml　　B．μg/ml　　C．mg/ml　　D．g/ml

答案：A

三、问答题

1. 简述原子荧光法测定土壤中总砷的原理。

答案：样品中的砷经加热消解后，加入硫脲使五价砷还原为三价砷，再加入硼氢化钾将其还原为砷化氢，由氩气导入石英原子化器进行原子化分解为原子态砷，在特制砷空心阴极灯的发射光激发下产生原子荧光，产生的荧光强度与试样中被测元素含量成正比，与标准系列比较，求得样品中砷的含量。

2. 简述原子荧光法测定土壤中总砷时，试液的制备过程。

答案：称取经风干、研磨并过 0.149 mm 孔径筛的土壤样品 0.2～1.0 g（精确至 0.002 g）于 50 ml 具塞比色管中，加少许水润湿样品，加入 10 ml（1+1）王水，加塞摇匀于沸水浴中消解 2 h，中间摇动几次，取下冷却，用水稀释至刻度，摇匀后放置。吸取一定量的消解试液于 50 ml 比色管中，加 3 ml 盐酸、5 ml 硫脲溶液、5 ml 抗坏血酸溶液，用水稀释至刻度，摇匀放置，取上清液待测。

四、计算题

用原子荧光法测定某土壤样品中总砷含量，根据土壤样品采样规定称取 2 kg 该土壤样品。准确称取经风干、研磨并过 0.149 mm 孔径筛的土壤样品 0.806 g，加热消解后上清液体积为 50 ml，分取 10 ml 消解液定容至 50.0 ml。由标准曲线查得待测样品浓度为 4.28 ng/ml，试剂空白溶液测定浓度为 0.16 ng/ml，样品含水量为 8.9%，试求该土壤样品中总砷的含量。

答案：

$$\omega=\frac{(c-c_0)\times V_2\times V_{总}/V_1}{m\times(1-f)\times 1\,000}=\frac{(4.28-0.16)\times 50\times 50/10}{0.806\times(1-0.089)\times 1\,000}=1.40(\mathrm{mg/kg})$$

该土壤样品中总砷的含量为 1.40 mg/kg。

参考文献

[1] 中华人民共和国农业部 . 土壤质量　总汞、总砷、总铅的测定　原子荧光法　第 2 部分：土壤中总砷的测定：GB/T 22105.2—2008［S］. 北京：中国标准出版社，2008.

[2] 国家环境保护局 . 土壤环境质量标准：GB 15618—1995［S］. 北京：中国标准出版社，1995.

命题：王永涛

审核：乔朝辉

第十一节　土壤和沉积物　汞、砷、硒、铋、锑的测定 微波消解/原子荧光法（HJ 680—2013）

一、判断题

1. 根据《土壤和沉积物　汞、砷、硒、铋、锑的测定　微波消解/原子荧光法》（HJ 680—2013），消解液中的三价金离子、二价钴离子、二价镍离子、二价铜离子、Cr（Ⅵ）和二价汞离子对测定有干扰，加入硫脲－盐酸混合溶液可消除。（　　）

答案： ×

正确答案： 加入硫脲－抗坏血酸混合溶液可消除这些离子的干扰。

2. 根据《土壤和沉积物　汞、砷、硒、铋、锑的测定　微波消解/原子荧光法》（HJ 680—2013）的规定，测定用到的新器皿，在使用前应做相应的空白检查。（　　）

答案： √

3. 根据《土壤和沉积物　汞、砷、硒、铋、锑的测定　微波消解/原子荧光法》（HJ 680—2013）的规定，实验中用到的硼氢化钾溶液可以一次配制，长期使用。（　　）

答案： ×

正确答案： 硼氢化钾溶液应临用现配。

4. 根据《土壤和沉积物　汞、砷、硒、铋、锑的测定　微波消解/原子荧光法》（HJ 680—2013）的规定，消解罐的日常清洗和维护需要先进行 1 次空白消解，加入 6 ml 盐酸，再慢慢加入 2 ml 硝酸，以除去内衬管和密封盖上的残留。（　　）

答案： √

5. 根据《土壤和沉积物　汞、砷、硒、铋、锑的测定　微波消解/原子荧光法》（HJ 680—2013），微波消解后，试料配制时，需在室温放置 30 min，若室温低于 15℃，应置于 30℃水浴中保温 20 min。（　　）

答案： √

6. 根据《土壤和沉积物　汞、砷、硒、铋、锑的测定　微波消解/原子荧光法》（HJ 680—2013）的规定，每批样品至少测定 2 个空白样品，且测定结果应低于方法测定下限。（　　）

答案： √

7. 根据《土壤和沉积物　汞、砷、硒、铋、锑的测定　微波消解/原子荧光法》（HJ 680—2013）中的规定，若样品消解过程中产生压力或造成泄压而破坏其密闭系统，则此样品数据不应采用。（　　）

答案： √

8. 根据《土壤和沉积物　汞、砷、硒、铋、锑的测定　微波消解/原子荧光法》（HJ 680—

2013）中的规定，校准曲线的相关系数应不小于 0.999。（　　）

答案：√

9. 根据《土壤和沉积物　汞、砷、硒、铋、锑的测定　微波消解 / 原子荧光法》（HJ 680—2013）中的规定，实验中产生的废液不可随意倾倒，应按照规定委托有资质的单位进行处置。（　　）

答案：√

10. 根据《土壤和沉积物　汞、砷、硒、铋、锑的测定　微波消解 / 原子荧光法》（HJ 680—2013）中的规定，实验中硝酸和盐酸具有强腐蚀性，样品消解过程应在通风橱内进行，实验人员应注意佩戴防护用具。（　　）

答案：√

11.《土壤和沉积物　汞、砷、硒、铋、锑的测定　微波消解 / 原子荧光法》（HJ 680—2013）适用于土壤和沉积物中汞、砷、硒、铋、锑的测定。（　　）

答案：√

12. 根据《土壤和沉积物　汞、砷、硒、铋、锑的测定　微波消解 / 原子荧光法》（HJ 680—2013）中的规定，实验中用到的硫脲和抗坏血酸溶液可以一次配制，长期使用。（　　）

答案：×

正确答案：硫脲和抗坏血酸溶液应临用现配。

13. 根据《土壤和沉积物　汞、砷、硒、铋、锑的测定　微波消解 / 原子荧光法》（HJ 680—2013）中的规定，被测元素浓度超过校准曲线浓度范围时，应稀释后重新进行测定。（　　）

答案：√

14. 根据《土壤和沉积物　汞、砷、硒、铋、锑的测定　微波消解 / 原子荧光法》（HJ 680—2013）中的规定，在每批次样品中，应至少做 10% 样品的重复消解。（　　）

答案：√

15. 根据《土壤和沉积物　汞、砷、硒、铋、锑的测定　微波消解 / 原子荧光法》（HJ 680—2013）中的规定，实验室所用的玻璃器皿均需用（1+1）硝酸溶液浸泡 24 h 后，依次用自来水、实验用水洗净。（　　）

答案：√

二、单项选择题

1. 根据《土壤和沉积物　汞、砷、硒、铋、锑的测定　微波消解 / 原子荧光法》（HJ 680—2013）测定土壤和沉积物中各元素时，原子荧光法中一般用________作为载气。（　　）

A. 氮气　　B. 氧气　　C. 氩气　　D. 氦气

答案：C

2. 根据《土壤和沉积物　汞、砷、硒、铋、锑的测定　微波消解 / 原子荧光法》（HJ 680—2013）测定土壤和沉积物中各元素时，原子荧光法常用的光源是________。（　　）

A. 氢灯　　B. 高强度空心阴极灯

C. 氘灯　　D. 高压汞灯

答案：B

3. 根据《土壤和沉积物　汞、砷、硒、铋、锑的测定　微波消解 / 原子荧光法》（HJ 680—2013）测定土壤和沉积物中各元素时，原子荧光分析中光源的作用是________。（　　）

A. 提供试样蒸发所需的能量　　B. 产生紫外光

C. 产生自由原子激发所需的辐射　　D. 产生具有足够浓度的散射光

答案：C

4. 根据《土壤和沉积物　汞、砷、硒、铋、锑的测定　微波消解 / 原子荧光法》（HJ 680—2013）中的描述，原子荧光法选择性好是因为________。（　　）

A. 原子化效率高

B. 检测器灵敏度高

C. 各种元素都有特定的原子荧光光谱

D. 原子蒸汽中基态原子数不受温度影响

答案：C

5. 根据《土壤和沉积物　汞、砷、硒、铋、锑的测定　微波消解 / 原子荧光法》（HJ 680—2013）中的描述，原子荧光法测量的是________。（　　）

A. 溶液中分子受激发产生的荧光　　B. 蒸汽中分子受激发产生的荧光

C. 溶液中原子受激发产生的荧光　　D. 蒸汽中原子受激发产生的荧光

答案：D

6. 根据《土壤和沉积物　汞、砷、硒、铋、锑的测定　微波消解 / 原子荧光法》（HJ 680—2013）使用原子荧光法进行测定时，分析中所用的玻璃器皿在使用前均需用________溶液浸泡________h。（　　）

A.（1+1）硝酸，24　　B. 浓硝酸，12

C. 5% 硝酸，24　　D. 浓盐酸，12

答案：A

7. 根据《土壤和沉积物　汞、砷、硒、铋、锑的测定　微波消解 / 原子荧光法》（HJ 680—2013）中的描述，具有温度控制和程序升温功能的微波消解仪，其温度精度可达 ±________℃。（　　）

A. 2.5　　B. 2　　C. 1.5　　D. 1

答案：A

8. 用原子荧光法测定土壤或底质中汞时，样品保存液的配制方法为：称取 0.5 g________，用少量水溶解，加________50 ml，用水稀释至 1 000 ml，混匀。（　　）

A. 重铬酸钾，硝酸　　B. 重铬酸钾，盐酸

C. 盐酸，硝酸　　D. 重铬酸钾，王水

答案：A

9. 根据《土壤和沉积物　汞、砷、硒、铋、锑的测定　微波消解 / 原子荧光法》（HJ 680—2013）用原子荧光法测定土壤中砷时，上机用样品溶液的制备方法为：取 10.0 ml 消解液于 50 ml 容量瓶中，加入 5 ml________、10 ml________溶液，用水稀释至标线。（　　）

A. 硝酸，抗坏血酸　　B. 盐酸，硫脲和抗坏血酸混合

C．硝酸，硫脲和抗坏血酸混合　　D．盐酸，抗坏血酸

答案：B

10. 根据《土壤和沉积物　汞、砷、硒、铋、锑的测定　微波消解 / 原子荧光法》（HJ 680—2013）测定土壤中汞和砷含量，当取样量为 0.5 g 时，汞检出限是________mg/kg，砷的检出限是________mg/kg。（　　）

A．0.002，0.01　　B．0.002，0.04　　C．0.008，0.04　　D．0.008，0.01

答案：A

11. 根据《土壤和沉积物　汞、砷、硒、铋、锑的测定　微波消解 / 原子荧光法》（HJ 680—2013）中的规定，实验所用到的分析天平精度应为________g。（　　）

A．0.001　　B．0.000 1　　C．0.1　　D．0.01

答案：B

12. 根据《土壤和沉积物　汞、砷、硒、铋、锑的测定　微波消解 / 原子荧光法》（HJ 680—2013）中的规定，样品元素含量低时，可将样品称取量提高至________g，置于溶样杯中。（　　）

A．0.5　　B．1.0　　C．0.3　　D．2.0

答案：B

13. 根据《土壤和沉积物　汞、砷、硒、铋、锑的测定　微波消解 / 原子荧光法》（HJ 680—2013）中的规定，微波消解升温过程为________。（　　）

A．100℃→ 150℃→ 180℃　　B．100℃→ 150℃→ 200℃

C．100℃→ 120℃→ 180℃　　D．100℃→ 120℃→ 200℃

答案：A

14. 根据《土壤和沉积物　汞、砷、硒、铋、锑的测定　微波消解 / 原子荧光法》（HJ 680—2013）中的规定，用________将消解后溶液过滤转移至容量瓶内。（　　）

A．慢速定量滤纸　　B．慢速定性滤纸　　C．中速定量滤纸　　D．中速定性滤纸

答案：A

15. 根据《土壤和沉积物　汞、砷、硒、铋、锑的测定　微波消解 / 原子荧光法》（HJ 680—2013）测定各元素含量时，不能消除原子荧光光谱中干扰荧光谱线的方法是 ______。（　　）

A．增加灯电流　　B．选用其他的荧光分析线

C．加入络合剂络合干扰元素　　D．预先化学分离干扰元素

答案：A

三、问答题

1. 根据《土壤和沉积物　汞、砷、硒、铋、锑的测定　微波消解 / 原子荧光法》（HJ 680—2013）简述其方法原理。

答案：样品经微波消解后试液进入原子荧光光度计，在硼氢化钾溶液的还原作用下，形成砷化氢、铋化氢、锑化氢和硒化氢气体，汞被还原成原子态。在氩氢火焰中形成基态原子，在元素灯（汞、砷、硒、铋、锑）发射光的激发下产生原子荧光，原子荧光强度与试液中元素含量成正比。

2. 根据《土壤和沉积物　汞、砷、硒、铋、锑的测定　微波消解 / 原子荧光法》（HJ 680—

2013）简述消解罐的日常清洗和维护步骤。

答案：（1）先进行1次空白消解（加入6 ml盐酸，再慢慢加入2 ml硝酸，混匀），以去除内衬管和密封盖上的残留；

（2）用水和软刷仔细清洗内衬管和压力套管；

（3）将内衬管和陶瓷外套管放入烘箱，在200～250℃下加热至少4 h，然后在室温下自然冷却。

四、计算题

已知某土壤样品的质量为0.311 5 g，样品干物质含量为ω_{dm}92.6%，微波消解后定容到V_0 50 ml，分取V_1 10 ml消解液定容至V_2 50.0 ml。由标准曲线查到测试汞的浓度ρ为3.55 μg/L，空白溶液中汞的浓度ρ_0为0.15 μg/L，试求该土壤的汞含量。

答案： $$\omega=\frac{(\rho-\rho_0)\times V_0\times V_2}{m\times\omega_{dm}\times V_2}\times10^{-2}=\frac{(3.55-0.15)\times50\times50}{0.3115\times0.926\times10}\times10^{-2}=2.95\text{ mg/kg}$$

该土壤的汞含量为2.95 mg/kg。

参考文献

［1］环境保护部.土壤和沉积物　汞、砷、硒、铋、锑的测定　微波消解/原子荧光法：HJ 680—2013［S］.北京：中国环境科学出版社，2013.

［2］中国环境监测总站《环境监测人员持证上岗考核试题集》编写组．环境监测人员持证上岗考核试题集：下册.4版［M］.北京：中国环境出版集团，2018.

命题：王　涵

审核：芦晓燕

第十二节　土壤和沉积物　总汞的测定　催化热解-冷原子吸收分光光度法（HJ 923—2017）

一、判断题

1. 根据《土壤和沉积物　总汞的测定　催化热解-冷原子吸收分光光度法》（HJ 923—2017）测定土壤中总汞含量时，应同时测定土样样品的干物质含量，并纳入样品总汞含量的计算。（　　）

答案：√

2. 根据《土壤和沉积物　总汞的测定　催化热解-冷原子吸收分光光度法》（HJ 923—2017）中的规定，实验中所用载气应为高纯度氧气，纯度≥99.95%。（　　）

答案：×

正确答案： 实验中所用载气应为高纯度氧气，纯度≥99.999%。

3. 根据《土壤和沉积物　总汞的测定　催化热解 - 冷原子吸收分光光度法》（HJ 923—2017）的规定当测定结果小于 10.0 μg/kg 时，结果保留小数点后 1 位；当测定结果大于 10.0 μg/kg 时，结果保留 3 位有效数字。（　　）

答案： √

4. 根据《土壤和沉积物　总汞的测定　催化热解 - 冷原子吸收分光光度法》（HJ 923—2017）中的规定，试验过程中仪器排放的含汞废气可使用碘溶液、硫酸、二氧化锰溶液或 5% 的高锰酸钾溶液吸收，吸收液须及时更换。（　　）

答案： √

5. 根据《土壤和沉积物　总汞的测定　催化热解 - 冷原子吸收分光光度法》（HJ 923—2017）中的规定，实验中产生的废物应集中收集，并做好相应标识，委托具有资质的单位处理。（　　）

答案： √

6. 根据《土壤和沉积物　总汞的测定　催化热解 - 冷原子吸收分光光度法》（HJ 923—2017）进行样品采集后，置于玻璃瓶中 4℃以下冷藏保存，保存时间为 7 d。（　　）

答案： ×

正确答案： 样品采集后，置于玻璃瓶中 4℃以下冷藏保存，保存时间为 28 d。

7. 根据《土壤和沉积物　总汞的测定　催化热解 - 冷原子吸收分光光度法》（HJ 923—2017）测定土壤和沉积物中总汞时，每次开机后，按照与标准曲线建立相同的仪器条件，不需要有证标准样品的验证，直接上机测试样品。（　　）

答案： ×

正确答案： 每次开机后，按照与标准曲线建立相同的仪器条件，测定标准曲线浓度范围内的 1 个有证标准样品的汞含量，测定值应在有证书标准值范围内，否则，应重新建立标准曲线。

8. 根据《土壤和沉积物　总汞的测定　催化热解 - 冷原子吸收分光光度法》（HJ 923—2017）中的规定，测定试样时，称取 0.1 g（精确到 0.000 1 g）样品于样品舟中，按照与标准曲线建立相同的仪器条件进行样品的测定。取样量可根据样品浓度适当调整，推荐取样量为 0.1～0.5 g。（　　）

答案： √

9. 根据《土壤和沉积物　总汞的测定　催化热解 - 冷原子吸收分光光度法》（HJ 923—2017）测定土壤和沉积物中总汞时，标准曲线应至少包含 5 个非零浓度点，相关系数 R^2≥0.990。（　　）

答案： ×

正确答案： 标准曲线应至少包含 5 个非零浓度点，相关系数 R^2≥0.995。

10. 根据《土壤和沉积物　总汞的测定　催化热解 - 冷原子吸收分光光度法》（HJ 923—2017）测定土壤和沉积物中总汞时，每 20 个样品或每批次（少于 20 个样品 / 批）须做一个空白试验，测定结果中总汞的含量不应超过方法检出限。（　　）

答案： √

11.《土壤和沉积物　总汞的测定　催化热解 - 冷原子吸收分光光度法》（HJ 923—2017）实施日期是 2018 年 4 月 1 日。（　　）

答案： √

12. 根据《土壤和沉积物　总汞的测定　催化热解－冷原子吸收分光光度法》（HJ 923—2017）中的规定，当取样量为 0.1 g 时，方法检出限是 0.3 μg/kg，测定范围是 0.5～6.0 × 10^3 μg/kg。（　　）

答案：×

正确答案：当取样量为 0.1 g 时，方法检出限是 0.2 μg/kg，测定范围是 0.8～6.0 × 10^3 μg/kg。

13. 根据《土壤和沉积物　总汞的测定　催化热解－冷原子吸收分光光度法》（HJ 923—2017）的规定，用于空白测定的石英砂应为 200～100 目。（　　）

答案：√

14. 根据《土壤和沉积物　总汞的测定　催化热解－冷原子吸收分光光度法》（HJ 923—2017）测定土壤和沉积物中总汞时，以各标准系列溶液的汞含量为横坐标，以其对应的吸光值为纵坐标，分别建立低浓度或高浓度标准曲线。（　　）

答案：√

15. 根据《土壤和沉积物　总汞的测定　催化热解－冷原子吸收分光光度法》（HJ 923—2017）测定土壤和沉积物中总汞时，样品舟材质应为镍舟或磁舟。（　　）

答案：√

二、单项选择题

1. 根据《土壤和沉积物　总汞的测定　催化热解－冷原子吸收分光光度法》（HJ 923—2017）中的规定，每次实验前需对所用的全部样品舟进行空白测定，样品舟的空白值应低于方法检出限。否则，应将样品舟置于马弗炉中，________于________℃灼烧________h 后，再次测定空白值，直至样品舟空白低于方法检出限。（　　）

A．600；1　　B．800；1　　C．850；2　　D．750；2

答案：C

2. 根据《土壤和沉积物　总汞的测定　催化热解－冷原子吸收分光光度法》（HJ 923—2017）中的规定，每 20 个样品或每批次（少于 20 个样品 / 批）应分析 1 个平行样，平行样品测定结果的相对偏差应≤________。（　　）

A．10%　　B．15%　　C．20%　　D．25%

答案：D

3. 根据《土壤和沉积物　总汞的测定　催化热解－冷原子吸收分光光度法》（HJ 923—2017）测定土壤和沉积物中总汞时，汞蒸汽对________nm 特征谱线产生吸收。（　　）

A．243.7　　B．253.7　　C．236.7　　D．273.5

答案：B

4. 根据《土壤和沉积物　总汞的测定　催化热解－冷原子吸收分光光度法》（HJ 923—2017）分析高浓度样品（≥400 ng）之后，汞会在系统中产生残留，须用________硝酸作为样品分析，当其分析结果低于检出限时，再进行下一个样品分析。（　　）

A．1%　　B．2%　　C．3%　　D．5%

答案：D

5. 根据《土壤和沉积物　总汞的测定　催化热解 – 冷原子吸收分光光度法》（HJ 923—2017）当取样量为 0.1g 时，该方法检出限为________μg/kg。（　　）

A．0.1　　B．0.2　　C．0.3　　D．0.4

答案：B

6. 根据《土壤和沉积物　总汞的测定　催化热解 – 冷原子吸收分光光度法》（HJ 923—2017）测定试样时，称取 0.1 g（精确到________g）样品于样品舟中，按照与标准曲线建立相同的仪器条件进行样品的测定。（　　）

A．0.000 1　　B．0.001　　C．0.01　　D．0.1

答案：A

7. 根据《土壤和沉积物　总汞的测定　催化热解 – 冷原子吸收分光光度法》（HJ 923—2017）中的规定，将用于空白试验的石英砂置于马弗炉内，于________℃灼烧 2 h，冷却后装入具塞磨口玻璃瓶中密封保存。（　　）

A．750　　B．780　　C．800　　D．850

答案：D

8. 根据《土壤和沉积物　总汞的测定　催化热解 – 冷原子吸收分光光度法》（HJ 923—2017）测定土壤和沉积物中总汞时，称取 0.135 4 g 氯化汞用固定液溶解后，转移至________ml 容量瓶中，再用固定液稀释定容至标线，摇匀，得到汞标准贮备液 ρ（Hg）=100 mg/L。（　　）

A．100　　B．250　　C．500　　D．1 000

答案：D

9. 根据《土壤和沉积物　总汞的测定　催化热解 – 冷原子吸收分光光度法》（HJ 923—2017）测定沉积物样品中总汞含量时，应考虑样品________对其测定结果的影响。（　　）

A．粒径　　B．酸度　　C．含水率　　D．颜色

答案：C

10. 根据《土壤和沉积物　总汞的测定　催化热解 – 冷原子吸收分光光度法》（HJ 923—2017）中的规定，实验中所用到的硝酸应为________级试剂。（　　）

A．化学纯　　B．分析纯　　C．优级纯　　D．色谱纯

答案：C

11. 根据《土壤和沉积物　总汞的测定　催化热解 – 冷原子吸收分光光度法》（HJ 923—2017）测定土壤和沉积物中总汞时，实验中用________代替样品按照与样品测定相同的测定步骤进行空白试验。（　　）

A．土壤标准样品　　B．石英砂　　C．研磨后土壤样品　　D．去离子水

答案：B

12. 根据《土壤和沉积物　总汞的测定　催化热解 – 冷原子吸收分光光度法》（HJ 923—2017）中的规定，实验中固定液配制方法为将________g 重铬酸钾溶于 950 ml 蒸馏水中，再加 50 ml 硝酸，混匀。（　　）

A．0.3　　B．0.5　　C．0.6　　D．0.8

答案：B

13. 根据《土壤和沉积物　总汞的测定　催化热解－冷原子吸收分光光度法》（HJ 923—2017）中的规定，当测定结果小于 10.0 μg/kg 时，结果保留小数点后 1 位，当测定结果大于等于 10.0 μg/kg 时，结果保留________位有效数字。（　　）

A. 1　　B. 2　　C. 3　　D. 4

答案： C

14. 根据《土壤和沉积物　总汞的测定　催化热解－冷原子吸收分光光度法》（HJ 923—2017）中的规定，测汞仪应配备样品舟、燃烧催化炉、________、解吸炉及冷原子吸收分光光度计。（　　）

A. 碳化管　　B. 加热管　　C. 齐化管　　D. 催化管

答案： C

15. 根据《土壤和沉积物　总汞的测定　催化热解－冷原子吸收分光光度法》（HJ 923—2017），所用的分析天平应达到感量________g。（　　）

A. 0.1　　B. 0.01　　C. 0.001　　D. 0.000 1

答案： D

三、问答题

1. 简述《土壤和沉积物　总汞的测定　催化热解－冷原子吸收分光光度法》（HJ 923—2017）测定总汞的方法原理。

答案： 样品导入燃烧催化炉后，经干燥、热分解及催化反应，各形态汞被还原成单质汞，单质汞进入齐化管生成金汞齐，齐化管快速升温将金汞齐中的汞以蒸汽形式释放出来，汞蒸气被载气带入冷原子吸收分光光度计，汞蒸气对 253.7 nm 特征谱线产生吸收，在一定浓度范围内，吸收强度与汞的浓度成正比。

2. 根据《土壤和沉积物　总汞的测定　催化热解－冷原子吸收分光光度法》（HJ 923—2017）简述测定总汞时的注意事项。

答案：（1）应避免在汞污染的环境中操作；

（2）分析高浓度样品（≥400 ng）之后，汞会在系统中产生残留，须用 5% 硝酸作为样品分析，当其分析结果低于检出限时，再进行下一个样品分析；

（3）实验过程中仪器排放的含汞废气可使用碘溶液、硫酸、二氧化锰溶液或 5% 的高锰酸钾溶液吸收，吸收液须及时更换。

四、计算题

某土壤样品，准确称取风干土样 0.205 0 g，已知由标准曲线所得样品中总汞的含量为 20.3 ng，样品中干物质含量为 95%，试计算该土样样品中总汞的含量。

答案： $$\omega=\frac{m_1}{m\times w_{dm}}=\frac{20.3}{0.205\,0\times 95\%}=104\ \mu g/kg$$

该土壤样品中总汞的含量是 104 μg/kg。

参考文献

环境保护部．土壤和沉积物　总汞的测定　催化热解－冷原子吸收分光光度法：HJ 923—2017［S］．北京：中国环境出版集团，2017．

命题：刘　国
审核：洪　涛

第十三节　土壤和沉积物　12 种金属元素的测定　王水提取－电感耦合等离子体质谱法（HJ 803—2016）

一、判断题

1. 根据《土壤和沉积物　12 种金属元素的测定　王水提取－电感耦合等离子体质谱法》（HJ 803—2016）测定土壤和沉积物中某些金属元素时，可采用稀释样品、内标法、优化仪器条件等措施消除和降低质谱干扰。（　　）

答案：×

正确答案：非质谱干扰的干扰程度与样品基体性质有关，可采用稀释样品、内标法、优化仪器条件等措施消除和降低干扰。

2. 根据《土壤和沉积物　12 种金属元素的测定　王水提取－电感耦合等离子体质谱法》（HJ 803—2016）测定土壤和沉积物中某些金属元素时，载气纯度≥99.99%。（　　）

答案：×

正确答案：载气为氩气，纯度≥99.999%。

3. 根据《土壤和沉积物　12 种金属元素的测定　王水提取－电感耦合等离子体质谱法》（HJ 803—2016）中的规定，分析时均使用符合国家标准的优级纯试剂。（　　）

答案：√

4. 根据《土壤和沉积物　12 种金属元素的测定　王水提取－电感耦合等离子体质谱法》（HJ 803—2016）中的规定，使用的滤纸为慢速定量滤纸。（　　）

答案：√

5. 根据《土壤和沉积物　12 种金属元素的测定　王水提取－电感耦合等离子体质谱法》（HJ 803—2016）中的规定，所有元素的标准溶液配制后均应在密封的聚乙烯瓶中保存。（　　）

答案：√

6. 根据《土壤和沉积物　12 种金属元素的测定　王水提取－电感耦合等离子体质谱法》（HJ 803—2016）测定土壤和沉积物中某些金属元素时，电热板加热消解待提取液滤尽后，用少量硝酸溶液清洗玻璃漏斗、锥形瓶和滤渣至少 2 次。（　　）

答案：×

正确答案：待提取液滤尽后，用少量硝酸溶液清洗玻璃漏斗、锥形瓶和滤渣至少3次。

7. 根据《土壤和沉积物 12种金属元素的测定 王水提取-电感耦合等离子体质谱法》（HJ 803—2016）测定土壤和沉积物中某些金属元素时，微波消解结束后立即打开密闭消解罐。（ ）

答案：×

正确答案：消解结束后冷却至室温，打开密闭消解罐。

8. 根据《土壤和沉积物 12种金属元素的测定 王水提取-电感耦合等离子体质谱法》（HJ 803—2016），每次分析应建立标准曲线，其相关系数应大于0.999。（ ）

答案：√

9. 根据《土壤和沉积物 12种金属元素的测定 王水提取-电感耦合等离子体质谱法》（HJ 803—2016）测定土壤和沉积物中某些金属元素时，实验所用的玻璃器皿须使用20%硝酸溶液浸泡24 h，依次用自来水和实验用水洗净后方可使用。（ ）

答案：√

10. 根据《土壤和沉积物 12种金属元素的测定 王水提取-电感耦合等离子体质谱法》（HJ 803—2016）测定土壤和沉积物中某些金属元素时，使用微波消解样品时，注意消解罐使用的温度和压力限制，消解前后应检查消解罐密封性。（ ）

答案：√

11. 根据《土壤和沉积物 12种金属元素的测定 王水提取-电感耦合等离子体质谱法》（HJ 803—2016）测定土壤和沉积物中某些金属元素时，实验过程中产生的废液和废物，应置于密闭容器中保管，委托有资质的单位处理。（ ）

答案：×

正确答案：实验过程中产生的废液和废物，应置于密闭容器中分类保管，委托有资质的单位处理。

12. 根据《土壤和沉积物 12种金属元素的测定 王水提取-电感耦合等离子体质谱法》（HJ 803—2016）中的规定，每批次样品至少分析10%的加标回收样，样品数量小于10个时，应至少做1个加标回收样。（ ）

答案：√

13. 根据《土壤和沉积物 12种金属元素的测定 王水提取-电感耦合等离子体质谱法》（HJ 803—2016）中的规定，测定12种金属元素平行双样相对偏差应小于30%。（ ）

答案：×

正确答案：微波消解测定12种金属元素的相对偏差应小于30%。

14. 根据《土壤和沉积物 12种金属元素的测定 王水提取-电感耦合等离子体质谱法》（HJ 803—2016）中的规定，每批样品至少做2个实验室空白试样。（ ）

答案：√

15. 根据《土壤和沉积物 12种金属元素的测定 王水提取-电感耦合等离子体质谱法》（HJ 803—2016）中的规定，测定结果小数位数的保留与方法检出限一致，最多保留3位有效数字。（ ）

答案：√

二、单项选择题

1. 根据《土壤和沉积物 12种金属元素的测定 王水提取-电感耦合等离子体质谱法》（HJ 803—2016）中的规定，下列不可以消除质谱干扰的是________。（ ）

A. 干扰校正方程　　B. 稀释样品　　C. 仪器优化　　D. 碰撞反应池技术

答案：B

2. 根据《土壤和沉积物 12种金属元素的测定 王水提取-电感耦合等离子体质谱法》（HJ 803—2016）中的规定，电感耦合等离子体质谱仪能够扫描的质量范围为________。（ ）

A. 5～250 amu　　B. 10～250 amu　　C. 5～200 amu　　D. 10～200 amu

答案：A

3. 根据《土壤和沉积物 12种金属元素的测定 王水提取-电感耦合等离子体质谱法》（HJ 803—2016）中的规定，电感耦合等离子体质谱仪分辨率在10%峰高处的峰宽应介于________。（ ）

A. 0.6～0.8 amu　　B. 0.7～0.9 amu　　C. 0.5～0.7 amu　　D. 0.4～0.6 amu

答案：A

4. 根据《土壤和沉积物 12种金属元素的测定 王水提取-电感耦合等离子体质谱法》（HJ 803—2016）中的规定，分析天平精度为________。（ ）

A. 0.1 g　　B. 0.01 g　　C. 0.001 g　　D. 0.000 1 g

答案：D

5. 根据《土壤和沉积物 12种金属元素的测定 王水提取-电感耦合等离子体质谱法》（HJ 803—2016）中的规定，电热板加热消解，保持王水处于微沸状态________。（ ）

A. 1 h　　B. 1.5 h　　C. 2 h　　D. 2.5 h

答案：C

6. 根据《土壤和沉积物 12种金属元素的测定 王水提取-电感耦合等离子体质谱法》（HJ 803—2016）中的规定，仪器调谐在仪器的灵敏度、氧化物和双电荷满足要求的条件下，质谱仪给出的调谐液中所含元素信号强度的相对标准偏差应________。（ ）

A. ≤3%　　B. ≤5%　　C. ≤10%　　D. ≤15%

答案：B

7. 根据《土壤和沉积物 12种金属元素的测定 王水提取-电感耦合等离子体质谱法》（HJ 803—2016）中的规定，微波消解法测定土壤和沉积物中镉时，方法检出限为________。（ ）

A. 0.09 mg/kg　　B. 0.08 mg/kg　　C. 0.07 mg/kg　　D. 0.06 mg/kg

答案：A

8. 根据《土壤和沉积物 12种金属元素的测定 王水提取-电感耦合等离子体质谱法》（HJ 803—2016），标准曲线的绘制，除以0.5 mol/L硝酸溶液为标准系列的最低浓度点外，还应另制备至少________个浓度点的标准系列。（ ）

A. 4　　B. 5　　C. 6　　D. 7

答案：B

9. 根据《土壤和沉积物 12种金属元素的测定 王水提取－电感耦合等离子体质谱法》（HJ 803—2016）中的规定，平行双样测定结果中，电热板消解测定镍的相对偏差应小于________。（ ）

A. 20% B. 30% C. 35% D. 40%

答案：B

10. 根据《土壤和沉积物 12种金属元素的测定 王水提取－电感耦合等离子体质谱法》（HJ 803—2016）中的规定，微波消解测定12种金属元素的加标回收率应控制在________。（ ）

A. 65%～120% B. 65%～125% C. 70%～120% D. 70%～125%

答案：D

11. 根据《土壤和沉积物 12种金属元素的测定 王水提取－电感耦合等离子体质谱法》（HJ 803—2016）中的规定，每次分析应测定内标的响应强度，试样中内标的响应值应介于标准曲线响应值的________。（ ）

A. 70%～130% B. 75%～135%

C. 80%～130% D. 85%～135%

答案：A

12. 根据《土壤和沉积物 12种金属元素的测定 王水提取－电感耦合等离子体质谱法》（HJ 803—2016）中的规定，测定过程所用载气为________。（ ）

A. 氦气 B. 氢气 C. 氩气 D. 氮气

答案：C

13. 根据《土壤和沉积物 12种金属元素的测定 王水提取－电感耦合等离子体质谱法》（HJ 803—2016）测定土壤和沉积物中某些金属元素时，不可使用的试剂为________。（ ）

A. 优级纯盐酸 B. 优级纯硝酸

C. 优级纯硫酸 D. 去离子水

答案：C

14. 根据《土壤和沉积物 12种金属元素的测定 王水提取－电感耦合等离子体质谱法》（HJ 803—2016）中的规定，制备样品需要用________目筛子。（ ）

A. 20 B. 60 C. 100 D. 200

答案：C

15. 根据《土壤和沉积物 12种金属元素的测定 王水提取－电感耦合等离子体质谱法》（HJ 803—2016）中的规定，制备样品需要用的筛子为________。（ ）

A. 钢筛 B. 铁筛 C. 铜筛 D. 尼龙筛

答案：D

三、问答题

1. 根据《土壤和沉积物 12种金属元素的测定 王水提取－电感耦合等离子体质谱法》（HJ 803—2016）简述质谱干扰主要包括什么。

答案：质谱干扰主要包括多原子离子干扰、同量异位素干扰、氧化物和双电荷离子干扰。

2. 简述《土壤和沉积物　12 种金属元素的测定　王水提取—电感耦合等离子体质谱法》（HJ 803—2016）的方法原理。

答案：土壤和沉积物样品用盐酸/硝酸（王水）混合溶液经电热板或微波消解仪消解后，用电感耦合等离子体质谱仪进行检测。根据元素的质谱图或特征离子进行定性，内标法定量。试样由载气带入雾化系统进行雾化后，目标元素以气溶胶形式进入等离子体的轴向通道，在高温和惰性气体中被充分蒸发、解离、原子化和电离，转化成带电荷的正离子经离子采集系统进入质谱仪，质谱仪根据离子的质荷比进行分离并定性、定量分析。在一定浓度范围内，离子的质荷比所对应的响应值与其浓度成正比。

四、计算题

称取 0.100 0 g 干物质含量为 97.4% 的土壤样品，微波消解测定其中铅元素，稀释 5 倍后由标准曲线所得试样中金属元素的质量浓度为 50.5 μg/L，实验室空白中铅元素的浓度为 0.5 μg/L，消解后试样的定容体积为 50.0 ml，该样品中铅元素的含量为多少？

答案：（50.5−0.5）×5×50/（0.1×0.974）/1 000=128

w_1=128 mg/kg

参考文献

环境保护部. 土壤和沉积物　12 种金属元素的测定　王水提取−电感耦合等离子体质谱法：HJ 803—2016［S］. 北京：中国环境出版集团，2016.

命题：房　硕

审核：闫旭颖

第十四节　土壤和沉积物　铜、锌、铅、镍、铬的测定　火焰原子吸收分光光度法（HJ 491—2019）

一、判断题

1.《土壤和沉积物　铜、锌、铅、镍、铬的测定　火焰原子吸收分光光度法》（HJ 491—2019）方法原理为：土壤和沉积物经酸消解后，试样中铜等待测元素在空气−乙炔火焰中原子化，其基态原子分别对待测元素的特征谱线产生选择性吸收，其吸收强度在一定范围内与待测元素的浓度成正比。（　　）

答案：√

2. 根据《土壤和沉积物　铜、锌、铅、镍、铬的测定　火焰原子吸收分光光度法》（HJ 491—2019）中的规定，分析时应使用符合国家标准的分析纯试剂，实验用水为蒸馏水。（　　）

答案：×

正确答案：分析时应使用符合国家标准的优级纯试剂，实验用水为新制备的去离子水。

3. 根据《土壤和沉积物　铜、锌、铅、镍、铬的测定　火焰原子吸收分光光度法》（HJ 491—2019）中的规定，分析时所用的燃气为乙炔，其纯度应不低于 99.5%。（　　）

答案：√

4. 根据《土壤和沉积物　铜、锌、铅、镍、铬的测定　火焰原子吸收分光光度法》（HJ 491—2019）中的规定，土壤和沉积物样品的分析需要将样品制备成粒径小于 0.15 mm 的颗粒（过 100 目筛）。（　　）

答案：√

5. 常用的试样消解方法包括电热消解法和微波消解法，其中电热消解法又可细分为电热板消解、石墨电热消解等。（　　）

答案：√

6. 根据《土壤和沉积物　铜、锌、铅、镍、铬的测定　火焰原子吸收分光光度法》（HJ 491—2019）中的规定，样品的计算结果应保留 3 位有效数字。（　　）

答案：×

正确答案：当测定结果小于 100 mg/kg 时，应保留至整数位；当测定结果大于或等于 100 mg/kg 时，结果应保留 3 位有效数字。

7. 根据《土壤和沉积物　铜、锌、铅、镍、铬的测定　火焰原子吸收分光光度法》（HJ 491—2019）中的规定，每批样品至少做 2 个实验室空白，空白中待测元素的测定结果应低于方法检出限。（　　）

答案：×

正确答案：空白中锌的测定结果应低于测定下限，其余元素的测定结果应低于方法检出限。

8. 根据《土壤和沉积物　铜、锌、铅、镍、铬的测定　火焰原子吸收分光光度法》（HJ 491—2019）测定土壤和沉积物中铜等元素时，样品消解时只要加入标准规定的酸即可，对各种酸的加入顺序没有明确要求。（　　）

答案：×

正确答案：样品消解时应注意各种酸的加入顺序，并根据实际情况进行补加。

9. 根据《土壤和沉积物　铜、锌、铅、镍、铬的测定　火焰原子吸收分光光度法》（HJ 491—2019）中的规定，空白试样制备时的加酸量要与试样制备时的加酸量保持一致。（　　）

答案：√

10. 根据《土壤和沉积物　铜、锌、铅、镍、铬的测定　火焰原子吸收分光光度法》（HJ 491—2019）测定土壤和沉积物中铜等元素时，若样品基体复杂，可适当提高试样酸度，同时应注意标准曲线的酸度与试样酸度保持一致。（　　）

答案：√

二、单项选择题

1. 根据《土壤和沉积物　铜、锌、铅、镍、铬的测定　火焰原子吸收分光光度法》（HJ 491—2019）中的规定，当取样量为 0.2 g，消解定容体积为 25 ml 时，铜、锌、铅、镍和铬的方法检出限分别为________mg/kg、________mg/kg、________mg/kg、________mg/kg 和________mg/kg。（　　）

A. 1，1，5，2，3　　B. 1，2，5，5，4

C. 1，1，10，3，4　　D. 1，2，5，3，3

答案：C

2. 根据《土壤和沉积物　铜、锌、铅、镍、铬的测定　火焰原子吸收分光光度法》（HJ 491—2019）中的规定，低于________mg/L 的铁对锌的测定无干扰；低于________mg/L 的钾、钠、镁、铁、铝和低于________mg/L 的钙对铅的测定无干扰。（　　）

A. 1 000，2 000，1 000　　B. 2 000，1 000，2 000

C. 500，1 000，500　　D. 1 000，500，2 000

答案：A

3. 根据《土壤和沉积物　铜、锌、铅、镍、铬的测定　火焰原子吸收分光光度法》（HJ 491—2019）中的规定，使用 232.0 nm 作为镍的吸收线时，存在波长相近的镍三线光谱影响，选择________nm 的光谱通带可减少影响。（　　）

A. 0.1　　B. 0.2　　C. 0.3　　D. 0.5

答案：B

4. 根据《土壤和沉积物　铜、锌、铅、镍、铬的测定　火焰原子吸收分光光度法》（HJ 491—2019），在建立待测元素的标准曲线时，可根据仪器灵敏度或试样的浓度调整标准系列范围，至少配制________个浓度点（含零浓度点）。（　　）

A. 4　　B. 5　　C. 6　　D. 8

答案：C

5. 根据《土壤和沉积物　铜、锌、铅、镍、铬的测定　火焰原子吸收分光光度法》（HJ 491—2019）中的规定，每次分析应建立标准曲线，其相关系数应≥____。（　　）

A. 0.99　　B. 0.993　　C. 0.995　　D. 0.999

答案：D

6. 根据《土壤和沉积物　铜、锌、铅、镍、铬的测定　火焰原子吸收分光光度法》（HJ 491—2019）中的规定，每________个样品或每批次分析结束后，需进行标准系列零浓度点和中间浓度点的核查。零浓度点的测定结果应低于方法检出限，中间浓度测定值与标准值的相对误差应在________以内。（　　）

A. 20，±10%　　B. 10，±15%　　C. 20，±15%　　D. 10，±10%

答案：A

7. 根据《土壤和沉积物　铜、锌、铅、镍、铬的测定　火焰原子吸收分光光度法》（HJ 491—2019）中的规定，每________个样品或每批次分析一个平行样，平行样的测定结果相对偏差应≤________。（　　）

A. 20，10%　　B. 10，15%　　C. 20，20%　　D. 10，10%

答案：C

8. 根据《土壤和沉积物　铜、锌、铅、镍、铬的测定　火焰原子吸收分光光度法》（HJ 491—2019）中的规定，每________个样品或每批次应同时测定一个有证标准样品，其测定结果与保证值的相对误差应在________以内。（　　）

A. 20，±10%　　B. 20，±15%　　C. 20，±20%　　D. 10，±10%

答案：B

9. 根据《土壤和沉积物　铜、锌、铅、镍、铬的测定　火焰原子吸收分光光度法》（HJ 491—2019）中的规定，每________个样品或每批次应分析一个基体加标样品，加标回收率应在________之间。（　　）

A. 20，60%～140%　　B. 20，70%～130%

C. 20，80%～120%　　D. 10，80%～120%

答案：C

三、问答题

1. 根据《土壤和沉积物　铜、锌、铅、镍、铬的测定　火焰原子吸收分光光度法》（HJ 491—2019）简述在采用火焰原子吸收分光光度法测定土壤和沉积物中铜、锌、铅、镍、铬元素时，在样品前处理及上机测定时有哪些注意事项。

答案：（1）样品消解时应注意各种酸的加入顺序；

（2）空白试样制备时的加酸量要与试样制备时的加酸量保持一致；

（3）若样品基体复杂，可适当提高试样酸度，同时应注意标准曲线的酸度与试样酸度保持一致；

（4）对于基体复杂的土壤和沉积物样品，测定时需采用仪器背景校正功能。

2. 根据《土壤和沉积物　铜、锌、铅、镍、铬的测定　火焰原子吸收分光光度法》（HJ 491—2019）简述电热板消解方法处理土壤和沉积物样品的过程。

答案：（1）称取 0.2～0.3 g（精确至 0.1 mg）样品于 50 ml 聚四氟乙烯坩埚中，用水润湿后加入 10 ml 盐酸，于通风橱内电热板上 90～100℃加热，使样品初步分解；

（2）待消解液蒸发至剩余约 3 ml 时，加入 9 ml 硝酸，加盖加热至无明显颗粒；

（3）加入 5～8 ml 氢氟酸，开盖，于 120℃加热飞硅 30 min；

（4）稍冷，加入 1 ml 高氯酸，于 150～170℃加热至冒白烟，加热时应经常摇动坩埚；

（5）若坩埚壁上有黑色碳化物，加入 1 ml 高氯酸，加盖，继续加热至黑色碳化物消失，再开盖，加热赶酸至内容物呈不流动的液珠状（趁热观察）；

（6）加入 3 ml 1% 硝酸溶液，温热溶解可溶性残渣，全量转移至 25 ml 容量瓶中，用 1% 硝酸定容至标线，摇匀，保存于聚乙烯瓶中，静置，取上清液待测，于 30 d 内完成分析。

四、计算题

采用《土壤和沉积物　铜、锌、铅、镍、铬的测定　火焰原子吸收分光光度法》（HJ 491—

2019）测定土壤中铜的含量，称取 0.250 5 g 待测样品用于消解，定容体积为 25 ml，上机测定后得到试样中铜的测定结果为 0.812 mg/L，空白试样铜的测定结果为 0.003 mg/L。同时对该试样采用《土壤　干物质和水分的测定　重量法》（HJ 613—2011）进行了土壤水分和干物质的测定，其中带盖容器的质量为 36.98g，带盖容器与风干土壤样品的总质量为 69.32g，烘干恒重后带盖容器与烘干土壤样品的总质量为 68.76g，试计算该土壤样品中铜的含量（以 mg/kg 计）。

答案：该土壤样品中干物质的含量：

$$w_{\mathrm{dm}}=\frac{m_2-m_0}{m_1-m_0}\times 100=\frac{68.76-36.98}{69.32-36.98}\times 100=98.3\%$$

土壤样品中 Cu 的含量：

$$w_{\mathrm{cu}}=\frac{(\rho_i-\rho_0)\times V}{m\times w_{\mathrm{dm}}}=\frac{(0.812-0.003)\times 25}{0.250\,5\times 98.3\%}=82\ \mathrm{mg/kg}$$

土壤样品中铜的含量为 82 mg/kg。

参考文献

［1］生态环境部．土壤和沉积物　铜、锌、铅、镍、铬的测定　火焰原子吸收分光光度法：HJ 491—2019［S］．北京：中国环境出版集团，2019.

［2］生态环境部．土壤　干物质和水分的测定　重量法：HJ 613—2011［S］．北京：中国环境科学出版社，2011.

命题：刘兆莹

审核：陈　维

第十五节　土壤和沉积物　金属元素总量的消解　微波消解法（HJ 832—2017）

一、判断题

1. 微波酸消解的操作过程须在通风橱内进行，应佩戴防护器具，避免接触皮肤和衣物。（　　）

答案：√

2.《土壤和沉积物　金属元素总量的消解　微波消解法》（HJ 832—2017）适用于土壤和沉积物中铜、砷、铅、镍、铬、汞、镉、锌等 17 种金属元素总量的消解，若通过验证，该方法也适用于其他金属元素总量的消解。（　　）

答案：√

3.《土壤和沉积物　金属元素总量的消解　微波消解法》（HJ 832—2017）没有特别要求，分析时均使用符合国家标准的优级纯化学试剂。（　　）

答案：√

4.《土壤和沉积物 金属元素总量的消解 微波消解法》（HJ 832—2017），需定期对磁控管进行维护保养。（ ）

答案：√

5.《土壤环境监测技术规范》（HJ/T 166—2004）中的规定，样品保存时间分析取用后剩余样品一般保留半年，预留样品一般保留 2 年。特殊、珍稀、仲裁、有争议样品一般要永久保存。（ ）

答案：√

6. 按照《土壤环境监测技术规范》（HJ/T 166—2004）和《海洋监测技术规范 第三部分：样品采集、贮存与运输》（GB 17378.3—2007），当用微波消解法测定金属元素总量时，要将采集后的样品在实验室中风干、破碎、保存。（ ）

答案：×

正确答案：采集后的样品应在实验室中风干、破碎、过 0.15 mm（100 目）尼龙筛、保存。

7. 根据《土壤和沉积物 金属元素总量的消解 微波消解法》（HJ 832—2017），样品的消解方法有两种，消解方法一即硝酸、盐酸、氢氟酸体系适用于砷、汞等元素的消解。（ ）

答案：×

正确答案：消解方法一适用于铜、铅、锌、镉、铬、镍等元素的消解。

8. 根据《土壤和沉积物 金属元素总量的消解 微波消解法》（HJ 832—2017）中的规定，消解方法一即硝酸、盐酸、氢氟酸体系在样品消解时，需要在防酸通风橱中操作。（ ）

答案：√

9. 根据《土壤和沉积物 金属元素总量的消解 微波消解法》（HJ 832—2017）中的消解方法一，称取的样品 0.25～0.5 g 置于消解罐中，用少量实验用水润湿，在防酸通风橱中，依次加入 6 ml 盐酸、3 ml 硝酸、2 ml 氢氟酸，使样品和消解液充分混匀。（ ）

答案：×

正确答案：依次加入 6 ml 硝酸、3 ml 盐酸、2 ml 氢氟酸。

10. 根据《土壤和沉积物 金属元素总量的消解 微波消解法》（HJ 832—2017）中的规定，消解时，若有剧烈化学反应，待反应结束后再加盖拧紧。（ ）

答案：√

11.《土壤和沉积物 金属元素总量的消解 微波消解法》（HJ 832—2017）中要求，微波消解后若有黑色残渣，表明碳化合物未被完全消解。（ ）

答案：√

12.《土壤和沉积物 金属元素总量的消解 微波消解法》（HJ 832—2017）中要求，由于土壤、沉积物样品种类多，所含有机质差异较大，微波消解硝酸、盐酸、氢氟酸用量可根据实际情况酌情增加。（ ）

答案：√

13.《土壤和沉积物 金属元素总量的消解 微波消解法》（HJ 832—2017）中要求，样品中所测元素含量低时，可将样品称取量提高到 1 g，微波消解的硝酸、盐酸和氢氟酸用量也应按比例根据实际情况酌情增加，或增加消解次数。（ ）

答案：√

14.《土壤和沉积物 金属元素总量的消解 微波消解法》（HJ 832—2017）中要求，消解后的消解罐可直接打开使用。(　　)

答案：×

正确答案：为避免消解液损失和安全伤害，消解后的消解罐必须冷却至室温才能开盖。

15.《土壤和沉积物 金属元素总量的消解 微波消解法》（HJ 832—2017）中的规定，空白试验的测定结果应小于方法检出限。(　　)

答案：√

16.《土壤和沉积物 金属元素总量的消解 微波消解法》（HJ 832—2017）中的规定，每 20 个样品进行 1 个平行样测定，样品数量少于 20 个时，应至少做 1 个平行双样。(　　)

答案：√

17.《土壤和沉积物 金属元素总量的消解 微波消解法》（HJ 832—2017）中的规定，每 20 个样品应测定 1 个土壤或沉积物有证标准样品或有证标准物质，其测定值在保证值范围内。(　　)

答案：√

18.《土壤和沉积物 金属元素总量的消解 微波消解法》（HJ 832—2017）中的规定，实验所用的器皿需先用洗涤剂洗净，再用盐酸溶液浸泡，使用前再依次用自来水、实验用水洗净，自然干燥。(　　)

答案：×

正确答案：实验所用的器皿需先用洗涤剂洗净，再用硝酸溶液浸泡 24 h。

19.《土壤和沉积物 金属元素总量的消解 微波消解法》（HJ 832—2017）中的规定，若在样品消解过程中，用于样品消解罐内产生压力过大而造成泄压，破坏其封闭系统时，该批次样品消解无效。(　　)

答案：√

20. 根据《土壤和沉积物 金属元素总量的消解 微波消解法》（HJ 832—2017）中的消解方法二消解金属时，应将消解罐中的溶液转移至 25 ml 容量瓶，用少许实验用水洗涤消解罐和盖子后一并倒入容量瓶中，然后定容，混匀，可直接测定。(　　)

答案：×

正确答案：将消解罐中的溶液转移至 25 ml 容量瓶，用少许实验用水洗涤消解罐和盖子后一并倒入容量瓶中然后用实验用水定容至标线，混匀，静止 60 min 取上清液待测。

二、单项选择题

1.《土壤和沉积物 金属元素总量的消解 微波消解法》（HJ 832—2017）中要求采用密闭微波消解装置，能同时进行多个样品的前处理。一般功率为 400～1 600 W，感应温度控制精度为________℃，配备微波消解罐。(　　)

A. ±1　　B. ±1.5　　C. ±2　　D. ±2.5

答案：D

2.《土壤和沉积物 金属元素总量的消解 微波消解法》（HJ 832—2017）标准中要求分析天平

的精度为________g。(　　)

A. 0.01　　B. 0.001　　C. 0.000 1　　D. 0.1

答案：C

3.《土壤和沉积物　金属元素总量的消解　微波消解法》(HJ 832—2017)中要求温控加热设备的温度控制精度为________℃。(　　)

A. ±2　　B. ±3　　C. ±4　　D. ±5

答案：D

4. 按照HJ/T 166和GB 17378.3中的要求，应将采集后的样品在实验室中风干、破碎、过________mm尼龙筛、保存。(　　)

A. 0.01　　B. 0.02　　C. 0.15　　D. 0.35

答案：C

5.《土壤和沉积物　金属元素总量的消解　微波消解法》(HJ 832—2017)中规定，将消解罐中的溶液转移至25 ml容量瓶，用少许实验用水洗涤消解罐和盖子后一并倒入容量瓶中，然后用实验用水定容至标线，混匀，静置________min取上清液待测。(　　)

A. 20　　B. 40　　C. 60　　D. 90

答案：C

6.《土壤和沉积物　金属元素总量的消解　微波消解法》(HJ 832—2017)规定消解方法二中微波消解升温程序的两次升温时间分别为________min________和________min。(　　)

A. 7，10　　B. 5，10　　C. 7，15　　D. 5，15

答案：A

7.《土壤和沉积物　金属元素总量的消解　微波消解法》(HJ 832—2017)规定消解方法二中微波消解升温程序的两次消解保持时间分别为________min________和________min。(　　)

A. 3，10　　B. 5，10　　C. 3，15　　D. 5，15

答案：C

8.《土壤和沉积物　金属元素总量的消解　微波消解法》(HJ 832—2017)规定消解方法一适用于铊、铍、钡、锰、________、________、________、________、________、________、钴、钒元素的消解。(　　)

A. 铜、铅、锌、铬、镉、镍　　B. 铜、铅、锌、铬、镉、硒

C. 砷、铜、铅、锌、铬、镉　　D. 铜、铅、锌、铬、镉、汞

答案：A

9.《土壤和沉积物　金属元素总量的消解　微波消解法》(HJ 832—2017)中的消解方法二适用于________、________、________、________、________元素的消解。(　　)

A. 砷、铋、汞、锑、镍　　B. 砷、铋、汞、锑、硒

C. 砷、铋、汞、锑、镉　　D. 铜、铋、汞、锑、硒

答案：B

10.《土壤和沉积物　金属元素总量的消解　微波消解法》(HJ 832—2017)中的质量保证和质量控制要求空白试验的测定结果应小于________。(　　)

A．方法检出限　　B．方法测定下限

C．仪器检出限　　D．仪器测定下限

答案：A

11.《土壤和沉积物　金属元素总量的消解　微波消解法》（HJ 832—2017）中规定，每________个样品进行________个平行样测定。（　　）

A．10，1　　B．10，2　　C．20，1　　D．20，2

答案：C

12.《土壤和沉积物　金属元素总量的消解　微波消解法》（HJ 832—2017）中规定，当样品数量小于________个时，应至少做________个平行双样。（　　）

A．10，1　　B．10，2　　C．20，1　　D．20，2

答案：C

13.《土壤和沉积物　金属元素总量的消解　微波消解法》（HJ 832—2017）中规定，每________个样品应测定________个土壤或沉积物有证标准样品或有证标准物质，其测定值在保证值范围内。（　　）

A．10，1　　B．10，2　　C．20，1　　D．20，2

答案：C

14.《土壤和沉积物　金属元素总量的消解　微波消解法》（HJ 832—2017）中规定，实验所用的器皿需先用洗涤剂洗净，再用硝酸溶液浸泡________h，使用前再依次用自来水、实验用水洗净，自然干燥。（　　）

A．12　　B．24　　C．36　　D．48

答案：B

15.《土壤和沉积物　金属元素总量的消解　微波消解法》（HJ 832—2017）规定消解方法一中微波消解升温程序中，升温时间分别为________min、________min 和________min。（　　）

A．7、5、5　　B．5、5、5　　C．5、10、10　　D．7、10、10

答案：A

16.《土壤和沉积物　金属元素总量的消解　微波消解法》（HJ 832—2017）规定消解方法一中微波消解升温程序中，保持时间分别为________min、________min 和________min。（　　）

A．3、3、10　　B．3、3、25　　C．5、5、10　　D．5、5、25

答案：B

17.《土壤和沉积物　金属元素总量的消解　微波消解法》（HJ 832—2017）规定消解方法一中微波消解升温程序的消解温度分别为________℃、________℃和________℃。（　　）

A．室温→120；120→160；160→190　　B．室温→120；120→150；150→190

C．室温→120；120→150；150→180　　D．室温→120；120→160；160→180

答案：A

18.《土壤和沉积物　金属元素总量的消解　微波消解法》（HJ 832—2017）规定消解方法二中微波消解升温程序中，消解温度分别为________℃和________℃。（　　）

A．室温→120；120→150　　B．室温→120；120→160

C．室温→120；120→170　　D．室温→120；120→180

答案：D

19. 根据《土壤和沉积物　金属元素总量的消解　微波消解法》（HJ 832—2017）中消解方法一进行消解称取风干、过筛的样品________g置于消解罐中，用少量实验用水湿润。（　　）

A．0.15～0.25　　B．0.25～0.5　　C．0.5～0.75　　D．0.75～0.85

答案：B

20. 根据《土壤和沉积物　金属元素总量的消解　微波消解法》（HJ 832—2017）中所用的试剂除非另有说明，分析时均使用符合国家标准的________化学试剂。（　　）

A．化学纯　　B．分析纯　　C．优级纯　　D．分析纯或优级纯

答案：C

三、问答题

1. 简述微波消解法消解土壤和沉积物中金属元素的方法原理。

答案：土壤或沉积物样品和酸的混合物吸收微波能量后，使酸的氧化反应活性增加，在高温、高压条件下将样品中的金属元素释放到溶液中。

2. 简述微波消解后若有黑色残渣，表明什么？需要怎么处理？

答案：微波消解后若有黑色残渣，表明土壤或沉积物中的碳化物未被完全消解。需要在温控设备上向坩埚中补加2 ml硝酸、1 ml氢氟酸和1 ml高氯酸，在微沸状态下加盖反应30 min，揭盖继续加热至高氯酸白烟冒尽，液体呈黏稠状。上述过程反复进行直至黑色碳化物消失。

3. 简述微波消解方法二的消解步骤。

答案：称取风干、过筛的样品0.25～0.5 g置于消解罐中，用少量实验用水润湿。在防酸通风橱中，依次加入2 ml硝酸、6 ml盐酸，使样品和消解液充分混匀。若发生剧烈的化学反应，待反应结束后再加盖拧紧。将消解罐装入消解罐支架后放入微波消解装置的炉腔中，确认温度传感器和压力传感器工作正常。按升温程序进行微波消解，程序结束后冷却。待罐内温度降至室温后从防酸通风橱中取出消解罐，缓缓泄压放气，打开消解罐盖。将消解罐中的溶液转移至25 ml容量瓶，用少许实验用水洗涤消解罐和盖子后一并倒入容量瓶中，然后用实验用水定容至标线，混匀，静置60 min取上清液待测。

参考文献

［1］环境保护部．土壤和沉积物　金属元素总量的消解　微波消解法：HJ 832—2017［S］．北京：中国环境出版集团，2017.

［2］国家环境保护总局．土壤环境监测技术规范：HJ/T 166—2004［S］．北京：中国环境科学出版社，2004.

命题：高秀佳

审核：胡　帅

第十六节　土壤和沉积物　铊的测定
石墨炉原子吸收分光光度法（HJ 1080—2019）

一、判断题

1.《土壤和沉积物　铊的测定　石墨炉原子吸收分光光度法》（HJ 1080—2019）适用于土壤和沉积物中铊总量的测定。（　　）

答案：√

2. 铊的特征谱线波长是 276.8 nm。（　　）

答案：√

3. 根据《土壤和沉积物　铊的测定　石墨炉原子吸收分光光度法》（HJ 1080—2019）中的规定，当称样量为 0.5 g，定容体积为 50 ml 时，方法检出限为 0.1 mg/kg，测定下限为 0.4 mg/kg。（　　）

答案：√

4. 根据《土壤和沉积物　铊的测定　石墨炉原子吸收分光光度法》（HJ 1080—2019）测定土壤和沉积物中的铊含量时，对铊浓度为 20.0 μg/L 的试样，当氯离子浓度为 50 mg/L 时，测定吸光度下降 30%。（　　）

答案：×

正确答案：当氯离子浓度为 50 mg/L 时，测定吸光度下降 50%。

5. 根据《土壤和沉积物　铊的测定　石墨炉原子吸收分光光度法》（HJ 1080—2019），氯离子对铊的测定产生负干扰。（　　）

答案：√

6. 根据《土壤和沉积物　铊的测定　石墨炉原子吸收分光光度法》（HJ 1080—2019）测定土壤和沉积物中铊含量时，当氯离子浓度低于 1 000 mg/L 时，加入硝酸钯和抗坏血酸基体改进剂可消除干扰。（　　）

答案：√

7. 根据《土壤和沉积物　铊的测定　石墨炉原子吸收分光光度法》（HJ 1080—2019）测定土壤和沉积物中铊含量时，若试样浓度超出标准曲线范围，用纯水稀释后重新测定。（　　）

答案：×

正确答案：若试样浓度超出标准曲线范围，需用 1% 硝酸稀释后重新测定。

8. 根据《土壤和沉积物　铊的测定　石墨炉原子吸收分光光度法》（HJ 1080—2019）测定土壤和沉积物中铊含量时，每批样品至少要做 2 个空白试样，其测定结果应不超过方法检出限。（　　）

答案：√

9. 根据《土壤和沉积物　铊的测定　石墨炉原子吸收分光光度法》（HJ 1080—2019）测定土壤和沉积物中铊含量时，每次分析应建立标准曲线，标准曲线相关系数≥0.995。（　　）

答案：√

10. 根据《土壤和沉积物　铊的测定　石墨炉原子吸收分光光度法》（HJ 1080—2019）测定土壤和沉积物中铊含量时，测定结果小数位数与方法检出限保持一致，最多保留 3 位有效数字。（　　）

答案：√

二、单项选择题

1. 根据《土壤和沉积物　铊的测定　石墨炉原子吸收分光光度法》（HJ 1080—2019）中的规定，当称样量为________g，定容体积为________ml 时，本标准方法检出限为 0.1 mg/kg，测定下限为 0.4 mg/kg。（　　）

A．0.2，25　　B．0.2，50　　C．0.5，25　　D．0.5，50

答案：C

2. 根据《土壤和沉积物　铊的测定　石墨炉原子吸收分光光度法》（HJ 1080—2019）中的规定，当氯离子浓度低于 1 000 mg/L 时，加入________基体改进剂可消除干扰。（　　）

A．硝酸钯和抗坏血酸　　B．硝酸钯　　C．抗坏血酸　　D．磷酸氢二铵

答案：A

3. 根据《土壤和沉积物　铊的测定　石墨炉原子吸收分光光度法》（HJ 1080—2019）测定土壤和沉积物中铊含量时，试样的制备中称样量为________g（精确至 0.1 mg）。（　　）

A．0.1～0.5　　B．0.2　　C．0.5　　D．0.2～0.5

答案：D

4. 根据《土壤和沉积物　铊的测定　石墨炉原子吸收分光光度法》（HJ 1080—2019）测定土壤和沉积物中铊含量时，扣背景方式选择________。（　　）

A．氘灯法　　B．塞曼法　　C．自吸收法　　D．无

答案：B

5. 根据《土壤和沉积物　铊的测定　石墨炉原子吸收分光光度法》（HJ 1080—2019）测定土壤和沉积物中铊含量时，每批样品至少要做________次空白试样，其测定结果应________方法检出限。（　　）

A．1，小于 4 倍检出限　　B．1，不超过

C．2，不超过　　D．2，小于 4 倍检出限

答案：C

6. 根据《土壤和沉积物　铊的测定　石墨炉原子吸收分光光度法》（HJ 1080—2019）测定土壤和沉积物中铊含量时，每次分析应建立标准曲线，标准曲线相关系数≥________。（　　）

A．0.998　　B．0.995　　C．0.999　　D．0.99

答案：B

7. 根据《土壤和沉积物　铊的测定　石墨炉原子吸收分光光度法》（HJ 1080—2019）测定土壤

和沉积物中铊含量时，铊的特征谱线波长是________nm。(　　)

A．283.3　　B．324.8　　C．276.8　　D．213.9

答案：C

8. 根据《土壤和沉积物　铊的测定　石墨炉原子吸收分光光度法》(HJ 1080—2019) 测定土壤和沉积物中铊含量时，每 20 个样品或每批样品（少于 20 个样品 / 批）测定 1 个平行样，平行样测定结果的相对偏差应≤________。(　　)

A．10%　　B．15%　　C．20%　　D．25%

答案：D

三、问答题

简述《土壤和沉积物　铊的测定　石墨炉原子吸收分光光度法》(HJ 1080—2019) 的方法原理。

答案：土壤和沉积物样品经消解后，注入石墨炉原子化器中，铊及其化合物形成基态原子，对特征谱线 (276.8 nm) 产生选择性吸收，其吸收强度在一定范围内与铊的含量成正比。

参考文献

生态环境部 . 土壤和沉积物　铊的测定　石墨炉原子吸收分光光度法：HJ 1080—2019 [S] . 北京：中国环境出版集团，2019.

命题：陈　维
审核：刘兆莹

第十七节　土壤　氰化物和总氰化物的测定　分光光度法 (HJ 745—2015)

一、判断题

1. 氢氰酸和氰化物属于剧毒物质。在酸性溶液中，剧毒的氢氰酸气体会挥发出来。(　　)

答案：√

2.《土壤　氰化物和总氰化物的测定　分光光度法》(HJ 745—2015) 适用于土壤中氰化物和总氰化物的测定。(　　)

答案：√

3. 根据《土壤　氰化物和总氰化物的测定　分光光度法》(HJ 745—2015) 中的定义，氰化物是指在 pH=3 介质中，硝酸锌存在下，加热蒸馏能形成氰化氢的氰化物，包括全部简单氰化物（多为碱金属和碱土金属的氰化物）和锌氰络合物，不包括铁氰化物、亚铁氰化物、铜氰络合物、镍氰

络合物和钴氰络合物。（　　）

答案：×

正确答案：在 pH=4 介质中。

4. 根据《土壤　氰化物和总氰化物的测定　分光光度法》（HJ 745—2015）中的定义，总氰化物是指在 pH＜3 的盐酸介质中，二价锡和二价铜存在下，加热蒸馏能形成氰化氢的氰化物，包括全部简单氰化物（多为碱金属和碱土金属的氰化物，铵的氰化物）和绝大部分络合氰化物。（　　）

答案：×

正确答案：在 pH＜2 的磷酸介质中。

5. 根据《土壤　氰化物和总氰化物的测定　分光光度法》（HJ 745—2015）中的规定，样品采集后用可密封的聚乙烯或玻璃容器在 4℃左右冷藏保存，样品要充满容器，并在采集后 24 h 内完成样品分析。（　　）

答案：×

正确答案：采集后在 48 h 内完成样品分析。

6. 根据《土壤　氰化物和总氰化物的测定　分光光度法》（HJ 745—2015）测定土壤中氰化物和总氰化物含量时，当样品量为 10 g，异烟酸－巴比妥酸分光光度法的检出限为 0.1 mg/kg，测定下限为 0.04 mg/kg。（　　）

答案：×

正确答案：异烟酸－巴比妥酸分光光度法的检出限为 0.01 mg/kg。

7. 根据《土壤　氰化物和总氰化物的测定　分光光度法》（HJ 745—2015）测定土壤中氰化物和总氰化物含量时，当样品量为 10 g 时，异烟酸－吡唑啉酮分光光度法的检出限为 0.04 mg/kg，测定下限为 0.16 mg/kg。（　　）

答案：√

8. 根据《土壤　氰化物和总氰化物的测定　分光光度法》（HJ 745—2015）测定土壤中氰化物和总氰化物含量时，氯化亚锡溶液的配制方法为，称取 5.0 g 二水合氯化亚锡溶于 50 ml 盐酸溶液中，用水稀释至 100 ml，临用时现配。（　　）

答案：×

正确答案：称取 5.0 g 二水合氯化亚锡溶于 40 ml 盐酸溶液中。

9. 根据《土壤　氰化物和总氰化物的测定　分光光度法》（HJ 745—2015）测定土壤中氰化物和总氰化物含量时，氯胺 -T 溶液的配制方法为，称取 1.0 g 氯胺 T 溶于水中，稀释至 100 ml，摇匀，贮存于透明瓶中，临用时现配。（　　）

答案：×

正确答案：贮存于棕色瓶中。

10. 根据《土壤　氰化物和总氰化物的测定　分光光度法》（HJ 745—2015）配制磷酸二氢钾溶液的方法为，称取 136.1 g 无水磷酸二氢钾溶于水中，加入 2.0 ml 冰乙酸，用水稀释至 1 000 ml，摇匀。（　　）

答案：√

11. 根据《土壤　氰化物和总氰化物的测定　分光光度法》（HJ 745—2015）中的规定，当测定

结果小于 1 mg/kg，保留小数点后 2 位；当测定结果大于等于 1 mg/kg，保留 2 位有效数字。（　　）

答案：×

正确答案：当测定结果大于等于 1 mg/kg，保留 3 位有效数字。

12. 根据《土壤　氰化物和总氰化物的测定　分光光度法》（HJ 745—2015）中的规定，实验室中产生的废液应集中收集，并进行明显标识，如“有毒废液（氰化物）”，委托有资质的单位处置。（　　）

答案：√

13. 根据《土壤　氰化物和总氰化物的测定　分光光度法》（HJ 745—2015）测定土壤中氰化物含量时，在氰化物试样制备过程中，蒸馏或吸收装置发生漏气导致氰化氢挥发，将使氰化物分析产生误差且污染实验室环境，所以在蒸馏过程中一定要时刻检查蒸馏装置的气密性。（　　）

答案：√

14. 根据《土壤　氰化物和总氰化物的测定　分光光度法》（HJ 745—2015）测定土壤中氰化物含量时，在氰化物试样制备的蒸馏过程中，馏出液导管下端务必要插入吸收液液面下，是为了使氰化氢吸收完全。（　　）

答案：√

15. 根据《土壤　氰化物和总氰化物的测定　分光光度法》（HJ 745—2015）测定土壤中氰化物含量时，氰化物易挥发，因此在异烟酸－巴比妥酸分光光度法和异烟酸－吡唑啉酮分光光度法测定氰化物时的每一步操作都要迅速，并随时盖紧瓶盖。（　　）

答案：√

二、单项选择题

1.《土壤　氰化物和总氰化物的测定　分光光度法》（HJ 745—2015）中异烟酸－吡唑啉酮溶液的配制方法为，将吡唑啉酮溶液和异烟酸溶液________混合，临用时现配。（　　）

A. 1∶3　　B. 1∶5　　C. 1∶7　　D. 1∶10

答案：B

2. 根据《土壤　氰化物和总氰化物的测定　分光光度法》（HJ 745—2015）中的规定，氰化物试样制备时，在加入水、氢氧化钠溶液和硝酸锌溶液摇匀后，迅速加入________ml 酒石酸溶液，立即盖塞。（　　）

A. 3.0　　B. 4.0　　C. 5.0　　D. 10

答案：C

3. 根据《土壤　氰化物和总氰化物的测定　分光光度法》（HJ 745—2015）中的规定，总氰化物试样制备时，在打开电磁炉后，由低档逐渐升高，馏出液以________ml/min 速度进行蒸馏。（　　）

A. 2～3　　B. 2～4　　C. 2～5　　D. 2～6

答案：B

4. 根据《土壤　氰化物和总氰化物的测定　分光光度法》（HJ 745—2015）中的规定，总氰化物试样制备时，将蒸馏瓶内试样蒸馏至近________ml 时，停止蒸馏。（　　）

A. 50　　B. 80　　C. 100　　D. 120

答案：C

5. 根据《土壤　氰化物和总氰化物的测定　分光光度法》（HJ 745—2015）中的规定，每批样品应做 10% 的平行样分析，氰化物的相对偏差应小于________。（　　）

A．20%　　B．25%　　C．30%　　D．35%

答案：B

6. 根据《土壤　氰化物和总氰化物的测定　分光光度法》（HJ 745—2015）中的规定，每批样品应做一个中间校核点，其测定值与校准曲线相应点浓度的相对偏差应不超过________。（　　）

A．3%　　B．5%　　C．7%　　D．9%

答案：B

7. 根据《土壤　氰化物和总氰化物的测定　分光光度法》（HJ 745—2015）测定土壤中氰化物时，试料中酚的含量低于________mg/L 时不影响氰化物的测定。（　　）

A．300　　B．400　　C．500　　D．600

答案：C

8. 根据《土壤　氰化物和总氰化物的测定　分光光度法》（HJ 745—2015）配制异烟酸溶液时，称取 1.5 g 异烟酸溶于 25 ml 氢氧化钠溶液中，加水稀释定容至________ml。（　　）

A．100　　B．200　　C．300　　D．400

答案：A

9. 根据《土壤　氰化物和总氰化物的测定　分光光度法》（HJ 745—2015）测定土壤中氰化物时，氰离子在弱酸性条件下与氯胺 -T 反应生成氯化氢，然后与异烟酸反应，经水解后生成戊烯二醛，最后与巴比妥酸反应生成________化合物。（　　）

A．黄绿色　　B．红褐色　　C．紫蓝色　　D．黑色

答案：C

10. 根据《土壤　氰化物和总氰化物的测定　分光光度法》（HJ 745—2015）测定土壤中氰化物时，氰离子在中性条件下与氯胺 -T 反应生成氯化氢，然后与异烟酸反应，经水解后生成戊烯二醛，最后与吡唑啉酮反应生成________染料。（　　）

A．蓝色　　B．红色　　C．绿色　　D．黑色

答案：A

三、问答题

1. 根据《土壤　氰化物和总氰化物的测定　分光光度法》（HJ 745—2015）简述测定土壤中氰化物和总氰化物的方法原理。

答案：（1）异烟酸 - 巴比妥酸分光光度法

试样中的氰离子在弱酸性条件下与氯胺 -T 反应生成氯化氰，然后与异烟酸反应，经水解后生成戊烯二醛，最后与巴比妥酸反应生成紫蓝色化合物，该物质在 600 nm 波长处有最大吸收。

（2）异烟酸 - 吡唑啉酮分光光度法

试样中的氰离子在中性条件下与氯胺 -T 反应生成氯化氰，然后与异烟酸反应，经水解后生成戊烯二醛，最后与吡唑啉酮反应生成蓝色染料，该物质在 638 nm 波长处有最大吸收。

2. 根据《土壤　氰化物和总氰化物的测定　分光光度法》（HJ 745—2015）简述测定土壤中氰化物和总氰化物时存在的干扰以及如何消除。

答案：（1）当试样微粒不能完全在水中均匀分散，而是积聚在试剂－空气表面或试剂－玻璃器壁界面时，将导致准确度和精密度降低，可在蒸馏前加 5 ml 乙醇以消除影响；

（2）试样中存在硫化物会干扰测定，蒸馏时加入的硫酸铜可以抑制硫化物的干扰；

（3）试料中酚的含量低于 500 mg/L 时不影响氰化物的测定；

（4）油脂类的干扰可在显色前加入十二烷基硫酸钠予以消除。

四、计算题

用异烟酸－巴比妥酸分光光度法测定土壤中氰化物，称取样品质量 10.0 g，其中样品中干物质含量为 98%，试样 A 的体积为 100.0 ml，从试样 A 中吸取 10.0 ml 试料 A 与 25 ml 具塞比色管中进行实验。已知校准曲线截距 a=0.003，校准曲线斜率为 0.164，试料 A 的吸光度 A=0.034，空白试料 B 的吸光度 B=0.001，求土壤中氰化物的含量。

答案： $\omega=\dfrac{(A-A_0-a)\times V_1}{b\times m\times w_{\mathrm{dm}}\times V_2}=\dfrac{(0.034-0.001-0.003)\times 100}{0.164\times 10\times 98\%\times 10}=0.19(\mathrm{mg/kg})$

参考文献

环境保护部．土壤　氰化物和总氰化物的测定　分光光度法：HJ 745—2015［S］．北京：中国环境出版集团，2015.

命题：王宇飞

审核：徐　萍

第十八节　土壤和沉积物　有机磷类和拟除虫菊酯类等 47 种农药的测定　气相色谱－质谱法（HJ 1023—2019）

一、判断题

1. 六六六可根据《土壤和沉积物　有机磷类和拟除虫菊酯类等 47 种农药的测定　气相色谱－质谱法》（HJ 1023—2019）进行测定。（　　）

答案： ×

正确答案： 本标准 47 种农药中不包含六六六。

2. 根据《土壤和沉积物　有机磷类和拟除虫菊酯类等 47 种农药的测定　气相色谱－质谱法》（HJ 1023—2019）适用于土壤和沉积物中有机磷类和拟除虫菊酯类等 47 种农药的测定。（　　）

答案： √

3. 根据《土壤和沉积物　有机磷类和拟除虫菊酯类等 47 种农药的测定　气相色谱－质谱法》（HJ 1023—2019）测定土壤中的农药，当取样量为 20.0 g，定容体积为 1.0 ml 时，选择离子扫描定量时，方法检出限为 0.2～0.8 mg/kg，测定下限为 0.8～3.2 mg/kg。（　　）

答案： ×

正确答案： 根据《土壤和沉积物　有机磷类和拟除虫菊酯类等 47 种农药的测定　气相色谱－质谱法》（HJ 1023—2019），本标准方法取样量为 10.0 g，定容体积为 1.0 ml 时，选择离子扫描定量时，方法检出限为 0.2～0.8 mg/kg，测定下限为 0.8～3.2 mg/kg。

4. 根据《土壤和沉积物　有机磷类和拟除虫菊酯类等 47 种农药的测定　气相色谱－质谱法》（HJ 1023—2019）中的规定，河流、湖泊、海洋沉积物样品的采集按照 HJ 494 的相关规定进行。（　　）

答案： ×

正确答案： 根据《土壤和沉积物　有机磷类和拟除虫菊酯类等 47 种农药的测定　气相色谱－质谱法》（HJ 1023—2019），按照 HJ 494 的相关规定进行河流、湖泊沉积物样品的采集，按照 GB 17378.3 的相关规定进行海洋沉积物样品的采集。

5. 根据《土壤和沉积物　有机磷类和拟除虫菊酯类等 47 种农药的测定　气相色谱－质谱法》（HJ 1023—2019）中的规定，如果样品不能及时分析，4℃以下冷藏、避光保存，保存时间不超过 7 d。

答案： √

6. 根据《土壤和沉积物　有机磷类和拟除虫菊酯类等 47 种农药的测定　气相色谱－质谱法》（HJ 1023—2019）中的规定，采集的样品应在 −18℃以下冷藏、避光保存，有机磷农药保存时间不超过 7 d，拟除虫菊酯类农药保存时间不超过 7 d。（　　）

答案： ×

正确答案： 根据《土壤和沉积物　有机磷类和拟除虫菊酯类等 47 种农药的测定　气相色谱－质谱法》（HJ 1023—2019），采集的样品应在 −18℃以下冷藏、避光保存，有机磷农药保存时间不超过 7 d，拟除虫菊酯类农药保存时间不超过 30 d。

7. 根据《土壤和沉积物　有机磷类和拟除虫菊酯类等 47 种农药的测定　气相色谱－质谱法》（HJ 1023—2019）测定样品时，如样品水分含量较高，应先用冷冻干燥仪干燥。（　　）

答案： √

8. 根据《土壤和沉积物　有机磷类和拟除虫菊酯类等 47 种农药的测定　气相色谱－质谱法》（HJ 1023—2019）中的规定，同时称取两份约 20 g（精确至 0.01 g）的样品。土壤样品一份用于干物质含量的测定，另一份用于提取。（　　）

答案： ×

正确答案： 根据《土壤和沉积物　有机磷类和拟除虫菊酯类等 47 种农药的测定　气相色谱－质谱法》（HJ 1023—2019），同时称取两份约 10 g（精确至 0.01 g）的样品。土壤样品一份用于干物质含量的测定，另一份用于提取。

9. 根据《土壤和沉积物　有机磷类和拟除虫菊酯类等 47 种农药的测定　气相色谱－质谱法》（HJ 1023—2019）中的规定，使用索式提取时，加入无水硅酸镁将样品干燥拌匀呈流砂状，备用。（　　）

答案：×

正确答案：根据《土壤和沉积物 有机磷类和拟除虫菊酯类等47种农药的测定 气相色谱-质谱法》（HJ 1023—2019）中的规定，使用索式提取时，加入无水硫酸钠将样品干燥拌匀呈流砂状，备用。

10. 根据《土壤和沉积物 有机磷类和拟除虫菊酯类等47种农药的测定 气相色谱-质谱法》（HJ 1023—2019）中的规定，使用加压流体萃取法提取时，加适量硅藻土于萃取池中。沉积物样品一份用于测定含水率；另一份用于提取，提取方法参照土壤样品。（ ）

答案：√

二、单项选择题

1. 根据《土壤和沉积物 有机磷类和拟除虫菊酯类等47种农药的测定 气相色谱-质谱法》（HJ 1023—2019）中的规定，将样品全部转移至索氏提取器的提取杯中，用________ml的正己烷-丙酮混合液提取________h。（ ）

A. 100，4　　B. 100，8　　C. 200，4　　D. 200，8

答案：D

2. 根据《土壤和沉积物 有机磷类和拟除虫菊酯类等47种农药的测定 气相色谱-质谱法》（HJ 1023—2019）中的规定，索氏提取的提取液应浓缩定容至________ml，待净化。（ ）

A. 1　　B. 2　　C. 5　　D. 10

答案：C

3. 根据《土壤和沉积物 有机磷类和拟除虫菊酯类等47种农药的测定 气相色谱-质谱法》（HJ 1023—2019）中的规定，加压流体萃取的样品提取液在4℃以下冷藏、避光，密封保存，________d内完成分析。（ ）

A. 10　　B. 30　　C. 40　　D. 50

答案：B

4. 根据《土壤和沉积物 有机磷类和拟除虫菊酯类等47种农药的测定 气相色谱-质谱法》（HJ 1023—2019）中的规定，提取的样品继续浓缩至________ml用于固相萃取柱净化，净化后收集的淋洗液浓缩至1 ml以下，加入内标溶液，定容至________ml，待分析。（ ）

A. 2.0，1.0　　B. 1.0，1.0　　C. 2.0，2.0　　D. 1.0，2.0

答案：B

5. 根据《土壤和沉积物 有机磷类和拟除虫菊酯类等47种农药的测定 气相色谱-质谱法》（HJ 1023—2019）中的规定，样品中目标化合物的辅助定性离子与定量离子丰度比与标准溶液中辅助定性离子与定量离子丰度比相对偏差应在±________以内。（ ）

A. 5%　　B. 10%　　C. 20%　　D. 30%

答案：D

6. 根据《土壤和沉积物 有机磷类和拟除虫菊酯类等47种农药的测定 气相色谱-质谱法》（HJ 1023—2019）中的规定，每20个样品或每批次（≤20个样品/批）应至少做________空白测定，结果应________方法检出限。（ ）

A．1 次，小于等于　　B．1 次，小于

C．2 次，小于　　D．2 次，小于等于

答案：B

7. 根据《土壤和沉积物　有机磷类和拟除虫菊酯类等 47 种农药的测定　气相色谱－质谱法》（HJ 1023—2019）中的规定，校准曲线中目标化合物相对响应因子的相对标准偏差应小于等于________。（　　）

A．5%　　B．10%　　C．20%　　D．30%

答案：C

8. 根据《土壤和沉积物　有机磷类和拟除虫菊酯类等 47 种农药的测定　气相色谱－质谱法》（HJ 1023—2019）中的规定，每 20 个样品或每批次（≤20 个样品 / 批）应至少测定 1 个基体加标，加标回收率在________。（　　）

A．60%～130%　　B．55%～140%

C．80%～120%　　D．90%～110%

答案：B

9. 根据《土壤和沉积物　有机磷类和拟除虫菊酯类等 47 种农药的测定　气相色谱－质谱法》（HJ 1023—2019）中的规定，每 20 个样品或每批次（≤20 个样品 / 批）应至少测定 1 个平行双样，平行双样的测定结果相对偏差应小于等于________。（　　）

A．10%　　B．15%　　C．25%　　D．30%

答案：D

三、问答题

简述《土壤和沉积物　有机磷类和拟除虫菊酯类等 47 种农药的测定　气相色谱－质谱法》（HJ 1023—2019）的方法原理。

答案：土壤和沉积物中的有机磷类和拟除虫菊酯类农药，用正己烷－丙酮混合溶剂提取，提取液经净化、浓缩、定容后，用气相色谱分离，质谱检测。根据保留时间、碎片离子质荷比及其丰度比定性，内标法定量。

参考文献

生态环境部 . 土壤和沉积物　有机磷类和拟除虫菊酯类等 47 种农药的测定　气相色谱－质谱法：HJ 1023—2019［S］. 北京：中国环境出版集团，2019.

命题：王小菊

审核：丁萌萌

第十九节　土壤　石油类的测定　红外分光光度法（HJ 1051—2019）

一、判断题

1. 根据《土壤　石油类的测定　红外分光光度法》（HJ 1051—2019）测定土壤中石油类时，无水硫酸钠应置于马弗炉内 480℃加热 4 h，稍冷后置于磨口玻璃瓶中，置于干燥器内贮存。（　　）

答案：×

正确答案：无水硫酸钠应置于马弗炉内 450℃加热 4 h，稍冷后置于磨口玻璃瓶中，置于干燥器内贮存。

2. 根据《土壤　石油类的测定　红外分光光度法》（HJ 1051—2019）测定土壤中石油类时，使用玻璃纤维滤膜前，应置于烘箱内 180℃烘烤 4 h，稍冷后置于干燥器内贮存。（　　）

答案：×

正确答案：置于马弗炉内 450℃烘烤 4 h。

3.《土壤　石油类的测定　红外分光光度法》（HJ 1051—2019）中规定，玻璃棉使用前，应使用四氯乙烯浸泡洗涤，晾干备用。（　　）

答案：√

4.《土壤　石油类的测定　红外分光光度法》（HJ 1051—2019）中规定，四氯乙烯须避光保存，使用前摇匀后即可直接使用。（　　）

答案：×

正确答案：四氯乙烯须进行品质检验和判定，确认符合要求后方可使用。

5.《土壤　石油类的测定　红外分光光度法》（HJ 1051—2019）中所使用的四氯乙烯对人体健康有害，标准溶液配制、样品制备以及测定过程应在通风橱内进行，操作时应按规定要求佩戴防护器具，避免接触皮肤和衣物。（　　）

答案：√

6.《土壤　石油类的测定　红外分光光度法》（HJ 1051—2019）中石油类是指能被四氯乙烯萃取且被碳酸镁吸附的物质。（　　）

答案：×

正确答案：是指能够被四氯乙烯提取且不被硅酸镁吸附，在波数为 2 930 cm^{-1}、2 960 cm^{-1}、3 030 cm^{-1} 全部或部分谱带处有特征吸收的物质。

7.《土壤　石油类的测定　红外分光光度法》（HJ 1051—2019）中规定，石英砂烘烤后，稍冷后应置于细口玻璃瓶中。（　　）

答案：×

正确答案：稍冷后置于磨口玻璃瓶中。

8.《土壤　石油类的测定　红外分光光度法》（HJ 1051—2019）中规定，当采集的样品中存在

树叶、石子等时，应将其与样品混匀，研磨化呈流沙状。（　　）

答案：×

正确答案：应除去样品中的异物（石子、叶片等），混匀。称取 10 g 样品，加入适量无水硫酸钠，研磨均化呈流沙状，转移至具塞锥形瓶。

9.《土壤　石油类的测定　红外分光光度法》（HJ 1051—2019）中规定，实验中产生的废物应分类收集，并做好相应标识，委托有资质的单位进行处理。

答案：√

10.《土壤　石油类的测定　红外分光光度法》（HJ 1051—2019）中规定，每批样品均应进行校正系数的检验。

答案：√

二、单项选择题

1. 根据《土壤　石油类的测定　红外分光光度法》（HJ 1051—2019）测定土壤中石油类时，每 20 个样品或每批次（≤20 个样品 / 批）样品应测定一个基体加标样品，加标回收率应控制在________。（　　）

A．80%～110%　　B．70%～110%　　C．80%～115%　　D．70%～115%

答案：B

2. 根据《土壤　石油类的测定　红外分光光度法》（HJ 1051—2019）测定土壤中石油类时，当取样量为 10 g，提取液体积为 50 ml，使用 40 mm 石英比色皿时，方法检出限为________，测定下限为________。（　　）

A．4 mg/kg，16 mg/kg　　B．2 mg/kg，16 mg/kg

C．4 mg/kg，8 mg/kg　　D．2 mg/kg，8 mg/kg

答案：A

3. 根据《土壤　石油类的测定　红外分光光度法》（HJ 1051—2019）中的规定，按照 HJ/T 166 的相关要求进行样品的采集和保存。样品若暂时不分析，应在________以下冷藏保存，保存时间为________。（　　）

A．0℃，7 d　　B．4℃，7 d　　C．0℃，3 d　　D．4℃，3 d

答案：B

4. 根据《土壤　石油类的测定　红外分光光度法》（HJ 1051—2019）中的规定，按照 HJ 613 对干物质和水分的相关测量要求，恒重指样品烘干后，再以________烘干时间间隔对冷却后的样品进行两次连续称重，前后差值不超过最终测定质量的________，此时的重量即为恒重。（　　）

A．2 h，0.1%　　B．2 h，0.2%　　C．4 h，0.2%　　D．4 h，0.1%

答案：D

5. 根据《土壤　石油类的测定　红外分光光度法》（HJ 1051—2019）中的规定，无水硫酸钠应置于马弗炉内________℃加热 4 h，稍冷后置于磨口玻璃瓶中，置于干燥器内贮存。（　　）

A．150℃　　B．300℃　　C．450℃　　D．480℃

答案：C

6.《土壤 石油类的测定 红外分光光度法》（HJ 1051—2019）中规定，石油类是指能够被四氯乙烯提取且不被________吸附，在波数为 2 930 cm^{-1}、2 960 cm^{-1}、3 030 cm^{-1} 全部或部分谱带处有特征吸收的物质。（ ）

A．硅酸镁 B．碳酸镁 C．硅酸铝 D．碳酸氢钠

答案：A

7.《土壤 石油类的测定 红外分光光度法》（HJ 1051—2019）中规定，每________个样品应测定一个基体加标样品。（ ）

A．10 B．12 C．15 D．20

答案：D

8.《土壤 石油类的测定 红外分光光度法》（HJ 1051—2019）中提到的干物质含量是指土壤中干残留物的________百分比。（ ）

A．质量 B．重量 C．浓度 D．数量

答案：A

9. 红外分光光度法属于（ ）。

A．原子光谱法 B．分子光谱法 C．电子光谱法 D．离子光谱法

答案：B

10.《土壤 石油类的测定 红外分光光度法》（HJ 1051—2019）中使用的玻璃纤维滤膜直径为（ ）mm。

A．40 B．50 C．60 D．70

答案：C

三、填空题

1. 根据《土壤 石油类的测定 红外分光光度法》（HJ 1051—2019）测定土壤中石油类时，四氯乙烯以干燥 40 mm 空石英比色皿为参比，在波数 2 930 cm^{-1}、2 960 cm^{-1} 和 3 030 cm^{-1} 处吸光度应分别不超过________、________、________。

答案：0.34；007；0.00

2. 根据《土壤 石油类的测定 红外分光光度法》（HJ 1051—2019），取硅酸镁于瓷蒸发皿中，置于马弗炉内 450℃加热________h，稍冷后移入干燥器中冷却至________，置于________玻璃瓶中保存。使用时，称取适量的硅酸镁，根据硅酸镁的质量，按________比例加入适量的蒸馏水，密塞并充分振荡后，放置________h 后使用。

答案：4；室温；磨口；6%（m/m）；12

3. 根据《土壤 石油类的测定 红外分光光度法》（HJ 1051—2019）中的规定，制备样品时称取 10 g（精确至________g）样品，加入适量________，研磨均化呈流沙状，转移至具塞锥形瓶中。

答案：0.01；无水硫酸钠

4. 根据《土壤 石油类的测定 红外分光光度法》（HJ 1051—2019）中的规定，如土壤样品中石油类含量过高，可适当________重复提取次数。

答案：增加

5. 根据《土壤　石油类的测定　红外分光光度法》（HJ 1051—2019）测定土壤中石油类时，测定结果小数点后位数的保留与________一致，最多保留________位有效数字。

答案：方法检出限；3

6. 根据《土壤　石油类的测定　红外分光光度法》（HJ 1051—2019）测定土壤中石油类时，每 20 个样品或每批次（≤20 个样品 / 批）样品应测定________平行样品，平行样的相对偏差应________。

答案：1 个；≤30%

7. 根据《土壤　石油类的测定　红外分光光度法》（HJ 1051—2019）测定土壤中石油类时，校正系数检验过程中，测定值与标准值的相对误差在________以内，则校正系数可采用。

答案：±10%

8. 根据 HJ/T 166 土壤环境监测技术规范要求，采集的样品在运输过程中严防样品的损失、________和________。

答案：混淆；沾污

9. 根据 HJ/T 166 土壤环境监测技术规范，土壤制备室要________良好、整洁、无尘且无________化学物质。

答案：通风；易挥发性

四、问答题

1. 请简述《土壤　石油类的测定　红外分光光度法》（HJ 1051—2019）方法原理。

答案：土壤用四氯乙烯提取，提取液经硅酸镁吸附，除去动植物油等极性物质后，测定石油类。石油类的含量由波数分别为 2 930 cm^{-1}（CH_2 基团中 C—H 键的伸缩振动）、2 960 cm^{-1}（CH_3 基团中 C—H 键的伸缩振动）和 3 030 cm^{-1}（芳香环中 C—H 键的伸缩振动）处的吸光度 A_{2930}、A_{2960} 和 A_{3030}，根据校正系数进行计算。

2. 请简述《土壤　石油类的测定　红外分光光度法》（HJ 1051—2019）中的注意事项。

答案：（1）同一批样品测定所使用的四氯乙烯应来自同一瓶，如样品数量多，可将多瓶四氯乙烯混合均匀后使用；

（2）样品制备间应清洁、无污染，样品制备过程中应远离有机气体，使用的所有工具都应进行彻底清洗，防止交叉污染。

3. 请简述四氯乙烯的储存要求。

答案：（1）储存于阴凉、通风的库房；

（2）应与碱类、活性金属粉末、碱金属、食用化学品分开存放，切忌混储；

（3）远离火源、热种配备相应品种和数量的消防器材；

（4）储区应备有泄漏应急处理设备和合适的收容材料；

（5）包装要求密封，不可与空气接触。

参考文献

［1］生态环境部．土壤　石油类的测定　红外分光光度法：HJ 1051—2019［S］．北京：中国环境出

版集团，2019.
［2］环境保护部 . 土壤　干物质和水分的测定　重量法：HJ 613—2011［S］. 北京：中国环境科学出版社，2011.
［3］国家环境保护总局 . 土壤环境监测技术规范：HJ/T 166—2004［S］. 北京：中国环境科学出版社，2004.

命题：刘佳兴
审核：王丽丽

第四章

固体废物

第一节 工业固体废物采样制样技术规范（HJ/T 20—1998）

一、判断题

1. 根据《工业固体废物采样制样技术规范》（HJ/T 20—1998）中的规定，采集第一个份样时，不可在第一间隔的起点开始，可在第一间隔内随机确定。（　　）

答案：√

2. 根据《工业固体废物采样制样技术规范》（HJ/T 20—1998）中的规定，对于粉末状，小颗粒的工业固体废物，可按垂直方向、一定深度的部位确定采样点。（　　）

答案：√

3. 根据《工业固体废物采样制样技术规范》（HJ/T 20—1998）中的规定，当一批工业固体废物由许多车、桶、箱、袋等容器盛装时，由于各容器件比较分散，所以要分阶段采样。（　　）

答案：√

4.《工业固体废物采样制样技术规范》（HJ/T 20—1998）中规定，在运送带上或落口处采集工业固体废物份样时，需截取废物流的半面积。（　　）

答案：×

正确答案：需截取废物流的全截面。

5. 根据《工业固体废物采样制样技术规范》（HJ/T 20—1998）中的规定，工业固体废物的粒度越大，均匀性越差，份样量就应越多，它大致与废物的最大粒度直径某次方成正比，与废物不均匀性程度成反比。（　　）

答案：×

正确答案：工业固体废物的粒度越大，均匀性越差，份样量就应越多，它大致与废物的最大粒度直径某次方成正比，与废物不均匀性程度成正比。

6. 根据《工业固体废物采样制样技术规范》（HJ/T 20—1998）中的规定，对于要撤销的工业固体废物样品不许随意丢弃，应送回原采样处或处置场所。（　　）

答案：√

7. 根据《工业固体废物采样制样技术规范》（HJ/T 20—1998）中的规定，制样过程中要防止待制工业固体废物受到交叉污染、发生变质和样品损失。（　　）

答案：√

8.《工业固体废物采样制样技术规范》（HJ/T 20—1998）中规定，有容器包装的液态废物属于固体废物。（　　）

答案：√

9. 根据《工业固体废物采样制样技术规范》（HJ/T 20—1998）中的规定，工业固体废物是指在

工业、交通等生产活动中产生的固体废物。（ ）

答案：√

10.《工业固体废物采样制样技术规范》（HJ/T 20—1998）中规定，工业固体废物样品采集时，大样指的是由一批的全部份样或全部小样或将其逐个进行粉碎和缩分后组成的样品。（ ）

答案：√

11.《工业固体废物采样制样技术规范》（HJ/T 20—1998）中采样的基本目的是：从一批工业固体废物中采集具有代表性的样品，通过试验和分析，获得在允许误差范围内的数据。（ ）

答案：√

12. 根据《工业固体废物采样制样技术规范》（HJ/T 20—1998）中的规定，每份样品保存量至少应为试验和分析用量的 2 倍。（ ）

答案：×

正确答案：每份样品保存量至少应为试验和分析用量的 3 倍。

13. 根据《工业固体废物采样制样技术规范》（HJ/T 20—1998）中的规定，对于易挥发废物，采取无顶空存样，并采用冷冻方式保存。（ ）

答案：√

14. 根据《工业固体废物采样制样技术规范》（HJ/T 20—1998）中的规定，在工业固体废物制样前，应设计详细的制样方案（制样计划）；在制样过程中，应认真按制样方案进行操作。（ ）

答案：√

15.《工业固体废物采样制样技术规范》（HJ/T 20—1998）适用于放射性指标监测的采样制样。（ ）

答案：×

正确答案：本标准不适用于放射性指标监测的采样制样。

16. 根据《工业固体废物采样制样技术规范》（HJ/T 20—1998）中的规定，采样工具、设备所用材质不能和待采工业固体废物有任何反应，不能使待采工业固体废物污染、分层和损失。（ ）

答案：√

17. 根据《工业固体废物采样制样技术规范》（HJ/T 20—1998）中的规定，样品运输过程中，应防止不同工业固体废物样品之间的交叉污染，盛样容器不可倒置、倒放，应防止破损、浸湿和污染。（ ）

答案：√

18. 根据《工业固体废物采样制样技术规范》（HJ/T 20—1998）中的规定，样品保存期为 3 个月。（ ）

答案：×

正确答案：样品保存期为 1 个月。

二、单项选择题

1.《工业固体废物采样制样技术规范》（HJ/T 20—1998）中规定，固体废物制样筛分时，应使样品保证________% 以上处于某一粒度范围。（ ）

A. 80　　B. 85　　C. 90　　D. 95

答案：D

2.《工业固体废物采样制样技术规范》（HJ/T 20—1998）中规定，对于液态批废物的份样量以不少于________ml 的采样瓶（或采样器）所盛量为准。(　　)

A. 100　　B. 150　　C. 200　　D. 250

答案：A

3.《工业固体废物采样制样技术规范》（HJ/T 20—1998）中规定，每份工业固体废物样品保存量至少应为试验和分析需用量的________倍。(　　)

A. 3　　B. 4　　C. 5　　D. 10

答案：A

4. 根据《工业固体废物采样制样技术规范》（HJ/T 20—1998）中的规定，工业固体废物样品中的小样是由一批中的________或________以上的份样或逐个经过粉碎和缩分后组成的样品。(　　)

A. 1 个，1 个以上　　B. 2 个，2 个以上

C. 全部，部分　　D. 3 个，3 个以上

答案：B

5. 根据《工业固体废物采样制样技术规范》（HJ/T 20—1998）中的定义，批量是指构成一批工业固体废物的________。(　　)

A. 量　　B. 数量　　C. 质量　　D. 份样量

答案：C

6. 根据《工业固体废物采样制样技术规范》（HJ/T 20—1998）中的规定，采样人员应熟悉工业固体废物的性状、掌握采样技术、懂得安全操作的有关知识和处理方法。采样时，应由________人以上在场进行操作。(　　)

A. 2　　B. 3　　C. 4　　D. 5

答案：A

7. 根据《工业固体废物采样制样技术规范》（HJ/T 20—1998）中采样的基本目的是，从一批工业固体废物中采集具有代表性的样品，通过试验和分析，获得在允许________范围内的数据。(　　)

A. 偏差　　B. 相对偏差　　C. 相对误差　　D. 误差

答案：D

8. 根据《工业固体废物采样制样技术规范》（HJ/T 20—1998）中的定义，最大粒度是指筛余量约________% 时的筛孔尺寸。(　　)

A. 5　　B. 10　　C. 20　　D. 25

答案：A

9. 根据《工业固体废物采样制样技术规范》（HJ/T 20—1998）中的规定，液态废物样品混匀后，采用二分法，每次减量一半，直至试验分析用量的________倍为止。

A. 5　　B. 10　　C. 15　　D. 20

答案：B

三、问答题

1. 根据《工业固体废物采样制样技术规范》（HJ/T 20—1998）简述盛装工业固体废物的容器应满足哪些条件。

答案：（1）盛样容器材质与样品物质不起反应，没有渗透性；

（2）具有符合要求的盖、塞或阀门，使用前应洗净、干燥；

（3）对光敏性工业固体废物样品，盛样容器应是不透光的。

2. 根据《工业固体废物采样制样技术规范》（HJ/T 20—1998）简述工业固体废物采样方案内容包括哪些。

答案：（1）制样目的和要求；（2）背景调查和现场踏勘；（3）采样程序；（4）安全措施；（5）质量控制；（6）采样记录；（7）报告。

3. 根据《工业固体废物采样制样技术规范》（HJ/T 20—1998）简述对易挥发工业固体废物、光敏工业固体废物的保存方法分别是什么。

答案：（1）对易挥发工业固体废物采取无顶空存样，并取冷冻方式保存；

（2）对光敏工业固体废物，样品应装入深色容器中并置于避光处。

4. 简述《工业固体废物采样制样技术规范》（HJ/T 20—1998）规定中，工业固体废物制样的目的。

答案：制样的目的是从采取的小样或大样中获取最佳量、具有代表性且能满足试验或分析要求的样品。

四、计算题

根据《工业固体废物采样制样技术规范》（HJ/T 20—1998），在一批废物以运送带、管道等形式连续排出的移动过程中，按一定的质量间隔采样，如果批量 Q 为 4.5 t，查表得最少份样数 n 为 10，试计算采样质量间隔 T。

答案：$T \leqslant Q/n = 4.5/10 = 0.45$（t）

采样质量间隔为 0.45 t。

参考文献

［1］国家环境保护局．工业固体废物采样制样技术规范：HJ/T 20—1998［S］．北京：中国环境科学出版社，1998.

［2］中国环境监测总站《环境监测人员持证上岗考核试题集》编写组．环境监测人员持证上岗考核试题集：下册．4 版［M］．北京：中国环境出版集团，2018.

命题：王宇飞

审核：徐　萍

第二节　危险废物鉴别技术规范（HJ 298—2019）

一、判断题

1.《危险废物鉴别技术规范》（HJ 298—2019）适用于生产、生活和其他活动中产生的固体废物的危险特性鉴别，包括环境事件涉及的固体废物的危险特性鉴别。（　　）

答案：√

2. 根据《危险废物鉴别技术规范》（HJ 298—2019）中的规定，在进行毒性物质含量危险特性判断时，当同一种毒性成分在一种以上毒性物质中存在时，以分子量最低的毒性物质进行计算和结果判断。（　　）

答案：×

正确答案：根据《危险废物鉴别技术规范》（HJ 298—2019）中的规定，在进行毒性物质含量危险特性判断时，当同一种毒性成分在一种以上毒性物质中存在时，以分子量最高的毒性物质进行计算和结果判断。

3. 根据《危险废物鉴别技术规范》（HJ 298—2019）中的规定，需要开展危险废物鉴别的建筑废物，应尽可能在拆除、清理之前或过程中，根据建筑物的组成和污染特性进行分类，分别采样。（　　）

答案：√

4.《危险废物鉴别技术规范》（HJ 298—2019）中环境事件涉及的固体废物指固体废物非法转移、倾倒、贮存、利用、处置等环境事件涉及的固体废物，以及突发环境事件及其处理过程中产生的固体废物。（　　）

答案：√

5.《危险废物鉴别技术规范》（HJ 298—2019）中份样数指从一批固体废物中所采集的份样个数。（　　）

答案：√

6. 根据《危险废物鉴别技术规范》（HJ 298—2019）中的规定，堆存状态的固体废物，如其产生过程已经终止，则采集堆存的固体废物。（　　）

答案：√

7. 根据《危险废物鉴别技术规范》（HJ 298—2019）中的定义，份样量指构成一个份样的固体废物的质量。

答案：√

8. 根据《危险废物鉴别技术规范》（HJ 298—2019）中的规定，当固体废物为废水处理污泥时，如废水处理设施的废水的来源、类别、排放量、污染物含量稳定，可适当减少采样份样数，份样数不大于5个。（　　）

答案：×

正确答案：根据《危险废物鉴别技术规范》（HJ 298—2019）中的规定，当固体废物为废水处理污泥时，如废水处理设施的废水的来源、类别、排放量、污染物含量稳定，可适当减少采样份样数，份样数不少于 5 个。

9. 根据《危险废物鉴别技术规范》（HJ 298—2019）中的规定，贮存于贮存池、不可移动的大型容器、槽罐车内的液态废物，可适当减少采样份样数。敞口贮存池和不可移动大型容器内液态废物采样份样数不少于 5 个；封闭式贮存池、不可移动大型容器和槽罐车，如不具备在卸除废物过程中采样，采样份样数不少于 3 个。（　　）

答案：×

正确答案：根据《危险废物鉴别技术规范》（HJ 298—2019）中的规定，贮存于贮存池、不可移动的大型容器、槽罐车内的液态废物，可适当减少采样份样数。敞口贮存池和不可移动的大型容器内液态废物采样份样数不少于 5 个；封闭式贮存池、不可移动的大型容器和槽罐车，如不具备在卸除废物过程中采样，采样份样数不少于 2 个。

10.《危险废物鉴别技术规范》（HJ 298—2019）中的份样是指用采样器一次操作，从一批固体废物的一个点或一个部位按规定质量所采取的固体废物。（　　）

答案：√

11. 根据《危险废物鉴别技术规范》（HJ 298—2019）中的规定，在采样过程中应采取措施防止危害成分的损失、交叉污染和二次污染。（　　）

答案：√

12. 根据《危险废物鉴别技术规范》（HJ 298—2019）中的规定，检测过程中，可首先选择可能存在的主要危险特性进行检测。任何一项检测结果按本标准可判定该固体废物具有危险特性时，可不再检测其他危险特性（需要通过进一步检测判断危险废物类别的除外）。（　　）

答案：√

13. 根据《危险废物鉴别技术规范》（HJ 298—2019）中的规定，突发环境事件及其处理过程中产生的固体废物，应尽可能在清理之前根据事故过程污染物的扩散特征，或在清理过程中根据固体废物的污染物沾染情况，对固体废物的污染程度进行判断，并根据判断结果对固体废物进行分类。（　　）

答案：√

14. 根据《危险废物鉴别技术规范》（HJ 298—2019）中因环境事件处理或应急处置要求，可采集环境事件现场固体废物或依据《突发环境事件应急管理办法》已应急清理暂存的固体废物作为样品开展鉴别。（　　）

答案：√

15.《危险废物鉴别技术规范》（HJ 298—2019）中样品采集应记录必要的信息，包括（但不限于）：样品编号、采样时间、采样地点、企业生产工况。样品的采集、包装、运输和保存应符合相应检测项目的有关要求。（　　）

答案：√

16.《危险废物鉴别技术规范》（HJ 298—2019）不适用于放射性废物鉴别。（　　）

答案：√

17.《危险废物鉴别技术规范》(HJ 298—2019)不适用于液态废物的鉴别。(　　)

答案：×

正确答案：《危险废物鉴别技术规范》(HJ 298—2019)适用于液态废物的鉴别。

18.《危险废物鉴别技术规范》(HJ 298—2019)中规定，应根据固体废物的产生源进行分类采样，可以将不同产生源的固体废物混合。(　　)

答案：×

正确答案：《危险废物鉴别技术规范》(HJ 298—2019)中规定，应根据固体废物的产生源进行分类采样，禁止将不同产生源的固体废物混合。

19. 根据《危险废物鉴别技术规范》(HJ 298—2019)中的规定，固体废物为GB 34330所规定的环境治理和污染控制过程中产生的物质，应在污染控制设施污染物来源、设施运行负荷和效果稳定的生产期采样；应根据环境治理和污染控制工艺流程，对不同工艺环节产生的固体废物分别进行采样。(　　)

答案：√

20. 根据《危险废物鉴别技术规范》(HJ 298—2019)中的规定，固体废物危险特性鉴别检测项目的确定应以工艺分析为主要手段，综合原辅材料特性、生产工艺、固体废物产生工艺等信息，确定可能具有的危险特性及相应检测项目。(　　)

答案：√

二、单项选择题

1. 负责监督实施《危险废物鉴别技术规范》(HJ 298—2019)的部门是________。(　　)

A．县级以上生态环境主管部门

B．省级以上人民政府环境保护行政主管部门

C．环境保护行政主管部门

D．当地环境保护行政主管部门

答案：A

2.《危险废物鉴别技术规范》(HJ 298—2019)不适用于________。(　　)

A．放射性废物鉴别

B．液态废物鉴别

C．生产、生活和其他活动中产生的固态废物的危险特性鉴别

D 环境事件涉及的固体废物的危险特性鉴别

答案：A

3. 根据《危险废物鉴别技术规范》(HJ 298—2019)中的规定，连续产生样品应分次在1个月(或一个产生时段)内等时间间隔采集；每次采样在设备稳定运行的________h(或1个生产班次)内完成。每采集1次，作为1个份样。(　　)

A．2　　B．4　　C．6　　D．8

答案：D

4.《危险废物鉴别技术规范》(HJ 298—2019)中生产原辅料、工艺路线、产品均相同的

________生产线，可以采集单条生产线产生的固体废物代表该类固体废物。(　　)

A. 2个　　B. 2个以上

C. 3个　　D. 2个或2个以上

答案：D

5.《危险废物鉴别技术规范》(HJ 298—2019)中规定，当固体废物为废水处理污泥时，如废水处理设施的废水的来源、类别、排放量、污染物含量稳定，可适当减少采样份样数，份样数不少于________个。(　　)

A. 2　　B. 3　　C. 4　　D. 5

答案：D

6.《危险废物鉴别技术规范》(HJ 298—2019)中规定，固体废物来源于连续生产工艺，且设施长期运行稳定、原辅材料类别和来源固定，可适当减少采样份样数，份样数不少于________个。(　　)

A. 2　　B. 3　　C. 4　　D. 5

答案：D

7.《危险废物鉴别技术规范》(HJ 298—2019)中规定，贮存于贮存池、不可移动的大型容器、槽罐车内的液态废物，可适当减少采样份样数。敞口贮存池和不可移动的大型容器内液态废物采样份样数不少于________；封闭式贮存池、不可移动的大型容器和槽罐车，如不具备在卸除废物过程中采样，采样份样数不少于________。(　　)

A. 2；5　　B. 3；5　　C. 4；5　　D. 5；2

答案：D

8. 根据《危险废物鉴别技术规范》(HJ 298—2019)中的规定，水体环境、污染地块治理与修复过程产生的，需要按照固体废物进行处理处置的水体沉积物及污染土壤等环境介质，以及突发环境事件及其处理过程中产生的固体废物，如鉴别过程已经根据污染特征进行分类，可适当减少采样份样数，每类固体废物的采样份样数不少于________个。(　　)

A. 5　　B. 6　　C. 7　　D. 8

答案：A

9. 根据《危险废物鉴别技术规范》(HJ 298—2019)中的规定，对于堆积高度大于0.5 m的散状堆积固态、半固态废物，应分层采取样品；采样层数应不小于________层，按照固态、半固态废物堆积高度等间隔布置；每层采取的份样数应相等。分层采样可以用采样钻或者机械钻探的方式进行。(　　)

A. 2　　B. 3　　C. 4　　D. 5

答案：A

三、问答题

1. 简述《危险废物鉴别技术规范》(HJ 298—2019)的适用范围。

答案：(1)该标准适用于生产、生活和其他活动中产生的固体废物的危险特性鉴别，包括环境事件涉及的固体废物的危险特性鉴别；

（2）该标准适用于液态废物的鉴别；

（3）该标准不适用于放射性废物鉴别。

2.《危险废物鉴别技术规范》（HJ 298—2019）中固态废物样品采集的份样量应满足哪些要求？

答案：（1）满足分析操作的需要；

（2）依据固态废物的原始颗粒最大粒径，不小于下表规定的质量。

不同颗粒直径的固态废物的一个份样所需采取的最小份样量

原始颗粒最大粒径（以 d 表示）（cm）	最小份样量（g）
$d \leqslant 0.50$	500
$0.50 < d \leqslant 1.0$	1 000
$d > 1.0$	2 000

（3）半固态和液态废物样品采集的份样量应满足分析操作的需求。

3. 固体废物为 GB 34330 所规定的丧失原有使用价值的物质时，每类物质作为一类固体废物，分别采样鉴别。采样应满足哪些要求？

答案：（1）如危险特性全部来源于该物质本身，且在使用过程中危险特性不变或降低，应采集该物质未使用前的样品。

（2）如危险特性全部或部分来源于使用过程，应在该物质不能继续按照原有设计用途使用时采样。

参考文献

生态环境部 . 危险废物鉴别技术规范：HJ/T 298—2019［S］. 北京：中国环境出版集团，2019.

命题：谷　晔

审核：徐　萍

第三节　固体废物　浸出毒性浸出方法　水平振荡法（HJ 557—2010）

一、判断题

1.《固体废物　浸出毒性浸出方法　水平振荡法》（HJ 557—2010）规定了固体废物浸出毒性的浸出程序及其质量保证措施。（　　）

答案：√

2.《固体废物　浸出毒性浸出方法　水平振荡法》（HJ 557—2010）不仅适用于评估在受到地表

水或地下水浸沥时，固体废物及其他固态物质中无机污染物的浸出风险，还适用于含有非水溶性液体的样品。(　　)

答案：×

正确答案：标准不适用于含有非水溶性液体的样品。

3. 根据《固体废物　浸出毒性浸出方法　水平振荡法》（HJ 557—2010）测定固体废物浸出风险时，分析时均使用符合国家标准的分析纯化学试剂。(　　)

答案：√

4. 根据《固体废物　浸出毒性浸出方法　水平振荡法》（HJ 557—2010）测定固体废物浸出风险时，所用浸提瓶为 1 L 具旋盖和内盖的广口瓶。(　　)

答案：×

正确答案：所用浸提瓶为 2 L 具旋盖和内盖的广口瓶。

5. 根据《固体废物　浸出毒性浸出方法　水平振荡法》（HJ 557—2010）测定固体废物浸出风险时，所用滤膜为 0.25 μm 微孔滤膜。(　　)

答案：×

正确答案：所用滤膜为 0.45 μm 微孔滤膜。

6. 根据《固体废物　浸出毒性浸出方法　水平振荡法》（HJ 557—2010）测定固体废物浸出风险时，所用电子天平精度为 0.1 g。(　　)

答案：×

正确答案：所用电子天平精度为 0.01 g。

7.《固体废物　浸出毒性浸出方法　水平振荡法》（HJ 557—2010）中所用筛为 Teflon 网筛，孔径为 2 mm。(　　)

答案：×

正确答案：所用筛网孔径为 3 mm。

8. 根据《固体废物　浸出毒性浸出方法　水平振荡法》（HJ 557—2010）测定固体废物含水率的烘干温度为 105℃。(　　)

答案：√

9. 根据《固体废物　浸出毒性浸出方法　水平振荡法》（HJ 557—2010）进行固体废物含水率测定时，所用容器的材料不能与固体废物发生反应。(　　)

答案：√

10. 根据《固体废物　浸出毒性浸出方法　水平振荡法》（HJ 557—2010）测定含水率样品中含有初始液相时，应将样品进行压力过滤，再测定滤渣的含水率。(　　)

答案：√

11. 根据《固体废物　浸出毒性浸出方法　水平振荡法》（HJ 557—2010），进行含水率测定后的样品，可以用于浸出毒性检测。(　　)

答案：×

正确答案：进行含水率测定后的样品，不可以用于浸出毒性检测。

12. 根据《固体废物　浸出毒性浸出方法　水平振荡法》（HJ 557—2010）中的规定，当干固体

百分率大于 9% 时，直接将样品按照标准浸出步骤进行浸出后分析。（　　）

答案：×

正确答案：干固体百分率大于 9% 时，将滤渣按照步骤进行浸出，初始液相与全部浸出液混合后进行分析。

13. 根据《固体废物　浸出毒性浸出方法　水平振荡法》（HJ 557—2010）中的规定，在振荡过程中有气体产生时，应定时在通风橱中打开提取瓶，释放过度的压力。（　　）

答案：√

14. 根据《固体废物　浸出毒性浸出方法　水平振荡法》（HJ 557—2010），每做 20 个样品或每批样品（样品量少于 20 个时）至少做 1 个浸出空白。（　　）

答案：√

15. 根据《固体废物　浸出毒性浸出方法　水平振荡法》（HJ 557—2010）测定固体废物浸出风险时，每 20 个样品至少做 1 个平行双样。（　　）

答案：×

正确答案：每 10 个样品至少做 1 个平行双样。

二、单项选择题

1.《固体废物　浸出毒性浸出方法　水平振荡法》（HJ 557—2010）中所用浸提剂为________。（　　）

A．纯水　　B．硫酸　　C．硝酸　　D．盐酸

答案：A

2. 根据《固体废物　浸出毒性浸出方法　水平振荡法》（HJ 557—2010）测定含水率时，称取样品量为________。（　　）

A．30～100 g　　B．50～100 g

C．20～100 g　　D．20～80 g

答案：C

3. 根据《固体废物　浸出毒性浸出方法　水平振荡法》（HJ 557—2010）测定含水率时，在 105℃下烘干，恒重至________。（　　）

A．±0.1 g　　B．±0.001 g

C．±0.01 g　　D．±1.00 g

答案：C

4. 根据《固体废物　浸出毒性浸出方法　水平振荡法》（HJ 557—2010）测定固体废物浸出风险时，干固体百分率________所得的初始液相即为浸出液，直接进行分析。（　　）

A．大于 10%　　B．大于 9%

C．小于等于 10%　　D．小于等于 9%

答案：D

5. 根据《固体废物　浸出毒性浸出方法　水平振荡法》（HJ 557—2010）测定固体废物浸出风险时，一般固体废物的浸出步骤为称取干基重量为________的试样，置于________浸提瓶中。

(　　)

A．20 g，2 L　　B．100 g，2 L　　C．100 g，1 L　　D．50 g，2 L

答案：B

6. 根据《固体废物　浸出毒性浸出方法　水平振荡法》（HJ 557—2010）测定固体废物浸出风险时，浸提剂的体积按照________计算。(　　)

A．液固比 10∶1　　B．固液比 10∶1

C．液固比 20∶1　　D．液固比 15∶1

答案：A

7. 根据《固体废物　浸出毒性浸出方法　水平振荡法》（HJ 557—2010）测定固体废物浸出风险时，浸出过程中水平振荡装置的振荡频率为________、振幅为________。(　　)

A．100±10 次 /min，40 mm　　B．110±10 次 /min，40 mm

C．110±10 次 /min，50 mm　　D．100±10 次 /min，50 mm

答案：B

8. 根据《固体废物　浸出毒性浸出方法　水平振荡法》（HJ 557—2010）测定固体废物浸出风险时，浸出过程振荡________后取下提取瓶。(　　)

A．5 h　　B．10 h　　C．8 h　　D．16 h

答案：C

9. 根据《固体废物　浸出毒性浸出方法　水平振荡法》（HJ 557—2010）测定固体废物浸出风险时，提取瓶振荡后静止________。(　　)

A．16 h　　B．10 h　　C．8 h　　D．15 h

答案：A

10. 根据《固体废物　浸出毒性浸出方法　水平振荡法》（HJ 557—2010）测定项目汞时，样品从采集到浸出的最大保留时间为________。(　　)

A．25 d　　B．20 d　　C．28 d　　D．16 d

答案：C

11. 根据《固体废物　浸出毒性浸出方法　水平振荡法》（HJ 557—2010）测定项目汞时，最大总实验周期为________。(　　)

A．50 d　　B．56 d　　C．28 d　　D．66 d

答案：B

12. 根据《固体废物　浸出毒性浸出方法　水平振荡法》（HJ 557—2010）中的规定，测定除汞以外的金属项目时，样品从采集到浸出的最大保留时间为________。(　　)

A．250 d　　B．200 d　　C．180 d　　D．160 d

答案：C

13. 根据《固体废物　浸出毒性浸出方法　水平振荡法》（HJ 557—2010）中的规定，测定除汞以外金属项目的最大总实验周期为________。(　　)

A．500 d　　B．360 d　　C．280 d　　D．660 d

答案：B

三、问答题

1. 根据《固体废物　浸出毒性浸出方法　水平振荡法》（HJ 557—2010）简述浸出毒性水平振荡法的方法原理。

答案：以纯水为浸提剂，模拟固体废物在特定场合中受到地表水或地下水的浸沥，其中的有害组分浸出而进入环境的过程。

2. 根据《固体废物　浸出毒性浸出方法　水平振荡法》（HJ 557—2010）简述什么是浸出，什么是浸出毒性。

答案：浸出是指可溶性的组分溶解后，从固相进入液相的过程。

浸出毒性是指固体废物遇水浸沥，浸出的有害物质迁移转化，污染环境，这种危害特性称为浸出毒性。

3. 根据《固体废物　浸出毒性浸出方法　水平振荡法》（HJ 557—2010）简述浸出毒性水平振荡法中试样的制备过程。

答案：挑除样品中的杂物，将采集的所有样品破碎，使样品颗粒全部通过 3 mm 孔径涂 Teflon 的筛网。

四、计算题

1. 根据《固体废物　浸出毒性浸出方法　水平振荡法》（HJ 557—2010）测量固体废物的含水率，准确称取 20.00 g 风干后的固废样品于已恒重的称量瓶中，放入 105℃烘箱中烘 4 h 后取出，置于干燥器中冷却 0.5 h 后称重，反复烘干至恒重，其重量为 15.00 g，则风干样的含水率为多少？

答案：$含水率=\frac{20.00-15.00}{20.00}\times100\%=25.0\%$

风干样的含水率为 25.0%。

2. 根据《固体废物　浸出毒性浸出方法　水平振荡法》（HJ 557—2010）评估浸出毒性，固体废物试样的含水率为 75%，需要试样干基重量为 80 g，则应称取多少试样？

答案：$m=\frac{80}{100\%-75\%}=320\text{（g）}$

应称取 320 g 试样。

3. 根据《固体废物　浸出毒性浸出方法　水平振荡法》（HJ 557—2010）测定浸出毒性，固体废物试样的含水率为 60%，液固比为 10∶1，试验用试样干基重量为 70 g，应加多少浸提剂进行浸出试验？

答案：

$m=\frac{70}{100\%-60\%}=175\text{（g）}$

$V=700-175\times60\%=595\text{（g）}$

应加 595 ml 浸提剂。

参考文献

[1] 环境保护部 . 固体废物　浸出毒性浸出方法　水平振荡法：HJ 557—2010 [S]. 北京：中国环境科学出版社，2010.

[2] 中国环境监测总站《环境监测人员持证上岗考核试题集》编写组. 环境监测人员持证上岗考核试题集：下册 . 4 版 [M]. 北京：中国环境出版集团，2018.

命题：张雪晶

审核：王　芳

第四节　固体废物　浸出毒性浸出方法　硫酸硝酸法（HJ/T 299—2007）

一、判断题

1.《固体废物　浸出毒性浸出方法　硫酸硝酸法》（HJ/T 299—2007）规定了固体废物浸出毒性的浸出程序及其质量保证措施。（　　）

答案：√

2.《固体废物　浸出毒性浸出方法　硫酸硝酸法》（HJ/T 299—2007）不仅适用于固体废物及其再利用产物以及土壤样品中有机物和无机物的浸出毒性鉴别，还适用于含有非水溶性液体的样品。（　　）

答案：×

正确答案：该标准不适用于含有非水溶性液体的样品。

3. 根据《固体废物　浸出毒性浸出方法　硫酸硝酸法》（HJ/T 299—2007）分析时所用浓硫酸、浓硝酸均为优级纯。（　　）

答案：√

4. 根据《固体废物　浸出毒性浸出方法　硫酸硝酸法》（HJ/T 299—2007）测定固体废物的浸出毒性时，所用浸提瓶为 1 L 具旋盖和内盖的广口瓶。（　　）

答案：×

正确答案：所用浸提瓶为 2 L 具旋盖和内盖的广口瓶。

5. 根据《固体废物　浸出毒性浸出方法　硫酸硝酸法》（HJ/T 299—2007）测定固体废物的浸出毒性时，所用过滤装置的滤膜为 0.25 μm 玻璃纤滤膜或微孔滤膜均可。（　　）

答案：×

正确答案：所用滤膜为 0.6～0.8 μm 微孔滤膜。

6. 根据《固体废物　浸出毒性浸出方法　硫酸硝酸法》（HJ/T 299—2007）测定固体废物的浸出毒性时，所用电子天平精度为 0.1 g。（　　）

答案：×

正确答案：所用电子天平精度为 0.01 g。

7. 根据《固体废物　浸出毒性浸出方法　硫酸硝酸法》（HJ/T 299—2007）测定固体废物的浸出毒性时，所用筛网孔径为 2 mm。（　　）

答案：×

正确答案：所用筛网孔径为 9.5 mm。

8. 根据《固体废物　浸出毒性浸出方法　硫酸硝酸法》（HJ/T 299—2007）测定含水率的烘干温度为 105℃。（　　）

答案：√

9. 根据《固体废物　浸出毒性浸出方法　硫酸硝酸法》（HJ/T 299—2007）测定含水率时，应恒重至两次称量值的误差小于 ±1%。（　　）

答案：√

10. 根据《固体废物　浸出毒性浸出方法　硫酸硝酸法》（HJ/T 299—2007）测定含水率，样品中含有初始液相时，应将样品进行压力过滤，再测定滤渣的含水率，并根据初始液相重量计算样品中干固体百分率。（　　）

答案：×

正确答案：并根据总样品量（初始液相与滤渣重量之和）计算样品中的干固体百分率。

11. 根据《固体废物　浸出毒性浸出方法　硫酸硝酸法》（HJ/T 299—2007）的规定，进行含水率测定后的样品，不可以用于浸出毒性试验。（　　）

答案：√

12. 根据《固体废物　浸出毒性浸出方法　硫酸硝酸法》（HJ/T 299—2007）测定固体废物浸出毒性时，除挥发性有机物外的其他物质浸出过程，当干固体百分率大于 9% 时，将滤渣按照浸出步骤浸出，并将初始液相与浸出液混合进行分析。（　　）

答案：√

13. 根据《固体废物　浸出毒性浸出方法　硫酸硝酸法》（HJ/T 299—2007）的规定，干固体百分率大于 9% 时，所得到的初始液相即为浸出液。（　　）

答案：×

正确答案：干固体百分率小于等于 9% 时，所得到的初始液相即为浸出液。

14. 根据《固体废物　浸出毒性浸出方法　硫酸硝酸法》（HJ/T 299—2007）测定固体废物浸出毒性时，样品破碎过程，样品颗粒应可以通过 9.5 mm 孔径的筛，对于粒径大的颗粒可通过破碎、切割或碾磨降低粒径。（　　）

答案：√

15. 根据《固体废物　浸出毒性浸出方法　硫酸硝酸法》（HJ/T 299—2007）测定固体废物浸出毒性时，浸出空白数量与样品数量之间没有要求。（　　）

答案：×

正确答案：每做 20 个样品或每批样品（样品量少于 20 个时）至少做 1 个浸出空白。

16. 根据《固体废物　浸出毒性浸出方法　硫酸硝酸法》（HJ/T 299—2007）测定固体废物浸出毒性时，每批样品至少做 1 个加标回收样品。（　　）

答案：√

17. 根据《固体废物　浸出毒性浸出方法　硫酸硝酸法》（HJ/T 299—2007）测定固体废物浸出毒性时，真空过滤器或正压过滤器容积大于等于 1 L。（　　）

答案：√

18. 根据《固体废物　浸出毒性浸出方法　硫酸硝酸法》（HJ/T 299—2007），浸提剂 1# 为将质量比为 1∶2 的浓硫酸和浓硝酸混合溶液加入到试剂水中，使 pH 为 3.20±0.05。（　　）

答案：×

正确答案：质量比为 2∶1 的浓硫酸和浓硝酸混合溶液。

19. 根据《固体废物　浸出毒性浸出方法　硫酸硝酸法》（HJ/T 299—2007）测定固体废物浸出毒性时，浸提剂 1# 用于测定样品中重金属和半挥发性有机物的浸出毒性。（　　）

答案：√

20. 根据《固体废物　浸出毒性浸出方法　硫酸硝酸法》（HJ/T 299—2007）测定固体废物浸出毒性时，浸提剂 2# 为试剂水。（　　）

答案：√

21. 根据《固体废物　浸出毒性浸出方法　硫酸硝酸法》（HJ/T 299—2007）测定固体废物浸出毒性时，浸提剂 2# 用于测定氰化物和挥发性有机物的浸出毒性。（　　）

答案：√

二、单项选择题

1. 根据《固体废物　浸出毒性浸出方法　硫酸硝酸法》（HJ/T 299—2007）测定固体废物浸出毒性时，零顶空提取器体积为________ml。（　　）

A. 500～600　　B. 500～700　　C. 400～500　　D. 400～600

答案：A

2. 根据《固体废物　浸出毒性浸出方法　硫酸硝酸法》（HJ/T 299—2007）测定含水率时，称取样品量为________g。（　　）

A. 30～100　　B. 50～100　　C. 20～100　　D. 20～80

答案：B

3. 根据《固体废物　浸出毒性浸出方法　硫酸硝酸法》（HJ/T 299—2007）中的规定，用于重金属分析的浸出液在贮存之前应用________酸化至 pH 小于 2。（　　）

A. 氢氟酸　　B. 盐酸　　C. 硝酸　　D. 硫酸

答案：C

4. 根据《固体废物　浸出毒性浸出方法　硫酸硝酸法》（HJ/T 299—2007）测定挥发性有机物的浸出时，称取干基重量为________g 的样品，快速转入 ZHE。（　　）

A. 40～70　　B. 50～60　　C. 40～60　　D. 40～50

答案：D

5. 根据《固体废物　浸出毒性浸出方法　硫酸硝酸法》（HJ/T 299—2007）中的规定，除挥发性有机物外的其他物质的浸出，称取________g 的样品，置于________L 浸提瓶中。（　　）

A．100～150，2　　　　B．150～200，2

C．100～200，1　　　　D．150～250，2

答案：B

6. 根据《固体废物　浸出毒性浸出方法　硫酸硝酸法》（HJ/T 299—2007）测定挥发性有机物浸出时，浸提剂的体积按照________（L/kg）计算。（　　）

A．液固比 10∶1　　　　B．固液比 10∶1

C．液固比 20∶1　　　　D．液固比 15∶1

答案：A

7. 根据《固体废物　浸出毒性浸出方法　硫酸硝酸法》（HJ/T 299—2007）中的规定，除挥发性有机物外的其他物质浸出过程中振荡装置的振荡频率为________r/min。（　　）

A．30±5　　B．30±2　　C．40±2　　D．50±2

答案：B

8. 根据《固体废物　浸出毒性浸出方法　硫酸硝酸法》（HJ/T 299—2007）测定除挥发性有机物外的其他物质浸出过程时，振荡时间为________h。（　　）

A．15±2　　B．20±2　　C．18±2　　D．16±2

答案：C

9. 根据《固体废物　浸出毒性浸出方法　硫酸硝酸法》（HJ/T 299—2007）测定挥发性有机物浸出过程时，振荡温度为________。（　　）

A．23±2℃　　B．20±2℃　　C．18±2℃　　D．23±5℃

答案：A

10. 根据《固体废物　浸出毒性浸出方法　硫酸硝酸法》（HJ/T 299—2007）测定挥发性有机物的样品时，从采集到浸出的最大保留时间为________d。（　　）

A．18　　B．20　　C．14　　D．16

答案：C

11. 根据《固体废物　浸出毒性浸出方法　硫酸硝酸法》（HJ/T 299—2007）测定挥发性有机物的样品时，从预处理到定量分析的最大保留时间为________d。（　　）

A．18　　B．20　　C．14　　D．16

答案：C

12. 根据《固体废物　浸出毒性浸出方法　硫酸硝酸法》（HJ/T 299—2007）测定挥发性有机物质的最大总实验周期为________d。（　　）

A．20　　B．28　　C．25　　D．30

答案：B

13. 根据《固体废物　浸出毒性浸出方法　硫酸硝酸法》（HJ/T 299—2007）测定除汞以外的金属项目样品时，从采集到浸出的最大保留时间为________d。（　　）

A．250　　B．200　　C．180　　D．160

答案：C

14. 根据《固体废物　浸出毒性浸出方法　硫酸硝酸法》（HJ/T 299—2007）测定除汞以外金属

项目的样品时，从预处理到定量分析的最大保留时间为________d。(　　)

A．250　　B．200　　C．180　　D．160

答案：C

15. 根据《固体废物　浸出毒性浸出方法　硫酸硝酸法》(HJ/T 299—2007)测定除汞以外金属项目的最大总实验周期为________d。(　　)

A．500　　B．360　　C．280　　D．660

答案：B

16. 根据《固体废物　浸出毒性浸出方法　硫酸硝酸法》(HJ/T 299—2007)测定半挥发性物质的样品时，从采集到浸出的最大保留时间为________d。(　　)

A．14　　B．20　　C．15　　D．16

答案：A

17. 根据《固体废物　浸出毒性浸出方法　硫酸硝酸法》(HJ/T 299—2007)测定半挥发性有机物的样品时，从浸出到预处理的最大保留时间为________d。(　　)

A．5　　B．10　　C．7　　D．8

答案：C

三、问答题

1. 根据《固体废物　浸出毒性浸出方法　硫酸硝酸法》(HJ/T 299—2007)简述鉴别毒性硫酸硝酸法的方法原理。

答案：以硝酸/硫酸混合液为浸提剂，模拟废物在不规范填埋处置、堆存或经无害化处理后废物的土地利用时，其中的有害组分在酸性降水的影响下，从废物中浸出而进入环境的过程。

2. 根据《固体废物　浸出毒性浸出方法　硫酸硝酸法》(HJ/T 299—2007)简述采用硫酸硝酸法鉴别浸出毒性时样品的保存和处理要求。

答案：除非冷藏会使样品性质发生不可逆改变，否则样品应于4℃冷藏保存。

测定样品的挥发性成分时，在样品的采集和贮存过程中应以适当的方式防止挥发性物质的损失。用于金属分析的浸出液在贮存之前应用硝酸酸化至pH小于2。

用于有机成分分析的浸出液在贮存过程中不能接触空气，即零顶空保存。

四、计算题

1. 根据《固体废物　浸出毒性浸出方法　硫酸硝酸法》(HJ/T 299—2007)测量含水率，准确称取75.00 g风干后的固废样品于已恒重的称量瓶中，放入105℃烘箱中烘4 h后取出，置于干燥器中冷却0.5 h后称重，反复烘干至恒重，其重量为60.00 g，则风干样的含水率为多少？

答案：含水率$=\frac{75.00-60.00}{75.00}\times 100\%=20.0\%$

风干样的含水率为20.0%。

2. 根据《固体废物　浸出毒性浸出方法　硫酸硝酸法》(HJ/T 299—2007)鉴别挥发性有机物

浸出毒性，固体废物试样的含水率为 45%，液固比为 10∶1，试验用试样干基重量为 45 g，应加多少浸提剂进行浸出试验？

答案： $m=\frac{45}{100\%-45\%}=82\ g$

$V_{水}=45\times10=450(ml)$

$V_{浸提剂}=450-82\times45\%=413(ml)$

应加 413 ml 浸提剂。

参考文献

[1] 国家环境保护总局 . 固体废物　浸出毒性浸出方法　硫酸硝酸法：HJ/T 299—2007 [S] . 北京：中国环境科学出版社，2007.

[2] 中国环境监测总站《环境监测人员持证上岗考核试题集》编写组. 环境监测人员持证上岗考核试题集：下册 . 4 版 [M] . 北京：中国环境出版集团，2018.

命题：张雪晶

审核：王　芳

第五节　固体废物　浸出毒性浸出方法　醋酸缓冲溶液法（HJ/T 300—2007）

一、判断题

1.《固体废物　浸出毒性浸出方法　醋酸缓冲溶液法》（HJ/T 300—2007）规定了固体废物浸出毒性的浸出程序，未规定质量保证措施。（　　）

答案： ×

正确答案： 规定了质量保证措施。

2.《固体废物　浸出毒性浸出方法　醋酸缓冲溶液法》（HJ/T 300—2007）不仅适用于固体废物及其再利用产物中有机物和无机物的浸出毒性鉴别，还适用于氰化物的浸出毒性鉴别及含非水溶性液体的样品。（　　）

答案： ×

正确答案： 该标准不适用于氰化物的浸出毒性鉴别及含有非水溶性液体的样品。

3. 根据《固体废物　浸出毒性浸出方法　醋酸缓冲溶液法》（HJ/T 300—2007）测定固体废物浸出毒性时，分析时所用冰醋酸为优级纯。（　　）

答案： √

4. 根据《固体废物　浸出毒性浸出方法　醋酸缓冲溶液法》（HJ/T 300—2007）测定固体废物

浸出毒性时，分析时所用的浸提瓶应为 1 L 具旋盖和内盖的广口瓶。(　　)

答案：×

正确答案：所用浸提瓶为 2 L 具旋盖和内盖的广口瓶。

5. 根据《固体废物　浸出毒性浸出方法　醋酸缓冲溶液法》(HJ/T 300—2007) 测定固体废物浸出毒性时，分析时所用过滤装置的滤膜应为 0.6～0.8 μm 玻璃纤滤膜或微孔滤膜。(　　)

答案：√

6. 根据《固体废物　浸出毒性浸出方法　醋酸缓冲溶液法》(HJ/T 300—2007) 测定固体废物浸出毒性时，分析时所用电子天平精度为 0.1 g。(　　)

答案：×

正确答案：所用电子天平精度为 0.01 g。

7. 根据《固体废物　浸出毒性浸出方法　醋酸缓冲溶液法》(HJ/T 300—2007) 测定固体废物浸出毒性时，分析时所用筛网孔径为 9.5 mm。(　　)

答案：√

8. 根据《固体废物　浸出毒性浸出方法　醋酸缓冲溶液法》(HJ/T 300—2007) 测定含水率时，烘干温度为 150℃。(　　)

答案：×

正确答案：烘干温度为 105℃。

9. 根据《固体废物　浸出毒性浸出方法　醋酸缓冲溶液法》(HJ/T 300—2007) 测定含水率时，恒重至两次称量值的误差小于 ±0.1%。(　　)

答案：×

正确答案：误差小于 ±1%。

10. 根据《固体废物　浸出毒性浸出方法　醋酸缓冲溶液法》(HJ/T 300—2007) 测定含水率过程中，当样品中含有初始液相时，应将样品进行压力过滤，再测定滤渣的含水率，并根据初始液相重量计算样品中干固体百分率。(　　)

答案：×

正确答案：并根据总样品量（初始液相与滤渣重量之和）计算样品中的干固体百分率。

11. 根据《固体废物　浸出毒性浸出方法　醋酸缓冲溶液法》(HJ/T 300—2007) 进行含水率测定后的样品，继续用于浸出毒性试验。(　　)

答案：×

正确答案：进行含水率测定后的样品，不得用于浸出毒性试验。

12. 根据《固体废物　浸出毒性浸出方法　醋酸缓冲溶液法》(HJ/T 300—2007) 测定除挥发性有机物外的其他物质浸出过程，干固体百分率大于 9% 时，将滤渣按照浸出步骤浸出，初始液相与浸出液混合进行分析。(　　)

答案：×

正确答案：干固体百分率大于或等于 5% 的，将滤渣按照浸出步骤浸出。

13. 根据《固体废物　浸出毒性浸出方法　醋酸缓冲溶液法》(HJ/T 300—2007) 测定挥发性有机物浸出过程，干固体百分率小于 5% 时，所得到的初始液相即为浸出液，直接进行分析。(　　)

答案：√

14. 根据《固体废物　浸出毒性浸出方法　醋酸缓冲溶液法》（HJ/T 300—2007）测定固体废物浸出毒性时，样品破碎过程，样品颗粒应可以通过 9.5 mm 孔径的筛，对于粒径大的颗粒可通过破碎、切割或碾磨降低粒径。（　　）

答案：√

15. 根据《固体废物　浸出毒性浸出方法　醋酸缓冲溶液法》（HJ/T 300—2007）测定固体废物浸出毒性时，每测定 20 个样品或每批样品（样品量少于 20 个时）至少做 1 个浸出空白。（　　）

答案：√

16. 根据《固体废物　浸出毒性浸出方法　醋酸缓冲溶液法》（HJ/T 300—2007）测定固体废物浸出毒性时，每批样品不用做加标回收。（　　）

答案：×

正确答案：每批样品至少做 1 个加标回收样品。

17. 根据《固体废物　浸出毒性浸出方法　醋酸缓冲溶液法》（HJ/T 300—2007）测定固体废物浸出毒性时，真空过滤器或正压过滤器容积为 1 L。（　　）

答案：×

正确答案：真空过滤器或正压过滤器容积大于等于 1 L。

18. 根据《固体废物　浸出毒性浸出方法　醋酸缓冲溶液法》（HJ/T 300—2007）测定固体废物浸出毒性时，浸提剂 1# 为加 5.7 ml 冰醋酸至 500 ml 试剂水中，加 64.3 ml 1 mol/L 氢氧化钠，稀释至 1L。配制后溶液的 pH 应为 3.20±0.05。（　　）

答案：×

正确答案：配制后溶液的 pH 应为 4.93±0.05。

19. 根据《固体废物　浸出毒性浸出方法　醋酸缓冲溶液法》（HJ/T 300—2007）测定挥发性物质的浸出时，只能用浸提剂 1#。（　　）

答案：√

20. 根据《固体废物　浸出毒性浸出方法　醋酸缓冲溶液法》（HJ/T 300—2007）中的规定，浸提剂 1# pH 为 4.93±0.05，浸提剂 2# pH 为 2.64±0.05。（　　）

答案：√

二、单项选择题

1. 根据《固体废物　浸出毒性浸出方法　醋酸缓冲溶液法》（HJ/T 300—2007）测定固体废物浸出毒性时，零顶空提取器体积为________ml。（　　）

A．500～700　　B．500～600　　C．400～500　　D．400～600

答案：B

2. 根据《固体废物　浸出毒性浸出方法　醋酸缓冲溶液法》（HJ/T 300—2007）测定含水率时，称取样品量为________g。（　　）

A．50～100　　B．30～100　　C．20～100　　D．20～80

答案：A

3. 根据《固体废物　浸出毒性浸出方法　醋酸缓冲溶液法》（HJ/T 300—2007）测定挥发性有机物的浸出步骤时，按液固比________（L/L）计算浸提剂的体积。（　　）

A．10∶1　　B．20∶1　　C．20∶1　　D．20∶1

答案：C

4. 根据《固体废物　浸出毒性浸出方法　醋酸缓冲溶液法》（HJ/T 300—2007）对挥发性有机物进行浸提时，需将样品冷却到 0～4℃，称取干基重量为________g 的样品，快速转入 ZHE。（　　）

A．10～15　　B．20～40　　C．40～50　　D．20～25

答案：D

5. 根据《固体废物　浸出毒性浸出方法　醋酸缓冲溶液法》（HJ/T 300—2007）测定除挥发性有机物外的其他物质的浸出时，称取________g 的样品，置于________L 提取瓶中。（　　）

A．50～100，2　　B．70～100，2

C．70～90，1　　D．80～100，2

答案：B

6. 根据《固体废物　浸出毒性浸出方法　醋酸缓冲溶液法》（HJ/T 300—2007）测定除挥发性有机物外的其他物质浸出时，浸提剂的体积按照________（L/kg）计算。（　　）

A．液固比 10∶1　　B．固液比 10∶1　　C．液固比 20∶1　　D．液固比 15∶1

答案：C

7. 根据《固体废物　浸出毒性浸出方法　醋酸缓冲溶液法》（HJ/T 300—2007）测定除挥发性有机物外的其他物质浸出过程时，振荡装置的振荡频率为________r/min。（　　）

A．30±5　　B．40±2　　C．30±2　　D．50±2

答案：C

8. 根据《固体废物　浸出毒性浸出方法　醋酸缓冲溶液法》（HJ/T 300—2007）测定除挥发性有机物外的其他物质浸出过程时，振荡时间为________h。（　　）

A．15±2　　B．20±2　　C．16±2　　D．18±2

答案：D

9. 根据《固体废物　浸出毒性浸出方法　醋酸缓冲溶液法》（HJ/T 300—2007）测定挥发性有机物浸出过程时，振荡温度为________。（　　）

A．23±5℃　　B．20±2℃　　C．18±2℃　　D．23±2℃

答案：D

10. 根据《固体废物　浸出毒性浸出方法　醋酸缓冲溶液法》（HJ/T 300—2007）测定挥发性有机物的样品时，从采集到浸出的最大保留时间为________d。（　　）

A．18　　B．20　　C．14　　D．16

答案：C

11. 根据《固体废物　浸出毒性浸出方法　醋酸缓冲溶液法》（HJ/T 300—2007）测定挥发性有机物的样品时，从预处理到定量分析的最大保留时间为________d。（　　）

A．18　　B．20　　C．14　　D．16

答案：C

12. 根据《固体废物　浸出毒性浸出方法　醋酸缓冲溶液法》（HJ/T 300—2007）测定挥发性有机物质的最大总实验周期为________d。（　　）

A. 20　　B. 28　　C. 25　　D. 30

答案：B

13. 根据《固体废物　浸出毒性浸出方法　醋酸缓冲溶液法》（HJ/T 300—2007），测定除汞以外的金属项目样品时，从采集到浸出的最大保留时间为________d。（　　）

A. 250　　B. 200　　C. 180　　D. 160

答案：C

14. 根据《固体废物　浸出毒性浸出方法　醋酸缓冲溶液法》（HJ/T 300—2007）测定除汞以外金属项目的最大总实验周期为________d。（　　）

A. 500　　B. 360　　C. 280　　D. 660

答案：B

15. 根据《固体废物　浸出毒性浸出方法　醋酸缓冲溶液法》（HJ/T 300—2007）测定半挥发性物质的样品时，从采集到浸出的最大保留时间为________d。（　　）

A. 14　　B. 20　　C. 15　　D. 16

答案：A

16. 根据《固体废物　浸出毒性浸出方法　醋酸缓冲溶液法》（HJ/T 300—2007）测定半挥发性有机物的样品时，从预处理到定量分析的最大保留时间为________d。（　　）

A. 14　　B. 10　　C. 40　　D. 50

答案：C

三、问答题

1. 根据《固体废物　浸出毒性浸出方法　醋酸缓冲溶液法》（HJ/T 300—2007）简述醋酸缓冲溶液法评估浸出毒性的方法原理。

答案：以醋酸缓冲溶液为浸提剂，模拟工业废物在进入卫生填埋场后，其中的有害组分在填埋场渗滤液的影响下，从废物中浸出的过程。

2. 根据《固体废物　浸出毒性浸出方法　醋酸缓冲溶液法》（HJ/T 300—2007）简述采用醋酸缓冲溶液法评估浸出毒性时样品的保存和处理要求。

答案：除非冷藏会使样品性质发生不可逆改变，样品应于4℃冷藏保存。

测定样品的挥发性成分时，在样品的采集和贮存过程中应以适当的方式防止挥发性物质的损失。

用于金属分析的浸出液在贮存之前应用硝酸酸化至pH小于2；

用于有机成分分析的浸出液在贮存过程中不能接触空气，即零顶空保存。

四、计算题

1. 准确称取80.00 g固体废物样品于已恒重的称量瓶中，放入105℃烘箱中烘4 h后取出，置于干燥器中冷却0.5 h后称重，反复烘干至恒重，其重量为60.00 g，则样品的含水率为多少？

答案： 含水率 $=\frac{80.00-60.00}{80.00}\times100\%=25.0\%$

风干样的含水率为 25.0%。

2. 根据《固体废物　浸出毒性浸出方法　醋酸缓冲溶液法》（HJ/T 300—2007）进行浸出实验，固体废物试样的含水率为 45%，液固比为 20∶1，试验用试样干基重量为 45 g，应加多少浸提剂进行浸出试验？

答案： 试样重量 $=\frac{45}{100\%-45\%}=82\,(\text{g})$

$V_{水}=45\times20=900\,(\text{ml})$

$V_{浸提剂}=900-82\times45\%=863\,(\text{g})$

应加 863 ml 浸提剂。

参考文献

[1] 国家环境保护总局 . 固体废物　浸出毒性浸出方法　醋酸缓冲溶液法：HJ/T 300—2007 [S]. 北京：中国环境科学出版社，2007.

[2] 中国环境监测总站《环境监测人员持证上岗考核试题集》编写组. 环境监测人员持证上岗考核试题集：下册 . 4 版 [M] . 北京：中国环境出版集团，2018.

命题：张雪晶

审核：王　芳

第六节　固体废物　氟化物的测定　离子选择性电极法（GB/T 15555.11—1995）

一、判断题

1.《固体废物　氟化物的测定　离子选择性电极法》（GB/T 15555.11—1995）用于测定固体废物中的氟化物。（　　）

答案： ×

正确答案： 该方法用于测定固体废物浸出液中的氟化物。

2.《固体废物　氟化物的测定　离子选择性电极法》（GB/T 15555.11—1995）测定的是游离的和络合的氟离子浓度。（　　）

答案： ×

正确答案： 该方法测定的是游离的氟离子浓度。

3. 根据《固体废物　氟化物的测定　离子选择性电极法》（GB/T 15555.11—1995）测定固体

废物中氟化物时，加入总离子强度调节剂可络合干扰离子，保持溶液适当的 pH。(　　)

答案：√

4. 根据《固体废物　氟化物的测定　离子选择性电极法》(GB/T 15555.11—1995)测定固体废物中氟化物时，在碱性溶液中，如果氢氧根离子浓度大于 10^{-4} mol/L 时，氢氧根离子会干扰电极的响应。(　　)

答案：×

正确答案：OH^- 浓度大于 10^{-6} mol/L 时会干扰电极的响应。

5.《固体废物　氟化物的测定　离子选择性电极法》(GB/T 15555.11—1995)中规定，氟化物标准贮备液应保存于聚乙烯瓶中。(　　)

答案：√

6.《固体废物　氟化物的测定　离子选择性电极法》(GB/T 15555.11—1995)中规定，离子活度计或 pH 计应精确到 0.01 mV。(　　)

答案：×

正确答案：离子活度计或 pH 计应精确到 0.1 mV。

7.《固体废物　氟化物的测定　离子选择性电极法》(GB/T 15555.11—1995)中规定，浸出液应用玻璃瓶收集和贮存，可保存数月。(　　)

答案：×

正确答案：该方法规定浸出液应用聚乙烯瓶收集和贮存，若样品为中性，可保存数月。

8.《固体废物　氟化物的测定　离子选择性电极法》(GB/T 15555.11—1995)中规定，样品分析前要测定电极的实际斜率。(　　)

答案：√

9.《固体废物　氟化物的测定　离子选择性电极法》(GB/T 15555.11—1995)中规定，预测量系列样品时，应先测试定浓度后测定高浓度，如果测了高浓度试样后，用水冲洗电极后即可直接测定低浓度试样。(　　)

答案：×

正确答案：应很好地冲洗电极和搅拌子，消除记忆效应后方可测低浓度样品。

10. 根据《固体废物　氟化物的测定　离子选择性电极法》(GB/T 15555.11—1995)测定固体废物中氟化物时，直接蒸馏法比水蒸气蒸馏法更安全。(　　)

答案：×

正确答案：水蒸气蒸馏比直接蒸馏安全。

11. 根据《固体废物　氟化物的测定　离子选择性电极法》(GB/T 15555.11—1995)测定固体废物中氟化物时，当氟电极与含氟的试液接触时，电池的电动势随溶液中氟离子活度变化而变化。(　　)

答案：√

12. 根据《固体废物　氟化物的测定　离子选择性电极法》(GB/T 15555.11—1995)测定固体废物中氟化物时，氟电极对氟硼酸盐不响应，含有氟硼酸盐的样品不需要预处理。(　　)

答案：×

正确答案：含有氟硼酸盐或污染严重的样品，应先进行蒸馏。

13. 根据《固体废物　氟化物的测定　离子选择性电极法》（GB/T 15555.11—1995）测定固体废物中氟化物时，该方法不需要进行空白试验。（　　）

答案：×

正确答案：方法中规定用水替代样品，按样品测定的条件和步骤进行空白试验。

14.《固体废物　氟化物的测定　离子选择性电极法》（GB/T 15555.11—1995）中使用电极为氟离子选择电极和玻璃电极。（　　）

答案：×

正确答案：本方法中使用电极为氟离子选择电极和饱和甘汞电极或氯化银电极。

15.《固体废物　氟化物的测定　离子选择性电极法》（GB/T 15555.11—1995）中制备固体废物浸出液参考的是《固体废物　总汞的测定方法　冷原子吸收分光光度法》（GB/T 15555.1—1995），用水作浸提剂，所用振荡器为垂直振荡器。（　　）

答案：×

正确答案：本方法中制备固体废物浸出液所用振荡器为往复式水平振荡器。

二、单项选择题

1. 根据《固体废物　氟化物的测定　离子选择性电极法》（GB/T 15555.11—1995）测定固体废物中氟化物时，测定溶液 pH 在________为宜。（　　）

A．5～7　　B．5～8　　C．6～8　　D．6～9

答案：A

2.《固体废物　氟化物的测定　离子选择性电极法》（GB/T 15555.11—1995）的方法检出限为________mg/L（以 F^- 计）。（　　）

A．0.006　　B．0.01　　C．0.02　　D．0.05

答案：D

3. 根据《固体废物　氟化物的测定　离子选择性电极法》（GB/T 15555.11—1995）测定固体废物中氟化物时，25℃时电极斜率不低于________mV。（　　）

A．55　　B．56　　C．57　　D．58

答案：A

4. 根据《固体废物　氟化物的测定　离子选择性电极法》（GB/T 15555.11—1995）测定固体废物中氟化物时，称取基准氟化钠应预先于 105～120℃干燥________h，或者于 500～650℃干燥________min。（　　）

A．1，40　　B．1，50　　C．2，40　　D．2，50

答案：C

5. 根据《固体废物　氟化物的测定　离子选择性电极法》（GB/T 15555.11—1995）测定固体废物中氟化物时，电极电位稳定是指电位变化 5 min 不超过________mV。（　　）

A．0.1　　B．0.5　　C．1.0　　D．1.5

答案：B

6. 根据《固体废物　氟化物的测定　离子选择性电极法》（GB/T 15555.11—1995）测定固体废

物中氟化物时，样品中含有有机质时，用________代替高氯酸，以防发生爆炸。（　　）

A．硫酸　B．硝酸　C．盐酸　D．磷酸

答案：A

7. 根据《固体废物　氟化物的测定　离子选择性电极法》（GB/T 15555.11—1995）测定固体废物中氟化物时，氟化物的络合物稳定常数及干扰实验结果表明，________干扰最严重。（　　）

A．Fe^{3+}　B．Al^{3+}　C．Mg^{2+}　D．Ce^{4+}

答案：B

8.《固体废物　氟化物的测定　离子选择性电极法》（GB/T 15555.11—1995）中规定，用一次标准加入法测定样品时，样品加入标准溶液后测得的电位 E_2 与样品测得的电位 E_1 差值在________mV 为宜。（　　）

A．20～30　B．25～35　C．30～40　D．40～50

答案：C

9. 根据《固体废物　氟化物的测定　离子选择性电极法》（GB/T 15555.11—1995）测定固体废物中氟化物时，取适量样品于 50 ml 容量瓶中，用________（m/V）乙酸钠或________mol/L 盐酸调节至近中性。（　　）

A．10%，1　B．10%，2　C．15%，1　D．15%，2

答案：D

10. 根据《固体废物　氟化物的测定　离子选择性电极法》（GB/T 15555.11—1995）测定固体废物中氟化物时，测定准确度要求加标回收率在________。（　　）

A．80%～120%　B．85%～110%　C．90%～110%　D．90%～120%

答案：C

11. 根据《固体废物　氟化物的测定　离子选择性电极法》（GB/T 15555.11—1995）测定固体废物中氟化物时，溶液温度在 20～25℃时，氟离子浓度每改变 10 倍，电极电位变化________mV。（　　）

A．56±1　B．56±2　C．58±1　D．58±2

答案：B

12. 根据《固体废物　氟化物的测定　离子选择性电极法》（GB/T 15555.11—1995）测定固体废物中氟化物时，在测定前样品应达到室温，使样品与标准溶液温度相同，温差不超过________℃。（　　）

A．±0.5　B．±1　C．±2　D．±5

答案：B

13. 根据《固体废物　氟化物的测定　离子选择性电极法》（GB/T 15555.11—1995）中的规定，配制标准曲线时使用的氟化物标准溶液浓度为________mg/L。（　　）

A．1.0　B．5.0　C．10.0　D．20.0

答案：C

14. 根据《固体废物　氟化物的测定　离子选择性电极法》（GB/T 15555.11—1995）中的规定，分离浸出液的过滤装置应为市售成套玻璃砂芯过滤器，纤维滤膜孔径为________μm。（　　）

A. 0.22　　B. 0.45　　C. 0.70　　D. 1.0

答案：B

15. 根据《固体废物　氟化物的测定　离子选择性电极法》（GB/T 15555.11—1995）中的规定，测定样品时搅拌速度应适中、稳定，不形成涡流，测定过程中连续搅拌，搅拌速度大约为________ r/min。（　　）

A. 150　　B. 160　　C. 180　　D. 200

答案：C

三、问答题

1. 根据《固体废物　氟化物的测定　离子选择性电极法》（GB/T 15555.11—1995）简述如果电极膜表面被有机物等污染，应如何清洗。

答案：如果电极膜表面被有机物等污染，需清洗干净后使用。

（1）可用甲醇、丙酮等有机试剂清洗；

（2）可用洗涤剂，例如，先将电极浸入温热的稀洗涤剂（1 份洗涤剂加 9 份水），保持 3～5 min；

（3）必要时，可再放入另一份洗涤剂中，然后用水清洗，再用（1+1）盐酸浸 0.5 min，用水冲洗干净，用滤纸吸去水分。

2. 根据《固体废物　氟化物的测定方法　离子选择性电极法》（GB/T 15555.11—1995）简述水蒸气蒸馏的方法。

答案：（1）准确取适量（如 25.00 ml）样品置于蒸馏瓶中，在不断摇动下缓慢加入 15 ml 高氯酸（70%～72%），连接好蒸馏装置，加热；

（2）蒸馏瓶内温度约 130℃时，通入蒸汽并维持温度在（140±5）℃，控制蒸馏速度 5～6 ml/min；

（3）接收瓶馏出液体积约 150 ml 时，停止蒸馏，并用水稀释馏出液至 200 ml，供测定用。

参考文献

国家环境保护局，国家技术监督局．固体废物　氟化物的测定　离子选择性电极法：GB/T 15555.11—1995［S］．北京：中国环境科学出版社，1995.

命题：李昕芯

审核：蒋建勇

第七节　固体废物　六价铬的测定　二苯碳酰二肼分光光度法（GB/T 15555.4—1995）

一、判断题

1. 根据《固体废物　六价铬的测定　二苯碳酰二肼分光光度法》（GB/T 15555.4—1995）制备浸出液时，所用浸取容器的材质为塑料。（　　）

答案：×

正确答案：制备浸出液所用浸取容器的材质为聚乙烯。

2. 根据《固体废物　六价铬的测定　二苯碳酰二肼分光光度法》（GB/T 15555.4—1995）测定固体废物浸出液中六价铬时，还原性物质的干扰可在加入显色剂 5 min 后，加（1+1）磷酸来消除。（　　）

答案：×

正确答案：还原性物质的干扰可在加入显色剂 5 min 后，加（1+1）硫酸来消除。

3. 根据《固体废物　六价铬的测定　二苯碳酰二肼分光光度法》（GB/T 15555.4—1995）测定固体废物浸出液中六价铬时，还原性物质的干扰可在去除三价铬后，用高锰酸钾使其氧化后再测定。（　　）

答案：×

正确答案：还原性物质的干扰可在去除三价铬后，用过硫酸铵使其氧化后再测定。

4. 根据《固体废物　六价铬的测定　二苯碳酰二肼分光光度法》（GB/T 15555.4—1995）测定固体废物浸出液中六价铬时，有机物干扰可采用加入酸性重铬酸钾溶液来分解消除。（　　）

答案：×

正确答案：有机物干扰可采用加入酸性高锰酸钾溶液来分解消除。

5. 根据《固体废物　六价铬的测定　二苯碳酰二肼分光光度法》（GB/T 15555.4—1995）测定固体废物浸出液中六价铬时，若样品中存在次氯酸盐氧化物质干扰，可在样品中加入适量的硫酸、磷酸和尿素之后，再加入适量的高锰酸钾溶液来消除干扰。（　　）

答案：×

正确答案：若样品中存在次氯酸盐氧化性物质干扰，可在样品中加入适量的硫酸、磷酸和尿素之后，再加入适量的亚硝酸钠溶液来消除干扰。

6. 根据《固体废物　六价铬的测定　二苯碳酰二肼分光光度法》（GB/T 15555.4—1995）测定固体废物浸出液中六价铬时，测定结果应以新鲜样品计量。（　　）

答案：×

正确答案：六价铬测定结果应以干基计量。

7. 根据《固体废物　六价铬的测定　二苯碳酰二肼分光光度法》（GB/T 15555.4—1995）制备

浸出液所要求的振荡频率为 110±10 次 /min，振幅为 60 mm，室温下振荡 12 h。(　　)

答案： ×

正确答案： 制备浸出液所要求的振荡频率 110±10 次 /min，振幅为 40 mm，室温下振荡 8 h。

8. 根据《固体废物　六价铬的测定　二苯碳酰二肼分光光度法》(GB/T 15555.4—1995) 制备固体废物中六价铬的浸出液样品时，应称取 500 g 干基样于 2 L 水中（包括试样含水量），在规定的频率、温度、时间下振荡浸提。(　　)

答案： ×

正确答案： 制备固体废物中，六价铬的浸出液样品时，应称取 100 g 干基样于 1 L 水中（包括试样含水量），在规定的频率、温度、时间下振荡浸提。

9. 根据《固体废物　六价铬的测定　二苯碳酰二肼分光光度法》(GB/T 15555.4—1995) 测定固体废物浸出液中六价铬时，消除三价铬的干扰，须先采用氢氧化铝沉淀分离法分离三价铬。(　　)

答案： ×

正确答案： 测定六价铬时，消除三价铬的干扰，须先采用氢氧化锌沉淀分离法分离三价铬。

10. 根据《固体废物　六价铬的测定　二苯碳酰二肼分光光度法》(GB/T 15555.4—1995) 测定固体废物浸出液中六价铬时，当样品中有二价铁离子、亚硫酸根离子和硫代硫酸根离子等干扰物存在时，可在样品加入显色剂 5 min 后，加高锰酸钾溶液来消除干扰。(　　)

答案： ×

正确答案： 测定六价铬时，当样品中有二价铁离子、亚硫酸根离子和硫代硫酸根离子等干扰物存在时，可在样品加入显色剂 5 min 后，加 (1+1) 硫酸溶液 1.0 ml 来消除干扰。

11. 根据《固体废物　六价铬的测定　二苯碳酰二肼分光光度法》(GB/T 15555.4—1995) 测定固体废物浸出液中六价铬时，当样品存在色度干扰时，可另取一份试料，按测试步骤以丙酮代替显色剂，以水作参比测定其吸光度，扣除此色度，来校正吸光度值。(　　)

答案： √

12.《固体废物　六价铬的测定　二苯碳酰二肼分光光度法》(GB/T 15555.4—1995) 中规定，样品的浸出液在保存时，需将浸出液用硝酸调节 pH 为 6。(　　)

答案： ×

正确答案： 样品的浸出液在保存时，需将浸出液用氢氧化钠调节 pH 为 8。

13.《固体废物　六价铬的测定　二苯碳酰二肼分光光度法》(GB/T 15555.4—1995) 中规定，浸出液样品在加入保存剂后，应尽快分析，如需放置，应在 48 h 内测定。(　　)

答案： ×

正确答案： 浸出液样品在加入保存剂后需尽快分析，应在 24 h 内测定。

14.《固体废物　六价铬的测定　二苯碳酰二肼分光光度法》(GB/T 15555.4—1995) 中规定，水平振荡法要求振荡频率为 (110±10) 次 /min，振幅为 40 mm，在室温下振荡 12 h，静置 8 h 后取下，经 0.45 μm 滤膜过滤得到浸出液，测定污染物浓度。(　　)

答案： ×

正确答案： 水平振荡法要求振荡频率为 (110±10) 次 /min，振幅为 40 mm，在室温下振荡 8 h，静置 16 h 后取下，经 0.45 μm 滤膜过滤得到浸出液，测定污染物浓度。

15. 根据《固体废物 六价铬的测定 二苯碳酰二肼分光光度法》（GB/T 15555.4—1995）进行固体废物样品的水分测定时，将无机物样品于 120℃ 下干燥，恒重至 ±0.1g，测定其水分含量。（ ）

答案：×

正确答案：固体废物样品的水分测定，对于无机物样品于 105℃下干燥，恒重至 ±0.01 g，测定其水分含量。

16. 根据《固体废物 六价铬的测定 二苯碳酰二肼分光光度法》（GB/T 15555.4—1995）中的规定，工业固体废物样品保存期一般为 3 个月，易变质的不受此限制。（ ）

答案：×

正确答案：工业固体废物样品保存期一般为 1 个月，易变质的不受此限制。

17. 根据《固体废物 六价铬的测定 二苯碳酰二肼分光光度法》（GB/T 15555.4—1995）测定固体废物浸出液中六价铬时，若浸出液无还原性物质干扰，可直接取样进行测定。（ ）

答案：×

正确答案：测定固体废物浸出液中六价铬时，当无还原性物质及有机物、色度等干扰时可直接取样进行测定。

18. 根据《固体废物 六价铬的测定 二苯碳酰二肼分光光度法》（GB/T 15555.4—1995）测定固体废物浸出液中六价铬时，在酸性介质中，六价铬还原二苯碳酰二肼形成可溶性的亮蓝色化合物。（ ）

答案：×

正确答案：在酸性介质中，六价铬氧化二苯碳酰二肼形成可溶性的紫红色络合物。

19. 根据《固体废物 六价铬的测定 二苯碳酰二肼分光光度法》（GB/T 15555.4—1995）测定固体废物浸出液中六价铬时，钼、汞与显色剂生成络合物有干扰，但是在方法的显色酸度下，反应不灵敏。

答案：√

20. 根据《固体废物 六价铬的测定 二苯碳酰二肼分光光度法》（GB/T 15555.4—1995）测定固体废物浸出液中六价铬时，钒浓度大于 4.0 mg/L 干扰测定，但在显色 10 min 后，可自行褪色。

答案：√

二、单项选择题

1. 根据《固体废物 六价铬的测定 二苯碳酰二肼分光光度法》（GB/T 15555.4—1995）判断以下说法正确的是________。（ ）

A. 贮存样品的容器应用铬酸洗液浸泡过夜

B. 在酸性溶液中，六价铬和三价铬能与二苯碳酰二肼反应生成紫红色化合物

C. 次氯酸钠对测定无干扰

D. 将浸出液需中和后测定

答案：D

2. 根据《固体废物　六价铬的测定　二苯碳酰二肼分光光度法》(GB/T 15555.4—1995)测定固体废物中总铬或六价铬时，测定结果应以________计量。(　　)

A. 干基　　B. 新鲜样品　　C. 风干样　　D. 浸提液量

答案：A

3. 根据《固体废物　六价铬的测定　二苯碳酰二肼分光光度法》(GB/T 15555.4—1995)，测定水中六价铬时，二苯碳酰二肼与铬的络合物在________mm 处有最大吸收。(　　)

A. 450　　B. 470　　C. 540　　D. 570

答案：C

4. 根据《固体废物　六价铬的测定　二苯碳酰二肼分光光度法》(GB/T 15555.4—1995)测定固体废物浸出液中六价铬时，如有颜色、浑浊或者有________及有机物，对测定均有干扰，须进行预处理。(　　)

A. 氧化性物质　　B. 还原性物质

C. 重金属物质　　D. 氧化性、还原性物质

答案：D

5. 根据《固体废物　六价铬的测定　二苯碳酰二肼分光光度法》(GB/T 15555.4—1995)测定固体废物浸出液中六价铬时，加入磷酸的主要作用是________。(　　)

A. 消除 Fe^{3+} 的干扰　　B. 消除 Fe^{2+} 的干扰

C. 控制溶液的酸度　　D. 消除 Fe^{3+} 的干扰，控制溶液的酸度

答案：D

6. 根据《固体废物　六价铬的测定　二苯碳酰二肼分光光度法》(GB/T 15555.4—1995)测定水中六价铬时，显色剂二苯碳酰二肼可储存在棕色玻璃瓶中，________。(　　)

A. 长期使用，直至完用　　B. 颜色变深能再使用

C. 颜色变浅能再使用　　D. 颜色变深不能再使用

答案：D

7. 根据《固体废物　六价铬的测定　二苯碳酰二肼分光光度法》(GB/T 15555.4—1995)测定固体废物浸出液中六价铬时，六价铬与二苯碳酰二肼作用，生成络合物的颜色为________。(　　)

A. 绿色　　B. 紫红色　　C. 黄色　　D. 蓝色

答案：B

8. 利用二苯碳酰二肼与铬反应以测定铬，该方法测定的是________。(　　)

A. 三价铬　　B. 六价铬　　C. 二价铬　　D. 四价铬

答案：B

9. 根据《固体废物　六价铬的测定　二苯碳酰二肼分光光度法》(GB/T 15555.4—1995)测定固体废物浸出液中六价铬时，用________掩蔽三价铁离子的干扰。(　　)

A. EDTA　　B. 酒石酸钾钠　　C. 氨磺酸钠　　D. 磷酸

答案：D

10. 根据《固体废物　六价铬的测定　二苯碳酰二肼分光光度法》(GB/T 15555.4—1995)测定固体废物浸出液中六价铬，当取样体积为 50 ml，且使用 30 mm 比色皿时，方法的最低检出浓度

为________mg/L。(　　)

A. 0.004　　B. 0.005　　C. 0.001　　D. 0.006

答案：A

11. 根据《固体废物　六价铬的测定　二苯碳酰二肼分光光度法》(GB/T 15555.4—1995)测定六价铬，当取样体积为 50 ml，且使用 10 mm 比色皿时，方法的测定上限浓度为________mg/L。(　　)

A. 0.5　　B. 1.0　　C. 5.0　　D. 10.0

答案：B

12. 根据《固体废物　六价铬的测定　二苯碳酰二肼分光光度法》(GB/T 15555.4—1995)测定六价铬时，主要干扰是________。(　　)

A. 水样色度

B. 水样浊度

C. 还原性物质

D. 颜色、浊度、氧化性、还原性物质以及有机物

答案：D

13. 根据《固体废物　六价铬的测定　二苯碳酰二肼分光光度法》(GB/T 15555.4—1995)，显色剂变为________色，不能使用。(　　)

A. 红　　B. 橙　　C. 黄　　D. 无

答案：B

14. 根据《固体废物　六价铬的测定　二苯碳酰二肼分光光度法》(GB/T 15555.4—1995)测定六价铬时，配制显色剂时若加________，在暗处可保存 30～40 d。(　　)

A. 乙醇　　B. 苯二甲酸酐　　C. 甲苯　　D. 三氯甲烷

答案：B

15. 根据《固体废物　六价铬的测定　二苯碳酰二肼分光光度法》(GB/T 15555.4—1995)测定六价铬时，所用玻璃仪器均不可用________洗涤。(　　)

A. 碱性高锰酸钾洗液　　B. 重铬酸钾洗液

C. 氢氧化钠乙醇洗液　　D. 洗涤剂

答案：B

16. 根据《固体废物　六价铬的测定　二苯碳酰二肼分光光度法》(GB/T 15555.4—1995)测定六价铬，进行次氯酸盐氧化性物质的消除时，取适量试样于 50 ml 的比色管中作为试料，中和后用水稀释至标线，加硫酸 0.5 ml、磷酸 0.5 ml、尿素 1.0 ml 摇匀，逐滴加入________边加边摇，使溶液中气体完全排出。(　　)

A. 硝酸钠溶液　　B. 亚硝酸钠溶液　　C. 硝酸溶液　　D. 硫酸钠溶液

答案：B

17. 根据《固体废物　六价铬的测定　二苯碳酰二肼分光光度法》(GB/T 15555.4—1995)进行样品分析时，加入硫酸 0.5 ml、磷酸 0.5 ml 摇匀，加色剂 2.0 ml，摇匀，放置________min，比色。(　　)

A．5　　B．10　　C．15　　D．20

答案：B

18. 根据《固体废物　六价铬的测定　二苯碳酰二肼分光光度法》（GB/T 15555.4—1995）测定六价铬，消除有机物时，应先用________沉淀分离掉三价铬，再用酸性高锰酸钾氧化分解有机物。（　　）

A．氢氧化钠　　B．氢氧化锌　　C．氢氧化镁　　D．氢氧化铝

答案：B

19. 根据《固体废物　六价铬的测定　二苯碳酰二肼分光光度法》（GB/T 15555.4—1995）测定六价铬时，所有玻璃器皿内壁须光洁，可用________或合成洗涤剂洗涤，洗涤后要冲洗干净。（　　）

A．碱性高锰酸钾洗液　　B．硝酸、硫酸混合液

C．重铬酸钾洗液　　D．氢氧化钠乙醇洗液

答案：B

20. 根据《固体废物　六价铬的测定　二苯碳酰二肼分光光度法》（GB/T 15555.4—1995）测定六价铬时，显色酸度在________mol/L（1/2 H_2SO_4）为宜，以________mol/L 最好。（　　）

A．0.1～0.5，0.3　　B．0.05～0.3，0.2

C．0.05～0.2，0.1　　D．0.1～0.3，0.2

答案：B

三、问答题

1. 简述《固体废物　六价铬的测定　二苯碳酰二肼分光光度法》（GB/T 15555.4—1995）的方法原理。

答案：在酸性溶液中，六价铬与二苯碳酰二肼反应生成紫红色络合物，于最大吸收波长 540 mm 进行分光光度法测定。

2. 根据《固体废物　六价铬的测定　二苯碳酰二肼分光光度法》（GB/T 15555.4—1995）简述试样色度影响测定时，如何操作。

答案：如试样色度影响测定时，可另取一份试料，用 2.0 ml 丙酮代替显色剂，以水作参比测定试料的吸光度，扣除此色度，校正吸光度值。

3. 根据《固体废物　六价铬的测定　二苯碳酰二肼分光光度法》（GB/T 15555.4—1995）简述还原性物质的消除方法。

答案：取适量试样于 50 ml 的比色管中作为试料，中和后用水稀释至标线，加显色剂 4.0 ml，摇匀，放 5 min 后，加（1+1）硫酸 1.0 ml，摇匀，放 10 min 后，于 540 nm 处以水作参比测定吸光度，可消除还原性物质的干扰。

4. 根据《固体废物　六价铬的测定　二苯碳酰二肼分光光度法》（GB/T 15555.4—1995）简述次酸盐氧化性物质的消除方法。

答案：取适量试样于 50 ml 的比色管中作为试料，中和后用水稀释至标线，加硫酸 0.5 ml、磷酸 0.5 ml、尿素 1.0 ml 摇匀，逐滴加入亚硝酸钠溶液，边加边摇，使溶液中气体完全排除后，加显

色剂 2.0 ml，于 540 nm 处以水作参比测定吸光度。

四、计算题

1. 根据《固体废物　六价铬的测定　二苯碳酰二肼分光光度法》（GB/T 15555.4—1995）测定六价铬时，欲配制浓度为 50 mg/l 的 Cr^{6+} 的标准溶液 500 ml，应称取多少克 $K_2Cr_2O_7$？（已知 $K_2Cr_2O_7$ 分子量为 294.2，Cr 分子量 51.996）

答案： 50 mg/L × 0.5 L × 294.2/51.996/1 000=0.141 5 g

2. 二苯碳酰二肼分光光度法测定固体废物浸出液中 Cr^{6+} 的校准曲线为：y=0.044x+0.001，取 25.0 ml 浸出液于 50 ml 的比色管中定容，测得试样中吸光度为 0.085（A_0=0.015），求浸出液中 Cr^{6+} 的浓度

答案：（0.085−0.015−0.001）/0.044/50 × 2=0.063 mg/L

参考文献

[1] 国家环境保护局，国家技术监督总局 . 固体废物六价铬的测定二苯碳酰二肼分光光度法：GB/T 15555.4—1995［S］. 北京：中国环境科学出版社，1995.

[2] 中国环境监测总站《环境监测人员持证上岗考核试题集》编写组．环境监测人员持证上岗考核试题集：下册 . 4 版［M］. 北京：中国环境出版集团，2018.

命题：刘彦杰

审核：胡新跃

第八节　固体废物　总铬的测定　二苯碳酰二肼分光光度法（GB/T 15555.5—1995）

一、判断题

1. 根据《固体废物　总铬的测定　二苯碳酰二肼分光光度法》（GB/T 15555.5—1995）制备浸出样品时，通过过滤装置分离固液相，应立即测定滤液的 pH。（　　）

答案： √

2. 根据《固体废物　总铬的测定　二苯碳酰二肼分光光度法》（GB/T 15555.5—1995）测定总铬时，如有铜、铁、钼和钒等干扰，可用氨水调节样品至中性后加（1+1）硫酸溶液，反复用氯仿萃取，从而达到消除其干扰的目的。（　　）

答案： ×

正确答案： 加硫酸后还应加铜铁试剂。

3. 根据《固体废物　总铬的测定　二苯碳酰二肼分光光度法》（GB/T 15555.5—1995）测定

总铬时，试液为 50 ml，使用 30 mm 光程比色皿，方法的最小检出量为 0.2 μg，最低检出浓度为 0.004 mg/l。(　　)

答案：√

4. 根据《固体废物　总铬的测定　二苯碳酰二肼分光光度法》(GB/T 15555.5—1995)测定总铬时，浸出液样品在加入保存剂后需尽快分析，应在 12 h 内测定。(　　)

答案：×

正确答案：浸出液样品在加入保存剂后，应在 24 h 内测定。

5. 根据《固体废物　总铬的测定　二苯碳酰二肼分光光度法》(GB/T 15555.5—1995)测定总铬时，试液颜色浑浊或者含有氧化性、还原性物质及有机物等均干扰测定。(　　)

答案：√

6. 根据《固体废物　总铬的测定　二苯碳酰二肼分光光度法》(GB/T 15555.5—1995)测定总铬时，显色剂在贮存后，发现颜色变深，能继续使用。(　　)

答案：×

正确答案：发现颜色变深，不能继续使用。

7. 根据《固体废物　总铬的测定　二苯碳酰二肼分光光度法》(GB/T 15555.5—1995)制备浸出样品时，应称取 50 g 干基试样于 1 L 水中(包括试样含水量)。(　　)

答案：×

正确答案：应称取 100 g 干基试样于 1 L 水中(包括试样含水量)。

8. 根据《固体废物　总铬的测定　二苯碳酰二肼分光光度法》(GB/T 15555.5—1995)制备浸出样品时，如固体废物为多相，干固体的含量小于 0.5 (*m*/*m*)%，可分离固液相，固相风干磨碎应能通过 2 mm 筛孔，然后浸取。(　　)

答案：×

正确答案：干固体的含量大于 0.5 (*m*/*m*)%，固相风干磨碎应能通过 5 mm 筛孔，然后浸取。

9. 根据《固体废物　总铬的测定　二苯碳酰二肼分光光度法》(GB/T 15555.5—1995)制备浸出样品时，所用过滤装置滤膜孔径为 0.22 μm。(　　)

答案：×

正确答案：所用过滤器滤膜孔径为 0.45 μm。

10. 根据《固体废物　总铬的测定　二苯碳酰二肼分光光度法》(GB/T 15555.5—1995)制备浸出样品时，所用过滤器为玻璃砂芯过滤器。(　　)

答案：√

11. 根据《固体废物　总铬的测定　二苯碳酰二肼分光光度法》(GB/T 15555.5—1995)测定总铬时，钒浓度大于 1.0 mg/L 会干扰测定，但是显色 10 min 后，可自行褪色。

答案：×

正确答案：钒浓度大于 4.0 mg/L 会干扰测定。

12. 根据《固体废物　总铬的测定　二苯碳酰二肼分光光度法》(GB/T 15555.5—1995)制备浸出样品时，液相如果和浸出液相溶，可合并混匀后分析。(　　)

答案：√

13. 根据《固体废物 总铬的测定 二苯碳酰二肼分光光度法》（GB/T 15555.5—1995）制备浸出样品时，液相如果和浸出液不相溶，则各自计量体积后分别进行分析。（ ）

答案：√

14. 根据《固体废物 总铬的测定 二苯碳酰二肼分光光度法》（GB/T 15555.5—1995）制备浸出样品时，所用混合容器体积为 1 L。（ ）

答案：×

正确答案：所用混合容器体积为 2 L。

15. 根据《固体废物 总铬的测定 二苯碳酰二肼分光光度法》（GB/T 15555.5—1995）测定总铬时，显色剂二苯碳酰二肼溶液可室温保存于透明玻璃瓶中。（ ）

答案：×

正确答案：显色剂二苯碳酰二肼溶液应低温保存于棕色玻璃瓶中。

二、单项选择题

1. 根据《固体废物 总铬的测定 二苯碳酰二肼分光光度法》（GB/T 15555.5—1995）测定总铬时，浸出液用硝酸调 pH<2 后，贮存________中。（ ）

A. 聚乙烯或塑料瓶　B. 塑料或玻璃瓶　C. 聚乙烯或玻璃瓶　D. 塑料瓶

答案：C

2. 根据《固体废物 总铬的测定 二苯碳酰二肼分光光度法》（GB/T 15555.5—1995）测定总铬时，如样品中有机物质含量较高，可加________和________各 5 ml，蒸发至冒白烟，来消除干扰。（ ）

A. 盐酸；硝酸　B. 磷酸；硝酸　C. 硝酸；硫酸　D. 磷酸；硫酸

答案：C

3. 根据《固体废物 总铬的测定 二苯碳酰二肼分光光度法》（GB/T 15555.5—1995）测定总铬时，将浸出液中三价铬氧化成六价铬的过程中，最后滴加________消除氧化性物质干扰。（ ）

A. 亚硫酸铵　B. 亚硝酸钠　C. 亚硫酸钠　D. 过硫酸铵

答案：B

4. 根据《固体废物 总铬的测定 二苯碳酰二肼分光光度法》（GB/T 15555.5—1995）制备浸出液时，当采集的固体废物中干固体的含量________（*m*/*m*）不经过浸出可直接取样分析。（ ）

A. 小于 0.5%　B. 大于 0.5%　C. 小于 1%　D. 大于 1%

答案：A

5. 根据《固体废物 总铬的测定 二苯碳酰二肼分光光度法》（GB/T 15555.5—1995）制备浸出液所用浸取容器的材质为________。（ ）

A. 玻璃瓶　B. 棕色玻璃瓶　C. 塑料　D. 高密聚乙烯瓶

答案：D

6. 根据《固体废物 总铬的测定 二苯碳酰二肼分光光度法》（GB/T 15555.5—1995）测定总铬时，使用 10 mm 光程比色皿，测定上限为________mg/l。（ ）

A. 0.5　B. 1　C. 2　D. 3

答案：B

7. 根据《固体废物　总铬的测定　二苯碳酰二肼分光光度法》（GB/T 15555.5—1995）测定总铬时，________于显色剂生成有色络合物有干扰，但是在方法的显色酸度下，反应不灵敏。（　　）

A. 钼；铁　　B. 铁；汞　　C. 钼；汞　　D. 铁；钒

答案：C

8. 根据《固体废物　总铬的测定　二苯碳酰二肼分光光度法》（GB/T 15555.5—1995）测定总铬时，将浸出液中三价铬氧化成六价铬的过程中，加尿素的作用是________。（　　）

A. 调节 pH　　B. 消除还原物质干扰

C. 消除氧化性物质干扰　　D. 分解过量的亚硝酸钠

答案：D

9. 根据《固体废物　总铬的测定　二苯碳酰二肼分光光度法》（GB/T 15555.5—1995）测定总铬时，取含铬________μg 浸出液于 150 ml 三角瓶中，调节 pH 至中性。（　　）

A. 小于 25　　B. 小于 50　　C. 小于 100　　D. 小于 200

答案：B

10. 根据《固体废物　总铬的测定　二苯碳酰二肼分光光度法》（GB/T 15555.5—1995）测定总铬时，铁浓度________mg/L，不干扰测定。（　　）

A. 大于 0.5　　B. 大于 1.0　　C. 大于 1.5　　D. 大于 2.0

答案：B

11. 根据《固体废物　总铬的测定　二苯碳酰二肼分光光度法》（GB/T 15555.5—1995）测定总铬时，测定结果应以________计量。（　　）

A. 风干样品　　B. 新鲜样品　　C. 干基　　D. 湿基

答案：C

12. 根据《固体废物　总铬的测定　二苯碳酰二肼分光光度法》（GB/T 15555.5—1995）测定总铬时，将浸出液中三价铬用________氧化成六价铬。（　　）

A. 重铬酸钾　　B. 双氧水　　C. 氯化铁　　D. 高锰酸钾

答案：D

13. 根据《固体废物　总铬的测定　二苯碳酰二肼分光光度法》（GB/T 15555.5—1995）测定总铬时，三价铬氧化为六价铬，六价铬与二苯碳酰二肼生成紫红色络合物，于________nm 处测吸光度。（　　）

A. 275　　B. 475　　C. 510　　D. 540

答案：D

14. 根据《固体废物　总铬的测定　二苯碳酰二肼分光光度法》（GB/T 15555.5—1995）制备浸出样品，所要求的振荡频率是（100±10）次 /min，振幅为 40 mm，在室温下振荡________h，静置________h。（　　）

A. 4；8　　B. 8；8　　C. 8；16　　D. 16；16

答案：C

15. 根据《固体废物　总铬的测定　二苯碳酰二肼分光光度法》（GB/T 15555.5—1995）测定总铬时，三价铬氧化为六价铬后，为防止六价铬被还原，应在溶液中先加入________。（　　）

A. 硫酸　　B. 盐酸　　C. 叠氮化钠　　D. 尿素

答案：D

三、问答题

1. 根据《固体废物　总铬的测定　二苯碳酰二肼分光光度法》（GB/T 15555.5—1995）简述测定总铬原理?

答案：在酸性溶液中，试料中的三价铬被高锰酸钾氧化成六价铬，六价铬与二苯碳酰二肼反应生成紫红色络合物，于 540 nm 处测吸光度。过量的高锰酸钾用亚硝酸钠分解，再用尿素分解过量的亚硝酸钠。

2. 根据《固体废物　总铬的测定　二苯碳酰二肼分光光度法》（GB/T 15555.5—1995）测定总铬时，试样中钼、钒、铜、铁的含量过高干扰测定时的消除方法。

答案：取适量试样于分液漏斗中，加水至 50 ml，用氨水调至中性，加硫酸 3 ml，用冰水冷却后，加铜铁试剂，振摇 1 min，于冰水中冷却 2 min，用氯仿 5 ml，共萃取 3 次，弃去氯仿层，水层转入三角瓶中，用少量水洗分液漏斗于三角瓶中，加热煮沸。赶掉水中氯仿，氧化处理后测定。

四、计算题

从浸出液中取 20 ml 试样，用二苯碳酰二肼分光光度法测定固体废物中的总铬，由校准曲线查得的铬含量为 34 μg，求此浸出液中总铬的浓度?

答案：$C=m/v$=34/20=1.7（mg/L）

浸出液中总铬的浓度为 1.7 mg/L。

参考文献

[1] 国家环保局，国家技术监督局．固体废物　总铬的测定　二苯碳酰二肼分光光度法：GB/T 15555.5—1995［S］．北京：中国环境科学出版社，1995.

[2] 国家环境保护局，国家技术监督局．固体废物　总汞的测定　冷原子吸收分光光度法：GB/T 15555.1—1995［S］．北京：中国环境科学出版社，1995.

命题：杨金凤

审核：张　梁

第九节　固体废物　总铬的测定　火焰原子吸收分光光度法（HJ 749—2015）

一、判断题

1. 根据《固体废物　总铬的测定　火焰原子吸收分光光度法》（HJ 749—2015）制备固态废物

或黏稠状的污泥样品的样品时，应准确称取 10 g 样品并精确至 0.01 g。(　　)

答案：√

2. 根据《固体废物　总铬的测定　火焰原子吸收分光光度法》(HJ 749—2015) 测定总铬时，7% 以上的 HCl、$HClO_4$ 对铬的测定有负干扰。(　　)

答案：×

正确答案：7% 以上的 HCl、$HClO_4$ 对铬的测定有正干扰。

3. 根据《固体废物　总铬的测定　火焰原子吸收分光光度法》(HJ 749—2015) 测定总铬，当使用贫燃性空气－乙炔火焰时，Fe 和 Ni 的干扰变小，但铬测定的灵敏度明显降低。(　　)

答案：√

4. 微波消解法适用于所有制备固体废物浸出液试样的制备。(　　)

答案：×

正确答案：微波消解法不适用于消解有机物含量较高的样品，如果浸出液中有机物含量较高，建议使用电热板法。

5. 根据《固体废物　总铬的测定　火焰原子吸收分光光度法》(HJ 749—2015) 中的微波消解法制备固体废物试样时，如果消解液已经澄清，则不用再加入氢氟酸和过氧化氢，赶酸后直接定容。(　　)

答案：√

6. 根据《固体废物　总铬的测定　火焰原子吸收分光光度法》(HJ 749—2015) 测定总铬时，原子吸收分光光度计的燃烧器高度对铬的灵敏度无明显影响。(　　)

答案：×

正确答案：原子吸收分光光度计的燃烧器高度对铬的灵敏度有明显影响，测定时需将燃烧器高度调至最佳。

7. 根据《固体废物　总铬的测定　火焰原子吸收分光光度法》(HJ 749—2015) 测定总铬时，在消解过程中，不得将溶液蒸干，且煮沸过程要防止样品喷溅。如发生，则应重新取样并消解。(　　)

答案：√

二、单项选择题

1. 根据《固体废物　总铬的测定　火焰原子吸收分光光度法》(HJ 749—2015) 测定固体废物浸出液中的总铬时，当定容体积为 50 ml 时，方法检出限为________mg/L。(　　)

A. 0.01　　B. 0.02　　C. 0.03　　D. 0.12

答案：B

2. 根据《固体废物　总铬的测定　火焰原子吸收分光光度法》(HJ 749—2015) 中的规定，固体废物试样经消解转移至容量瓶后，需加入 10%________再进行定容。(　　)

A. 氯化铵　　B. 硝酸铵　　C. 氯化钾　　D. 硝酸钾

答案：A

3. 根据《固体废物　总铬的测定　火焰原子吸收分光光度法》(HJ 749—2015) 及《工业固体废物采样制样技术规范》(HJ/T20) 制备固体废物样品时，样品经自然风干或冷冻干燥及称重，研

磨后全部过________目筛备用。(　　)

A. 60　　B. 80　　C. 100　　D. 200

答案：C

4. 根据《固体废物　总铬的测定　火焰原子吸收分光光度法》(HJ 749—2015)采用电热板消解法制备固体废物试样时，30% 过氧化氢加入的总量不得超过________ml。(　　)

A. 1　　B. 2　　C. 5　　D. 10

答案：D

5. 用硫酸硝酸法浸出鉴别毒性时，浸提剂 1# (硫酸硝酸)的 pH 为________。(　　)

A. 3.00±0.05　　B. 3.00±0.10　　C. 3.20±0.05　　D. 3.20±0.10

答案：C

6. 根据《固体废物　总铬的测定　火焰原子吸收分光光度法》(HJ 749--2015)及《固体废物　浸出毒性浸出方法　硫酸硝酸法》(HJ/T 299—2007)，浸提时，根据样品的含水率，按液固比为________(L/kg)计算出所需浸提液的体积。(　　)

A. 2∶1　　B. 5∶1　　C. 8∶1　　D. 10∶1

答案：D

三、问答题

1. 根据《固体废物　总铬的测定　火焰原子吸收分光光度法》(HJ 749—2015)简述测定总铬的方法原理。

答案：固体废物浸出液或固体废物经酸消解后直接喷入火焰原子吸收分光光度计的空气－乙炔火焰中；所形成的铬基态原子对 357.9 nm 或其他的共振线产生吸收，其吸光度值与铬的质量浓度成正比。

2. 根据《工业固体废物采样制样技术规范》(HJ/T20)简述固体废物采样都有哪些方法?

答案：(1)简单随机采样法；

(2)系统采样法；

(3)分层采样法；

(4)两段采样法；

(5)权威采样法。

3. 根据《固体废物　浸出毒性浸出方法　硫酸硝酸法》(HJ/T 299—2007)简述浸出毒性的定义。

答案：固体废物遇水浸沥，浸出的有害物质迁移转化，污染环境，这种危害特性称为浸出毒性。

4. 常用的固体废物浸出毒性浸出的方法有哪些?

答案：(1)硫酸硝酸法；

(2)醋酸缓冲溶液法；

(3)水平振荡法；

(4)翻转法。

5. 根据《固体废物　总铬的测定　火焰原子吸收分光光度法》(HJ 749—2015)，铬的可测定波长较多，请说明各波长的适用范围。

答案：(1)357.9 nm 线最为灵敏，可测定低含量的铬；

（2）359.4 nm、360.5 nm 线灵敏度稍低于 357.9 nm，也可使用；

（3）测定高含量的铬时，建议使用 425.5 nm，427.5 nm 或 429.0 nm 线。

参考文献

[1] 环境保护部. 固体废物　总铬的测定　火焰原子吸收分光光度法：HJ 749—2015 [S]. 中国环境出版集团，2015.

[2] 环境保护总局. 工业固体废物采样制样技术规范：HJ/T 20—1998 [S]. 中国环境科学出版社，1998.

[3] 生态环境部. 危险废物鉴别技术规范：HJ/T 298—2019 [S]. 中国环境出版集团，2019.

[4] 国家环境保护总局. 固体废物　浸出毒性浸出方法　硫酸硝酸法：HJ/T 299—2007 [S]. 中国环境科学出版社，2007.

[5] 齐文启. 环境监测实用技术 [M]. 北京：中国环境科学出版社，2006.

命题：魏　铮

审核：田　野

第十节　固体废物　铅、锌和镉的测定　火焰原子吸收分光光度法（HJ 786—2016）

一、判断题

1. 根据《固体废物　铅、锌和镉的测定　火焰原子吸收分光光度法》（HJ 786—2016）测定固体废物中铅、锌和镉含量时，实验中使用的硝酸、高氯酸具有强氧化性和腐蚀性，溶液配制及样品预处理过程应在通风橱中进行操作。（　　）

答案：√

2.《固体废物　铅、锌和镉的测定　火焰原子吸收分光光度法》（HJ 786—2016）只适用于固体废物中铅、锌和镉的测定。（　　）

答案：×

正确答案：适用于固体废物及固体废物浸出液中铅、锌和镉的测定。

3. 根据《固体废物　铅、锌和镉的测定　火焰原子吸收分光光度法》（HJ 786—2016）中的规定，当固体废物取样量为 0.5 g，消解后定容体积为 25 ml 时，铅的方法检出限为 2.0 mg/kg。（　　）

答案：√

4. 根据《固体废物　铅、锌和镉的测定　火焰原子吸收分光光度法》（HJ 786—2016）中的规定，当固体废物浸出液取样量为 50 ml，消解后定容体积为 50 ml 时，锌的方法检出限为 0.05 mg/L。（　　）

答案：×

正确答案：当固体废物浸出液取样量为 50 ml，消解后定容体积为 50 ml 时，锌的方法检出限为 0.06 mg/L。

5. 根据《固体废物　铅、锌和镉的测定　火焰原子吸收分光光度法》（HJ 786—2016）中的规定，当钙的含量高于 100 mg/L 时，会抑制镉的吸收。（　　）

答案：×

正确答案：当钙的含量高于 1 000 mg/L 时，会抑制镉的吸收。

6. 根据《固体废物　铅、锌和镉的测定　火焰原子吸收分光光度法》（HJ 786—2016）测定固体废物中铅、锌和镉，当样品中含盐量很高，分析谱线波长高于 350 nm 时，会出现非特征吸收。（　　）

答案：×

正确答案：当样品中含盐量很高，分析谱线波长低于 350 nm 时，会出现非特征吸收。

7. 根据《固体废物　铅、锌和镉的测定　火焰原子吸收分光光度法》（HJ 786—2016）测定固体废物中铅、锌和镉含量时，当样品基体成分复杂或者不明时，应采用标准加入法进行试样测定并计算结果。（　　）

答案：√

8. 根据《固体废物　铅、锌和镉的测定　火焰原子吸收分光光度法》（HJ 786—2016）测定固体废物中铅、锌和镉含量，进行固体废物样品制备时，应使用金属筛。（　　）

答案：×

正确答案：进行固体废物样品制备时，应使用非金属筛。

9. 根据《固体废物　铅、锌和镉的测定　火焰原子吸收分光光度法》（HJ 786—2016）测定固体废物中铅、锌和镉含量，在测定固体废物中的铅时，火焰应为贫燃性火焰。（　　）

答案：×

正确答案：在测定固体废物中的铅时，火焰应为中性火焰。

10. 根据《固体废物　铅、锌和镉的测定　火焰原子吸收分光光度法》（HJ 786—2016）用电热板消解固体废物试样，在加热时勿使样品中有大量的气泡冒出，否则会造成样品的损失。（　　）

答案：√

11. 根据《固体废物　铅、锌和镉的测定　火焰原子吸收分光光度法》（HJ 786—2016）消解固体废物试样时，若消解液中含有未溶解颗粒，需进行过滤、离心分离或自然沉降。（　　）

答案：√

12. 根据《固体废物　铅、锌和镉的测定　火焰原子吸收分光光度法》（HJ 786—2016）测定固体废物中铅、锌和镉含量时，实验中产生的废液和废物应分类收集，并送具有资质的单位处置。（　　）

答案：√

13. 根据《固体废物　铅、锌和镉的测定　火焰原子吸收分光光度法》（HJ 786—2016）测定固体废物时，测定结果应保留 3 位有效数字。（　　）

答案：×

正确答案：对于固体废物，当测定结果小于 100 mg/kg 时，保留小数点后 1 位；当测定结果大于或等于 100 mg/kg 时，保留 3 位有效数字。

14. 根据《固体废物　铅、锌和镉的测定　火焰原子吸收分光光度法》（HJ 786—2016）中的规

定，实验室空白的测定结果应可以低于方法测定下限。(　　)

答案：×

正确答案：实验室空白的测定结果应低于方法检出限。

15. 根据《固体废物　铅、锌和镉的测定　火焰原子吸收分光光度法》(HJ 786—2016)中的规定，若固体废物中铅、锌或镉的含量较高，试样消解后定容体积可根据实际情况确定。(　　)

答案：√

16. 根据《固体废物　铅、锌和镉的测定　火焰原子吸收分光光度法》(HJ 786—2016)中的规定，可以使用电热板消解法和微波消解法制备固体废物及固体废物浸出液试样。(　　)

答案：√

17. 根据《固体废物　铅、锌和镉的测定　火焰原子吸收分光光度法》(HJ 786—2016)中的规定，镉标准使用液可以提前配制完成，可保存6个月。(　　)

答案：×

正确答案：镉标准使用液应当临用现配。

18. 根据《固体废物　铅、锌和镉的测定　火焰原子吸收分光光度法》(HJ 786—2016)中的规定，在消解时各种酸的用量可视消解情况酌情增减。(　　)

答案：√

19. 根据《固体废物　铅、锌和镉的测定　火焰原子吸收分光光度法》(HJ 786—2016)中的规定，实验所用的坩埚和玻璃容器均需用硝酸溶液冲洗，再用自来水和实验用水依次冲洗干净。(　　)

答案：×

正确答案：实验所用的坩埚和玻璃容器均需用硝酸溶液浸泡12 h以上，再用自来水和实验用水依次冲洗干净。

20. 根据《固体废物　铅、锌和镉的测定　火焰原子吸收分光光度法》(HJ 786—2016)中的规定，在样品溶液加热至近干时，温度不宜太高，以免崩溅。(　　)

答案：√

二、单项选择题

1. 根据《固体废物　铅、锌和镉的测定　火焰原子吸收分光光度法》(HJ 786—2016)测定固体废物浸出液中铅时，使用________型火焰。(　　)

A. 氩气－空气，中性　　B. 乙炔－空气，贫燃

C. 乙炔－空气，富燃　　D. 乙炔－空气，中性

答案：D

2. 根据《固体废物　铅、锌和镉的测定　火焰原子吸收分光光度法》(HJ 786—2016)测定固体废物中的锌时，使用________型火焰。(　　)

A. 氩气－空气，中性　　B. 乙炔－空气，贫燃

C. 乙炔－空气，富燃　　D. 乙炔－空气，中性

答案：B

3. 根据《固体废物　铅、锌和镉的测定　火焰原子吸收分光光度法》（HJ 786—2016）测定固体废物中的镉时，使用________型火焰。（　　）

A．氩气－空气，中性　　B．乙炔－空气，贫燃

C．乙炔－空气，富燃　　D．乙炔－空气，中性

答案：B

4. 根据《固体废物　铅、锌和镉的测定　火焰原子吸收分光光度法》（HJ 786—2016）测定固体废物浸出液中镉时，当固体废物浸出液取样量为 50 ml，消解后定容体积为 50 ml 时，镉的检出限为________mg/L，测定下限为________mg/L。（　　）

A．0.02，0.08　　B．0.03，0.12　　C．0.04，0.16　　D．0.05，0.20

答案：D

5. 根据《固体废物　铅、锌和镉的测定　火焰原子吸收分光光度法》（HJ 786—2016）测定固体废物浸出液中镉时，当试样质量为 0.5 g、消解后定容体积为 25.0 ml 时，固体废物中镉全量测定的方法检出限为________mg/kg。（　　）

A．0.2　　B．0.3　　C．1.0　　D．2.0

答案：B

6. 根据《固体废物　铅、锌和镉的测定　火焰原子吸收分光光度法》（HJ 786—2016）可知，当铁的含量超过 100 mg/L 时，会抑制________的吸收。（　　）

A．铅　　B．锌　　C．镉　　D．以上 3 种元素

答案：B

7. 根据《固体废物　铅、锌和镉的测定　火焰原子吸收分光光度法》（HJ 786—2016）中的规定，已配制完成的铅、锌和镉标准溶液应转入聚乙烯瓶，于________℃以下冷藏、密封保存。（　　）

A．0　　B．2　　C．4　　D．10

答案：C

8. 根据《固体废物　铅、锌和镉的测定　火焰原子吸收分光光度法》（HJ 786—2016）中的规定，浸出液如不能及时进行分析，应加硝酸酸化至 pH 小于________，可保存 14 d。（　　）

A．2　　B．3　　C．4　　D．5

答案：A

9. 根据《固体废物　铅、锌和镉的测定　火焰原子吸收分光光度法》（HJ 786—2016）制备固体废物样品时，对于固体废物或可干化半固态废物样品，应称取 10.00 g 样品，自然风干或冷冻干燥，再次称重，研磨，全部过________目筛备用。（　　）

A．50　　B．100　　C．200　　D．300

答案：B

10. 根据《固体废物　铅、锌和镉的测定　火焰原子吸收分光光度法》（HJ 786—2016）测定固体废物中铅、锌和镉含量时，在绘制校准曲线时，应按照仪器测量条件，用________溶液调节仪器零点。（　　）

A．盐酸　　B．硫酸　　C．硝酸　　D．去离子水

答案：C

11. 根据《固体废物　铅、锌和镉的测定　火焰原子吸收分光光度法》（HJ 786—2016）测定固体废物中铅、锌和镉含量时，当固体废物全量测定结果小于 100 mg/kg 时，应保留________。（　　）

A. 2 位有效数字　　B. 至整数位　　C. 3 位有效数字　　D. 小数点后 1 位

答案：D

12. 根据《固体废物　铅、锌和镉的测定　火焰原子吸收分光光度法》（HJ 786—2016）测定固体废物浸出液时，当测定结果大于 1.00 mg/L 时，应保留________。（　　）

A. 2 位有效数字　　B. 小数点后 2 位　　C. 3 位有效数字　　D. 小数点后 3 位

答案：C

13. 根据《固体废物　铅、锌和镉的测定　火焰原子吸收分光光度法》（HJ 786—2016）测定固体废物浸出液时，校准曲线的相关系数应________，否则应重新绘制校准曲线。（　　）

A. ≥0.950　　B. ≥0.990　　C. ≥0.995　　D. ≥0.999

答案：D

14. 根据《固体废物　铅、锌和镉的测定　火焰原子吸收分光光度法》（HJ 786—2016）在进行校准核查时，中间浓度测定值于该点浓度的相对偏差应________，否则应重新绘制校准曲线。（　　）

A. ≤5%　　B. ≤10%　　C. ≤15%　　D. ≤20%

答案：B

15. 根据《固体废物　铅、锌和镉的测定　火焰原子吸收分光光度法》（HJ 786—2016）测定固体废物浸出液时，平行双样测定的相对偏差应________。（　　）

A. ≤5%　　B. ≤10%　　C. ≤15%　　D. ≤20%

答案：D

三、问答题

1. 根据《固体废物　铅、锌和镉的测定　火焰原子吸收分光光度法》（HJ 786—2016）简述测定铅、锌和镉的原理。

答案：固体废物浸出液或固体废物经酸消解后，试样中的待测元素在火焰原子化器中被离解为基态原子，该基态原子蒸汽对元素空心阴极灯或无极放电灯发射的特征辐射谱线产生选择性吸收，在一定质量浓度范围内，其吸收强度与试样中待测物的质量浓度成正比。

2. 根据《固体废物　铅、锌和镉的测定　火焰原子吸收分光光度法》（HJ 786—2016）简述怎样进行固体废物样品的制备。

答案：对于固态废物或可干化半固态废物样品，准确称取 10 g 样品，自然风干或冷冻干燥，再次称重，研磨，全部过 100 目筛，备用。

四、计算题

用火焰原子吸收分光光度法测定固体废物中铅时，取 10.00 g 固体废物，干燥后称重为 9.80 g，经研磨过筛后，再次称重为 9.50 g，经消解后定容于 50 ml 容量瓶中，摇匀，进行测定，测得试样中铅的浓度为 3.18 mg/L，空白试样中铅的浓度为 0.15 mg/L，试计算固体废物中铅的含量。

答案：$\rho=\frac{(\rho_1-\rho_0)\times V_0}{m_3}\times\frac{m_2}{m_1}=\frac{(3.18-0.15)\times 50}{9.50}\times\frac{9.80}{10.00}=15.6\ (\mathrm{mg/kg})$

该固体废物中铅的含量是 15.6 mg/kg。

参考文献

环境保护部. 固体废物　铅、锌和镉的测定　火焰原子吸收分光光度法：HJ 786—2016［S］. 中国环境出版集团，2016.

命题：杨　梦
审核：徐　萍

第十一节　固体废物　铅和镉的测定　石墨炉原子吸收分光光度法（HJ 787—2016）

一、判断题

1. 根据《固体废物　铅和镉的测定　石墨炉原子吸收分光光度法》（HJ 787—2016）中的规定，当固体废物取样量为 0.5 g，消解后定容体积为 25 ml 时，铅和镉的方法检出限分别为 0.3 mg/kg 和 0.1 mg/kg。(　　)

答案：√

2. 根据《固体废物　铅和镉的测定　石墨炉原子吸收分光光度法》（HJ 787—2016）测定固体废物中铅时，使用的波长为 228.8 nm。(　　)

答案：×

正确答案：测定固体废物中铅时，使用的波长为 283.3 nm。

3. 根据《固体废物　铅和镉的测定　石墨炉原子吸收分光光度法》（HJ 787—2016）中的规定，每次分析应绘制校准曲线，相关系数应≥0.999，否则应重新绘制校准曲线。(　　)

答案：√

4. 根据《固体废物　铅和镉的测定　石墨炉原子吸收分光光度法》（HJ 787—2016）中的规定，固体废物种类较多，所含有机质差异较大，在消解时各种酸的用量可视消解情况酌情增减。(　　)

答案：√

5. 采用石墨炉原子吸收分光光度法测定固体废物中铅时，若样品中 Ca 的质量浓度高于 500 mg/L，则会对结果有干扰。(　　)

答案：√

6. 根据《固体废物　铅和镉的测定　石墨炉原子吸收分光光度法》（HJ 787—2016）中的规定，采用石墨炉原子吸收分光光度法测定固体废物中铅时，每 10 个样品应分析 1 个校准曲线的中间浓度点，其测定结果与校准曲线该点浓度的相对偏差应≤20%。否则需重新绘制校准曲线。(　　)

答案：×

正确答案：测定结果与校准曲线该点浓度的相对偏差应≤10%。

7. 根据《固体废物　铅和镉的测定　石墨炉原子吸收分光光度法》（HJ 787—2016）中的规定，当样品基体成分不明时，或加标回收率超过该方法质控要求范围时，应采用标准加入法进行测定并计算结果。(　　)

答案：√

8. 根据《固体废物　铅和镉的测定　石墨炉原子吸收分光光度法》（HJ 787—2016）测定固体废物中铅、镉含量时，可使用不具有背景校正功能的石墨炉原子吸收分光光度计。(　　)

答案：×

正确答案：测定时应使用有背景校正功能的石墨炉原子吸收分光光度计。

9. 根据《固体废物　铅和镉的测定　石墨炉原子吸收分光光度法》（HJ 787—2016）中的规定，对于固态废物或可干化半固态废物样品，准确称取 10 g 样品，自然风干或冷冻干燥，再次称重，研磨，全部过 80 目筛备用。(　　)

答案：×

正确答案：对于固态废物或可干化半固态废物样品，准确称取 10 g 样品，自然风干或冷冻干燥，再次称重，研磨，全部过 100 目筛备用。

10. 根据《固体废物　铅和镉的测定　石墨炉原子吸收分光光度法》（HJ 787—2016）中的规定，成批量测定样品时，每 10 个样品为一组，加测 1 个待测元素的质控样品，用以检查仪器的漂移程度。(　　)

答案：√

11. 根据《固体废物　铅和镉的测定　石墨炉原子吸收分光光度法》（HJ 787—2016）测定固体废物中铅、镉含量，样品消解时，须防止蒸干，以免待测元素损失。(　　)

答案：√

12. 根据《固体废物　铅和镉的测定　石墨炉原子吸收分光光度法》（HJ 787—2016）测定固体废物中铅、镉含量，用微波消法对固体废物试样消解后，如果消解液中含有未溶解颗粒。需要进行过滤、离心分离或者自然沉降。(　　)

答案：√

二、单项选择题

1. 根据《固体废物　铅和镉的测定　石墨炉原子吸收分光光度法》（HJ 787—2016）中的规定，每批样品至少按________的比例进行平行双样测定，样品数量少于 10 个时，应至少测定 1 个平行双样，两次测定结果的相对偏差≤20%。(　　)

A. 5%　　B. 8%　　C. 10%　　D. 15%

答案：C

2. 根据《固体废物　铅和镉的测定　石墨炉原子吸收分光光度法》（HJ 787—2016）测定固体废物铅和镉时，固体废物浸出液若不能及时进行分析，应加硝酸酸化至 pH<2，可保存________d。（　　）

A．5　　B．7　　C．10　　D．14

答案：D

3. 根据《固体废物　铅和镉的测定　石墨炉原子吸收分光光度法》（HJ 787—2016）测定固体废物中铅和镉时，固体废物基体成分较为复杂，加入基体改进剂________，可消除有机物等引起的基体干扰。（　　）

A．磷酸二氢铵　　B．氯化钯　　C．硫脲　　D．钼酸铵

答案：A

4. 根据《固体废物　铅和镉的测定　石墨炉原子吸收分光光度法》（HJ 787—2016）中的规定，实验所使用的坩埚和玻璃容器均须用________溶液浸泡 12 h 以上，并用自来水和实验室用水依次冲洗干净，置于洁净的环境中晾干。（　　）

A．硫酸　　B．硝酸　　C．盐酸　　D．磷酸

答案：B

5. 根据《固体废物　铅和镉的测定　石墨炉原子吸收分光光度法》（HJ 787—2016）测定固体废物中镉时，使用的波长为________nm。（　　）

A．228.2　　B．228.8　　C．283.3　　D．283.6

答案：B

6. 根据《固体废物　铅和镉的测定　石墨炉原子吸收分光光度法》（HJ 787—2016）测定固体废物中镉时，若铁的浓度高于________mg/L 会干扰测定。（　　）

A．10　　B．20　　C．30　　D．50

答案：D

7. 根据《固体废物　铅和镉的测定　石墨炉原子吸收分光光度法》（HJ 787—2016）测定固体废物中镉时，每批样品至少做________个实验室空白，其测定结果应低于测定下限。（　　）

A．1　　B．2　　C．3　　D．4

答案：B

8. 根据《固体废物　铅和镉的测定　石墨炉原子吸收分光光度法》（HJ 787—2016）测定固体废物中铅、镉含量时，用电热板消解法消解固体废物试样，用少量水润湿样品后加入 5 ml 盐酸，于通风橱内的电热板上约 120℃加热，使样品初步消解，待蒸发至约剩________ml 时取下稍冷。（　　）

A．3　　B．2　　C．1　　D．4

答案：A

9. 根据《固体废物　铅和镉的测定　石墨炉原子吸收分光光度法》（HJ 787—2016）中的规定，每批样品至少应做 10% 加标回收实验，加标回收率应控制在________内。（　　）

A．60%～110%　　B．70%～110%　　C．80%～120%　　D．80%～110%

答案：C

10. 根据《固体废物　铅和镉的测定　石墨炉原子吸收分光光度法》（HJ 787—2016）中的规定，石墨炉原子吸收分光光度法中使用________作为载气。（　　）

A. 氩气　　B. 氮气　　C. 氢气　　D. 氦气

答案：A

11. 根据《固体废物　铅和镉的测定　石墨炉原子吸收分光光度法》（HJ 787—2016）测定固体废物中镉，原子化阶段其最佳原子温度，选择待测元素完全原子化的________温度，这时吸收峰________。（　　）

A. 最低，最高　　B. 最低，最低　　C. 最高，最高　　D. 最高，最低

答案：A

12. 根据《固体废物　铅和镉的测定　石墨炉原子吸收分光光度法》（HJ 787—2016）测定固体废物中铅和镉时，酸消解样品所用的坩埚应为________。（　　）

A. 瓷坩埚　　B. 聚四氟乙烯坩埚　　C. 镍坩埚　　D. 铂金坩埚

答案：B

13. 根据《固体废物　铅和镉的测定　石墨炉原子吸收分光光度法》（HJ 787—2016）中的规定，对于固体废物，当测定结果大于等于 100 mg/kg 时，保留________位有效数字。（　　）

A. 1　　B. 2　　C. 3　　D. 4

答案：C

14. 根据《固体废物　铅和镉的测定　石墨炉原子吸收分光光度法》（HJ 787—2016）中的规定，每分析________个样品应进行一次仪器零点校正。（　　）

A. 5　　B. 10　　C. 20　　D. 30

答案：C

15. 根据《固体废物　铅和镉的测定　石墨炉原子吸收分光光度法》（HJ 787—2016）中的规定，每 10 个样品应分析 1 个校准曲线的中间浓度点，其测定结果与校准曲线该点浓度的相对偏差应小于等于________%，否则应重新绘制标准曲线。（　　）

A. 5　　B. 10　　C. 15　　D. 20

答案：B

三、问答题

1. 根据《固体废物　铅和镉的测定　石墨炉原子吸收分光光度法》（HJ 787—2016）简述测定固体废物中铅和镉的原理。

答案：固体废物或固体废物浸出液经酸消解后，注入石墨炉原子化器中，经过干燥、灰化和原子化，成为基态原子蒸汽，对元素空心阴极灯或无极放电灯发射的特征辐射谱线产生选择性吸收。在一定浓度范围内，其吸收强度与试样中待测物的质量浓度成正比。

2. 根据《固体废物　铅和镉的测定　石墨炉原子吸收分光光度法》（HJ 787—2016）简述石墨炉原子吸收分析过程中，对于新使用的或疑似受污染的容器应该如何清洗。

答案：应用热盐酸溶液浸泡（温度高于 80℃，低于沸腾温度）至少 2 h，再用热硝酸溶液浸泡至少 2 h，并用自来水和实验用水依次冲洗干净，置于洁净的环境中晾干。

四、计算题

某固态固体废物称取干燥前为 10.05g，干燥后固体废物重 9.15 g，全部研磨过 100 目尼龙筛，称取 0.500 0 g 固体废物进行微波消解，将消解罐中的内容物全量转移至 50 ml 聚四氟乙烯坩埚，赶酸，冷却后全量转移至 25 ml 容量瓶，定容至标线并上机测试，经过检测分析后由校准曲线查得试样中铅元素的质量浓度为 0.500 mg/L，实验室空白试样中铅元素的质量浓度为 0.025 mg/L，计算该固态固体废物中铅的质量浓度。

答案：$\rho=\frac{(\rho_1-\rho_0)\times V_0}{m_3}\times\frac{m_2}{m_1}=\frac{(0.500-0.025)\times 25}{0.500}\times 9.15/10.05=21.6\ (\text{mg/kg})$

该固体废物中铅的质量浓度是 21.6 mg/kg。

参考文献

[1] 环境保护部. 固体废物　铅和镉的测定　石墨炉原子吸收分光光度法：HJ 787—2016 [S]. 北京：中国环境出版集团，2016.

[2] 中国环境监测总站《环境监测人员持证上岗考核试题集》编写组. 环境监测人员持证上岗考核试题集：下册. 4 版 [M]. 北京：中国环境出版集团，2018.

命题：刘　国

审核：徐　萍

第十二节　固体废物　镍和铜的测定
火焰原子吸收分光光度法（HJ 751—2015）

一、判断题

1. 根据《固体废物　镍和铜的测定　火焰原子吸收分光光度法》（HJ 751—2015）中的规定，实验中使用的盐酸、氢氟酸具有强挥发性和强腐蚀性，操作时应按规定要求佩戴防护用品。（　　）

答案：√

2.《固体废物　镍和铜的测定　火焰原子吸收分光光度法》（HJ 751—2015）适用于固体废物及固体废物浸出液中镍和铜的测定。（　　）

答案：√

3. 根据《固体废物　镍和铜的测定　火焰原子吸收分光光度法》（HJ 751—2015）测定固体废物中镍、铜含量时，30 mg/L 的铅、镉等共存元素对镍的测定有干扰。（　　）

答案：×

正确答案：低于 100 mg/L 的铅、镉等共存元素对镍的测定无干扰。

4. 根据《固体废物 镍和铜的测定 火焰原子吸收分光光度法》（HJ 751—2015）测定固体废物中镍、铜含量时，150 mg/L 的铁、锰共存元素对铜的测定有干扰。(　　)

答案：×

正确答案：低于 100 mg/L 的铁、锰共存元素对镍的测定无干扰。

5. 根据《固体废物 镍和铜的测定 火焰原子吸收分光光度法》（HJ 751—2015）中的规定，当样品基体干扰严重时，可采用标准加入法进行测定________。(　　)

答案：√

6. 根据《固体废物 镍和铜的测定 火焰原子吸收分光光度法》（HJ 751—2015），已配制完成的镍标准贮备液应储存于玻璃瓶中并冷藏。(　　)

答案：×

正确答案：已配制完成的镍标准贮备液应储存于聚乙烯瓶中并冷藏。

7. 根据《固体废物 镍和铜的测定 火焰原子吸收分光光度法》（HJ 751—2015）中的规定，如固体废物中镍或铜的含量较低，可采用石墨炉原子吸收分光光度法测定。(　　)

答案：√

8. 根据《固体废物 镍和铜的测定 火焰原子吸收分光光度法》（HJ 751—2015），电热板法和微波法都可以用于制备固体废物浸出液试样。(　　)

答案：√

9. 根据《固体废物 镍和铜的测定 火焰原子吸收分光光度法》（HJ 751—2015），实验所用的玻璃器皿需先用洗涤剂洗净，再依次用自来水、去离子水洗净，控干后，放入（1+1）硝酸溶液中浸泡，使用时再取出。(　　)

答案：×

正确答案：实验所用的玻璃器皿需先用洗涤剂洗净，再用（1+1）硝酸溶液浸泡 24 h，再依次用自来水、去离子水洗净、控干，备用。

10. 根据《固体废物 镍和铜的测定 火焰原子吸收分光光度法》（HJ 751—2015），每批样品至少要做 1 个实验室试剂空白。(　　)

答案：×

正确答案：每批样品至少要做 2 个实验室试剂空白。

11. 根据《固体废物 镍和铜的测定 火焰原子吸收分光光度法》（HJ 751—2015）中的规定，电热板温度不宜过高，以防止聚四氟乙烯坩埚变形。(　　)

答案：√

12. 根据《固体废物 镍和铜的测定 火焰原子吸收分光光度法》（HJ 751—2015）中的规定，固体废物浸出液测定结果统一保留 3 位有效数字。(　　)

答案：×

正确答案：当测定结果小于 1 mg/L 时，保留小数点后 2 位；当测定结果大于等于 1 mg/L 时，保留 3 位有效数字。

13. 根据《固体废物 镍和铜的测定 火焰原子吸收分光光度法》（HJ 751—2015）中的规定，

所用玻璃器皿和硝酸等试剂在使用前需进行空白检查，满足空白要求才能使用。(　　)

答案：√

14. 根据《固体废物　镍和铜的测定　火焰原子吸收分光光度法》(HJ 751—2015)测定固体废物中镍、铜含量，样品消解时，在蒸至近干时需特别小心，防止蒸干，否则待测元素会有损失。(　　)

答案：√

15. 根据《固体废物　镍和铜的测定　火焰原子吸收分光光度法》(HJ 751—2015)测定固体废物中镍、铜含量，当固体废物中镍和铜的含量较高时，试样消解后的定容体积可根据实际情况确定。(　　)

答案：√

16. 根据《固体废物　镍和铜的测定　火焰原子吸收分光光度法》(HJ 751—2015)测定固体废物中镍、铜含量，在消解时各种酸的用量、消解温度和保持时间可视消解情况酌情增减。(　　)

答案：√

17. 根据《固体废物　镍和铜的测定　火焰原子吸收分光光度法》(HJ 751—2015)测定固体废物中的镍时，使用的光源是镍空心阴极灯。(　　)

答案：√

18. 根据《固体废物　镍和铜的测定　火焰原子吸收分光光度法》(HJ 751—2015)测定固体废物中的铜时，使用的是富燃性火焰。(　　)

答案：×

正确答案：测定固体废物中的铜时，使用的是贫燃性火焰。

二、单项选择题

1. 根据《固体废物　镍和铜的测定　火焰原子吸收分光光度法》(HJ 751—2015)测定固体废物中镍、铜含量，当使用 232.0 nm 作镍的吸收线时，会存在波长相近的镍三线光谱干扰，可选择________nm 的光谱通带避免。(　　)

A. 0.1　　B. 0.2　　C. 0.3　　D. 0.4

答案：B

2. 根据《固体废物　镍和铜的测定　火焰原子吸收分光光度法》(HJ 751—2015)中的规定，固体废物中镍和铜测定结果的单位为________。(　　)

A. mg/L　　B. g/L　　C. mg/kg　　D. mg/ml

答案：C

3. 根据《固体废物　镍和铜的测定　火焰原子吸收分光光度法》(HJ 751—2015)测定固体废物浸出液中镍时，检出限为________mg/L，测定下限为________mg/L。(　　)

A. 0.02，0.08　　B. 0.03，0.12　　C. 0.04，0.16　　D. 0.05，0.20

答案：B

4. 根据《固体废物　镍和铜的测定　火焰原子吸收分光光度法》(HJ 751—2015)测定固体废物浸出液中铜时，检出限为________mg/L，测定下限为________mg/L。(　　)

A. 0.02，0.08　　B. 0.03，0.12　　C. 0.04，0.16　　D. 0.05，0.20

答案：A

5. 根据《固体废物　镍和铜的测定　火焰原子吸收分光光度法》（HJ 751—2015）中的规定，当试样质量为 0.5 g、消解后定容体积为 50.0 ml 时，固体废物中镍和铜全量测定的方法检出限分别为________mg/kg 和________mg/kg。（　　）

A. 2，2　　B. 2，3　　C. 3，2　　D. 3，3

答案：D

6. 根据《固体废物　镍和铜的测定　火焰原子吸收分光光度法》（HJ 751—2015）测定固体废物中镍、铜含量时，固体废物中只要含有高于________mg/L 的铜，就会对镍的测定产生干扰。（　　）

A. 10　　B. 50　　C. 100　　D. 200

答案：C

7. 根据《固体废物　镍和铜的测定　火焰原子吸收分光光度法》（HJ 751—2015）中的规定，已配制完成的铜标准贮备液应储存于聚乙烯瓶中，冷藏，可使用________。（　　）

A. 3 个月　　B. 6 个月　　C. 1 年　　D. 2 年

答案：D

8. 根据《固体废物　镍和铜的测定　火焰原子吸收分光光度法》（HJ 751—2015）中的规定，浸出液如不能及时进行分析，应加________酸化至 pH<2，可保存 14 d。（　　）

A. 盐酸　　B. 硫酸　　C. 硝酸　　D. 氢氟酸

答案：C

9. 根据《固体废物　镍和铜的测定　火焰原子吸收分光光度法》（HJ 751—2015）中的规定，在制备固体废物样品时，对于固态废物，应称取 10.00 g 样品，自然风干或冷冻干燥，再次称重，研磨，全部过________目筛备用。（　　）

A. 50　　B. 100　　C. 200　　D. 300

答案：B

10. 根据《固体废物　镍和铜的测定　火焰原子吸收分光光度法》（HJ 751—2015）在绘制校准曲线时，应按照仪器测量条件，用________溶液调节仪器零点。（　　）

A. 硝酸　　B. 盐酸　　C. 高氯酸　　D. 去离子水

答案：A

11. 根据《固体废物　镍和铜的测定　火焰原子吸收分光光度法》（HJ 751—2015）中的规定，当固体废物浸出液测定结果小于 1 mg/L 时，应保留________。（　　）

A. 2 位有效数字　　B. 小数点后 2 位　　C. 3 位有效数字　　D. 小数点后 3 位

答案：B

12. 根据《固体废物　镍和铜的测定　火焰原子吸收分光光度法》（HJ 751—2015）中的规定，当固体废物全量测定结果大于等于 100 mg/kg 时，应保留________。（　　）

A. 2 位有效数字　　B. 3 位有效数字　　C. 4 位有效数字　　D. 至整数位

答案：D

13. 根据《固体废物　镍和铜的测定　火焰原子吸收分光光度法》（HJ 751—2015）中的规定，校准曲线的相关系数应________，否则应重新绘制校准曲线。（　　）

A. ≥0.950　　B. ≥0.990　　C. ≥0.995　　D. ≥0.999

答案：D

14. 根据《固体废物　镍和铜的测定　火焰原子吸收分光光度法》（HJ 751—2015）中的规定，在进行校准核查时，中间浓度测定值于该点浓度的相对偏差应________，否则应重新绘制校准曲线。（　　）

A. ≤5%　　B. ≤10%　　C. ≤15%　　D. ≤20%

答案：B

15. 根据《固体废物　镍和铜的测定　火焰原子吸收分光光度法》（HJ 751—2015）中的规定，平行双样测定的相对偏差应________。（　　）

A. ≤5%　　B. ≤10%　　C. ≤15%　　D. ≤20%

答案：C

三、问答题

1. 简述《固体废物　镍和铜的测定　火焰原子吸收分光光度法》（HJ 751—2015）测定镍和铜的原理。

答案：固体废物浸出液或固体废物经酸消解后，试样中镍和铜在空气－乙炔火焰中原子化，其基态原子分别对镍和铜的特征辐射线产生选择性吸收，其吸收强度在一定范围内与镍和铜的质量浓度成正比。

2. 根据《固体废物　镍和铜的测定　火焰原子吸收分光光度法》（HJ 751—2015）简述用电热板法制备固体废物浸出液试样的步骤。

答案：量取 50.00 ml 浸出液于 150 ml 烧杯中，加入 3～5 ml 硝酸摇匀。盖上表面皿，置于电热板上在近沸状态下将样品加热蒸发至近干，取下冷却；再加入 3 ml 硝酸，继续加热，直至消解完全（消解液透亮或者消解液外观不再变化），继续蒸发至近干，取下冷却后，加入 1 ml 硝酸溶液，加热溶解残渣，用少量水清洗烧杯内壁和表面皿，全部转移至 50 ml 容量瓶中，用水稀释、定容，混匀备用。取上清液测定。

四、计算题

用火焰原子吸收分光光度法测定固体废物浸出液中铜时，取 50.00 ml 固体废物浸出液进行消解，消解后定容于 100 ml 容量瓶中，摇匀，进行测定，测得试样中铜的浓度为 2.52 mg/L，空白试样中铜的浓度为 0.12 mg/L，试计算固体废物浸出液中铜的质量浓度。

答案：$\rho=(\rho_1-\rho_0)\times\frac{V_0}{V_1}=(2.52-0.12)\times\frac{100}{50}=4.80\ \text{mg/L}$

该固体废物浸出液中铜的质量浓度是 4.80 mg/L。

参考文献

环境保护部. 固体废物　镍和铜的测定　火焰原子吸收分光光度法：HJ 751—2015［S］. 北京：中国环境出版集团，2015.

命题：杨　梦

审核：安美玲

第十三节　固体废物　铍、镍、铜和钼的测定　石墨炉原子吸收分光光度法（HJ 752—2015）

一、判断题

1. 根据《固体废物　铍 镍 铜和钼的测定　石墨炉原子吸收分光光度法》（HJ 752—2015）测定铍、镍、铜和钼时，高于 20 mg/L 的铁和 75 mg/L 的镁对铍的测定分别产生负干扰和正干扰，加入基体改进剂氯化钯溶液，可消除干扰。（　　）

答案：√

2. 根据《固体废物　铍 镍 铜和钼的测定　石墨炉原子吸收分光光度法》（HJ 752—2015）测定固体废物中铍时，使用的波长为 313.3 nm。（　　）

答案：×

正确答案：测定固体废物中铍时，使用的波长为 234.9 nm。

3. 根据《固体废物　铍 镍 铜和钼的测定　石墨炉原子吸收分光光度法》（HJ 752—2015）测定固体废物中铍、镍、铜和钼时，试样制备赶酸阶段，要注意控制温度，若消解液蒸干，则测定结果会偏高。（　　）

答案：×

正确答案：元素可能被包裹，测定结果偏低。

4. 根据《固体废物　铍 镍 铜和钼的测定　石墨炉原子吸收分光光度法》（HJ 752—2015）中的规定，固体废物种类复杂，基体差异较大，在消解时各种酸的用量，消解温度和保持时间可视消解情况酌情增减。（　　）

答案：√

5. 根据《固体废物　铍 镍 铜和钼的测定　石墨炉原子吸收分光光度法》（HJ 752—2015）中的规定，石墨炉原子吸收分光光度法所用的标准系列可不用每次配制。（　　）

答案：×

正确答案：石墨炉原子吸收分光光度法所用的标准系列必须每次配制。

6. 根据《固体废物　铍 镍 铜和钼的测定　石墨炉原子吸收分光光度法》（HJ 752—2015）中的规定，校准曲线用最小二乘法进行线性拟合，且相关系数应大于或等于 0.999。(　　)

答案：×

正确答案：石墨炉原子吸收分光光度法的校准曲线的相关系数应大于或等于 0.995。

7. 所用玻璃器皿和硝酸等试剂在使用前需进行空白检查，满足空白要求才能使用。(　　)

答案：√

8. 根据《固体废物　铍 镍 铜和钼的测定　石墨炉原子吸收分光光度法》（HJ 752—2015）测定固体废物中铍、镍、铜和钼时，每批样品（最多 20 个样品）应分析 1 个校准曲线的中间浓度点，其测定结果与校准曲线该点浓度的相对偏差应≤15%。否则需重新绘制校准曲线。(　　)

答案：×

正确答案：测定结果与校准曲线该点浓度的相对偏差应≤10%。

9. 根据《固体废物　铍 镍 铜和钼的测定　石墨炉原子吸收分光光度法》（HJ 752—2015）石墨炉原子吸收分光光度法定量只可以采用标准加入法。(　　)

答案：×

正确答案：石墨炉原子吸收分光光度法定量多采用标准加入法。在样品基体浓度低，背景吸收小的情况下也可以采用标准曲线法直接测定。

10. 根据《固体废物　铍 镍 铜和钼的测定　石墨炉原子吸收分光光度法》（HJ 752—2015）测定固体废物中铍、镍、铜和钼时，每批样品至少要做 2 个实验室试剂空白，空白中目标元素的测定结果应不大于方法检出限。(　　)

答案：√

11. 根据《固体废物　铍 镍 铜和钼的测定　石墨炉原子吸收分光光度法》（HJ 752—2015）测定固体废物中镍时，使用的波长为 232.0 nm。(　　)

答案：√

12. 石墨炉原子吸收分析阶段，灰化的含义在于基体和干扰物的灰化清除，保留分析元素。(　　)

答案：√

13. 根据《固体废物　铍 镍 铜和钼的测定　石墨炉原子吸收分光光度法》（HJ 752—2015）采用石墨炉原子吸收分光光度法测定样品时，载气流量的大小对分析灵敏度和石墨管寿命没有影响。(　　)

答案：×

正确答案：载气流量的大小对分析灵敏度和石墨管寿命有影响。

14. 根据《固体废物　铍 镍 铜和钼的测定　石墨炉原子吸收分光光度法》（HJ 752—2015）采用石墨炉原子吸收分光光度法测定样品时，干燥阶段石墨炉升温过快会使结果偏低。(　　)

答案：√

15. 石墨炉原子吸收分光光度法适用于元素的痕量分析。(　　)

答案：√

二、单项选择题

1. 根据《固体废物　铍 镍 铜和钼的测定　石墨炉原子吸收分光光度法》（HJ 752—2015）中的规定，用于石墨炉原子吸收分光光度法测定固体废物中铍、镍、铜和钼的样品须过________目尼龙筛。（　　）

A．60　　B．80　　C．100　　D．200

答案：C

2. 根据《固体废物　铍 镍 铜和钼的测定　石墨炉原子吸收分光光度法》（HJ 752—2015）测定固体废物中铍、镍、铜和钼时，用水代替试样，制备实验室试剂空白。每批样品至少制备________个实验室试剂空白。（　　）

A．1　　B．2　　C．3　　D．4

答案：B

3. 根据《固体废物　铍 镍 铜和钼的测定　石墨炉原子吸收分光光度法》（HJ 752—2015）测定固体废物中铍、镍、铜和钼，绘制校准曲线时，应用________定容。（　　）

A．稀硝酸　　B．稀盐酸　　C．稀硫酸　　D．稀磷酸

答案：A

4. 根据《固体废物　铍 镍 铜和钼的测定　石墨炉原子吸收分光光度法》（HJ 752—2015）中的规定，浸出液如不能及时进行分析，应加硝酸酸化至 $pH<2$，可保存________d。（　　）

A．5　　B．7　　C．10　　D．14

答案：D

5. 根据《固体废物　铍 镍 铜和钼的测定　石墨炉原子吸收分光光度法》（HJ 752—2015）中的规定，石墨炉原子吸收分光光度法中使用________作为载气。（　　）

A．氢气　　B．氮气　　C．氩气　　D．氦气

答案：C

6. 根据《固体废物　铍 镍 铜和钼的测定　石墨炉原子吸收分光光度法》（HJ 752—2015）中的规定，测定固体废物浸出液和固体废物加标样品时，加标回收率控制在________。（　　）

A．60%～140%　　B．65%～135%

C．70%～120%　　D．75%～125%

答案：C

7. 根据《固体废物　铍 镍 铜和钼的测定　石墨炉原子吸收分光光度法》（HJ 752—2015）中的规定，实验所用的玻璃器皿需先用洗涤剂洗净，再用________溶液浸泡________h。（　　）

A．（1+1）HNO_3，24　　B．浓 HNO_3，12

C．5%HNO_3，24　　D．浓 HCl，12

答案：A

8. 根据《固体废物　铍 镍 铜和钼的测定　石墨炉原子吸收分光光度法》（HJ 752—2015）中的规定，每批样品（最多 20 个样品）应至少随机进行 1 次平行测定，浸出液和固体废物全量分析平行样相对偏差应小于等于________。（　　）

A．10%　　B．15%　　C．20%　　D．25%

答案：C

9. 根据《固体废物　铍 镍 铜和钼的测定　石墨炉原子吸收分光光度法》（HJ 752—2015）测定固体废物浸出液中铍的方法检出限是________μg/L。（　　）

A．0.1　　B．0.2　　C．0.3　　D．0.5

答案：A

10. 根据《固体废物　铍 镍 铜和钼的测定　石墨炉原子吸收分光光度法》（HJ 752—2015）测定固体废物浸出液中钼时，低于________mg/L 的 K、Na、Ca、Mg 等共存元素对钼的测定无干扰。（　　）

A．10　　B．20　　C．50　　D．100

答案：D

11. 根据《固体废物　铍 镍 铜和钼的测定　石墨炉原子吸收分光光度法》（HJ 752—2015）测定固体废物浸出液中铍时，应选用________石墨管。（　　）

A．普通（非热解）　　B．热解涂层　　C．平台　　D．低温

答案：B

12. 根据《固体废物　铍 镍 铜和钼的测定　石墨炉原子吸收分光光度法》（HJ 752—2015）中的规定，每批样品（最多 20 个样品）分析结束后，需测定校准系列零浓度点和中间浓度点进行校准核查。零浓度点测定值应低于方法检出限，中间浓度测定值与该点浓度的相对偏差应小于等于________%，否则应重新绘制校准曲线。（　　）

A．5　　B．10　　C．15　　D．20

答案：B

13. 根据《固体废物　铍 镍 铜和钼的测定　石墨炉原子吸收分光光度法》（HJ 752—2015）对于固体废物浸出液测定，当测定结果大于等于 100 μg/L 时，保留________位有效数字。（　　）

A．1　　B．2　　C．3　　D．4

答案：C

三、问答题

1. 根据《固体废物　铍 镍 铜和钼的测定　石墨炉原子吸收分光光度法》（HJ 752—2015）简述测定固体废物中铍、镍、铜和钼的原理。

答案：固体废物浸出液或固体废物经酸消解后注入石墨炉原子化器中，试样中的铍、镍、铜和钼经高温原子化，其基态原子分别对铍、镍、铜、钼的特征辐射谱线产生选择性吸收，其吸收强度在一定范围内与铍、镍、铜和钼的浓度成正比。

2. 石墨炉原子吸收分光光度法分析程序通常包括哪几个阶段？

答案：干燥、灰化、原子化、除残 4 个阶段

四、计算题

某固体废物浸出液经过检测分析并由校准曲线查得试样中铍元素的质量浓度为 0.500 μg/L，实

验室空白试样中铍元素的质量浓度为 0.025 μg/L，浸出液消解后定容至 100 ml 容量瓶，固体废物浸出液取样体积为 10.0 ml，试计算该固体废物浸出液中铍的质量浓度。

答案： $\rho=(\rho_1-\rho_0)\dfrac{V_0}{V_1}=(0.500-0.025)\times\dfrac{100}{10}=4.75\ (\mu g/L)$

该固体废物浸出液中铍的质量浓度是 4.75 μg/L。

参考文献

环境保护部. 固体废物　铍 镍 铜和钼的测定　石墨炉原子吸收分光光度法：HJ 752—2015［S］. 北京：中国环境出版集团，2015.

命题：刘　国

审核：安美玲

第十四节　固体废物　汞、砷、硒、铋、锑的测定　微波消解 / 原子荧光法（HJ 702—2014）

一、判断题

1. 根据《固体废物　汞、砷、硒、铋、锑的测定　微波消解 / 原子荧光法》（HJ 702—2014）测定汞、砷、硒、铋、锑的含量时，微波消解仪的温度精度可以达到 ±1.5℃。（　　）

答案： ×

正确答案： 微波消解仪的温度精度可以达到 ±2.5℃。

2. 根据《固体废物　汞、砷、硒、铋、锑的测定　微波消解 / 原子荧光法》（HJ 702—2014）中的规定，固体废物试样用微波消解仪消解后，用慢速定量滤纸将消解后溶液过滤至 50 ml 容量瓶中，用蒸馏水淋洗溶样杯及沉淀至少 3 次。（　　）

答案： √

3. 根据《固体废物　汞、砷、硒、铋、锑的测定　微波消解 / 原子荧光法》（HJ 702—2014）中的规定，每批样品应做空白试验，其测定结果应低于方法测定下限。（　　）

答案： √

4. 根据《固体废物　汞、砷、硒、铋、锑的测定　微波消解 / 原子荧光法》（HJ 702—2014），配制汞标准中间液（ρ=1.00 mg/L），移取汞标准贮备液 5.00 ml，置于 500 ml 容量瓶中，加入 150 ml（1+1）盐酸溶液，用固定液定容至标线，混匀。（　　）

答案： ×

正确答案： 加入 50 ml（1+1）盐酸溶液，用固定液定容至标线，混匀。

5. 根据《固体废物 汞、砷、硒、铋、锑的测定 微波消解 / 原子荧光法》(HJ 702—2014)中的规定，对于固体废物，当测试计算结果大于或等于 1 μg/g 时保留 3 位有效数字。( )

答案：√

6. 根据《固体废物 汞、砷、硒、铋、锑的测定 微波消解 / 原子荧光法》(HJ 702—2014)中的规定，对于固体废物浸出液，当测试计算结果大于或者等于 10 μg/L 时保留 2 位有效数字。( )

答案：×

正确答案：对于固体废物浸出液，当测试计算结果大于或者等于 10 μg/L 时保留 3 位有效数字。

7. 根据《固体废物 汞、砷、硒、铋、锑的测定 微波消解 / 原子荧光法》(HJ 702—2014)中的规定，分析过程中用到的还原剂为用氢氧化钠、硼氢化钠配制成硼氢化钠溶液。( )

答案：√

8. 根据《固体废物 汞、砷、硒、铋、锑的测定 微波消解 / 原子荧光法》(HJ 702—2014)中的规定，分析过程中用到的还原剂可以提前配制。( )

答案：×

正确答案：分析过程中用到的还原剂需要现用现配。

9. 根据《固体废物 汞、砷、硒、铋、锑的测定 微波消解 / 原子荧光法》(HJ 702—2014)中的规定，固态样品与消解液充分接触后，可直接将溶液杯置于消解罐中密封，将消解罐装入消解罐支架后放入微波消解仪中进行微波消解。( )

答案：×

正确答案：固态样品与消解液充分接触后，若有剧烈反应，需待反应结束后再置于消解罐中密封，将消解罐装入消解罐支架后放入微波消解仪中进行微波消解。

10. 根据《固体废物 汞、砷、硒、铋、锑的测定 微波消解 / 原子荧光法》(HJ 702—2014)测定固体废物时，经过微波消解仪消解结束后需待罐内温度降至室温后再在通风橱中取出、放气、打开。判断消解是否完全，消解是否澄清，若不澄清需进一步消解。

答案：√

11. 根据《固体废物 汞、砷、硒、铋、锑的测定 微波消解 / 原子荧光法》(HJ 702—2014)中的规定，原子荧光法测定固体废物用的载气是氩气。( )

答案：√

12. 根据《固体废物 汞、砷、硒、铋、锑的测定 微波消解 / 原子荧光法》(HJ 702—2014)中的规定，硒的标准系列是分别移取 0、0.50 ml、1.00 ml、2.00 ml、3.00 ml、4.00 ml、5.00 ml 硒标准使用液于一组 5.0 ml 容量瓶中，分别加入 5.0 ml 盐酸，室温放置 30 min（室温低于 15℃时，置于 30℃水浴中保温 30 min），用蒸馏水定容至标线，混匀。( )

答案：×

正确答案：硒的标准系列是分别移取 0、0.50 ml、1.00 ml、2.00 ml、3.00 ml、4.00 ml、5.00 ml 硒标准使用液于一组 10 ml 容量瓶中。

13. 根据《固体废物 汞、砷、硒、铋、锑的测定 微波消解 / 原子荧光法》(HJ 702—2014)中的规定，对于固体废物浸出液，当测试计算结果小于 10 μg/L 时，保留小数点后第 2 位。( )

答案：√

二、单项选择题

1. 根据《固体废物　汞、砷、硒、铋、锑的测定　微波消解 / 原子荧光法》（HJ 702—2014）测定固体废物中汞，当固体废物浸出液取样体积为 40 ml 时，汞的测定下限为________。（　　）

A．0.8 μg/L　　B．0.08 μg/L　　C．0.008 μg/L　　D．0.000 8 μg/L

答案：B

2. 根据《固体废物　汞、砷、硒、铋、锑的测定　微波消解 / 原子荧光法》（HJ 702—2014）测定固定废物中汞，当固体废物取样品量为 0.5 g 时，本方法的汞的检出限为________。（　　）

A．0.2 μg/g　　B．0.02 μg/g　　C．0.002 μg/g　　D．0.000 2 μg/g

答案：C

3. 根据《固体废物　汞、砷、硒、铋、锑的测定　微波消解 / 原子荧光法》（HJ 702—2014）中的规定，微波消解原子荧光法测定固体废物中汞，所用分析天平的精密度为________。（　　）

A．0.01 g　　B．0.001 g　　C．0.000 1 g　　D．0.000 01 g

答案：D

4. 根据《固体废物　汞、砷、硒、铋、锑的测定　微波消解 / 原子荧光法》（HJ 702—2014）测定固体废物中汞，每批样品应至少做 10% 加标回收试验（样品数量小于 10 个至少做 1 个），加标回收率为________。（　　）

A．70%～120%　　B．70%～110%　　C．70%～130%　　D．70%～140%

答案：C

5. 根据《固体废物　汞、砷、硒、铋、锑的测定　微波消解 / 原子荧光法》（HJ 702—2014）中的规定，每次样品分析应绘制标准曲线，相关系数应大于或等于________。（　　）

A．0.900　　B．0.999　　C．0.995　　D．0.990

答案：B

6. 根据《固体废物　汞、砷、硒、铋、锑的测定　微波消解 / 原子荧光法》（HJ 702—2014）中的规定，实验中所用的玻璃器皿均需用（1+1）________溶液浸泡 24 h 后，依次用自来水、蒸馏水洗净后方可使用。（　　）

A．盐酸　　B．硝酸　　C．硫酸　　D．混合酸

答案：B

7. 根据《固体废物　汞、砷、硒、铋、锑的测定　微波消解 / 原子荧光法》（HJ 702—2014）中的规定，微波消解原子荧光法测定固体废物中汞，每批样品应至少测定 10% 的平行样（样品数量小于 10 个时至少测定 1 个平行样），两次的测定结果误差不超过________。（　　）

A．10%　　B．15%　　C．20%　　D．25%

答案：C

8. 根据《固体废物　汞、砷、硒、铋、锑的测定　微波消解 / 原子荧光法》（HJ 702—2014）中的规定，每批样品测定至少做________个有证标准物质 / 有证标准样品。（　　）

A．1　　B．2　　C．3　　D．4

答案：A

9. 根据《固体废物 汞、砷、硒、铋、锑的测定 微波消解/原子荧光法》(HJ 702—2014)制备试样时，对于固态样品，使用分析天平准确称取过筛后的样品 0.5 g，对于液态或半固态样品直接称取样品 0.5 g，精确至________。(　　)

A. 0.1 g　　B. 0.01 g　　C. 0.001 g　　D. 0.000 1 g

答案：D

10. 微波消解原子荧光法测定固体废物中汞，用到的载气纯度≥________(　　)

A. 99.90%　　B. 98.99%　　C. 99.99%　　D. 99.999%

答案：C

11. 根据《固体废物 汞、砷、硒、铋、锑的测定 微波消解/原子荧光法》(HJ 702—2014)测定汞、砷、硒、铋、锑的含量时，用到的一般天平精密度为________g。(　　)

A. 0.1　　B. 0.01　　C. 0.001　　D. 0.000 1

答案：B

12. 根据《固体废物 汞、砷、硒、铋、锑的测定 微波消解/原子荧光法》(HJ 702—2014)测定固体废物中汞时，移取固体废物浸出液 40.0 ml 置于 100 ml 溶液杯中，在通风橱中加入________ml 盐酸，再慢慢加入 1 ml 硝酸，混匀。(　　)

A. 1　　B. 2　　C. 3　　D. 4

答案：C

13. 根据《固体废物 汞、砷、硒、铋、锑的测定 微波消解/原子荧光法》(HJ 702—2014)测定固体废物浸出试料中的汞时，分取 10.0 ml 试液置于 50 ml 容量瓶中，加入________ml 盐酸用蒸馏水定容至标线，混匀，室温放置 30 min。(　　)

A. 1　　B. 1.5　　C. 2　　D. 2.5

答案：D

14. 根据《固体废物 汞、砷、硒、铋、锑的测定 微波消解/原子荧光法》(HJ 702—2014)中的规定，对于固体废物，当测试计算结果小于 1 μg/g 时，保留小数点后________。(　　)

A. 第 1 位　　B. 第 2 位　　C. 第 3 位　　D. 没有要求

答案：C

15. 根据《固体废物 汞、砷、硒、铋、锑的测定 微波消解/原子荧光法》(HJ 702—2014)中的规定，对于固体废物浸出液，当测试计算结果小于 10 μg/L 时保留小数点后________。(　　)

A. 第 1 位　　B. 第 2 位　　C. 第 3 位　　D. 没有要求

答案：B

三、问答题

1. 根据《固体废物 汞、砷、硒、铋、锑的测定 微波消解/原子荧光法》(HJ 702—2014)简述微波消解原子荧光法测定固体废物的原理。

答案：固体废物和浸出液试样经过微波消解后，进入原子荧光仪，其中砷、铋、锑、硒和汞等元素在硼氢化钾溶液还原作用下，生成砷化氢、铋化氢、锑化氢、硒化氢气体和汞原子蒸汽。这些气体在氩氢火焰中形成基态原子，在元素（汞、砷、硒、铋、锑）灯发射光的激发下产生原子荧光，原子荧光强度与试样中元素含量成正比。

2. 根据《固体废物　汞、砷、硒、铋、锑的测定　微波消解 / 原子荧光法》（HJ 702—2014）简述微波消解原子荧光法测定固体废物中的汞时，标准固定液（简称固定液）配制方法。

答案： 将 0.5g 重铬酸钾溶于 950 ml 蒸馏水中，再加入 50 ml 硝酸，混匀。

四、计算题

根据《固体废物　汞、砷、硒、铋、锑的测定　微波消解 / 原子荧光法》（HJ 702—2014），微波消解原子荧光法测定固体废物中汞，移取固体废物浸出液 40.0 ml 置于 100 ml 溶液杯中，在通风橱中加入盐酸，再慢慢加入硝酸，混匀，待反应结束后按照微波消解程序进行消解，将试液转移至 50 ml 容量瓶中，应用蒸馏水淋洗溶样杯、杯盖，将淋洗液并入容量瓶中，用蒸馏水定容至标线，混匀。再分取 10.0 ml 试液置于 50 ml 容量瓶中，加入盐酸用蒸馏水定容至标线，混匀，室温放置 30 min。此过程同时制备空白样品。用扣除零浓度空白的校准系列原子荧光强度为纵坐标，溶液中相对应的元素浓度为横坐标，绘制标准曲线。经分析得出，空白溶液测定浓度为 0.042 3 μg/L，试样溶液测定浓度是 0.963 3 μg/L，试计算固体废物浸出液中汞元素的浓度。

答案： $C=\dfrac{(\rho_1-\rho_0)\times V_0}{V}\times\dfrac{V_2}{V_1}=\dfrac{(0.963\,3-0.042\,3)\times 50}{40}\times\dfrac{50}{10}=5.76$

固体废物浸出液中汞元素含量是 5.76 μg/L。

参考文献

［1］环境保护部. 固体废物　汞、砷、硒、铋、锑的测定　微波消解 / 原子荧光法：HJ 702—2014［S］. 北京：中国环境出版社，2014.

［2］中国环境监测总站《环境监测人员持证上岗考核试题集》编写组. 环境监测人员持证上岗考核试题集：下册 . 4 版［M］. 北京：中国环境出版集团，2018.

命题：张开开

审核：董伟宁

第十五节　危险废物鉴别标准　浸出毒性鉴别（GB 5085.3—2007 附录 A　固体废物　元素的测定　电感耦合等离子体原子发射光谱法）

一、判断题

1. 根据《危险废物鉴别标准　浸出毒性鉴别》（GB 5085.3—2007 附录 A　固体废物　元素的

测定 电感耦合等离子体原子发射光谱法）中的描述，常用的电感耦合等离子发射光谱仪分为单道式和顺序扫描式两种。（ ）

答案：×

正确答案：分为多道式和顺序扫描式两种。

2. 根据《危险废物鉴别标准 浸出毒性鉴别》（GB 5085.3—2007 附录 A 固体废物 元素的测定 电感耦合等离子体原子发射光谱法）中的描述，等离子体发射光谱可以同时测定样品中多元素的含量。（ ）

答案：√

3. 根据《危险废物鉴别标准 浸出毒性鉴别》（GB 5085.3—2007 附录 A 固体废物 元素的测定 电感耦合等离子体原子发射光谱法）中的规定，使用的硝酸试剂为分析纯。（ ）

答案：×

正确答案：使用的硝酸试剂为优级纯。

4. 根据《危险废物鉴别标准 浸出毒性鉴别》（GB 5085.3—2007 附录 A 固体废物 元素的测定 电感耦合等离子体原子发射光谱法）配制标准贮备液时，为称量方便需将金属切屑，切屑时应防止由于剪切或车床削来的沾污，一般先用浓 HCl 或浓 HNO_3 迅速洗涤金属以除去表面的氧化物及附着的污物，然后用水洗净。（ ）

答案：×

正确答案：稀 HCl 或稀 HNO_3。

5.《危险废物鉴别标准 浸出毒性鉴别》（GB 5085.3—2007 附录 A 固体废物 元素的测定 电感耦合等离子体原子发射光谱法）中规定，银的标准和样品都应贮存于棕色瓶中，并放置在暗处。（ ）

答案：√

6. 根据《危险废物鉴别标准 浸出毒性鉴别》（GB 5085.3—2007 附录 A 固体废物 元素的测定 电感耦合等离子体原子发射光谱法），混合标准溶液的酸度应尽量保持与待测样品溶液的酸度一致。（ ）

答案：√

7.《危险废物鉴别标准 浸出毒性鉴别》（GB 5085.3—2007 附录 A 固体废物 元素的测定 电感耦合等离子体原子发射光谱法）中，一般仪器采用通用的气体雾化器时，同时测定多种元素的测定时间为 1～10 s。（ ）

答案：×

正确答案：1～20 s。

8.《危险废物鉴别标准 浸出毒性鉴别》（GB 5085.3—2007 附录 A 固体废物 元素的测定 电感耦合等离子体原子发射光谱法）中规定，所有的采样容器都应预先用洗涤剂、酸和试剂水洗涤，不可使用塑料容器。（ ）

答案：×

正确答案：塑料和玻璃容器均可使用。

9.《危险废物鉴别标准 浸出毒性鉴别》（GB 5085.3—2007 附录 A 固体废物 元素的测

定 电感耦合等离子体原子发射光谱法）中规定，水样必须用硫酸酸化至 pH 小于 2。（ ）

答案：×

正确答案：水样必须用硝酸酸化至 pH 小于 2。

10.《危险废物鉴别标准 浸出毒性鉴别》（GB 5085.3—2007 附录 A 固体废物 元素的测定 电感耦合等离子体原子发射光谱法）中规定，当分析样品中有可溶性砷时，不要求冷藏，但应避光保存，温度不能超过室温。（ ）

答案：√

11. 根据《危险废物鉴别标准 浸出毒性鉴别》（GB 5085.3—2007 附录 A 固体废物 元素的测定 电感耦合等离子体原子发射光谱法）中规定，如果试样在测定之前进行了富集或稀释，应将测定结果除以或乘以一个相应的倍数。（ ）

答案：√

12.《危险废物鉴别标准 浸出毒性鉴别》（GB 5085.3—2007 附录 A 固体废物 元素的测定 电感耦合等离子体原子发射光谱法）中规定，仪器要预热 30 min，以防波长漂移。（ ）

答案：×

正确答案：仪器要预热 1 h。

13.《危险废物鉴别标准 浸出毒性鉴别》（GB 5085.3—2007 附录 A 固体废物 元素的测定 电感耦合等离子体原子发射光谱法）中规定，含量太低的元素，可浓缩后测定。（ ）

答案：√

14.《危险废物鉴别标准 浸出毒性鉴别》（GB 5085.3—2007 附录 A 固体废物 元素的测定 电感耦合等离子体原子发射光谱法）中规定，谱线波长 <190 mm 的元素，宜采用真空红外通道测定，可获得较高灵敏度。（ ）

答案：×

正确答案：宜采用真空紫外通道测定，可获得较高灵敏度。

15.《危险废物鉴别标准 浸出毒性鉴别》（GB 5085.3—2007 附录 A 固体废物 元素的测定 电感耦合等离子体原子发射光谱法）中规定，铍和砷为剧毒致癌元素，配制标准溶液及测定时，防止与皮肤直接接触并保持室内有良好的排风系统。（ ）

答案：√

二、单项选择题

1. 根据《危险废物鉴别标准 浸出毒性鉴别》（GB 5085.3—2007 附录 A 固体废物 元素的测定 电感耦合等离子体原子发射光谱法）中的规定，铜元素的检出限为________。（ ）

A．0.001 μg/L　　B．0.001 mg/L　　C．0.01 mg/L　　D．0.1 mg/L

答案：C

2. 根据《危险废物鉴别标准 浸出毒性鉴别》（GB 5085.3—2007 附录 A 固体废物 元素的测定 电感耦合等离子体原子发射光谱法）测定各元素含量时，ICP-AES 法中的干扰主要包括________和________。（ ）

A．化学干扰，物理干扰　　B．光谱干扰，非光谱干扰

C．光谱干扰，电离干扰　　D．非光谱干扰，谱线重叠干扰

答案：B

3. 根据《危险废物鉴别标准　浸出毒性鉴别》（GB 5085.3—2007 附录 A　固体废物　元素的测定　电感耦合等离子体原子发射光谱法）中的规定，使用的氩气纯度不低于________。（　　）

A．99%　　B．99.9%　　C．99.99%　　D．99.999%

答案：B

4. 根据《危险废物鉴别标准　浸出毒性鉴别》（GB 5085.3—2007 附录 A　固体废物　元素的测定　电感耦合等离子体原子发射光谱法）中的规定，在将金属切屑洗净后，为迅速干燥可用丙酮等挥发性强的溶剂进一步洗涤以去除水分，最后用纯________或________吹干。（　　）

A．氩气，氧气　　B．氩气，氦气　　C．氮气，氦气　　D．氩气，氮气

答案：D

5. 根据《危险废物鉴别标准　浸出毒性鉴别》（GB 5085.3—2007 附录 A　固体废物　元素的测定　电感耦合等离子体原子发射光谱法）配制单元素铬标准贮备液时，称取 1 g 金属铬，加热溶解于 30 ml______中，冷却后用水定容至 1 L。（　　）

A．（1+1）HCl　　B．（1+1）H_2SO_4　　C．（1+1）HNO_3　　D．（2+1）HNO_3

答案：A

6. 根据《危险废物鉴别标准　浸出毒性鉴别》（GB 5085.3—2007 附录 A　固体废物　元素的测定　电感耦合等离子体原子发射光谱法）中的规定，一般仪器采用通用的气体雾化器时，进样量为________ml/min。（　　）

A．0.5～1　　B．1.5～2.0　　C．1.5～2.5　　D．1.5～3.0

答案：D

7. 根据《危险废物鉴别标准　浸出毒性鉴别》（GB 5085.3—2007 附录 A　固体废物　元素的测定　电感耦合等离子体原子发射光谱法）测定各元素时，ICP-AES 法中的物理干扰一般由样品的黏滞程度及表面张力变化而致，尤其是当样品中含有大量________或________样品时，都会对测定产生干扰。（　　）

A．可溶盐，碱度过高　　B．可溶盐，酸度过高

C．不可溶盐，碱度过高　　D．不可溶盐，酸度过高

答案：B

8. 根据《危险废物鉴别标准　浸出毒性鉴别》（GB 5085.3—2007 附录 A　固体废物　元素的测定　电感耦合等离子体原子发射光谱法）中的规定，若所测定样品中某些元素含量过高，应立即停止分析，并用________硝酸和________Triton X-100 溶液来冲洗进样系统。将样品稀释后，继续分析。（　　）

A．1%，0.05%　　B．1%，0.1%　　C．2%，0.05%　　D．2%，0.1%

答案：C

9. 根据《危险废物鉴别标准　浸出毒性鉴别》（GB 5085.3—2007 附录 A　固体废物　元素的测定　电感耦合等离子体原子发射光谱法）测定锌元素时可能存在的主要干扰为________元素

和________元素。(　　)

A. 铜，镍　　B. 铜，铁　　C. 铜，铝　　D. 铜，锰

答案：A

10. 根据《危险废物鉴别标准　浸出毒性鉴别》(GB 5085.3—2007 附录 A　固体废物　元素的测定　电感耦合等离子体原子发射光谱法)中的规定，贮备溶液配制酸度保持在________以上。(　　)

A. 0.01 mol/L　　B. 0.05 mol/L　　C. 0.1 mol/L　　D. 0.5 mol/L

答案：C

11. 根据《危险废物鉴别标准　浸出毒性鉴别》(GB 5085.3—2007 附录 A　固体废物　元素的测定　电感耦合等离子体原子发射光谱法)中的规定，一般仪器采用通用的气体雾化器时，载气流量为________L/min。(　　)

A. 0.5～1　　B. 1.0～1.5　　C. 1.5～2.0　　D. 2.0～2.5

答案：B

12. 根据《危险废物鉴别标准　浸出毒性鉴别》(GB 5085.3—2007 附录 A　固体废物　元素的测定　电感耦合等离子体原子发射光谱法)中的规定，如果要分析极易挥发的________、________和________化合物，要使用特殊容器(如用于挥发性有机物分析的容器)。(　　)

A. 硒、铊、砷　　B. 硒、铍、砷

C. 硒、锶、砷　　D. 硒、锑、砷

答案：D

13. 根据《危险废物鉴别标准　浸出毒性鉴别》(GB 5085.3—2007 附录 A　固体废物　元素的测定　电感耦合等离子体原子发射光谱法)，测定结果最多保留________有效数字，单位以 mg/L 计。(　　)

A. 1 位　　B. 2 位　　C. 3 位　　D. 4 位

答案：C

14. 根据《危险废物鉴别标准　浸出毒性鉴别》(GB 5085.3—2007 附录 A　固体废物　元素的测定　电感耦合等离子体原子发射光谱法)中的规定，测定所使用的所有容器需清洗干净后，用________的热硝酸荡洗后，再用自来水冲洗、去离子水反复冲洗，以尽量降低空白背景。(　　)

A. 5%　　B. 10%　　C. 15%　　D. 20%

答案：B

15. 根据《危险废物鉴别标准　浸出毒性鉴别》(GB 5085.3—2007 附录 A　固体废物　元素的测定　电感耦合等离子体原子发射光谱法)成批量测定样品时，每________个样品为一组，加测一个待测元素的质控样品，用以检查仪器的漂移程度。(　　)

A. 3　　B. 5　　C. 10　　D. 15

答案：C

三、问答题

1. 根据《危险废物鉴别标准　浸出毒性鉴别》(GB 5085.3—2007 附录 A　固体废物　元素的

测定　电感耦合等离子体原子发射光谱法）简述电感耦合等离子体原子发射光谱法测定固体废物和固体废物浸出液中元素的原理。

答案：（1）当氩气通过等离子体火炬时，经射频发生器所产生的交变电磁场使其电离、加速并与其他氩原子碰撞。这种连锁反应使更多的氩原子电离，形成原子、离子、电子的粒子混合气体，即等离子体。

（2）过滤或消解处理过的样品经进样器中的雾化器被雾化并由氩载气带入等离子体火炬中，气化的样品分子在等离子体火炬的高温下被气化、电离、激发。不同元素的原子在激发或电离时可发射出特征光谱，所以等离子体发射光谱可用来定性测定样品中存在的元素。

（3）特征光谱的强弱与样品中原子浓度有关，与标准溶液进行比较，即可定量测定样品中各元素的含量。

2. 根据《危险废物鉴别标准　浸出毒性鉴别》（GB 5085.3—2007 附录 A　元素的测定　电感耦合等离子体原子发射光谱法）测定各元素时，ICP-AES 法通常存在干扰，必须予以补偿和校正。试列出常见的校正元素间干扰的方法，并简述其特点。

答案：（1）化学富集分离的方法效果明显并可提高元素的检出能力，但操作手续烦冗且易引入试剂空白；

（2）基体匹配法（配制与待测样品基体成分相似的标准溶液）效果十分令人满意。此方法对于测定基体成分固定的样品，是理想的消除干扰的办法，但存在高纯度试剂难于解决的问题，而且废水的基体成分变化莫测，在实际分析中，标准溶液的配制工作将是十分麻烦的；

（3）背景扣除法（凭试验，确定扣除背景的位置及方式）及干扰系数法，是比较简便而且目前常用的方法。当存在单元素干扰时，可按公式 $K_i=(Q'-Q)/Q_i$ 求得干扰系数。通过配制一系列已知干扰元素含量的溶液在分析元素波长的位置测定其 Q'，根据上述公式求出 K_i，然后进行人工扣除或计算机自动扣除。

四、计算题

使用电感耦合等离子体原子发射光谱法测定某固体废物浸出液铜含量，浸出液稀释 10 倍测定值为 6.47 mg/L，样品空白溶液测定值为 0.01 mg/L，求该固体废物浸出铜含量。

答案： $C(\mathrm{Cu})=C\times f-C_0=6.47\times 10-0.01=64.7$（mg/L）

该固体废物浸出铜含量为 64.7 mg/L。

参考文献

国家环境保护总局，国家质量监督检验检疫总局．危险废物鉴别标准　浸出毒性鉴别：GB 5085.3—2007［S］．北京：中国环境科学出版社，2007.

命题：金　钰　郑　妤

审核：王晓霞

第十六节 危险废物鉴别标准 浸出毒性鉴别（GB 5085.3—2007 附录B 固体废物 元素的测定 电感耦合等离子体质谱法）

一、判断题

1. 根据《危险废物鉴别标准 浸出毒性鉴别》（GB 5085.3—2007 附录B 固体废物 元素的测定 电感耦合等离子体质谱法）中的规定，玻璃器皿可以用铬酸清洗。（ ）

答案：×

正确答案：玻璃器皿不能用铬酸清洗。

2. 根据《危险废物鉴别标准 浸出毒性鉴别》（GB 5085.3—2007 附录B 固体废物 元素的测定 电感耦合等离子体质谱法）中规定，对于固体样品的保存，其分析前不需要处理，只需在4℃保存，没有确定存放期限。（ ）

答案：√

3.《危险废物鉴别标准 浸出毒性鉴别》（GB 5085.3—2007 附录B 固体废物 元素的测定 电感耦合等离子体质谱法）中规定，测定银之前应进行样品消解。（ ）

答案：√

4. 根据《危险废物鉴别标准 浸出毒性鉴别》（GB 5085.3—2007 附录B 固体废物 元素的测定 电感耦合等离子体质谱法）中的规定，在有游离硫酸盐的存在的情况下，总可回收样品消解步骤可能使钡产生硫酸钡沉淀。（ ）

答案：√

5.《危险废物鉴别标准 浸出毒性鉴别》（GB 5085.3—2007 附录B 固体废物 元素的测定 电感耦合等离子体质谱法）中规定，新配好的标准溶液应转移至经过酸洗的、未用过的FEP瓶中保存，并定期检查其稳定性。（ ）

答案：√

6. 根据《危险废物鉴别标准 浸出毒性鉴别》（GB 5085.3—2007 附录B 固体废物 元素的测定 电感耦合等离子体质谱法）中规定，在配制多元素储备标准溶液时，只需要注意元素间的相容性。（ ）

答案：×

正确答案：在配制多元素储备标准溶液时，一定要注意元素间的相容性和稳定性。

7.《危险废物鉴别标准 浸出毒性鉴别》（GB 5085.3—2007 附录B 固体废物 元素的测定 电感耦合等离子体质谱法）中规定，元素的原始标准准备溶液必须进行检查以避免杂质影响标准的准确度。（ ）

答案：√

8. 根据《危险废物鉴别标准 浸出毒性鉴别》（GB 5085.3—2007 附录B 固体废物 元素

的测定　电感耦合等离子体质谱法）适用于固体废物和固体废物浸出液中银（Ag）、铝（Al）、砷（As）、钡（Ba）、铍（Be）、镉（Cd）、钴（Co）、铬（Cr）、铜（Cu）、汞（Hg）、锰（Mn）、钼（Mo）、镍（Ni）、铅（Pb）、锑（Sb）、硒（Se）、钍（Th）、铊（Tl）、铀（U）、钒（V）、锌（Zn）等元素的电感耦合等离子体质谱法测定。该方法也可用于其他元素的分析，但应给出方法的精确度和精密度。(　　)

答案：√

9.《危险废物鉴别标准　浸出毒性鉴别》（GB 5085.3—2007 附录 B　固体废物　元素的测定　电感耦合等离子体质谱法）中规定，样品基体引起的仪器响应抑制或增强效应以及仪器漂移必须使用内标补偿。(　　)

答案：√

10.《危险废物鉴别标准　浸出毒性鉴别》（GB 5085.3—2007 附录 B　固体废物　元素的测定　电感耦合等离子体质谱法）中规定，校正应包括同量异位素干扰以及等离子气、试剂或样品基体产生的多原子离子干扰。(　　)

答案：√

11. 根据《危险废物鉴别标准　浸出毒性鉴别》（GB 5085.3—2007 附录 B　固体废物　元素的测定　电感耦合等离子体质谱法）中的规定，所需试剂水只要是去离子水就可以。(　　)

答案：×

正确答案：所需试剂水，应为 GB/T 6682 规定的一级水。

12. 根据《危险废物鉴别标准　浸出毒性鉴别》（GB 5085.3—2007 附录 B　固体废物　元素的测定　电感耦合等离子体质谱法）中的规定，硝酸（HNO_3），ρ=1.42 g/ml，用优级纯；盐酸（HCl），ρ=1.19 g/ml，用优级纯。(　　)

答案：√

13. 根据《危险废物鉴别标准　浸出毒性鉴别》（GB 5085.3—2007 附录 B　固体废物　元素的测定　电感耦合等离子体质谱法）中的规定，（1+1）硝酸配制方法为：取 500 ml 浓硝酸加入 400 ml 试剂级水中，然后稀释至 1 L。(　　)

答案：√

14. 根据《危险废物鉴别标准　浸出毒性鉴别》（GB 5085.3—2007 附录 B　固体废物　元素的测定　电感耦合等离子体质谱法）中的规定，（1+4）盐酸配制方法为：取 200 ml 浓盐酸加入到 400 ml 试剂级水中，然后稀释至 1 L。(　　)

答案：√

15. 根据《危险废物鉴别标准　浸出毒性鉴别》（GB 5085.3—2007 附录 B　固体废物　元素的测定　电感耦合等离子体质谱法）中的规定，浓氨水（NH_4OH），ρ=0.90 g/ml，用优级纯。(　　)

答案：√

二、单项选择题

1.《危险废物鉴别标准　浸出毒性鉴别》（GB 5085.3—2007 附录 B　固体废物　元素的测

定　电感耦合等离子体质谱法）中的规定，在配制多元素储备标准溶液时，一定要注意元素间的________。（　　）

A．相容性　　B．稳定性

C．相容性和稳定性　　D．污染性

答案：C

2. 根据《危险废物鉴别标准　浸出毒性鉴别》（GB 5085.3—2007 附录 B　固体废物　元素的测定　电感耦合等离子体质谱法）中的规定，钡标准溶液，1 ml=1 000 μg，Ba 配制方法为：准确称取________$BaCO_3$，溶于 10 ml 试剂水和 2 ml 浓硝酸混合溶液中。加热，搅拌至反应完全，去气，试剂水稀释至 100 ml。（　　）

A．0.143 7 g　　B．0.147 3 g　　C．0.143 7 mg　　D．0.147 3 mg

答案：A

3.《危险废物鉴别标准　浸出毒性鉴别》（GB 5085.3—2007 附录 B　固体废物　元素的测定　电感耦合等离子体质谱法）中规定，鉴别过程需要三种类型的空白溶液，分别为________、________和清洗空白溶液。（　　）

A．全程序空白试样、标准空白溶液

B．校准空白溶液、水空白溶液

C．实验室试剂空白溶液、全程序空白溶液

D．校准空白溶液、实验室试剂空白溶液

答案：D

4.《危险废物鉴别标准　浸出毒性鉴别》（GB 5085.3—2007 附录 B　固体废物　元素的测定　电感耦合等离子体质谱法）中规定，调谐溶液用于________仪器调谐和质量校准。（　　）

A．分析前　　B．分析中

C．分析后　　D．分析前和分析后

答案：A

5.《危险废物鉴别标准　浸出毒性鉴别》（GB 5085.3—2007 附录 B　固体废物　元素的测定　电感耦合等离子体质谱法）中规定，质量控制样制备所需的源溶液应来自________，其浓度视仪器灵敏度而定。（　　）

A．本实验室内　　B．实验员按照标准配制的溶液

C．本实验室之外　　D．质量监督员配制的溶液

答案：C

6. 根据《危险废物鉴别标准　浸出毒性鉴别》（GB 5085.3—2007 附录 B　固体废物　元素的测定　电感耦合等离子体质谱法）中的规定，样品基体引起的仪器响应抑制或增强效应以及仪器漂移必须使用________。（　　）

A．内标补偿　　B．内标补偿和外标补偿

C．外标补偿　　D．标准试剂补偿

答案：A

7. 根据《危险废物鉴别标准　浸出毒性鉴别》（GB 5085.3—2007 附录 B　固体废物　元素的

测定　电感耦合等离子体质谱法）中的规定，分析中所用的玻璃器皿均需用（1+1）HNO_3 溶液浸泡________h，或热 HNO_3 荡洗后，再用去离子水洗净后方可使用。(　　)

A. 24　　B. 12　　C. 2　　D. 8

答案：A

8.《危险废物鉴别标准　浸出毒性鉴别》(GB 5085.3—2007 附录 B　固体废物　元素的测定　电感耦合等离子体质谱法）中规定，对于新器皿，应作相应的________检查后才能使用。(　　)

A. 实验　　B. 空白　　C. 外观　　D. 材质

答案：B

9.《危险废物鉴别标准　浸出毒性鉴别》(GB 5085.3—2007 附录 B　固体废物　元素的测定　电感耦合等离子体质谱法）中规定，实验室必须在常规样品分析时对至少________的样品加入已知浓度的分析物。(　　)

A. 10%　　B. 100%　　C. 20%　　D. 50%

答案：A

10. 根据《危险废物鉴别标准　浸出毒性鉴别》(GB 5085.3—2007 附录 B　固体废物　元素的测定　电感耦合等离子体质谱法）中的规定，线性校准范围主要受________限制。(　　)

A. 空白　　B. 标准溶液　　C. 检测器　　D. 样品

答案：C

11. 根据《危险废物鉴别标准　浸出毒性鉴别》(GB 5085.3—2007 附录 B　固体废物　元素的测定　电感耦合等离子体质谱法）中的规定，报出的元素浓度数据值低于 10，要保留________位有效数字。(　　)

A. 1　　B. 2　　C. 3　　D. 0

答案：B

12. 根据《危险废物鉴别标准　浸出毒性鉴别》(GB 5085.3—2007 附录 B　固体废物　元素的测定　电感耦合等离子体质谱法）中的规定，报出的元素浓度数据值等于或大于 10，保留________位有效数字。(　　)

A. 1　　B. 2　　C. 3　　D. 0

答案：C

13.《危险废物鉴别标准　浸出毒性鉴别》(GB 5085.3—2007 附录 B　固体废物　元素的测定　电感耦合等离子体质谱法）中规定，所有分析样品的数据采集都需要至少________次重复积分。(　　)

A. 1　　B. 2　　C. 3　　D. 4

答案：C

14.《危险废物鉴别标准　浸出毒性鉴别》(GB 5085.3—2007 附录 B　固体废物　元素的测定　电感耦合等离子体质谱法）中规定，玻璃器皿不可以用________清洗。(　　)

A. 铬酸　　B. 盐酸　　C. 高氯酸　　D. 硫酸

答案：A

15.《危险废物鉴别标准　浸出毒性鉴别》（GB 5085.3—2007 附录 B　固体废物　元素的测定　电感耦合等离子体质谱法）中规定，________分析前不需要处理，只需在 4℃保存。没有确定的存放期限。（　　）

A．所有样品　　B．水样　　C．危险废物　　D．固体样品

答案：D

三、问答题

1. 根据《危险废物鉴别标准　浸出毒性鉴别》（GB 5085.3—2007 附录 B　固体废物　元素的测定　电感耦合等离子体质谱法）中的规定，在痕量元素测定中，样品容器会通过几种途径给样品测定结果带来正负误差？

答案：在痕量元素测定中，样品容器会通过以下途径给样品测定结果带来正负误差：

（1）通过表面解吸附作用或浸析造成污染；

（2）通过吸附过程降低元素浓度。

2. 根据《危险废物鉴别标准　浸出毒性鉴别》（GB 5085.3—2007 附录 B　固体废物　元素的测定　电感耦合等离子体质谱法）中的规定，ICP-MS 测定微量元素时，有几种干扰将导致测定结果的准确定？

答案：（1）同量异位素干扰；

（2）丰度灵敏度；

（3）同量多原子离子干扰；

（4）物理干扰；

（5）记忆干扰。

四、计算题

某固体废物取样量为 2 kg，浸出液体积为 1.6 L，取 10 ml 经 ICP-MS 测得 Cr 的浓度为 0.156 7 μg/L，空白溶液的浓度为 0.004 μg/L，试求该固体废物浸出液中 Cr 的浓度。

答案：0.156 7−0.004=0.156 3 μg/L

该固体废物浸出液中 Cr 的浓度为 0.156 3 μg/L。

参考文献

国家环境保护总局，国家质量监督检验检疫总局．危险废物鉴别标准　浸出毒性鉴别：GB 5085.3—2007［S］．北京：中国环境科学出版社，2007.

命题：李　洋

审核：乔朝辉

第十七节　危险废物鉴别标准　浸出毒性鉴别（GB 5085.3—2007 附录 C　固体废物　金属元素的测定　石墨炉原子吸收光谱法）

一、判断题

1. 根据《危险废物鉴别标准　浸出毒性鉴别》（GB 5085.3—2007 附录 C　固体废物　金属元素的测定　石墨炉原子吸收光谱法）中的规定，逐级稀释金属储备液制备标准使用液，需要配制 1 个空白和至少 3 个浓度的标准使用液。(　　)

答案：√

2. 根据《危险废物鉴别标准　浸出毒性鉴别》（GB 5085.3—2007 附录 C　固体废物　金属元素的测定　石墨炉原子吸收光谱法）中的规定，铜的检出限是 0.01 mg/L，测定波长为 324.7 nm。(　　)

答案：×

正确答案：该方法对铜的检出限是 1 μg/L。

3. 根据《危险废物鉴别标准　浸出毒性鉴别》（GB 5085.3—2007 附录 C　固体废物　金属元素的测定　石墨炉原子吸收光谱法）中的规定，试验所用的硝酸纯度应不低于分析纯。(　　)

答案：×

正确答案：试验所用的硝酸为优级纯。

4. 根据《危险废物鉴别标准　浸出毒性鉴别》（GB 5085.3—2007 附录 C　固体废物　金属元素的测定　石墨炉原子吸收光谱法）中的规定，验证标准的检验结果必须在真值的 10% 以内，该标准曲线才可使用。(　　)

答案：√

5. 根据《危险废物鉴别标准　浸出毒性鉴别》（GB 5085.3—2007 附录 C　固体废物　金属元素的测定　石墨炉原子吸收光谱法）中的规定，测定时使用的净化气为氦气。(　　)

答案：×

正确答案：测定时使用的净化气为氩气。

二、单项选择题

1. 根据《危险废物鉴别标准　浸出毒性鉴别》（GB 5085.3—2007 附录 C　固体废物　金属元素的测定　石墨炉原子吸收光谱法）采用的测量条件是：各元素测定时的干燥时间为________s，温度为________℃。(　　)

A．30，125　　B．30，150　　C．15，125　　D．15，150

答案：A

2. 根据《危险废物鉴别标准　浸出毒性鉴别》（GB 5085.3—2007 附录 C　固体废物　金属元

素的测定　石墨炉原子吸收光谱法）在测定银元素的过程中，为了消除干扰，应进行下列操作，但不包括________。（　　）

A．标准溶液应贮于棕色瓶中

B．应避免使用盐酸

C．应用磷酸铵作基体改进剂

D．应用高于原子化温度的温度清洁石墨管

答案：C

3. 根据《危险废物鉴别标准　浸出毒性鉴别》（GB 5085.3—2007 附录 C　固体废物　金属元素的测定　石墨炉原子吸收光谱法）判断，下列说法中错误的是________。（　　）

A．石墨炉的化学环境会导致碳化物的生成

B．将氢气和惰性气体混合，可用于抑制化学干扰

C．银的标准溶液和样品都应贮于棕色瓶中，并放置在暗处

D．在试验消解或溶解过程中，常使用盐酸或硫酸

答案：D

4. 根据《危险废物鉴别标准　浸出毒性鉴别》（GB 5085.3—2007 附录 C　固体废物　金属元素的测定　石墨炉原子吸收光谱法）判断，下列 4 种金属标准储备液，配制方法正确的是________。（　　）

A．称取 1.000 g 电解铜溶解于 5 ml 重蒸馏的 HNO_3 中，用 0.5%HNO_3 定容至 1 L

B．称取 1.000 g 金属锌溶解于 10 ml 浓 HNO_3 中，用试剂水定容至 1 L

C．称取 1.000 g 金属铁溶解于 10 ml 重蒸馏的 HNO_3 中，用 0.5%HNO_3 定容至 1 L

D．称取 1.000 g 金属锰溶解于 10 ml 浓 HNO_3 中，用试剂水定容至 1 L

答案：B

5. 根据《危险废物鉴别标准　浸出毒性鉴别》（GB 5085.3—2007 附录 C　固体废物　金属元素的测定　石墨炉原子吸收光谱法）测定固体试样中某金属含量，从校准曲线得到的处理后试样中该金属质量浓度为 13.9 μg/L，该试样的质量为 12.173 9 g，处理后试样的体积为 25 ml，则固体试样中该金属含量为________μg/kg。（　　）

A．26.5　　B．27.5　　C．28.5　　D．29.5

答案：C

三、问答题

1. 根据《危险废物鉴别标准　浸出毒性鉴别》（GB 5085.3—2007 附录 C　固体废物　金属元素的测定　石墨炉原子吸收光谱法）简述该方法的测定原理。

答案：样品溶液雾化后在石墨炉中经过蒸发被干燥、灰化并原子化，成为基态原子蒸汽，对元素空心阴极灯或无极放电灯发射的特征辐射进行选择性吸收。在一定质量浓度范围内，其吸收强度与试液中待测物的质量浓度成正比。

2. 根据《危险废物鉴别标准　浸出毒性鉴别》（GB 5085.3—2007 附录 C　固体废物　金属元素的测定　石墨炉原子吸收光谱法）简述配制标准使用液的过程中有哪些注意事项（至少答出 3 项）。

答案：（1）逐级稀释金属储备液；

（2）配制1个空白和至少3个浓度的标准使用液；

（3）配制标准使用液的浓度由低至高按等比排列；

（4）标准使用液的浓度应落在标准曲线的线性部分；

（5）标准使用液中酸的种类和质量浓度应与处理后试样中的相同；

（6）有些元素的标准溶液和试样中需加入特定的基体改进剂以消除各种干扰。

四、计算题

根据《危险废物鉴别标准　浸出毒性鉴别》（GB 5085.3—2007 附录C　固体废物　金属元素的测定　石墨炉原子吸收光谱法）对一份未知水样进行稀释后测定其金属质量浓度，取样体积为50 ml，用酸空白基体稀释到250 ml，经测定从校准曲线查出的金属质量浓度为0.73 μg/L，试计算该水样中待测金属的质量浓度。

答案： $\rho(\mu g/L) = A \times \left(\frac{C+B}{B}\right) = 0.73 \times \frac{250}{50} = 3.65(\mu g/L)$

该水样中待测金属的质量浓度为3.65 μg/L。

参考文献

国家环境保护总局，国家质量监督检验检疫总局.危险废物鉴别标准　浸出毒性鉴别：GB 5085.3—2007［S］.北京：中国环境科学出版社，2007.

命题：柴　悦

审核：赵　静

第十八节　危险废物鉴别标准　浸出毒性鉴别（GB 5085.3—2007 附录D　固体废物　金属元素的测定　火焰原子吸收光谱法）

一、判断题

1. 根据《危险废物鉴别标准　浸出毒性鉴别》（GB 5085.3—2007 附录D　固体废物　金属元素的测定　火焰原子吸收光谱法）中的规定，硝酸和盐酸均应使用纯度在分析纯以上的试剂。（　　）

答案： ×

正确答案： 硝酸和盐酸均应使用优级纯试剂。

2. 根据《危险废物鉴别标准　浸出毒性鉴别》（GB 5085.3—2007 附录 D　固体废物　金属元素的测定　火焰原子吸收光谱法）测定 Cu、Zn、Ni 元素时，使用的火焰类型为富燃型火焰。（　　）

答案：×

正确答案：测定 Cu、Zn、Ni 元素时使用的火焰类型为贫燃型火焰。

3. 根据《危险废物鉴别标准　浸出毒性鉴别》（GB 5085.3—2007 附录 D　固体废物　金属元素的测定　火焰原子吸收光谱法）中的规定，空气源可由空气压缩机或压缩空气钢瓶提供。（　　）

答案：√

4. 根据《危险废物鉴别标准　浸出毒性鉴别》（GB 5085.3—2007 附录 D　固体废物　金属元素的测定　火焰原子吸收光谱法）中的规定，以氧化亚氮为助燃气的元素测定需要使用高温燃烧器。（　　）

答案：√

5. 采用原子吸收分光光度法测定高浓度试样时，应选择最灵敏线。（　　）

答案：×

正确答案：采用原子吸收分光光度法测定高浓度试样时，应选择次灵敏线。

6. 原子吸收光谱仪由光源、原子化器、分光系统和检测系统 4 部分组成。（　　）

答案：√

7. 原子吸收光谱仪的火焰原子化装置包括雾化器和燃烧器。（　　）

答案：√

8. 火焰原子吸收光谱仪的原子化器作用是产生基态原子，用以吸收来自锐线源的电离辐射。（　　）

答案：×

正确答案：火焰原子吸收光谱仪的原子化器作用是产生基态原子，用以吸收来自锐线源的共振辐射。

9. 火焰原子吸收光谱法常用的锐线光源有空心阴极灯、无极放电灯和氘灯 3 种。（　　）

答案：×

正确答案：火焰原子吸收光度法常用的锐线光源有空心阴极灯、无极放电灯和蒸汽放电灯 3 种。

10. 用原子吸收分光光度法分析，灯电流小时，锐线光源发射的谱线较宽。（　　）

答案：×

正确答案：灯电流小时，锐线光源发射的谱线较窄。

11. 根据《危险废物鉴别标准　浸出毒性鉴别》（GB 5085.3—2007 附录 D　固体废物　金属元素的测定　火焰原子吸收光谱法）中的规定，实验所用试剂水为 GB/T 6682 规定的二级水。（　　）

答案：×

正确答案：实验所用试剂水为 GB/T 6682 规定的一级水。

12. 根据《危险废物鉴别标准　浸出毒性鉴别》（GB 5085.3—2007 附录 D　固体废物　金属元

素的测定　火焰原子吸收光谱法）中的规定，水样必须用硝酸酸化至 pH 小于 3。（　　）

答案：×

正确答案：水样必须用硝酸酸化至 pH 小于 2。

13. 根据《危险废物鉴别标准　浸出毒性鉴别》（GB 5085.3—2007 附录 D　固体废物　金属元素的测定　火焰原子吸收光谱法）中的规定，当分析样品中可溶性砷时，不要求冷藏，但应避光保存，温度不能超过室温。（　　）

答案：√

14. 根据《危险废物鉴别标准　浸出毒性鉴别》（GB 5085.3—2007 附录 D　固体废物　金属元素的测定　火焰原子吸收光谱法）中的规定，当火焰温度不足以使分子解离时，会由于在火焰中原子受到分子的束缚而使吸收减少，如磷酸盐对 Mg 的干扰。（　　）

答案：√

15. 根据《危险废物鉴别标准　浸出毒性鉴别》（GB 5085.3—2007 附录 D　固体废物　金属元素的测定　火焰原子吸收光谱法）中的规定，当试样中可溶解性固体的含量很高时，不会对测定产生干扰。（　　）

答案：×

正确答案：当试样中可溶解性固体的含量很高时，会产生类似光散射的非原子吸收干扰。

二、单项选择题

1. 根据《危险废物鉴别标准　浸出毒性鉴别》（GB 5085.3—2007 附录 D　固体废物　金属元素的测定　火焰原子吸收光谱法）判断，下列关于标准使用液配制的说法中正确的是________。（　　）

A. 标准使用液中酸的种类和浓度应与处理后试样中的相同［0.5%（*V*/*V*）HNO_3］

B. 标准使用液中酸的种类和浓度应与处理后试样中的相同［1.0%（*V*/*V*）HNO_3］

C. 标准使用液中酸的种类和浓度应为［0.5%（*V*/*V*）HNO_3］，而处理后试样中应为［1.0%（*V*/*V*）HNO_3］

D. 标准使用液中酸的种类和浓度应为［1.0%（*V*/*V*）HNO_3］，而处理后试样中应为［0.5%（*V*/*V*）HNO_3］

答案：A

2. 根据《危险废物鉴别标准　浸出毒性鉴别》（GB 5085.3—2007 附录 D　固体废物　金属元素的测定　火焰原子吸收光谱法）判断，下列关于样品采集的说法中不正确的是________。（　　）

A. 所有的采样容器都应预先用洗涤剂、酸和试剂水洗涤

B. 所有的采样容器都应预先用超纯水洗涤

C. 塑料和玻璃容器均可使用

D. 如果要分析极易挥发的硒、锑、和砷化合物，要使用特殊容器

答案：B

3. 根据《危险废物鉴别标准　浸出毒性鉴别》（GB 5085.3—2007 附录 D　固体废物　金属元

素的测定　火焰原子吸收光谱法）判断，下列关于样品保存和预处理的说法中不正确的是________。（　　）

A．当分析样品中可溶性的砷时，不要求冷藏，但应避光保存，温度不能超过室温

B．银的标准和样品都应贮于棕色瓶中，并放置在暗处

C．水样必须用硝酸酸化至 pH 小于 1

D．非水样品应冷藏保存，并尽快分析

答案：C

4. 原子吸收分光光度法用的空心阴极灯是一种特殊的辉光放电管，它的阴极是由________制成。（　　）

A．待测元素的纯金属　　B．钨的纯金属

C．待测元素的纯金属或合金　　D．钛纯金属或合金

答案：C

5. 原子吸收分光光度法的灯电流影响空心阴极灯放电的稳定性和________的强度。（　　）

A．衍射光　　B．单色光　　C．输出光　　D．散射光

答案：C

6. 空心阴极灯的主要操作参数为________。（　　）

A．灯电流　　B．灯电压

C．阴极温度　　D．内充气体压力散射光

答案：A

7. 原子吸收分析光谱仪的光源是________。（　　）

A．氢灯　　B．氘灯　　C．空心阴极灯　　D．钨灯

答案：C

8. 使用原子吸收光谱仪分析时，调节燃烧器高度的目的是________。（　　）

A．控制燃烧速度

B．增加燃气和助燃气的预混时间

C．提高试样雾化效率

D．选择合适的吸收区域

答案：D

9. 原子吸收光谱仪光源发出的光是________。（　　）

A．单色光　　B．复合光　　C．白光　　D．可见光

答案：A

10. 根据《危险废物鉴别标准　浸出毒性鉴别》（GB 5085.3—2007 附录 D　固体废物　金属元素的测定　火焰原子吸收光谱法），做稀释试验时，在试样中选择一个有代表性的试样做逐次稀释以确定是否有干扰存在，试样中分析元素的浓度至少为其检出限的________倍。（　　）

A．10　　B．15　　C．20　　D．25

答案：D

三、问答题

1. 根据《危险废物鉴别标准 浸出毒性鉴别》（GB 5085.3—2007 附录 D 固体废物 金属元素的测定 火焰原子吸收光谱法）简述火焰原子吸收光谱法测定固定废物中金属元素的原理。

答案：样品溶液雾化后在火焰原子化器中被原子化，成为基态原子蒸汽，对元素空心阴极灯或无极放电灯发射的特征辐射进行选择性吸收。在一定浓度范围内，其吸收强度与试液中待测物质的含量成正比。

2. 简述火焰原子吸收光谱法测定固定废物中金属元素的分析步骤。

答案：（1）配制试液，包括金属标准储备液和标准使用液；

（2）进行干扰的消除和背景校正；

（3）参照仪器说明书设定仪器最佳工作条件；

（4）测定标准使用液的吸光度，用浓度及对应的吸光度值绘制标准曲线；

（5）测定实验样品和质控样品的吸光度或浓度值。

四、计算题

根据《危险废物鉴别标准 浸出毒性鉴别》（GB 5085.3—2007 附录 D 固体废物 金属元素的测定 火焰原子吸收光谱法）测定固体废物中的铜元素浓度时，称取 5 g 待测固体废物样品进行前处理，处理完毕后得到浸出液试样的体积为 50 ml，使用火焰原子吸收光谱仪对该试液样品进行测定，经分析得出，待测试液样品中的铜元素的浓度为 0.24 mg/L，试计算该固体废物样品中铜元素的浓度。

答案： $C=\frac{A\times V}{W}=\frac{0.24\times 50}{5}=2.40(\text{mg/kg})$

该固体废物样品中铜元素的浓度为 2.40 mg/kg。

参考文献

［1］国家环境保护总局，国家质量监督检验检疫总局 . 危险废物鉴别标准 浸出毒性鉴别［S］. 北京：中国环境科学出版社，2007.

［2］中国环境监测总站《环境监测人员持证上岗考核试题集》编写组. 环境监测人员持证上岗考核试题集：下册 . 4 版［M］. 北京：中国环境出版集团，2018.

命题：宗赫赫

审核：赵京晶

第十九节　危险废物鉴别标准　浸出毒性鉴别（GB 5085.3—2007 附录 E　固体废物　砷、锑、铋、硒的测定　原子荧光法）

一、判断题

1. 根据《危险废物鉴别标准　浸出毒性鉴别》（GB 5085.3—2007 附录 E　固体废物　砷、锑、铋、硒的测定　原子荧光法）要求，配制 0.7% 硼氰化钾溶液，需称取 7 g 硼氢化钾于预先加有 2 g KOH 的 200 ml 去离子水中，用玻璃棒搅拌至溶解后，用脱脂相过滤，稀释至 1 000 ml，此溶液可保存 1 个月。（　　）

答案：×

正确答案：此溶液现用现配。

2. 根据《危险废物鉴别标准　浸出毒性鉴别》（GB 5085.3—2007 附录 E　固体废物　砷、锑、铋、硒的测定　原子荧光法）中的要求，原子荧光法测定固体废物中砷、锑、铋、硒的主要干扰是低含量的 Cu^{2+}、Co^{2+}、Ni^{2+}、Ag^{+}、Hg^{2+}，以及形成的氢化物元素之间的互相影响等，其他常见的阴阳离子无干扰。（　　）

答案：×

正确答案：原子荧光法测定固体废物中砷、锑、铋、硒的主要干扰是高含量的 Cu^{2+}、Co^{2+}、Ni^{2+}、Ag^{+}、Hg^{2+}。

3. 根据《危险废物鉴别标准　浸出毒性鉴别》（GB 5085.3—2007 附录 E　固体废物　砷、锑、铋、硒的测定　原子荧光法）中的要求，原子荧光法测定固体废物中汞用的载气是氦气。（　　）

答案：×

正确答案：原子荧光法测定固体废物中汞用的载气是氩气。

4. 根据《危险废物鉴别标准　浸出毒性鉴别》（GB 5085.3—2007 附录 E　固体废物　砷、锑、铋、硒的测定　原子荧光法）对砷、锑、铋的检出限为 0.000 1～0.000 2 mg/L。（　　）

答案：√

5. 根据《危险废物鉴别标准　浸出毒性鉴别》（GB 5085.3—2007 附录 E　固体废物　砷、锑、铋、硒的测定　原子荧光法）中的要求，新器皿经热硝酸荡洗后，再用去离子水洗净后便可使用。（　　）

答案：×

正确答案：新器皿经热硝酸荡洗后，再用去离子水洗净后，应做相应的空白检查后才能使用。

6. 根据《危险废物鉴别标准　浸出毒性鉴别》（GB 5085.3—2007 附录 E　固体废物　砷、锑、铋、硒的测定　原子荧光法）中的要求，所用的标准系列必须每次配制，与样品在相同条件下测

定。(　　)

答案：√

7. 根据《危险废物鉴别标准　浸出毒性鉴别》(GB 5085.3—2007 附录 E　固体废物　砷、锑、铋、硒的测定　原子荧光法)中的要求，对每一瓶试剂都应做相应的空白实验，特别是盐酸要仔细检查。(　　)

答案：√

二、问答题

根据《危险废物鉴别标准　浸出毒性鉴别》(GB 5085.3—2007 附录 E　固体废物　砷、锑、铋、硒的测定　原子荧光法)简述原子荧光法测定固体废物 砷、锑、铋、硒的原理。

答案：在消解处理后的水样加入硫脲，把砷、锑、铋还原成三价，硒还原成四价。在酸性介质中加入硼氢化钾溶液，三价砷、三价锑、三价铋和四价硒分别形成砷化氢、锑化氢、铋化氢和硒化氢气体。由载气(氩气)直接导入石英管原子化器中，进而在氩氢火焰中原子化。基态原子受特种空心阴极灯光源的激发，产生原子荧光，通过检测原子荧光的相对强度，利用荧光强度与溶液中的砷、锑、铋和硒含量成正比的关系，计算样品溶液中相应成分的含量。

三、计算题

根据《危险废物鉴别标准　浸出毒性鉴别》(GB 5085.3—2007 附录 E　固体废物　砷、锑、铋、硒的测定　原子荧光法)测定固体废物中硒，移取固体废物浸出液 20.0 ml 置于 50 ml 烧杯中，加入 3 ml HCl，10% 硫脲溶液 2 ml，混匀，放置 20 min 后，用定量加液器注入 5.0 ml 于原子荧光仪的氢化物发生器中，加入 4 ml 硼氢化钾溶液，进行测定。此过程同时制备标准系列浓度样品。有校准曲线查得测定溶液中硒浓度是 0.858 8 μg/L，试计算固体废物中浸出液硒元素的浓度。

答案：元素浓度(μg/L)$=V_1 \times C/V_2$=0.858 8 × 5/20=0.214 7(μg/L)

固体废物中浸出液硒元素的浓度是 0.214 7 μg/L。

参考文献

国家环境保护总局，国家质量监督检验检疫总局 . 危险废物鉴别标准　浸出毒性鉴别：GB 5085.3—2007［S］. 北京：中国环境科学出版社，2007.

命题：鞠　东

审核：芦晓燕

第二十节　固体废物　热灼减率的测定　重量法（HJ 1024—2019）

一、判断题

1.《固体废物　热灼减率的测定　重量法》（HJ 1024—2019）适用于生活垃圾、医疗废物、危险废物等焚烧残余物的热灼减率的测定。(　　)

答案：√

2. 根据《固体废物　热灼减率的测定　重量法》（HJ 1024—2019）中的规定，当取样量为 20 g（干燥恒重）时，该标准测定热灼减率的方法检出限为 0.2%。(　　)

答案：√

3.《固体废物　热灼减率的测定　重量法》（HJ 1024—2019）方法原理为固体废物焚烧残余物样品经干燥至恒重后，于 600±25℃灼烧 3 h 至恒重。根据干燥固体废物焚烧残余物样品灼烧前后的质量计算热灼减率，以质量百分数表示。(　　)

答案：√

4.《固体废物　热灼减率的测定　重量法》（HJ 1024—2019）的测量结果单位为 %。(　　)

答案：√

5. 根据《固体废物　热灼减率的测定　重量法》（HJ 1024—2019）中的规定，使用电热干燥箱预先将样品干燥至恒重，温度为 110℃。(　　)

答案：√

6.《固体废物　热灼减率的测定　重量法》（HJ 1024—2019）中的规定，恒重是指连续两次称量之差不大于 0.01 g。(　　)

答案：×

正确答案：恒重是指连续两次称量之差不大于 0.02 g。

7. 根据《固体废物　热灼减率的测定　重量法》（HJ 1024—2019）中的规定，计算结果最多保留 3 位有效数字；结果小于 1% 时，保留至小数点后 1 位。(　　)

答案：√

8. 根据《固体废物　热灼减率的测定　重量法》（HJ 1024—2019）测定热灼减率时，每 20 个样品或每批次（小于 20 个 / 批）应分析 1 个平行样。(　　)

答案：√

9. 根据《固体废物　热灼减率的测定　重量法》（HJ 1024—2019）测定热灼减率时，平行样测定结果相对偏差≤20%。(　　)

答案：√

10. 根据《固体废物　热灼减率的测定　重量法》（HJ 1024—2019）测定热灼减率时，实验中

产生的废物应分类保管，并做好相应标识，委托有资质的单位进行处置。（　　）

答案：√

二、单项选择题

1.《固体废物　热灼减率的测定　重量法》（HJ 1024—2019）适用于________焚烧残余物的热灼减率的测定。（　　）

A. 生活垃圾、医疗废物、危险废物　　B. 生活垃圾

C. 医疗废物　　D. 危险废物

答案：A

2. 根据《固体废物　热灼减率的测定　重量法》（HJ 1024—2019）中的规定，当取样量为 20 g（干燥恒重）时，该标准测定热灼减率的方法检出限为________。（　　）

A. 0.2%　　B. 0.4%　　C. 0.04%　　D. 0.004%

答案：A

3.《固体废物　热灼减率的测定　重量法》（HJ 1024—2019）的方法原理为固体废物焚烧残余物样品经干燥至恒重后，于________至恒重。根据干燥固体废物焚烧残余物样品灼烧前后的质量计算热灼减率，以质量百分数表示。（　　）

A. 650±25℃灼烧 3 h　　B. 600±25℃灼烧 3 h

C. 550±25℃灼烧 3 h　　D. 500±25℃灼烧 3 h

答案：B

4.《固体废物　热灼减率的测定　重量法》（HJ 1024—2019）测量结果单位为________。（　　）

A. g　　B. mg　　C. %　　D. 无

答案：C

5. 根据《固体废物　热灼减率的测定　重量法》（HJ 1024—2019）中的规定，使用电热干燥箱将样品干燥至恒重，温度为________。（　　）

A. 100℃　　B. 105℃　　C. 110℃　　D. 120℃

答案：C

6. 根据《固体废物　热灼减率的测定　重量法》（HJ 1024—2019）中的规定，恒重是指连续两次称量，称量之差不大于________。（　　）

A. 0.02 g　　B. 0.04 g　　C. 0.01 g　　D. 0.10 g

答案：A

7. 根据《固体废物　热灼减率的测定　重量法》（HJ 1024—2019）中的规定，计算结果最多保留________位有效数字；结果小于 1% 时，保留至小数点后________位。（　　）

A. 3；1　　B. 2；1　　C. 3；2　　D. 1；3

答案：A

8. 根据《固体废物　热灼减率的测定　重量法》（HJ 1024—2019）测定热灼减率时，每________个样品或每批次（小于________个 / 批）应分析一个平行样。（　　）

A. 20，20　　B. 10，10　　C. 30，30　　D. 40，40

答案： A

9. 根据《固体废物　热灼减率的测定　重量法》（HJ 1024—2019）测定热灼减率，平行样测定结果相对偏差≤________。（　　）

A. 10%　　B. 15%　　C. 20%　　D. 30%

答案： C

三、问答题

简述《固体废物　热灼减率的测定　重量法》（HJ 1024—2019）的方法原理。

答案： 固体废物焚烧残余物样品经干燥至恒重后，于600±25℃灼烧3 h至恒重。根据干燥固体废物焚烧残余物样品灼烧前后的质量计算热灼减率，以质量百分数表示。

参考文献

生态环境部. 固体废物　热灼减率的测定　重量法：HJ 1024—2019［S］. 北京：中国环境出版集团，2019.

命题：姜　洋
审核：刘兆莹

第二十一节　固体废物　金属元素的测定　电感耦合等离子体质谱法（HJ 766—2015）

一、判断题

1. 根据《固体废物　金属元素的测定　电感耦合等离子体质谱法》（HJ 766—2015）中的规定，实验中使用的硝酸、盐酸、氢氟酸具有挥发性和腐蚀性，操作时应按规定要求佩戴防护用品，整个实验过程必须在通风橱中进行操作。（　　）

答案： √

2. 质谱仪根据离子的质荷比即元素的质量数进行分离并定性、定量分析。（　　）

答案： √

3.《固体废物　金属元素的测定　电感耦合等离子体质谱法》（HJ 766—2015）中质谱型干扰主要包括基体抑制干扰、空间电荷效应干扰、物理效应干扰等。（　　）

答案： ×

正确答案： 质谱型干扰主要包括同量异位素干扰、多原子离子干扰、氧化物和双电荷干扰等。

4. 根据《固体废物　金属元素的测定　电感耦合等离子体质谱法》（HJ 766—2015）中的规定，同量异位素干扰可使用干扰校正方程进行校正，或在分析前对样品进行化学分离等方法进行消除。（　　）

答案：√

5. 根据《固体废物　金属元素的测定　电感耦合等离子体质谱法》（HJ 766—2015）测定固体废物中的金属元素时，实验中配制的标准溶液，应在聚乙烯或聚四氟乙烯瓶中密封保存。（　　）

答案：×

正确答案：应在聚乙烯或聚丙烯瓶中密封保存。

6. 根据《固体废物　金属元素的测定　电感耦合等离子体质谱法》（HJ 766—2015）配制铊、铍等剧毒物质的标准溶液时，应避免与皮肤直接接触。（　　）

答案：√

7. 固体废物样品采集后应立即贴上样品标签，且每份样品保存量至少应为实验和分析需用量的3倍。（　　）

答案：√

8. 根据《固体废物　金属元素的测定　电感耦合等离子体质谱法》（HJ 766—2015）进行实验时，若样品待测元素浓度超出校准曲线范围，需经（5+95）硝酸溶液稀释后重新测定。（　　）

答案：×

正确答案：需经（2+98）硝酸溶液稀释后重新测定。

9. 根据《固体废物　金属元素的测定　电感耦合等离子体质谱法》（HJ 766—2015）中的规定结果计算时，对于固体废物，当测定结果小于 10 mg/kg 时，结果保留 1 位小数；当结果大于或等于 10 mg/kg 时，结果保留 3 位有效数字。（　　）

答案：√

10. 根据《固体废物　金属元素的测定　电感耦合等离子体质谱法》（HJ 766—2015）中的规定，对于疑似污染严重的固体废物，首先用半定量分析法扫描样品，确定待测金属元素浓度的高低，避免高浓度样品污染仪器。（　　）

答案：√

二、单项选择题

1. 根据《固体废物　金属元素的测定　电感耦合等离子体质谱法》（HJ 766—2015）测定固体废物中的钡、镍、镉、铍，样品制备过程中，对于固态废物或可干化的半固态固体废物样品，准确称取 10 g 样品（m_1，精确至 0.01 g），自然风干或冷冻干燥后，再次称重（m_2，精确至 0.01 g），研磨，全部过________mm 目尼龙筛备用。（　　）

A．0.15，100　　B．0.30，100　　C．0.15，200　　D．0.30，200

答案：A

2. ICP-MS 炬管是由石英制成的________层同心管组成。（　　）

A．1　　B．2　　C．3　　D．4

答案：C

3. ICP-MS 使用的氩气纯度需满足________。(　　)

A. 99%　　B. 99.5%　　C. 99.9%　　D. 99.99%

答案：D

4. ________是 ICP-MS 最主要的干扰来源，可以利用干扰校正方程、仪器优化以及碰撞反应池技术进行消除。(　　)

A. 多原子离子干扰　　B. 同量异位素干扰　　C. 氧化物干扰　　D. 双电荷干扰

答案：A

5. 通入 ICP-MS 炬管的________起冷却保护炬管的作用，________用于输送样品，________提供电离气体。(　　)

A. 等离子气，冷却气，载气　　B. 冷却气，载气，等离子气

C. 冷却气，等离子气，载气　　D. 等离子气，载气，冷却气

答案：B

6. 根据《固体废物　金属元素的测定　电感耦合等离子体质谱法》(HJ 766—2015)测定固体废物中的钡、镍、镉、铍，每批样品至少应分析________个空白试样。(　　)

A. 1　　B. 2　　C. 3　　D. 5

答案：B

7. 根据《固体废物　金属元素的测定　电感耦合等离子体质谱法》(HJ 766—2015)测定固体废物中的钡、镍、镉、铍，如果消解后的重量比消解前的重量减少超过________，舍弃该样品，并查找原因。(　　)

A. 5%　　B. 10%　　C. 15%　　D. 20%

答案：B

8. 根据《固体废物　金属元素的测定　电感耦合等离子体质谱法》(HJ 766—2015)测定固体废物中的钡、镍、镉、铍，固体浸出液试样制备时，移取固体废物浸出液 25.0 ml，置于消解罐中，加入________ml 硝酸和________ml 盐酸，将消解罐放入微波消解装置进行消解。(　　)

A. 1，3　　B. 1，4　　C. 3，1　　D. 4，1

答案：D

9. 根据《固体废物　金属元素的测定　电感耦合等离子体质谱法》(HJ 766—2015)测定固体废物中的钡、镍、镉、铍，下列说法错误的是________。(　　)

A. 固体废物中钡的检出限为 0.9 mg/kg；固体废物浸出液中钡的检出限为 1.8 μg/L

B. 固体废物中镉的检出限为 0.6 mg/kg；固体废物浸出液中镉的检出限为 1.2 μg/L

C. 固体废物中镍的检出限为 1.9 mg/kg；固体废物浸出液中镍的检出限为 3.8 μg/L

D. 固体废物中铍的检出限为 1.6 mg/kg；固体废物浸出液中铍的检出限为 2.8 μg/L

答案：D

10. 根据《固体废物　金属元素的测定　电感耦合等离子体质谱法》(HJ 766—2015)测定固体废物中的钡、镍、镉、铍，固体浸出液消解后冷却至室温，小心打开消解罐的盖子，然后将消解罐放在赶酸仪中，于________敞口赶酸至内溶物近干，冷却至室温后，用去离子水溶解内溶物，然后将溶液转移至________容量瓶中，用去离子水定容。(　　)

A．120℃，50 ml　　B．150℃，50 ml　　C．120℃，100 ml　　D．150℃，100 ml

答案：B

11. 根据《固体废物　金属元素的测定　电感耦合等离子体质谱法》（HJ 766—2015）的方法要求，点燃等离子体后，仪器预热稳定________。（　　）

A．1 h　　B．10 min　　C．30 min　　D．2 h

答案：C

12. 根据《固体废物　金属元素的测定　电感耦合等离子体质谱法》（HJ 766—2015）的方法要求，用________代替试样，采用与试样制备相同的步骤和试剂，制备空白试样。（　　）

A．（2+98）硝酸溶液　　B．（1+99）硝酸溶液

C．（5+95）硝酸溶液　　D．去离子水

答案：D

13. 电感耦合等离子体质谱法测定固体废物中金属元素的含量时，为减少空白值应在测定过程中尽量使用优级纯或________盐酸和硝酸。（　　）

A．化学纯　　B．分析纯　　C．光谱纯　　D．高级纯

答案：D

14. 根据《固体废物　金属元素的测定　电感耦合等离子体质谱法》（HJ 766—2015）的方法要求，用质谱仪调谐溶液对仪器的灵敏度、氧化物和双电荷进行调谐，在仪器的灵敏度、氧化物、双电荷满足要求的条件下，质谱仪给出的调谐溶液中所含元素信号强度的相对标准偏差≤________。（　　）

A．5%　　B．10%　　C．15%　　D．20%

答案：A

15. 根据《固体废物　金属元素的测定　电感耦合等离子体质谱法》（HJ 766—2015）测定固体废物中的钡、镍、镉、铍，固体浸出液消解、赶酸定容后，测定前使用________μm 滤膜过滤或取上清液进行测定。（　　）

A．0.30　　B．0.35　　C．0.40　　D．0.45

答案：D

16. 根据《固体废物　金属元素的测定　电感耦合等离子体质谱法》（HJ 766—2015）测定样品时，试样测定前，用________冲洗系统直至仪器信号降至最低，待分析信号稳定后方能开始测定。（　　）

A．（2+98）硝酸溶液　　B．（1+99）硝酸溶液

C．（5+95）硝酸溶液　　D．去离子水

答案：C

17. 根据《固体废物　金属元素的测定　电感耦合等离子体质谱法》（HJ 766—2015）的方法要求，标准曲线的相关系数≥________。每 10 个样品应分析 1 个标准曲线中间浓度点，其测定结果与实际浓度值相对偏差应≤10%，否则应查找原因或重新建立校准曲线。每批样品分析完毕后，应进行 1 次曲线最低点的分析，其测定结果与实际浓度值相对偏差应≤________。（　　）

A．0.995，10%　　B．0.999，10%　　C．0.995，30%　　D．0.999，30%

答案：D

18. 根据《固体废物　金属元素的测定　电感耦合等离子体质谱法》（HJ 766—2015）测定固体中的重金属，下列说法错误的是________。（　　）

A. 在每次分析时，试样中内标的响应值应介于校准曲线响应值的 70%～130%，否则说明仪器发生漂移或有干扰产生，应查找原因后重新分析

B. 分析所用器皿均需用（1+1）HNO_3 溶液浸泡 48 h 后，用去离子水洗净后方可使用

C. 对于疑似污染严重的固体废物，首先用半定量分析法扫描样品，确定待测金属元素浓度的高低，避免高浓度样品污染仪器

D. 实验过程中产生的废液和废物，应置于密闭容器中分类保管，委托有资质的单位进行处理

答案：B

19.《固体废物　金属元素的测定　电感耦合等离子体质谱法》（HJ 766—2015）自________起实施。（　　）

A. 2015 年 11 月 1 日　　B. 2015 年 11 月 20 日

C. 2015 年 12 月 1 日　　D. 2015 年 12 月 15 日

答案：D

20.《固体废物　金属元素的测定　电感耦合等离子体质谱法》（HJ 766—2015）实验中，每批样品中，应至少分析 1 个试剂空白（2% 硝酸）加标，其加标回收率应在________。（　　）

A. 80%～120%　　B. 90%～120%

C. 80%～110%　　D. 90%～110%

答案：A

三、问答题

1. 简述《固体废物　金属元素的测定　电感耦合等离子体质谱法》（HJ 766—2015）的测定原理。

答案：固体废物或固体废物浸出液经微波消解预处理后，采用电感耦合等离子体质谱仪进行检测，根据元素的质谱图或特征离子进行定性，内标法定量。

2. 根据《固体废物　金属元素的测定　电感耦合等离子体质谱法》（HJ 766—2015）简述非质谱型干扰主要包括哪些类型，通过何种办法消除。

答案：（1）非质谱型干扰主要包括基体抑制干扰、空间电荷效应干扰、物理效应干扰等；

（2）非质谱型干扰程度与样品基体性质有关，可通过内标法、仪器条件优化或标准加入法等措施消除。

四、计算题

依据《固体废物　金属元素的测定　电感耦合等离子体质谱法》（HJ 766—2015）测定固体废物浸出液中的镍，移取固体废物浸出液 25.0 ml，消解定容至 50.0 ml，样品通过电感耦合等离子体质谱仪，由校准曲线计算出固体废物浸出液镍的含量 8.6 μg/L，实验室空白试样中镍的含量为 0.09 μg/L，求该样品中镍的浓度。

答案：$\rho=\dfrac{(\rho_x-\rho_0)\times V_2}{V_1}$=（8.6−0.09）× 50/25=17.0（μg/L）

样品中镍的含量为 17.0 μg/L。

参考文献

[1] 环境保护部. 固体废物　金属元素的测定　电感耦合等离子体质谱法：HJ 766—2015 [S]. 北京：中国环境出版集团，2015.

[2] 中国环境监测总站《环境监测人员持证上岗考核试题集》编写组. 环境监测人员持证上岗考核试题集：下册. 4 版 [M]. 北京：中国环境出版集团，2018.

命题：孙　烁

审核：安美玲

第二十二节　固体废物　22 种金属元素的测定
电感耦合等离子体发射光谱法（HJ 781—2016）

一、判断题

1. 根据《固体废物　22 种金属元素的测定　电感耦合等离子体发射光谱法》（HJ 781—2016）中的规定，实验中使用的高氯酸、硝酸、过氧化氢具有强氧化性和腐蚀性，盐酸、氢氟酸具有强挥发性和腐蚀性，操作时应按照规定要求佩戴防护用品，溶液配制及样品预处理过程应在通风橱中进行操作。(　　)

答案：√

2. ICP 焰炬通常分成初始辐射区和正常分析区两区。(　　)

答案：×

正确答案：ICP 焰炬通常分成预热区、初始辐射区和正常分析区三区。

3. 根据《固体废物　22 种金属元素的测定　电感耦合等离子体发射光谱法》（HJ 781—2016）进行测定时，电感耦合等离子体焰炬自下而上温度逐渐降低。(　　)

答案：√

4. 等离子发射光谱通常由化学火焰、电火花、电弧、激光和各种等离子体光源激发而获得。(　　)

答案：√

5. 根据《固体废物　22 种金属元素的测定　电感耦合等离子体发射光谱法》（HJ 781—2016）测定固体废物中金属元素时，标准溶液的酸度不必与待测样品溶液的酸度一致。(　　)

答案：×

正确答案： 标准溶液的酸度应尽量保持与待测试样溶液的酸度保持一致。

6. 根据《固体废物　22 种金属元素的测定　电感耦合等离子体发射光谱法》（HJ 781—2016）测定固体废物中金属元素时，每批样品中至少做 1 个实验室空白，所测元素空白值不得超过方法测定下限。若超出则需查找原因，重新分析直至合格之后才能分析样品。（　　）

答案： √

7. 根据《固体废物　22 种金属元素的测定　电感耦合等离子体发射光谱法》（HJ 781—2016）测定固体废物中金属元素时，每 10 个样品做 1 个平行双样，样品数量少于 10 个时，应至少测定 1 个平行双样，各元素测定结果的实验室内相对标准偏差应小于 35%。（　　）

答案： √

8. 根据《固体废物　22 种金属元素的测定　电感耦合等离子体发射光谱法》（HJ 781—2016）测定固体废物中金属元素时，对于含量较低的元素可适当增加样品称取量或减少定容体积，也可将消解液浓缩后测定。（　　）

答案： √

9. 根据《固体废物　22 种金属元素的测定　电感耦合等离子体发射光谱法》（HJ 781—2016）使用标准加入法测定固体废物中金属元素时，加入标准溶液所引起的体积误差不应超过 1%。（　　）

答案： ×

正确答案： 加入标准溶液所引起的体积误差不应超过 0.5%。

10. 根据《固体废物　22 种金属元素的测定　电感耦合等离子体发射光谱法》（HJ 781—2016）测定固体废物中金属元素时，浸出液如不能及时分析应加浓硝酸酸化（1 L 浸出液加入 10 ml 浓硝酸），并尽快消解，不要超过 48 h。（　　）

答案： ×

正确答案： 不要超过 24 h。

二、单项选择题

1. 根据《固体废物　22 种金属元素的测定　电感耦合等离子体发射光谱法》（HJ 781—2016）测定固体废物中的铬、镍、镉时，在样品制备过程中，对于固态样品，准确称取 10 g（m_1，精确至 0.01 g）样品，自然风干或冷冻干燥，再次称重（m_2，精确至 0.01 g）研磨，全部过________目筛备用。（　　）

A．20　　B．50　　C．100　　D．200

答案： C

2. 电感耦合等离子体发射光谱仪的主要工作气体是________。（　　）

A．氩气　　B．乙炔　　C．氮气　　D．氦气

答案： A

3. ICP 发射光谱技术具有灵敏度高、精密度高、基体干扰少、________和可以________同时分析的优点。（　　）

A．线性范围宽，多元素　　B．线性范围窄，多元素

C. 线性范围宽，单元素　　D. 线性范围窄，单元素

答案：A

4. ICP 焰炬的________具有适宜的激发温度，能使试样在此既较充分的原子化、激发、发射离子线和原子线，背景发射光谱强度又较低，一般情况下多用此区进行光谱分析。(　　)

A. 测光区（内焰区）　　B. 初始辐射区

C. 预热区　　D. 高热区

答案：A

5. 下列不属于目前常用的电感耦合等离子体发射光谱仪的是________。(　　)

A. 多道式　　B. 顺寻扫描式　　C. 全谱直读式　　D. 水平式

答案：D

6. 根据《固体废物　22 种金属元素的测定　电感耦合等离子体发射光谱法》(HJ 781—2016)测定固体废物中的重金属时，不可以与铬组成多元素混标的元素为________。(　　)

A. Cu　　B. Cd　　C. Ni　　D. Co

答案：A

7. 采用电感耦合等离子体发射光谱法测定样品时，连续背景和谱线重叠干扰属于________。(　　)

A. 光谱干扰　　B. 化学干扰　　C. 电离干扰　　D. 物理干扰

答案：A

8. 根据《固体废物　22 种金属元素的测定　电感耦合等离子体发射光谱法》(HJ 781—2016)测定固体废物中的重金属，固体浸出液如不能及时进行分析，应加浓硝酸酸化（1 L 浸出液加入________ml 浓硝酸），并尽快消解，不要超过________h。(　　)

A. 1，12　　B. 1，24　　C. 10，12　　D. 10，24

答案：D

9. 根据《固体废物　22 种金属元素的测定　电感耦合等离子体发射光谱法》(HJ 781—2016)测定固体中的铬时，在波长 202.55 nm 下，干扰元素为________。(　　)

A. Fe　　B. Cr　　C. Ni　　D. Cu

答案：A

10. 根据《固体废物　22 种金属元素的测定　电感耦合等离子体发射光谱法》(HJ 781—2016)测定固体中的重金属，若待测元素含量较低，可适当________样品称取量或________定容体积。(　　)

A. 增加，增加　　B. 增加，减少

C. 减少，增加　　D. 减少，减少

答案：B

11. 根据《固体废物　22 种金属元素的测定　电感耦合等离子体发射光谱法》(HJ 781—2016)的方法要求，为了防止波长漂移，仪器点火后，应预热________以上。(　　)

A. 1 h　　B. 10 min　　C. 30 min　　D. 2 h

答案：C

12. 根据《固体废物　22 种金属元素的测定　电感耦合等离子体发射光谱法》（HJ 781—2016）测定样品时，以下________不是引起物理干扰的原因。（　　）

A．样品的黏滞程度　　B．样品中含有大量可溶性盐

C．样品成分复杂，基体效应严重　　D．样品酸度过高

答案：C

13. 电感耦合等离子体发射光谱法测定固体废物中金属元素的含量时，为减少空白值应在测定过程中尽量使用________盐酸和硝酸。（　　）

A．化学纯　　B．优级纯　　C．分析纯　　D．高级纯

答案：B

14. 根据《固体废物　22 种金属元素的测定　电感耦合等离子体发射光谱法》（HJ 781—2016）测定样品时，试样测定前，用________冲洗系统直至仪器信号降至最低，待分析信号稳定后方能开始测定。（　　）

A．蒸馏水　　B．（1+1）盐酸溶液

C．（1+1）硝酸溶液　　D．（1+99）硝酸溶液

答案：D

15. 根据《固体废物　22 种金属元素的测定　电感耦合等离子体发射光谱法》（HJ 781—2016）测定固体中的重金属时，若最终消解后仍有颗粒物沉淀，则需离心或以________μm 膜过滤后定容。（　　）

A．0.30　　B．0.35　　C．0.40　　D．0.45

答案：D

16. 根据《固体废物　22 种金属元素的测定　电感耦合等离子体发射光谱法》（HJ 781—2016）测定固体废物浸出液中的重金属，浸出液消解后，用少量实验用水将微波消解罐中全部内容转移至________聚四氟乙烯坩埚中，在电热板上以________加热消解 1 h。（　　）

A．50 ml，150℃　　B．50 ml，180℃

C．100 ml，150℃　　D．100 ml，180℃

答案：D

17. 根据《固体废物　22 种金属元素的测定　电感耦合等离子体发射光谱法》（HJ 781—2016）的方法要求，标准曲线的相关系数≥________。每 50 个样品应分析 1 个标准曲线中间浓度点，其测定结果与实际浓度值相对偏差应≤________。（　　）

A．0.995，10%　　B．0.999，10%

C．0.995，15%　　D．0.999，15%

答案：A

18. 根据《固体废物　22 种金属元素的测定　电感耦合等离子体发射光谱法》（HJ 781—2016）测定固体中的重金属，下列说法错误的是________。（　　）

A．固体废物种类较多，所含有机质差异较大，消解时各种酸的用量可视消解情况增减

B．微波消解固体废物试样时，若样品有机质含量较高，需提前加入 5 ml 浓硝酸浸泡过夜

C．若使用标准加入法绘制标准曲线，加入标准溶液引起的体积误差不应超过 1.0%

D．实验中产生的废物和废液应分类收集和保管，送有资质的单位处理

答案：C

19.《固体废物　22 种金属元素的测定　电感耦合等离子体发射光谱法》（HJ 781—2016）自________起实施。（　　）

A．2016 年 2 月 1 日　　B．2016 年 3 月 1 日

C．2016 年 4 月 1 日　　D．2016 年 5 月 1 日

答案：B

20.《固体废物　金属元素的测定　电感耦合等离子体质谱法》（HJ 766—2015）实验中，每批样品中，应至少分析一个试剂空白（2% 硝酸）加标，其加标回收率应在________。（　　）

A．70%～120%　　B．90%～120%　　C．70%～110%　　D．90%～110%

答案：A

三、问答题

1. 简述《固体废物　22 种金属元素的测定　电感耦合等离子体发射光谱法》（HJ 781—2016）的测定原理。

答案：固体废物或固体废物浸出液经酸消解后，进入等离子体发射光谱仪的雾化器中被雾化，由氩载气带入等离子体火炬中，目标元素在等离子体火炬中被气化、电离、激发并辐射出特征谱线。特征谱线的强度与试样中待测元素的含量在一定范围内成正比。

2. 影响等离子体温度的因素有哪些？

答案：（1）载气流量：流量增大，中心部位温度下降；

（2）载气的压力：激发温度随载气压力的降低而增加；

（3）频率和输入功率：激发温度随功率增大而增高，近似线性关系，在其他条件相同时，增加频率，放电温度降低；

（4）第三元素的影响：引入低电离电位的释放剂的等离子体，电子温度将增加。

四、计算题

用《固体废物　22 种金属元素的测定　电感耦合等离子体发射光谱法》（HJ 781—2016）测定固体废物中 Ni 时，分析线 Ni 231.604 nm 受到 Fe 的干扰。若已知混合溶液中 Ni 的准确浓度为 2.00 mg/L，而溶液中 Fe 的浓度为 1 000 mg/L 时，测得 Ni 的浓度为 2.05 mg/L，求 Fe 对 Ni 的干扰系数。

答案：$K_i = \frac{(Q' - Q)}{Q_i} = \frac{(2.05 - 2.00)}{1\,000} = 0.000\,05$

Fe 对 Ni 的干扰系数为 0.000 05。

参考文献

[1] 环境保护部 . 固体废物　22 种金属元素的测定　电感耦合等离子体发射光谱法：HJ 781—2016

[S]. 北京：中国环境出版集团，2016.
[2] 中国环境监测总站《环境监测人员持证上岗考核试题集》编写组. 环境监测人员持证上岗考核试题集：上册. 4版 [M]. 北京：中国环境出版集团，2015.
[3] 中国环境监测总站《环境监测人员持证上岗考核试题集》编写组. 环境监测人员持证上岗考核试题集：下册. 4版 [M]. 北京：中国环境出版集团，2018.

命题：孙　烁
审核：安美玲

第五章

噪声和振动

第一节 声环境质量标准（GB 3096—2008）

一、判断题

1.《声环境质量标准》（GB 3096—2008）规定了四类声环境功能区的环境噪声限值及测量方法。（ ）

答案：×

正确答案：规定了五类声环境功能区的环境噪声限值及测量方法。

2. 根据《声环境质量标准》（GB 3096—2008）中的规定，等效连续 A 声级简称为等效声级。（ ）

答案：√

3. 根据《声环境质量标准》（GB 3096—2008）中的规定，在昼间时段内测得的等效连续 A 声级称为昼间等效声级，用 L_n 表示，单位 dB（A）。（ ）

答案：×

正确答案：昼间等效声级用 L_d 表示。

4. 根据《声环境质量标准》（GB 3096—2008）中的规定，L_{10} 指在测量时间内有 10% 的时间 A 声级超过的值，相当于噪声的平均本底值。（ ）

答案：×

正确答案：相当于噪声的平均峰值。

5. 根据《声环境质量标准》（GB 3096—2008）中的规定，工程爆破产生的噪声属于突发噪声。（ ）

答案：√

6. 根据《声环境质量标准》（GB 3096—2008）中的规定，1 类声环境功能区指以居民住宅、医疗卫生、文化教育、科研设计、行政办公为主要功能，需要保持安静的区域。（ ）

答案：√

7. 根据《声环境质量标准》（GB 3096—2008）中的规定，4 类声环境功能区包括 4a 类、4b 类和 4c 类 3 种类型。（ ）

答案：×

正确答案：4 类声环境功能区包括 4a 类和 4b 类两种类型。

8.《声环境质量标准》（GB 3096—2008）不适用于评价与管理机场周围区域受飞机通过（起飞、降落、低空飞跃）噪声影响的声环境。（ ）

答案：√

9. 根据《声环境质量标准》（GB 3096—2008），按照监测对象和目的，环境噪声监测分为声环境功能区监测和噪声敏感建筑物监测两种类型。（ ）

答案：√

10. 根据《声环境质量标准》（GB 3096—2008）中的规定，测量应在无雨雪、无雷电天气，风速 5 m/s 以下时进行。（　　）

答案：√

11. 根据《声环境质量标准》（GB 3096—2008）中的规定，1 类声环境功能区昼间环境噪声限值为 55 dB（A）。（　　）

答案：√

12. 根据《声环境质量标准》（GB 3096—2008）中的规定，对于一个功能区设有多个监测点进行定点监测的，在监测结果评价应统计昼间、夜间平均值的达标率。（　　）

答案：×

正确答案：应按点次分别统计昼间、夜间的达标率。

13. 根据《声环境质量标准》（GB 3096—2008）中的规定，测量仪器精度为Ⅱ型及Ⅱ型以上的积分平均声级计或环境噪声自动监测仪器，其性能符合《声级计的电、声性能及测试方法》（GB 3785）和《积分平均声级计》（GB /T 17181）的规定。（　　）

答案：√

14. 根据《声环境质量标准》（GB 3096—2008）中的规定，累积百分声级是用于评价测量时间段内噪声强度时间统计分布特征的指标，指占测量时间段一定比例的累积时间内 A 声级的最大值。（　　）

答案：×

正确答案：指占测量时间段一定比例的累积时间内 A 声级的最小值。

15. 根据《声环境质量标准》（GB 3096—2008）中的规定，声环境功能区监测不应避开节假日和非正常工作日。（　　）

答案：×

正确答案：声环境功能区监测应避开节假日和非正常工作日。

16. 根据《声环境质量标准》（GB 3096—2008）中的规定，开展 4 类声环境功能区普查监测，对高速公路、城市快速路、城市主干路、城市次干路两侧，昼、夜各测量不低于平均运行密度的 20 min 值。（　　）

答案：√

17. 根据《声环境质量标准》（GB 3096—2008）对噪声敏感建筑物监测时，监测对象夜间存在突发噪声的，应同时监测测量时段内的最大声级 L_{max}。（　　）

答案：√

二、单项选择题

1. 根据《声环境质量标准》（GB 3096—2008）判断，下列属于噪声敏感建筑物的是________。（　　）

A. 医院　　B. 商场　　C. 商业街　　D. 电影院

答案：A

2. 根据《声环境质量标准》（GB 3096—2008）中的规定，2 类声环境功能区昼间、夜间环境噪

声限值分别为________dB（A）和________dB（A）。（　　）

A. 60，45　　B. 60，50　　C. 65，45　　D. 65，50

答案：B

3. 根据《声环境质量标准》（GB 3096—2008）中的规定，穿越城区的既有铁路干线，干线两侧区域不通过列车时的环境背景噪声限值，分别按昼间________dB（A）、夜间________dB（A）执行。（　　）

A. 60，50　　B. 65，50　　C. 70，55　　D. 75，55

答案：C

4. 根据《声环境质量标准》（GB 3096—2008）中的规定，各类声环境功能区夜间突发噪声，其最大声级超过环境噪声限值的幅度不得高于________dB（A）。（　　）

A. 5　　B. 10　　C. 15　　D. 20

答案：C

5. 根据《声环境质量标准》（GB 3096—2008）中的规定，L_{50} 指在测量时间内有 50% 的时间 A 声级超过的值，相当于噪声的________。（　　）

A. 平均峰值　　B. 平均中值　　C. 平均本底值　　D. 平均值

答案：B

6. 根据《声环境质量标准》（GB 3096—2008）的规定，乡村区域一般不划分声环境功能区。根据环境管理需要，集镇一般执行________类声环境功能区要求。（　　）

A. 0　　B. 1　　C. 2　　D. 3

答案：C

7. 根据《声环境质量标准》（GB 3096—2008）的规定，声环境功能区监测每次至少进行一昼夜________h 的连续监测。（　　）

A. 10　　B. 18　　C. 20　　D. 24

答案：D

8. 根据《声环境质量标准》（GB 3096—2008）开展 0～3 类声环境功能区普查监测时，将要普查监测的某一声环境功能区划分成多个等大的正方格，网格要完全覆盖住被普查的区域，且有效网格总数应多于________个。（　　）

A. 100　　B. 120　　C. 150　　D. 200

答案：A

9. 根据《声环境质量标准》（GB 3096—2008）的规定，以商业金融、集市贸易为主要功能，或者居住、商业、工业混杂，需要维护住宅安静的区域，指________类声环境功能区。（　　）

A. 0　　B. 1　　C. 2　　D. 3

答案：C

10. 根据《声环境质量标准》（GB 3096—2008）的规定，突发噪声指突然发生，持续时间较________，强度较________的噪声。（　　）

A. 短，高　　B. 短，低　　C. 长，高　　D. 长，低

答案：A

11. 根据《声环境质量标准》（GB 3096—2008）在噪声敏感建筑物外进行环境噪声测量时，测点条件应满足距离墙壁或窗户________m 处，距离地面高度________m 以上。（　　）

A．1，1　　B．1，1.2　　C．1.2，1.2　　D．1.2，1.5

答案：B

12. 根据《声环境质量标准》（GB 3096—2008）的规定，测量前后使用声级校准器测量仪器的示值偏差不得大于________dB（A）。（　　）

A．0.5　　B．1　　C．1.5　　D．2

答案：A

13. 根据《声环境质量标准》（GB 3096—2008）的规定，在噪声敏感建筑物室内进行环境噪声测量时，测点条件应满足距离墙壁和其他反射面至少________m，距窗约________m，距地面 1.2～1.5 m 高。（　　）

A．1，1.2　　B．1，1.5　　C．1.2，1.2　　D．1.2，1.5

答案：B

14. 根据《声环境质量标准》（GB 3096—2008）的规定，对于 0、1 类、2 类、3 类声环境功能区，定点监测点应为户外长期稳定、距地面高度为声场空间________分布的可能________处。（　　）

A．水平，最大值　　B．水平，最小值

C．垂直，最大值　　D．垂直，最小值

答案：C

15. 根据《声环境质量标准》（GB 3096—2008）的规定，噪声敏感建筑物监测点不得不在噪声敏感建筑物室内监测时，应采用较该噪声敏感建筑物所在声环境功能区对应环境噪声限值低________dB（A）的值作为依据。（　　）

A．2　　B．5　　C．10　　D．15

答案：C

16. 根据《声环境质量标准》（GB 3096—2008）的规定，0～3 类声环境功能区普查监测结果评价，将全部网格中心测得的________min 的等效声级 L_{eq} 做算术平均运算，所得到的平均值代表某一声环境功能区的总体环境噪声水平，并计算________。（　　）

A．10；相对偏差　　B．10；标准偏差　　C．20；相对偏差　　D．20；标准偏差

答案：B

17. 根据《声环境质量标准》（GB 3096—2008）对噪声敏感建筑物进行监测时，受固定噪声源的噪声影响，稳态噪声测量________min 的等效声级 L_{eq}。（　　）

A．1　　B．2　　C．5　　D．10

答案：A

三、问答题

1. 根据《声环境质量标准》（GB 3096—2008）简述在一般户外进行环境噪声测量时，测点应该如何布设。

答案：（1）距离任何反射物（地面除外）至少 3.5 m 外测量，距离地面高度 1.2 m 以上。

（2）必要时可置于高层建筑上，以扩大监测受声范围。

（3）使用监测车辆测量，传声器应固定在车顶部 1.2 m 高度处。

2. 根据《声环境质量标准》（GB 3096—2008）简述环境噪声自动监测系统组成。

答案：环境噪声自动监测系统主要由自动监测子站和中心站及通信系统组成，其中自动监测子站由全天候户外传感器、智能噪声自动监测仪、数据传输设备等构成。

四、计算题

1. 某条道路选取 3 个路段测量交通噪声，其等效声级分别为 70 dB（A）、75 dB（A）、68 dB（A），并且已知各路段的长度分别为 800 m、5 700 m 和 1 000 m，试计算整条道路的等效声级。

答案：$L_{平均}$ =（800 × 70+5 700 × 75+1 000 × 68）÷（800+5 700+1 000）=73.5 dB（A）

整条道路的等效声级为 73.5 dB（A）。

2. 某点昼间 16 h 环境噪声监测结果为：有 1 h 测量值为 45 dB（A），有 5 h 测量值为 50 dB（A），其余时间测量值为 55 dB（A），问该点白天的等效连续声级是多少？

答案：L_d=10l g［（$1 \times 10^{0.1\times45}+5\times10^{0.1\times50}+10\times10^{0.1\times55}$）/16］=53.6 dB（A）

该点白天的等效连续声级是 53.6 dB（A）。

参考文献

［1］环境保护部，国家质量监督检验检疫总局 . 声环境质量标准：GB 3096—2008［S］. 北京：中国环境科学出版社，2008.

［2］中国环境监测总站《环境监测人员持证上岗考核试题集》编写组．环境监测人员持证上岗考核试题集：上册 . 4 版［M］. 北京：中国环境出版集团，2015.

命题：吕延靖

审核：黄　旭

第二节　环境噪声监测技术规范　城市声环境常规监测（HJ 640—2012）

一、判断题

1. 根据《环境噪声监测技术规范　城市声环境常规监测》（HJ 640—2012）中的定义，城市道路是指城市范围内具有一定技术条件和设施的道路，主要为城市快速路、城市主干路和城市次干路。（　　）

答案：×

正确答案：主要为城市快速路、城市主干路和城市次干路、含轨道交通走廊的道路及穿过城市的高速公路。

2. 根据《环境噪声监测技术规范　城市声环境常规监测》（HJ 640—2012）中的规定，区域声环境夜间监测每年 1 次。(　　)

答案：×

正确答案：区域声环境夜间监测每 5 年 1 次。

3. 根据《环境噪声监测技术规范　城市声环境常规监测》（HJ 640—2012）中的规定，区域声环境监测每个监测点位测量 10 min 的等效连续 A 声级 L_{eq}。(　　)

答案：√

4. 根据《环境噪声监测技术规范　城市声环境常规监测》（HJ 640—2012）中的规定，城市区域环境噪声总体水平等级“二级”对应评价为“较好”。(　　)

答案：√

5. 根据《环境噪声监测技术规范　城市声环境常规监测》（HJ 640—2012）中的规定，道路交通噪声监测的一个测点可代表一条或多条相近的道路。(　　)

答案：√

6. 根据《环境噪声监测技术规范　城市声环境常规监测》（HJ 640—2012）中的规定，道路交通噪声监测时测点选在路段两路口之间，距任一路口的距离大于 50 m，路段不足 100 m 的选路段中点。(　　)

答案：√

7. 根据《环境噪声监测技术规范　城市声环境常规监测》（HJ 640—2012）中的规定，道路交通噪声强度等级划分为六级。(　　)

答案：×

正确答案：道路交通噪声强度等级划分为五级。

8. 根据《环境噪声监测技术规范　城市声环境常规监测》（HJ 640—2012）中的规定，城市声环境常规监测点位原则上每年调整 1 次。(　　)

答案：×

正确答案：监测点位原则上每 5 年调整 1 次。

9. 根据《环境噪声监测技术规范　城市声环境常规监测》（HJ 640—2012）中的规定，道路交通噪声夜间监测选在每个五年规划的第三年监测。(　　)

答案：√

10. 根据《环境噪声监测技术规范　城市声环境常规监测》（HJ 640—2012）进行区域监测和功能区监测过程中，监测过程中出现的叫卖声和鸣笛声，应予以排除。(　　)

答案：×

正确答案：凡是自然社会可能出现的声音，均不应予以排除。

11. 根据《环境噪声监测技术规范　城市声环境常规监测》（HJ 640—2012）中的规定，车长大于等于 6 m 或者乘坐人数大于等于 20 人的载客汽车，总质量大于等于 10 t 的载货汽车属于大型车。(　　)

答案：×

正确答案：总质量大于等于 12 t 的载货汽车属于大型车。

12. 根据《环境噪声监测技术规范　城市声环境常规监测》（HJ 640—2012）中的规定，若城市规模小，不具备最低布设点要求的，点位数量可相应减少。（　　）

答案：√

13. 根据《环境噪声监测技术规范　城市声环境常规监测》（HJ 640—2012）中的规定，区域声环境监测点位高度距离地面为 1.2～4.0 m。（　　）

答案：√

14. 根据《环境噪声监测技术规范　城市声环境常规监测》（HJ 640—2012）中的规定，道路交通噪声监测的测量量为每个测点测量 20 min 等效声级 L_{eq}。（　　）

答案：√

15. 根据《环境噪声监测技术规范　城市声环境常规监测》（HJ 640—2012）中的规定，道路交通噪声强度等级为一级时，昼间平均等效声级≤68.0 dB（A）。（　　）

答案：√

16. 根据《环境噪声监测技术规范　城市声环境常规监测》（HJ 640—2012）中的规定，大城市功能区监测点位数量应≥20 个。（　　）

答案：×

正确答案：点位数量应≥15 个。

二、单项选择题

1. 根据《环境噪声监测技术规范　城市声环境常规监测》（HJ 640—2012）中的规定，特大城市市区常住人口为________。（　　）

A．50 万人～100 万人（含）　　B．100 万人～300 万人（含）

C．300 万人～1 000 万人（含）　　D．大于 1 000 万人

答案：C

2. 根据《环境噪声监测技术规范　城市声环境常规监测》（HJ 640—2012）中的规定，执行新调整点位的起始时间为每个五年规划的________。（　　）

A．第一年　　B．第二年　　C．第三年　　D．第五年

答案：A

3. 根据《环境噪声监测技术规范　城市声环境常规监测》（HJ 640—2012）中的定义，中小型车是指车长小于________m 且乘客人数小于________人的载客汽车。（　　）

A．6，15　　B．6，20　　C．7，15　　D．7，20

答案：B

4. 根据《环境噪声监测技术规范　城市声环境常规监测》（HJ 640—2012）中的规定，区域声环境监测网格中水面面积或无法检测的区域面积为________% 及非建成区面积大于________% 的网格为无效网格。（　　）

A．80，50　　B．80，80　　C．100，50　　D．100，80

答案：C

5. 根据《环境噪声监测技术规范　城市声环境常规监测》（HJ 640—2012）中的规定，整个城市建成区区域声环境监测有效网格总数应多于________个。（　　）

A. 100　　B. 120　　C. 150　　D. 200

答案：A

6. 根据《环境噪声监测技术规范　城市声环境常规监测》（HJ 640—2012）中的规定，城市区域环境噪声昼间平均等效声级为________dB（A）时，总体水平等级为二级。（　　）

A. 40.1～45.0　　B. 50.1～55.0

C. 55.1～60.0　　D. 55.1～65.0

答案：B

7. 根据《环境噪声监测技术规范　城市声环境常规监测》（HJ 640—2012）中的规定，中等城市道路交通监测点位数量应≥________个。（　　）

A. 20　　B. 50　　C. 80　　D. 100

答案：B

8. 根据《环境噪声监测技术规范　城市声环境常规监测》（HJ 640—2012）中的规定，夜间道路交通噪声平均等效声级为63.8 dB（A）时，强度等级为________级。（　　）

A. 二　　B. 三　　C. 四　　D. 五

答案：C

9. 根据《环境噪声监测技术规范　城市声环境常规监测》（HJ 640—2012）中的规定，当城市建成区面积扩大超过________%时，可重新布设监测点位。（　　）

A. 30　　B. 50　　C. 60　　D. 80

答案：B

10. 根据《环境噪声监测技术规范　城市声环境常规监测》（HJ 640—2012）中的规定，有条件的城市应实施功能区自动监测，上报每季度第________个月第________日（正常工作日）的监测数据。（　　）

A. 一，5　　B. 一，10　　C. 二，5　　D. 二，10

答案：D

11. 根据《环境噪声监测技术规范　城市声环境常规监测》（HJ 640—2012）中的规定，区域昼间声环境监测频次为________。（　　）

A. 每月1次　　B. 每季度1次　　C. 每年1次　　D. 每年2次

答案：C

12. 根据《环境噪声监测技术规范　城市声环境常规监测》（HJ 640—2012）中的规定，功能区声环境监测点位距地面高度________m以上。（　　）

A. 1.0　　B. 1.2　　C. 1.5　　D. 1.6

答案：B

13. 根据《环境噪声监测技术规范　城市声环境常规监测》（HJ 640—2012）中的规定，功能区声环境监测频次为每年________。（　　）

A. 每季度1次　　B. 1次

C．2 次　　　　　　　　　　　　D．每月 1 次

答案：A

14. 根据《环境噪声监测技术规范　城市声环境常规监测》（HJ 640—2012）中的规定，附表 2 道路交通声环境监测点位基础信息表中路段覆盖人口指该代表路段两侧对应的________类声环境功能区覆盖的人口数量。（　　）

A．1　　　　B．2　　　　C．3　　　　D．4

答案：D

15. 根据《环境噪声监测技术规范　城市声环境常规监测》（HJ 640—2012）中的规定，测得城市区域环境夜间噪声平均等效声级为 46.2 dB（A）时，城市区域环境噪声总体水平等级为________级。（　　）

A．二　　　　B．三　　　　C．四　　　　D．五

答案：B

三、问答题

1. 根据《环境噪声监测技术规范　城市声环境常规监测》（HJ 640—2012）简述城市声环境监测报告应主要包括哪些内容。

答案：（1）概述：概略性描述监测工作概况以及声环境监测结果；

（2）区域声环境监测结果与评价；

（3）道路交通声环境监测结果与评价；

（4）功能区声环境监测结果与评价；

（5）相关分析；

（6）结论。

2. 根据《环境噪声监测技术规范　城市声环境常规监测》（HJ 640—2012）简述功能区噪声监测的频次、时间与测量量。

答案：每年每季度监测 1 次，各城市每次监测日期应相对固定。每个监测点位每次连续监测 24 h，记录小时等效声级 L_{eq}、小时累积百分声级 L_{10}、L_{50}、L_{90}、L_{max}、L_{min} 和标准偏差（SD）。监测应避开节假日和非正常工作日。

四、计算题

某次道路交通噪声监测中，某道路交通噪声分段监测的等效声级为 67.0 dB、71.0 dB 和 73.0 dB，对应的路段长度分别为 1 000 m、1 200 m 和 1 800 m，求整条道路的等效声级。

答案：$L_{平均}$=（1 000 × 67+1 200 × 71+1 800 × 73）÷（1 000+1 200+1 800）=70.9（dB）

整条路的等效声级为 70.9 dB。

参考文献

[1] 环境保护部 . 环境噪声监测技术规范　城市环境常规监测：HJ 640—2012［S］. 北京：中国环

境出版社，2012.
[2] 中国环境监测总站《环境监测人员持证上岗考核试题集》编写组. 环境监测人员持证上岗考核试题集：下册 . 4 版 [M]. 北京：中国环境出版集团，2018.

命题：黄 旭
审核：吕延靖

第三节 工业企业厂界环境噪声排放标准（GB 12348—2008）

一、判断题

1.《工业企业厂界环境噪声排放标准》（GB 12348—2008）中稳态噪声指在测量时间内，被测声源的声级起伏不大于 3 dB（A）的噪声。（ ）

答案：√

2. 根据《工业企业厂界环境噪声排放标准》（GB 12348—2008）中的规定，厂界外声环境功能区类别为 2 类时，昼间排放限值为 55 dB（A）。（ ）

答案：×

正确答案：1 类功能区。

3. 根据《工业企业厂界环境噪声排放标准》（GB 12348—2008）中的规定，工业企业厂界噪声测量仪器，其性能应不低于Ⅱ型仪器的要求。（ ）

答案：√

4. 根据《工业企业厂界环境噪声排放标准》（GB 12348—2008）进行工业企业厂界噪声测量时，测量 35 dB 以下的噪声应使用Ⅰ型声级计。（ ）

答案：√

5. 根据《工业企业厂界环境噪声排放标准》（GB 12348—2008）进行工业企业厂界噪声监测时，若被测声源是稳态噪声，采用 3 min 的等效声级。（ ）

答案：×

正确答案：采用 1 min 的等效声级。

6. 根据《工业企业厂界环境噪声排放标准》（GB 12348—2008）中的定义，宾馆客房属于噪声敏感建筑物室内中的 B 类房间。（ ）

答案：×

正确答案：属于 A 类房间。

7. 根据《工业企业厂界环境噪声排放标准》（GB 12348—2008）中的定义，科研单位属于噪声敏感建筑物。（ ）

答案：√

8. 根据《工业企业厂界环境噪声排放标准》（GB 12348—2008）中的定义，排气噪声、货物装卸噪声属于偶发噪声。（ ）

答案：×

正确答案：属于频发噪声。

9. 根据《工业企业厂界环境噪声排放标准》（GB 12348—2008）中的规定，某工业企业车间工作时厂界噪声值为 67 dB（A），背景噪声值为 62 dB（A），若该时段标准限值为 65 dB（A），则该车间厂界噪声不超标。（ ）

答案：√

10. 根据《工业企业厂界环境噪声排放标准》（GB 12348—2008）中的规定，夜间频发噪声的最大声级超过限值的幅度不得高于 15 dB（A）。（ ）

答案：×

正确答案：不得高于 10 dB（A）。

11. 根据《工业企业厂界环境噪声排放标准》（GB 12348—2008）中的规定，当厂界与噪声敏感建筑物距离小于 1 m 时，厂界环境噪声应在噪声敏感建筑物的室内测量，应将相应限值减 5 dB（A）作为评价依据。（ ）

答案：×

正确答案：应将相应限值减 10 dB（A）作为评价依据。

12. 根据《工业企业厂界环境噪声排放标准》（GB 12348—2008）中的规定，被测声源是非稳态噪声时，只需测量被测声源有代表性时段的等效声级。（ ）

答案：×

正确答案：必要时还需测量被测声源整个正常工作时段的等效声级。

13. 根据《工业企业厂界环境噪声排放标准》（GB 12348—2008）中的规定，会议室、学校教室属于 B 类房间。（ ）

答案：√

14. 根据《工业企业厂界环境噪声排放标准》（GB 12348—2008）中的定义，噪声测量值与背景噪声值相差小于 3 dB（A）时，应采取措施降低背景噪声后视情况再进行结果修正。（ ）

答案：√

15. 根据《工业企业厂界环境噪声排放标准》（GB 12348—2008），最大声级 L_{max} 不能直接评价。（ ）

答案：×

正确答案：最大声级 L_{max} 直接评价。

二、单项选择题

1. 根据《工业企业厂界环境噪声排放标准》（GB 12348—2008）中的定义，“昼间”是指________。（ ）

A．6：00—21：00　　B．6：00—22：00

C．7：00—22：00　　D．7：00—21：00

答案：B

2. 根据《工业企业厂界环境噪声排放标准》（GB 12348—2008）中的定义，“夜间”是指________。（　　）

A．21：00—次日 7：00　　B．21：00—次日 6：00

C．22：00—次日 6：00　　D．22：00—次日 7：00

答案：C

3. 根据《工业企业厂界环境噪声排放标准》（GB 12348—2008）中的定义，室内噪声频谱分析倍频带中心频率的是________Hz。（　　）

A．31.5　　B．65　　C．120　　D．200

答案：A

4. 根据《工业企业厂界环境噪声排放标准》（GB 12348—2008）中的规定，在测量时间内，被测声源的声级起伏不大于 3 dB（A）的噪声是________。（　　）

A．背景噪声　　B．稳态噪声　　C．非稳态噪　　D．偶发噪声

答案：B

5. 根据《工业企业厂界环境噪声排放标准》（GB 12348—2008）中的定义，4 类功能区工业企业厂界环境昼间排放限值的是________dB（A）。（　　）

A．55　　B．60　　C．65　　D．70

答案：D

6.《工业企业厂界环境噪声排放标准》（GB 12348—2008）中噪声测量值与背景噪声值相差大于________dB（A）时，噪声测量值不做修正。（　　）

A．6　　B．8　　C．12　　D．10

答案：D

7.《工业企业厂界环境噪声排放标准》（GB 12348—2008）中______不属于噪声敏感建筑物。（　　）

A．学校　　B．科研单位　　C．影剧院　　D．住宅

答案：C

8. 根据《工业企业厂界环境噪声排放标准》（GB 12348—2008）进行室内噪声测量时，室内测量点位设在距任一反射面至少________m 以上。（　　）

A．0.1　　B．0.5　　C．1.0　　D．1.2

答案：B

9. 根据《工业企业厂界环境噪声排放标准》（GB 12348—2008）的规定，当厂界无法测量到声源的实际排放状况时，应按测位置一般规定设置测点，同时在受影响的噪声敏感建筑物户外________m 出另设测点。（　　）

A．0.5　　B．1.0　　C．1.2　　D．2.0

答案：B

10. 根据《工业企业厂界环境噪声排放标准》（GB 12348—2008）的规定，噪声测量前、后必须在测量现场进行声学校准，其前、后校准示值偏差不得大于________dB。（　　）

A．0.2　　B．0.3　　C．0.5　　D．1.0

答案：C

11. 根据《工业企业厂界环境噪声排放标准》（GB 12348—2008）的规定，测量仪器时间计权特性设为 F 档，采样时间间隔不大于________s。（　　）

A．0.5　　B．1　　C．2　　D．3

答案：B

三、问答题

1. 根据《工业企业厂界环境噪声排放标准》（GB 12348—2008）简述工业企业厂界环境噪声测量记录内容主要包括哪些（不少于 6 个）。

答案：被测量单位名称、地址、厂界所处声环境功能区类别、测量时气象条件、测量仪器、校准仪器、测点位置、测量时间、测量时段、仪器校准值（测前、测后）、主要声源、测量工况、示意图（厂界、声源、噪声敏感建筑物、测点等位置）、噪声测量值、背景值、测量人员、校对人、审核人等相关信息。

2. 根据《工业企业厂界环境噪声排放标准》（GB 12348—2008）简述工业企业厂界环境噪声测点布设的一般规定。

答案：测点选在工业企业厂界外 1 m、高度 1.2 m 以上、距任一反射面距离不小于 1 m 的位置。

3. 简述噪声测量值与背景噪声值相差 3～10 dB（A）之间时，测量结果修正方法。

答案：差值为 3 dB（A）时修正值为 -3 dB（A），差值为 4～5 dB（A）时修正值为 -2 dB（A）；差值为 6～10 dB（A）时修正值为 -1 dB（A）。

四、计算题

某工厂工业生产时被测噪声监测值为 66.8 dB，被测声源未生产时噪声背景监测值为 62.5 dB，求被测声源的实际噪声值。

答案：66.8-62.5=4.3 ≈ 4（dB），66.8-2=666.8 ≈ 67（dB）。

被测声源实际噪声值为 67 dB。

参考文献

［1］环境保护部，国家质量监督检验检疫总局．工业企业厂界环境噪声排放标准：GB 12348—2008［S］．北京：中国环境科学出版社，2008．

［2］中国环境监测总站《环境监测人员持证上岗考核试题集》编写组．环境监测人员持证上岗考核试题集：下册．4 版［M］．北京：中国环境出版集团，2018．

命题：黄　旭

审核：吕延靖

第四节　社会生活环境噪声排放标准（GB 22337—2008）

一、判断题

1. 根据《社会生活环境噪声排放标准》（GB 22337—2008）中的规定，噪声测量仪器和校准仪器应定期检定合格，并在有效使用期限内使用。（　　）

答案：√

2.《社会生活环境噪声排放标准》（GB 22337—2008）适用于营业性文化娱乐场所、商业经营活动中使用的向环境排放噪声的设备、设施的管理、评价与控制。（　　）

答案：√

3.《社会生活环境噪声排放标准》（GB 22337—2008）中规定，学校、医院、住宅属于噪声敏感建筑物。（　　）

答案：√

4.《社会生活环境噪声排放标准》（GB 22337—2008）中规定，A 声级是用 A 计权网络测得的声压级，用 L_A 表示。（　　）

答案：√

5.《社会生活环境噪声排放标准》（GB 22337—2008）规定，在测量时段夜间有频发、偶发噪声影响时，同时测量最小声级。（　　）

答案：×

正确答案：同时测量最大声级。

6. 根据《社会生活环境噪声排放标准》（GB 22337—2008）中的规定，当社会生活噪声排放源边界处无法进行噪声测量或测量的结果不能如实反映其对噪声敏感建筑物的影响程度下，噪声测量应在可能受影响的敏感建筑物室内离窗 1 m 处进行。（　　）

答案：×

正确答案：噪声测量应在可能受影响的敏感建筑物窗外 1 m 处进行。

7. 根据《社会生活环境噪声排放标准》（GB 22337—2008）中的规定，A 类房间是指以睡眠为主要目的的，需要保证安静的房间。（　　）

答案：√

8.《社会生活环境噪声排放标准》（GB 22337—2008）中采用的室内噪声频谱分析倍频带中心频率为 31.5 Hz、63 Hz、120 Hz、250 Hz、500 Hz。（　　）

答案：×

正确答案：中心频率为 31.5 Hz、63 Hz、125 Hz、250 Hz、500 Hz。

9.《社会生活环境噪声排放标准》（GB 22337—2008），测量 35 dB（A）以下的噪声应使用 I 型声级计。（　　）

答案：√

10.《社会生活环境噪声排放标准》（GB 22337—2008）规定，测量时传声器可以不加防风罩。（　　）

答案： ×

正确答案： 测量时传声器应加防风罩。

11. 根据《社会生活环境噪声排放标准》（GB 22337—2008）中的规定，每次测量前、后必须在现场进行声学校准。（　　）

答案： √

12. 根据《社会生活环境噪声排放标准》（GB 22337—2008）中的规定，根据社会生活噪声排放源、周围噪声敏感建筑物的布局及毗邻的区域类别，在社会生活噪声排放源边界布设多个测点，其中包括距离噪声敏感建筑物较近以及受被测声源影响大的位置。（　　）

答案： √

13. 根据《社会生活环境噪声排放标准》（GB 22337—2008）中的规定，若社会生活噪声排放源的固定设备结构传声至敏感建筑物室内，在噪声敏感建筑物室内测量时，应在窗户开启状态下测量。（　　）

答案： ×

正确答案： 应在窗户关闭状态下测量。

14. 根据《社会生活环境噪声排放标准》（GB 22337—2008）中的规定，各测点的测量结果应单取评价。同一测点每天的测量结果按昼间、夜间进行评价。（　　）

答案： √

15. 根据《社会生活环境噪声排放标准》（GB 22337—2008），噪声测量值与背景值相差小于 5 dB（A）时，应采取措施降低背景噪声后视情况对测量结果进行修正。（　　）

答案： ×

正确答案： 噪声测量值与背景值相差小于 3 dB（A）时。

二、单项选择题

1. 根据《社会生活环境噪声排放标准》（GB 22337—2008）中的规定，倍频带声压级其覆盖频率范围为________Hz。（　　）

A．20～700　　B．22～707　　C．25～700　　D．25～707

答案： B

2. 根据《社会生活环境噪声排放标准》（GB 22337—2008）中的规定，对于在噪声测量期间发生非稳态噪声的情况，最大声级超过限值的幅度不得高于________dB（A）。（　　）

A．10　　B．15　　C．20　　D．25

答案： A

3. 根据《社会生活环境噪声排放标准》（GB 22337—2008）中的规定，测量仪器的性能不低于《声级计的电、声性能及测试方法》（GB 3785）和《积分平均声级计》（GB/T 17181）对________型仪器的要求。（　　）

A．0　　B．Ⅰ　　C．Ⅱ　　D．Ⅲ

答案： C

4. 根据《社会生活环境噪声排放标准》（GB 22337—2008）中的规定，当社会生活噪声排放源边界与噪声敏感建筑物距离小于 1 m 时，应在噪声敏感建筑物的室内测量，并将相应的排放限值减于________dB（A）作为评价依据。（　　）

A．5　　B．10　　C．15　　D．20

答案：B

5. 根据《社会生活环境噪声排放标准》（GB 22337—2008）中的规定，边界外 1 类声环境功能区，其社会生活噪声排放源边界噪声排放限值为昼间________dB（A），夜间________dB（A）。（　　）

A．50，40　　B．50，45　　C．55，40　　D．55，45

答案：D

6. 根据《社会生活环境噪声排放标准》（GB 22337—2008）中的规定，某住宅卧室处于 1 类声环境功能区，其夜间结构传播固定设备室内噪声排放限值（等效声级）不得超过________dB（A）。（　　）

A．25　　B．30　　C．35　　D．40

答案：B

7. 根据《社会生活环境噪声排放标准》（GB 22337—2008）中的规定，B 类房间指主要在昼间使用，需要保证思考与集中、正常讲话不被干扰的房间，下列选项中不属于 B 类房间的是________。（　　）

A．会议室　　B．学校教室　　C．医院病房　　D．办公室

答案：C

8. 根据《社会生活环境噪声排放标准》（GB 22337—2008）中的规定，校准所用仪器应符合《声校准器》（GB/T 15173）对________声校准器的要求。（　　）

A．1 级　　B．2 级　　C．1 级或 2 级　　D．3 级

答案：C

9. 根据《社会生活环境噪声排放标准》（GB 22337—2008）中的规定，对测量仪器进行校准时，其前、后校准示值偏差不得大于________dB，否则测量结果无效。（　　）

A．0.5　　B．1　　C．1.5　　D．2

答案：A

10. 根据《社会生活环境噪声排放标准》（GB 22337—2008）中的规定，被测量噪声以外的声源发出的环境噪声的总和叫作________。（　　）

A．边界噪声　　B．无关噪声　　C．干扰噪声　　D．背景噪声

答案：D

11. 根据《社会生活环境噪声排放标准》（GB 22337—2008）中的规定，测量仪器时间计权特性设为________档，采样时间间隔不大于________s。（　　）

A．F，0.5　　B．F，1　　C．H，0.5　　D．H，1

答案：B

12. 根据《社会生活环境噪声排放标准》（GB 22337—2008）中的规定，被测声源是稳态噪声，

采用________min 的等效声级。(　　)

A. 1　　B. 2　　C. 3　　D. 5

答案：A

13. 根据《社会生活环境噪声排放标准》(GB 22337—2008)中的规定，噪声测量值与背景噪声值相差大于________dB(A)时，噪声测量值不做修正。(　　)

A. 1　　B. 3　　C. 5　　D. 10

答案：D

14. 根据《社会生活环境噪声排放标准》(GB 22337—2008)中的规定，某社会生活噪声测量值为 67.5 dB(A)，背景噪声值为 58.2 dB(A)，修正值为________dB(A)。(　　)

A. −3　　B. −2　　C. −1　　D. 0

答案：C

15. 根据《社会生活环境噪声排放标准》(GB 22337—2008)中的规定，社会生活噪声排放源的固定设备结构传声至敏感建筑物室内，在噪声敏感建筑物室内测量时，测点距离任一反射面至少________m 以上、距地面________m、距窗外________m 以上。(　　)

A. 0.5、1.2、1　　B. 0.5、1.2、1.5　　C. 1、1.5、1　　D. 1、1.5、1.5

答案：A

16. 根据《社会生活环境噪声排放标准》(GB 22337—2008)判断，下列选项关于背景噪声测量说法正确的是________。(　　)

A. 测量环境受被测声源影响且其他声环境与测量被测声源保持一致

B. 测量环境不受被测声源影响且其他声环境与测量被测声源保持一致

C. 测量时段时间长度大于被测声源测量时间长度

D. 测量时段时间长度小于被测声源测量时间长度

答案：B

三、问答题

1. 根据《社会生活环境噪声排放标准》(GB 22337—2008)简述测点位置一般规定。

答案：一般情况下，测点选在社会生活噪声排放源边界外 1 m、高度 1.2 m 以上、距任一反射面距离不小于 1 m 的位置。

2. 根据《社会生活环境噪声排放标准》(GB 22337—2008)简述社会生活噪声排放不得不在室内监测时，室内噪声测量要求。

答案：室内噪声测量时，室内测量点位设在距任一反射面至少 0.5 m 以上、距地面 1.2 m 高度处，在受噪声影响方向的窗户开启状态下测量。

3. 根据《社会生活环境噪声排放标准》(GB 22337—2008)简述社会生活噪声的定义。

答案：社会生活噪声指经营性文化娱乐场所和商业经营活动中使用的设备、设施产生的噪声。

四、计算题

对某社会生活噪声排放源进行测量，其噪声测量值为 65.8 dB(A)，背景噪声为 61.1 dB(A)。

求该点修正后的噪声值是多少?

答案： 65.8−61.1=4.7 ≈ 5（dB）

65.8−2=63.8 ≈ 64（dB）

该点修正后的噪声值是 64 dB。

参考文献

［1］环境保护部，国家质量监督检验检疫总局．社会生活环境噪声排放标准：GB 22337—2008［S］．北京：中国环境科学出版社，2008.

［2］中国环境监测总站《环境监测人员持证上岗考核试题集》编写组．环境监测人员持证上岗考核试题集：上册．4 版［M］．北京：中国环境出版集团，2015.

命题：吕延靖

审核：黄　旭

第五节　建筑施工场界环境噪声排放标准（GB 12523—2011）

一、判断题

1.《中华人民共和国环境噪声污染防治法》中“昼间”是指 8：00—24：00 之间的时段。（　　）

答案： ×

正确答案： 6：00—22：00。

2. 根据《建筑施工场界环境噪声排放标准》（GB 12523—2011）中的规定，噪声测量值与背景噪声测量值相差小于 10 dB 时，应采取措施降低背景噪声后重新测量。（　　）

答案： ×

正确答案： 相差小于 3 dB。

3. 声级计的电声响应规范在声级计接通电源一定时间后才能满足，时间不应超过 5 min。（　　）

答案： ×

正确答案： 时间不应超过 2 min。

4. 根据《建筑施工场界环境噪声排放标准》（GB 12523—2011）中的规定，根据施工场地周围噪声敏感建筑物位置和声源位置的布局，监测点应设在对噪声敏感建筑物影响较大、距离较近的位置。（　　）

答案： √

5. 根据《建筑施工场界环境噪声排放标准》（GB 12523—2011）中的规定，当场界距噪声敏感建筑物较近，其室外不满足测量条件时，可在噪声敏感建筑物室内测量，并将昼间、夜间建筑施工

场界环境噪声排放限值减 5 dB 作为评价依据功能区要求。(　　)

答案： ×

正确答案： 将昼间、夜间建筑施工场界环境噪声排放限值减 10 dB 作为评价依据功能区要求。

6.《建筑施工场界环境噪声排放标准》(GB 12523—2011)中测量仪器每次测量前、后必须在测量现场进行声学校准，其前、后校准的测量仪器示值偏差不得大于 0.5 dB，否则测量结果无效。(　　)

答案： √

7. 根据《建筑施工场界环境噪声排放标准》(GB 12523—2011)中的规定，背景噪声值比噪声测量值低 20 dB 以上时，噪声测量值不作修正。(　　)

答案： ×

正确答案： 背景噪声值比噪声测量值低 10dB 以上时，噪声测量值不作修正。

8. 根据《建筑施工场界环境噪声排放标准》(GB 12523—2011)中的规定，背景噪声测量时，稳态噪声测量 20 min 的等效声级，非稳态噪声测量 1 min 的等效声级。(　　)

答案： ×

正确答案： 背景噪声测量时，稳态噪声测量 1 min 的等效声级，非稳态噪声测量 20 min 的等效声级。

9. 根据《建筑施工场界环境噪声排放标准》(GB 12523—2011)中的规定，施工期间，测量连续 10 min 的等效声级，夜间同时测量最大声级。(　　)

答案： ×

正确答案： 测量连续 20 min 的等效声级。

10. 根据《建筑施工场界环境噪声排放标准》(GB 12523—2011)中的规定，当场界无法测量到声源的实际排放时，例如，声源位于高空、场界有声屏障、噪声敏感建筑物高于场界围墙等情况，测点可设在噪声敏感建筑物户外 5 m 处的位置。(　　)

答案： ×

正确答案： 当场界无法测量到声源的实际排放时，例如，声源位于高空、场界有声屏障、噪声敏感建筑物高于场界围墙等情况，测点可设在噪声敏感建筑物户外 1 m 处的位置。

11. 根据《建筑施工场界环境噪声排放标准》(GB 12523—2011)中的规定，一般情况测点设在建筑施工场界外 1 m，高度 1.2 m 以上的位置。(　　)

答案： √

12. 根据《建筑施工场界环境噪声排放标准》(GB 12523—2011)中的规定，夜间噪声最大声级超过限值的幅度不得高于 20 dB。(　　)

答案： ×

正确答案： 夜间噪声最大声级超过限值的幅度不得高于 15dB。

13. 根据《建筑施工场界环境噪声排放标准》(GB 12523—2011)中的规定，建筑施工过程中场界环境噪声昼间不得超过 75 dB、夜间不得超过 45 dB 的排放限值。(　　)

答案： ×

正确答案： 建筑施工过程中场界环境噪声昼间不得超过 70 dB、夜间不得超过 55 dB 的排放限值。

14. 稳态噪声是指在测量时间内，被测声源的 A 声级起伏不大于 5 dB 的噪声。(　　)

答案：×

正确答案：稳态噪声是指在测量时间内，被测声源的 A 声级起伏不大于 3 dB 的噪声。

15. 声级计通常由传声器、信号处理器和显示器组成。(　　)

答案：√

16. 根据《建筑施工场界环境噪声排放标准》（GB 12523—2011）中的规定，当场界距噪声敏感建筑物较近，其室外不满足测量条件时，可在噪声敏感建筑物室内测量，并将昼间、夜间建筑施工场界环境噪声排放限值减 20 dB 作为评价依据功能区要求。(　　)

答案：×

正确答案：当场界距噪声敏感建筑物较近，其室外不满足测量条件时，可在噪声敏感建筑物室内测量，并将昼间、夜间建筑施工场界环境噪声排放限值减 10 dB 作为评价依据功能区要求。

17.《建筑施工场界环境噪声排放标准》（GB 12523—2011）适用于抢修、抢险施工过程中产生噪声的排放监管。(　　)

答案：×

正确答案：《建筑施工场界环境噪声排放标准》（GB 12523—2011）不适用于抢修、抢险施工过程中产生噪声的排放监管。

18. 根据《建筑施工场界环境噪声排放标准》（GB 12523—2011）中的规定，噪声测量应在无雨雪、无雷电天气，风速 5 m/s 以下时进行。(　　)

答案：√

二、单项选择题

1. 下列选项中不属于噪声敏感建筑物的是________。(　　)

A. 机关　　B. 商场　　C. 学校　　D. 科研单位

答案：B

2. 在测量时间内，被测声源的声级起伏大于________dB（A）的噪声视为非稳态噪声。(　　)

A. 1　　B. 3　　C. 5　　D. 10

答案：B

3. 根据《建筑施工场界环境噪声排放标准》（GB 12523—2011）判断，下列说法中不正确的是________。(　　)

A. 建筑施工噪声是指建筑施工过程中产生的干扰周围生活环境的声音

B. 由有关主管部门批准的建筑施工场地边界或建筑施工过程中实际使用的施工场地边界为建筑施工场界

C. 背景噪声是指被测量噪声源以外的声源发出的环境噪声的总和

D. 测量环境噪声时传声器可以不加防风罩

答案：D

4. 根据《建筑施工场界环境噪声排放标准》（GB 12523—2011）中的规定，当场界有围墙且周围有噪声敏感建筑物时，测点应设在场界外________m，高于围墙________m 以上的位置，且位于施工噪声影响的声照射区域。(　　)

A．0.5，0.5　　B．0.5，1　　C．1，0.5　　D．1，1

答案：C

5. 根据《建筑施工场界环境噪声排放标准》(GB 12523—2011）中的规定，在噪声敏感建筑物室内测量时，测点设在室内中央，距室内任一反射面________m 以上、距地面________m 高度以上，在受噪声影响方向的窗户开启状态下测量。(　　)

A．0.5，1　　B．0.5，1.2　　C．1，1　　D．1，1.2

答案：B

6. 测量仪器每次测量前、后必须在测量现场进行声学校准，其前、后校准的测量仪器示值偏差不得大于________dB，否则测量结果无效。(　　)

A．0.5　　B．1　　C．2　　D．3

答案：A

7. 根据《建筑施工场界环境噪声排放标准》(GB 12523—2011）判断，下列说法中正确的是________。(　　)

A．《建筑施工场界环境噪声排放标准》(GB 12523—2011）适用于市政、通信、交通、抢修施工过程中产生噪声的排放监管

B．建筑施工包括基础工程施工、主体结构施工、屋面工程施工、装饰工程施工及已竣工交付使用的住宅楼进行室内装修活动等

C．在昼间时段内测得的等效连续 A 声级称为昼间等效声级，用 L_n 表示，单位 dB（A）

D．背景噪声测量要求测量环境不受被测声源影响且其他声环境与测量被测声源时保持一致

答案：D

8. 根据《建筑施工场界环境噪声排放标准》(GB 12523—2011）判断，下列说法中不正确的是________。(　　)

A．测量仪器时间计权特性设为快（F）档

B．对于只需判断噪声源排放是否达标的情况，若噪声测量值低于相应噪声源标准排放的限值，可以不进行背景噪声的测量及修正，注明后直接评价为达标

C．各监测点位测量结果整体评价，以全部点位测得的等效声级做算术平均运算作为评价各监测点位声环境质量是否达标的基础依据

D．测量噪声源时宜在背景噪声较低、较稳定时测量，尽可能避开其他噪声源干扰

答案：C

9. 根据《建筑施工场界环境噪声排放标准》(GB 12523—2011）判断，下列说法中正确的是________。(　　)

A．噪声测量值修正指从噪声测量值中扣除背景噪声的影响，得到被测噪声源的排放值

B．根据《中华人民共和国环境噪声污染防治法》，“夜间”是指 21：00 至次日 5：00 之间的时段

C．背景噪声对照点与测量被测噪声源时测量位置相同，且受被测噪声源影响

D．在噪声敏感建筑物室内测量时，测点设在室内中央，距室内任一反射面 0.5 m 以上、距地

面 0.5 m 高度以上，在受噪声影响方向的窗户开启状态下测量

答案： A

10. 如一声压级为 90 dB，另一声压级为 70 dB，则总声压级为________dB。（　　）

A．60　　B．70　　C．80　　D．90

答案： D

三、问答题

1. 简述测量噪声时测量仪器应注意的事项。

答案：（1）测量仪器和校准仪器应定期检定合格，并在有效使用期限内使用；

（2）每次测量前、后必须在测量现场进行声学校准，其前、后校准的测量仪器示值偏差不得大于 0.5 dB，否则测量结果无效；

（3）测量时传声器加防风罩；

（4）测量仪器时间计权特性设为快（F）档。

2. 已知背景噪声值及噪声测量值，如何对测量结果进行修正？

答案：（1）计算噪声测量值与背景噪声值的差值（噪声测量值 - 背景噪声值），修约到个数位；

（2）噪声测量值与背景噪声值的差值大于 10 dB 时，噪声测量值不作修正；

（3）噪声测量值与背景噪声值的差值在 3～10 dB 时，差值为 3 dB 时修正值为 -3；差值为 4～5 dB 时，修正值为 -2；差值为 6～10 dB 时修正值为 -1（噪声排放值 = 噪声测量值 + 修正值）；

（4）噪声测量值与背景噪声值的差值小于 3 dB 时，应采取措施降低背景噪声后，视情况按（2）、（3）款执行；仍无法满足前两款要求的，应按环境噪声监测技术规范的有关规定执行；

（5）进行修正后得到的噪声排放值，应修约到个数位。

四、计算题

根据《建筑施工场界环境噪声排放标准》（GB 12523—2011），现对某一建筑施工边界噪声测量值为 65.0 dB（A），背景噪声为 60.0 dB（A），求该测点修正后的噪声值。

答案： 由 65.0-60.0=5.0 dB（A），对应修正值 -2 dB，则修正后的噪声值为 65.0-2=63 dB（A）。该测点修正后的噪声指为 63 dB（A）。

参考文献

[1] 环境保护部，国家质量监督检验检疫总局. 建筑施工场界环境噪声排放标准：GB 12523—2011［S］. 北京：中国环境出版社，2011.

[2] 国家质量监督检验检疫总局，国家标准化管理委员会. 电声学　声校准器：GB/T 15173—2010［S］. 北京：中国标准出版社，2010.

[3] 国家质量监督检验检疫总局，国家标准化管理委员会. 电声学　声级计　第 1 部分：规范：

GB/T 3785.1—2010［S］. 北京：中国标准出版社，2010.
［4］环境保护部，国家质量监督检验检疫总局 . 声环境质量标准：GB 3096—2008：［S］. 北京：中国环境科学出版社，2008.

命题：李　超
审核：杨碧菁

第六节　环境噪声监测技术规范　结构传播固定设备室内噪声（HJ 707—2014）

一、判断题

1. 根据《环境噪声监测技术规范　结构传播固定设备室内噪声》（HJ 707—2014）进行监测时，测量仪器应符合 GB 3785.1 对 1 型或 2 型声级计的要求。（　　）

答案：×

正确答案：测量仪器应符合 GB 3785.1 对 1 型声级计的要求。

2. 根据《环境噪声监测技术规范　结构传播固定设备室内噪声》（HJ 707—2014）中的规定，测量噪声的仪器性能符合 GB 3785.1 对 1 型声级计的要求，其声级校准器也应符合 GB/ 15173 对 1 型声校准器的要求。（　　）

答案：√

3. 根据《环境噪声监测技术规范　结构传播固定设备室内噪声》（HJ 707—2014）中的规定，噪声测量仪器在每次测量前后需在现场用声校准器进行校准，其前、后校准示值不得大于 1.0 dB，否则测量无效。（　　）

答案：×

正确答案：其前、后校准示值不得大于 0.5 dB。

4.《环境噪声监测技术规范　结构传播固定设备室内噪声》（HJ 707—2014）中结构传播固定设备室内噪声指固定设备排放的噪声通过建筑物结构传播至噪声敏感建筑物室内激发的室内噪声。（　　）

答案：√

5. 根据《环境噪声监测技术规范　结构传播固定设备室内噪声》（HJ 707—2014）中的规定，在测量时间内，被测声源的声级起伏不大于 3 dB 的噪声，即为稳定噪声。（　　）

答案：√

6. 根据《环境噪声监测技术规范　结构传播固定设备室内噪声》（HJ 707—2014）进行结构传播固定设备室内噪声测量过程中，只需关闭被测室内的所有可能干扰噪声测量的声源（如电视机、空调机、风扇、镇流器等发生的设施），不必关闭被测房间的门、窗。（　　）

答案：×

正确答案：必须关闭房间的门、窗。

7. 根据《环境噪声监测技术规范　结构传播固定设备室内噪声》（HJ 707—2014）进行测量过程中，被测声源是稳态声源，只需测量 1 min 等效 A 声级即可；被测声源是非稳态噪声，测量代表性时段的等效 A 声级和各倍频带声压级。（　　）

答案：×

正确答案：被测声源是稳态声源，测量 1 min 等效 A 声级和各倍频带声压级。

8. 根据《环境噪声监测技术规范　结构传播固定设备室内噪声》（HJ 707—2014）进行结构传播固定设备室内噪声监测时，当可疑声源设备无法关停时，背景测量可选在不受可疑声源设备影响，且背景声环境与测试室内相近的临近房间测量。（　　）

答案：√

9. 根据《环境噪声监测技术规范　结构传播固定设备室内噪声》（HJ 707—2014）进行结构传播固定设备室内噪声监测时，由于技术原因及其他原因无法识别可疑声源时，可以进行监测并出具监测报告，不对监测数据进行评判。（　　）

答案：√

10. 根据《环境噪声监测技术规范　噪声测量值修正》（HJ 706—2014）进行噪声数据修正时，噪声测量值与背景值的差值（ΔL_1）大于 10 dB 时，噪声测量值可不作修正。（　　）

答案：√

11. 根据《环境噪声监测技术规范　结构传播固定设备室内噪声》（HJ 707—2014）测量噪声时，要求气象条件为无雨雪、无雷电，风速小于 6 m/s 以下。（　　）

答案：×

正确答案：风速小于 5 m/s 以下。

二、单项选择题

1. 根据《环境噪声监测技术规范　结构传播固定设备室内噪声》（HJ 707—2014）中的规定，在进行监测的现场调查对于可疑声源设备能够识别时，根据设备运行状态，划分为________和________。（　　）

A. 稳态，非稳态

B. 可以关停，不可以关停

C. 低频，高频

D. 生产，生活

答案：B

2. 根据《环境噪声监测技术规范　结构传播固定设备室内噪声》（HJ 707—2014）进行结构传播固定设备噪声引起的室内噪声监测，测量位置离墙面或者其他反射面________m 以上，离地面________m。清洗仪器泵及抑制器，以避免受到淋洗液腐蚀。（　　）

A. 0.5，1.0～1.2　　B. 1.0，0.5～1.2

C. 1.0，1.0～1.2　　D. 0.5，0.5～1.2

答案：D

三、问答题

1. 根据《环境噪声监测技术规范　结构传播固定设备室内噪声》（HJ 707—2014）和《社会生活环境噪声排放标准》（GB 22337—2008）简述结构传播固定设备室内噪声排放值的倍频带中心频率以及频谱分析覆盖的频率范围。

答案：（1）结构传播固定设备室内噪声排放值的倍频带中心频率是 31.5 Hz、63 Hz、125 Hz、250 Hz、500 Hz；

（2）频谱分析覆盖的频率范围是 22～707 Hz。

2. 简述噪声测量仪器的校准过程。

答案：（1）调节至校准状态；

（2）用活塞发声器或声级校准器对测量仪器进行整机校准；

（3）调节"输入灵敏度"电位器使显示仪表显示校准信号的声级。

参考文献

［1］环境保护部．环境噪声监测技术规范　结构传播固定设备室内噪声：HJ 707—2014［S］．北京：中国环境出版社，2014.

［2］环境保护部．环境噪声监测技术规范噪声测量值修正：HJ 706—2014［S］．北京：中国环境出版社，2014

［3］环境保护部，国家质量监督检验检疫总局．社会生活环境噪声排放标准：GB 22337—2008［S］．北京：中国环境科学出版社，2008

［4］中国环境监测总站《环境监测人员持证上岗考核试题集》编写组．环境监测人员持证上岗考核试题集：上册．4 版［M］．北京：中国环境出版集团，2015.

命题：从磊磊

审核：张　劲

第七节　环境噪声监测技术规范　噪声测量值修正（HJ 706—2014）

一、判断题

1. 根据《环境噪声监测技术规范　噪声测量值修正》（HJ 706—2014）测量噪声源时，宜在背景噪声较低、较稳定时测量，尽可能避开其他噪声源干扰。（　　）

答案：√

2. 根据《环境噪声监测技术规范　噪声测量值修正》（HJ 706—2014）在噪声测量值修正过程

中，无需从噪声测量值中扣除背景噪声的影响，即可得到被测噪声源的排放值。（ ）

答案：×

正确答案：在噪声测量值修正过程中，需要从噪声测量值中扣除背景噪声的影响，得到被测噪声源的排放值。

3. 根据《环境噪声监测技术规范 噪声测量值修正》（HJ 706—2014）测量背景噪声与测量噪声源时，声环境尽量保持一致。（ ）

答案：√

4. 根据《环境噪声监测技术规范 噪声测量值修正》（HJ 706—2014）中的规定，若被测噪声源能够停止排放，则应在测量噪声源之前或之后，尽快停止噪声源测量背景噪声。（ ）

答案：√

5. 根据《环境噪声监测技术规范 噪声测量值修正》（HJ 706—2014），背景噪声测点与噪声源测点位置可以不同。（ ）

答案：×

正确答案：根据《环境噪声监测技术规范 噪声测量值修正》（HJ 706—2014），背景噪声测点与噪声源测点位置相同。

6. 根据《环境噪声监测技术规范 噪声测量值修正》（HJ 706—2014）中的规定，若被测噪声源有多个监测点位，应测量各个测点处背景噪声。（ ）

答案：√

7. 根据《环境噪声监测技术规范 噪声测量值修正》（HJ 706—2014）中的规定，若被测噪声源短时间内不能够停止排放，且噪声源停止前后的时间段内周围声环境已发生变化，则应另行选择与测量噪声源时声环境一致的时间测量背景噪声。（ ）

答案：√

8. 根据《环境噪声监测技术规范 噪声测量值修正》（HJ 706—2014）中的规定，若被测噪声源不能够停止排放，且存在背景噪声对照点，背景噪声不可以选择在背景噪声对照点测量。（ ）

答案：×

正确答案：根据《环境噪声监测技术规范 噪声测量值修正》（HJ 706—2014），若被测噪声源不能够停止排放，且存在背景噪声对照点，背景噪声可选择在背景噪声对照点测量。

9. 根据《环境噪声监测技术规范 噪声测量值修正》（HJ 706—2014）中的规定，背景噪声选择在背景噪声对照点测量时，仅用在背景噪声与噪声测量值相差 5.0 dB 以上时。（ ）

答案：×

正确答案：根据《环境噪声监测技术规范 噪声测量值修正》（HJ 706—2014）中的规定，若被测噪声源不能够停止排放，且存在背景噪声对照点，背景噪声可选择在背景噪声对照点测量。此方法仅用在背景噪声与噪声测量值相差 4.0 dB 以上时。

10. 根据《环境噪声监测技术规范 噪声测量值修正》（HJ 706—2014）的规定，当噪声测量值与背景噪声值相差大于或等于 3 dB 时，计算噪声测量值与背景噪声值的差值（ ΔL_1= 噪声测量值 - 背景噪声值），修约到小数点后 1 位数。（ ）

答案：×

正确答案：根据《环境噪声监测技术规范 噪声测量值修正》（HJ 706—2014）中的规定，当噪声测量值与背景噪声值相差大于或等于 3dB 时，计算噪声测量值与背景噪声值的差值（ΔL_1= 噪声测量值 - 背景噪声值），修约到个位数。

11. 根据《环境噪声监测技术规范 噪声测量值修正》（HJ 706—2014）中的规定，噪声测量值与背景噪声值的差值（ΔL_1）大于 10 dB 时，噪声测量值不做修正。（ ）

答案：√

12. 对于只需判断噪声源排放是否达标的情况，若噪声测量值低于相应噪声源排放标准的限值，可以不进行背景噪声的测量及修正，注明后直接评价为达标。（ ）

答案：√

13. 根据《环境噪声监测技术规范 噪声测量值修正》（HJ 706—2014）中的规定，计算噪声测量值与被测噪声源排放限值的差值（ΔL_2= 噪声测量值 - 排放限值），修约到个位数。（ ）

答案：√

14. 根据《环境噪声监测技术规范 噪声测量值修正》（HJ 706—2014）中的规定，经重新测量后，噪声测量值与背景噪声值相差仍小于 3 dB 时，可直接评价为达标。（ ）

答案：×

正确答案：根据《环境噪声监测技术规范 噪声测量值修正》（HJ 706—2014），经重新测量后，噪声测量值与背景噪声值相差仍小于 3 dB 时，且噪声测量值与被测噪声源排放限值的差值小于或等于 4 dB 时，评价为达标。大于或等于 5 dB 时，无法对其达标情况进行评价，应创造条件重新测量。

15. 根据《环境噪声监测技术规范 噪声测量值修正》（HJ 706—2014）中的规定，噪声测量值与背景噪声值的差值（ΔL_1= 噪声测量值 - 背景噪声值）为 4 时，修正值为 -1。（ ）

答案：×

正确答案：根据《环境噪声监测技术规范 噪声测量值修正》（HJ 706—2014）的规定，噪声测量值与背景噪声值的差值（ΔL_1= 噪声测量值 - 背景噪声值）为 4 时，修正值为 -2。

二、单项选择题

1. 根据《环境噪声监测技术规范 噪声测量值修正》（HJ 706—2014）中的规定，噪声测量值与背景值相差________时，噪声测量值不做修正。（ ）

A. 大于 10 dB　　B. 小于 10 dB　　C. 大于 5 dB　　D. 小于 5 dB

答案：A

2. 根据《环境噪声监测技术规范 噪声测量值修正》（HJ 706—2014）进行声级检测时，噪声测量值与背景噪声值相差 3 dB 时，则修正值为________。（ ）

A. -3　　B. -2　　C. -1　　D. 0

答案：A

3. 根据《环境噪声监测技术规范 噪声测量值修正》（HJ 706—2014）进行噪声测量时，最终记录的噪声值应该用噪声测量值加上________。（ ）

A. 背景值　　B. 修正值　　C. 排放限值　　D. 零

答案：B

4. 根据《环境噪声监测技术规范　噪声测量值修正》（HJ 706—2014）进行声级检测时，噪声测量值与背景噪声值相差 5dB 时，则修正值为________。(　　)

A. −3　　B. −2　　C. −1　　D. 0

答案：B

5. 根据《环境噪声监测技术规范　噪声测量值修正》（HJ 706—2014）进行声级检测时，噪声测量值与背景噪声值相差 6～10 dB 时，则修正值为________。(　　)

A. −3　　B. −2　　C. −1　　D. 0

答案：C

6. 根据《环境噪声监测技术规范　噪声测量值修正》（HJ 706—2014）中的规定，经重新测量后，噪声测量值与背景噪声值相差仍小于 3 dB 时，且噪声测量值与被测噪声源排放限值的差值小于或等于 4 dB 时，评价为________。(　　)

A. 不达标　　B. 无法评价　　C. 等于排放限值　　D. 达标

答案：D

7. 根据《环境噪声监测技术规范　噪声测量值修正》（HJ 706—2014），经重新测量后，噪声测量值与背景噪声值相差仍小于 3 dB 时，且噪声测量值与被测噪声源排放限值的差值大于或等于________dB 时，无法对其达标情况进行评价，应创造条件重新测量。(　　)

A. 10　　B. 25　　C. 5　　D. 15

答案：C

8. 根据《环境噪声监测技术规范　噪声测量值修正》（HJ 706—2014），当噪声测量值与背景噪声值相差大于或等于 3 dB 时，计算噪声测量值与背景噪声值的差值（ΔL_1= 噪声测量值 − 背景噪声值），修约到________。(　　)

A. 小数点后 2 位　　B. 小数点后 3 位　　C. 修约到个位　　D. 小数点后 1 位

答案：C

9. 根据《环境噪声监测技术规范　噪声测量值修正》（HJ 706—2014）中的规定，若被测噪声源不能够停止排放，且存在背景噪声对照点，背景噪声可选择在背景噪声对照点测量。此方法仅用在背景噪声与噪声测量值相差________dB 以上时。(　　)

A. 3　　B. 2　　C. 5　　D. 4

答案：D

10. 根据《环境噪声监测技术规范　噪声测量值修正》（HJ 706—2014）中的规定，对于只需判断噪声源排放是否达标的情况，________，可以不进行背景噪声的测量及修正，注明后直接评价为达标。(　　)

A. 噪声测量值与背景值相差小于 3 dB 时

B. 噪声测量值与背景值相差大于 10 dB 时

C. 噪声测量值高于相应噪声源排放标准的限值

D. 噪声测量值低于相应噪声源排放标准的限值

答案：D

11. 根据《环境噪声监测技术规范　噪声测量值修正》（HJ 706—2014）中的规定，________，

背景噪声可选择在背景噪声对照点测量。此方法仅用在背景噪声与噪声测量值相差 4.0 dB 以上时。(　　)

A. 若被测噪声源不能够停止排放，且存在背景噪声对照点

B. 若被测噪声源能够停止排放，且不存在背景噪声对照点

C. 若被测噪声源能够停止排放，且存在背景噪声对照点

D. 若被测噪声源不能够停止排放，且不存在背景噪声对照点

答案：A

12. 已知某 1 类区点位昼间噪声测量值为 59.4 dB，背景噪声为 56.3 dB，则该点位噪声排放值为________。(　　)

A. 56.4　　B. 56　　C. 59.4　　D. 59

答案：B

13. 已知某 1 类区点位夜间噪声测量值为 57.2 dB，背景噪声为 48.3 dB，则该点位噪声排放值为________。(　　)

A. 57.2　　B. 57　　C. 56.2　　D. 56

答案：D

14. 已知某 1 类区点位夜间噪声测量值为 48.6 dB，背景噪声为 46.2 dB，则该点位噪声排放值为________。(　　)

A. 48.6　　B. 48　　C. 46.2　　D. ＜45

答案：D

三、问答题

1. 根据《环境噪声监测技术规范　噪声测量值修正》（HJ 706—2014）简述背景噪声可选择在背景噪声对照点测量的条件及使用规范。

答案：（1）若被测噪声源不能够停止排放，且存在背景噪声对照点，背景噪声可选择在背景噪声对照点测量；

（2）应详细记录背景噪声对照点的周边声源情况、测点布设及其他影响因素（如绿化带、地形、声屏障等），并与被测噪声源处相应信息进行比较；

（3）此方法仅用在背景噪声与噪声测量值相差 4.0 dB 以上时，相差 4.0 dB 以内时不得采用。

2. 根据《环境噪声监测技术规范　噪声测量值修正》（HJ 706—2014）简述噪声测量值与背景噪声值相差大于或等于 3 dB 时，噪声测量值如何修正。

答案：（1）计算噪声测量值与背景噪声值的差值（ΔL_1= 噪声测量值 − 背景噪声值），修约到个位数；

（2）噪声测量值与背景噪声值的差值（ΔL_1）大于 10 dB 时，噪声测量值不做修正；

（3）噪声测量值与背景噪声值的差值（ΔL_1）在 3～10 dB 时，噪声排放值 = 噪声测量值 + 修正值。差值为 3 dB 修正值为 −3，差值为 4～5 dB 修正值为 −2，差值为 6～10 dB 修正值为 −1。

四、计算题

在夜间测量 1 类区社会生活环境噪声，测得各点的噪声值如下表，求各点的噪声排放值。

点位	噪声测量值 /dB	背景值 /dB
1#	47.9	43.3
2#	46.3	44.3

答案：（1）1# 点位：噪声测量值－背景值 =47.9−43.3=4.6 ≈ 5 dB，所以噪声排放值 L_{eq}=47.9−2=45.9 ≈ 46（dB）；

（2）2# 点位：噪声测量值－背景值 =46.3−44.3=2，所以噪声测量值－排放限值 =46.3−45=1.3，因 1.3 小于 4 dB，修正结果为＜45，所以判定该点噪声排放值 L_{eq} 达标。

参考文献

［1］环境保护部．环境噪声监测技术规范　噪声测量值修正：HJ 706—2014［S］．北京：中国环境出版社，2014.

［2］中国环境监测总站《环境监测人员持证上岗考核试题集》编写组．环境监测人员持证上岗考核试题集：上册．4 版［M］．北京：中国环境出版集团，2015.

命题：李　享

审核：王京伟

第八节　铁路边界噪声限值及其测量方法（GB 12525—1990）

一、判断题

1. 铁路噪声是指机车车辆运行中所产生的噪声。（　　）

答案：√

2. 铁路边界系指距铁路外侧轨道以外 30 m 处。（　　）

答案：×

正确答案：距铁路外侧轨道中心线 30 m 处。

3. 根据《铁路边界噪声限值及其测量方法》（GB 12525—1990）测量铁路边界噪声时，测量仪器应符合 GB 3785 中规定的Ⅱ型或Ⅱ型以上的积分声级计或其他相同精度的测量仪器。（　　）

答案：√

4. 测量铁路边界噪声时，测量仪器测量时用“慢档”，采样间隔不大于 1 s。（　　）

答案：×

正确答案：仪器测量时用“快档”，采样间隔不大于 1 s。

二、单项选择题

1. 测量铁路边界噪声时，气象条件应选在无雨雪、无雷电的天气中进行测量。仪器应加风罩，风速________以上停止测量。(　　)

A. 4 m/s　　B. 4.5 m/s　　C. 5 m/s　　D. 5.5 m/s

答案：C

2. 根据《铁路边界噪声限值及其测量方法》(GB 12525—1990)测量铁路边界噪声的结果，用积分声级计(或具有同功能的其他测量仪器)读取________的等效声级(A)：dB。(　　)

A. 1 h　　B. 30 min　　C. 1 min　　D. 24 h

答案：A

3.《铁路边界噪声限值及其测量方法》(GB 12525—1990)中新建铁路是指自________起环境影响评价文件通过审批的铁路建设项目(不包括改、扩建既有铁路建设项目)。(　　)

A. 2011 年 1 月 1 日　　B. 2010 年 1 月 1 日

C. 2011 年 12 月 31 日　　D. 2010 年 12 月 31 日

答案：A

4.《铁路边界噪声限值及其测量方法》(GB 12525—1990)中既有铁路是指________前已建成运营的铁路或环境影响评价文件已通过审批的铁路建设项目。(　　)

A. 2011 年 1 月 1 日　　B. 2010 年 1 月 1 日

C. 2011 年 12 月 31 日　　D. 2010 年 12 月 31 日

答案：D

5.《铁路边界噪声限值及其测量方法》(GB 12525—1990)中铁路噪声是指机车车辆________中所产生的噪声。(　　)

A. 保养　　B. 制造　　C. 空转　　D. 运行

答案：D

6.《铁路边界噪声限值及其测量方法》(GB 12525—1990)中铁路边界是指距铁路外侧轨道中心线________处。(　　)

A. 25 m　　B. 30 m　　C. 35 m　　D. 40 m

答案：B

7. 根据《铁路边界噪声限值及其测量方法》(GB 12525—1990)测量铁路边界噪声时，测量仪器应符合 GB 3785 中规定的________以上的积分声级计或其他相同精度的测量仪器。(　　)

A. Ⅰ型或Ⅰ型　　B. Ⅱ型或Ⅱ型

C. Ⅲ型或Ⅲ型　　D. Ⅳ型或Ⅳ型

答案：B

8. 根据《铁路边界噪声限值及其测量方法》(GB 12525—1990)，测量铁路边界噪声时，测量仪器测量时用“________”，采样间隔不大于 1 s。(　　)

A. 快档　　B. 慢档

C. 快、慢档　　D. 都可以

答案： B

9.《铁路边界噪声限值及其测量方法》（GB 12525—1990）中新建铁路是指自 2011 年 1 月 1 日起________通过审批的铁路建设项目（不包括改、扩建既有铁路建设项目）。（　　）

A. 环境影响评价文件　　B. 地方政府

C. 地方政府管理部门　　D. 省级政府管理部门

答案： A

10. 根据《铁路边界噪声限值及其测量方法》（GB 12525—1990）中的规定，2010 年 12 月 31 日前已建成运营的铁路或环境影响评价文件已通过审批的铁路建设项目视为________。（　　）

A. 既有铁路　　B. 新建铁路

C. 改建铁路　　D. 扩建铁路

答案： A

11. 根据《铁路边界噪声限值及其测量方法》（GB 12525—1990）中的规定，铁路边界噪声测量时段，分为________。（　　）

A. 昼间和夜间　　B. 白天和黑天

C. 早上和晚上　　D. 工作日和休息日

答案： A

三、问答题

1. 根据《铁路边界噪声限值及其测量方法》（GB 12525—1990）简述铁路边界噪声测量时段如何规定。

答案： 铁路边界噪声测量分为昼间和夜间。昼间指早 6：00 至晚 22：00；夜间指晚 22：00 至第二日早 6：00。

2. 根据《铁路边界噪声限值及其测量方法》（GB 12525—1990）简述铁路边界噪声测量时间如何规定。

答案： 昼间和夜间各选在接近机车车辆运行平均密度的某一小时，用其分别代表昼间、夜间。必要时，昼间或夜间分别进行全时段测量。

四、计算题

测量一路段铁路边界噪声时（经前期调查，该段铁路于 2010 年 10 月通过环境影响评价）。夜间测量等效连续 A 声级为 61.8 dB（A），背景值 52.8 dB（A），计算实际噪声排放情况，并判断该段铁路是否超标排放噪声。

答案： 61.8-52.8=9 dB（A）

61.8-1=60.8 ≈ 61dB（A）

2011 年 1 月 1 日前通过环评审批，执行夜间 70 dB（A）标准。

该段铁路边界噪声达标排放。

参考文献

国家环境保护局．铁路边界噪声限值及其测量方法：GB 12525—1990［S］．北京：中国环境科学出版社，1990.

命题：袁华山
审核：史天元

第九节　机场周围飞机噪声测量方法（GB 9661—88）

一、判断题

1. 根据《机场周围飞机噪声测量方法》（GB 9661—88）测量气象条件为无雨、无雪时，地面上 5 m 高处的风速不大于 10 m/s。（　　）

答案：×

正确答案：测量气象条件为无雨、无雪时，地面上 10 m 高处的风速不大于 5 m/s。

2. 根据《机场周围飞机噪声测量方法》（GB 9661—88）中的规定，测量条件相对湿度不应超过 90% 不应小于 30%。（　　）

答案：√

3. 根据《机场周围飞机噪声测量方法》（GB 9661—88）中的规定，在机场的近处应当使用声压型传声器，其频率响应的平直部分要达到 10 Hz。（　　）

答案：×

正确答案：频率响应的平直部分要达到 10 kHz。

4. 根据《机场周围飞机噪声测量方法》（GB 9661—88）中的规定，精密测量录音时要使起始和终了的录音信号声级小于最大噪声级 20 dB 以上。（　　）

答案：×

正确答案：精密测量录音时要使起始和终了的录音信号声级小于最大噪声级 10 dB 以上。

5. 根据《机场周围飞机噪声测量方法》（GB 9661—88）中的规定，简易测量的信号分析处理中用声级计读出并记录一次飞行噪声的 A 声级或 D 声级的最小值。（　　）

答案：×

正确答案：简易测量的信号分析处理中用声级计读出并记录一次飞行噪声的 A 声级或 D 声级的最大值。

6. 根据《机场周围飞机噪声测量方法》（GB 9661—88）中的规定，测量传声器应安装在开阔平坦的地方，高于此地面 1.2 m，离其他反射壁面 1 m 以上，注意避开高压电线和大型变压器。（　　）

答案： √

7. 根据《机场周围飞机噪声测量方法》（GB 9661—88）中的规定，机场周围飞机噪声的评价量是等效连续 A 声级。(　　)

答案： ×

正确答案： 机场周围飞机噪声的评价量是计权等效连续感觉噪声级。

8. 根据《机场周围飞机噪声测量方法》（GB 9661—88）中的规定，机场周围飞机噪声测量时，测点应选在敏感点户外窗前 1 m。(　　)

答案： ×

正确答案： 机场周围飞机噪声测量时，测点应选在户外平坦开阔的地方。

9. 根据《机场周围飞机噪声测量方法》（GB 9661—88）中的规定，最低等值线的噪声级应小于或等于 50 dB。(　　)

答案： ×

正确答案： 最低等值线的噪声级应小于或等于 70 dB。

10.《机场周围飞机噪声测量方法》（GB 9661—88）不适用于测量机场周围由于飞机维修时所产生的噪声。(　　)

答案： √

11. 根据《机场周围飞机噪声测量方法》（GB 9661—88）中的规定，按 10 dB 间隔划等噪声级线绘制机场周围飞机噪声等值线图。(　　)

答案： ×

正确答案： 按 5 dB 间隔划等噪声级线绘制机场周围飞机噪声等值线图。

12. 根据《机场周围飞机噪声测量方法》（GB 9661—88）中的规定，机场周围测量点的布置中建议主航道下按不大于 5 km 的间隔、侧向按不大于 800 m 划成网格，在网格内取户外开阔平坦处为测点。(　　)

答案： ×

正确答案： 机场周围测量点的布置中建议主航道下按不大于 1 km 的间隔、侧向按不大于 500 m 划成网格，在网格内取户外开阔平坦处为测点。

13. 根据《机场周围飞机噪声测量方法》（GB 9661—88）中的规定，精密测量按 0.5 s 的时间间隔采样，进行 1/2 倍频程频谱分析。(　　)

答案： ×

正确答案： 精密测量按 0.5 s 的时间间隔采样，进行 1/3 倍频程频谱分析。

14. 根据《机场周围飞机噪声测量方法》（GB 9661—88）中的规定，测量的飞机噪声级最大值至少超过环境背景噪声级 20 dB，测量结果才被认为可靠。(　　)

答案： √

15. 根据《机场周围飞机噪声测量方法》（GB 9661—88）中的规定，当用声级计输出与声级记录器连接时，记录器的笔速对应于声级计上的快响应为 50 mm/s。(　　)

答案： ×

正确答案： 当用声级计输出与升级记录器连接时，记录器的笔速对应于声级计上的快响应为

100 mm/s。

16. 根据《机场周围飞机噪声测量方法》（GB 9661—88）中的规定，当用声级计输出与升级记录器连接时，记录器的笔速对应于声级计上的慢响应为 10 mm/s。（　　）

答案：×

正确答案：当用声级计输出与升级记录器连接时，记录器的笔速对应于声级计上的慢响应为 16 mm/s。

17. 根据《机场周围飞机噪声测量方法》（GB 9661—88）中的规定，所有测量都应使传声器膜片基本位于飞机标称飞行航线和测点所确定的平面内，即是掠入射。（　　）

答案：√

二、单项选择题

1. 根据《机场周围飞机噪声测量方法》（GB 9661—88）中的规定，测量传声器应安装在开阔平坦的地方，高于此地面________m，离其他反射壁面________m 以上，注意避开高压电线和大型变压器。（　　）

A．1.2，1　　B．1.2，1.2　　C．1.5，1　　D．1.5，1.2

答案：A

2. 根据《机场周围飞机噪声测量方法》（GB 9661—88）判断，下列说法中不正确的是______________。（　　）

A．《机场周围飞机噪声测量方法》（GB 9661—88）适用于测量机场周围由于飞机起飞、降落或低空飞越时所产生的噪声

B．所有测量都应使传声器膜片基本位于飞机标称飞行航线和测点所确定的平面内

C．当声级计与声级记录器连用并作绝对测量时，两者需分开校准和标定

D．《机场周围飞机噪声测量方法》（GB 9661—88）包括测量单个飞行事件引起的噪声、测量相继一系列飞行事件引起的噪声以及在一段监测时间内测量飞行事件引起的噪声

答案：C

3. 根据《机场周围飞机噪声测量方法》（GB 9661—88）判断，下列说法中正确的是________。（　　）

A．读取一次飞行过程的 A 声级最大值，一般用快响应

B．在飞机低空高速通过及离跑道近的测量点用慢响应

C．机场周围飞机噪声测量方法包括精密测量和简易测量

D．简易测量是指用传声器通过声级计将飞机噪声信号送到测量录音机记录在磁带上。然后在实验室里按原速回放录音信号并对信号进行频谱分析

答案：C

4. 根据《机场周围飞机噪声测量方法》（GB 9661—88）判断，下列说法中正确的是________。（　　）

A．录音时需要根据飞机噪声级的高低适当调整声级计衰减器的位置（并在记录本上记下其位置），使录音信号不至过载或太小

B. 精密测量是需经频率计权的测量

C. 精密测量在测量前不需要进行从传声器到录音机系统的校准的标定

D. 精密测量中当飞机过测量点时，录音时只需通过声级计线性输出录下飞机信号的全过程即可

答案：A

5. 根据《机场周围飞机噪声测量方法》（GB 9661—88）判断，下列说法中不正确的是________。（　　）

A. 简易测量需用声级计接声级记录器，或用声级计和测量录音机。读A声级或D声级最大值，记录飞行时间、状态、机型等测量条件

B. 简易测量法信号分析处理中绘出的曲线或声级计的指示是飞机噪声的绝对大小值

C. 对一系列飞行事件的飞行噪声级测量前后，应该利用能在一已知频率上产生一已知声压级的声学校准器，来对整个测量系统的灵敏度做校准

D. 根据录音时记下的声级计衰减器位置，调整分析器的输入衰减器位置，确定飞机噪声级

答案：B

6. 根据《机场周围飞机噪声测量方法》（GB 9661—88）中的规定，1/3倍频程频谱分析的频率范围为________Hz～10 kHz。（　　）

A. 5　　B. 10　　C. 50　　D. 500

答案：C

7.《机场周围飞机噪声测量方法》（GB 9661—88）中测量条件为无雨、无雪，地面上________m高处的风速不大于________m/s。（　　）

A. 5，5　　B. 5，10　　C. 10，5　　D. 10，10

答案：C

8. 根据《机场周围飞机噪声测量方法》（GB 9661—88）中的规定，在机场的近处应当使用声压型传声器，其频率响应的平直部分要达到________Hz。（　　）

A. 10　　B. 50　　C. 10k　　D. 50k

答案：C

9.《机场周围飞机噪声测量方法》（GB 9661—88）要求测量的飞机噪声级最大值至少超过环境背景噪声级________dB，测量结果才被认为可靠。（　　）

A. 10　　B. 15　　C. 20　　D. 25

答案：C

三、问答题

1. 根据《机场周围飞机噪声测量方法》（GB 9661—88）简述测量机场周围飞机噪声时应记录什么。

答案：（1）测量条件记录：测量日期、测量点位置、气温和10 m高处风向和风速；

（2）测量时记录内容：飞行时间、飞行状态、飞机型号、最大噪声级。

2. 根据《机场周围飞机噪声测量方法》（GB 9661—88）简述精密测量时应注意的事项。

答案：（1）测量前应进行从传声器到录音机系统的校准的标定；

（2）录音时需要根据飞机噪声级的高低适当调整声级计衰减器的位置（并在记录本上记下其位置），使录音信号不至过载或太小；

（3）当飞机过测量点时，通过声级计线性输出录下飞机信号的全过程。录音时要使起始和终了的录音信号声级小于最大噪声级 10 dB 以上；

（4）在录音时说明飞行时间、状态、机型等测量条件。

参考文献

［1］国家环境保护局．机场周围飞机噪声测量方法：GB 9661—88［S］．北京：中国环境科学出版社，1988.

［2］国家质量监督检验检疫总局，国家标准化管理委员会．数值修约规则与极限数值的表示和判定：GB/T 8170—2008［S］．北京：中国标准出版社，2008.

［3］环境保护部，国家质量监督检验检疫总局．声环境质量标准：GB 3096—2008［S］．北京：中国环境科学出版社，2008.

命题：李　超

审核：杨碧菁

第十节　城市区域环境振动测量方法（GB 10071—88）

一、判断题

1.《城市区域环境振动测量方法》（GB 10071—88）中振动加速度级 VAL 是指加速度与基准加速度之比的以 10 为底的对数乘以 10。（　　）

答案：×

正确答案：振动加速度级 VAL 是指加速度与基准加速度之比的以 10 为底的对数乘以 20。

2.《城市区域环境振动测量方法》（GB 10071—88）用于测量环境振动的仪器，每两年送计量部门校准一次即可。（　　）

答案：×

正确答案：用于测量环境振动的仪器，每年至少送计量部门校准一次。

3.《城市区域环境振动测量方法》（GB 10071—88）采用的仪器时间计权常数为 1 s。（　　）

答案：√

4. 根据《城市区域环境振动测量方法》（GB 10071—88）测量稳态振动时，每个测点测量一次，取 10 s 内的平均示数作为评价量。（　　）

答案：×

正确答案：每个测点测量一次，取 5 s 内的平均示数作为评价量。

5. 根据《城市区域环境振动测量方法》（GB 10071—88）中的规定，对于重复出现的冲击振动，以 10 次读数的算术平均值为评价量。（　　）

答案：√

6. 根据《城市区域环境振动测量方法》（GB 10071—88）中的规定，某大楼住户受楼下迪斯科舞厅振动影响，可以通过测量噪声确定受影响的程度。（　　）

答案：×

正确答案：某大楼住户受楼下迪斯科舞厅振动影响，也不可以通过测量噪声确定受影响的程度。

7. 根据《城市区域环境振动测量方法》（GB 10071—88）中的规定，测量位置置于各类区域建筑物室外 5 m 以内振动敏感处。（　　）

答案：×

正确答案：测量位置置于各类区域建筑物室外 0.5 m 以内振动敏感处。

8. 根据《城市区域环境振动测量方法》（GB 10071—88）安放拾振器时，可以安放在地毯和草地上。（　　）

答案：×

正确答案：安放拾振器时，确保安放在平坦、坚实的地面上，避免安放在地毯、草地、砂地或雪地等松软的地面上。

9. 根据《城市区域环境振动测量方法》（GB 10071—88）中的规定，拾振器的灵敏度主轴方向应与测量方向垂直。（　　）

答案：×

正确答案：拾振器的灵敏度主轴方向应与测量方向一致。

10. 根据《城市区域环境振动测量方法》（GB 10071—88）测量时，振源应处于正常工作状态。（　　）

答案：√

11. 根据《城市区域环境振动测量方法》（GB 10071—88）测量时，应避免足以影响环境振动测量值的其他环境因素，如强电磁场、强风或其他非振动污染源引起的干扰。（　　）

答案：√

12. 根据《城市区域环境振动测量方法》（GB 10071—88）测量交通振动时，完全不需要记录车流量。（　　）

答案：×

正确答案：测量交通振动时，必要时应记录车流量。

13. 根据《城市区域环境振动测量方法》（GB 10071—88）中的规定，人能感觉到的振动按频率范围划分为低频振动和高频振动。（　　）

答案：×

正确答案：人能感觉到的振动按频率范围划分为低频振动、中频振动和高频振动。

14. 根据《城市区域环境振动测量方法》（GB 10071—88）进行振动测量时，使用测量仪器最关键的问题是拾振器如何安装。（　　）

答案：√

15.《城市区域环境振动标准》（GB 10070—88）中所指的昼间和夜间的时间由当地人民政府按当地习惯和季节变化划定。（　　）

答案：√

二、单项选择题

1. 根据《城市区域环境振动测量方法》（GB 10071—88）中的规定，迪斯科影响的振动属于________。（　　）

A．稳态振动　　B．冲击振动　　C．无规振动　　D．随机振动

答案：C

2. 根据《城市区域环境振动测量方法》（GB 10071—88）安放拾振器时，尽量安放在________上。（　　）

A．平坦地面　　B．地毯　　C．草地　　D．雪地

答案：A

3.《城市区域环境振动测量方法》（GB 10071—88）中评价环境振动中稳态振动的量是________。（　　）

A．以 20 次读值的算术平均值作为评价量

B．连续等效 Z 振级

C．每个测点测量一次取 5 s 内的平均示数作为评价量

D．以 10 次读值的算术平均值作为评价量

答案：C

4.《城市区域环境振动测量方法》（GB 10071—88）中振动加速度级 VAL 是指加速度与基准加速度之比的以 10 为底的对数乘以________。（　　）

A．5　　B．10　　C．20　　D．50

答案：C

5.《城市区域环境振动测量方法》（GB 10071—88）中环境振动测量的物理量为________。（　　）

A．振动加速度级　　B．压级　　C．压强　　D．振速

答案：A

6. 根据《城市区域环境振动测量方法》（GB 10071—88）测量________时，每个测点连续测量时间至少需要 1 000 s。（　　）

A．稳态振动　　B．冲击振动　　C．随机振动　　D．无规振动

答案：D

7. 根据《城市区域环境振动测量方法》（GB 10071—88）测量振动时，使用测量仪器最关键的问题是________。（　　）

A．选用拾振器　　B．校准仪器

C．拾振器如何在地面安装　　D．无所谓

答案：C

8. 根据《城市区域环境振动测量方法》（GB 10071—88）测量区域环境振动时，必要时可将测

点置于建筑物室内________。(　　)

A. 门前　　B. 窗前　　C. 地面中央　　D. 紧靠墙壁

答案：C

9. 根据《城市区域环境振动测量方法》(GB 10071—88)测量铁路振动时，每个测点连续测量________次列车经过时的最大示数。(　　)

A. 5　　B. 10　　C. 15　　D. 20

答案：D

10. 根据《城市区域环境振动测量方法》(GB 10071—88)测量环境振动所用的频率计权为________。(　　)

A. VLA(全身 A 计权)　　B. VL_{x-y}(全身水平)

C. VL_z(全身铅锤向)　　D. VAL(线性)

答案：C

11. 根据《城市区域环境振动标准》(GB 10070—88)中的规定，每日发生几次的冲击振动，其最大值昼间不允许超过标准值________dB，夜间不超过________dB。(　　)

A. 5，10　　B. 10，3　　C. 5，3　　D. 10，5

答案：B

12. 根据《城市区域环境振动测量方法》(GB 10071—88)测量稳态振动时，每次取________s内的平均读数作为评价量。(　　)

A. 5　　B. 10　　C. 60　　D. 600

答案：A

13. 根据《城市区域环境振动测量方法》(GB 10071—88)中的规定，人能感觉到的振动按频率范围划分为可以分为低频、中频和高频振动，其中，高频振动在________Hz 以上。(　　)

A. 30　　B. 30～100　　C. 100　　D. 1 000

答案：C

14. 根据《城市区域环境振动测量方法》(GB 10071—88)中的规定，测量位置置于各类区域建筑物室外________m 以内振动敏感处。

A. 0.5　　B. 1　　C. 5　　D. 10

答案：A

15. 根据《城市区域环境振动测量方法》(GB 10071—88)测量无规振动时，每个测点连续测量时间至少需要________。(　　)

A. 10 s　　B. 1 000 s　　C. 1 min　　D. 10 min

答案：B

三、问答题

1. 根据《城市区域环境振动测量方法》(GB 10071—88)测量振动时，如何选择测点位置及如何安装拾振器?

答案：(1)测量振动时，测点置于各类区域建筑物室外 0.5 m 以内振动敏感处，必要时，测点置于建筑物室内地面中央；

（2）测量振动时，确保拾振器平稳地安放在平坦、坚实的地面上。避免置于如地毯、草地、砂地或雪地等松软的地面上；

（3）拾振器的灵敏度主轴方向与测量方向一致。

2. 简述《城市区域环境振动测量方法》（GB/T 10071—88）中，测量振动条件是什么。

答案：（1）测量时振源应处于正常工作状态；

（2）测量时应避免足以影响环境振动测量值的其他环境因素，如剧烈的温度梯度变化、强电磁场、强风、地震或其他非振动污染源引起的干扰。

3.《城市区域环境振动测量方法》（GB/T 10071—88）中，铁路振动的测量量、读数方法和评价量分别是什么？

答案：铁路振动的测量量为铅垂向 Z 振级。读取每次列车通过过程中的最大示数；每个测点连续测量 20 次列车，以 20 次读数的算术平均值为评价量。

4.《城市区域环境振动测量方法》（GB/T 10071—88）中，稳态振动的测量量、读数方法和评价量分别是什么？

答案：稳态振动的测量量为铅垂向 Z 振级。每个测点测量一次，取 5 s 内的平均示数作为评价量。

5.《城市区域环境振动测量方法》（GB/T 10071—88）中，冲击振动的测量量、读数方法和评价量分别是什么？

答案：冲击振动的测量量为铅垂向 Z 振级。取每次冲击过程中的最大示数为评价量，对于重复出现的冲击振动，以 10 次读数的算术平均值为评价量。

6.《城市区域环境振动测量方法》（GB/T 10071—88）中，无规振动的测量量、读数方法和评价量分别是什么？

答案：无规振动的测量量为铅垂向 Z 振级。每个测点等间隔地读取瞬时示数，采样间隔不大于 5 s，连续测量时间不少于 1 000 s，以测量数据的 VL_Z10 值为评价量。

参考文献

[1] 国家环境保护局. 城市区域环境振动测量方法：GB 10071—88 [S]. 北京：中国环境科学出版社，1988.

[2] 国家环境保护局. 城市区域环境振动标准：GB 10070—88 [S]. 北京：中国环境科学出版社，1988.

[3] 中国环境监测总站《环境监测人员持证上岗考核试题集》编写组. 环境监测人员持证上岗考核试题集：上册. 2 版 [M]. 北京：中国环境科学出版社，2010.

[4] 中国环境监测总站《环境监测人员持证上岗考核试题集》编写组. 环境监测人员持证上岗考核试题集：上册. 4 版 [M]. 北京：中国环境出版集团，2015.

命题：张新爽

审核：蒋建勇